Peter Niemz

Walter Ulrich Sonderegger

Holzphysik

Eigenschaften, Prüfung und Kennwerte

2., aktualisierte Auflage

HANSER

Autoren:

Prof. i.R. Dr. Ing. habil. Dr. h. c. Peter Niemz
Dr.sc. ETH Walter Ulrich Sonderegger

Bibliografische Information der Deutschen Nationalbibliothek:
Die Deutsche Nationalbibliothek verzeichnet diese Publikation in der Deutschen Nationalbibliografie; detaillierte bibliografische Daten sind im Internet über
http://dnb.d-nb.de abrufbar.

Internet: www.hanser-fachbuch.de

Lektorat: Frank Katzenmayer
Herstellung: Anne Kurth
Titelbild: © D. Keunecke, ETH Zuerich 2008, Deformationskörper von Eiben- und Fichtenholz (in Anlehnung an Grimsel 1999)
Covergestaltung: Max Kostopoulos
Coverkonzept: Marc Müller-Bremer, www.rebranding.de, München
Satz: Eberl & Kœsel Studio GmbH, Krugzell
Druck und Bindung: CPI books GmbH, Leck
Printed in Germany

Print-ISBN 978-3-446-46749-1
E-Book-ISBN 978-3-446-47010-1

Niemz / Sonderegger

Holzphysik

Die Autoren:

Prof. i. R. Dr. Ing. habil. Dr. h. c. Peter Niemz

studierte an der TU Dresden Holz- und Faserwerkstofftechnik, 1972 - 1993 Arbeit im IHD Dresden und an der TU Dresden (Hochschuldozent), 1993 bis 1996 Professor für Holztechnologie an der Universidad Austral de Chile, Valdivia/Chile, seit 1997 außerordentlicher Professor an der Universidad Austral de Chile, 1996 - 2015 ETH Zürich, seit 2002 Professor für Holzphysik (Institut für Baustoffe des Departements Bauwesen, Umwelt und Geomatik) der ETH Zürich, seit 2002 Mitglied von IAWS (International Academy of Wood Science), 2009 Ehrendoktor an der Universität Sopron, 2014 Wilhelm-Klauditz-Medaille. Gastprofessuren an der Universidad Austral de Chile, Valdivia/Chile, der Universität für Bodenkultur in Wien/Österreich, der Landwirtschaftlichen Akademie in Warschau, an den Forstwirtschaftlichen Fakultäten der Universitäten in Kunming und Beijing/China, der Universität Transilvania Braşov/Rumänien und seit 2020 der Luleå University of Technology, Skellefteå/Schweden.

Dr. sc. ETH Walter Sonderegger

Studium der Forstwissenschaften an der ETH Zürich, 2000 - 2011 wissenschaftlicher Mitarbeiter an der Professur Holzwissenschaften und nachfolgend im Bereich Holzphysik des Instituts für Baustoffe der ETH Zürich, 2011 Promotion auf dem Gebiet des Wärme- und Feuchtetransports in Holz und Holzwerkstoffen mit anschließender Vertiefung des Themasam Paul Scherrer Institut, 2015 bis 2018 wissenschaftlicher Mitarbeiter an der Professur Wood Materials Science der ETH Zürich und zusätzlich seit 2016 in der Abteilung Cellulose & Wood Materials der Eidgenössischen Materialprüfungs- und Forschungsanstalt (Empa) in Dübendorf. Seit Herbst 2018 ist er bei der Firma Swiss Wood Solutions, Dübendorf.

Vorwort

Vorwort zur zweiten Auflage im Carl Hanser Verlag

Das Buch „Physik des Holzes und der Holzwerkstoffe" von Peter Niemz erschien 1993 im DRW-Verlag, Stuttgart, in einer ersten Auflage. Nach mehr als 23 Jahren wurde es 2017 in einer deutlich erweiterten Neuauflage im Fachbuchverlag Leipzig im Carl Hanser Verlag unter Mitarbeit von Dr. Walter Sonderegger als Koautor neu aufgelegt. Die Struktur der Auflage von 1993 und wesentliche Inhalte wurden auch in der Auflage von 2017 beibehalten.

Nachdem die Auflage von 2017 schon nach wenigen Jahren ausverkauft war, haben sich Verlag und Autoren entschlossen, eine geringfügig, insbesondere um Druckfehler korrigierte und im Teil der Normung aktualisierte Neuauflage herauszugeben. Ebenso wurden einige kleinere Anpassungen vorgenommen.

Der rasche Verkauf zeigt das Interesse einer breiten Leserschaft an der Thematik Holz. Das Buch ist zwischenzeitlich in der Lehre und auch in der Praxis im deutschsprachigen Raum gut etabliert und nachgefragt. Man muss das sicher auch im Konsens mit dem deutlich gestiegenen Einsatz von Holz, insbesondere im Bauwesen (auch mehrgeschossiger Holzbau) in den letzten Jahren sehen. Holz und Holzwerkstoffe haben stark an Bedeutung gewonnen.

Neben vielen neuen Werkstoffen (z. B. Brettsperrholz, LVL aus Buche, modifizierte Hölzer) hielt auch die automatisierte Fertigung in der Holzindustrie und insbesondere auch im Holzbau noch stärker Einzug.

Jährlich erscheinen weltweit viele Dissertationen zu Themen aus dem Bereich der Physik des Holzes und der Holzwerkstoffe und eine sehr große Anzahl an Fachpublikationen, zunehmend in englischer Sprache und oft sehr in die Tiefe gehend (bis hin zur Zellwand und auch dem molekularen Aufbau). Das Buch soll einen Einstieg in die Thematik ermöglichen und den Studierenden das notwendige Grundwissen zur Physik des Holzes und der Holzwerkstoffe ermöglichen.

Weiterführende Informationen sind auch in meinen Vorlesungsskripten und den PowerPoint-Versionen meiner Vorlesungen an der ETH Zürich (Holzphysik, Holztechnologie, zerstörungsfreie Werkstoffprüfung, und auch einige Skripte zur Holzanatomie) verfügbar, die auf der e-collection der Bibliothek der ETH Zürich abrufbar sind. Zudem wird auf die umfangreiche Literatur in Fachzeitschriften verwiesen.

Eine an der ETH Zürich (Professur für Holzphysik) erarbeitete Datenbank wurde in das Buch integriert und ist über den Hanser Verlag abrufbar. Über den auf Seite 1 angegebenen Link sind die Datenbank und auch eine Anleitung zu deren Benutzung zugänglich.

Die Autoren danken dem Carl Hanser Verlag in München, insbesondere Herrn Frank Katzenmayer, für die sehr gute und unkomplizierte Zusammenarbeit bei der zweiten Neuauflage. Dem DRW-Verlag für die unkomplizierte Übergabe.

Der Dank gilt auch den zahlreichen Fachkollegen, die uns fachliche Hinweise für die Überarbeitung oder Korrekturen gaben.

Zürich, Frühjahr 2021 *Prof. i. R. Dr.-Ing. habil. Dr. h. c. Peter Niemz*

Vorwort zur ersten Auflage im Carl Hanser Verlag

Mehr als 23 Jahre sind nach der ersten Auflage vergangen. Das Buch ist seit Jahren ausverkauft. Es wurde gut aufgenommen und hat sich bewährt. In Abstimmung mit dem DRW-Verlag wird das Buch „Physik des Holzes und der Holzwerkstoffe" nun im Fachbuchverlag Leipzig im Carl Hanser Verlag neu aufgelegt. Dabei wurde versucht, das Grundprinzip einer kurzgefassten Vermittlung der wesentlichen Inhalte durch Formeln, Bilder und Tabellen mit möglichst wenig Text beizubehalten. Der Abschnitt Modellierung ausgewählter Eigenschaften wurde auf grundlegende Aspekte gekürzt, da auf diesem Gebiet sehr viele Arbeiten entstanden, die ein eigenes Werk bilden würden.

Auf dem Gebiet gibt es aber auch noch zahlreiche Lücken, die es bisher oft nicht erlauben, die Kennwerte sicher zu validieren bzw. zu berechnen. So fehlen Materialkennwerte für plastische Verformungen und zur Mechanosorption nahezu vollständig und ebenso oft komplette Datensätze für die Richtungs-, Feuchte- und Zeitabhängigkeit der Kennwerte. Dies, verbunden mit der großen Variabilität des Holzes, erschwert oft zuverlässige Berechnungen. Diese aufwendigen Forschungen zur Bestimmung von Materialkennwerten an kleinen, fehlerfreien Proben werden heute leider nur noch selten durchgeführt. Des Weiteren können auch Versagensvorgänge und der Einfluss der Holzstrahlen sowie die Wechselwirkungen zwischen den Strukturelementen bisher noch kaum erfasst werden. Hier befinden wir uns noch in der Anfangsphase. Im Buch werden daher lediglich wenige Grundlagen der Werkstoffberechnung behandelt.

Viele Arbeiten erfolgten in den letzten zwei Jahrzehnten zu Fragen der Bruchmechanik (Bestimmung der Bruchzähigkeit und Bruchenergie), der Versagensmechanismen und auch der Orthotropie. Auch erste Arbeiten zur Bestimmung der Zeitabhängigkeit elastischer Konstanten wie der Poissonzahl wurden durchgeführt. Ebenfalls erschienen zahlreiche Arbeiten zur Festigkeitssortierung von Holz.

Große Fortschritte wurden auf dem Gebiet der Messtechnik erreicht. Besonders durch die zerstörungsfreie Prüfung (Ultraschall, Modalanalyse, spektrometrische Methoden zur Eigenschaftsermittlung, Röntgenverfahren (einschließlich Synchrotron und Mikrotomographie, Röntgenstreuung zur Messung des Mikrofibrillenwinkels), Neutronenradiographie und -tomographie, Nanoindentation, Ramanspektroskopie u. a.) wurden Methoden geschaffen, die auch neue Einblicke in die Struktur und die Mechanismen der Strukturänderungen bei Belastung erlauben. Ausgewählte Methoden wie die Spektroskopie, die Laserstrahlung (Tracheideffekt, d. h. Brechung von Laserstrahlen an Holzzellen), die Eigenfrequenzmessung/Modalanalyse, die Röntgentomographie (z. B. Logscanning, Messung von Rohdichteprofilen in Holzwerkstoffen), die Farbmessung und die optische Fehlererkennung wurden in den letzten Jahren bereits industriell umgesetzt.

Forschungsmäßig ist es heute bereits möglich, in situ Schadensvorgänge mittels Synchrotronstrahlung mit etwa 0,5 µm Auflösung zu analysieren sowie Dehnungen an Probenoberflächen mittels Digital-Image-Korrelation zu erfassen und zeitnah auszuwerten. Die Auflösung der Geräte erhöht sich ständig und auch die Aufnahmegeschwindigkeit.

Auch auf dem Gebiet der Holzwerkstoffe gibt es zahlreiche Fortschritte. So haben heute Massivholzplatten (Brettsperrholz) einen festen Platz im Bauwesen, Furnierschichtholz (LVL) aus Fichte ebenso, LVL aus Buche kommt gerade auf den Markt. Holz-Kunststoff-Verbundwerkstoffe (WPC) haben einen kleinen, aber steigenden Marktanteil erreicht. Holzfasern und Fasern auf Basis anderer nachwachsender Rohstoffe werden zunehmend als Verstärkungsmaterial für Kunststoffe, z. B. im Fahrzeugbau, eingesetzt. Wieder an Bedeutung gewonnen hat auch seit den 1990er Jahren die Holzmodifizierung, die schon einmal einen Höhepunkt in den 1970er Jahren hatte. Der Schwerpunkt liegt heute insbesondere bei der Umsetzung und der Erforschung der Vorgänge bei der Modifizierung im Bereich der Zellwand.

Durch den Umbau der Wälder stehen wir in Deutschland, Österreich und der Schweiz langfristig vor einer verstärkten Verarbeitung von Laubholz, was auch auf holzphysikalischem Gebiet viele Arbeiten erfordert.

Im Buch wird versucht, den aktuellen Stand weitgehend abzubilden, ohne sich zu sehr in wissenschaftliche Details zu vertiefen, die für den durchschnittlichen (nicht nur in der Wissenschaft tätigen) Leser meist nur am Rande interessant sind. Hier sei auf weiterführende Literatur (Tagungsbände, Monographien) verwiesen. Das Buch soll für Studenten und Praktiker gleichsam ein gewisser Leitfaden sein. Die Zusammenstellung der Normen wurde aktualisiert. Da wo es sinnvoll erschien, wurden auch zurückgezogene Normen mit erwähnt, da häufig dort aufgeführte Kennwerte, aber auch die Methode wichtig sind.

Meinen ehemaligen Mitarbeitern der Arbeitsgruppe Holzphysik am Departement Bau, Umwelt und Geomatik der ETH Zürich, Dr. Michaela Zauner, Sven Schlegel, Melanie Wetzig, Thomas Schnider und Franco Michel danke ich für ihre aktive Mitarbeit bei der technischen Neugestaltung, meinen ehemaligen Doktoranden an der ETH für die langjährige gute Zusammenarbeit, viele ihrer Ergebnisse sind in die Überarbeitung eingeflossen. Herr Dr. Tobias Keplinger, ETH Zürich, Professur Wood Material Science trug wesentlich zur inhaltlichen Gestaltung des Kapitels 15.5 bei.

Vielen Fachkollegen, insbesondere Univ. Prof. Dr. Dr. h. c. Alfred Teischinger, Universität für Bodenkultur, Wien und Prof. Dr. Thomas Volkmer, Berner Fachhochschule, Biel danke ich für ihre Hinweise und Korrekturvorschläge. Herrn Philipp Thorwirth vom Fachbuchverlag danke ich für die gute Zusammenarbeit bei der Erarbeitung der ersten Neuauflage.

Für die Bearbeitung der Neuauflage habe ich Dr. Walter Sonderegger, ehemaliger Doktorand und langjähriger Mitarbeiter und Oberassistent in meiner Arbeitsgruppe an der ETH Zürich als Koautor aufgenommen. Er hat wesentlich an der Überarbeitung der Tabellen, aber auch der Kontrolle der Texte mitgewirkt und die Kapitel Feuchte-Wärme maßgeblich mit überarbeitet. Ebenso wirkte er an der Gesamtredaktion mit. Prof. Dr.-Ing. habil. Michael Scheffler, Westsächsische Hochschule Zwickau, übernahm es, die Kapitel 13 und 14 (Elastizität und Festigkeit) und 15 fachlich durchzusehen. Herr Dr. Bernd Devantier, IHD Dresden, gab viele fachliche Hinweise für Ergänzungen und Straffungen. Beiden gilt ein besonderer Dank.

Weiterführende Informationen zur Holzphysik sind auf der Homepage der e-collection der Bibliothek der ETH Zürich abzurufen. Dort sind u. a. die Folien der Vorlesungsunterlagen, aber auch Skripte zu meinen Lehrveranstaltungen verfügbar. Im Internet ist zudem der Zugriff auf eine Datenbank zu ausgewählten physikalischen Eigenschaften von Holz und Holzwerkstoffen möglich.

Im Buch wurde neben der zitierten auch weiterführende, nicht zitierte Literatur aufgeführt, die zur Vertiefung dient. Der Verfasser ist den Lesern für Hinweise zu Fehlern, Ergänzungen oder Straffungen dankbar.

Zürich, im Frühjahr 2017 *Prof. i. R. Dr.-Ing. habil. Dr. h. c. Peter Niemz*

Vorwort zur ersten Auflage im DRW-Verlag

Kenntnisse über den Roh- und Werkstoff Holz sind eine entscheidende Voraussetzung für dessen Be- und Verarbeitung, aber auch für den Einsatz von Holz und Holzwerkstoffen im Bauwesen und im Möbelbau. Deshalb wendet sich der vorliegende Band „Physik des Holzes" an alle jene Leser, die vor allem beruflich mit dem Holz zu tun haben und dafür fundierte wissenschaftliche Kenntnisse benötigen.

Der Band ist so konzipiert, dass er einen umfassenden Überblick über die physikalischen Eigenschaften des Holzes gibt, ohne sich in die von Monografien her bekannten fachlichen Details zu verlieren. Wegen ihrer großen Bedeutung mitbehandelt werden die Eigenschaften, insbesondere die Struktur-Eigenschafts-Beziehungen von Holzwerkstoffen und die Möglichkeiten ihrer Berechnung. Soweit es möglich war, wurden die angegebenen physikalisch-mechanischen Eigenschaften von Holz um entsprechende Angaben für Holzwerkstoffe ergänzt. Dabei wurde versucht, dem Leser das Auffinden von Eigenschaftswerten durch die Zusammenstellung von Tabellen zu erleichtern. Als ein Mangel stellte sich heraus, dass Zahlenangaben zu den ausgewählten physikalischen Eigenschaften des Holzes oftmals fehlen; hier bedarf es weiterer Forschungsarbeiten, um diese Lücken zu schließen. Der eingeschlagene Weg der Beschreibung allgemein anerkannter Prüfverfahren für wichtige physikalisch-mechanische Eigenschaften des Holzes und der Holzwerkstoffe konnte wegen lückenhafter Normung nicht immer eingehalten werden. Deshalb wurde verschiedentlich auf Prüfverfahren zurückgegriffen, die in Deutschland nicht gebräuchlich sind (ASTM), in der ehemaligen DDR standardisiert waren (TGL) oder in Werkstandards enthalten sind (Werkstandards des Forschungsinstituts für Holztechnologie bzw. WTZ Holz Dresden).

Die Kapitel 12.2,1, 12.2.2 und 15 dieses Bandes werden vom Verfasser unter maßgeblicher Mitarbeit von Herrn Dr.-Ing. habil. Andreas Hänsel als Vorlesung für das Lehrgebiet Strukturmechanik von Holz und Holzwerkstoffen an der Technischen Universität erarbeitet.

Herrn Dr.-Ing. Richard Kusian danke ich bei dieser Gelegenheit für die sehr gute Zusammenarbeit bei der Lektorierung dieses Bandes. Durch seine Sachkenntnis und seine Vorschläge zur inhaltlichen Gestaltung des Bandes trug er wesentlich zum Gelingen des Buchprojekts bei.

Frau Edeltraud Anisch danke ich an dieser Stelle für die sorgsame Anfertigung der zahlreichen Abbildungen, ebenso Herrn Dipl.-Ing. Andreas Weber für die Hilfe beim Korrekturlesen.

Dem DRW-Verlag danke ich für die sehr gute Zusammenarbeit bei der Herausgabe dieses Buches.

Der Verfasser ist den Lesern für Hinweise zur Erweiterung, Straffung oder Ergänzung des Buches dankbar.

Dresden, im Frühjahr 1993

Peter Niemz

Datenbank für Kennwerte zum Feuchte- und Wärmetransport in Holz und Holzwerkstoffen

Die Datenbank „Datenbank für Kennwerte zum Feuchte- und Wärmetransport in Holz und Holzwerkstoffen" wurde im Jahre 2011 an der Professur für Holzphysik der ETH Zürich erarbeitet.

Bearbeiter waren:

Dr. Walter Sonderegger

Dipl.-Ing. (FH) Verena Krackler

Dr. Matus Joscak

Prof. Dr. Peter Niemz

Sie entstand in Zusammenarbeit der ETH Zürich mit dem Schweizer Bundesamt für Umwelt (BAFU) und Industriepartnern. Sie basiert insbesondere auf einer Zusammenstellung von über mehr als 10 Jahre durchgeführten Messungen an der Professur Holzphysik der ETH Zürich. Diese Arbeiten sind in der Datenbank dokumentiert. Die Daten basieren auf Messungen bis Mitte 2011, spätere Arbeiten wurden nicht integriert.

Über den auf Seite 1 angegebenen Link des Carl Hanser Verlages ist die Datenbank zugänglich.

Sie ermöglicht es, Kennwerte wie Sorptionsisothermen, Wärmeleitfähigkeit, Diffusionswiderstand für verschiedene Holzarten und Holzwerkstoffe zu suchen, zu erstellen und auszugeben. Eine ausführliche Beschreibung ist im Projektbericht aufgeführt, der ebenfalls über den Link abrufbar ist. Diese Beschreibung dient praktisch als Bedienungsanleitung.

Es sei darauf hingewiesen, dass zu holzanatomischen und ausgewählten holzphysikalischen Merkmalen der Holzatlas von Rudi Wagenführ (7. Auflage 2021) auch in elektronischer Form bereitsteht und neben anatomischen auch eine Vielzahl von physikalischen Kennwerten enthält.

Ebenso gibt es Datenbanken des Johann Heinrich von Thünen-Instituts, Institut für Holzforschung in Hamburg und der TU Dresden, Institut für Naturstofftechnik. Diese sind teils auch frei zugänglich.

Auf die Datenbank **macroHOLZdata,** die auch die technologischen Beschreibungen der 130 wichtigsten Handelshölzer umfasst, kann über das Thünen-Institut, Hamburg zugegriffen werden. Diese wird laufend aktualisiert.

Ferner sind zu Holzwerkstoffen zahlreiche Informationen zu Materialkennwerten über die Herstellerfirmen, die Fachverbände (z. B. dem VHI in Deutschland, proHolz Austria in Österreich, Lignum in der Schweiz) sowie den Informationsdienst Holz in Deutschland verfügbar.

Ausgewählte Daten sind auch im Wood Handbook (Wood as an Engineering Material) des Forest Products Laboratory in Madison, USA online verfügbar. Auch Eurocode 5 enthält eine Vielzahl von Rechenwerten zu Holz und Holzwerkstoffen, die im Holzbau verwendet werden.

Zürich, Frühjahr 2021 *Peter Niemz*

Inhalt

13 Elastomechanische und inelastische Eigenschaften von Holz und Holzwerkstoffen 270

14 Festigkeitseigenschaften 340

1 Einführung

Holz gehört neben Kohle, Erdöl und Erdgas zu den wichtigsten auf der Erde vorkommenden Rohstoffen. Seine wirtschaftliche Bedeutung verdankt es der Existenz von großen, über das Festland der Erde verteilten Wäldern und anderen Gehölzformationen, die Holz in mehr oder weniger großen Mengen erzeugen und bevorraten (akkumulieren).

Gegenwärtig sind rund 31 % des Festlandes der Erde, das sind $4000 \cdot 10^6$ ha, von Wäldern und anderen Gehölzformationen bedeckt. Weitere $1100 \cdot 10^6$ ha sind andere Gehölzformen (9 %) (Schmithüsen, et al., 2014). In den Wäldern der Erde sind etwa $1000 \cdot 10^9$ t Phytomasse (lebendes pflanzliches Material) – angegeben als organische Trockensubstanz – akkumuliert, wobei jährlich $50 \cdot 10^9$ t zuwachsen. Dabei werden jährlich $24 \cdot 10^9$ t Sauerstoff an die Atmosphäre abgegeben ((Steinlin, 1979) und (Thomasius, 1981)).

Wie aus Tabelle 1.1 hervorgeht, entfallen mehr als die Hälfte der Fläche (52 %), des Vorrates (56 %) und des jährlichen Zuwachses (62 %) auf Wälder in den tropischen und subtropischen Gebieten der Erde. In diesen Gebieten haben die Kleinlaubwälder, Dornbusch- und Hartlaubgehölze, Baum- und Strauchsavannen zwar einen hohen Flächenanteil, ihre Vorrats- und Zuwachswerte sind jedoch gering. Überdurchschnittlich ist die jährliche Stoffproduktion dagegen in den immergrünen tropischen Breitlaubwäldern, wo Werte von 30 bis 35 t organische Trockensubstanz je Jahr und Hektar (im Mittel 20,6 t/a und ha) erreicht werden und bis zu 400 – 600 t organische Trockensubstanz je Hektar akkumuliert sein können.

Nur etwa 22 % der Gesamtwaldfläche der Erde entfallen auf die gemäßigten Gebiete, wobei die immer- und sommergrünen Breitlaubwälder sowohl den dominierenden Anteil am Vorrat als auch am jährlichen Zuwachs haben. Bei optimaler Wasserversorgung – z. B. in den Auenwäldern an Flussläufen – können bis zu 400 t organische Trockensubstanz je Hektar akkumuliert und jährlich bis zu 20 t organische Trockensubstanz je Hektar produziert werden.

Die Wälder in den borealen Gebieten sind zu rund einem Viertel (26 %) an der Gesamtwaldfläche, zu einem Fünftel (20 %) am Gesamtvorrat und zu einem Sechstel (17 %) am gesamten jährlichen Zuwachs an Phytomasse in den Wäldern der Erde beteiligt. Von besonderer Bedeutung sind in diesem Gebiet die auf der gesamten nördlichen Erdhalbkugel verbreiteten Nadelwälder, die jährlich 2 bis 8 t organische Trockensubstanz je Hektar erzeugen können und insgesamt 70 bis 200 t je Hektar akkumulieren.

Die Kohlenstoffspeicherung des Waldes (gemessen in metrischen Tonnen) betrug allein in Europa 46 Mrd. metrische Tonnen im Jahre 2010. Davon sind 80 % überirdische (Stammholz, Äste, Reisig) und 20 % unterirdische Biomasse (Wurzeln) (Schmithüsen, et al., 2014). Damit wird auch die Bedeutung des Waldes zur Senkung des CO_2 deutlich. Für die europäischen Länder stieg die Kohlenstoffspeicherung zwischen 2005 bis 2010 um jährlich 0,5 %.

Tabelle 1.1 Rohstoffpotenzial von Wäldern und anderen Gehölzformationen (nach (Steinlin, 1979) (Thomasius, 1981))

Vegetationsgebiete	Fläche	Vorrat an Trockenmasse		Zuwachs an Trockenmasse	
	in 10^6 ha	in 10^9 t	in t/ha	in 10^9 t/a	in t/a ha
1. Tropische und subtropische Gebiete					
Immer- und regengrüne Breitlaubwälder	1134 (25 %)	484,0 (49 %)	426,8	23,4 (45 %)	20,6
Offene Kleinlaubwälder, Dornbusch und Hartlaubgehölze, Baum- und Strauchsavannen	1219 (27 %)	73,3 (7 %)	60,1	8,5 (17 %)	7,0
2. Gemäßigte (temperierte) Gebiete					
Immer- und sommergrüne Breitlaubwälder	712 (16 %)	218,9 (22 %)	307,4	8,7 (17 %)	12,3
Waldsteppen, Dornbusch und Hartlaubgehölze	267 (6 %)	21,7 (2 %)	81,3	2,0 (4 %)	7,5
3. Boreale Gebiete					
Kleinlaubmischwald und Nadelwälder	924 (21 %)	184,8 (19 %)	200	7,4 (14 %)	8,0
Waldtundra	217 (5 %)	13,0 (1 %)	59,9	1,5 (3 %)	6,9
Gesamt	**4473**	**995,7**	**224,4**	**51,5**	**11,6**

Verfügbarkeit des Holzes

Von wirtschaftlichem Interesse ist das in der akkumulierten Phytomasse der Wälder enthaltene nutzbare Holz, dessen Menge in m^3 oder, forstlichem Sprachgebrauch entsprechend, in „Erntefestmetern" (Efm oder Fm) angegeben wird. Nach FAO-Daten für das Jahr 2010 betragen die Holzvorräte der Erde $527 \cdot 10^9$ m^3 (Schmithüsen, et al., 2014); sie konzentrieren sich vor allem in Südamerika (ungefähr ein Drittel der gesamten Vorräte), in Russland und in Nordamerika, wie Bild 1.1 veranschaulicht.

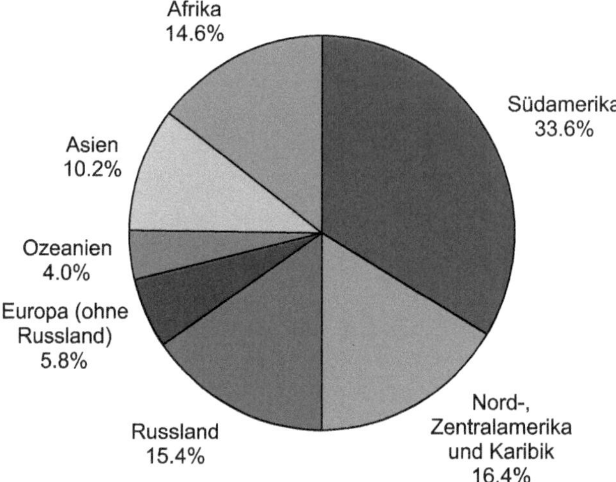

Bild 1.1 Territoriale Verteilung der in den Wäldern der Welt enthaltenen, stehenden Holzvorräte (nach (FAO, 2010))

Bezogen auf die Waldfläche der einzelnen Erdteile, errechnet sich Tabelle 1.2 zufolge für die Wälder der Erde ein durchschnittlicher Holzvorrat von 131 Fm, für die Wälder Europas hingegen ein durchschnittlicher Holzvorrat von 156 Fm je Hektar. Wird der Holzvorrat auf die Bevölkerungszahl bezogen, ergibt sich für jeden Bewohner der Erde ein Wert von 78 Fm und für jeden Einwohner Europas ein Wert von 52 Fm. Einer wirtschaftlichen Nutzung zugeführt werden, global gesehen, durchschnittlich 0,8 Fm je Hektar Waldfläche, in Europa dagegen 3,5 Fm je Hektar. Somit wird sowohl in Europa als auch weltweit weniger Holz wirtschaftlich genutzt als zuwächst, wobei allerdings bei dieser Betrachtung die Waldrodungen unberücksichtigt bleiben. Tabelle 1.3 zeigt die globale Bewaldung weltweit und nach Kontinenten sowie die Waldflächenänderungen zwischen 1990 und 2010 mit einem starken Rückgang in Afrika und Südamerika, dagegen erheblichen Zunahmen der Waldflächen in Europa und ab 2000 auch in Asien (besonders in China).

Tabelle 1.2 Waldflächen, Holzzuwachs und Holznutzung auf der Erde und in Europa (nach (FAO, 2010) und (Schmithüsen, et al., 2014))

Kenngröße	Erde	Europa (ohne Russland)
Gesamtfläche ohne Gewässer (10^6 ha)	13011	577
Waldfläche (10^6 ha)	4033	196
Waldflächenanteil (%)	31	34
Waldfläche pro Kopf der Bevölkerung (ha)	0,60	0,3
Waldfläche pro Kopf der Bevölkerung (Fm)	78	52
Holzvorrat je ha Waldfläche (Fm)	131	156
Jährlicher Zuwachs je ha Waldfläche (Fm)	1,0*	4,2
Jährliche Nutzung je ha Waldfläche (Fm)	0,8*	3,5
Holznutzung pro Kopf der Bevölkerung (Fm)	0,50	0,93

*geschätzt bezogen auf die globale Waldfläche

Tabelle 1.3 Globale Bewaldung (nach (FAO, 2010))

	Waldfläche	Anteil an weltweitem Wald	Anteil an Landfläche	Waldflächenänderung 1990/2000	Waldflächenänderung 2000/2010
	(1000 ha)	(%)	(%)	(1000 ha/Jahr)	(1000 ha/Jahr)
Afrika	674 419	16,7	23	-4067	-3414
Asien	592 512	14,7	19	-595	2235
Russland	809 090	20,1	49	32	-18
Europa (ohne Russland)	195 911	4,9	34	845	694
Nord-, Zentral-amerika und Karibik	705 393	17,5	33	-289	-10
Südamerika	864 351	21,4	49	-4213	-3997
Ozeanien	191 384	4,7	23	-36	-700
Weltweit	4 033 060	100	31	-8323	-5210

Die ständige, nachhaltige Reproduktion in nach menschlichen Vorstellungen überschaubaren Zeiträumen ist einer der wesentlichen Vorzüge des Holzes gegenüber anderen mit ihm konkurrierenden Rohstoffen, wie z. B. Kohle, Erdöl oder Erdgas. Für die wirtschaftliche Nutzung des Holzes ist dabei wichtig, dass der Holz-, insbesondere der Schaftholzanteil an der Masse des lebenden Baums (Dendromasse) in Abhängigkeit von der Baumart mit dem Baumalter zunimmt. So haben wipfelschäftige, monopodial wachsende Baumarten, wie z. B. die Fichte, in Reinbeständen mittlerer Bonität im Alter von über 80 Jahren einen Schaftholzanteil von über 80 %, während in Dickungen und Jungbeständen der Nadel- und Astanteil überwiegt (Bild 1.2).

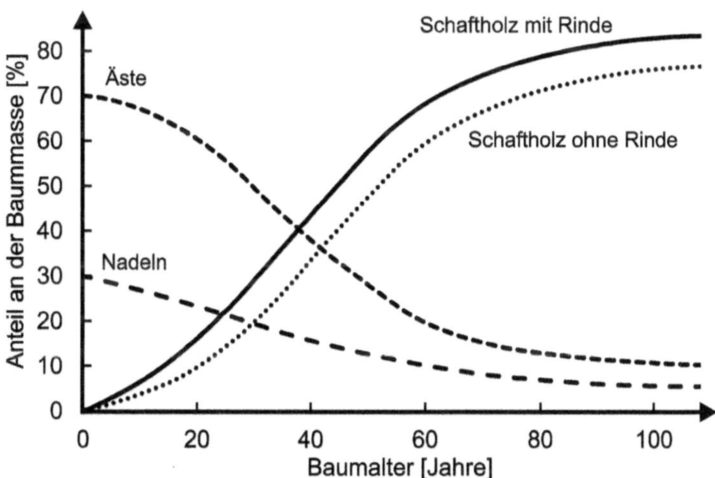

Bild 1.2 Anteil von Schaftholz, Ästen und Nadeln an der gesamten Baummasse von Fichte in Abhängigkeit vom Alter (Bloßfeld, Fiedler & Wienhaus, 1979)

Starkholz, was insbesondere im Alpenraum vorkommt, muss mit speziellen Technologien (Bandsägen) verarbeitet werden. Die großen Fortschritte in der Holzverarbeitung (Keilzinkung, Flächenverklebung, automatisierte Fehlererkennung und Holzsortierung) haben das Anforderungsprofil an das Holz jedoch zu schwächeren Sortimenten hin, welche kostengünstiger verarbeitbar sind als Starkholz, verschoben. Praktisch werden deshalb heute in Sägewerken bevorzugt relativ schwache Holzsortimente verarbeitet (Zerspanertechnologie).

In den letzten Jahren wird insbesondere aus Gründen der Biodiversität in Deutschland, Österreich und der Schweiz verstärkt Laubholz angebaut. Der Bestand an Laubholz im Wald steigt, der von Nadelholz sinkt. Heute wird dieses aus Kostengründen noch überwiegend energetisch genutzt. Der frühere Einsatz geringwertigerer Stammabschnitte für Eisenbahnschwellen ist stark reduziert. Erste Ansätze zum stärkeren Einsatz von Laubholz im Bauwesen sind vorhanden. Es gibt jedoch noch zahlreiche Probleme zu lösen.

Zum Vergleich wird Plantagenholz (insbesondere in Chile und Neuseeland) der Radiata-Kiefer nach etwa 20 Jahren für Sägeholz, nach etwa 7 Jahren für Zellstoff verwertet. Bei Eukalyptus sind die Umtriebszeiten noch geringer. Die Qualität wird dabei durch genetische, aber auch gezielte waldbauliche Maßnahmen (z. B. Astung, Pflanzungsdichte) beeinflusst. Selbst an der gezielten genetischen Veränderung des Cellulose- bzw. Ligninanteils der Bäume wird gearbeitet.

Physikalisch-mechanische Eigenschaften des Holzes

Holz ist ein anisotroper, inhomogener und poröser Werkstoff. Alle Holzeigenschaften sind richtungsabhängig, variieren sehr stark und sind abhängig von den Umweltbedingungen. Kenntnisse der mechanischen Eigenschaften (einschließlich Einfluss von Feuchte, Temperatur, des Langzeitverhaltens (rheologische Eigenschaften), der Alterung (von Holz, Verbindungsmitteln, Werkstoffen)) sind für den Holzeinsatz fundamental für die Nutzung des Holzes als Festkörper und seine Verarbeitung. Das beginnt mit der Kenntnis der Struktur-Eigenschafts-Beziehungen und dem Wissen über die Variabilität der Holzeigenschaften.

Die Kenntnis der Holzeigenschaften ist sowohl wichtig für die Verarbeitung des Holzes (Zerspanung, Trocknung, Verklebung, Beschichtung), als auch für die Herstellung von Werkstoffen und Produkten (z. B. Wärmeübertragung, Ausrichtung der Strukturelemente, Einfluss technologischer Prozesse wie Trocknung, Wärmebehandlung und chemische Vergütung). Moderne Berechnungsmethoden wie Finite Elemente erfordern eine Vielzahl von Materialkennwerten und sind eine neue Herausforderung für die holzphysikalische Forschung. Komplette Datensätze sind bisher nur wenig verfügbar. Die in älterer Literatur oft nur aufgeführten Kennwerte E-Module bei Biegung und Biegefestigkeit oder Zug- und Druckfestigkeit in Faserrichtung sind nicht immer ausreichend. Zunehmend werden Parameter für die Berechnung der orthotropen Eigenschaften in den Hauptachsen sowie für plastische und viskoelastische Eigenschaften benötigt. Auch neuere Angaben zu Eigenschaften bei dynamischer Belastung fehlen weitgehend. Letztmalig wurden umfangreiche Arbeiten zur Mechanik in der Zeit um den 2. Weltkrieg durchgeführt, um insbesondere die erforderlichen Kennwerte für den damalig starken Einsatz von Holz im Flugzeugbau zu erhalten. Seit Aufkommen der faserverstärkten Kunststoffe und dem starken Einsatz von Metallen ging die Bedeutung des Holzes im Flug- und Fahrzeugbau deutlich zurück. Heute ist die Tendenz zum Holzeinsatz wieder steigend. So werden Kunststoffe zunehmend mit

Naturfasern verstärkt, am Einsatz von Holz im Fahrzeugbau wird bereits gearbeitet. Auch die chemische und energetische Nutzung des Holzes spielt eine zunehmende Rolle.

Die Holzphysik ist heute in der Lage, mithilfe neuer Prüfverfahren den Kenntnisstand über physikalisch-mechanische Eigenschaften auf verschiedenen Strukturebenen deutlich zu verbessern. Moderne Messmethoden wie die Digital Image Correlation (Prinzip der Kreuzkorrelation, angewendet in der Photogrammetrie), die Computertomographie oder im Mikro- bzw. Nanobereich nutzbare Methoden wie Nanoindentation, Raman-Spektroskopie, AFM, NIR-Spektroskopie und viele weitere Verfahren geben dazu gute Möglichkeiten. Hinsichtlich der Materialkennwerte existieren vielfach noch große Lücken für FE-Berechnungen, besonders auch bezüglich der rheologischen und plastischen Eigenschaften, die es künftig zu schließen gilt.

Technologien zur Verarbeitung von Holz

Holz hatte in der bisherigen Menschheitsgeschichte eine große wirtschaftliche Bedeutung; es war Roh- und Werkstoff zugleich und wurde als Brenn- und Baumaterial, in der Frühzeit der Menschheitsentwicklung auch zur Herstellung von Werkzeugen vielseitig genutzt. Beim Übergang von der Stein- zur Bronze- und Eisenzeit erlangte Holz bzw. Holzkohle eine regelrechte Monopolstellung als Energieträger und Reduktionsmittel bei der Verhüttung von Erzen, die zumeist mit einer beträchtlichen Verwüstung der Wälder verbunden war.

Mit Beginn der industriellen Revolution wurde Holz ein vielbegehrter Industrierohstoff, ohne jedoch seine Bedeutung für den individuellen Verbrauch, z. B. als Brennmaterial, zu verlieren. So werden noch heute rund 50 % des geernteten Holzes zur Energiegewinnung verbrannt; in einigen Entwicklungsländern ist Holz nach wie vor der wichtigste Brennstoff. Die Tendenz der energetischen Nutzung ist in den letzten Jahren auch in Europa wieder steigend, insbesondere bei Laubholz. Die Förderung der Verwendung nachwachsender Rohstoffe für die Energieerzeugung hat wesentlich dazu beigetragen (Hackschnitzelheizungen, Holzpellets). Sinnvoller wäre, besonders unter dem heute wichtigen Aspekt der CO_2-Reduzierung, die Eigenschaft von Holz als CO_2-Speicher auszuschöpfen und es erst als Altholz energetisch zu verwerten (Kaskadennutzung). Teilweise führt die vermehrte Verwendung von Holz als Brennstoff in der Holzwerkstoffindustrie bereits zu Versorgungsengpässen.

Auch an der Nutzung von Holz als Chemierohstoff wird weltweit intensiv gearbeitet. Neben der industriellen Erzeugung von Schnittholz, später von Sperrholz und Tischlerplatten wurde in der zweiten Hälfte des 19. Jahrhunderts mit der Zellstoffherstellung begonnen, nachdem die chemischen Holzaufschlussverfahren einen entsprechenden Entwicklungsstand erreicht hatten. In der ersten Hälfte des 20. Jahrhunderts kamen die Herstellung von Faserplatten, um die Mitte des 20. Jahrhunderts die Herstellung von Spanplatten aus Holz hinzu, die in der Folgezeit in nahezu allen Industrieländern ein wirtschaftlich bedeutendes Ausmaß erreichten. Neben Span- und Faserplatten werden heute insbesondere Werkstoffe auf Massivholzbasis (Brettschichtholz, Brettsperrholz, Brettstapelelemente) im Bauwesen eingesetzt. Tabelle 1.4 gibt eine Übersicht zur Produktion von Industrie- und Brennholz weltweit von 1980 bis 2012. Der hohe Anteil an Brennholz ist deutlich erkennbar. Die Bruttowertschöpfung der Forst- und Holzwirtschaft betrug 2014 606 Mrd. US-Dollar. Tabelle 1.5 zeigt die Struktur der Bruttowertschöpfung einiger ausgewählter Länder.

Tabelle 1.4 Produktion von Industrie- und Brennholz in der Welt in Mio. m^3 (Bemmann, 2014)

Produkt	Jahr			
	1980	1990	2000	2012
Industrieholz	1446	1697	1622	1657
Brennholz	1681	1827	1810	1870
Gesamt	3127	3524	3432	3527

Tabelle 1.5 Bruttowertschöpfung der Forst- und Holzwirtschaft in Mrd. US-Dollar (Bemmann, 2014)

Land/Region	Rundholz	Holzbe- und -verarbeitung	Zellstoff und Papier	Gesamt
Weltweit				606
China	32,4	41,1	53,0	126
USA	20,3	22,1	53,3	96
Japan	2,0	9,2	28,8	40
Indien	28,1	0,4	2,5	31
Deutschland	3,0	9,2	13,9	26
Brasilien	7,0	5,8	9,7	22
Kanada	5,8	6,7	7,4	20

Bild 1.3 veranschaulicht die vielseitigen Möglichkeiten der Holznutzung, angefangen von der Schnittholzherstellung durch Aufteilen von gewachsenen Baumteilen bis zur Gewinnung chemischer Grundstoffe durch thermischen Abbau der Holzsubstanz.

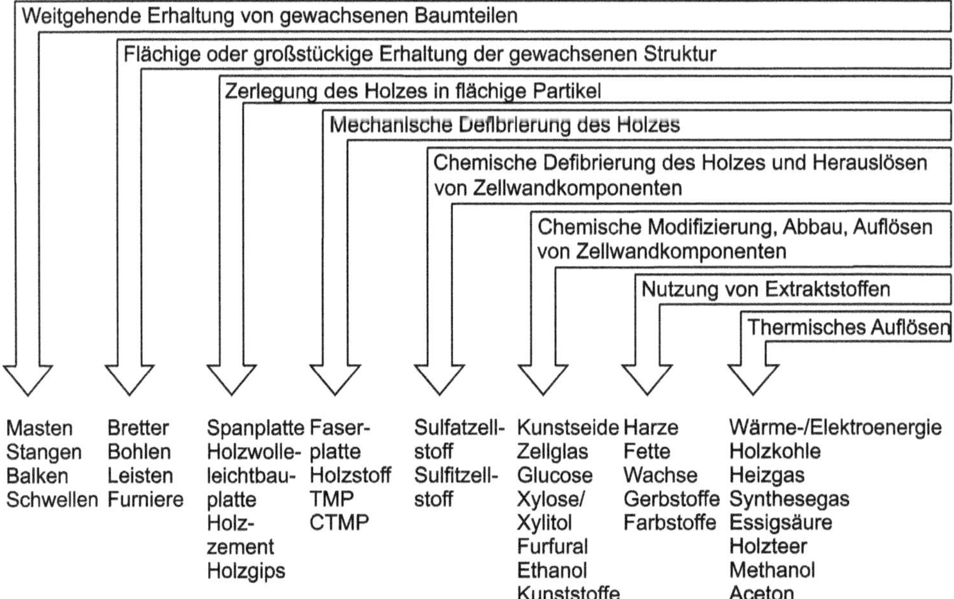

Bild 1.3 Technologie und Produkte der Holzverwertung (nach (Schulz & Wegener, 1983), verändert)

Demnach können heute fast alle aus fossilen Rohstoffen erzeugten Produkte auch aus Holz hergestellt werden, wenn es gelingt, die Produktivität der hochautomatisierten petrochemischen Produktionsanlagen zu erreichen. An dieser Thematik wird heute wissenschaftlich sehr intensiv gearbeitet. Ungeachtet dessen ist die industrielle Verarbeitung von Holz heute auf einem Stand, der die vielfachen Vorteile des Holzes gegenüber den mit ihm konkurrierenden fossilen Rohstoffen voll zur Geltung bringt. Die modernen Technologien zur Verarbeitung von Holz ermöglichen es, Produkte rationell und mit hoher Flexibilität herzustellen, ohne die Umwelt wesentlich zu belasten.

Holz als makromolekularer Verbund aus Cellulose, Hemicellulose und Lignin mit spezifischen mechanisch-physikalischen Strukturmerkmalen lässt sich mit verhältnismäßig geringem Energieaufwand erzeugen (die notwendige Syntheseenergie wird durch das Sonnenlicht geliefert) und verarbeiten. Bei seiner Bildung wird Kohlendioxid der Atmosphäre chemisch gebunden, Sauerstoff dagegen in großen Mengen freigesetzt. Holz ist durch Kompostierung oder andere Rotteprozesse bzw. durch eine angepasste Verbrennung umweltschonend zu entsorgen. Aufgrund seines außerordentlich geringen Schwefel- und Stickstoffgehalts sowie seines geringen Aschegehalts entstehen bei der Verbrennung von Holz verhältnismäßig wenig Luftschadstoffe (Schwefeldioxid, Stickoxide) und Holzrückstände. Für recyceltes Holz und Holzwerkstoffe gelten besondere Regelungen wegen vorhandener Fremdstoffe wie Holzschutzmittel oder Klebstoffe. Diese sind in entsprechenden industriellen Anlagen zu verbrennen.

Große Mengen an Holz werden im Bauwesen eingesetzt. Insbesondere bei Massivbauweisen mit Massivholzplatten, Brettsperrholz, Elementen in Brettstapelbauweise und Brettschichtholz ist dies der Fall. Der Holzbau hat derzeit stark an Volumen insbesondere im innerstädtischen, mehrgeschossigen Wohnungsbau gewonnen. So werden derzeit in der Schweiz ca. 6 % aller Mehrfamilienhäuser und 15 – 18 % aller Einfamilienhäuser in Holz gebaut. Technologisch wurden in der Holzwerkstoffindustrie, der Möbelindustrie und dem Holzbau sehr große Fortschritte erzielt. CNC-gesteuerte Maschinen erlauben eine hochgenaue Fertigung auch in kleinen Stückzahlen. Dies gilt für die Möbelindustrie und den Holzbau. Die dadurch höhere Passgenauigkeit im Vergleich zu Beton ist heute schon vielfach ein Vorteil des Holzbaus. Viskosefasern auf Holzbasis haben bereits seit langem ein festes Marktsegment. Die chemische und energetische Nutzung des Holzes ist heute weltweit einer der großen Forschungsschwerpunkte. So wird auf den Gebieten der Nutzung von Nanocellulose, der chemischen Holzverwertung (Bioraffinerie) und der Nutzung von Holzinhaltsstoffen intensiv gearbeitet. Der steigende Anteil an Holz für die energetische Nutzung führte bereits zu Engpässen bei der stofflichen Verwendung. So werden in der Plattenindustrie bereits große Mengen an recyceltem Holz (in der Spanplattenindustrie 23,8 % (Mantau, 2013)) verwendet, Tendenz steigend. In der Papierindustrie beträgt die Recyclingquote bereits 61 %.

Um die Wirtschaftlichkeit zu erhöhen, werden teilweise an einem Standort mehrere Mio. m^3 Holz pro Jahr verarbeitet und Zellstoffwerke, Sägewerke, Holzwerkstoffbetriebe und Holzverarbeitungsbetriebe errichtet. So gibt es z. B. in Südchile Anlagen, die jährlich 5 Mio. m^3 Plantagenholz verarbeiten. Synergieeffekte ergeben sich dabei hinsichtlich der Energie, aber auch der unterschiedlichen Holzqualitäten und der Nebenprodukte wie Späne, Hackschnitzel und Rinde.

Literaturverzeichnis

Ando, K., Hirashima, Y., Sugihara, M., Hirao, S. & Sasaki, Y. (2006). Microscopic processes of shearing fracture of old wood, examined using the acoustic emission technique. *Journal of Wood Science, 52* (6), S. 483 - 489.

Bemmann, A. (2014). The Coming Age of Wood - Realität oder Fiktion. *Vortrag 13. Forstwissenschaftliche Tagung,* 17. 9. 2014. Tharandt.

Bloßfeld, O., Fiedler, F. & Wienhaus, O. (1979). Charakterisierung und Verwertung von Hackgemischen aus der Ganzbaum- und Kronenhackung. In *Agrarwissenschaftliche Gesellschaft der DDR - Wissenschaftliche Tagungen 1979* (S. 4 - 17, 22).

FAO. (2010). Global Forest Resources Assessment 2010 - Main Report. *FAO Forestry Paper 163,* Food and Agriculture Organization of the United Nations. Rome.

Goheen, D. W. (1981). Chemicals from wood and other biomass. Part1: Future sypply of organic chemicals. *Journal of Chemical Education, 58* (6), S. 465 - 468.

Jensen, W. (1976). Versuche zur besseren Ausnutzung des Holzes in Finnland. In *Rohstoff Holz. - Sitzungsberichte der AdW der DDR, Nr. 4* (S. 5 - 27).

Kurth, H. (1981). Der Roh- und Werkstoff Holz - Wissenschaftliche Grundlagen der nachhaltigen Produktion, verlustarmen Gewinnung und vollständigen Verwertung 19. 1. 1981. In *Material der 30. Plenartagung des Wiss. Rates der TU Dresden 19. 1. 1981.* TU Dresden: Selbstverlag.

Langendorf, G. (1982). *Holz - Naturrohstoff mit Zukunft.* Leipzig: Fachbuchverlag.

Mantau, U. (2013). Holzmarktlehre. *Vorlesungsunterlagen* Universität Hamburg.

Paulitsch, M. (1989). *Moderne Holzwerkstoffe.* Berlin: Springer.

Paulitsch, M. & Barbu, M. C. (2015). *Holzwerkstoffe der Moderne.* Leinfelden-Echterdingen: DRW-Verlag.

Schmithüsen, F., Kaiser, B., Schmidhauser, A., Mellinghoff, S., Perchthaler, K. & Kammerhofer, A. (2014). *Entrepreneurship and Management in Forestry and Wood Processing.* London and New York: Routledge, Taylor and Francis Group.

Schulz, H. & Wegener, G. (1983). Die vielseitigen Möglichkeiten einer vollständigen Holzverwertung. *Allgemeine Forst Zeitschrift, 38* (23), S. 578 - 581.

Steinlin, H. (1979). Die Holzproduktion der Welt - Ökologische, soziale und ökonomische Aspekte. *Schweizerische Zeitschrift für Forstwesen, 130* (2), S. 109 - 131.

Thomasius, H. (1981). Produktivität und Stabilität von Waldökosystemen. In *Sitzungsberichte der AdW der DDR, Klassen Mathematik - Naturwissenschaften - Technik, Nr. 9* (S. 1 - 54)

2 Geschichte der Physik des Holzes

Die Physik des Holzes ist ein integraler Bestandteil der Wissenschaft vom Holz. Sie baut auf den Erkenntnissen der klassischen Physik, Mechanik und Festigkeitslehre auf, berücksichtigt aber auch den Wissensstand der Holzchemie, der Holzanatomie und Biologie. Unter der Physik des Holzes wird die „Lehre von den physikalisch-mechanischen Eigenschaften des Holzes und der Holzwerkstoffe" verstanden. Wichtige Arbeitsgebiete der Physik des Holzes sind:

- das Verhalten des Holzes gegenüber der Feuchtigkeit (Grundlagen der Feuchteaufnahme sowie des Quell- und Schwindverhaltens),
- der Einfluss der Temperatur auf die Eigenschaften des Holzes, die Wärmeleitung und die Wärmespeicherung und
- die mechanischen, rheologischen sowie akustischen Eigenschaften des Holzes und der Holzwerkstoffe.

Ferner befasst sich die Physik des Holzes mit der Theorie der Eigenschaftsbildung (Beziehungen zwischen Struktur und Eigenschaften) von Holz und Holzwerkstoffen sowie mit dem Wesen von Verformungs- und Bruchvorgängen.

Infolge des natürlichen Charakters des Holzes als biologisch erzeugter Rohstoff sind im Vergleich zu anderen Werkstoffen wie Stahl und Beton eine Reihe materialspezifischer Besonderheiten zu berücksichtigen. Als Beispiele seien hier nur die Inhomogenität, die Anisotropie sowie das hygroskopische Verhalten und der erhebliche Feuchteeinfluss auf nahezu alle Eigenschaften genannt.

Die Kenntnis der mechanisch-physikalischen Eigenschaften ist eine wichtige Grundlage für die Herstellung von Schnittholz und Holzwerkstoffen, ihre Verarbeitung und den zweckmäßigen Einsatz. Aber auch die Entwicklung und der Einsatz moderner, rechnergestützt arbeitender Fertigungsanlagen erfordern umfassende Kenntnisse der physikalisch-mechanischen Eigenschaften des Holzes und der Holzwerkstoffe.

Beispielsweise werden heute in wachsendem Maße physikalische Eigenschaften für die Automatisierung der Qualitätskontrolle genutzt. Man kann – sicherlich ohne Einschränkung – in den letzten Jahrzehnten von einer gewissen Renaissance der holzphysikalischen Forschung sprechen, die durch die Entwicklung von Prozessmesstechnik (insbesondere für die Bestimmung der mechanischen Eigenschaften und zur Lokalisation von Fehlern) und durch die Anwendung moderner Prüftechnik (z. B. Schall- und Eigenfrequenzmessung, Lasertechnik, Röntgenstrahlung, Neutronenstrahlung, Fortschritte in der Schallemission) und Berechnungsmethoden (z. B. Finite-Elemente-Methode, Theorien der Bruchmechanik) gefördert wird.

Erste Ansätze der wissenschaftlichen Erforschung der Eigenschaften des Holzes gehen u. a. auf Du Hamel du Monceau (1700 – 1782) und Leclerc de Buffon (1707 – 1788) zurück (Bild 2.1).

Bild 2.1 Portraits ausgewählter Wissenschaftler aus dem Bereich Forst und Holz

Aber auch schon weit früher wurden sehr viele grundlegende Arbeiten durchgeführt (Materialkennwerte, Dichtemessungen), was eine Recherche in alten Enzyklopädien beweist (Matejak & Niemz, 2011). Buffon erkannte als Erster die Korrelation zwischen Dichte und Festigkeit (Köstler, Kollmann & v. Massow, 1960).

Die Zeit von 1750 bis 1830 ist durch eine Flut von Arbeiten zur Holzproduktion und -nutzung gekennzeichnet. Hier sind insbesondere Arbeiten von Georg Ludwig Hartig (1764 - 1837) und Cotta (1763 - 1844) zu nennen. Dabei lag der Schwerpunkt auf den Festigkeitseigenschaften. Die diesbezügliche akademische Ausbildung an Universitäten reicht bis in diese Zeit zurück. Anfang des 19. Jahrhunderts wurden die ersten Hochschulen gegründet (z. B. Tharandt, Hannoversch-Münden). In Zürich gehörten bei der Gründung des damaligen Polytechnikums im Jahre 1855 (heute Eidgenössische Technische Hochschule (ETH)) Forstwissenschaften zu den Gründungsfakultäten. Später leistete A. Frey-Wyssling (1900 - 1988) an der ETH maßgebliche Beiträge zur Zellwandtheorie. Hans Heinrich Bosshard (1925 - 1996) prägte über viele Jahre insbesondere die holzanatomische Forschung an der ETH. Unter seiner Leitung wurden aber auch viele holzphysikalische und holztechnische Aspekte bearbeitet. Auch entstand unter seiner Federführung ein dreibändiges Werk zur Holzkunde (Bosshard, 1982 - 1984).

Umfangreiche Arbeiten zur Erfassung der Eigenschaften setzten - insbesondere in Verbindung mit der Entwicklung der Prüftechnik - ab Mitte des 19. Jahrhunderts ein. Nägeli, der auch seine Wurzeln an der heutigen ETH in Zürich hatte, leistete durch die Entwicklung der Micelltheorie (1858) einen wesentlichen Beitrag zur Aufklärung des Quell- und Schwindverhaltens von Holz. Hervorzuheben ist in diesem Zusammenhang auch eine von Volbehr (1896) erschienene Arbeit zu dieser Thematik. Nördlinger publizierte bereits 1860 umfangreiche Eigenschaften von Holz (Nördlinger, 1860).

Gleichfalls untersucht wurde in dieser Zeit die lineare Wärmeausdehnung des Holzes (Struwe, Glatzel, Villari), ohne allerdings das hygroskopische Verhalten des Holzes hinreichend zu berücksichtigen. Auf diesen Arbeiten aufbauend, konnte Karmarsch schon 1837 in seinem „Handbuch der mechanischen Technologie" einen Überblick über die Eigenschaften und die Verarbeitung des Holzes geben (Karmarsch, 1851). Zu Beginn des 20. Jahrhunderts wurden u. a. von Janka (Köstler, Kollmann & v. Massow, 1960) umfangreiche Arbeiten zur Härte und Festigkeit des Holzes durchgeführt. Auf diese Weise sind also viele Mosaiksteine erarbeitet worden, eine „Wissenschaft vom Holz" im eigentlichen Sinne existierte jedoch noch nicht. Das ist nicht zuletzt darauf zurückzuführen, dass es bis 1910 keine zielgerichtete Holzforschung in entsprechenden Forschungsinstituten gab. Sie war mehr oder weniger an die Forstwirtschaft angelehnt oder wurde von Nebenzweigen betrieben.

Die moderne Holzforschung setzte nach Köstler, Kollmann und von Massow im Jahre 1910 mit der Gründung des Forest Products Laboratory in Madison/Wisconsin in den USA ein (Köstler, Kollmann & v. Massow, 1960). Dem folgte die Gründung zahlreicher Holzforschungsinstitute in nahezu allen industrialisierten Staaten (Tabelle 2.1).

Tabelle 2.1 Übersicht über die in verschiedenen Ländern gegründeten Holzforschungsinstitute

Land	Jahr	Institut
Indien	1906	Forest Products Research Institute Dehradun
USA	1910	Forest Products Laboratory Madison/Wisconsin
Deutschland	1913	Institut für Holz- und Zellstoffchemie Eberswalde (ab 1934 Preußisches Holzforschungsinstitut, 1939 bis 1945 Reichsanstalt für Holzforschung)

Tabelle 2.1 Übersicht über die in verschiedenen Ländern gegründeten Holzforschungsinstitute *(Fortsetzung)*

Land	Jahr	Institut
Kanada	1913	Forest Products Laboratory Montreal (ab 1927 in Ottawa)
	1918	Forest Products Laboratory Vancouver (ab 2007: FPInnovations mit Sitz in Quebec und Vancouver)
Australien	1919	Forest Products Laboratory Melbourne
Großbritannien	1920	Forest Products Laboratory Princes Risborough
Russland	1932	Unions-Forschungs- und Projektierungsvereinigung „Sojusnautschdrewprom" Archangelsk (mit dem Forschungsinstitut für die mechanische Bearbeitung des Holzes (ZNIIMOD)), heute: Nautschdrewprom-ZNIIMOD Archangelsk
Frankreich	1933	Institut National du Bois Paris
Finnland	1942	Laboratorium für Holztechnologie Helsinki
Schweiz	1943	Holzabteilung der Eidgenössischen Materialprüfungsanstalt Zürich (heute: Abteilung Angewandte Holzforschung, EMPA, Dübendorf)
Schweden	1944	Svenska Träforskningsinstitutet Stockholm
Deutschland	1946	Institut für Holzforschung des Vereins für technische Holzfragen e. V. Braunschweig (heute: Fraunhofer-Institut für Holzforschung (WKI))
Slowakei	1947	Staatliches Holzforschungsinstitut Bratislava (existiert in dieser Form nicht mehr, Teil des Instituts für Papiertechnik)
Deutschland	1952	Institut für Holztechnologie und Faserbaustoffe Dresden (heute: Institut für Holztechnologie Dresden (IHD))
Polen	1952	Institut für Holzforschung Poznań
Österreich	1953	Österreichisches Holzforschungsinstitut Wien (heute: Holzforschung Austria)
Deutschland	1954	Institut für Holzforschung und Holztechnik an der Universität München, (heute: Holzforschung München (TU München))
	1954	Bundesanstalt für Holzforschung Reinbek bei Hamburg (heute: Thünen Institut für Holzforschung, Hamburg)
Russland	1962	VNIIdrev (Unions-Forschungs- und Produktions-Vereinigung), dann zusätzlich 1971 „Sojusnautschplitprom" Podreskowo (mit dem Forschungsinstitut Balabanowo), seit 1990: Projektierungsinstitut für Holzwerkstoffe „NIPKIDREVPLIT" Podreskovo
Weltweit	seit etwa 1962	Gründung von Forschungsinstituten im Bereich Holzforschung an vielen Universitäten und zunehmend auch an Fachhochschulen (Institut für Holztechnologie und Nachwachsende Rohstoffe der Universität für Bodenkultur in Tulln, Österreich; ENSTIB, Epinal, Frankreich; University of British Columbia, Vancouver/Kanada; Universität Laval/Kanada, University of Main/USA, Oregon State University, FH Biel/Schweiz, Forstakademie Peking, Forstliche Universitäten Peking, Nanjing, Kunming, Harbin/China u. a.). Auch in Japan (z. B. Universitäten in Nagoya und Kyoto) sind beachtliche Forschungskapazitäten vorhanden, ebenso in Südkorea, Neuseeland und Australien, Brasilien und Chile. Große Holzforschungsbereiche sind auch an den Universitäten in den ehemaligen osteuropäischen Staaten vorhanden (Polen, Ungarn, Tschechien, Slowakei, Rumänien, Bulgarien, Serbien, Slowenien, u. a.)

In Deutschland wurden 1932 ein Holzforschungsinstitut an der TH Darmstadt und 1934 das Preußische Holzforschungsinstitut in Eberswalde (später Reichsanstalt für Holzforschung unter der Leitung von Kollmann) gegründet. Erste zusammenfassende Kenntnisse der Wissenschaft vom Holz legten 1936 Kollmann (1906 - 1987) und 1939 Trendelenburg (1907 - 1941) in Buchform vor ((Kollmann, 1936), (Trendelenburg, 1939)). In diesem Zusammenhang muss auch das 1949 erschienene Werk von Vorreiter (1904 - 1984) genannt werden (Vorreiter, 1949). Kollmann leistete eine nahezu enzyklopädische Arbeit auf dem Gebiet der Holzforschung. Sein 1936 erstmalig erschienenes Buch „Technologie des Holzes" (in der zweiten, stark erweiterten Auflage unter dem Titel „Technologie des Holzes und der Holzwerkstoffe", Band 1) stellt heute noch ein Standardwerk der Holzforschung dar (Kollmann, 1951). Es erschien später auch zusammen mit Côté in englischer Übersetzung (Kollmann & Côté Jr., 1968). Durch die Gründung von Holzforschungsinstituten, die Industrialisierung der Holzbe- und -verarbeitung, den erhöhten Einsatz des Holzes im Bauwesen und die Entwicklung von Holzwerkstoffen (Sperrholz ab 1900 in Deutschland, Faserplatten ab 1900 in England, Spanplatten ab 1940 in Deutschland) kam es zu einer wahren Flut von Veröffentlichungen auf dem Gebiet der Holzphysik. Eine gute Einsicht gibt hier das Buch von Steinsiek (Steinsiek, 2008). Eine sehr gute Zusammenstellung des geschichtlichen Abrisses der Holznutzung vermittelt das Buch von Radkau „Holz - Wie ein Naturstoff Geschichte schreibt" (Radkau, 2007).

Zu nennen sind auch die Impulse, die dieses Gebiet durch die Entwicklung der Flugzeugindustrie und den Einsatz von Holz in diesem Bereich erhielt (z. B. Ermittlung dynamischer Eigenschaften, Torsionsfestigkeit u. a.). Ab Mitte des 19. Jahrhunderts wurde Holzforschung auch verstärkt an Maschinenbaufakultäten von Hochschulen betrieben. Die Gründe liegen in der zunehmenden Holzverarbeitung und der Entwicklung von Maschinen und Anlagen für die Holzbe- und -verarbeitung. Hervorzuheben sind hier Arbeiten von Hartig und Sachsenberg an der TH Dresden (Hartig, 1885). Nach dem Zweiten Weltkrieg wurden schwerpunktmäßig Forschungsarbeiten zur Physik des Holzes und der Holzwerkstoffe (Keylwerth (1912 - 1969), Klauditz (1903 - 1963), Fahrni (1907 - 1970)) sowie zur mathematischen Beschreibung der Beziehungen zwischen Struktur und Eigenschaften von Holz durchgeführt (Plath (1904 - 1978), Flemming (1903 - 1966)). Die Erforschung dieser Gesetzmäßigkeiten der Strukturmechanik und des Bruchverhaltens erhielt insbesondere durch die Anwendung moderner Berechnungsmethoden (Finite-Elemente-Methode) wesentliche Impulse. Hierzu wurden insbesondere in den USA, Deutschland, Österreich und Schweden wesentliche Arbeiten durchgeführt (Tabelle 2.2).

Tabelle 2.2 Übersicht über ausgewählte Arbeiten zur Physik des Holzes

Jahr	Wissenschaftler	Forschungsgegenstand
18. Jhd.	Du Hamel du Monceau	Grundlagen der Forstnutzung
	Leclerc de Buffon	Festigkeitseigenschaften des Holzes
1848	Chevandier/Wertheim	Beziehung zwischen Feuchte und Rohdichte des Holzes
1850	Struwe	Messung der thermischen Ausdehnung von Holz
1882	Sachs/Hartig	Reindichtemessungen an Holz
1885 - 1895	Hartig	Beziehungen zwischen Jahrringbreite und Festigkeit des Holzes
		Einfluss der Verkernung auf die Feuchteaufnahme, Feuchteverteilung im Stamm

Tabelle 2.2 Übersicht über ausgewählte Arbeiten zur Physik des Holzes *(Fortsetzung)*

Jahr	Wissenschaftler	Forschungsgegenstand
1896	Volbehr	Arbeiten zum Quell- und Schwindungsverhalten des Holzes
1906/1907	Tiemann	Arbeiten zur Fasersättigungsfeuchte des Holzes
1907 - 1927	Stamm	Elektrische Eigenschaften des Holzes
1921	Hankinson	Herleitung der Formeln zum Einfluss der Faserrichtung auf die Festigkeit von Holz
1922	Baumann	Beziehung zwischen der Faserrichtung und Zugfestigkeit, Berechnung von Schubmoduln, Einfluss von Ästen auf die Festigkeit des Holzes
1923 - 1935	Hörig	Gleitzahlmessungen an Holz, E-Modul-Messungen
1924	Baumann/Bach	Einfluss der Schubverformung auf den E-Modul von Holz
1928	Huber	Schubmodulmessungen an Holz
ab 1930	Kraemer/Winter	Untersuchungen zur Festigkeit von Lagenholz
1932	Mörath	Härtemessung an Holz, Messung der dielektrischen Eigenschaften des Holzes
1934	Schmidt	Messung des logarithmischen Dekrements an Holz
1935	Roth	Untersuchungen zum rheologischen Verhalten von Holz
1938	Ivanov	Untersuchungen zur Dauerfestigkeit von Holz
1938	Nilakantan	Untersuchung der magnetischen Eigenschaften von Holz
1944	Kollmann/Dosoudil	Untersuchungen zur Dauerfestigkeit von Holz und Holzwerkstoffen bei dynamischer Beanspruchung
1946	Weatherwax/Stamm	Untersuchung der thermischen Eigenschaften von Holz
ab 1950	Perkitny/Raczkowski/Krauss	Untersuchungen zum Quelldruck
ab 1950	Klauditz/Kollmann/Keylwerth/Fahrni/Himmelheber/Fischer/Kehr/Scheibert/Plath	Untersuchung zu den mechanisch-physikalischen Eigenschaften von Spanplatten
ab 1958	Keylwerth/Flemming/Bodig/Jayne/Plath/Fahrni	Untersuchungen zur Strukturmechanik von Spanplatten
ab 1966	Burmester/Pellerin/James/Bucur/Ross	Untersuchung der akustischen Eigenschaften von Holz und Holzwerkstoffen zum Zweck der Festigkeitsermittlung
ab 1968	Beall/Ansell/Landis/Niemz/Molinski	Schallemissionsmessungen an Holz zur Erforschung der Bruchmechanismen, Trocknungsspannungen u. a.
ab Anfang 1970	Funt/Bryant/Conners/James/Knuffel/Hirai/Fukada/Morén/Hansson	Verstärkte Erforschung holzphysikalischer Eigenschaften zum Zweck der Nutzung zur Qualitätskontrolle (optoelektronische, elektrische, akustische Eigenschaften, Röntgen, Lasertechnik)
ab 1980er Jahre	Martensson/Ranta-Maunus/Hunt/Morlier/Gressel/Niemz/Hanhijärvi	Kriechverhalten von Holz und Holzwerkstoffen, Mechanosorption

Tabelle 2.2 Übersicht über ausgewählte Arbeiten zur Physik des Holzes *(Fortsetzung)*

Jahr	Wissenschaftler	Forschungsgegenstand
ab 1990	Wienhaus/Niemz/ Meder/Tsuchikawa	Nutzung spektrometrischer Eigenschaften zur Qualitätskontrolle (Festigkeit, Klebstoffanteil etc.)
ab Mitte 2000	Salmen/Burgert/Navi/ Stanzl-Tschegg/Gindl/ Wimmer/Niemz	Mikromechanik (mechanische Tests), Nanoindentation, DMA, Raman-Spektroskopie, Röntgen-Kleinwinkelstreuung, AFM
ab etwa 2005	Bucur/Forsberg/Keunecke/Niemz/Mannes/ Van Acker/Kamke/ Teischinger	Röntgenmikro-Tomographie, Synchrotronstrahlung, In-situ-Belastungsversuche, Neutronen- und Röntgenstrahlung zur Messung der Feuchteverteilung und Feuchteänderung im Holz, Farbmessungen zur Holzcharakterisierung
ab etwa 2005	Harrington/Serrano/ Persson/Gustafsson/ Dai/Nairn/Svensson/ De Borst (Hofstetter)/ Navi/Gamstedt/Landis/ Carmeliet	Modellierung (Holzeigenschaften, Quellung, Holzwerkstoffe), Multi-Scale-Modeling

Bodig (1934 - 2007) und Jayne gaben in ihrem erstmalig 1982 erschienenen Buch „Mechanics of Wood and Wood Composites" einen ersten geschlossenen Überblick über die Strukturmechanik des Holzes und der Holzwerkstoffe sowie die Bruchmechanik (Bodig & Jayne, 1982). Hervorzuheben sind in diesem Zusammenhang Arbeiten von Keylwerth (1958) und die seit Ende der 50er Jahre an der TU Dresden durchgeführten Untersuchungen (Flemming, Kusian, Niemz, Hänsel u. a.), die auf zahlreiche ungelöste Aufgaben hindeuten.

Als Zentren der Holzwerkstoffforschung sind ferner u. a. das Wilhelm-Klauditz-Institut Braunschweig (Klauditz, Kossatz, Marutzky, Kasal), das heutige IHD Dresden (Kehr, Scheibert) und das Forest Products Laboratory in Madison (USA) zu nennen. In den 90er Jahren des vergangenen Jahrhunderts wurden auch am heutigen Thünen-Institut in Hamburg zahlreiche Arbeiten zu Holzwerkstoffen durchgeführt (Modellierung, Heißpressen, Tomographie von Faserplatten, zerstörungsfreie Prüfung (Frühwald, Noack u. a.)).

Weitere Forschungsschwerpunkte der vergangenen Jahrzehnte sind:

- Die Erforschung der rheologischen Eigenschaften des Holzes (z. B. Roth (1935), Dinwoodie, Niemz (1982), Martensson, Ranta-Maunus, Hunt, Gressel (1972), Hanhijärvi (1995))
- Die Erforschung des Bruchverhaltens von Holz und Holzwerkstoffen mittels Rasterelektronenmikroskopie und Schallemissionsanalyse (Beall, Niemz, Rosner, Kitayama, Nogouchi, Landis, u. a.)
- Die Erforschung holzphysikalischer Effekte zum Zweck der Fehler- und Qualitätsermittlung an Holz und Holzwerkstoffen (insbesondere in den USA und Japan: Kent, Bendtsen, Beall, James, Bulleit)
- Das Farbverhalten des Holzes (z. B. Teischinger)

Perkitny leistete in Polen grundlegende Arbeiten zur behinderten Quellung von Holz, die von Raczkowski fortgesetzt werden. Molnar (1944 - 2014) leistete in Ungarn eine sehr gute Arbeit und ist Autor zahlreicher Fachbücher. Ugolev (1925 - 2015) war in Russland bis ins hohe Alter aktiv im Bereich der Holzforschung tätig und war insbesondere im ehemaligen Ostblock einer der führenden Wissenschaftler auf dem Gebiet. Bis zuletzt arbeitete er am „shape memory effect“ des Holzes (Formgedächtniseffekt). Er schrieb zahlreiche Bücher zur Holzphysik und auch zur Geschichte der Holzforschung in Russland (Ugolev, 2014).

Wesentliche Beiträge zur Physik des Holzes und der Holzwerkstoffe insgesamt wurden in den letzten Jahrzehnten auch von Holzforschern wie Noack, Schulz, Frühwald, Schwab, Wegener, Glos (Deutschland), Kisser, Neusser, Wassipaul, Resch, Teischinger (Österreich), Schniewind, Skaar, Siau, Nairn, Kamke, Landis, Rice, Ross (USA), Dinwoodie (Großbritannien), Perkitny, Razkowski, Krzysik und Matejak (Polen), Pozgaj (1939 - 1996), Babiak und Steller (Slowakei) erbracht, um nur einige zu nennen. Sie trugen dazu bei, dass die Physik des Holzes heute eine tragende Säule der Wissenschaft vom Holz ist. Viele Wissenschaftler auf dem Gebiet der Holzphysik sind gewählte Mitglieder der International Academy of Wood Science (IAWS).

Die holzphysikalische Forschung steht heute vor vielen Herausforderungen und noch ungelösten Fragen. Einige davon sollen nachstehend ohne Anspruch auf Vollständigkeit genannt werden:

- Die weitere Erforschung von Materialkennwerten als Basis für die Modellierung (Mechanosorption, Kriechen, Dauerstandfestigkeit, Ermüdung, Alterung, Feuchte- und Wärmetransport)
- Die Erforschung von Verformungen und Versagensvorgängen auf verschiedenen Strukturebenen von Holz, Holzwerkstoffen und Verklebungen
- Die Wechselwirkung von Holz mit Klebstoffen und Beschichtungsmaterialien
- Die Modifizierung und Funktionalisierung des Holzes

Moderne holzphysikalische Forschung erfordert heute eine Teamarbeit von Experten unterschiedlicher Fachrichtungen (z. B. Holzwissenschaft, Physik, Geophysik, Mechanik, Materialwissenschaften, Chemie). Erst dadurch können Methoden wie die Computertomographie im Synchrotron, die Röntgen-Mikrotomographie oder die Neutronentomographie, die Wellenausbreitung in Holz u. a. erfolgreich angewandt werden. Die Fortschritte in der Mess- und Rechentechnik ermöglichen es mehr und mehr, Versagensvorgänge in situ in 2D oder auch 3D zu erfassen. Zahlreiche Fragestellungen kommen zudem aus der Praxis.

Literaturverzeichnis

Bodig, J. & Jayne, B. A. (1982). *Mechanics of wood and wood composites* (1. Ausg.). New York: Van Nostrand Reinhold.

Bosshard, H. H. (1982 - 1984). *Holzkunde I - III* (2. Ausg.). Basel: Birkhäuser.

Hartig, R. (1885). *Das Holz der deutschen Nadelbäume.* Berlin: Springer.

Karmarsch, K. (1851). *Handbuch der mechanischen Technologie.* Hannover: Hellwingsche Hofbuchhandlung.

Kisser, J. G., Ylinen, A., Freudenberg, K., Kollmann, F. F., Liese, W., Thunell, B., et al. (1967). History of wood science. *Wood Science and Technology, 1* (3), S. 161 - 190.

Kollmann, F. (1936). *Technologie des Holzes.* Berlin: Springer.

Kollmann, F. (1951). *Technologie des Holzes und der Holzwerkstoffe* (2. Ausg., Bd. 1). Berlin/Göttingen/Heidelberg: Springer.

Kollmann, F. & Côté Jr., W. A. (1968). *Principles of wood science and technology* (Bd. 1). Berlin/Heidelberg: Springer.

Kossatz, G. (1977). Holzforschung für den Markt von heute und morgen. *Holz-Zentralblatt,* 103, S. 10, 399, 453, 621.

Köstler, J. N., Kollmann, F. & v. Massow, V. (1960). *Denkschrift zur Lage der Forstwirtschaft und Holzforschung.* Wiesbaden: Steiner.

Matejak, M & Niemz, P. (2011). *Das Holz in deutschen Texten zwischen 1587 und 1922.* Zürich: ETH Zürich, Institut für Baustoffe, Holzphysik (online auf e-collection der ETH Bibliothek).

Nördlinger, H. (1860). *Die technischen Eigenschaften der Hölzer.* Stuttgart: Cottascher Verlag.

Radkau, J. (2007). *Holz - Wie ein Naturstoff Geschichte schreibt.* München: oecom Verlag.

Scamoni, A. (1960). Die Entwicklung der forstlichen Lehre und Forschung in Berlin und Eberswalde. *Forst und Jagd, 10* (11), S. 536 - 539.

Steinsiek, M. P. (2008). *Forst- und Holzforschung im „Dritten Reich".* Remhagen: Verlag Kessel.

Trendelenburg, R. (1939). *Das Holz als Rohstoff.* München: Hanser.

Ugolev, B. (2014). *Historische Meilensteine der Holzforschung in Russland und Blick in die Zukunft.* Moskau: Moskauer Forsttechnische Universität (Eigenverlag, in Russisch).

Vorreiter, L. (1949). *Holztechnologisches Handbuch* (Bd. 1). Wien: Fromme.

3 Übersicht zu physikalischen Eigenschaften des Holzes und wichtigen Einflussfaktoren

In der Fachliteratur werden die Eigenschaften des Holzes meistens in

- physikalische (z. B. Dichte, Feuchtegehalt, Reibungseigenschaften) sowie
- mechanische und Festigkeitseigenschaften eingeteilt.

Für die nachfolgenden Betrachtungen wird es jedoch als zweckmäßig erachtet, eine Einteilung der Eigenschaften des Holzes, wie in Bild 3.1 dargestellt, vorzunehmen (die mechanischen und Festigkeitseigenschaften sind darin den physikalischen Eigenschaften zugeordnet). Dabei wird von Holz als Festkörper ausgegangen, dessen Eigenschaften durch die chemische Struktur, den Zellwandaufbau, die Wabenstruktur, die Orthotropie (Richtungsabhängigkeit) sowie Sondermerkmale wie Äste bestimmt werden. Je nach Eigenschaften sind dabei der chemische Aufbau, der anatomische Aufbau (Holzart, Wabenstruktur, Zellwandaufbau etc.) oder die Orthotropie entscheidend für die Eigenschaften. So ist z. B. beim Sorptionsverhalten und bei der Pilzresistenz die chemische Struktur (z. B. Inhaltsstoffe) wichtig. Heute werden zunehmend komplexe Beschreibungen der Eigenschaften unter Kombination der chemischen, biologischen und physikalischen Eigenschaften verwendet. So können mechanische, aber auch biologische Eigenschaften bereits über komplexe chemische Analysen abgeschätzt und mit diesen Eigenschaften korreliert werden (siehe Kap. 11).

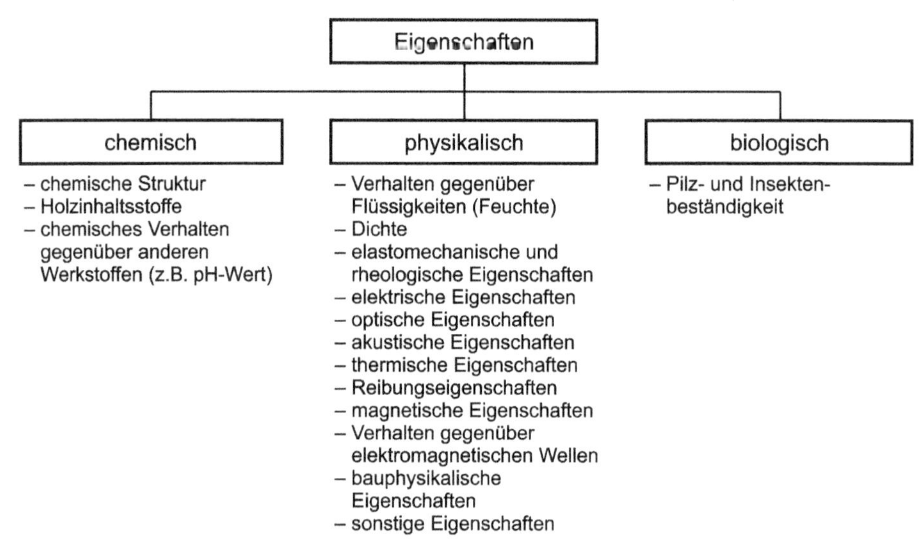

Bild 3.1 Systematik der Eigenschaften von Vollholz und Holzwerkstoffen

Die biologischen und chemischen Eigenschaften werden in anderen Fachbüchern zur Thematik beschrieben (Wagenführ, 1999) (Fengel & Wegener, 1984) (Langendorf, Schuster & Wagenführ, 1990). Soweit erforderlich, erfolgt eine kurze Interpretation der für diesen Band wichtigen Sachverhalte.

Sämtliche Ausführungen beziehen sich weitgehend auf Holz im natürlichen Zustand, also auf Voll- oder Massivholz, und, soweit Angaben dazu vorhanden sind, auch auf Holzwerkstoffe.

Während Voll- oder Massivholz definitionsgemäß durch entsprechende Trennschnitte (Längs- und Querschnitte) aus Rohholz hergestellt wird, ohne dessen strukturellen Aufbau zu verändern, werden Holzwerkstoffe in Form von Vollholzwerkstoffen (Brettschichtholz, Massivholzplatten), Lagenholz, Verbundplatten, Span- und Faserplatten bzw. -formteilen aus Strukturelementen des Holzes erzeugt, die zuvor in gezielter Weise aus Roh- oder Vollholz hergestellt worden sind. Dabei werden in der Regel Kleb- und Zusatzstoffe (neuerdings bei Massivholzwerkstoffen auch mechanische Verbindungsmittel wie Nägel, Dübel, klassische Holzverbindungen (Nut-Feder, Schwalbenschwanz u.a.)) eingesetzt, um die Strukturelemente miteinander zu verbinden und bestimmte (vorgegebene) Werkstoffeigenschaften zu erzielen. Werkstoffe sind insofern ein Mehrkomponentenmaterial, bei dem die Struktur des natürlichen Holzmaterials zum Zwecke der Eigenschaftsveränderung gezielt variiert wird.

Alle Eigenschaften von Holz und Holzwerkstoffen unterliegen vielfältigen Einflüssen, die ihr Niveau mehr oder weniger bestimmen. Die wichtigsten sind:

- der strukturelle Aufbau des Holzes (z.B. Rohdichte, Faser-Last-Winkel, Schnittrichtung bei Vollholz; Rohdichte, Festharzanteil, Spanlänge bei Spanplatten),
- die Vorgeschichte des Holzes (z.B. Alterung (insbesondere bei Holzwerkstoffen ist dabei ein deutlicher Einfluss der Klebstoffart vorhanden: Harnstoffharze gelten als nicht feuchtebeständig, Phenolharze, Melaminharze und PMDI sind feuchtebeständig), Korrosion, Pilz- und Insektenbefall),
- die Prüfmethodik (z.B. Verhältnis von Stützweite zu Probendicke bei der Ermittlung des Elastizitätsmoduls, Prüfkörpergeometrie, Belastungsart) und
- die Umweltbedingungen (z.B. relative Luftfeuchte, Temperatur).

Alle diese Faktoren sind sowohl bei der Prüfung als auch bei der Entwicklung von Prüfmethoden zu berücksichtigen, um reproduzierbare Ergebnisse zu erhalten. Bild 3.2 enthält eine Aufstellung der wichtigsten Einflussfaktoren, die in den folgenden Ausführungen behandelt werden. Eine weitere Erläuterung wesentlicher Einflussfaktoren erfolgt in den Kapiteln 13 und 14.

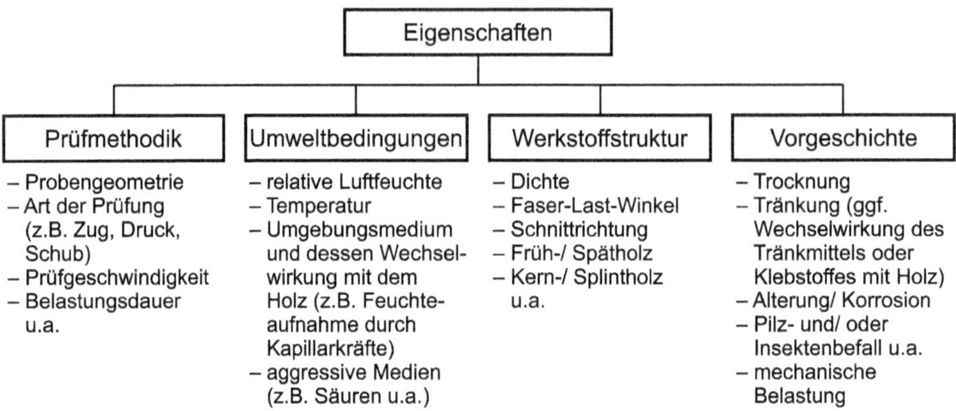

Bild 3.2 Systematik der Einflussfaktoren von Vollholz und Holzwerkstoffen

Dominierende Einflussfaktoren sind im Allgemeinen:

- die Struktur des Holzes in den verschiedenen Ebenen (z.B. Rohdichte, Schnittrichtung, Faser-Last-Winkel),
- der Feuchtegehalt des Holzes und
- die Vorgeschichte des Holzes (z.B. Alterung von Holzwerkstoffen durch Hydrolyse der Klebfugen, zyklische Belastung durch feuchteinduzierte Spannungen oder Rissbildung durch Quell- und Schwindverhalten).

Literaturverzeichnis

Fengel, D. & Wegener, G. (1984). Wood: *Chemistry, Ultrastructure, Reactions.* Berlin/New York: De Gruyter.

Langendorf, G., Schuster, E. & Wagenführ, R. (1990). *Rohholz* (4. Ausg.). Leipzig: Fachbuchverlag.

Wagenführ, R. (1999). *Anatomie des Holzes* (5. Ausg.). Leinfelden-Echterdingen: DRW-Verlag.

4 Struktur und Eigenschaften von Holz und Holzwerkstoffen

4.1 Vorbemerkungen

Die Eigenschaften von Holz und Holzwerkstoffen werden wesentlich durch den strukturellen Aufbau im makroskopischen, mikroskopischen und submikroskopischen Bereich bestimmt. Korrelationen bestehen nach neueren Arbeiten auch zwischen der chemischen Struktur und den mechanisch-physikalischen Eigenschaften sowie der Pilzresistenz (Thumm & Meder, 2001). Bei Holzwerkstoffen können durch Veränderung der Struktur die Eigenschaften in einem weiten Bereich variiert werden (Dunky & Niemz, 2002).

Die Erforschung des Einflusses der Holz- bzw. Holzwerkstoffstruktur ist seit langem Gegenstand der Holzforschung. Dabei wurde jedoch schwerpunktmäßig Wert auf die Untersuchung einzelner, die Eigenschaften wesentlich bestimmender Strukturparameter gelegt. Eine geschlossene Darstellung, die Ableitung allgemeingültiger Zusammenhänge und die mathematische Durchdringung der Gesetzmäßigkeiten sind dagegen selten. Beachtet werden muss, dass bei Holz infolge seines extrem anisotropen und inhomogenen Aufbaus sowie von wuchs- und standortbedingten Einflüssen die Eigenschaften weitaus schwerer berechenbar sind als bei Materialien wie Stahl oder auch einem glasfaserverstärkten Kunststoff. Um allgemeingültige Zusammenhänge in Form von Tendenzen darzustellen, wird nachfolgend eine Systematisierung der strukturmechanischen Gesetzmäßigkeiten von Holz und Holzwerkstoffen vorgenommen. Damit soll ein Überblick über die Wechselwirkung zwischen Struktur und Eigenschaften gegeben und die Komplexität der Wechselwirkung zwischen Struktur und Eigenschaften sichtbar gemacht werden. Je nach Grad der Erforschung des Zusammenhanges zwischen Struktur und Eigenschaften werden die weiteren Ausführungen auf die wesentlichen Größen begrenzt.

Bezüglich der Berechnung der Eigenschaften von Holzwerkstoffen wird auf die einschlägige Fachliteratur verwiesen (Gereke T., 2009) (Gereke, et al., 2012). Insbesondere zahlreiche auf FE-Theorien basierende Arbeiten entstanden in den letzten Jahren, die sowohl eine Modellierung von Vollholz (mechanische Eigenschaften, Quellung) als auch von Holzwerkstoffen zum Gegenstand haben. Für Sperrholz und auch Brettsperrholz (Massivholzplatten) existieren bereits Normen. In Kapitel 19 sind ausgewählte Eigenschaften von Vollholz und Holzwerkstoffen als Übersicht zusammengestellt.

4.2 Einteilung von Holz und Holzwerkstoffen

Holz und Holzwerkstoffe lassen sich unter Berücksichtigung ihres strukturellen Aufbaus gliedern und unterteilen (Bilder 4.1 bis 4.8). Dabei wird generell zwischen Vollholz und Holzwerkstoffen unterschieden (Bild 4.1). Eine Übersicht zur Normung ist in Kapitel 20 aufgeführt. Nicht berücksichtigt sind WPC (Wood-Plastic-Composites). Dabei handelt es sich um mit Holz- oder anderen Naturfasern verstärkte Kunststoffe, wobei der Holzanteil meist zwischen 50 – 90 % beträgt. Die Materialien werden mit in der Kunststoffverarbeitung üblicher Technologie verarbeitet (Spritzguss, Extrudieren u. a.) (Hänsel A., 2012).

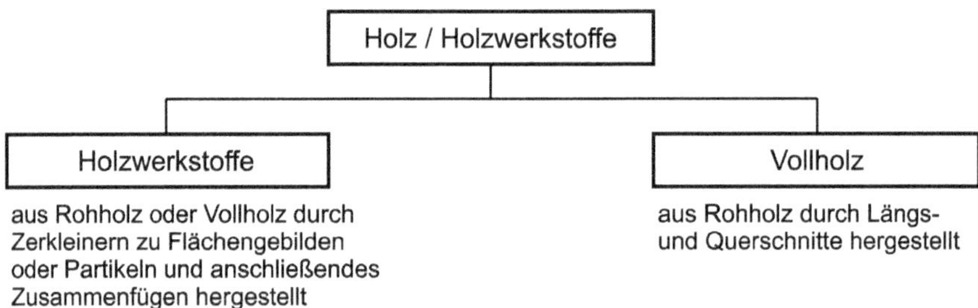

Bild 4.1 Einteilung von Holz und Holzwerkstoffen nach strukturellen Bauprinzipien

4.2.1 Holz

Da Holz in aller Regel durch Längs- und Querschnitte aufgeteilt wird, ist es, streng genommen im Sinne der Definition, immer Vollholz. Bei Vollholz wird, wie aus Bild 4.2 hervorgeht, zwischen unvergütetem und vergütetem Vollholz unterschieden.

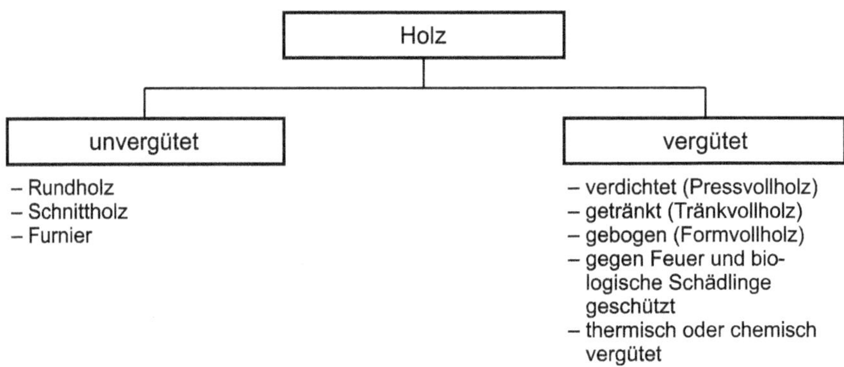

Bild 4.2 Einteilung von Vollholz

Unvergütetes Vollholz ist Vollholz, das nicht vorbehandelt ist, aber klimatisiert und getrocknet sein kann. Zu dieser Werkstoffkategorie zählen Rundholz, Schnittholz und Furnier.

Als vergütetes Vollholz bezeichnet man Vollholz, dessen natürliche Eigenschaften durch eine entsprechende Behandlung, ausgenommen Trocknen und Klimatisieren, zielgerichtet verändert worden sind. So kann z. B. durch Einlagerung von Kunstharzen, Wärmebehandlung, Acetylierung oder andere chemische Vergütungsverfahren und/oder Verdichtung eine Struktur- und damit eine Eigenschaftsänderung erreicht werden. Im Folgenden wird, da der Begriff Vollholz nicht überall geläufig ist oder nur werkstück- bzw. produktbezogen angewandt wird, generell von Holz gesprochen, wenn es sich um Vollholz in natürlichem Zustand handelt.

4.2.2 Holzwerkstoffe

Bild 4.3 zeigt eine Einteilung der Holzwerkstoffe nach ihrem strukturellen Aufbau. Charakteristisch für Holzwerkstoffe ist, dass mit zunehmender Zerkleinerung des nativen Holzes eine weitgehende Homogenisierung der Eigenschaften der aus den Strukturelementen hergestellten Werkstoffe erfolgt.

Innerhalb der einzelnen Werkstoffgruppen können die Werkstoffeigenschaften durch Veränderung der Eigenschaften der Stoffkomponenten sowie ihrer Gestalt und Anordnung variiert werden. So wird z. B. durch die Bindemittelart die Witterungsbeständigkeit eines Holzwerkstoffs stark beeinflusst. Während harnstoffharzverleimte Spanplatten nur für Räume mit niedriger relativer Luftfeuchte der Nutzungsklasse 1 (Trockenbereich) geeignet sind (ehemals Typ V 20 nach DIN 68763), werden melaminharzverleimte, PMDI-verleimte und teilweise auch noch phenolharzverleimte Spanplatten (ehemals Typ V 100 bzw. V 100 G nach DIN 68763, heute Nutzungsklasse 2 (Feuchtbereich nach DIN EN 1995-1-1)) als begrenzt witterungsbeständig eingestuft. Für Nutzungsklasse 3 (Außenbereich) sind Holzwerkstoffe auf Span- oder Faserbasis in der Regel nicht zugelassen. Der Einsatz von Zement als Bindemittel erlaubt jedoch die unbeschränkte Verwendung von Spanplatten im Außenbereich. Gips ist als Bindemittel für Partikelwerkstoffe im Einsatz. Brettschichtholz wird überwiegend mit feuchtebeständigen Klebstoffen (MUF/MF, PRF, 1 K-PUR, teilweise EPI) verklebt. Bei Massivholzplatten kommen je nach Verwendungszweck verschiedene Klebstoffsysteme zum Einsatz.

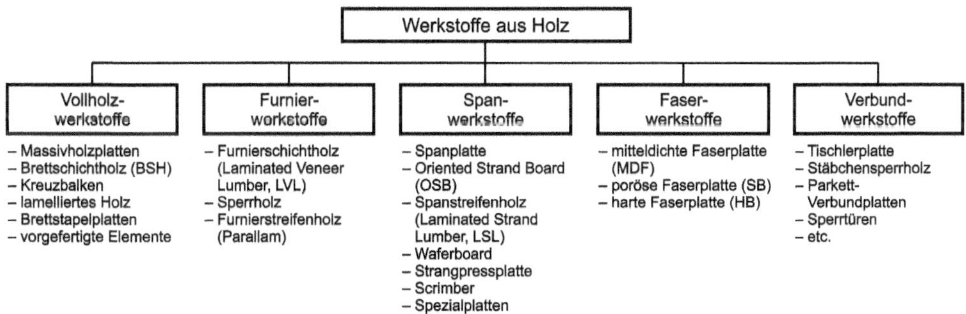

Bild 4.3 Einteilung von Werkstoffen aus Holz

4.2.2.1 Werkstoffe auf Vollholzbasis

Vollholzwerkstoffe sind als Platten, stabförmige Elemente und Verbundelemente im Einsatz. In Bild 4.4 zeigt eine Einteilung Werkstoffe auf Vollholzbasis.

Platten

Plattenwerkstoffe auf Vollholzbasis, insbesondere Massivholzplatten, auch als Brettsperrholz bezeichnet, gewinnen seit Ende der 80er Jahre zunehmend an Bedeutung. Es werden ein- und mehrschichtige Platten gefertigt. Die Verbindung der Lagen erfolgt durch Verklebung, Nägel oder auch Dübel und teils auch mittels klassischer Holzverbindungen wie Gratleisten. Meist wird Nadelholz, vereinzelt auch Laubholz eingesetzt. Bei mehrschichtigen Platten größerer Dicke werden oft die Mittellagen genutet bzw. die Bretter der Mittelagen unverklebt eingelegt, um Spannungen bei Feuchteänderungen zu reduzieren.

Derzeit ist eines der wichtigsten Einsatzgebiete das Bauwesen. Mehrschichtige Platten werden insbesondere als Wand- und Deckenelemente, teilweise auch als Fahrbahnplatten eingesetzt. Großformatige Platten werden vorgefertigt und mit CNC-Maschinen hochpräzise bearbeitet. Massivholzplatten werden bei Belastung parallel zur Plattenebene teilweise analog wie Brettschichtholz verwendet. Durch die senkrecht orientierten Lagen wird dabei eine im Vergleich zu Brettschichtholz erhöhte Querzugfestigkeit erreicht.

Ein Spezialprodukt sind Brettstapelelemente (stehende Lamellen, verbunden durch Verkleben, Dübel aus Laubholz oder auch Nägel). Im Deckenbereich werden diese oft in Verbindung mit Betonauflagen (Kraftübertragung über Schrauben) verwendet.

Den plattenförmigen Vollholzwerkstoffen hinzuzurechnen sind auch die sog. Leimholzplatten, die durch Querverleimen von ausgesuchten Brettern oder Leisten hergestellt werden und im Möbelbau z. B. für Massivholzfronten eingesetzt werden.

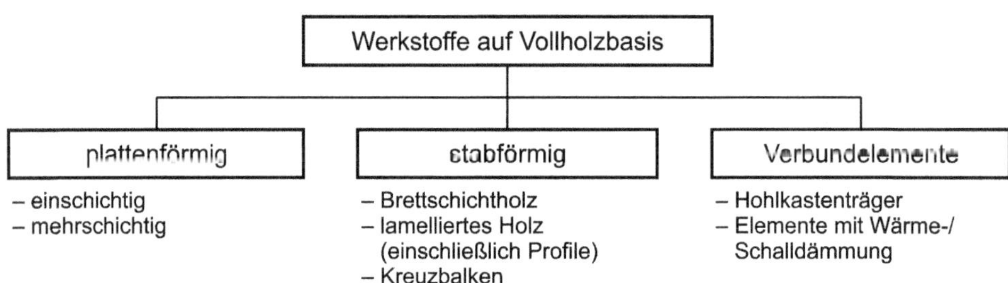

Bild 4.4 Werkstoffe auf Vollholzbasis

Brettschichtholz/lamelliertes Holz

Brettschichtholz bzw. lamelliertes Holz ist ein Werkstoff, der aus faserparallel miteinander verklebten Brettern oder Leisten besteht. Dieser Werkstoff wird zumeist in Dimensionen hergestellt, die sich aus dem vorgesehenen Einsatzzweck ergeben, im Bauwesen z. B. für Dachbinder. Dabei werden zur Erhöhung der Tragfähigkeit ggf. Spannelemente (Vorspannen) verwendet, teilweise erfolgt eine Verstärkung in den Randbereichen (z. B. mit Kohlefasern). Durch das Lamellieren wird im Durchschnitt eine Erhöhung der Festigkeit gegenüber nativem Holz um rund 10 % erreicht, die Streuung der Eigenschaften sinkt dabei beträchtlich. Bei Brettschichtholz erfolgt zunehmend eine (maschinelle) Sortierung des

Holzes nach den mechanischen Kennwerten in Festigkeitsklassen (DIN EN 338, DIN EN 14080), dadurch kann die Tragfähigkeit deutlich erhöht werden. Teilweise werden auch hybride Systeme aus Nadel- und Laubholz verwendet, um eine selektive Verstärkung beispielsweise der Zugzonen oder der Auflagerbereiche vorzunehmen.

Lamelliertes Holz wird in wachsendem Umfange auch für die Herstellung von Fenstern und Türen eingesetzt, weil es sich gegenüber massiven Querschnitten durch ein besseres Stehvermögen auszeichnet.

Verbundelemente

Bei größeren Querschnitten werden Verbundelemente mit Hohlräumen (teils auch mit Sand oder Dämmstoff zur Schall- oder Wärmedämmung gefüllt) verwendet.

4.2.2.2 Lagenholz/Furnierwerkstoffe

Die Terminologie und Klassifizierung der Lagenhölzer erfolgt nach DIN EN 313-1 und 313-2. Lagenholz ist ein Werkstoff, der aus symmetrisch übereinander geschichteten und miteinander verklebten Furnierlagen besteht. Zu dieser Werkstoffgruppe gehören auch vergütete Lagenhölzer wie kunstharzimprägniertes Lagenholz, verdichtetes Lagenholz sowie Furnierschichtholz (Laminated Veneer Lumber, LVL), das aus faserparallelen Furnieren hergestellt und teilweise außer als Platten auch wie Brettschichtholz zu Balken verarbeitet wird. Teilweise werden einzelne Lagen quer orientiert zwecks Erhöhung der Tragfähigkeit senkrecht zur Faserrichtung und Reduzierung der Quellung senkrecht zur Faserrichtung. Furnierschichtholz ist aus Nadelholz (z. B. Kerto-Schichtholz) sowie Buche als Baubuche, auf dem Markt verfügbar.

Gleichfalls in diese Gruppe einzuordnen ist der als „Parallam" (Parallel Strand Lumber) bezeichnete, stabförmige Werkstoff aus Schälfurnierstreifen. Tischlerplatten (Stabsperrholz, Stäbchensperrholz) sind dem Sperrholz zugeordnet. Diese werden im vorliegenden Buch zu den Verbundplatten gezählt. Bild 4.5 zeigt eine entsprechende Einteilung des Lagenholzes.

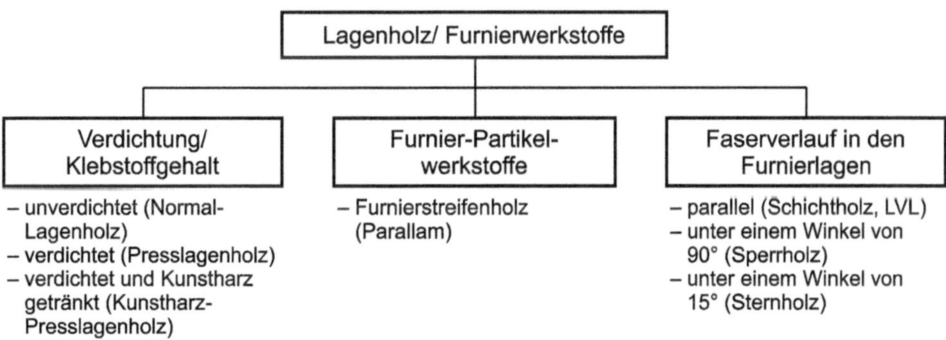

Bild 4.5 Einteilung von Werkstoffen auf Furnierbasis

4.2.2.3 Spanwerkstoffe

Spanplatten sind plattenförmige Werkstoffe, die aus spanförmigen Partikeln, vorwiegend Holzpartikeln, bestehen und mit Klebstoff oder anderen Bindemitteln sowie Zusatzstoffen mit oder ohne Druck meist unter Einwirkung von Wärme hergestellt worden sind. Bild 4.6 zeigt eine Einteilung der Spanplatten.

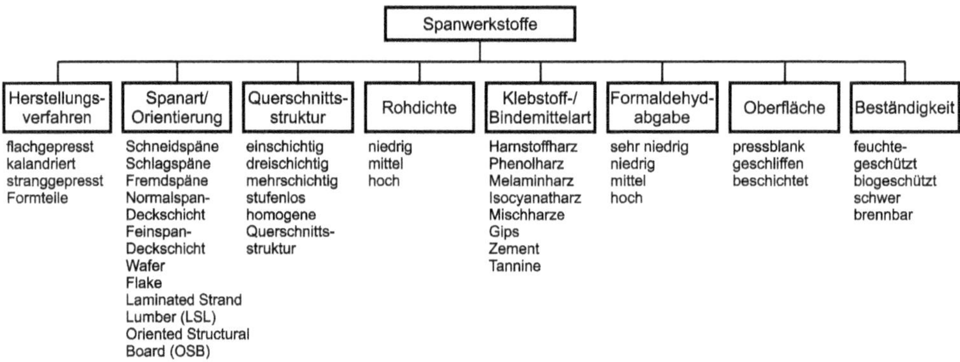

Bild 4.6 Einteilung von Spanwerkstoffen

Als Spezialsortimente von Spanplatten haben u. a. OSB (Oriented Strand Board, Partikellänge etwa 70 mm), die eine erhöhte Festigkeit in Orientierungsrichtung der Späne haben, und Waferboard - aus großflächigen Spänen gefertigte Spanplatten, die insbesondere in den USA im Bauwesen als Sperrholzersatz breite Anwendung finden - eine größere Bedeutung erlangt (Eigenschaften siehe Kapitel 19). Eine Weiterentwicklung von OSB sind LSL (Laminated Strand Lumber) mit einer Partikellänge von 300 mm. Ein gleichfalls aus den USA stammender Spezialwerkstoff ist „Structureframe", der besonders für hochbelastete Möbelteile, wie z. B. Zargen in Gestell- und Polstermöbeln, entwickelt worden ist.

Scrimber bestehen aus extrem langen Partikeln, die durch Zerquetschen von Dünnholz zwischen einem Rollenpaar hergestellt und zu größeren Querschnitten verklebt werden. Durch das Quetschen wird die faserparallele Ausrichtung der Strukturelemente weitgehend beibehalten, beim spanenden Aufteilen wird dagegen meist der Faser-Lastwinkel leicht angeschnitten und dadurch die Festigkeit etwas reduziert. Durch diesen Effekt ist auch die Festigkeit von Brettern etwa um 10 % geringer als die von Rundholz.

Eine Besonderheit sind Spanformteile. Diese werden mit im Vergleich zu Spanplatten erhöhtem Klebstoffanteil (10 - 30 %) gefertigt und mit imprägnierten Folien allseitig beschichtet. Teilweise werden auch Paletten nach dem Verfahren gefertigt (Firma Werz) (Autorenkollektiv, 1990).

4.2.2.4 Faserwerkstoffe

Faserplatten sind plattenförmige Werkstoffe, die aus faserartigen Partikeln, vorwiegend Holzpartikeln, bestehen und mit oder ohne Druck, mit oder ohne Kleb- sowie Zusatzstoffe(n) unter Einwirkung von Wärme hergestellt worden sind. Klebstofffrei kann bisher nur im Nassverfahren gearbeitet werden. Der Rohdichtebereich reicht von 50 kg/m^3 (Dämmstoffe im Trockenverfahren) bis über 1000 kg/m^3 (HDF, Laminatboden, harte Faserplatten im

Nassverfahren). Auf Basis von Fasern aus Holz und anderen nachwachsenden Rohstoffen werden auch Formteile für den Fahrzeugbau gefertigt. Bild 4.7 zeigt eine Einteilung der Faserplatten.

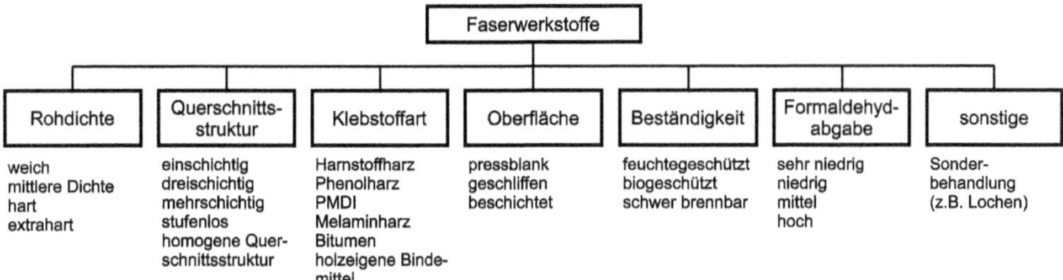

Bild 4.7 Einteilung von Faserwerkstoffen

4.2.2.5 Verbundplatten

Verbundplatten sind plattenförmige Werkstoffe, die aus mehreren Schichten symmetrisch aufgebaut sind und überwiegend eine gegenüber den Beplankungsschichten dickere Trägerschicht aufweisen. Die Schichten sind mit Klebstoff unter Einwirkung von Druck und Wärme schubfest miteinander verbunden. Bild 4.8 zeigt eine Einteilung der Verbundplatten. Bei Schaumstoffen oder Waben in der Mittellage ist die Schubfestigkeit gering; wird Vollholz (z. B. auch Balsaholz mit stehend ausgerichteten Lagen) eingesetzt, wird eine hohe Schubsteifigkeit im Vergleich zu den Materialien mit Waben oder Schaumstoffen erzielt.

Bild 4.8 Einteilung von Verbundwerkstoffen

4.3 Stofflich-struktureller Aufbau von Holz und Holzwerkstoffen

Die Struktur von Holz und Holzwerkstoffen kann in eine Makro-, Mikro- und Submikrostruktur unterteilt werden. Unter Makrostruktur sind die mit bloßem Auge oder mit der Lupe sichtbaren, unter Mikrostruktur die im Mikroskop sichtbaren und unter Submikrostruktur die im Elektronenmikroskop sichtbaren Strukturmerkmale zu verstehen. Die Eigenschaften von Holz werden durch alle Strukturmerkmale gleichermaßen bestimmt. Während der mikroskopische und auch der submikroskopische Aufbau von Holzwerkstoffen weitgehend dem des Holzes entspricht, ist deren Makrostruktur durch die Auflösung des Holzgefüges mehr oder weniger verändert. Strukturänderungen im mikroskopischen Bereich können auftreten z.B. durch Verdichtung der Späne oder der Furnierlagen, Bildung von Mikrobrüchen oder durch Eindringen von Kleb- und Zusatzstoffen und deren Einfluss auf die Kraftübertragung in Klebfugen sowie auf das Sorptionsverhalten. Bekannt ist auch der Einfluss einer thermischen oder hydrothermischen Behandlung beim Dämpfen und Trocknen (analog den Effekten beim Thermoholz). So haben Holzpartikelwerkstoffe in der Regel eine etwas geringere Gleichgewichtsfeuchte als Vollholz.

4.3.1 Holz

4.3.1.1 Chemischer Aufbau

Holz ist vom chemischen Aufbau her betrachtet ein Biopolymer. Es besteht hauptsächlich aus Cellulose, Hemicellulose und Lignin (Stamm, 1964). In den Hohlräumen der extracellulären Matrix, aber auch in der Zellwand befinden sich weitere chemische Substanzen. Dazu gehören mehrheitlich Extraktstoffe wie Harze, Wachse und Fette. Deren Anteil variiert je nach Holzart zwischen 0,5 - 10 % (auch höher bei tropischen Holzarten). Durch diese werden die Pilzresistenz, aber auch das Sorptions- sowie Quell- und Schwindverhalten und auch die Beschichtungs- und Verklebungseigenschaften maßgeblich beeinflusst.

Heute ist es mittels spektroskopischer Verfahren (NIR-Spektroskopie) und multivariater Statistik bereits möglich, mechanische Eigenschaften oder die Pilzresistenz mit der chemischen Struktur zu korrelieren. Umfangreiche Arbeiten wurden u.a. von Thumm und Meder (Thumm & Meder, 2001) durchgeführt (siehe auch Kapitel 11: Optische Eigenschaften).

4.3.1.2 Struktureller Aufbau

Eine ausführliche Beschreibung des strukturellen Aufbaus des Holzes aus chemischer und anatomischer Sicht ist in entsprechenden Fachbüchern zur Holzanatomie oder zur Holzchemie zu finden (Bosshard, 1982 - 1984) (Fengel & Wegener, 1984) (Wagenführ, 1999). Nachfolgend soll darauf nur so weit eingegangen werden, wie es für eine Beschreibung der mathematischen Beziehungen zwischen Struktur und Eigenschaften erforderlich ist.

Holz wird aus mechanischer Sicht als poröses Verbundmaterial verstanden. Der Porenanteil beträgt je nach der Rohdichte des Holzes zwischen 6 und 93 % (im Mittel etwa 60 %; s. Kap. 5.4 und Tabelle 5.9). Die reine Holzsubstanz (ohne Poren) kann dabei als Verbund aus Cellulose als Matrix und Lignin und Hemicellulose als Bindemittel betrachtet werden. Es werden verschiedene Strukturebenen (Makro-, Mikro- und Submikrostruktur) mit je eigenen Merkmalen unterschieden (Bild 4.9, Bild 4.10). Auf makroskopischer Ebene wird das Holz hauptsächlich durch den Faserverlauf (parallel zur Stammachse) und den zylindrischen Aufbau der Jahrringe bestimmt. Dadurch ergibt sich das für Holz typische anisotrope Verhalten mit den drei Hauptrichtungen: längs zur Faserrichtung (L), radial (R), d.h. parallel zu den Holzstrahlen bzw. von der Rinde zum Mark, sowie tangential (T), d.h. parallel zum Jahrringverlauf. Es werden drei Schnittebenen unterschieden: Querschnitt (senkrecht zur Faserrichtung), Radialschnitt (senkrecht zur Jahrringlage), Tangentialschnitt (entlang eines Jahrrings). Weiter ist zwischen dem meist wenig witterungsbeständigen Splintholz und dem Kernholz zu unterscheiden. Der makroskopischen Struktur überlagert sind im mikroskopischen Bereich die Dichte- und Festigkeitsgraduierung zwischen Früh- und Spätholz sowie weitere gewebebedingte Einflüsse (Lanvermann, 2014) (Wagenführ, 1979). In radialer Richtung werden die mechanischen Eigenschaften und die Quellung stark durch die Holzstrahlen beeinflusst (Burgert, 2000). Auswirkungen auf die physikalischen und mechanischen Eigenschaften erfolgen im submikroskopischen Bereich vor allem durch Variation des Mikrofibrillenwinkels der S2-Schicht (Butterfield, 1997) sowie den Lignifizierungsgrad der Zellwandschichten (z. B. Unterschiede zwischen juvenilem und adultem Holz, Druckholz und normalem Holz).

Wesentliche Strukturmerkmale im makroskopischen Bereich sind:

- die Schnittrichtung,
- der Faser-Last-Winkel und die Jahrringneigung,
- Splint-/Kernholz bzw. Reifholz, Kernreifholz,
- die Jahrringbreite und der Spätholzanteil,
- das Vorhandensein von Reaktionsholz,

im mikroskopischen Bereich:

- die Gewebeanteile (Gefäß-, Faser-, Holzstrahl-, Längsparenchymanteile),
- die Gewebeanordnung,
- die Gewebedimensionen (z. B. über 1 mm hohe Holzstrahlen),
- die Faserlängen und Faserwanddicken,
- der Einfluss der Holzstrahlen auf mechanische Eigenschaften und Quellung,
- der Zellwandanteil insgesamt,
- das Vorhandensein von Reaktionsholz,
- der Faserverlauf,

im submikroskopischen Bereich:

- die Dicke der Zellwandschichten,
- die Fibrillenorientierung (in S2-Schicht),
- die Lignifizierung der Zellwandschichten.

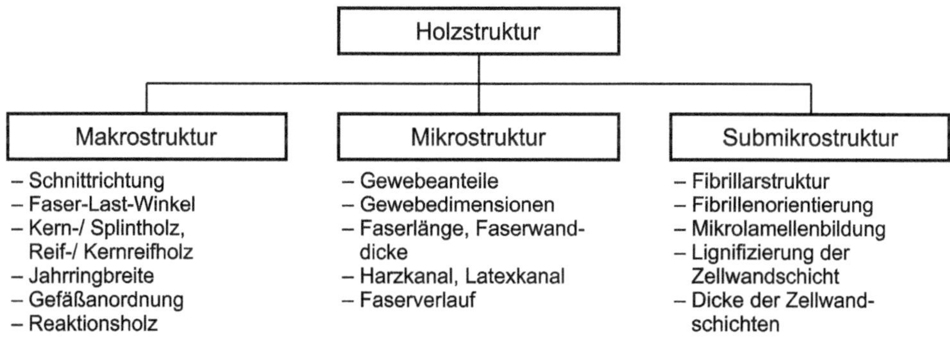

Bild 4.9 Strukturmerkmale von Holz

a) Makrostruktur

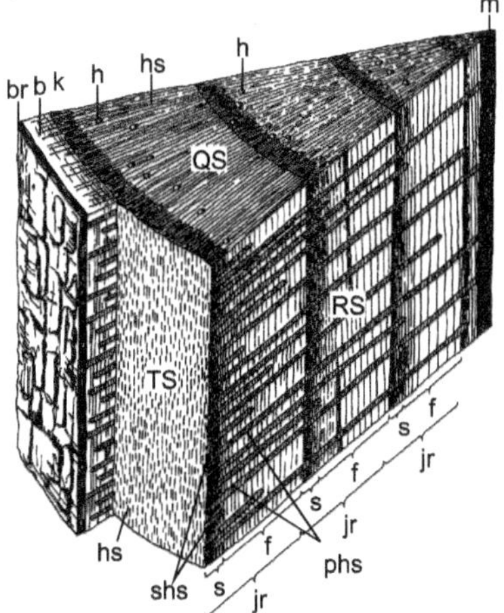

b) Mikrostruktur

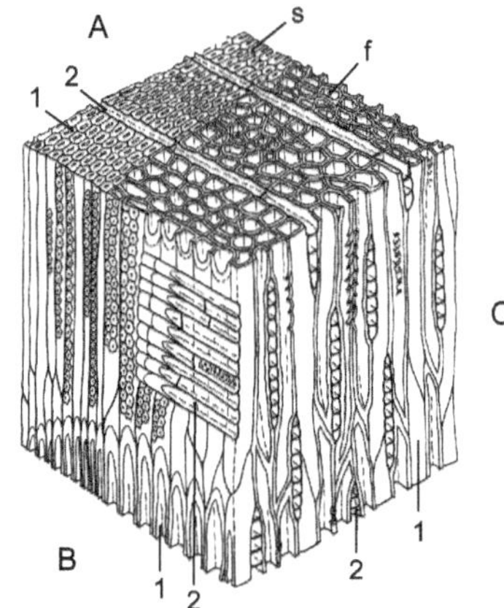

QS	Querschnittfläche	hs	Holzstrahl
RS	Radialschnittfläche	m	Markröhre
TS	Tangentialschnittfläche	phs	Primärholzstrahl
br	Borke	shs	Sekundärholzstrahl
b	Bast	jr	Jahrring
k	Kambium	f	Frühholz
h	Harzkanal	s	Spätholz

A	Querschnitt
B	Radialschnitt
C	Tangentialschnitt
1	Tracheiden
2	Holzstrahl
s	Spätholz
f	Frühholz

c) Submikrostruktur

Zellwandaufbau

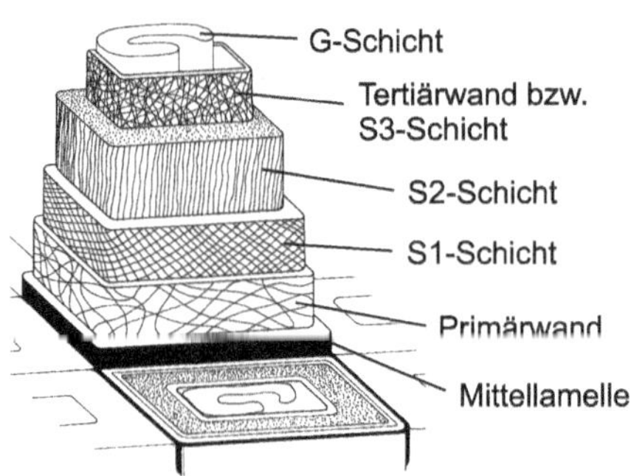

Cellulosemolekül

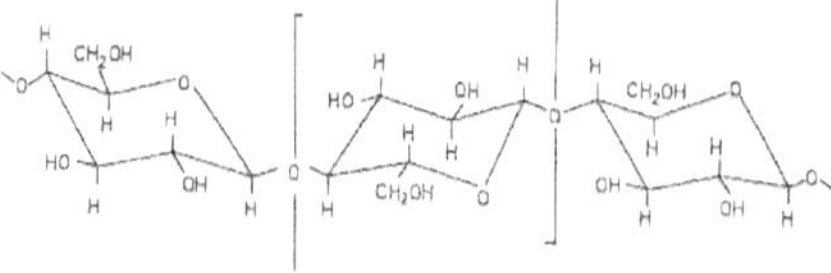

Aufbau der Cellulose-Mikrofibrillen

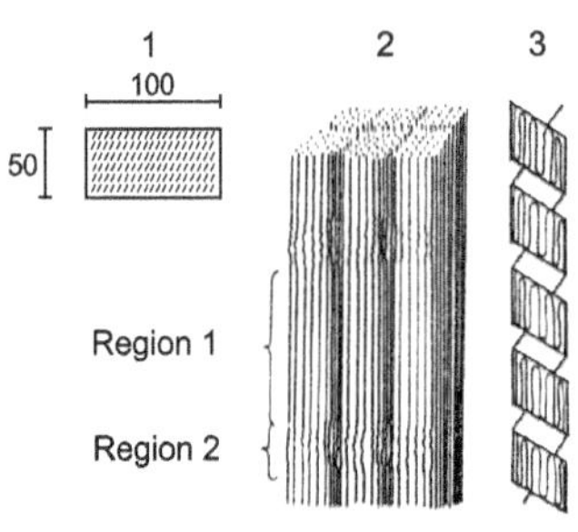

1 Querschnitt durch Mikrofibrillen
2 Mikrofibrillen, bestehend aus Elementarfibrillen (Region 1: kristallin; Region 2: amorph)
3 Helixstruktur der Cellulosemoleküle

Bild 4.10 Schematische Darstellung des strukturellen Aufbaus von Holz: (a) Makrostruktur von Nadelholz (nach (Kollmann F., 1951)), (b) Mikrostruktur von Nadelholz (nach Oliva, zitiert in (Langendorf, Schuster & Wagenführ, 1990), (c) Submikrostruktur: Zellwandaufbau von Laubholz (nach Kucera) sowie Aufbau der Cellulose-Mikrofibrillen

4.3.2 Holzwerkstoffe

4.3.2.1 Werkstoffe auf Vollholzbasis

Bild 4.11 zeigt schematisch den strukturellen Aufbau ausgewählter Werkstoffe auf Vollholzbasis. Durch die Verklebung oder anderweitige Verbindung der Lagen wird eine Homogenisierung der Holzeigenschaften erreicht. Ferner besteht die Möglichkeit, die Tragfähigkeit eines Bauteils durch Variation der Querschnittsabmessungen, des Verhältnisses der Dicke der Lagen an der gesamten Plattendicke oder auch durch Sortierung des Holzes und Einsatz von Lagen mit höherem E-Modul in den Deckschichten zu beeinflussen. Die Strukturmerkmale des Brettschichtholzes bzw. lamellierten Holzes sind, abgesehen von Klebfugen und eventuell auftretenden Stößen, mit denen des nativen Holzes identisch. Neben Klebstoffen werden zunehmend auch mechanische Verbindungsmittel wie Dübel aus Hartholz (z.B. Nägeli/Schweiz, Thoma/Österreich), Gratleisten oder auch Nägel eingesetzt. Ziel ist hier, ganz auf Chemikalien zu verzichten.

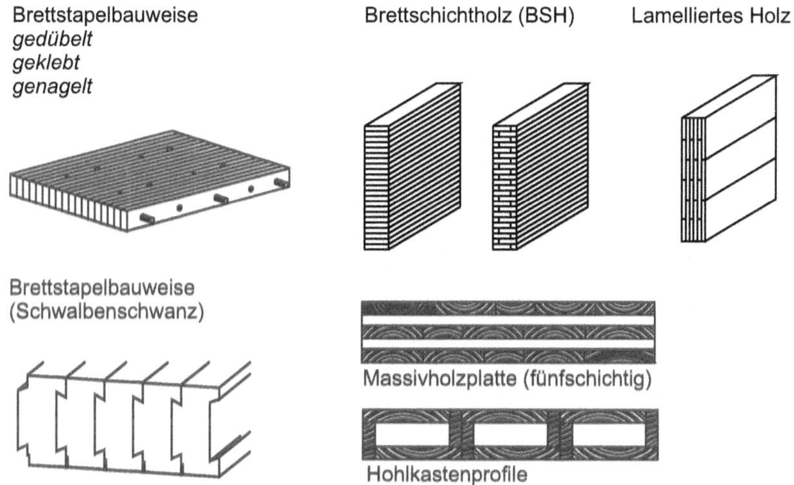

Bild 4.11 Struktureller Aufbau ausgewählter Werkstoffe auf Vollholzbasis

4.3.2.2 Werkstoffe auf Furnierbasis

Bild 4.12 zeigt schematisch den strukturellen Aufbau, Bild 4.13 die Systematik der wesentlichen Strukturparameter von Lagenholz. Lagenholz kann als ein Verbundelement aus symmetrisch übereinander geschichteten, durch eine Klebfuge schubfest miteinander verbundenen Furnierlagen betrachtet werden.

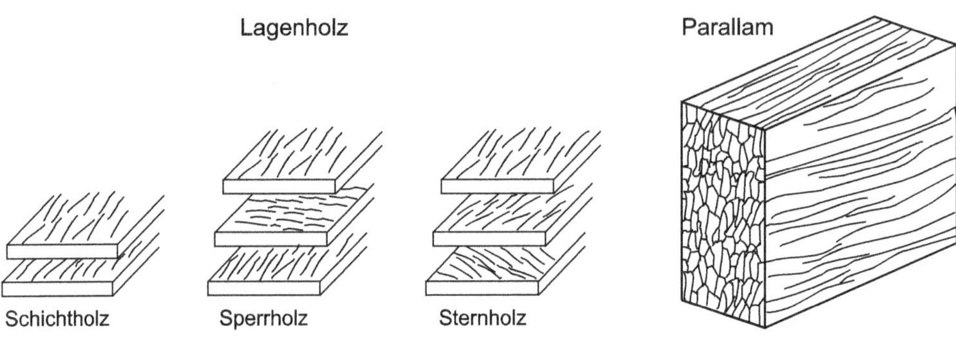

Bild 4.12 Struktureller Aufbau von Furnierwerkstoffen

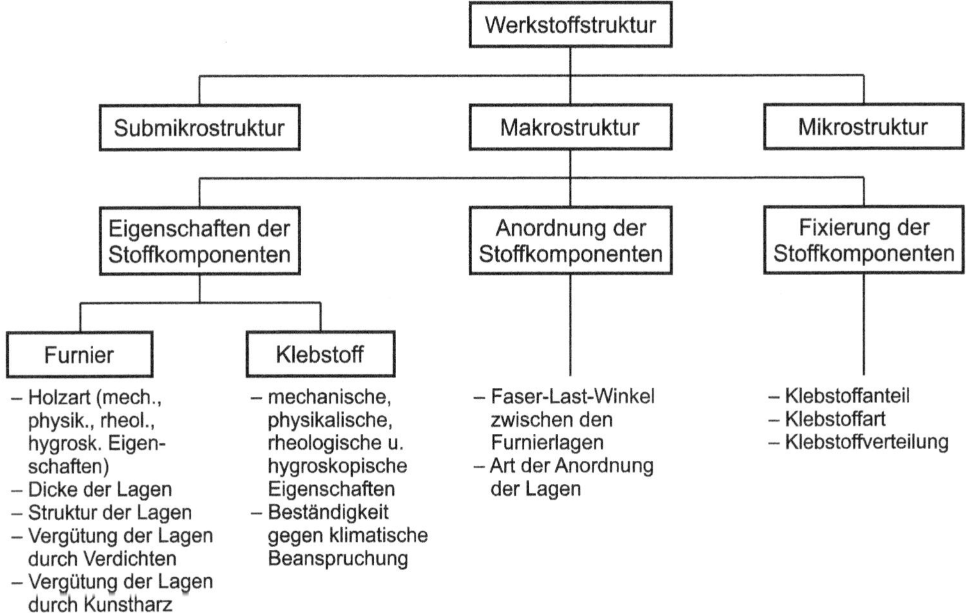

Bild 4.13 Systematik der Strukturparameter von Lagenholz

Wesentliche, die Eigenschaften bestimmende, makroskopische Strukturparameter sind:

- die Eigenschaften der Furnierlagen oder Holzlagen (Holzart),
- die Vergütung der Lagen durch Verdichten oder Tränken mit Kunstharz,
- die Anordnung (Schichtung) der Lagen – insbesondere der Faser-Last-Winkel zwischen den Lagen.

Bei größeren Abmessungen, wie der Herstellung von LVL in kontinuierlichen Pressen, wird eine Schäftung der Furnierlagen vorgenommen.

Mikroskopische Strukturmerkmale sind durch das Grenzflächenverhalten Holz/Kunstharz und durch den Pressvorgang bedingte Veränderungen der Struktur (Verdichtung des Gefüges, Bildung mikroskopischer Gefügebrüche u. a.).

4.3.2.3 Werkstoffe auf Spanbasis

Bild 4.14 zeigt ein Strukturmodell, Bild 4.15 die Systematik wesentlicher Strukturparameter von Spanplatten.

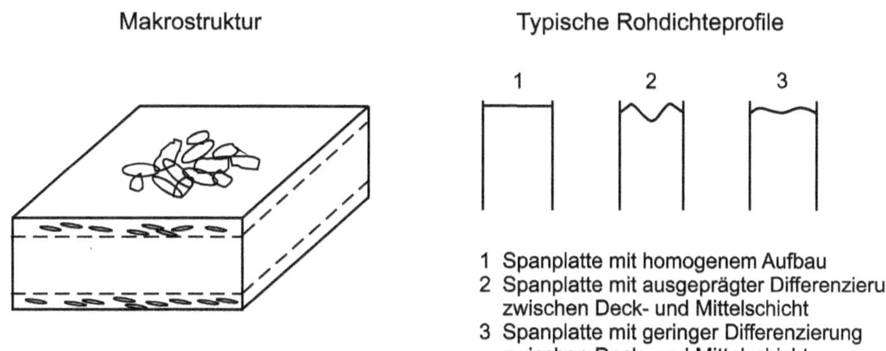

Bild 4.14 Strukturmodell von Spanplatten

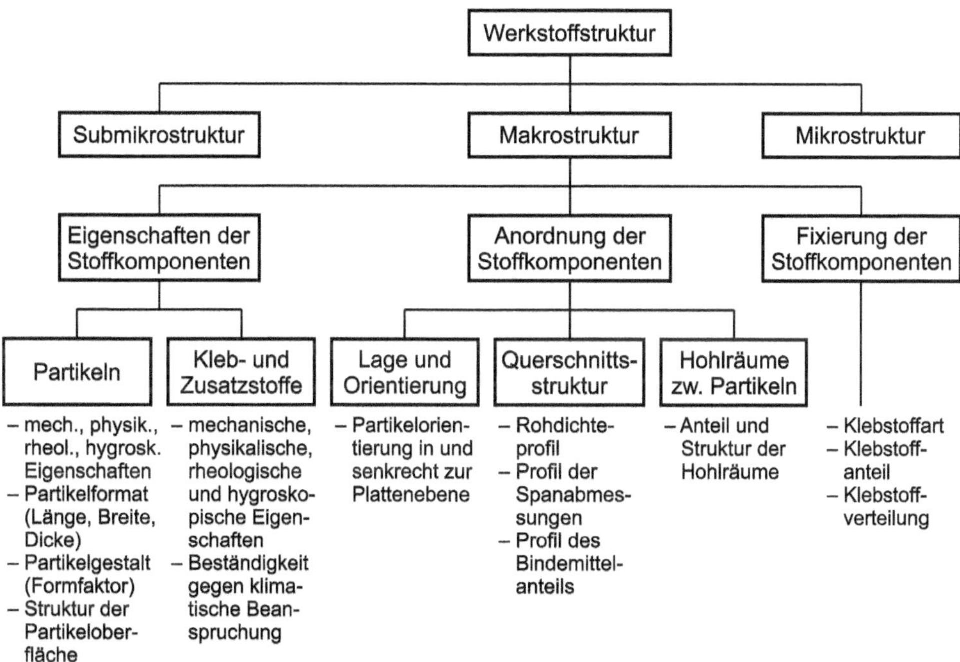

Bild 4.15 Systematik der Strukturparameter von Spanplatten

Die Spanplatte kann, makroskopisch betrachtet, in stark vereinfachter Form als ein poröses Gitternetzwerk aus sich überlappenden und kreuzenden, spanförmigen Partikeln betrachtet werden.

Der Porenanteil zwischen den Partikeln beträgt 10 bis 35 %, bezogen auf die Querschnittfläche. Die Fixierung der Partikeln erfolgt durch meist punktförmige Leimbrücken. Senkrecht zur Plattenebene haben Spanplatten, je nach Herstellungsverfahren, ein mehr oder weniger ausgeprägtes Rohdichteprofil. Wesentliche makroskopische Strukturparameter sind:

- die Eigenschaften der Partikeln (Spanlänge, -breite ,-dicke),
- die Orientierung der Partikeln und
- die Strukturierung senkrecht zur Plattenebene.

Im mikroskopischen Bereich kommt es, bedingt durch die beim Pressen auftretende Verdichtung der Partikeln, insbesondere in der Deckschicht zu einer Veränderung der Porenstruktur. Dies trifft besonders für Holzarten mit geringer Rohdichte zu, die beim Pressen relativ stärker verdichtet werden (Hänsel & Neumüller, 1988). Untersuchungen von Schneider (Schneider, 1982) zeigten, dass sich diese Verdichtung hauptsächlich auf die Poren in der Größe der Zelllumina ($r > 5$ µm) auswirkt (Tabelle 4.1). Der Anteil an Poren mit einem Radius $r < 1$ µm (Mikroporen) ändert sich durch den Pressvorgang dagegen nur unbedeutend. Im mikroskopischen Bereich ist ferner das Grenzflächenverhalten Klebstoff/Holz und das Eindringen des Klebstoffes in die Hohlräume der Partikeln, aber auch der Einfluss des Klebstoffes auf das Sorptionsverhalten zu berücksichtigen. Die submikroskopische Struktur entspricht weitgehend der des nativen Holzes.

Tabelle 4.1 Anteil der Poren mit einem Radius > 5 µm in nativem Holz und in Spanplatten (nach (Schneider, 1982))

Holzart	Porenanteil in %	
	in nativem Holz	in Spanplatten (Deckschicht)
Pappel	48,5	22,2
Tanne	52,0	21,2
Kiefer	51,0	21,4

Als Klebstoff kommen synthetische Klebstoffe wie Harnstoffharz, Melaminharz, PMDI sowie Mischungen dieser Klebstoffe zur Verwendung. Der Einsatz von Phenolharz ist rückläufig. Es werden auch mineralisch gebundene Spanplatten (Portlandzement, Gips) für spezielle Einsatzgebiete hergestellt (zu Normen und der Klassifizierung von Spanplatten siehe Normenverzeichnis in Kapitel 20).

Nach DIN EN 309 erfolgt eine Einteilung nach folgenden Kriterien:

- Herstellungsverfahren (flach- oder stranggepresst),
- Oberflächenbeschaffenheit (ungeschliffen, geschliffen, flüssigbeschichtet, pressbeschichtet),
- Form,
- Größe der Teilchen,
- Plattenaufbau,
- Verwendungsart (allgemeine Zwecke im Trockenbereich, Inneneinrichtungen im Trockenbereich, nicht tragende Zwecke im Feuchtbereich, tragende Zwecke im Feucht- und Trockenbereich, hoch belastbare Platten für tragende Zwecke im Feucht- und Trockenbereich).

Nach DIN EN 312 wird folgende Einteilung nach Festigkeit und Feuchtebeständigkeit (früher V 20, V 100 und V 100 G) vorgenommen (Tabelle 4.2, siehe auch Kapitel 19). Zunehmende Bedeutung gewinnen leichte Holzwerkstoffe mit z. B. geschäumter Mittellage (s. Verbundwerkstoffe).

Tabelle 4.2 Einteilung von Holzwerkstoffen nach der Festigkeit und der Feuchtebeständigkeit

Allgemeine Verwendung (im statischen Sinn nicht tragend)	Allgemein verwendbar, auch für im statischen Sinn tragende Bauteile	Hochbelastbar für im statischen Sinn tragende Bauteile
P1 für leichte Verkleidungen im Trockenbereich	P4 Trockenbereich	P6 Trockenbereich
P2 für Möbel- und Innenausbau im Trockenbereich		
P3 im Feuchtbereich (früher V100)	P5 Feuchtbereich (früher V100)	P7 Feuchtbereich

4.3.2.4 Werkstoffe auf Faserbasis

Faserplatten

Bild 4.16 zeigt ein Strukturmodell, Bild 4.17 die Systematik wesentlicher Strukturparameter von Faserplatten.

Makrostruktur

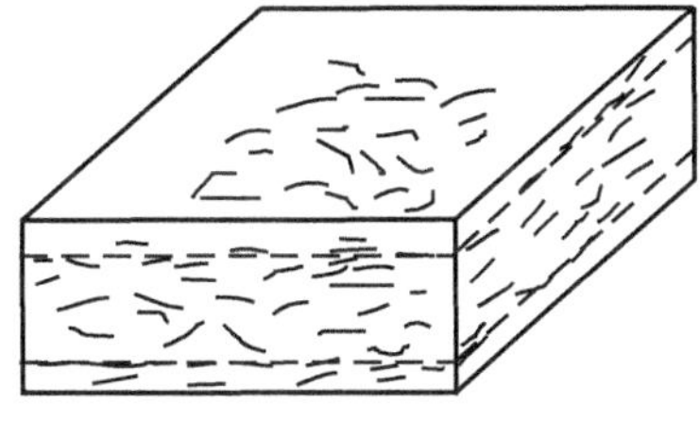

Typische Rohdichteprofile

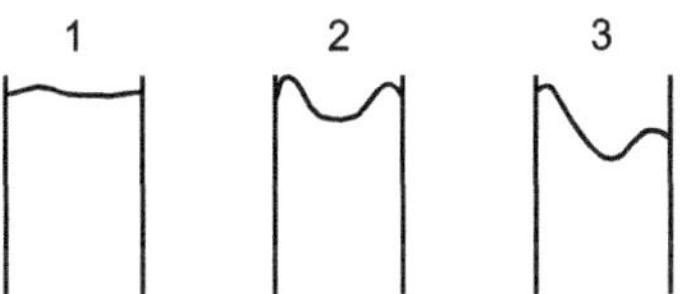

1 Faserplatte mittlerer Dichte mit homogenem Aufbau
2 Faserplatte mittlerer Dichte mit ausgeprägter Dichtedifferenzierung
3 Harte Faserplatte (Nassverfahren), links: glatte Seite, rechts: Siebseite

Bild 4.16 Strukturmodell von Faserplatten

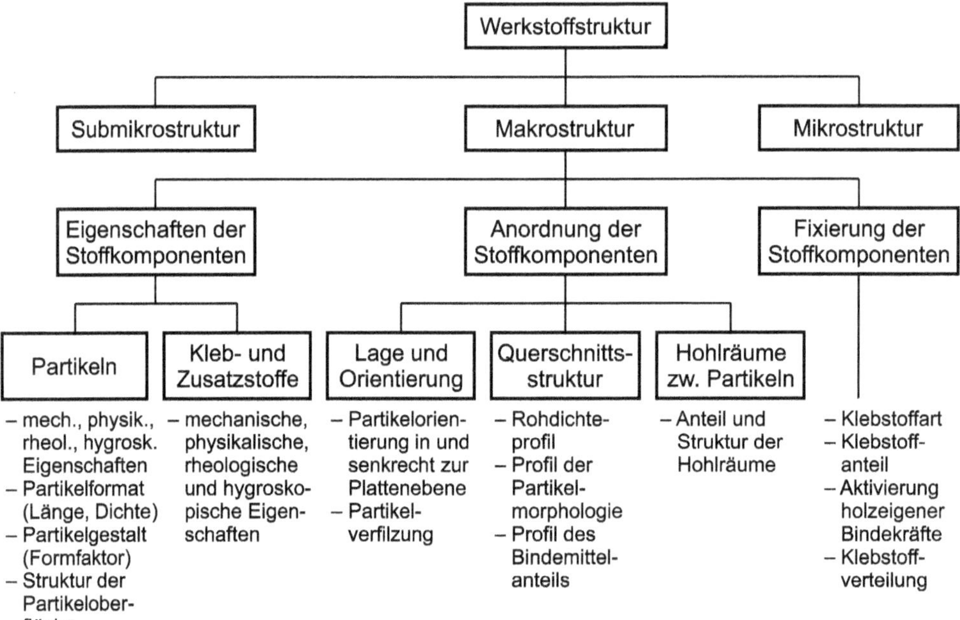

Bild 4.17 Systematik der Strukturparameter von Faserplatten

Die Faserplatte, insbesondere die Faserplatte mittlerer Dichte (MDF), entspricht in ihrer Struktur weitgehend einer Spanplatte. Der Schlankheitsgrad der Partikel ist größer als bei Spanplatten, daher sind es auch E-Modul und Biegefestigkeit. Im Gegensatz zur Herstellung von Spanplatten wird das Holz bei der Herstellung von Faserplatten bis zur Holzfaser bzw. bis zum Faserbündel zerlegt und das gebildete Faservlies durch Verfilzung und Aktivierung holzeigener Bindekräfte, wie beispielsweise beim Nassverfahren, oder durch Zugabe von Klebstoffen wie beim Trockenverfahren unter Druck- und Wärmeeinwirkung verfestigt. Insbesondere bei harten Faserplatten, die im Nassverfahren hergestellt werden, kommt es dabei auch zu einer Veränderung der Holzstruktur im mikroskopischen Bereich. Die im Vergleich zu Vollholz deutlich höhere mittlere Rohdichte (~1000 kg/m³) führt zu einer sehr starken Verdichtung der Strukturelemente. Flemming (Flemming, 1962) geht davon aus, dass das Zelllumen praktisch verschwindet und der Faserdurchmesser in Pressrichtung der doppelten Zellwanddicke entspricht. Platten im Nassverfahren werden zunehmend durch das Trockenverfahren abgelöst. Bei MDF ist die Verdichtung der Partikeln weitaus geringer. MDF und HDF werden im Trockenverfahren hergestellt (in modernen Anlagen mit minimalen Plattendicken bis zu etwa 1 mm). Im submikroskopischen Bereich entsprechen diese überwiegend auch der Struktur des nativen Holzes. Die Dichte variiert dabei wie folgt:

- HDF > 800 kg/m³,
- MDF > 650 kg/m³,
- Leicht-MDF < 650 kg/m³,
- Ultraleicht-MDF < 550 kg/m³.

MDF mit relativ geringer Dichte werden in Südamerika bereits seit Jahrzehnten aus Radiata Pine hergestellt (Bereich ultraleicht).

Zunehmend gewinnen Dämmstoffe auf Holzfaserbasis an Bedeutung. Diese werden in Nass- und bei Neuanlagen meist im Trockenverfahren hergestellt. Je nach Einsatzbereich und erforderlicher Festigkeit variiert die Rohdichte der Dämmplatten im Bereich von 50 bis 250 kg/m^3. Teilweise werden thermoplastische Bindefasern eingesetzt, um die Elastizität der Fasermatten bei der Verwendung als Zwischensparrendämmung zu erhöhen.

4.3.2.5 Verbundwerkstoffe

Verbundplatten

Bild 4.18 zeigt vereinfachte Strukturmodelle, Bild 4.19 die Systematik der wesentlichen Strukturparameter von Verbundplatten.

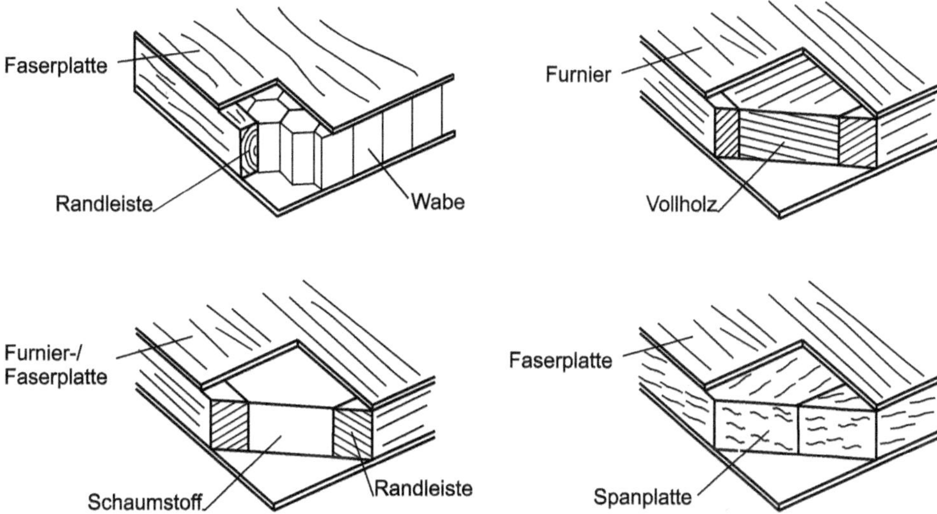

Bild 4.18 Strukturmodelle von Verbundplatten

Verbundplatten sind makroskopisch betrachtet ein aus mehreren Schichten symmetrisch aufgebauter Plattenwerkstoff mit einer gegenüber den Beplankungsschichten deutlich - meist durch eine vollflächige Verklebung hergestellten - dickeren Trägerschicht. Diese Schichten sind schubfest miteinander verbunden. Wesentliche Strukturmerkmale sind:

- die Eigenschaften (Festigkeit, E-Modul) der Deck- und Mittellagen und
- der Anteil der Lagen an der gesamten Plattendicke.

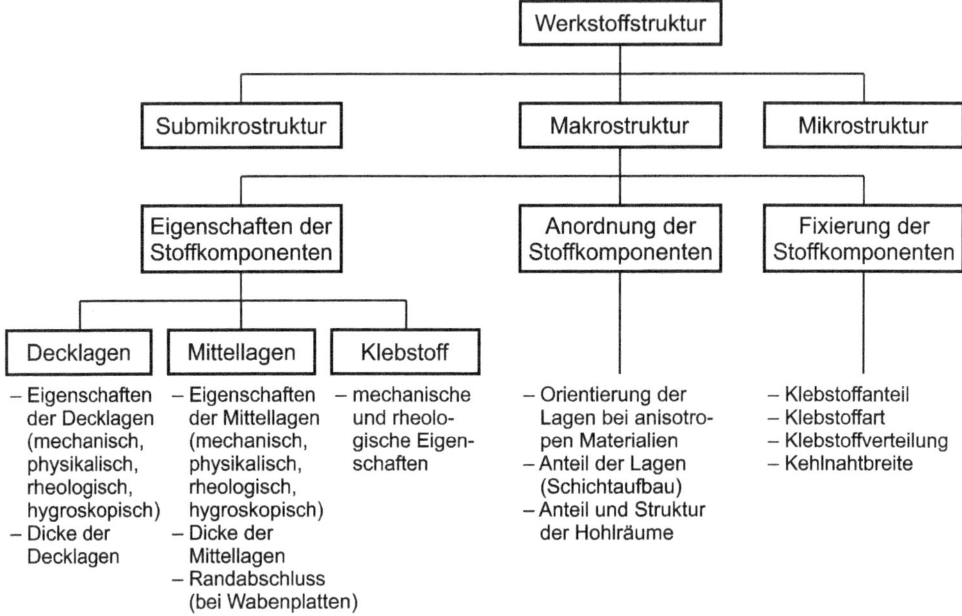

Bild 4.19 Systematik der Strukturparameter von Verbundplatten

Durch Verwendung hochfester Decklagen können bei relativ geringem Materialeinsatz hohe Biegefestigkeiten und Elastizitätsmoduln erzielt werden. Der nicht tragende Anteil des Querschnittes und damit ein Großteil der Mittellage kann – z. B. durch Verwendung von Waben oder Schaumstoff – stofflich stark abgemindert werden. Herstellungsverfahren für Verbundwerkstoffe sind im Vergleich zur Herstellung von Partikelwerkstoffen schwerer zu automatisieren, sodass der Einsatz dieser Werkstoffe oft auf Sonderzwecke beschränkt ist. Auch Platten mit wellenförmig variierter Rohdichte in der Mittelschicht (Dascanova) sind im Labormaßstab bekannt.

Die Tendenz zur Dichtesenkung bei Holzwerkstoffen, z. B. auch unter Verwendung aufgeschäumter Mittellagen, ist in den letzten Jahren steigend (AirMaxx®, Fa. Nolte).

4.3.2.6 Wood Plastic Composites

Wood Plastic Composites (WPC) bestehen aus thermoplastisch verarbeiteten Polymeren und lignocellulosehaltigen Partikeln. Der Anteil der lignocellulosehaltigen Partikel variiert zwischen 25 – 90 %, dementsprechend tun es auch die Eigenschaften (mechanische Eigenschaften, Feuchtebeständigkeit). Die Verarbeitung erfolgt meist nach Methoden der Kunststoffverarbeitung (Extrudieren, Spritzguss). Die Erhöhung des Holzanteils führt zum Anstieg des E-Moduls (25 % je 10 % Massenanteil Holz (Hänsel (2012)) und einem leichten Anstieg der Biegefestigkeit (ca. 3 %), die oberhalb eines Grenzwertes wieder abnimmt.

4.4 Wechselwirkung zwischen Struktur und Eigenschaften von Holz und Holzwerkstoffen

Nachfolgend werden die Wechselwirkungen zwischen Struktur und Eigenschaften von Holz im makroskopischen, mikroskopischen und submikroskopischen Bereich behandelt. Für Holzwerkstoffe wird die Betrachtung auf makroskopische Strukturmerkmale begrenzt. Es werden zunächst nur wesentliche Einflussfaktoren und ihre Wirkung in tendenzieller Form beschrieben. Eine Quantifizierung in Form allgemeingültiger Gesetzmäßigkeiten ist bei Holzwerkstoffen infolge der Komplexität der Zusammenhänge schwer möglich, sodass diese Beziehungen bislang jeweils für den spezifischen Fall neu ermittelt werden. Prinzipiell sollte jedoch versucht werden - beispielsweise über eine Relativierung der Zusammenhänge (z. B. x-prozentige Änderung der Rohdichte bewirkt y-prozentige Änderung der Biegefestigkeit) -, derartige Beziehungen abzuleiten. Der Grenzen muss man sich jedoch bewusst sein. Ein solcher Weg wurde u. a. von Kollmann für Vollholz (Kollmann F., 1967) und Brinkmann (Brinkmann, 1982) für Spanplatten beschritten. Zahlreiche Arbeiten befassen sich mit der Modellierung der Eigenschaften von Holzwerkstoffen. Die umfangreichste Darstellung zur Strukturmechanik von Holz und Holzwerkstoffen legten Bodig und Jayne (Bodig & Jayne, 1993) vor. Ansätze zur Berechnung der Eigenschaften von Holz wurden u. a. von Persson (Persson, 2000) vorgelegt. Analoge Arbeiten gibt es zu Holzwerkstoffen. So modellierten Gereke (Gereke T., 2009) den Plattenverzug von Massivholzplatten sowie Gereke et al. (Gereke, et al., 2012) die elastischen Eigenschaften von OSB-Platten.

4.4.1 Holz

Tabelle 4.3 enthält eine Zusammenstellung der für die Eigenschaften von Holz wesentlichen makroskopischen Strukturmerkmale und eine Wichtung ihres Einflusses auf die Rohdichte und die Biegefestigkeit. Bild 4.20 zeigt in qualitativer Form die Wirkung wesentlicher Strukturparameter auf ausgewählte Eigenschaften.

Tabelle 4.3 Wirkung ausgewählter Strukturparameter auf die Eigenschaften von Holz

Strukturparameter	Rohdichte	Biegefestigkeit
Schnittrichtung	1	2
Faser-Last-Winkel	1	3
Kern-/Splintholz, Reifholz/Kernreifholz	2	2
Jahrringbreite	2	2
Reaktionsholz	2	2
Faserlänge	1	2
Lignifizierung der Zellwandschichten	2	2
Mikrofibrillenwinkel in S2-Schicht	1	2

Einfluss: 1 - relativ gering; 2 - deutlich; 3 - dominierend

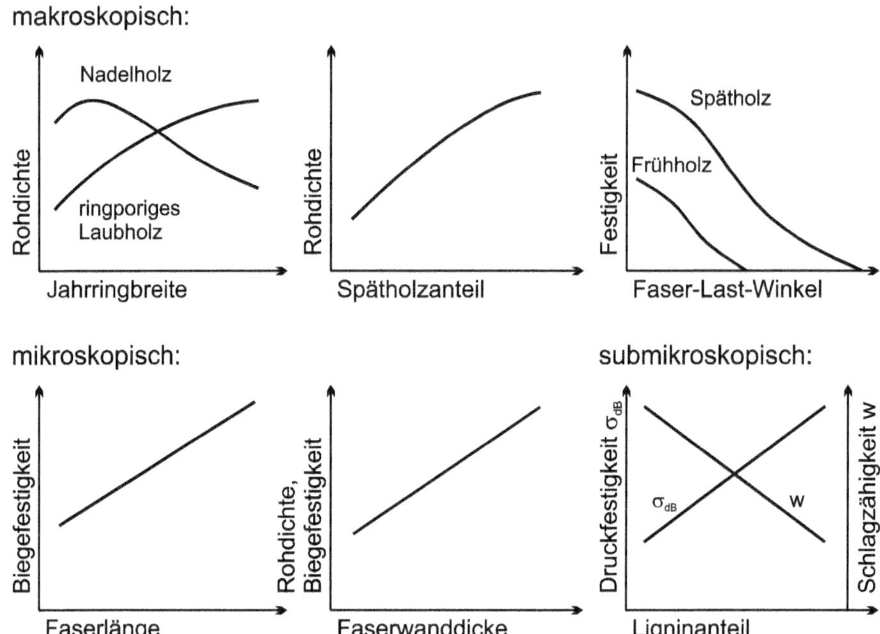

Bild 4.20 Schematische Darstellung des Einflusses ausgewählter Strukturparameter auf die Eigenschaften von Holz

Die hier dargestellten Wechselwirkungen zwischen Struktur und Eigenschaften gelten im Prinzip für alle in diesem Band beschriebenen physikalisch-mechanischen Eigenschaften des Holzes. Von überragender Bedeutung sind:

- der Faser-Last-Winkel,
- die Schnittrichtung (radial, tangential, längs),
- Kern-/Splintholz bzw. Reifholz/Kernreifholz,
- die Jahrringbreite,
- das Vorhandensein von Reaktionsholz.

Von deutlichem Einfluss sind des Weiteren mikroskopische und submikroskopische Strukturparameter wie Faserlänge oder Zellwandstärke (s. z. B. (Wimmer, 1991)) sowie Mikrofibrillenwinkel (Einfluss auf E-Modul, Festigkeit und Quellung) oder Ligninanteil, die jedoch bei der Bestimmung der mechanisch-physikalischen Eigenschaften von den oben genannten makroskopischen Strukturparametern teilweise überdeckt werden bzw. diese selbst beeinflussen. Bei relativ jungem Holz, wie es z. B. in Pinus-Radiata-Plantagen nach etwa 20 Jahren geerntet wird, macht sich der höhere Mikrofibrillenwinkel deutlich bemerkbar (Butterfield, 1997). Auch bei der Eibe ist der trotz deutlich höherer Rohdichte etwa gleich große E-Modul wie bei der Fichte auf den deutlich höheren Mikrofibrillenwinkel der Eibe zurückzuführen (Keunecke, 2008). Ebenso wird durch den hohen Mikrofibrillenwinkel in den Druckholzzellen die Längenquellung von Druckholz beeinflusst (Timell, 1986), (Lanvermann, 2014).

4.4.2 Holzwerkstoffe

4.4.2.1 Brettschichtholz/lamelliertes Holz

Die Wechselwirkungen zwischen Struktur und Eigenschaften von Holz sind prinzipiell auf Brettschichtholz bzw. lamelliertes Holz übertragbar. Durch die Lamellierung wird der Einfluss von Holzfehlern weitgehend ausgeglichen, sodass im Vergleich zu nativem Holz ein Vergütungseffekt erreicht wird, der sich in verbesserten Eigenschaften äußert. Der Vergütungseffekt tritt auch ein, wenn Lamellen minderer Güte in die weniger belastete Mittelschicht verlagert werden (Colling, 1990). Bei Tragfähigkeitsberechnungen sind sowohl die Eigenschaften der Lamellen (Einfluss von Ästen und anderen Holzfehlern) als auch vorhandene Stöße, Schäftungen bzw. Keilzinkenverbindungen (wirken als Fehlstellen/ Holzfehler) zu berücksichtigen. Bei Laubholz werden oft Lamellen etwas geringerer Dicke (30 oder 40 mm) eingesetzt, um entstehende Spannungen bei Feuchteänderungen zu reduzieren.

4.4.2.2 Lagenholz/Massivholzplatten

Tabelle 4.4 enthält eine Zusammenstellung der für die Eigenschaften von Lagenholz wesentlichen strukturbedingten Einflussfaktoren und eine Wichtung ihres Einflusses auf einige physikalisch-mechanische Eigenschaften, die Klimabeständigkeit und die Verarbeitungseigenschaften. Bild 4.21 zeigt die qualitative Wirkung einiger Strukturparameter auf die Eigenschaften von Lagenholz.

Tabelle 4.4 Wirkung strukturbedingter Einflussfaktoren auf die Eigenschaften von Lagenholz/Brettsperrholz

Einflussfaktor	Biegefestigkeit, E-Modul	Zugfestigkeit	Quellung	Klimabeständigkeit	Verarbeitungseigenschaften
Holzart	2	2	1	1	2
Holzqualität	2	2	1	1	1
Lagendicke	2	2	1	1	1
Klebstoffart	1	1	2	3	1
Klebstoffanteil (einschl. Tränken)	3	2	2	2	2
Streckmittelzusatz	2	2	1	2	2
Faser-Last-Winkel zwischen den Lagen	3	3	3	1	1
Verdichtung der Lagen	3	3	2	1	2
Aufbaufaktor	3	3	2	1	2

Einfluss: 1 – relativ gering; 2 – deutlich; 3 – dominierend

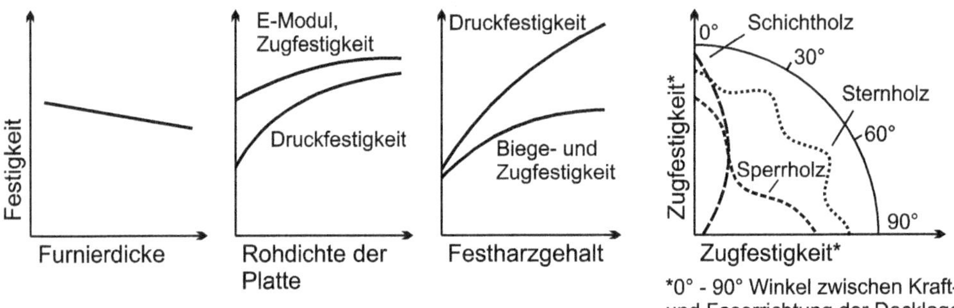

Bild 4.21 Schematische Darstellung der Wirkung ausgewählter Strukturparameter auf die Eigenschaften von Lagenholz

Dominierende Einflussfaktoren sind:

- die dimensionslosen Aufbaufaktoren der Platten nach der ehemaligen DIN 68705-5, Beiblatt 1:
  - γ_m = Anteil der Lagen parallel zur Faserrichtung der Deckfurniere am Trägheitsmoment des vollen Plattenquerschnitts (für Flachbiegung benötigt),
  - δ_m = Anteil der Lagen parallel zur Faserrichtung der Deckfurniere am vollen Plattenquerschnitt (für Zug, Druck und Hochkantbiegung benötigt),
  - α_m = Verhältnis der Lagendicke a_{m-2} zur Gesamtplattendicke a_m (für Flachbiegung quer zur Faserrichtung benötigt), wobei m = Anzahl der Lagen (bei symmetrischem Aufbau stets ungerade),
- der Faser-Last-Winkel zwischen den Lagen,
- der Klebstoffanteil (einschließlich Tränken der Lagen mit Klebstoff zum Zwecke der Vergütung) und
- die Rohdichte (Grad der Verdichtung im Vergleich zu Vollholz).

Die Eigenschaften von Sperrholz können rechnerisch abgeschätzt werden. Die Art des Klebstoffs (Harnstoffharz, Melaminharz, Phenolharz) bestimmt die Klimabeständigkeit. Phenolharzverleimte Platten sind gegenüber Klimaeinflüssen wesentlich beständiger als harnstoffharzverleimte. Durch den Faser-Last-Winkel zwischen den Lagen können Festigkeit und Isotropie des Materials variiert werden (Änderungen des Poldiagramms s. Bild 4.21). Ein Verdichten der Lagen und/oder Tränken mit Kunstharz führt zu einem Anstieg von Festigkeit und Härte des Lagenholzes und zur Verringerung des Abriebs. Durch die Variation der genannten Einflussfaktoren können die Eigenschaften von Vollholz erreicht und sogar überboten werden. Ebenso wird im Vergleich zu Vollholz eine deutliche Homogenisierung erzielt, da Fehlstellen durch Äste, Risse und dergleichen ausgeglichen werden.

Bei einem Harzgehalt von 8 bis 10 % werden mit Ausnahme der Druckfestigkeit (Maximum bei 60 %) die Maximalwerte der Festigkeit erreicht. Die Feuchtebeständigkeit erreicht ihr Maximum bei 30 bis 40 % Harzgehalt.

Die Druckfestigkeit steigt mit zunehmender Verdichtung der Lagen an, während Zugfestigkeit und Elastizitätsmodul bei einer Rohdichte von 1200 bis 1300 kg/m^3 das Maximum erreichen und danach wieder etwas abfallen (Bild 4.21).

Bei Schichtholz, bestehend aus faserparallel miteinander verklebten Furnierlagen, wird wie bei Brettschichtholz/lamelliertem Holz eine weitgehende Vergleichmäßigung der Eigenschaften des nativen Holzes erreicht. Teilweise werden die Furnierlagen vor dem Verkleben nach dem E-Modul sortiert. Analoges trifft auch auf den als „Parallam" bezeichneten stabförmigen Werkstoff zu, der aus Schälfurnierstreifen hergestellt wird.

4.4.2.3 Spanplatten

Tabelle 4.5 enthält eine Zusammenstellung der für die Eigenschaften von Spanplatten wesentlichen Einflussfaktoren und eine Wichtung ihres Einflusses auf die Biegefestigkeit, den E-Modul, die Zugfestigkeit senkrecht zur Plattenebene, die Quellung, die Klimabeständigkeit und die Verarbeitungseigenschaften. Bild 4.22 zeigt die qualitative Wirkung einiger Strukturparameter auf die Eigenschaften von Spanplatten.

Tabelle 4.5 Wirkung strukturbedingter Einflussfaktoren auf ausgewählte Eigenschaften von Spanplatten

Einflussfaktor	Biegefestigkeit, E-Modul	Zugfestigkeit senkrecht zur PE	Quellung	Klimabeständigkeit	Verarbeitungseigenschaften
Holzart (Rohdichte)	3	1	1	1	2
Spanlänge	3	2	1	2	1
Spanbreite	1	1	1	1	1
Spandicke	2	2	2	2	1
Oberflächenstruktur der Späne	2	2	1	2	1
Klebstoffart	1	1	2	3	1
Klebstoff-(Festharz-)anteil	2	3	2	2	2
Spanorientierung	3	2	1	1	3
Rohdichteprofil	2	2	1	2	3
Mittlere Rohdichte	3	3	2	2	2
Profil der Spanabmessungen	2	2	2	2	2
Profil der Bindemittelverteilung	2	2	2	2	2

Einfluss: 1 – relativ gering; 2 – deutlich; 3 – dominierend; PE – Plattenebene

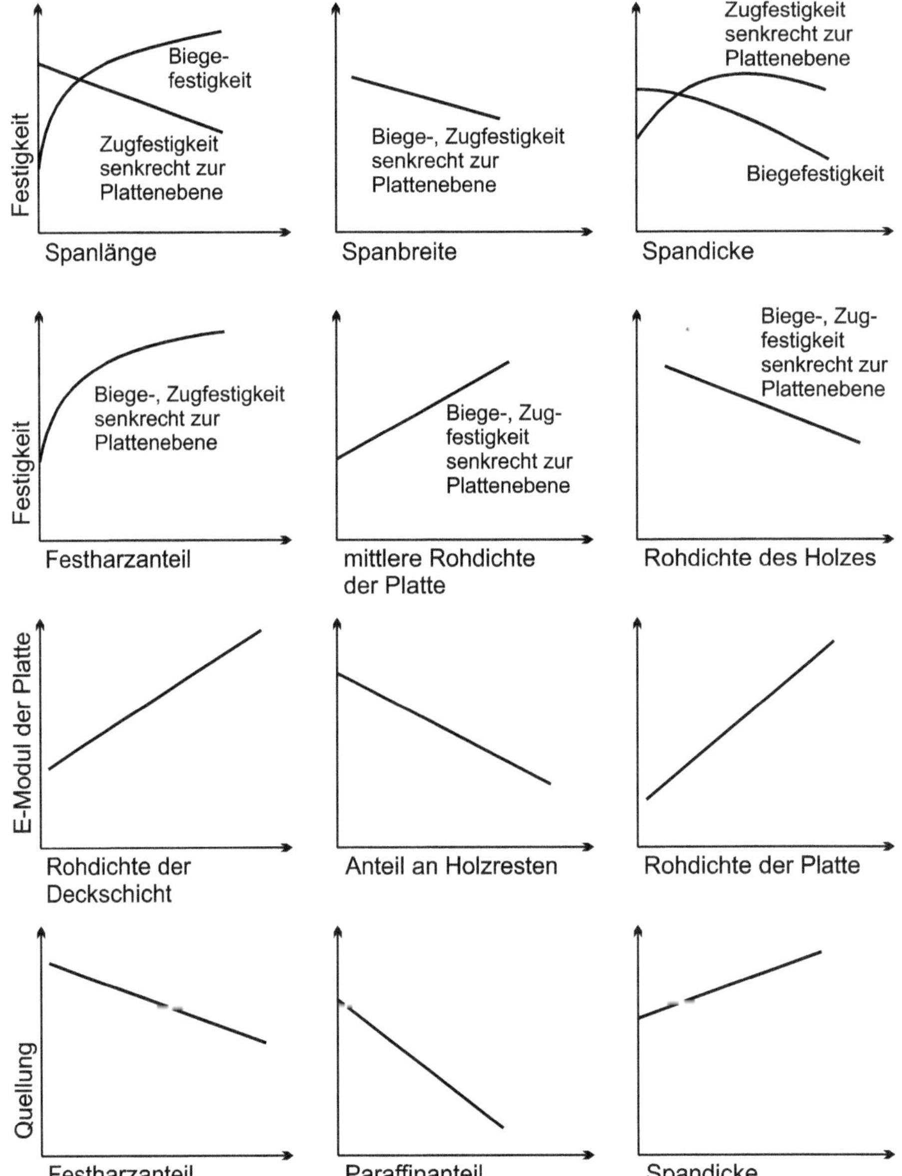

Bild 4.22 Schematische Darstellung der Wirkung ausgewählter Strukturparameter auf die Eigenschaften von Spanplatten

Dominierende Einflussfaktoren sind:

- die Spanlänge bzw. der Schlankheitsgrad der Späne (Verhältnis Spanlänge: Spandicke),
- die mittlere Plattenrohdichte und das Rohdichteprofil senkrecht zur Plattenebene,
- der Festharzanteil der Platten und
- die Spanorientierung.

Ferner ist ein deutlicher Einfluss der Späneart (z. B. Schneidspan, Schlagspan) und damit letztlich ein Einfluss der von den Herstellungsbedingungen abhängigen Partikelgestalt und Oberflächenstruktur der Partikeln vorhanden. Bis zu einem Schlankheitsgrad der Späne von etwa 100 nehmen Biegefestigkeit und Elastizitätsmodul der Platten zu, die Zugfestigkeit senkrecht zur Plattenebene sinkt. Die Ursache für den Festigkeitsanstieg ist in der Zunahme der Überlappungsflächen der Späne begründet.

Durch Orientierung der Späne während der Plattenherstellung kann eine Erhöhung von Biegefestigkeit und Elastizitätsmodul erreicht werden (OSB).

Von insgesamt dominierender Wirkung ist die mittlere Rohdichte. Ihre Erhöhung bewirkt einen linearen Anstieg der Festigkeit von Spanplatten. Infolge ihrer Dominanz wird die Rohdichte am häufigsten für die „Steuerung" der Plattenqualität genutzt. Durch Anwendung extrem langer Partikeln (300 mm lang) können Holzwerkstoffe für statisch hochbelastbare Elemente hergestellt werden (z. B. analog dem Brettschichtholz gefertigte „**P**arallel **S**trand **L**umber" in den USA).

Die Klimabeständigkeit von Spanplatten kann wie beim Sperrholz durch die Wahl der Klebstoffart variiert werden. Aus materialökonomischer, aber auch aus verarbeitungstechnischer Sicht bedeutend ist ferner das Rohdichteprofil senkrecht zur Plattenebene. Die bei konventionellen Spanplatten meist deutlich ausgeprägte Differenzierung zwischen Deck- und Mittelschichtrohdichte bewirkt, dass die Spanplatte, stark vereinfacht, als Sandwich-Element betrachtet werden kann (s. Verbundplatten).

4.4.2.4 Faserplatten

Tabelle 4.6 enthält eine Zusammenstellung der für die Eigenschaften von Faserplatten wesentlichen, strukturbedingten Einflussfaktoren und eine Wichtung ihres Einflusses auf die physikalisch-mechanischen Eigenschaften, die Klimabeständigkeit und die Wärmeleitzahl. Bild 4.23 zeigt die qualitative Wirkung einiger Strukturparameter auf die Eigenschaften von Faserplatten. Für Faserplatten, insbesondere MDF, gelten analoge Gesetzmäßigkeiten wie für Spanplatten.

Tabelle 4.6 Wirkung strukturbedingter Einflussfaktoren auf die Eigenschaften von Faserplatten

Einflussfaktor	Biegefestigkeit, E-Modul	Zugfestigkeit senkrecht zur PE	Quellung	Klimabeständigkeit	Wärmeleitzahl
Holzart	1	1	2	2	1
Holzqualität	1	1	1	1	1
Partikelgröße (Aufschlussgrad)	2	2	2	2	1
Klebstoffart	1	1	2	3	1
Klebstoff-(Festharz-)-anteil*)	2	2	2	2	1
(Zusatzstoffanteil)	1	1	3	3	1
Rohdichteprofil	3	3	2	2	3
Mittlere Rohdichte	3	2	2	2	2

Tabelle 4.6 Wirkung strukturbedingter Einflussfaktoren auf die Eigenschaften von Faserplatten *(Fortsetzung)*

Einflussfaktor	Biegefestigkeit, E-Modul	Zugfestigkeit senkrecht zur PE	Quellung	Klimabeständigkeit	Wärmeleitzahl
Profil der Faserabmessungen bei MDF	2	2	2	2	1
Profil des Festharzanteils bei MDF	2	2	2	2	1

Einfluss: 1 – relativ gering; 2 – deutlich; 3 – dominierend; PE – Plattenebene
* sofern nicht thermische Nachbehandlung der Faserplatte erfolgt

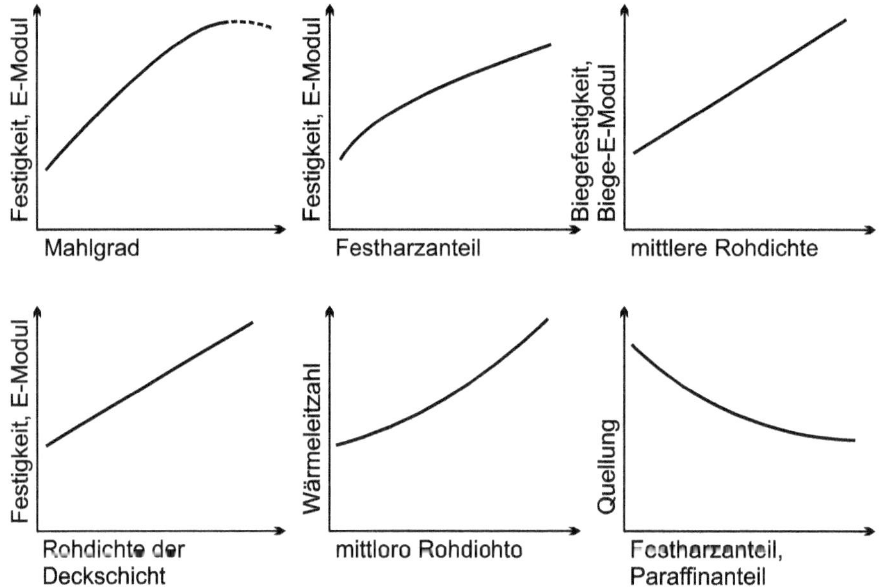

Bild 4.23 Schematische Darstellung der Wirkung ausgewählter Strukturparameter auf die Eigenschaften von Faserplatten

Der dominierende Unterschied liegt im deutlich höheren Aufschlussgrad des Holzes und der damit verbundenen Aktivierung holzeigener Bindekräfte sowie in der weitgehenden Verfilzung der Fasern untereinander. Insbesondere beim Nassverfahren kann aufgrund der Aktivierung holzeigener Bindekräfte auf Klebstoff verzichtet (dann aber Nachhärtung erforderlich) oder der Klebstoff-(Festharz-)anteil stark vermindert werden. Beträgt der Klebstoff-(Festharz-)anteil etwa 7 bis 11 % bei Spanplatten, so liegt er bei Faserplatten, die nach dem Nassverfahren hergestellt werden, zwischen 0 und 3 %. Bei MDF, die nach dem Trockenverfahren gefertigt werden, liegt er etwa im Bereich des Klebstoff-(Festharz-)anteils von Spanplatten. Nach dem Trockenverfahren hergestellte harte Faserplatten haben einen Festharzanteil von 5 bis 10 %, teilweise aber auch deutlich höher.

Dominierende Strukturparameter sind der Mahlgrad und die Rohdichte. So erhöht sich die Biegefestigkeit harter Faserplatten bei einer Erhöhung der Rohdichte von 630 auf 1000 kg/m^3 um 70 % bei einer Erhöhung des Mahlgrades von 10° SR auf 90° SR um 80 %.

4.4.2.5 Verbundplatten

Tabelle 4.7 enthält eine Zusammenstellung der für die Eigenschaften von Verbundplatten maßgebenden strukturbedingten Einflussfaktoren sowie eine Wichtung ihres Einflusses auf die physikalisch-mechanischen Eigenschaften und die Verarbeitungseigenschaften. Bild 4.24 zeigt die qualitative Wirkung einiger Strukturparameter auf die Eigenschaften von Verbundplatten.

Tabelle 4.7 Wirkung strukturbedingter Einflussfaktoren auf die Eigenschaften von Verbundplatten

Einflussfaktor	Biegefestigkeit, E-Modul	Schubfestigkeit	Masse je Flächeneinheit	Verarbeitungseigenschaften
Eigenschaften der Decklagen (phys./mech./rheol.)	3	1	2	2
Eigenschaften der Mittellagen (phys./mech./rheol.)	1	3	2	2
Tragender Querschnitt der Mittellage	1	3	3	3
Schichtenaufbau (-anteil)	3	1	2	1
Kehlnahtbreite bei Waben	2	2	1	1
Randabschluss bei Wabenplatten	2	3	2	3

Einfluss: 1 – relativ gering; 2 – deutlich; 3 – dominierend

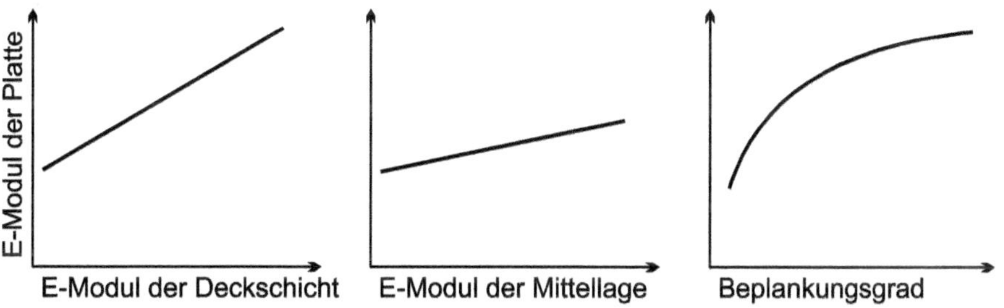

Bild 4.24 Schematische Darstellung der Wirkung ausgewählter Strukturparameter auf die Eigenschaften von Verbundplatten

Für Holzverbunde gelten unabhängig von der Materialkombination allgemeingültige Gesetzmäßigkeiten (s. (Keylwerth, 1958) (Flemming, 1962)). Wesentliche Parameter sind die Eigenschaften der Lagen und ihr Anteil an der Plattendicke (Beplankungsgrad). Bei biegebelasteten Elementen kann durch die vorliegende Spannungsverteilung eine extreme Abmagerung der Mittelschicht (z. B. Einsatz von Waben oder Schaum) erreicht werden, sodass eine relativ leichte Verbundplatte mit hohem E-Modul und hoher Biegefestigkeit herstellbar ist. Andererseits führt eine solche Abmagerung zu Problemen bei der Verarbeitung der Platten (Befestigung von Beschlägen usw.). Weiterführende Literatur ist u. a. in (Altenbach, Altenbach & Rikards, 1996) zu finden.

Literaturverzeichnis

Altenbach, H., Altenbach, J. & Rikards, R. (1996). *Einführung in die Mechanik der Laminat- und Sandwichtragwerke.* Stuttgart: Deutscher Verlag für Grundstoffindustrie.

Ashby, M. F. & Jones, D. R. (2012 - 2013). *Engineering materials* (4. Ausg.). Elsevier Butterworth-Heinemann.

Autorenkollektiv. (1960). *Marine design manual for fiberglass reinforced plastics.* (G. &. Cox, Hrsg.) New York: McGraw-Hill.

Autorenkollektiv. (1975). *Lehrbuch - Höhere Festigkeitslehre.* Leipzig: Fachbuchverlag.

Autorenkollektiv. (1975). *Werkstoffe aus Holz und andere Werkstoffe der Holzindustrie.* Leipzig: Fachbuchverlag.

Autorenkollektiv. (1985). *Wissensspeicher Holztechnik.* Leipzig: Fachbuchverlag.

Autorenkollektiv. (1990). *Lexikon der Holztechnik* (4. Ausg.). Leipzig: Fachbuchverlag.

Bodig, J. & Jayne, B. A. (1993). *Mechanics of wood and wood composites* (2. Ausg.). Malabar (FL): Krieger Publishing Company.

Bosshard, H. H. (1982 - 1984). *Holzkunde I - III* (2. Ausg.). Basel: Birkhäuser.

Brinkmann, O. (1982). Entscheidende technologische Werte bei Spanplatten und deren Beeinflussungsmöglichkeiten während der Produktion. *Vortrag zum Iternat. Symposium Messtechnik '82 für die Spanplattenindustrie.* Alfeld: GreCon.

Burgert, I. (2000). *Die mechanische Bedeutung der Holzstrahlen im lebenden Baum.* Hamburg: Diss. Universität Hamburg.

Butterfield, B. (1997). *Proceedings of IAWA/IUFRO International Workshop of Significance of the Microfibril Angle to Wood Quality.* Westport/New Zealand.

Colling, F. (1990). *Tragfähigkeit von Brettschichtholz in Abhängigkeit von den festigkeitsrelevanten Einflussgrössen.* Karlsruhe: Diss. Universität Karlsruhe.

Dunky, M. & Niemz, P. (2002). *Holzwerkstoffe und Leime: Technologie und Einflussfaktoren.* Berlin: Springer.

Fengel, D. & Wegener, G. (1984). Wood: *Chemistry, Ultrastructure, Reactions.* Berlin/New York: De Gruyter.

Flemming, H. (1962). *Gesetzmäßigkeiten der Bildung und Eigenschaften von Faserstrukturkörpern.* Holztechnologie, 3 (1), S. 7 - 18.

Gereke, T. (2009). *Moisture-induced stresses in cross-laminated wood panels.* Zürich: Diss. ETH Zürich.

Gereke, T., Malekmohammadi, S., Nadot-Martin, C., Dai, C., Ellyin, F. & Vaziri, R. (2012). Multiscale stochastic modeling of the elastic properties of strand-based wood composites. *Journal of Engineering Mechanics-ASCE,* 138 (7), S. 791 - 799.

Hagen, G. H. (1842). Berichte der Königlich Preußischen Akademie der Wissenschaften. S. 316 - 319.

Hänsel, A. (1985). *Optimale Strukturen der Holz- und Faserwerkstoffe.* Dresden: Hochschulinternes Lehrmaterial - Technische Universität Dresden.

Hänsel, A. (2012). *Holz und Holzwerkstoffe. Prüfung - Struktur - Eigenschaften.* Berlin: Logos.

Hänsel, A. & Kühne, G. (1988). Untersuchungen zur Mechanik der Spanplatte. *Holzforschung und Holzverwertung* (1), S. 1 - 5.

Hänsel, A. & Neumüller, J. (1988). Ein Beitrag zur Strukturmechanik der Spanplatte. *Holztechnologie,* 29 (1), S. 2 - 6.

Hintersdorf, O. (1972). *Tragwerk aus Plaste.* Berlin: Technik.

Hoover, W. (1985). Implikation einer Methode zur Bemessung von Bauspanplatten aus Laubholzmischungen. *Proc. 19. Wash. State Univ. Internat. Symposium Particleboard,* (S. 381 - 404). Pullmann.

Kelley, S. S., Rials, T. G. & Glasser, W. G. (1987). Relaxation behaviour of the amorphous components of wood. *Journal of Materials Science,* 22 (2), S. 617 - 624.

Keunecke, D. (2008). *Elasto-mechanical characterisation of yew and spruce wood with regard to structure-property relationships.* Zürich: Diss. ETH Zürich.

Keylwerth, R. (1958). Zur Mechanik der mehrschichtigen Spanplatte. *Holz als Roh- und Werkstoff,* 16 (11), S. 419 - 430.

Kollmann, F. (1951). *Technologie des Holzes und der Holzwerkstoffe* (2. Ausg., Bd. 1). Berlin/Göttingen/Heidelberg: Springer.

Kollmann, F. (1967). *Verformung und Bruchgeschehen bei Holz als einem anisotropen, inhomogenen, porigen Festkörper.* Düsseldorf: VDI-Verlag.

Korte, H. (2006). Aus einem Guss. Technologien zur Herstellung von Holz-Kunststoff-Verbundwerkstoffen. *HK Holz ud Kunststoffverarbeitung,* S. 24 - 26.

Kusian, R. (1968). *Ein Beitrag zur Strukturmechanik agglomerierter Holzwerkstoffe.* Dresden: Diss. Technische Universität Dresden.

Langendorf, G., Schuster, E. & Wagenführ, R. (1990). *Rohholz* (4. Ausg.). Leipzig: Fachbuchverlag.

Lanvermann, C. (2014). *Sorption and swelling within growth rings of Norway spruce and implications on the macroscopic scale.* Zürich: Diss. ETH Zürich.

Laufenberg, T. L. (1984). Flakeboard fracture surface observation with orthotropic failure criterial. *Journal of the Institute of Wood Science,* 10 (2), S. 57 - 65.

May, A. (1977). Zur Mechanik der Holzspanplatte. *Holz als Roh- und Werkstoff,* 35 (11), S. 385 - 387.

Müller, H & Möller, B. (1983). Lineare und physikalisch nichtlineare Statik mittels hybrider, finiter Elemente. *Technische Mechanik* (1), S. 5 - 15.

Niemz, P. (2014). Eigenschaften von Werkstoffen auf Vollholzbasis. *Annals of Warsaw University of Live Science - SGGW, Forestry and Wood Technology,* 88, S. 304 - 321.

Niemz, P & Hänsel, A. (1987). Untersuchungen zum Bruch- und Verformungsverhalten von Spanplatten. *Holztechnologie,* 28 (3), S. 139 - 143.

Persson, K. (2000). *Micromechanical modelling of wood and fibre properties.* Lund: Diss. Lund University.

Plath, E. (1971). Beitrag zur Mechanik der Spanplatten. *Holz als Roh- und Werkstoff,* 29 (10), S. 377 - 382.

Potašeff, O. & Lapšin, J. (1982). Mechanika drevesnich plit. *Les. Prom.* (3), S. 112.

Rackwitz, G. (1963). Einfluß der Spanabmessungen auf die Eigenschaften von Spanplatten. *Holz als Roh- und Werkstoff,* 21 (6), S. 200 - 208.

Salmen, L. & de Ruvo, A. (1985). A model for the prediction of fiber elasticity. *Wood Fiber Sci.,* 17 (3), S. 336 - 350.

Schneider, A. (1982). Untersuchungen über die Porenstruktur von Holzspanplatten mit Hilfe der Quecksilber-Porosimetrie. *Holz als Roh- und Werkstoff,* 40 (10), S. 415 - 420.

Schniewind, A. (1989). *Wood and wood based materials.* Pergamon: Oxford.

Schweitzer, F. & Niemz, P. (1991). Untersuchungen zum Einfluss der Struktur auf die Porosität von Spanplatten. *Holz als Roh- und Werkstoff,* 49, S. 27 - 29.

Simpson, W. (1977). Model for tensile strength of oriented flakeboard. *Journal of Wood Science and Technology, 11* (2), S. 68 - 71.

Stamm, A. J. (1964). *Wood and cellulose science.* New York: Ronald Press.

Stofko, J. (1960). Zavislost mechanických vlastnosti drevotrieskovej hmoty od geometrických rozmerov triesky. *Drevarsky Vyskum,* 5 (2), S. 241 - 261.

Stupnicki, J. (1970). Strukturmodell der Holzzelle zur Untersuchung von Bruchvorgängen. *Holztechnologie, 11* (3), S. 168 - 176.

Thumm, A. & Meder, R. (2001). Stiffness prediction of radiata pine clearwood test pieces using near infrared spectroscopy. *Journal of Near Infrared Spectroscopy,* 9 (1), S. 117 - 122.

Timell, T. E. (1986). *Compression wood in gymnosperms. 3 Bände.* Berlin: Springer.

Voigt, W. (1928). *Lehrbuch der Kristallphysik.* Leipzig.

Wagenführ, R. (1979). Einfluß der anatomischen Struktur auf die technologischen Eigenschaften des Holzes. *Holztechnologie, 20* (4), S. 197 - 200.

Wagenführ, R. (1999). *Anatomie des Holzes* (5. Ausg.). Leinfelden-Echterdingen: DRW-Verlag.

Wagenführ, R. (2007). *Holzatlas* (6. Ausg.). München: Fachbuchverlag Leipzig im Carl Hanser Verlag.

Walker, J. C. (2006). *Primary wood processing: principles and practice* (2. Ausg.). Dordrecht: Springer.

Wimmer, R. (1991). *Beziehungen zwischen Holzstruktur und Holzeigenschaften bei Kiefer (Pinus silvestris L.) im Nahbereich eines Fluoremittenten.* Wien: Diss. Universität für Bodenkultur.

Zienkiewicz, O. (1974). *Methoden der Finiten Elemente.* Leipzig: Fachbuchverlag.

5 Verhalten von Holz und Holzwerkstoffen gegenüber Feuchte

5.1 Kenngrößen der Holzfeuchte

Holz ist ein kapillarporöser Werkstoff. Der Porenanteil beträgt je nach Rohdichte des Holzes im Durchschnitt 50 bis 60 % (s. Kap. 6). Dadurch bedingt, hat Holz eine sehr große innere Oberfläche. Dieses Hohlraumsystem absorbiert Wasser aus der Luft und kann darüber hinaus durch kapillare Transportprozesse flüssiges Wasser oder andere Flüssigkeiten (z. B. Holzschutzmittel, Klebstoffe) aufnehmen.

Als Holzfeuchte bezeichnet man generell den Wasseranteil in der Holzsubstanz. Dabei werden drei Grenzzustände unterschieden:

- *Darrtrocken:* Es ist keinerlei Wasser im Holz vorhanden, die Holzfeuchte beträgt 0 %.
- *Fasersättigung* (Fasersättigungsbereich): Das gesamte Mikrosystem des Holzes, d. h. das Hohlraumsystem in den Zellwänden, ist mit Wasser gefüllt.
- *Wassersättigung:* Das Mikro- und das Makrosystem des Holzes (Zelllumina, Hohlräume in Zellwänden) sind maximal mit Wasser gefüllt.

Der Wasseranteil des Holzes wird dabei in

- *freies Wasser* (Anteil des Wassers, der oberhalb des Fasersättigungsbereiches liegt) und
- *gebundenes Wasser* (Anteil des Wassers, der unterhalb des Fasersättigungsbereiches liegt)

unterteilt.

Bild 5.1 zeigt – stark schematisiert – die Verteilung des Wassers und des Wassertransports im Holz. Kenngröße zur Beurteilung des Wasseranteils ist zumeist der Feuchtegehalt. Nach DIN EN 13183-1 wird nach einer Empfehlung des Normenausschusses Holz anstelle des Begriffes Feuchtigkeit der Begriff Feuchte verwendet. Als Basismessung dient meist die Darrmethode (Abschnitt 5.7).

Es gilt:

$$\omega = \frac{m_\omega - m_0}{m_0} \cdot 100 \tag{5.1}$$

ω Feuchtegehalt [%]

m_ω Masse des feuchten Holzes [kg]

m_0 Masse des darrtrockenen Holzes [kg]

Vereinzelt wird auch der Wassergehalt als Kenngröße herangezogen. Es gilt:

$$\omega' = \frac{m_\omega - m_0}{m_\omega} \cdot 100 \tag{5.2}$$

ω' Wassergehalt (bzw. Feuchteanteil) [%]

m_ω Masse des feuchten Holzes [kg]

m_0 Masse des darrtrockenen Holzes [kg]

5.2 Grundlagen der Feuchteaufnahme und -abgabe

5.2.1 Holz als kapillarporöser Stoff

Holz ist kein homogener Stoff, sondern ein Gewebe aus sehr unterschiedlichen Zellelementen (siehe Kapitel 4), die im lebenden Baum folgende Funktionen erfüllen:

- Wasserleitung,
- Festigung,
- Speicherung.

Diese Strukturelemente des Gewebes sind auch für die Feuchteaufnahme und den Feuchtetransport bei der Be- und Verarbeitung des Holzes sowie für seine Nutzung von entscheidender Bedeutung.

Zur Beschreibung der Wasseraufnahme und -leitung von Holz kann man modellhaft vom Mikro- und Makrosystem des Holzes sprechen. Das Mikrosystem ist für die Wasseraufnahme aus der Luft, d. h. das hygroskopische Verhalten, das Makrosystem für die Aufnahme von tropfbar flüssigem Wasser oder auch anderen Flüssigkeiten wie Klebstoffen oder Beschichtungsmaterialien (wasser- oder auch lösungsmittelhaltig) verantwortlich.

In Faserlängsrichtung erfolgt der Feuchte- bzw. Flüssigkeitstransport innerhalb des Makrosystems über das Hohlraumsystem der Zellelemente (Bild 5.1). Der Transport kann dabei über die Hohlräume der Fasern oder auch Gefäße erfolgen. So kann z. B. Klebstoff durch angeschnittene Fasern oder Gefäße bis zu mehrere mm tief von der Oberfläche entfernt eindringen.

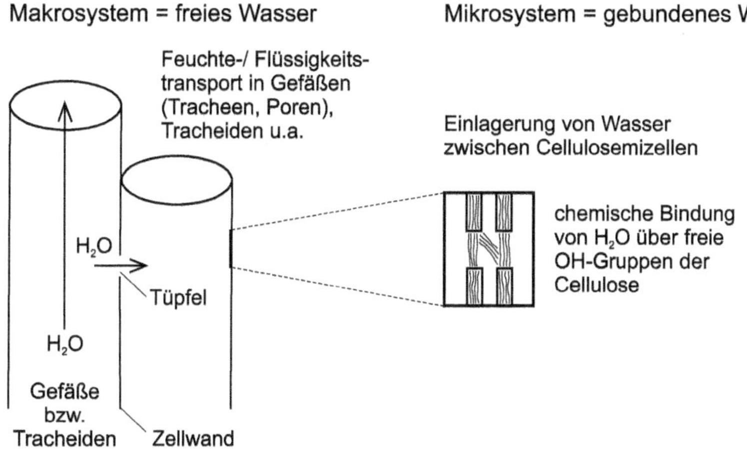

Bild 5.1 Schematische Darstellung des Feuchtetransports im Holz sowie der Verteilung von freiem und gebundenem Wasser

Quer zur Faserrichtung wird die Feuchte über die Tüpfel und zum Teil über Holzstrahlen transportiert. Diese Zellelemente sind elliptisch oder eckig. Ihr Lumen ist u. a. von der Art des Zellelementes, aber auch von den wuchs- und standortbedingten Faktoren abhängig. Tabelle 5.1 zeigt eine Übersicht.

Tabelle 5.1 Grenzwerte der Abmessungen von Holzzellen, nach (Kollmann F., 1951)

Zellart	Lumendurchmesser [µm]	Wanddicke [µm]	Länge [mm]
Gefäße	10...500	1,6...20	0,1...2
Tracheiden	4...80	2...12	0,7...11
Libriformfasern	5...50	2...7	0,1...7
Parenchymzellen	5...100	2...4,5	0,02...0,2

In der Tüpfelmembran (Margo) um den Torus sind feine Kapillaröffnungen vorhanden, durch die das Wasser (bzw. die Imprägnierflüssigkeit) hindurchströmen kann (Bild 5.2).

Die Abmessungen der Hohlräume bestimmen zugleich die maximale Größe der Partikel im Tränkmittel, wenn eine ausreichende Imprägnierung erreicht werden soll ((Langendorf, Schuster & Wagenführ, 1990), (Knigge & Schulz, 1966), (Bellmann, 1987)). Ist der Durchmesser größer, kommt es zum Ausfiltern der Partikeln. Durch die Verwendung von Nanopartikeln kann das Imprägnierverhalten verbessert werden. Moderne Verfahren erlauben es heute, die Zellwand zu modifizieren und zu funktionalisieren (z. B. Carbonatisierung, Magnetisierung) (Cabane, Keplinger, Merk, Hass & Burgert, 2014), (Burgert, 2015). Diese Technik wird z. B. bei Kunststoffen und auch bei Mineralien bereits industriell angewendet.

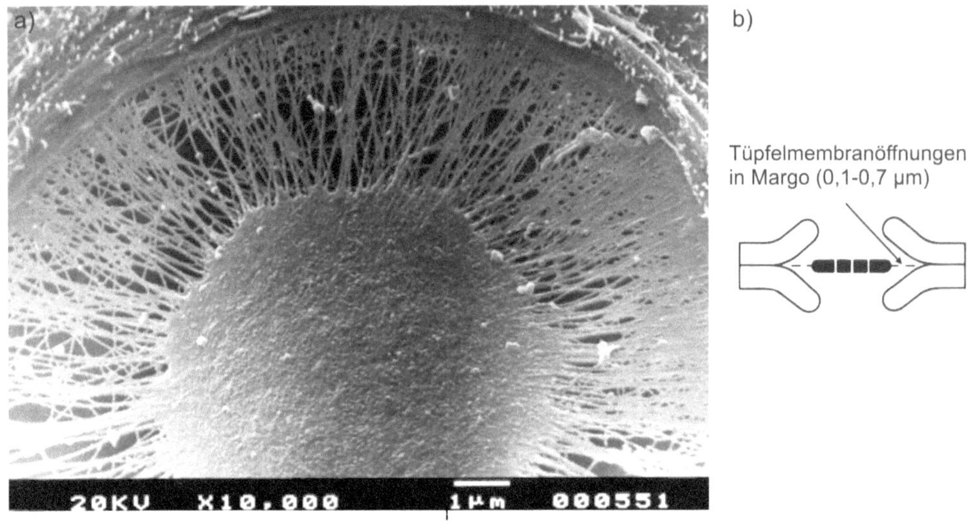

Bild 5.2 Öffnungen für den Feuchtetransport durch einen Tüpfel. (a) REM-Aufnahme (Foto: G. Peschke, ETH Zürich, IfB), (b) schematisch

Entscheidend für den Feuchtetransport über das Makrosystem sind:

- der Durchmesser bzw. die Querschnittsform der Strukturelemente (z. B. Anteile der Poren, Tüpfel, Holzstrahlen) (Tabelle 5.1 und Tabelle 5.2),
- die Poren im Zellwandsystem (Tabelle 5.3) und
- der Volumenanteil der Strukturelemente (z. B. Anteile der Poren, Tüpfel, Holzstrahlen).

Tabelle 5.2 Volumenanteile verschiedener Gewebearten im Holzkörper, nach (Kollmann F., 1951)

Gewebeart	Nadelholz Volumenanteil [%]	Laubholz Volumenanteil [%]
Gefäße	-	2...15...65
Tracheiden	87...93...96	-
Libriformfasern	1...2	2...12...75
Holzstrahlen	4...7...12	1,2...15...50
Harzkanäle	0,4...1,1	-

Das Mikrosystem wird durch das intermizellare (Durchmesser etwa 1 nm) und interfibrillare Hohlraumsystem bestimmt. Der Durchmesser der Hohlräume des Mikrosystems beträgt 1 bis 1000 nm, im Durchschnitt 10 nm (Tabelle 5.3).

Tabelle 5.3 Volumenanteil von Poren verschiedener Abmessungen (Kapillarradien) im Zellwandsystem, nach (Geissen, 1976)

Kapillarradius [nm]	Kapillarvolumen [cm^3/g]
1,6...1,95	0,027
1,95...3,3	0,026
3,3...7,6	0,008
7,6...20	0,004
20...104,5	0,002
104,5...420	0,015

Siau (Siau J. F., 1984) gibt beispielsweise für Nadelholz folgende Dimensionen typischer Elemente an:

- Doppelte Zellwanddicke: im Frühholz 1 - 3 µm, im Spätholz 4 - 10 µm
- Dicke S_1: Frühholz 0,2 - 0,5 µm, 1 µm im Spätholz
- Dicke S_2: Frühholz,1 - 2 µm, Spätholz 3 - 8 µm
- Dicke S_3: 0,1 - 0,2 µm
- Effektiver Durchmesser der Tüpfelöffnungen: 0,02 - 4 µm im Nadelholz, 5 - 170 nm im Laubholz
- Durchmesser der Mikroporen in der trockenen Zellwand 0,3 - 60 nm

Die intermizellaren Hohlräume sind für Wasser zugänglich (Siau J. F., 1995), (Langendorf, Schuster & Wagenführ, 1990). Insgesamt betrachtet, stellt Holz also ein kapillarporöses System mit einer beträchtlichen inneren Oberfläche dar. Kollmann (Kollmann F., 1951) gibt je nach Rohdichte einen Wert von 2 bis 28 × 10^5 cm^2/cm^3 an. Es gibt verschiedene Methoden zur Bestimmung der spezifischen Oberfläche von Holz (z. B. durch Bestimmung der Sorptionsisothermen und Berechnung nach dem Hailwood-Horrobin-Modell oder die Quecksilberdruckporosimetrie) (Plötze & Niemz, 2011). Die verschiedenen Methoden führen zu voneinander abweichenden Ergebnissen. Popper und Niemz (Popper & Niemz, 2009) geben beispielsweise für Fichte bei der Adsorptionsmessung mit Wasserdampf und Berechnung nach der Hailwood-Horrobin-Methode eine spezifische Oberfläche von 179 m^2/g an. Die Porengrößenverteilung variiert stark zwischen den Holzarten, eine Übersicht zu verschiedenen Holzarten ist in (Plötze & Niemz, 2011) angegeben.

Veränderungen der Holzstruktur

Das Porensystem des Holzes erfährt im lebenden Baum, aber auch bei der späteren Verarbeitung (Trocknen, Pressen) Veränderungen (Bild 5.3). So kommt es beispielsweise bei der Verkernung des Nadelholzes zu Tüpfelverklebungen in den Strukturelementen des Frühholzes, wodurch der Feuchtetransport deutlich beeinflusst wird. Tüpfelverschluss kann auch durch Eindringen von Luft in die Leitungsbahnen oder durch Austrocknung des gefällten Holzes entstehen.

Ebenso verändert die Einlagerung von Kernstoffen (Extraktstoffen) die Feuchteaufnahme. Aus diesen Gründen ist Kernholz häufig sehr schwer tränkbar, aber auch im Splintholz der Nadelhölzer kann es bei Trocknungsvorgängen zu Tüpfelverklebungen kommen, die eine deutliche Veränderung des Tränkverhaltens bewirken. Dieser Tüpfelverschluss tritt nach Trendelenburg etwa im Fasersättigungsbereich ein (Trendelenburg & Mayer-Wegelin, 1955). Bild 5.3b zeigt die Verringerung der Zahl offener Tüpfel in Abhängigkeit von der Holzfeuchte.

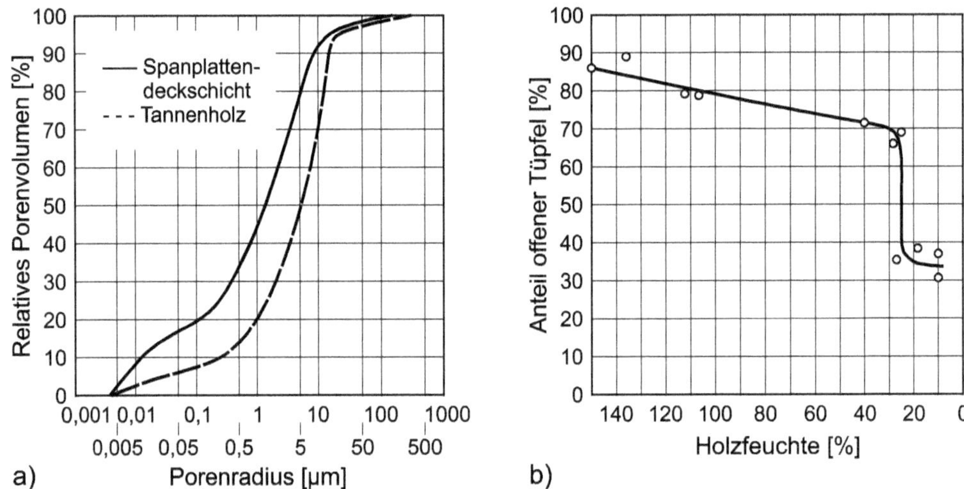

Bild 5.3 (a) Integrale Verteilung des relativen Porenvolumens in trockenem Tannenholz (Darrdichte 475 kg/m^3) und in aus Tannenholzspänen hergestellten Spanplattendeckschichten (Darrdichte 907 kg/m^3) nach (Schneider A., 1982), (b) Abhängigkeit des Anteils offener Tüpfel von der Holzfeuchte (Spätholz von Schwarzkiefer) nach (Bellmann, 1987)

Bei vielen Laubhölzern führt die Verthyllung bei der Kernbildung zu einem Verschließen der Gefäße (z. B. Edelkastanie, Eiche, Robinie und Rotbuche mit Rotkern, nicht rotkernige Buche ist unverthyllt und sehr gut imprägnierbar) und damit zu einer Veränderung im Feuchtetransport (Bild 5.4).

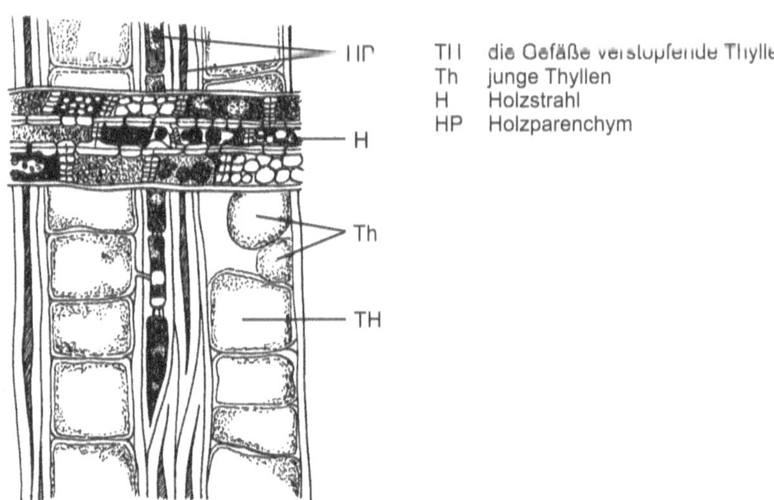

Bild 5.4 Schematische Darstellung der Verthyllung von Buchenholz (Zeichnung: Dengler, TU Dresden)

Stark verthylltes Holz lässt sich deshalb häufig nicht oder nur sehr schwer tränken, zumal die Holzstrahlen bei den meisten Laubhölzern für einen Feuchtetransport in radialer Richtung nicht in Betracht kommen. Bei ringporigen Laubhölzern tritt zum Teil bereits im Splint eine Verthyllung auf. Eine Veränderung der Porenstruktur des Holzes und damit eine Beeinflussung des Feuchtetransports im Holz wird auch bei der Herstellung von Holzwerkstoffen durch den Pressvorgang bewirkt (Bild 5.3a). So beträgt z. B. der Anteil der Poren mit einem Radius > 5 µm bei Tannenholz 52,0 %, bei aus Tannenholz hergestellten und von 475 kg/m³ auf 907 kg/m³ verdichteten Spänen dagegen nur noch 21,2 %. Durch den Pressvorgang werden nach Untersuchungen von (Schneider A., 1982) insbesondere Poren im Bereich der Zelllumina (> 5 µm) verringert, die sehr kleinen Poren mit einem Radius < 1 µm werden dagegen wenig verdichtet.

5.2.2 Flüssigkeitstransport in kapillarporösen Systemen, Gas- und Wasserpermeabilität

Holz und Holzwerkstoffe können, wie in Kapitel 4.3.1 beschrieben, als ein System von miteinander verbundenen (kommunizierenden) Kapillaren betrachtet werden.

Dabei soll in Anlehnung an (Lykow, 1958) folgende Einteilung verwendet werden:

- Makrokapillaren: Radius > 10^{-6} m (> 1 µm),
- Mesokapillaren: Radius 10^{-7} … 10^{-6} m (0,1 bis 1 µm),
- Mikrokapillaren: Radius < 10^{-7} m (< 0,1 µm).

Während die Makrokapillare unter stationären Bedingungen nur Flüssigkeiten aufnimmt, kann die Mikrokapillare durch Kapillarkondensation auch Flüssigkeiten aus der Dampfphase aufnehmen (s. Kapitel 5.2.1). Eine ausführliche Beschreibung des Flüssigkeitstransports in Kapillaren legte (Siau J. F., 1984) vor.

5.2.2.1 Flüssigkeitstransport in senkrechten Kapillaren

Stellt man eine Kapillare - wie in Bild 5.5 dargestellt - in eine Flüssigkeit, so wird die Flüssigkeit infolge der Grenzflächenspannung bei benetzenden Flüssigkeiten nach oben gezogen, bei nichtbenetzenden nach unten gedrückt. In engen Röhren hat die Kapillarkraft gegenüber der Schwerkraft ein größeres Gewicht (Bild 5.5).

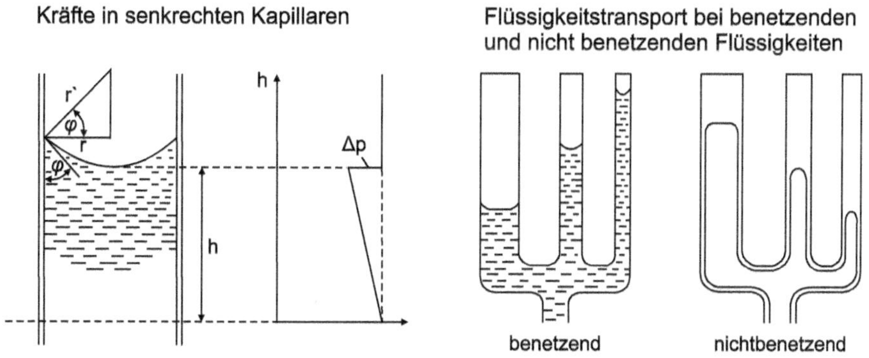

Bild 5.5 Schematische Darstellung der Transportprozesse in Kapillaren

Für die nach Bild 5.5a dargestellten Kräfte gilt:

$$K = 2 \cdot r \cdot \pi \cdot \sigma \cdot \cos\vartheta \tag{5.3}$$

$$S = r^2 \cdot \pi \cdot h \cdot \rho_{\mathrm{Fl}} \cdot g \tag{5.4}$$

Aus dem Kräftegleichgewicht K – S = 0 folgt:

$$2 \cdot r \cdot \pi \cdot \sigma \cdot \cos\vartheta = r^2 \cdot \pi \cdot h_{\max} \cdot \rho_{\mathrm{Fl}} \cdot g \tag{5.5}$$

$$h_{\max} = \frac{2 \cdot \sigma \cdot \cos\vartheta}{r \cdot \rho_{\mathrm{Fl}} \cdot g} \tag{5.6}$$

K Kapillarkraft [N]

S Schwerkraft [N]

r Kapillarradius [m]

σ Oberflächenspannung [N/m]

ϑ Benetzungsrandwinkel [°]

$h_{\max}$ maximale Steighöhe [m]

ρ_{Fl} Dichte der Flüssigkeit [kg/m^3]

g Erdbeschleunigung [m/s^2]

Aufbauend auf Gleichung (5.5) berechnete Langendorf (Langendorf, Schuster & Wagenführ, 1990) für Kiefernholz folgende Kapillardrücke:

- Holzstrahl: 2,0 bis 4,0 · 10^{-2} N/mm^2,
- Fenstertüpfel: 2,0 bis 5,3 · 10^{-2} N/mm^2,
- Spätholztracheide: 1,5 bis 3,2 · 10^{-2} N/mm^2,
- Frühholztracheide: 0,5 bis 1,3 · 10^{-2} N/mm^2.

Bei den aufgeführten Gleichungen (5.3) bis (5.6) wird vorausgesetzt, dass keine Verdunstung über der Kapillare erfolgt und dass der Meniskus voll ausgebildet ist. Da der Druck über gekrümmten Flüssigkeitsoberflächen geringer ist als über ebenen, kommt es über den Kapillaren zu einem Abfall des Atmosphärendrucks (Bild 5.5). Diese Druckänderung berechnet sich zu

$$\Delta p_{\mathrm{K}} = \frac{2 \cdot \sigma \cdot \cos\vartheta}{r} \tag{5.7}$$

In der darunterliegenden Flüssigkeitssäule steigt der Druck nun wieder linear an, bis er auf der Höhe des Flüssigkeitsspiegels wieder den Atmosphärendruck erreicht. Die Steighöhe $h_{\max}$ (Gl. (5.6)) ist also gerade so groß, dass der Schweredruck der gehobenen Flüssigkeitssäule gleich der Druckänderung in der Kapillare ist (Gl. (5.7)), sodass ein Gleichgewicht der Kräfte besteht. Der Druck in der Kapillare ist also – eine definierte Flüssigkeit und einen definierten Randwinkel vorausgesetzt - nur vom Kapillarradius abhängig. Er steigt mit sinkendem Radius. Daraus folgt, dass weite Kapillaren von engen ausgesaugt werden. Bei aufsteigendem Meniskus, also beim Befeuchtungsvorgang, muss der Meniskus zunächst an der ebenen Oberfläche gebildet werden. Da dieser Vorgang immer mit Reibung verbunden ist, erreicht der Meniskus erst nach bestimmter Zeit die Kugelform. Der bei Befeuchtung wirksame Druck $p_{K.eff}$ ist also stets kleiner als der maximale Druck nach Gleichung (5.7). Bei der Entfeuchtung der wassergefüllten Kapillare durchläuft der Meniskus dagegen eine Folge von Gleichgewichtszuständen. Er ist ständig voll ausgelastet.

Ferner ist eine Änderung des Benetzungsrandwinkels in den Kapillaren zu beachten. Beim Flüssigkeitsaufstieg findet oberhalb des Meniskus eine durch Dampfdiffusion bedingte Sorption an den anfangs trockenen Porenwänden statt. Mit abnehmender Geschwindigkeit der Menisken im Verlauf der Befeuchtung kommt es daher zu einer Änderung des Randwinkels und damit zur Änderung der treibenden Kraft (Gl. (5.5) bis (5.7)). Beim Trocknungsvorgang weist dagegen jede Porenwand an der Oberfläche der fallenden Menisken den gleichen Benetzungszustand auf. Im Gegensatz zur Befeuchtung ist daher der Randwinkel für den gesamten Trocknungszustand konstant (Krischer & Kast, 1992).

5.2.2.2 Flüssigkeitstransport in Holz

Bei kapillarporösen Systemen wie Holz, bei denen durchgehende, miteinander verbundene Kapillaren, aber auch luftgefüllte vorhanden sind, ist eine reine Kapillarbewegung im ganzen System nicht mehr möglich. Die Feuchtebewegung kommt vielmehr dadurch zustande, dass bei dem vorhandenen Dampfdruckgefälle Wasser an den ausgelasteten Menisken verdampft, als Dampf in die luftgefüllten Poren diffundiert und an den gegenüberliegenden, nicht ausgelasteten Menisken kondensiert. Das kondensierte Wasser wird durch Zugunterschiede in den Menisken gefördert. Die vorstehend genannten kapillaren Zugkräfte führen nach Vorreiter (Vorreiter, 1949 - 1963) dazu, dass die feinsten Kapillaren im Zellwandsystem zunächst das Wasser aus den größeren Kapillaren (Gefäße, Tracheiden) aussaugen, solange ein Feuchteunterschied zwischen beiden herrscht. Dieser Vorgang findet zwischen einem Feuchtegehalt von 4 bis 6 % und dem Fasersättigungsbereich statt. Oberhalb des Fasersättigungsbereiches wird das Wasser in das Makrosystem eingelagert. Diese Wasserleitung hängt hinsichtlich Richtung, Intensität und Geschwindigkeit vor allem von der Verteilung der Kapillaren, der Temperatur, der Zähigkeit und der Oberflächenspannung ab. Sie kann rechnerisch über die Feuchteleitzahl erfasst werden (nach Krischer in Kollmann (Kollmann F., 1951)):

$$g = K_F \cdot \frac{\partial \omega}{\partial x} \tag{5.8}$$

g	Pro Zeit- und Flächeneinheit transportierte Feuchtemenge [kg/(m²s)]
K_F	Feuchteleitzahl [kg/(ms%)]
$\partial\omega/\partial x$	Feuchtegradient [%/m], wobei ω: Feuchte [%] und x: Länge [m]

Die Feuchteleitzahl ist stark feuchteabhängig und tendiert bei kleinsten Feuchten gegen null, im Bereich der Wassersättigung gegen unendlich. Dazwischen bildet sie ein ausgeprägtes Maximum im Bereich der Fasersättigung, also beim Übergang der Wasserführung im feinkapillaren System innerhalb der Zellwände zum grobkapillaren System der Zelllumina (Bild 5.6).

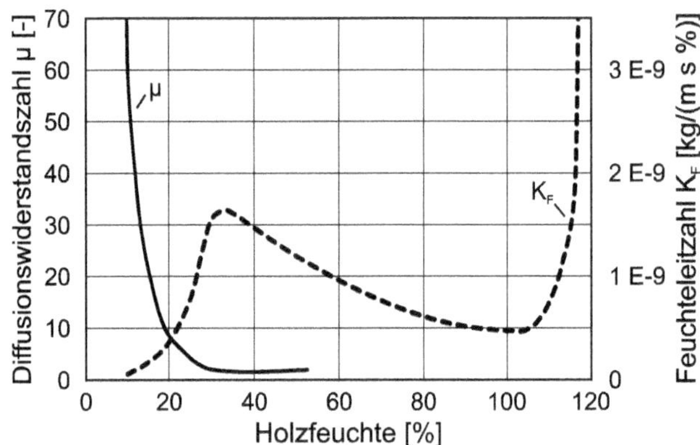

Bild 5.6 Abhängigkeit der Feuchteleitzahl bei 0 °C und der Diffusionswiderstandszahl von der Holzfeuchte bei Rotbuche (nach (Voigt, Krischer & Schauss, 1940))

Zu beachten ist weiter der Temperatureinfluss auf K_F, der auf die Temperaturabhängigkeit der Oberflächenspannung und Viskosität der Flüssigkeit zurückzuführen ist und sich mathematisch wie folgt beschreiben lässt (Kollmann F., 1951):

$$K_{F,t} = K_{F,0} \cdot \frac{\eta_0}{\eta_t} \cdot \frac{\sigma_0}{\sigma_t} \tag{5.9}$$

η_0, σ_0 Viskosität bzw. Oberflächenspannung bei 0 °C

η_t, σ_t Viskosität bzw. Oberflächenspannung bei t °C

$K_{F,0}, K_{F,t}$ Feuchteleitzahl bei 0 °C bzw. t °C

Siau hat die Transportverhältnisse in Holz ausführlich beschrieben und modelliert (Siau J. F., 1984). Er kommt zu dem Schluss, dass im Makrosystem des Holzes folgende Fließzustände möglich sind:

- viskoses oder laminares Fließen, wobei das Poiseuillesche Gesetz anwendbar ist (vorausgesetzt wird eine parabolische Geschwindigkeitsverteilung über dem Querschnitt),
- turbulentes Fließen, z. B. beim Austritt der Flüssigkeit aus engen Kapillaren der Schließhaut der Tüpfel in die weiteren Lumina der Tracheiden (Entstehung von Wirbeln),
- molekulares Gleiten (Knudsen-Fluss).

Eine wichtige Kenngröße des Flusses ist nach Siau (Siau J. F., 1984) die Permeabilität, die die Fließgeschwindigkeit bestimmt.

5.2.2.3 Messung der Gas- und Flüssigkeitspermeabilität

Die Permeabilität, also die Durchlässigkeit für Gase und Flüssigkeiten, ist eine wichtige Eigenschaft von Holz. So macht beispielsweise die geringe Permeabilität Eichenholz für die Weinlagerung geeignet, während andererseits für das Imprägnieren von Holz eine hohe Permeabilität erwünscht ist. Zur Bestimmung der Permeabilität werden Anlagen verwendet, mit denen über ein Druckgefälle der Flüssigkeitstransport durch Holz gemessen werden kann (siehe z. B. (Ugolev, 1986) (Acuña, Gonzales, de La Fuente & Moya, 2014)).

Als Kenngrößen werden die Permeabilität oder die spezifische Permeabilität, welche zusätzlich mit der Viskosität der Flüssigkeit multipliziert wird, verwendet. Dadurch ist Letztere unabhängig von der Art der Flüssigkeit. Die Kenngrößen lassen sich bei Anwendung der Darcyschen Gleichung wie folgt berechnen (Siau J. F., 1984). Für Flüssigkeiten gilt:

$$K = \eta \cdot k = \frac{\eta \cdot l}{A \cdot \Delta p} \cdot \frac{\partial V}{\partial t} \tag{5.10}$$

Bei Gasen muss zusätzlich die Volumenänderung aufgrund der Druckunterschiede berücksichtigt werden:

$$k = \frac{l \cdot p}{A \cdot \Delta p \cdot \overline{p}} \cdot \frac{\partial V}{\partial t} \tag{5.11}$$

$\partial V/\partial t$	Fließgeschwindigkeit (volumetrisch) [m³/s]
K	spezifische Permeabilität [m³/m]
k	Permeabilität [m³/(m Pa s)]
η	dynamische Viskosität der Flüssigkeit [Pa s]
A	Querschnittsfläche des Versuchskörpers [m²]
l	Länge in Fließrichtung [m]
Δp	Druckdifferenz [Pa]
p	Druck an der Stelle, wo die Fließgeschwindigkeit gemessen wird [Pa]
$\overline{p}$	mittlerer Druck [Pa]

Die Permeabilität *k* ist also dasjenige Volumen, welches pro Sekunde durch einen Würfel mit 1 m Kantenlänge bei einer Druckdifferenz von 1 Pa zwischen zwei parallelen Seiten hindurchfließt.

Aus der Bauphysik abgeleitet ist die Messung des kapillaren Wasseraufnahmekoeffizienten bei Holz oder auch bei Holzwerkstoffen nach DIN EN ISO 15148. Daraus kann auf die Geschwindigkeit der Wasseraufnahme bei teilweisem Eintauchen eines Baustoffes in Wasser geschlossen werden. Tabelle 5.4 zeigt ausgewählte Kennwerte.

Tabelle 5.4 Wasseraufnahmekoeffizienten ausgewählter Holzarten und Holzwerkstoffe bei 20 °C bei vorgängiger Klimatisierung bei 65 % relativer Luftfeuchte nach Messungen der ETH (Niemz, Mannes, Koch & Herbers, 2010), (Sonderegger W. U., 2011), (Sonderegger, Häring, Joščák, Krackler & Niemz, 2012)

Material	Wasseraufnahmekoeffizienten [$kg/(m^2s^{0.5})$]		
	In Faserrichtung bzw. in Plattenebene	Radial bzw. senkrecht zur Plattenebene	Tangential
Fichte	0,010...0,023	0,0014...0,0041	0,0011...0,0029
Buche	0,013...0,077	0,0025...0,0059	0,0021...0,0064
Eiche	0,011	0,0020	0,0026
Esche	0,012	0,0026	0,0035
Robinie	0,0036	0,00092	0,00068
Massivholzplatte (Fichte)	0,014...0,025	0,0030	
Sperrholz (Buche)	0,031	0,0035...0,0039	
Spanplatte	0,016	0,0032...0,0058	
OSB	0,0086	0,0020...0,0025	
MDF	0,0058	0,0016...0,0064	

Der Wasseraufnahmekoeffizient ist bei Vollholz stark schnittrichtungsabhängig, in Faserrichtung deutlich höher als radial oder tangential und bei Holzwerkstoffen in Plattenebene deutlich höher als senkrecht zur Plattenebene. Es ist ein deutlicher Dichte-, aber auch Struktureinfluss (Verthyllung bei Laubhölzern, Tüpfelverschluss bei Nadelholz wie Fichte) erkennbar. Bei Holzwerkstoffen, die unter Verwendung alkalischer Phenolharze hergestellt wurden, ist die Feuchteaufnahme besonders groß (Kießl & Möller, 1989). Die Verwendung von Phenolharzen für Holzpartikelwerkstoffe ist aber stark rückläufig.

5.2.2.4 Diffusion

Diffusionsvorgänge treten an makroskopischen Prüfkörpern, aber auch im Zellwandsystem selbst auf (siehe z. B. (Sonderegger W. U., 2011) (Frandsen, Damkilde & Svensson, 2007)). Besonders unterhalb des Fasersättigungsbereiches sind in hohem Masse Diffusionserscheinungen am Feuchtetransport beteiligt. Als Diffusion werden alle molekularen Bewegungsvorgänge bezeichnet, bei denen Moleküle aufgrund von Teildruck- bzw. Konzentrationsunterschieden wandern. Die Diffusion tritt in flüssigen Lösungen, in denen Konzentrationsunterschiede bestehen, als Flüssigkeitsdiffusion, in Flüssigkeiten, die an der Oberfläche von Feststoffen absorbiert werden, als Diffusion in sorbierter Phase (Oberflächendiffusion) sowie in Gasen und Dämpfen als Gas- bzw. Dampfdiffusion auf. Der letztgenannte Fall ist insbesondere bei der Trocknung entscheidend.

Bei Anwendung des ersten Fick'schen Gesetzes gilt für die Diffusionsgeschwindigkeit unter stationären Bedingungen und gleichbleibender Temperatur:

$$g = -D \cdot \frac{\partial c}{\partial x} \tag{5.12}$$

g Pro Zeit- und Flächeneinheit transportierte Feuchtemenge (= Diffusionsstromdichte) [kg/(m²s)]

D Diffusionskoeffizient [m²/s]

$\partial c/\partial x$ Konzentrationsgradient [kg/m⁴], wobei c: Konzentration [kg/m³] und x: Länge [m]

Der Diffusionskoeffizient D gibt dabei die Flüssigkeitsmenge an, die je Sekunde bei einem Feuchtekonzentrationsunterschied von 1 kg/m³ durch einen Querschnitt von 1 m² über eine Weglänge von 1 m fließt. Der Diffusionsstrom kann analog auch mittels weiterer Gradienten (Feuchte, Dampfdruck, Wasserpotenzial, freie Energie etc.) bestimmt werden ((Siau J. F., 1995), S. 111). Häufig verwendet werden der Feuchtegradient (s. Gl. (5.8)) und im hygroskopischen Bereich auch der Gradient des Dampfteildruckes:

$$g = -\delta \cdot \frac{\partial p_{\mathrm{w}}}{\partial x} \tag{5.13}$$

δ Diffusionsleitkoeffizient [kg/(msPa)]

p_{w} Partialdruck des Wasserdampfes [Pa]

Die Feuchteleitzahl und der Diffusionsleitkoeffizient können folgendermaßen in den Diffusionskoeffizienten umgerechnet werden ((Siau J. F., 1995), S. 111 und 126):

$$D = K_{\mathrm{F}} \cdot \frac{\partial \omega}{\partial c} \tag{5.14}$$

und

$$D = \frac{\delta \cdot p_{\mathrm{d}} \cdot V}{m_0} \cdot \frac{\partial \varphi}{\partial \omega} \tag{5.15}$$

p_{d} Sättigungsdampfdruck [Pa]

V Materialvolumen [m³]

m_0 Darrmasse [kg]

$\partial \omega/\partial c$ Änderung der Holzfeuchte ω [%] pro Änderung der Konzentration c [kg/m³]

$\partial \varphi/\partial \omega$ Änderung der relativen Luftfeuchte φ [%] pro Änderung der Feuchte ω [%]

Instationäre Diffusionsvorgänge in Holz und Holzwerkstoffen können vereinfachend durch das zweite Fick'sche Gesetz beschrieben werden:

$$\frac{\partial c}{\partial t} = \frac{\partial}{\partial x}\left(D\frac{\partial c}{\partial x}\right) \tag{5.16}$$

Zur Berechnung der Differentialgleichung existieren je nach Anfangs- und Randbedingungen verschiedene graphische, analytische und numerische Lösungsansätze [z. B. (Siau J. F., 1995), (Olek & Weres, 2007)], aber auch erweiterte Modellansätze zur Berechnung des Diffusionsverhaltens wurden entwickelt [z. B. (Frandsen, Damkilde & Svensson, 2007)].

In Faserrichtung ist der Diffusionskoeffizient am größten, in tangentialer Richtung am geringsten. Tabelle 5.5 enthält die Diffusionskoeffizienten von ausgewählten Holzarten in Abhängigkeit von der Schnittrichtung und der Temperatur. Bild 5.7 zeigt die Feuchteabhängigkeit des Diffusionskoeffizienten. Siau (Siau J. F., 1995), S. 168) gibt für das Verhältnis von parallel zu senkrecht zur Faser (tangentiale Richtung) Werte von 2 - 4 bei 25 % Holzfeuchte und 50 - 100 bei 5 % Holzfeuchte an.

Tabelle 5.5 Diffusionskoeffizienten ausgewählter Holzarten

Holzart	Schnittrichtung	Temperatur [°C]	Diffusionskoeffizienten [$m^2/s \cdot 10^{-10}$] bei Feuchtegehalten [%]				Quelle
			5	10	15	20	
Fichte	radial	20	0,2	0,4	0,8	1,6	[2]
		40	0,3	0,4	0,6	0,8	[1] in [4]
		60	0,7	1,1	1,5	2,1	[1] in [4]
		75	1,1	1,9	2,9	4,1	[1] in [4]
		100	3,9	6,2	8,7	12	[1] in [4]
	tangential	20	0,1	0,3	0,7	1,4	[2]
	längs	20	-	5,8	5,6	-	[2]
		60	45	28	17	14	[1] in [4]
		80	138	78	45	50	[1] in [4]
Kiefer	radial	20	0,2	0,6	1,4	2,4	[3]
	tangential	20	0,1	0,6	1,7	4,0	[3]
Buche	radial	20	0,3	0,5	0,8	1,3	[2]
	tangential	20	0,1	0,2	0,4	0,7	[2]
	längs	20	-	2,2	4,1	-	[2]
Eiche	radial	20	0,2	0,4	0,7	1,1	[3]
	tangential	20	0,2	0,3	0,5	0,6	[3]

1 - Egner 1934; 2 - Sonderegger u. a. 2011; 3 - Vanek und Teischinger 1989; 4 - Vorreiter 1949

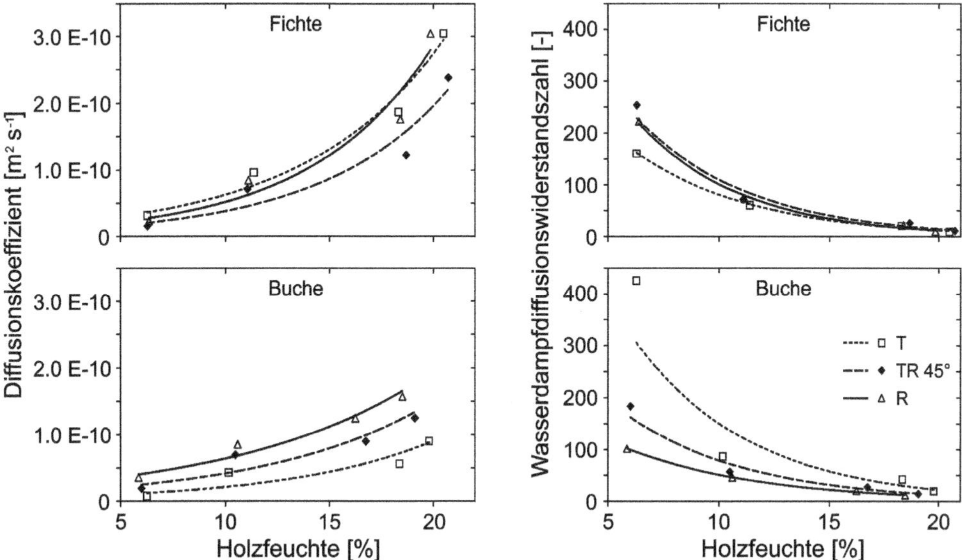

Bild 5.7 Abhängigkeit des Diffusionskoeffizienten und der Wasserdampfdiffusionswiderstandszahl von der Holzfeuchte bei Fichte und Buche quer zur Faser (nach (Sonderegger, Vecellio, Zwicker & Niemz, 2011))

Als Kenngröße für Diffusionsvorgänge wird häufig auch der Wasserdampfdiffusionswiderstand (Widerstandsfaktor) verwendet. Dieser gibt an, wievielmal der Widerstand größer ist als der Widerstand einer Luftschicht gleicher Dicke. Dabei wird für die Berechnung von einem stationären Zustand, also konstantem Dampfstrom bei Verwendung einer repräsentativen Fläche ausgegangen. Der Wasserdampfdiffusionswiderstand hängt vom Feuchtegehalt des Holzes, der Rohdichte und der Schnittrichtung ab (s. Tabelle 5.6 und Tabelle 5.7) und wird wie folgt bestimmt (DIN EN ISO 12572):

$$\mu = \frac{\delta_a}{\delta} \tag{5.17}$$

und

$$s_d = \mu \cdot d \tag{5.18}$$

wobei gemäß der Schirmer'schen Formel (umgerechnet in SI-Einheiten)

$$\delta_a = \frac{D_d}{R_v \cdot T} = \frac{0.083 \cdot p_0}{R_v \cdot T \cdot p} \cdot \left(\frac{T}{273}\right)^{1.81} \cdot \frac{1}{3600} = \frac{2.3 \cdot 10^{-5} \cdot p_0}{R_v \cdot T \cdot p} \cdot \left(\frac{T}{273}\right)^{1.81} \tag{5.19}$$

μ Wasserdampfdiffusionswiderstandszahl [-]

δ_a Wasserdampfdiffusionsleitkoeffizient der Luft, bezogen auf den Dampfteildruck [kg/(m s Pa)]

δ Wasserdampfdiffusionsleitkoeffizient des Prüfmaterials [kg/(m s Pa)]

D_d Diffusionskoeffizient von Wasserdampf in Luft [m²/s]

R_v Gaskonstante für Wasserdampf = 462 [N m/(kg K)]

T Temperatur [K]

p_0 Normaler Luftdruck = 101 325 [Pa]

p Luftdruck [Pa]

s_d Wasserdampfdiffusionsäquivalente Luftschichtdicke [m]

d Materialdicke in Diffusionsrichtung [m]

Tabelle 5.6 Diffusionswiderstandszahlen von Holzwerkstoffen nach DIN EN ISO 10456

Holzwerkstoff	Rohdichte [kg/m³]	Wasserdampf-Diffusions-widerstandszahl [–]	
		trocken	feucht
Nutzholz	450 - 500	50	20
	700	200	50
Sperrholz, Furnierschichtholz, Massivholzplatten	300	150	50
	500	200	70
	700	220	90
	1000	250	110
Spanplatten	300	50	10
	600	50	15
	900	50	20
OSB-Platten	650	50	30
Zementgebundene Spanplatten	1200	50	30
Holzfaserdämmplatten	40 - 250	5	3
Holzfaserplatten (inkl. MDF)	400	10	5
	600	20	12
	800	30	20
Holzwolle-Leichtbauplatten	250 - 450	5	3
Expandierter Kork	90 - 140	10	5

Tabelle 5.7 Diffusionswiderstandszahlen von Holz in den Hauptrichtungen nach verschiedenen Autoren ((Cammerer, 1956), (Vanek & Teischinger, 1989), (Sonderegger, Vecellio, Zwicker & Niemz, 2011))

Holzart	Feuchtegehalt [%]	Diffusionswiderstandszahl [-]		
		radial	tangential	längs
Fichte	4	230	-	-
	6	160 - 240	170 - 300	-
	8	110 - 150	120 - 150	-
	10	80 - 100	80	5,7
	12	40 - 65	42 - 55	4,0
	16	18 - 28	15 - 26	2,0
	20	10 - 12	7 - 12	-
Buche	5	120 - 180	310 - 390	-
	10	50 - 70	80 - 150	6,7
	15	11 - 22	27 - 60	3,4
	20	8,5 - 10,5	12 - 22	-
	30	2,5	-	-

Der Diffusionswiderstand steigt mit sinkendem Feuchtegehalt der Zellwand (Rice, 1988) (Bild 5.7). Für die Diffusion (insbesondere die Gasdiffusion) in radialer Richtung haben die Holzstrahlen eine gewisse Bedeutung, da sie den Diffusionswiderstand herabsetzen.

5.3 Feuchteaufnahme und -abgabe von Holz

5.3.1 Grenzbereiche des Systems Holz-Wasser

Holz unterliegt infolge seines strukturellen Aufbaus den Gesetzmäßigkeiten kapillarporöser Körper. Sowohl das Mikro- als auch das Makrosystem können Wasser aufnehmen. Bild 5.8 zeigt schematisch diesen Vorgang und die Bindungsformen des Wassers. Wir unterscheiden die drei Grenzbereiche:

- *Darrtrocken:* kein Wasser im Holz, Holzfeuchte 0 %,
- *Fasersättigung:* gesamtes Zellwandsystem maximal mit Wasser gesättigt, die Holzfeuchte liegt je nach Holzart zwischen 22 und 35 %,
- *Wassersättigung:* das Mikro- und das Makrosystem sind maximal mit Wasser gesättigt, Holzfeuchte je nach Dichte des Holzes zwischen etwa 770 % (Balsa) und etwa 31 % (Pockholz).

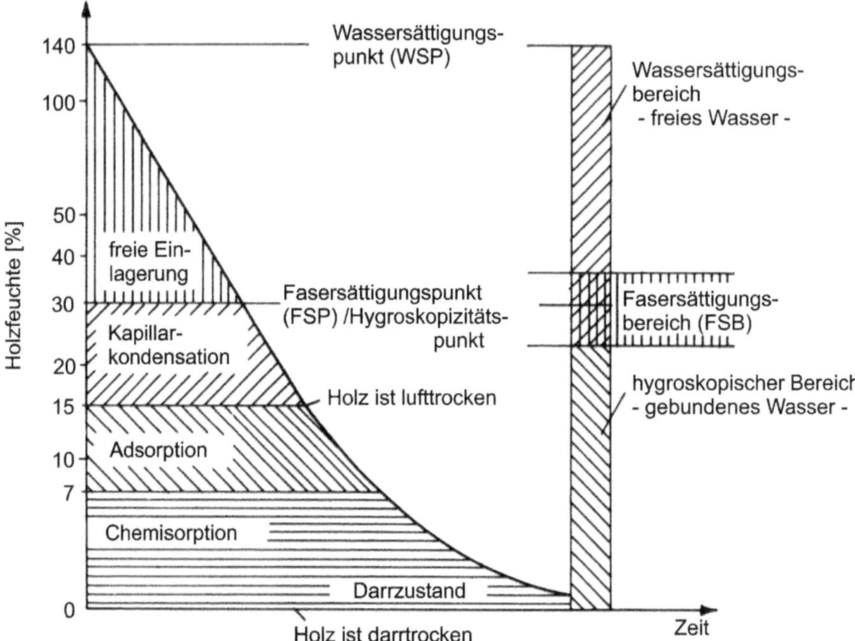

Bild 5.8 Schematische Darstellung der Bindungsformen des Wassers im Holz und der Grenzzustände des Systems Holz – Wasser

5.3.2 Feuchteaufnahme durch Sorption

5.3.2.1 Phasen der Sorption

Wird darrtrockenes Holz mit der Umgebungsluft in Verbindung gebracht, so nimmt es Feuchtigkeit aus der Luft auf. Diese Erscheinung wird als Sorption bezeichnet. Sorptionserscheinungen treten bis zum Fasersättigungsbereich auf. Das so eingelagerte Wasser nennt man „gebundenes“ Wasser.

Bei der Sorption werden 3 Phasen unterschieden, die mit zunehmender Aufnahme von Feuchtigkeit nacheinander ablaufen:

- *Chemisorption:* ω = 0 bis 6 %,
- *Physisorption* (auch als Adsorption (im engeren Sinn) bezeichnet): ω = 6 bis 15 %,
- *Kapillarkondensation:* ω > 15 % bis Fasersättigungsbereich.

In Bild 5.9a ist dieser Vorgang schematisch dargestellt.

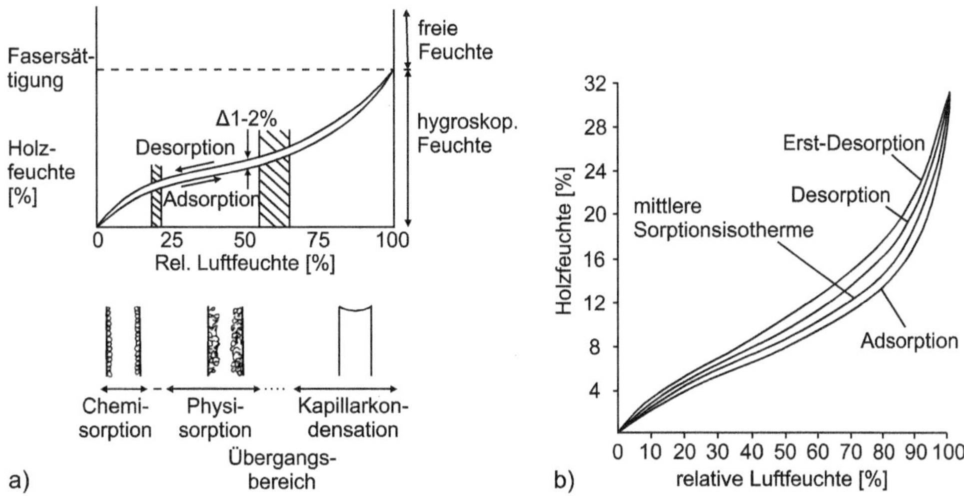

Bild 5.9 Sorptionsisothermen von Holz und Bindungsformen des Wassers a) Phasen der Sorptionsisothermen einschließlich Prinzip des Hystereseeffektes b) Hystereseeffekt bei erster Desorption von noch nie getrocknetem Holz sowie mehrfache Desorption

Chemisorption

(Feuchtegehalt 0 bis 6 %; relative Luftfeuchte < 20 %)

In der ersten Phase der Sorption spielen die freien Nebenvalenzen, die aufgrund der ungeordneten Moleküllagerung in den amorphen Bereichen des Cellulosegerüstes vorhanden sind, eine wichtige Rolle. Über Wasserstoffbrücken werden die Wassermoleküle zwischen benachbarten Celluloseketten eingelagert. Die einzelnen chemischen Komponenten Cellulose, Hemicellulose und Lignin haben ein verschiedenes Sorptionsverhalten. Es kommt zur Ausbildung einer monomolekularen Schicht. Nach Popper und Bariska (Popper & Bariska, 1972) entspricht die volle Ausbildung einer monomolekularen Schicht einem Feuchtegehalt von 4 bis 6 %. Mathematisch lässt sich dieser Vorgang durch die Longmuirsche Gleichung beschreiben.

Entsprechend dem Zellwandaufbau beginnt die Chemisorption zunächst in den amorphen Bereichen der Mizellen, weil dort mehr Hydroxylgruppen freiliegen. Bis zu einem Feuchtegehalt von 1 - 2 % ist die Chemisorption noch nicht oder kaum mit Quellung verbunden, sodass es auch noch nicht zu einer Verschiebung kristalliner Bereiche kommt. Entsprechende experimentelle Arbeiten zeigen dies deutlich (Popper, Niemz & Eberle, 2008).

Physisorption (oder Adsorption)

(Feuchtegehalt 6 bis 15 %; relative Luftfeuchte < 60 %)

Ursache für die Physisorption ist die aufgrund molekularer Anziehungskräfte stattfindende Anlagerung des Wassers in den Poren des Mikrosystems. Die Wassermoleküle werden von van-der-Waals-Kräften oder elektrostatischen Kräften gebunden. Dabei kommt es zur Ausbildung einer polymolekularen Wasserschicht. Diese bildet sich nicht gleichmäßig über die gesamte Oberfläche aus. Einige Stellen adsorbieren vielmehr ein zweites oder drittes Wassermolekül, ehe andere überhaupt aktiv werden. Mit zunehmender Dicke der

Molekülschichten nimmt der Einfluss der Grenzschicht auf die Struktur des sorbierten Wassers ab. Das Sorbat zeigt Flüssigkeitscharakter (Oberflächenspannung, Fließfähigkeit).

Kapillarkondensation

(Feuchtegehalt > 15 % bis Fasersättigungsbereich; relative Luftfeuchte > 60 bis 100 %)

Für Kapillaren mit einem Radius $r > 5 \cdot 10^{-10}$ bis $1 \cdot 10^{-6}$ m gilt, dass der Sättigungsdruck über den Kapillaren geringer ist als über einer ebenen Flüssigkeitsoberfläche. In Anlehnung an die Gibbs-Thomson-Gleichung gilt:

$$p_r = p_e \cdot e^{-\frac{2\sigma \cdot \rho_D \cdot \cos\vartheta}{p_e \cdot \rho_{Fl} \cdot r}} \tag{5.20}$$

p_r Sättigungsdruck über Kapillaren [Pa]

p_e Sättigungsdruck über ebenen Flüssigkeitsoberflächen [Pa]

ρ_D Dampfdichte [kg/m³]

r Kapillarradius [m]

σ Oberflächenspannung [N/m]

ϑ Benetzungsrandwinkel [°]

ρ_{Fl} Flüssigkeitsdichte [kg/m³]

Daraus folgt, dass ein Teil des Wasserdampfs in diesen Kapillaren eher kondensiert und sich als Flüssigkeit auf der Holzoberfläche des Zellwandsystems niederschlägt. Mit zunehmendem Feuchtegehalt lagert sich Wasser in die intermizellaren und interfibrillaren Hohlräume ein.

Mit fortschreitender Feuchteaufnahme rücken dabei die Fibrillen so weit auseinander, wie das durch die relativ festen Bindungen möglich ist. Kann sich die Zellwand nicht mehr ausdehnen, ist die Möglichkeit der Feuchteaufnahme im Mikrosystem des Holzes erschöpft. Dieser Feuchtebereich wird als Fasersättigungsbereich bezeichnet. Bei Überschreiten dieses Bereiches wird Wasser in die makroskopischen Hohlräume eingelagert (freies Wasser). Unterhalb des Fasersättigungsbereiches treten Quell- und Schwinderscheinungen auf. Die bei Feuchteaufnahme freiwerdende Sorptionswärme (Quellungswärme plus Verdampfungswärme) sinkt mit zunehmendem Feuchtegehalt exponentiell. Sie erreicht etwa bei ω = 30 % den Wert 0 (Bild 5.10).

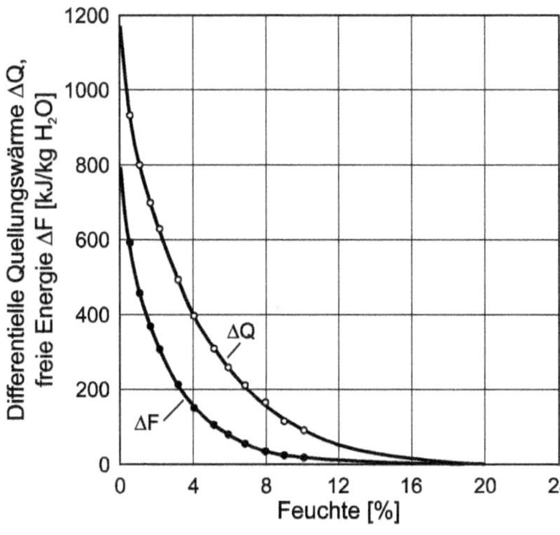

Bild 5.10 Abhängigkeit der differentiellen Quellungswärme (ΔQ) und freien Energie (ΔF) vom Feuchtegehalt bei Baumwolle bei 50 °C (nach Stamm und Loughborough in (Kollmann F., 1951))

5.3.2.2 Fasersättigungsbereich

Der Fasersättigungsbereich kennzeichnet den höchstmöglichen Gehalt an gebundenem Wasser. Dieser wird erreicht, wenn das Holz mit wasserdampfgesättigter Luft umgeben ist (relative Luftfeuchtigkeit 100 %). Dabei handelt es sich nicht um einen Punkt, sondern um einen (allerdings relativ engen) Bereich. Bei den heimischen Holzarten liegt dieser bei Feuchtegehalten zwischen 22 und 35 %, im Durchschnitt von 28 %. Die Unterschiede zwischen den einzelnen Holzarten sind dabei durch Unterschiede im Zellwandfeinbau und im chemischen Aufbau bedingt. Tabelle 5.8 zeigt die Einteilung der Hölzer nach ihrem Feuchtegehalt im Fasersättigungsbereich. Der Fasersättigungsbereich sinkt mit Erhöhung der Temperatur und der Rohdichte (Bild 5.11).

Tabelle 5.8 Feuchtegehalt verschiedener einheimischer Holzarten im Fasersättigungsbereich (Trendelenburg & Mayer-Wegelin, 1955)

Feuchtegehalt [%]	Holzart
32...35	Zerstreutporige Laubhölzer ohne Farbkern (Linde, Weide, Pappel, Erle, Buche, Birke, Hainbuche); Splint von verkernten, ring- und halbringporigen Laubhölzern
30...34	Nadelhölzer ohne Farbkern (Tanne, Fichte); Splint von Farbkernhölzern (Kiefer, Lärche)
26...28	Nadelhölzer mit Farbkern und mäßigem Harzgehalt (Kiefer, Lärche, Douglasie)
22...24	Nadelhölzer mit Farbkern und hohem Harzgehalt (Weymouthskiefer, Arve, Eibe, sehr harzreiche Kiefer u. Lärche)
22...24	Ringporige und halbringporige Laubhölzer mit meist ausgeprägtem Farbkern (Robinie, Edelkastanie, Eiche, Esche, Nussbaum, Kirschbaum)

Der Fasersättigungsbereich ist abhängig von der Holzart, der Temperatur und der Rohdichte. Er kann über das Quellverhalten, die Gleichgewichtsfeuchte bei 98 % rel. Luftfeuchte und Extrapolation (Kollmann F., 1951), Sorptionsmodelle (z. B. Hailwood-Horrobin), die Festigkeitsmessung bei variabler Holzfeuchte und andere Methoden bestimmt werden (siehe z. B. (Damayanti, 2016)).

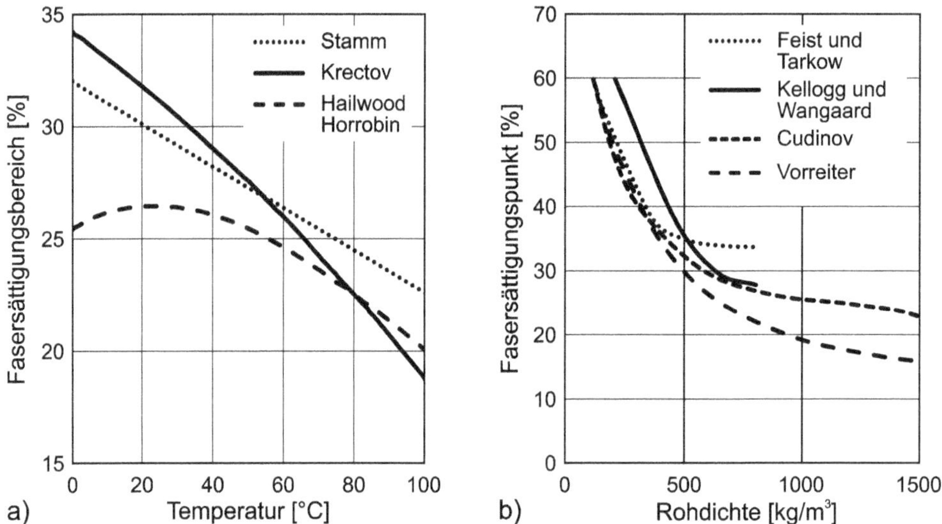

Bild 5.11 Einflussfaktoren auf den Fasersättigungsbereich: (a) Einfluss der Temperatur, (b) Einfluss der Rohdichte nach (Cudinov, 1981)

5.3.2.3 Modelle zur Beschreibung des Sorptionsverhaltens (Popper & Niemz, 2009) (Hering, 2011)

Das Sorptionsverhalten kann durch verschiedene Modelle wie z. B. die Hailwood-Horrobin-Sorptionsmethode, (HH-Methode) (Hailwood & Horrobin, 1946), die Brunner-Emmet-Teller-Methode (BET) oder die von Dent publizierte Modifikation der BET-Methode (erlaubt bessere Beschreibung bei höheren relativen Luftfeuchten) (Dent, 1977) beschrieben werden. Eine der ersten Theorien, welche annimmt, dass verschiedene Schichten von Wassermolekülen an inneren wasseranziehenden Oberflächen angelagert werden, war die BET-Methode. Sie wurde erfolgreich für Holz im hygroskopischen Bereich mit Wasserdampfgehalten < 40 % angewendet. Für höhere Luftfeuchten wurden keine befriedigenden Ergebnisse erzielt. Eine Modifikation der BET-Methode wurde von (Dent, 1977) veröffentlicht. In beiden Methoden wird angenommen, dass Wasser in zwei unterschiedlichen Formen sorbiert wird: durch primäre Moleküle, die direkt an den Primärflächen innerhalb der Zellwände sorbiert werden, und durch sekundäre Moleküle, die an die Sekundärflächen sorbiert werden. Primärflächen sind Flächen mit hoher Bindungsenergie, zugänglich über Hydroxylgruppen. Sekundärflächen weisen niedrigere Bindungsenergien auf und können als Anlagerung an Primär- und Sekundärflächen betrachtet werden. Im Gegensatz zum BET-Modell werden bei Dent oder auch bei Hailwood-Horrobin keine gleichen thermodynamischen Eigenschaften für Sekundärwasser und normales Wasser angenommen.

$$\omega(\varphi) = \frac{\varphi}{A + B \cdot \varphi - C \cdot \varphi^2} \tag{5.21}$$

Die Koeffizienten A, B und C werden anhand einer linearen Regression mit quadratischem Polynomansatz aus den Sorptionsisothermen ermittelt. Daraus werden die Anteile des monomolekularen ω_m und polymolekularen ω_p Feuchtegehaltes zur Gesamtfeuchte ω_{tot} bestimmt.

Beim Hailwood-Horrobin Modell wird der gesamte Wasseranteil wie folgt berechnet:

$$\omega_{tot} = \omega_m + \omega_p = \frac{1800}{M_p} \cdot \left(\frac{\alpha \cdot \beta \cdot \varphi}{1 + \alpha \cdot \beta \cdot \varphi} \right) + \frac{1800}{M_p} \cdot \left(\frac{\alpha \cdot \varphi}{1 - \alpha \cdot \varphi} \right) \quad (5.22)$$

ω_{tot} total sorbiertes Wasser [%]

ω_m monomolekular sorbiertes Wasser [%]

ω_p polymolekular sorbiertes Wasser [%]

φ relative Luftfeuchtigkeit [%]

M_p hypothetisches Molekulargewicht des Holzes

α Gleichgewichtskonstante des hydratisierten Holzes

β Gleichgewichtskonstante des nichthydratisierten Holzes

Das Modell wurde abgleitet unter der Annahme, dass das sorbierte Wasser als einfache Lösung und als Hydrat des Holzes existiert.

Dieses Sorptionsmodell ermöglicht unter anderem die Trennung der mono- (ω_m) von der polymolekularen Sorption ω_p und die Schätzung der Fasersättigungsfeuchtigkeit ω_{FS}, die experimentell nur schwer zu bestimmen ist. Mithilfe des HH-Modells lassen sich weitere Größen berechnen: die Unzugänglichkeit Z des Sorbens zum Sorbat und die spezifische Oberfläche Σ des Sorbens (Hailwood & Horrobin, 1946).

5.3.2.4 Sorptionsisothermen ausgewählter Holzarten und Werkstoffe

Grundlagen

Holz kann, wie in Kapitel 5.3.2.1 erläutert, durch Chemisorption, Physisorption und Kapillarkondensation innerhalb des hygroskopischen Bereiches Wasser aus der Luft aufnehmen. Es stellt sich ein Gleichgewichtsfeuchtegehalt ein, der u. a. von

- der relativen Luftfeuchte,
- der Temperatur,
- dem Luftdruck und
- dem chemischen und strukturellen Aufbau des Holzes abhängig ist.

Diese Gesetzmäßigkeit wird als hygroskopisches Verhalten des Holzes bezeichnet.

Die Abhängigkeit der Holzfeuchte von der relativen Luftfeuchte in Form sog. Sorptionsisothermen zeigt einen typischen S-förmigen Verlauf (Bild 5.9, Bild 5.12). Das Sorptionsverhalten der Hauptkomponenten des Holzes Hemicellulose, Cellulose und Lignin ist sehr unterschiedlich (Bild 5.12a). Hermicellulose nimmt am meisten Wasser auf, Lignin am wenigsten (siehe 5.3.2.1). Die Feuchte des Holzes liegt zwischen der der Cellulose und der des Lignins.

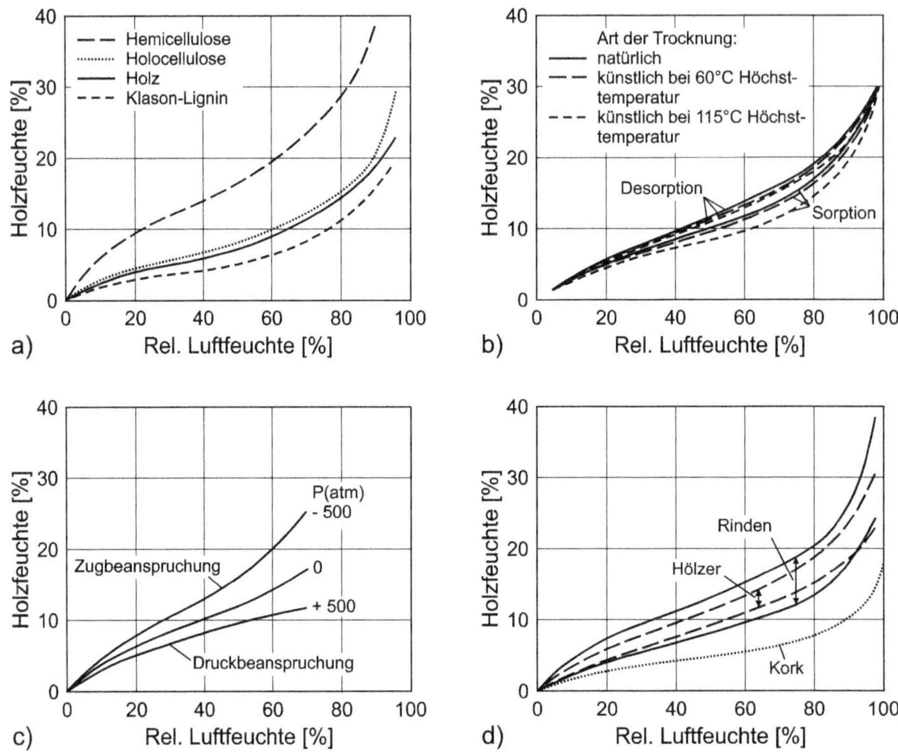

Bild 5.12 Sorptionsisothermen von Holz und seinen Bestandteilen: (a) Sorptionsverhalten der Hemicellulose, Cellulose und des Lignins sowie des Holzes von *Eucalyptus regnans* nach (Christensen & Kelsey, 1959), (b) Einfluss der Temperatur der Holztrocknung von Kiefernsplintholz bei verschiedenen Trocknungstemperaturen nach Egner in (Kollmann F., 1951), (c) Einfluss äußerer Zug- und Druckbelastung auf die Sorptionsisothermen von Sitka-Fichte nach (Barkas, 1949), (d) Streubereich der Sorptionsisothermen von 16 europäischen Holzarten und deren Rinden sowie die Sorptionsisotherme von Reproduktionskork der Korkeiche nach (Schneider A., 1978)

Bei der ersten Desorption von nie getrocknetem Holz stellt sich eine etwas höhere Gleichgewichtsfeuchte ein (Bild 5.9b). Die Isothermen bei Feuchteaufnahme (Sorption (nach DIN EN ISO 12571), auch als Adsorption bezeichnet (Kollmann F., 1951), (Lohmann, 2003) – trotz gleichen Begriffs nicht zu verwechseln mit der Physisorption, da hier den ganzen hygroskopischen Bereich betreffend) und bei Feuchteabgabe (Desorption) sind nicht deckungsgleich. Aufgrund des Hystereseeffektes ist der sich bei der Desorption einstellende Feuchtegehalt des Holzes um 1 bis 2 % höher als der Feuchtegehalt bei der Adsorption (Bild 5.9). Der Hystereseeffekt ist holzartenabhängig. Die Differenz zwischen Ad- und Desorption kann bis zu mehrere % betragen (Popper, Niemz & Croptier, 2009). Physikalisch ist dieser Vorgang noch nicht eindeutig geklärt, eine Übersicht geben z. B. (Rafsanjani, 2013) (Patera, Derome, Griffa & Carmeliet, 2013).

Bei Auftreten von Braunfäule (Abbau von Cellulose und Hemicellulose) wird der sich bei Adsorption einstellende Feuchtegehalt des Holzes annähernd proportional dem Masseverlust abgesenkt. Der sich bei Desorption einstellende Feuchtegehalt des Holzes wird nach Noack (Noack, 1990) von der Braunfäule nicht beeinflusst. Ohne Einfluss auf das Sorptionsverhalten des Holzes ist infolge des Ligninabbaus ein Weißfäulebefall.

Eine mechanische Vorbelastung des Holzes beeinflusst ebenfalls die Gleichgewichtsfeuchte, wobei Zugspannungen zu einer Erhöhung, Druckspannungen zu einer Erniedrigung der Sorptionsisotherme führen (Bild 5.12c). Dies lässt sich auch rechnerisch über Modellierung nachweisen (Lanvermann, 2014).

Bei der Rinde stellt sich je nach Holzart eine höhere oder tiefere Gleichgewichtsfeuchte als beim Holz ein (Bild 5.12d). Dabei wird die Sorption stark vom Suberinanteil (Grundsubstanz des Korks) in der Rinde beeinflusst, da Kork eine sehr niedrige Sorptionsisotherme aufweist (Schneider A., 1978), (Holmberg, Wadsö & Stenström, 2015).

Sorptionsverhalten von Holz

Bild 5.13 zeigt am Beispiel von Sitka-Fichte den Einfluss von Temperatur und relativer Luftfeuchte auf den Feuchtegehalt des Holzes. Dieses Diagramm wird häufig zur Abschätzung der mittleren Gleichgewichtsfeuchte von Holz verwendet. Der Temperatureinfluss kann auch rechnerisch ermittelt werden, siehe (Ross, 2010). Die Gleichgewichtsfeuchte zwischen den Holzarten variiert sehr stark. So haben Eibe und Robinie als heimische Holzarten eine deutlich niedrigere Gleichgewichtsfeuchte als Fichte oder Buche. Insbesondere einige tropische Holzarten erreichen aufgrund ihres hohen Extraktstoffanteils sehr niedrige Ausgleichsfeuchten. Eine gute Zusammenstellung geben (Keylwerth, 1969), (Popper & Bariska, 1972), (Popper, Niemz & Torres, 2006), (Popper, Niemz & Croptier, 2009), (Popper, Niemz & Eberle, 2008), (Popper & Niemz, 2009). Es besteht eine Korrelation der Holzfeuchte mit dem Extraktstoffgehalt (Bild 5.14), aber auch die chemische Zusammensetzung der Extraktstoffe ist bedeutend. In der Datenbank zum Buch (online abrufbar) sind ausgewählte Sorptionsisothermen von verschiedenen Holzarten und auch Holzwerkstoffen gemäß Messungen der ETH Zürich zusammengestellt.

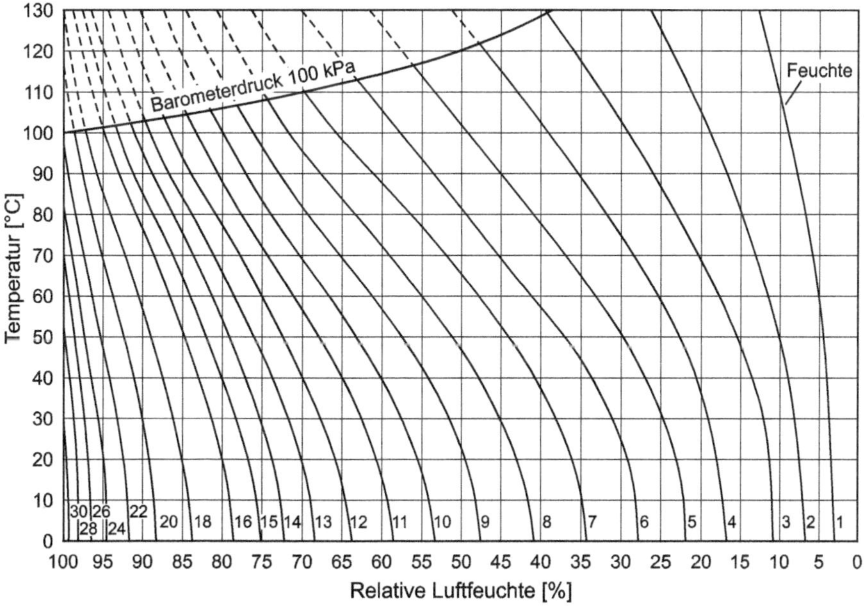

Bild 5.13 Hygroskopisches Gleichgewicht von Sitka-Fichte in Abhängigkeit von der Temperatur nach Loughborough und Keylwerth in (Kollmann F., 1951)

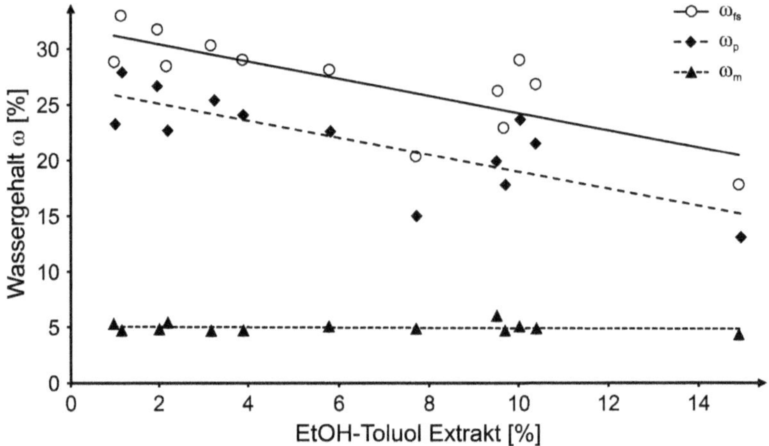

Bild 5.14 Einfluss des Extraktstoffgehalts auf das Sorptionsverhalten, berechnet nach dem Hailwood-Horrobin-Modell. Dargestellt sind monomolekulares (ω_m) und polymolekulares (ω_p) Wasser sowie die gesamte Holzfeuchte (ω_{fs}) je bei Fasersättigung (Popper, Niemz & Torres, 2006)

Durch Wärmebehandlung (Bild 5.15a), chemische Modifizierung wie Acethylierung oder andere Verfahren kann die Gleichgewichtsfeuchte im Normalklima auf etwa bis 50 % des Wertes von unbehandeltem Holz reduziert werden (Hill, 2006). Der Temperatureffekt tritt auch bereits bei der Holztrocknung, insbesondere der Hochtemperaturtrocknung von Schnittholz, wenn auch in reduzierter Form, auf (Bild 5.12b).

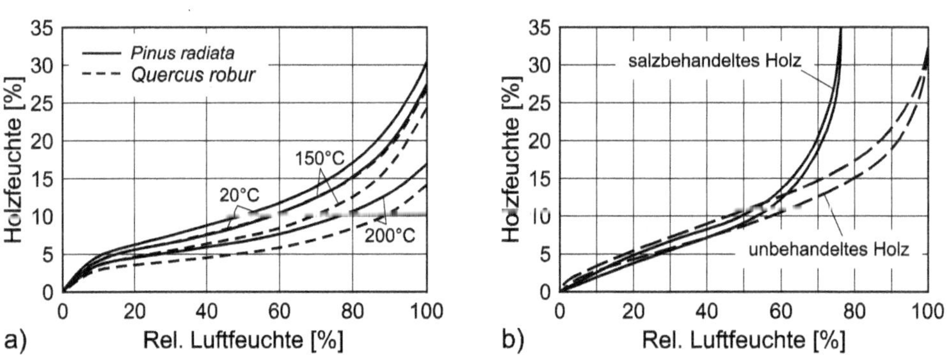

Bild 5.15 (a) Einfluss der thermischen Vorbehandlung auf das Sorptionsverhalten von Radiata-Kiefer (*Pinus radiata* D. Don) und von Eichenholz (*Quercus robur* L.) nach (Popper, Niemz & Eberle, 2005), (b) Einfluss einer Tränkung mit salzhaltigen Holzschutzmitteln auf die Sorptionsisothermen von Fichtenholz nach (Kollmann & Schneider, 1959)

Die Ursache für den Temperatureinfluss liegt u.a. im Abbau hydrophiler Bestandteile. Dabei wird zunächst die Hemicellulose abgebaut, die eine höhere Gleichgewichtsfeuchte hat als Cellulose und insbesondere als Lignin. So konnte z.B. Egner (in (Kollmann F., 1985 - 1986)) nachweisen, dass die Art der Holztrocknung (natürlich, technisch) und die Trocknungstemperatur das Sorptionsverhalten deutlich beeinflussen. Praktisch wird dieser Effekt z. B. bei dem von Burmester entwickelten Feucht-Wärme-Druckverfahren (FWD-Verfahren) zur Quellungsminderung von Spanplatten benutzt (Burmester, 1970). Dabei werden Späne mit einem Feuchtegehalt von 20 bis 30 % drei Stunden bei 220 °C in Drehautoklaven behandelt, wobei sich ein Überdruck von 0,5 bis 1 N/mm^2 einstellt. Das führt zu einem Abbau hydrophiler Substanzen und zu einer Veränderung des Kapillarsystems. Dadurch wird die Feuchteaufnahme verringert. Die Methode ist heute für die Wärmebehandlung von Holz weit verbreitet (Hill, 2006). Seit Mitte der 90er Jahre hat die thermische Behandlung von Schnittholz industriell ein gewisses Marktvolumen erreicht, es ist aber vergleichsweise gering. Dabei werden verschiedene Methoden angewandt (Behandlung in Wasserdampfatmosphäre, Behandlung in Stickstoffatmosphäre im Autoklav, Behandlung durch Vakuumpresstrocknung). Die Temperatur liegt je nach Verfahren meist über 180 °C. Insbesondere die Hemicellulose wird abgebaut, die Gleichgewichtsfeuchte und die Quellung sinken deutlich (auf bis zu 50 % der Werte von unbehandeltem Holz), die Pilzresistenz steigt, die Festigkeit, insbesondere die Bruchschlagarbeit, sinkt deutlich ab (Niemz & Wetzig, 2011).

Wird Holz mit salzhaltigen Holzschutzmitteln getränkt, steigt der Feuchtegehalt des Holzes stark an, wie z. B. bei einer Behandlung mit Kochsalz (Bild 5.15b). Das ist darauf zurückzuführen, dass durch die Salze der Fasersättigungsbereich herabgesetzt wird. Der starke Anstieg des Feuchtegehaltes ist vor allem oberhalb von 70 % rel. Luftfeuchtigkeit zu beobachten, (z. B. Sättigungsfeuchte bei 20 °C für Kochsalz: ca. φ = 75 %, Holzschutzsalze: φ = 74 bis 94 %, vgl. (Kollmann & Schneider, 1959)).

Sorptionsverhalten von Holzwerkstoffen

Bei Holzwerkstoffen wird das Sorptionsverhalten zusätzlich maßgeblich durch die Art des verwendeten Bindemittels, aber auch die Technologie der Herstellung (Trocknen, Pressen) beeinflusst. So wirkt sich beispielsweise der Alkalianteil von Phenolharz deutlich aus, desgl. die Verwendung anorganischer Bindemittel (Bild 5.16a, c, d). Phenolharze sind heute aber weitgehend durch PMDI oder MUF bzw. Mischharze ersetzt. Auch der strukturelle Aufbau von Spanplatten (Verdichtung beim Pressen) hat Einfluss auf deren hygroskopisches Verhalten, ebenso die Höhe der Temperatur bei der Partikeltrocknung und beim Verpressen der Spanvliese. Massivholzplatten haben im oberen Bereich der Sorptionsisotherme eine leicht vom Vollholz abweichende Sorption, die von MDF liegt etwas unter der von Spanplatten (Bild 5.16b).

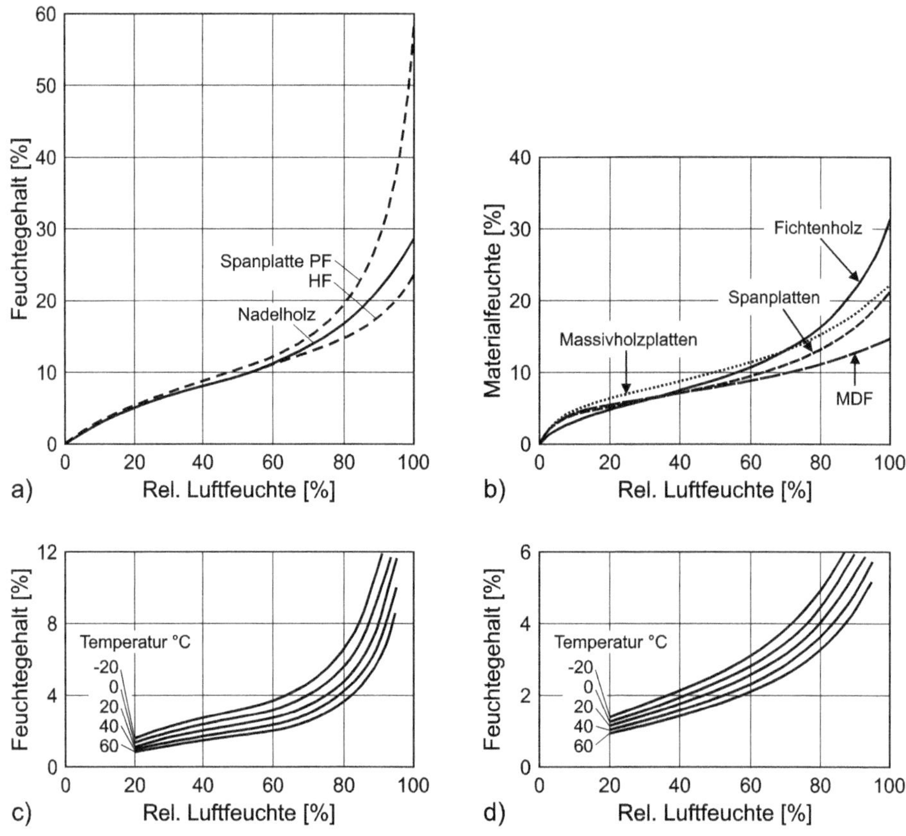

Bild 5.16 Sorptionsisothermen verschiedener Holzwerkstoffe: (a) Spanplatten mit Phenolharz- und Harnstoffbindung im Vergleich zu Nadelholz (Autorenkollektiv, 1975), (b) Vollholz, Massivholzplatten, Holzpartikelwerkstoffe (Dunky & Niemz, 2002), (c) gipsgebundene Spanplatte und (d) zementgebundene Spanplatte (nach WKI Braunschweig)

5.3.3 Maximaler Feuchtegehalt von Holz

Beim Überschreiten des Fasersättigungsbereiches wird freies Wasser in das Makrosystem eingelagert. Der Flüssigkeitstransport erfolgt unter Berücksichtigung der in Kapitel 5.2.2 erläuterten Gesetzmäßigkeiten durch kapillare Zugspannungen. Zusätzlich treten insbesondere bei Salzlösungen Diffusionserscheinungen auf. Der maximal mögliche Feuchtegehalt des Holzes berechnet sich unter Berücksichtigung seines Porenvolumens zu:

$$\omega_{\max} \approx \omega_{\mathrm{F}} + \frac{1500 - \rho_0}{1{,}5 \cdot \rho_0 \cdot 10^{-2}} \tag{5.23}$$

$\omega_{\max}$ maximaler Feuchtegehalt [%]

ω_{F} Feuchtegehalt im Fasersättigungsbereich [%]

ρ_0 Darrdichte [kg/m^3]

Bild 5.17 zeigt den maximalen Feuchtegehalt von Holz in Abhängigkeit von der Darrdichte.

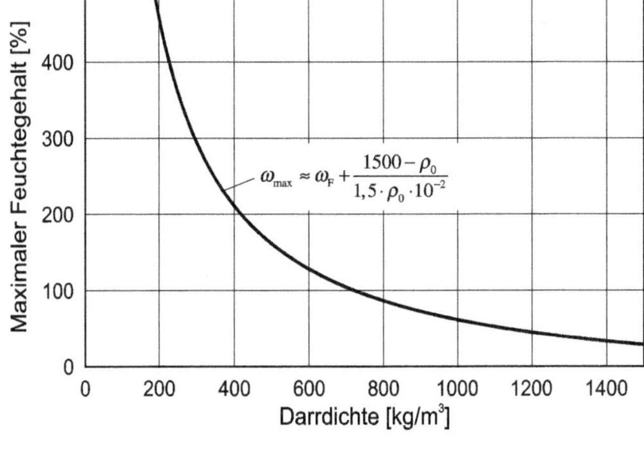

Bild 5.17 Einfluss der Darrdichte auf den maximalen Feuchtegehalt von Holz (Kollmann F., 1951)

Der für die Feuchteaufnahme zur Verfügung stehende Porenraum kann wie folgt berechnet werden:

$$c = 100 - \frac{100 \cdot \rho_0}{\rho_r} \tag{5.24}$$

Näherungsweise gilt:

$$c \approx 100 - 0,067 \cdot \rho_0 \tag{5.25}$$

c Porenanteil [%]

ρ_0 Darrdichte in [kg/m³]

ρ_r Reindichte in [kg/m³]

Bis zum Fasersättigungsbereich kommt es dabei zu Quellerscheinungen während der Feuchteaufnahme und damit zur Änderung des Porenvolumens. Bild 5.18 zeigt die Abhängigkeit des Porenvolumens von der Raumdichte für feuchtes, gequollenes Holz. Tabelle 5.9 enthält Angaben zum maximalen Gehalt an gebundenem und freiem Wasser für verschiedene Holzarten. Die Holzfeuchte ist im Früh- und Spätholz gleich. Unterschiede bestehen lediglich in der volumenbezogenen Holzfeuchte, die dichteabhängig ist (je höher die Dichte, umso mehr Wasser ist im Volumenelement vorhanden). Dieser Wert wird meist bei bauphysikalischen Berechnungen (Häupl, 2008), aber auch bei der Feuchtebestimmung mittels Neutronen- oder Computertomographie angewendet (Lanvermann, 2014).

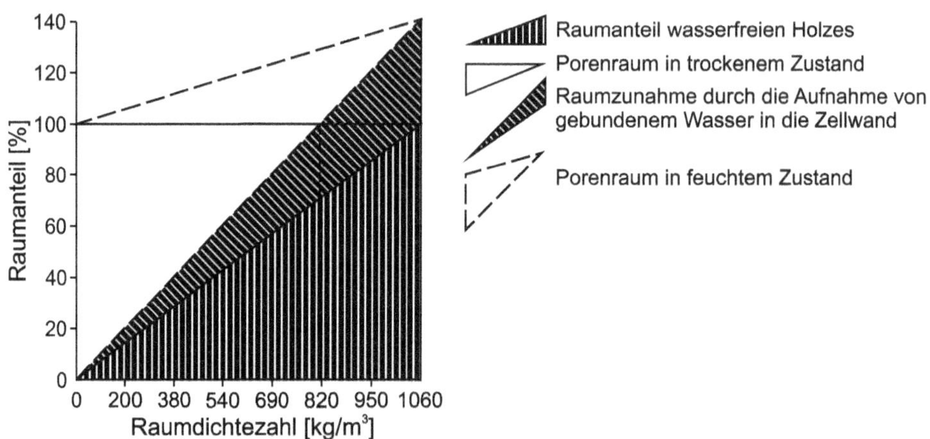

Bild 5.18 Zusammenhang zwischen Raumdichtezahl und Porenvolumen von trockenem bzw. feuchtem Holz (Trendelenburg & Mayer-Wegelin, 1955)

Tabelle 5.9 Höchstgehalt an Wasser im Wand- und Porenraum verschiedener Holzarten (nach (Trendelenburg & Mayer-Wegelin, 1955))

Holzart	Raumanteil der		Höchstmenge an			Höchstgehalt an		
	voll geschwundenen Zellwand	voll gequollenen Zellwand	gebundenem Wasser	freiem Wasser	Wasser insgesamt	gebundenem Wasser	freiem Wasser	Wasser insgesamt
	%	%	kg/fm	kg/fm	kg/fm	%	%	%
Balsa	8,1	15,0	77	850	927	63,7	703	767
Weymouthskiefer	22,6	31,1	95	689	784	28,1	203	231
Pappel	24,7	38,2	150	618	768	40,4	165	205
Fichte	25,2	37,1	132	629	761	34,8	166	201
Kiefer	28,7	40,8	135	592	727	31,3	137	168
Lärche	32,5	43,9	127	561	688	26,1	105	131
Birke	35,1	48,8	152	512	664	28,9	97	126
Eiche	38,0	50,6	140	494	634	24,5	86	111
Buche	37,2	55,1	199	449	649	35,6	80	116
Robinie	43,1	54,4	126	456	582	19,5	70	90
Hainbuche	42,8	61,6	209	384	593	32,6	59	92
Buchsbaum	45,0	71,7	297	383	680	44,0	57	101
Pockholz	69,7	84,7	167	153	320	16,0	15	31

Die Feuchteaufnahme des Holzes wird dabei durch die in Kapitel 5.2.2 erläuterten Strukturänderungen (Tüpfelverklebung, Verthyllung), aber auch durch den Feuchtegehalt des Holzes vor der Wasserlagerung beeinflusst. Dazu liegen detaillierte Arbeiten u.a. von Bellmann (Bellmann, 1987) vor. So wird z.B. durch die Tüpfelverklebung bei Nadelholz bzw. die Verthyllung bei Laubholz die Feuchte- bzw. Tränkmittelaufnahme im Kern stark herabgesetzt; die Feuchte dringt daher oft nur geringfügig in den Holzquerschnitt ein (Bild 5.19a).

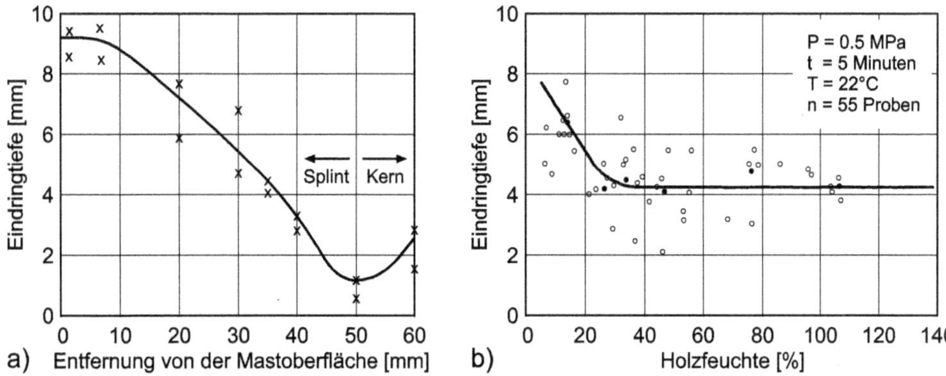

Bild 5.19 (a) Tränkfähigkeit von Kiefernholz über den Querschnitt und (b) Einfluss des Feuchtegehaltes auf die Eindringtiefe von Kaliumdichromat bei der Kesseldrucktränkung von Holzproben nach (Bellmann, 1987)

In Radialrichtung wird das Eindringen der Tränkflüssigkeit zum Teil über die Tüpfel der Holzstrahlen erreicht. Das Tränkverhalten verschiedener Holzarten veranschaulicht Tabelle 5.10. Es bestehen erhebliche Unterschiede zwischen den Holzarten.

Tabelle 5.10 Tränkverhalten verschiedener Holzarten

Holzart	Tränkverhalten
Kiefer Splint	Leicht tränkbar
Kiefer Kern	Schwer tränkbar
Fichte Splint	Feucht tränkbar
Fichte Reifholz	Sehr schwer tränkbar
Eiche Splint	Leicht tränkbar
Eiche Kern	Sehr schwer tränkbar
Rotbuche unverthyllt	Tränkbar
Rotbuche verthyllt	Sehr schwer tränkbar

Welchen Einfluss der Feuchtegehalt des Holzes zu Beginn der Tränkung auf das Tränkverhalten hat, ist aus Bild 5.19b erkennbar. Beeinflusst wird die Eindringtiefe auch von der Temperatur (Viskosität) des Tränkmittels. Die Tränkmittelaufnahme ändert sich zudem mit der Tränkzeit. Durch entsprechende Tränktechnologien (z.B. Drucktränkung, Perforation des Holzes) oder Behandlung mit Leistungsultraschall oder Mikrowellen kann ein tieferes Eindringen und damit eine bessere Tränkung erreicht werden.

5.4 Quell- und Schwindverhalten von Holz und Holzwerkstoffen

5.4.1 Quell- und Schwindverhalten von Holz

5.4.1.1 Grundlagen

Freie Quellung

Wie bereits erläutert (Kapitel 5.3.2.1), führt die Feuchteaufnahme von Holz in den Phasen von der Anlagerung des Wassers in den Poren des Mikrosystems bis zum Erreichen des Fasersättigungsbereichs durch Einlagerung der Wassermoleküle in die intermizellaren und interfibrillaren Hohlräume zu einer Ausdehnung der Zellwand und der Wabenstruktur (siehe Kap. 4 und 18) und damit zu einer Volumenzunahme (Quellung). Bei Erreichen des Fasersättigungsbereichs ist dieser Vorgang weitgehend beendet. Bei Feuchteabgabe in diesem Bereich kommt es zur Volumenkontraktion, die als Schwinden bezeichnet wird.

Bild 5.20 zeigt das Quellmaß von Rotbuchenholz in den drei Hauptschnittrichtungen und die durch Schwinderscheinungen auftretende Verzerrung der Querschnitte von Holz bei der Trocknung, Bild 5.21 den Einfluss der Darrdichte auf das Volumenschwindmaß. Mit zunehmender Dichte steigt die Quellung, das gilt zwischen den Holzarten, aber auch innerhalb einer Holzart. Verdichtetes Holz quillt und schwindet stärker als unverdichtetes. Daraus ist auch die höhere Dickenquellung von Holzpartikelwerkstoffen im Vergleich zu Vollholz abzuleiten.

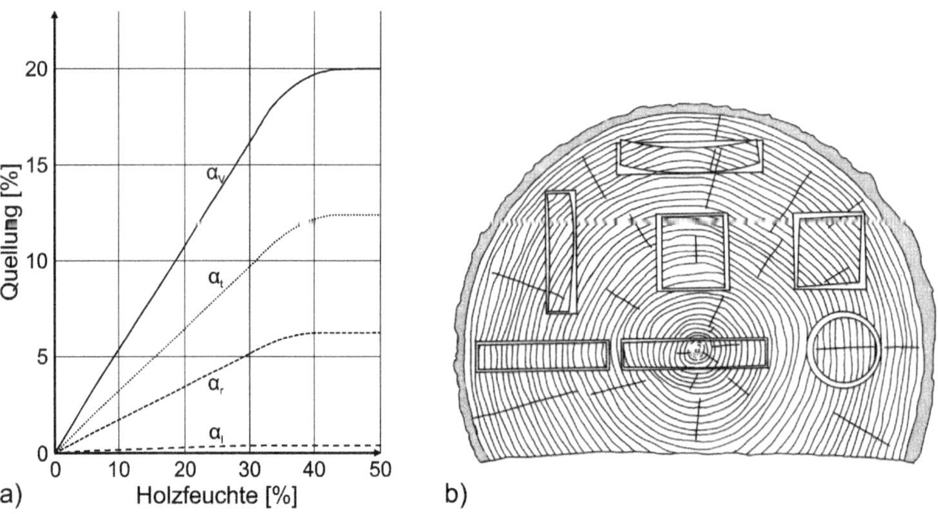

Bild 5.20 Quell- und Schwindverhalten von Holz: (a) Quellung von Rotbuchenholz (Mörath, 1931): α_l längs, α_r radial, α_t tangential, α_v Volumen, (b) Verzerrung von Holz durch unterschiedliche Schwindung (nach Forst Prod. Laboratory, Madison/USA 1955)

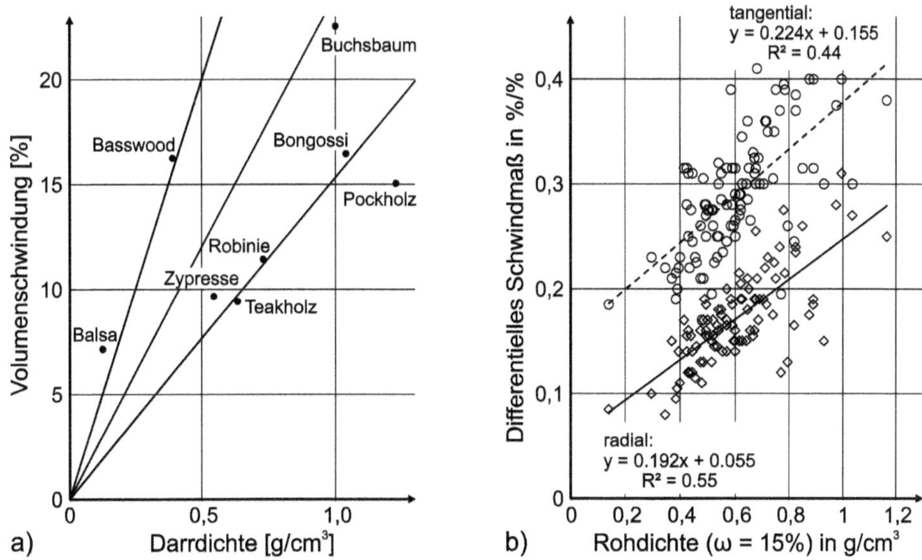

Bild 5.21 Einfluss der Dichte auf die Quellung/Schwindung: (a) Einfluss der Darrdichte auf die Volumenschwindung verschiedener Hölzer (Kollmann F., 1982), (b) Korrelation zwischen Rohdichte und differentieller Schwindung nach Daten von Sell (Sell, 1997)

Tabelle 5.11 enthält die maximalen Quellmaße ausgewählter Holzarten und die dazugehörigen differentiellen Quellungswerte, Tabelle 5.12 die differentiellen Quell- bzw. Schwindmaße verschiedener Holzwerkstoffe.

Tabelle 5.11 Maximales Quellmaß und differentielle Quellung verschiedener Holzarten (nach (von Halász & Scheer, 1996) u. a.)

Holzart	Maximales Quellmaß [%]			Quellung [%] bei Änderung			
				der relativen Luftfeuchte um 1 %[1]		der Holzfeuchte um 1 %[2]	
	längs	radial	tangential	radial	tangential	radial	tangential
Nadelhölzer							
Fichte	0,2...0,4	3,7	8,5	0,037	0,070	0,19	0,36
Kiefer	0,2...0,4	4,2	8,3	0,035	0,068	0,19	0,36
Lärche	0,1...0,3	3,4	8,5	0,027	0,057	0,14	0,30
Douglasie/ Oregon Pine	0,1...0,3	5	8	0,025	0,046	0,15	0,27
Western Red Cedar	0,2...0,6	2,5	5,3	0,015	0,030	0,10	0,20
Laubhölzer							
Abachi	0,2...0,3	3,5	6,2	0,011	0,023	0,10	0,18
Amer. Mahagoni	0,1...0,2	3,4	4,7	0,015	0,023	0,16	0,28

Tabelle 5.11 Maximales Quellmaß und differentielle Quellung verschiedener Holzarten (nach (von Halász & Scheer, 1996) u. a.) *(Fortsetzung)*

Holzart	Maximales Quellmaß [%]			Quellung [%] bei Änderung			
				der relativen Luftfeuchte um 1 %[1]		der Holzfeuchte um 1 %[2]	
	längs	radial	tangential	radial	tangential	radial	tangential
Azobe/ Bongossi	0,2...0,3	7,7	11,4	0,069	0,096	0,31	0,40
Buche	0,2...0,6	6,2	13,4	0,032	0,065	0,20	0,41
Dark Red Meranti	0,2...0,3	4,3	10,7	0,035	0,067	0,17	0,32
Eiche	0,3...0,6	4,6	10,9	0,033	0,063	0,18	0,34
Iroko	0,2...0,7	3,5	5,5	0,031	0,045	0,19	0,28
Pappel	0,2...0,4	3,4	8,9	0,012	0,029	0,10	0,28
Sipo-Mahagoni	0,2...0,3	5,5	6,7	0,037	0,047	0,20	0,25
Teak	0,2...0,3	2,7	4,8	0,022	0,035	0,16	0,26

[1] Quellungskoeffizient im Bereich von ca. 35 – 80 % rel. Luftfeuchte
[2] Differenzielle Quellung

Tabelle 5.12 Quell-/Schwindmaße von Holzwerkstoffen (von Halász & Scheer, 1996)

Holzwerkstoff	Quellung bzw. Schwindung [%] bei Änderung des Feuchtegehalts um 1 %	
	in Plattenebene	senkrecht zur Plattenebene
Sperrholz	0,02	0,3
Spanplatte	0,035	0,6
Zementgebundene Spanplatte	0,030	0,3
Faserplatte	0,030	0,8
Massivholzplatte, mehrschichtig	0,015	0,3

Im Durchschnitt liegt das Längsschwindmaß der europäischen Hölzer nach Knigge und Schulz (Knigge & Schulz, 1966) bei 0,4 %, das Radialschwindmaß bei 4,3 % und das Tangentialschwindmaß bei 8,3 %. Die Längsschwindung ist also um eine Zehnerpotenz geringer als die Schwindung in Radial- bzw. Tangentialrichtung. Das Quell- und Schwindverhalten von Holz wird durch die Rohdichte, den Spätholzanteil, den anatomischen Aufbau und den Ligninanteil deutlich beeinflusst. Die geringe Längsquellung bzw. -schwindung wird mit der Orientierung der Fibrillen in Faserlängsrichtung und dem relativ geringen Anteil quer zur Faserrichtung liegender Zellwände begründet. Als Ursachen für die Unterschiede in Radial- und Tangentialrichtung führt (Walker, 2006) an:

- den Verlauf und die Eigenschaften von Früh- und Spätholz in den Jahrringen,
- den unterschiedlichen Mikrofibrillenwinkel in der Zellwand (siehe auch (Lanvermann, 2014)),
- die verstärkende Wirkung der Holzstrahlen (siehe auch (Burgert, 2015)).

Auch die Orthotropie der elastischen Eigenschaften und die Wabenstruktur der Zellen (Sjölund, 2015) haben einen großen Einfluss. Ebenso wirken sich der Ligningehalt und andere Parameter deutlich aus. Stark lignifizierte Holzarten schwinden weniger als schwach lignifizierte.

Druckholz hat eine wesentlich höhere Längsschwindung als normales Holz (bedingt durch den größeren Mikrofibrillenwinkel); sein Schwindmaß in radialer und tangentialer Richtung ist dagegen geringer als bei normalem Holz, wie Untersuchungen von Timell (Timell, 1986) ergaben (Tabelle 5.13). Die erhöhte Längsschwindung führt bei der Verarbeitung von Druckholz zu erheblichen Verformungen (z.B. Verziehen von Fensterkanteln).

Die Ursachen der Anisotropie sind noch nicht vollständig geklärt. Ansätze der Modellierung sind u.a. in (Rafsanjani, 2013) vorhanden, neuere experimentelle Arbeiten in (Lanvermann, 2014).

Tabelle 5.13 Schwindmaße von Druck- und Normalholz verschiedener Holzarten (nach Thimell 1986)

Holzart	Schwindmaß [%]					
	längs		radial		tangential	
	1	2	1	2	1	2
Abies alba (Tanne)	2,8	0,16	2,3	3,89	2,9	8,14
Abies concolor (Kolorado-Tanne)	0,54	0,12	-	-	-	-
Picea sp. (Fichte)	1,1	0,21	2,64	6,25	4,6	6,7
Pinus radiata	4,55	0,24	3,26	7,12	-	-

1 = Druckholz
2 = normales Holz

Gegenüber Chemikalien zeigt Holz ein anderes Quell-/Schwindverhalten als gegenüber Wasser. Nach Kollmann (Kollmann F., 1951) ist die Quellung in sauren Medien kleiner als in Wasser, in basischen Medien dagegen größer (Bild 5.22).

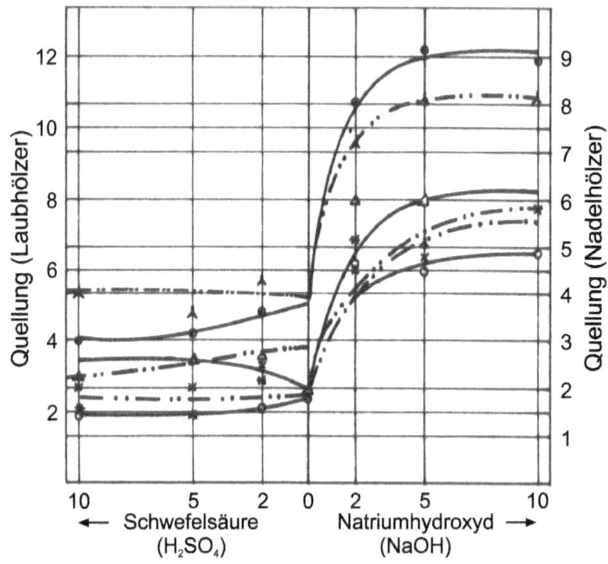

Bild 5.22 Einfluss verschiedener Chemikalien auf die Quellung von Laub- und Nadelhölzern nach Narayanamurti, zitiert in (Kollmann F., 1951)

In bestimmten Salzlösungen quillt Holz stärker als in Wasser. Kollmann (Kollmann F., 1951) gibt folgende Reihenfolge für die Zunahme der Quellung in verschiedenen wässrigen Medien an:

$NH_4 < Na < Ba < Mn < Mg < Ca < Li < Zn < SO_4 < Br < CrO_4 < J$

Nach (Perkitny, 1960) steigt die Quellung des Holzes mit Erhöhung der Dielektrizitätskonstante der Flüssigkeit. So werden in Abhängigkeit von der Flüssigkeit folgende Quellmaße in tangentialer Richtung für Buche angegeben (Tabelle 5.14):

Tabelle 5.14 Dielektrizitätskonstante und prozentuale Quellung ausgewählter Flüssigkeiten

Dielektrizitätskonstante	Flüssigkeit	Quellung [%]
81	Wasser	11,4
2,3	Terpentin	0,2
2,1	Erdöl	0,2
1,8	Benzin	0,2

In ausgewählten organischen Lösungsmitteln ist die Quellung deutlich höher als in Wasser (Tabelle 5.15). So wird teilweise DMF als Quellungsmittel bei der Holzvergütung im Labormaßstab genutzt. Dadurch wird die Zugänglichkeit der Zellwand für die Vergütungsmittel erhöht.

Tabelle 5.15 Maximale tangentiale Quellung von Sitka-Fichte in organischen Lösungen bei 23 °C (nach (Mantanis, Young & Rowell, 1994), (Rowell, 2013))

Lösungsmittel	Quellung [%]
Dimethylsulfoxid	13,9
Pyridin	12,2
Dimethylformamid (DMF)	11,8
Essigsäure	8,7
Wasser	8,4
Ethanol	7,0
Methylacetat	5,0
Ethylacetat	2,6
Toluol	1,6
Benzaldehyd	1,0
Nitrobenzol	0,5

Behinderte Quellung

Wird die Quellung/Schwindung durch äußere Kräfteeinwirkungen verhindert, so führt das nach Kollmann (Kollmann F., 1951) zu einer Veränderung des Zellgefüges. Bei behinderter Quellung und nachfolgender Wiedertrocknung auf den ursprünglichen Feuchtegehalt tritt eine dauernde Schwindung (plastische Verformung) ein. Wird die Probe mehrfach behindert gequollen, so tritt nach Perkitny (Perkitny, 1960) eine ständige Reduzierung der Probenabmessung in Richtung der Quellbehinderung ein. Die Dichte des Holzes steigt. Diese Erkenntnisse sind bei Passungen zu berücksichtigen. Ein trocken eingepasster Axtstiel, der anschließend behindert quillt und danach rückgetrocknet wird, wird also lockerer werden. Auch Fugen in Parkett entstehen auf diese Weise. Beim Quellvorgang entsteht ein hoher Quellungsdruck der z.B. zum Aufwölben von Parkett führen kann. Diese Erscheinungen treten oft erst nach Jahren auf.

Wird darrtrockenes Holz befeuchtet und dabei am Quellen behindert, so treten je nach Holzart und Schnittrichtung unterschiedlich hohe Quelldrücke auf. Krauss (Krauss, 1988) ermittelte in Faserrichtung Werte bis 30 N/mm^2, senkrecht zur Faserrichtung bis 4 N/mm^2. Der Quellungsdruck steigt mit dem Feuchtegehalt und der Dichte des Holzes. Die Spannungen sind so hoch, dass relativ schnell die Proportionalitätsgrenze überschritten wird und es zu plastischen Verformungen kommt (Bild 5.23, siehe auch Kap. 13). Zum anderen kommt es meist zur Überlagerung von Kriechvorgängen bzw. Spannungsrelaxation.

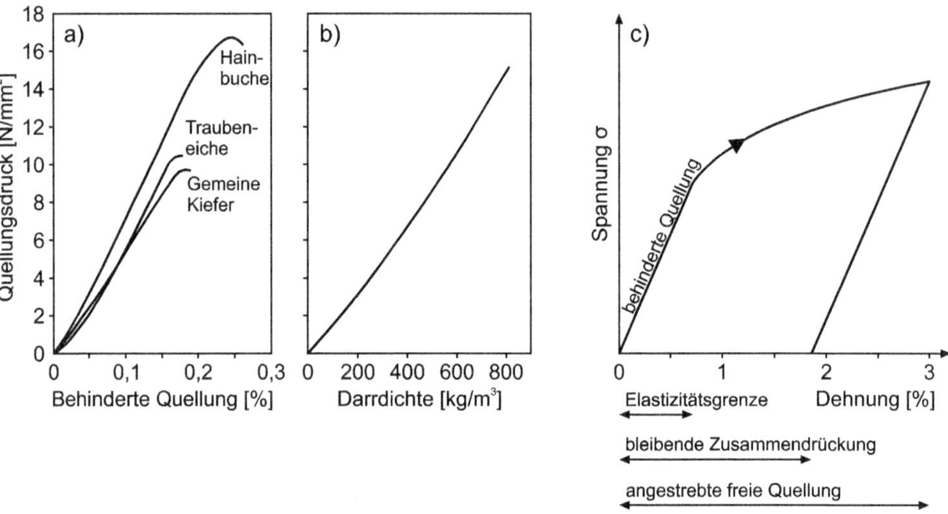

Bild 5.23 Behinderte Quellung von Holz in Faserrichtung, (a) Einfluss der Quellbehinderung, (b) Zusammenhang zwischen Darrdichte und Quelldruck, (c) schematische Darstellung des Spannungs-Dehnungs-Diagramms bei behinderter Quellung (Krauss, 1988)

Der Quellungsdruck errechnet sich wie folgt:

$$p_Q \approx \frac{R \cdot T}{M \cdot v} \cdot \ln\left(\frac{p_a}{p_s}\right) \tag{5.26}$$

p_Q Quellungsdruck [Pa]

R Gaskonstante [J/(mol K)]

p_a Partialdruck [Pa]

T Temperatur [K]

p_s Sättigungsdruck [Pa]

v Spez. Volumen [m³/kg]

M Molmasse des Wassers [kg/mol]

Dieser theoretische Quelldruck in den Zellwandschichten beträgt bei vollständiger Behinderung der Quellung bis zu 420 N/mm² (Kollmann F., 1951). Praktisch gemessene Quelldrücke sind insbesondere durch die senkrecht zur Faserrichtung auftretenden plastischen Verformungen (Verdichtung des Frühholzes, siehe Kap. 13 und 14) deutlich geringer und liegen im Bereich einiger N/mm². Ein großer Teil der entstehenden Spannungen wird durch diese plastischen Verformungen abgebaut.

Der Quellungsdruck des Holzes wurde bereits im alten Ägypten zum Sprengen von Felsen mittels angefeuchteter Holzkeile genutzt. Der Quellungsdruck sinkt mit zunehmendem Feuchtegehalt des Holzes. Bei der Trocknung von Holz entstehen erhebliche Kräfte (Zug- oder Druckspannungen), wenn es zur Ausbildung eines Feuchtegradienten über dem

Querschnitt des Elementes kommt. Durch die Feuchtedifferenzen kommt es zur Behinderung von Schwindvorgängen zwischen den einzelnen Zonen. Die Spannungen werden bei Überschreiten der Zugfestigkeit (senkrecht zur Faserrichtung) durch Risse abgebaut.

Wenn sich Wassermoleküle auf molekularer Ebene an die Zellsubstanz binden, gelangen sie von einem Niveau höherer Energie auf ein Niveau niedrigerer Energie. Die Differenz wird als Quellungswärme frei. Sie beträgt bei Fichte unterhalb des Fasersättigungsbereichs zwischen 63 bis 82 kJ/kg. Bei der Trocknung muss diese Wärmemenge dem Holz zur Überwindung der hygroskopischen Anziehungskräfte zugeführt werden.

5.4.1.2 Kenngrößen

Kenngrößen zur Beurteilung des Quell- und Schwindverhaltens von Holz sind das Quellmaß und das Schwindmaß. Dabei wird das Quellmaß auf den Darrzustand, das Schwindmaß auf den maximal gequollenen Zustand bezogen. Für die linearen Dimensionsänderungen gelten folgende Beziehungen:

Maximales Quellmaß

$$\alpha_{max} = \frac{a_{max} - a_{min}}{a_{min}} \cdot 100 \tag{5.27}$$

Quellmaß bei beliebiger Feuchteänderung von ω_1 auf ω_2

$$\alpha = \frac{a_{\omega 2} - a_{\omega 1}}{a_{min}} \cdot 100 \tag{5.28}$$

Maximales Schwindmaß

$$\beta_{max} = \frac{a_{max} - a_{min}}{a_{max}} \cdot 100 \tag{5.29}$$

Schwindmaß bei beliebiger Feuchteänderung von ω_1 auf ω_2

$$\beta = \frac{a_{\omega 2} - a_{\omega 1}}{a_{max}} \cdot 100 \tag{5.30}$$

α, α_{max} (maximales) Quellmaß [%]

β, β_{max} (maximales) Schwindmaß [%]

a_{max} maximale Probenabmessung (oberhalb des Fasersättigungsbereichs) [m]

a_{min} minimale Probenabmessung (im Darrzustand) [m]

$a_{\omega 2}$, $a_{\omega 1}$ Probenabmessungen bei Feuchtegehalten ω_1, ω_2 für $\omega_2 > \omega_1$ und $a_{\omega 2} > a_{\omega 1}$ [m]

Zur Unterscheidung nach der Schnittrichtung werden die Indizes 1 (längs), r (radial) und t (tangential) benutzt.

Die *Volumenquellung* α_V [%] berechnet sich aus:

$$\alpha_V = \frac{(100+\alpha_r)\cdot(100+\alpha_t)\cdot(100+\alpha_l)}{10000} - 100 \tag{5.31}$$

Für die *Volumenschwindung* β_V [%] gilt:

$$\beta_V = 100 - \frac{(100-\beta_r)\cdot(100-\beta_t)\cdot(100-\beta_l)}{10000} \tag{5.32}$$

Für die *maximale Volumenschwindung* $\beta_{max,V}$ gilt näherungsweise:

$$\beta_{max,V} \approx \beta_l + \beta_r + \beta_t \tag{5.33}$$

Für die *maximale Volumenquellung* $\alpha_{max,V}$:

$$\alpha_{max,V} \approx \alpha_l + \alpha_r + \alpha_t \tag{5.34}$$

Die Umrechnung von α in β und umgekehrt erfolgt nach den Gleichungen

$$\beta = \frac{100\cdot\alpha}{100+\alpha} \tag{5.35}$$

$$\alpha = \frac{100\cdot\beta}{100-\beta} \tag{5.36}$$

Die maximale Volumenquellung kann nach empirischen Erfahrungen aus dem Feuchtegehalt im Fasersättigungsbereich und der Darrdichte berechnet werden. Es gilt:

$$\alpha_V = \omega_F \cdot \rho_0 \cdot 10^{-3} \tag{5.37}$$

ω_F Feuchtegehalt im Fasersättigungsbereich [%]

ρ_0 Darrdichte [kg/m³]

Das Quell- und Schwindverhalten von Holz wird nach DIN 52184 an Prüfkörpern mit einem Querschnitt von 20 mm × 20 mm und einer Länge in Faserrichtung von 10 mm (bei Prüfung des Quell-/Schwindverhaltens in radialer oder tangentialer Richtung) bzw. 100 mm (bei Prüfung des Quell-/Schwindverhaltens in Faserrichtung) ermittelt.

Neben den Quell- bzw. Schwindmaßen werden üblicherweise auch Quell- und Schwindfaktoren q (auch als differentielle Schwindung bezeichnet) verwendet. Diese Faktoren geben die Maßänderung in den einzelnen Schnittrichtungen in % je 1 % Feuchtegehaltsänderung an.

Für den *Quellfaktor* q_α gilt näherungsweise:

$$q_\alpha \approx \frac{\bar{\alpha}}{30} \quad \text{bzw.} \quad q_\alpha = \frac{a_{\omega 2} - a_{\omega 1}}{a_{\min} \cdot (\omega_2 - \omega_1)} \tag{5.38}$$

Für den Schwindfaktor q_β

$$q_\beta \approx \frac{\bar{\beta}}{30} \quad \text{bzw.} \quad q_\beta = \frac{a_{\omega 2} - a_{\omega 1}}{a_{\max} \cdot (\omega_2 - \omega_1)} \tag{5.39}$$

$\bar{\alpha}$ mittleres Quellmaß

$\bar{\beta}$ mittleres Schwindmaß

Ferner ist nach DIN 52184 das Trocknungsschwindmaß (ergibt sich aus der Längenänderung bei Trocknung des feuchten Holzes auf den Feuchtegehalt im Normalklima) und der Quellungskoeffizient (prozentuale Änderung der Probenlänge je 1 % Änderung der relativen Luftfeuchtigkeit) definiert.

In der Praxis wird oftmals noch die Quellung bzw. Schwindung senkrecht zur Faserrichtung (α_q, β_q) bestimmt. Dabei gilt:

$$\alpha_q = \frac{\alpha_t + \alpha_r}{2} \tag{5.40}$$

$$\beta_q = \frac{\beta_t + \beta_r}{2} \tag{5.41}$$

r radial

t tangential

Für das Schwindmaß quer zur Faserrichtung unter einem definierten Winkel φ (Abweichung von der Radialrichtung, vgl. Bild 5.24) gilt nach Keylwerth (zitiert in (Kollmann F., 1951)):

$$\beta_\varphi \approx \beta_r \cdot \cos^2 \varphi + \beta_t \cdot \sin^2 \varphi \tag{5.42}$$

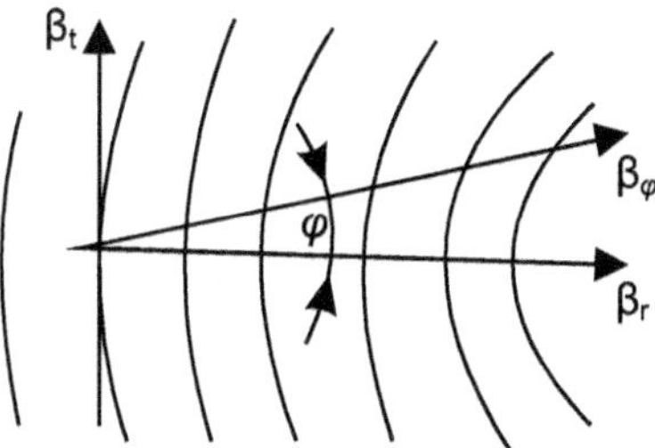

Bild 5.24 Berechnung des Schwindmaßes unter einem definierten Winkel

5.4.2 Quell- und Schwindverhalten von Holzwerkstoffen

Bild 5.25 zeigt die mittlere Quellung von Spanplatten in Plattenebene (Längenquellung) sowie senkrecht zur Plattenebene (Dickenquellung). Folgende Effekte sind vorhanden (Autorenkollektiv, 1975):

1. Die Längenquellung bei Spanplatten ist etwas größer als bei Holz in Faserrichtung. Das ist darauf zurückzuführen, dass die Späne in der Plattenebene statistisch regellos verteilt sind und demzufolge in allen drei Hauptschnittrichtungen (längs, radial, tangential) quellen können.
2. Die Dickenquellung von Spanplatten liegt deutlich über der von Holz in Radial- bzw. Tangentialrichtung (die beim Pressen verdichteten Späne quellen zurück).

Zusätzlich sind von Einfluss:

- die Klebstoffart, z. B. durch das unterschiedliche hygroskopische Verhalten von Harnstoff- und Phenolharzen (höhere Ausgleichsfeuchte bei Phenolharzen, Abhängigkeit vom Alkalianteil),
- der Paraffinanteil und
- der strukturelle Aufbau der Spanplatten (Spangröße, Rohdichte, Rohdichteprofil).

Zudem ist die Quellung stark abhängig von der Prüfdauer und dem Probenformat.

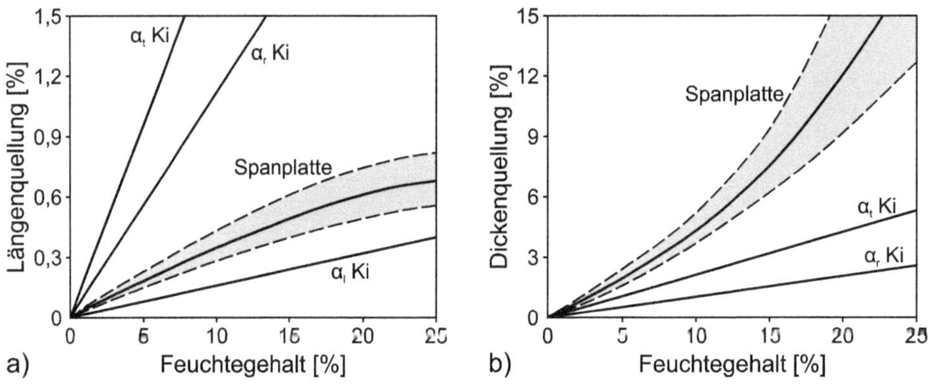

Bild 5.25 (a) Längenquellung und (b) Dickenquellung von Spanplatten im Vergleich zu Kiefernholz (α_l längs, α_r radial, α_t tangential) in Abhängigkeit vom Feuchtegehalt (Autorenkollektiv, 1975), Werte zusammengestellt aus Mörath (Kiefernholz) und Teichgräber (Spanplatten)

Bei Sperrholz bestehen ähnliche Zusammenhänge. Je nach Klebstoffart und -anteil kann bei der Herstellung von Sperrholz eine gewisse Quellvergütung erfolgen. Brettsperrholz hat ähnliche Eigenschaften wie Sperrholz. Die Dickenquellung ist bei Sperrholz allerdings durch die wesentlich geringere Verdichtung deutlich weniger ausgeprägt als bei Spanplatten und MDF. Die für Partikelwerkstoffe höhere Dickenquellung, bedingt durch die Verdichtung, ist bei diesen Werkstoffen nicht vorhanden. Insgesamt betrachtet, ist der Einfluss der Struktur auf das Quell- und Schwindverhalten von Holzwerkstoffen unzureichend erforscht.

Mit folgenden Zahlenwerten für die Längenquellung (Wechsellagerung 20 °C/50 % auf 20 °C/90 %) kann gerechnet werden:

- MDF 0,2 bis 0,3 %,
- Flachpressspanplatte 0,4 %,
- OSB in Arbeitsrichtung 0,08 %, senkrecht zur Arbeitsrichtung 0,4 %,
- Furniersperrholz in Arbeitsrichtung 0,12 %, senkrecht zur Arbeitsrichtung (Lage der Decklagen) 0,06 bis 0,09 %.

Weiterführende Untersuchungen zur Quellung von Holzwerkstoffen und zur Änderung der Abmessungen sind in (Sonderegger & Niemz, 2006) zusammengestellt.

Die Dickenquellung von Holzwerkstoffen hat im Holzbau praktisch keine Bedeutung, wohl aber im Möbelbau beim Beschichten und in der Nutzungsphase der Möbel. Die potenzielle Dickenänderung von Holzwerkstoffen bei veränderter (erhöhter) relativer Luftfeuchte (Bild 5.26) stellt hohe Anforderungen an die Beschichtungsmaterialien, wenn eine befriedigende Alterungsbeständigkeit (z. B. bei Küchenmöbeln) gewährleistet werden soll. Probleme treten teilweise auch bei Laminatboden auf, wenn die Ränder stärker aufquellen.

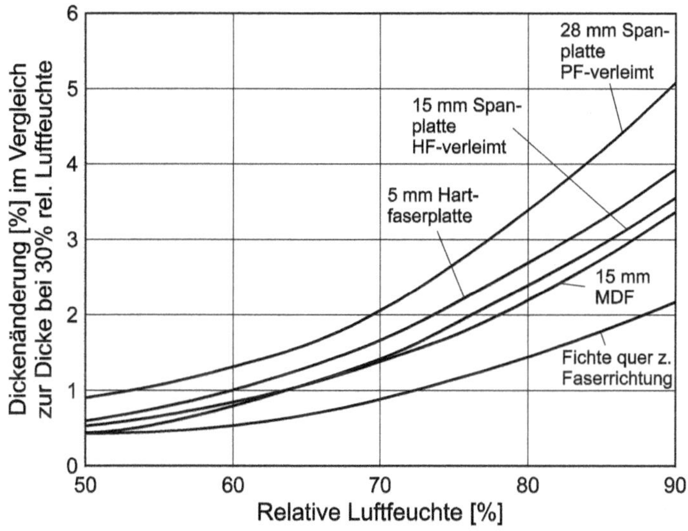

Bild 5.26 Dickenänderung von Holz und Holzwerkstoffen in Abhängigkeit von der relativen Luftfeuchte (bei 20 °C)

5.4.3 Auswirkungen des Quell- und Schwindverhaltens von Holz und Holzwerkstoffen

5.4.3.1 Holz

Eine Änderung der relativen Luftfeuchte führt zwangsläufig zur Änderung des Feuchtegehalts von Holz und damit zu Quell- und Schwinderscheinungen. Das unterschiedliche Quell- und Schwindverhalten in den drei Hauptschnittrichtungen hat eine erhebliche Verformung des Holzes und innere Spannungen zur Folge. So wird z. B. die linke, dem Kern abgewandte Seite eines Brettes stets hohl (Bild 5.27).

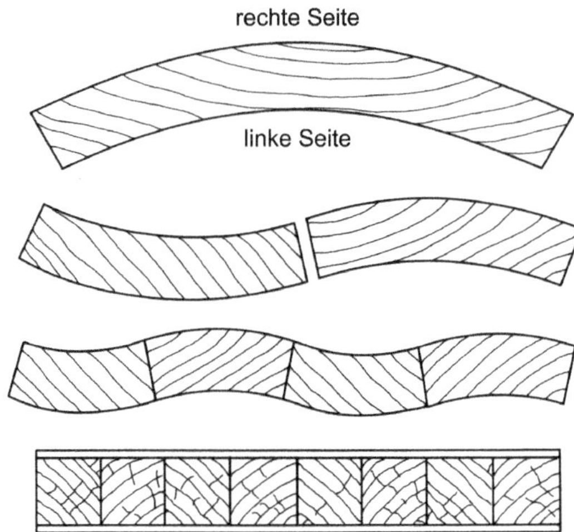

Bild 5.27 Verformung von Schnittholz, verleimtem Schnittholz und Tischlerplatten durch Quellen und Schwinden des Holzes

Auf diesem Effekt beruht auch das Welligwerden von Tischlerplatten, das sich u.a. häufig in der Markierung der Stäbchen nach einem längeren Alterungsprozess widerspiegelt. Gut erkennbar ist das oft an sehr alten, furnierten Möbeln. Bei unsachgemäßer Trocknung (d.h. bei einem zu hohen Feuchtegefälle zwischen den äußeren und inneren Schichten des Holzes) kommt es insbesondere bei Holz mit hoher Rohdichte zu erheblichen Rissbildungen (insbesondere in Radialrichtung). Für die Verarbeitung ergeben sich daraus folgende Schlussfolgerungen:

- Vor der Verarbeitung muss der Feuchtegehalt des Holzes dem zu erwartenden Gleichgewichtsfeuchtegehalt angepasst werden.
- Bei großflächigen Holzkonstruktionen (z.B. Fußböden, Decken- bzw. Wandverkleidungen) müssen entsprechende Dehnungsfugen vorgesehen werden (Nut-Feder-Verbindungen).
- Beim Holzeinsatz ist die Schnittrichtung zu berücksichtigen (z.B. Verziehen von Rahmenstücken aus Seitenbrettern, Berücksichtigung des Faserverlaufs beim Ausbessern von Ästen mit Querholzdübeln: Bild 5.28).
- Bei allen Passungen sind die Quell- und Schwindmaße des Holzes in Rechnung zu stellen (Klemmen von Fenstern, Schubkästen).
- Das unterschiedliche Quell- und Schwindverhalten des Holzes in den drei Hauptschnittrichtungen kann bei Holzarten mit hoher Anisotropie (z.B. Buche) und auch stark verthyllten Laubhölzern zu erheblichen Verformungen oder zur Rissbildung führen. Eine rasche Trocknung ist deshalb zu vermeiden.
- Bei Einwirkung von Feuchtigkeit (Wasser, Beize, Lacke) auf Holzoberflächen kommt es zu einem Aufquellen der oberflächennahen Schichten des Holzes und damit zu einer Erhöhung der Rauigkeit. Dadurch wird u.U. ein Nachschliff nach dem 1. Lackauftrag erforderlich.

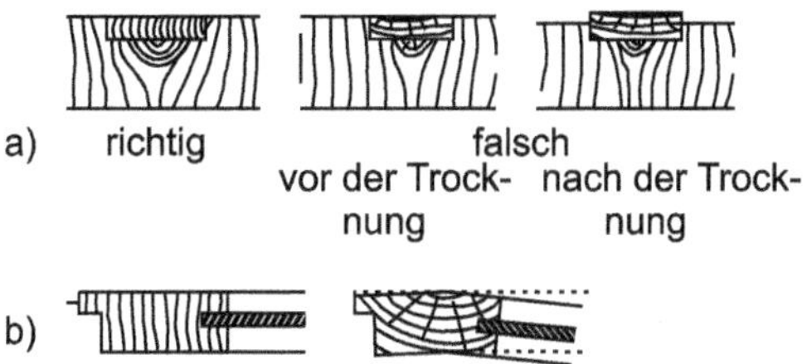

Bild 5.28 Fehler der Holzverarbeitung durch Nichtberücksichtigung des Quell- und Schwindverhaltens von Holz, (a) Quell- und Schwindverhalten von Querholzdübeln, (b) Verformung eines Rahmens bei Verwendung eines Seitenbrettes (nach Roland und Dietze (Roland & Dietze, 1985))

5.4.3.2 Holzwerkstoffe

Aufgrund ihres strukturellen Aufbaus kommt es bei Span- und Faserplatten zu einer erheblichen Dickenquellung, wenn Feuchte auf sie einwirkt (z. B. bei Sockeln oder Türen in Bädern und Platten im Küchenbereich, Laminatboden). Deshalb ist es notwendig, die Plattenschmalflächen in diesen Bereichen zu versiegeln. Die bei einer Breitflächenbeschichtung unvermeidliche Feuchteeinwirkung führt zu einem Aufrauen der Plattenoberflächen. Die Oberflächenrauigkeit von Spanplatten nach Wassereinwirkung wird von der Spandicke und dem Festharzanteil erheblich beeinflusst (Tabelle 5.16).

Sie steigt mit zunehmender Spandicke an, dabei können sich nahezu gleiche Oberflächen im Ausgangszustand nach Feuchteeinwirkung deutlich unterscheiden (Bild 5.29). Das Aufquellen der Partikeln führt in Verbindung mit Rohdichteschwankungen nach dem Beschichten der Spanplatten zu einer Oberflächenunruhe, bei der sich einzelne, dicke Späne markieren.

Tabelle 5.16 Rautiefe von Spanplatten mit unterschiedlichen Deckschichtpartikeln (Autorenkollektiv, 1975)

Partikelart	Rautiefe [µm]	
	nach Schleifen	nach Wasserlagerung und Wiedertrocknung
Normalspäne	20...40	50...100
Feinstspäne	20...35	35...60
Faserspäne	15...30	30...50
Schleifstaub	10...25	15...30

Alternierende Quell- und Schwinderscheinungen führen insbesondere bei harnstoffharzverleimten Spanplatten zu einer Zerstörung der relativ spröden Klebfugen. Bei Verarbeitung großflächiger Plattenelemente ist die Flächenquellung durch Dehnungsfugen zu berücksichtigen.

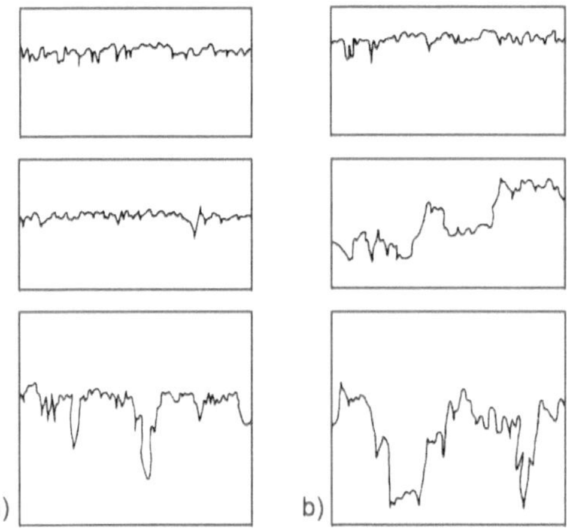

Bild 5.29 Einfluss der Feuchte auf die Rautiefe verschiedener Spanplattentypen, (a) trocken, (b) nass (Böhme, 1980)

5.5 Holzphysikalische Probleme der Trocknung von Schnittholz

5.5.1 Physikalische Vorgänge beim Feuchtetransport

Der Trocknungsvorgang setzt bei Holz sofort nach dem Fällen ein. Die Trocknung beginnt an den Hirnenden; das freie Wasser verdunstet relativ rasch. Die Abgabe von gebundenem Wasser erfolgt dagegen wesentlich langsamer. Um waldfrisches Holz natürlich auf einen Feuchtegehalt von 15 bis 18 % (lufttrocken) herunter zu trocknen, sind folgende Zeiten erforderlich:

- Holz mit einer Darrdichte < 500 kg/m^3 → 0,6 Jahre/cm Holzdicke (beidseitig gemessen),
- Holz mit einer Darrdichte > 500 kg/m^3 → 1 Jahr/cm Holzdicke (beidseitig gemessen).

Die Holztrocknung baut auf den beschriebenen Effekten des Feuchtetransports in Kapillaren auf. Zur Erläuterung soll das in Bild 5.30 dargestellte Modell der Trocknung nach Hawley (Hawley, 1931) dienen.

Zu Beginn der Holztrocknung sind alle Zellhohlräume mit Wasser gefüllt (Bild 5.30 links), mit Ausnahme der Zellhohlräume f und h, die Luftblasen b_1 und b_2 enthalten. Setzt die Verdunstung an der Holzoberfläche ein, so sinkt der Wasserspiegel in den angeschnittenen Zellhohlräumen a, b, c. Gleichzeitig beginnt die Austrocknung der Zellwände, sodass nach einiger Zeit die in Bild 5.30 in der Mitte dargestellte Situation erreicht ist. Die gestrichelte Kurve x, y gibt den Verlauf der Fasersättigungsfeuchte in den Zellwänden an. Danach erfolgt über Kapillarkräfte und Diffusion ein Flüssigkeitstransport nach außen, wobei sich die Zellhohlräume f und h leeren (Bild 5.30 rechts). Unterhalb des Fasersättigungsbereiches nimmt der Anteil der Diffusion stark zu und überwiegt letztendlich (Hoadley, 1990). Mit zunehmender Temperatur steigt bei gleichem Feuchtegehalt die Diffusionsgeschwindigkeit.

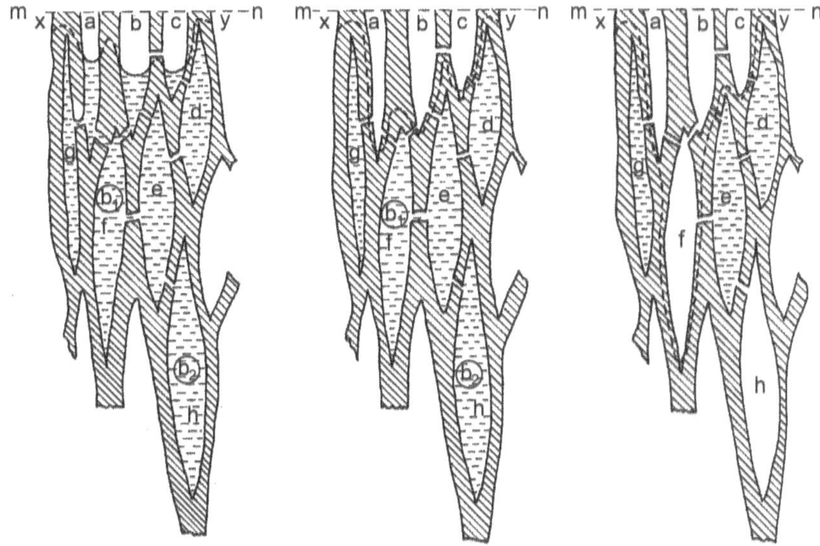

Bild 5.30 Schematische Darstellung der kapillaren Feuchtebewegung im Holz bei der Trocknung (Hawley, 1931)

5.5.2 Spannungen und Rissbildung

Bei der Trocknung stellt sich ein Feuchtegradient von außen nach innen ein (Bild 5.31). Dieses ist u. a. von der Trocknungsdauer und der Trocknungsgeschwindigkeit abhängig.

Durch den unterschiedlichen Feuchtegehalt und das feuchteabhängige Schwindverhalten des Holzes entstehen zunächst Zugspannungen im trockenen Holz (außen) und Druckspannungen im feuchten Holz (innen), da die äußeren Schichten durch die feuchten inneren Schichten am Schwinden behindert werden. Diese Spannungen werden so groß, dass die Proportionalitätsgrenze relativ rasch überschritten wird und in den Außenzonen plastische (bleibende) Verformungen auftreten. Wird die Bruchspannung bzw. -dehnung (bei behinderter Schwindung beträgt die Bruchdehnung rund 4 % (Lühmann & Niemz, 1994); vergleichsweise bei statischer Belastung nur 0,8 bis 1 %) erreicht, kommt es zunächst in den äußeren Zonen zu Rissen (Bild 5.32).

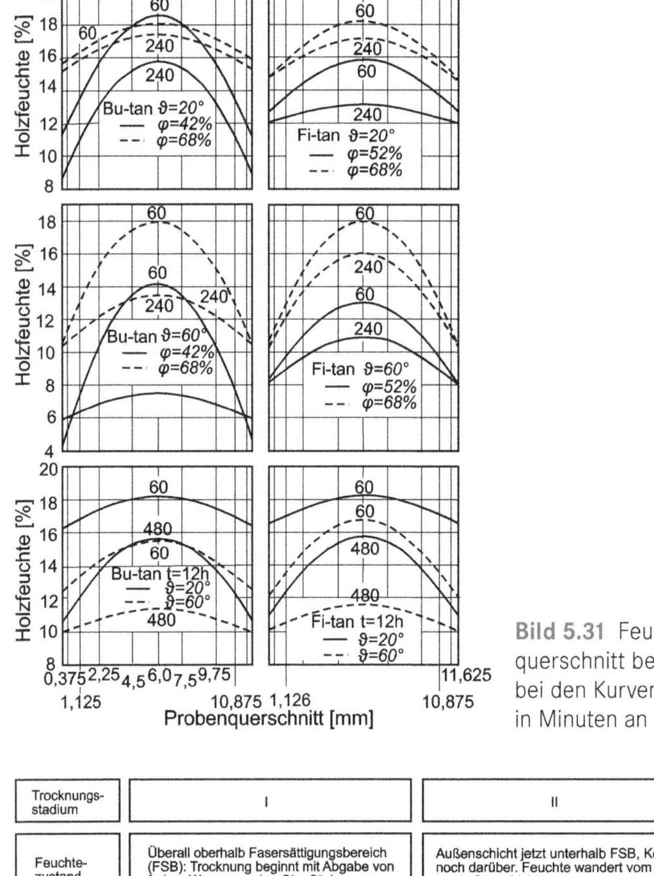

Bild 5.31 Feuchtegefälle über dem Holzquerschnitt bei der Trocknung; die Zahlenwerte bei den Kurven geben die Trocknungszeit in Minuten an (Gerstetter, 1976)

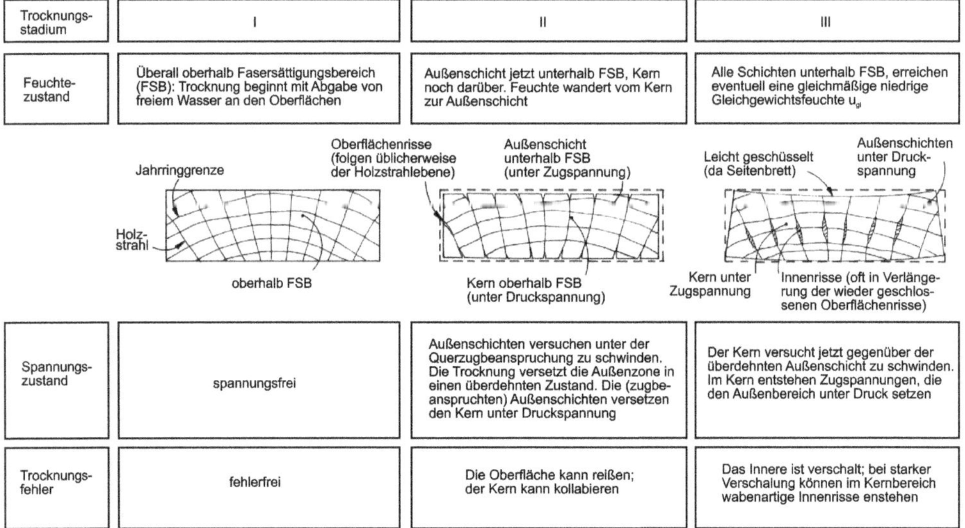

Bild 5.32 Schematische Darstellung der Spannungsverteilung im Holz bei der Trocknung (nach Hoadley (Hoadley, 1990))

Mit zunehmender Trocknungsdauer und Abnahme des Feuchtegehalts im Holzinneren beginnt auch das Holz innen zu schwinden, sodass auch im Holzinneren Zugspannungen entstehen, die letztlich zur Rissbildung (Innenrisse) führen können. Bild 5.32 zeigt diesen Vorgang schematisch. Durch den schubfesten Verbund der Holzschichten werden die Quellung bzw. Schwindung des Holzes behindert. Dabei werden die elastischen Verformungen durch viskoelastische und plastische (Letztere treten insbesondere bei Überschreiten der Proportionalitätsgrenze auf) überlagert. Gerstetter (Gerstetter, 1976) erzielte bei Berücksichtigung der viskoelastischen und plastischen Verformungen eine wesentlich bessere Modellanpassung als bei ausschließlicher Berücksichtigung der elastischen Verformungen. Andererseits ist mit einem Spannungsabbau durch Relaxation in der Konditionierungsphase des Holzes zu rechnen. Bild 5.33 zeigt die Zugspannungen, den Feuchtegehalt und das Schwindmaß in Abhängigkeit von der Zeit. Moderne Berechnungsmethoden erlauben es heute, viskoelastische, plastische und mechanosorptive Komponenten bei der Spannungs- oder Verformungsberechnung zu berücksichtigen (Hassani, Wittel, Hering & Herrmann, 2015).

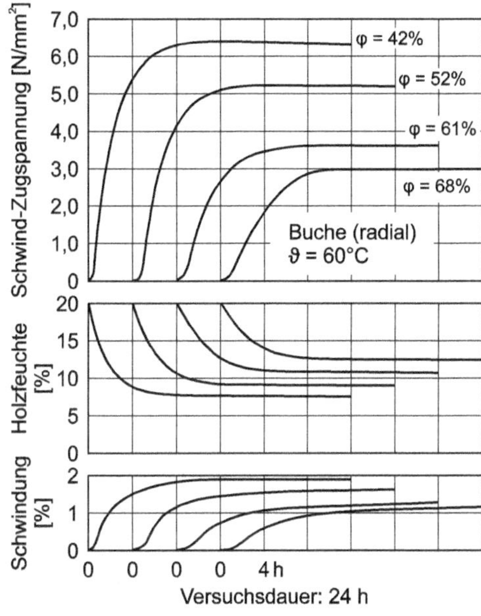

Bild 5.33 Größe der Zugspannungen im Holz, der Schwindung und des Feuchtegehalts von Holz in Abhängigkeit von der Trocknungsdauer (Gerstetter, 1976)

Begünstigt wird die Rissbildung durch:

- die unterschiedlichen Quell- und Schwindmaße in den Hauptschnittrichtungen (insbesondere tangential und radial),
- liegende Jahrringe (Tangentialschnitt) und
- die hohen E-Moduln bei harten Laubhölzern.

Je schneller Holz getrocknet wird, umso größer ist der Feuchtegradient und umso stärker sind die entstehenden Spannungen. Abhängig sind die Spannungen von der Trocknungsgeschwindigkeit, dem Elastizitätsmodul des Holzes, dem Feuchtegehalt (insbesondere dem Feuchtegefälle zwischen Holzfeuchte und Umgebungsklima) und der Holztemperatur. Mit zunehmender Zeit (d. h. bei geringerer Trocknungsgeschwindigkeit) können Spannungen durch Relaxation besser abgebaut werden (Tabelle 5.17).

Tabelle 5.17 Zeitlicher Verlauf von Schwind-Zugspannungen im Holz bei behinderter Schwindung (Gerstetter, 1976)

Zeit	$\sigma_{z.ber}$	$\sigma_{z.gem}$	$\Delta\sigma_{z.ber}$	$\Delta\sigma_{z.gem}$	$\sigma(t)$	$\sigma(t)/\sigma_{z.gem}$
t_0	0	0			0	0
			1,9	0,5		
t_1	1,9	0,5			1,3	2,6
			2,5	0,8		
t_2	4,4	1,3			1,7	1,3
			2,9	0,9		
t_3	7,3	2,2			2,1	0,95
			4,0	1,3		
t_4	11,3	3,5			2,7	0,77
			4,1	1,4		
t_5	15,4	4,9			2,7	0,55
			2,6	1,1		
t_6	18,0	6,0			1,5	0,25
			0	0		
t_n	18,0	6,0			0	0

t Versuchsdauer (t_n-t_{n-1}: Zeitintervall bei gleicher Regeldehnung)
$\sigma_{z.ber}$ Berechnete Schwind-Zugspannung
$\sigma_{z.gem}$ Gemessene Schwind-Zugspannung
$\Delta\sigma_z$ Differenz zwischen 2 Zeitintervallen
$\sigma(t)$ Spannungsrelaxation

Es treten erhebliche elastische und viskoelastische, viskoplastische und bei Überschreiten der Proportionalitätsgrenze auch plastische Verformungen auf. Zusätzlich kommt es durch die Feuchteänderung zur Mechanosorption. Die Verformungen sind also größer als beim Kriechen im Konstantklima (siehe Kap. 13 und 14).

Nach Kollmann (Kollmann F., 1951) berechnet sich die Trocknungsdauer aus praktischen Erfahrungen zu:

$$t_{Tr} = \frac{1}{\alpha_T} \cdot \left(\ln \omega_A - \ln \omega_E\right) \cdot \left(\frac{d}{25}\right)^{1,5} \cdot \left(\frac{65}{T}\right)^{1,5} \tag{5.43}$$

α_T Trocknungsbeiwert = f (Rohdichte, Holzdicke, Trocknungsbedingungen): 0,0477 für Weichholz, 0,0265 für Hartholz bei normalem Trocknungsverfahren und 65 °C Trocknungstemperatur

T Trocknungstemperatur [°C]

d Holzdicke [mm]

t_{Tr} Trocknungszeit [h]

ω_A Anfangsfeuchte des Holzes [%]

ω_E Endfeuchte des Holzes [%]

5.5.3 Zellkollaps

Wird Holz bei Holzfeuchten oberhalb der Fasersättigung sehr schnell getrocknet, kann es zum Zellkollaps kommen. Dieser entsteht durch kapillare Zugspannungen und ist vom Schwinden des Holzes zu unterscheiden. Es handelt sich hier um das Kollabieren der Makrostruktur. Der Kollaps tritt bei intensiver Trocknung auf und ist stark holzartenabhängig. Einige überseeische Hölzer wie Eukalyptus oder bestimmte Nothofagus-Arten aus Südamerika neigen stark zum Zellkollaps. Dabei kommt es durch kapillare Zugspannungen zu einer starken Verdichtung des Holzes (Kollabieren der Luminas). Teilweise tritt Kollaps auch bei Eiche, Buche und Aspe auf. Wichtige Grundlagen wurden u. a. von Kaumann (Kauman, 1964) publiziert.

5.6 Verfahren zur Bestimmung des Feuchtegehalts von Holz und Holzwerkstoffen

5.6.1 Übersicht

Bild 5.34 und Tabelle 5.18 geben eine Übersicht über mögliche Verfahren zur Bestimmung des Feuchtegehaltes. Prinzipiell kann der Feuchtegehalt sowohl direkt (Bestimmung der Gutsfeuchte) als auch indirekt (Ermittlung der relativen Luftfeuchte und der Temperatur) ermittelt werden. Eine direkte Bestimmung des Feuchtegehaltes ist jedoch stets vorzuziehen. Prinzipiell sind dabei zwei Wege gangbar:

- Ermittlung des Wasseranteils durch Darren oder Feuchteextraktion,
- Messung von mit dem Feuchtegehalt korrelierenden, physikalischen Eigenschaften.

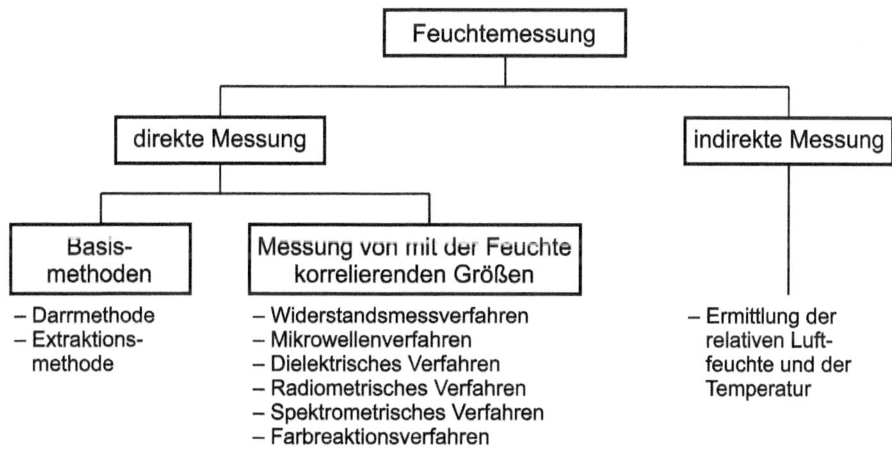

Bild 5.34 Übersicht zu Prüfverfahren für die Holzfeuchte

Tabelle 5.18 Ausgewählte Messverfahren zur Bestimmung des Feuchtegehalts von Holz und Holzwerkstoffen

Messverfahren	Physikalisches Grundprinzip/ Einflussgrößen	Beispiele für technische Realisierung
1. Darrmethode	Verdampfung des Wassers durch Trocknung	▪ Schnell-Feuchtemessgerät für Späne ▪ Überwiegend Laboreinsatz
2. Extraktionsverfahren	Extraktion des Wassers mittels Lösungsmittel	▪ Überwiegend Laboreinsatz
3. Widerstandsmessverfahren	Nutzung der Korrelation zwischen elektrischem Widerstand und Feuchtegehalt *Einflussgrößen:* ▪ Temperatur ▪ Holzart/Dichte ▪ Schnittrichtung 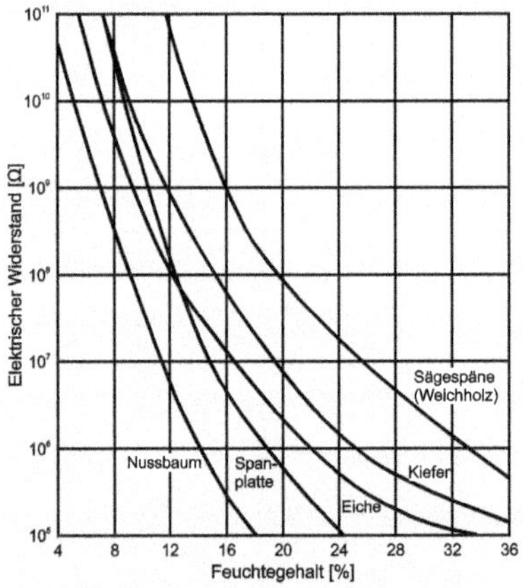	▪ Hand-Feuchtemessgerät für Späne, Fasern, Holz ▪ On-line-Feuchtemessgerät für Schnittholz ▪ On-line-Feuchtemessgerät für Späne 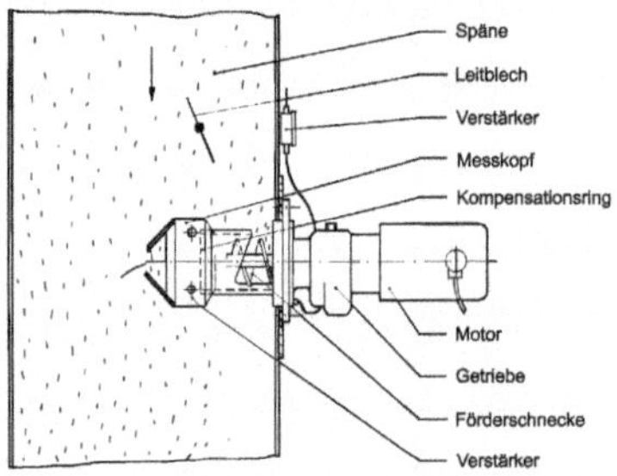
4. Dielektrisches Messverfahren	Nutzung der Korrelation zwischen der Dielektrizitätskonstante und dem Feuchtegehalt *Einflussgrößen:* ▪ Temperatur ▪ Dichte ▪ Messfrequenz 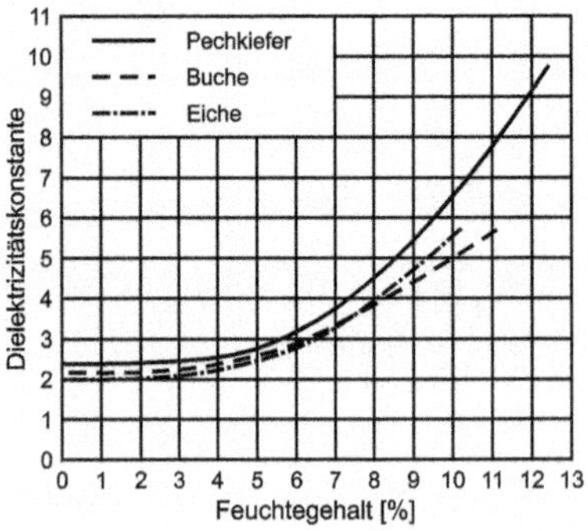	▪ Feuchtemessgerät für Schnittholz ▪ Feuchtemessgerät für Späne 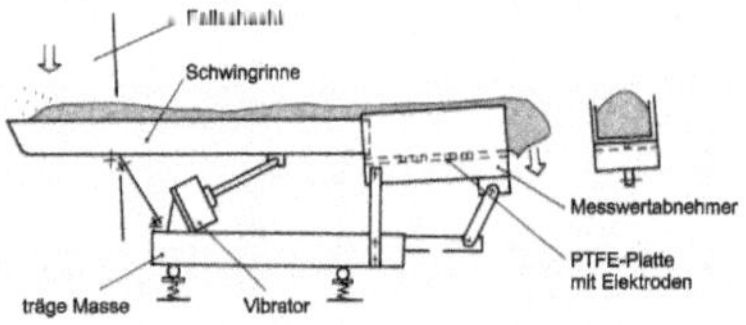

Tabelle 5.18 Ausgewählte Messverfahren zur Bestimmung des Feuchtegehalts von Holz und Holzwerkstoffen *(Fortsetzung)*

Messverfahren	Physikalisches Grundprinzip/ Einflussgrößen	Beispiele für technische Realisierung
5. Mikrowellenverfahren	Nutzung der Korrelation zwischen der Energieabsorption und dem Feuchtegehalt *Einflussgrößen:* ■ Temperatur ■ Dichte 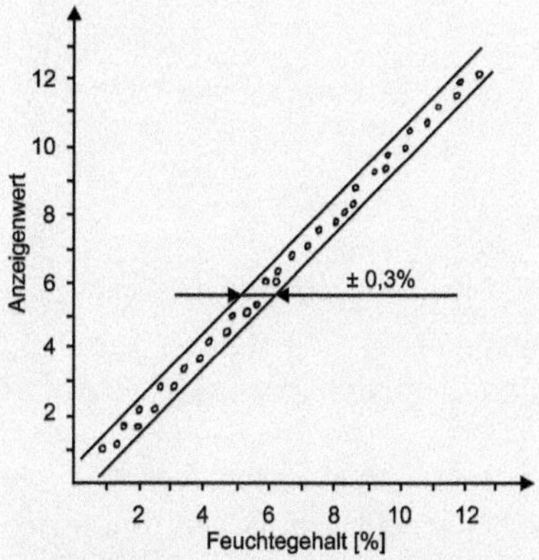	■ Feuchtemessgerät für Späne ■ Feuchtemessgerät für Schnittholz (s. Bild) 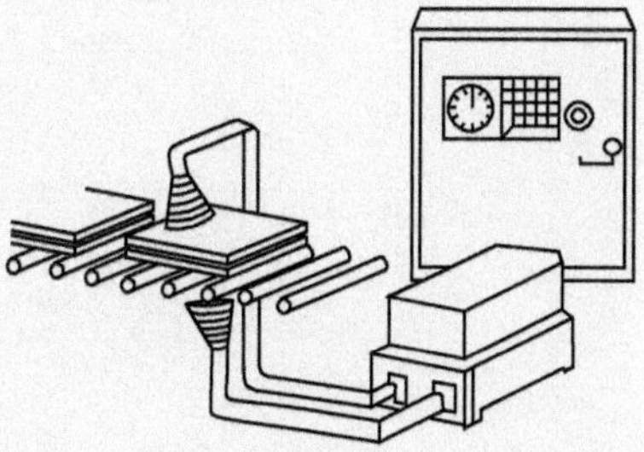
6. Radiometrisches Verfahren	Nutzung der Neutronen-Abbremsung durch H-Atome des Wassers *Einflussgrößen:* ■ Dichte	■ Bestimmung der Hackschnitzelfeuchte
7. Spektrometrisches Verfahren	Nutzung der Korrelation zwischen der Reflexion von Wellen und dem Feuchtegehalt *Einflussgrößen:* ■ Partikelform ■ Oberflächenstruktur ■ Schütthöhe 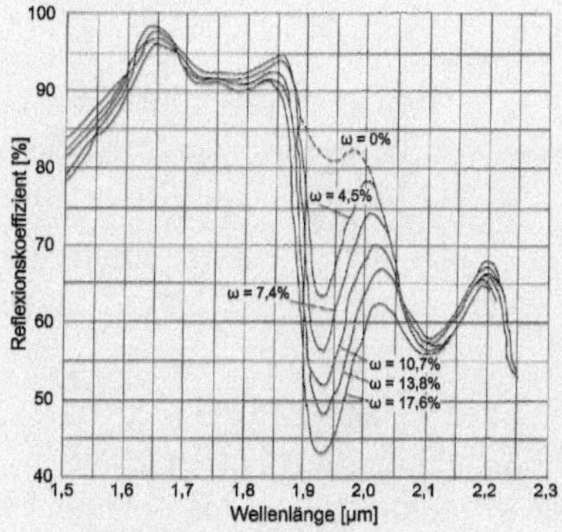	■ Bestimmung der Spanfeuchte 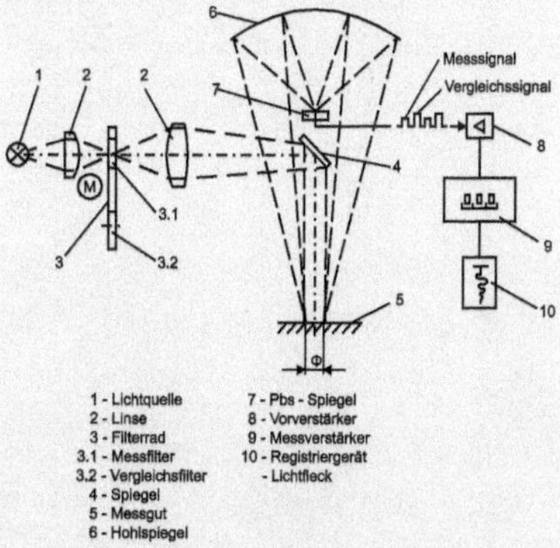
8. Chemische Feuchteverfahren	Nutzung von Farbreaktionen in Abhängigkeit vom Feuchtegehalt	■ Bestimmung des Feuchtegehalts von Schnittholz und Spänen

Tabelle 5.18 Ausgewählte Messverfahren zur Bestimmung des Feuchtegehalts von Holz und Holzwerkstoffen *(Fortsetzung)*

Messverfahren	Physikalisches Grundprinzip/ Einflussgrößen	Beispiele für technische Realisierung
9. Hygroskopisches Verfahren	Nutzung des Gleichgewichts zwischen relativer Luftfeuchtigkeit, Temperatur und Holzfeuchte (s. Bild 5.13) *Einflussgrößen:* ▪ Spezifische Oberfläche des Materials (Größe) ▪ Struktureller und stofflicher Aufbau (Holzinhaltsstoffe u. dgl.)	▪ Bestimmung der Spanfeuchte ▪ Steuerung von Schnittholztrocknern

5.6.2 Darrmethode

Die Darrmethode ist ein sehr exaktes Prüfverfahren, bei dem repräsentative Prüfkörper aus dem zu untersuchenden Holz entnommen werden müssen. Die Darrmethode wird insbesondere für wissenschaftliche Untersuchungen, aber auch als Vergleichsmethode zur Kalibrierung von Messgeräten angewendet. Es ist zunächst die Masse des feuchten Prüfkörpers m_ω zu bestimmen. Danach ist der Prüfkörper bei 103 °C ± 2 K in einem gut belüfteten Trockenschrank bis zur Massenkonstanz zu darren und anschließend in einem mit Kieselgel gefüllten Exsikkator auf Raumtemperatur abzukühlen. Das Kieselgel verhindert, dass sich Feuchtigkeit aus der Raumluft beim Abkühlen wieder in die Holzstruktur einlagert.

Handelt es sich um Hölzer mit einem hohen Harzgehalt, wird empfohlen, die Trocknung in einem Vakuumtrockenschrank bei 50 °C durchzuführen. Zum Schluss ist die Darrmasse m_0 des Prüfkörpers zu bestimmen. Aus den erhaltenen Messwerten wird der Feuchtegehalt ω des Prüfkörpers nach Gleichung (5.1) berechnet:

$$\omega = \frac{m_\omega - m_0}{m_0} \cdot 100 \tag{5.44}$$

Neben Prüfkörpern mit genormten Abmessungen (s. Tabelle 5.19; die Länge in Faserrichtung sollte bei Holz ≥ 20 mm betragen) können bei Anwendung der Darrmethode auch Prüfkörper verwendet werden, die bei schichtenweiser Messung die Bestimmung der Feuchteverteilung über den Querschnitt eines Stammes oder Brettes ermöglichen.

Dazu kann z. B. mithilfe eines Zuwachsbohrers ein Bohrkern entnommen werden, an dem segmentweise nach der vorstehend beschriebenen Methode der Feuchtegehalt bestimmt wird.

Das Grundprinzip der Darrmethode findet sich auch in verschiedenen technischen Lösungen für Geräte zur Feuchteschnellbestimmung im Labor. Dabei wird eine definierte Spanmasse bis zur Massekonstanz gedarrt und aus dem Masseverlust der Feuchtegehalt berechnet.

Tabelle 5.19 Übersicht zur Bestimmung des Feuchtegehalts mithilfe der Darrmethode

Prüfung nach	Holz	Holzwerkstoffe
	DIN EN 13183-1 (2002-07)	DIN EN 322 (1993-08)
Länge	≥ 20 mm	z.B. 50 mm
Breite	Probenbreite	z.B. 50 mm
Dicke	Probendicke	Plattendicke
Masse	-	≥ 20 g
Genauigkeit der Massebestimmung	0,1 % der Masse	0,01 g
Massekonstanz beim Darren (103 ± 2) °C	Δm zwischen 2 Messungen im Abstand von 2 h ≤ 0,1 %	Δm zwischen 2 Messungen im Abstand von 6 h ≤ 0,1 %, Messung nach Abkühlung im Exsikkator

5.6.3 Extraktions- oder Destillationsverfahren

Hölzer, die Terpene, ätherische Öle, Fette und bestimmte Imprägniermittel enthalten, liefern bei der Darrmethode fehlerhafte Werte, da sich die genannten Stoffe verflüchtigen. Nach Kollmann (Kollmann F., 1951) kann der auftretende Fehler bis zu 5 % oder 10 % betragen. Für diese Materialien wird deshalb vorzugsweise das Extraktionsverfahren angewendet. Bild 5.35 zeigt das Messprinzip.

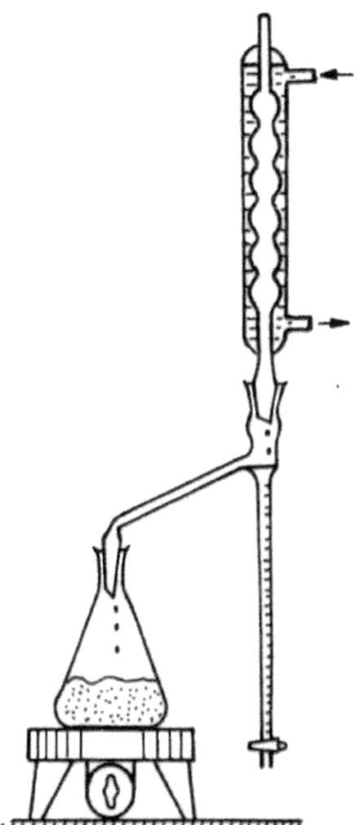

Bild 5.35 Schematische Darstellung des Extraktionsverfahrens

Die Materialproben werden zerspant und in einem Kolben mit Xylol, Toluol oder einem anderen Lösungsmittel erhitzt. Ein über der Vorlage angebrachter Kühler bewirkt, dass sich der aufsteigende Wasserdampf niederschlägt. Das Wasser sammelt sich in einem geeichten Steigrohr, mit dem die Wassermenge bestimmt werden kann.

Der Feuchtegehalt wird wie folgt bestimmt:

$$\omega = \frac{m_w}{m_\omega - m_w} \cdot 100$$

ω Feuchtegehalt [%]

m_w Wassermasse [kg]

m_ω Masse der feuchten Probe [kg]

5.6.4 Widerstandsmessverfahren

Das Verfahren beruht auf der Messung des elektrischen Widerstandes bzw. der Leitfähigkeit von Holz (s. Kapitel 8). Der elektrische Widerstand von Holz steigt mit abnehmendem Feuchtegehalt; er wird dabei beeinflusst von der Schnittrichtung, der Holzart und der Temperatur des Holzes. Der Temperatureinfluss ist erheblich; dadurch ist es möglich, Feuchtegehalte um 1 % bei 100 °C zu messen, obwohl der untere messbare Feuchtegehalt bei Raumtemperatur etwa 6 % beträgt. Das wird z. B. bei der Messung der Spanfeuchte während der Spantrocknung genutzt. Ebenso kann mit stationären Geräten auch ein Feuchtegehalt weit oberhalb des Fasersättigungsbereichs gemessen werden. Im Angebot sind deshalb Spanfeuchtemessgeräte mit einem Messbereich von 0 bis 200 %. Durch unterschiedliche Gestaltung der Elektroden können diese Verfahren u. a. zur Feuchtemessung an Schnittholz, Furnier und Spänen genutzt werden. Zur Schnellbestimmung des Feuchtegehaltes werden kleine, tragbare Feuchtemessgeräte in Taschenrechnergröße angeboten. Softwareseitig sind meist Kennlinien für verschiedene Holzarten und eine Temperaturkompensation integriert. Das Messprinzip wird vielfach zur Online-Kontrolle in der Industrie genutzt.

5.6.5 Dielektrisches Messverfahren

Das dielektrische Feuchtemessverfahren beruht auf dem Einfluss des Feuchtegehalts auf die Dielektrizitätskonstante. Diese beträgt bei darrtrockenem Holz 2 bis 3, bei Wasser 80. Die Messfrequenz liegt im kHz- bzw. MHz-Bereich. Das Messergebnis wird durch die Messfrequenz und die Dichte des Holzes beeinflusst. Das Verfahren wird insbesondere zur Spanfeuchtemessung genutzt.

5.6.6 Mikrowellen-Verfahren

Das Mikrowellenverfahren nutzt den Effekt, dass Wassermoleküle die Energie von Mikrowellen (Frequenz 1 bis 10 GHz) weitaus stärker (mehrere tausendmal) absorbieren als trockenes Holz. Maßgebend dafür ist die unterschiedliche Dielektrizitätskonstante von Holz und Wasser. Als Kenngrößen für die Holzfeuchte dienen der Reflexionsfaktor und der Dämpfungsfaktor.

Es gelten:

$$R = 10 \cdot \log \frac{P_\mathrm{r}}{P_\mathrm{i}} \tag{5.45}$$

$$D = 10 \cdot \log \frac{P_\mathrm{d}}{P_\mathrm{i}} \tag{5.46}$$

R Reflexionsfaktor

D Dämpfungsfaktor

P_r Leistung der reflektierten Wellen

P_i Leistung der einfallenden Wellen

P_d Leistung der durchgehenden Wellen

Das Messergebnis ist abhängig von der Temperatur und der Dichte des Holzes, bei Spänen von der Spanform. Das Verfahren wird insbesondere für die Feuchtemessung an Schnittholz genutzt.

5.6.7 Radiometrische Verfahren und sonstige Verfahren (Kernspintomographie, Neutronen, Röntgen)

Grundlage des radiometrischen Verfahrens mittels Neutronen ist die Erscheinung, dass Neutronen beim Auftreffen auf Atome stark abgebremst werden, wobei die Abbremsung durch die H-Atome des Wassers deutlich stärker erfolgt als durch die anderen im Holz enthaltenen Elemente. Setzt man das Bremsvermögen der H-Atome gleich 1, so liegt das Bremsvermögen der anderen Atome (C, N, O) bei 0,0044 und darunter. Gemessen wird die Zahl der abgebremsten Neutronen, die ein Maß für die Holzfeuchte sind. Das Messergebnis ist stark dichteabhängig. Grundlegende Untersuchungen mit dieser Methode wurden unter anderem von Mannes (Mannes, 2009) und Lanvermann (Lanvermann, 2014) durchgeführt. Die Methode kann insbesondere auch dort erfolgreich eingesetzt werden, wo die Ortsauflösung konventioneller Verfahren nicht ausreicht (Feuchteverteilung zwischen Jahrringen, Feuchteverteilung unter Beschichtungen oder Klebfugen). Entsprechende Arbeiten liegen bereits vor.

Prinzipiell werden auch Röntgenverfahren mit geringer Spannung dafür eingesetzt (Hansson & Cherepanova, 2012). Hohe Ortsauflösungen und auch den Nachweis von gebundenem Wasser ermöglicht die Kernspintomographie (Passarini, Malveau & Hernández, 2014).

5.6.8 Spektrometrisches Verfahren

Licht der Wellenlängen 1930 nm und 1450 nm wird von Wasser absorbiert, sodass die Reflexion von Licht dieser Wellenlängen in Abhängigkeit vom Feuchtegehalt des Holzes mehr oder weniger stark herabgesetzt wird. Der reflektierte Teil des Lichtes ist deshalb ein Maß für die Holzfeuchte. Zur Vermeidung von Streuverlusten wird zusätzlich eine Vergleichswellenlänge von z. B. 1700 nm genutzt. Durch Quotientenbildung wird eine weitgehende Unabhängigkeit des Messergebnisses von der Oberflächenstruktur des Holzes und der Gerätealterung erreicht. Dieses Verfahren erlaubt infolge der geringen Eindringtiefe der Strahlung (0,1 mm) nur die Messung des Feuchtegehalts der Oberfläche. Es wird überwiegend für Schüttgüter eingesetzt. Moderne Methoden der multivariaten Statistik erlauben auch die Messung der Feuchte und anderer Eigenschaften mittels NIR-Technik. Dabei werden die ermittelten spektroskopischen Kennwerte mittels multivariater Statistik mit nach konventionellen Methoden bestimmten Werten korreliert (Thumm & Meder, 2001), (Inagaki, Ahmed, Hartley, Tsuchikawa & Reid, 2014), (Fujimoto, Kobori & Tsuchikawa, 2012). Auch Terahertz-Wellen sind im Einsatz (Inagaki, Ahmed, Hartley, Tsuchikawa & Reid, 2014).

5.6.9 Chemisches Verfahren

Das chemische Verfahren beruht darauf, dass mit bestimmten Chemikalien (z. B. Kobaltchlorid) getränktes Indikatorpapier seine Farbe in Abhängigkeit von der Holzfeuchte ändert. Das Indikatorpapier wird in eine in das Holz eingebrachte Bohrung gesteckt; nach 10 bis 15 Min. tritt ein Farbumschlag ein. Über eine Farbskala kann unmittelbar der Feuchtegehalt abgelesen werden. Das Verfahren ist nur für Temperaturen von 15 bis 25 °C und Feuchtegehalte von 6 bis 20 % geeignet.

5.6.10 Hygroskopisches Verfahren

Wie in Abschnitt 5.6.1 beschrieben, stellt sich in Abhängigkeit von der relativen Luftfeuchte, der Temperatur und dem Luftdruck eine definierte Holzfeuchte ein. Diese wird u. a. von der Holzart bzw. der Werkstoffstruktur beeinflusst. Unter Zugrundelegung einer genügend langen Dauer für den Feuchteausgleich kann aus oben genannten Parametern auf den Feuchtegehalt des Holzes geschlossen werden. Die relative Luftfeuchte lässt sich z. B. mittels Psychrometer bestimmen. Das Verfahren ist nur für Materialien mit einer hohen spezifischen Oberfläche geeignet, da die Zeitdauer für den Feuchteausgleich sonst zu lang wird. Dieses Verfahren wird auch zur Bestimmung der Sorptionsisothermen verwendet. Dazu werden die Proben verschiedenen Klimabedingungen sowohl mit aufsteigenden rel. Luftfeuchten (Adsorption) als auch abnehmenden rel. Luftfeuchten (Desorption) ausgesetzt, bis jeweils die Gewichtskonstanz erreicht ist. Zur Klimaeinstellung werden Klimakammern oder Salzlösungen verwendet (DIN EN ISO 12571). Eine Bestimmung in relativ kurzer Zeit ist seit Anfang der 90er Jahre mittels des DVS-Gerätes (Dynamic Vapor Sorption) möglich, wobei zusätzlich auch die Wasseraufnahmegeschwindigkeit gemessen werden kann. Diese Methode wird z. B. auch genutzt, um die Sorptionsisothermen von Holzklebstoffen zu bestimmen (Wimmer, Kläusler & Niemz, 2013).

5.7 Feuchteverteilung im Holz und Ausgleichsfeuchte von Holz im praktischen Gebrauch

5.7.1 Feuchteverteilung im lebenden Stamm

Im lebenden Stamm ist die Feuchte in und senkrecht zur Stammlängsachse, z. T. auch nach der Himmelsrichtung, nicht gleich verteilt. Dabei sind nach Knigge und Schulz (Knigge & Schulz, 1966) die Unterschiede auch auf kleinem Raum beträchtlich. Der Feuchtegehalt liegt im lebenden Baum meist im Bereich zwischen Fasersättigung und Wassersättigung (Bild 5.36).

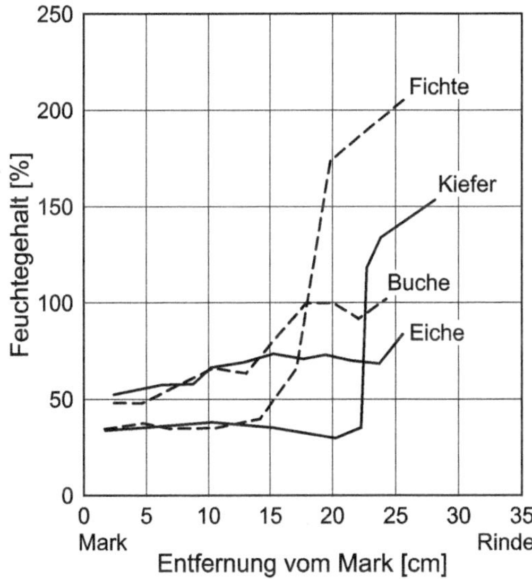

Bild 5.36 Feuchteverteilung im lebenden Stamm (Trendelenburg & Mayer-Wegelin, 1955)

In Stammquerrichtung nimmt der Feuchtegehalt bei fast allen Holzarten vom Stamminneren zur Rinde hin zu, bei Nadelhölzern ist dabei ein deutlicher Feuchteunterschied zwischen Kern und Splint vorhanden. Bei Laubhölzern ist dieser Unterschied geringer (Tabelle 5.20).

Tabelle 5.20 Feuchtegehalt im lebenden Stamm verschiedener Holzarten (Trendelenburg & Mayer-Wegelin, 1955)

Holzart	Feuchtegehalt [%]	
	Splint	Kern
Kiefer	120...150	30...50
Fichte	130...160	30...42
Rotbuche	70...100	50...80
Eiche	70...100	60...90

Signifikante Abweichungen von den oben genannten Werten treten z. B. bei einigen Holzarten wie Tanne im Nasskern auf (bis 160%). In Stammlängsrichtung nimmt bei Nadelhölzern der Feuchtegehalt im Splint meist von der Wurzel bis zur Krone zu, im Kern sinkt der Feuchtegehalt häufig nach Überschreiten eines Maximums wieder ab.

Bei ringporigen Laubhölzern sind die Verhältnisse ähnlich. Bei zerstreutporigen und unverkernten Laubhölzern wurde teils eine Zunahme, teils eine Abnahme des Feuchtegehalts festgestellt. Auch hinsichtlich der Himmelsrichtung liegen mitunter leichte Unterschiede vor. Jahreszeitliche Schwankungen des Feuchtegehalts sind insbesondere in den wasserführenden Bereichen zu erkennen. Im Frühjahr wird ein maximaler, im Spätsommer ein minimaler Feuchtegehalt erreicht.

Beim Fällen des Baumes kommt es zu einem raschen Abtrocknen, wobei nestförmige Orte mit lokalen Feuchteschwankungen erhalten bleiben (Bild 5.37).

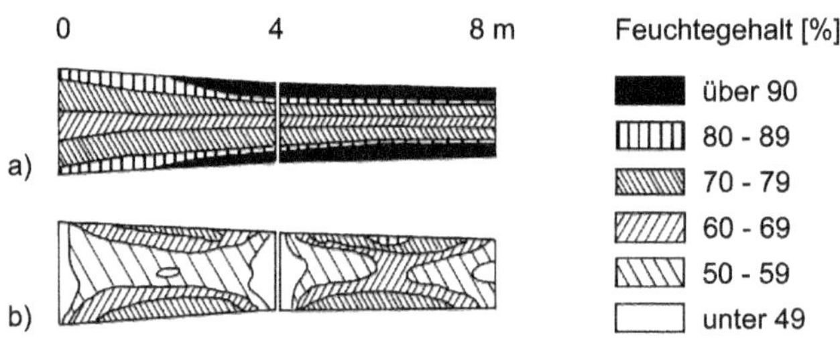

Bild 5.37 Feuchteverteilung in einem Stamm, (a) nach dem Fällen im Frühjahr, (b) nach siebenmonatiger Lagerung im Wald (Trendelenburg & Mayer-Wegelin, 1955)

5.7.2 Ausgleichsfeuchte von Holz im praktischen Gebrauch und Einfluss der Bauteilgeometrie

Infolge des hygroskopischen Verhaltens von Holz und der damit verbundenen Quell- und Schwinderscheinungen ist die im Gebrauchsfall zu erwartende Gleichgewichtsfeuchte vor der Bearbeitung des Holzes nach Möglichkeit einzustellen. Tabelle 5.21 zeigt die Gleichgewichtsfeuchte von Holz und Holzwerkstoffen im Normalklima (20 °C, 65 % relative Luftfeuchte) sowie bei Raumtemperatur (20 °C) und unterschiedlicher relativer Luftfeuchte.

Generell ist zu beachten, dass die mittlere Gleichgewichtsfeuchte stark durch das Umgebungsklima beeinflusst wird. Sie ist in trockenen Wüstengebieten deutlich geringer als in niederschlagsreichen Gebieten der Tropen oder Subtropen. Im Wood Handbook ist dies an einer Karte mit eingezeichneter Verteilung der mittleren Holzfeuchte in den USA sehr gut erkennbar (Ross, 2010). Sie schwankt in den USA zwischen 6 - 11 % (Bild 5.38), im Süden Chiles kalkuliert man mit 14 %, in unseren Breiten etwa mit 12 %.

Tabelle 5.21 Feuchtegehalt von Holz und Holzwerkstoffen bei verschiedenen Klimata (nach (von Halász & Scheer, 1986) u. a.)

Material	Feuchtegehalt [%] bei relativer Luftfeuchtigkeit von		
	30 %	65 %	85 %
Holz	-	12	-
Furniere	-	6...14	-
Sperrholz	4...5...6	8...10...12	12...15...18
Mittelharte und harte Faserplatten	3...4...5	6...7...8	10...12...14
Spanplatten:			
▪ mit Phenolharz	4...5...6	10...11...12	15...19...23
▪ mit anderen Harzen	4...6...8	9...10...12	13...15...18
▪ gipsgebunden	-	2...3	-
▪ zementgebunden	-	2...4	-

Tabelle 5.22 gibt den erforderlichen Feuchtegehalt von Holz und Holzwerkstoffen für verschiedene Einsatzfälle an.

Tabelle 5.22 Erforderlicher Feuchtegehalt von Holz und Holzwerkstoffen für verschiedene Einsatzfälle (nach (Scheer, Peter & Stöhr, 2004) u. a.)

Einsatz	Feuchtegehalt [%]
Geschlossene Bauwerke mit Heizung	4...12
Geschlossene Bauwerke ohne Heizung	9...15
Bauteile in offenen, überdachten Konstruktionen	12...20
Frei der Witterung ausgesetzte Bauteile	> 20
Innenausbau	6...10
Fenster, Außentüren	10...15
Fußböden, Parkett	(5) 7...11 (13)
Holzwerkstoffe für Küchenmöbel	10...12
Wohnraummöbel	8...10
Heizkörperverkleidungen	6...8

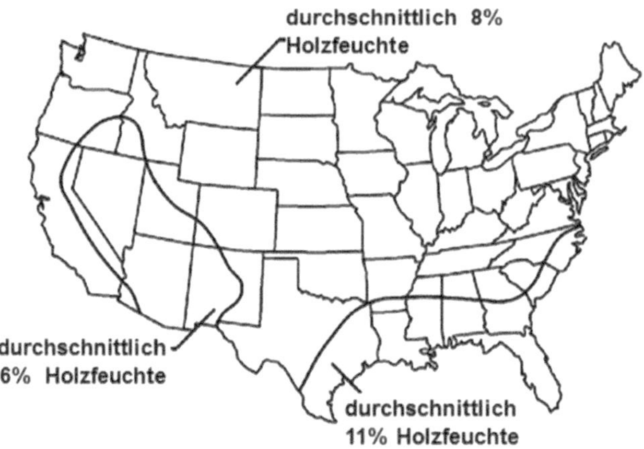

Bild 5.38 Verteilung der Holzfeuchte in den USA (Ross, 2010)

Praktisch stellt sich eine Gleichgewichtsfeuchte zwischen Umgebungsklima und Bauteil, insbesondere bei großen Querschnitten wie Brettschichtholz, bei den üblicherweise jahreszeitlich schwankenden Luftfeuchten in Innenräumen (geringe relative Luftfeuchten im Winter in beheizten Räumen, deutlich höhere im Sommer) nur im oberflächennahen Bereich ein. Einige Zehntel mm von der Oberfläche entfernt, ändert sich die Feuchte innerhalb weniger Stunden, bei größeren Bauteilen kann es Monate oder gar Jahre dauern, bis sich die Feuchte eines zu trocken oder zu feucht eingebauten Bauteiles auf die mittlere Ausgleichsfeuchte im Umgebungsklima ändert (Einfluss der Oberflächenbeschichtung, Luftbewegung u.a.) (Niemz & Gereke, 2009) (Bild 5.39). Dadurch entstehen in Bauteilen zusätzliche Eigenspannungen, die auch die Tragfähigkeit einer Konstruktion beeinflussen können (Gustafsson, Hoffmeyer & Valentin, 1998) (Bild 5.40). Anderseits kann es z.B. im Winter zu Problemen bei der Aushärtung von 1K-PUR Klebstoffen kommen, wenn die Luftfeuchtigkeit sehr gering ist, oder bei zu feucht eingebauten Massivholzplatten entstehen Trocknungsrisse durch Schwindspannungen in den Decklagen. Das tritt auch bei Brettschichtholz teilweise auf. Viele Laubhölzer neigen durch die höheren Schwindmaße und höhere E-Module eher zur Rissbildung als Nadelhölzer.

Insbesondere unter extremen klimatischen Bedingungen (sehr feucht, sehr trocken) trägt auch die Wahl entsprechender Klebstoffe und Oberflächenvergütungen zu einem werkstoffgerechten Einsatz von Holz und Holzwerkstoffen bei. Die größten Probleme entstehen oft unter sehr trockenen Bedingungen (zentralbeheizte Räume im Winter mit Luftfeuchte um die 20%, Parkett mit Fußbodenheizung). Hier kann es durch Zugspannungen durchaus zu Delaminierungen kommen. Bei kreuzweise verklebten Elementen, aber auch bei Laubholz ist dabei die Gefahr besonders groß. Es ist insbesondere auf eine den Gebrauchsbedingungen angepasste Holzfeuchte und relativ geringe Unterschiede der Feuchte zwischen den Lamellen bei der Verklebung zu achten. Große Feuchteänderungen insbesondere bei Umnutzungen von Gebäuden führen oft zu Schäden. Dabei kann bei großen Querschnitten die Zeit bis zum Feuchteausgleich im Bereich eines oder mehrerer Jahre liegen.

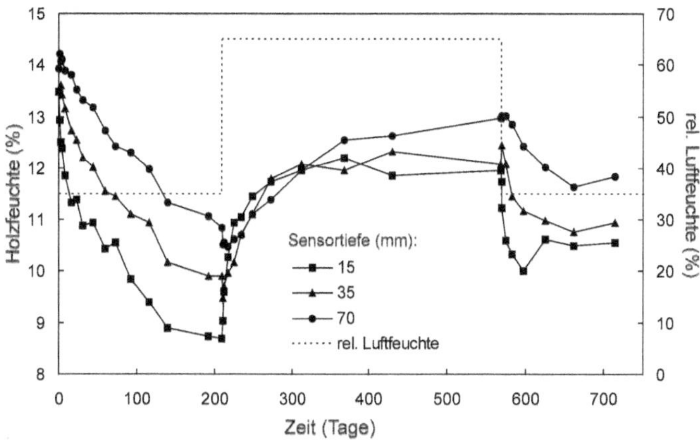

Bild 5.39 Verlauf der Holzfeuchte in der Mitte von Brettschichtholz gemessen in verschiedenen Tiefen, Klimasprung zwischen 35 und 65 % rel. Luftfeuchte (Niemz & Gereke, 2009)

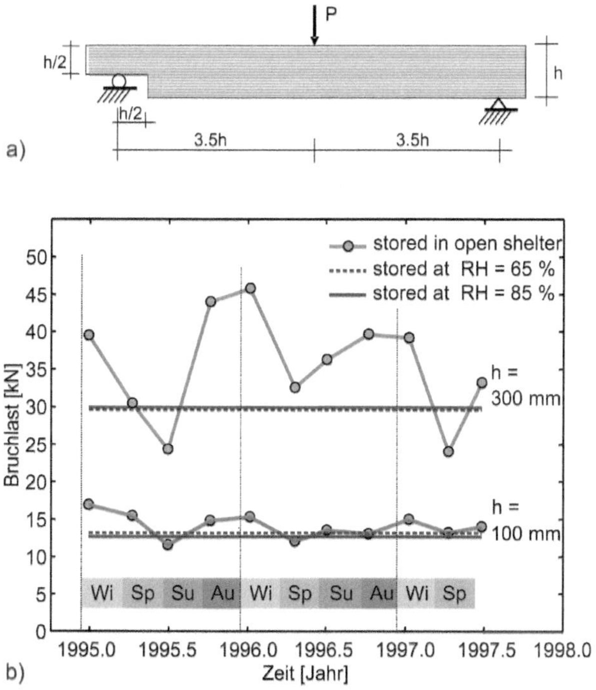

Bild 5.40 Bruchlast eines Balkens bei variabler Feuchte im Konstantklima und bei jahreszeitlichen (luftfeuchtebedingten) Schwankungen (Gustafsson, Hoffmeyer & Valentin, 1998): (a) geprüfter Balken, Breite 90 mm, (b) Verlauf der Festigkeit

5.8 Bedeutung der Holzfeuchte

Aufgrund seines strukturellen Aufbaus werden nahezu alle Eigenschaften des Holzes, insbesondere unterhalb des Fasersättigungsbereichs, durch den Feuchtegehalt beeinflusst. An einigen Beispielen soll dieser Zusammenhang verdeutlicht werden:

- Die Festigkeit des Holzes sinkt mit zunehmendem Feuchtegehalt, ebenso die Schnittkraft beim Zerspanen (Bild 5.41).
- Die Kriechverformung von Holz bei Langzeitbelastung steigt mit zunehmendem Feuchtegehalt und insbesondere auch bei Feuchteänderung oder Feuchteschwankungen an.
- Die Wärmeleitzahl des Holzes wird mit Erhöhung des Feuchtegehaltes größer.
- Die Anfälligkeit gegen Pilze steigt mit zunehmendem Feuchtegehalt des Holzes, insbesondere bei $\omega \geq 20\,\%$.

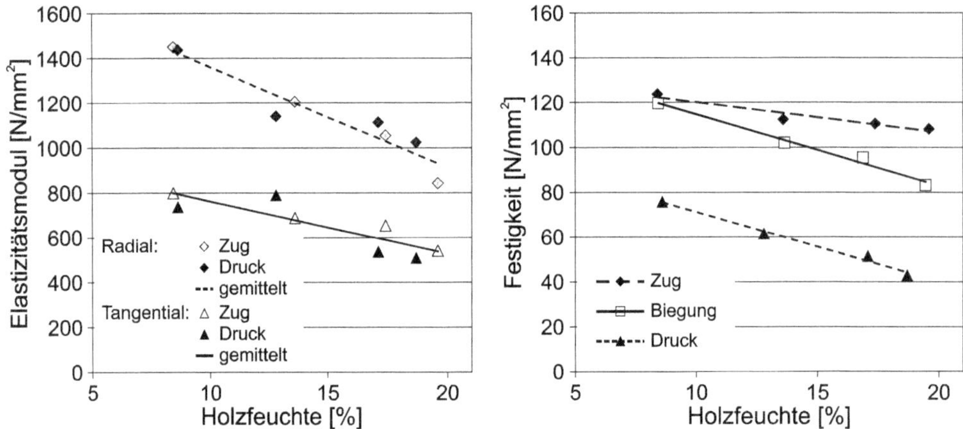

Bild 5.41 Einfluss der Holzfeuchte auf E-Modul (quer zur Faser) und Festigkeit (in Faserrichtung) von Ahorn (*Acer pseudoplatanus* L.) nach (Sonderegger, et al., 2013)

Ein dem späteren Einsatz angepasster Feuchtegehalt ist von großer Bedeutung, wenn unerwünschte Quell- bzw. Schwinderscheinungen (z. B. mit Rissbildung in Oberflächen oder Aufwölben von Platten bei fehlenden Dehnungsfugen) vermieden werden sollen. Wirtschaftliche Bedeutung erlangen der hohe Feuchtegehalt des Holzes unmittelbar nach dem Fällen des Baumes und die erheblichen Feuchteunterschiede innerhalb des Baumes dadurch, dass sie erhöhte Transportkosten verursachen und bei gravimetrischer Holzabrechnung (z. B. bei Hackschnitzeln über Fahrzeugwaagen) zu hohen Unsicherheiten infolge schwankenden Feuchtegehalts führen (heute erfolgt daher meist parallel eine Kontrolle der Holzfeuchte).

Literaturverzeichnis

Acuña, L., Gonzales, D., de La Fuente, J. & Moya, L. (2014). Influence of toasting treatment on permeability of six wood species for enological use. *Holzforschung, 68* (4), S. 447 - 454.

Almeida, G., Gagné, S. & Hernández, R. (2007). A NMR study of water distribution in hardwoods at several equilibrium moisture contents. *Wood Science and Technology, 41* (4), S. 293 - 307.

Autorenkollektiv. (1975). *Werkstoffe aus Holz und andere Werkstoffe der Holzindustrie.* Leipzig: Fachbuchverlag.

Autorenkollektiv. (1990). *Lexikon der Holztechnik.* Leipzig: Fachbuchverlag.

Avramidis, S. (1988). Experiments on the effect of ultrasonic energy on the absorption of preservatives by wood. *Wood and Fiber Science, 20* 3), S. 397 - 403.

Avramidis, S. & Siau, J. (1987). An investigation of the external and internal resistance to moisture diffusion in wood. *Wood Science and Technology, 21* (3), S. 249 - 256.

Avramidis, S., Kuroda, N. & Siau, J. F. (1987). Experiments in nonisothermal diffusion of moisture in wood. Part II. *Wood and Fiber Science, 19* (4), S. 407 - 413.

Barkas, W. W. (1949). *The swelling of wood under stress.* London: His Majesty's Stationery Office.

Bekhta, P. & Niemz, P. (2003). Effect of high temperature on the change in color, dimensional stability and mechanical properties of spruce wood. *Holzforschung, 57* (5), S. 539 - 546.

Bekhta, P., Niemz, P. & Kucera, L. J. (2002). Untersuchungen einiger Einflussfaktoren auf die Schallausbreitung in Holzwerkstoffen. *Holz als Roh- und Werkstoff, 60* (1), S. 41 - 45.

Bellmann, H. (1987). Zur Bedeutung der Holzfeuchtigkeit bei der Kesseldrucktränkung von Nadelhölzern. *Holz-Zentralblatt,* S. 1857 - 1862, 2201 - 2203, 2312 - 2314.

Böhme, P. (1980). *Industrielle Oberflächenbehandlung von plattenförmigen Werkstoffen aus Holz.* Leipzig: Fachbuchverlag.

Bosshard, H. H. (1982 - 1984). *Holzkunde I - III* (2. Ausg.). Basel: Birkhäuser.

Burgert, I. (2015). Functional wood materials. In *Proceedings of Euromech Colloquium 556: Theoretical, numerical, and experimental analyses in wood mechanics.* Dresden 27. - 29. 5. 2015.

Burmester, A. (1970). *Formbeständigkeit von Holz gegenüber Feuchtigkeit. Grundlagen und Vergütungsverfahren.* Berlin: BAM.

Cabane, E., Keplinger, T., Merk, V., Hass, P. & Burgert, I. (2014). Renewable and functional wood materials by grafting polymerization within cell walls. *ChemSusChem, 7* (4), S. 1020 - 1025.

Cammerer, J. S. (1956). Bezeichnungen und Berechnungsverfahren für Diffusionsvorgänge im Bauwesen. *Kältetechnik, 8,* S. 339 - 343.

Christensen, G. N. & Kelsey, K. E. (1959). Die Sorption von Wasserdampf durch die chemischen Bestandteile des Holzes. *Holz als Roh- und Werkstoff, 17* (5), S. 189 - 203.

Clauß, S., Kröppelin, U. & Niemz, P. (2010). Quellverhalten dreischichtiger Massivholzplatten. Teil 2: Partiell behinderte Quellung. *Holztechnologie, 51* (2), S. 5 - 10.

Cudinov, B. S. (1981). Zum Einfluß der Holzdichte auf den Fasersättigungspunkt. *Holztechnologie, 22* (2), S. 104 - 108.

Damayanti, R. (2016). *Wood quality of young fast grown plantation teak and the relationships among ultrastructural and structural characteristics with selected wood properties.* Melbourne: Diss. Universität Melbourne.

Dent, R. W. (1977). A multilayer theory for gas sorption. Part 1: Sorption of a single gas. 47(2), S. 145 - 152.

Drewes, H. (1985). Ausgleichsfeuchten von Holzwerkstoffen für das Bauwesen. *Holz als Roh- und Werkstoff, 43* (3), S. 97 - 103.

Du, Q. P., Geissen, A. & Noack, D. (1991). Widerstandskennlinien einiger Handelshölzer und ihre Meßbarkeit bei der elektrischen Holzfeuchtemessung. *Holz als Roh- und Werkstoff, 49* (7), S. 305 - 311.

Dunky, M. & Niemz, P. (2002). *Holzwerkstoffe und Leime: Technologie und Einflussfaktoren.* Berlin: Springer.

Fengel, D. & Wegener, G. (1984). *Wood: Chemistry, Ultrastructure, Reactions.* Berlin/New York: De Gruyter.

Frandsen, H.L., Damkilde, L. & Svensson, S. (2007). A revised multi-Fickian moisture transport model to describe non-Fickian effects in wood. *Holzforschung, 61* (5), S. 563 – 572.

Fujimoto, T., Kobori, H. & Tsuchikawa, S. (2012). Prediction of wood density independently of moisture conditions using near infrared spectroscopy. *Journal of Near Infrared Spectroscopy, 20* (3), S. 353 – 359.

Geissen, A. (1976). *Über den Einfluß der Temperatur und Feuchtigkeit auf die Elastizitäts- und Festigkeitseigenschaften des Holzes im Gefrierbereich.* Hamburg: Diss., Universität Hamburg.

Gereke, T. (2009). *Moisture-induced stresses in cross-laminated wood panels.* Zürich: Diss. ETH Zürich.

Gereke, T., Hass, P. & Niemz, P. (2010). Moisture-induced stresses and distortions in spruce cross-laminates and composite laminates. *Holzforschung, 64* (1), S. 127 – 133.

Gerstetter, E. (1976). *Untersuchungen über die Ausbildung von Schwind-Zugspannungen in Holz bei mechanischer Schwindungsbehinderung.* Diss. Universität Hamburg.

Greubel, D. & Drewes, H. (1987). Ermittlung der Sorptionsisothermen von Holzwerkstoffen bei verschiedenen Temperaturen mit einem neuen Meßverfahren. *Holz als Roh- und Werkstoff, 45* (7), S. 289 – 295.

Gustafsson, P.J., Hoffmeyer, P. & Valentin, G. (1998). DOL behaviour of end-notched beams. *Holz als Roh- und Werkstoff, 56* (5), S. 307 – 317.

Hailwood, A.J. & Horrobin, S. (1946). Absorption of water by polymers: Analysis in terms of a simple model. *Transactions of the Faraday Society, 42B,* S. 84 – 102.

Halligan, A.F. & Schniewind, A.P. (1974). Prediction of particleboard mechanical properties at various moisture contents. *Wood Science and Technology, 8* (1), S. 68 – 78.

Hansson, L. & Cherepanova, E. (2012). Determination of wood moisture properties using a CT-scanner in a controlled low-temperature environment. *Wood Material Science & Engineering,* 87 – 92.

Hass, P.F. (2012). *Penetration behavior of adhesives into solid wood and micromechanics of the bondline.* Zürich: Diss. ETH Zürich.

Hass, P., Wittel, F.K., Mendoza, M., Herrmann, H.J. & Niemz, P. (2012). Adhesive penetration in beech wood: experiments. *Wood Science and Technology, 46* (1 – 3), S. 243 – 256.

Hassani, M.M., Wittel, F.K., Hering, S. & Herrmann, H.J. (2015). Rheological model for wood. *Computer Methods in Applied Mechanics and Engineering, 283* (1), S. 1032 – 1060.

Häupl, P. (2008). *Bauphysik: Klima, Wärme, Feuchte, Schall.* Berlin: Ernst & Sohn.

Hawley, L.F. (1931). *Wood-liquid relations.* Washington D.C.: USDA Technical Bulletin No. 248.

Hering, S. (2011). *Charakterisierung und Modellierung der Materialeigenschaften von Rotbuchenholz zur Simulation von Holzverklebungen.* Zürich: Diss. ETH Zürich.

Hill, C.A. (2006). *Wood Modification: Chemical, thermal and other processes.* Chichester: Wiley.

Hoadley, R.B. (1990). *Holz als Werkstoff.* (P. Gressel, Übers.) Ravensburg: Maier.

Holmberg, A., Wadsö, L. & Stenström, S. (2015). Water vapour sorption and diffusivity in bark. *Drying Technology.*

Ilic, J. & Hillis, W.E. (1986). Prediction of collapse in dried eucalypt wood. *Holzforschung, 40* (2), S. 109 – 112.

Inagaki, T., Ahmed, B., Hartley, I.D., Tsuchikawa, S. & Reid, M. (2014). Simultaneous prediction of density and moisture content of wood by terahertz time domain spectroscopy. *Journal of Infrared, Millimeter, and Terahertz Waves, 35* (11), S. 949 – 961.

Kauman, W.G. (1964). Zellkollaps im Holz – Erste Mitteilung: Einflußgrößen bei der Entstehung des Zellkollaps und seine Rückbildung. *Holz als Roh- und Werkstoff, 22* (5), S. 183 – 196.

Keylwerth, R. (1969). Praktische Untersuchungen zum Holzfeuchtigkeits-Gleichgewicht. *Holz als Roh- und Werkstoff, 27* (8), S. 285 – 290.

Kießl, K. & Möller, U. (1989). Zur Berechnung des Feuchteverhaltens von Bauteilen aus Holz und Holzwerkstoffen. *Holz als Roh- und Werkstoff, 47* (8), S. 317 – 322.

Knigge, W. & Schulz, H. (1966). *Grundriss der Forstbenutzung.* Hamburg: Parey.

Kollmann, F. (1951). *Technologie des Holzes und der Holzwerkstoffe* (2. Ausg., Bd. 1). Berlin/Göttingen/Heidelberg: Springer.

Kollmann, F. (1982). Volumenschwindung von Holz und Rohdichteeinfluß, Ursachen von Ausreißern. *Holz als Roh- und Werkstoff, 40* (11), S. 429 - 432.

Kollmann, F. (1985 - 1986). Holzwissenschaft und Technologie - Wood Science and Technology. *Holz-Zentralblatt,* S. (1985) 2132 - 2134, 2201 - 2202, (1986) 336 - 339.

Kollmann, F. (1987). Poren und Porigkeit in Hölzern. *Holz als Roh- und Werkstoff, 45* (1), S. 1 - 9.

Kollmann, F. & Dosoudil, A. (1978). Die Dimensionsstabilität von Holzspanplatten und ihre Prüfung. *Holz als Roh- und Werkstoff, 36* (11), S. 419 - 433.

Kollmann, F. & Schneider, A. (1959). Sorptionsmessungen an mit Salzen imprägnierten Hölzern. *Holz als Roh- und Werkstoff, 17* (5), S. 212 - 218.

Krauss, A. (1988). Untersuchungen über den Quelldruck des Holzes in Faserrichtung. *Holzforschung und Holzverwertung, 40* (4), S. 65 - 72.

Krischer, O. & Kast, W. (1992). *Trocknungstechnik. Band 1: Die wissenschaftlichen Grundlagen der Trocknungstechnik* (3. Ausg.). Berlin: Springer.

Langendorf, G., Schuster, E. & Wagenführ, R. (1990). *Rohholz* (4. Ausg.). Leipzig: Fachbuchverlag.

Lanvermann, C. (2014). *Sorption and swelling within growth rings of Norway spruce and implications on the macroscopic scale.* Zürich: Diss. ETH Zürich.

Lohmann, U. (Hrsg.). (2003). *Holz-Lexikon* (4. Ausg.). Leinfelden-Echterdingen: DRW-Verlag.

Lühmann, A. & Niemz, P. (1994). Untersuchungen zu Bruchkriterium und mechanosorptivem Kriechen bei der Holztrocknung. *Holzforschung und Holzverwertung (45),* 109 - 112.

Lykow, A. W. (1958). Transporterscheinungen in kapillarporösen Körpern. *Akademie-Verlag.*

Mannes, D. C. (2009). *Non-destructive testing of wood by means of neutron imaging in comparison with similar methods.* Zürich: Diss. ETH Zürich.

Mantanis, G. I., Young, R. A. & Rowell, R. M. (1994). Swelling of Wood. Part 1. Swelling in water. *Wood Science and Technology, 28* (2), S. 119 - 134.

Mantanis, G. I., Young, R. A. & Rowell, R. M. (1994). Swelling of wood. Part II. Swelling in organic liquids. *Holzforschung, 48* (6), S. 480 - 490.

May, H.-A. & Roffael, E. (1984). Hydrophobierung von Spanplatten mit Paraffinen. *Adhäsion, 28* (1 - 2), S. 17 - 21.

May, H.-A. & Roffael, E. (1986). Untersuchungen über den Einfluss der alkalischen Bestandteile phenolharzverleimter Spanplatten auf Hygroskopizität und mechanisch-technologische Eigenschaften des Werkstoffes. *Adhäsion, 30* (1 - 2), S. 19 - 23.

Militz, H. & Mai, C. (2012). Holzschutz (Kap. 4.2). In A. Wagenführ & F. Scholz (Hrsg.), *Taschenbuch der Holztechnik* (2. Ausg., S. 457 - 485). München: Fachbuchverlag Leipzig im Carl Hanser Verlag.

Mörath, E. (1931). *Beiträge zur Kenntnis der Quellungserscheinungen des Buchenholzes. Diss. T. H. Darmstadt.* Dresden: Steinkopf.

Nadler, K. C., Choong, E. T. & Wetzel, D. M. (1985). Mathematical modeling of the diffusion of water in wood during drying. *Wood and Fiber Science, 17* (3), S. 404 - 423.

Navi, P. & Sandberg, D. (2012). *Thermo-hydro-mechanical processing of wood.* Lausanne: EPFL Press, CRC-Press.

Niemz, P. & Gereke, T. (2009). Auswirkungen kurz- und langzeitiger Luftfeuchteschwankungen auf die Holzfeuchte und die Eigenschaften von Holz. *Bauphysik, 31* (6), S. 380 - 385.

Niemz, P. & Sonderegger, W. (2003). Untersuchungen zur Korrelation ausgewählter Holzeigenschaften untereinander und mit der Rohdichte unter Verwendung von 103 Holzarten. *Schweizerische Zeitschrift für Forstwesen, 154* (12), S. 489 - 493.

Niemz, P. & Wetzig, M. (2011). Auf spezielle Einsatzbereiche konzentriert. Einsatz von Thermoholz: Eigenschaften, Verarbeitung, Praxiserfahrungen. *Holz-Zentralblatt, 137* (1), S. 24 - 26.

Niemz, P., Mannes, D., Koch, W. & Herbers, Y. (2010). Untersuchungen zum Wasseraufnahmekoeffizienten von Holz bei Variation von Holzart und Flüssigkeit. *Bauphysik, 32* (3), S. 149 - 153.

Noack, D. (1990). *Holzphysik-Vorlesungsmanuskript.* Hamburg: Universität Hamburg-Vorlesungsmanuskript.

Olek, W. & Weres, J. (2007). Effects of the method of identification of the diffusion coefficient on accuracy of modelling bound water transfer in wood. *Transport in Porous Media, 66* (1), S. 135 - 144.

Passarini, L., Malveau, C. & Hernández, R.E. (2014). Water state study of wood structure of four hardwoods below fiber saturation point with nuclear magnetic resonance. *Wood and Fiber Science, 46* (4), S. 480 - 488.

Patera, A., Derome, D., Griffa, M. & Carmeliet, J. (2013). Hysteresis in swelling and in sorption of wood tissue. *Journal of Structural Biology, 182* (3), S. 226 - 234.

Perkitny, T. (1960). Die Druckschwankungen in verschieden vorgepreßten und dann starr eingeklammerten Holzkörpern. *Holz als Roh- und Werkstoff, 18* (6), S. 200 - 210.

Plötze, M. & Niemz, P. (2011). Porosity and pore size distribution of different wood types as determined by mercury intrusion porosimetry. *European Journal of Wood and Wood Products, 69* (4), S. 649 - 657.

Popper, R. & Bariska, M. (1972). Azylierung des Holzes - Erste Mitteilung: Wasserdampf-Sorptionseigenschaften. *Holz als Roh- und Werkstoff, 30* (8), S. 289 - 294.

Popper, R. & Niemz, P. (2009). Wasserdampfsorptionsverhalten ausgewählter heimischer und übeerseeischer Holzarten. *Bauphysik, 31* (2), S. 117 - 121.

Popper, R., Eberle, G. & Niemz, P. (2010). Kinetik der freien, integralen Quellung von chemisch modifiziertem Holz entlang der Wasserdampf-Sorptionsisotherme unter luftfreien Bedingungen. *Bauphysik, 32* (1), S. 7 - 16.

Popper, R., Niemz, P. & Croptier, S. (2009). Adsorption and desorption measurements on selected exotic wood species. Analysis of Hailwood -Horrobin-Model to describe the sorption hysteresis. *Wood Research,* S. 43 - 46.

Popper, R., Niemz, P. & Eberle, G. (2005). Untersuchungen zum Sorptions- und Quellungsverhalten von thermisch behandeltem Holz. *Holz als Roh- und Werkstoff, 63* (2), S. 135 - 148.

Popper, R., Niemz, P. & Eberle, G. (2008). Die Holz-Wasser-Interaktion am Beispiel ausgewählter fremdländischer Holzarten. Das hypothetische Hydratwasser. *Bauphysik, 30* (5), S. 333 - 339.

Popper, R., Niemz, P. & Torres, M. (2006). Einfluss des Extraktstoffanteils ausgewählter fremdländischer Holzarten auf deren Gleichgewichtsfeuchte. *Holz als Roh- und Werkstoff, 64* (6), S. 491 - 496.

Rafsanjani, A. (2013). *Multiscale poroelastic model: Bridging the gap from cellular to macroscopic scale.* Zürich: Diss. ETH Zürich.

Rice, R.W. (1988). *Mass transfer, creep and stress development during the drying season of red oak.* Blacksburg/Virginia: Diss. Universität Blacksburg.

Roland, K. & Dietze, L. (1985). *Bauelemente und Möbel.* Leipzig: Fachbuchverlag.

Ross, R.J. (Hrsg.). (2010). *Wood Handbook. Wood as an Engineering Material.* Madison WI: Forest Products Laboratory.

Rowell, R.M. (2013). *Handbook of wood chemistry and wood composites* (2. Ausg.). Boca Raton (FL): CRC Press.

Ruddick, J.N. (1986). A comparison of needle and North American incising techniques for improving preservative treatment of spruce and pine lumber. *Holz als Roh- und Werkstoff, 44* (3), S. 109 - 113.

Scheer, C., Peter, M. & Stöhr, S. (2004). *Holzbau-Taschenbuch. Band 2: Bemessungsbeispiele nach DIN 1052* (10. Ausg.). Berlin: Ernst & Sohn.

Schneider, A. (1978). Orientierende Vergleichsuntersuchungen über das Sorptionsverhalten mitteleuropäischer Baumrinden und Hölzer. *Holz als Roh- und Werkstoff, 36* (6), S. 235 - 239.

Schneider, A. (1982). Untersuchungen über die Porenstruktur von Holzspanplatten mit Hilfe der Quecksilber-Porosimetrie. *Holz als Roh- und Werkstoff, 40* (10), S. 415 - 420.

Sell, J. (1997). *Eigenschaften und Kenngrössen von Holzarten* (4. Ausg.). Dietikon: Baufachverlag.

Siau, J. F. (1984). *Transport processes in wood.* Berlin: Springer.

Siau, J. F. (1995). *Wood: Influence of moisture on physical properties.* Keene, NY: Department of Wood Science and Forest Products, Virginia Polytechnic Institute and State University.

Sjölund, J. (2015). *Effect of cell structure geometric and elastic parameters on wood rigidity.* Aalto: Diss., Universität Aalto.

Sonderegger, W. U. (2011). *Experimental and theoretical investigations on the heat and water transport in wood and wood-based materials.* Zürich: Diss., ETH Zürich.

Sonderegger, W. & Niemz, P. (2006). Untersuchungen zur Quellung und Wärmedehnung von Faser-, Span- und Sperrholzplatten. *Holz als Roh- und Werkstoff, 64* (1), S. 11 - 20.

Sonderegger, W., Häring, D., Joščák, M., Krackler, V. & Niemz, P. (2012). Untersuchungen zur Wasseraufnahme von Vollholz und Holzwerkstoffen. *Bauphysik, 34* (3).

Sonderegger, W., Martienssen, A., Nitsche, C., Ozyhar, T., Kaliske, M. & Niemz, P. (2013). Investigations on the physical and mechanical behaviour of sycamore maple (Acer pseudoplatanus L.). *European Journal of Wood and Wood Products, 71* (1), S. 91 - 99.

Sonderegger, W., Vecellio, M., Zwicker, P. & Niemz, P. (2011). Combined bound water and water vapour diffusion of Norway spruce and European beech in and between the principal anatomical directions. *65* (6), S. 819 - 828.

Thumm, A. & Meder, R. (2001). Stiffness prediction of radiata pine clearwood test pieces using near infrared spectroscopy. *Journal of Near Infrared Spectroscopy, 9* (1), S. 117 - 122.

Timell, T. E. (1986). *Compression wood in gymnosperms. 3 Bände.* Berlin: Springer.

Trendelenburg, R. & Mayer-Wegelin, H. (1955). *Das Holz als Rohstoff.* München: Carl Hanser Verlag.

Ugolev, B. N. (1986). *Holzkunde und Grundlagen der Holzwarenkunde.* Moskau: Lesn. Prom.

Vanek, M. (1986). Trocknungsspannungen: Spannungsermittlung bei einer Buchentrocknung mittels Dehnungsmeßstreifen. *Holzforschung und Holzverwertung, 38* (2), S. 36 - 42.

Vanek, M. & Teischinger, A. (1989). Diffusionskoeffizienten und Diffusionswiderstandszahlen von verschiedenen Holzarten. *Holzforschung und Holzverwertung, 41* (1), S. 3 - 6.

Veretnik, D. G. (1976). *Die Verwendung von Baumrinde in der Volkswirtschaft.* Moskau: Lesnaja Prom.

Voigt, H., Krischer, O. & Schauss, H. (1940). Die Feuchtigkeitsbewegung bei der Verdunstungstrocknung von Holz. *Holz als Roh- und Werkstoff, 3* (10), S. 305 - 321.

von Halász, R. & Scheer, C. (1986). *Holzbau-Taschenbuch. Band 1: Grundlagen, Entwurf und Konstruktionen* (8. Ausg.). Berlin: Ernst & Sohn.

von Halász, R. & Scheer, C. (1996). *Holzbau-Taschenbuch. Band 1: Grundlagen, Entwurf, Bemessung und Konstruktionen* (9. Ausg.). Berlin: Ernst & Sohn.

Vorreiter, L. (1949). *Holztechnologisches Handbuch. Band 1: Allgemeines, Holzkunde, Holzschutz und Holzvergütung.* Wien: Fromme.

Wagenführ, R. (1999). *Anatomie des Holzes* (5. Ausg.). Leinfelden-Echterdingen: DRW-Verlag.

Walker, J. C. (2006). *Primary wood processing: principles and practice* (2. Ausg.). Dordrecht: Springer.

Wangaard, F. F. & Granados, L. A. (1967). The effect of extractives on water-vapor sorption by wood. *Wood Science and Technology, 1* (4), 253 - 277.

Welling, J. (1987). *Die Erfassung von Trocknungsspannungen während der Kammertrocknung von Schnittholz.* Hamburg: Diss. Universität Hamburg.

Wimmer, R., Kläusler, O. & Niemz, P. (2013). Water sorption mechanisms of commercial wood adhesive films. *Wood Science and Technology, 47* (4), S. 763 - 775.

6 Dichte von Holz und Holzwerkstoffen

6.1 Kenngrößen der Dichte

Die Dichte ist das Verhältnis von Masse zu Volumen. Es gilt:

$$\rho = \frac{m}{V} \tag{6.1}$$

ρ Dichte [kg/m³] (oft auch in g/cm³)

m Masse [kg]

V Volumen [m³]

Da, wie in den Kapiteln 4 und 5 beschrieben, Holz ein kapillarporöses, quellfähiges System ist, das mit Wasser, Wasserdampf, Luft oder einer Tränkflüssigkeit (Lack, Klebstoff) gefüllt sein kann, ändern sich in Abhängigkeit vom Anteil dieser Stoffe sowohl die Masse als auch das Volumen des Holzes.

Je nach spezifischer Definition für die Bezugsgrößen Masse und Volumen unterscheidet man folgende Dichten:

- die *Rohdichte* ρ_ω,
- die *Darrdichte* ρ_0,
- die *Reindichte* ρ_r,
- die *Raumdichte* R.

Kenngrößen der Dichte sind ferner für Vollholz:

- der *Porenanteil* c

für Partikelwerkstoffe:

- die *Streu-* bzw. *Schüttdichte* von Holzpartikeln,
- die *flächenbezogene Masse,*
- das *Rohdichteprofil* (bei Partikelwerkstoffen).

6.1.1 Rohdichte

Die Rohdichte ist der Quotient aus der Masse des Holzes (einschließlich des in den Poren enthaltenen Wassers) und dem äußeren Volumen des Holzes (einschließlich Hohlräume) bei einem definierten Feuchtegehalt ω.

Es gilt:

$$\rho_\omega = \frac{m_\omega}{V_\omega} \tag{6.2}$$

m_ω Masse des Holzes beim Feuchtegehalt ω

V_ω äußeres Volumen des Holzes beim Feuchtegehalt ω

Die Rohdichte bei Normalklima (20 °C und 65 % relativer Luftfeuchte) wird auch als Normalrohdichte bezeichnet. Da der Feuchtegehalt des Holzes schwanken kann und sich zum anderen mit der Veränderung des Feuchtegehaltes unterhalb des Fasersättigungsbereiches auch das Volumen des Holzes ändert, ist die Rohdichte ρ_ω feuchteabhängig (Bild 6.1, s. auch DIN 52182). Bei wissenschaftlichen Untersuchungen wird daher stets der sich bei einem definierten Klima (z. B. im Normalklima) einstellende Feuchtegehalt (Gleichgewichtsfeuchte) angegeben. Der Feuchtegehalt beträgt bei Raumklima für die meisten europäischen Hölzer im Durchschnitt 12 %, für Span- und Faserplatten 6 bis 12 %.

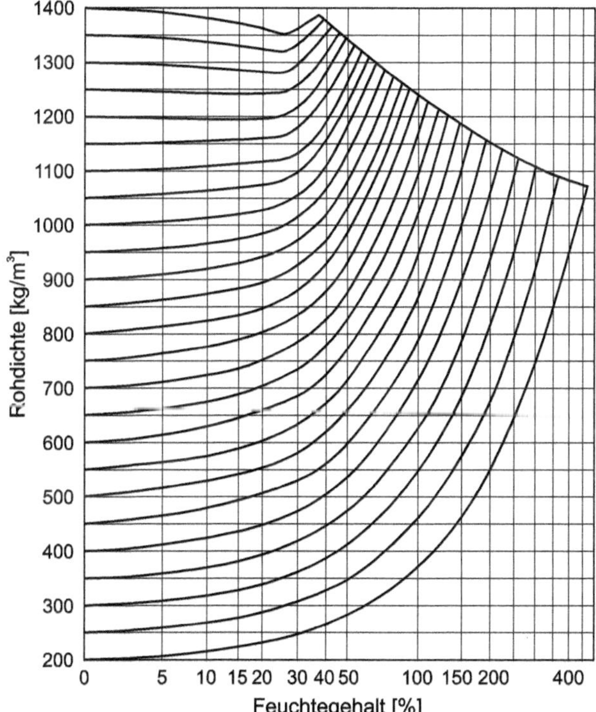

Bild 6.1 Einfluss des Feuchtegehalts auf die Rohdichte von Holz nach (Kollmann, 1951)

6.1.2 Darrdichte (Darr-Rohdichte)

Die Darrdichte ρ_0 ist der Quotient aus der Masse und dem Volumen des darrtrockenen Holzes. Es gilt:

$$\rho_0 = \frac{m_0}{V_0} \tag{6.3}$$

m_0 Masse des darrtrockenen Holzes

V_0 Volumen des darrtrockenen Holzes

Da die Darrdichte nicht durch das hygroskopische Verhalten beeinflusst wird, kann sie am ehesten (wenn man die wuchsbedingte Variabilität unberücksichtigt lässt) als Materialkonstante betrachtet werden. Zur Umrechnung der Rohdichte ρ_ω in die Darrdichte ρ_0 gilt für Schnittholz unter Berücksichtigung des Quell- und Schwindverhaltens

$$\rho_0 = \rho_\omega \cdot \frac{100 + \alpha_{V\omega}}{100 + \omega} \tag{6.4}$$

$\alpha_{V\omega}$ Volumenquellmaß in % bei ω

ω Feuchtegehalt in %

Bei Feuchtegehalten bis zu 25 % kann man unter Zugrundelegung einer linearen Abhängigkeit zwischen Feuchte und Quellung näherungsweise setzen:

$$\rho_0 \approx \frac{100 \cdot \rho_\omega}{(100 + \omega) - \left(0{,}85 \cdot \rho_\omega \cdot \omega \cdot 10^{-3}\right)} \tag{6.5}$$

Nach Untersuchungen des US-Forest Products Research Laboratory gilt näherungsweise für die Beziehung zwischen Darrdichte und Volumenquellmaß

$$\alpha_V \approx 0{,}028 \cdot \rho_0 \tag{6.6}$$

6.1.3 Raumdichtezahl

Die Raumdichtezahl R ist der Quotient aus der Masse des darrtrockenen Holzes und dem Volumen des maximal gequollenen Holzes. Der Feuchtegehalt muss also oberhalb des Fasersättigungsbereiches liegen. Es gilt:

$$R = \frac{m_0}{V_{\text{max}}} \tag{6.7}$$

m_0 Masse des darrtrockenen Holzes

V_{max} Volumen des maximal gequollenen Holzes

Für die Umrechnung der Raumdichtezahl R in die Darrdichte ρ_0 gilt:

$$\rho_0 = R \cdot \frac{100}{100 - \beta_V} \quad \text{oder} \quad \rho_0 = R \cdot \frac{100 + \alpha_V}{100} \tag{6.8}$$

α_V Volumenquellmaß [%]

β_V Volumenschwindmaß [%]

6.1.4 Reindichte

Die Reindichte ρ_r ist der Quotient aus der Masse des darrtrockenen Holzes und dem Volumen der Zellwand (ohne Poren). Sie charakterisiert die Dichte der reinen Zellwandsubstanz. Es gilt:

$$\rho_r = \frac{m_0}{V_{\text{Zellwand}}} \tag{6.9}$$

Die Reindichte ist bei allen Holzarten nahezu gleich; sie beträgt im Mittel 1500 kg/m^3. Nach (Knigge & Schulz, 1966) variiert der Wert zwischen 1440 und 1600 kg/m^3. Diese Unterschiede haben ihre Ursache in verschiedenen Prüfmethoden oder in Differenzen im Lignin- und Cellulosegehalt des Holzes. Für Lignin wird ein Wert von 1380 bis 1460 kg/m^3, für Cellulose ein Wert von 1580 kg/m^3 angegeben. Für die Bestimmung der Reindichte des Holzes eignet sich z. B. die Verdrängungsmethode, wobei als Flüssigkeit häufig Helium oder Benzin verwendet wird. Auch die Quecksilberdruckporosimetrie wird eingesetzt (Plötze & Niemz, 2011).

6.1.5 Porenanteil (Hohlraumanteil)

Der Porenanteil c ist das Volumen sämtlicher Hohlräume des Holzes im darrtrockenen Zustand, bezogen auf das Volumen des Holzes. Er ergibt sich aus dem Verhältnis der Darrdichte zur Reindichte des Holzes:

$$c = 100 - \frac{100 \cdot \rho_0}{\rho_r} \quad [\%] \tag{6.10}$$

Setzt man $\rho_r = 1500$, so folgt näherungsweise

$$c = 100 - 0{,}067 \cdot \rho_0 \quad [\%] \tag{6.11}$$

ρ_0 Darrdichte [kg/m³]

ρ_r Reindichte [kg/m³]

Bei Feuchteaufnahme ändert sich das Porenvolumen, weil die Zellwände des Holzes quellen. Bild 6.2 zeigt den Porenanteil verschiedener Holzarten in Abhängigkeit von der Rohdichte. Im Mittel liegt er etwa bei 50 bis 60 %.

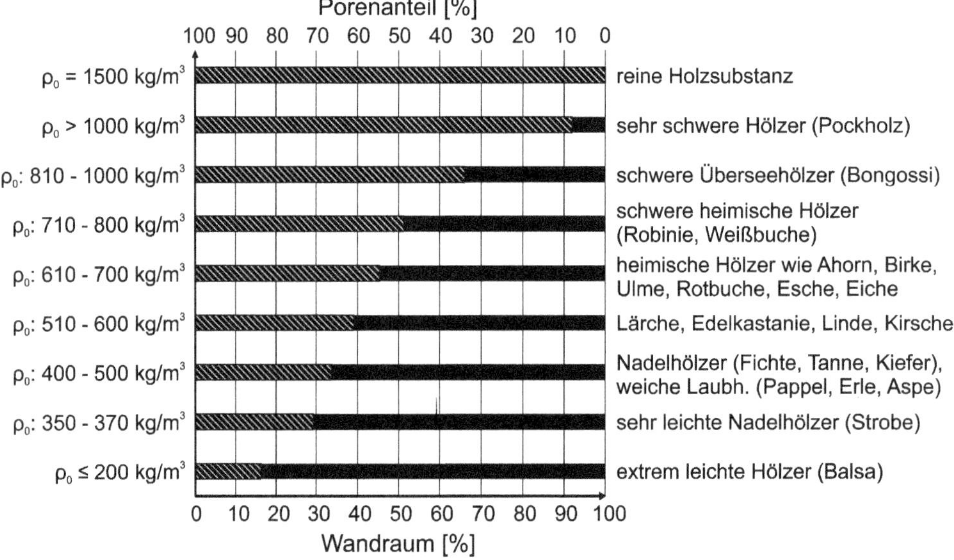

Bild 6.2 Porenanteil und Zellwandraum verschiedener Holzarten

6.1.6 Streudichte/Schüttdichte

Die *Streudichte* ist eine Größe, die sich auf den Herstellungsprozess von Holzpartikelwerkstoffen bezieht. Als Streudichte wird der Quotient aus Masse und Volumen von vereinzelt herabfallenden und in der Streuebene statistisch regellos abgelagerten Holzpartikeln, insbesondere Spänen, bezeichnet, wobei die einzelnen Streuebenen parallele Schichten bilden. Die Streudichte ist feuchteabhängig. Als *Schüttdichte* wird der Quotient aus Masse und Volumen von als Haufwerk abgelagerten Holzpartikeln, insbesondere Hackschnitzeln, aber auch Spänen bezeichnet. Dabei erfolgt im Gegensatz zur Streudichte eine weitgehend dreidimensionale, statistisch regellose Ablagerung der Partikeln. Die Streudichte wird zur Beurteilung von Spangemischen verwendet. Die Schüttdichte dient u. a. als Kenngröße zur Dimensionierung von Vorratsbunkern für Hackschnitzel, Fasern oder Späne.

6.1.7 Flächenbezogene Masse

Die flächenbezogene Masse ist eine wichtige Kenngröße zur Steuerung der Vliesbildung bei der Herstellung von Span- und Faserplatten. Zusammen mit der Dicke und dem Feuchtegehalt des Vlieses bildet sie die Grundlage für die Einstellung der Plattenrohdichte.

Die flächenbezogene Masse m_F (umgangssprachlich auch als Flächendichte bezeichnet) ist der Quotient aus der Masse und der Fläche von Flächengebilden.

Es gilt:

$$m_F = \frac{m}{A} \tag{6.12}$$

m_F Flächenmasse [kg/m²]

m Masse [kg]

A Fläche [m²]

6.1.8 Rohdichteprofil senkrecht zur Plattenebene

Unter dem Rohdichteprofil versteht man den Verlauf der Rohdichte über den Querschnitt eines (plattenförmigen) Holzwerkstoffes. Durch die Wahl der stofflich-strukturellen und technologischen Parameter eines Holzwerkstoffes lässt sich das Rohdichteprofil in weiten Grenzen variieren. Konventionell gefertigte Spanplatten haben meist das in Bild 6.3 dargestellte Rohdichteprofil mit einem Rohdichtemaximum in den Randzonen und einem Rohdichteabfall in der Mittelschicht sowie an den Rändern. Durch spezielle Presstechnik kann das Rohdichteprofil weitgehend homogenisiert werden (wie z. B. bei MDF und speziellen Spanplattentypen angestrebt).

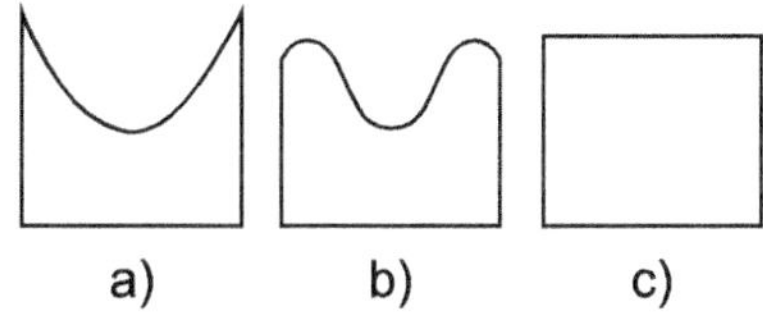

Bild 6.3 Typische Rohdichteprofile von Partikelwerkstoffen senkrecht zur Plattenebene, (a) maximale Dichte am Plattenrand, (b) Dichteabfall am Plattenrand, (c) gleiche Dichte über den gesamten Plattenquerschnitt

6.2 Einflüsse auf die Dichte und die Dichteverteilung von Holz und Holzwerkstoffen

6.2.1 Holz

6.2.1.1 Einfluss der Holzart

Das Verhältnis zwischen Zellwand- und Hohlraumanteil schwankt zwischen den einzelnen Holzarten erheblich; die Dichte ist deshalb holzartenabhängig. Tabelle 6.1 enthält Mittelwerte und Spannweiten der Darrdichte sowie die Raumdichtezahl ausgewählter Holzarten.

Tabelle 6.1 Mittelwerte ($\bar{x}$) und Streubereich (x_{min}, x_{max}) der Darrdichte und Raumdichtezahl ausgewählter Holzarten (nach Knigge und Schulz 1966)

Holzart	Darrdichte [kg/m³]	Raumdichtezahl [kg/m³]
	x_{min}, $\bar{x}$, x_{max}	$\bar{x}$
Nadelholz		
Weymouthskiefer	310...370...460	339
Küstentanne	280...420...610	332
Fichte	370...430...540	377
Douglasie	360...470...630	412
Kiefer	300...490...860	431
Lärche	400...550...820	487
Laubholz		
Balsa	70...130...230	121
Pappel	270...370...650	377
Ahorn	480...590...750	522
Ulme	440...640...820	556
Esche	410...650...820	564
Eiche	380...640...900	561
Buche	540...660...840	554
Pockholz	1200...1230...1320	1045

Bei Balsa als der leichtesten industriell nutzbaren Holzart liegt die Darrdichte im Mittel bei 130 kg/m³, bei Pockholz beträgt sie 1230 kg/m³. Aber auch innerhalb einer Holzart sind aufgrund wuchs- und standortbedingter Faktoren erhebliche Dichteunterschiede zu verzeichnen. Bild 6.4 zeigt die Häufigkeitsverteilung der Dichte verschiedener Holzarten. Die Dichte variiert etwa im Verhältnis 2 bis 3:1. Es ist zu erkennen, dass zumeist keine Gaußsche Normalverteilung vorliegt, sondern eine Neigung zur Asymmetrie besteht. Dabei ist der Mittelwert nicht mit dem Scheitelwert der Häufigkeitsverteilung identisch.

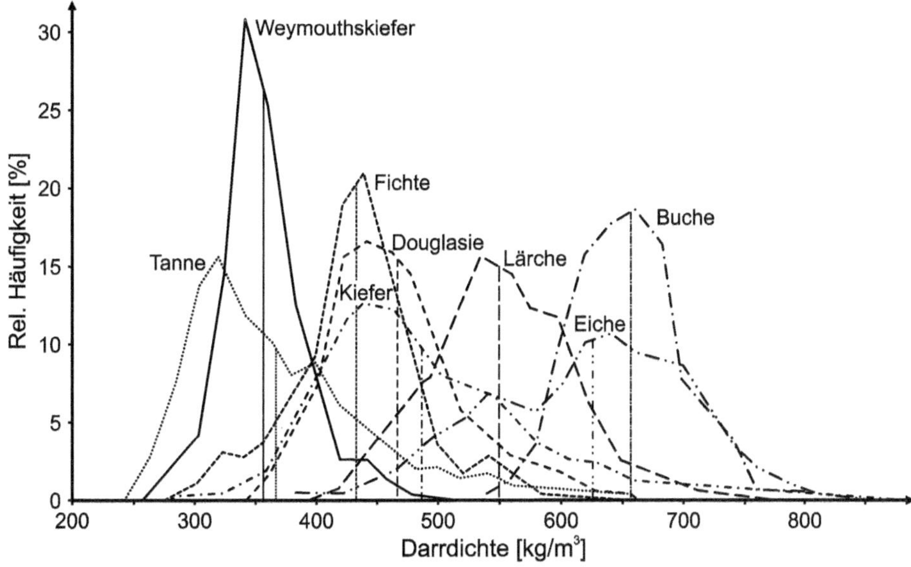

Bild 6.4 Häufigkeitsverteilung der Darrdichte verschiedener Holzarten (Knigge & Schulz, 1966)

6.2.1.2 Einfluss von Wuchs- und Standortbedingungen sowie der soziologischen Stellung des Baumes im Bestand

Boden und Klima wirken entscheidend auf das Wachstum des Holzes ein. Die Rohdichte der Fichte nimmt bei gleichen Bodenverhältnissen vom klimatischen Optimum nach kälteren Lagen hin ab (Mette, 1984). Sie ist in höheren Lagen geringer als in tieferen (Bild 6.5). In Südschweden ermittelten (Grönlund, Grönlund & Hagmann, 1992) für Kiefer eine höhere Dichte als in Nordschweden. Analoge Tendenzen bestehen bei anderen Nadelhölzern. Bedingt durch die Wuchsbedingungen verändert sich bei Nadelholz auch die Jahrringbreite deutlich. Sie ist z. B. in den Voralpen höher als in den Höhenlagen der Alpen. Innerhalb eines Bestandes bestehen Unterschiede in Durchmesser, Höhe und Schaftform der Bäume. Die Rohdichte ist bei den vorherrschenden Bäumen geringer als bei den unterdrückten Bäumen. Bei Fichte steigt die Raumdichtezahl innerhalb eines Standortes mit abnehmendem Holzdurchmesser.

Schwappbach (zitiert in (Kollmann, 1951)) ermittelte, dass die Rohdichte bei Rotbuche auf der nördlichen Halbkugel von Süd nach Nord gleichmäßig abnimmt, desgleichen von tieferen zu höheren Lagen. Sehr gut stellten Trendelenburg (Trendelenburg, 1939) sowie Trendelenburg und Mayer-Wegelin (Trendelenburg & Mayer-Wegelin, 1955) derartige Trends und deren Ursachen zusammen.

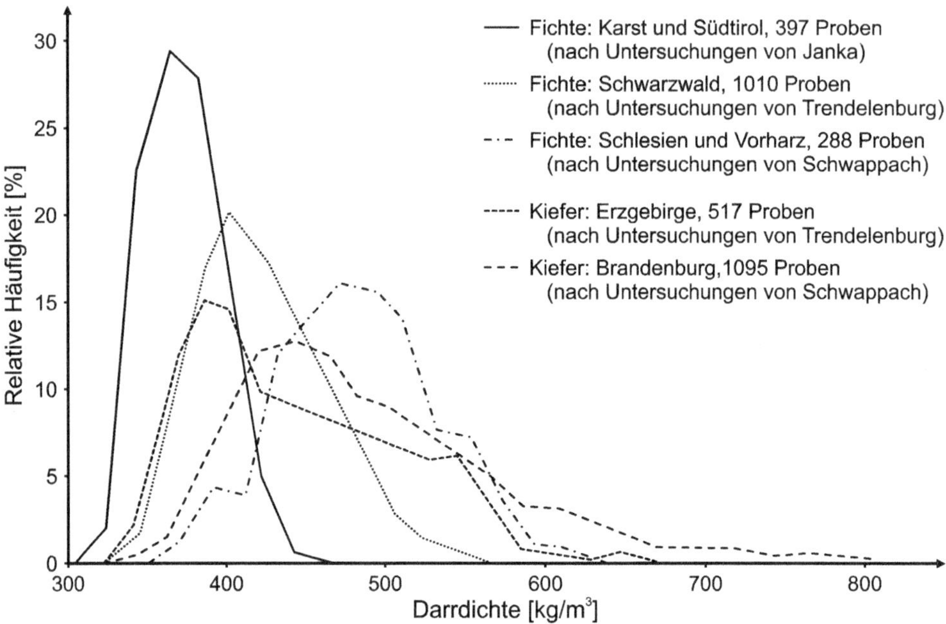

Bild 6.5 Einfluss des Standortes auf die Darrdichte von Fichte nach (Trendelenburg & Mayer-Wegelin, 1955)

6.2.1.3 Einfluss struktureller Parameter

Früh- und Spätholzanteil

Das Frühholz hat eine geringere Dichte als das Spätholz; Bild 6.6a zeigt die Häufigkeitsverteilung am Beispiel von Douglasie. Für Fichte ermittelte Lanvermann im Frühholz Minimalwerte von 200 kg/m³ und im Spätholz Maximalwerte von ca.1000 kg/m³ (Lanvermann, 2014). Für Eibe als Nadelholz mit recht hoher Rohdichte (590 - 670 kg/m³) ermittelte Keunecke im Frühholz etwa 500 - 600 kg/m³ und im Spätholz etwa 1000 kg/m³ (Keunecke, 2008). Die Maximalwerte im Spätholz sind also für Fichte und Eibe etwa gleich. Bei Nadelholz besteht eine straffe Korrelation zwischen Spätholzanteil und mittlerer Darrdichte (Bild 6.6b), bei Laubholz zwischen dem Anteil des Festigungsgewebes und der Dichte.

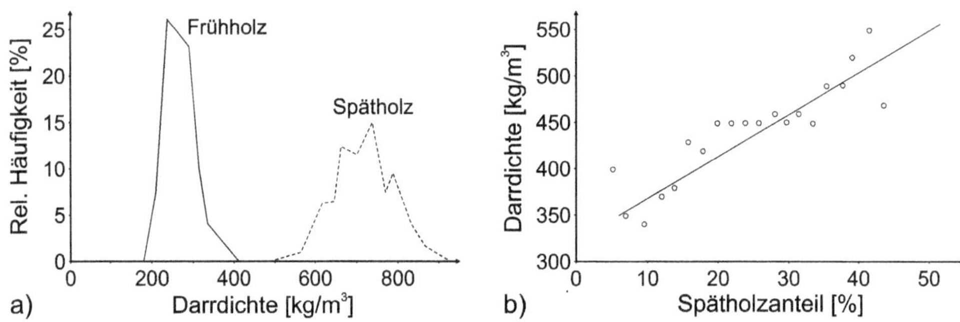

Bild 6.6 (a) Häufigkeitsverteilung der Darrdichte von Früh- und Spätholz der Douglasie und (b) Abhängigkeit der Darrdichte von Fichte vom Spätholzanteil nach (Knigge & Schulz, 1966)

Jahrringbreite

Bei Verbreiterung der Jahrringe nehmen der Spätholzanteil und damit die Dichte von Nadelholz ab. Einige Nadelhölzer haben dabei ein ausgeprägtes Maximum, sodass die Dichte erst nach kurzem Anstieg im Bereich sehr schmaler Jahrringe abfällt (Bild 6.7). Diese Tendenz gilt innerhalb eines Standortes. Dem überlagern sich standortbedingte Einflüsse wie in Abschnitt 6.2.1.2 erläutert. So haben Fichten aus den Voralpen meist größere Jahrringbreiten, aber auch eine höhere Dichte als solche aus den Höhenlagen (Begründungen dafür siehe (Trendelenburg & Mayer-Wegelin, 1955)).

Ringporige Laubhölzer zeigen nach Knigge und Schulz (Knigge & Schulz, 1966) einen gleichsinnigen Anstieg von Rohdichte und Jahrringbreite (der Spätholzanteil steigt mit der Jahrringbreite und damit auch die Rohdichte); bei zerstreutporigen Laubhölzern liegt keine eindeutige Tendenz vor.

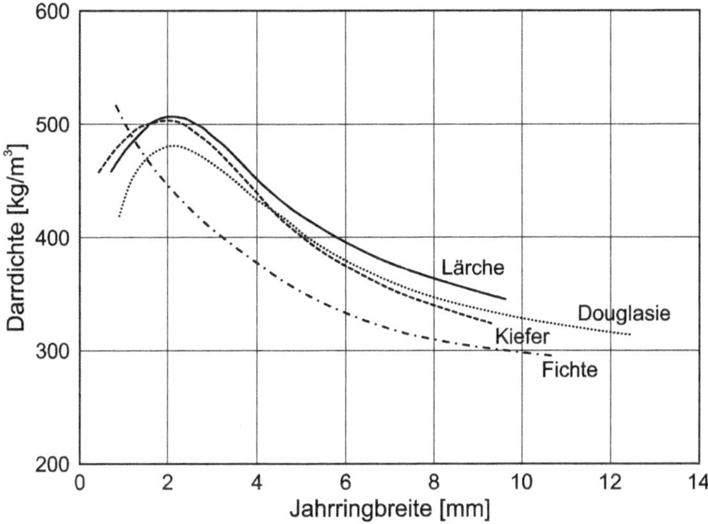

Bild 6.7 Abhängigkeit der Darrdichte von Fichte, Douglasie, Kiefer und Lärche von der Jahrringbreite nach (Knigge & Schulz, 1966)

Baumalter

Nadelhölzer bilden unabhängig von der Veränderung der Jahrringbreite in höherem Alter dichteres Holz, Laubhölzer dagegen weniger dichtes. Jahrring- bzw. Früh- und Spätholzbreite sind in Verbindung mit Dichteunterschieden innerhalb der Jahrringe wesentliche Beurteilungskriterien bei der Altersbestimmung von Holz (Dendrochronologie). Aus dem Jahrringverlauf lassen sich auch Rückschlüsse auf die klimatischen Verhältnisse vergangener Zeiten ziehen (Dendroklimatologie). Dafür werden spezielle Röntgengeräte und optische Einrichtungen benötigt, die Messergebnisse bereitstellen, die eine rechnergestützte Auswertung ermöglichen. Zur Altersbestimmung von Holz ist eine lückenlose Jahrringfolge bis zur Gegenwart erforderlich. Die längste europäische Vergleichschronologie reicht bis zum Jahre 5289 vor unserer Zeitrechnung zurück. Die Dendrochronologie und Dendroklimatologie gewannen in den letzten Jahrzehnten stark an Bedeutung (siehe (Schweingruber, 2007), (Günther, 2013)). Diese Richtung entwickelte sich zu einem wichtigen

Fachgebiet der Klimaforschung. Die Altersbestimmung anhand der Jahrringanalyse ist heute eine etablierte Methode. In den Tropen wachsen die Bäume nicht im Jahresrhythmus, sondern in zeitlich anders gelagerten Regenzeiten. Es gibt also keine Jahrringe, sondern unter der Lupe schwer erkennbare Unregelmäßigkeiten (Lohmann, 2003).

Schnellwachsendes Holz aus Plantagen (Radiata Pine, Eucalyptus), das oft schon nach 10 - 20 Jahren als Sägeholz geerntet wird, besitzt praktisch nur juveniles Holz, die Dichte ist geringer, der Mikrofibrillenwinkel größer als bei adultem Holz.

Verkernung

Die Verkernung beendet die physiologisch aktive Lebensphase des jungen Holzes (Splintholz). Sie führt zu einer Dichteerhöhung durch Einlagerung von Inhaltsstoffen in die Zellen. Bei vielen Holzarten zeigt sich das an deutlichen Dichteunterschieden zwischen Kern- und Splintholz. Diese sind umso größer, je stärker sie an Farbunterschieden sichtbar werden.

Wurzel-, Ast- und Reaktionsholz

Astholz ist schwerer als Stammholz, Wurzelholz leichter. Dabei kann das Astholz der Fichte den zweifachen Wert der Dichte von astfreiem Holz erreichen. Nach Mette (Mette, 1984) liegt die Dichte von Fichtenästen bei rund 900 kg/m^3. Aber auch in der Umgebung der Äste hat das Holz eine höhere Dichte. In größerer Entfernung vom Ast erreicht die Dichte wieder den Dichtewert des normalen Stammholzes. Die Dichte des Astholzes von Kiefer dagegen beträgt nur rund 600 kg/m^3. Bei Rotbuche sind die Unterschiede zwischen Ast- und Stammholz geringer (Dichte der Äste ca. 750 kg/m^3).

Die Rohdichte des Druckholzes liegt bis zu 40 % über der des normalen Holzes. Die Dichte von Wurzelholz ändert sich mit der Entfernung vom Stock. In größerer Entfernung vom Stock hat Wurzelholz nur etwa die halbe Dichte des Stockholzes.

Rohdichteverteilung im Stamm

Innerhalb des Stammes sind gesetzmäßige, holzartenspezifische Rohdichteunterschiede längs und quer zur Stammachse zu verzeichnen. Mette (Mette, 1984) gibt die in Bild 6.8 dargestellte Verteilung der Dichte in Querrichtung für verschiedene Holzarten an. Die Abhängigkeit von der Baumhöhe zeigt Bild 6.9. Insgesamt betrachtet, sind erhebliche lokale Dichteunterschiede vorhanden, wobei, wie Bild 6.10 zeigt, nestartige Zonen höherer oder niedrigerer Dichte auftreten können.

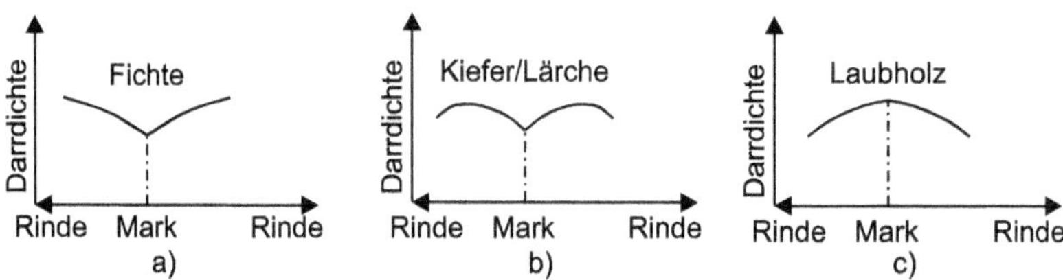

Bild 6.8 Verteilung der Darrdichte über dem Querschnitt nach (Mette, 1984): (a) Fichtentyp, (b) Kieferntyp, (c) Laubholztyp

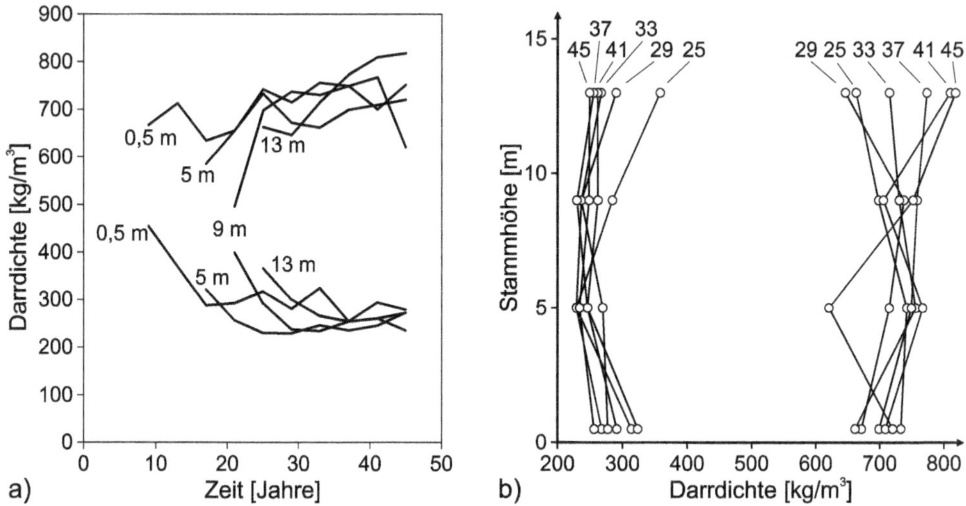

Bild 6.9 Veränderung der Darrdichte im Früh- und Spätholz der Douglasie in Stamm-Querrichtung (a) und Stamm-Längsrichtung (b) nach (Knigge & Schulz, 1966)

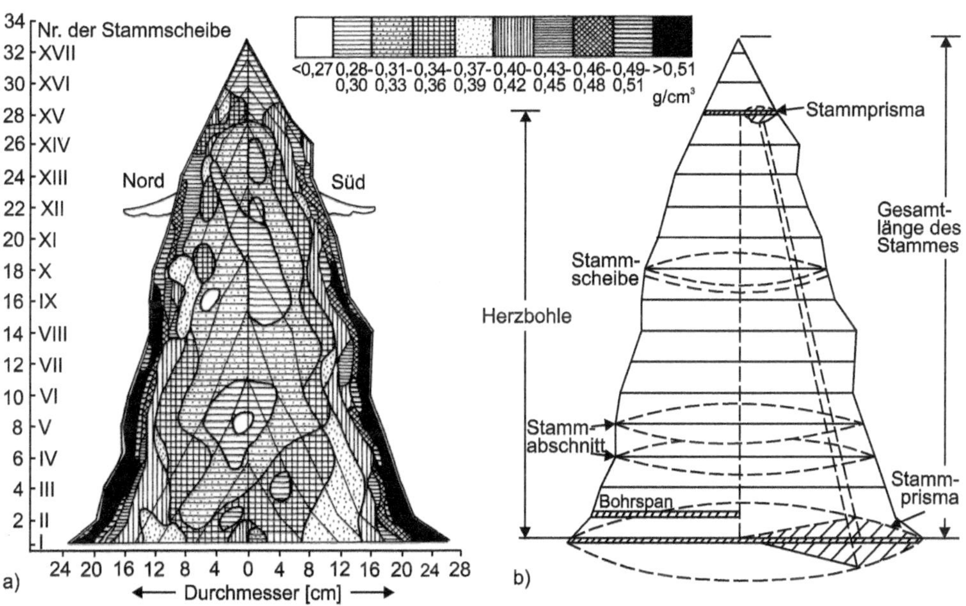

Bild 6.10 Raumdichteverteilung in einem Kiefernstamm, (a) Dichteverteilung, (b) Probenentnahmeschema (nach (Knigge & Schulz, 1966))

Die Dichte des Holzes weist also erhebliche Unterschiede sowohl innerhalb eines Stammes als auch zwischen den Stämmen auf. Diese sind bei der Festlegung der erforderlichen Probenzahl, aber auch bei einer Online-Kontrolle der Qualität zu berücksichtigen, um reproduzierbare Ergebnisse zu erhalten.

6.2.2 Span- und Faserplatten

Span- und Faserplatten haben herstellungsbedingt deutlich geringere Dichteschwankungen in einer Platte als vergleichsweise ein Brett aus Vollholz. Dies ist auf die Zerkleinerung und gezielte Streuung des Holzes und die gezielte Streuung der Platten zurückzuführen. Bild 6.11 zeigt die relative Häufigkeit der Rohdichte von Spanplatten.

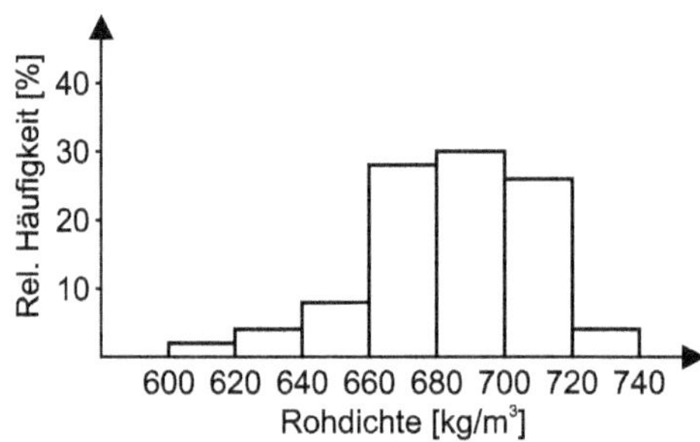

Bild 6.11 Relative Häufigkeit der Rohdichte innerhalb eines Spanplattentyps

Der Variationskoeffizient der mittleren Dichte von Holzwerkstoffen liegt bei 3 bis 5 %, der von Holz dagegen bei 15 bis 20 %. Sowohl in als auch senkrecht zur Herstellungsrichtung treten material-, herstellungs- und anlagenbedingte Streuungen auf (z. B. Dichteabfall in Randzonen, langwellige Schwankungen durch Materialinhomogenitäten).

Senkrecht zur Plattenebene weisen Span- und Faserplatten ein signifikantes Rohdichteprofil auf. Das Rohdichteprofil kann durch Variation

- der Partikelgeometrie und der Holzart,
- des Feuchtegehaltes,
- des Klebstoffanteils und
- der Presstechnik (z. B. Verdichtungszeit)

in weiten Grenzen beeinflusst werden.

Die Streudichte der Späne ist vor allem von der Holzart, der Spanart, den Spanabmessungen, der Fraktionszusammensetzung und dem Feuchtegehalt abhängig. Sie steigt mit zunehmender Spandicke und -breite sowie abnehmender Spanlänge. Tabelle 6.2 enthält Werte für die Streudichte ausgewählter Spanarten.

Tabelle 6.2 Streudichte und Schüttdichte verschiedener Partikeln (Autorenkollektiv, 1975)

Partikelart	Streudichte [kg/m³]	Schüttdichte [kg/m³]
Deckschicht-Normalspäne	70	50...60
Deckschicht-Feinstspäne	150	120...180
Mittelschichtspäne	145	110...120
Schleifstaub	200	160...200
Defibratorfaserstoff	-	15...40

6.3 Verfahren zur Dichtebestimmung

6.3.1 Konventionelle Methoden

Um die Dichte von Holz und Holzwerkstoffen zu bestimmen, werden sowohl für wissenschaftliche Zwecke als auch zur Fertigungskontrolle Prüfkörper entnommen, an denen die Masse und das Volumen bestimmt werden. Tabelle 6.3 enthält die üblichen Abmessungen dieser Prüfkörper.

Tabelle 6.3 Prüfkörperabmessungen und Messgenauigkeit bei der Bestimmung der Dichte von Holz und Holzwerkstoffen

	Holz	Holzwerkstoffe
Prüfung nach	DIN 52182 (1976-09)	DIN EN 323 (1993-08)
Länge	-	50 mm
Breite	-	50 mm
Dicke	-	Plattendicke
Genauigkeit der Massebestimmung	0,01 g/cm^3	0,01 g
Genauigkeit der Bestimmung der Abmessungen	1 % (Volumen)	0,1 mm (Länge, Breite); 0,05 mm (Dicke)

Für die Dichtebestimmung an Holz werden z. B. Prüfkörper der Abmessungen 20 mm × 20 mm × 30 mm verwendet, während Prüfkörper aus Holzwerkstoffen zumeist die Abmessungen 50 mm × 50 mm × Plattendicke haben. Häufig erfolgt die Dichteprüfung auch an anderen Prüfkörpern (z. B. Biegestäben), um den Rohdichteeinfluss auf die zu prüfende Eigenschaft in einem Arbeitsgang zu ermitteln.

Massebestimmung

Die Masse wird meistens mithilfe von Oberschalenwaagen bestimmt. Tabelle 6.3 gibt die erforderliche Messgenauigkeit an.

Volumenbestimmung

Das Volumen regelmäßig geformter Prüfkörper wird durch das Ausmessen von Länge, Breite und Dicke bestimmt. Bei unregelmäßig geformten Prüfkörpern, wie z. B. Hackschnitzeln, lässt sich das Volumen am besten mithilfe von Verdrängungsmethoden ermitteln. Dazu benutzt man Überlauf- bzw. Tauchgefäße mit Steigrohr oder ein Pyknometer (Bild 6.12). Um eine Wasseraufnahme durch das Holz zu verhindern, werden die Prüfkörper vorher mit Paraffin getränkt.

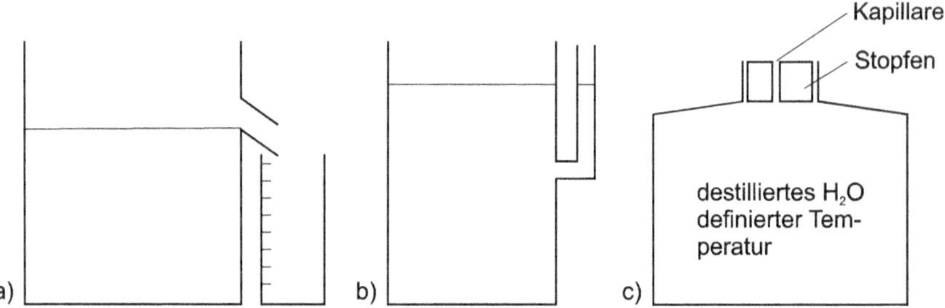

Bild 6.12 Volumenbestimmung von Holz mithilfe eines Überlaufgefäßes (a), eines Tauchgefäßes (b) und eines Pyknometers (c)

Bei Verwendung eines Pyknometers wird der Prüfkörper zunächst gewogen und das Pyknometer mit destilliertem Wasser gefüllt und verschlossen. Nach Ermittlung der Masse des Pyknometers und des Wassers (m_1) wird der Prüfkörper in das Pyknometer gegeben, wobei Wasser entsprechend dem Volumen des Prüfkörpers verdrängt wird. Sodann wird die Gesamtmasse (m_2) von Pyknometer (m_{Pykn}), Restwasser ($m_{\mathrm{Restwasser}}$) und Prüfkörper (m_{Holz}) bestimmt. Dabei gelten folgende Beziehungen:

$$m_1 = m_{\mathrm{Pykn}} + m_{\mathrm{Wasser_{ges}}} \tag{6.13}$$

$$m_2 = m_{\mathrm{Pykn}} + m_{\mathrm{Restwasser}} + m_{\mathrm{Holz}} \tag{6.14}$$

$$V_{\mathrm{Wasser_v}} = V_{\mathrm{Prüf}} = \frac{m_1 + m_{\mathrm{Holz}} - m_2}{\rho_{\mathrm{Wasser_v}(T)}} = \frac{m_{\mathrm{Wasser_v}}}{\rho_{\mathrm{Wasser_v}(T)}} \tag{6.15}$$

Für die Dichte des Holzes (ρ_{Holz}) gilt dann

$$\rho_{\mathrm{Holz}} = \frac{m_{\mathrm{Holz}} \cdot \rho_{\mathrm{Wasser_v}(T)}}{m_1 + m_{\mathrm{Holz}} - m_2} \tag{6.16}$$

Bei Verwendung paraffinierter Prüfkörper gilt sinngemäß

$$\rho_{\mathrm{Holz}} = \frac{m'_{\mathrm{Holz}} \cdot \rho_{\mathrm{Wasser_v}(T)}}{m_1 + m'_{\mathrm{Holz}} - m_2} \tag{6.17}$$

Dabei sind:

$V_{\mathrm{Wasser_v}}$	Volumen des verdrängten Wassers
$\rho_{\mathrm{Wasser_v}(T)}$	Dichte des verdrängten Wassers bei Temperatur T
$V_{\mathrm{Prüf}}$	Volumen des Prüfkörpers
m_{Holz}	Masse des Holzes
m'_{Holz}	Masse des paraffinierten Holzes

Das Volumen von feuchtem Holz wird vereinfacht oft durch Untertauchen des Holzes in ein auf einer Waage stehendes, mit Wasser gefülltes Gefäß bestimmt. Aus der Volumenverdrängung und der Dichte des Wassers von 1000 kg/m^3 kann über die Masseänderung direkt das Volumen bestimmt werden. Zur Bestimmung der Darrdichte ist der Prüfkörper vor der Volumenbestimmung bis zur Massekonstanz zu darren. Danach wird er gewogen und ausgemessen.

Zur Bestimmung der Raumdichtezahl werden die Prüfkörper in destilliertem Wasser bis zur maximalen Quellung gelagert. Dabei ist die Änderung der Abmessungen durch wiederholtes Messen im Abstand von jeweils 3 Tagen zu kontrollieren.

6.3.2 Dichtebestimmung mittels elektromagnetischer Wellen und anderen Verfahren

Zur kontinuierlichen Bestimmung der Flächen- oder Streudichte von Partikeln, aber auch von Vollholz wird in zunehmendem Masse die Schwächung elektromagnetischer Wellen genutzt. Verwendet werden zumeist Röntgenstrahlen, mit deren Hilfe prinzipiell auch das Dichteprofil ermittelt werden kann. Bild 6.13 zeigt die Röntgenaufnahme von Fichtenholz und einer Faserdämmplatte sowie eine Aufnahme von verklebtem Holz im Synchrotron. Dabei lassen sich erhebliche Dichtevariationen auf dem Holzquerschnitt erkennen. Der Methode liegt der Effekt zugrunde, dass die elektromagnetischen Wellen beim Durchgang durch ein Material proportional zur Flächendichte geschwächt werden. Bild 6.14 zeigt das Messprinzip.

Für die Rohdichte gilt damit unter Berücksichtigung der Dicke der durchstrahlten Schicht

$$\rho = \frac{\ln\left(\dfrac{J_0 - J_N}{J - J_N}\right)}{\left(\dfrac{\mu}{\rho}\right) \cdot d} \tag{6.18}$$

J_0 Zählrate in Luft

J_N Nulleffekt

J Zählrate mit Absorber

μ/ρ Massenschwächungskoeffizient (materialabhängig)

d Dicke der durchstrahlten Probe

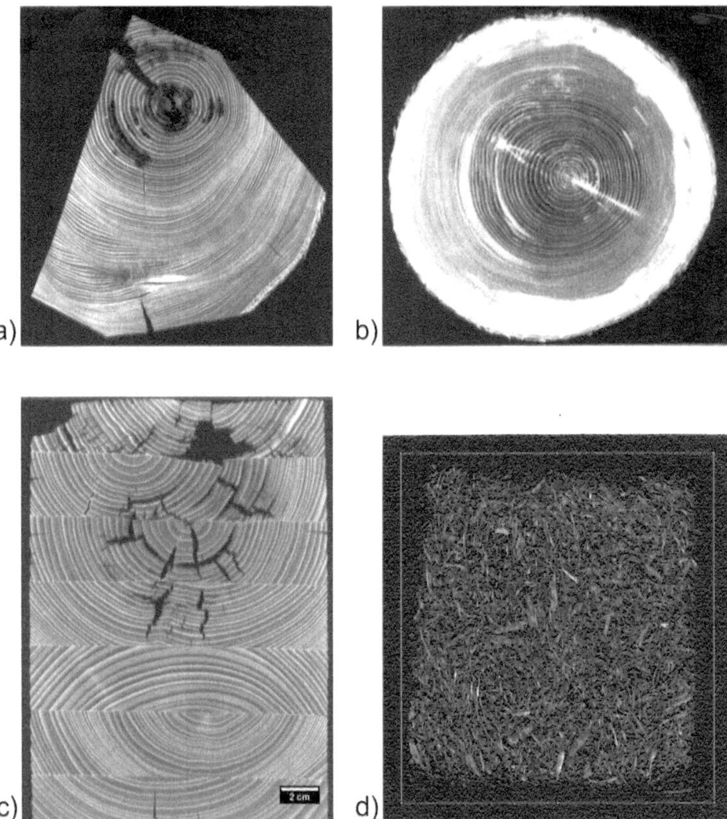

Bild 6.13 Röntgenaufnahme und Synchrotrontomographie von Holz: Computertomographie (CT) von Fichtenholz im lufttrockenen (a) und im waldfrischen (b) Zustand (Aufnahmen: A. Flisch, Empa), (c) CT durch Brettschichtholz mit Fäulebefall (Aufnahme: D. Mannes, PSI, Villigen), (d) Mikro-CT einer Faserdämmplatte (Rekonstruktion durch I. Jerjen, Empa und S. Sanabria, ETH)

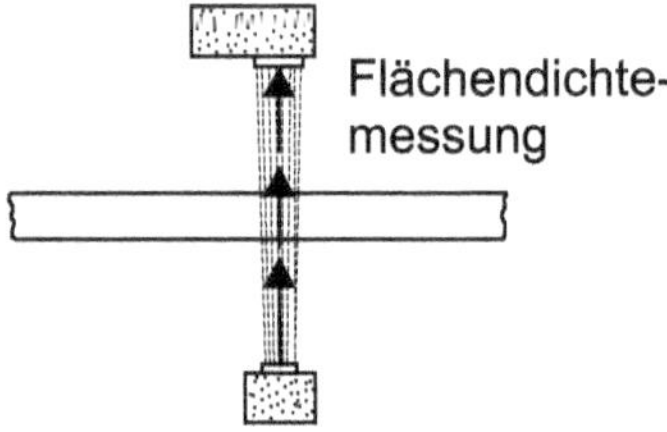

Bild 6.14 Funktionsprinzip eines radiometrischen Flächendichtemessgerätes

Industriell wird diese Methode heute sowohl zur Bestimmung der Flächendichte von Platten bzw. Vliesen als auch zur Bestimmung des Rohdichteprofils senkrecht zur Plattenebene angewendet. Genutzt wird sie aber auch zur Sortierung von Schnittholz nach der Festigkeit, da anhand signifikanter Dichteunterschiede die Häufigkeit und Größe von Ästen gut bestimmt werden kann. Beeinflusst wird das Messergebnis u.a. durch Variation des Feuchtegehaltes und Änderungen des Masseschwächungskoeffizienten (z.B. durch

Kleb- und Zusatzstoffe). In zunehmendem Maße wird diese Methode auch zur Ermittlung lokaler Dichteunterschiede oder Strukturschäden (z. B. Fraßgänge von Insekten) genutzt.

Erste Untersuchungen zur Nutzung der Computertomographie zwecks Fehlerlokalisierung in Holzblöcken wurden in den 80er Jahren in den USA durchgeführt (Laufenberg, 1986) (McMillan, 1984). Heute gibt es bereits industrielle Anwendungen (Fa. Microtec). Methodisches Prinzip ist die Erzeugung eines räumlichen Bildes des untersuchten Körpers, das die Lokalisation von Defekten im Holz (z. B. in Kunstgegenständen oder in Furnierholz) ermöglicht. In der Forschung werden Röntgenmikrotomographie und auch Synchrotron-Licht für die Tomographie eingesetzt (Zauner, 2014).

Heute wird etwa folgende Auflösung erreicht:

Methode	**Auflösung**
Röntgentomographie	50 µm
Röntgenmikrotomographie	1 µm
Synchrotron-Tomographie	0,3 µm (1 mm Probendurchmesser)

Bild 6.15 zeigt eine Röntgentomographie sowie Aufnahmen mittels Synchrotron von Strukturen von Holz bei Druckbelastung sowie Schnitte durch eine Klebfuge einer Vollholzverklebung.

Bei Anwendung der Röntgenstrahlung wird heute das Transmissionsverfahren, die Tomographie, aber auch die Streuung (Scattering) genutzt. Durch letztgenannte Methode wird z. B. das Rohdichteprofil von Spanplatten im Herstellungsprozess bestimmt (GreCon) oder auch der Mikrofibrillenwinkel gemessen (Sylviscan). Diese Methode erlaubt die Bestimmung des Dichteprofils in den Jahrringen, des Mikrofibrillenwinkels und eine Abschätzung des E-Moduls (Lanvermann, 2014).

Bild 6.16 zeigt die Röntgenaufnahme von einer im Zugversuch belasteten Holzverbindung mit einer Stahlplatte. Deutlich ist die Verformung der Stahlstifte erkennbar.

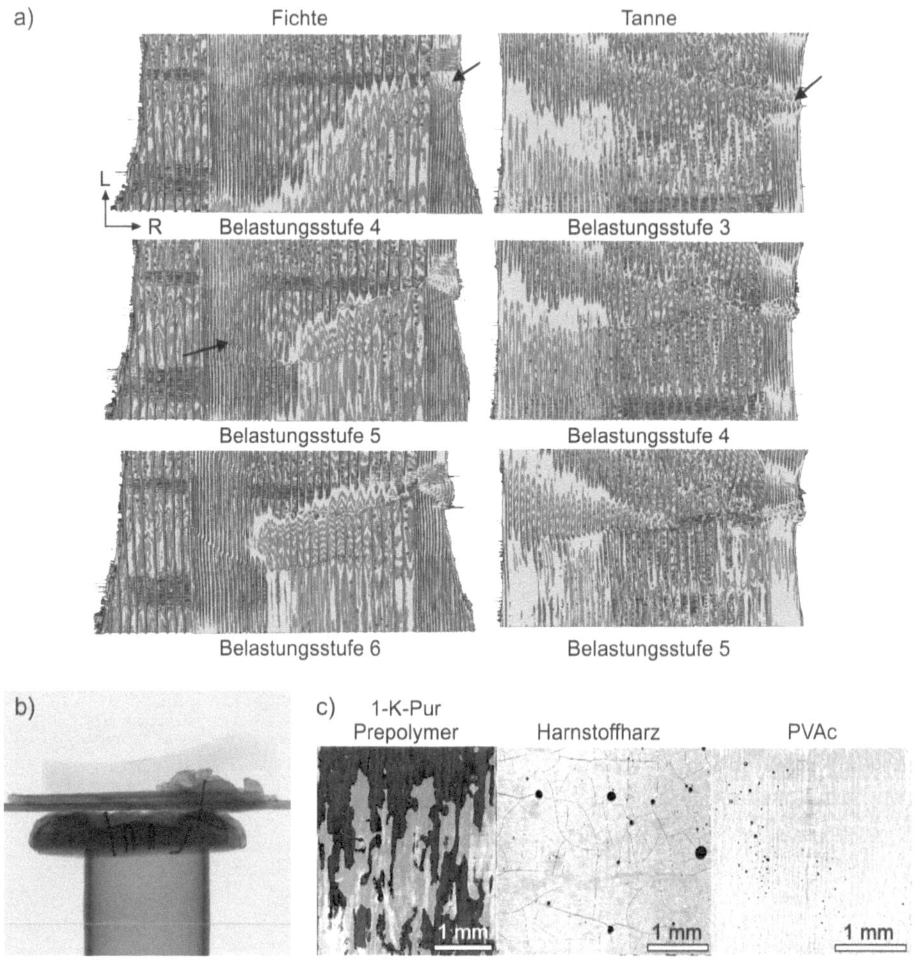

Bild 6.15 Röntgen- und Synchrotronaufnahmen: (a) Synchrotrontomographien von Fichte und Tanne bei In-situ-Belastung (Zauner, 2014), (b) Röntgentomographie durch eine Ikone (Aufnahme: I. Jerjen, Empa), (c) Synchrotrontomographien: Schnitt durch Klebfugen von verschiedenen Klebstoffen (Hass, Wittel, Mendoza, Herrmann & Niemz, 2012)

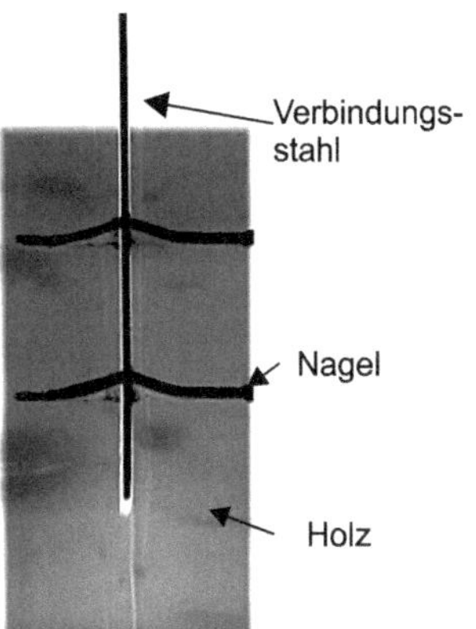

Bild 6.16 Röntgenaufnahme einer Holz-Stahl-Verbindung nach Belastung (BFH Biel)

6.3.3 Bestimmung des Dichteprofils an Holzwerkstoffen

Aufgrund der großen Bedeutung des Dichteprofils von Holzwerkstoffen für deren Verarbeitung wurde eine Reihe von Verfahren zur Bestimmung des Dichteprofils entwickelt. Bild 6.17 gibt einen Überblick über die wichtigsten Verfahren.

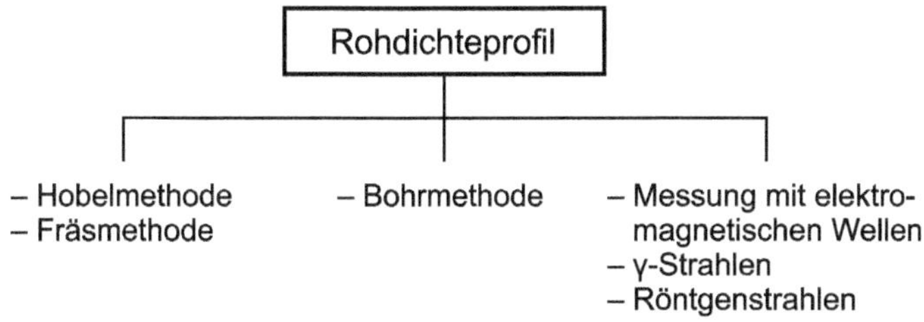

Bild 6.17 Verfahren zur Messung des Rohdichteprofils von Partikelwerkstoffen (Span- und Faserplatten) senkrecht zur Plattenebene

6.3.3.1 Fräsmethode

Das Prinzip der Fräsmethode zeigt schematisch Bild 6.18.

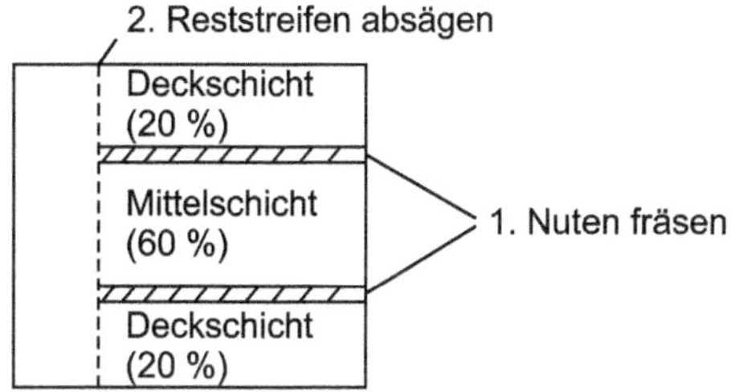

Bild 6.18 Probenvorbereitung zur Bestimmung des Rohdichteprofils senkrecht zur Plattenebene nach der Fräsmethode

Danach werden in den Prüfkörpern entsprechend dem jeweiligen Masseverhältnis Nuten zwischen die Mittel- und Deckschichten eingefräst und der so vorbereitete Prüfkörper in Mittel- und Deckschichten getrennt. Die Dichtebestimmung erfolgt analog der in Abschnitt 6.3.1 beschriebenen Methode durch Ausmessen und Wiegen der Proben. Im Allgemeinen wird ein Masseverhältnis von Deck- zu Mittelschicht von 40:60 zugrunde gelegt. Die Methode ermöglicht lediglich eine überschlägige Bestimmung der Deck- und Mittelschichtdichten.

6.3.3.2 Bohrmethode

Bei diesem Verfahren wird das Drehmoment oder die Leistungsaufnahme eines Bohrers als Funktion der Rohdichte ermittelt (Helms & Niemz, 1993). Das Verfahren wird heute meist zur Analyse von Bäumen auf Fäule oder Fäule in Bauwerken aus Holz genutzt (Rinn, Schweingruber & Schär, 1996), (Görlacher & Hättich, 1990). Aber auch Dichteverteilungen zwischen Früh- und Spätholz sind messbar. Dabei wird eine dünne Nadel mit speziell geformter Spitze in das Holz gebohrt und dabei die Leistungsaufnahme gemessen.

6.3.3.3 Hobelmethode

Bei dieser Methode werden vom Prüfkörper (Format z. B. 50 mm × 200 mm) mittels eines Hobels (z. B. Langhobelmaschine der Metallverarbeitung) definierte Materialschichten bis zur Plattenmitte abgetragen (Bild 6.19).

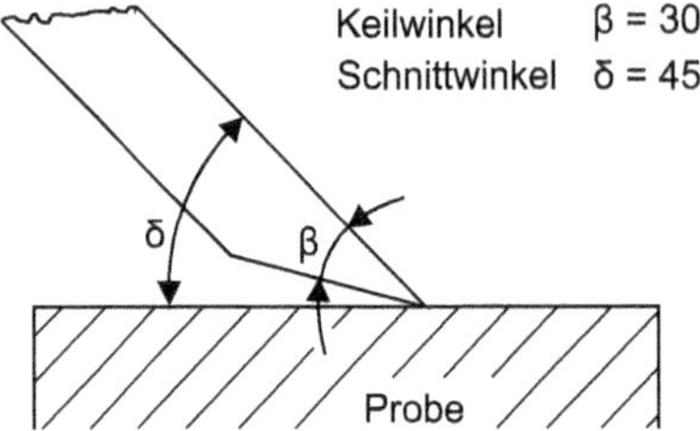

Bild 6.19 Winkel bei der Probenvorbereitung zur Bestimmung des Rohdichteprofils senkrecht zur Plattenebene nach der Hobelmethode

Die Abtragdicke kann dabei z. B. 0,5, 1,0 oder 2 mm betragen (in den Randzonen geringer als in Plattenmitte). Das Abtragen erfolgt bei jeweils 50 % der Prüfkörper von der Plattenunter- bzw. Plattenoberseite her bis zur Plattenmitte, sodass sich letztlich ein Rohdichteprofil über den gesamten Plattenquerschnitt ergibt. Die Dichte wird in herkömmlicher Weise (s. Abschn. 6.3.1) aus Masse und Volumen der abgetragenen Schichten bestimmt.

6.3.3.4 Röntgenmethode

Die Röntgenmethode verwendet Prüfkörper (Format z. B. 100 mm × 10 mm) mit planparallelen Seitenflächen, die senkrecht zur Durchstrahlrichtung angeordnet werden. Von diesen Prüfkörpern werden sodann parallel zur Plattenebene (Durchstrahlung der 10 mm starken Schicht) Röntgenaufnahmen hergestellt, die anschließend fotometrisch ausgewertet werden. Je nach Materialdichte werden die Röntgenstrahlen unterschiedlich absorbiert.

Die Dichtebestimmung aus den fotometrisch ermittelten Messwerten kann über Stufenkeile mit definierter Dichte erfolgen. Die quantitative Bewertung der Dichteprofile ist jedoch nicht unproblematisch. Moderne Messmethoden ermöglichen eine direkte Berechnung der Dichte aus den Messwerten.

6.3.3.5 Messung von Dichteprofilen mittels Gamma- oder Röntgenstrahlen

Die vom Fraunhofer-Institut für Holzforschung (Wilhelm-Klauditz-Institut) erstmals publizierte Methode ist in Bild 6.20 schematisch dargestellt. Heute wird das Verfahren von mehreren Firmen kommerziell angeboten. Eingesetzt wird meist Röntgenstrahlung.

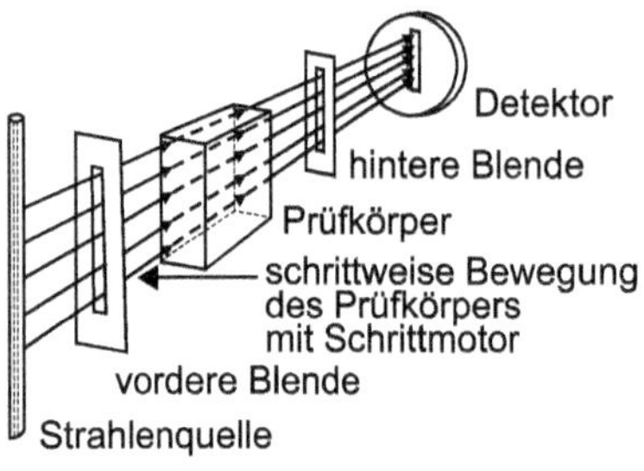

Bild 6.20 Schematische Darstellung der Methode zur Bestimmung des Rohdichteprofils senkrecht zur Plattenebene mittels radioaktiver Strahlung (Durchstrahlung parallel zur Plattenebene)

Über eine Strahlenquelle wird durch zwei miteinander verbundene Edelstahlkollimatoren ein scharf begrenzter Gammastrahl erzeugt. Dieser durchdringt schichtweise den Prüfkörper parallel zur Plattenebene und wird dabei in Abhängigkeit von der Dichte geschwächt. Mithilfe eines Detektors wird die Zählrate der abgeschwächten Strahlung gemessen. Aus der Materialdicke (in Durchstrahlungsrichtung), dem Masseschwächungskoeffizienten und der Zählrate der abgeschwächten Strahlung wird die Dichte gemäß Gleichung (6.18) bestimmt. Durch schrittweise Bewegung des Prüfkörpers (s. Bild 6.20) um jeweils 0,1 mm kann dessen Dichteprofil in sehr engen Stufen bestimmt werden. Bild 6.21 zeigt ein solcherart bestimmtes Dichteprofil.

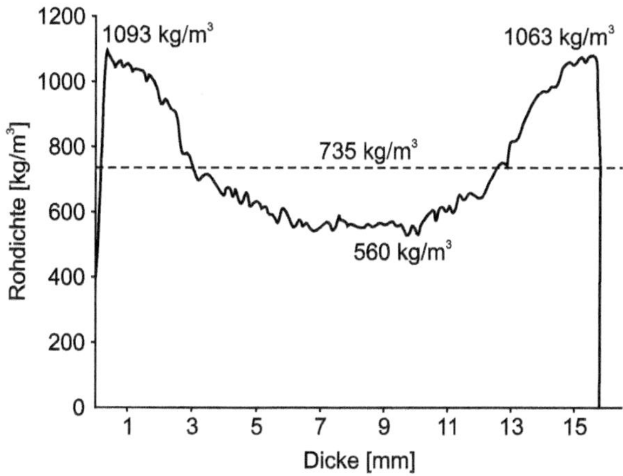

Bild 6.21 Rohdichteprofil einer Spanplatte senkrecht zur Plattenebene, bestimmt nach der in Bild 6.20 schematisch dargestellten Methode

6.3.4 Bestimmung der Streu- und Schüttdichte von Partikeln

Zur Bestimmung der *Streudichte* werden die Späne durch gleichmäßiges, allmähliches Fallenlassen aus der Hand (aus einer Höhe von etwa 500 mm) in ein Messgefäß (Inhalt z. B. 2 dm^3) eingestreut. Aus Spanmasse und Spanvolumen wird die Streudichte gemäß Gleichung (6.1) ermittelt.

Zur Bestimmung der *Schüttdichte* werden die Späne in ein Gefäß (Inhalt 2 ... 10 ... 50 dm^3) geschüttet. Aus der Spanmasse und dem Spanvolumen wird die Schüttdichte nach Gleichung (6.1) bestimmt.

6.3.5 Bestimmung des Porenanteiles und der Porengrößenverteilung in Holzwerkstoffen

6.3.5.1 Quecksilberdruckporosimetrie

Zur experimentellen Ermittlung des Porenanteiles von Holz und Holzwerkstoffen sowie der Porengrößenverteilung wird meistens die Quecksilberdruckporosimetrie (ISO 15901-1) verwendet. Diese Methode geht von der physikalischen Erscheinung aus, dass eine nichtbenetzende Flüssigkeit nur unter Druck in Kapillaren eindringt. Der aufzuwendende Druck ist dabei umso größer, je enger die Kapillaren sind. Das ermöglicht, aus dem Druck den jeweiligen Kapillarradius zu berechnen. Da die in den Prüfkörper unter Druck eingebrachte Menge Quecksilber laufend gemessen wird, kann aus dem aufgezeichneten Diagramm sowohl der Porenradius als auch das Porenvolumen bestimmt werden. Die Methodik nutzt die Washburn-Gleichung zur Berechnung des Porenradius aus dem aufgebrachten Druck (Washburn, 1921). Es sind Poren im Bereich von 58 µm bis 1,8 nm messbar. Umfangreiche Messungen wurden dazu u.a. von Schneider (Schneider, 1979) (Schneider, 1982), Schweitzer und Niemz (Schweitzer & Niemz, 1991) sowie Plötze und Niemz (Plötze & Niemz, 2011) durchgeführt.

6.3.5.2 Gasadsorption

Die Porengrößenverteilung kann auch aus den Sorptionsmessungen berechnet werden (Popper & Bariska, 1972). Nach der Kelvinschen Gleichung ist der Gleichgewichtsdruck in einer Kapillare geringer als der allgemeine Sättigungsdruck, solange der Randwinkel kleiner 90° ist (Popper R., 1985). Der Dampf wird also unter diesen Bedingungen in allen Kapillaren kondensieren, deren Radius kleiner ist als der, der aus dieser Gleichung für den betreffenden Druck berechnet wird.

6.3.5.3 Sonstige Verfahren

Weitere Methoden zur Porengrößenmessung sind u.a. die Druckplattentechnik (oft genutzt in der Bauphysik (Zauer, Meissner, Plagge & Wagenführ, 2016)) und die Thermoporosimetrie mit dem Prinzip der dynamischen Differentialkalorimetrie, basierend auf Wärmestrommessungen. Eine umfassende Zusammenstellung ist in der Dissertation von Zauer (Zauer M., 2011) enthalten. Zauer gibt auch eine Übersicht zur erfassbaren Porengröße der einzelnen Verfahren. Teilweise wird auch die Röntgen- oder Synchrotrontomographie zur Ermittlung größerer Poren benutzt (Zauner, 2014) (Hass P.F., 2012).

6.4 Einfluss der Dichte auf die Eigenschaften des Holzes

Die Dichte ist, insgesamt betrachtet, eine der dominierenden Kenngrößen, die im Zusammenhang mit nahezu allen Eigenschaften des Holzes steht. Sie wird daher vielfach als Weiserwert für die Festigkeit benutzt. Bild 6.22 zeigt schematisch die Wirkung der Rohdichte auf ausgewählte Eigenschaften. Dichteschwankungen von Holz und Holzwerkstoffen wirken sich demnach erheblich auf die Festigkeit aus. Angaben zur Rohdichte von Holz und Holzwerkstoffen enthalten Tabelle 6.1 und Tabelle 6.4 sowie Kapitel 19. Generell muss aber gesagt werden, dass allein die Rohdichte nicht für eine zuverlässige Festigkeitssortierung ausreicht.

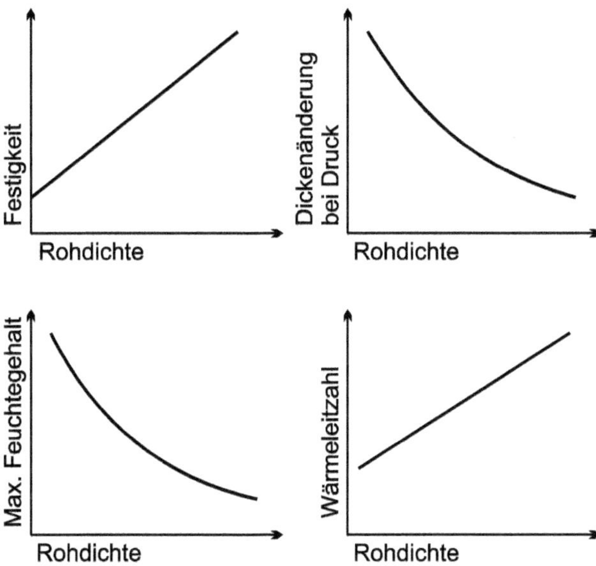

Bild 6.22 Schematische Darstellung des Einflusses der Rohdichte auf ausgewählte Eigenschaften von Holz und Holzwerkstoffen

Tabelle 6.4 Rohdichte von Holzwerkstoffen

Holzwerkstoff	Rohdichte [kg/m³]
Massivholzplatten (Nadelholz)	ca. 500
Sperrholz	400...850
Pressschichtholz	800...1400
Spanplatten	550...750
Oriented Strand Board (OSB)	600...700
Faserplatten nach dem Nassverfahren[1]	
▪ Harte Faserplatten (HB)	> 900
▪ Mittelharte Faserplatten (MB)*	400...900
▪ Poröse Faserplatten (SB)	230...400
Faserplatten nach dem Trockenverfahren[2]	
▪ Hochdichte Faserplatte (HDF)	> 800
▪ Mitteldichte Faserplatte (MDF)	650...800
▪ Leichte Faserplatte (L-MDF)	550...650
▪ Ultraleichte Faserplatte (UL-MDF)	< 550
Holzfaserdämmstoffe (beide Verfahren)	40...250

[1] Nach DIN EN 316:2009-07

[2] Nach (Marutzky & Schwab, 2009)

* Können noch unterteilt werden in mittelharte Faserplatten geringer Dichte (MBL, 400...560 kg/m³) und hoher Dichte (MBH, 560...900 kg/m³)

Literaturverzeichnis

Autorenkollektiv. (1975). *Werkstoffe aus Holz und andere Werkstoffe der Holzindustrie.* Leipzig: Fachbuchverlag.

Autorenkollektiv. (1990). *Lexikon der Holztechnik.* Leipzig: Fachbuchverlag.

Baensch, F. (2015). *Damage evolution in wood and layered wood composites monitored in situ by acoustic emission, digital image correlation and synchrotron based tomographic microscopy.* Zürich: Diss. ETH Zürich.

Görlacher, R. & Hättich, R. (1990). Untersuchung von altem Konstruktionsholz. Die Bohrwiderstandsmessung. *Bauen mit Holz, 92* (6), S. 455 - 459.

Grönlund, A., Grönlund, U. & Hagmann, O. (1992). *Nordkalottfura.* Lulea: TH Lulea.

Günther, B. (2013). *Erarbeitung einer Methode zur Erfassung von dendrochronologisch relevanten Jahrringmerkmalen der Trauben-Eiche (Quercus petraea [Matt.] Liebl.) auf Grundlage der Röntgendensitometrie.* Dresden: Diss. TU Dresden.

Hass, P.F. (2012). *Penetration behavior of adhesives into solid wood and micromechanics of the bondline.* Zürich: Diss. ETH Zürich.

Hass, P., Wittel, F.K., Mendoza, M., Herrmann, H.J. & Niemz, P. (2012). Adhesive penetration in beech wood: experiments. *Wood Science and Technology, 46* (1 - 3), S. 243 - 256.

Helms, D. & Niemz, P. (1993). Bohrwiderstandsmessung zur Beurteilung von Holz und Holzwerkstoffen. *HOB,* S. 78 - 80.

Henkel, M. (1969). Ermittlung von Dichteprofilen an Span- und Faserplatten mit Röntgenstrahlung. *Holztechnologie, 10* (2), S. 93 - 96.

Hösli, J. & Orfila, C. (1985). Mercury porosimetric approach on the validity of Darcy's law in the axial penetration of wood. *Wood Science and Technology, 19* (4), S. 347 - 352.

Junghans, K., Niemz, P. & Bächle, F. (2005). Untersuchungen zum Einfluss der thermischen Vergütung auf die Porosität von Fichtenholz. *Holz als Roh- und Werkstoff, 63* (3), S. 243 - 244.

Keunecke, D. (2008). *Elasto-mechanical characterisation of yew and spruce wood with regard to structure-property relationships.* Zürich: Diss. ETH Zürich.

Knigge, W. & Schulz, H. (1966). *Grundriss der Forstbenutzung.* Hamburg: Parey.

Kollmann, F. (1951). *Technologie des Holzes und der Holzwerkstoffe* (2. Ausg., Bd. 1). Berlin/Göttingen/Heidelberg: Springer.

Lanvermann, C. (2014). *Sorption and swelling within growth rings of Norway spruce and implications on the macroscopic scale.* Zürich: Diss. ETH Zürich.

Laufenberg, T. (1986). Using gamma radiation to measure density gradients in reconstituted wood products. *Forest Products Journal, 36* (2), S. 39 - 62.

Lohmann, U. (Hrsg.). (2003). *Holz-Lexikon* (4. Ausg.). Leinfelden-Echterdingen: DRW-Verlag.

Marutzky, R. & Schwab, H. (2009). *Span- und Faserplatten, OSB. Schriftenreihe: Informationsdienst Holz spezial.* Fraunhofer-Institut für Holzforschung (WKI), Verband der Deutschen Holzwerkstoffindustrie e.V. (VHI).

May, H.-A. (1983). *Untersuchung der Rohdichteeinflüsse,-aufbereitung und -zusammensetzung auf die Gestaltung und Veränderung des Dichteprofils und die Eigenschaften von Spanplatten sowie deren Wechselwirkungen zu verfahrenstechnischen Massnahmen. WKI-Bericht Nr. 15.* WKI. Brauschweig: WKI.

May, H.-A., Schätzler, H.P. & Kühn, W. (1976). Messung des Dichteprofils in Spanplatten mittels γ-Strahlen. *Kerntechnik, 18* (11), S. 491 - 494.

McMillan, C.W. (1984). AIPS - A potential new automatic lumber processing system. *Forest Products Journal, 34* (1), S. 13 - 14.

Mette, H.J. (1984). *Holzkundliche Grundlagen der Forstnutzung.* Berlin: Dt. Landwirtschaftsverlag.

Niemz, P. & Sander, D. (1989). *Prozessmesstechnik in der Holzindustrie.* Leipzig: Fachbuchverlag.

Paulitsch, M. (1986). *Methoden der Spanplatten-Untersuchung.* Berlin: Springer.

Paulitsch, M. & Mehlhorn, L. (1973). Neues Verfahren zur Bestimmung des Rohdichteprofils von Holzspanplatten. *Holz als Roh- und Werkstoff, 31* (10), S. 393 - 397.

Pfriem, A., Zauer, M. & Wagenführ, A. (2009). Alteration of the pore structure of spruce (Picea abies (L.) Karst.) and maple (Acer pseudoplatanus L.) due to thermal treatment as determined by helium pycnometry and mercury intrusion porosimetry. *Holzforschung, 63* (1), S. 94 - 98.

Plötze, M. & Niemz, P. (2011). Porosity and pore size distribution of different wood types as determined by mercury intrusion porosimetry. *European Journal of Wood and Wood Products, 69* (4), S. 649 - 657.

Polge, H. & Paul, L. (1969). Über die Dichtemessung der Spanplatten senkrecht zur Plattenebene. *Holztechnologie, 10* (9), S. 75 - 79.

Popper, R. (1985). Das Holz/Sorbat-System mit Rücksicht auf die submikroskopische Betrachtungsweise. In L.J. Kucera (Hrsg.), *Xylorama: Trends in Wood Research* (S. 155 - 163). Basel: Birkhäuser Verlag.

Popper, R. & Bariska, M. (1972). Azylierung des Holzes - Erste Mitteilung: Wasserdampf-Sorptionseigenschaften. *Holz als Roh- und Werkstoff, 30* (8), S. 289 - 294.

Rinn, F. (2013). *Catalog of relative density profiles.* Madison: Forest Prod. Laboratory.

Rinn, F., Schweingruber, F.-H. & Schär, E. (1996). RESISTOGRAPH and X-ray density charts of wood. Comparative evaluation of drill resistance profiles and X-ray density charts of different wood species. *Holzforschung, 50* (4), S. 303 - 311.

Schneider, A. (1979). Beitrag zur Porositätsanalyse von Holz mit dem Quecksilber-Porosimeter. *Holz als Roh- und Werkstoff, 37* (8), S. 295 - 302.

Schneider, A. (1982). Untersuchungen über die Porenstruktur von Holzspanplatten mit Hilfe der Quecksilber-Porosimetrie. *Holz als Roh- und Werkstoff, 40* (10), S. 415 - 420.

Schweingruber, F.H. (2007). *Wood structure and enviroment.* Berlin, Heidelberg, New York: Springer.

Schweitzer, F. & Niemz, P. (1991). Untersuchungen zum Einfluss ausgewählter Strukturparameter auf die Porosität von Spanplatten. *Holz als Roh- und Werkstoff, 49* (1), S. 27 - 29.

Thümmler, U. (1991). Holzuntersuchung mit der Bohrwiderstandsmethode. *Bauen mit Holz, 93* (12), S. 942 - 945.

Trendelenburg, R. (1939). *Das Holz als Rohstoff.* München: J.F. Lehmanns Verlag.

Trendelenburg, R. & Mayer-Wegelin, H. (1955). *Das Holz als Rohstoff* (2. Ausg.). München: Carl Hanser Verlag.

Unger, A. (1988). *Holzkonservierung.* Leipzig: Fachbuchverlag.

Unger, A., Planitzer, J. & Morgos, A. (1988). Röntgencomputer- und Magnetresonanztomographie zur Charakterisierung von archäologischem Naßholz. *Holztechnologie, 29* (5), S. 249 - 250.

Walton, D.R. & Armstrong, P. (1986). Taxonomische und gesamtanatomische Einflüsse auf die Beziehung zwischen Rohdichte und mechanischen Eigenschaften. *Wood Fiber Sci., 18* (3), S. 417 - 420.

Washburn, E.W. (1921). The dynamics of capillary flow. *Phys. Rev., 17* (3), S. 273 - 283.

Zauer, M. (2011). *Untersuchungen zur Porenstruktur und zur kapillaren Wasserleitung in Holz und deren Änderung infolge einer thermischen Behandlung.* Dresden: Diss. TU Dresden.

Zauer, M., Großmann, L., Wagenführ, A., Kretzschmar, J. & Pfriem, A. (2014). Analysis of pore-size distribution and fiber saturation point of native and thermally modified wood using differential scanning calorimetry. *Wood Science and Technology, 48* (1), S. 177 - 193.

Zauer, M., Meissner, F., Plagge, R. & Wagenführ, A. (2016). Capillary pore-size distribution and equilibrium moisture content of wood determined by means of pressure plate technique. *Holzforschung, 70* (2), S. 137 - 143.

Zauer, M., Pfriem, A. & Wagenführ, A. (2013). Toward improved understanding of the cell-wall density and porosity of wood determined by gas pycnometry. *Wood Science and Technology, 47* (6), S. 1197 - 1211.

Zauner, M. (2014). *In-situ synchrotron based tomographic microscopy of uniaxially loaded wood: in-situ testing device, procedures and experimental investigations.* Zürich: Diss. ETH Zürich.

7 Thermische Eigenschaften von Holz und Holzwerkstoffen

7.1 Wärmeleitfähigkeit

Die Wärmeleitfähigkeit λ ist die Wärmemenge, die durch einen Würfel von 1 m Kantenlänge in einer Sekunde hindurchfließt, wenn zwischen beiden Seitenflächen eine Temperaturdifferenz von 1 K besteht. Ihre Maßeinheit ist W/mK.

Die Wärmeleitfähigkeit von Holz und Holzwerkstoffen wird wesentlich durch den strukturellen Aufbau bestimmt. Bedingt durch seinen hohen Porenanteil ist Holz ein schlechter Wärmeleiter (Tabelle 7.1).

Tabelle 7.1 Wärmeleitfähigkeit und spezifische Wärmekapazität verschiedener Stoffe (nach DIN EN ISO 10456)

Stoff	Rohdichte [kg/m³]	Wärmeleitfähigkeit [W/mK]	Spezifische Wärmekapazität [J/kgK]
Luft	1,23	0,025	1008
Wasser	1000	0,60	4190
Kalkstein, mittelhart	2000	1,4	1000
Beton mittlerer Dichte	1800	1,15	1000
Kupfer	8900	380	380
Gusseisen	7500	50	450
Nutzholz	450	0,12	1600
	500	0,13	1600
	700	0,18	1600
Sperrholz, Furnierschichtholz, Massivholzplatten	300	0,09	1600
	500	0,13	1600
	700	0,17	1600
	1000	0,24	1600
Spanplatten	300	0,10	1700
	600	0,14 (0,11[1])	1700
	900	0,18	1700
OSB-Platten	650	0,13 (0,11[1])	1700

Tabelle 7.1 Wärmeleitfähigkeit und spezifische Wärmekapazität verschiedener Stoffe (nach DIN EN ISO 10456) *(Fortsetzung)*

Stoff	Rohdichte [kg/m³]	Wärmeleitfähigkeit [W/mK]	Spezifische Wärmekapazität [J/kgK]
Zementgebundene Spanplatten	1200	0,23	1500
Holzfaserplatten (inkl. MDF)	250	0,07	1700
	400	0,10	1700
	600	0,14 (0,09[1])	1700
	800	0,18 (0,12[1])	1700
Holzfaserdämmstoffe	40...250	(0,037...0,052)[2]	2000

[1,2] Mittlere Wärmeleitfähigkeit bei 10 °C und 65 % rel. Luftfeuchte: [1] nach (Sonderegger & Niemz, 2009);
[2] nach (Sonderegger & Niemz, 2012)

Wichtige Einflussfaktoren der Wärmeleitfähigkeit sind:

Rohdichte

Mit zunehmender Rohdichte vergrößert sich die Wärmeleitfähigkeit (Bild 7.1, Tabelle 7.2).

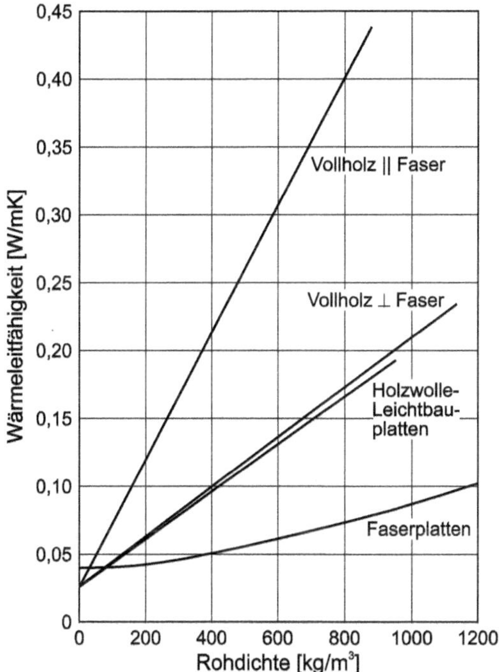

Bild 7.1 Wärmeleitfähigkeit von Faserplatten und Holzwolle-Leichtbauplatten senkrecht zur Plattenebene im Vergleich zu Holz (Kollmann F., 1951)

Tabelle 7.2 Richtungsabhängigkeit der Wärmeleitfähigkeit bei Holz und Holzwerkstoffen

Holz/Holzwerkstoff	Wärmeleitfähigkeit [W/mK]	
	parallel zur Faserrichtung bzw. in Plattenebene	senkrecht zur Faserrichtung[5] bzw. in Plattenebene
Fichte[1,2,3]	0,22...0,33	0,09...0,12; 0,10...0,12
Kiefer[2]	0,32	0,13; 0,15
Balsa[4]	-	0,049...0,077
Buche[2,3]	0,25...0,49	0,13...0,15; 0,15...0,17
Eiche[4]	0,24...0,35	0,16...0,18
Esche[1]	0,31	0,16; 0,18
Spanplatte[2]	0,23...0,25	0,10...0,12
Strangpress-Spanplatte[2]	0,12[6]...0,24[7]	0,20

[1] bei 20 °C und 15 - 16 % Holzfeuchte (Kollmann F., 1951)
[2] bei 10 °C und 12 % Holzfeuchte (Schneider & Engelhardt, 1977)
[3] bei 10 °C und 13 - 14 % Holzfeuchte (Sonderegger, Hering & Niemz, 2011)
[4] nach (Vorreiter, 1949) (Eiche bei 10 % Holzfeuchte)
[5] Wärmeleitfähigkeit in tangentialer (erster Wert) und radialer (zweiter Wert) Richtung
[6] in Strangpressrichtung
[7] senkrecht zur Pressrichtung

Nach (Kollmann F., 1951) ergibt sich bei einem Feuchtegehalt von 12 % für die Wärmeleitfähigkeit von Holz senkrecht zur Faserrichtung

$$\lambda_{\perp} = 0{,}026 + 0{,}195 \cdot \rho \cdot 10^{-3} \quad [\mathrm{W/mK}] \tag{7.1}$$

ρ Rohdichte [kg/m³]

für die Wärmeleitfähigkeit von Holz parallel zur Faserrichtung

$$\lambda_{\parallel} = 0{,}026 + 0{,}46 \cdot \rho \cdot 10^{-3} \quad [\mathrm{W/mK}] \tag{7.2}$$

Feuchtegehalt

Mit zunehmendem Feuchtegehalt nimmt auch die Wärmeleitfähigkeit zu, weil Wasser eine höhere Wärmeleitfähigkeit als darrtrockenes Holz besitzt. Bild 7.2 zeigt den Einfluss des Feuchtegehaltes auf die Wärmeleitfähigkeit von Holz senkrecht zur Faserrichtung in Abhängigkeit von der Rohdichte.

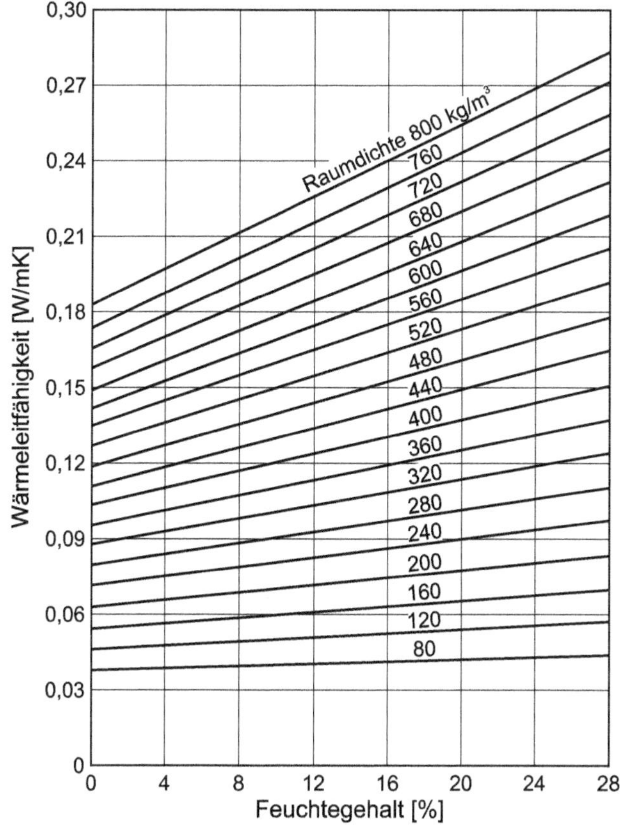

Bild 7.2 Wärmeleitfähigkeit von Holz senkrecht zur Faserrichtung in Abhängigkeit von Raumdichte und Feuchtegehalt (Kollmann F., 1987)

Für den Einfluss des Feuchtegehaltes gilt:

$$\lambda_2 = \lambda_1\left[1-0{,}0125\left(\omega_1-\omega_2\right)\right] \tag{7.3}$$

$\lambda_{1,2}$ Wärmeleitfähigkeit [W/mK] bei den Feuchtegehalten ω_1 und ω_2

ω_1, ω_2 Feuchtegehalt [%] in den Zuständen 1 und 2

Faserrichtung

Parallel zur Faserrichtung des Holzes ist die Wärmeleitfähigkeit größer als senkrecht zur Faserrichtung. Das Verhältnis $\lambda_{\parallel}/\lambda_{\perp}$ beträgt bei Nadelhölzern etwa 2:1. Zwischen tangentialer und radialer Richtung bestehen nur geringe Unterschiede; in radialer Richtung ist die Wärmeleitfähigkeit etwa 10 % größer als in tangentialer Richtung, weil die Wärmeleitung durch die Holzstrahlen erleichtert wird.

Temperatur

Mit zunehmender Temperatur wird die Wärmeleitfähigkeit des Holzes größer. Der Temperatureinfluss ist umso größer, je höher der Porenanteil ist.

7.2 Spezifische Wärmekapazität

Die spezifische Wärmekapazität *c* ist die Wärmemenge, die erforderlich ist, um 1 kg eines Stoffes um 1 K zu erwärmen. Ihre Maßeinheit ist J/kgK. Tabelle 7.3 enthält Angaben zur spezifischen Wärmekapazität verschiedener Holzarten. Für Holzwerkstoffe werden ähnliche Werte wie für Vollholz angegeben. Einen gewissen Einfluss kann bei Holzwerkstoffen der Klebstoff haben. Für Span- und Faserplatten wurden bei 6 - 7 % Holzfeuchte 1420 - 1450 J/kgK, für OSB 1550 J/kgK ermittelt (Czajkowski, Olek, Weres & Guzenda, 2016), bei Weichfaserplatten (keine Feuchteangabe) 1361 - 1632 J/kgK (Ghazi Wakili, Binder & Vonbank, 2003).

Tabelle 7.3 Spezifische Wärmekapazität in Abhängigkeit von der Holzfeuchte

Holzart	Spezifische Wärmekapazität [J/kgK] bei Feuchtegehalt [%]					
	0	5	10	20	50	100
Fichte	1350	1510	1630	1800	2180	2800
Kiefer	1410	1540	1660	1870	2330	2800
Eiche	1450	1590	1670	1910	2370	2790
Buche	1460	1600	1710	1920	2310	2830

Die spezifische Wärmekapazität von Holz ist rund 4-mal größer als die von Eisen (450 J/kgK) oder Kupfer (380 J/kgK). Die hohe spezifische Wärmekapazität und das geringe Wärmeleitvermögen von Holz ermöglichen es, Holz für Griffe von Koch- und Heizgeräten einzusetzen.

Die spezifische Wärmekapazität ist abhängig vom Feuchtegehalt; sie wird mit zunehmendem Feuchtegehalt größer (Bild 7.3), da Wasser eine sehr hohe spez. Wärmekapazität (4190 J/kgK) besitzt. Der Einfluss der Rohdichte ist vernachlässigbar gering. Von Vorteil sind die hohe spezifische Wärmekapazität und die geringe Wärmeleitfähigkeit beim Einsatz von Holzfaserdämmstoffen. Es kommt im Vergleich zu Mineral- und Gesteinswolle zu einer deutlich stärkeren Amplitudendämpfung und Phasenverschiebung des Innenklimas im Vergleich zum Außenklima. Tabelle 7.4 und Bild 7.4 zeigen das exemplarisch.

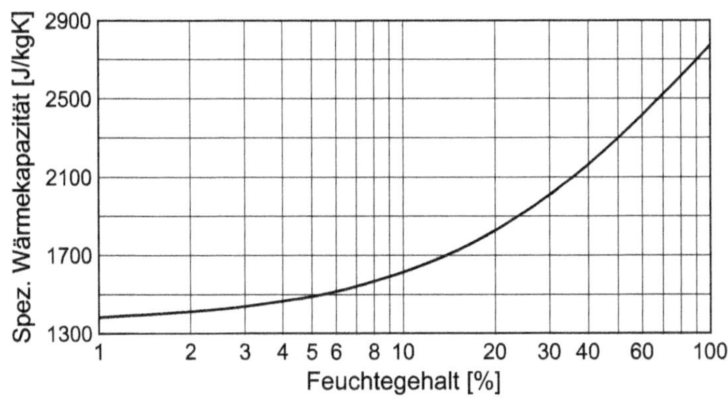

Bild 7.3 Einfluss des Feuchtegehalts auf die spezifische Wärmekapazität von Holz nach (Kollmann F., 1951)

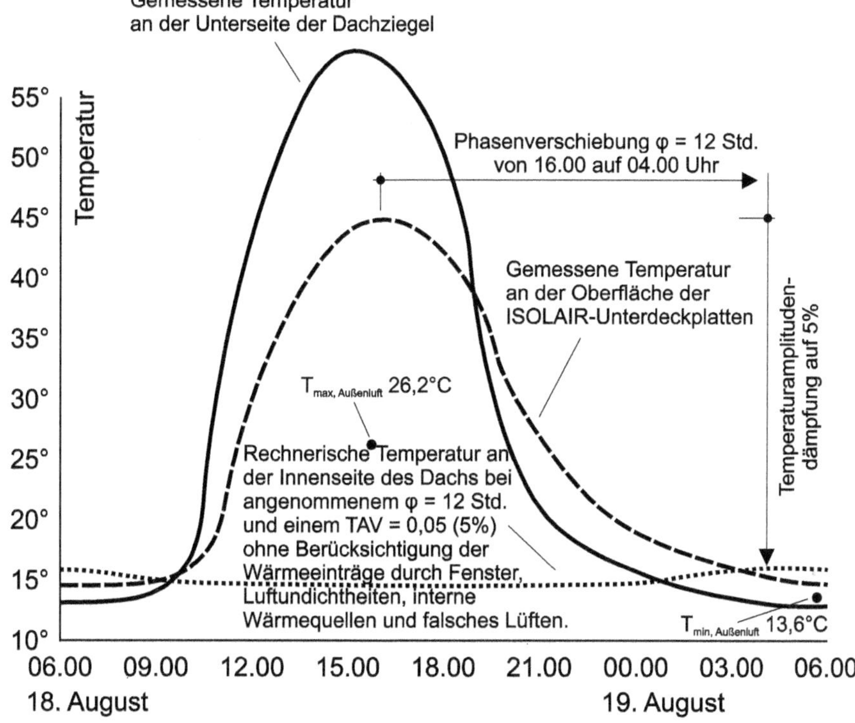

Bild 7.4 Phasenverschiebung und Amplitudendämpfung einer Dachdämmung aus Holzfaserdämmplatten (Pavatex SA, Cham)

Tabelle 7.4 Wärmekapazität, Phasenverschiebung und Amplitudendämpfung von Holzfaserdämmplatten (HFD) im Vergleich zu anderen Dämmstoffen bei einer Dachkonstruktion mit 13 % Holzanteil und einer Dämmdicke von 180 mm oder 160 + 20 mm (Pavatex SA, Cham)

Produkte	TAV*	Rohdichte	Spezifische Wärmekapazität	Phasenverschiebung
	%	kg/m³	J/kgK	h
Holzfaserdämmplatte (HFD), (Pavatex)	9	140	2100**	11,7
Cellulose (+ HFD 20 mm)	16	45	1940	8,7
Flachs	20	30	1550	7,4
Baumwolle	21	20	1900	7,1
Schafwolle (+ HFD 20 mm)	22	25	1300	7,0
Steinwolle	21	40	1000	6,7
Polystyrol	22	20	1500	6,3
Mineralwolle	23	20	1000	5,9

* Temperaturamplitudenverhältnis

** Pavatex SA verwendet hier einen sehr hohen Wert für die Wärmekapazität. Je nach Literatur gibt es für Holzfaserdämmstoffe sehr unterschiedliche Angaben, die jedoch alle tiefer liegen: nach DIN EN ISO 10456: 2000 J/kgK, nach DIN EN 12524 (zurückgezogene Norm): 1400 J/kgK, nach Ghazi Wakili et al.: 1361 – 1632 J/kgK (Ghazi Wakili, Binder & Vonbank, 2003)

7.3 Temperaturleitfähigkeit

Mit der Temperaturleitfähigkeit a wird die Geschwindigkeit der Wärmeleitung im Holz bezeichnet. Sie hat praktische Bedeutung u. a. für die Trocknung, die Verleimung und das Pressen (z. B. bei der Herstellung von Spanplatten, Faserplatten, Lagenholz, Brettschichtholz) sowie zur Beurteilung des Temperatur- und Kälteverhaltens. Für die Temperaturleitfähigkeit gilt:

$$a = \frac{\lambda}{c \cdot \rho} \quad \left[m^2/s\right] \tag{7.4}$$

c spezifische Wärmekapazität [J/kgK]

ρ Rohdichte [kg/m³]

λ Wärmeleitfähigkeit [W/mK]

Einflussgrößen sind also die Wärmeleitfähigkeit, die spezifische Wärmekapazität, die Rohdichte und indirekt der Feuchtegehalt (jedoch gering, da die Temperaturleitfähigkeit des Wassers im gleichen Bereich liegt). Tabelle 7.5 veranschaulicht den Einfluss von Rohdichte und Feuchtegehalt auf die spezifische Wärmekapazität, die Wärmeleitfähigkeit und die Temperaturleitfähigkeit.

Tabelle 7.5 Abhängigkeit der Wärme- und Temperaturleitfähigkeit von Holz bei 27 °C von der Dichte und dem Feuchtegehalt (Kollmann F., 1951)

Darrdichte	Feuchtegehalt	Rohdichte	Wärmeleitfähigkeit	Spezifische Wärmekapazität	Temperaturleitfähigkeit
kg/m³	%	kg/m³	W/mK	J/kgK	m²/h
200	10	217	0,066	1610	0,00068
	20	233	0,074	1810	0,00063
	30	252	0,082	1990	0,00059
	50	287	0,098	2280	0,00054
	100	380	0,140	2750	0,00052
600	10	627	0,144	1610	0,00051
	20	657	0,162	1810	0,00049
	30	690	0,178	1990	0,00047
	50	776	0,216	2280	0,00044
	100	1030	0,306	2750	0,00038

7.4 Wärmeausdehnung

Kenngröße der Wärmeausdehnung ist der thermische Längenausdehnungskoeffizient α_W (auch als linearer Wärmeausdehnungskoeffizient oder Wärmeausdehnungszahl bezeichnet). Unter dem thermischen Längenausdehnungskoeffizienten wird die Längenausdehnung eines 1 m langen Stabes bei einer Temperaturdifferenz von 1 K verstanden.

Es gilt:

$$\alpha_W = \frac{\Delta l}{l_0 \cdot \Delta t} \quad \left[\frac{m}{m \cdot K}\right] \text{ oder } \left[K^{-1}\right] \tag{7.5}$$

Δl Längenänderung [m]

l_0 Ausgangslänge [m]

Δt Temperaturdifferenz [K]

Zwischen der Wärmeausdehnung und der Temperatur besteht ein linearer Zusammenhang. In gleichem Maße, wie es beim Erwärmen zu einer Längenzunahme kommt, hat das Abkühlen eine Längenabnahme zur Folge. Die Gesamtlänge bei einer Temperaturerhöhung von t_1 auf t_2 ergibt sich unter Berücksichtigung von Gleichung (7.5) zu

$$l_2 = l_1\left[1 + \alpha_W\left(t_2 - t_1\right)\right] \tag{7.6}$$

Der thermische Längenausdehnungskoeffizient von Holz wird von der Holzart, der Darrdichte und der Schnittrichtung beeinflusst (Tabelle 7.6).

Tabelle 7.6 Lineare Wärmeausdehnung von trockenem Holz im Bereich von −50 °C...+50 °C (Vorreiter, 1949) und von Holzwerkstoffen im Bereich von −40 °C...+60 °C (Sonderegger & Niemz, 2006)

Holzart	Längenausdehnungskoeffizient (x 10^{-6}) [K^{-1}]		
	in Faserrichtung bzw. Plattenebene	senkrecht zur Faserrichtung	
		radial	tangential
Fichte	3,15...3,5	23,8...23,9	32,3...34,6
Weymouthskiefer	3,65...4,0	-	63,6...72,7
Balsa	-	16,3	24,1
Zucker-Ahorn	3,82...4,16	26,8...28,4	35,3...37,6
Gelb-Birke	3,36...3,57	30,7...32,2	38,3...39,4
Roteiche	3,43	28,3	42,3
Esche	9,51	-	-
Sperrholz (Lärche)	4,2		
Spanplatte	6,2...7,2		
OSB	6,3		
MDF	6,8		

Nach Weatherwax und Stamm (Kollmann F., 1951) bestehen dabei folgende Beziehungen zwischen der Wärmeausdehnung, der Schnittrichtung und der Darrdichte:

$$\alpha_{\mathrm{Wrad}} = 5 \cdot \rho_0 \cdot 10^{-8} \tag{7.7}$$

$$\alpha_{\mathrm{Wtan}} = 6 \cdot \rho_0 \cdot 10^{-8} \tag{7.8}$$

α_{Wrad} Wärmeausdehnung radial [m/mK]

α_{Wtan} Wärmeausdehnung tangential [m/mK]

ρ_0 Darrdichte [kg/m^3]

$$\alpha_{\mathrm{W}\perp} = \frac{\alpha_{\mathrm{Wrad}} + \alpha_{\mathrm{Wtan}}}{2} \tag{7.9}$$

$\alpha_{\mathrm{W}\perp}$ Wärmeausdehnung quer zur Faserrichtung [m/mK]

Insgesamt betrachtet, hat die thermische Ausdehnung im Vergleich zum Quellen und Schwinden des Holzes eine wesentlich geringere Bedeutung, zumal eine Temperaturänderung eine Änderung des Feuchtegehaltes bewirkt und damit Quell- und Schwindererscheinungen auftreten. Die Quell- und Schwindmaße sind eine Zehnerpotenz größer als die thermischen Längenänderungen. Der Längenausdehnungskoeffizient in Faserrichtung beträgt bei Holz $2{,}5 \cdot 10^{-6}$ bis $11 \cdot 10^{-6}$ m/mK im Bereich von −60 bis +50 °C. Er wird mit abnehmendem Feuchtegehalt größer, und zwar je 1 % Änderung des Feuchtegehalts um 2 bis 3 % in Faserrichtung bzw. um 3 bis 5 % senkrecht zur Faserrichtung.

Bei Lagenholz ist ein deutlicher Einfluss des Klebstoffanteils auf den thermischen Längenausdehnungskoeffizienten zu beobachten. Nach Kollmann (Kollmann F., 1951) nimmt die Wärmeausdehnung mit höherem Harzanteil zu. Der Einfluss des Verdichtungsgrades ist dagegen relativ gering. Durch die unterschiedliche Wärmeausdehnung parallel und senkrecht zur Faserrichtung des Holzes kommt es bei Lagenholz zum Markieren an den Plattenenden (Bild 7.5). Dies wird als Waschbrett-Effekt bezeichnet.

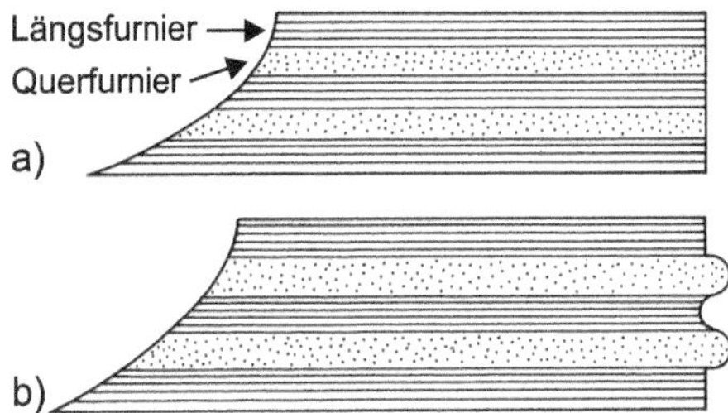

Bild 7.5 Schematische Darstellung des Waschbretteffekts durch unterschiedliche Wärmeausdehnung der einzelnen Lagen bei Sperrholz, (a) im Ausgangszustand, (b) nach Temperatureinwirkung (Erwärmung) (Kollmann F., 1951)

7.5 Brandverhalten

7.5.1 Grundlagen

Brandverhalten ist der Sammelbegriff für eine Reihe von Kriterien, die bei der Brandprüfung eine Rolle spielen. Diese Kriterien bilden die Grundlage für die Einstufung von Stoffen in Brandverhaltensklassen (DIN EN 13501) bzw. Baustoffklassen (DIN 4102).

Das Brandverhalten von Holz und Holzwerkstoffen wird durch zahlreiche Faktoren bestimmt. Wichtige Kenngrößen zur Charakterisierung des Brandverhaltens sind:

Flammpunkt

Als Flammpunkt wird die Temperatur bezeichnet, bei der Holz infolge thermischer Zersetzung bei Vorhandensein einer Fremdflamme zu brennen beginnt. Der Flammpunkt liegt bei Holz zwischen 200 und 275 °C und ist abhängig von der Holzart, der Rohdichte, den Holzinhaltsstoffen und dem Feuchtegehalt. Flammpunkt und Brennpunkt sind nur bei Flüssigkeiten eindeutig definierbar.

Brennpunkt

Als Brennpunkt wird die Temperatur bezeichnet, bei der das Holz mit bleibender Flamme, d. h. ohne äußere Einwirkung, weiterbrennt. Der Brennpunkt liegt bei Holz zwischen 260 und 290 °C.

Zündpunkt

Als Zündpunkt wird die Temperatur bezeichnet, bei der sich Holzgase bei Sauerstoffzufuhr selbst entzünden. Der Zündpunkt liegt bei Holz zwischen 330 bis 520 °C. Auch hier wirken die bereits genannten Einflussgrößen. Auch der Zündpunkt ist normalerweise nur bei Flüssigkeiten anwendbar.

Zündverzögerung

Unter Zündverzögerung wird die Zeit vom Beginn der Temperatureinwirkung und ausreichender Sauerstoffzufuhr bis zur Entzündung der sich bildenden Holzgase verstanden. Die Zündverzögerung steigt mit der Rohdichte und dem Feuchtegehalt des Holzes, sie fällt mit dessen Anteil an Fetten und Harzen. Tabelle 7.7 veranschaulicht den Einfluss von Temperatur und Holzart auf die Zündverzögerung.

Tabelle 7.7 Zündverzögerung beim Verbrennen von Holz in Abhängigkeit von der Holzart und der Temperatur (nach McNaughton, zitiert in (Vorreiter, 1949))

Holzart	Zündverzögerung [min] bei						
	180 °C	200 °C	225 °C	250 °C	300 °C	350 °C	400 °C
Sitka-Fichte	40,0	19,6	8,3	5,3	2,1	1,0	0,3
Kiefer	14,3	11,8	8,7	6,0	2,3	1,4	0,5
Amerik. Lärche	30,8	25,0	17,0	9,5	3,5	1,5	0,5
Linde	-	14,5	9,6	6,0	1,6	1,2	0,3
Roteiche	20,0	13,3	8,1	4,7	1,6	1,2	0,5

Nadelhölzer, zerstreutporige (mit schmalen Gefäßen) und ringporige Laubhölzer bewirken demnach eine größere Zündverzögerung als zerstreutporige Hölzer mit weiten Gefäßen.

Selbstentzündung

Von Selbstentzündung spricht man, wenn sich in Haufwerken gelagerte Holzpartikeln (z.B. Späne, Schleifstaub) durch die Tätigkeit von Mikroorganismen oder Oxidation von Harzen oder anderen akzessorischen Bestandteilen erhitzen und bei Zutritt von Luft zu brennen beginnen. Die Temperatur, bei der das geschieht, ist stark abhängig von der Partikelgröße, dem Feuchtegehalt des Holzes und vom Druck, dem die Partikeln im Haufwerk ausgesetzt sind (Grewer, 1978).

Thermische Zersetzung

Unter thermischer Zersetzung versteht man die bei Einwirkung höherer Temperatur eintretenden Veränderungen des Holzes. Die thermische Zersetzung beginnt bei Temperaturen über 105 °C. Langfristig können aber schon bei niedrigen Temperaturen thermische Schädigungen eintreten. Der Zeiteinfluss ist hier erheblich. Es tritt zunächst ein Austreiben von flüchtigen, leicht zersetzbaren Inhaltsstoffen ein, verbunden mit einer Veränderung der Cellulose und der Polyosen. Ab 200 °C erfolgt eine lebhafte Holzzersetzung, die bei 275 °C ihren Höhepunkt erreicht. Bei weiterer Temperaturerhöhung sinkt sie wieder ab. Dabei wird in hohem Maße Wärme frei, große Mengen Gase entwickeln sich. Die thermische Zersetzung geht mit einer Verfärbung des Holzes einher. Bei weitgehendem Ausschluss von Oxidationsmitteln kommt es zur Pyrolyse.

Bei der thermischen Behandlung von Holz (meist in Stickstoff- oder auch in Wasserdampfatmosphäre bei Temperaturen zwischen 180 - 220 °C) treten erhebliche chemische Änderungen auf, Hemicellulosen werden abgebaut, die Gleichgewichtsfeuchte und die Quellung sinken deutlich (Hill, 2006). Bei verklebten Bauteilen kann es bei kleinen Querschnitten (z.B. verklebte Kanteln in Wintergärten) zu einer deutlichen Beeinflussung der Tragfähigkeit bei ausgewählten Klebstoffen (z.B. PVAc) kommen. Bei großen Querschnitten ist das durch die geringere Wärmeleitfähigkeit des Holzes eher nicht der Fall (Clauss, 2011), (Klippel, 2014).

Heizwert

Unter dem Heizwert wird die Wärmeenergie verstanden, die durch Oxidationsreaktion aus den Brennstoffen entsteht. Der Heizwert wird meist in Kalorimetern bestimmt. Für wissenschaftliche Untersuchungen wird zwischen dem oberen (H_o) und dem unteren Heizwert (H_u) unterschieden. In der Praxis wird häufig nur der untere Heizwert angegeben (meist als Heizwert bezeichnet). Der untere Heizwert ist die freigesetzte Wärmeenergie, vermindert um die Verdampfungswärme (V) des frei werdenden Wassers.

Es gilt also:

$$H_o - V = H_u \tag{7.10}$$

Der untere Heizwert H_u sinkt mit zunehmendem Feuchtegehalt des Holzes, wobei nach Kollmann (Kollmann F., 1951) folgende Abhängigkeit besteht:

$$H_u = \frac{18850 - 25 \cdot \omega}{100 + \omega} \cdot 100 \qquad (7.11)$$

H_u unterer Heizwert [kJ/kg]

ω Feuchtegehalt [%]

Tabelle 7.8 enthält die Heizwerte der Bestandteile des Holzes, Tabelle 7.9 die Heizwerte von Holz und Holzwerkstoffen.

Tabelle 7.8 Anteile und Heizwerte der Holzkomponenten (Nadel- und Laubholz)

Holzart	Cellulose	Hemicellulose	Lignin
Heizwert [MJ/kg]	15,3...17,8	16,5...17	25,6...28,7
Anteile [%]			
- Nadelholz	40...43...45	25...28...30	27...29...33
- Laubholz	40...43...55	27...35...40	16...22...24

Tabelle 7.9 Heizwerte von Holzwerkstoffen und Rinde (nach verschiedenen Autoren; zusammengestellt von Niemz)

Material	Feuchtegehalt [%]	Heizwert [MJ/kg]
Fichte	15	13,4...16,5
	0	17,9
Kiefer	20	14,5
	0	18,7
Birke	15	15,8
	0	19,9
Eiche	15	14,5
	0	17,0
Rotbuche	15	14,8...16,0
	0	16,2...19,0
Sperrholz	6...12	16,5
Tischlerplatte	6...12	16,5
Spanplatte	6...12	16,5
Kunststoffbeschichtete Spanplatte	6...12	16,5
Harte Faserplatte	6...12	16,5
MDF	6...12	16,5
Dekorfolie (Paket)	-	17,6
Schichtpressstoff (Paket)	-	20,5
Schleifstaub von Spanplatten	8	17,9
Sägespäne von Spanplatten	10	17,6

Tabelle 7.9 Heizwerte von Holzwerkstoffen und Rinde (nach verschiedenen Autoren; zusammengestellt von Niemz) *(Fortsetzung)*

Material	Feuchtegehalt [%]	Heizwert [MJ/kg]
Schleifstaub von Vollholz	12	16,6
Säge-, Fräs-, Hobelspäne der Vollholzverarbeitung	15	14,9
Rinde	60	10,5
	100	8,4
	150	6,3

Der Heizwert kann direkt über die Elementzusammensetzung eines Brennstoffes anhand der Formel von Dulong (angepasst an experimentell ermittelte Werte durch Boie) berechnet werden:

$$H_u(atro) = 34{,}8 \cdot \mathrm{C} + 93{,}9 \cdot \mathrm{H} + 10{,}5 \cdot \mathrm{S} + 6{,}3 \cdot \mathrm{N} - 10{,}8 \cdot \mathrm{O} \quad [\mathrm{MJ/kg}] \tag{7.12}$$

C, H, S, N, O Gewichtsanteile der Elemente als Dezimalangabe

atro absolut trocken

Bei der Beurteilung des Brandverhaltens von Holzwerkstoffresten (beschichtet oder unbeschichtet) ist ein Vergleich mit dem Brandverhalten von Holz angebracht. Wesentlich ist dabei, dass der Feuchtegehalt des Holzes meist bei 15 bis 20 %, der von Spanplattenresten dagegen häufig unter 10 % liegt, da die Feuchte die Verbrennungswärme erheblich beeinflusst (Marutzky R., 1986). Aminoplastgebundene Spanplatten verbrennen genauso wie oder besser als Holz. Mit Diisocyanat verleimte Spanplatten haben ein etwas ungünstigeres, mit Phenolharz verleimte Spanplatten ein deutlich ungünstigeres Brandverhalten als Holz. Das ist auf die aromatische Struktur der Bindemittel zurückzuführen. Beschichtete Spanplattenreste verbrennen genauso wie oder etwas schlechter als unbeschichtete.

Die Anforderungen an die Führung des Verbrennungsprozesses sind bei Holzwerkstoffresten etwas komplizierter als bei Holz. Die gebildete Asche ist mit der von Vollholz vergleichbar. Sie ist bei vollständiger Verbrennung umweltverträglich. Problematisch sind jedoch Rückstände einer unvollständigen Verbrennung oder Verbrennungsrückstände von holzschutzmittelhaltigen Holzresten. Schadstoffbelastete Rauchgase sind zumeist die Folge einer unzureichenden Verbrennung. Als Schadstoffe können Kohlenmonoxid bzw. Kohlenwasserstoffe auftreten. Bei der Verbrennung von Holzwerkstoffresten ist außerdem mit dem Auftreten von Kohlendioxid, Wasserdampf, Stickoxiden und gegebenenfalls Halogenwasserstoff zu rechnen. Halogenwasserstoff tritt bei der Verbrennung von Platten auf, die mit PVC beschichtet sind. Tabelle 7.10 enthält Angaben zur Stickoxidemission bei der Verbrennung verschiedener Holzreste, Bild 7.6 zeigt Emissionswerte bei der Verbrennung von Holz und Holzwerkstoffen.

Tabelle 7.10 Stickoxidemission von Feuerungsanlagen bei der Verbrennung unterschiedlicher Holz- und Holzwerkstoffreste (Marutzky R., 1986)

Feuerungsanlage	Stickoxidemission, bezogen auf Brennstoffwärme [mg/MJ]			
	Holz	UF-Spanplatte	PF-Spanplatte	MDI-Spanplatte
handbeschickter Kaminofen	80	210	80	130
Durchbrandkessel	40	160	50	90
Unterbrandkessel	60	180	60	n.b.
mechanisch beschickte Hackschnitzelfeuerung	80	300	120	n.b.

UF: Harnstoff-Formaldehyd-Harz
PF: Phenol-Formaldehyd-Harz
MDI: Polyharnstoffverleimung (Methandiphenyldiisocyanat)
n. b.: nicht bestimmt

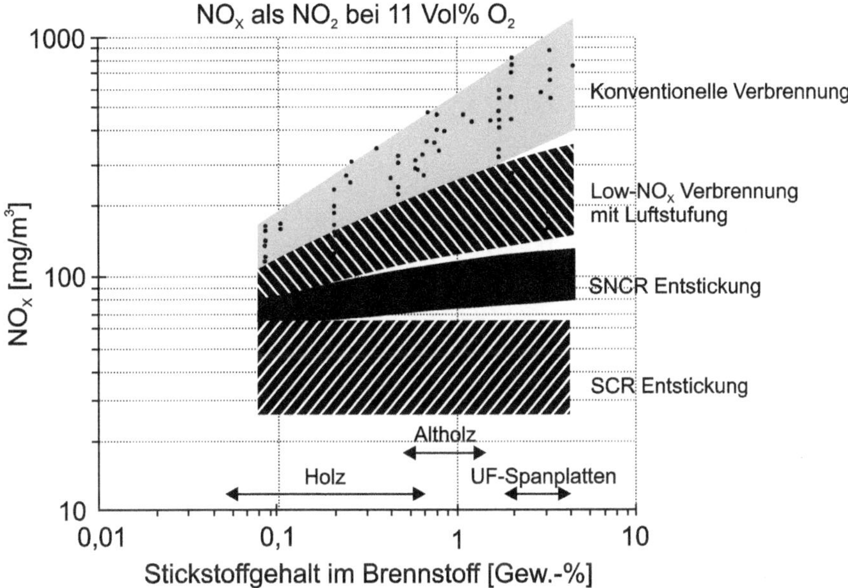

Bild 7.6 Emissionen bei der Verbrennung von Holz und Holzwerkstoffen nach Nussbaumer in (Marutzky & Seeger, 1999)

7.5.2 Brandverhalten

Holz

Holz ist grundsätzlich brennbar (Baustoffklasse B – brennbar, nach DIN 4102), zeigt jedoch ein Brandverhalten, das in gewissen Grenzen beeinflusst werden kann. Allgemein bekannt ist, dass sich Holzkonstruktionen durch einen hohen Feuerwiderstand auszeichnen. Der Grund liegt darin, dass

- sich auf größeren Holzquerschnitten (z. B. Brettschichtholz) bereits nach kurzer Branddauer eine Holzkohleschicht ausbildet, die aufgrund ihrer geringen Wärmeleitfähigkeit ein Weiterbrennen verhindert (Bild 7.7);
- die Wärmeleitfähigkeit von Holz gering ist und die Temperatur sehr langsam ins Holzinnere transportiert wird. Dies wirkt sich günstig auf verklebte Holzkonstruktionen aus (siehe (Klippel, 2014), (Clauss, 2011)), da infolge der sehr geringen thermischen Ausdehnung und der bleibenden Restfestigkeit der Bauelemente die Stabilität der Holzkonstruktion erhalten bleibt (im Gegensatz zu Stahlkonstruktionen, die durch Weichwerden völlig zerstört werden). Maßgebend ist dabei das Verhältnis von Holzoberfläche zu Holzvolumen.

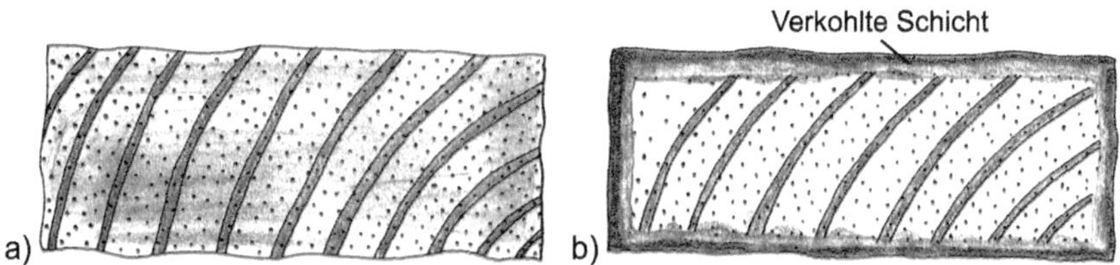

Bild 7.7 Verkohlung eines mit Brandschutzsalzen behandelten Balkens bei Feuereinwirkung: (a) vor dem Brand, (b) nach dem Brand (Autorenkollektiv, 1988)

Das Brandverhalten von Baustoffen wird auf europäischer Ebene in der DIN EN 13501-1 geregelt. Es werden die Brandverhaltensklassen A – F unterschieden. Diese werden noch weiter unterteilt mittels Zusatzangaben zur Rauchentwicklung (s1, s2, s3) sowie zum brennenden Abtropfen/Abfallen (d0, d1, d2). In Deutschland gilt zusätzlich die nationale Norm DIN 4102-1 mit folgenden Baustoffklassen:

- A (A1, A2): nichtbrennbare Baustoffe,
- B: brennbare Baustoffe (B1: schwerentflammbar; B2: normalentflammbar; B3: leichtentflammbar).

Das Brandverhalten der einzelnen Holzarten ist sehr differenziert. Nadelhölzer haben infolge ihres strukturellen Aufbaus ein günstigeres Brandverhalten als Laubhölzer. Eine wichtige Einflussgröße bezüglich des Brandverhaltens ist die Rohdichte. Allgemein gilt:

$\rho \leq 300$ kg/m³	sehr gut brennbar
$\rho \geq 300$ bis 1000 kg/m³	mittelmäßig brennbar
$\rho >$ größer 1000 kg/m³	schlecht brennbar

Unbehandeltes Holz mit einer Dicke > 2 mm wird nach DIN 4102 in die Baustoffklasse B2 (normal entflammbar) eingestuft. Holz und Holzwerkstoffe mit einer Dicke > 12 mm können in die Baustoffklasse B1 (schwer entflammbar) eingestuft werden, wenn sie mit einem Brandschutzanstrich versehen sind. Die Anstriche schäumen bei Wärmeeinwirkung auf (Schichtdicke 2 bis 3 cm). Ebenso kann Holz durch Feuerschutzsalze (Einbringung durch Kesseldrucktränkung) geschützt werden. Diese bewirken eine raschere Verkohlung und damit einen Schutz vor dem Verbrennen.

Holzwerkstoffe

Holzwerkstoffe werden nach DIN EN 13986 einer Brandverhaltensklasse gemäß DIN EN 13501-1 zugeordnet. In Tabelle 7.11 sind einige Beispiele aufgeführt. Dabei spielt auch die Verwendung der Holzwerkstoffe eine Rolle, d.h. durch direktes Aufbringen auf die Unterlage (ohne Luftspalt) erhält man die bessere Klassierung als mit geschlossenem oder offenem Luftspalt (Hinterlüftung). Dies erfordert eine höhere Mindestdicke und/oder hat eine Deklassierung zur Folge. Alternativ zur Klassierung durch DIN EN 13986 kann für ein bestimmtes Produkt eine Prüfung der Brennbarkeit durchgeführt werden, z.B. um es höher einzustufen. Von wesentlichem Einfluss auf das Brandverhalten von Holzwerkstoffen (z.B. von Spanplatten, Bild 7.8) sind die Rohdichte, die Plattendicke, der Schutzmittelgehalt und die Art des Schutzmittels. Durch Zugabe von Schutzmitteln (z.B. Diammoniumphosphat, Borsäure), durch Mineralisieren (Merk, Chanana, Keplinger, Gaan & Burgert, 2015) oder durch Beschichten mit Anstrichstoffen können Holzwerkstoffe dahingehend modifiziert werden, dass sie nur noch schwer entflammbar sind.

Tabelle 7.11 Brandverhaltensklassen von Holz und Holzwerkstoffen (nach DIN EN 13986)

Holzwerkstoffe	Produktnorm	Mindest-Rohdichte [kg/m³]	Mindestdicke [mm]	Klasse (ohne Bodenbeläge)	Klasse für Bodenbeläge
Zementgebundene Spanplatte[1]	EN 634-2	1000	10	B-s1, d0	B_{fl}-s1
OSB[1,2,3]	EN 300	600	9	D-s2, d0	D_{fl}-s1
Spanplatten[1,2,3]	EN 312	600	9	D-s2, d0	D_{fl}-s1
Faserplatte, hart[1]	EN 622-2	900	6	D-s2, d0	D_{fl}-s1
Faserplatte, hart und mittelhart[1,2,3]	EN 622-2, EN 622-3	600	9	D-s2, d0	D_{fl}-s1
Faserplatte, mittelhart[3]	EN 622-3	400	9	E	E_{fl}
Faserplatten, porös[3]	EN 622-4	250	9	E	E_{fl}
MDF[1,2,3]	EN 622-5	600	9	D-s2, d0	D_{fl}-s1
MDF[3]	EN 622-5	400	3	E	E_{fl}
MDF[3]	EN 622-5	250	9	E	E_{fl}
Sperrholz[1,2,3]	EN 636	400	9	D-s2, d0	D_{fl}-s1
Massivholzplatte[1,2,3]	EN 13353	400	12	D-s2, d0	D_{fl}-s1
Flachsspanplatte[1,2,3]	EN 15197	450	15	D-s2, d0	D_{fl}-s1
Brettschichtholz[4]	EN 14080	380	40	D-s2, d0	-
Bauholz[4]	EN 14081-1	350	22	D-s2, d0	-

1 Die Klasseneinteilung gilt nur für plattenförmige Holzwerkstoffe, die ohne Luftspalt direkt auf ein Material der Klasse A1 oder A2-s1, d0 mit einer Mindestdichte von 10 kg/m³ oder wenigstens der Klasse D-s2, d0 mit einer Mindestdichte von 400 kg/m³ befestigt sind.

2 Ein Untergrund aus einem Cellulose-Wärmedämmstoff mindestens der Klasse E darf einbezogen werden, falls unmittelbar hinter dem Holzwerkstoff eingebaut; das gilt jedoch nicht bei Bodenbelägen.

3 Die Klasse gilt mit Ausnahme von Bodenbelägen auch für furnierte, phenol- oder melaminharzbeschichtete Platten.

4 Anforderungen nur in der Produktnorm (nicht in DIN EN 13986) angegeben.

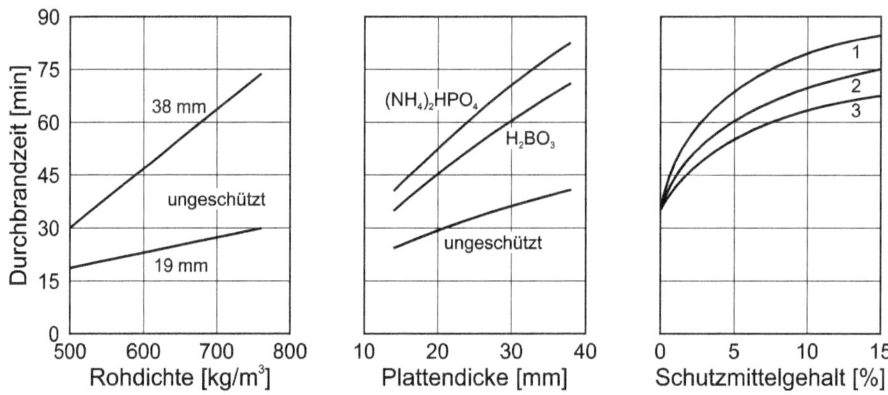

Bild 7.8 Einfluss von Rohdichte, Plattendicke und Gehalt an Schutzmittel auf die Durchbrandzeit von Spanplatten (nach (Deppe, 1972)). 1 Volltränkung mit $(NH_4)_2HPO_4$, 2 Volltränkung mit H_2BO_3, 3 Zugabe von H_2BO_3-Pulver

Bauteile aus Holz und Holzwerkstoffen werden nach ihrem Brandverhalten in Feuerwiderstandsklassen (DIN 4102-2, DIN EN 13501-2) eingestuft. Maßgebend für die Einstufung von Bauteilen aus Holz und Holzwerkstoffen sind die Erfüllung der entsprechenden Anforderungen an das Brandverhalten der Bauteile und deren Querschnitte. Bauteile sind dabei z. B. Wände, Decken, Fenster, Türen, Treppen. Ihr Brandverhalten ist gekennzeichnet durch die Baustoffklasse (d. h. durch das Brandverhalten der Baustoffe) und die sog. Feuerwiderstandsdauer. Dies ist die Mindestdauer in Minuten (z. B. 30, 60, 90, 120, 180 Min), während der ein Bauteil die definierten Anforderungen einer Normprüfung erfüllt (z. B. Durchbrand, Feuerausbreitung). Dabei gilt nach DIN 4102-2 (nur für Deutschland):

- F 30 – feuerhemmend,
- F 90 – feuerbeständig,
- F 180 – hoch feuerbeständig.

Nach DIN EN 13501-2 wird die Mindestdauer des Feuerwiderstandes stärker differenziert nach verschiedenen charakteristischen Leistungseigenschaften wie

- Tragfähigkeit (R),
- Raumabschluss (E),
- Wärmedämmung (I),
- Strahlung (W),
- Widerstand gegen mechanische Beanspruchung (M),
- Selbstschließende Eigenschaft (C),
- Rauchdichtheit (S),
- Brandschutzfunktion (K).

Daraus ergibt sich die allgemeine Bezeichnung: REIW tt – M S C etc. (wobei für tt die Dauer der Brandbeanspruchung in Minuten eingesetzt werden muss). Es müssen jedoch jeweils nur die für den entsprechenden Bauteil relevanten Eigenschaften genannt werden. So lautet z. B. die Bezeichnung für eine tragende, raumabschließende Holztafelbau-Trennwand mit OSB Beplankung: REI 30 (Scheer & Peter, 2009). Für Bauteile aus Holz kommen die Feuerwiderstandsklassen für 30 und 60 Minuten in Betracht (z. T. auch bis 90 Min).

Partikeln und Stäube

Das Brandverhalten von Holzpartikeln und -stäuben ist dadurch gekennzeichnet, dass die oben genannten Effekte bei niedrigeren Temperaturen (im Durchschnitt um 20 bis 40 °C niedriger) auftreten. Beeinflusst wird das Brandverhalten durch die Partikelgröße und den Feuchtegehalt. Zu beachten ist dabei, dass es bei lang anhaltender Temperatureinwirkung (z. B. bei Ablagerung von Spänen in Trocknern) zu Glimmbränden kommen kann, desgleichen zur Explosion von Staub-Luft-Gemischen, wenn bestimmte Konzentrationen und Zündtemperaturen erreicht werden.

Tabelle 7.12 und Tabelle 7.13 geben die Zündtemperatur von Holzpartikel-Luft-Gemischen in Abhängigkeit vom Feuchtegehalt und der Partikelgröße an, die jedoch durch bestimmte Zusatzstoffe verändert werden kann (Explosionsgrenze). Die untere Zündgrenze bei Holzstaub-Luft-Gemischen liegt bei 12 bis 30 g/m^3.

Tabelle 7.12 Einfluss der Spanfraktion (Feuchtegehalt 4 %) auf die Zündtemperatur von Holzpartikel-/Luft-Gemischen nach Godbert-Greenwald (Messungen IHD, Dresden)

Fraktion [µm]	Zündtemperatur [°C]
0 ... 160	400
160 ... 200	410
200 ... 500	415
500 ... 1000	470

Tabelle 7.13 Einfluss des Feuchtegehaltes auf die Zündtemperatur von Holzpartikel-/Luft-Gemischen (Teilchengröße 160 µm) nach Godbert-Greenwald (Messungen IHD, Dresden)

Feuchtegehalt [%]	Zündtemperatur [°C]
5	400
11	410
20	425
33	445
39	465
50	480
60	495

7.6 Einfluss der Temperatur auf die Eigenschaften des Holzes

7.6.1 Kurzzeitige Temperatureinwirkungen

Temperaturänderungen in einem weiten Bereich wirken sich deutlich auf die Eigenschaften des Holzes aus. Bild 7.9 zeigt die Veränderung des Elastizitätsmoduls mit zunehmender Temperatur.

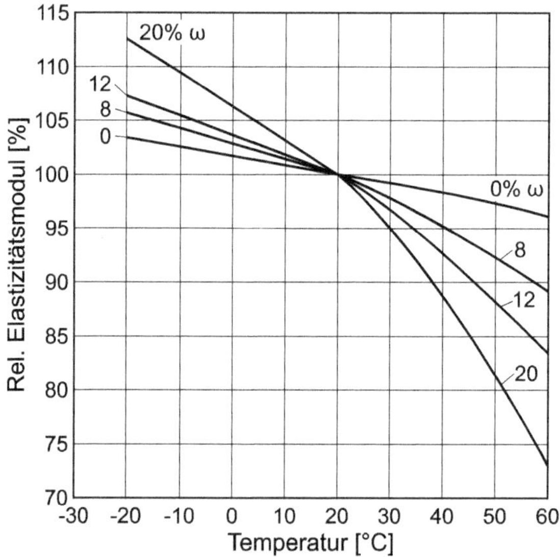

Bild 7.9 Relative Änderung des Elastizitätsmoduls von Holz bei Temperatureinwirkung nach Sulzberger (zitiert in (Kollmann F., 1951))

Dabei wurde der Mittelwert aus verschiedenen Holzarten gebildet, die Basistemperatur betrug 20 °C. Es ist zu erkennen, dass mit zunehmender Temperatur der Elastizitätsmodul fällt. Eine analoge Tendenz besteht bei anderen elastomechanischen Eigenschaften sowie bei den Festigkeitseigenschaften (Bild 7.10, Bild 7.11).

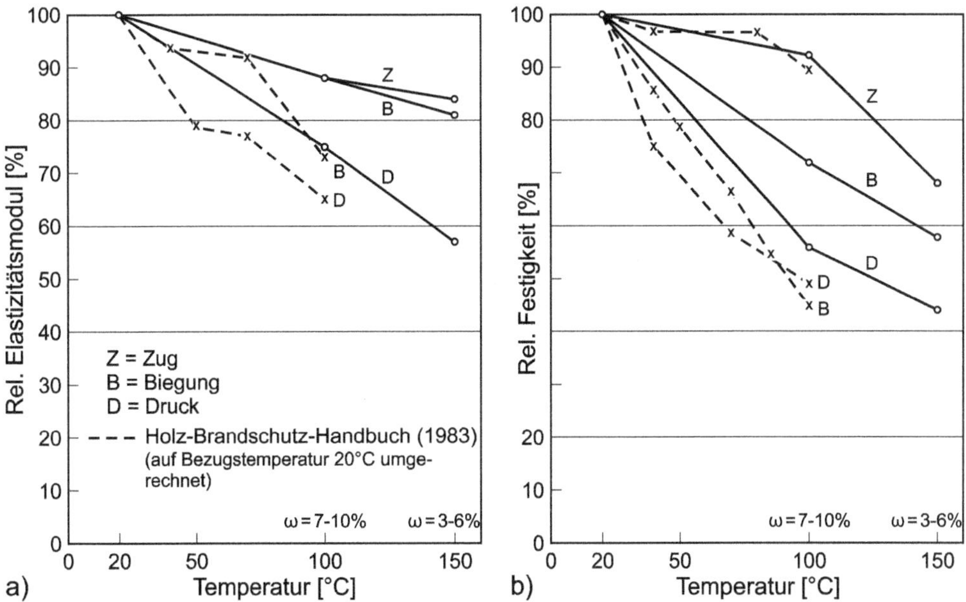

Bild 7.10 Einfluss der Temperatur auf die Eigenschaften von Fichte, (a) relative Änderung des Elastizitätsmoduls, (b) relative Änderung der Festigkeit (nach (Glos & Henrici, 1990))

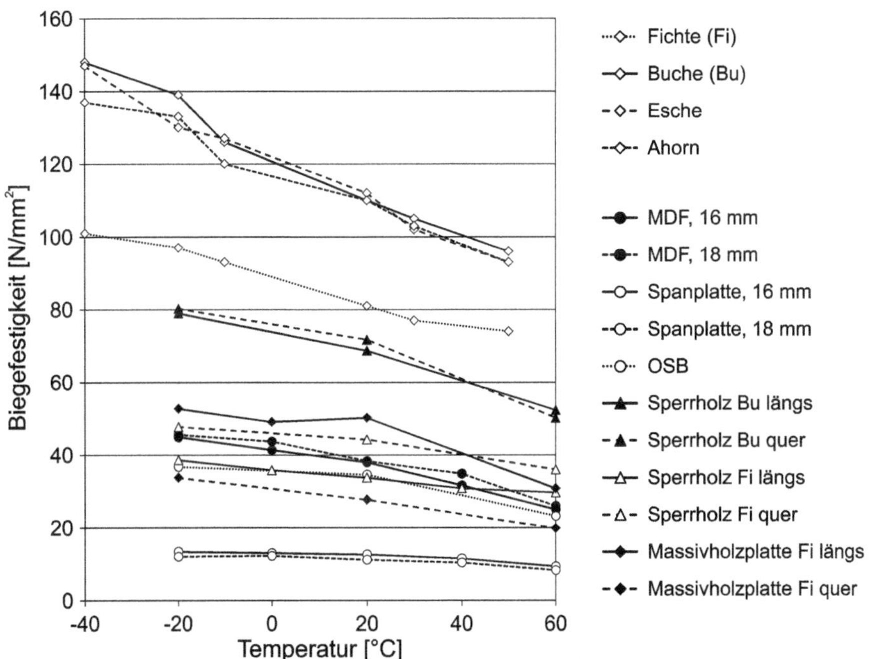

Bild 7.11 Einfluss der Temperatur auf die Biegefestigkeit von Holz nach (Niemz, Hug & Schnider, 2014) und von Holzwerkstoffen nach (Sonderegger & Niemz, 2006)

Starke Temperaturschwankungen beeinflussen auch die Verarbeitungseigenschaften von Holz. So kommt es bei der Zerspanung von gefrorenem Holz aufgrund der erhöhten Sprödigkeit zu einem Anstieg des Feingutanteils. Untersuchungen zum Einfluss der Einfriergeschwindigkeit zeigten, dass bei Fichte eine schnelle Abkühlgeschwindigkeit von −10 °C/h kaum einen Einfluss auf die Festigkeitsparameter hat. Andererseits führte eine langsame Abkühlgeschwindigkeit von −1 °C/h zu einer beträchtlichen Abnahme der Festigkeit (Szmutku, Campean & Porojan, 2013). Grundlegende Arbeiten zum Einfluss der Temperatur führte auch Geissen durch (Geissen, 1976).

Von praktischer Bedeutung ist der Temperatureinfluss beim Brand von Holzkonstruktionen. Unter der sich bildenden Holzkohlenschicht beträgt die Temperatur nach Untersuchungen von (Glos & Henrici, 1990) maximal 100 °C. Bei dieser Temperatur ist bereits mit einem Abfall der elastischen und der Festigkeitseigenschaften zu rechnen (Tabelle 7.14). Übereinstimmend wurde festgestellt, dass die Zugfestigkeit am wenigsten, die Druckfestigkeit am stärksten abfällt; ein Einfluss des Bauteilformats ist deutlich nachweisbar.

Tabelle 7.14 Minderung der mechanischen Holzeigenschaften bei 100 °C gegenüber den Werten bei 20 °C (nach (Glos & Henrici, 1990))

Eigenschaften	Relativer Wert [%] bei 100 °C (Wert bei 20 °C = 100 %)	
	Bauholz[1]	Kleine, fehlerfreie Proben[2]
Biegefestigkeit	72	45
Zugfestigkeit	92	89
Druckfestigkeit	56	49
Biege-Elastizitätsmodul	88	73
Zug-Elastizitätsmodul	88	-
Druck-Elastizitätsmodul	75	65

[1] Holzfeuchte: 7 – 10 %; Holzart: Fichte
[2] Aus Holz-Brandschutz-Handbuch (Kordina & Meyer-Ottens, 1983)

Die Ursache für den Temperatureinfluss auf die Eigenschaften ist darin zu suchen, dass sich mit steigender Temperatur infolge der erhöhten Frequenz der Atom- bzw. Molekularschwingungen das Volumen vergrößert (vgl. Abschn. 7.1). Damit verbunden ist eine Schwächung der intermolekularen Anziehungskräfte sowie der Kohäsion. Bei Erwärmung der kristallinen Bereiche der Gerüstsubstanz kommt es zu erhöhten Wärmeschwingungen der Kettenglieder gegeneinander. Dadurch werden die H-Brücken-Bindungen reduziert; zusätzlich tritt eine Erweichung des Lignins ein. Die gleichzeitige Einwirkung von Temperatur und erhöhter Holzfeuchte bewirkt eine deutliche Eigenschaftsänderung, die Verformbarkeit steigt. Auch der Festigkeitsverlust bei Erhöhung des Feuchtegehaltes ist auf die Reduzierung der Nebenvalenzkräfte und der elektrostatischen Bindungen durch Einlagerung von Wasser in die intermizellaren und interfibrillaren Hohlräume (Aufweitung der Celluloseketten) zurückzuführen.

Im darrtrockenen Zustand liegen im Holz die Celluloseketten dicht nebeneinander, sodass Dipol- und H-Bindungen sowie Dispersionskräfte wirksam werden. Dadurch wird die Gerüst- und Kittsubstanz starr und spröde. Mit zunehmender Feuchteaufnahme werden die Anziehungskräfte kleiner, das Holz wird elastischer. Bei gleichzeitiger Temperatur- und Feuchteeinwirkung wird das Holz in hohem Maße plastisch; es lässt sich bleibend verformen. Durch zusätzliche Druckeinwirkung (z. B. im Defibrator) kann die Plastifizierung weiter erhöht werden. Die vorstehend genannten Effekte werden z. B. beim Biegen von Holz (Bugholz-Möbel), beim thermomechanischen Aufschluss im Defibrator, aber auch bei der thermischen Plastifizierung von Holz genutzt (Bild 7.12).

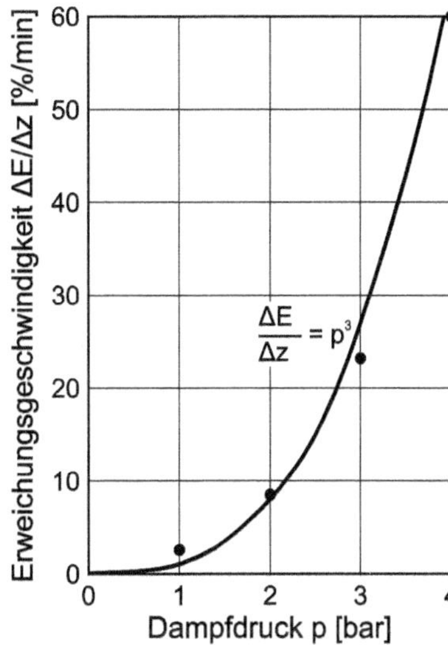

Bild 7.12 Abhängigkeit der Erweichungsgeschwindigkeit von Holz vom Dampfdruck (nach (Lampert, 1966))

7.6.2 Langzeitige Temperatureinwirkung

Die Zeitdauer der Temperatureinwirkung hat einen erheblichen Einfluss auf die Eigenschaftsänderung. Bild 7.13 zeigt die relative Änderung der Rohdichte, der Druckfestigkeit und der Bruchschlagarbeit von Sitka-Fichte. Gleichzeitig kommt es zur Verfärbung des Holzes (Braunfärbung). Auf die Eigenschaftsveränderung durch die Wärmebehandlung von Holz wurde bereits in den entsprechenden Kapiteln (z. B. Kap. 5) verwiesen. Es kommt teilweise zu einer wesentlichen Reduzierung der Festigkeit, insbesondere der Bruchschlagarbeit (siehe auch Bild 7.13, (Hill, 2006), Kapitel 19).

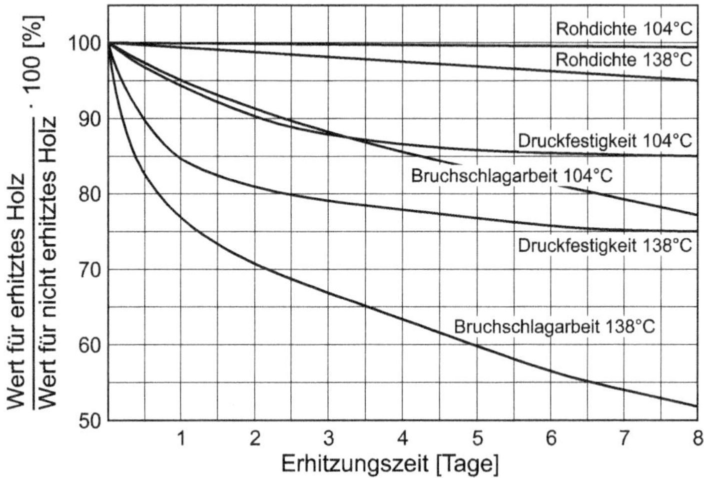

Bild 7.13 Relative Änderung der Eigenschaften von Sitka-Fichte in Abhängigkeit von der Temperatureinwirkung (trockene Hitze), nach Koehler und Pillow (zitiert in (Kollmann F., 1955))

Analoge Effekte treten bei Einwirkung von feuchter Wärme auf. Auch das Sorptionsverhalten wird bei langzeitiger Temperatureinwirkung deutlich beeinflusst; die Gleichgewichtsfeuchte sinkt (Hill, 2006).

Von Mönck und Erler (Mönck & Erler, 2004) wird bei langandauernder thermischer Beanspruchung (35 - 50 °C) von Bauholz eine Absenkung der zulässigen Spannung auf 80 % des Normalwertes empfohlen (bei > 50 °C bis 80 °C auf 60 - 70 % des Normalwertes). Das ist insbesondere beim Einsatz von Holz in speziellen Bauwerken (z. B. Sauna, Gießereien) zu beachten.

7.7 Nutzung thermischer Eigenschaften des Holzes zur Qualitätskontrolle

Zur Qualitätskontrolle werden in wachsendem Umfang Thermographieverfahren eingesetzt. Diese nutzen den Effekt, dass sich Fehlstellen im Material (Äste, Risse, Fehlverklebungen) deutlich vom Temperaturfeld der Umgebung unterscheiden, weil sie eine veränderte Wärmeabgabe bzw. Erwärmung bewirken. Die Verfahren, die vor allem in der Kunststofftechnik sowie im Bauwesen (z. B. zur Kontrolle des Wärmeübergangs in Bauwerken) zur Anwendung kommen, beruhen auf folgenden Prinzipien (Niemz, Berg, Bernatowicz & Fiebig, 1992).

Passives Verfahren

In dem Prüfkörper wird durch eine äußere Wärmequelle ein definierter Wärmestrom erzeugt (z. B. durch Erwärmung des Prüfkörpers in einer Presse). Die erfassbaren Schichtdicken sind gering. Nur Fehler in furnierten Teilen können zuverlässig erfasst werden.

Auch Äste an sägerauem Holz oder Stauchbrüche sind so relativ gut erkennbar (Bild 7.14). Wird das Temperaturfeld des Prüfkörpers mit einer Thermokamera oder einem Pyrometer gemessen, werden solche lokalen Fehlstellen, die den Wärmestrom beeinflussen, sichtbar. Eine breite Anwendung hat die Thermographie in der Holzverarbeitung bisher nicht gefunden. Starke Anwendung findet das Verfahren dagegen bei der Kontrolle von Wärmedämmmaßnahmen im Baubereich (Bild 7.15).

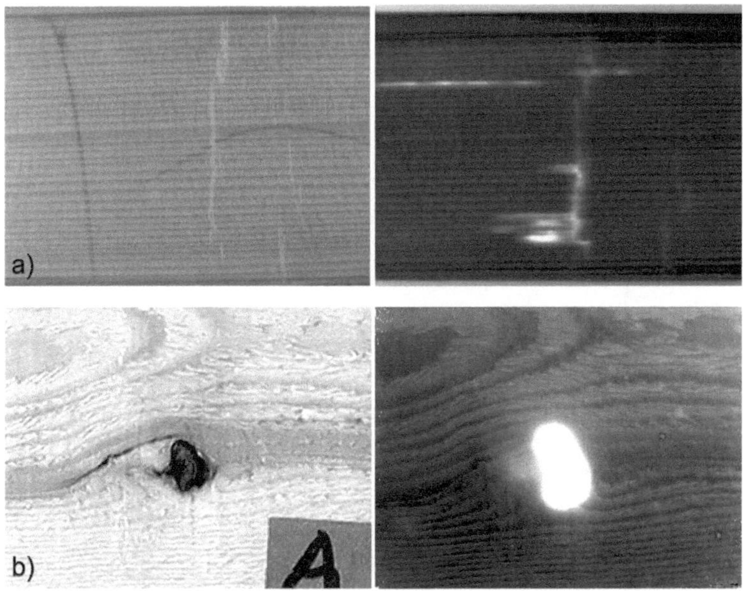

Bild 7.14 Foto (links) und Thermogramm (rechts) eines Fichtenbrettes mit Stauchbrüchen (a) sowie eines Astes in Fichtenholz (b); Aufnahmen: P. Meinlschmidt, WKI

Bild 7.15 Thermogramme eines Hauses vor (links) und nach der Sanierung (rechts); Aufnahme: P. Meinlschmidt, WKI

Aktives Verfahren

Der Prüfkörper wird z. B. mithilfe eines Vibrators (Bild 7.16) oder durch Ultraschall zum Schwingen angeregt, dabei erwärmt sich die Probe im Bereich von Fehlstellen, z. B. einer Rissfläche, stärker als im übrigen Prüfkörper. Die in der Umgebung von lokalen Fehlstellen auftretenden Temperaturunterschiede werden thermografisch ausgewertet und sind ein Maß für die Qualität des untersuchten Werkstoffs. Das Verfahren wird auch als Vibrationsthermografie bezeichnet. Es ermöglicht auch den Nachweis von Spannungsspitzen bei statischer Belastung. Das Verfahren wir häufig in der Metallindustrie genutzt.

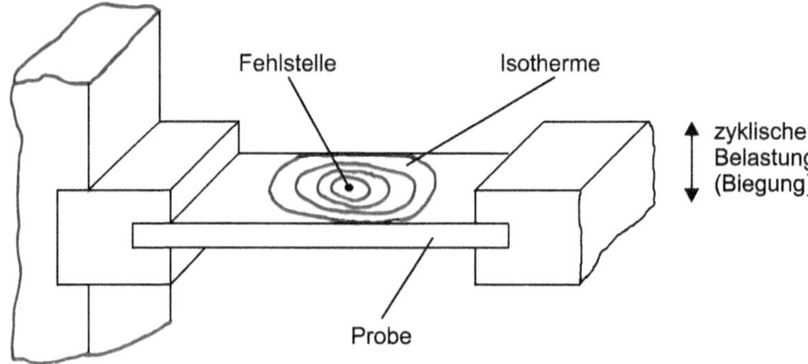

Bild 7.16 Vorrichtung für die Vibrationsthermografie

Literaturverzeichnis

Autorenkollektiv. (1988). Holzbauten und Feuer. Holz-Zentralblatt, S. 523.

Autorenkollektiv. (1988). Holzschutzfibel. Fa. Desowag.

Autorenkollektiv. (1990). Lexikon der Holztechnik (4. Ausg.). Leipzig: Fachbuchverlag.

Cammerer, W. F. (1970). Wärmeleitfähigkeit und Diffusionswiderstand von Holzwerkstoffen. Holz als Roh- und Werkstoff, 28 (11), S. 420 - 423.

Clauss, S. (2011). Structure-property relationships of one-component moisture-curing polyurethane adhesives under thermal load. Zürich: Diss., ETH Zürich.

Czajkowski, L., Olek, W., Weres, J. & Guzenda, R. (2016). Thermal properties of wood-based panels: specific heat determination. Wood Science and Technology, 50 (3), S. 537 - 545.

Deppe, H. J. (1972). Verbesserung des Feuerwiderstandes von Spanplatten. Holz-Zentralblatt, 98 (12), S. 176 - 177.

Dietrich, M. (1984). Untersuchungen zum Zündverhalten von Holzstäuben. Ing-Beleg. Technische Universität Dresden.

Fengel, D. & Wegener, G. (1984). Wood: Chemistry, Ultrastructure, Reactions. Berlin/ New York: De Gruyter.

Fischer, G. (1987). Einsatz der Thermografie bei der Prüfung von Kunststoffteilen. Qualität Zuverlässigkeit, 32 (9), S. 425 - 427.

Fuchs, F. R. (1963). Untersuchungen über den Einfluss der Temperatur und Holzfeuchtigkeit auf die elastischen und plastischen Formänderungen von Buchenholz bei Zug- und Druckbelastung. Hamburg: Diss., Universität Hamburg.

Geissen, A. (1976). Über den Einfluß der Temperatur und Feuchtigkeit auf die Elastizitäts- und Festigkeitseigenschaften des Holzes im Gefrierbereich. Hamburg: Diss., Universität Hamburg.

Ghazi Wakili, K., Binder, B., Vonbank, R. (2003). A simple method to determine the specific heat capacity of thermal insulations used in building construction. Energy and Buildings 35, S. 413 - 415.

Glos, P. & Henrici, D. (1990). Festigkeit von Bauholz bei hohen Temperaturen. München: Forschungsbericht, Institut für Holzforschung der Universität München.

Grewer, T.-K. (1978). Mehrstufige Selbstentzündungsvorgänge bei Stäuben. In VDI-Bericht Nr. 304 (S. 81 - 84).

Hartmann, E. (1984). Technologie und Technik der energetischen Nutzung von Holzresten unter besonderer Berücksichtigung der Wärmegewinnung durch Verbrennung. In WTL-Bericht. Dresden: WTZ Holz.

Hill, C. A. (2006). Wood Modification: Chemical, thermal and other processes. Chichester: Wiley.

Klippel, M. (2014). Fire safety of bonded structural timber elements. Zürich: Diss., ETH Zürich.

Kollmann, F. (1951). Technologie des Holzes und der Holzwerkstoffe (2. Ausg., Bd. 1). Berlin/Göttingen/Heidelberg: Springer.

Kollmann, F. (1955). Technologie des Holzes und der Holzwerkstoffe (2. Ausg., Bd. 2). Berlin: Springer Verlag.

Kollmann, F. (1987). Poren und Porigkeit in Hölzern. Holz als Roh- und Werkstoff, 45 (1), S. 1 - 9.

Kollmann, F. & Schneider, A. (1964). Untersuchungen über den Einfluß von Wärmebehandlungen im Temperaturbereich bis 200 °C und von Wasserlagerung bis 100 °C auf wichtige physikalische und physikalisch-chemische Eigenschaften des Holzes. Köln und Opladen: Westdeutscher Verlag.

Kordina, K. & Meyer-Ottens, C. (Hrsg.). (1983). Holz-Brandschutz-Handbuch. München: Deutsche Gesellschaft für Holzforschung.

Kothe, E. (1987). Moderne, zerstörungsarme Prüfmethoden zur Bestimmung der Eigenschaften verbauten Holzes. Bauforschung Baupraxis(205), 102.

Lampert, H. (1966). Faserplatten. Leipzig: Fachbuch.

Langendorf, G. (1982). Holz - Naturrohstoff mit Zukunft. Leipzig: Fachbuchverlag.

Langendorf, G. (1988). Holzschutz (2. Ausg.). Leipzig: Fachbuchverlag.

Langendorf, G. Schuster, E. & Wagenführ, R. (1990). Rohholz (4. Ausg.). Leipzig: Fachbuchverlag.

Leuschke, G. & Oswald, R. (1978). Bedeutung der Ermittlung sicherheitstechnischer Kenngrößen brennbarer Stäube. In VDI-Bericht Nr. 304 (S. 29 - 38).

Marutzky, R. (1986). Zur Verbrennung von Holzwerkstoffresten mit und ohne Beschichtungsbestandteilen. HK Holz- und Kunststoffverarbeitung, 21 (11), S. 69 - 73.

Marutzky, R. (1991). Erkenntnisse zur Schadstoffbildung bei der Verbrennung von Holz und Spanplatten. Braunschweig: Habilitationsschrift, TU Braunschweig.

Marutzky, R. & Seeger, K. (1999). Energie aus Holz und anderer Biomasse. Grundlagen, Technik, Entsorgung, Recht. Leinfelden-Echterdingen: DRW-Verlag.

Merk, V., Chanana, M., Keplinger, T., Gaan, S. & Burgert, I. (2015). Hybrid wood materials with improved fire retardance by bio-inspired mineralisation on the nano- and submicron level. Green Chemistry, 17 (3), S. 1423 - 1428.

Mönck, W. & Erler, K. (2004). Schäden an Holzkonstruktionen: Analyse und Behebung (4. Ausg.). Berlin: Huss-Medien Verlag Bauwesen.

Niemz, P., Berg, H., Bernatowicz, G. & Fiebig, J. (1992). Orientierende Untersuchungen zur Anwendung der Thermographie. Holzbearbeitung, 39 (6), S. 65 - 71.

Niemz, P., Hug, S. & Schnider, T. (2014). Einfluss der Temperatur auf ausgewählte mechanische Eigenschaften von Esche, Buche, Ahorn und Fichte. 85 (5), S. 163 - 168.

Paulitsch, M. (1986). Methoden der Spanplattenuntersuchung. Berlin, Heidelberg: Springer.

Pecina, H. (1981). Zum Einfluß der thermischen Vorgeschichte des Holzes auf die Bindefähigkeit von Faserverbänden. Holztechnologie, 22 (4), S. 221 - 227.

Runkel, R. O. (1951). Zur Kenntnis des thermoplastischen Verhaltens von Holz. Holz als Roh- und Werkstoff, 9(2), S. 41 - 53.

Scheer, C. & Peter, M. (Hrsg.). (2009). Holz-Brandschutz-Handbuch (3. Ausg.). Berlin: Ernst & Sohn.

Schneider, A. & Engelhardt, F. (1977). Vergleichende Untersuchungen über die Wärmeleitfähigkeit von Holzspan- und Rindenplatten. Holz als Roh- und Werkstoff, 35 (7), S. 273 - 278.

Sonderegger, W. & Niemz, P. (2006). Der Einfluss der Temperatur auf die Biegefestigkeit und den E-Modul bei verschiedenen Holzwerkstoffen. Holz als Roh- und Werkstoff, 64 (5), S. 385 - 391.

Sonderegger, W. & Niemz, P. (2006). Untersuchungen zur Quellung und Wärmedehnung von Faser-, Span- und Sperrholzplatten. Holz als Roh- und Werkstoff, 64 (1), S. 11 - 20.

Sonderegger, W. & Niemz, P. (2009). Thermal conductivity and water vapour transmission properties of wood-based materials. European Journal of Wood and Wood Products, 67 (3), S. 313 - 321.

Sonderegger, W. & Niemz, P. (2012). Thermal and moisture flux in soft fibreboards. European Journal of Wood and Wood Products, 70 (1), S. 25 - 35.

Sonderegger, W., Hering, S. & Niemz, P. (2011). Thermal behavior of Norway spruce and European beech in and between the principal anatomical directions. 65 (3), S. 369 - 375.

Szmutku, M. B., Campean, M. & Porojan, M. (2013). Strength reduction of spruce wood through slow freezing. European Journal of Wood and Wood Products, 71 (2), S. 205 - 210.

Vollstädt, H., Schmidt, B. & Wernicke, S. (1990). Merkblatt Arbeitsschutz/Umweltschutz. Holztechnologie, 31 (6), S. 331 - 332.

Vorreiter, L. (1949). Holztechnologisches Handbuch (Bd. 1). Wien: Fromme.

Wagenführ, R. (1999). Anatomie des Holzes (5. Ausg.). Leinfelden-Echterdingen: DRW-Verlag.

8 Elektrische Eigenschaften von Holz und Holzwerkstoffen

Die elektrischen Eigenschaften von Holz sind, im Unterschied zu den mechanischen, nicht direkt wahrnehmbar, aber messbar. Darüber hinaus führen sie zu Wirkungen, die wir messen können.

Die elektrischen Eigenschaften ergeben sich aus den Eigenschaften der Atomhülle von Körpern und Stoffen, d. h. der Bindung der Elektronen in der stofflichen Struktur. Bei Holz ist zusätzlich die Orthotropie in den 3 Hauptachsen überlagert, sodass auch eine Richtungsabhängigkeit vorliegt.

Da bei Holz die Struktur (Richtungsabhängigkeit, Dichte) und die chemische Zusammensetzung (Inhaltstoffe) variieren, spiegelt sich das auch in den elektrischen Eigenschaften wieder. Man kann diese für die Feuchtemessung, die Fehlererkennung, aber auch zur gezielten Eigenschaftsvariation (Reduzierung der statischen Aufladung) oder für bestimmte technologische Verfahren nutzen.

8.1 Elektrischer Widerstand und Leitfähigkeit

8.1.1 Kenngrößen

Jedes Material hat einen eigenen elektrischen Widerstand, der von der Atomdichte und Anzahl der freien Elektronen abhängig ist, so auch Holz.

Die Kenngrößen der elektrischen Eigenschaften lassen sich daher auch für Holz anwenden:

Elektrischer Widerstand R

Darunter versteht man den elektrischen Widerstand, den Holz dem Durchgang des elektrischen Stromes entgegensetzt. Er beruht darauf, dass sich die Ladungsträger zwischen den Atomen hindurchschieben müssen. Dabei stoßen sie an Atome an und versetzen diese in Schwingungen, wodurch elektrische Energie in Wärmeenergie umgewandelt wird.

Spezifischer elektrischer Widerstand ρ

Dies ist der Widerstand von Holz mit einer Querschnittsfläche A und einer Länge l. Es gilt:

$$\rho = \frac{R \cdot A}{l} \quad [\Omega \cdot \mathrm{m}] \tag{8.1}$$

Weitere verwendete Einheiten sind [Ω · cm] und [Ω · mm²/m]. Dabei gilt: $1\ \Omega \cdot \mathrm{m} = 10^2\ \Omega \cdot \mathrm{cm} = 10^6\ \Omega \cdot \mathrm{mm}^2/\mathrm{m}$.

Leitwert G

Die Leitfähigkeit ist ein Maß für die Fähigkeit eines Stoffes, Elektrizität (d. h. Elektronen und/oder Ionen) vom Ort des Entstehens durch den ganzen Körper ausbreiten zu lassen. Allgemein versteht man unter Leitfähigkeit den Kehrwert des elektrischen Widerstandes. Für den Leitwert gilt:

$$G = \frac{1}{R} \tag{8.2}$$

Die Maßeinheit ist Siemens [S].

Der messtechnische Primäreffekt beruht bei Holz vor allem auf der Ionenleitfähigkeit.

(Elektrische) Leitfähigkeit κ

Analog zum spezifischen Widerstand gilt für die elektrische Leitfähigkeit (auch als spezifischer elektrischer Leitwert bezeichnet):

$$\kappa = \frac{G \cdot l}{A} \quad \left[\frac{\mathrm{S}}{\mathrm{m}}\right] \text{ oder } \left[\frac{1}{\Omega \cdot \mathrm{m}}\right] \tag{8.3}$$

8.1.2 Einflüsse auf den elektrischen Widerstand von Holz

Feuchtegehalt

Der Feuchtegehalt beeinflusst die Leitfähigkeit bzw. den elektrischen Widerstand des Holzes in maßgebender Weise. In darrtrockenem Zustand ist Holz ein guter Isolator. Nimmt der Feuchtegehalt zu, steigt die Leitfähigkeit, der elektrische Widerstand sinkt. Bis zum Fasersättigungsbereich gilt dabei ein linearer Zusammenhang zwischen dem Feuchtegehalt und dem Logarithmus der elektrischen Leitfähigkeit bzw. des elektrischen Widerstandes. Oberhalb des Fasersättigungsbereiches ist der Feuchteeinfluss deutlich geringer (Bild 8.1).

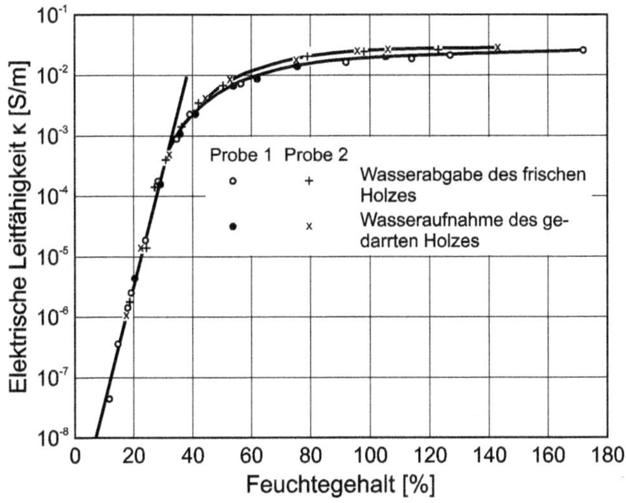

Bild 8.1 Abhängigkeit der elektrischen Leitfähigkeit vom Feuchtegehalt bei Redwood (nach Stamm zitiert (Kollmann, 1951))

Struktureller Aufbau des Holzes/Holzart

Wesentliche Einflussgrößen sind auch die Holzart, die Schnittrichtung und die Rohdichte (Tabelle 8.1 und Tabelle 8.2). Bedingt durch die unterschiedliche Rohdichte und verschiedene Holzinhaltsstoffe tritt der Einfluss der Holzart deutlich hervor. Bei der elektrischen Feuchtemessung wird daher stets eine holzartspezifische Kennlinie verwendet. Senkrecht zur Faserrichtung ist der elektrische Widerstand des Holzes etwa doppelt so groß wie in Faserrichtung (Kollmann, 1951).

Tabelle 8.1 Elektrischer Widerstand und spezifischer elektrischer Widerstand verschiedener Holzarten (Ugolev, 1986), gemessen an Scheibe mit 50 mm Durchmesser und 5 mm Dicke nach GOST 1807-73

Holzart	Feuchtegehalt [%]	Spezifischer elektrischer Widerstand [Ω·m]	Elektrischer Widerstand [Ω]
Birke ∥	8,2	$4{,}2 \cdot 10^{8}$	$4{,}0 \cdot 10^{11}$
Birke ⊥	8,0	$8{,}6 \cdot 10^{9}$	-
Rotbuche ∥	9,2	$1{,}7 \cdot 10^{7}$	$9{,}4 \cdot 10^{10}$
Rotbuche ⊥	8,3	$1{,}4 \cdot 10^{8}$	-
Kiefer ∥	7,5	-	$2{,}1 \cdot 10^{11}$
Kiefer ⊥	7,5	$1{,}3 \cdot 10^{9}$	$7{,}9 \cdot 10^{11}$
Fichte ∥	7,8	-	$1{,}0 \cdot 10^{11}$
Fichte ⊥	7,8	$6{,}4 \cdot 10^{8}$	$4{,}0 \cdot 10^{11}$
Eiche ∥	7,9	-	$2{,}0 \cdot 10^{10}$
Eiche ⊥	7,9	$1{,}3 \cdot 10^{8}$	$5{,}5 \cdot 10^{10}$

∥ parallel zur Faserrichtung; ⊥ senkrecht zur Faserrichtung

Tabelle 8.2 Spezifischer elektrischer Widerstand von Holz senkrecht zur Faserrichtung in Abhängigkeit von der Holzart und vom Feuchtegehalt (Ugolev, 1986)

Holzart	Spezifischer Widerstand [Ω·m] bei Feuchtegehalt [%]		
	0	7	20
Kiefer	$2{,}3 \cdot 10^{13}$	$5{,}0 \cdot 10^{9}$	$3{,}0 \cdot 10^{6}$
Fichte	$7{,}6 \cdot 10^{14}$	$1{,}0 \cdot 10^{10}$	$3{,}0 \cdot 10^{6}$
Eiche	$1{,}5 \cdot 10^{14}$	$2{,}0 \cdot 10^{9}$	$7{,}0 \cdot 10^{6}$
Birke	$5{,}1 \cdot 10^{14}$	$9{,}0 \cdot 10^{9}$	$1{,}0 \cdot 10^{6}$
Erle	$1{,}0 \cdot 10^{15}$	$9{,}0 \cdot 10^{9}$	$6{,}0 \cdot 10^{6}$

Wird der elektrische Widerstand von Partikeln gemessen, ist es notwendig, die Dichte konstant zu halten. Spanplatten für EDV-Räume und Reinsträume werden durch Zugabe von z.B. Graphit in ihrer Leitfähigkeit erhöht (antistatische Spanplatten). Der elektrische Widerstand dieser Spanplatten beträgt 10^5 bis 10^9 Ω (Vollholz etwa 10^{11} Ω). Für diese Einsatzbereiche werden auch spezielle Beschichtungsmaterialien verwendet (leitfähige HPL-Platten, unter Verwendung von Karbonfasereinlagen hergestellt).

Der Ableitwiderstand nach DIN 53482 beträgt $1 \cdot 10^5$ bis $9 \cdot 10^6$ Ω (bei 50 % relativer Luftfeuchtigkeit und 500 V). Bei Salzimprägnierung nimmt der elektrische Widerstand ab, ebenso bei Zugabe von Klebstoffen und Härtern.

Temperatur

Die Temperatur des Holzes beeinflusst den elektrischen Widerstand und damit die Leitfähigkeit entscheidend. Mit zunehmender Temperatur sinkt der elektrische Widerstand deutlich ab (Bild 8.2) und die Leitfähigkeit wird größer.

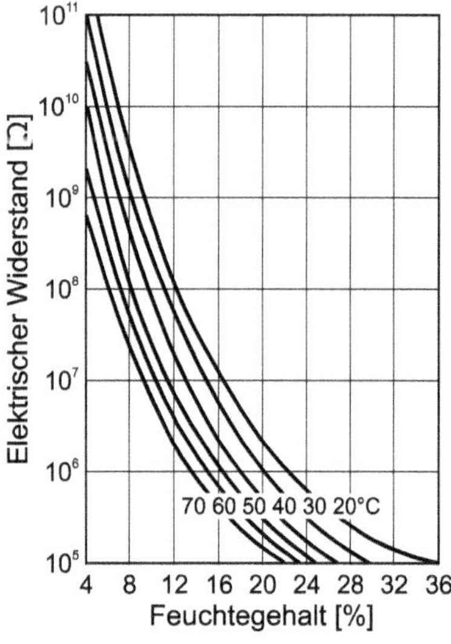

Bild 8.2 Einfluss von Feuchtegehalt und Temperatur auf den elektrischen Widerstand von Holz nach (Keylwerth & Noack, 1956)

Um reproduzierbare Ergebnisse zu erhalten, muss der Temperatureinfluss berücksichtigt werden. Dies ist z. B. bei der elektrischen Feuchtemessung an Schnittholz und Holzspänen erforderlich. Die erhebliche Absenkung des elektrischen Widerstandes bei hohen Temperaturen ermöglicht es zum anderen, den Feuchtegehalt von Spänen bis in die Nähe der Darrtrockenheit elektrisch zu messen.

8.1.3 Prüfverfahren und praktische Nutzung

Die Leitfähigkeit bzw. der elektrische Widerstand von Holz werden z. B. mit der in Bild 8.3 dargestellten Spannungsteilerschaltung ermittelt.

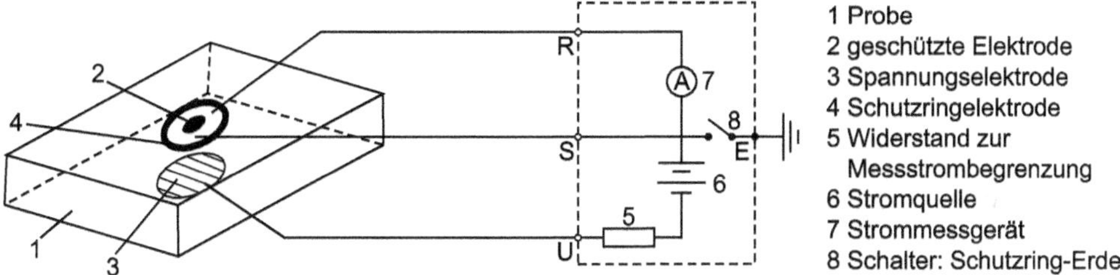

Bild 8.3 Versuchsaufbau zur Bestimmung des elektrischen Widerstands von Holz (Riedel & Walter, 1989)

Ein genormtes Prüfverfahren für Holz gibt es in Deutschland gegenwärtig nicht. Riedel und Walter (Riedel & Walter, 1989) wenden in Anlehnung an DIN 53482 kreisförmige Plattenelektroden mit Schutzring an (s. Bild 8.3). Der spezifische Durchgangswiderstand ist dann

$$\rho_{\mathrm{D}} = \frac{R_{\mathrm{D}} \cdot A}{h} \tag{8.4}$$

Der spezifische Oberflächenwiderstand

$$\rho_{\mathrm{S}} = \frac{d_{\mathrm{m}} \cdot \pi}{g} \cdot R_{\mathrm{OG}} \tag{8.5}$$

R_{D} Durchgangswiderstand [Ω]

A Fläche der Elektrode [m²]

h Dicke der Probe [m]

d_{m} mittlerer Elektrodendurchmesser [m]

g Spaltbreite [m]

R_{OG} gemessener Oberflächenwiderstand [Ω]

Der starke Einfluss der Holzfeuchte auf die Leitfähigkeit bzw. den elektrischen Widerstand wird insbesondere zur Bestimmung des Feuchtegehaltes von Holz genutzt. Nach diesem Prinzip arbeitende Feuchtemessgeräte sind weit verbreitet.

8.2 Dielektrische Eigenschaften

8.2.1 Kenngrößen

Holz hat dielektrische Eigenschaften. Es kann in darrtrockenem Zustand als guter Isolator und in lufttrockenem Zustand als Halbleiter betrachtet werden. Bei Erreichen des Fasersättigungsbereichs sind keine nennenswerten Isoliereigenschaften mehr vorhanden.

Als Kenngrößen für die dielektrischen Eigenschaften werden die *relative Permittivität* ε_r (auch als Permittivitätszahl oder Dielektrizitätskonstante bezeichnet) und der *dielektrische Verlustwinkel* ϑ bzw. tan ϑ verwendet.

Die Dielektrizitätskonstante gibt an, um welches Vielfache die dielektrische Leitfähigkeit eines Materials größer ist als die des Vakuums ($\varepsilon_{r.Vakuum} = 1$):

$$\varepsilon_r = \frac{\varepsilon}{\varepsilon_0} \tag{8.6}$$

ε dielektrische Leitfähigkeit bzw. Permittivität in Farad pro Meter [F/m]

ε_0 elektrische Feldkonstante = $8{,}854 \cdot 10^{-12}$ F/m

Die Dielektrizitätskonstante von Wasser beträgt etwa 81, die von darrtrockenem Holz 2 bis 3. Die dielektrischen Verluste entstehen beim Anlegen einer Wechselspannung an dem mit Messgut beladenen Kondensator infolge der fortwährenden frequenzabhängigen Ladungsverschiebung und Ausrichtung der Wassermoleküle mit ihren Dipoleigenschaften. Damit verbunden sind molekulare Reibungsvorgänge, sodass Wärmeenergie frei wird.

8.2.2 Einflüsse auf die Dielektrizitätskonstante von Holz

Feuchtegehalt

Der Feuchtegehalt von Holz hat einen deutlichen Einfluss auf dessen Dielektrizitätskonstante. Mit zunehmendem Feuchtegehalt wird die Dielektrizitätskonstante größer. Die Ursache dafür ist in den bereits genannten Unterschieden der Dielektrizitätskonstanten von darrtrockenem Holz und Wasser zu suchen (Bild 8.4a, Tabelle 8.3). Aus Bild 8.4a ist gleichzeitig der deutliche Einfluss der Messfrequenz erkennbar.

Tabelle 8.3 Dielektrizitätskonstante von Holz senkrecht zur Faserrichtung in Abhängigkeit von der Holzart und vom Feuchtegehalt (Ugolev, 1986)

Holzart	Dielektrizitätskonstante senkrecht zur Faserrichtung		
	Feuchtegehalt [%]		
	0	30	80
Fichte	1,7	3,5	7
Birke	1,9	4,1	9
Aspe	1,7	4,1	10,2

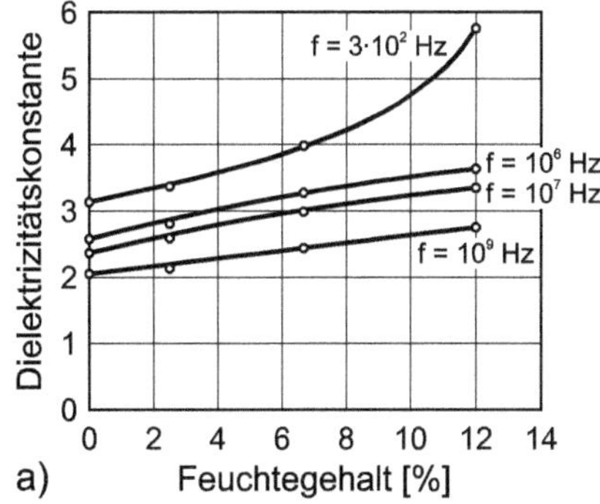

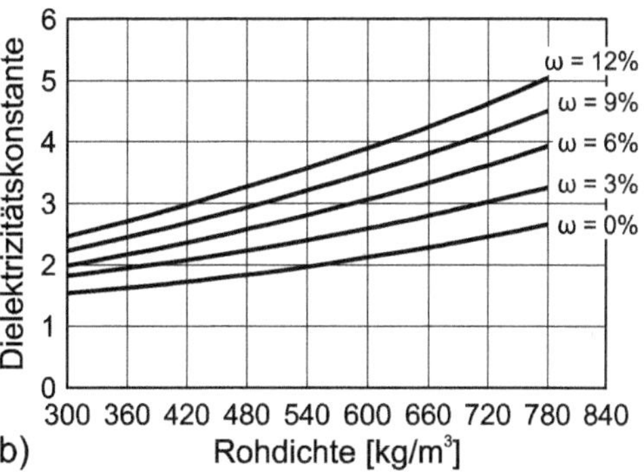

Bild 8.4 Einflüsse auf die Dielektrizitätskonstante von Holz: (a) Einfluss des Feuchtegehaltes und der Messfrequenz bei Rotbuche (Querschnitt) nach Kröner zitiert in Kollmann (Kollmann, 1951), (b) Einfluss der Rohdichte bei Holz senkrecht zur Faserrichtung, Messfrequenz: 50 MHz (Ugolev, 1986)

Struktureller Aufbau des Holzes/der Holzart

Wesentliche Einflussgrößen sind auch die Holzart (Tabelle 8.4), die Rohdichte, die Schnittrichtung und der Faserwinkel (Bild 8.4). Senkrecht zur Faserrichtung ist die Permittivität geringer als in Faserrichtung. Die Unterschiede zwischen radialer und tangentialer Schnittrichtung sind gering.

Tabelle 8.4 Abhängigkeit der Dielektrizitätskonstante von darrgetrocknetem Holz von der Schnittrichtung (nach Kröner, zitiert in (Kollmann, 1951))

Holzart	Dielektrizitätskonstante		
	längs	radial	tangential
Fichte	3,06	1,98	1,91
Buche	3,18	2,2	2,4
Eiche	2,86	2,3	2,46

Temperatur

Die Temperatur des Holzes hat ebenfalls Einfluss auf die dielektrischen Eigenschaften. Nach Ugolev (Ugolev, 1986) steigt z. B. tan ϑ mit zunehmender Holztemperatur (Bild 8.5).

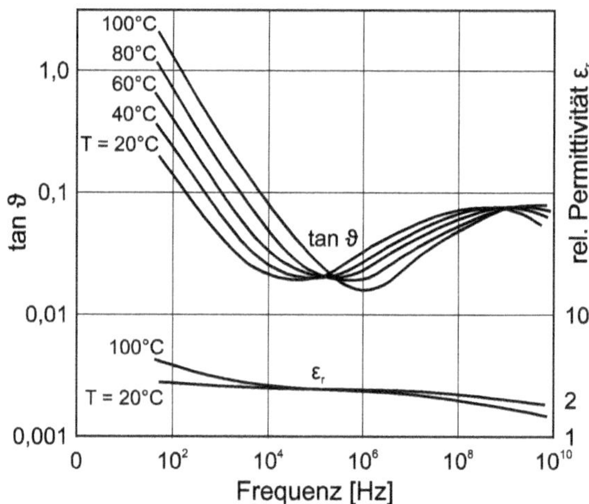

Bild 8.5 Einfluss von Messfrequenz und Temperatur auf den dielektrischen Verlustwinkel tan ϑ und die rel. Permittivität von Fichte senkrecht zur Faserrichtung (Ugolev, 1986)

8.2.3 Prüfverfahren und praktische Nutzung

Zur Ermittlung der Dielektrizitätskonstante (relative Permittivität) wird das Holz zwischen die Platten eines Kondensators gebracht. Gemessen werden die Kapazität bzw. die dielektrischen Verluste. Ist die Kapazität eines Plattenkondensators im Ausgangszustand C_0, so steigt sie auf den Wert C, wenn ein Dielektrikum zwischen die Platten gebracht wird.

Es gilt:

$$C = \varepsilon_r \cdot C_0 \tag{8.7}$$

Praktische Anwendung findet das Verfahren hauptsächlich bei der dielektrischen Erwärmung des Holzes zum Trocknen und zum Aushärten von Klebfugen, insbesondere bei großen Holzquerschnitten. Das zu erwärmende Holz befindet sich dabei im Allgemeinen zwischen zwei Metallelektroden, die von einem Hochfrequenzgenerator mit Energie versorgt werden. Je nach Orientierung des elektrischen Feldes zum Holz bzw. zur Klebfuge unterscheidet man Parallelfelderwärmung, Querfelderwärmung und Streufelderwärmung. Ein weiterer Anwendungsfall dieses Verfahrens ist die Feuchtemessung. Grundlage ist der starke Feuchteeinfluss auf die dielektrischen Eigenschaften des Holzes, insbesondere die Dielektrizitätskonstante. Angewendet wird das Verfahren für die Bestimmung des Feuchtegehaltes von Schnittholz und Holzspänen. Bei Letzteren ist eine Dichtekorrektur erforderlich. Im Temperaturbereich unter 0 °C kann das Verfahren nicht angewendet werden, weil die Dielektrizitätskonstante des Holzes bei diesen Temperaturen annähernd gleich der Dielektrizitätskonstante von gefrorenem Wasser ist ($\varepsilon_{r.Holz} \sim \varepsilon_{r.Eis}$). Grundlage eines anderen Anwendungsfalles ist der Einfluss des Faserwinkels auf die Dielektrizitätskonstante. Dieser Einfluss wird u. a. bei der Schnittholzsortierung zur Messung des Faser-Lastwinkels genutzt. Entsprechende Geräte wurden in den USA entwickelt (Samson, 1984).

8.3 Piezoelektrische Eigenschaften

8.3.1 Kenngrößen

Unter Piezoelektrizität versteht man das Auftreten elektrischer Ladungen an den Grenzflächen bestimmter Kristalle oder daraus gefertigter Materialien, wenn bei elastischer Verformung Änderungen der elektrischen Polarisation an Strukturelementen auftreten, die eine elektrische Spannung bewirken. Holz muss derartige Strukturelemente enthalten, da bei mechanischer Beanspruchung (z. B. einer durch Schlag erzeugten Stoßwelle) piezoelektrische Effekte auftreten. Diese werden allgemein der Kristallstruktur der Cellulose zugeordnet. Als Kenngröße dient der Piezomodul. Bild 8.6 zeigt den Versuchsaufbau zur Messung.

Es gilt:

$$d = \frac{\mathrm{d}Q}{\mathrm{d}P} \quad [\mathrm{C/N}] \tag{8.8}$$

$\mathrm{d}Q$ differentielle Ladungstrennung in Coulomb [C]

$\mathrm{d}P$ differentielle Beanspruchung [N]

Die Größe des Piezomoduls von Holz beträgt etwa 5 % des eines Quarzkristalls (Fukada, 1968).

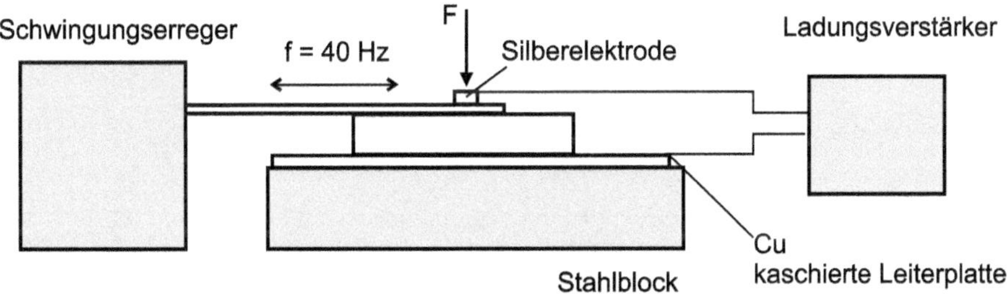

Bild 8.6 Versuchsaufbau zur Messung piezoelektrischer Konstanten (Niemz, Lühmann & Wagner, 1992)

8.3.2 Einflüsse auf den Piezomodul von Holz

Wesentliche Einflussgrößen sind die Holzart, die Kristallinität der Cellulose, die Faserrichtung, die Rohdichte, der Früh- und Spätholzanteil, die Art der physikalischen oder chemischen Vorbehandlung des Holzes, die Temperatur und insbesondere die Holzfeuchte. Von Einfluss sind auch Art und Größe der Belastung des Holzes. Deutlich beeinflusst wird der Piezomodul vom Faserwinkel des Holzes. Wird Holz auf Druck beansprucht, hat der Piezomodul bei einem Faserwinkel von 45° ein Maximum (Knuffel & Pizzi, 1986) (Bild 8.7).

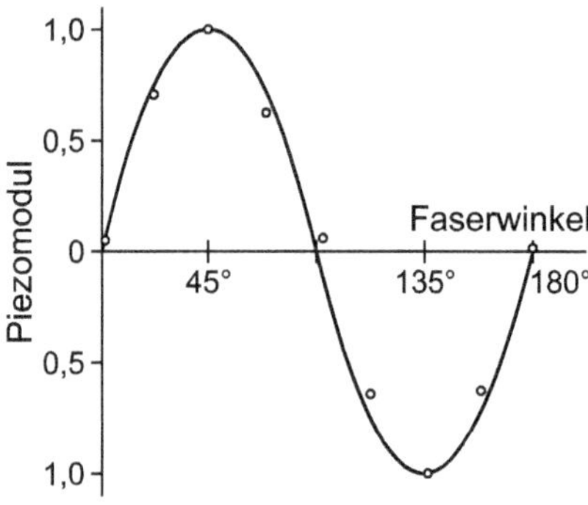

Bild 8.7 Einfluss des Faserwinkels auf den Piezomodul (Knuffel & Pizzi, 1986)

Es wird vermutet, dass dieser Effekt durch Schubspannungen im Holz entsteht. Zug- oder Druckspannungen parallel zur Faserrichtung erzeugen keine elektrische Polarisation. Eine Richtungsänderung der Belastung hat stets eine Änderung der elektrischen Polarisation zur Folge.

Mit der Temperatur steigt auch der Piezomodul. Er ist im Frühholz geringer als im Spätholz. Tabelle 8.5 zeigt die durch mechanisches Anschlagen und Ladungsmessung erzeugten Piezomoduln von Holz in Abhängigkeit von der Holzfeuchte. Weiterführende Untersuchungen sind u. a. im Jubiläumsband zu 50 Jahren zerstörungsfreier Prüfung und Bewertung von Holz zu finden (Ross & Wang, 2012).

Tabelle 8.5 Piezomoduln von Holz (Niemz, Lühmann & Wagner, 1992)

Holzart		Holzfeuchte [%]	Piezomodul* (x 10^{-12}) [C/N]	
			d_{34}	d_{35}
Fichte	x	16,3	0,026	0,057
	s	0,49	0,024	0,039
Fichte	x	39,7	0,8	1,35
	s	0,83	0,75	1,7
Rotbuche	x	14,2	0,037	0,056
	s	0,88	0,038	0,059
Rotbuche	x	30,59	1,1	2,3
	s	4,12	0,43	1,5

* d_{34} entspricht einer Krafteinwirkung in tangentialer Richtung, d_{35} einer Krafteinwirkung in Faserrichtung

8.3.3 Prüfverfahren und praktische Nutzung

Zur Bestimmung der piezoelektrischen Eigenschaften von Holz wird z. B. durch Schlag eine Stoßwelle erzeugt und die dabei entstehende Ladung gemessen (Bild 8.6). Das Verfahren kann u. a. für folgende Aufgaben eingesetzt werden:

- Lokalisation von Fehlern im Holz,
- Sortierung von Holz nach der Festigkeit und
- Messung von Spannungen im Holz (z. B. beim Trocknen).

Entsprechende Untersuchungen führten u. a. Knuffel und Pizzi (Knuffel & Pizzi, 1986) sowie Fukada ((Fukada, 1967) (Fukada, 1968)) durch.

8.4 Magnetische Eigenschaften

Holz ist diamagnetisch, d. h. ein Prüfkörper aus Holz wird in einem Magnetfeld in Richtung der Pole geringerer Feldstärke abgestoßen. Die einheitslose, physikalische Kenngröße der magnetischen Eigenschaften ist die Suszeptibilität S_m. Es gilt:

$$S_m = \frac{\text{Intensität der Magnetisierung}}{\text{Stärke des Magnetfeldes}} \tag{8.9}$$

Für Holz wird ein Wert von −0,2 bis $-0{,}5 \cdot 10^6$ angegeben. Andere Materialien haben vergleichsweise folgende Werte:

- Eisen $+720 \cdot 10^6$,
- Hartgummi $+1{,}1 \cdot 10^6$,
- Paraffin $-0{,}58 \cdot 10^6$.

Die Magnetisierbarkeit des Holzes ist sehr gering.

8.5 Elektrostatische Aufladungen

Die zwischen Nichtleitern auftretenden elektrischen Potenzialunterschiede an der Oberfläche werden als elektrostatische Aufladung bezeichnet. Bei Relativbewegungen (Reibung) können solche Aufladungen durch Ladungstrennung entstehen. Die Höhe der elektrostatischen Aufladung ist u. a. vom Betrag der Relativbewegung, vom Isolationswiderstand des Oberflächenmaterials, der Oberflächengeometrie und der relativen Luftfeuchte abhängig. Nennenswerte elektrische Aufladungen treten erst bei elektrischen Widerständen von 10^{10} Ω auf. In der Holzindustrie wirken sich diese Effekte u. a. bei der Verarbeitung von Kunststoffen (z. B. durch unerwünschte Haftung bei der maschinellen Bearbeitung von beschichteten Platten) sowie bei der pneumatischen Förderung von Holzpartikeln aus. Die Feldstärken können mehrere Tausend kV/cm betragen. Sie werden mit einem Statometer gemessen (Autorenkollektiv, 1990), (Niemz, Lühmann & Wagner, 1992).

Auch bei Bodenbelägen und der an Bedeutung gewinnenden Pulverbeschichtung von Oberflächen sind diese Eigenschaften von praktischer Bedeutung. So muss bei der Pulverbeschichtung eine gewisse Leitfähigkeit des Holzes vorhanden sein. Das kann über die

Holzfeuchte, Additive oder Primern der Oberflächen erreicht werden. Auch die Klebstoffart hat einen gewissen Einfluss auf die Leitfähigkeit der Platten. Phenolharz und MDI haben eine höhere Leitfähigkeit als UF- oder MF-Harze (Prieto & Kiene, 2007). Holzwerkstoffe (Spanplatten) werden bei Einsatz in Computer- oder Reinsträumen z. B. durch Zugabe von Graphitbeimischungen leitfähiger. Ebenso werden z.T. spezielle Beschichtungsmaterialien (HPL mit reduziertem Widerstand) auf Basis von Karbonfasern verwendet. Riedel und Walter (Riedel & Walter, 1989) gehen davon aus, dass bei Holzwerkstoffen mit einem Oberflächenwiderstand $\leq 10^9\,\Omega$ elektrostatische Aufladungen im Normalklima (Temperatur 23 °C, relative Luftfeuchte 50 %) nicht zu erwarten sind (Bild 8.8).

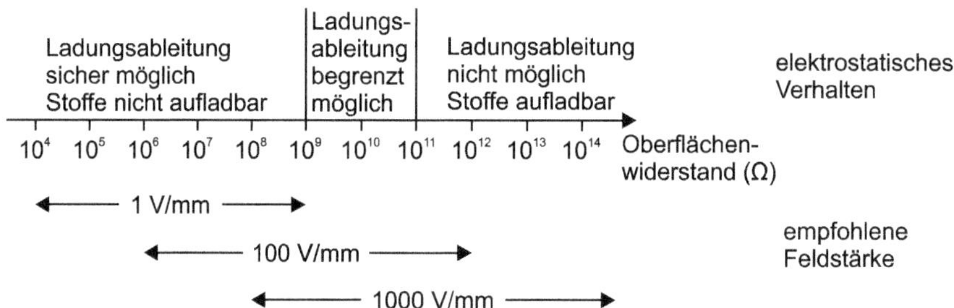

Bild 8.8 Elektrostatisches Verhalten von Stoffen und empfohlene Messfeldstärken bei Holzwerkstoffen (Lüttgens G., 1979)

Literaturverzeichnis

Autorenkollektiv. (1990). Lexikon der Holztechnik (4. Ausg.). Leipzig: Fachbuchverlag.

Bazenov, V. I., Kytmanov, A. V. & Tjurikova, L. I. (1971). Piezoelektrischer Effekt bei feuchtem Holz. Rabotij Inst. lesa i drev., S. 23 - 29.

Fukada, E. (1967). Piezoelektrizität, eine grundlegende Eigenschaft des Holzes. Holzforschung, 21 (6), S. 186 - 187.

Fukada, E. (1968). Piezoelectricity as a fundamental property of wood. Wood Science and Technology, 2 (4), S. 299 - 307.

James, W. L. (1986). The interaction of electrode design and moisture gradients in dielectric measurements on wood. Wood and Fiber Science, 18 (2), S. 264 - 275.

Keylwerth, R. & Noack, D. (1956). Über den Einfluß höherer Temperaturen auf die elektrische Holzfeuchtigkeitsmessung nach dem Widerstandsprinzip. Holz als Roh- und Werkstoff, 14 (5), S. 162 - 172.

Knuffel, W. & Pizzi, A. (1986). The piezoelectric effect in structural timber. Holzforschung, 40 (3), S. 157 - 162.

Kollmann, F. (1951). Technologie des Holzes und der Holzwerkstoffe (2. Ausg., Bd. 1). Berlin/Göttingen/Heidelberg: Springer.

Kytmanov, A. (1974). Bestimmung des Spannungszustandes von Holz mit Hilfe des piezoelektrischen Effektes. Rabotij Inst. lesa i drev., S. 46 - 55.

Lüttgens, G. (1979). Elektrostatische Aufladungen. Ehringen: Expert-Verlag.

Lüttgens, G., Blum, C., Emde, S., Lüttgens, S. & Schubert, W. (2015). Statische Elektrizität (7. Ausg.). Renningen: Expert Verlag.

McDonald, K. A. & Bendtsen, B. A. (1986). Measuring localized slope of grain by electrical capacitance. Forest Products Journal, 36 (10), S. 75 - 79.

Niemz, P. & Sander, D. (1989). Prozessmesstechnik in der Holzindustrie. Leipzig: Fachbuchverlag.

Niemz, P., Lühmann, A. & Wagner, J. (1992). Orientierende Untersuchungen zur Ermittlung ausgewählter piezoelektrischer Konstanten an Holz. Holz als Roh- und Werkstoff, 50 (12), S. 484.

Prieto, J. & Kiene, J. (2007). Holzbeschichtung. Chemie und Praxis. Hannover: Vincentz Verlag.

Riedel, B. & Walter, T. (1989). Widerstandsmessung von antistatisch beschichteten Holzwerkstoffen. HK Holz-Möbelindustrie, 25 (6), 775 - 777.

Ross, R. J. & Wang, X. (Hrsg.). (2012). Nondestructive testing and evaluation of wood - 50 years of research: International nondestructive testing and evaluation of wood symposiums series (Bde. FPL-GTR-213). Madison, WI: U. S. Department of Agriculture, Forest Service, Forest Product Laboratory.

Samson, M. (1984). Measuring general slope of grain with the slope-of-grain indicator. Forest Products Journal, 34 (7/8), S. 27 - 32.

Sukaceva, V. N. (1974). Änderung der Struktur verdichteten Holzes und ihr Einfluss auf die Anisotropie der piezoelektrischen Eigenschaften. Rabotij Inst. drev., S. 30 - 38.

Ugolev, B. N. (1986). Holzkunde und Grundlagen der Holzwarenkunde. Moskau: Lesn. Prom.

9 Akustische Eigenschaften von Holz und Holzwerkstoffen

9.1 Übersicht

Unter Schall werden die mechanischen Schwingungen und Wellen eines elastischen Mediums verstanden. Je nach Art des Mediums, in dem sich der Schall ausbreitet, unterscheidet man zwischen Luft- und Körperschall. Nach der Frequenz kann in Infraschall (nicht hörbar, Frequenz < 16 Hz), hörbaren Schall (16 Hz bis 20 kHz) und Ultraschall (> 20 kHz) differenziert werden.

Wegen seiner guten akustischen Eigenschaften und seines Verhaltens gegenüber Schallwellen ist Holz ein für den Musikinstrumentenbau und die Schalldämmung gleichermaßen gut geeigneter Werkstoff. Wichtige akustische Eigenschaften sind:

- die Ausbreitungsgeschwindigkeit von Schallwellen im Holz (Schallgeschwindigkeit),
- die Schallemission,
- die Schallabsorption und
- die Schalldämmung.

9.2 Arten und Ausbreitungsformen von Wellen

Wir unterscheiden 2 Grundformen: Longitudinal- und Transversalwellen (Bild 9.1). Bei den Longitudinalwellen (P-Wellen) sind die Ausbreitungsrichtung und die Schwingungsrichtung identisch, bei den Transversalwellen (als Scherwellen oder S-Wellen bezeichnet) verläuft die Schwingungsrichtung senkrecht zur Ausbreitungsrichtung der Welle. Praktisch kommen meist beide Komponenten vor, was bei der Messung von Scherwellen oft die Auswertung erschwert. Die Geschwindigkeit der Transversalwellen ist deutlich geringer als die der Longitudinalwellen. So ermittelte Ozyhar (Ozyhar, Hering, Sanabria & Niemz, 2013) bei Buche im Normalklima für Longitudinalwellen eine Schallgeschwindigkeit von 4682 m/s, für Transversalwellen in LR-Richtung 1485 m/s. Dabei gibt bei Transversalwellen der erste Index die Ausbreitungsrichtung, der zweite die Richtung der Polarisation (Schwingungsrichtung) an. Die Geschwindigkeitsdifferenz führt dementsprechend zu unterschiedlichen Ankunftszeiten der Signale, wenn beide Komponenten vorkommen (z. B. bei Messung mit Transversalwellen).

Praktisch kommt es bei der Prüfung von Holz meist zu abgewandelten Formen wie Lambwellen, Rayleighwellen, Biegewellen oder Plattenwellen. Biegewellen treten bei stab- oder plattenförmigen Teilen auf. Unter Dispersion wird die Eigenschaft bestimmter Wellen verstanden, wenn die Ausbreitungsgeschwindigkeit der Wellen nicht nur von äußeren Umständen wie Temperatur und Medium, sondern auch von der Wellenlänge bzw. von der Frequenz der Welle abhängt. Dieser Effekt muss bei Holz berücksichtigt werden, wenn mit verschiedenen Frequenzen gearbeitet wird. Es kommt zum Einfluss der Frequenz und der geprüften Bauteilabmessungen (siehe z. B. (Schubert, 2007), (Baensch, 2015)). Weiterführende Literatur zur Thematik Ultraschall ist u. a. in Krautkrämer (Krautkrämer & Krautkrämer, 1986) zu finden.

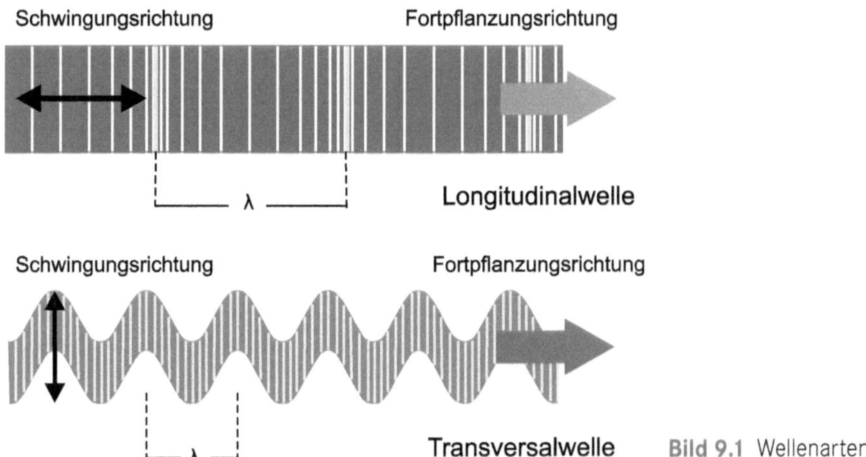

Bild 9.1 Wellenarten

9.3 Schallgeschwindigkeit

9.3.1 Kenngrößen

Der Schall breitet sich in einem allseitig ausgedehnten Medium (Meerwasser, Luft) als Longitudinalwelle aus. Bei einer Longitudinalwelle muss die zweiseitig behinderte Querkontraktion berücksichtigt werden. Es gilt:

$$c_{\mathrm{L}} = \sqrt{\frac{E}{\rho} \cdot \frac{1-\mu}{1-\mu-2\mu^2}} \tag{9.1}$$

c Schallgeschwindigkeit

ρ Rohdichte

E Elastizitätsmodul

μ Poissonzahl

Bei einer Platte mit einseitig behinderter Querkontraktion gilt analog:

$$c_{\mathrm{DL}} = \sqrt{\frac{E}{\rho \cdot \left(1 - \mu^2\right)}} \tag{9.2}$$

In einem Stab, dessen Breite und Dicke klein gegenüber der Wellenlänge sind, kann sich der Schall nur als Dehnwelle oder Quasilongitudinalwelle fortpflanzen. Deshalb gilt:

$$c_{\mathrm{D}} = \sqrt{\frac{E}{\rho}} \quad \text{oder} \quad E = c_{\mathrm{D}}^{\;2} \cdot \rho \tag{9.3}$$

Analog Gleichung (9.3) wird aus der Geschwindigkeit der Transversalwellen c_{ij} (erster Index: Schwingungsrichtung; zweiter Index: Richtung der Wellenausbreitung) und der Dichte der Schubmodul G bestimmt.

$$G = c_{\mathrm{ij}}^{\;2} \cdot \rho \tag{9.4}$$

Häufig werden die Gleichungen (9.3) und (9.4) auch bei anderen Prüfkörpergeometrien als in langen Stäben zur Berechnung des E-Moduls verwendet. Dies führt teilweise zu erheblichen Abweichungen. Gleichungen (9.1) bis (9.4) gelten für isotrope Medien. Für anisotrope Werkstoffe gilt das erweiterte Hooksche Gesetz (Kap. 12). Dabei werden 3 E-Module, 3 Schubmodule und 3 Poissonzahlen benötigt. Die weiteren 3 Poissonzahlen lassen sich anhand der Nachgiebigkeitsmatrix [S] herleiten. Für die Berechnung mittels Ultraschall wird dabei zuerst die Elastizitätsmatrix [C] anhand der Schallgeschwindigkeiten und der Rohdichte bestimmt (Gl. (9.5)) und danach in die Nachgiebigkeitsmatrix $[S] = [C^{-1}]$ überführt. Zur Bestimmung werden auch die Elemente der nebendiagonalen Steifigkeiten (z. B. unter 45 Grad) benötigt (Tabelle 9.1 und Bild 9.2).

$$[\sigma] = [C] \cdot [\varepsilon] \quad \text{bzw.} \quad \begin{bmatrix} \sigma_{\mathrm{LL}} \\ \sigma_{\mathrm{RR}} \\ \sigma_{\mathrm{TT}} \\ \tau_{\mathrm{RT}} \\ \tau_{\mathrm{LT}} \\ \tau_{\mathrm{LR}} \end{bmatrix} = \begin{bmatrix} C_{11} & C_{12} & C_{13} & 0 & 0 & 0 \\ C_{21} & C_{22} & C_{23} & 0 & 0 & 0 \\ C_{31} & C_{32} & C_{33} & 0 & 0 & 0 \\ 0 & 0 & 0 & C_{44} & 0 & 0 \\ 0 & 0 & 0 & 0 & C_{55} & 0 \\ 0 & 0 & 0 & 0 & 0 & C_{66} \end{bmatrix} \cdot \begin{bmatrix} \varepsilon_{\mathrm{LL}} \\ \varepsilon_{\mathrm{RR}} \\ \varepsilon_{\mathrm{TT}} \\ \gamma_{\mathrm{RT}} \\ \gamma_{\mathrm{LT}} \\ \gamma_{\mathrm{LR}} \end{bmatrix} \tag{9.5}$$

σ – Normalspannungen, τ – Schubspannungen, ε – Dehnung, γ – Gleitungen, C – Steifigkeiten

L – längs, R – radial, T – tangential

Tabelle 9.1 Gleichungen zur Ermittlung der elastischen Eigenschaften aus den Utraschallgeschwindigkeiten bei Holz unter Berücksichtigung der Orthotropie des Holzes gemäß der Elastizitätsmatrix nach Gl. (9.5) (Bachtiar, Sanabria, Mittig & Niemz, 2017)

Probentyp[a]	Schallgeschwindigkeit[b]	Gleichung
I	c_{LL}	$C_{11} = \rho \cdot c_{LL}^2$
	c_{RR}	$C_{22} = \rho \cdot c_{RR}^2$
	c_{TT}	$C_{33} = \rho \cdot c_{TT}^2$
	c_{RT} / c_{TR}	$C_{44} = \left(\rho \cdot c_{RT}^2 + \rho \cdot c_{TR}^2\right)/2 = G_{RT} = G_{TR}$
	c_{TL} / c_{LT}	$C_{55} = \left(\rho \cdot c_{TL}^2 + \rho \cdot c_{LT}^2\right)/2 = G_{TL} = G_{LT}$
	c_{LR} / c_{RL}	$C_{66} = \left(\rho \cdot c_{LR}^2 + \rho \cdot c_{RL}^2\right)/2 = G_{LR} = G_{RL}$
II	$c_{RT/RT}$	$C_{23} = \sqrt{\left(C_{22} + C_{44} - 2 \cdot \rho \cdot c_{RT/RT}^2\right) \cdot \left(C_{33} + C_{44} - 2 \cdot \rho \cdot c_{RT/RT}^2\right)} - C_{44}$
III	$c_{TL/TL}$	$C_{31} = \sqrt{\left(C_{11} + C_{55} - 2 \cdot \rho \cdot c_{TL/TL}^2\right) \cdot \left(C_{33} + C_{55} - 2 \cdot \rho \cdot c_{TL/TL}^2\right)} - C_{55}$
IV	$c_{LR/LR}$	$C_{12} = \sqrt{\left(C_{11} + C_{66} - 2 \cdot \rho \cdot c_{LR/LR}^2\right) \cdot \left(C_{22} + C_{66} - 2 \cdot \rho \cdot c_{LR/LR}^2\right)} - C_{66}$

[a] Siehe Bild 9.2.

[b] Erster Index: Schwingungsrichtung; zweiter Index: Richtung der Wellenausbreitung

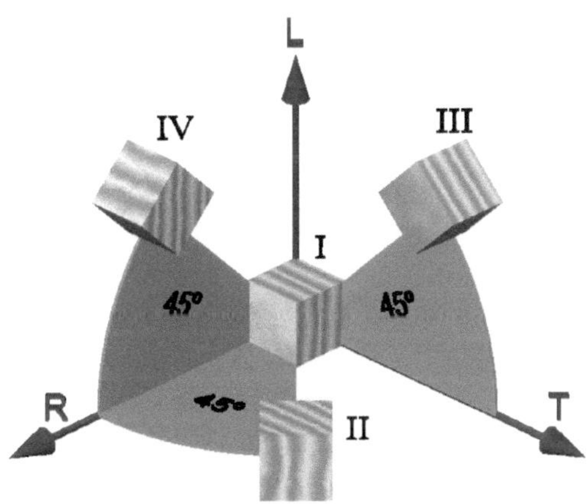

Bild 9.2 Probengeometrie zur Bestimmung der Dehnungs- und Poissonzahlen an Holz mittels Ultraschall (Bachtiar, Sanabria, Mittig & Niemz, 2017)

Die Ultraschallmethode kann erfolgreich für die Bestimmung des E-Moduls verwendet werden. Unter Vernachlässigung der Querkontraktion gilt näherungsweise:

$$E_{\mathrm{i}} \approx C_{\mathrm{ii}} = \rho \cdot c_{\mathrm{ii}}^2, \ \mathrm{i} \in 1,2,3 \tag{9.6}$$

Bei Verwendung großer Längen (z. B. Brettern) und rel. niedriger Frequenzen von ca. 20 kHz oder darunter (wie bei vielen Geräten für die Messung von Holz üblich) sind die Abweichungen gegenüber dem statischen E-Modul gering. Bei plattenförmigen oder Würfelproben ergeben sich jedoch deutlich zu hohe Werte. So muss, z. B. bei kleinen Proben im Bereich von ca. 10 mm Kantenlänge und höheren Frequenzen (Bereich von 1 - 2 MHz) sowie den damit verbundenen geringen Wellenlängen, eine Korrektur unter Berücksichtigung der Querkontraktion erfolgen, sonst werden wesentlich zu hohe E-Module berechnet (siehe (Ozyhar, Hering, Sanabria & Niemz, 2013), (Bucur V., 2006)). Die Korrekturfaktoren für die Steifigkeiten sind in Gleichung (9.7) aufgeführt; Tabelle 9.2 zeigt für Kirschbaumholz ermittelte Korrekturfaktoren (Bachtiar, Sanabria, Mittig & Niemz, 2017).

$$\begin{aligned}
C_{11} &= E_{\mathrm{L}} \cdot k_{\mathrm{L}} = E_{\mathrm{L}} \cdot \frac{1-\mu_{\mathrm{RT}} \cdot \mu_{\mathrm{TR}}}{1-\mu_{\mathrm{LR}} \cdot \mu_{\mathrm{RL}} - \mu_{\mathrm{RT}} \cdot \mu_{\mathrm{TR}} - \mu_{\mathrm{TL}} \cdot \mu_{\mathrm{LT}} - \mu_{\mathrm{LR}} \cdot \mu_{\mathrm{RT}} \cdot \mu_{\mathrm{TL}} - \mu_{\mathrm{RL}} \cdot \mu_{\mathrm{LT}} \cdot \mu_{\mathrm{TR}}} \\
C_{22} &= E_{\mathrm{R}} \cdot k_{\mathrm{R}} = E_{\mathrm{R}} \cdot \frac{1-\mu_{\mathrm{TL}} \cdot \mu_{\mathrm{LT}}}{1-\mu_{\mathrm{LR}} \cdot \mu_{\mathrm{RL}} - \mu_{\mathrm{RT}} \cdot \mu_{\mathrm{TR}} - \mu_{\mathrm{TL}} \cdot \mu_{\mathrm{LT}} - \mu_{\mathrm{LR}} \cdot \mu_{\mathrm{RT}} \cdot \mu_{\mathrm{TL}} - \mu_{\mathrm{RL}} \cdot \mu_{\mathrm{LT}} \cdot \mu_{\mathrm{TR}}} \\
C_{33} &= E_{\mathrm{T}} \cdot k_{\mathrm{T}} = E_{\mathrm{T}} \cdot \frac{1-\nu_{\mathrm{LR}} \cdot \nu_{\mathrm{RL}}}{1-\mu_{\mathrm{LR}} \cdot \mu_{\mathrm{RL}} - \mu_{\mathrm{RT}} \cdot \mu_{\mathrm{TR}} - \mu_{\mathrm{TL}} \cdot \mu_{\mathrm{LT}} - \mu_{\mathrm{LR}} \cdot \mu_{\mathrm{RT}} \cdot \mu_{\mathrm{TL}} - \mu_{\mathrm{RL}} \cdot \mu_{\mathrm{LT}} \cdot \mu_{\mathrm{TR}}}
\end{aligned} \tag{9.7}$$

Tabelle 9.2 E- und G-Moduln berechnet aus Ultraschallversuchen, unkorrigiert und korrigiert mit den Poissonzahlen für Kirschbaumholz (Bachtiar, Sanabria, Mittig & Niemz, 2017)

Kirschbaum	Mechanisch	Ultraschall		
	Druck	Volle Korrektur (Tab. 9.1)	Unkorrigiert (Gl. 9.3)	Vereinfachte Korrektur mit Poissonzahlen aus Druckversuch
	ω = 10.7 %	ω = 10.7 %	ω = 10.7 %	ω = 10.7 %
	ρ = 589 kg/m³	ρ = 560 kg/m³	ρ = 560 kg/m³	ρ = 560 kg/m³
E_{L}	8707	8238	12 542	11 943
E_{R}	1505	1384	2862	2104
E_{T}	720	644	1230	908
$G_{\mathrm{RT}} = G_{\mathrm{TR}}$	218	228	228	228
$G_{\mathrm{TL}} = G_{\mathrm{LT}}$	782	895	895	895
$G_{\mathrm{LR}} = G_{\mathrm{RL}}$	1188	1112	1112	1112

Tabelle 9.2 E- und G-Moduln berechnet aus Ultraschallversuchen, unkorrigiert und korrigiert mit den Poissonzahlen für Kirschbaumholz *(Fortsetzung)*

Kirschbaum	Mechanisch	Ultraschall		
	Druck	Volle Korrektur (Tab. 9.1)	Unkorrigiert (Gl. 9.3)	Vereinfachte Korrektur mit Poissonzahlen aus Druckversuch
	$\omega = 10.7\,\%$	$\omega = 10.7\,\%$	$\omega = 10.7\,\%$	$\omega = 10.7\,\%$
	$\rho = 589\ kg/m^3$	$\rho = 560\ kg/m^3$	$\rho = 560\ kg/m^3$	$\rho = 560\ kg/m^3$
μ_{RL}	0,055	0,141	0,000	0,055
μ_{LR}	0,257	0,838	0,000	0,257
μ_{TL}	0,042	0,059	0,000	0,042
μ_{LT}	0,242	0,755	0,000	0,242
μ_{TR}	0,321	0,372	0,000	0,321
μ_{RT}	0,734	0,798	0,000	0,734
Korrekturfaktor	k_L	1,5225	1	1,0502
	k_R	2,0676	1	1,3602
	k_T	1,9090	1	1,3547

Im Gegensatz zu den E-Moduln konnten die Querkontraktionszahlen (siehe (Bucur V., 2006)) bei umfangreichen eigenen Messungen nicht exakt aus den Ultraschallversuchen bestimmt werden (Ozyhar, Hering, Sanabria & Niemz, 2013). Die Abweichungen zwischen statischem Schubmodul (bestimmt im Arcan-Test) und Schubmodul (bestimmt mit Transversalwellen) sind dagegen deutlich geringer. Bei Durchschallung werden etwa 20 - 30 % höhere Werte ermittelt als im mechanischen Versuch mittels Arcan-Test.

9.3.2 Weitere Kenngrößen

Die Wellenlänge λ ergibt sich nach:

$$\lambda = \frac{c}{f} \quad [m] \tag{9.8}$$

c Schallgeschwindigkeit [m/s]

f Frequenz [s^{-1}]

Sie ist z. B. für die Dimensionierung von Aufnehmern wichtig, liefert aber auch Aussagen über die Erkennbarkeit von Fehlern. Bei den für Holz üblichen Frequenzen von 20 kHz und einer Schallgeschwindigkeit in Faserrichtung von z. B. 6000 m/s ergibt sich eine Wellenlänge von 0,3 m. Dadurch sind kleine Defekte wie Stauchbrüche, aber auch Äste oder sich in der Anfangsphase befindliche Fäulen in Bäumen nicht erkennbar. Bei der Durchschallung von Bäumen zur Fehlererkennung können große Fäulen durch den dadurch bedingten längeren Weg der Schallwelle gut erkannt werden, es wird eine geringere Schallgeschwindigkeit berechnet (Niemz & Bächle, 2002) (Schubert, 2007). Die Schallgeschwindigkeit erreicht in Faserrichtung des Holzes Werte von 4000 bis 6000 m/s, senkrecht zur Faserrichtung des Holzes Werte von 400 bis 2000 m/s. Dabei ist eine starke Abhängigkeit von der Holzart vorhanden (korreliert mit dem E-Modul, siehe Tabelle 9.3 und Kapitel 13 und 14).

Klangholz (Autorenkollektiv, 1990) zeichnet sich durch ein hohes Verhältnis von E-Modul zu Dichte aus. Ebenfalls wird meistens davon ausgegangen, dass Klangholz einen hohen Wert des Resonanzkoeffizienten (Q_R) nach Gl. (9.9) hat.

$$Q_R = \frac{c}{\rho} = \sqrt{\frac{E}{\rho^3}} \tag{9.9}$$

Q_R Resonanzquotient [m^4/kgs bzw. m^5/Ns^3]

c Schallgeschwindigkeit [m/s]

ρ Rohdichte [kg/m^3]

E E-Modul parallel zur Faser [Pa]

Für Klangholz werden ein hoher E-Modul in Faserrichtung und in radialer Richtung sowie gleichmäßige Jahrringbreiten benötigt. D. Holz ((Holz, 1967), (Holz, 1973)) fast die Anforderungen wie folgt zusammen:

- Die Häufigkeitsverteilung der Jahrringbreite ist eingipflig.
- Die Standardabweichung der Jahrringbreite liegt unter 0,75 mm.
- Der Spätholzanteil beträgt zwischen 20 und 33 %.

Neuere Arbeiten zu Klangholz aus Fichte wurden u. a. in (Sonderegger, Alter & Niemz, 2008) beschrieben.

Bei ihrer Ausbreitung in Holz oder Holzwerkstoffen werden die Schallwellen gedämpft, wobei Schallenergie in Wärme umgewandelt wird. Dieser Effekt wird genutzt, um Fehler in Holz oder Holzwerkstoffen, wie z. B. Fehlverklebungen bei der Oberflächenbeschichtung, Plattenreißer bei Spanplatten, Fehlverleimungen bei der Sperrholzherstellung, Äste oder Risse festzustellen (Niemz & Sander, 1989). Teilweise wird die Schallgeschwindigkeit auch zur Erkennung von Hohlräumen (Fäule) in Bäumen oder Fehlverklebungen in Brettschichtholz genutzt. Dabei wird die erzwungene Wegänderung der Schallwelle zur Defekterkennung genutzt (Welle breitet sich nur im Festkörper aus). Es kommt gemäß den Gesetzen der Schallausbreitung zu erheblichen Wegänderungen, Grundlagen wurden u. a. von Schubert (Schubert, 2007) und Sanabria (Sanabria, 2012) beschrieben.

9.3.3 Einflüsse auf die Schallgeschwindigkeit

Die Schallgeschwindigkeit wird maßgeblich durch den strukturellen Aufbau des Holzes bzw. der Holzwerkstoffe beeinflusst. Alle mit dem E-Modul korrelierenden Eigenschaften gehen in die Schallgeschwindigkeit ein. Tabelle 9.3 zeigt die Schallgeschwindigkeit in Holz und Holzwerkstoffen.

Tabelle 9.3 Schallgeschwindigkeit in Holz und Holzwerkstoffen bei Normalklima (20 °C/65 % rel. Luftfeuchte)

Material	Rohdichte [kg/m³]	Schallgeschwindigkeit [m/s]		
Holz[1]		in Faserrichtung	radial	tangential
Fichte[3]	400	5850	2130	1710
Eibe[3]	650	5060	2520	1860
Kiefer[4]	520	5690	2430	1900
Lärche[4]	570	6660	2740	2100
Buche[4]	680	5560	2180	1250
Robinie[4]	710	5260	2420	2050
Esche[4]	650	5330	2390	1680
Roteiche[4]	670	5350	2410	1780
Holzwerkstoffe[2]		in Plattenebene	senkrecht zur Plattenebene	
MDF, 17 mm	770	2590	-	
OSB‖, 18 mm	660	3290	-	
OSB⊥, 18 mm	670	2990	-	
Spanplatte, 16 mm	690	2090	600	
Spanplatte, 31 mm	630	1110	470	

[1] An Würfelproben (1 cm³) bei 2,25 - 10 MHz
[2] Nach (Bekhta, Niemz & Kucera, 2002), an Biegeproben (analog DIN 52362) bei 50 kHz; ‖ in Orientierungsrichtung; ⊥ senkrecht zur Orientierungsrichtung
[3] Nach (Keunecke, Sonderegger, Pereteanu, Lüthi & Niemz, 2007)
[4] Nach (Keunecke, Merz, Sonderegger, Schnider & Niemz, 2011)

Bei Holz ist die Schallgeschwindigkeit in Faserrichtung 3- bis 4-mal größer als senkrecht zur Faserrichtung, in tangentialer Richtung ist sie stets etwas kleiner als in radialer Richtung. Partikelwerkstoffe haben meist durch die weitgehend statistisch regellose Spanorientierung eine deutlich niedrigere Schallgeschwindigkeit als Holz in Faserrichtung. Bei OSB ist sie in Orientierungsrichtung deutlich höher als senkrecht dazu.

Nach Untersuchungen von Burmester (Burmester, 1968) sind für die Schallgeschwindigkeit ferner folgende Parameter wichtig:

- die Faserlänge,
- die Rohdichte (s. Bild 9.3),
- der Früh- und Spätholzanteil,

- der Faser-Last-Winkel (LR, LT) oder die Jahrringneigung (RT); Verringerung der Schallgeschwindigkeit mit zunehmendem Faser-Lastwinkel, Minimum der Schallgeschwindigkeit unter 45° zwischen R- und T-Ebene (vgl. Kapitel 13 und 14),
- Holzfehler (z. B. Äste, Abfall der Schallgeschwindigkeit bei astbehaftetem Holz),
- der Feuchtegehalt (s. Bild 9.4).

Die strukturellen Einflussgrößen korrelieren mit dem E-Modul und damit mit der Schallgeschwindigkeit. Der Einfluss der Faserlänge wurde auch bei eigenen Messungen an verschiedenen südamerikanischen Holzarten nachgewiesen (Niemz P., 1995).

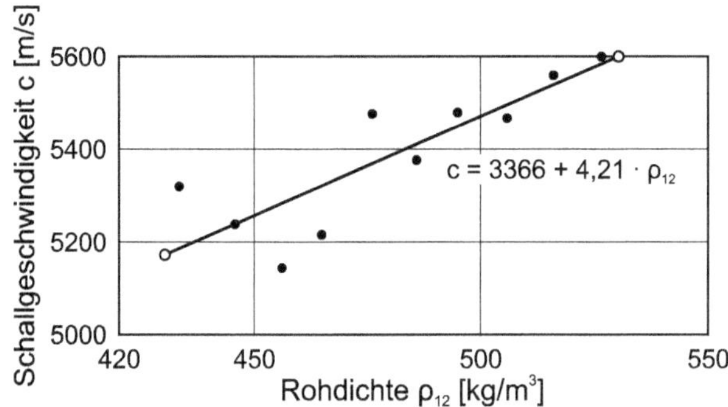

Bild 9.3 Einfluss der Rohdichte auf die Schallgeschwindigkeit in Kiefernholz (*Pinus sylvestris* L.) (Burmester, 1965)

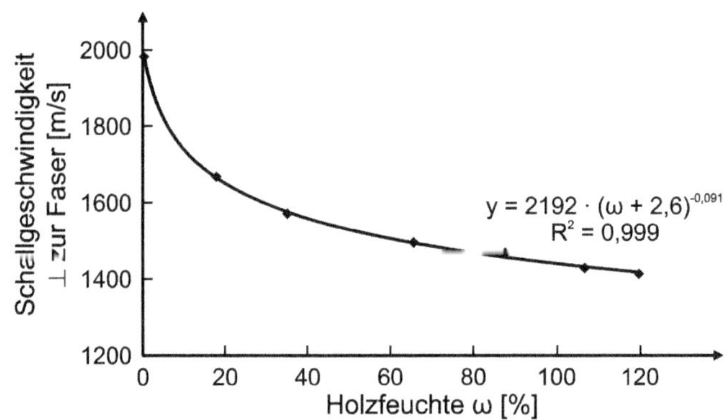

Bild 9.4 Einfluss des Feuchtegehaltes auf die Schallgeschwindigkeit senkrecht zur Faserrichtung von Roble (*Nothofagus obliqua* (Mirb.) Oerst.), nach (Niemz P., 1996)

Zum Einfluss des Faserwinkels führten Armstrong, Patterson und Sneckenberger (Armstrong, Patterson & Sneckenberger, 1991) umfangreiche Untersuchungen durch. Sie wiesen nach, dass wie bei den elastomechanischen Eigenschaften (Kapitel 13 und 14) die von Hankinson (Hankinson, 1921) entwickelte Formel (vgl. auch Gleichung 13.13) gilt. Dabei ist $n = 1{,}7$.

$$c(\varphi)=\frac{c_{\parallel}\cdot c_{\perp}}{c_{\parallel}\cdot\sin^{n}\varphi+c_{\perp}\cos^{n}\varphi} \tag{9.10}$$

$c_{\parallel}$ Schallgeschwindigkeit in Faserrichtung

$c_{\perp}$ Schallgeschwindigkeit senkrecht zur Faserrichtung

φ Faserwinkel

Bei Untersuchungen zur Schallgeschwindigkeit in Holz kommt es daher zu einer erheblichen Streuung der Messergebnisse. Bei Spanplatten ist nach Burmester (Burmester, 1968) sowie Niemz und Plotnikov (Niemz & Plotnikov, 1988) ein deutlicher Einfluss des strukturellen Aufbaus (z. B. Spangeometrie, Dichte, Dichteprofil) vorhanden.

9.3.4 Ausgewählte Gerätesysteme

Für Schallmessungen an Holz werden folgende Systeme eingesetzt:

- Gerätesysteme auf der Basis von Stoßwellen (durch Anschlagen erzeugte Wellen, Frequenz einige 100 Hz; Geräte: z. B. Fakopp, Picus Sonic Tomograph, beide auch für Tomographie nutzbar), Fa. Metrigard/USA (Bild 9.5a)
- Geräte auf der Basis piezoelektrisch erzeugter Wellen im Bereich von 20 kHz - 50 kHz (Messungen an Brettern, z. B. Steinkamp BPV, Sylvatest). Bei diesen Geräten wird meist die Laufzeit der Welle angezeigt.
- Berührungslos arbeitende Messgeräte (luftgekoppelter Ultraschall, Frequenz ca. 50 kHz (GreCon)). Grundlagen zum berührungslos angekoppelten Ultraschall und dessen Nutzung zur Delaminierungserkennung in Brettschichtholz sind in (Sanabria, 2012) beschrieben.
- Für wissenschaftliche Untersuchungen zur Messung elastischer Konstanten werden oft Geräte mit hoher Frequenz von einigen MHz (z. B. Epoch XT von Olympus) sowie Longitudinal- und Transversalwellen genutzt (Ozyhar, Hering, Sanabria & Niemz, 2013), s. Bild 9.5b. Dabei wird die Wellenform für die Laufzeitmessung genutzt, es erfolgt eine Messung an der Spitze bzw. der Flanke der Wellen. Gemessen wird die Laufzeit des Signals (Bild 9.6), d. h. die Differenz zwischen abgehender und ankommender Welle. Transversalwellen haben deutlich niedrigere Geschwindigkeiten als Longitudinalwellen.

Wichtig ist eine gute Ankopplung (konstanter Anpressdruck), z. T. werden spezielle Koppelgele oder Honig verwendet. Bei industriellen Anwendungen werden teilweise konusförmige Sensoren verwendet, die in Bohrlöcher eingeschraubt oder eingesteckt werden.

Meist wird bei Holz im Durchschallungsmodus gearbeitet (1 Sender, 1 Empfänger). Hasenstab (Hasenstab, 2006) verwendete das für die Schichtdickenmessung übliche Impuls-Echo-Verfahren erfolgreich für die Fehlererkennung in Holz. Dabei sind Sender und Empfänger wie bei der Wanddickenmessung von Behältern identisch.

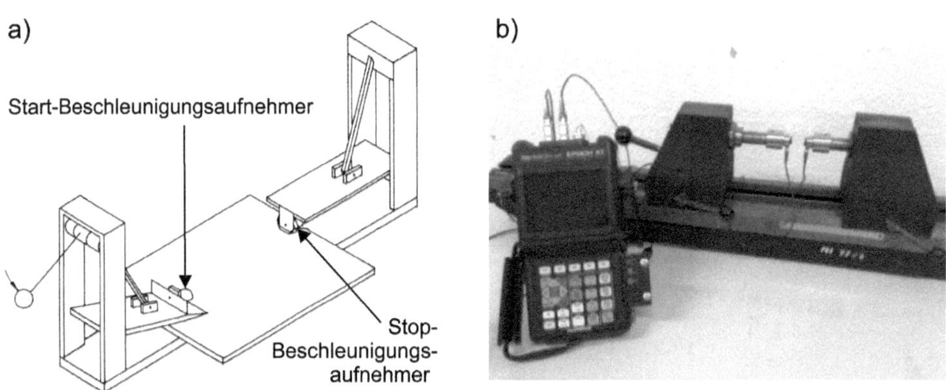

Bild 9.5 Ultraschallmessgeräte: (a) Messgerät zur Bestimmung der Schallgeschwindigkeit mittels Impulshammermethode (durch Anschlagen erzeugte Wellen, Fa. Metrigard), (b) Ultraschallmessgerät Epoch XT (Olympus), Nutzung piezoelektrisch erzeugter Wellen, ETH Zürich

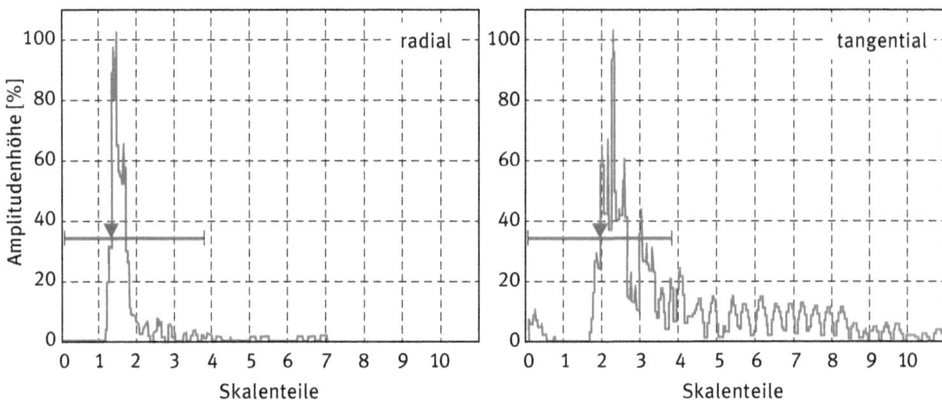

Bild 9.6 Wellenformen, Nutzung der Wellen für die Bestimmung der Schallgeschwindigkeit

Meist wird aus der am Gerät angezeigten Laufzeit unter Verwendung von Gl. (9.3) der E-Modul berechnet, teilweise wird dieser Wert mit dem statisch bestimmten E-Modul korreliert und eine Sortierung nach Festigkeitsklassen vorgenommen (z. B. Sylvatest).

Bild 9.7 zeigt die Korrelation zwischen Schalllaufzeit (gemessen durch Anschlagen) und E-Modul sowie Festigkeit von Spanplatten. Dabei wird praktisch die Korrelation E-Modul-Festigkeit genutzt.

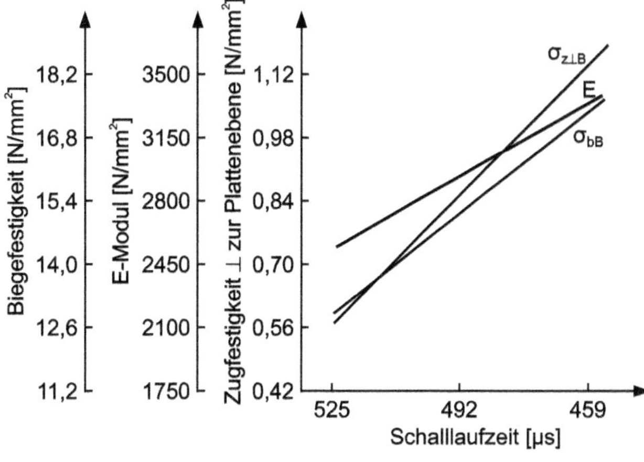

Bild 9.7 Korrelation zwischen Schalllaufzeit und Eigenschaften von Spanplatten (Hoyle & Pellerin, 1978)

9.4 Schalldämpfung oder Schallabsorption

Die Schallabsorption ist das Verhältnis der nicht-reflektierten zur auftreffenden Schall-Leistung. Es gilt:

$$S = \frac{K_s}{K_a} \cdot 100 \; [\%] \tag{9.11}$$

K_s nicht-reflektierte Schall-Leistung

K_a auftreffende Schall-Leistung

Die Schallabsorption kommt somit durch Dissipation von Schallenergie in der Wand (z. B. Umsetzung in Wärme) und durch Transmission zustande. Sie ist frequenzabhängig und steigt bei Partikelwerkstoffen mit der Porigkeit des Materials. So beträgt z. B. die Schallabsorption einer 12 mm dicken Faserdämmplatte (Rohdichte 250 kg/m^3) 20 bis 30 %; durch Lochen oder Schlitzen kann sie auf 60 bis 80 % erhöht werden. Bei 5 mm dicken harten Faserplatten werden dagegen nur Werte von 5 bis 8 %, bei Spanplatten je nach Rohdichte und Oberflächenvergütung Werte von 10 bis 15 % erreicht (Autorenkollektiv, 1990) (s. Tabelle 9.4).

Tabelle 9.4 Schallabsorptionsgrad von Holz und Holzwerkstoffen (Autorenkollektiv, 1990)

	Absorptionsgrad [%]
Kiefer	10...11
Spanplatten	20...50
Schallschluckplatten (z. B. gelocht)	60...80
Faserplatten niedriger Dichte	20...30
Hartfaserplatten	5...8

9.5 Schalldämmung

Die Schalldämmung (Kenngrößen sind das Schalldämm-Maß oder die Schallisolation) ist das Vermögen eines Stoffes bzw. eines konkreten Bauteils, Schallenergie zurückzuhalten. Es gilt:

$$D = 10 \cdot \lg \frac{P_1}{P_2} \tag{9.12}$$

D Schalldämm-Maß [dB]

P_1 auf das Bauteil treffende Schall-Leistung [W/m²]

P_2 auf der Rückseite abgestrahlte Schall-Leistung [W/m²]

Eine gute Schalldämmung wird durch Reflexion und Dissipation bewirkt. Das Schalldämm-Maß steigt mit der Frequenz der Schallwellen und der Flächenmasse des Materials an. Aus diesem Grunde sind leichte Holzkonstruktionen wenig zur Schalldämmung geeignet. Eine doppelschalige Ausführung dämmt den Schall hingegen schon deutlich. Für Spanplatten mit einer Flächendichte von 15 bis 20 kg/m² beträgt die Schalldämmung 24 bis 26 dB, bei jeder Verdopplung der Flächendichte wird die Schall-Leistung um jeweils 5 dB herabgesetzt (Autorenkollektiv, 1975).

9.6 Schallemission

9.6.1 Kenngrößen

Schallemission (englisch: Acoustic Emission) ist die Abstrahlung von Schallwellen im hörbaren und im Ultraschallbereich (Frequenz > 20 kHz), die durch mikroskopische Brüche, Reibung von Bruchflächen, Ausströmung von Flüssigkeiten, Transportvorgänge in Kapillaren oder andere Effekte bewirkt wird. Strenggenommen ist das Verfahren damit kein zerstörungsfreies.

Charakteristisch für Holz ist, dass es bei Druckbelastungen unterhalb der Bruchlast vom Menschen deutlich hörbare Schallsignale abgibt, die einen bevorstehenden makroskopischen Bruch des Holzes ankündigen. Diese charakteristische Erscheinung („Knistern“) wird als Warnfähigkeit des Holzes bezeichnet und vor allem im Bergbau praktisch genutzt. Lange bevor das Holz knistert, also bei weitaus geringerer Belastung, werden im Ultraschallbereich durch Mikrobrüche Schallwellen abgestrahlt, deren Frequenzspektrum zwischen 50 kHz und 1.5 MHz liegt. Diese Schallemission im Ultraschallbereich bildet die Grundlage für ein insbesondere für die Analyse von Metallkonstruktionen (Behälter, Maschinen) angewandtes Verfahren, welches weitgehend auf Bruchmechanismen begrenzt ist. Praktische Anwendungen wie die Überwachung von Trocknungsvorgängen oder die Zustandsüberwachung von Werkzeugen bei der Holzbearbeitung haben sich bisher noch nicht durchgesetzt.

Die Schallemissionsanalyse wurde zunächst in der metallverarbeitenden Industrie und seit Mitte der siebziger Jahre auch verstärkt in der Holzforschung genutzt, wobei Schallsignale mit Frequenzen von 50 bis 150 kHz zur Anwendung kommen. Voraussetzung für die Nutzbarkeit dieses Verfahrens ist, dass der Werkstoff selbst aktiv ist, d. h., dass Brüche, Reiberscheinungen oder dgl. auftreten. Die bei Belastung des Werkstoffs freiwerdenden Schallwellen breiten sich an dessen Oberfläche aus und werden mithilfe piezoelektrischer Aufnehmer in ein elektrisches Signal umgewandelt. Nach der Art der Schallsignale wird dabei zwischen einer kontinuierlichen Emission und Burstsignalen unterschieden (Bild 9.8). Für Holz und Holzwerkstoffe sind Burstsignale typisch.

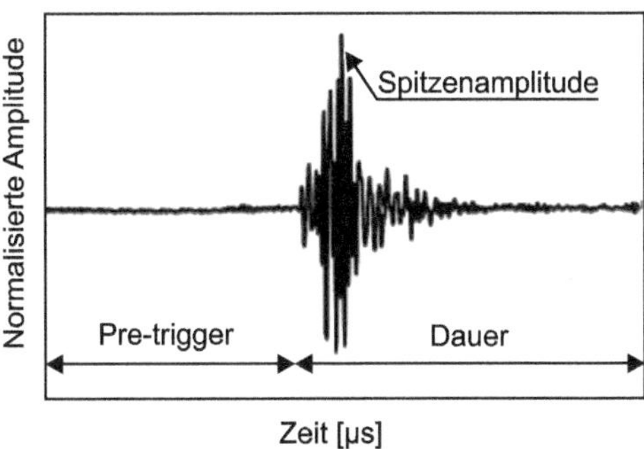

Bild 9.8 Burstsignal und Parameter

Wichtige Grundlagen der Schallemission sind in

- DIN EN 1330 - 9, Zerstörungsfreie Prüfung - Terminologie - Teil 9: Begriffe der Schallemissionsprüfung und
- DIN EN 13554, Zerstörungsfreie Prüfung - Schallemission - Allgemeine Grundsätze

zusammengestellt.

Die Auswertung der Schallsignale erfolgt rechnergestützt, wobei folgende Kenngrößen verwendet werden:

- Impulssumme (Anzahl der einen Schwellwert überschreitenden Schallsignale),
- Ereignissumme (Anzahl der Schallsignale, die einen Schwellwert überschreiten und zwischen denen gleichzeitig eine Zeitspanne besteht, die größer ist als ein einstellbarer Schwellwert),
- Impuls- bzw. Ereignisrate (Anzahl der Impulse bzw. Ereignisse/Zeit),
- Amplitudenverteilung (Häufigkeitsverteilung der Amplituden der Schallsignale),
- Frequenzanalyse (Messung Amplitude, Energie, Peakfrequenz PF), gewichtete Peakfrequenz (WPF), Partial Power (PP) u. a. (Baensch, 2015), (Sause, 2010),
- Clusterung der Signale in Gruppen (Sause, 2010).

9.6.2 Einflüsse auf die Schallemission und praktische Nutzung der Schallemissionsanalyse

Bild 9.9 gibt einen Überblick über die wichtigsten Einflussgrößen; dominierend sind die Struktur (Dichte, Partikelgeometrie, Klebstoffart und -anteil u.a.), Feuchtegehalt und die Vorgeschichte (z.B. Pilz- oder Insektenbefall, mechanische oder klimatische Vorbeanspruchung) des Holzes bzw. der Holzwerkstoffe.

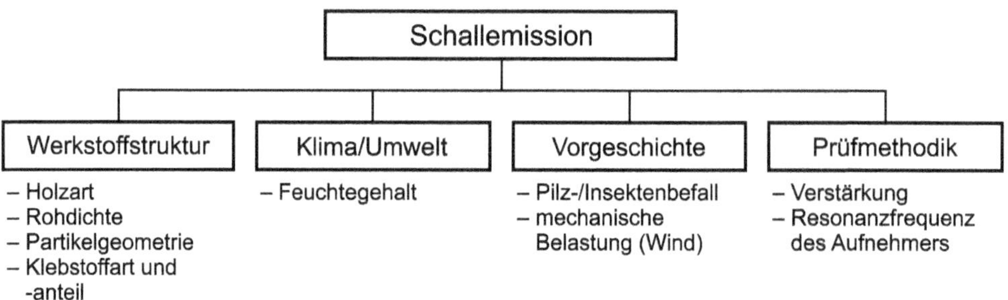

Bild 9.9 Einflussfaktoren der Schallemission von Holz

Anwendungsmöglichkeiten der Schallemissionsanalyse in der Holzindustrie zeigt Bild 9.10. Schwerpunkt ist die Erforschung der Zusammenhänge zwischen Struktur und Eigenschaften (Baensch, 2015), die Messung der Rissbildung in Brettschichtholz (Aicher, Höfflin & Dill-Langer, 2001) sowie Messungen an lebenden Bäumen (Rosner, 2012).

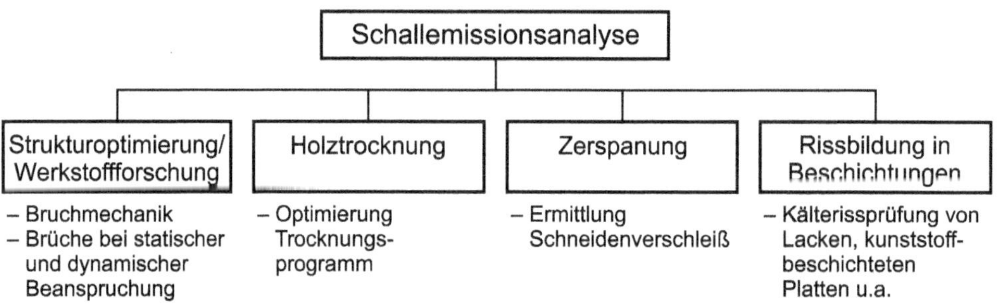

Bild 9.10 Anwendungsmöglichkeiten der Schallemissionsanalyse in der Holzindustrie

Analyse von Bruchvorgängen

Bruchvorgänge im mikroskopischen und submikroskopischen Bereich sind für eine Schädigung der Holzsubstanz bei Belastung charakteristisch. Sie sind bereits unterhalb der Bruchlast nachweisbar, haben aber in niedrigen Lastbereichen noch keine verminderte Tragfähigkeit des Holzes zur Folge. Die Schallemission wird maßgeblich durch die Struktur des Werkstoffs bestimmt. Sie setzt bei Spanplatten bei 10 bis 30 %, bei Vollholz bei 50 bis 60 % der Bruchlast ein. Charakteristisch ist eine starke Streuung der Messergebnisse zwischen einzelnen Prüfkörpern. Bei mehrmaliger Belastung setzt die Schallemission erst oberhalb der Vorbeanspruchung ein, diese Erscheinung wird als Kaiser-Effekt (benannt nach Kaiser, der in den fünfziger Jahren erste grundlegende Arbeiten zur Schallemission an Metallen durchführte) bezeichnet.

Das Vorhandensein von Holzfehlern und Kerben beeinflusst die Schallemission wesentlich. Insbesondere Fehler, die beim Bruch zu langen Rissen führen, bewirken einen erheblichen Anstieg der emittierten Schallsignale (Bild 9.11). Moderne Verfahren erlauben es bereits heute, im Synchrotron Versagensvorgänge online zu überwachen und Beziehungen aus der Volumenkorrelation der Tomographiedaten und den Schallsignalen abzuleiten.

	Probenform	Bruchkraft [kN]		Impulssumme beim Bruch		Schallemissionsbeginn in % der Bruchkraft
		$\bar{x}$	s	$\bar{x}$	s	
1.	Bohrung ⌀5 mm (5mm)	1,68	0,16	673	650	85
2.	Bohrung ⌀15 mm (15mm)	0,67	0,11	520	1617	89
3.	Kerbe mit 45° (45°)	0,43	0,09	22195	12481	60
4.	halbrunde Kerbe (R=7mm)	0,47	0,05	1390	1189	75
5.	Probe mit Ästen	1,60	0,53	3731	4059	23
6.	fehlerfreie Probe	1,76	0,21	1500	375	88

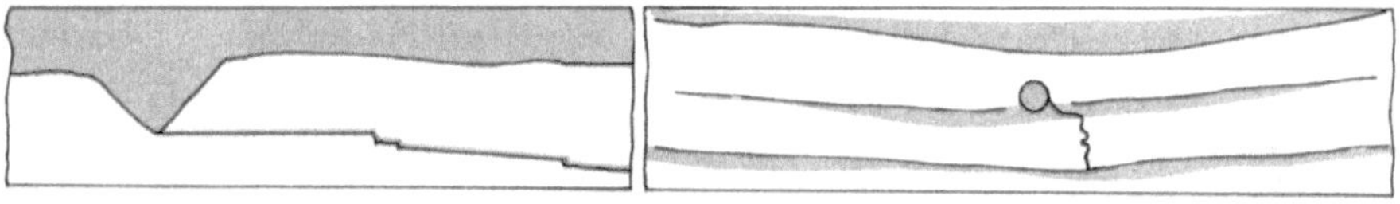

Bild 9.11 Schallemission von fehlerfreiem und fehlerhaftem Fichtenholz, nach (Niemz, Hänsel & Schweitzer, 1989)

Noguchi und Nishitoma (Noguchi & Nishitoma, 1985) wiesen nach, dass die Schallemission von pilzbefallenem Holz bereits bei 4 bis 32 % der Bruchlast einsetzt, von nicht infizierten Vergleichsproben hingegen erst bei 60 % der Bruchlast. Durch die Schallemissionsanalyse konnte das Untersuchungsmaterial wesentlich stärker differenziert werden als durch die Ermittlung des Masseverlustes.

Bei Spanplatten wurde ein deutlicher Einfluss der Spangeometrie festgestellt; mit abnehmender Partikelgröße beginnt die Schallemission erst bei höheren Belastungsgraden, mit abnehmender Rohdichte gleichfalls (Niemz P., 1995), (Niemz & Plotnikov, 1988). Der Feuchtegehalt beeinflusst vor allem die Impuls- bzw. die Ereignissumme und den Schallemissionsbeginn. Mit zunehmendem Feuchtegehalt treten weniger Schallsignale auf (Bild 9.12).

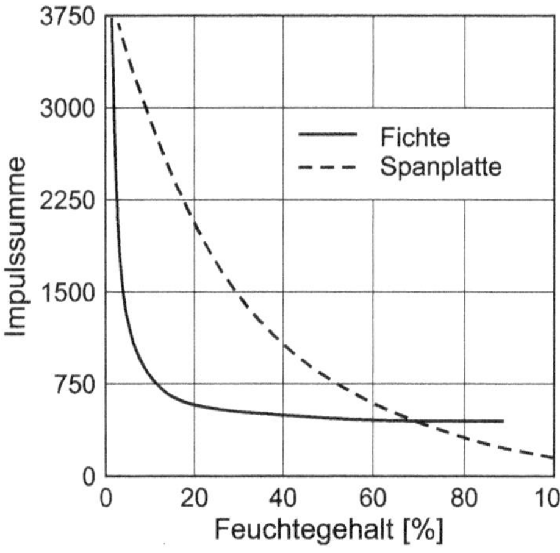

Bild 9.12 Einfluss des Feuchtegehalts auf die relative Impulssumme bei Biegebelastung von Fichtenholz und Spanplatten, nach (Niemz, Hänsel & Schweitzer, 1989)

Infolge der erheblichen Dämpfung der Schallwellen im Holz sind Schallsignale nur in einem begrenzten Abstand von der Entstehungsquelle messtechnisch erfassbar. Eigene Messungen zeigten, dass Schallwellen bei einer Frequenz von 150 kHz in einem Abstand von 500 mm von der Entstehungsquelle (in Faserrichtung) nicht mehr nachgewiesen werden konnten. Charakteristisch für den Bruchvorgang bei Holz und Holzwerkstoffen sind der eigentliche makroskopische Bruch und das darauffolgende Abgleiten der Bruchflächen. Der Makrobruch zeichnet sich durch eine höhere Energie aus als der Mikrobruch. Auch Bruch und Reibung zeigen deutliche Unterschiede in der Energieverteilung (Bild 9.13); die beim Bruch frei werdende Energie ist größer als die durch Reibvorgänge frei werdende Energie.

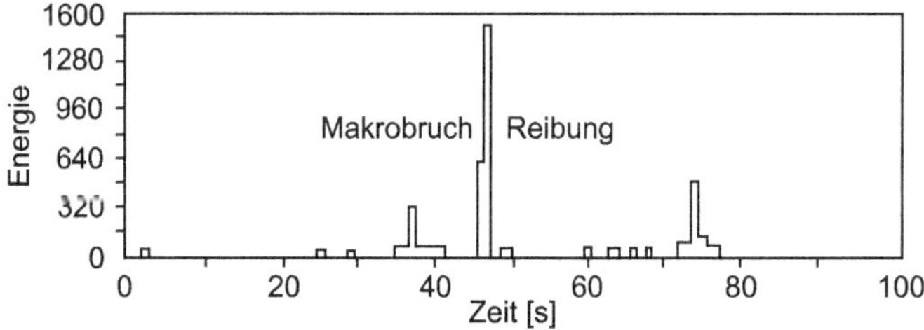

Bild 9.13 Energieverteilung in Abhängigkeit von der Zeit bei Biegebelastung von Fichtenholz, nach (Niemz, Hänsel & Schweitzer, 1989)

Auch bei klimatischer Beanspruchung auftretende Spannungen lassen sich akustisch nachweisen. Eine direkte Korrelation zwischen der Impulssumme beim Bruch und der Bruchkraft konnte bislang jedoch nicht bestätigt werden (Bild 9.14).

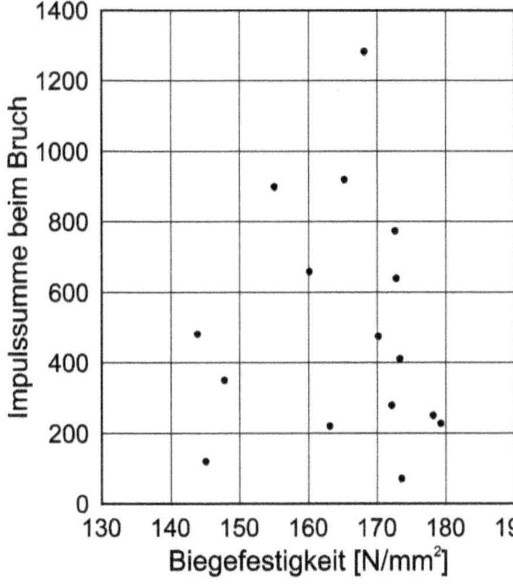

Bild 9.14 Impulssumme beim Bruch in Abhängigkeit von der Biegefestigkeit von mit Polyethylenglycol getränktem Birkenholz (Niemz & Paprzycki, 1988)

Mithilfe der Schallemissionsanalyse sind auch beim Kriechen von Holz und Holzwerkstoffen auftretende Bruchvorgänge nachweisbar. Bild 9.15 zeigt die Impulssumme und die Durchbiegung von Spanplatten in Abhängigkeit von der Belastungsdauer. Es zeigt sich in der Tendenz eine gute Übereinstimmung zwischen Durchbiegung und Impulssumme in Abhängigkeit von der Zeit. Die Schallemission setzt bei einem Belastungsgrad von 30 % ein. Bei dynamischer Beanspruchung konnte mit wachsender Lastzyklenzahl eine deutliche Zunahme der Emission ermittelt werden.

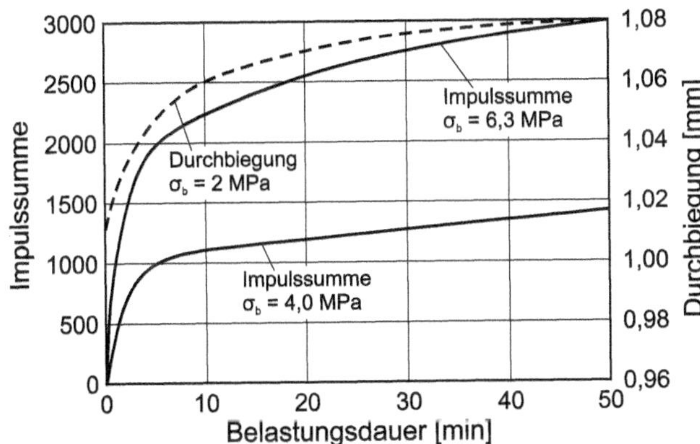

Bild 9.15 Kriechverformung und Schallemission bei Dauerstand-Biegebelastung von Spanplatten (Niemz & Hänsel, 1987)

Nachweis der Sprödigkeit von Klebfugen

Vergleichende Untersuchungen an verklebten Elementen und an Holzwerkstoffen ergaben, dass sich die Schallemissionsanalyse gut für einen Nachweis der Sprödigkeit der Klebfugen eignet. Die relativ spröden Harnstoffharze emittierten wesentlich mehr Impulse als z. B. PVAC. Neuere Arbeiten an verklebtem Holz wurden u. a. von Baensch durchgeführt (Baensch, 2015).

Optimierung der Schnittholztrocknung

Während des Trocknens von Holz werden durch die anisotrope Schwindung, das Feuchtegefälle und die unterschiedlichen elastomechanischen Eigenschaften in den Schnittrichtungen Spannungen hervorgerufen, die zur Rissbildung führen können. Mithilfe der Schallemission lassen sich Risse in der Entstehungsphase erkennen (Bild 9.16). Damit besteht die Möglichkeit, durch entsprechende steuerungstechnische Eingriffe makroskopische Risse zu verhindern.

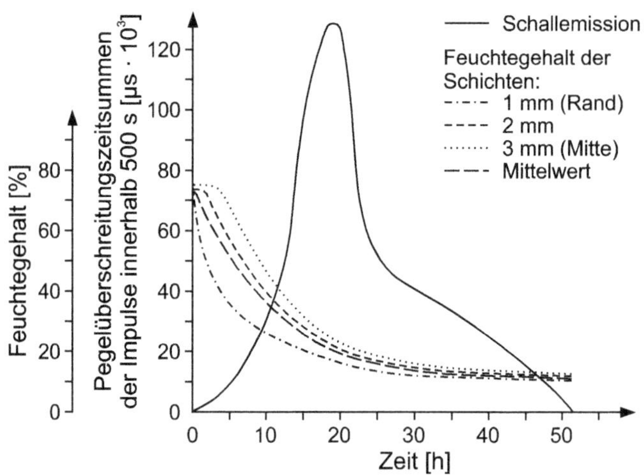

Bild 9.16 Schallemission und Feuchtegehalt bei der Trocknung von Schnittholz, nach (Schmidt, 1985)

Einfluss auf die Schallemission haben

- die Art der Trocknungsführung,
- die Probengeometrie,
- die Holzart,
- die Temperatur und
- der Feuchtegehalt.

Die Schallemission ist am größten, wenn der Feuchtegehalt den Fasersättigungsbereich erreicht bzw. unterschreitet (Skaar, Simpson & Honeycutt, 1980).

Untersuchung von Zerpanungsvorgängen

Nach Untersuchungen zur Schallemission von Lemaster und Dornfeld (Lemaster & Dornfeld, 1985) sowie Michailow und Niemz (Michailow & Niemz, 1990) bei der Zerspanung von Holz und Holzwerkstoffen besteht ein deutlicher Zusammenhang zwischen spanungstechnischen Parametern (Eingriffsgröße, Vorschubgeschwindigkeit), der Art des zerspanten Materials sowie des Schnittwegs und der Schallemission. Die Impulssumme steigt mit zunehmender Vorschubgeschwindigkeit und Eingriffsgröße sowie anwachsendem Standweg. Sie korreliert direkt mit der Anzahl und der Größe der Kantenausbrüche.

Gleichzeitig ist ein deutlicher Einfluss der Art des Beschichtungsmaterials vorhanden. Prinzipiell ist es möglich, aus der Schallemission auf die Güte der Kantenqualität zu schließen.

9.6.3 Messsysteme zur Schallemissionsanalyse

Bild 9.17 zeigt den schematischen Aufbau eines Versuchs zur Messung der Schallemission bei gleichzeitiger Erfassung der Dehnung mit Digital Image Korrelation. Wichtigste Elemente sind der Aufnehmer (Frequenz > 20 kHz, meist 100 bis 150 kHz), der Verstärker, der Hauptverstärker, die Signalfilterung und die Signalverarbeitung.

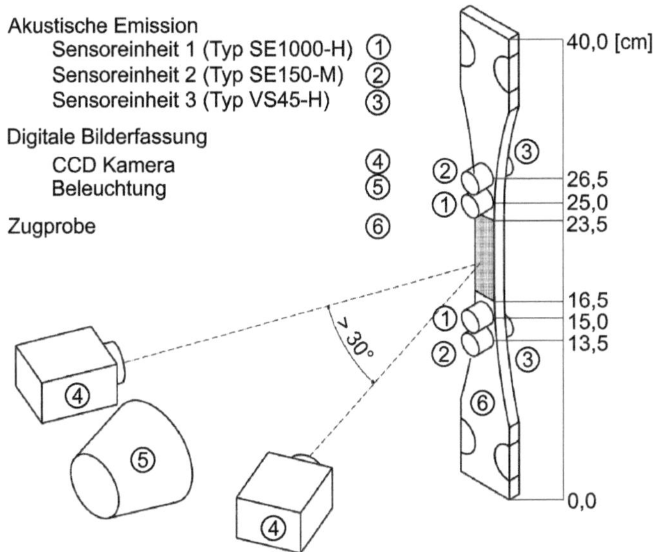

Bild 9.17 Schematische Darstellung eines Messsystems zur Schallemissionsanalyse (Baensch, 2015)

Für die Signalverarbeitung stehen spezielle Systeme (z. B. Vallen GmbH) mit mehreren Kanälen zur Verfügung, sodass auch eine gewisse Ortung der Signalquelle möglich ist. Bei Holz wird diese allerdings durch die Orthotropie und die diese überlagernden Einflüsse von Faser-Last-Winkel und Jahrringneigung erschwert. Zu beachten ist auch, dass eine starke Schwächung (Dämpfung) der hochfrequenten Signale im porösen Holz auftritt und sich die Signalamplitude mit zunehmendem Abstand von der Schallquelle stark reduziert (Baensch, 2015). Bild 9.18 zeigt eine Clusterung der Signale bei Zugbelastung radial und tangential. Es ergeben sich getrennt nach der Frequenz zwei Cluster unabhängig von der Lagenorientierung. Die Kombination von Schallemission und Digital-Image-Korrelation erlaubt es, Dehnungen und Schallsignale zu korrelieren. Wird die Probe gleichzeitig tomographiert (z. B. im Synchrotron oder mit Röntgenmikrotomographie (Baensch, 2015)), sind 3D-Auswertungen möglich und Strukturänderungen im Materialinneren können über Volumenkorrelation mit den Schallsignalen verglichen werden. Bild 9.19 zeigt ausgewählte Ergebnisse. Moderne Auswertealgorithmen sind u. a. in (Sause, 2010) beschrieben.

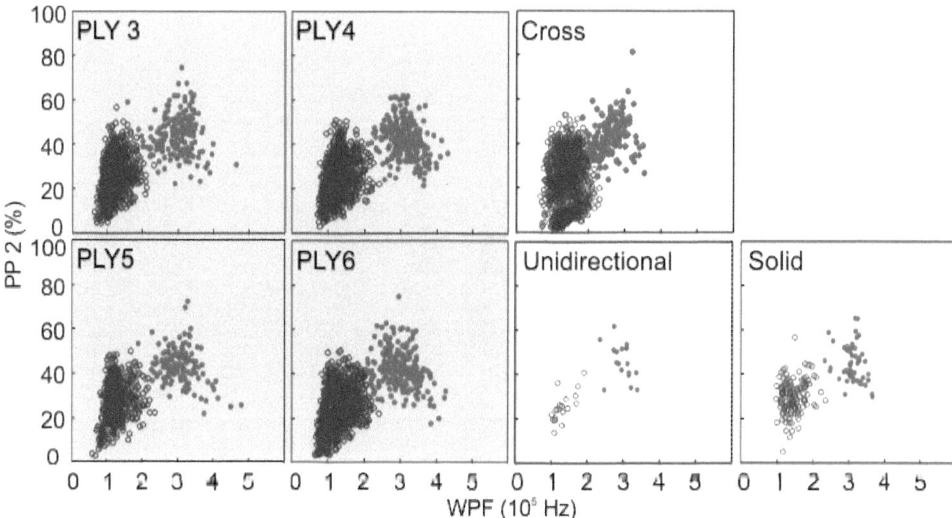

Bild 9.18 Clusterung von AE Signalen von Sperrholz (Cross und PLY 3, 4, 5, 6; → kein Einfluss der Lagenstruktur), Vollholz (Solid) und Schichtholz (Unidirectional) aus Fichtenholz (Baensch, 2015), es sind 2 sich deutlich abgrenzende Cluster unterscheidbar

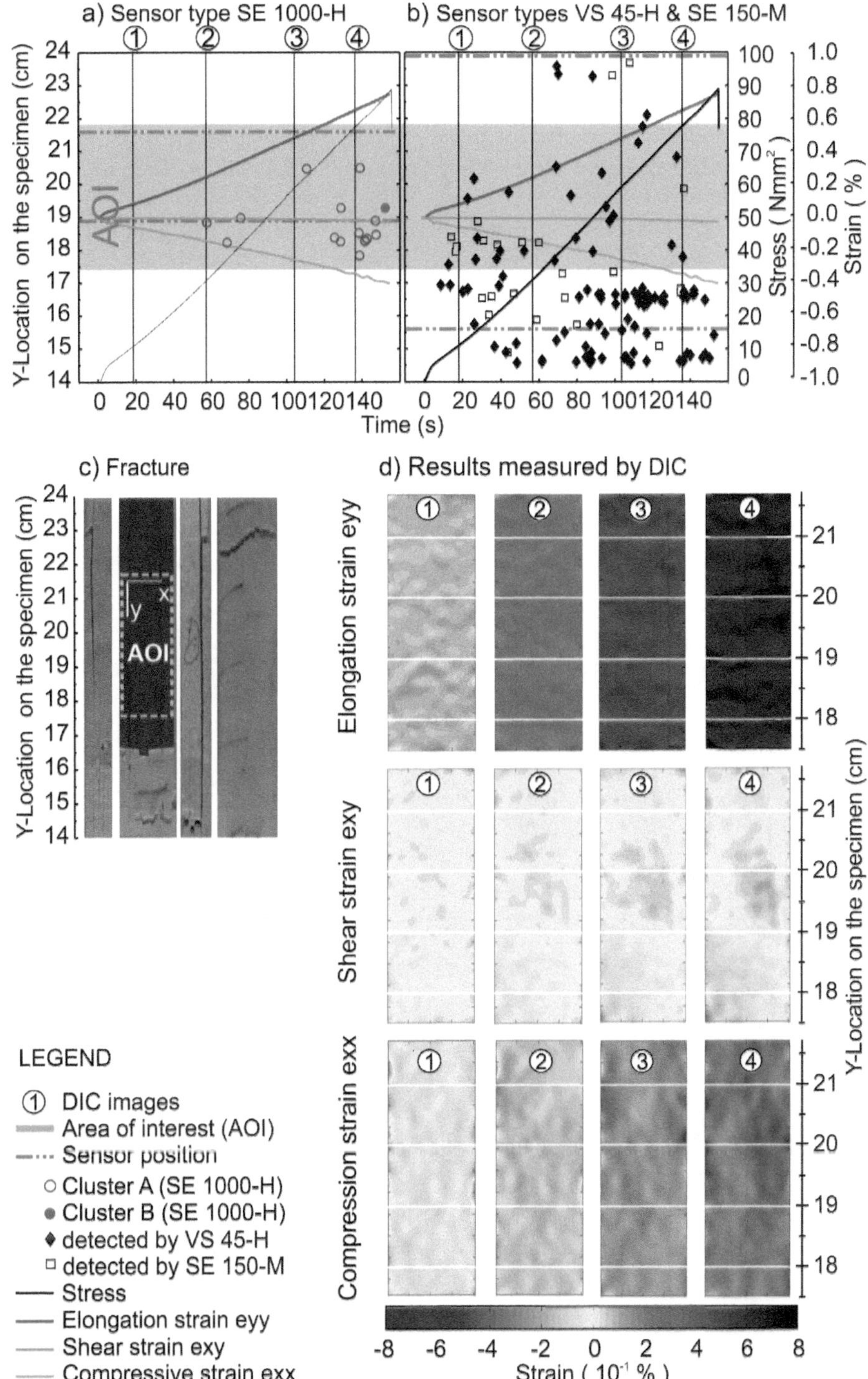

Bild 9.19 Schallemissionssignale und Dehnungen, gemessen mittels DIC (Digital Image Correlation) an Fichtenholz (Baensch, 2015)

9.7 Eigenfrequenz und Modalanalyse

Die Eigenfrequenz eines zum Schwingen angeregten Materials ist ein Maßstab für dessen elastische Konstanten. Die Eigenfrequenzmessung, deren theoretische Grundlagen Rayleigh schon 1929 beschrieb (Rayleigh, 1929), wird in zunehmendem Maße für die Qualitätskontrolle genutzt. Dabei werden entweder Längs-, Biege- oder Torsionsschwingungen erzeugt und aus der ermittelten Eigenfrequenz die elastischen Konstanten berechnet. Die entsprechenden Gerätesysteme basieren auf den nachfolgend beschriebenen Grundprinzipien, die von einem auf 2 Auflagern frei liegenden Stab, der zu Schwingungen angeregt wird, ausgehen (Görlacher, 1990).

9.7.1 Bestimmung des Zug-/Druck-Elastizitätsmoduls

Bei Längsschwingung des Stabes (z.B. durch Anschlagen in Stablängsrichtung erzeugt) gilt unter Vernachlässigung der Querkontraktion gemäß Bild 9.20:

$$\rho \cdot \frac{\partial^2 u}{\partial t^2} = E \cdot \frac{\partial^2 u}{\partial x^2} \qquad (9.13)$$

∂u Verschiebung des Querschnitts in der Zeit t

x Lage des Querschnitts

ρ Rohdichte

E Elastizitätsmodul

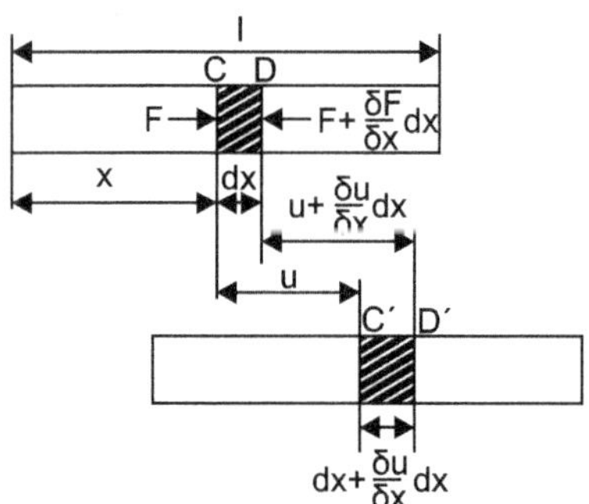

Bild 9.20 Beanspruchung eines Stabes bei Längsschwingungen (schematisch) nach (Bodig & Jayne, 1993)

Nach Umformung lässt sich der E-Modul folgendermaßen berechnen:

$$E = \frac{4 \cdot l^2 \cdot f^2 \cdot \rho}{n^2} \qquad (9.14)$$

l Stablänge

f Eigenfrequenz

n Ordnung der Schwingung (n = 1)

Gleichung (9.14) gilt für alle Querschnittsformen, wenn die Stablänge sehr viel größer ist als die Stabquerschnittsfläche. Bei Kenntnis der Stablänge und der Rohdichte kann somit aus der Eigenfrequenz der Zug- bzw. Druck-Elastizitätsmodul bestimmt werden.

9.7.2 Bestimmung des Biege-Elastizitätsmoduls

Wird der Stab gemäß Bild 9.21 durch Biegeschwingungen belastet, gilt:

$$\frac{\partial^2 u}{\partial t^2} = \frac{E}{\rho} \cdot \frac{I}{A} \cdot \frac{\partial^4 u}{\partial x^4} = c^2 \cdot k'^2 \cdot \frac{\partial^4 u}{\partial x^4} \tag{9.15}$$

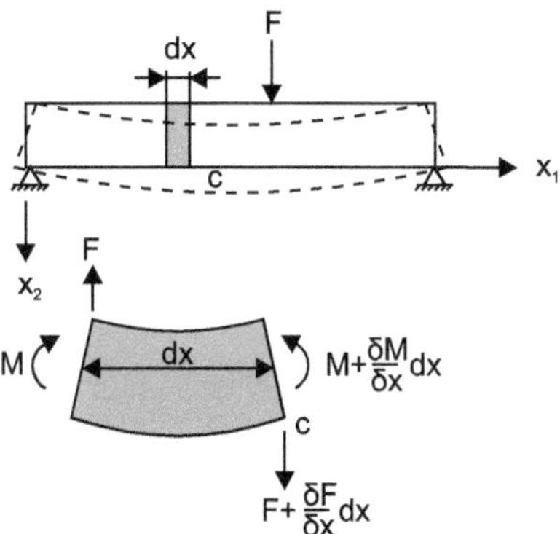

Bild 9.21 Beanspruchung eines Stabes bei Biegeschwingungen (schematisch) nach (Bodig & Jayne, 1993)

Daraus ergibt sich nach Goes für die Berechnung des E-Moduls unter Berücksichtigung der Querkontraktion:

$$E = \frac{4\pi^2 \cdot l^4 \cdot f^2 \cdot \rho}{m_n{}^4 \cdot i^2} \cdot \left(1 + \frac{i^2}{l^2}\left(K_1 + K_2 \cdot s \cdot \frac{E}{G_{xy}}\right)\right) \tag{9.16}$$

E Elastizitätsmodul [Pa]

G_{xy} Schubmodul in Biegeebene [Pa]

I Trägheitsmoment [m^4]

A Querschnitt [m^2]

ρ Rohdichte [kg/m^3]

l Stablänge [m]

i Trägheitsradius in Richtung der Biegeschwingung ($i^2 = I/A$); für rechteckige Querschnitte gilt: $i^2 = h^2/12$ (h = Stabhöhe [m])

f Frequenz [s^{-1}]

K_1, K_2, m_n Konstanten (abhängig von der Ordnung der Schwingung)

s Formfaktor (für isotrope Rechteckquerschnitte 1,2; bei Holz 1,06)

K_1, K_2 und m_n sind Konstanten, die von der Ordnung der Schwingung abhängen, s ist ein Formfaktor, der für isotrope Rechteckquerschnitte den Wert 1,2 annimmt (bei Holz wird mit einem Formfaktor von 1,06 gerechnet, der von (Hearmon, 1966) ermittelt wurde). Görlacher (Görlacher, 1984) beschreibt die Methode ausführlich und setzt für Schwingungen 1. Ordnung: $K_1 = 49{,}84$; $K_2 = 12{,}3$; $m_n{}^4 = 500{,}6$.

9.7.3 Bestimmung des Torsionsmoduls

Aus der Eigenfrequenz des Stabes bei Torsionsbeanspruchung lässt sich der Torsionsmodul wie folgt berechnen:

$$G_t = 4 \cdot f^2 \cdot l^2 \cdot \rho \tag{9.17}$$

Die Eigenfrequenzmessung wird vielfach zur Ermittlung der Elastizitätszahlen bzw. der aus diesen abgeleiteten Modulen genutzt (vgl. Kapitel 13). Dabei kommt häufig die Modalanalyse zum Einsatz, die es erlaubt, alle elastischen Konstanten von Holz oder auch von Holzwerkstoffen zu ermitteln (siehe z. B. für Brettsperrholz (Gülzow, 2008)).

Die Eigenfrequenzmessung wird heute vielfach industriell zur Sortierung von Schnittholz nach der Festigkeit verwendet. Dabei werden mehrere Messprinzipien wie Eigenfrequenzmessung, Röntgen zur Erkennung von Ästen sowie die Ausbreitung eines Laserstrahles im Holz (Tracheideffekt) genutzt. Bild 9.22 zeigt die Korrelation des aus der Eigenfrequenz bestimmten E-Moduls mit dem im Biegeversuch ermittelten für Spanplatten. Auch Versuche zur Messung der Steifigkeit von Klebfugen wurden mit der Methode durchgeführt (Hass, 2012). Dabei wird in gewissem Umfang das Eindringen des Klebstoffes in das Holz ins Messergebnis integriert.

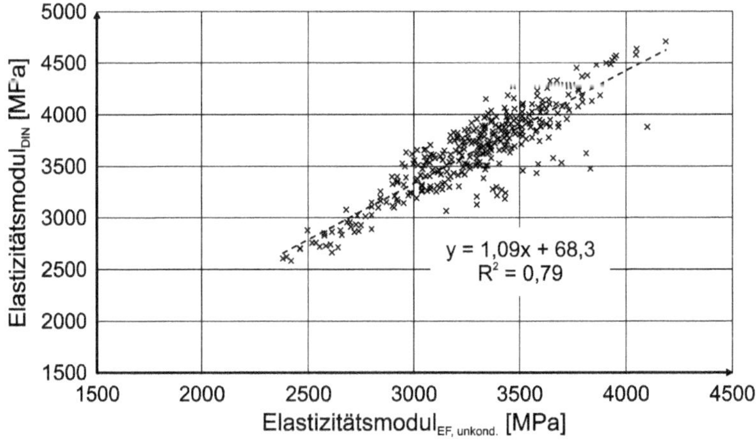

Bild 9.22 Korrelation der mittels Eigenfrequenz an Spanplatten gemessenen E-Moduln mit den im statischen Biegeversuch bestimmten (Grundström, Kucera & Niemz, 1999)

Literaturverzeichnis

Aicher, S., Höfflin, L. & Dill-Langer, G. (2001). Damage evolution and acoustic emission of wood at tension perpendicular to fiber. Holz als Roh- und Werkstoff, 59 (1), S. 104 - 116.

Ando, K., Hirashima, Y., Sugihara, M., Hirao, S.& Sasaki, Y. (2006). Microscopic processes of shearing fracture of old wood, examined using the acoustic emission technique. Journal of Wood Science, 52 (6), S. 483 - 489.

Ansell, M.P. (1982). Acoustic emission from softwoods in tension. Wood Science and Technology, 16 (1), S. 35 - 58.

Armstrong, J.P., Patterson, D.W. & Sneckenberger, J.E. (1991). Comparison of three equations for predicting stress wave velocity as a function of grain angle. Wood and Fiber Science, 23 (1), S. 32 - 43.

Autorenkollektiv. (1975). Werkstoffe aus Holz und andere Werkstoffe der Holzindustrie. Leipzig: Fachbuchverlag.

Autorenkollektiv. (1990). Lexikon der Holztechnik (4. Ausg.). Leipzig: Fachbuchverlag.

Axmon, J., Hansson, M. & Sörnmo, L. (2002). Modal analysis of living spruce using a combined Prony and DFT multichannel method for detection of intrenal decay. Mechanical Systems and Signal Processing, 16 (4), S. 561 - 584.

Axmon, J., Hansson, M. & Sörnmo, L. (2004). Experimental study on the possibility of detecting internal decay in standing Picea abies by blind impact response analysis. Forestry, 77 (3), S. 179 - 192.

Bachtiar, E.V., Sanabria, S.J., Mittig, J.P. & Niemz, P. (2017). Moisture-dependent elastic characteristics of walnut and cherry wood by means of mechanical and ultrasonic test incorporating three different ultrasound data evaluation techniques. Wood Science and Technology, 51 (1), S. 47 - 67.

Badel, E., C, D. & Lux, J. (2008). 3D structural characterization, deformation measurements and assessment of low-density wood fibreboard under compression: The use of X-ray microtomography. Composites Science and Technology, 68 (7), S. 1654 - 1663.

Baensch, F. (2015). Damage evolution in wood and layered wood composites monitored in situ by acoustic emission, digital image correlation and synchrotron based tomographic microscopy. Zürich: Diss. ETH Zürich.

Beall, F. (1985). Effect of moisture conditining on AE from particleboard. Vortrag zur 2. Tagung Schallemission.

Beall, F.C. (1985). Relationship of acoustic emission to internal bond strength of wood-based composite panel materials. JAE, 4 (1), S. 19 - 29.

Beall, F.C. (2002). Acoustic emission and acousto-ultrasonics. In R.F. Pellerin & R.J. Ross (Hrsg.), Nondestructive evaluation of wood (S. 37 - 48). Madison, WI: Forest Products Society.

Beall, F.C. (2002). Overview of the use of ultrasonic technologies in research on wood properties. Wood Science and Technology, 36 (3), S. 197 - 212.

Beall, F.C., Breiner, T.A. & Wang, J. (2005). Closed-loop control of lumber drying based on acoustic emission peak amplitude. Forest Products Journal, 55 (12), S. 167 - 174.

Becker, H.F. (1982). Schallemissionen während der Holztrocknung. Holz als Roh- und Werkstoff, 40(9), S. 345 - 350.

Bekhta, P., Niemz, P. & Kucera, L.J. (2002). Untersuchungen einiger Einflussfaktoren auf die Schallausbreitung in Holzwerkstoffen. Holz als Roh- und Werkstoff, 60 (1), S. 41 - 45.

Bodig, J. & Jayne, B.A. (1993). Mechanics of wood and wood composites (2. Ausg.). Malabar (FL): Krieger Publishing Company.

Brunner, A., Niemz, P. & Walter, O. (2007). Damage accumulation and failure of different types of wood-panels under tensile loading. Proc. 22. Technical Conference of the American Society for Composites (ASC).

Bucur, V. (2006). Acoustics of wood (2. Ausg.). Berlin: Springer.

Bucur, V. & Archer, R.R. (1984). Elastic constants for wood by an ultrasonic method. Wood Science and Technology, 18(4), S.255 - 265.

Bucur, V. & Feeney, F. (1992). Attenuation of ultrasound in solid wood. Ultrasonics, 30 (2), S.76 - 81.

Bucur, V. & Perrin, J.P. (1988). Ultrasonic waves-wood structure interaction. Proc. Inst. Acoustics, 10 (2), S.199 - 206.

Burmester, A. (1965). Zusammenhang zwischen Schallgeschwindigkeit und morphologischen, physikalischen und mechanischen Eigenschaften von Holz. Holz als Roh- und Werkstoff, 23 (6), S.227 - 236.

Burmester, A. (1968). Untersuchungen über den Zusammenhang zwischen Schallgeschwindigkeit und Rohdichte, Querzug- sowie Biegefestigkeit von Holzspanplatten. Holz als Roh- und Werkstoff, 26 (4), S.113 - 117.

Cyra, G. & Tanaka, C. (2000). The effects of wood-fiber directions on acoustic emission in routing. Wood Science and Technolology, 34 (3), S.237 - 252.

Dill-Langer, G. (2004). Schädigung von Brettschichtholz bei Zugbeanspruchung rechtwinklig zur Faserrichtung. Stuttgart: Diss., Universität Stuttgart.

Fujii, Y. Noguchi, M., Imamura, Y. & Tokoro, M. (1990). Using acoustic emission monitoring to detect termite activity in wood. Forest Products Journal, 40 (1), S.34 - 36.

Görlacher, R. (1984). Ein neues Messverfahren zur Bestimmung des Elastizitätsmoduls von Holz. Holz als Roh- und Werkstoff, 42 (6), S.219 - 221.

Görlacher, R. (1990). Klassifizierung von Brettschichtholzlamellen durch Messung von Longitudinalschwingungen. Karlsruhe: Diss., Universität Karlsruhe.

Gozdecki, C. & Smardzewski, J. (2005). Detection of failures of adhesively bonded joints using the acoustic emission method. Holzforschung, 59 (2), S.219 - 229.

Grosse, C.U. & Ohtsu, M. (2008). Acoustic emission testing. Berlin: Springer.

Grundström, F., Kucera, L.J. & Niemz, P. (1999). Schalluntersuchungen an Spanplatten. Bestimmung der Platteneigenschaften durch eine Kombination aus Schallgeschwindigkeit und Eigenfrequenz. Holz-Zentralblatt, 125 (127), S.1734, 1736.

Gülzow, A. (2008). Zerstörungsfreie Bestimmung der Biegesteifigkeiten von Brettsperrholzplatten. Zürich: Diss. ETH Zürich.

Hamstad, M.A., O'Gallagher, A. & Gary, J. (2002). A wavelet transform applied to acoustic emission signals: Part 1: Source identification. JAE, 20, S.39 - 61.

Hankinson, R. (1921). Investigation of crushing strength of spruce at varying angles of grain. Air Force Information Circular No. 259, U.S. Air Service

Hasenstab, A.G. (2006). Integritätsprüfung von Holz mit dem zerstörungsfreien Ultraschallechoverfahren. Diss., TU Berlin.

Hass, P.F. (2012). Penetration behavior of adhesives into solid wood and micromechanics of the bondline. Zürich: Diss. ETH Zürich.

Hearmon, R.F. (1958). The influence of shear and rotary inertia on the free flexural vibration of wooden beams. British Journal of Applied Physics, 9 (10), 381 - 388.

Hearmon, R.F. (1966). Vibration Testing of Wood. Forest Products Journal, 16,(8), S.29 - 40.

Holz, D. (1967). Untersuchungen an Resonanzholz. 3. Mitteilung. Holztechnologie, 8(4), S.221 - 224.

Holz, D. (1973). Untersuchungen an Resonanzholz. 5. Mitteilung. Holztechnologie, 14(4), S.195 - 202.

Hoyle, R.J. & Pellerin, R. (1978). Stress wave inspection of wood structure. Proceedings of fourth nondestructive testing symposium of wood.

Jakiela, S., Bratasz, L. & Kozlowski, R. (2007). Acoustic emission for tracing the evolution of damage in wooden objects. Studies in Conservation, 52(2), 101 - 109.

Jakiela, S., Bratasz, L. & Kozlowski, R. (2008). Acoustic emission for tracing fracture intensity in lime wood due to climatic variations. Wood Science and Technology, 42(4), S.269 - 279.

Keunecke, D., Merz, T., Sonderegger, W., Schnider, T. & Niemz, P. (2011). Stiffness moduli of various softwood and hardwood species determined with ultrasound. Wood Material Science and Engineering, 6 (3), S. 91 - 94.

Keunecke, D., Sonderegger, W., Pereteanu, K., Lüthi, T. & Niemz, P. (2007). Determination of Young's and shear moduli of common yew and Norway spruce by means of ultrasonic waves. Wood Science and Technology, 41 (4), S. 309 - 327.

Kollmann, F. & Krech, H. (1960). Dynamische Messung der elastischen Holzeigenschaften und der Dämpfung. Holz als Roh- und Werkstoff, 18 (2), S. 42 - 44.

Krautkrämer, J. & Krautkrämer, H. (1986). Werkstoffprüfung mit Ultraschall (5. Ausg.). Berlin: Springer.

Landis, E. N. (2008). Acoustic emission in wood. In C. U. Grosse & M. Ohtsu (Hrsg.), Acoustic emission testing (S. 311 - 322). Berlin: Springer.

Landis, E. N. & Shah, S. P. (1995). Frequency-dependent stress wave attenuation in cement-based materials. Journal of Engineering Mechanics, 121(6), S. 737 - 743.

Lee, S. H., Quarles, S. L. & Schniewind, A. P. (1996). Wood fracture, acoustic emission, and the drying process. Part 2. Acoustic emission pattern recognition analysis. Wood Science and Technology, 30 (4), S. 283 - 292.

Lemaster, R. & Dornfeld, D. A. (1985). Monitoring the wood culting process with acoustic emission. Vortrag zur 2. Tagung Schallemission.

Lohmann, U. (Hrsg.). (2003). Holz-Lexikon (4. Ausg.). Leinfelden-Echterdingen: DRW-Verlag.

Lysak, M. V. (1996). Development of the theory of acoustic emission by propagating cracks in terms of fracture mechanics. Engineering Fracture Mechanics, 55 (3), S. 443 - 452.

Maurer, H. R., Schubert, S., Bächle, F., Gsell, D., Dual, J. & Niemz, P. (2006). A simple anisotropy correction procedure for acoustic wood tomography. Holzforschung, 60 (5), S. 567 - 573.

Mehlhorn, L. & Merkel, O. (1986). Eine schnelle Methode zur automatischen Bestimmung des Biege-E-Moduls an Holzwerkstoffen. Holz als Roh- und Werkstoff, 44 (6), S. 217 - 221.

Michailow, W. & Niemz, P. (1990). Schallemissionsanalyse beim Fräsen von Spanplatten. HK Holz-Möbelindustrie, 25 (10), S. 1129 - 1131.

Molinski, W., Raczkowski, J. & Poliszko, S. (1991). Mechanism of acoustic emission in wood soaked in water. Holzforschung (45), S. 13 - 17.

Morgner, W., Niemz, P. & Theis, K. (1980). Anwendung der Schallemissionsanalyse zur Untersuchung von Bruch- und Kriechvorgängen in Werkstoffen aus Holz. Holztechnologie (21), S. 77 - 82.

Nagy, E., Landis, E. N. & Davids, W. G. (2010). Acoustic emission measurements and lattice simulations of microfracture events in spruce. Holzforschung, 64 (4), S. 455 - 461.

Niemz, P. (1995). Schallausbreitungsgeschwindigkeit einiger chilenischer Holzarten. Holz als Roh- und Werkstoff, 53 (2), S. 100.

Niemz, P. (1996). Untersuchungen zum Einfluss der Holzfeuchte auf die Schallausbreitungsgeschwindigkeit in Roble. Holz als Roh- und Werkstoff, 54 (1), S. 60.

Niemz, P. (2001). Innere Defekte von Bäumen mit Schall bestimmt. Holz-Zentralblatt, 127 (12), S. 169 - 171.

Niemz, P. & Bächle, F. (2002). Bohrwiderstandsmessung und Schallgeschwindigkeitsmessung - Untersuchungen zur Erkennung der Fäule in Fichtenholz. Stadt und Grün, 51 (10), S. 52 - 55.

Niemz, P. & Hänsel, A. (1987). Zur Anwendung der Schallemissionsanalyse in der Holzwerkstoffforschung. Holztechnologie, 28 (6), S. 293 - 297.

Niemz, P. & Hänsel, A. (1990). Schallemissionsmessungen bei der Wasserlagerung von Holz. Holztechnologie, 31 (6), S. 327 - 328.

Niemz, P. & Lühmann, A. (1992). Anwendung der Schallemissionsanalyse zur Beurteilung des Bruchverhaltens von Holz und Holzwerkstoffen. Holz als Roh- und Werkstoff, 50 (5), S. 191 - 194.

Niemz, P. & Paprzycki, O. (1988). Untersuchungen zum Verformungsverhalten von mit Styrol modifiziertem Birkenvollholz unter Anwendung von Raseterelektronenmikroskopie und Schallemissionsanalyse. Holzforschung und Holzverwertung, 40, 45 - 50.

Niemz, P. & Plotnikov, S. (1988). Untersuchungen zum Einfluß ausgewählter Strukturparameter auf die Ausbreitungsgeschwindigkeit von Ultraschallwellen in Vollholz und Spanplatten. Holztechnologie, 29 (4), S. 207 - 210.

Niemz, P. & Sander, D. (1989). Prozessmesstechnik in der Holzindustrie. Leipzig: Fachbuchverlag.

Niemz, P. Brunner, A. J. & Walter, O. (2009). Investigation of the mechanism of failure behaviour of wood based materials using acoustic emission analysis and image processing. Wood Research, 54 (2), S. 49 - 62.

Niemz, P. Hänsel, A. & Schweitzer, F. (1989). Untersuchungen zu ausgewählten Einflußgrößen auf die Schallemission von Vollholz und Holzwerkstoffen. Holztechnologie, 30 (1), S. 44 - 47.

Niemz, P. Lühmann, A. & Wagner, J. (1992). Orientierende Untersuchungen zur Ermittlung ausgewählter piezoelektrischer Konstanten an Holz. Holz als Roh- und Werkstoff, 50 (12), S. 484.

Noguchi, M. N. & Nishitoma, K. (1985). Detection of western Hemlock in very early stages of decay using acoustic emission. Vortrag zur 2. Tagung Schallemission.

Ohtsuka, H. Okumura, S. & Noguchi, M. (1993). Acoustic emissions from plywood in shear by tension loading. Mokuzai Gakkaishi, 39 (7), S. 795 - 800.

Ozyhar, T. Hering, S., Sanabria, S. J. & Niemz, P. (2013). Determining moisture dependent elastic characteristics of beech wood by mean of ultrasonic waves. Wood Science and Technology, 47 (2), S. 329 - 341.

Poliszko, S. Molinski, W. & Raczkowski, J. (1992). Acoustic emission of wood during swelling in water. JAE, 10 (3 - 4), S. 107 - 111.

Quarles, S. L. (1992). Acoustic emission associated with oak during drying. Wood and Fiber Science, 24 (1), S. 2 - 12.

Rayleigh, S. J. (1929). Theory of Sound (2. Ausg.). London: Macmillan.

Rice, R. W. & Wang, C. (2002). Assessing the effect of swelling pressures in particleboard and MDF using acoustic emission technology. Wood and Fiber Science, 34 (4), S. 577 - 580.

Rosner, S. (2012). Waveform features of acoustic emission provide information about reversible and irreversible processes during spruce sapwood drying. Bioresources, 7 (1), S. 1253 - 1263.

Sanabria, S. J. (2012). Air-coupled ultrasound propagation and novel non-destructive bonding quality assessment of timber composites. Zürich: Diss., ETH Zürich.

Sause, M. (2010). Identification of failure mechanisms in hybrid materials utilizing pattern recognition techniques applied to acoustic emission signals. Berlin: mbv-Verlag, Diss.

Schmidt, K. (1985). Untersuchungen über die Anwendbarkeit neuer Verfahren (Schallemissionsanalyse) zur Steuerung der Holztrocknung. Internationaler Holzmarkt, 76 (4), S. 1 - 3.

Schubert, S. (2007). Acousto-ultrasound assessment of inner wood-decay in standing trees: Possibilities and limitations. Zürich: Diss., ETH Zürich.

Skaar, C., Simpson, W. T. & Honeycutt, R. M. (1980). Use of acoustic emissions to identify high levels of stress during oak lumber drying. Forest Products Journal, 30 (2), S. 21 - 22.

Sonderegger, W., Alter, P. & Niemz, P. (2008). Untersuchungen zu ausgewählten Eigenschaften von Fichtenklangholz aus Graubünden. Holz als Roh-und Werkstoff, 66 (5), S. 345 - 354.

Stephens, R. W. & Pollock, A. A. (1971). Waveforms and frequency spectra of acoustic emissions. J. Acoust. Soc. Am., 50 (3), S. 904 - 910.

Vun, R. Y. & Beall, F. C. (2004). Monitoring creep-rupture in oriented strandboard using acoustic emission: Effects of moisture content. Holzforschung, 58 (4), S. 387 - 399.

Wassipaul, F., Vanek, M. & Mayrhofer, A. (1986). Klima und Schallemission bei der Holztrocknung. Holzforschung und Holzverwertung, 38 (4), S. 73 - 79.

Waubke, N. V. & Märkl, J. (1982). Einsatz der Ultraschall-Impulslaufzeitmessung für die Sortierung von Bauhölzern. Holz als Roh- und Werkstoff, 40 (5), S. 189 - 192.

10 Reibungseigenschaften von Holz und Holzwerkstoffen

Unter Reibung versteht man den Widerstand, der der gegenseitigen Berührung zweier Körper entgegenwirkt. Mit steigender Geschwindigkeit, zunehmender Glätte und Härte der Reibflächen nimmt die Reibung ab.

Der Reibungskoeffizient ist ein dimensionsloses Maß für die Reibungskraft im Verhältnis zur Anpresskraft zwischen zwei Körpern.

Als Kenngröße dient der Koeffizient (auch Reibungszahl genannt) der Haft- (μ_0) bzw. Gleitreibung (μ). Gemäß Bild 10.1 ist für die Überwindung der Haft- bzw. Gleitreibung folgendes Kräfteverhältnis erforderlich:

$$F_H \geq \mu_0 \cdot F_N \tag{10.1}$$

$$F_G \geq \mu \cdot F_N \tag{10.2}$$

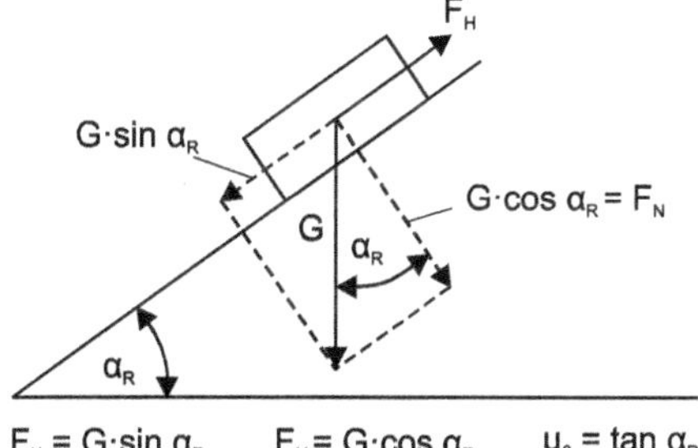

Bild 10.1 Kräfteverhältnisse bei der Bestimmung der Haft- und Gleitreibungskoeffizienten

Haftreibung ist der Widerstand, den zwei sich berührende, in Ruhe befindliche Körperflächen gegen ihre Verschiebung ausüben. Dieser Widerstand ist umso größer, je weicher, rauer und nasser die Oberflächen sind. Hinsichtlich des Einflusses der Hauptschnittrichtungen des Holzes auf die Haftreibung besteht folgende Rangordnung (Koeffizient der Haftreibung von oben nach unten abnehmend):

- Querschnitt (Hirnholz auf Hirnholz),
- Radialschnitt,
- Tangentialschnitt.

Je feiner der Jahrringbau, je größer der Spätholzanteil, je kleiner und gleichmäßiger die Poren auf der Holzoberfläche, desto geringer ist die Haftreibung (Vorreiter, 1949).

Gleitreibung ist der Bewegungswiderstand, der bei Fortbewegung einer Körperfläche auf einer anderen auftritt. Der Bewegungswiderstand nimmt mit zunehmender Glätte und Härte der Körperflächen ab (Xu, Li, Wang & Luo, 2014). Er ist bei Holz senkrecht zur Faserrichtung und in trockenem Zustand am größten. Durch Öl-, Wasser- oder Fettschmierung kann die Gleitreibung reduziert werden (Vorreiter, 1949). Bei sehr glatten Flächen wird sie häufig durch Adhäsionserscheinungen überlagert.

Tabellen 10.1 bis 10.4 enthalten Reibungskoeffizienten für ausgewählte Holzarten, Holzwerkstoffe und Materialkombinationen.

Tabelle 10.1 Reibungskoeffizienten von Fichtenholz[1] (nach (Möhler & Herröder, 1979))

Stoffpaarung	Koeffizient der	
	Haftreibung	Gleitreibung
Fichte ∥ auf Fichte ∥	0,65...0,8	0,4...0,45
Fichte ∥ auf Fichte ⊥	0,7...0,8	0,45...0,55
Fichte ⊥ auf Fichte ⊥	0,85	0,5...0,55
Fichte ∥ auf Hirnholz	0,4...0,85	0,25...0,55
Fichte ⊥ auf Hirnholz	0,9	0,6
Hirnholz auf Hirnholz	0,45...0,9	0,3...0,5
Fichte auf Beton	0,9	0,55...0,65

[1] Oberflächen sägerau, Holzfeuchten zwischen 10 - 25 % (bei Fichte auf Beton: 20 - 25 %)
∥ parallel zur Faser; ⊥ senkrecht zur Faser

Als Bemessungswerte werden deutlich tiefere Werte, als in Tabelle 10.1 aufgeführt, verwendet (für Werte nach DIN EN 1995-2 s. Tabelle 10.2). Von Möhler und Maier (Möhler & Maier, 1969) wird bei faserparallelen Berührungsflächen ein Höchstwert von 0,4 (sägerau) bzw. 0,25 (gehobelt) empfohlen. Meisel et al. (Meisel, Wallner & Schickhofer, 2015) geben für Längsholz auf Längsholz einen Bemessungswert von 0,18 (charakteristischer Wert: 0,25) und für Hirnholz auf Längsholz einen Bemessungswert von 0,25 (charakteristischer Wert: 0,35) an.

Tabelle 10.2 Reibungskoeffizienten von Holz (Bemessungswerte nach DIN EN 1995-2)

Oberflächenrauigkeit	Rechtwinklig zur Faser		In Faserrichtung	
	$\omega \leq 12\,\%$	$\omega \geq 16\,\%$	$\omega \leq 12\,\%$	$\omega \geq 16\,\%$
Sägerau - sägerau	0,30	0,45	0,23	0,35
Gehobelt - gehobelt	0,20	0,40	0,17	0,30
Sägerau - gehobelt	0,30	0,45	0,23	0,35
Holz - Beton	0,40	0,40	0,40	0,40

ω = Holzfeuchte

In Tabelle 10.3 sind Gleitreibungszahlen von Laubholz auf Stahl aufgeführt. Für Nadelholz wurden deutlich höhere Werte ermittelt. So geben (Möhler & Herröder, 1979) folgende Werte für die Haftreibungs-Koeffizienten (in Klammern Gleitreibung) von Holz (Fichte) auf Stahl an.

- Walzfrische Stahlplatten: 0,56 (0,44...0,49); mit Bleimennige (V 40) grundierte Walzhautoberfläche: 0,81...1,03 (0,65...0,66).
- Angerostete Oberfläche: 0,99...1,11 (0,74...0,75); bei Wiederholungsversuch um ca. 30 % reduzierte Werte.

Tabelle 10.3 Gleitreibungszahlen von Holz auf Stahl[1] (Koch, 1985)

Holzart	Querschnitt		Radialschnitt		Tangentialschnitt	
	⊥ zu den Jahrringen	∥ zu den Jahrringen	⊥ zur Faser	∥ zur Faser	⊥ zur Faser	∥ zur Faser
Grün-Esche	0,120	0,109	0,116	0,117	0,108	0,120
Weiß-Esche	0,117	0,108	0,120	0,115	0,116	0,117
Amerik. Ulme	0,114	0,110	0,119	0,113	0,119	0,115
Schwarz-Eiche	0,109	0,104	0,117	0,114	0,113	0,117

⊥ = senkrecht; ∥ = parallel

[1] Platte aus ölgehärtetem Werkzeugstahl

Tabelle 10.4 Reibungskoeffizienten[1] von Holz und Holzwerkstoffen (Gressel & Redecker, 1991)

Holz/Werkstoff	BU	FI	EI	BFU	FPY	HFH	MDF	KF	ST
Haftreibung									
BU	0,38	0,33	0,28	0,38	0,32	0,32	0,35	0,17	0,37
FI	0,33	0,34	0,35	0,39	0,37	0,33	0,32	0,21	0,29
EI	0,28	0,35	0,46	0,44	0,35	0,32	0,38	0,22	0,32
BFU	0,38	0,39	0,44	0,19	0,42	0,32	0,41	0,22	0,28
FPY	0,32	0,37	0,35	0,42	0,58	0,36	0,59	0,22	0,30
HFH	0,32	0,33	0,32	0,32	0,36	0,29	0,41	0,20	0,24
MDF	0,35	0,32	0,38	0,41	0,59	0,41	0,52	0,20	0,29
KF	0,17	0,21	0,22	0,22	0,22	0,20	0,20	0,12	0,17
ST	0,37	0,29	0,32	0,28	0,30	0,24	0,29	0,17	0,15
Gleitreibung									
BU	0,32	0,27	0,22	0,33	0,18	0,19	0,18	0,15	0,31
FI	0,27	0,25	0,26	0,29	0,20	0,21	0,18	0,19	0,26
EI	0,22	0,26	0,35	0,32	0,20	0,20	0,20	0,20	0,25
BFU	0,33	0,29	0,32	0,16	0,20	0,18	0,20	0,17	0,20
FPY	0,18	0,20	0,20	0,20	0,23	0,20	0,24	0,18	0,22
HFH	0,19	0,21	0,20	0,18	0,20	0,19	0,22	0,16	0,19
MDF	0,18	0,18	0,20	0,20	0,24	0,22	0,23	0,18	0,21
KF	0,15	0,19	0,20	0,17	0,18	0,16	0,18	0,11	0,15
ST	0,31	0,26	0,25	0,20	0,22	0,19	0,21	0,15	0,12

BU = Buche; FI = Fichte; EI = Eiche; BFU = Baufurnierholz; FPY = Spanplatte Typ FPY; HFH = Hartfaserplatte; MDF = mitteldichte Faserplatte; KF = kunststoffbeschichtete, dekorative Flachpressspanplatte; ST = Stabsperrholz (Tischlerplatte)

[1] Bei Holz und Sperrholz Prüfung jeweils der Radial-/Tangentialschnitte und parallel zur Faserrichtung (parallel auf parallel)

Große Bedeutung kommt der Reibung bei der Sicherung von Ladungen gegen Verrutschen zu, wie z.B. beim Transport von Spanplatten oder Möbelteilen. Aber auch beim Umgang mit Holzprodukten, wie z.B. Küchenarbeitsplatten, spielen die Reibungskoeffizienten eine Rolle. Reibungsprobleme treten aber auch beim Schneiden von Holz sowie beim Aufbau von Holzgerüsten (Nachweis der Standsicherheit!) und Holzverbindungen auf.

Literaturverzeichnis

Gressel, P. & Redecker, P. (1991). Reibbeiwerte von Holzwerkstoffen. Forschungsbericht. Rosenheim: FH Rosenheim.

Koch, P. (1985). Utilization of hardwoods growing on Southern pine sites (Bd. 1). Washington: USDA Forest Service, Agriculture Handbook 605.

Meisel, A., Wallner, B. & Schickhofer, G. (2015). Tragfähigkeit und Verformungsverhalten von Kammverbindungen. Bautechnik, 92 (6), S. 412 - 423.

Möhler, K. & Herröder, W. (1979). Obere und untere Reibbeiwerte von sägerauhem Fichtenholz. Holz als Roh- und Werkstoff, 37 (1), S. 27 - 32.

Möhler, K. & Maier, G. (1969). Der Reibbeiwert bei Fichtenholz im Hinblick auf die Wirksamkeit reibschlüssiger Holzverbindungen. Holz als Roh- und Werkstoff, 27 (8), S. 303 - 307.

Vorreiter, L. (1949). Holztechnologisches Handbuch (Bd. 1). Wien: Fromme.

Xu, M., Li, L., Wang, M. & Luo, B. (2014). Effects of surface roughness and wood grain on the friction coefficient of wooden materials for wood-wood frictional pair. Tribology Transactions, 57 (5), S. 871 - 878.

11 Optische Eigenschaften von Holz und Holzwerkstoffen

11.1 Farbe

11.1.1 Kennwerte der Farbe

Aufgrund seines natürlichen Charakters weist Holz erhebliche Farbschwankungen auf. Dies gilt zwischen den verschiedenen Holzarten als auch innerhalb einer Holzart. Die Farbe variiert dabei von fast weiß bis gelblich (Fichte) über dunkelrot (Rauli) bis braun (Nussbaum, Teak) oder gar schwarz (Afrikanisches Ebenholz). Die Farbunterschiede sind hauptsächlich in den Extraktstoffen (Anteil, Art) begründet. Kern- und Splintholz unterscheiden sich meist deutlich in der Farbe. Während z. B. bei der Eibe das Kernholz dunkelrot ist, ist das Splintholz gelblich-weiß. Es gibt nur wenige dunkle heimische Holzarten wie Nussbaum, Eiche, Ulme als Laubhölzer oder die Eibe als Nadelholz. Einige tropische Holzarten liefern natürliche Farbstoffe, die früher für Farben genutzt wurden (siehe Holz-Lexikon (Lohmann, 2003)). Holzarten aus den Tropen und auch den Subtropen sind oft deutlich dunkler als heimische.

Eine gute Übersicht ist in Wagenführ's Holzatlas vorhanden (Wagenführ, 2007). Die Farbe ändert sich bei Wärmebehandlung, aber auch durch Kochen oder Dämpfen deutlich. Bei diesen Anwendungen dominiert die dunklere Farbe vor dem Vergütungseffekt durch die Wärmebehandlung (geringere Gleichgewichtsfeuchte und Quellung). Neben der Farbe ist auch die Textur ein wichtiges Merkmal z. B. für die Wahl des geeigneten Holzes für den Möbelbau.

Die Farbkennwerte werden z. B. nach dem CIELab-System (Farbtafel nach DIN 5033) gemessen (Bilder 11.1 und 11.2; Gl. (11.1)). Kennwerte sind dabei die Helligkeit L (weiß-schwarz) sowie die Farbwerte gelb-blau b und rot-grün a. Damit können der Farbkennwert oder auch alterungsbedingte Farbänderungen quantifiziert werden. Es werden die Kennwerte L, a, b sowie Farbabstände bezogen auf Referenzmessungen gemessen.

$$\Delta E_{\mathrm{ab}} = \sqrt{\Delta L^2 + \Delta a^2 + \Delta b^2} \tag{11.1}$$

wobei:

$$\Delta L = L_{\mathrm{T}} - L_{\mathrm{R}}$$
$$\Delta a = a_{\mathrm{T}} - a_{\mathrm{R}}$$
$$\Delta b = b_{\mathrm{T}} - b_{\mathrm{R}}$$

ΔE_{ab} Farbabstand

L Helligkeitswert

a, b Farbkennwerte (grün-rot, blau-gelb)

T Testwert (behandelt)

R Referenzwert (unbehandelt)

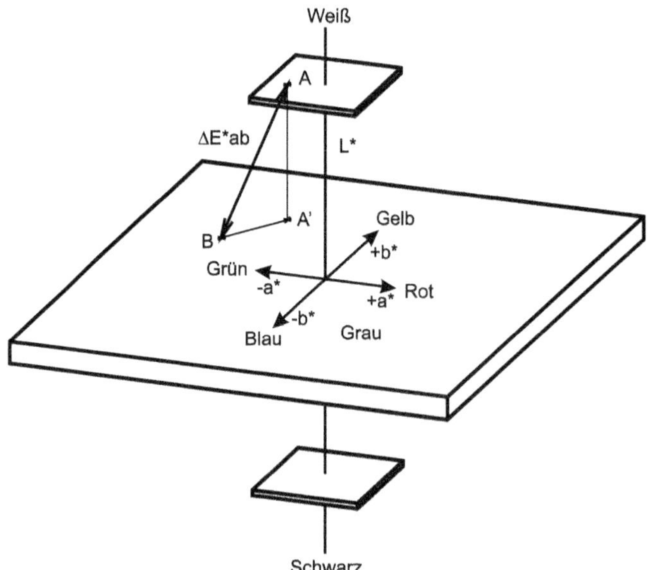

Bild 11.1 Farbmesssystem CIElab-System

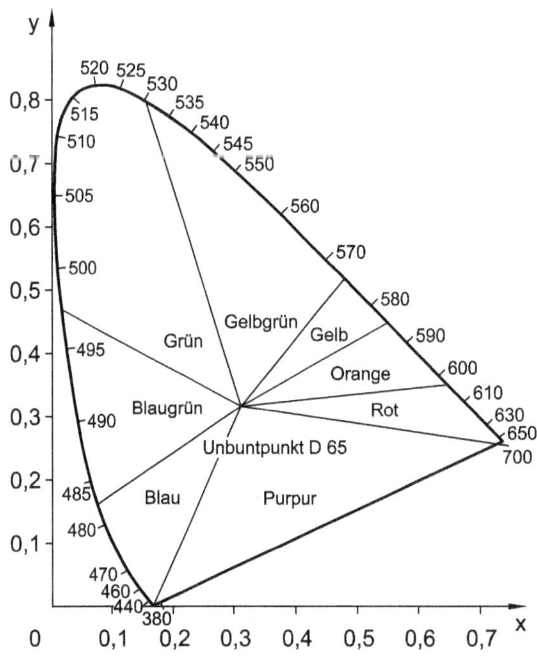

Bild 11.2 CIE-Farbtafel nach DIN 5033

Farbmesssysteme werden heute vielfach in der industriellen Qualitätskontrolle eingesetzt. Auch online-Systeme sind im Einsatz.

Holzverfärbende Pilze (z. B. Bläue, Weiß-, Braunfäule), die Einwirkung von Temperatur, Chemikalien, Sonneneinstrahlung, aber auch die Oxydation durch Sauerstoff, führen zu Farbänderungen des Holzes. Farbabweichungen werden auch durch bestimmte Sondermerkmale (z. B. Äste, Druckholz, Rotkern, Braunstreifigkeit) bewirkt. Bei Nadelholz sind die Farbunterschiede fehlerfreies Holz zu Astholz meist größer als beim Laubholz und können daher einfacher erkannt werden (Bild 11.3).

Auch bei Holzwerkstoffen können je nach eingesetztem Material (Holzart, Rindenanteil) deutliche Farbabweichungen auftreten. So macht sich Rinde deutlich in der Farbe bemerkbar, was sich beim Beschichten auswirkt. Bei Holzpartikelwerkstoffen sind Leimflecken, Rattermarken oder durchgeschliffene Deckschichten farblich gut von der fehlerfreien Umgebung unterscheidbar.

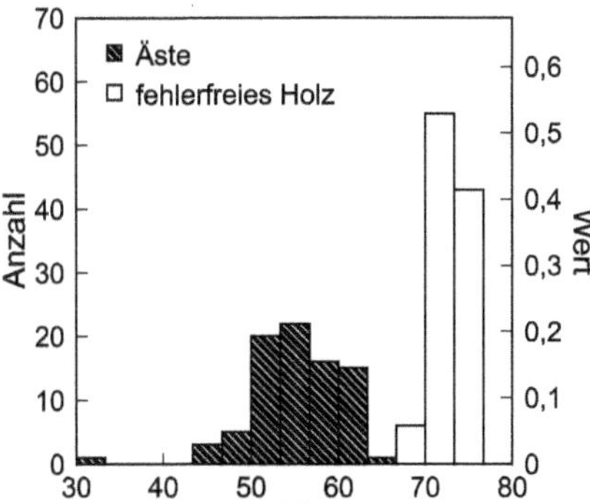

Bild 11.3 Farbänderung von Douglasienholz, astfrei und mit Ästen (L*-Wert) (Messungen: Niemz)

11.1.2 Farbänderung

11.1.2.1 Wirkung von transparenten Beschichtungen

Oberflächenbehandlungen mit Lacken, Ölen oder Wachsen beeinflussen maßgeblich den visuellen Farbeindruck (Teischinger, Zukal, Meints, Hansmann & Stingl, 2012). Durch die Oberflächenbehandlung kommt es zum sogenannten „Anfeuern" der Oberflächen. Der Farbeffekt wird deutlich intensiviert. Vielfach ist das auch schon sichtbar, wenn man Holz mit einem Schwamm leicht befeuchtet.

11.1.2.2 Alterung in Innenräumen

Die Farbe des Holzes ändert sich im Rauminneren mit der Zeit durch Oxydation. Die Änderung der Farbe ist dabei stark von den Rauminnenbedingungen abhängig. Viele Holzarten dunkeln im Inneren eines Raumes nach, einige wenige (aber auch Thermoholz) werden heller, andere wie Ahorn oder Birke vergilben. Besonders deutlich ist die Farbänderung bei Einwirkung von UV-Licht (Bereich von Fenstern, Balkontüren). Dies ist bei Parkett, aber auch Möbeln zu beachten. Eine gute Übersicht zur Farbänderung in Parketthölzern ist in (Pitt, 2010) zusammengestellt. Die Farbänderung durch UV-Licht kann durch Beschichtungen mit UV-Blockern deutlich reduziert werden (Lukowsky, 2013).

Im Holz-Lexikon (Lohmann, 2003) sowie weiteren Quellen werden folgende Tendenzen hinsichtlich der natürlichen Farbänderung angegeben:

- Eiche: Graubraun
- Mahagoni, Kirschbaum: Farbvertiefung
- Ahorn, Birke: Vergilbung
- Bei Nadelhölzern wie Kiefer oder Lärche: Rot-braune Färbung im Kern, Fichte wird leicht gelblich braun (siehe dazu (Kránitz, 2014) (Kránitz, Sonderegger, Bues & Niemz, 2016), (Sonderegger, Kránitz, Bues & Niemz, 2015), Bild 11.5)
- Geräuchertes Holz ist farbstabiler als Thermoholz; Thermoholz wird durch UV-Strahlung deutlich heller (tritt bei Freibewitterung, aber auch bei Parkett im Fensterbereich auf, Bild 11.6)

Der Alterungseffekt ist heute vielfach im Bauwesen und im Möbelbau ein Verkaufseffekt. Ganze Möbel oder auch Häuser werden aus natürlich gealtertem Holz hergestellt. Bild 11.4 zeigt den Effekt einer künstlichen Alterung von Holz auf die Farbkennwerte, Bild 11.5 Fichte im Ausgangszustand und nach natürlicher Alterung.

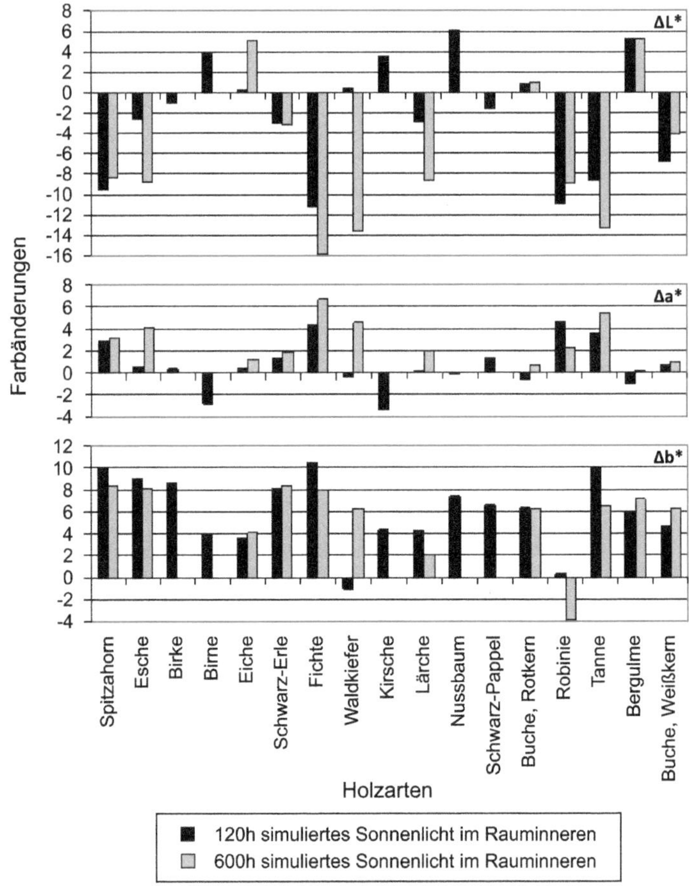

Bild 11.4 ΔL*-, Δa*- und Δb*-Werte nach 120 und 600 Stunden simulierter Sonneneinstrahlung im Innenraum (Oltean, Teischinger & Hansmann, 2008)

Bild 11.5 Natürlich gealtertes Fichtenholz mit bräunlicher Farbänderung über dem gesamten Querschnitt (links) und Fichtenholz vor der Alterung (rechts) (Fotos: ETH Zürich)

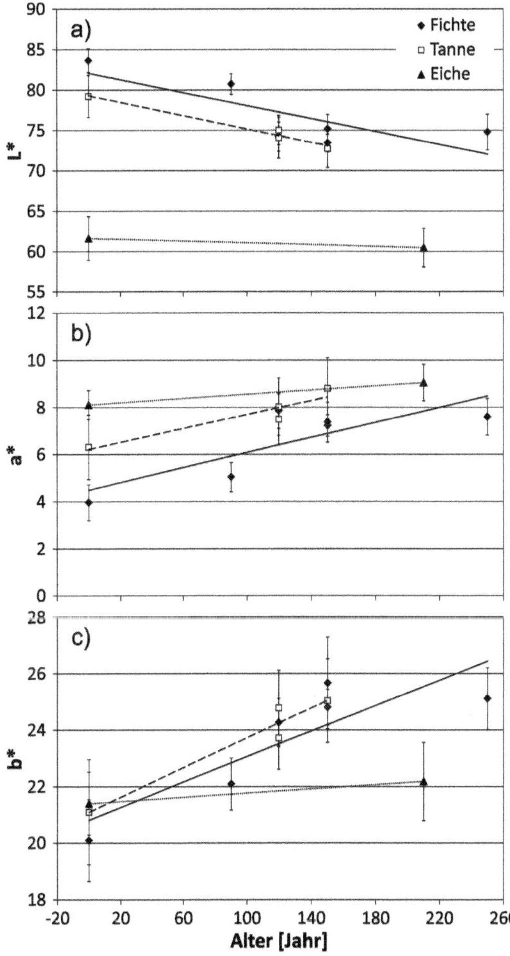

Bild 11.6 Farbänderung von Fichtenholz (Sonderegger, Kránitz, Bues & Niemz, 2015)

11.1.2.3 Farbänderung bei Freibewitterung

Freibewittertes Holz ändert seine Farbe deutlich. Die Grundlagen sind in Kapitel 12 zusammengestellt. Dabei kommt es zu einer Überlagerung von Farbänderung, chemischem Holzabbau in den Randzonen und der Besiedlung durch holzverfärbende Pilze (siehe Sell in (Willeitner & Schwab, 1981), (Lukowsky, 2013)). Bild 11.7 zeigt die Farbänderung von freibewittertem, thermisch behandeltem Holz.

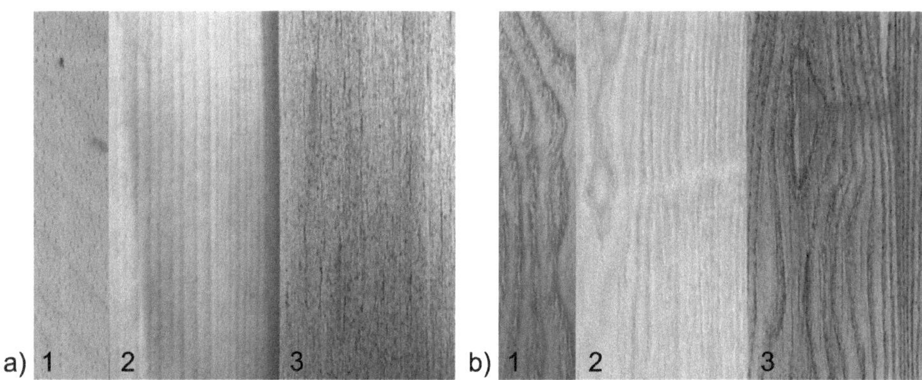

Bild 11.7 Vergleich von Verwitterungserscheinungen nach einjähriger Bewitterung, (a) thermisch unbehandeltes Buchenholz, (b) thermisch behandeltes Eschenholz. 1: Referenz vor der Bewitterung, 2: senkrecht (Fassadenverkleidung), durch Vordach geschützt, 3: 45°, ungeschützt (Fotos: Niemz, ETH Zürich)

11.2 Sonstige optische Eigenschaften (Tracheideffekt)

Eine besondere optische Eigenschaft des Holzes ist der Tracheideffekt. Weiter werden auch andere Eigenschaften wie Glanzgrad, Lumineszenz, Rauigkeit u. a. gemessen (siehe z. B. (Böhme, 1980)).

Auf Grund der anisotropen Struktur breitet sich ein auf die Oberfläche aufgebrachter Laserstrahl in den Zellelementen gemäß deren Strukturorientierung aus. Verformungen und der Faserverlauf im Bereich von Ästen wirken sich demzufolge auf die Ausbreitung aus. Bild 11.8 zeigt schematisch den Effekt. Er wird bei der Fehlererkennung mit Scannern genutzt (siehe z. B. (Wendland, 1999)). Wuchsbedingte Unregelmäßigkeiten wie gesunde Äste, die sich farblich kaum erkennen lassen, werden so sichtbar. Über optische Verfahren lässt sich auch die Spanorientierung sowie die Partikelgeometrie in Holzwerkstoffen erfassen (Plinke, 2012).

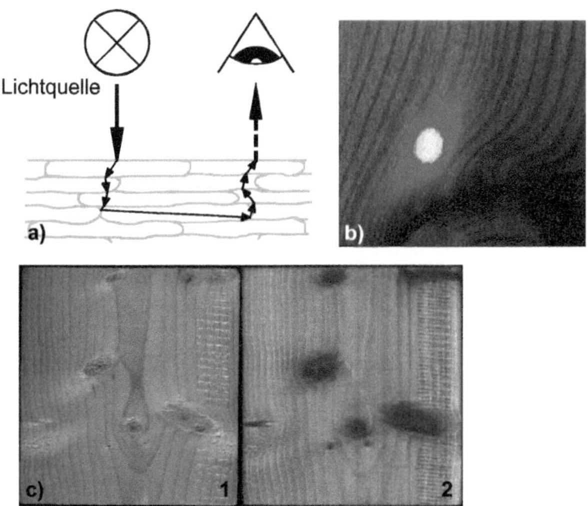

Bild 11.8 Tracheideffekt in Holz (Wendland, 1999). (a) schematischer Versuchsaufbau, (b) sichtbare Änderung der Struktur der gescannten Oberfläche (Aufnahme: Ridley-Ellis, 2000), (c) Holzoberfläche. 1: Foto, 2: mit Scanner

Holz hat teilweise auch fluoreszierende Eigenschaften. Diese treten bei bestimmten Holzarten wie z. B. Narra-Holz (*Pterocarpus indicus*) auf (Lohmann, 2003) (Weiss & Brandl, 2013). Auch bei Robinie treten die Effekte auf, ebenso an pilzbefallenem Holz. Oft zeigen sich fluoreszierende Effekte erst in Wechselwirkung mit Wasser oder Alkohol. Eine Übersicht ist in (Gahle, 2016) vorhanden. Als fluoreszierende Hölzer werden u. a. Afzelia, Merbau, Okan und Mangium genannt. Teilweise werden diese Eigenschaften zur Schadensanalyse mit verwendet (Gahle, 2016).

■ 11.3 Spektrometrische Eigenschaften

Licht bestimmter Wellenzahlen (bzw. Wellenlängen, Wellenlänge $= \frac{1}{Wellenzahl}$) wird in Abhängigkeit von der chemischen Zusammensetzung des Materials mehr oder weniger stark absorbiert. Dabei besteht eine Korrelation zwischen der absorbierten Strahlung und dem Anteil wesentlicher Stoffkomponenten. Absorptionen können sowohl im Infrarot(IR)- als auch im Nah-Infrarot(NIR)-Bereich auftreten. Während die Messungen im IR-Bereich weitgehend an Laborbedingungen gebunden sind (Messungen mittels Spektrometer im Durchlichtverfahren oder mittels FTIR-Technik beim Reflexionsverfahren), kann im NIR-Bereich die Messung online (analog der Spanfeuchtemessung) erfolgen. Das NIR-Verfahren wird vor allem zur quantitativen Materialanalyse eingesetzt. Industrielle Einsatzbereiche sind bisher die Spanfeuchtemessung und der Nachweis von Eiweiß in Futtermitteln (Stark, Luchter & Margoshes, 1986).

Untersuchungen im IR-Bereich (Wienhaus, Niemz & Fabian, 1988) ergaben, dass dieses Verfahren auch für

- die Ermittlung des Mischungsverhältnisses von Laub- und Nadelholzspänen (Erfassung der Unterschiede im Ligninanteil, Bild 11.9),
- den qualitativen und quantitativen Nachweis von Klebstoffen in Spangemischen (Bilder 11.10 und 11.11) oder
- den Nachweis des Lignin- bzw. Celluloseabbaus durch holzzerstörende Pilze (Bild 11.12)

eingesetzt werden kann.

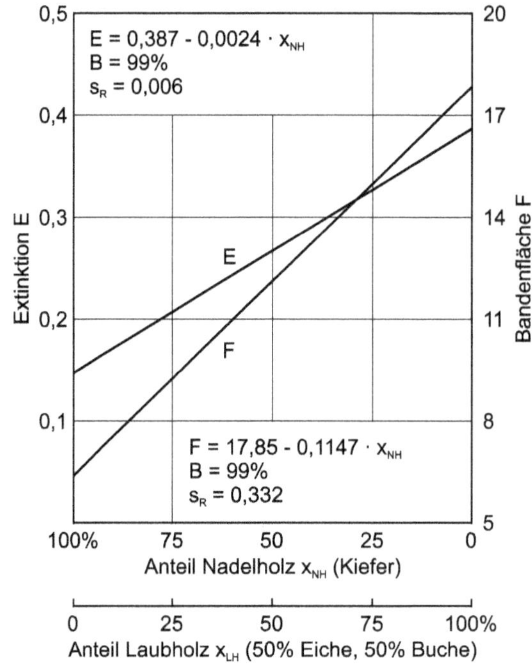

Bild 11.9 Korrelation zwischen dem Mischungsverhältnis von Laub-/Nadelholzspänen und der Extinktion bzw. Bandenfläche (Wellenzahlbereich 1735...1744 cm^{-1}) (Niemz, Wienhaus, Schaarschmidt & Ramin, 1989)

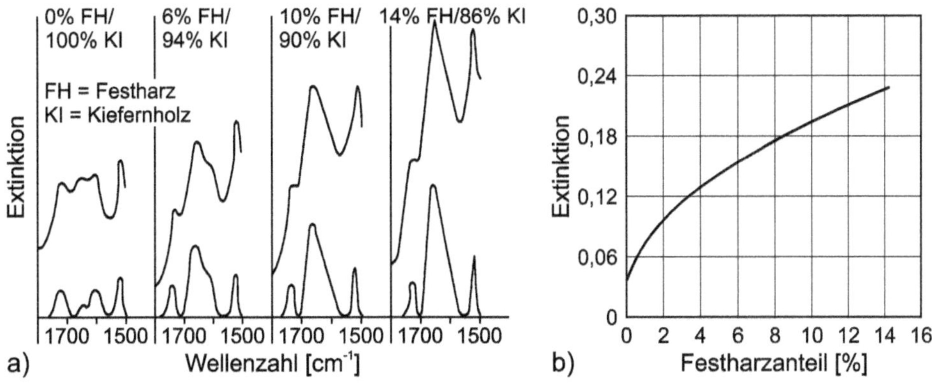

Bild 11.10 Einfluss des Festharzanteils von Holzspänen auf die Extinktion (Niemz, Wienhaus, Körner & Szaniawski, 1990). (a) Veränderungen der Extinktion beim Beleimen von Kiefernholzspänen mit Harnstoffharz (Wellenzahlbereich 1500…1800 cm^{-1}), (b) Korrelation zwischen Festharzanteil von Kiefernholzspänen und Extinktion bei einer Wellenzahl von 1660 cm^{-1}

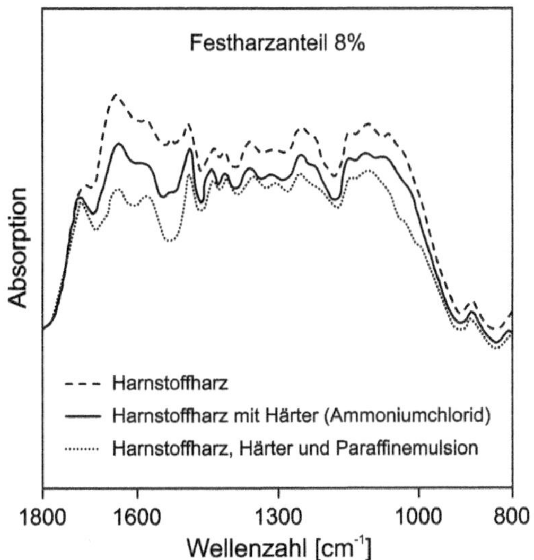

Bild 11.11 IR-Spektren von mit Harnstoffharz und Zusatzstoffen beleimten Holzspänen (Körner, Niemz, Wienhaus & Henke, 1992)

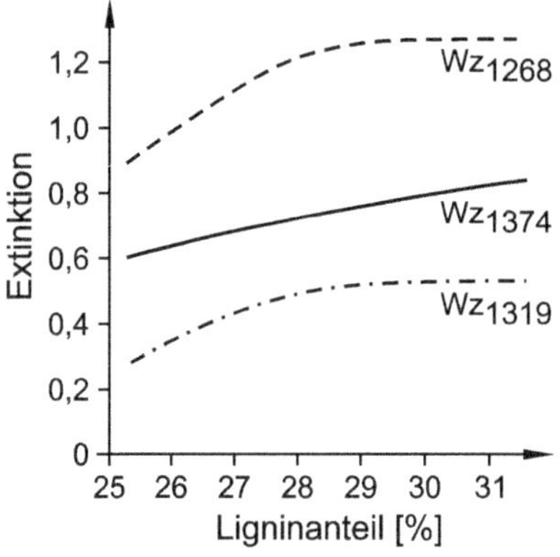

Bild 11.12 Korrelation zwischen Ligninanteil und Extinktion bei mit Braunfäule befallenem Fichtenholz. Wz = Wellenzahl [cm^{-1}] (Wienhaus, Niemz & Wagenführ, 1989)

Das NIR-Verfahren wird vor allem zum quantitativen Nachweis unter Industriebedingungen genutzt. So werden z. B. die Wellenlängen von 1930 bzw. 1430 nm zur Bestimmung des Wasseranteils hygroskopischer Stoffe verwendet. Für den Nachweis von Harnstoffharz hat sich die Wellenlänge 2020 nm als geeignet erwiesen; dabei besteht eine straffe Korrelation zwischen der reflektierten Strahlung und dem Festharzanteil (Bild 11.13a). Durch die Anwendung von Wellenlängenkombinationen (z. B. 2020 nm, 1900 nm und 2120 nm) lässt sich die ermittelte Regressionsgleichung verbessern und die Bestimmtheitsmaße lassen sich weiter erhöhen. Hierbei ist allerdings ein deutlicher Einfluss der chemischen Struktur des verwendeten Harzes und Härters vorhanden (Bild 11.13b).

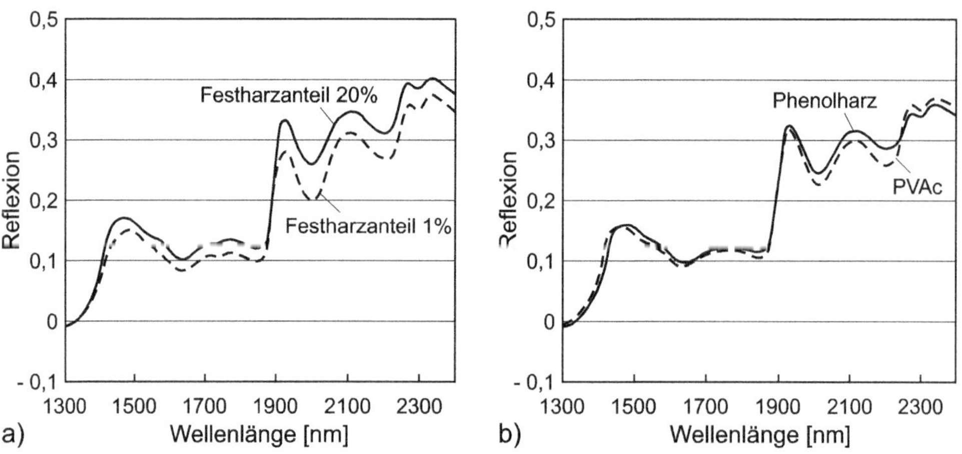

Bild 11.13 NIR-Spektren (a) von beleimten Holzspänen mit unterschiedlichem Festharzanteil, (b) von mit verschiedenen Klebstoffarten beleimten Spänen (eigene Messungen Niemz)

Prinzipiell kann das NIR-Verfahren auch für den Nachweis anderer Stoffe genutzt werden, wie z. B. für den Nachweis von Rinde oder einer bestimmten Klebstoffart. Bei Wellenlängen von 1300 und 1400 nm lassen sich mit ihm auch Mischungsverhältnisse von Laub- und Nadelholzspänen bestimmen. Tabelle 11.1. zeigt eine Übersicht zu Messungen im IR-Bereich.

Tabelle 11.1 Typische Absorptionsbanden für Holz und mit Klebstoffen beleimte Späne im IR-Bereich (zusammengestellt von Niemz)

Material	Wellenzahl [cm^{-1}]	
	beeinflusst	unbeeinflusst
Differenzierung von Laub-/Nadelholzspänen	1735...1745; 1505...1512	897
Nachweis des Braunfäulebefalls von Fichtenholz	1372...1374; 1268...1270	897
Kiefernrinde in Kiefernholz/Kiefernrinden-Gemischen	1729...1736; 1608...1616	1509...1513
Nachweis von Kiefernnadeln in Kiefernholz/Kiefernnadeln-Gemischen	1729...1736; 1608...1628	1511...1513
Nachweis von Druckholz in Fichtenholz	1740; 1604; 1511	896...897
Nachweis einer Rauchgasschädigung von Fichtenholz	1160; 1268; 1030	896...897
Nachweis von Klebstoffen auf Holzspänen		
Harnstoff-Formaldehydharz (Leuna-Leim 4545)	1511...1512; 1658...1660	1733...1741
Polyvinylacetat-Kaltleim (Mökotex)	1740...1742	2136...2142
Phenol-Formaldehydharz (Kauresin 236, BASF)	1660...1662; 1596...1601	2060...2064
Phenol-Formaldehydharz (Plastacol 2039, Plasta Erkner)	1740...1742; 1596...1600	2060...2064

Seit etwa 15 Jahren wird die Spektroskopie, insbesondere die NIR-Spektroskopie, zunehmend zur Kontrolle der Holzqualität (auch mechanischer Eigenschaften), des Beleimungsgrades von Partikeln u. a. Kennwerten wie der Dichtebestimmung, der Festigkeitsabschätzung von Holz und auch der Pilzresistenz benutzt. Dabei wird eine Vielzahl von Kennwerten aus den aufgenommenen Spektren ermittelt und diese mittels multivariater Statistik mit den im üblichen Versuch (z. B. Biegung, Zug, Druck) ermittelten Kenngrößen wie Festigkeit, E-Modul, Dichte, aber auch bezüglich der Pilzresistenz oder Holzalterung korreliert (Bild 11.14). Dazu ist ein sehr hoher Versuchsumfang notwendig, um eine gesicherte Korrelation zu erhalten. Arbeiten hierzu lieferten u. a. (Meder, Thumm & Bier, 2002) (Leblon, et al., 2013) (Fujimoto, Kobori & Tsuchikawa, 2012) (Tsuchikawa & Schwanninger, 2013). Die Methodik basiert auf der komplexen Wechselwirkung zwischen der chemischen Struktur und den physikalisch-mechanischen Eigenschaften des Holzes.

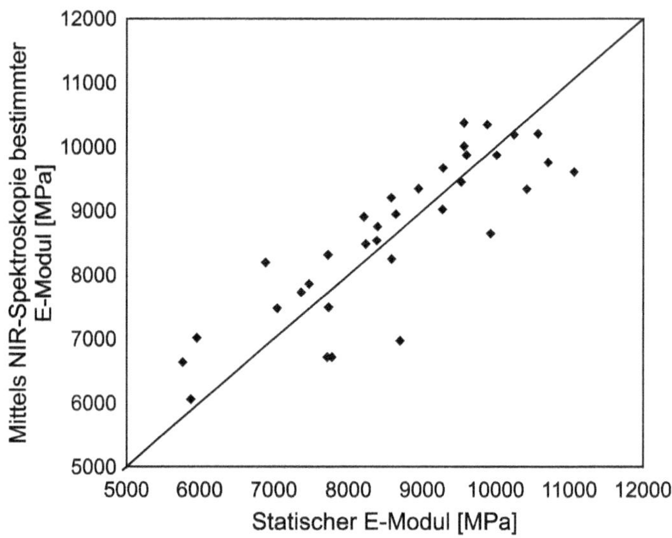

Bild 11.14 Korrelation zwischen dem mittels NIR-Spektroskopie (unter Nutzung multivariater Statistik) und dem experimentell, im statischen Versuch bestimmten E-Modul, nach (Meder, Thumm & Bier, 2002)

Literaturverzeichnis

Böhme, P. (1980). Industrielle Oberflächenbehandlung von plattenförmigen Werkstoffen aus Holz. Leipzig: Fachbuchverlag.

Esteves, B. & Pereira, H. (2008). Quality assessment of heat-treated wood by NIR spectroscopy. Holz als Roh- und Werkstoff, 66 (5), S. 323 - 332.

Fujimoto, T., Kobori, H. & Tsuchikawa, S. (2012). Prediction of wood density independently of moisture conditions using near infrared spectroscopy. Journal of Near Infrared Spectroscopy, 20 (3), S. 353 - 359.

Gahle, C. (2016). Fluoreszenz: Indikator für Holzarten und Baumängel. 142 (23), S. 603 - 604.

Kobori, H., Kojima, M., Yamamoto, H., Sasaki, Y., Yamaji, F. M. & Tsuchikawa, S. (2013). Vis-NIR spectroscopy for the on-site prediction of wood properties. Forestry Chronicle, 89 (5), S. 631 - 638.

Körner, S. & Niemz, P. (1992). Quantitativer Nachweis von Phenol Formaldehyd Harz in Holzpartikelgemischen mit Hilfe der IR Spektroskopie. Holz als Roh- und Werkstoff, 50 (4), S. 172.

Körner, S., Niemz, P., Wienhaus, O. & Bemmann, A. (1990). Untersuchungen an Holz von immissionsgeschädigten Fichten mit Hilfe der IR-Spektroskopie. Holz als Roh- und Werkstoff, 48 (11), S. 422.

Körner, S., Niemz, P., Wienhaus, O. & Henke, R. (1992). Orientierende Untersuchungen zum Nachweis des Klebstoffanteils auf Holzpartikeln mit Hilfe der FTIR-Spektroskopie. Holz als Roh- und Werkstoff, 50 (2), S. 67 - 72.

Kránitz, K. (2014). Effect of natural aging on wood. Zürich: Diss., ETH Zürich.

Kránitz, K., Sonderegger, W., Bues, C.-T. & Niemz, P. (2016). Effects of aging on wood: a literature review. Wood Science and Technology, 50 (1), S. 7 - 22.

Leblon, B., Adedipe, O., Hans, G., Haddadi, A., LaRocque, A., Tsuchikawa, S., ... Nader, J. (2013). A review of near-infaread spectroscopy for monitoring moisture content and density of solid wood. Forestry Chronicle, 89 (5), S. 595 - 606.

Lohmann, U. (Hrsg.). (2003). Holz-Lexikon (4. Ausg.). Leinfelden-Echterdingen: DRW-Verlag.

Lukowsky, D. (2013). Schadensanalyse Holz und Holzwerkstoffe. Stuttgart: Fraunhofer IRB Verlag.

Meder, R., Thumm, A. & Bier, H. (2002). Veneer stiffness predicted by NIR spectroscopy calibrated using mini-LVL test panels. Holz als Roh-und Werkstoff, 62 (3), S.159 - 164.

Niemz, P. & Wetzig, M. (2011). Auf spezielle Einsatzbereiche konzentriert. Einsatz von Thermoholz: Eigenschaften, Verarbeitung, Praxiserfahrungen. Holz-Zentralblatt, 137 (1), S. 24 - 26.

Niemz, P., Körner, S. & Wienhaus, O. (1990). Zur Charakterisierung von Druckholz mit Hilfe der IR-Spektroskopie. Holz als Roh- und Werkstoff, 48 (11), S. 422.

Niemz, P., Wienhaus, O., Körner, S. & Szaniawski, M. (1990). Untersuchungen zur Anwendung der Infrarot-Spektroskopie in der Holzforschung. Teil 3: Nachweis des Nadel-, Rinden- und Klebstoffanteils in Spangemischen aus Kiefernholz. Holzforschung und Holzverwertung, 42 (2), S. 25 - 28.

Niemz, P., Wienhaus, O., Schaarschmidt, K. & Ramin, R. (1989). Untersuchungen zur Holzartendifferenzierung mit Hilfe der Infrarot-Spektroskopie. Teil 2. Holzforschung und Holzverwertung, 41 (2), S. 22 - 26.

Oltean, L., Teischinger, A. & Hansmann, C. (2008). Wood surface discolouration due to simulated indoor sunlight exposure. Holz als Roh- und Werkstoff, 66 (1), S. 51 - 56.

Oltean, L., Teischinger, A. & Hansmann, C. (2010). Visual classification of the wood surface discolouration due to artificial exposure to UV light irradiation of several European wood species - a pilot study. Wood Research, 55 (3), S. 37 - 48.

Pitt, W. (2010). 33 Farbtafeln Parkett. Bobingen: Holzmann Buchverlag.

Plinke, B. (2012). Größenanalyse an nicht separierten Holzpartikeln mit regionenbildenden Algorithmen am Beispiel von OSB-Strands. Dresden: WKI Braunschweig, Diss. TU Dresden.

Sonderegger, W., Kránitz, K., Bues, C.-T. & Niemz, P. (2015). Aging effects on physical and mechanical properties of spruce, fir and oak wood. Journal of Cultural Heritage, 16 (6), S. 883 - 889.

Stark, E., Luchter, K. & Margoshes, M. (1986). Near infrared analysis (NIRA): A technology for quantitative and qualitative analysis. Applied Spectroscopy Reviews, 22 (4), S. 335 - 399.

Teischinger, A., Zukal, M. L., Meints, T., Hansmann, C. & Stingl, L. (2012). Colour characterization of various hardwoods. In R. Nemeth & A. Teischinger (Hrsg.), Hardwood science and technology. The 5th conference of hardwood research and utilization in Europe (S. 180 - 188). Sopron: University of West Hungary Press.

Thumm, A. & Meder, R. (2001). Stiffness prediction of radiata pine clearwood test pieces using near infrared spectroscopy. Journal of Near Infrared Spectroscopy, 9 (1), S. 117 - 122.

Tsuchikawa, S. & Schwanninger, M. (2013). A review of recent near-infrared research in wood and paper (Part 2). Appplied Spectroscopy Reviews, 48 (7), S. 560 - 587.

Wagenführ, R. (2007). Holzatlas (6. Ausg.). München: Fachbuchverlag Leipzig im Carl Hanser Verlag.

Weiss, D. & Brandl, H. (2013). Experimente mit Pflanzeninhaltsstoffen. Fluoreszenzfarbstoffe in der Natur. Chem. Unserer Zeit, 47, S. 122 - 131.

Wendland, G. (1999). Beitrag zur automatischen Oberflächeninspektion von Holz anhand optischer Verfahren. Diss. TU Dresden.

Wienhaus, O., Niemz, P. & Fabian, S. (1988). Untersuchungen zur Holzartendifferenzierung mittels IR-Spektroskopie. Holzforschung und Holzverwertung, 32 (6), S. 120 - 125.

Wienhaus, O., Niemz, P. & Wagenführ, A. (1989). Charakterisierung mikrobiologisch geschädigter Hölzer. Holztechnologie, 30 (3), S. 151 - 153.

Willeitner, H. & Schwab, E. (1981). Holz-Aussenverwendung im Hochbau. Stuttgart: Verlagsanstalt Alexander Koch GmbH.

12 Korrosionsverhalten und Alterung von Holz und Holzwerkstoffen

12.1 Übersicht

Auf Holz und Holzwerkstoffe wirken im praktischen Gebrauch zahlreiche Faktoren ein, die deren Verhalten mehr oder weniger beeinflussen. Eine Übersicht gibt Bild 12.1; danach sind die wesentlichen Einflussfaktoren

- das Klima,
- die mechanische Vorbeanspruchung,
- die Wirkung aggressiver Medien und
- die natürliche Alterung.

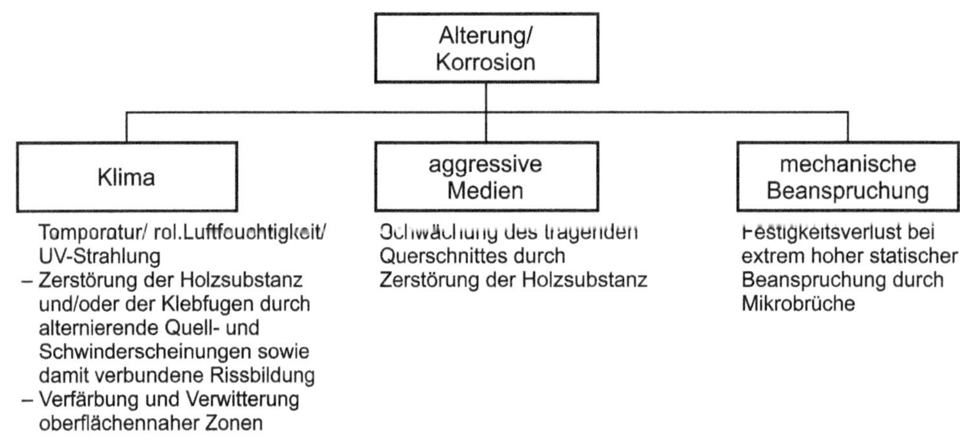

Bild 12.1 Einflüsse auf das Korrosionsverhalten und die Witterungsbeständigkeit von Holz

Allgemein gilt, dass Holz im trockenen Zustand unbegrenzt haltbar ist, wenn sich das Klima nicht verändert und kein Befall durch Pilze oder Insekten erfolgt. Dies trifft z. B. für im Innenausbau verwendetes Holz zu. Markant ist je nach Holzart allerdings die Farbänderung (siehe Kap. 11). Der Farbton kann dunkler (Fichte, Kiefer, Lärche), aber auch heller werden oder es erfolgt ein Vergilben (Birke, Ahorn).

12.2 Einfluss des Klimas und Bestimmung der Klimabeständigkeit

12.2.1 Holz

Das Umgebungsklima beeinflusst entscheidend die Lebensdauer der Holzprodukte. Von maßgeblicher Bedeutung sind die Holzfeuchtigkeit, die UV-Strahlung und die sichtbare Sonnenstrahlung, die Temperatur bzw. der Temperaturwechsel sowie Niederschläge und die sich ändernde Luftfeuchte, die wiederum eine Änderung des Feuchtegehaltes und damit eine Quellung oder Schwindung des Holzes bewirken.

Durch die UV-Strahlung kommt es in den oberflächennahen Zonen zunächst zu einer bräunlichen Verfärbung, danach zu einem Abbau und Auswaschen des Lignins und damit zu einer Vergrauung der Oberfläche des Holzes (die weiße Cellulose bleibt erhalten). Die abgebauten Holzbestandteile werden durch Wasser ausgewaschen, es entsteht eine rissige, raue Oberfläche. Wie stark sich die Witterungsbeständigkeit auf die Erosion auswirkt, hängt in hohem Maße vom strukturellen Aufbau des Holzes ab. Rohdichte und Dicke der Zellwände sowie Holzinhaltsstoffe beeinflussen die Witterungsbeständigkeit des Holzes ganz entscheidend. Mit zunehmender Rohdichte des Holzes verbessert sich seine Witterungsbeständigkeit (Bild 12.2). Später erfolgt oft eine Besiedlung der Oberfläche durch Pilze, dies kann bis zur Schwarzfärbung führen. Bei Holzfassaden sind daher oft je nach Bewitterung und Mikroklima unterschiedliche Verfärbungen sichtbar (grau, braun bis schwarz). Nur in hohen Gebirgslagen mit relativ trockenem Klima und bei gutem baulichem Holzschutz verfärbt sich die gesamte Fläche weitgehend gleichmäßig braun. Die sich bei Wassereinwirkung unter guten klimatischen Bedingungen einstellende Vergrauung ist heute sehr beliebt. Es wird teilweise vorvergrautes Holz durch natürliche Bewitterung im Freien durch den Fassadenlieferanten geliefert oder mit einer farblichen Oberflächenbehandlung die Vergrauung imitiert (siehe auch Kap. 11).

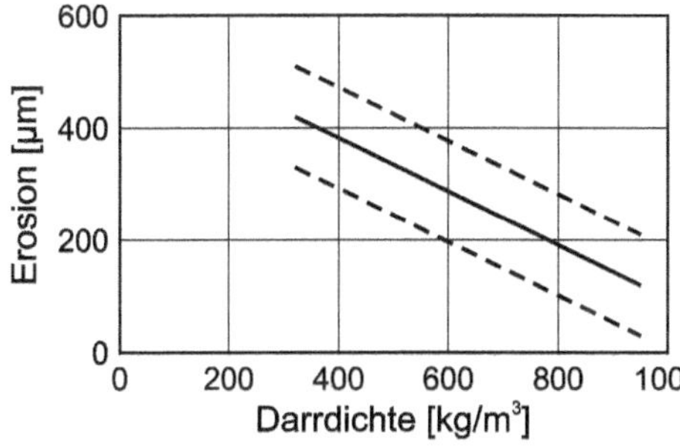

Bild 12.2 Einfluss der Darrdichte auf die Erosion von Holz (Sell & Feist, 1986)

Bei Buche kommt es vor allem im Bereich der Holzstrahlen zu Erosionsschäden; die Holzstrahlen werden praktisch herausgewittert, wobei wandinterne Brüche entstehen (Sell & Feist, 1986) (Kucera & Sell, 1987). Als Ursache für das Herauswittern der Holzstrahlen wird deren extrem großes Schwindverhalten angesehen. Jahrringgrenzen bilden dabei Schwachstellen. Dies ist auf den Anstieg der Rohdichte von Früh- zu Spätholz (und den damit korrelierten Anstieg der Quellung) zurückzuführen. Es entstehen innere Spannungen zwischen den Jahrringen (Lanvermann, 2014), die sich auch auf die Lackhaftung auswirken.

Ein starker Wechsel des Feuchtegehalts führt zum Quellen und Schwinden des Holzes und infolge der damit verbundenen Spannungen zur Rissbildung. Diese tritt bei geringen Dicken von einigen cm, wie sie für Fassaden verwendet werden, nur im oberflächennahen Bereich auf. Bei großen Querschnitten wie Balken, Pfählen kann es zu starken Rissen kommen, die eine Durchfeuchtung im Inneren und damit Pilzbefall bewirken.

In Abhängigkeit vom strukturellen Aufbau des Holzes und von den Holzinhaltsstoffen variiert die Witterungsbeständigkeit der Holzarten sehr stark (siehe Tabellen 12.1 bis 12.4). Die Dauerhaftigkeit des Holzes ist nach DIN EN 350, die Feuchtebeanspruchung des Holzes bei Unterteilung in Gebrauchsklassen nach DIN EN 335 geregelt. Generell gilt, dass erhöhte Holzfeuchte ab etwa 20 % (starke Abhängigkeit von Pilzart und auch der Temperatur) zu Pilzbefall und Fäulnis führen kann. In Kapitel 19 ist eine detaillierte Übersicht zur Wirkung von Pilzen aufgeführt. Nach dem Holz-Lexikon (Lohmann, 2003) gelten die in Tabelle 12.1 aufgeführten Regeln für die Dauerhaftigkeit.

Tabelle 12.1 Einfluss der Lagerbedingungen auf mögliche Eigenschaftsänderungen des Holzes (ohne Insektenbefall) (Lohmann, 2003)

Lagerbedingung	Zeitspanne	Vorgang (Auswirkung)
Nass, unter Luftabschluss	Jahrzehnte bis Jahrtausende	Abbau Kohlehydrate (Schwindmaße nehmen zu)
Bewittert, Niederschläge abgeführt	Monate, Jahrhunderte	Photolyse, Auswaschung, Feuchtewechsel (Vergrauung der Oberfläche, Rissbildung)
Feuchteanreicherung	Monate, Jahre	Pilzbefall (Fäulnis)
UV-Strahlung, kein Wasser	Monate, Jahrzehnte	Photolyse (oberflächliche Bräunung)
Innenraum, kaum beheizt	Jahre bis Jahrzehnte	Abbau möglicher Spannungen (Vergleichmäßigung der Quell- und Schwindmaße)
Innenraum, stark beheizt (Zentralheizung, Fußbodenheizung)	Tage, Wochen	Verformung, Rissbildung und teilweise Delaminierung von Brettschichtholz oder Parkett insbesondere in der Zeit niedriger Luftfeuchte (Winter), besonders bei großen Querschnitten oder abgesperrten Elementen

Tabelle 12.2 Gebrauchsklassen nach DIN EN 335 und Zuordnung der entsprechenden Dauerhaftigkeitsklassen (s. Tabelle 12.3)

Klasse[1)]	Gebrauchsbedingungen	Spezifizierung	Dauerhaftigkeitsklasse
1	Innenbereich, trocken.	Nicht der Witterung und keiner Befeuchtung ausgesetzt.	≤ 5
2	Innenbereich oder unter Dach, nicht der Witterung ausgesetzt. Möglichkeit der Kondensation.	Nicht der Witterung (insbesondere Regen und Schlagregen) ausgesetzt, jedoch kann es zu gelegentlicher, nicht andauernder Befeuchtung kommen.	≤ 3
3	Außenbereich, ohne Erdkontakt, der Witterung ausgesetzt. 3.1 Eingeschränkt feuchte Bedingungen. 3.2 Anhaltend feuchte Bedingungen.	Über dem Erdboden befindlich und der Witterung (insbesondere Regen) ausgesetzt. 3.1 Bleibt nicht längere Zeit nass, keine Wasseransammlung. 3.2 Bleibt längere Zeit nass, Wasser kann sich ansammeln.	≤ 2 (3 ev. imprägniert)
4	Außenbereich, in Kontakt mit Erde oder Süßwasser.	Direkter Süßwasser- oder Erdkontakt, jedoch nicht vollständig davon bedeckt (bei vollständiger Bedeckung keine Anfälligkeit für Pilzbefall, jedoch Schädigung durch Bakterien möglich).	1, 2 (3 imprägniert)
5	Dauerhaft oder regelmäßig in Salzwasser eingetaucht.	In Salzwasser (Meer- oder Brackwasser) eingetaucht.	1, 2

[1)] Bei den Klassen 2 - 4 und Klasse 5 oberhalb des Wasserspiegels ist ein Befall durch holzverfärbende und holzzerstörende Pilze möglich (bei Klasse 1 ist der Befall jedoch unbedeutend)

Tabelle 12.3 enthält eine Übersicht über die natürliche Lebensdauer von ungeschütztem Holz, Tabelle 12.4 Angaben zur Lebensdauer von Holz bei Lagerung unter verschiedenen klimatischen Bedingungen.

Tabelle 12.3 Biologische Dauerhaftigkeit von Holz gegenüber Pilzen (nach E DIN EN 350:2014-12)

Klasse	Bezeichnung	Holzart
1	Sehr dauerhaft	Alerce, Afzelia, Greenheart
1 - 2	Dauerhaft bis sehr dauerhaft	Zeder, Robinie, Merbau
2	Dauerhaft	Eibe, Sequoia, Edelkastanie, Amerik. Mahagoni, Teak
2 - 3	Mäßig dauerhaft bis dauerhaft	Framiré, Amerik. Weißeiche
3	Mäßig dauerhaft	Western Red Cedar, Europ. Eiche, Nussbaum
3 - 4	Wenig dauerhaft bis mäßig dauerhaft	Lärche, Kiefer, Douglasie, Roteiche
4	Wenig dauerhaft	Fichte, Tanne, Weymouthskiefer, Ulme
4 - 5	Nicht bis wenig dauerhaft	Sitka-Fichte, Radiata Pine
5	Nicht dauerhaft	Buche, Esche, Ahorn, Birke, Erle, Pappel, Linde, Weide, Rosskastanie

Tabelle 12.4 Lebensdauer verschiedener Holzarten (in Jahren) bei unterschiedlichen klimatischen Bedingungen (Vorreiter, 1949)

Holzart	Lagerung im Freien				Lagerung im Trockenen (konstanter Feuchtegehalt)	Unbehandelte Eisenbahnschwellen
	ungeschützt, ungetränkt	ungeschützt, mit Teeröl getränkt	unter Dach	unter Wasser		
Fichte	10...15...30	20...30...50	50...60...75	60...100	100...900	4...5
Tanne	5...10...20	10...25...40	15...50...70	30...60...100	100...700	4...5
Douglasie	10...20...40	15...25...40	20...70...90	50...100...200	150...1000	-
Schwarzkiefer	40...80...100	-	150...200...300	350...600...1000	800...1200	12...18
Lärche	20...60...80	-	100...120...150	300...500...700	800...1000	8...10
Birke	3...8...15	-	5...20...30	20...40...60	300...500	-
Eiche	40...80...120	-	100...150...200	300...500...800	600...1000	10...20
Erle	5...15...20	-	7...20...30	10...30...40	100...400	-
Rotbuche	10...25...40	-	20...40...80	30...70...120	200...700	2...5
Robinie	25...40...70	-	40...100...150	100...300...500	300...700	10...15

Bild 12.3 zeigt den Einfluss der Einwirkungsdauer von Pilzen auf die Eigenschaften von Eschenholz. Bereits nach mehrwöchiger Pilzeinwirkung kommt es zu einem erheblichen Festigkeitsverlust. Eine entsprechende Schutzbehandlung kann die Lebensdauer des Holzes jedoch deutlich erhöhen.

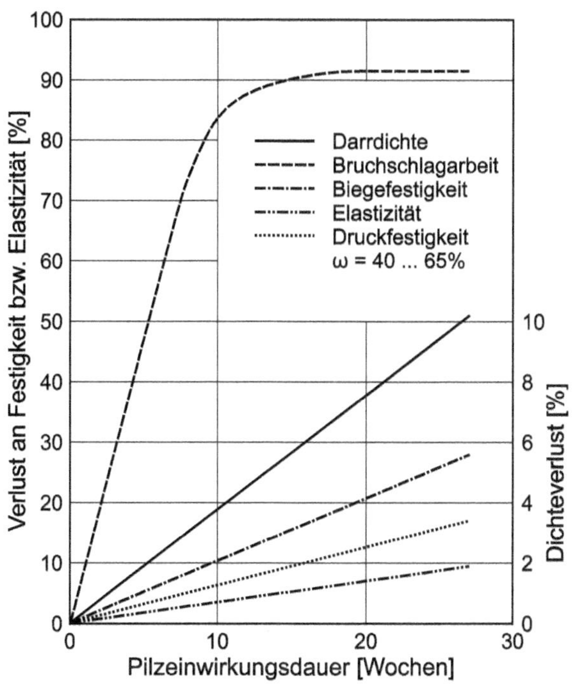

Bild 12.3 Einfluss der Einwirkdauer von Pilzen *(Polyporus hispidus)* auf die Eigenschaften von Eschenholz (nach Cartwright und Cambell, zitiert in (Vorreiter, 1949))

Wird Holz lange Zeit bei erhöhter Temperatur gelagert, verringert sich die Lebensdauer des Holzes. Mönck (Mönck, 1999) empfiehlt, folgende Abminderungsfaktoren anzusetzen:

35 bis 50 °C $K_t = 0{,}8$

51 bis 80 °C $K_t = 0{,}6$ bis 0,7

12.2.2 Holzwerkstoffe

Wie bei Holz kommt es auch bei Holzwerkstoffen zu einer Schädigung der Holzsubstanz, wenn sich das Umgebungsklima ändert. Von Einfluss ist dabei die Art des verwendeten Klebstoffs. So werden die Klebfugen bei Harnstoffharzverklebungen relativ rasch durch hydrolytischen Abbau sowie durch ständiges Quellen und Schwinden des angrenzenden Holzes zerstört, wodurch die Festigkeit sinkt und die Dickenquellung des Holzwerkstoffs zunimmt. PRF-, PUR- und MUF-Harze sind deutlich beständiger (Tabelle 12.5). Auch die Klebstoffe selbst sind hygroskopisch (Wimmer, Kläusler & Niemz, 2013). So nimmt z. B. Glutinleim stark Feuchte im oberen Bereich der Sorptionsisotherme auf.

Tabelle 12.5 Zugfestigkeit senkrecht zur Plattenebene von Spanplatten mit unterschiedlichem Klebstoffeinsatz vor und nach der Kurzzeitbewitterung (BAM-Test) (Deppe H.-J., 1987)

Spanplatte/Klebstoff	Zugfestigkeit senkrecht zur Plattenebene im trockenen Zustand in N/mm²		
	Ausgangszustand	6 Wochen Bewitterung	12 Wochen Bewitterung
Flachsschäbenplatten (V20)			
Harnstoffharz	0,54	0,06	0,02
Holzspanplatte (V70)			
Harnstoff/Melaminharz	0,54	0,06	0,01
Melaminharz	0,54	0,20	0,13
mit Resorcinharz (Zusatz)	0,54	0,29	0,17
Holzspanplatte (V100)			
Phenolharz	0,59	0,45	0,26
Isocyanatharz	0,66	0,56	0,31

V 20; V 100; V 70: Verleimungsarten V 20, V 100 und V 70 (Die Verleimungsklassen wurden inzwischen neu definiert, s. Tabelle 4.2 sowie Kapitel 19)

Durch Einsatz von Phenolharz, Melaminharz, Isocyanat, PUR und Mischkondensaten kann eine begrenzte Witterungsbeständigkeit der Holzwerkstoffe erreicht werden (Spanplatten, Sperrholz und Brettschichtholz, Brettsperrholz).

Allgemein gelten Holzpartikelwerkstoffe für langzeitige Beanspruchungen unter erhöhter Feuchte (z. B. bei Verwendung als Fassaden) als ungeeignet, Vollholz, Sperrholz und auch Brettsperrholz dagegen als geeignet.

Von einer entsprechenden Klebstoffauswahl abgesehen, können auch Oberflächenbeschichtungen eine deutliche Erhöhung der Witterungsbeständigkeit bewirken. Dabei ist jedoch zu beachten, dass bei schadhafter Oberflächenbeschichtung Feuchte sehr schnell in den Werkstoff diffundieren, nicht aber in gleichem Maße aus dem Werkstoff heraustreten kann. Die dadurch hervorgerufene Erhöhung des Feuchtegehalts kann eine starke Schwächung des Werkstoffes durch Quellen und Zerstörung der Klebfugen bewirken (z. B. Ablösen der Beschichtung oder Pilzbefall (Sonderegger, Glaunsinger, Mannes, Volkmer & Niemz, 2015)). Das Ausmaß der Feuchteaufnahme wird bei Partikelwerkstoffen in hohem Maße durch die Hydrophobierung bestimmt (Deppe & Ernst, 1996).

Die Prüfung der Klimabeständigkeit von Holz und Holzwerkstoffen erfolgt entweder durch Lagerung entsprechender Proben im Freien (z. B. unter einem Winkel von 45°, nach Süden geneigt) oder durch künstliche Alterung (z. B. Xenon-Test: UV-Strahlung und Wassereinwirkung). Dabei werden die natürlichen Klimaschwankungen simuliert. Tabelle 12.6 gibt einen Überblick über die natürlichen Klimaschwankungen, Tabelle 12.7 enthält den Ablauf eines Xenontest-Programms zur künstlichen Probenalterung. Es gibt verschiedene Normen für die künstliche Bewitterung, wobei wahlweise UV-Strahlung und Wasser eingesetzt werden. Kommerzielle Geräte sind z. B. der QUV-Tester oder die Xenotest-Bewitterungsgeräte.

Tabelle 12.6 Durchschnittliche Klimawerte bei Freibewitterung (Bezugszeitraum 1908 bis 1974) (Deppe, Stolzenburg & Schmidt, 1976)

Zeitraum (Monate)	Regen/ Schnee	Sonnen-schein	80% Nebel (hohe relat. Luftfeuchte)	Frost
I. Quartal				
(März, April, Mai)	312 h	528 h	274 h	180 h
	24,5%	31,0%	12,4%	15,0%
II. Quartal				
(Juni, Juli, August)	163 h	680 h	121 h	-
	12,8%	40,0%	5,5%	-
III. Quartal				
(Sept., Okt., Nov.)	321 h	344 h	877 h	74 h
	25,2%	20,0%	39,7%	6,3%
IV. Quartal				
(Dez., Jan., Feb.)	478 h	154 h	936 h	950 h
	37,5%	9,0%	42,4%	78,7%
Gesamtstunden	1274 h	1706 h	2208 h	1204 h
in %	100%	100%	100%	100%

Tabelle 12.7 Xenontest-Programm (Deppe & Ernst, 2000)

	Behandlungsart	Dauer[1] [h]	Anteil pro Behandlungsart [%]
1. Woche	UV-IR-Bestrahlung	57,3	25,5
	UV-IR + Beregnung	12	20,2
	Beregnung	98,7	29,5
2. Woche	UV-IR-Bestrahlung	107,3	47,8
	UV-IR + Beregnung	16,3	27,5
	Beregnung	44,3	13,3
3. Woche	UV-IR-Bestrahlung	47,8	21,3
	UV-IR + Beregnung	22,2	37,3
	Beregnung	98	29,3
4. Woche	UV-IR-Bestrahlung	12	5,3
	UV-IR + Beregnung	9	15,1
	Beregnung	93	27,8
	Kältelagerung	54	100

[1] 5. bis 8. und 9. bis 12. Woche, wie 1. bis 4. Woche

Sowohl der Xenon-Test als auch die BAM-Methode haben sich nach Deppe (Deppe H.-J., 1987) in der Praxis bewährt. Bild 12.4 zeigt die Wasseraufnahme und die Dickenquellung beschichteter Spanplatten bei Anwendung verschiedener Bewitterungsmethoden.

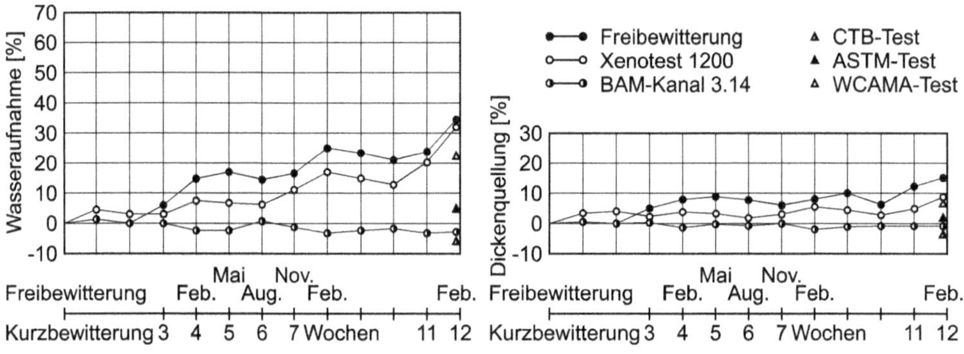

Bild 12.4 Wasseraufnahme und Dickenquellung von beschichteten Holzspanplatten nach vergleichenden Bewitterungsversuchen (Deppe, Stolzenburg & Schmidt, 1976)

12.3 Alterung von Holz und Holzwerkstoffen

Unter Alterung versteht man die Änderung der Eigenschaften unter natürlichen oder künstlichen Bedingungen über einen langen Zeitraum. Es ist bekannt, dass viele Kunststoffe durch UV-Strahlung oder Auswandern von Weichmachern teilweise stark altern und verspröden. Bei Vollholz ist der Effekt der Alterung vergleichsweise wenig erforscht, es liegen unterschiedliche Aussagen vor. Eine Übersicht zum Stand der Erkenntnisse ist in (Kránitz, 2014), (Cavalli, Cibecchini, Togni & Sousa, 2016) sowie (Kránitz, Sonderegger, Bues & Niemz, 2016) aufgeführt.

Bei Holzwerkstoffen ist zu beachten, dass praktisch ein Mehrkomponentenmaterial aus Holz und Klebstoff vorliegt und zusätzlich durch die Lage, Anordnung der Partikeln oder Lagen eine Quellungsbehinderung eingebaut wird, die zu inneren Spannungen führt. Zudem wirkt sich die Feuchtebeständigkeit der Klebstoffe stark aus, Harnstoffharze werden hydrolytisch abgebaut.

12.3.1 Vollholz

Holz ist unter trockenen Bedingungen praktisch unbegrenzt haltbar. Dies gilt teilweise auch im Freien in trockenen Wüstengebieten wie der Atacamawüste im Norden Chiles, wo Gebäude wie in Humberstone viele Jahrzehnte ohne größere Schäden überstanden.

Zur Alterung von Holz, unter trockenen Bedingungen im Innenraum gelagert, liegen unterschiedliche Berichte vor. Als Stand der Technik gilt gemäß Holz-Lexikon (Lohmann, 2003), dass sich der Variationskoeffizient der Quell- und Schwindmaße reduziert. Dies basiert auf Arbeiten von Holz (Holz, 1981). Eine Zusammenstellung der Literaturarbeiten zur Thematik zeigt stark variierende Ergebnisse (Kránitz, Sonderegger, Bues & Niemz, 2016). Eigene Messungen zeigten, dass sich die Farbe ändert (Fichte wird dunkler), die Festigkeitseigenschaften jedoch nur wenig oder nicht ändern, am ehesten ist bei der

Bruchschlagarbeit eine Reduzierung erkennbar (Bild 12.5) (Sonderegger, Kránitz, Bues & Niemz, 2015).

Dagegen ändern sich die chemischen Eigenschaften deutlicher. Der Anteil an Hemicellulose sinkt, auch Anzeichen eines Ligninabbaus wurden gefunden (Kránitz, 2014).

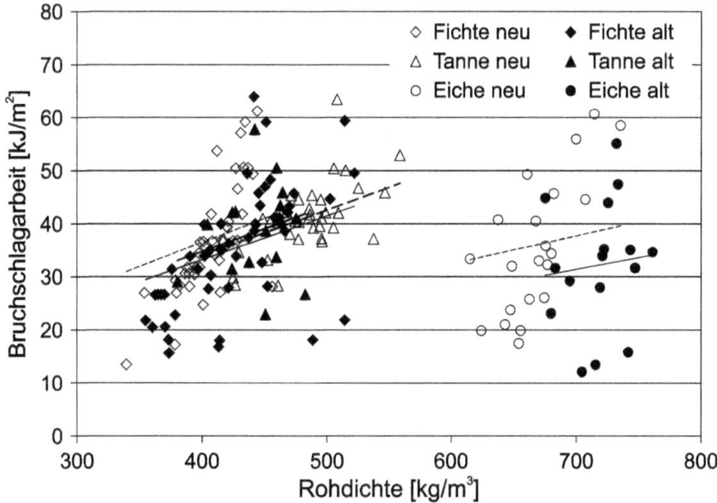

Bild 12.5 Bruchschlagarbeit von heutigem (neu) und gealtertem (alt) Holz als Funktion der Dichte (Sonderegger, Kránitz, Bues & Niemz, 2015)

12.3.2 Holzwerkstoffe

Bei Holzwerkstoffen liegen insbesondere zu Span- und Faserplatten umfangreiche Arbeiten vor (Deppe & Ernst, 2000), (Dunky & Niemz, 2002), (Paulitsch & Barbu, 2015). Zu Brettschichtholz gibt es weniger Erfahrungen. Die Prüfung der Feuchtebeständigkeit erfolgt meist durch Delaminierungstests nach DIN EN 302-2 (2013) oder im Zugscherversuch nach DIN EN 302-1 mit verschiedenen Lagerfolgen (A1, A4, A5). Es sind aber über 100 Jahre alte Brettschichtholzkonstruktionen noch im Einsatz. Es zeigt sich, dass auch alte Brettschichtholzkonstruktionen noch keine Minderung der Tragfähigkeit aufweisen. Arbeiten von Konnerth et al. (Konnerth, Müller, Gindl & Buksnowitz, 2012) zeigten, dass im Holzflugzeugbau eingesetzte Harnstoffharze hingegen altern. Der Effekt ist bei Harnstoffharzen seit langem bekannt. Die Alterung wird oft versucht durch Klimawechsel (feucht-trocken), Klimawechsel und UV-Bestrahlung sowie Wasserlagerung (Kochen, Trocknen) oder durch simulierte natürliche Beanspruchungen wie den Glashaustest, Belastung von Brettschichtholz unter mechanischer Last und Klimawechsel zu simulieren (siehe z. B. (Aicher, 2006)). Im Bereich der Kunststoffe sind zyklische Belastungen von Klebfugen üblich; auch zu Holzverklebungen liegen dazu erste Erfahrungen vor. Eine Wirkung von UV-Strahlung auf die Klebfugen ist bei den üblichen Lamellendicken dagegen im Allgemeinen nicht vorhanden (am ehesten an den Rändern). Insbesondere bei großen Holzquerschnitten können sowohl bei Vollholz als auch bei verklebten Holzwerkstoffen (Brettschichtholz, Brettsperrholz) Risse und teilweise auch Delaminierungen auftreten.

Bei Brettschichtholz und Brettsperrholz sind dabei die jeweiligen Eigenschaften des Elementes, die Jahrringlage der Lamellen, die Lamellendicke, aber auch Feuchtedifferenzen beim Verkleben und bei Brettsperrholz zusätzlich der Absperreffekt sehr entscheidend für die Ausbildung der Spannungen bei Feuchtewechsel. Es kann im Extremfall durchaus vereinzelt zur Delaminierung kommen.

12.4 Einfluss der mechanischen Vorbeanspruchung

Holz unterliegt im praktischen Gebrauch zum Teil erheblichen mechanischen Beanspruchungen, wobei die Biegefestigkeit meist nicht annähernd ausgelastet wird. So beträgt die Biegespannung bei den relativ hochbeanspruchten Einlegeböden für Möbel maximal 10 bis 30 % der Bruchlast, liegt damit also deutlich unter der zulässigen Biegespannung. Schadensfälle durch Überschreiten der zulässigen Spannung treten deshalb relativ selten auf (wenn überhaupt, dann zumeist in Verbindung mit Schwindrissen oder bei Überschreiten der Querzugfestigkeit von gekrümmten Brettschichtholzbindern). Maßgebend für die Auswahl von Holz und Holzwerkstoffen ist dagegen die Kriechverformung bzw. die Relaxation von Spannungen. Bei Spanplatten, aber auch bei Holz tritt bei den üblichen Beanspruchungen noch keine bleibende Festigkeitsminderung auf. Das geschieht erst bei extrem hohen Belastungen (Gressel, 1971) (Kjucukow & Nikolajewa, 1980) (Niemz P., 1982) (Ehlbeck & Görlacher, 1990). Teilweise wurden sogar geringfügig höhere Festigkeiten festgestellt. Auftretende Festigkeitsunterschiede lassen sich durch veränderte Wuchsbedingungen des Holzes sowie durch eine nicht nachvollziehbare Holzsortierung durch den Zimmermann, vor allem aber durch Pilz- und Insektenbefall erklären. Der vielfach erwähnte Einfluss der Mondphase auf die Holzeigenschaften konnte bisher nicht gesichert nachgewiesen werden (Fellner & Teischinger, 2001) (Niemz & Kucera, 2000). Eventuelle Holzschäden in Bäumen oder verbautem Holz können u. a. durch Bohrkernentnahme, Messung des Bohrwiderstandes (Bild 12.6) (Niemz, Bues & Herrmann, 2002), Anwondung des Pilodyn-Geräts (s. Kapitel 14.5.12, aber nur Messung im oberflächennahen Bereich möglich) sowie Messung der Schallgeschwindigkeit (einschließlich Schalltomographie) festgestellt werden.

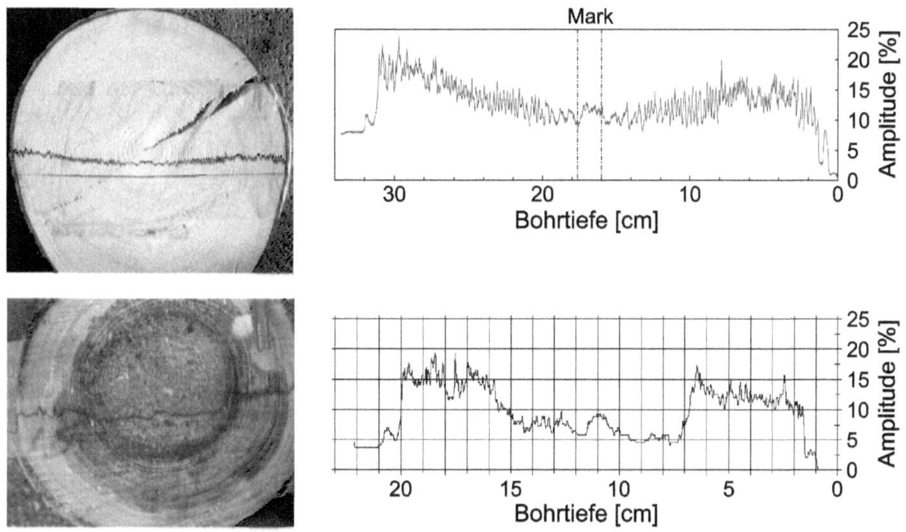

Bild 12.6 Bohrwiderstand von fehlerfreiem (oben) und verfaultem Holz (unten) (Bilder: S. Herrmann, F. Bächle, ETH Zürich)

Für den statischen Nachweis älterer Holztragwerke empfiehlt Mönck (Mönck, 1999) - trotz der oben genannten Einschränkungen - zur Sicherheit folgende Abminderungsfaktoren:

- Bei Dauerbelastung nach mehr als 20-jährigem Einsatz Reduzierung der Tragfähigkeit auf 0,6 bis 0,9 des Ausgangswerts.
- Bei Auftreten von Schwindrissen:

1. Mittelmäßige Schwächung des Querschnitts:

Reduzierung des tragenden Querschnitts auf 0,95 des Widerstandsmoments bzw. 0,91 des Trägheitsmoments. Hier würde sich die Ermittlung der kritischen Spannung für das Weiterreißen unter Nutzung der Bruchzähigkeit, die Bruchenergie (vgl. Kap. 14), anbieten. Hierzu sind erste Arbeiten an Vollholz (Gustafsson, Hoffmeyer & Valentin, 1998), (Dill-Langer, 2004), (Hassani M.M., 2015), (Ammann, 2015) durchgeführt worden.

2. Erhebliche Schwächung des Querschnitts:

Exakte Ermittlung des tragenden Querschnitts des Trägheits- bzw. Widerstandsmoments: Berechnung mit den ermittelten Werten.

12.5 Einfluss aggressiver Medien

Unter Korrosion wird nach Erler (Erler, 1990) die von der Oberfläche ausgehende Schädigung bzw. Zerstörung des Holzes infolge chemischer und physikalischer Wechselwirkung verstanden.

Holz hat im Vergleich zu anderen Werkstoffen eine hohe Korrosionsbeständigkeit. Aufgrund dieser Eigenschaft ist es z. B. für den Einsatz als Dachbinder in Düngemittelhallen, Lagern für Streusalz und dgl. prädestiniert. Zu beachten ist jedoch, dass aggressive Medien vor allem die Hemicellulosen und das Lignin angreifen, weniger die Cellulose. Deshalb ist Nadelholz im Allgemeinen korrosionsbeständiger als Laubholz.

12.5.1 Wasser

Wasser bewirkt bei üblichen Temperaturen keine chemische Veränderung des Holzes. Bei sehr langer Lagerung von Holz in Wasser (z. B. beim Flößen) kommt es jedoch zum Herauslösen bestimmter Holzinhaltsstoffe, wodurch die Beständigkeit des Holzes gegenüber Insekten erhöht wird. Wirkt Wasser bei hohen Temperaturen und Drücken auf das Holz ein, kann ein hydrolytischer Abbau erfolgen (Kollmann, 1951), (Lampert, 1966). Das lässt sich z. B. bei Holz beobachten, das früher für den Bau von Kühltürmen eingesetzt worden ist.

12.5.2 Chemikalien

Nach Erler (Erler, 1990) ist die aggressive Wirkung von Chemikalien auf Holz je nach Aggregatzustand des Mediums von folgenden Faktoren abhängig:

- Bei gasförmigen Medien: Art, Konzentration, Luftfeuchte.
- Bei flüssigen Medien: pH-Wert, Konzentration, Dissoziationsgrad.
- Bei festen Medien: Art, Löslichkeit im Wasser, Hygroskopizität, pH-Wert, Luftfeuchte.

Bestimmte Chemikalien wie DMF (Dimethylformamid) bewirken ein starkes Anquellen und vermutlich auch eine mechanische Schädigung des Holzes. Beim Primern von Holz bei der Verklebung wird die Schädigung der an die Klebfuge angrenzenden Randzonen durch den Primer oft in Diskussion gebracht.

Die Korrosionserscheinungen sind bei den meisten Medien verbunden mit

- einer Braun- oder Dunkelfärbung des Holzes, die von den Randzonen nach innen vordringt,
- einem erhöhten Feuchtegehalt des Holzes im Randbereich,
- einer Einlagerung von Salzkristallen oder Säurerestionen in das Holz,
- einer Auffaserung bis vollständigen Auflösung der oberflächennahen Schichten des Holzes,
- einer Ablösung von Holzstreifen entlang der Jahrringgrenzen,
- einer Verringerung der Festigkeit des Holzes in den Randzonen.

Bild 12.7 zeigt die Zunahme der Korrosionsschichtdicke auf Holz in Abhängigkeit von der Nutzungsdauer für verschiedene Beanspruchungsfälle.

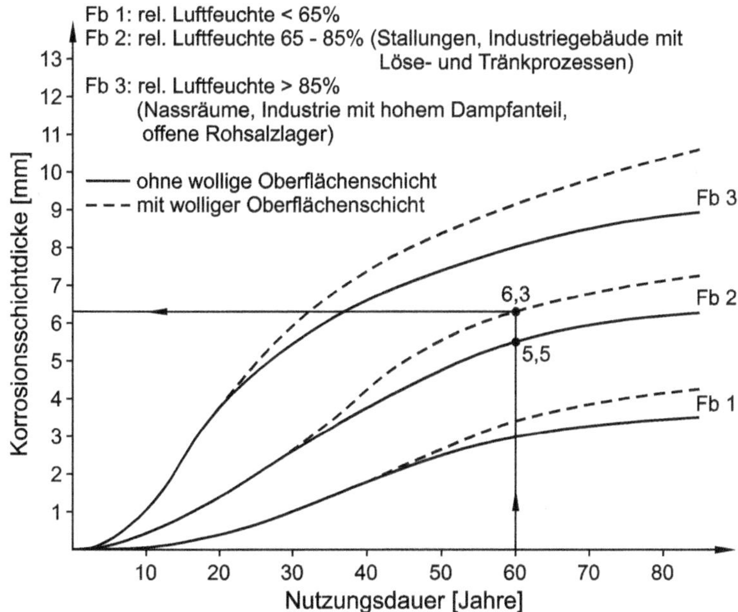

Bild 12.7 Zunahme der Korrosionsschichtdicke auf Holz in Abhängigkeit von der Nutzungsdauer für verschiedene Beanspruchungsfälle (Erler, 1990)

Eine Festigkeitsminderung tritt dabei nur in den relativ schmalen Randzonen des Holzes auf, während die Festigkeit in 10 bis 15 mm Tiefe meistens schon wieder der Festigkeit des nativen Holzes entspricht. Bei Tragfähigkeitsberechnungen ist es deshalb üblich, den tragfähigen Querschnitt des Holzes abzumindern.

12.5.3 Metalle

Beim Kontakt von Holz mit Metallen kommt es je nach Holzart und Höhe des Feuchtegehalts zu mehr oder weniger stark ausgeprägten Korrosionserscheinungen auf der Metalloberfläche (insbesondere bei Eisen) und zu Verfärbungen, ggf. auch zu einer Änderung der mechanischen Eigenschaften des Holzes. Auch thermisch vergütetes Holz bewirkt, bedingt durch den geringeren pH-Wert (Niemz & Wetzig, 2011), eine verstärkte Korrosion. Für Verbindungsmittel ist daher Edelstahl einzusetzen.

Unger (Unger A., 1988) macht zum Metalleinfluss folgende Angaben:

- Holz mit einem Feuchtegehalt < 10 % wird von Metallen wenig beeinflusst. Bei einem Feuchtegehalt von 20 bis 30 % wird der Einfluss stärker, es kommt zu Wechselwirkungen zwischen Metall und Holz. Die Ursache dafür liegt darin, dass sich bei diesen Feuchtegehalten häufig schwach sauer reagierende Extrakte bilden, die Korrosion fördern.
- Kastanien- und Eichenholz wirken stark korrodierend, Pappel- und Mahagoniholz wenig korrodierend.

- Durch Eisen werden Eiche und andere gerbstoffreiche Hölzer verfärbt (Eiche schwarz, Linde grün). Die Zugfestigkeit des Holzes sinkt bei ausreichend langem Kontakt mit Eisen (Abbau der Polyosen durch Korrosionsprodukte des Eisens); die Druckfestigkeit bleibt unbeeinflusst.

Literaturverzeichnis

Aicher, S. (2006). Bestandsaufnahme: Schadensfälle, Dauerstandfestigkeit, Prüfmethoden. Stuttgart: MPA Stuttgart.

Ammann, S.D. (2015). Mechanical performance of glue joints in structural hardwood elements. Zürich: Diss., ETH Zürich.

Cavalli, A., Cibecchini, D., Togni, M. & Sousa, H.S. (2016). A review on the mechanical properties of aged wood and salvaged timber. Construction and Building Materials, 114, S. 681 - 687.

Deppe, H.-J. (1986). Alterungsuntersuchungen an Brettschichtverleimungen. Bauen mit Holz, 88 (9), S. 595 - 599.

Deppe, H.-J. (1987). Beurteilung von Holzwerkstoffen im Kurzzeit- (Xeno-Test) und Langzeittest (Bewitterungsversuch). In: Sammelband Bundesanstalt für Materialforschung und -prüfung (BAM). Berlin.

Deppe, H.-J. & Ernst, K. (1996). MDF - Mitteldichte Faserplatten. Leinfelden-Echterdingen: DRW-Verlag.

Deppe, H.-J. & Ernst, K. (2000). Taschenbuch der Spanplattentechnik (4. Ausg.). Leinfelden-Echterdingen: DRW-Verlag.

Deppe, H.-J. & Schmidt, K. (1981). Zur Beständigkeit beschichteter Holzspanwerkstoffe. Holz als Roh- und Werkstoff, 39 (4), S. 139 - 148.

Deppe, H.-J. & Schmidt, K. (1982). Zur Beurteilung von Holzwerkstoffen im Kurzzeit-Bewitterungsversuch. Holz als Roh- und Werkstoff, 40 (12), S. 471 - 473.

Deppe, H.-J., Stolzenburg, R. & Schmidt, K. (1976). Prüfung und Beurteilung der Dauerhaftigkeit von Holzspanplatten durch Kurzbewitterungsverfahren. Holz als Roh- und Werkstoff, 34 (10), S. 379 - 384.

Dill-Langer, G. (2004). Schädigung von Brettschichtholz bei Zugbeanspruchung rechtwinklig zur Faserrichtung. Stuttgart: Diss., Universität Stuttgart.

Dunky, M. & Niemz, P. (2002). Holzwerkstoffe und Leime: Technologie und Einflussfaktoren. Berlin: Springer.

Ehlbeck, J. & Görlacher, R. (1990). Zur Problematik bei der Beurteilung der Tragfähigkeit von altem Konstruktionsholz. Bauen mit Holz, 92 (2), S. 117 - 121.

Erler, K. (1990). Korrosion und Anpassungsfaktoren für chemisch-aggressive Medien bei Holzkonstruktionen. Holztechnologie, 30 (5), S. 228 - 233.

Fellner, J. & Teischinger, A. (2001). Alte Holzregeln. Von Mythen und Brauchbarem über Fehlinterpretationen zu neuen Erkenntnissen. Wien: Österreichischer Kunst- u. Kulturverlag.

Gereke, T. (2009). Moisture-induced stresses in cross-laminated wood panels. Zürich: Diss. ETH Zürich.

Gressel, P. (1971). Untersuchungen über das Zeitstandbiegeverhalten von Holzwerkstoffen in Abhängigkeit von Klima und Belastung. Hamburg: Diss. Universität Hamburg.

Gustafsson, P.J., Hoffmeyer, P. & Valentin, G. (1998). DOL behaviour of end-notched beams. Holz als Roh- und Werkstoff, 56 (5), S. 307 - 317.

Hassani, M.M. (2015). Adhesive bonding of structural hardwood elements. Zürich: Diss. ETH Zürich.

Hassani, M.M., Wittel, F.K., Hering, S. & Herrmann, H.J. (2015). Rheological model for wood. Computer Methods in Applied Mechanics and Engineering, 283 (1), S. 1032 - 1060.

Hering, S. (2011). Charakterisierung und Modellierung der Materialeigenschaften von Rotbuchenholz zur Simulation von Holzverklebungen. Zürich: Diss. ETH Zürich.

Holz, D. (1981). Zum Alterungsverhalten des Werkstoffes Holz - einige Ansichten, Untersuchungen, Ergebnisse. Holztechnologie, 22 (2), S. 80 - 85.

Kjucukow, G. & Nikolajewa, R. (1980). Untersuchungen über die Durchbiegung von Regalen aus unbeschichteten und beschichteten Spanplatten im statischen Langzeitversuch. Derevoobr. i Mebelna Prom., 23 (9), 264 - 271.

Kollmann, F. (1951). Technologie des Holzes und der Holzwerkstoffe (2. Ausg., Bd. 1). Berlin/Göttingen/Heidelberg: Springer.

Konnerth, J., Müller, U., Gindl, W. & Buksnowitz, C. (2012). Reliabilty of wood adhesive bonds in a 50 year old glider construction. Eur. J. Wood Prod., 70 (1), S. 381 - 384.

Kránitz, K. (2014). Effect of natural aging on wood. Zürich: Diss., ETH Zürich.

Kránitz, K., Sonderegger, W., Bues, C.-T. & Niemz, P. (2016). Effects of aging on wood: a literature review. Wood Science and Technology, 50 (1), S. 7 - 22.

Kucera, L. J. & Sell, J. (1987). Die Verwitterung von Buchenholz im Holzstrahlbereich. Holz als Roh- und Werkstoff, 45 (3), S. 89 - 93.

Lampert, H. (1966). Faserplatten. Leipzig: Fachbuch.

Lanvermann, C. (2014). Sorption and swelling within growth rings of Norway spruce and implications on the macroscopic scale. Zürich: Diss. ETH Zürich.

Lohmann, U. (Hrsg.). (2003). Holz-Lexikon (4. Ausg.). Leinfelden-Echterdingen: DRW-Verlag.

Militz, H. & Mai, C. (2012). Holzschutz (Kap. 4.2). In A. Wagenführ & F. Scholz (Hrsg.), Taschenbuch der Holztechnik (2. Ausg., S. 457 - 485). München: Fachbuchverlag Leipzig im Carl Hanser Verlag.

Mönck, W. (1999). Schäden an Holzkonstruktionen: Analyse und Behebung (3. Ausg.). Berlin: Bauwesen.

Niemz, P. (1982). Untersuchungen zum Kriechverhalten von Spanplatten unter besonderer Berücksichtigung des Einflusses der Werkstoffstruktur. Dresden: Diss. Technische Universität Dresden.

Niemz, P. & Kucera, L. J. (2000). Zum Einfluss des Fällzeitpunktes auf wesentliche Eigenschaften von Fichtenholz - Eine Überprüfung publizierter Thesen. Schweizerische Zeitschrift für Forstwesen, 151 (11), 444 - 450.

Niemz, P. & Wetzig, M. (2011). Auf spezielle Einsatzbereiche konzentriert. Einsatz von Thermoholz: Eigenschaften, Verarbeitung, Praxiserfahrungen. Holz-Zentralblatt, 137 (1), S. 24 - 26.

Niemz, P., Bues, C.-T. & Herrmann, S. (2002). Die Eignung von Schallgeschwindigkeit und Bohrwiderstand zur Beurteilung von simulierten Defekten in Fichtenholz. Schweizerische Zeitschrift für Forstwesen, 153 (6), S. 201 - 209.

Paulitsch, M. & Barbu, M. C. (2015). Holzwerkstoffe der Moderne. Leinfelden-Echterdingen: DRW-Verlag.

Scheiding, W., Grabes, P., Haustein, T., Haustein, V., Nieke, N., Urban, H. & Weiss, B. (2014). Holzschutz: Holzkunde, Pilze und Insekten, konstruktive und chemische Massnahmen, technische Regeln, Praxiswissen. Leipzig: Fachbuchverlag im Carl Hanser Verlag.

Sell, J. & Feist, W. C. (1986). Role of density in the erosion of wood during weathering. Forest Products Journal, 36 (3), S. 57 - 60.

Sonderegger, W., Glaunsinger, M., Mannes, D., Volkmer, T. & Niemz, P. (2015). Investigations into the influence of two different wood coatings on water diffusion determined by means of neutron imaging. European Journal of Wood and Wood Products, 73 (6), S. 793 - 799.

Sonderegger, W., Kránitz, K., Bues, C.-T. & Niemz, P. (2015). Aging effects on physical and mechanical properties of spruce, fir and oak wood. Journal of Cultural Heritage, 16 (6), S. 883 - 889.

Unger, A. (1988). Holzkonservierung. Leipzig: Fachbuchverlag.

Unger, A., Schniewind, A. P. & Unger, W. (2001). Conservation of wood artifacts. Berlin/Heidelberg: Springer-Verlag.

Vorreiter, L. (1949). Holztechnologisches Handbuch (Bd. 1). Wien: Fromme.

Wimmer, R., Kläusler, O. & Niemz, P. (2013). Water sorption mechanisms of commercial wood adhesive films. Wood Science and Technology, 47 (4), S. 763 - 775.

13 Elastomechanische und inelastische Eigenschaften von Holz und Holzwerkstoffen

13.1 Übersicht

Prinzipiell kann diese Gruppe von Eigenschaften des Holzes und der Holzwerkstoffe eingeteilt werden in

- elastische Eigenschaften (Elastizitätsmodul, Schubmodul, Poissonsche Zahlen) und
- inelastische Eigenschaften:

1. viskoelastische Eigenschaften, das Verhalten ist zeitabhängig und zeigt sich in Kriechen und Relaxation,
2. mechanosorptive Eigenschaften, die das Verhalten bei gleichzeitiger Belastung und Feuchteänderung widerspiegeln, und
3. plastische Eigenschaften, die sich in dauerhafter Verformung äußern (z. B. plastische Komponenten der Kriechverformung).

Es sei an dieser Stelle betont, dass alle im Weiteren genannten Eigenschaften von der Holzfeuchte abhängen, im eigentlichen Sinne also Kennwertfunktionen darstellen.

13.2 Elastische Eigenschaften

13.2.1 Elastizitätsgesetz und Spannungs-Dehnungs-Diagramm (Hookesches Gesetz)

13.2.1.1 Allgemeine Grundlagen im eindimensionalen Belastungsfall

Die Elastizität ist die Eigenschaft fester Körper, einer durch äußere Kräfte bewirkten Verformung entgegenzuwirken. Die dabei verrichtete Formänderungsarbeit wird beim Entlasten wieder abgegeben. Zwischen Spannung und Dehnung besteht bei ideal elastischen Körpern ein linearer Zusammenhang (Hookesches Gesetz). Bei Zugbelastung wird ein Festkörper länger, bei Druckbelastung kürzer (Bild 13.1). Nach Entlastung geht die Verformung bei einem ideal elastischen Körper vollständig zurück (Bild 13.2a), solange die mechanische Spannung unterhalb der Proportionalitätsgrenze liegt. Die Proportionalitätsgrenze variiert mit der Holzfeuchte. Sie liegt bei Zugbelastung im Normalklima etwa bei 50 - 60 % der maximalen Spannung und ist feuchteabhängig.

Der Elastizitätsmodul (E-Modul, englisch: Young's modulus) berechnet sich aus dem Anstieg der Geraden im Spannungs-Dehnungs-Diagramm. Oberhalb der Proportionalitätsgrenze tritt eine gewisse plastische Verformung auf, die allerdings bei Zugbelastung sehr gering ist. Allgemein wird davon ausgegangen, dass bei der Bestimmung des E-Moduls zwischen Zug- und Druckbelastung keine Differenz besteht (Bild 13.2a). Untersuchungen beider Belastungen zeigen aber einen gewissen (geringen) Einfluss der Belastungsart (Ozyhar T., 2013). Eine Fließgrenze und eine Verfestigung, wie sie für Metalle üblich ist, gibt es bei Holz nicht.

In Faserrichtung und senkrecht zur Faserrichtung ist die Bruchdehnung bei Zugbelastung gering, sie liegt zwischen 0,7 - 1 %. Für Holzpartikelwerkstoffe gilt ein analoges Spannungs-Dehnungs-Verhalten wie für Vollholz (Bild 13.2c).

Wird Holz senkrecht zur Faserrichtung auf Druck belastet, treten allerdings oberhalb der Proportionalitätsgrenze erhebliche plastische Verformungen auf, das Holz lässt sich sehr stark verdichten. Dies gilt insbesondere in radialer Richtung (Bild 13.2b). Nach Verdichtung (insbesondere des Frühholzes) gibt es wiederum einen fast linearen Zusammenhang zwischen Spannung und Dehnung. Senkrecht zur Faserrichtung kann z. B. Fichte von 450 kg/m^3 auf 1200 kg/m^3 verdichtet werden (siehe (Skyba, 2008), (Navi & Sandberg, 2012)). Daher wird bei der Bemessung der Festigkeit bei Druck senkrecht zur Faserrichtung eine Bruchdehnung von 2 % oder 5 % vorgegeben. Bei Partikelwerkstoffen werden die Partikel bei der Plattenherstellung senkrecht zur Plattenebene - also senkrecht zur Faserrichtung des Holzes - stark verdichtet. Die Verdichtung beträgt je nach Rohdichte ca. 50 % (Spanplatten) und bis 80 % und mehr bei MDF/HDF.

Praktisch kommt es bei zyklischer Belastung (z. B. auch durch Quellen und Schwinden oder mechanische Belastung) zu einem gewissen Hystereseeffekt (Bild 13.2d), der aber meist unberücksichtigt bleibt. Dieser Effekt ist last- und feuchteabhängig. Der Hystereseeffekt steigt mit dem Belastungsgrad (Verhältnis aufgebrachte Spannung/Bruchspannung).

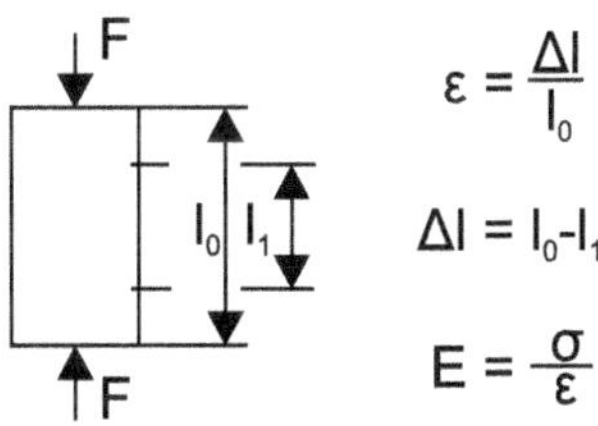

$$\varepsilon = \frac{\Delta l}{l_0}$$

$$\Delta l = l_0 - l_1$$

$$E = \frac{\sigma}{\varepsilon}$$

Bild 13.1 Dehnung eines Stabes bei Druckbeanspruchung

Die Dehnung berechnet sich im einachsig beanspruchten, isotropen Bauteil zu:

$$\varepsilon = \frac{\Delta l}{l} \tag{13.1}$$

ε Dehnung

Δl Längenänderung

l Anfangslänge

Mit dem Hookeschen Gesetz nach Gl. (13.2) lassen sich dann die Spannungen im einachsigen Fall berechnen:

$$\sigma = \varepsilon \cdot E \tag{13.2}$$

Dabei gilt:

Für die E-Moduli in den 3 Hauptachsen (l = 1, r = 2, t = 3 für Vollholz) unter Vernachlässigung der Querkontraktion:

$$E_1 = \frac{\sigma_1}{\varepsilon_1}, \quad E_2 = \frac{\sigma_2}{\varepsilon_2}, \quad E_3 = \frac{\sigma_3}{\varepsilon_3} \tag{13.3}$$

Für Schubspannungen:

$$\tau = G \cdot \gamma \tag{13.4}$$

E Elastizitätsmodul [N/mm²]

G Schubmodul [N/mm²]

σ Spannung [N/mm²]

ε Dehnung [-]

γ Gleitung [Grad]

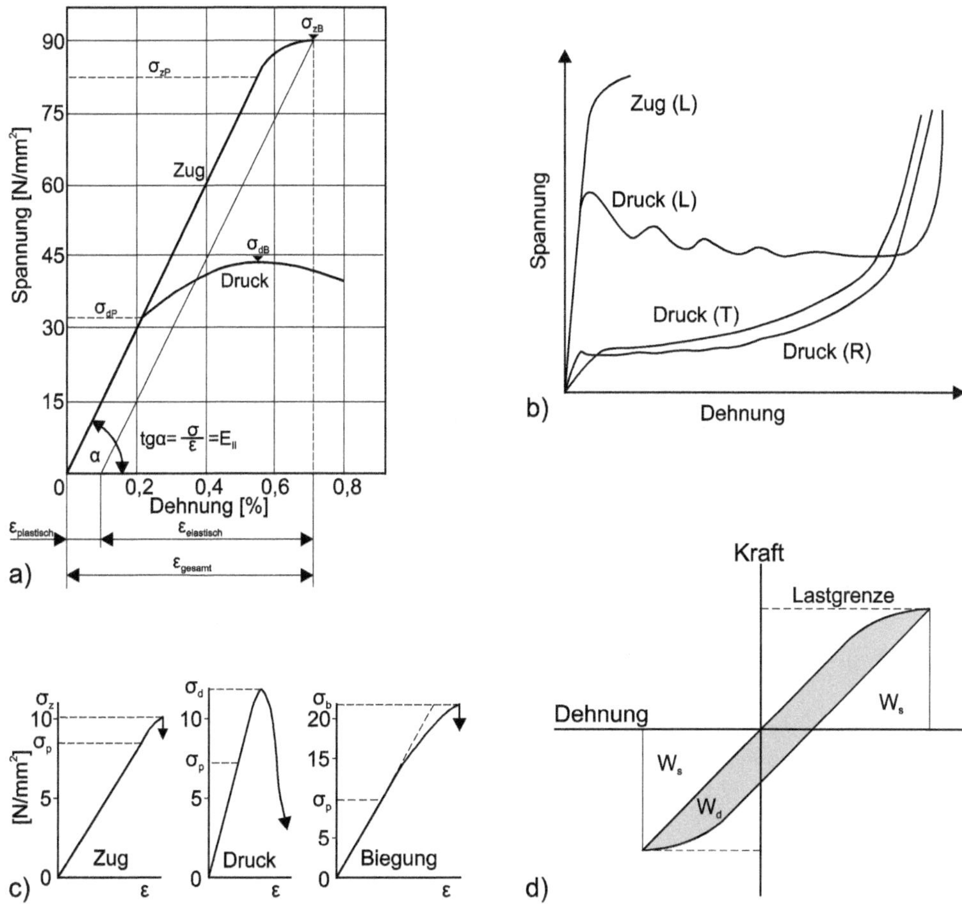

Bild 13.2 Spannungs-Dehnungs-Diagramm von Vollholz und Holzwerkstoffen: (a) Spannungs-Dehnungs-Diagramm von Vollholz bei Zug- und Druckbelastung in Faserrichtung; (b) schematische Darstellung bei Zug und Druck parallel und senkrecht zur Faserrichtung nach Ozyhar (2013) adapted von Holmberg et al. (1999); (c) Spannungs-Dehnungs-Diagramme von Spanplatten nach (Plath, 1971); (d) schematisierter Verlauf des Spannungs-Dehnungs-Diagramms bei zyklischer Belastung und Dehnungsverteilung, wobei gilt: W_a - $W_s = W_d$ und $W_d/W_a = d$ mit W_a – aufgewendete Arbeit (Belastungsfläche); W_s – Speicherarbeit (Entlastungsfläche); W_d – Verlustenergie (Hysterese-Fläche); d – Verlustfaktor

13.2.1.2 Verallgemeinertes Hookesches Gesetz für orthotrope Werkstoffe

Holz ist ein orthotropes Material mit starker Differenzierung der Eigenschaften in den 3 Hauptachsen längs, radial und tangential. Bereits (Voigt, 1928), (Höring, 1933), (Keylwerth R., 1951), (Kollmann F., 1951) legten entsprechende Betrachtungen vor. Bild 13.3 zeigt das Koordinatensystem von Vollholz und Holzwerkstoffen sowie die Zuordnung der Koordinatenachsen. Dabei werden verschiedene Bezeichnungen wie L; R; T bei Vollholz oder x_1, x_2, x_3 bzw. x, y, z verwendet. Bild 13.4 zeigt vereinfacht die verschiedenen Belastungsfälle plattenförmiger Werkstoffe.

Holzwerkstoffe (insbesondere Span- und Faserplatten) sind häufig in der Fläche mehr oder weniger isotrop, eine starke Eigenschaftsdifferenzierung liegt dagegen infolge der Herstellungsweise meist zwischen den Eigenschaften in der Plattenebene und senkrecht zur Plattenebene vor.

Bei der vorgenommenen Einteilung des Koordinatensystems wurde, wie in der Festkörpermechanik heute üblich, die Einteilung nach der Größe der Eigenschaften (1 – in Faserrichtung, 2 – radial, 3 – tangential) vorgenommen (siehe auch Tabelle 13.1). In älterer Fachliteratur ist oft bei Vollholz tangential als 1, längs als 2 und radial als 3 angegeben; dies ist zu beachten (siehe z. B. (Höring, 1933); in der ersten Auflage dieses Buches wurden noch die älteren Bezeichnungen verwendet).

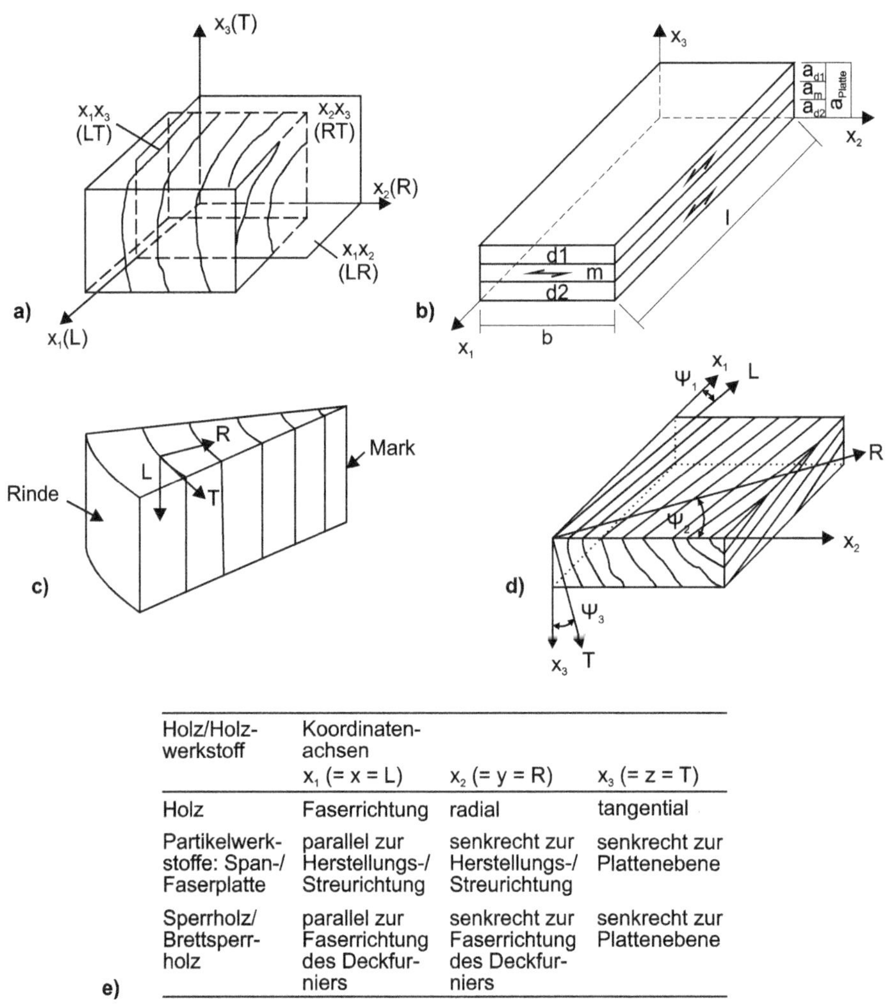

Holz/Holzwerkstoff	Koordinatenachsen x_1 (= x = L)	x_2 (= y = R)	x_3 (= z = T)
Holz	Faserrichtung	radial	tangential
Partikelwerkstoffe: Span-/ Faserplatte	parallel zur Herstellungs-/ Streurichtung	senkrecht zur Herstellungs-/ Streurichtung	senkrecht zur Plattenebene
Sperrholz/ Brettsperrholz	parallel zur Faserrichtung des Deckfurniers	senkrecht zur Faserrichtung des Deckfurniers	senkrecht zur Plattenebene

Bild 13.3 (a) Hauptachsen für Vollholz; (b) für Holzwerkstoffe; (c) rein orthotropes Koordinatensystem; d) Polarkoordinaten für den Einfluss des Faser-Lastwinkels (LR, LT) und der Jahrringneigung (RT); (e) Zuordnung der Achsen eines rechtwinkligen Koordinatensystems für Holz und Holzwerkstoffe

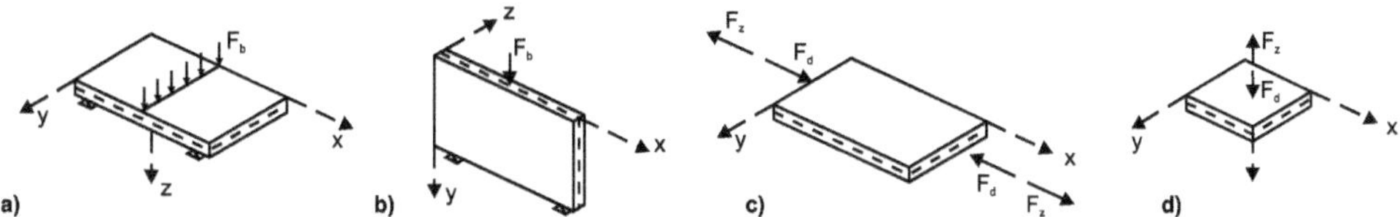

Bild 13.4 Belastung von Holzwerkstoffen: a) Biegung senkrecht zur Plattenebene (flach); b) Biegung parallel zur Plattenebene (hochkant); c) Zug/Druck in Plattenebene; d) Zug senkrecht zur Plattenebene; F_b, F_z, F_d = Biege-, Zug- bzw. Druckkraft; x, y, z = Koordinatenachsen

Ausgangspunkt für die Verallgemeinerung des Hookeschen Gesetzes auf den dreidimensionalen Spannungs- und Verzerrungszustand sind die in Bild 13.5 dargestellten positiven Spannungen und Verzerrungen in einem Körper, dessen Kanten parallel zum Bezugssystem liegen. Gleiche Indizes führen zu Normalspannungen, ungleiche zu Schubspannungen. Der Spannungs- und der Verzerrungstensor werden als symmetrische Tensoren vorausgesetzt, d. h., es gilt $\sigma_{ij} = \sigma_{ji}$ und $\varepsilon_{ij} = \varepsilon_{ji}$. Von den 6 Schubspannungen sind also nur 3 voneinander unabhängig. Die Orthotropie wird bei kleinen Proben, trotz des eigentlich zylindrischen Koordinatensystems im Baum, annähernd erreicht. Bei großen Prüfkörpern, Brettern oder der Berechnung von Brettsperrholz müssen dagegen Faser-Last-Winkel und Jahrringneigung berücksichtigt werden (siehe Bild 13.3c, d), es werden dazu zusätzlich Polarkoordinaten eingeführt und eine Tensortransformation durchgeführt (siehe (Bodig & Jayne, 1993)). Damit wird es möglich, die Jahrringorientierung und den Faser-Last-Winkel zu berücksichtigen sowie eine Visualisierung der 3D-Eigenschaften des Holzes vorzunehmen (Bilder 13.7 und 13.8).

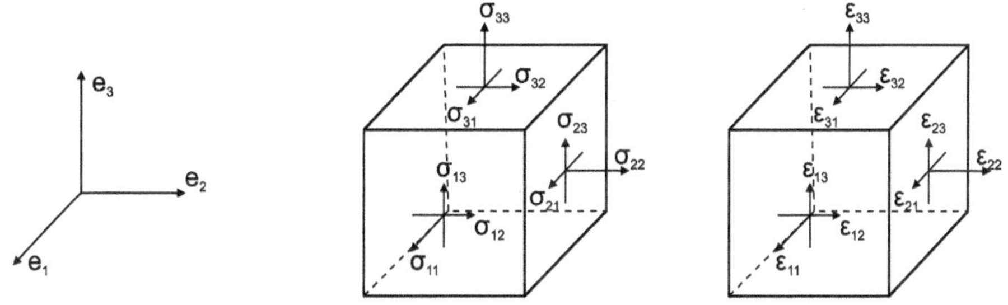

Bild 13.5 Spannungen und Verzerrungen in einem ideal orthotropen Material

Für orthotrope Materialien wie Holz oder auch Holzwerkstoffe gilt für den dreidimensionalen, orthotropen Zustand:

$$[\varepsilon] = [S] \cdot [\sigma] \tag{13.5}$$

Dabei ist

$$S = \frac{\Delta l}{l \cdot \sigma} \tag{13.6}$$

mit:

S Dehnungszahl [mm²/N]

σ Spannung [N/mm²]

l Länge unbelastet [m]

Δl Längenänderung durch Belastung [m]

Für einen orthotropen Körper wie Holz mit extremer Richtungsabhängigkeit der Eigenschaften entlang der 3 Hauptachsen gilt unter Verwendung der Nachgiebigkeitsmatrix [S] in der Voigt'schen Notation:

$$\begin{bmatrix} \varepsilon_{11} \\ \varepsilon_{22} \\ \varepsilon_{33} \\ \gamma_{23} \\ \gamma_{13} \\ \gamma_{12} \end{bmatrix} = \begin{bmatrix} S_{11} & S_{12} & S_{13} & 0 & 0 & 0 \\ S_{21} & S_{22} & S_{23} & 0 & 0 & 0 \\ S_{31} & S_{32} & S_{33} & 0 & 0 & 0 \\ 0 & 0 & 0 & S_{44} & 0 & 0 \\ 0 & 0 & 0 & 0 & S_{55} & 0 \\ 0 & 0 & 0 & 0 & 0 & S_{66} \end{bmatrix} \cdot \begin{bmatrix} \sigma_{11} \\ \sigma_{22} \\ \sigma_{33} \\ \tau_{23} \\ \tau_{13} \\ \tau_{12} \end{bmatrix} \tag{13.7}$$

Prinzipiell ist auch die Darstellung als Elastizitätsmatrix (Steifigkeitsmatrix) [C] in analoger Form möglich:

$$[\sigma] = [C] \cdot [\varepsilon] \tag{13.8}$$

Es gilt:

$$C = S^{-1} \text{ und } S = C^{-1} \tag{13.9}$$

Dabei sind:

$\varepsilon_{11}, \varepsilon_{22}, \varepsilon_{33}$ Dehnungen (Körper ändert Abmessungen, d. h. Volumen, aber nicht die Gestalt)

$\gamma_{23}, \gamma_{13}, \gamma_{12}$ Gleitungen (Körper ändert Gestalt, aber nicht Volumen)

σ Normalspannungen

τ Schubspannungen

S_{ii} für i = 1, 2, 3 = Dehnungszahlen

S_{ii} für i = 4, 5, 6 = Gleitzahlen

S_{ik} für i, k = 1, 2, 3 = Querdehnungszahlen bzw. Poissonzahlen; i ≠ k

Dabei gilt:

Für die E-Moduli im einachsigen Spannungszustand:

$$E_1 = \frac{\sigma_1}{\varepsilon_1}, \quad E_2 = \frac{\sigma_2}{\varepsilon_2}, \quad E_3 = \frac{\sigma_3}{\varepsilon_3} \tag{13.10}$$

Für die G-Moduli:

$$G_{12} = \frac{\tau_{12}}{\gamma_{12}}, \quad G_{13} = \frac{\tau_{13}}{\gamma_{13}}, \quad G_{23} = \frac{\tau_{23}}{\gamma_{23}} \tag{13.11}$$

Für die Dehnungszahlen:

$$\begin{aligned}
&S_{11} = \frac{1}{E_1}, \quad S_{22} = \frac{1}{E_2}, \quad S_{33} = \frac{1}{E_3} \\
&S_{44} = \frac{1}{G_{23}}, \quad S_{55} = \frac{1}{G_{13}}, \quad S_{66} = \frac{1}{G_{12}} \\
&S_{12} = \frac{-\mu_{21}}{E_2}, \quad S_{13} = \frac{-\mu_{31}}{E_3}, \quad S_{23} = \frac{-\mu_{32}}{E_3} \\
&S_{21} = \frac{-\mu_{12}}{E_1}, \quad S_{31} = \frac{-\mu_{13}}{E_1}, \quad S_{32} = \frac{-\mu_{23}}{E_2}
\end{aligned} \tag{13.12}$$

E Elastizitätsmodul

μ Poissonsche Zahl

G Schubmodul

Es gibt bei Annahme orthotropen Werkstoffverhaltens 9 Parameter:

- drei E-Moduli,
- drei Schubmoduli und
- sechs Poissonsche Zahlen (jeweils drei ergeben sich aus der spaltenorientierten oder zeilenorientierten Darstellung des Materialtensors in Voigt'scher Beschreibungsweise (Gl. (13.13) und (13.14)). Für Berechnungen werden nur drei verwendet. Für die Poissonschen Zahlen von Vollholz gilt damit:

$$\frac{\mu_{RL}}{E_R} = \frac{\mu_{LR}}{E_L}; \quad \frac{\mu_{TL}}{E_T} = \frac{\mu_{LT}}{E_L}; \quad \frac{\mu_{TR}}{E_T} = \frac{\mu_{RT}}{E_R} \tag{13.13}$$

Bei praktischen Messungen kommen meist gewisse Abweichungen von der Symmetrie vor, sodass bei Berechnungen der Mittelwert verwendet wird, um die dafür notwendigen Symmetriebedingungen einzuhalten (siehe (Bodig & Jayne, 1993)). Dies gilt auch für die Schubmodule.

Der 1. Index gibt nachfolgend die Richtung der Last, der 2. Index die Richtung der Dehnung an. In der Fachliteratur wird häufig auch eine umgekehrte Bezeichnung verwendet. Die hier verwendete Bezeichnung lehnt sich an Bodig und Jayne sowie die in der Festkörpermechanik übliche Bezeichnung (Orientierung nach der Größe der Werte) an (z. B. (Bodig & Jayne, 1993), (Altenbach, Altenbach & Rikards, 1996)).

Die Verzerrungs-Spannungs-Beziehungen können durch die Ingenieurkonstanten E und G ersetzt werden. Im Verzerrungs-Spannungs-Zustand lassen sich die Ingenieurkonstanten wie folgt zusammenfassen:

$$\begin{bmatrix} \varepsilon_{11} \\ \varepsilon_{22} \\ \varepsilon_{33} \\ \gamma_{23} \\ \gamma_{13} \\ \gamma_{12} \end{bmatrix} = \left[\begin{array}{ccc|ccc} \frac{1}{E_1} & -\frac{\mu_{21}}{E_2} & -\frac{\mu_{31}}{E_3} & 0 & 0 & 0 \\ -\frac{\mu_{12}}{E_1} & \frac{1}{E_2} & -\frac{\mu_{32}}{E_3} & 0 & 0 & 0 \\ -\frac{\mu_{13}}{E_1} & -\frac{\mu_{23}}{E_2} & \frac{1}{E_3} & 0 & 0 & 0 \\ \hline 0 & 0 & 0 & \frac{1}{G_{23}} & 0 & 0 \\ 0 & 0 & 0 & 0 & \frac{1}{G_{13}} & 0 \\ 0 & 0 & 0 & 0 & 0 & \frac{1}{G_{12}} \end{array}\right] \cdot \begin{bmatrix} \sigma_{11} \\ \sigma_{22} \\ \sigma_{33} \\ \tau_{23} \\ \tau_{13} \\ \tau_{12} \end{bmatrix} \tag{13.14}$$

σ Normalspannungen

τ Schubspannungen

γ Schubverzerrungen, Drehwinkel bei Torsion

ε Dehnungen

13.2.2 Zur Orthotropie des Holzes und der Holzwerkstoffe

Elastische und Festigkeitseigenschaften unterscheiden sich in den 3 Hauptschnittrichtungen deutlich. Noack und Schwab (in (von Halász & Scheer, 1986)) geben die in Tabelle 13.1 aufgeführten Größenverhältnisse an.

Tabelle 13.1 Verhältnisse der E- und G-Module in den Hauptachsen (von Halász & Scheer, 1986)

Eigenschaft	Nadelholz	Laubholz
$E_T:E_R:E_L$	1:1,7:20	1:1,7:13
$G_{LR}:G_{LT}:G_{RT}$	1:1:0,1[1]	1,3:1:0,4
$S_{13}:S_{12}$	1,5:1	1,5:1

[1] Tieferer Wert gegenüber Laubholz aufgrund der durchgehenden Frühholzzone mit relativ geringer Dichte und Steifigkeit

Der Schubmodul G_{RT} (Schubmodul der Hirnfläche, auch als Rollschub bezeichnet) ist insbesondere bei Nadelholz durch die starke Dichtedifferenzierung zwischen Früh- und Spätholz oft die Ursache für ein Schubversagen. Bei Nadelholz ist G_{RT} etwa 10 % von G_{LT} (auf Grund durchgehender Frühholzzone mit geringer Dichte), bei Laubholz: 40 % von G_{LT}.

Zusätzlich ist der Einfluss des Faser-Last-Winkels und der Jahrringneigung zu berücksichtigen. Nach Hankinson (Hankinson, 1921) gilt:

$$E_{\varphi} = \frac{E_{\parallel} \cdot E_{\perp}}{E_{\perp} \cos^n \varphi + E_{\parallel} \sin^n \varphi} \tag{13.15}$$

Diese Gleichung wird auch für die Festigkeiten genutzt (s. Kap. 14). Für den E-Modul wird n = 2 angegeben.

Im Wood Handbook (Ross, 2010) wird allgemein folgende Formel (13.16) für die Eigenschaften in Abhängigkeit vom Faser-Last-Winkel angegeben (Tabelle 13.2). Die Gleichung von Hankinson (Hankinson, 1921) wird auch für die Schallgeschwindigkeit genutzt, da diese mit dem E-Modul korreliert.

$$N = \frac{PQ}{P \sin^{\mathrm{n}} \theta + Q \cos^{\mathrm{n}} \theta} \tag{13.16}$$

N Festigkeit/E-Modul im Winkel θ der Faserrichtung

Q Festigkeit/E-Modul rechtwinklig zur Faserrichtung

P Festigkeit/E-Modul parallel zur Faserrichtung

n empirisch ermittelte Konstante

Tabelle 13.2 Kennwerte für den Faser-Last-Winkel nach Wood Handbook (Ross, 2010)

Eigenschaft	n	Q/P
Zugfestigkeit	1,5...2	0,04...0,07
Druckfestigkeit	2...2,5	0,03...0,40
Biegefestigkeit	1,5...2	0,04...0,10
Elastizitätsmodul	2	0,04...0,12

Bild 13.6 zeigt für Eschenholz den Einfluss des Faser-Last-Winkels und der Jahrringneigung auf den E-Modul bei Zug- und Druckbelastung. Senkrecht zur Faserrichtung ist der E-Modul deutlich geringer als parallel, bereits ein geringer Faser-Last-Winkel bewirkt einen starken Abfall. In radialer Richtung ist der E-Modul im Durchschnitt deutlich höher als in tangentialer Richtung, was unter anderem auf die Wabenstruktur, aber auch auf die versteifende Wirkung der Holzstrahlen zurückzuführen ist (siehe (Bodig & Jayne, 1993), (Burgert, 2000), (Sjölund, 2015)). In der RT-Ebene ist ein Minimum unter etwa 45 Grad erkennbar (Bild 12.6b).

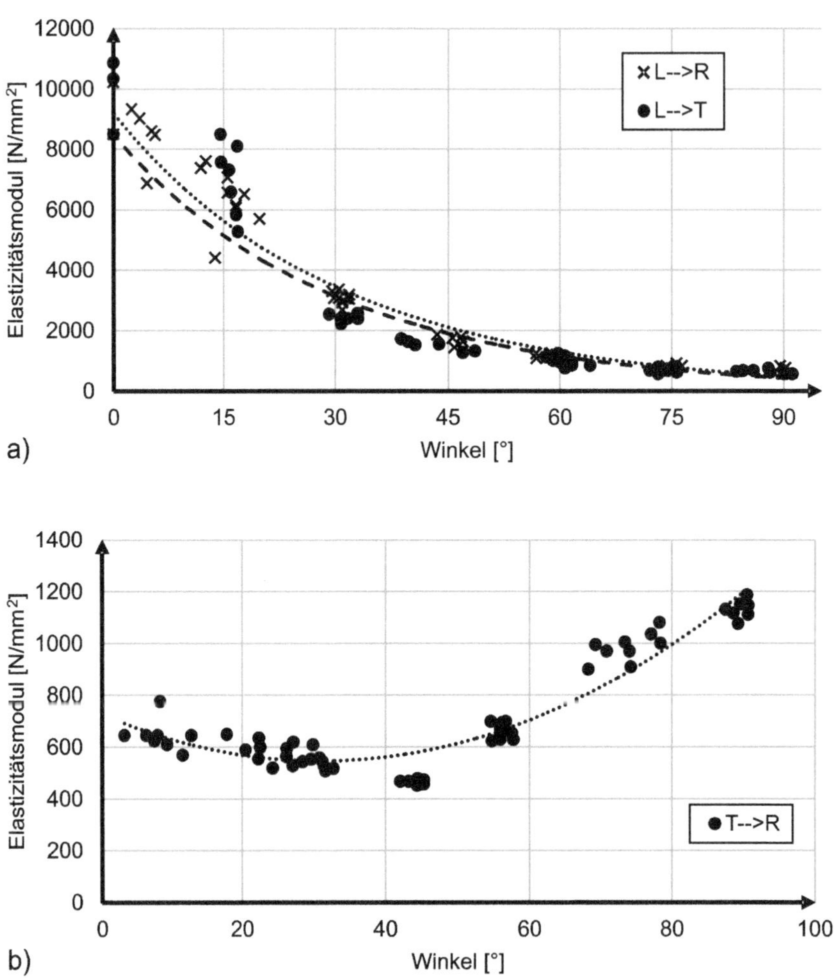

Bild 13.6 Einfluss (a) des Faser-Last-Winkels (LR, LT) und (b) der Jahrringneigung (RT) auf den E-Modul bei Eschenholz (Clauss, Pescatore & Niemz, 2014)

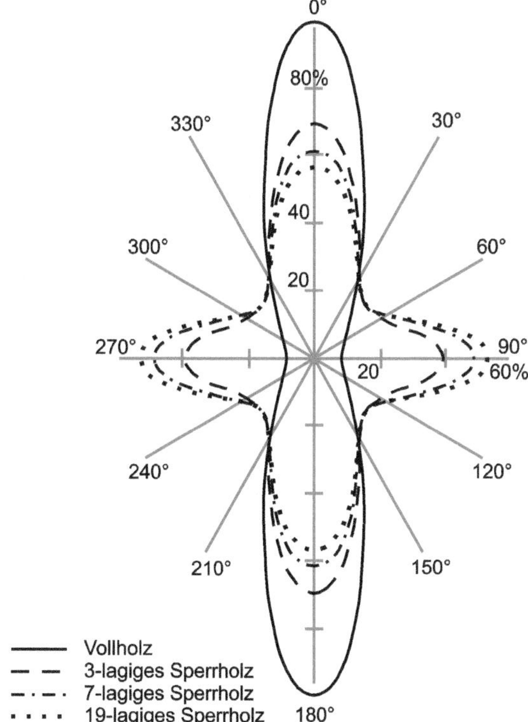

Bild 13.7 Anisotrope Elastizität (Polardiagramm) von Vollholz und Sperrholz nach (Keylwerth R., 1951) modifiziert von (Baensch, 2015)

Auch bei Sperrholz (einschließlich Brettsperrholz) und bei Holzpartikelwerkstoffen ist eine gewisse Richtungsabhängigkeit in der Plattenebene vorhanden. Durch Verringerung des Winkels zwischen den Lagen kann bei Sperrholz ein weitgehend kreisförmiges Polardiagramm erreicht werden (z.B. bei Sternholz). Für solche Zwecke werden heute aber meist Partikelwerkstoffe eingesetzt.

Bei Partikelwerkstoffen sind die Unterschiede in und senkrecht zur Herstellungsrichtung auf die Überlagerung von Streuvorgang und Transport des Partikelvlieses zurückzuführen. Bei OSB erfolgt die Orientierung gezielt im Herstellungsprozess. Nach eigenen Messungen sind bei OSB E-Modul und Festigkeit bei Biegung in Plattenebene in Herstellungsrichtung um ca. 75 % höher als senkrecht dazu, bei Spanplatten 15 - 20 %, bei MDF 2 - 5 %. Bei Spanplatten und MDF wird aber allgemein in der Praxis diese Differenz vernachlässigt, die auch beim Quellvorgang nachweisbar ist. Die Zugfestigkeit in Plattenebene ist etwa um den Faktor 12 - 14 höher als senkrecht zur Plattenebene, der E-Modul senkrecht zur Plattenebene wird nicht bestimmt. Weitere Angaben dazu sind auch in Kapitel 19 zu finden.

13.2.3 Tensortransformation

Für ein besseres Verständnis der komplexen Materialcharakteristik von anisotropen Werkstoffen wurde von (Voigt, 1928) eine Darstellungsmethode vorgestellt, welche die räumlichen, elastischen Tensoreigenschaften in einer vereinfachenden Matrizenformulierung unter anderem durch Indexzusammenfassung beschreibt. Diese Methode wurde von (Höring, 1933) das erste Mal für die Visualisierung von Holzeigenschaften verwendet und in (Grimsel, 1999) für die ersten dreidimensionalen Abbildungen, die sogenannten „Deformationskörper", genutzt (Hering, 2011).

Allgemein erfolgt die Koordinatentransformation des vierstufigen Materialtensors s_{ijkl} durch die Multiplikation mit den die Richtungscosinus enthaltenden Transformationstensoren über die allgemeine Beziehung:

$$s_{abcd} = g_{ai} \cdot g_{bj} \cdot g_{ck} \cdot g_{dl} \cdot s_{ijkl} \tag{13.17}$$

Es sind allgemein verschiedene Koordinatentransformationen möglich, sie unterscheiden sich durch die Reihenfolge der nacheinander durchzuführenden Drehungen. Bei den häufig verwendeten Euler-Winkeln besteht die Transformation aus drei aufeinanderfolgenden Drehungen (s. Bild 13.8) um die Y-Achse (Winkel α), um die neue X-Achse (Winkel β) und die neue Y-Achse (Winkel γ). Die Transformationstensoren ergeben sich damit zu:

$$g^{\alpha} = \begin{pmatrix} \cos\alpha & 0 & \sin\alpha \\ 0 & 1 & 0 \\ -\sin\alpha & 0 & \cos\alpha \end{pmatrix},\ g^{\beta} = \begin{pmatrix} 1 & 0 & 0 \\ 0 & \cos\beta & -\sin\beta \\ 0 & \sin\beta & \cos\beta \end{pmatrix},\ g^{\gamma} = \begin{pmatrix} \cos\gamma & 0 & \sin\gamma \\ 0 & 1 & 0 \\ -\sin\gamma & 0 & \cos\gamma \end{pmatrix} \tag{13.18}$$

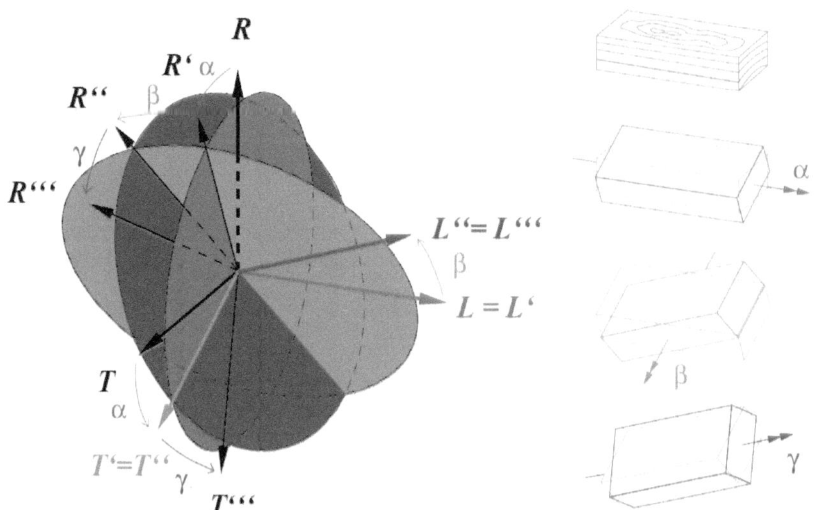

Bild 13.8 Tensortransformation mit Euler-Winkeln nach (Grimsel, 1999) mit den 3 Winkeln α, β und γ

Die einzelnen Elastizitätskomponenten s_{ij} werden nun den entsprechenden Tensorkomponenten S_{ijkl} wie folgt zugeordnet:

$$
\begin{aligned}
&i = j \wedge k = l : S_{ijkl} = s_{ik} \\
&i = j \wedge k \neq l : S_{ijkl} = \frac{1}{2} s_{(i)(9-k-l)} \\
&i \neq j \wedge k \neq l : S_{ijkl} = \frac{1}{4} s_{(9-i-j)(9-k-l)}
\end{aligned}
\tag{13.19}
$$

Die Transformation wird nun nach Gl. (13.17) durchgeführt. Unter einachsiger Zug- bzw. Druckbeanspruchung ergeben sich die Nachgiebigkeiten in Abhängigkeit von den entsprechenden Winkeln α und β in faktorisierter Schreibweise aus:

$$
\begin{aligned}
& \cos^4\beta \cdot s_{22} + 2 \cdot \sin^2\beta \cdot \cos^2\beta \cdot \sin^2\alpha \cdot s_{12} \\
& +2 \cdot \sin^2\beta \cdot \cos^2\beta \cdot \cos^2\alpha \cdot s_{23} + \sin^2\beta \cdot \cos^2\beta \cdot \sin^2\alpha \cdot s_{66} \\
s'_{22}(\alpha,\beta) = & +\sin^2\beta \cdot \cos^2\beta \cdot \cos^2\alpha \cdot s_{44} + \sin^4\beta \cdot \cos^4\alpha \cdot s_{11} \\
& +2 \cdot \sin^4\beta \cdot \cos^2\alpha \cdot \sin^2\alpha \cdot s_{13} + \sin^4\beta \cdot \cos^2\alpha \cdot \sin^2\alpha \cdot s_{55} \\
& +\sin^4\beta \cdot \cos^4\alpha \cdot s_{33}
\end{aligned}
\tag{13.20}
$$

Weitergehende Erläuterungen sowie Ausführungen zu den Verdrillungselastizitäten und den Querdehnungen können (Keylwerth R., 1951) und (Grimsel, 1999) entnommen werden.

Unter Berücksichtigung des Einflusses von Jahrringneigung und Faser-Last-Winkel lassen sich auch Deformationskörper berechnen, die das anisotrope Verhalten des Holzes sehr gut veranschaulichen. Bild 13.9 zeigt dies von Grimsel (Grimsel, 1999) für Fichte und Buche, die Unterschiede beider Holzarten in der Orthotropie sind sehr gut erkennbar, in Bild 13.10 ist der Einfluss der Holzfeuchte zu sehen. Man erkennt, dass Holz bei höherer Materialfeuchte nachgiebiger wird.

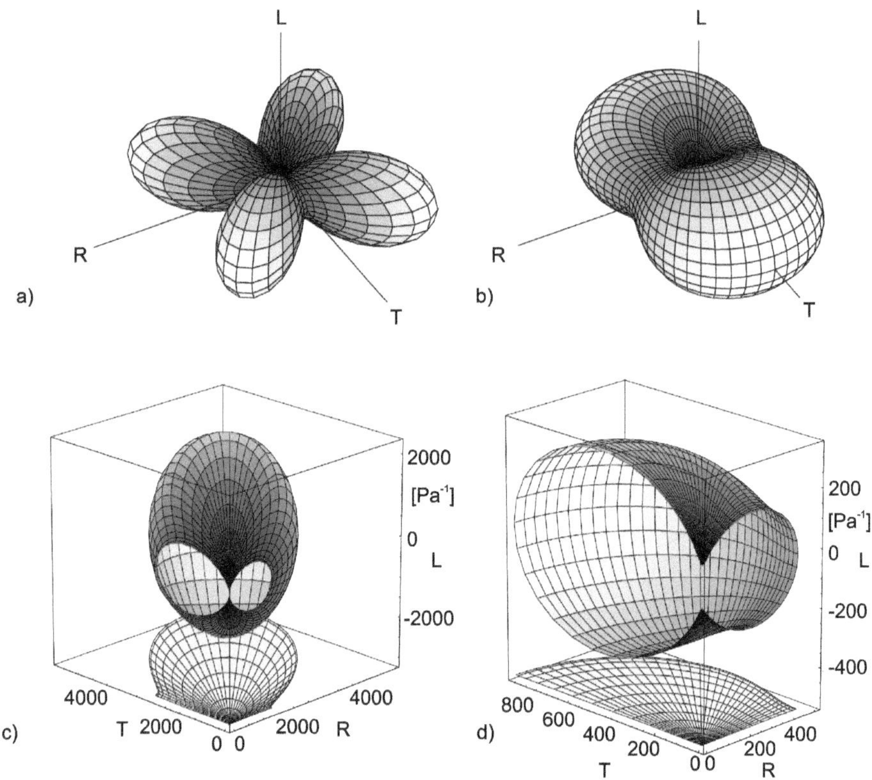

Bild 13.9 Deformationskörper von Fichtenholz (links) und Rotbuchenholz (rechts) bei Zugbelastung nach Grimsel (Grimsel, 1999)

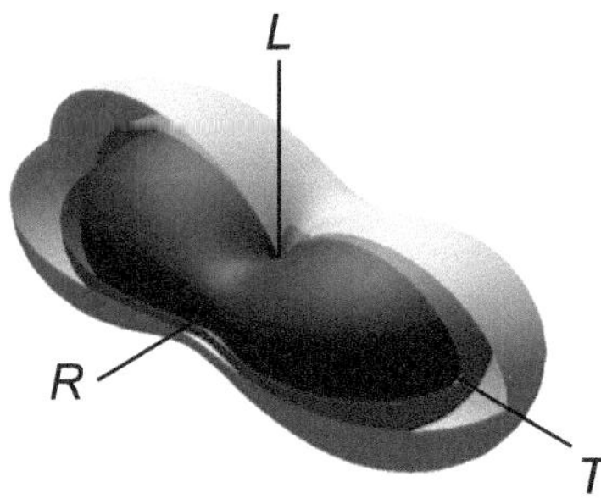

Bild 13.10 Deformationskörper von Rotbuche bei Zugbelastung bei verschiedenen Holzfeuchten (dunkel: 9,6 %, mittel: 12,8 %, hell: 16,5 %), berechnet aus E-Moduln, Schubmoduln und Poissonzahlen (Ozyhar T., 2013)

13.3 Kenngrößen und deren Messung

13.3.1 Elastizitätsmodul (E-Modul)

13.3.1.1 Statische Methoden

Tabelle 13.3 zeigt eine Übersicht der statischen Verfahren zur E-Modul-Bestimmung. Am gebräuchlichsten ist die Biegebelastung.

Tabelle 13.3 Schematische Darstellung von Prüfverfahren zur Ermittlung des Elastizitätsmoduls von Holz und Holzwerkstoffen

Belastungsart	Graphik	Berechnung
Biegung		
▪ Dreipunktbelastung: DIN 52 186; EN 310 (rechteckiger Querschnitt)	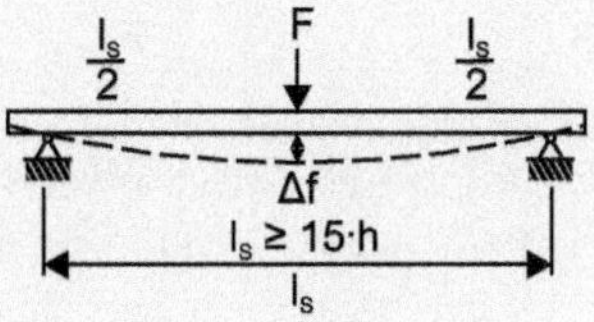	$E=\frac{l_S^3}{4\cdot b\cdot h^3}\cdot\frac{\Delta F}{\Delta f}$
▪ Vierpunktbelastung: DIN 52 186 (rechteckiger Querschnitt)	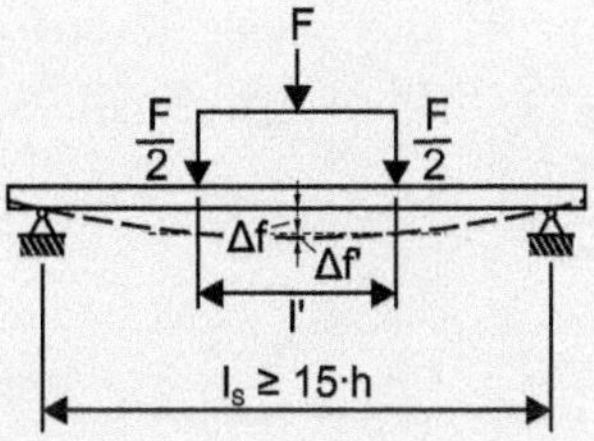	Globaler E-Modul (über ganze Stützweite): $E=\frac{2\cdot l_S^3-3\cdot l_S\cdot l'^2+l'^3}{8\cdot b\cdot h^3}\cdot\frac{\Delta F}{\Delta f}$ Lokaler E-Modul (zwischen den Kraftangriffspunkten): $E=\frac{3\cdot l_S\cdot l'^2-3\cdot l'^3}{8\cdot b\cdot h^3}\cdot\frac{\Delta F}{\Delta f'}$
Zugbelastung:	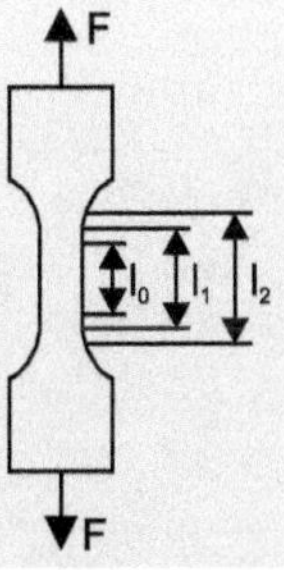	$E=\frac{\Delta\sigma}{\Delta\varepsilon}=\frac{\sigma_2-\sigma_1}{\Delta\varepsilon}$ $\Delta\varepsilon=\frac{\Delta l}{l_0}=\frac{l_2-l_1}{l_0}$
Druckbelastung:	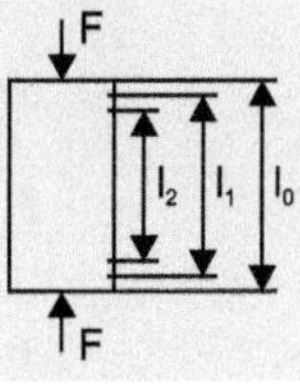	$E=\frac{\Delta\sigma}{\Delta\varepsilon}=\frac{\sigma_2-\sigma_1}{\Delta\varepsilon}$ $\Delta\varepsilon=\frac{\Delta l}{l_0}=\frac{l_1-l_2}{l_0}$

E Elastizitätsmodul [N/mm²]
l_s Stützweite [mm]
l' Abstand der Kraftangriffspunkte bei Vierpunktbelastung [mm]
b Probenbreite [mm]
h Probendicke (Probenhöhe) [mm]
ΔF Kraftdifferenz im elastischen Verformungsbereich [N]
Δf die der Kraftdifferenz ΔF entsprechende Durchbiegung in Probenmitte [mm]
$\Delta f'$ die der Kraftdifferenz ΔF entsprechende Durchbiegung zwischen den Kraftangriffspunkten bei Vierpunktbelastung [mm]
$\Delta\sigma$ Spannungsdifferenz im elastischen Verformungsbereich [N/mm²]
$\Delta\varepsilon$ Dehnungsänderung im Bereich, welcher der Spannungsdifferenz $\Delta\sigma$ entspricht [-]
Δl die der Spannungsdifferenz $\Delta\sigma$ entsprechende Längenänderung [mm]
l_0 Messlänge zu Beginn der Messung [mm]
l_1, l_2 Messlänge bei Spannung σ_1 bzw. σ_2 [mm]

Belastung durch Normalspannungen

Der Elastizitätsmodul wird bei Normalspannungen (Zug, Druck) aus der Gleichung (13.14) (siehe auch Tabelle 13.3) unter Verwendung des Hooke'schen Gesetzes ermittelt. Dabei wird entweder der Anstieg (Bild 13.2) der Geraden im Spannungs-Dehnungs-Diagramm ermittelt oder mittels Wegmesseinrichtung die Dehnung im Bereich unterhalb der Proportionalitätsgrenze bestimmt. Praktisch erfolgt oft eine Messung zwischen Vorlast (5 - 10 % der Bruchlast) und einem Wert im Bereich der Proportionalitätsgrenze (z. B. 30 % der Bruchlast). Dazu wird am Beginn eine Probe bis zum Bruch belastet. Gl. (13.21) zeigt die Berechnungsgrundlage.

$$E = \frac{\Delta\sigma}{\Delta\varepsilon} = \frac{\sigma_2 - \sigma_1}{\varepsilon_2 - \varepsilon_1} \tag{13.21}$$

Biegung

Meist wird der E-Modul durch Biegebelastung (Drei- oder Vierpunktbelastung) ermittelt (Tabelle 13.3). Bei Dreipunktbelastung ist der bestimmte E-Modul vom Verhältnis Stützweite zu Dicke abhängig. Er steigt mit zunehmendem Verhältnis Stützweite zu Dicke bis auf ein Verhältnis von etwa 15 - 20 an.

Bei der 3-Punkt-Biegung treten neben Normalspannungen auch Schubspannungen auf. Die Durchbiegung setzt sich aus den Komponenten der reinen Biegung und der Schubverformung zusammen. Für die Gesamtdurchbiegung f gilt unter Berücksichtigung der Schubverformung nach Timoshenko:

$$f = \frac{F \cdot l_s^3}{48 \cdot E \cdot I} + \frac{3}{10} \cdot \frac{F \cdot l_s}{G \cdot A} \; [\mathrm{mm}] \tag{13.22}$$

F Kraft
l_s Stützweite
E Elastizitätsmodul bei reiner Biegung
G Schubmodul

I Trägheitsmoment

A Probenquerschnitt

Dabei stellt der Ausdruck

$$\frac{3}{10} \cdot \frac{F \cdot l_s}{G \cdot A} \tag{13.23}$$

den Schubanteil an der Gesamtverformung dar. Häufig wird der Schubanteil auch wie folgt berechnet:

$$E^* = E \cdot \eta_s \tag{13.24}$$

E^* reduzierter Elastizitätsmodul

E Elastizitätsmodul bei reiner Biegung

η_s Schubwirkungszahl (<1)

Dabei ist

$$\eta_s = \frac{\frac{G}{E}}{\frac{G}{E} + 1{,}2 \cdot \left(\frac{h}{l_s}\right)^2} \tag{13.25}$$

h Probendicke

l_s Stützweite

Der Anteil der Schubverformung bzw. die Schubwirkungszahl wird also im Verhältnis h/l_s und G/E beeinflusst. Je kleiner G/E ist, umso niedriger ist bei gleichem Verhältnis l_s/h die Schubwirkungszahl, umso größer ist der Schubverlust. Der Schubverlust steigt mit Abnahme des Verhältnisses l_s/h an. Dieser Schubanteil geht bei der Berechnung des E-Moduls bei der Dreipunktbiegung nicht mit ein (gemäß Gleichung in Bild 13.11). Für Holzwerkstoffe wird daher ein Verhältnis Stützweite : Dicke von 20 gefordert (l_s mindestens aber 100 mm; DIN EN 310). Dabei beträgt der Schubverlust noch 10 bis 15 % (stark abhängig vom Holzwerkstoff). Nach diesem Verfahren bestimmte Elastizitätsmoduln sind daher stets kleiner als die bei reiner Biegung ermittelten. Tabelle 13.3 zeigt den Einfluss des Verhältnisses Stützweite : Probendicke auf den Elastizitätsmodul und schematisch die Wirkung von Schubspannungen. Analoges gilt natürlich auch für die Vollholzprüfung. Meist wird hier mit einem Verhältnis Stützweite : Dicke von mindestens 15 gearbeitet (DIN 52186).

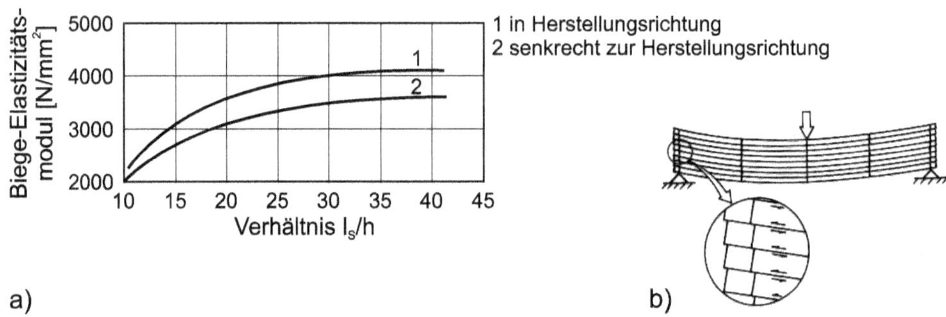

Bild 13.11 Biegebelastung von Holzwerkstoffen. (a) Einfluss des Verhältnisses Stützweite : Dicke auf den Elastizitätsmodul von Faserplatten, (b) schematische Darstellung der Schubverformung an lose übereinanderliegenden Brettlamellen (nach Dosoudil, zitiert in (Kollmann F., 1951))

Bei der 4-Punkt-Biegung wird dagegen ein vom Verhältnis Stützweite : Probendicke unabhängiger Elastizitätsmodul erhalten, wenn die Durchbiegung im querkraftfreien Bereich gemessen wird (siehe Tabelle 13.3). Hier ist kein Schubeinfluss vorhanden. Der gemessene E-Modul bei Dreipunktbiegung ist durch den Schubeinfluss deshalb geringer als der bei reiner Biegung (4-Punkt-Biegung) bestimmte.

13.3.1.2 Dynamischer E-Modul aus Durchschallung, Eigenfrequenzmessung (Modalanalyse)

Die Prüfung kann durch die genannten statischen Verfahren, aber auch durch dynamische Verfahren (z. B. Messung der Schall-Laufzeit, Eigenfrequenzmessung inkl. Messung des logarithmischen Dämpfungsdekrements (Görlacher, 1987)) erfolgen (vgl. Kap. 9). Die an kleinen Proben mit hohen Frequenzen im Bereich von einigen MHz bestimmten orthotropen Kennwerte in L-, R-, T-Richtung sind dabei oft deutlich zu hoch, insbesondere wenn die Querkontraktion vernachlässigt wird (Ozyhar T., 2013). Bei Frequenzen von etwa 30 kHz sind die dynamischen E-Module dagegen nur um 10 – 20 % höher als die im statischen Versuch ermittelten. Die Übereinstimmung zwischen der Eigenfrequenzmessung und dem statischen Test ist dagegen deutlich besser. Am weitesten verbreitet ist die Bestimmung des Elastizitätsmoduls durch Biegebelastung. Diese Messung ist einfach auszuführen.

Die Modalanalyse ist eine sehr gut geeignete Methode zur Identifikation der Materialparameter von Holz und Holzwerkstoffen. Es können E-Module, Schubmodule und Poissonzahlen bestimmt werden (siehe (Grimsel, 1999), (Berner, Gier, Scheffler & Hardtke, 2007)). Die Methode bietet den Vorteil, dass an einer Probe mehrere Kennwerte bestimmt werden können.

13.3.2 Schubmodul

13.3.2.1 Kenngröße

Wird ein Körper, wie in Bild 13.12a dargestellt, durch ein Kräftepaar beansprucht, treten Schubspannungen auf. Dadurch kommt es innerhalb des elastischen Bereiches zu einer Verschiebung von Strukturelementen. Definitionsgemäß gilt:

$$\gamma = \frac{1}{G} \cdot \tau \tag{13.26}$$

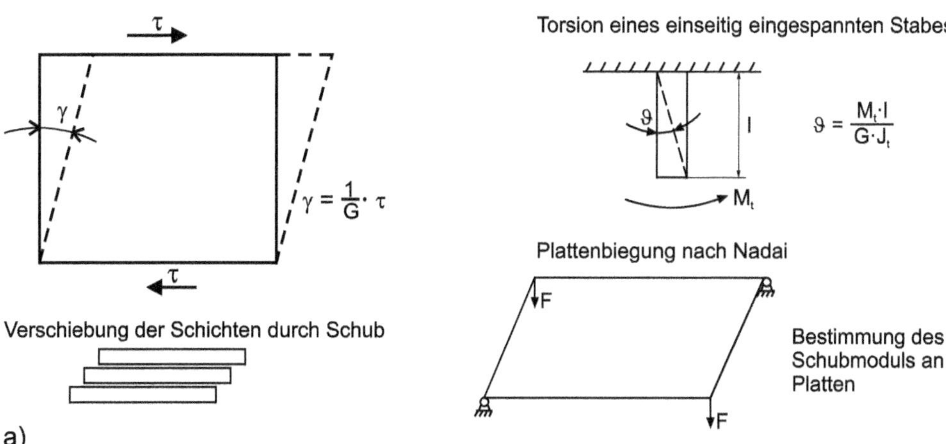

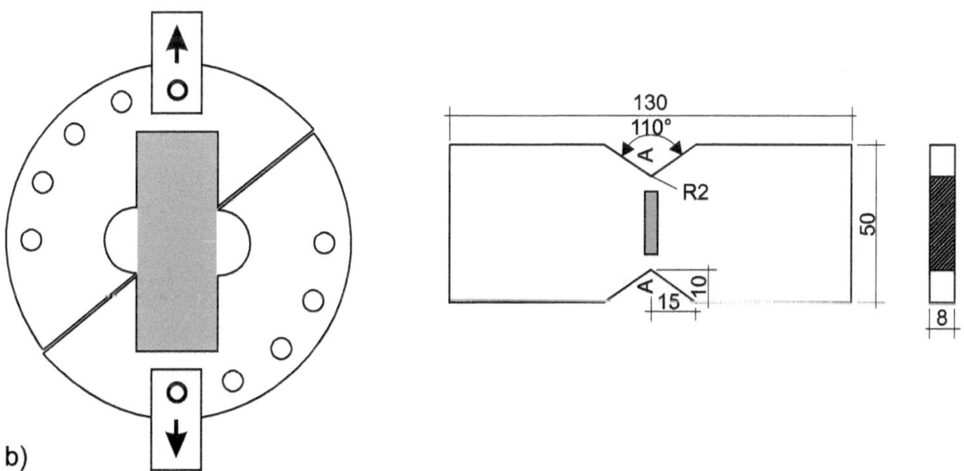

Bild 13.12 Prüfung des Schubmoduls von Holz und Holzwerkstoffen. (a) Ausgewählte Grundprinzipien der Schubmodulmessung; (b) Verzerrungsmessung mittels Arcan-Test (Clauss, Pescatore & Niemz, 2014): links: Versuchsaufbau (auch für bruchmechanische Versuche geeignet, siehe Kap. 14), rechts: Prüfkörper

oder nach Umstellung

$$G = \frac{\tau}{\gamma} \tag{13.27}$$

γ Schubwinkel [Grad]

G Schubmodul [N/mm²]

τ Schubspannung [N/mm²]

Bei Vollholz gibt es 3 Schubmodule G_{LR}, G_{LT} und G_{RT}, bei Holzwerkstoffen wird meist der Schubmodul bei Biegung senkrecht zur Plattenebene G_{zx} und parallel zur Plattenebene G_{yx} angegeben, eine Differenzierung in und senkrecht zur Herstellungsrichtung erfolgt nicht.

Zu analogen Verformungen kommt es bei einer Torsionsbeanspruchung. Die dazu gehörigen Moduln werden als Torsionsmodule bezeichnet. In Analogie zur Dehnungszahl wird in der Literatur häufig die Gleitzahl angegeben:

$$S = \frac{1}{G} \tag{13.28}$$

13.3.2.2 Prüfung

Prinzipiell sind für Holz und Holzwerkstoffe die Prüfverfahren nach den in Bild 13.12 dargestellten Methoden möglich:

- direkte Messung der Schubverformung: Bestimmung des Schubmoduls (z. B. Arcan-Test (Clauss, Pescatore & Niemz, 2014)) (Albers, 1970). Aus Messungen mit dem Arcan-Test (Bild 13.12b) kann der Schubmodul wie folgt berechnet werden:

$$G_{ij} = \frac{\Delta\tau_{ij}}{2\Delta\varepsilon_{ij}} = \frac{\tau_{ij,2} - \tau_{ij,1}}{2(\varepsilon_{ij,2} - \varepsilon_{ij,1})}, \quad i, j \in L, R, T \text{ und } i \neq j \tag{13.29}$$

- Torsionsbelastung von eingespannten Stäben: Bestimmung des Torsionsmoduls (Kollmann F., 1951), (Grimsel, 1999).
- Insbesondere bei plattenförmigen Holzwerkstoffen können die Schubmoduln G_{xz} und G_{yz} bei Biegung senkrecht zur Plattenebene (siehe Kapitel 19) durch Variation der Stützweite und Bestimmung der dazugehörigen Elastizitätsmoduln ermittelt werden: Reduzierung des Elastizitätsmoduls mit Verringerung der Stützweite (Albers, 1970), (Niemz & Sonderegger, 2003).
- Der Schubmodul G_{xy} bei Biegung parallel zur Plattenebene lässt sich auch durch Messung der Deformation einer an zwei diagonal gegenüberliegenden Punkten fest eingespannten Platte (Prüfung nach Nadai) bestimmen (Bild 13.12a).

Ferner besteht die Möglichkeit, den Schubmodul durch dynamische Verfahren zu ermitteln. Dabei können folgende Methoden angewandt werden:

- Messung der Schalllaufzeit mit Transversalwellen (siehe Kap. 9) und Berechnung des Schubmoduls aus Rohdichte und Schallgeschwindigkeit (Keunecke D., 2008) (Ozyhar, Hering, Sanabria & Niemz, 2013).
- Eigenfrequenzmessung/Modalanalyse (Grimsel, 1999) (Gülzow, 2008) (Czaderski, et al., 2007) (Berner, Gier, Scheffler & Hardtke, 2007).

Anlog wie beim E-Modul gibt es aber gewisse Unterschiede zwischen dem im statischen und im dynamischen Versuch bestimmten G-Modul. Wie Tabelle 13.4 zeigt, sind auch hier die im statischen Versuch ermittelten Werte etwas niedriger als die mit Ultraschall bestimmten.

Tabelle 13.4 Vergleich von statisch mittels Arcan-Test und dynamisch ermittelten Schubmodulen (Messung an gleicher Probe) (Bachtiar, Sanabria, Mittig & Niemz, 2017)

Holzart	Methode	Rohdichte [kg/m³]	G_{LR} [N/mm²]	G_{LT} [N/mm²]	G_{RT} [N/mm²]
Nussbaum	Arcan-Test	564	1020	868	194
	Ultraschall	564	979	1167	246
Kirschbaum	Arcan-Test	551	1188	782	218
	Ultraschall	551	1597	1071	286

13.3.3 Poissonzahl

13.3.3.1 Kenngröße

Die Poissonzahl (in der Literatur häufig auch als Querkontraktionszahl, Poissonsche Zahl oder Poissonsche Konstante bezeichnet) ist ein Materialkennwert für die Beschreibung der Querkontraktion bei der Dehnung eines Körpers. Wird ein Körper auf Druck oder Zug beansprucht, kommt es zu einer Formänderung in und senkrecht zur Belastungsrichtung (Bild 13.13). Bei Zugbelastung wird die Probe länger und schmaler, bei Druckbelastung kürzer und breiter.

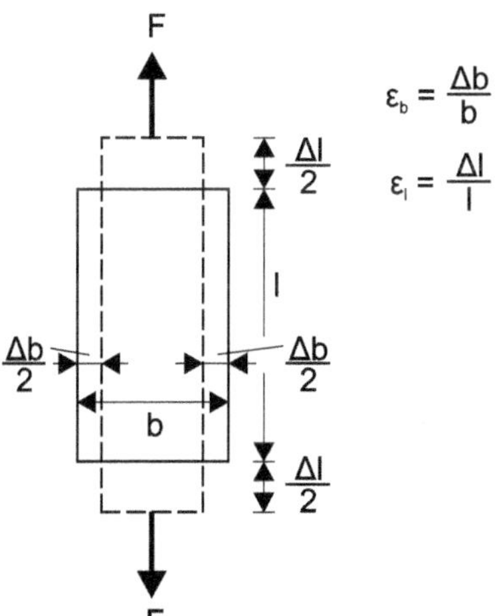

$$\varepsilon_b = \frac{\Delta b}{b}$$

$$\varepsilon_l = \frac{\Delta l}{l}$$

Bild 13.13 Dehnung und Querkontraktion eines auf Zug beanspruchten Körpers

Berechnungen von Grimsel (Grimsel, 1999) an Holz zeigten, dass aber unter bestimmten Bedingungen eine Probe durchaus unter einachsiger Zugbelastung auch länger und breiter werden kann. Dieser Effekt wurde auch mehrfach bei eigenen Messungen - wenn auch selten - bemerkt.

Dabei gilt:

$$\frac{\Delta b}{b} = -\mu \cdot \frac{\Delta l}{l}\,, \qquad \mu = -\frac{\varepsilon_{\text{quer}}}{\varepsilon_{\text{längs}}} \tag{13.30}$$

b Probenbreite

Δb Breitenänderung

l Probenlänge

Δl Längenänderung

μ Poissonsche Zahl

$\varepsilon_{\text{quer}}$ Kontraktion (Querdehnung)

$\varepsilon_{\text{längs}}$ Dehnung (Längsdehnung)

Wie in Kap. 13.2.1 beschrieben, gibt es sechs Poissonsche Zahlen (Gl. (13.13)). Je nach spaltenorientierter oder zeilenorientierter Schreibweise müssen drei davon über Messungen bestimmt werden, aus der Symmetrie der Werkstoffmatrix ergeben sich die restlichen drei. Praktisch ist bei Messungen die Symmetrie meist nicht exakt gegeben. Die Ursache dafür ist u. a. in der Asymmetrie im Jahrringverlauf zu suchen. Der erste Index der Poisonzahlen gibt die Richtung der Kraft, der zweite die Richtung der Querkontraktion/Querdehnung an. In der Fachliteratur wird hierfür auch oft die umgekehrte Version verwendet.

Bei Berechnungen wird meist der Mittelwert der 3 symmetrischen Zahlen genutzt, um die dafür notwendigen Symmetriebedingungen einzuhalten.

Die Poissonzahlen werden oft über die Dehnungszahlen berechnet (Keylwerth R., 1951). Die Nebendiagonalelemente S_{ij} ($i \neq j$) (vgl. Gl. (13.7), Gl. (13.12)) ergeben sich aus den Beziehungen:

$$\begin{aligned} &S_{12} = -\mu_{LR} \cdot S_{22}\,;\; S_{13} = -\mu_{\text{LT}} \cdot S_{33}\,;\; S_{23} = -\mu_{\text{RT}} \cdot S_{33} \\ &S_{21} = -\mu_{\text{RL}} \cdot S_{11}\,;\; S_{31} = -\mu_{\text{TL}} \cdot S_{11}\,;\; S_{32} = -\mu_{\text{TR}} \cdot S_{22} \end{aligned} \tag{13.31}$$

Analog den Kompressibilitätsbedingungen für isotrope Materialien kann man eine Poissonsche Zahl μ_{K} eines anisotropen Körpers definieren. Es gilt:

$$\mu_K = \frac{S_{12} + S_{13} + S_{23}}{S_{11} + S_{22} + S_{33}} < 0{,}5 \tag{13.32}$$

Die Beziehung

$$G = \frac{E}{2(1+\mu)} \quad (13.33)$$

gilt nur für isotrope Materialien (z. B. Klebstofffilme).

Nach Ugolev (Ugolev, 1986) können allerdings bei Messung des E-Moduls und der Poissonzahl unter 45 Grad die 3 Schubmodule $G_{LR} : G_{LT} : G_{RT}$ abgeschätzt werden. Dabei werden die Formeln von Hankinson und eine Beziehung von Kon genutzt. Die Genauigkeit ist ausreichend.

$$G = \frac{E_{45}}{2(1+\mu_{45})} \quad (13.34)$$

13.3.3.2 Prüfung

Die Poissonsche Zahl wird z. B. durch Messung der Dehnung in zwei senkrecht zueinander stehenden Ebenen ermittelt, z. B. mittels Dehnmessstreifen, Setzdehnungsaufnehmern oder optischen Verfahren wie der Digital-Image-Korrelation (Keunecke D., 2008) oder sie werden aus der Schwingungsmessung bestimmt (Grimsel, 1999). Insbesondere bei der Kontraktion in Faserrichtung treten sehr kleine Dehnungen auf, die oft schwer messbar sind. Die in der Literatur auch angegebene Messung der Poissonzahlen mit Ultraschall (Bucur, 2006), (Bucur & Archer, 1984) hat sich nach eigenen Messungen nicht bewährt. Mechanische Tests bieten zuverlässigere Kennwerte. Für FE-Berechnungen ist die Symmetrie (Angabe von 3 Poissonzahlen) zwingend erforderlich. In vielen holztechnologischen Büchern werden alle 6 Poissonzahlen angegeben, genutzt werden nur die 3 Poissonzahlen der Symmetrieachse.

13.3.4 Knickung

Unter Knicken versteht man den Verlust der Stabilität bis hin zum schlagartigen und gewaltsamen Versagen von geraden bzw. leicht gekrümmten Stäben oder Balken unter der Wirkung von Druckkräften, deren Wirkungslinie in der Stabachse liegt, und/oder von Biegemomenten (Wikipedia). Knickgefährdet sind Säulen und Stützen. Hier ist auch das Eigengewicht von Bedeutung.

13.3.4.1 Elastische Knickfälle nach Euler

Bild 13.14 zeigt die vier Belastungsfälle nach Euler. Übersteigt die Last den Grenzwert nach Euler, knickt die Probe seitlich aus. Bei Überschreiten der kritischen Knicklast F_k geht das System von der stabilen zur instabilen Lage über, die Probe weicht seitlich aus. Bild 13.14 zeigt für verschiedene Einspannarten die Knicklänge s als Funktion der Stablänge L und die kritische Knicklast, Bild 13.15 die Knicklast als Funktion der Schlankheit l/h. Knicken ist im Holzbau zu berücksichtigen. Für den Fall des an beiden Enden freigelagerten Stabes (Fall 2, Bild 13.14) und bei einem großen Schlankheitsgrad (bei Holz

$\lambda > 100$) gilt die von Euler (1744) entwickelte Knicktheorie. Für gedrungene Stäbe führte Tetmajer umfangreiche Versuche an Holz durch (Tetmajer, 1884) (Bild 13.15). Knicken ist zeit- und feuchteabhängig.

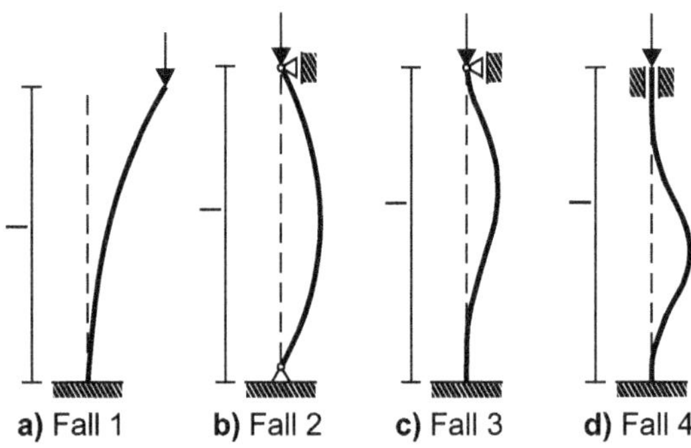

Knicklängen-beiwert	$\beta = 2$	$\beta = 1$	$\beta = \frac{1}{2}\cdot\sqrt{2} \approx 0{,}7$	$\beta = 0{,}5$
Knicklänge s $s = \beta\cdot L$	$s = 2\cdot L$	$s = L$	$s \approx 0{,}7\cdot L$	$s = 0{,}5\cdot L$
kritische Knicklast	$F_{krit} = \pi^2/4L^2\cdot EI$	$F_{krit} = \pi^2/L^2\cdot EI$	$F_{krit} = 2\pi^2/L^2\cdot EI$	$F_{krit} = 4\pi^2/L^2\cdot EI$

Bild 13.14 Die 4 Fälle der Knickung nach Euler: (a) einseitig eingespannt; (b) gelenkig/gelenkig; (c) eingespannt/gelenkig; (d) eingespannt/eingespannt. L = Stablänge, s = Knicklänge, π = Kreiszahl 3,14

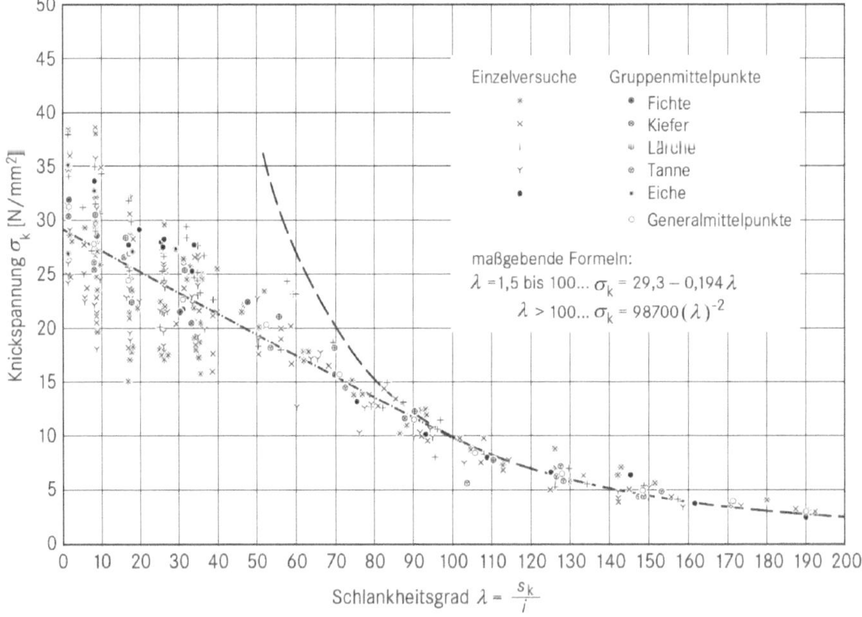

Bild 13.15 Ergebnisse von Knickversuchen nach Tetmajer (Tetmajer, 1884). Die Euler-Gleichung gibt die experimentell ermittelten Werte oberhalb des kritischen Punktes K gut wieder

13.3.4.2 Nichtelastisches Knicken nach Tetmajer

Bei gedrungenen Stäben schließt sich unterhalb eines Grenzschlankheitsgrades ein Bereich des Knickens an, der nicht mehr allgemein durch die Elastizität des Materials gekennzeichnet ist. Die Grenzschlankheit lässt sich nach Gl. 13.35 berechnen.

$$\lambda_g = \pi \cdot \sqrt{\frac{E}{\sigma_p}} \tag{13.35}$$

Dabei ist σ_P die Proportionalitätsgrenze des Werkstoffes im Druckversuch. Unterhalb dieses Grenzschlankheitsgrades sind die Gleichungen nach Tetmajer gültig. Diese sind Zahlenwertgleichungen, die den Schlankheitsgrad als unabhängige Variable in der Funktion haben. Sie haben folgenden Aufbau:

$$\sigma_k = a + b \cdot \lambda + c \cdot \lambda^2 \quad [\text{N/mm}^2] \tag{13.36}$$

Für Nadelholz ist a = 29,3; b = -0,194 und c = 0.

Weitere experimentelle Arbeiten auch zu verschiedenen Holzarten und ausgewählten Holzwerkstoffen sind u.a. in Kollmann (Kollmann F., 1951), im Wood Handbook (Ross, 2010), und (Pozgaj, Chonavec, Kurjatko & Babiak, 1997) aufgeführt. Zahlreiche Informationen zum Knicken gibt es auch in Büchern über den Holzbau (z.B. (Neuhaus H., 2011) (Werner & Zimmer, 2009)) und der Dissertation von (Becker, 2002).

13.4 Materialkennwerte und Einflussfaktoren

13.4.1 Übersicht

Da elastische und Festigkeitseigenschaften miteinander korrelieren, erfolgt hier nur eine Zusammenstellung wesentlicher Faktoren. Eine komplexere Beschreibung erfolgt in Kapitel 14. Die Güte der Korrelation zwischen E-Modul und Festigkeit reicht allein nicht aus, um z.B. Bretter über den E-Modul allein zu sortieren. Hier sind zusätzlich andere Faktoren wie z.B. Astanteil und Faserverlauf erforderlich. Bild 13.16 zeigt die Korrelation zwischen E-Modul und Biegefestigkeit, gemessen an kleinen fehlerfreien Prüfkörpern innerhalb einer Holzart und unter Verwendung von 103 Holzarten (Korrelation zwischen den Holzarten).

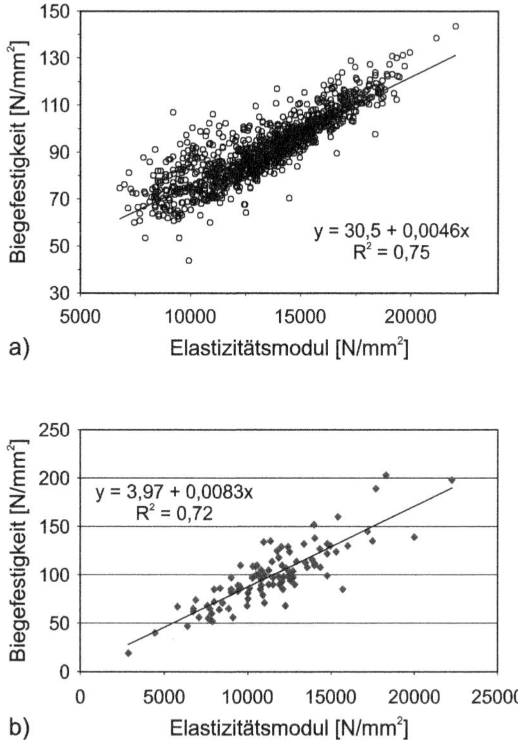

Bild 13.16 Korrelation zwischen Biege-E-Modul und Biegefestigkeit: (a) für Fichtenholz (Sonderegger, Mandallaz & Niemz, 2008); (b) unter Verwendung der Mittelwerte von 103 verschiedenen Holzarten nach Sell in (Niemz & Sonderegger, 2003)

Wesentliche Einflussfaktoren auf die elastischen Eigenschaften sind:

- bei Vollholz: Holzart, Rohdichte, Faser-Last-Winkel, Mikrofibrillenwinkel, Feuchtegehalt, Temperatur,
- bei Spanplatten: Spanlänge, Rohdichte, Spanorientierung, Festharzanteil, Feuchtegehalt,
- bei Faserplatten: Fasergeometrie, Rohdichte, Festharzanteil, Feuchtegehalt,
- bei Sperrholz und Brettsperrholz: der Aufbaufaktor, die Qualität des in den Lagen eingesetzten Holzes, Schmalflächenverklebung der Lagen, Nuten der Mittellage zwecks Spannungsabbau, Verklebung der Schmalflächen/Schäftung der Lagen.

Aber auch ein gewisser Einfluss der Belastungsart ist durchaus nachweisbar (Tabelle 13.5), dieser bleibt jedoch praktisch meistens unberücksichtigt. Tabelle 13.6 zeigt eine Übersicht zur Wirkung wichtiger Einflussfaktoren wie Feuchte und Temperatur. Dabei ist zu berücksichtigen, dass z. B. der Feuchteeinfluss auch von der Belastungsart abhängig ist, Tabelle 13.7 zeigt dies am Beispiel der Rotbuche.

Tabelle 13.5 Einfluss der Belastungsart auf den E-Modul in N/mm^2 bei Rotbuche (12% Holzfeuchte) (Ozyhar T., 2013)

Belastungsart	Schnittrichtung		
	Längs (Faserrichtung)	Radial	Tangential
Zug	10560	1510	730
Druck	11060	1650	750
Biegung	11000	-	-

Tabelle 13.6 Ausgewählte Einflussfaktoren auf den Elastizitätsmodul von Holz (Langendorf, Schuster & Wagenführ, 1990)

Feuchtegehalt	E-Modul [%]	Faser-Last-Winkel	E-Modul [%]	Temperatur	E-Modul [%]
0%	100	0°	100	10 °C	90
5%	95	2°	97...98	20 °C	100
10%	85	6°	85...90	50 °C	85
20%	75	10°	60...80	100 °C	60
≥ 30%	70 (= konst.)				

Tabelle 13.7 Relative Änderung des E-Moduls von Rotbuche innerhalb des hygroskopischen Bereiches als Funktion der Belastungsart (Ozyhar T., 2013)

Richtung	rel. Änderung des E-Moduls pro 1% Holzfeuchteänderung		
	längs	radial	tangential
Zug	3,1	2,6	2,5
Druck	2,1	5,5	5,2
Biegung	1,1	-	-

Der Einfluss der Belastungsgeschwindigkeit wird durch Vorgabe in den Normen geregelt (siehe Kap. 14), sodass eine Vergleichbarkeit gewährleistet ist. Insbesondere bei sehr kleinen Proben ist auch der Geometrieeinfluss wichtig, bei Normproben ist daher eine Mindestanzahl von Jahrringen vorgeschrieben. Weitere Hinweise sind auch in Kapitel 14 beschrieben. Die entsprechenden Prüfnormen und weiterführende Materialkennwerte sind in Kapitel 19 zusammengestellt.

13.4.2 E-Modul und Schubmodul

Die Tabellen 13.8 bis 13.11 zeigen Kennwerte für den E-Modul und den Schubmodul. Am größten ist der E-Modul bei Vollholz in Faserrichtung, am geringsten tangential, radial etwa doppelt so groß wie tangential (bedingt durch die Wirkung der Holzstrahlen und die Zellstruktur, siehe Tabelle 13.1).

Einflussfaktoren

Von dominierendem Einfluss auf den E-Modul bei Holz sind die Rohdichte (Bild 13.17 und Bild 13.18), der Faser-Last-Winkel, aber auch ein Einfluss der Jahrringneigung (Winkel zwischen radial und tangential) ist vorhanden (Bild 13.6). Hier liegt etwa bei 45° zwischen radial und tangential ein Minimum. Radial ist er höher als tangential. Bei Vollholz steigt der E-Modul allgemein zwischen den Holzarten, aber auch innerhalb einer Holzart mit der Dichte des Holzes linear an. Dabei sind auch andere Einflussfaktoren wie der Mikrofibrillenwinkel von Bedeutung. So ist trotz einer um 40 - 50 % höheren Rohdichte der E-Modul der Eibe nur etwa so groß wie derjenige der Fichte (Keunecke D., 2008). Auch bei schnellwüchsigem Plantagenholz wirkt sich der größere Mikrofibrillenwinkel deutlich aus (Butterfield, 1997). Der Schubmodul von Holz steigt mit zunehmender Rohdichte, aber auch die Dichtedifferenzierung zwischen Früh- und Spätholz wirkt sich deutlich aus. So hat Fichte im Vergleich zur Eibe einen wesentlich geringeren Schubmodul in der RT-Ebene. In LT- und LR-Ebene ist der Schubmodul deutlich höher als in RT-Ebene. Mit steigendem Feuchtegehalt sinkt der Schubmodul. Innerhalb der Jahrringe steigt der E-Modul von Früh- zu Spätholz stark an (Lanvermann, 2014).

Bei Spanplatten kann durch die Erhöhung von Spanlänge und Rohdichte (Bild 13.18), durch eine Spanorientierung sowie durch Optimierung des Dichteprofils der Elastizitätsmodul deutlich verbessert werden. Bei Faserplatten ist er wegen des größeren Schlankheitsgrades der Partikel höher als bei Spanplatten. Insbesondere die Schubmoduln bei Biegung senkrecht zur Plattenebene (G_{zx}) und in Plattenebene (G_{xy}) unterscheiden sich gravierend voneinander (Zuordnung siehe Bild 13.3).

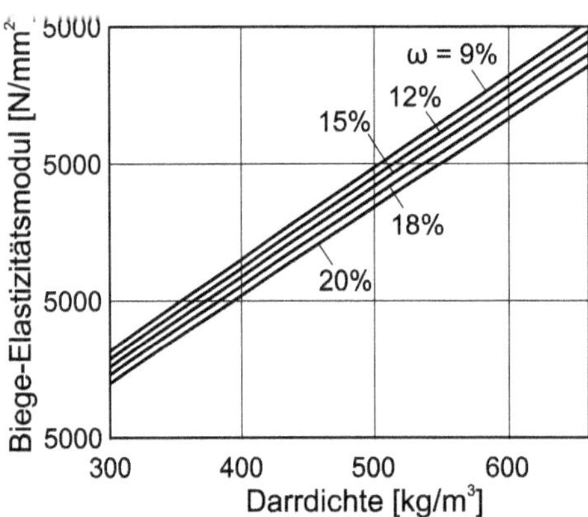

Bild 13.17 Einfluss der Darrdichte auf den Elastizitätsmodul (Biegung) von Kiefernholz (*Pinus sylvestris* L.) (ω - Feuchtegehalt) nach Thunell zitiert in (Vorreiter, 1949 - 1963)

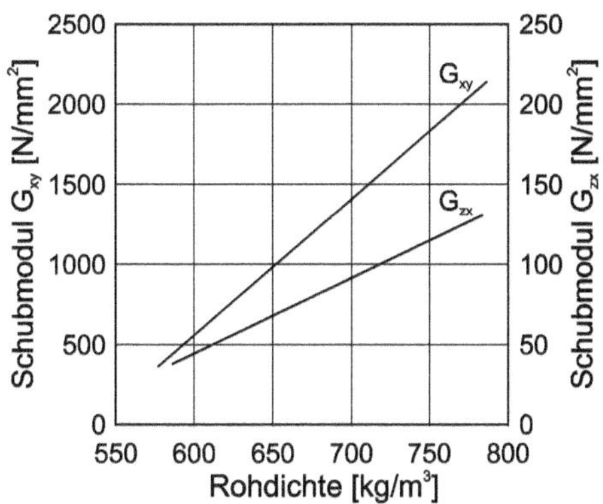

Bild 13.18 Einfluss der Rohdichte auf den Schubmodul von Spanplatten (eigene Messungen Niemz)

Eine Erhöhung des Feuchtegehalts und der Temperatur bewirken einen Abfall des Elastizitätsmoduls und des Schubmoduls bis zum Fasersättigungsbereich, wobei der Feuchtegehalt dominiert (Bilder 13.19 bis 13.21). Diese Abhängigkeit gilt auch für Holzwerkstoffe. Der Einfluss der Holzfeuchte ist bei Vollholz im gewissen Masse abhängig von der Belastungsart (Tabelle 13.7, Bild 13.21).

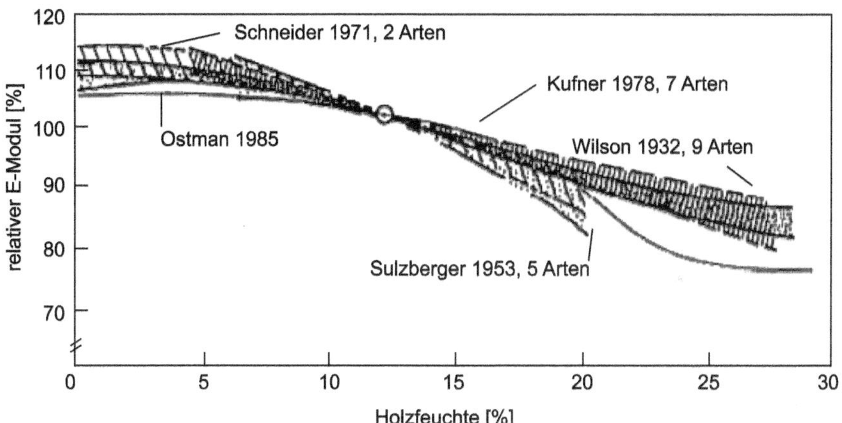

Bild 13.19 Einfluss der Holzfeuchte auf den E-Modul von Holz (normiert auf 12 %) (Ross, 2010)

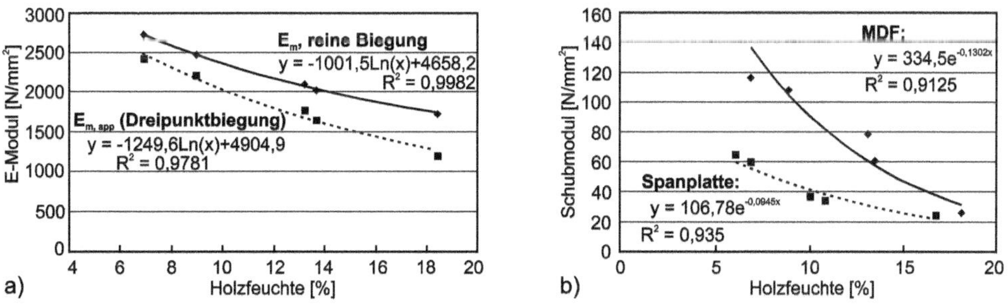

Bild 13.20 Einfluss der Feuchte auf den E-Modul und den Schubmodul (Biegung senkrecht zur Plattenebene) von Holzpartikelwerkstoffen (ETH Zürich)

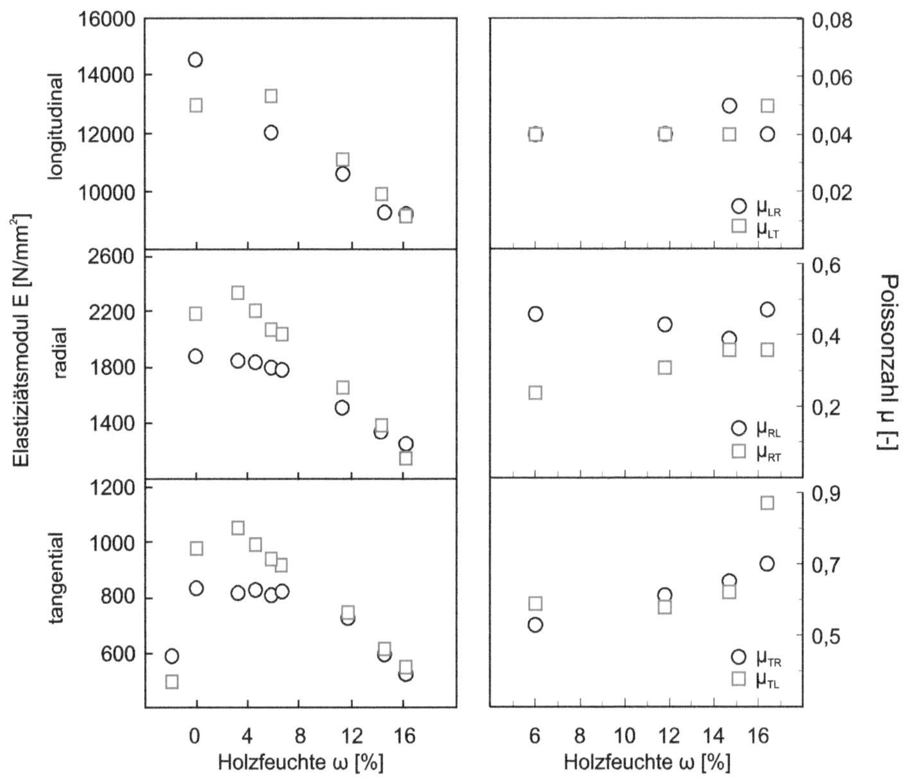

Bild 13.21 Einfluss der Holzfeuchte und der Belastungsart (Zug: Quadrate, Druck: Kreise) auf den E-Modul (a) sowie Feuchteabhängigkeit der Poissonzahl bei Zugbelastung (b) in den 3 Hauptachsen bei Rotbuche nach Ozyhar (Ozyhar T., 2013)

Bild 13.22 zeigt den Einfluss der Temperatur. Mit zunehmender Temperatur sinkt der E-Modul. Temperaturschwankungen wirken sich überwiegend im Bereich sehr tiefer und hoher Temperaturen aus (siehe Kap. 7). Übliche Temperaturschwankungen unter Gebrauchsbedingungen überlagern sich zudem mit Feuchteschwankungen.

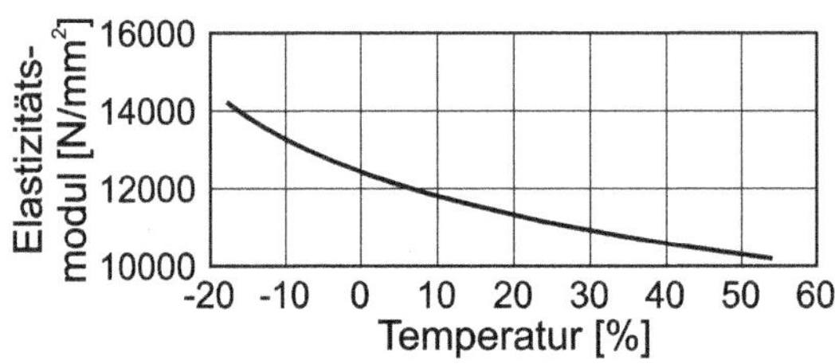

Bild 13.22 Einfluss der Temperatur auf den Elastizitätsmodul von Kiefernholz (nach Thunell, zitiert in (Vorreiter, 1949 - 1963))

Tabelle 13.8 Ausgewählte Kennwerte elastischer Eigenschaften für Fichte nach verschiedenen Autoren. 1. Index: Richtung der Kraft. 2. Index: Richtung der Dehnung

Autor	Feuchte	E_L E_R E_T	E_L/E_R E_L/E_T E_R/E_T	G_{LT} G_{LR} G_{RT}	G_{LR}/G_{LT} G_{LR}/G_{RT} G_{LT}/G_{RT}	μ_{RL} μ_{TL} μ_{TR}	μ_{LR} μ_{LT} μ_{RT}
	[%]	[N/mm²]	[-]	[N/mm²]	[-]	[-]	[-]
DIN 68364 (1979)	12	10000 800 450	12,5 22,2 1,8	650 600	0,9	 0,27	0,33
Neuhaus (1981)	13	11905 790 404	15,1 29,5 2,0	723 601 41	0,8 14,8 17,8	0,055 0,035 0,323	0,436 0,613 0,629
Krabbe[1]	12,2	11364 1109 430	10,3 26,4 2,6	686 742 36	1,1 20,4 18,9		
Hörig[1]	9,8	16234 699 400	23,2 40,6 1,7	775 629 37	0,8 17 21	0,019 0,013 0,24	0,43 0,53 0,42
Wommels- dorff[1]	13,7	11287 980 429	11,5 26,3 2,3			0,049 0,028 0,26	0,447 0,561 0,586
Bodig & Jayne (1982)	12	10940 830 493	13,2 22,2 1,7	663 699 66	1,1 10,6 10		
Hearmon[2]	12	13760 910 490	15,1 28,1 1,9	735 510 33	0,7 15,7 22,6	0,03	 0,537 0,56

[1] zitiert in (Neuhaus F., 1981)
[2] zitiert in (Kollmann & Côté Jr., 1968)

Tabelle 13.9 Elastizitäts- und Schubmoduln von Holz in den Hauptbelastungsebenen[1] nach DIN 68364:1979-11 und ergänzende Werte

Holzart	Rohdichte [kg/m³]	Elastizitätsmodul [N/mm²]			Schubmodul [N/mm²]		
		E_L	E_T	E_R	G_{LR}	G_{LT}	G_{RT}
Nadelhölzer							
Douglasie	540	12000	700	900	800	900	80
Fichte	470	10000	450	800	600	650	40
Kiefer	520	11000	500	1000	-	680	70
Laubhölzer							
Afrormosia	780	12900	1470	2250	1280	980	520
Afzelia/Doussie	790	13500	1450	1840	1330	980	420
Ahorn	610	9400	890	1550	1240	1120	-
Amerik. Mahagoni	540	9500	570	990	770	590	-

Tabelle 13.9 Elastizitäts- und Schubmoduln von Holz in den Hauptbelastungsebenen[1] nach DIN 68364:1979-11 und ergänzende Werte *(Fortsetzung)*

Holzart	Rohdichte [kg/m³]	Elastizitätsmoduln [N/mm²]			Schubmoduln [N/mm²]		
		E_L	E_T	E_R	G_{LR}	G_{LT}	G_{RT}
Azobe/Bongossi	1060	17000	2060	3230	-	-	-
Balau/Bangkirai	940	20000	1500	2740	-	-	-
Birke	650	14000	630	1130	1200	930	-
Buche	690	14000	1160	2280	1640	1080	470
Eiche	670	13000	920	1580	1150	800	400
Esche	690	13000	820	1500	880	620	-
Iroko/Kambala	630	13000	900	1450	1080	980	360
Keruing/Yang	760	16000	930	1850	-	-	-
Khaya-Mahagoni	500	9500	420	1040	830	560	-
Makoré/Douka	660	11000	820	1390	1160	830	330
Sipo-Mahagoni	590	11000	950	1300	1140	940	300

[1] Indizes: L = Längs zur Faserrichtung; R = Radial; T = Tangential

Mittlere Berechnungswerte der Elastizitäts- und Schubmoduln von Holz und Holzwerkstoffen für den Bausektor sind in den Tabellen 13.10 und 13.11 aufgelistet. Für Verdrehungsberechnungen, die näherungsweise nach der Elastizitätstheorie für isotrope Werkstoffe erfolgen dürfen, sind die G_T-Werte für Vollholz mit 2/3 anzunehmen, während für Brettschichtholz mit $G_T = G$ gerechnet werden darf.

Tabelle 13.10 Mittlere Steifigkeitswerte für Vollholz (Bauholz) und Brettschichtholz in N/mm²

Klasse	Nadelholz nach E DIN EN 338			Laubholz nach E DIN EN 338			Homogenes Brettschichtholz nach DIN EN 14080	
	C18	C24	C30	D30	D40	D50	GL 24h	GL 30h
Biege-Elastizitätsmodul ∥	9000	11000	12000	11000	13000	14000	11500	13600
Biege-Elastizitätsmodul ⊥	300	370	400	740	870	940	300	300
Schubmodul	560	690	750	690	810	880	650	650
Rollschubmodul	-	-	-	-	-	-	65	65

∥ = in Faserrichtung; ⊥ = rechtwinklig zur Faserrichtung

Tabelle 13.11 Mittlere Steifigkeitswerte für Holzwerkstoffe nach DIN EN 12369 in N/mm²

Holzwerkstoff	Rohdichte	Biegung	Zug, Druck	Schub
	[kg/m³]	E_m (E_p)	E_t, E_c	G_v (G_r)
Massivholzplatten ∥	410	7100...10 000 (1800...4700)	2400...4700[1]	470 (41)
Massivholzplatten ⊥	410	550...1500 (3500...4700)	2900[1]	470 (41)
Sperrholz ∥, ⊥	350...750	500...14 000	250...11 200	220...550 (7,3...110)
OSB/2 ∥, OSB/3 ∥	550	4930	3800	1080 (50)
OSB/2 ⊥, OSB/3 ⊥	550	1980	3000	1080 (50)
OSB/4 ∥	550	6780	4300	1090 (60)
OSB/4 ⊥	550	2680	3200	1090 (60)
Spanplatten, Typ P4	500...650	1800...3200	1100...1800	550...860
Spanplatten, Typ P5	500...650	2100...3500	1300...2000	660...960
Spanplatten, Typ P6	500...650	2800...4400	1700...2500	880...1200
Spanplatten, Typ P7	500...650	3200...4600	2000...2600	1000...1250
Faserplatten, HB.HLA2	800...900	4600...5000	4600...5000	1900...2100
Faserplatten, MBH.LA2	600...650	2900...3100	2900...3100	1200...1300
MDF.LA	500...650	2700...3700	1600...2900	600...800
MDF.HLS	500...650	2800...3700	2400...3100	800...1000

∥ = in Richtung der Hauptachse bzw. Faserrichtung der Deckschicht; ⊥ = in Richtung der Nebenachse bzw. senkrecht zur Faserrichtung der Deckschicht; E_m = E-Modul bei Biegung quer zur Plattenebene; E_p = E-Modul bei Biegung in Plattenebene; E_t, E_c = E-Moduln bei Zug und Druck; G_v = Schubmodul quer zur Plattenebene; G_r = Schubmodul in Plattenebene

[1] Werte für Zug-E-Modul

13.4.3 Poissonzahlen

Wichtige Einflussfaktoren sind die Holzfeuchte (Neuhaus F., 1981), die Zeit (Ozyhar T., 2013), aber auch strukturelle Parameter. Bezüglich der Holzfeuchte wurden von Ozyhar bei Zug- und Druckbelastung nicht immer einheitliche Tendenzen für die Poissonzahlen ermittelt (Bild 13.21). Analoge Tendenzen ermittelte Carrington (Carrington, 1922) für Fichte. Die Tabellen 13.8 und 13.12 zeigen Possionzahlen für verschiedene Holzarten und Holzwerkstoffe. Sie sind auch zeitabhängig (Kap. 13.5).

Tabelle 13.12 Poissonsche Zahlen für Holz und Holzwerkstoffe

Material	Prüfart	μ_{12}	μ_{13}	μ_{21}	μ_{23}	μ_{31}	μ_{32}	Quelle[1]
Fichte	-	0,46	0,45	0,041	0,50	0,014	0,20	[1]
Buche	Druck	0,27	0,24	0,07	0,64	0,09	0,27	[2]
	Zug	0,43	0,58	0,04	0,61	0,04	0,31	[3]

Tabelle 13.12 Poissonsche Zahlen für Holz und Holzwerkstoffe *(Fortsetzung)*

Material	Prüfart	μ_{12}	μ_{13}	μ_{21}	μ_{23}	μ_{31}	μ_{32}	Quelle[1]
Bergahorn	Druck	0,34	0,47	0,16	0,59	0,049	0,40	[4]
	Zug	0,49	-	0,059	0,65	0,043	0,38	[4]
Esche	Druck	0,30	0,21	0,04	0,58	0,05	0,36	[5]
	Zug	0,41	0,27	0,05	0,66	0,07	0,37	[5]
Spanplatte	Druck	0,26	0,21	0,26	0,35	-	-	[6]
	Zug	0,23	0,33	0,29	0,29	-	-	[6]
	-	0,23	0,27	0,25	0,24	0,02	0,02	[7]
OSB	Druck	0,24	0,25	0,33	0,24	-	-	[6]
MDF	Druck	0,24	0,25	0,28	0,19	-	-	[6]
	Zug	0,17	0,22	0,16	0,26	-	-	[6]
Sperrholz	Druck	0,04	0,30	0,10	0,44	0,08	0,05	[7]

μ_{ij}: Poissonsche Zahl mit j = Querdehnungsrichtung und i = Lastrichtung; Indizes: Holz: 1 = Längs zur Faser, 2 = Radial, 3 = Tangential; Holzwerkstoffe: 1 = in Herstellungsrichtung bzw. parallel zur Faser der Deckschicht, 2 = senkrecht zur Herstellungsrichtung bzw. zur Faser der Deckschicht, 3 = senkrecht zur Plattenebene

[1] Quellen: 1 - (Keunecke, Hering & Niemz, 2008); 2 - (Hering, Keunecke & Niemz, 2012); 3 - (Ozyhar, Hering & Niemz, 2012); 4 - (Sonderegger, et al., 2013); 5 - (Clauss, Pescatore & Niemz, 2014); 6 - (Schreiber, Niemz & Mannes, 2007); 7 - (Albers, 1970)

13.5 Rheologische Eigenschaften

13.5.1 Übersicht

Die Rheologie ist die Lehre, die sich mit dem Verformungs- und Fließverhalten von Werkstoffen befasst. Ihre Aufgabe ist es, die Bewegung der Teilchen, die ein Material bilden, mit den sie verursachenden Kräften und den dazu benötigten Zeiten zu erfassen und unter Berücksichtigung der das Material von außen beeinflussenden Größen (Feuchte, Temperatur) in definierte Komponenten zu trennen. Erste Untersuchungen zum rheologischen Verhalten von Holz und Holzwerkstoffen wurden bereits 1935 von Roth (Roth, 1935) durchgeführt. Bild 13.23 zeigt eine Systematik der rheologischen Eigenschaften. Alle elastischen Kennwerte (E-Modul, Schubmodul, Poissonzahl), aber auch die Festigkeit sind strenggenommen zeitabhängig. Dies zeigt sich auch schon im Einfluss der Belastungsgeschwindigkeit auf das Messergebnis.

Holz und Holzwerkstoffe sind viskoelastische Materialien. Sie haben also elastisches Verhalten (beschrieben durch das Hookesche Gesetz) und teilweise viskoses Verhalten (beschrieben durch die Rayleigh-Dämpfung). Viskoelastische Materialen vereinigen also die Eigenschaften von Festkörpern und Flüssigkeiten.

Das viskoelastische Verhalten ist unter statischer wie auch unter dynamischer Belastung nachweisbar. Bei mehrmaliger, zyklischer Belastung, wie sie z. B. beim Quellen und Schwinden oder einer zyklischen Belastung von Klebfugen im Zugscherversuch vorkommen, sind diese Effekte nachweisbar (siehe Bild 13.24) (Bodig & Jayne, 1993). Die dynamisch-mechanische Analyse wird oft zur Charakterisierung rheologischer Eigenschaften von Holz, aber auch Klebstoffen genutzt. Das Verfahren ist in Kap. 15 beschrieben. Es erfolgt die Bestimmung des Speichermoduls E', des Verlustmoduls E'' und des Verlustfaktors tan δ als Funktion der Temperatur, Zeit und Frequenz und zunehmend auch der Holzfeuchte (Menard, 1999) (Jiang & Lu, 2009).

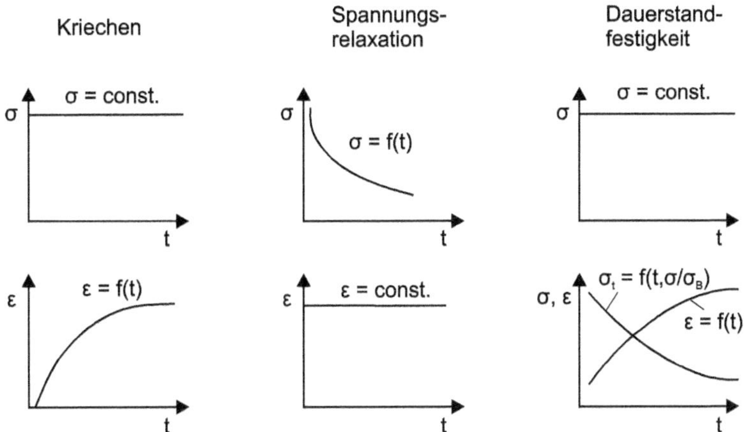

Bild 13.23 Systematik des rheologischen Verhaltens von Holz und Holzwerkstoffen bei statischer Beanspruchung

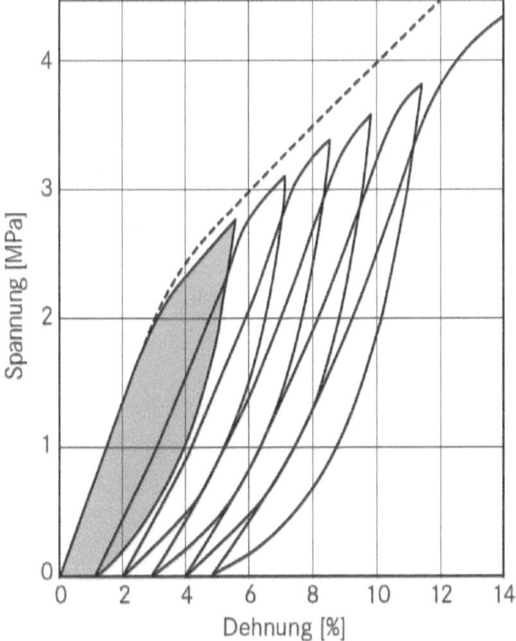

Bild 13.24 Spannungs-Dehnungs-Hysterese von Spanplatten bei zyklischer Druckbelastung senkrecht zur Plattenebene. Die Differenz zwischen Belastung und Entlastung bei einer Spannung von 1,86 MPa beträgt ca. 2 % (Bodig & Jayne, 1993)

Die rheologischen Eigenschaften sind auch für die Geschwindigkeit der Prüfung im statischen Kurzzeitversuch von Bedeutung. So wird meist eine Zeit bis zum Bruch (z. B. 60 oder 90 Sekunden) festgelegt. Die Zeitabhängigkeit ist auch beim Vergleich statischer und dynamischer Versuche nachweisbar. Eine Übersicht dazu ist in Kapitel 14 vorhanden.

Die für den praktischen Gebrauch von Holz und Holzwerkstoffen maßgeblichen rheologischen Eigenschaften sind

- das Kriechen,
- die Spannungsrelaxation und
- die Dauerstandfestigkeit.

Es sind also die Festigkeiten σ und Verformungen ε von Holz und Holzwerkstoffen zeitabhängig. Es gilt also: $\sigma = f(\mathrm{t})$, $\varepsilon = f(\mathrm{t})$.

Kriechen

Unter Kriechen versteht man die Zunahme der Verformung mit wachsender Belastungsdauer eines durch eine konstante Kraft belasteten Prüfkörpers. Kriecherscheinungen treten z. B. an biegebelasteten Elementen wie Einlegeböden auf. Sie sind beim Nachweis der zulässigen Verformung zu berücksichtigen (z. B. bei Einlegeböden im Möbelbau sowie Dachfirsten und Brücken im Bauwesen).

Spannungsrelaxation

Unter Spannungsrelaxation wird die Abnahme der für das Aufrechterhalten einer definierten Verformung erforderlichen Spannung mit zunehmender Zeit verstanden. Diese Effekte treten z. B. in Klebfugen (z. B. verstärkt bei Brettsperrholz durch die kreuzweise Verklebung) oder auch bei den zunehmend eingesetzten, vorgespannten Holzkonstruktionen auf.

Dauerstandfestigkeit

Die Dauerstandfestigkeit ist die Spannung, die ein Werkstoff bei unendlich langer Belastung gerade noch aushält ohne zu brechen. Sie ist bei der Dimensionierung von Holzkonstruktionen nach der zulässigen Belastung zu berücksichtigen.

13.5.2 Kriechen

13.5.2.1 Physikalische Ursachen

Vollholz

Holz ist ein makromolekularer Werkstoff mit den Hauptkomponenten Cellulose, Hemicellulose und Lignin. Zudem sind im Holz stets Wasser, aber auch Extraktstoffe vorhanden. Jede dieser beiden Komponenten hat ihr charakteristisches, viskoelastisches Verhalten. Wird der Werkstoff belastet, kommt es zunächst zu einem Ausrichten der Moleküle, schließlich zum gegenseitigen Abgleiten. Die Verstreckung der Moleküle wird dabei umso mehr behindert, je weiter die Dehnung und damit die Orientierung der Moleküle fortgeschritten sind. Es kommt schließlich zu einer degressiven Abnahme der Verformung (Primärkriechen, s. Bild 13.25).

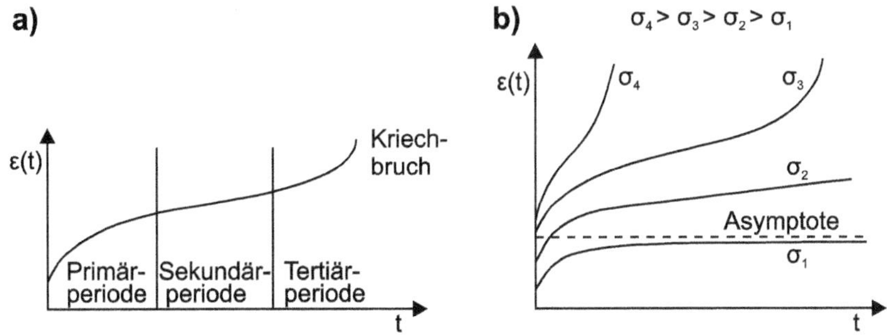

Bild 13.25 Verformung von Holz bei Belastung in Abhängigkeit von der Zeit (nach Odquist, zit. in (Gressel, 1971))

Bei Erreichen einer bestimmten Spannung brechen die ersten Bindungen; die sich bildenden Risse schließen sich wieder (Sekundärkriechen). Bei weiterer Erhöhung der Spannung werden immer mehr Bindungen zerstört, als neue gebildet werden. Die Verformung steigt progressiv an (Tertiärkriechen); schließlich kommt es zum Bruch. Eine Kriechgrenze, das heißt eine Last, unterhalb der keine Kriechverformung auftritt, existiert nicht (Gressel, 1984).

Die Gesamtverformung eines viskoelastischen Körpers kann, wie in Bild 13.26 dargestellt, in drei Abschnitte untergliedert werden. Der Anteil der 3 Komponenten an der Gesamtverformung ist abhängig von der Höhe der Last und auch der Holzfeuchte.

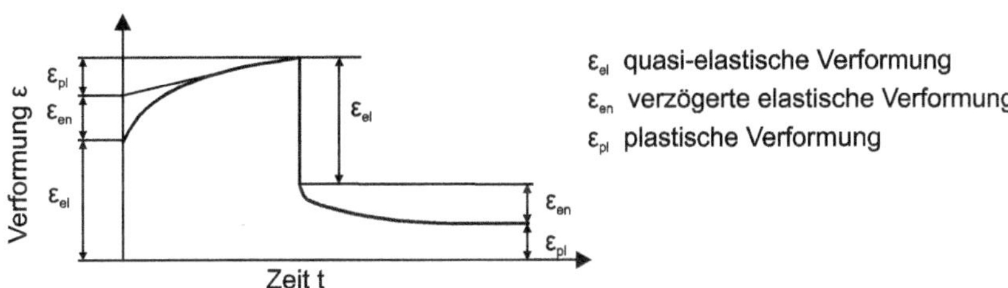

Bild 13.26 Verlauf der Zeit-Verformungs-Kurve bei einem Dauerstandversuch

Sofort nach der Belastung beginnt der Abschnitt quasi-elastischer (spontaner) Verformungen, die sich bei Entlastung zurückbilden. Daran schließt sich ein Abschnitt verzögerter elastischer Nachwirkungen (viskoelastisch) ε_{en} an, die bei ausreichender Entlastungszeit ebenfalls reversibel sind. Der verzögerten elastischen Verformung überlagert ist oberhalb einer bestimmten Last ein Abschnitt plastischer Verformungen ε_{pl}, die auch nach unendlich langer Entlastungszeit irreversibel sind. Das Kriechen ist damit die Summe der vorstehend genannten Teilverformungen. Der Anteil der einzelnen Abschnitte ist sehr stark von der Höhe der Belastung und insbesondere auch vom Klima abhängig.

Holzwerkstoffe

Bei der Kriechverformung von Holzwerkstoffen kommt es zu einer Überlagerung folgender Kriechkomponenten (Niemz P., 1982):

- Kriechen der Strukturelemente (z. B. Furnierlagen, Späne),
- Kriechen der Klebfugen und
- Verschiebungen zwischen den Strukturelementen.

Die sich bei Partikelwerkstoffen einstellende Kriechverformung ist demnach die Summe aus dem Kriechen der Partikeln, dem Kriechen der Klebfugen und auftretender, zwischenpartikulärer Verschiebungen.

Das Kriechen der Klebfugen ist bei den für Partikelwerkstoffe heute zumeist eingesetzten Harnstoff-, Melamin- oder PMDI-Harzen relativ gering. Bei Phenol-Formaldehyd-Harzen (die heute allerdings kaum noch eingesetzt werden) macht sich allerdings ein deutlicher Einfluss des Alkalianteils bemerkbar, der mit der Kriechverformung korreliert. So steigt infolge der höheren Ausgleichsfeuchte bei Spanplatten die Kriechverformung mit zunehmendem Alkalianteil.

Durch Schubspannungen zwischen den Strukturelementen kommt es bei Partikelwerkstoffen zu einem gewissen gegenseitigen Abgleiten der Partikeln (Bild 13.27). Bei verklebtem Vollholz wie Brettschichtholz oder Brettsperrholz muss neben der Klebstoffart und Klebfugendicke auch die Temperaturbeständigkeit des Klebstoffs berücksichtigt werden. So können in einem Wintergarten durchaus Temperaturen von 50 °C und mehr entstehen. Bei Verklebungen mit PVAc, aber auch anderen Klebstoffen, kann sich das durchaus auf die Tragfähigkeit auswirken (Clauss S., 2011). Innerhalb der Klebstoffsysteme treten relativ große Unterschiede im Kriechverhalten auf, was Messungen an Klebstofffilmen zeigten. Hier gehen die Vernetzungsdichte bei PUR oder das Molverhältnis von Harnstoff zu Formaldehyd bei UF- oder MF-Harzen in die Eigenschaften ein. Sehr wichtig ist auch die Orientierung der Lagen/Partikel, da senkrecht zur Faserrichtung wesentlich höhere Kriechverformungen auftreten als in Faserrichtung. Bei biegebelasteten Elementen können sich auch Schubspannungen kriechfördernd auswirken, da die Kriechverformung bei Schub am höchsten ist. Gleichzeitig treten vereinzelt Mikrobrüche auf, die sich bereits bei relativ geringen Beanspruchungen (30 bis 40 % der Bruchlast) z. B. mittels Schallemission nachweisen lassen.

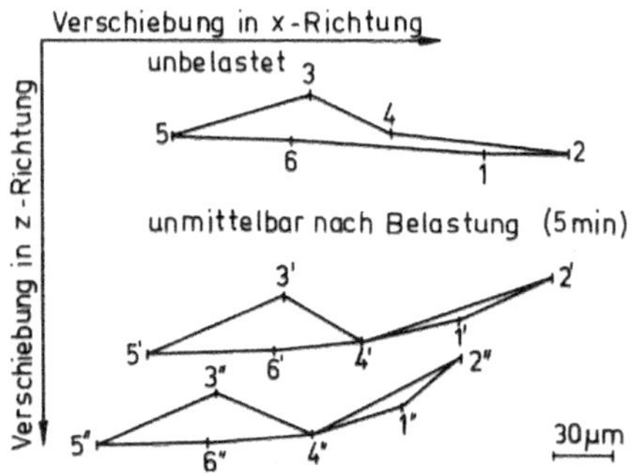

Bild 13.27 Längenänderung eines Partikels in der Zugzone einer biegebelasteten Spanplatte (Niemz P., 1982)

13.5.2.2 Kenngrößen/Prüfung

Kenngrößen zur Beurteilung des Kriechverhaltens sind (Beispiel Biegeversuch, bei Normalspannungen wird die Dehnung analog verwendet):

die *Kriechzahl* φ:

$$\varphi = \frac{f_t - f_0}{f_0} \tag{13.37}$$

die *absolute Kriechverformung* Δf:

$$\Delta f = f_t - f_0 \tag{13.38}$$

der *Kriechfaktor* F:

$$F = \frac{f_t}{f_0} \tag{13.39}$$

f_t Durchbiegung zum Zeitpunkt t

f_0 elastische Durchbiegung

Für statische Berechnungen, aber auch als Materialkennwert, wird häufig der unter Berücksichtigung der Kriechverformung berechnete, zeitabhängige Elastizitätsmodul E_t genutzt. Dabei gilt:

$$E_t = \frac{E_0}{1+\varphi} = \frac{E_0}{F} \tag{13.40}$$

E_0 Elastizitätsmodul bei Kurzzeitbelastung

E_t zeitabhängiger (reduzierter) Elastizitätsmodul

Analog wird mit den Deformationskennwerten k_{def} nach DIN 1052 verfahren.

Die Kriechverformung kann bei allen Belastungsarten (Zug, Bruch, Biegung, Schub) bestimmt werden. Dabei wird eine konstante Belastung aufgebracht und die Verformung in Abhängigkeit von der Zeit ermittelt. Am häufigsten erfolgt die Belastung durch Biegung. Bild 13.28 zeigt schematisch den Aufbau einer entsprechenden Prüfvorrichtung und eine Vorrichtung zur Messung des Kriechverhaltens von Brettern oder Balken (Svensson, 2011).

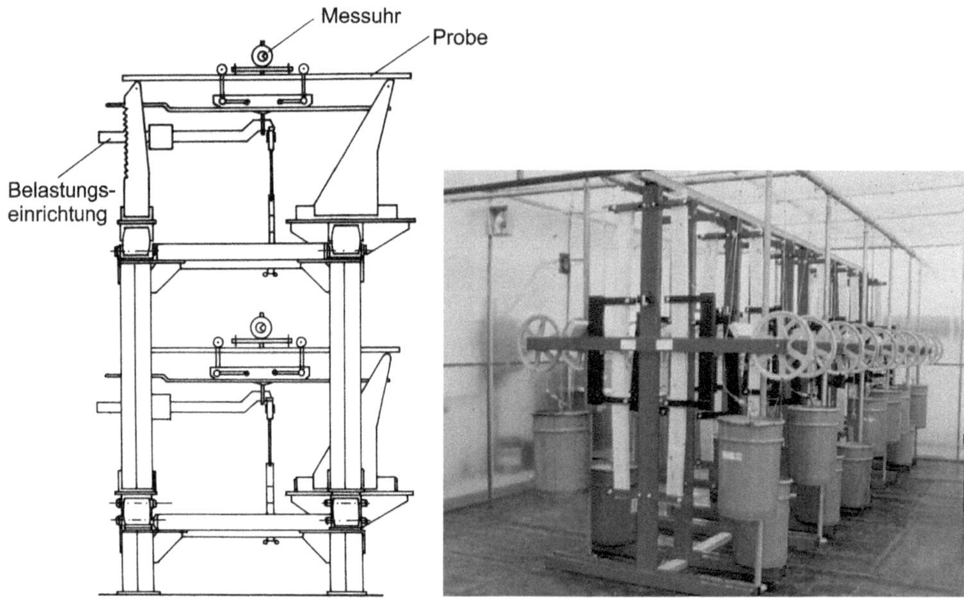

Bild 13.28 Prüfvorrichtungen zur Ermittlung des Kriechverhaltens von Holz und Holzwerkstoffen. Links: Prüfung von Holzwerkstoffen bei Biegung (Niemz P., 1982); rechts: Prüfung von Bauelementen (Svensson, 2011)

Vorschläge für entsprechende Prüfverfahren wurden u.a. von (Gressel, 1984); (Gressel, 1971) unterbreitet. Auch Verfahren zur Prüfung von Bauteilen auf Kriechverformung existieren, diese Messungen sind meist im Holzbau angesiedelt (Bild 13.28 rechts).

Um den Einfluss der Schubverformung auf das Kriechverhalten zu kompensieren, wird bei Biegung die Verformung meist im querkraftfreien Bereich gemessen. Der Belastungsgrad liegt bei diesen Versuchen zwischen 10 und 30% der Bruchlast. Entscheidende Voraussetzung für die Reproduzierbarkeit der Messergebnisse ist ein konstantes Klima (z.B. 23 °C/50% relative Luftfeuchte oder 20 °C/65% relative Luftfeuchte).

Zur mathematischen Beschreibung des Kriechverhaltens und zur Extrapolation der Messergebnisse werden verschiedene Ansätze genutzt. Als geeignet haben sich dabei u.a. folgende erwiesen:

$$f_t = a_1 + b_1 \cdot \lg t \tag{13.41}$$

$$f_t = f_0\left(1 + K\left(1 - e^{-p \cdot t}\right)\right) \tag{13.42}$$

$$\varphi_t = a_0\left(1 - e^{-\left(\frac{t}{a_1}\right)^{a_2}}\right) \quad \text{oder} \quad \varphi_t = a_0\left(1 - \exp\left(-\left(\frac{t}{a_1}\right)^{a_2}\right)\right) \tag{13.43}$$

t Belastungsdauer

f_0 elastische Durchbiegung

f_t Durchbiegung zum Zeitpunkt t

φ_t Kriechzahl zum Zeitpunkt t

a_0, a_1, a_2, b_1, K, P experimentell zu bestimmende Konstanten

Die Genauigkeit der Berechnung von Konstanten der Regressionsgleichung erhöht sich mit zunehmender Belastungsdauer. Nach eigenen Erfahrungen sollte die Belastungsdauer mindestens 140 Tage betragen. Die Extrapolationen können allerdings erhebliche Abweichungen haben, was eigene Langzeitmessungen über mehrere Jahre zeigten.

Die Messung der Kriechverformung und der Dauerstandfestigkeit sind heute nach DIN EN 1156 für Holzwerkstoffe für den Biegeversuch (Vierpunktbiegung) genormt. Nach Bestimmung der Biegefestigkeit im Kurzeitversuch erfolgt eine Dauerbelastung im Vierpunktbiegeversuch. Beim Kriechen im Normalklima werden die Prüfkörper mit 25 % der Bruchlast belastet. Dabei wird davon ausgegangen, dass sich das Material bis zu 40 % der Bruchspannung linear viskoelastisch verhält. Die Durchbiegung wird zeitabhängig nach 5 Minuten, 10 Minuten, 50 Minuten, 500 Minuten sowie anschließend im 24-h-Intervall gemessen. Die Dauer der Prüfung sollte mindestens 26 Wochen, besser 52 Wochen betragen.

Für die anschließende Extrapolation der Kriechverformung auf 10 Jahre wird nach DIN EN 1156 eine von Gressel (Gressel, 1984) angegebene Exponentialfunktion verwendet (Bild 13.29). Zu analogen Ergebnissen kamen Dinwoodie u. a. (Dinwoodie J. W., Higgins, Robson & Paxton, 1990). Auch für Vollholz ist die Extrapolation auf 10 Jahre üblich.

Die Kriechzahl wird nach DIN EN 1156 im 10er-Logarithmus über der Zeit aufgetragen, die ersten 5 Minuten bleiben unberücksichtigt, dann erfolgt eine lineare Extrapolation und der Wert bei 10 Jahren wird geschätzt. Wenn der Korrelationskoeffizient unter 0,9 liegt, werden alternative Modelle angewandt.

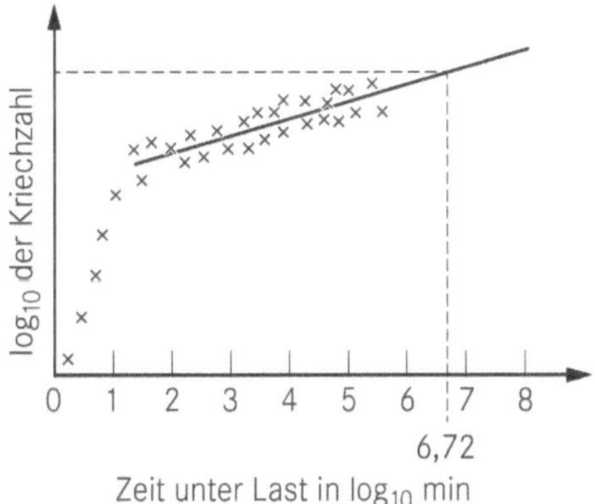

Bild 13.29 Methodik zur Abschätzung der Kriechzahl nach 10 Jahren (DIN EN 1156), erste 5 Minuten werden nicht berücksichtigt

Für den Formänderungsnachweis sollte nach (Gressel, 1971) nur der ständig und langfristig wirksame Kraftanteil berücksichtigt werden. Das sind Lasten, die über eine Dauer von mindestens 3 Monaten einwirken. Prinzipiell gilt, dass die Kriechverformung auch nach ca. 1,5 Jahren Belastung ansteigt (s. Bild 13.29).

Tabelle 13.13 zeigt den Einfluss der Belastungszeit. Daraus geht hervor, dass nach einem Jahr erst etwa 2/5 bis 2/3 und nach drei Jahren etwa 2/3 bis 4/5 des angenommenen Endwertes der Kriechverformung erreicht sind. Bei langzeitiger Belastung unter realen Bedingungen kommt es zu einer Überlagerung des mechanosorptiven Effektes durch den Wechsel der relativen Luftfeuchtigkeit (Bild 13.30). Die Extrapolation auf 10 Jahre ist demzufolge gut nachvollziehbar.

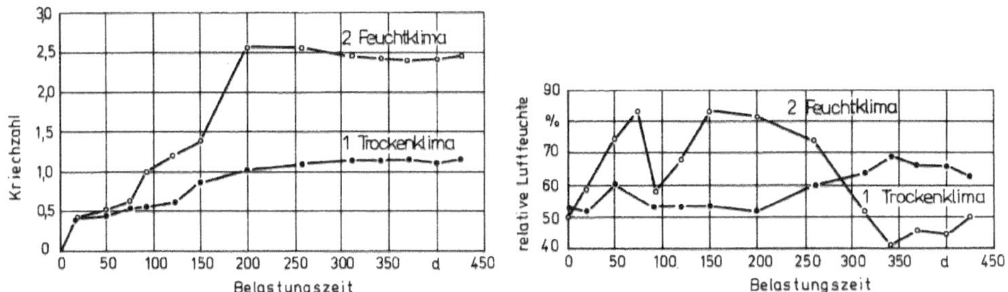

Bild 13.30 Einfluss der Belastungsdauer auf die Kriechzahl von Spanplatten bei Lagerung in nichtklimatisierten Räumen

Tabelle 13.13 Kriechverformungen von Holz und Holzwerkstoffen unter konstanter Biegebeanspruchung (20 % σ_{bB}) bezogen auf den Endzustand (Gressel, 1984)

Material	Klima	$1 \cdot 10^3$ h (6 Wochen)	$1 \cdot 10^4$ h (1,1 Jahre)	$2 \cdot 10^4$ h (2,2 Jahre)	$3 \cdot 10^4$ h (3,3 Jahre)	10^5 h (11 Jahre)
Holz (Fichte, Kiefer)	20/65	46 %	67 %	73 %	79 %	100 %
	Außen	(49 %)	(70 %)	(74 %)	(79 %)	(100 %)
Sperrholz (Buche)	20/65	22 %	47 %	59 %	68 %	100 %
	Außen	(21 %)	(47 %)	(58 %)	(66 %)	(100 %)
Spanplatten	20/65	35 %	61 %	71 %	79 %	100 %
	Außen	(20 %)	(43 %)	(54 %)	(64 %)	(100 %)

Praktisch wird häufig nur 6 Monate oder 1 Jahr geprüft, teilweise aber deutlich kürzer. Vielfach sind in der Literatur daher nur diese Werte ohne Extrapolation aufgeführt. Generell ist zu sagen, dass in den letzten Jahrzehnten nur wenige Kriechversuche durchgeführt wurden. Die Deformationsfaktoren für langzeitige Belastungen (k_{def}) in den Holzbaunormen (in Eurocode 5 für Vollholz und Holzwerkstoffe) weisen auch auf sehr hohe Kriechverformungen hin (Tabelle 13.19). Leps (Leps, 2012) verweist auf sehr hohe Kriechzahlen derzeit hergestellter Spanplatten für den Möbelbau. In diesem Bereich fehlen zuverlässige Kennwerte. Es ist zu berücksichtigen, dass in den letzten Jahrzehnten zahlreiche Änderungen hinsichtlich Dichte (Reduzierung) und Klebstoff (Reduzierung Molverhältnis bei Harnstoffharzen) erhöhter Anteil Recyclingspäne u. a. vorgenommen wurden.

13.5.2.3 Einflussfaktoren

Das Kriechverhalten von Holz und Holzwerkstoffen wird insbesondere durch den strukturellen Aufbau, die Belastungsdauer und das Klima bestimmt. Der dominierende Einflussfaktor ist die relative Luftfeuchte.

Struktur

Die Kriechverformung von Holz steigt mit zunehmendem Faser-Last-Winkel. In radialer Richtung belastetes Holz kriecht weniger als Holz, das in tangentialer Richtung belastet wird. Splintholz kriecht stärker als Kernholz, Frühholz stärker als Spätholz. Mit zunehmender Rohdichte wird die Kriechverformung im Allgemeinen kleiner. Dabei ist der Einfluss der Rohdichte auf die Kriechverformung nicht so ausgeprägt wie der Einfluss auf die elastomechanischen Eigenschaften des Holzes (Niemz P., 1980). In Faserrichtung ist die Kriechverformung deutlich geringer als senkrecht zur Faserrichtung (Tabelle 13.14). Das höhere Kriechen des Holzes senkrecht zur Faserrichtung ist auch mit für die im Vergleich zu Vollholz höhere Kriechverformung von Partikelwerkstoffen verantwortlich (Partikel sind statistisch regellos verteilt, daher erfolgt Belastung nicht faserparallel). Durch Maßnahmen der Holzmodifizierung auf Zellwand- oder molekularer Ebene, die eine Quellungsreduzierung bewirken, kommt es ebenso zu einer Minderung des Kriechens. Ein ausschließliches Füllen der Hohlräume bewirkte keine Kriechverminderung. Umfangreiche Untersuchungen zum Einfluss chemischer Modifizierungen führten (Norimoto, Gril & Rowell, 1992) durch. Sie fanden, dass bei Modifizierungen mit Vernetzung das Sorptionsverhalten und das Kriechverhalten reduziert werden. Analoge Ergebnisse wurden von (Kühne, Niemz, Wienhaus & Zangolies, 1981) an Spanplatten mit acetylierten Deckschichtspänen ermittelt.

Bei Holzwerkstoffen steigt die Kriechverformung mit abnehmender Größe ihrer Strukturelemente, woraus sich folgende Rangordnung für die Kriechverformung ergibt (von oben nach unten zunehmend):

- Vollholz,
- Schichtholz/LVL/Parallam,
- Sperrholz/Massivholzplatte,
- OSB,
- Spanplatte,
- MDF/Faserplatte.

Folgendes Verhältnis besteht für die Kriechverformung nach (Perkitny & Perkitny, 1966): Holz : Spanplatte : Faserplatte = 1 : 4 : 5.

Damit ist auch angedeutet, dass bei Partikelwerkstoffen die Kriechverformung mit zunehmendem Zerkleinerungsgrad der Partikeln steigt. Spanplatten mit Feinstspandeckschicht kriechen stärker als Spanplatten mit Normalspandeckschicht. Durch eine Spanorientierung kann die Kriechverformung in Orientierungsrichtung reduziert werden. Bild 13.31 zeigt den Einfluss von Spanlänge und Spanorientierung auf die Kriechverformung von Spanplatten.

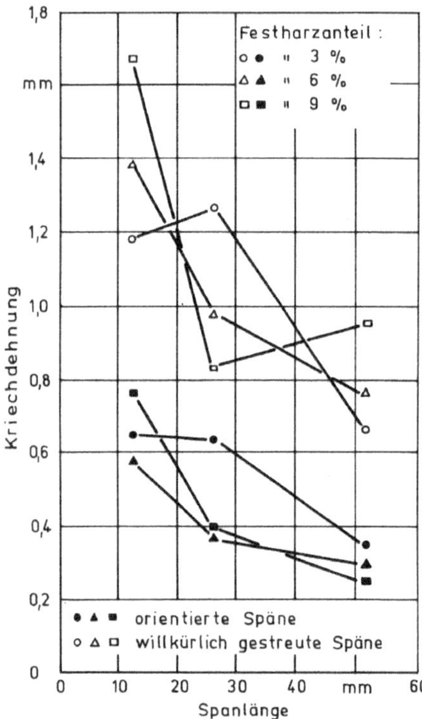

Bild 13.31 Einfluss von Festharzanteil, Spanlänge und Spanorientierung auf die Kriechverformung von Spanplatten (Lehmann, Rameker & Hefty, 1975)

Von erheblichem Einfluss ist auch die Spanart (Schneidspan, Schlagspan), da Spanplatten aus Schlagspänen bei gleicher Spangeometrie eine wesentlich größere Kriechverformung haben als Spanplatten aus Schneidspänen. Die Ursache dafür ist u. a., dass Zahl und Größe der zwischenpartikulären Kontaktstellen bei Spanplatten aus Schlagspänen geringer sind als bei Spanplatten aus Schneidspänen. Eine Verschlechterung der Spanqualität bewirkt also einen Anstieg der Kriechverformung.

Ein eindeutiger Einfluss der Rohdichte auf die Kriechverformung von Spanplatten ist nicht nachweisbar. Durch Beschichtung mit Furnier wird die Kriechverformung von Spanplatten deutlich reduziert. Der Einsatz von Dekorfolien reduziert die Kriechverformung dagegen nur geringfügig (Bild 13.32).

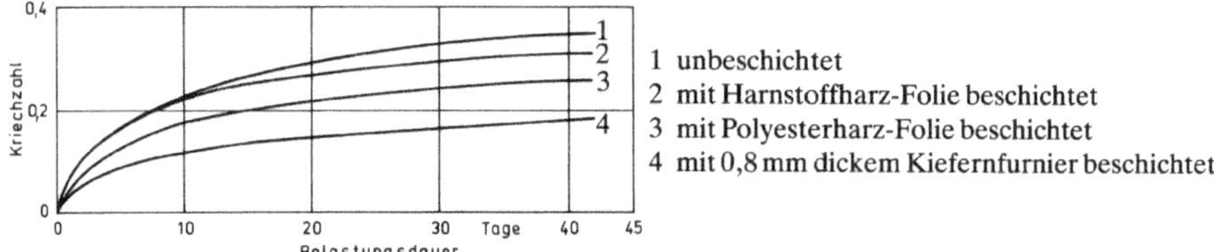

Bild 13.32 Einfluss des Beschichtungsmaterials auf die Kriechverformung von Spanplatten (Niemz P., 1982)

Durch die Klebstoffart, insbesondere durch das hygroskopische Verhalten des Klebstoffs, wird die Kriechverformung von Spanplatten maßgeblich beeinflusst. Das zeigt sich z.B. bei phenolharzverleimten Spanplatten, die aufgrund des Alkalianteils im Klebstoff einen höheren Feuchtegehalt und - dadurch bedingt - eine höhere Kriechverformung aufweisen (Bild 13.33). Das Verhältnis der Kriechverformung von phenolharz- und harnstoffharzverleimten Spanplatten liegt bei 1,6 bis 4:1 (Gressel, 1984). Aber auch andere Klebstoffe nehmen Feuchte auf. Die Eigenschaften der Klebstofffilme sind feuchteabhängig (Kläusler, 2014).

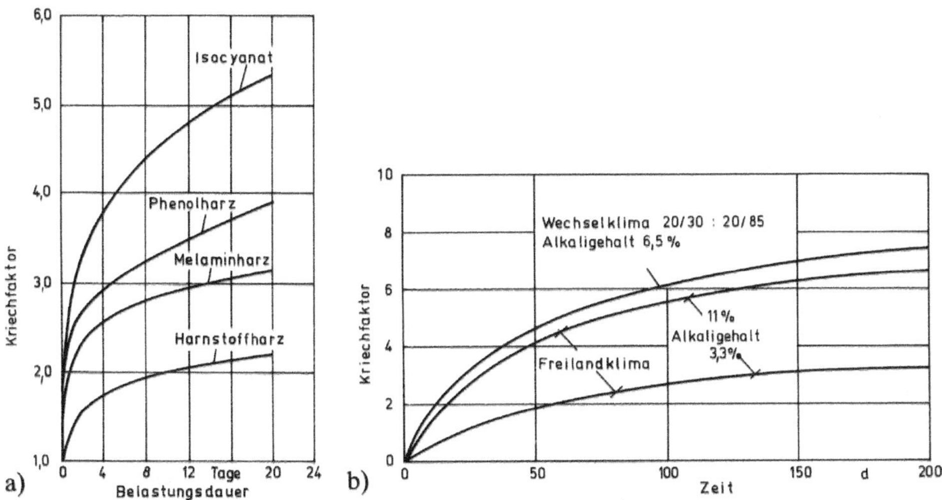

Bild 13.33 Einfluss der Klebstoffart (a) und Alkalianteil des Klebstoffs (b) auf den Kriechfaktor von Spanplatten

Klima

Das Klima, insbesondere die relative Luftfeuchte, beeinflusst die Kriechverformung von Holz und Holzwerkstoffen am stärksten. Mit zunehmender Luftfeuchte steigt die Kriechverformung bei Konstantklima generell an (Bild 13.34); bei Partikelwerkstoffen ausgeprägter als bei Holz. Bei diesen Versuchen werden die Prüfkörper vor dem Versuch auf die jeweilige Gleichgewichtsfeuchte klimatisiert. Bei Wechselklima nimmt die Kriechverformung von Spanplatten in der Feuchtperiode zu und in der Trockenperiode ab. Durch Oberflächenschutz kann der Feuchteeinfluss reduziert werden (Bild 13.35). Mit steigender Temperatur steigt die Kriechverformung (Niemz P., 1980).

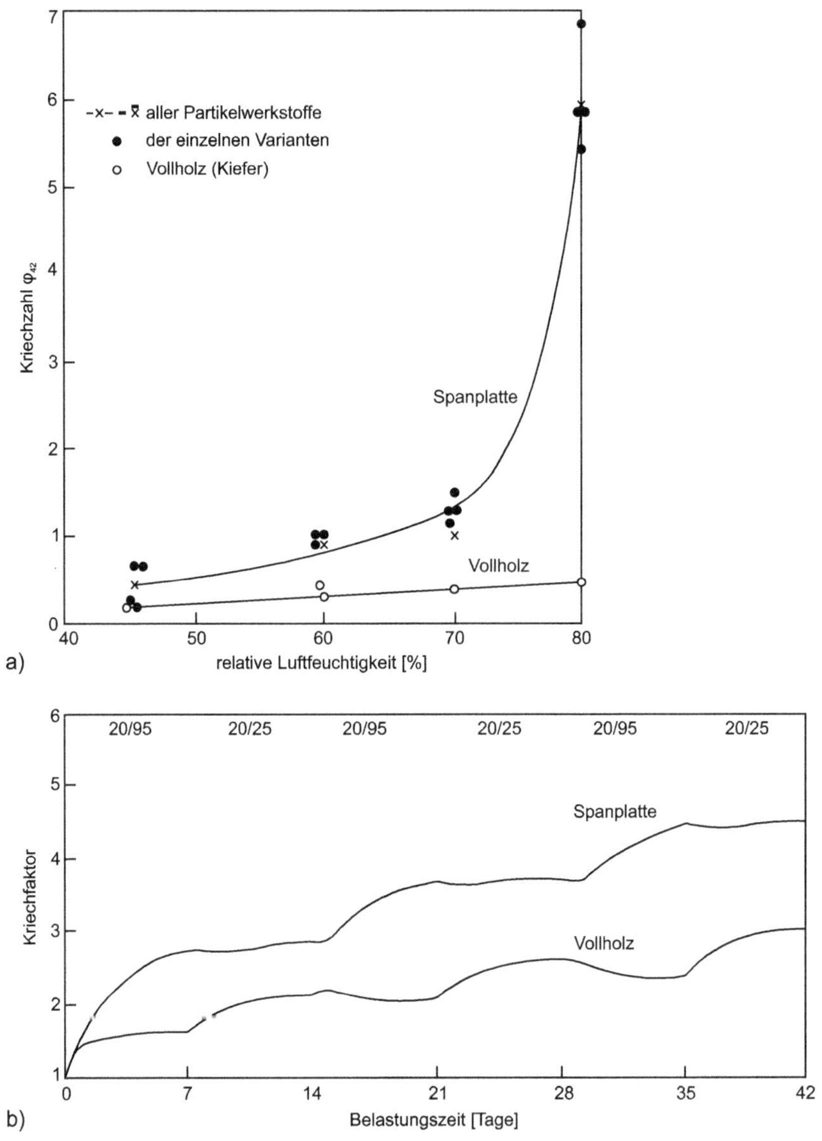

Bild 13.34 Kriechzahl bzw. Kriechfaktor von Holz und Spanplatten in Abhängigkeit von der relativen Luftfeuchte, (a) bei Konstantklima, (Niemz P., 1982), (b) bei Wechselklima (Gressel, 1971)

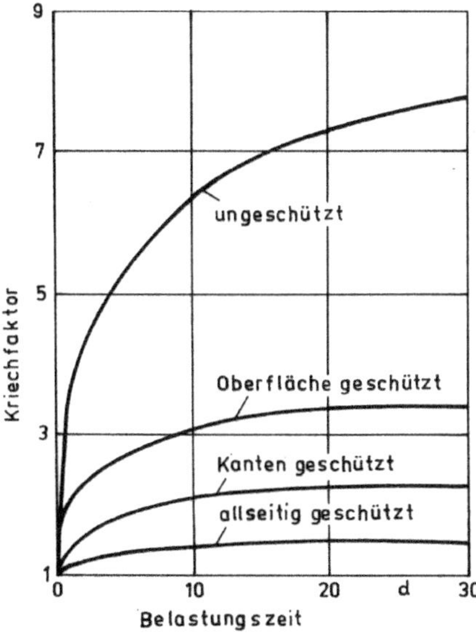

Bild 13.35 Einfluss der Oberflächenbeschichtung auf die Kriechverformung von Spanplatten bei Lagerung im Wechselklima (Gressel, 1971)

Belastungsart

Bild 13.36 zeigt den Einfluss der Belastungsart. Die geringste Kriechverformung haben wir bei Zug, die größte bei Schub. Weiterführende Informationen dazu sind in (Niemz & Regensburger, 1980) und (Dinwoodie J.M., 2000) aufgeführt. Generell tritt der Kriecheffekt auch bei der Messung der Poissonzahlen auf. Bild 13.37 zeigt dies exemplarisch an Rotbuche.

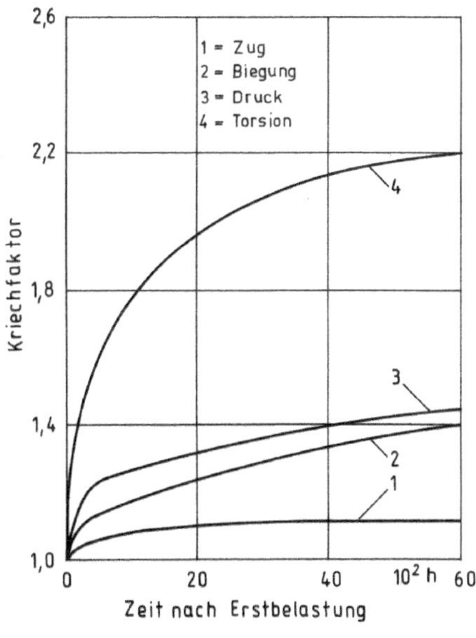

Bild 13.36 Einfluss der Belastungsart auf den Kriechfaktor von Fichte (*Picea abies* Karst.) (Gressel, 1984)

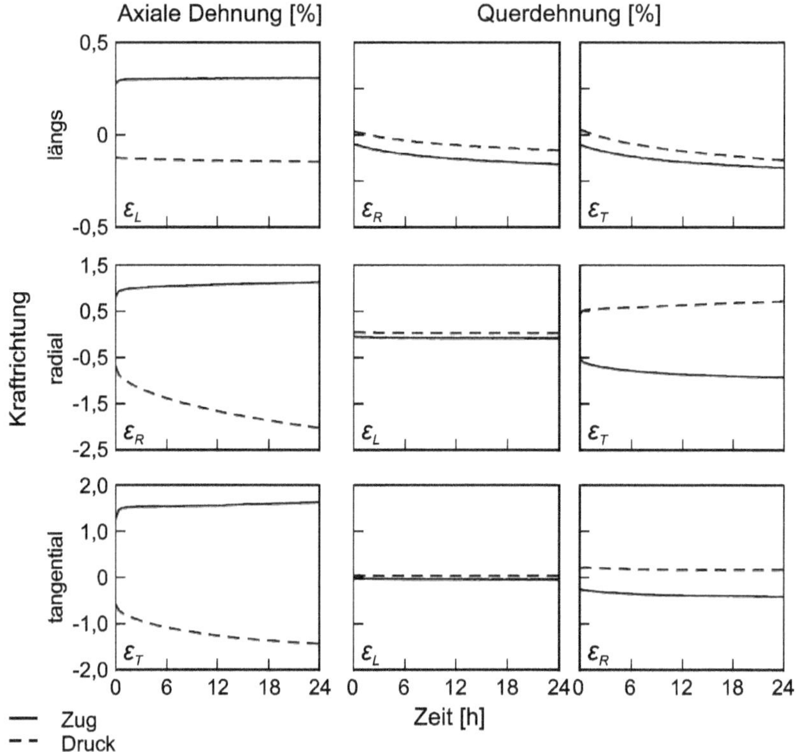

Bild 13.37 Zeitabhängigkeit des Poissoneffektes für Rotbuche bei Druckbelastung in den 3 Hauptachsen (Ozyhar T., 2013)

Kennwerte

Die Tabellen 13.14 bis 13.18 zeigen Kennwerte für die Kriechverformung. Der Einfluss der Temperatur auf die Kriechverformung von Holz und Holzwerkstoffen ist bis zu 50 °C vernachlässigbar gering. Dagegen steigt mit zunehmender Feuchte und zunehmendem Belastungsgrad die Kriechverformung. Korrekturfaktoren, die diesen Einfluss bei einem Vergleich von Messwerten berücksichtigen, enthalten Tabelle 13.15 und Tabelle 13.18. Durch eine Oberflächenbeschichtung wird die Feuchteaufnahme und -abgabe deutlich reduziert, dadurch sinkt die Kriechverformung (Bild 13.35).

Zur Ergänzung sind die im Holzbau üblichen Korrekturfaktoren nach DIN 1052 für den Einfluss einer Langzeitbelastung in Tabelle 13.19 aufgeführt. Dabei ist die elastische Verformung mit dem Faktor $1+k_{def}$ zu multiplizieren. Im anderen Falle kann der E-Modul um den Faktor $1+k_{def}$ reduziert werden. Zahlreiche weiterführende Arbeiten wurden von (Gressel, 1983) zusammenfassend publiziert, die in die heutige Normung eingegangen sind.

Tabelle 13.14 Kriechzahl von Holz und Holzwerkstoffen im Normalklima (20 °C/50 % rel. Luftfeuchte) (Dauer: 26 Wochen, nicht extrapoliert)

Material	Kriechzahl
Holz	
■ parallel zur Faserrichtung	0,1...0,3
■ senkrecht zur Faserrichtung	0,8... 1,... 1,6
Spanplatten aus	
■ Schneidspänen	0,4...0,6
■ Abfallspänen	1,0...2,0...2,5
MDF	0,4...0,6
Faserplatten hoher Dichte	0,5...0,7
Sperrholz	0,3...0,45

Tabelle 13.15 Korrekturfaktoren K für den Feuchteeinfluss (Niemz)

Klima	Korrekturfaktoren	
	Vollholz	Spanplatte
Normalklima		
(T = 20 °C; $\varphi = 50\,\%$)	1	1
Konstantklima		
■ $\varphi = 50\,\%$	1	1
■ $\varphi = 60\,\%$	1,2... 1,3	1,4... 1,5
■ $\varphi = 70\,\%$	1,4... 1,5	2,0...2,5
■ $\varphi = 80\,\%$	1,8...2,0	3,0...4,0
Natürliches Wechselklima		
■ im abgeschlossenen Raum	1,4... 1,6	2,0...3,0
■ Freibewitterung	3,0...4,4	4,0... 10,0

Tabelle 13.16 Kriechzahlen im Wechselklima 20 °C/30 % bis 20 °C/85 % rel. Luftfeuchte (15 Zyklen je 7 Tage) nach WKI-Kurzberichten 17/83, 382/84, 65/88

Material	Kriechzahl φ
Spanplatte V20	5...9
Spanplatte gipsgebunden	12
Spanplatte zementgebunden	4

Tabelle 13.17 Kriechzahl von Holz und Holzwerkstoffen (nach (Niemz P., 1982) und (Schober, 1987))

Kriechzahlen im Klima 20/50 bei einem Belastungsgrad von 10 %[1]			
MDF	Spanplatte aus Schneidspänen		Vollholz (Kiefer)
	mit Feinspan-Deckschicht (FPO)	mit Normalspan-Deckschicht (FPY)	
0,4...0,6	0,4...0,6	0,3...0,5	0,1...0,3

[1] Es gilt $\varphi_{eff} = k \cdot \varphi_{Normalklima}$ (20/50)

Tabelle 13.18 Kriechzahl-Korrekturfaktoren K für den Belastungseinfluss im Klima 20 °C/50 % bzw. 20 °C/70 % rel. Luftfeuchte (Konstantklima) (Niemz P., 1982)

Holzwerkstoff	Klima	Belastungsgrad in %		
		10	20	30
MDF	20/50	1	1,2…1,3	1,3…1,5
	20/70	1,2…1,3	1,2…1,4	1,5…1,6
Spanplatte FPO	20/50	1	1,0…1,1	1,0…1,1
	20/70	1,1…1,6	1,2…1,8	1,3…2,1
Spanplatte FPY	20/50	1	1,0…1,1	1,1…1,3
	20/70	1,3…1,9	1,6…2,4	1,8…2,7
Vollholz	20/50	1	1,0…1,1	1,0…1,2
	20/70	1,1…1,3	1,1…1,3	1,3…1,6

Tabelle 13.19 Deformationsfaktor (k_{def}) für Korrektur der Durchbiegung. Zusammenfassung nach Eurocode 5/DIN EN 1995-1-1:2010-12 (entspricht der Kriechzahl)

Baustoff	Plattentyp	Nutzungsklasse		
		1	2	3
Vollholz, Brettschichtholz, Furnierschichtholz (LVL)		0,60	0,80	2,00
Sperrholz	EN 636-1	0,80	-	-
	EN 636-2	0,80	1,00	-
	EN 636-3	0,80	1,00	2,50
OSB	OSB/2	2,25	-	-
	OSB/3, OSB/4	1,50	2,25	-
Spanplatten	P4	2,25	-	-
	P5	2,25	3,00	-
	P6	1,50	-	-
	P7	1,50	2,25	-
Holzfaserplatten, hart	HB.LA	2,25	-	-
	HB.HLA1/2	2,25	3,00	-
Holzfaserplatten, mittelhart	MBH.HLA1/2	3,00	-	-
	MBH.HLS 1/2	3,00	4,00	-
Holzfaserplatten, MDF	MDF.LA	2,25	-	-
	MDF.HLS	2,25	3,00	-

13.5.3 Mechanosorptives Verhalten von Holz

Mit zunehmender Holzfeuchte steigt die Kriechverformung im Konstantklima deutlich an (Bild 13.34). Im Wechselklima (wechselnde Luftfeuchtigkeit, z. B. trocken/feucht) kommt es zur Überlagerung des Quellverhaltens und damit entstehender Spannungen/Dehnungen und des Kriechens. Mechanosorption tritt auch auf, wenn ein Prüfkörper im konstanten Umgebungsklima unter Belastung die Feuchte ändert (z. B. Trocknung oder Befeuchtung eines mit vom Umgebungsklima abweichender Feuchte eingebauten Prüfkörpers). Dieser Effekt wird auch als mechanosorptives Kriechen bezeichnet. Er ist zusätzlich zum viskoelastischen Kriechen zu berücksichtigen. Im Wechselklima ist die Gesamtverformung höher als im Konstantklima bei gleichen Sorptionsmaxima. Bei Vollholz steigt bei Biegebelastung die Kriechverformung in der Trocknungsphase und sinkt in der Durchfeuchtungsphase (Bild 13.38). Dadurch kann die Kriechverformung z. B. bei Vollholz und teilweise bei Massivholzplatten (Decklagen parallel zur Probenlängsachse bei Biegebelastung) in der Trocknungsphase (Kriechen und Schwinden des Holzes) steigen und in der Durchfeuchtungsphase (Kriechen und Quellen) sinken.

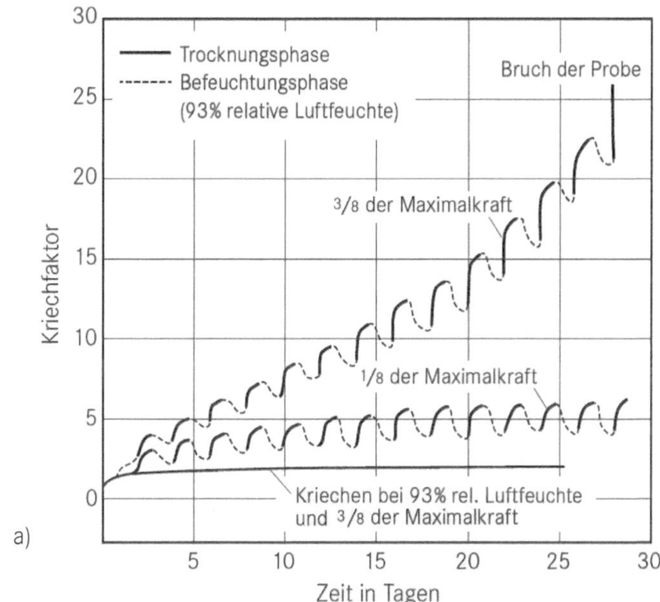

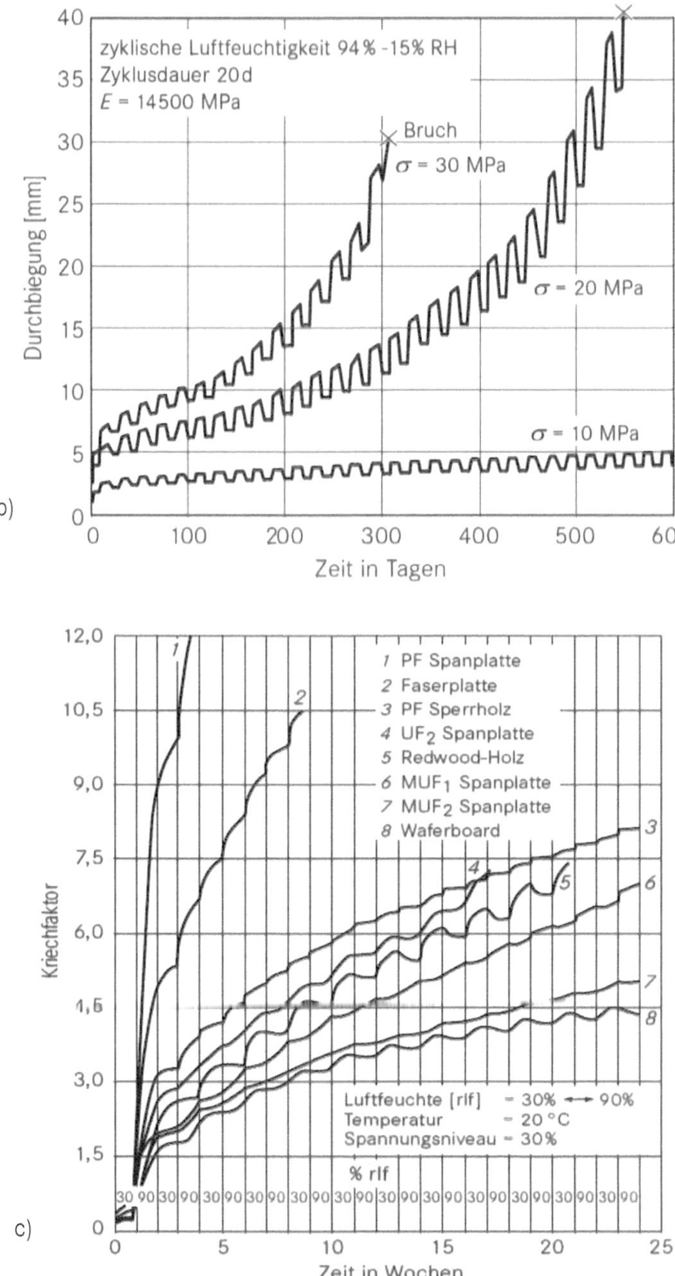

Bild 13.38 (a) Kriechen von Holz unter konstanter und zyklisch wechselnder relativer Luftfeuchte (feucht-trocken) nach Dinwoodie (Dinwoodie J. M., 2000); (b) Kriechen von Holz bei Vierpunkt-Biegebelastung (Probenquerschnitt 10 mm x 10 mm) mit konstantem Biegemoment im Mittelteil (100 mm), Messung Gesamtverformung (300 mm Stützweite) und Rückverformung bei zyklischer Klimabelastung feucht-trocken und variabler Belastungshöhe, nach (Mohager, 1987) in (Hanhijärvi, 1995); (c) Kriechverformung von Holz und Holzwerkstoffen im Wechselklima nach (Dinwoodie J., Higgins, Paxton & Robson, 1990)

Bei MDF und Spanplatten steigt dagegen die Kriechverformung teilweise in der Durchfeuchtungsphase und sinkt in der Trocknungsphase (Bild 13.39). Der Befeuchtungs-Trocknungseffekt ist offensichtlich strukturabhängig (Bild 13.38). Bei Massivholzplatten ist er analog zu Vollholz, wobei ein Einfluss der Lagenorientierung vorhanden ist. Auf die Unterschiede innerhalb der Holzwerkstoffe weist bereits Dinwoodie hin (Dinwoodie J. M., 2000). Der mechanosorptive Effekt wird in älterer Literatur oft auch als Kriechphänomen bezeichnet (siehe (Gressel, 1971)).

Der Effekt wird deutlich durch die Dauer der Klimaeinwirkung, der Vorgeschichte, den Probenquerschnitt und die Höhe der Last beeinflusst. Bei großen Querschnitten kommt es nur in den Randzonen zur Feuchteänderung, was sich auf die Kriechverformung auswirkt (Hanhijärvi, 1995).

Die gesamte Kriechverformung bei Klimawechsel (Hüllkurve von Adsorption und Desorption) steigt dagegen kontinuierlich mit der Zeit an. Analoge Effekte treten bei der Spannungsrelaxation auf. Bei Vollholz, Brettschichtholz und Sperrholz ist die Kriechverformung im Wechselklima höher als im Konstantklima bei gleichen Sorptionsmaxima. Bei Spanplatten ist im Allgemeinen die Kriechverformung im Konstantklima höher als im Wechselklima (gleiche Sorptionsmaxima vorausgesetzt). Der Effekt der Mechanosorption tritt auch auf, wenn eine unter Last stehende Probe die Feuchte ändert (also z. B. zyklisch befeuchtet wird). Unter praktischen Bedingungen treten stets Befeuchtungs- und Trocknungsphasen (z. B. durch Luftfeuchteschwankungen auch in Innenräumen) auf. Es ist also immer der Effekt der Mechanosorption zu beachten.

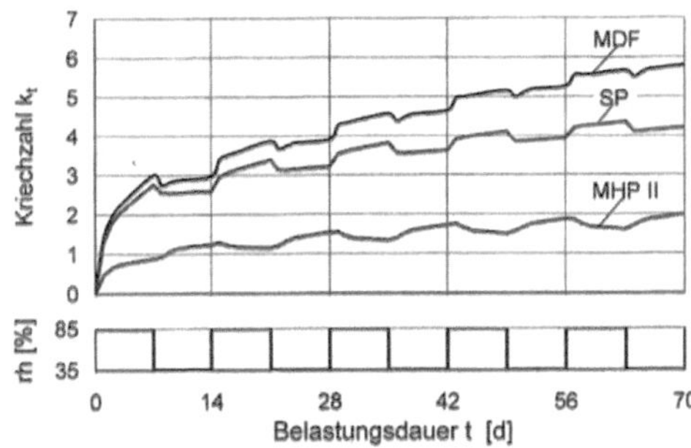

Bild 13.39 Vergleich des Kriechverhaltens von dreischichtigen Massivholzplatten (MHP), Spanplatten (SP) und MDF (Dube, 1999)

Vereinfacht kann man den Effekt der Mechanosorption analog Bild 13.40 z. B. bei Druckbelastung als die Überlagerung von

- viskoelastischem Kriechen,
- Quellung/Schwindung und
- der mechanosorptiven Komponente

verstehen.

Dabei trägt die mechanosorptive Komponente wesentlich zu der deutlich höheren Kriechverformung im Wechselklima oder bei Feuchteänderung (z. B. Trocknung) bei. Mechanosorptive Effekte treten beim Kriechen und bei der Spannungsrelaxation auf. Sie wurden erstmals komplex von Armstrong und Kingston beschrieben (Armstrong & Kingston, 1960). Später folgten zahlreiche Arbeiten, die sich u. a. mit dem Einfluss der chemischen

Modifizierung und auch der hygromechanischen Vorgeschichte des Holzes befassten (Montero, Gril, Legeas, Hunt & Clair, 2012), (Norimoto, Gril & Rowell, 1992). Umfangreiche Arbeiten dazu führten auch (Hanhijärvi, 1995), (Hanhijärvi & Hunt, 1998), (Martensson, 1994) durch. Eine gute Zusammenstellung dazu ist auch in (Navi & Sandberg, 2012) vorhanden.

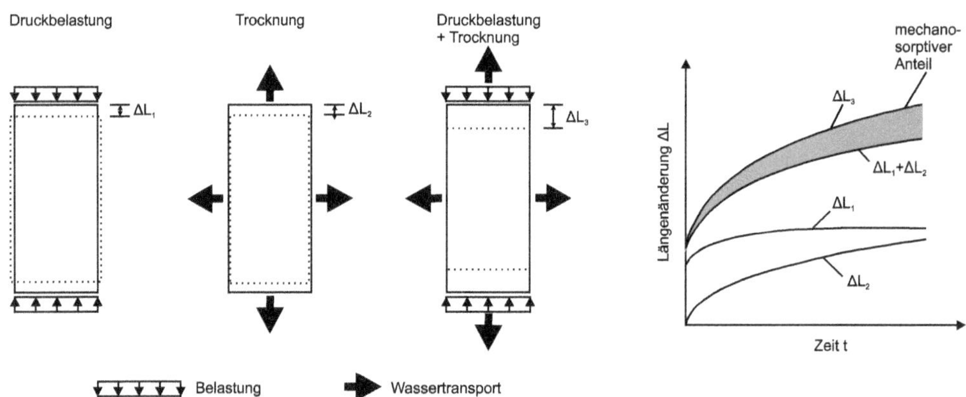

Bild 13.40 Schematische Darstellung der mechanosorptiven Verformung (Hering S., 2011)

Bei Berechnungen (Spannungen, Verformungen) sind also die mechanosorptiven Komponenten für das orthotrope System zusätzlich in den Hauptachsen zu berücksichtigen. Der mechanosorptive Dehnratenanteil $\dot{\varepsilon}_{\omega\sigma}$ wird häufig mit der Beziehung

$$\dot{\varepsilon}_{\omega\sigma} = \boldsymbol{m\sigma}\left|\dot{\omega}\right| \tag{13.44}$$

aus der Spannung $\boldsymbol{\sigma}$, der Holzfeuchteänderung $\dot{\omega}$ und einer Matrix $\mathbf{m}$, welche die mechanosorptiven Eigenschaften beinhaltet, beschrieben und numerisch abgebildet (Martensson, 1994) (Gereke, 2009). Die dabei berücksichtigte Spannungsproportionalität wurde in Zug- und Biegeversuchen für Kiefer nachgewiesen. Gl. (13.45) zeigt die benötigte Matrix. Generell gibt es hierzu insbesondere für Laubholz einen großen Nachholbedarf. Ormarsson (Ormarsson, 1999) gibt folgende Kennwerte der Mechanosorption für Fichte an:

$m_{\mathrm{L}} = 1{,}0 \cdot 10^{-4}$; $m_{\mathrm{R}} = 0{,}15$; $m_{\mathrm{T}} = 0{,}20$

$m_{\mathrm{LR}} = 0{,}008$; $m_{\mathrm{LT}} = 0{,}008$; $m_{\mathrm{RT}} = 0{,}8$ (alles in $\mathrm{mm^2\,N^{-1}}$).

$$\boldsymbol{m} = \begin{bmatrix} m_{\mathrm{L}} & -\mu_{\mathrm{RL}} m_{\mathrm{R}} & -\mu_{\mathrm{TL}} m_{\mathrm{T}} & 0 & 0 & 0 \\ -\mu_{\mathrm{LR}} m_{\mathrm{L}} & m_R & -\mu_{\mathrm{TR}} m_{\mathrm{T}} & 0 & 0 & 0 \\ -\mu_{\mathrm{LT}} m_{\mathrm{L}} & -\mu_{\mathrm{RT}} m_{\mathrm{R}} & m_T & 0 & 0 & 0 \\ 0 & 0 & 0 & m_{\mathrm{LR}} & 0 & 0 \\ 0 & 0 & 0 & 0 & m_{\mathrm{LT}} & 0 \\ 0 & 0 & 0 & 0 & 0 & m_{\mathrm{RT}} \end{bmatrix} \tag{13.45}$$

13.5.4 Spannungsrelaxation

13.5.4.1 Physikalische Ursachen

Wird eine Probe konstant verformt, so sinkt die zur Aufrechterhaltung der Verformung erforderliche Spannung mit zunehmender Zeit ab. Man spricht dabei von Spannungsrelaxation.

Bei der Spannungsrelaxation spielen sich die gleichen Vorgänge im Werkstoffinneren ab wie beim Kriechen. Die Platzwechselvorgänge bewirken jedoch, dass die notwendige Spannung zum Aufrechterhalten einer bestimmten Verformung mit der Zeit nachlässt.

13.5.4.2 Kenngrößen/Prüfung

Bild 13.41 zeigt schematisch eine Prüfvorrichtung zur Bestimmung der Spannungsrelaxation von Holz und Holzwerkstoffen. Sie ermöglicht, den Werkstoff z. B. durch Biegung, Zug oder Druck um einen bestimmten Wert zu verformen und die dafür erforderliche Spannung als Funktion der Zeit aufzunehmen. Die Relaxation berechnet sich dann wie folgt:

$$R = \frac{\sigma_t}{\sigma_0} \cdot 100 \quad [\%] \tag{13.46}$$

σ_t Spannung zum Zeitpunkt t

σ_0 Spannung zum Zeitpunkt 0 ($\sigma_0 > \sigma_t$)

Genormte Prüfverfahren gibt es auch hier gegenwärtig noch nicht.

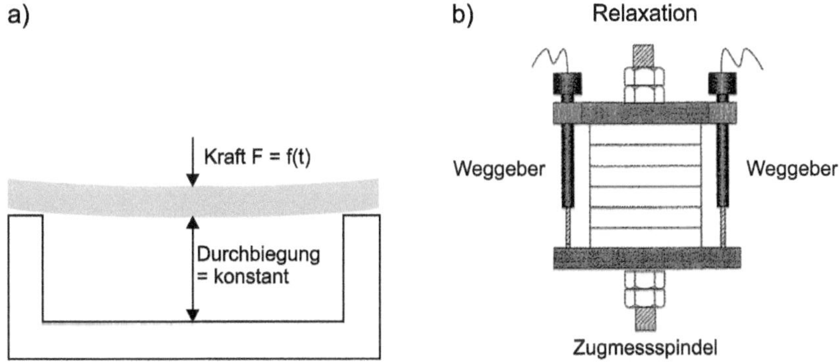

Bild 13.41 Schematische Darstellung der Prüfung des Relaxationsverhaltens. a) Biegebelastung, b) auf Querdruck vorgespannte Probe (Popper, Gehri & Eberle, 1999)

13.5.4.3 Einflussfaktoren und Materialkennwerte

Prinzipiell wird die Spannungsrelaxation von den gleichen Faktoren wie die Kriechverformung beeinflusst. Entsprechende Untersuchungen haben jedoch bei weitem nicht den Umfang wie die zum Kriechverhalten von Holz und Holzwerkstoffen. Generell kann gesagt werden, dass die Spannungsrelaxation bei Normalklima rund 60% beträgt. Von erheblichem Einfluss sind dabei die Klimawerte und die Werkstoffstruktur.

Spannungsrelaxation tritt z.B. bei vorgespannten Holzkonstruktionen wie Brücken auf, sie liegt etwa in der Größenordnung der Kriechverformung. Auch in Klebfugen kann es z.B. bei der Verklebung von zwei Lamellen mit einer Feuchtedifferenz beim nachfolgenden Feuchteausgleich zu Spannungen und zur Relaxation kommen. Der Effekt ist aber auch bereits deutlich ersichtlich, wenn bei der Materialprüfung die Belastung (z.B. für ein Foto oder eine Tomographie) gestoppt wird. Bild 13.42 zeigt die Spannungsrelaxation von Kiefer und MDF, Bild 13.43 und Bild 13.44 die Spannungsrelaxation bei Druckbelastung senkrecht zur Faserrichtung einer vorgespannten Konstruktion im Wechselklima. In der Trocknungsphase sinkt die Spannung (hervorgerufen durch das Schwinden), in der Befeuchtungsphase steigt sie. Mit steigender Zyklenanzahl sinkt die Spannung deutlich ab. Zwischen Konstant- und Wechselklima bestehen deutliche Unterschiede. Die Spannung reduziert sich bei vorgespanntem Brettschichtholz nach 70 Tagen nach (Popper, Gehri & Eberle, 1999)

- im Normalklima bei 65% r. L. um 10%,
- im Klima bei 88% r. L. um 48%,
- bei Befeuchtung von 65% auf 88% r.L. um 25%,
- bei Trocknung von 88% auf 65% r.L. um 60%.

Die Verbindungen müssen also kontrolliert nachgespannt werden; teilweise werden die Vorspannelemente daher eingeklebt. Dabei zeigte sich, dass z.B. beim Einkleben von Buchenholz mit 0,5 N/mm^2 Vorspannung in Brettschichtholz mindestens ein Bewehrungsfaktor von 0,4% (Volumen des eingeklebten Vorspannelementes zum Volumen des zu bewehrenden Holzes ohne Bohrung) erforderlich ist. Die durch die Armierung erreichbare Dimensionsstabilisierung betrug etwa 83% (Popper, Gehri & Eberle, 1999).

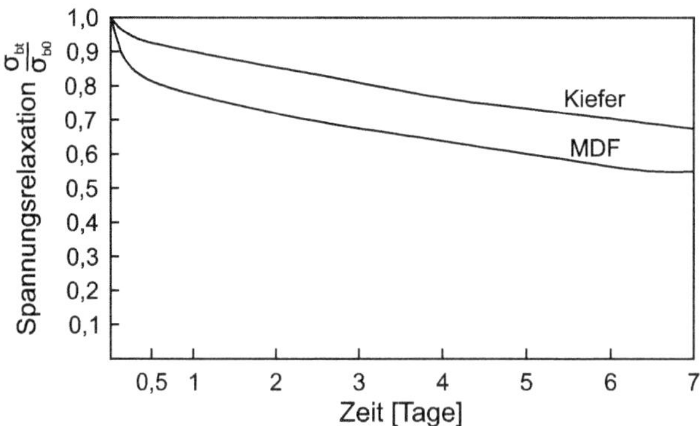

Bild 13.42 Spannungsrelaxation von Kiefernholz (*Pinus sylvestris* L.) und MDF

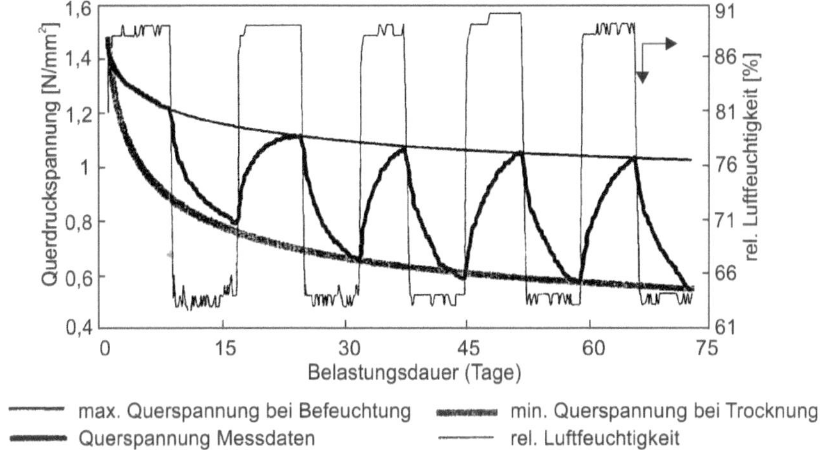

Bild 13.43 Spannungsrelaxation eines unter Querdruck vorgespannten Trägers nach Popper bei zyklischem Klimawechsel (Popper, Gehri & Eberle, 1999)

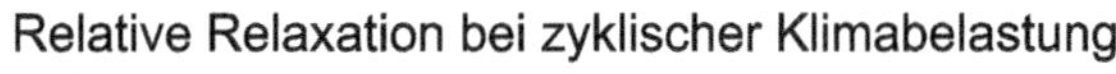

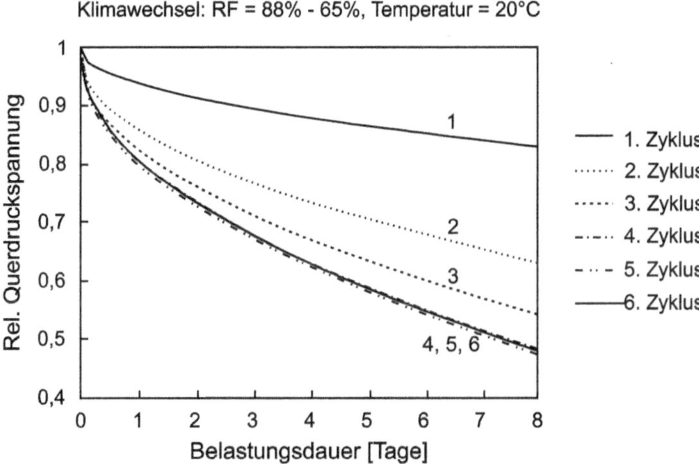

Bild 13.44 Mittlerer Verlauf der Spannung eines unter Querdruck vorgespannten Trägers bei zyklischem Klimawechsel (Popper, Gehri & Eberle, 1999)

13.5.5 Dauerstandfestigkeit

13.5.5.1 Physikalische Ursachen

Wie in Abschnitt 13.5.2 erläutert, wird die Kriechverformung deutlich von der Belastungsdauer und der Höhe der Last beeinflusst (Bilder 13.45 und 13.46). Wird eine Grenzspannung überschritten, kommt es, bedingt durch die zunehmenden Mikrobrüche im Werkstoffinneren, zu einem progressiven Verformungsanstieg (s. Bild 13.25) und schließlich zum Dauerstandbruch.

13.5.5.2 Kenngrößen/Prüfung

Bei der Prüfung der Dauerstandfestigkeit werden Prüfkörper unterschiedlich hoch belastet (z. B. 0,8; 0,7 bis 0,3 σ_{bB}) und die Zeit bis zu deren Bruch ermittelt. Als Dauerstandfestigkeit gilt dabei die Spannung, mit der der Werkstoff gerade noch belastet werden kann, ohne zu brechen. Die Beziehung zwischen Dauerstandfestigkeit und Zeit lautet nach Steller und Lexa (Steller & Lexa, 1987)

$$\sigma_t = a \cdot t^b \tag{13.47}$$

a, b experimentell zu bestimmende Konstanten

t Belastungsdauer bis zum Bruch

Zur Prüfung der Dauerstandfestigkeit (Zeitstandfestigkeit) von Holzwerkstoffen werden nach DIN EN 1156 im Normalklima (20 °C/65 % rel. Luftfeuchte) die Proben mit Spannungen von 55 %, 60 %, 70 %, 75 % belastet und die Zeit bis zum Bruch über Extrapolation ermittelt. Bei Prüfungen mit erhöhter rel. Luftfeuchte wird die Biegespannung reduziert (50 - 75 % der Bruchlast). Nielsen (Nielsen L. F., 2007) stellte fest, dass bei Langzeitbelastungen, bei denen ja auch die Lasthöhe variieren kann, auch die Frequenz der Belastung eingeht. Nach einer Übersicht von Reichel (Reichel, 2015) kann die Anzahl der Lastzyklen bis zum Bruch um das 100fache sinken, wenn die Frequenz der Belastung von 0,1 Hz auf 1/2 h verringert wird.

13.5.5.3 Einflussfaktoren und Materialkennwerte

Bild 13.45 zeigt die Biege-Zeitstandfestigkeit von Fichtenholz bei variabler Holzfeuchte und zum Vergleich die häufig verwendete Madison-Kurve des Forest Products Laboratory in Madison/USA. Komplexe Untersuchungen zum Einfluss struktureller Parameter auf die Dauerstandfestigkeit von Holz und Holzwerkstoffen liegen nicht vor. Es sind jedoch die gleichen Einflüsse wie für das Kriechverhalten zu erwarten.

Im Normalklima liegt die Dauerstandfestigkeit von Holz und Holzwerkstoffen bei 40 bis 60 % der statischen Kurzzeitfestigkeit (vgl. Tabelle 13.20). Insbesondere bei erhöhtem Feuchtegehalt sinkt der Wert erheblich (Bilder 13.45 und 13.46). Es wird vermutet, dass auch die Belastungsart von Einfluss ist.

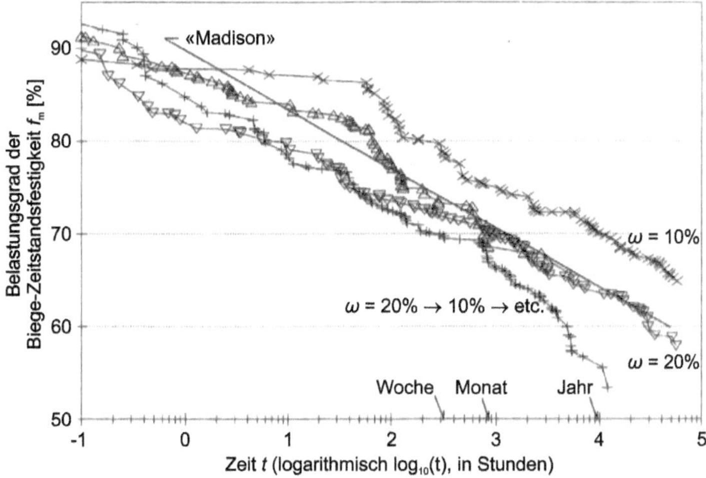

Bild 13.45 Biege-Zeitstandfestigkeit von fehlerfreiem Fichtenholz (50 mm x 100 mm) nach Hoffmeyer bei einer Holzfeuchte von 10 % und 20 % sowie wechselnder Holzfeuchte und als Vergleich die Madisonkurve der FPL Madison/USA (Hoffmeyer P., 1995)

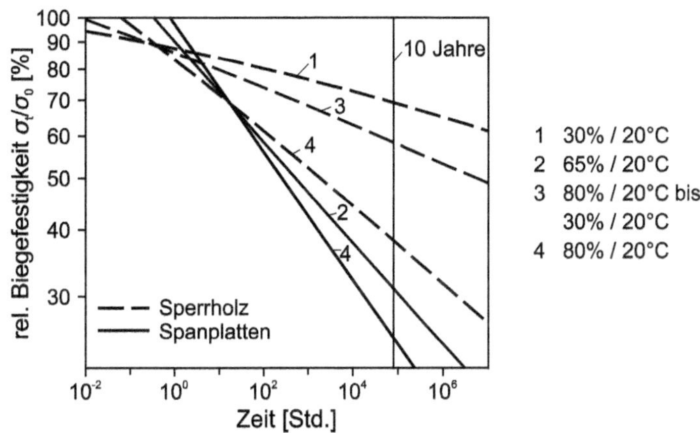

Bild 13.46 Dauerstand-Biegefestigkeit von Holzwerkstoffen in Abhängigkeit vom Klima (Steller & Lexa, 1987)

Tabelle 13.20 Dauerfestigkeiten bei statischer und dynamischer Belastung für fehlerfreies Nadelholz (Werte bezogen auf mittlere statische Kurzzeitfestigkeit unter normalem Innenraumklima (Neuhaus H., 2011), basierend auf (Möhler, 1980)), (dynamische Belastung siehe auch Kap. 14)

Dauerstandfestigkeit	Dauerschwellfestigkeit für Zug/Druck	Dauerschwingfestigkeit (Biegewechselfestigkeit)
50 - 60 %	60 - 75 %	23 - 35 %

13.5.6 Rheologische Modelle

Sowohl das elastische als auch das inelastische Verhalten kann für isotrope Werkstoffe durch rheologische Modelle dargestellt werden. Häufig werden diese aus praktischen Gründen auch für Holz und Holzwerkstoffe angewendet. Dabei stellt die Feder die elastische (Hookesches Element: $\sigma = \varepsilon \cdot E$), der Dämpfer die viskose Komponente dar (Newtonsches Element: ($\sigma = \dot{\varepsilon} \cdot \eta$ ($\dot{\varepsilon}$ - Dehnrate, η - Viskosität)). Als Grundelemente werden oft eine Parallelschaltung (Maxwell-Körper) und eine Reihenschaltung (Kelvin-Körper) verwendet (Bild 13.47).

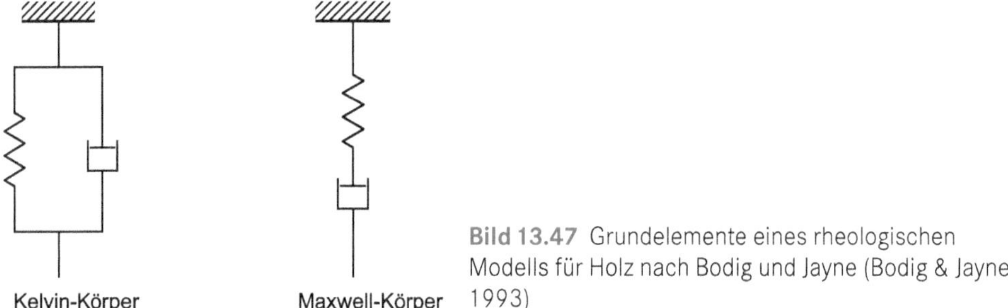

Bild 13.47 Grundelemente eines rheologischen Modells für Holz nach Bodig und Jayne (Bodig & Jayne, 1993)

Mithilfe dieser Modelle kann das Kriech- oder auch das Relaxationsverhalten näherungsweise beschrieben werden (Bild 13.48). Umfangreiche Arbeiten dazu sind z. B. in (Reichel, 2015), (Hassani, Wittel, Hering & Herrmann, 2015) sowie (Molier, 1992) zu finden. Die zuverlässigsten rheologischen Modelle sind für isotropes Materialverhalten zu finden.

Ein weitgehend komplettes Modell von elastischen und inelastischen Eigenschaften von Holz publizierte mit entsprechenden Materialkennwerten (u. a. auch für geklebte Holzverbindungen) Hassani (Hassani M. M., 2015) (Gl. (13.48), Bild 13.49). Dabei wurden feuchteinduzierte elastische, viskoelastische und plastische Verformungen integriert und in parallel laufenden Arbeiten die erforderlichen Materialkennwerte feuchte- und zeitabhängig ermittelt.

$$\varepsilon_{tot} = \varepsilon_{el} + \varepsilon_{\omega} + \varepsilon_{ms} + \varepsilon_{ve} + \varepsilon_{pl} \tag{13.48}$$

Dabei sind ε_{tot} die Gesamtverformung, ε_{el} die elastische Verformung, ε_{ω} die feuchteinduzierte Verformung, ε_{ms} die Verformung aufgrund der Mechanosorption, ε_{ve} die verzögert elastische Verformung (viskoelastisch) und ε_{pl} die plastische Verformung.

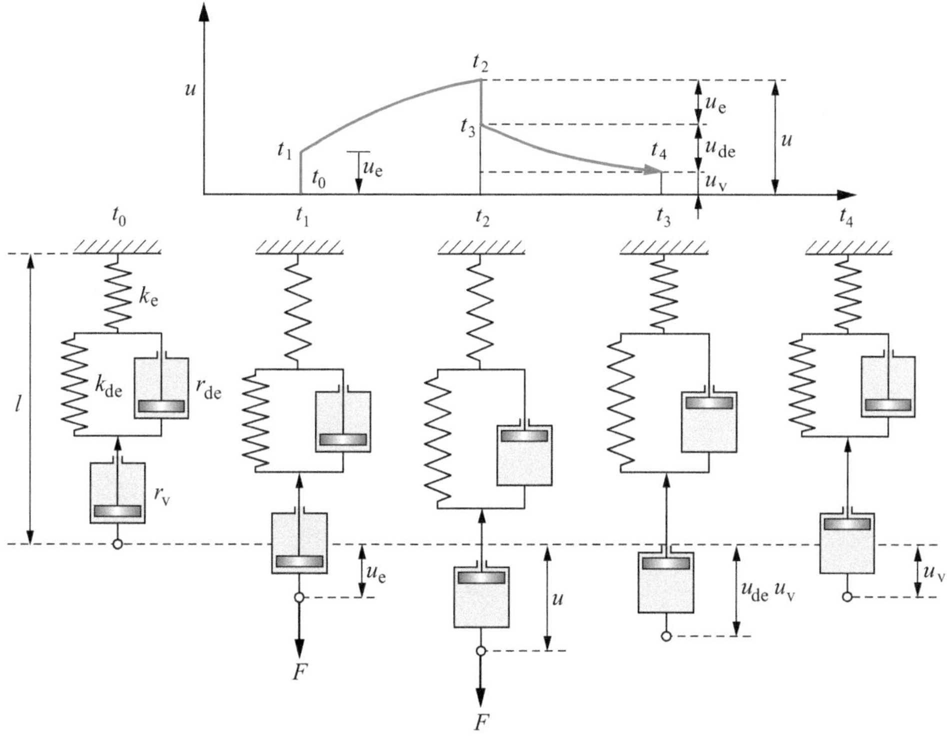

Bild 13.48 Burger-Modell für die Beschreibung des viskoelastischen Verhaltens von Holz (Bodig & Jayne, 1993)

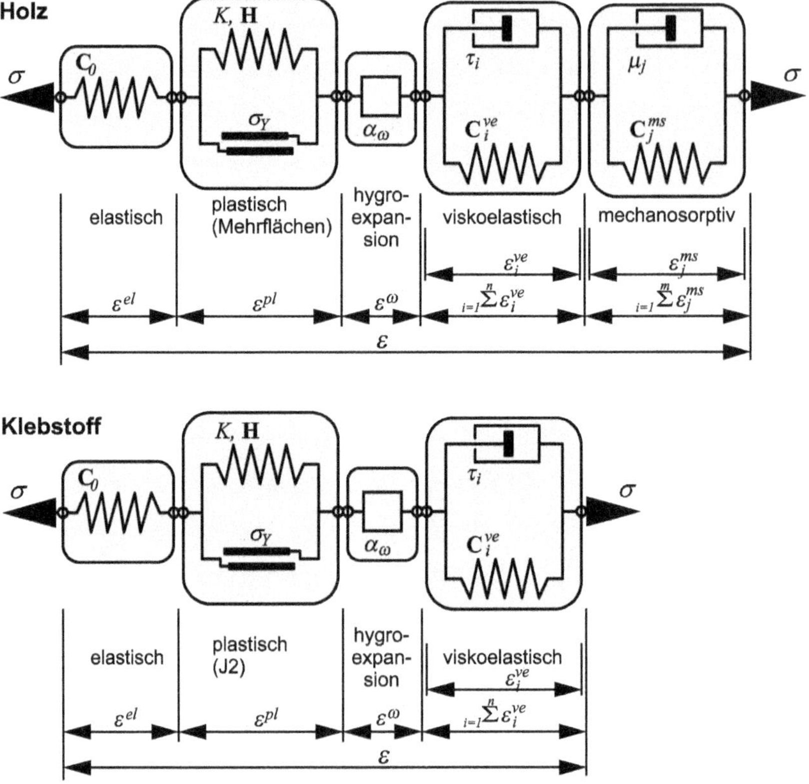

Bild 13.49 Modell zur komplexen Beschreibung des rheologischen Verhaltens von Holz und Klebstoff nach Hassani u. a. (Hassani, Wittel, Hering & Herrmann, 2015)

Literaturverzeichnis

Albers, K. (1970). Querdehnungs- und Gleitzahlen sowie Schub- und Scherfestigkeiten von Holzwerkstoffen. Diss., Universität Hamburg.

Altenbach, H., Altenbach, J. & Rikards, R. (1996). Einführung in die Mechanik der Laminat- und Sandwichtragwerke. Stuttgart: Deutscher Verlag für Grundstoffindustrie.

Armstrong, L. D. & Kingston, R. S. (1960). Effect of moisture changes on creep in wood. Nature, 185 (4716), S. 862 - 863.

Ashby, M. F. (2011). Materials selection in mechanical design (4. Ausg.). Amsterdam: Elsevier.

Ashby, M. F. & Jones, D. R. (2012 - 2013). Engineering materials (4. Ausg.). Elsevier Butterworth-Heinemann.

Bachtiar, E. V., Sanabria, S. J., Mittig, J. P. & Niemz, P. (2017). Moisture-dependent elastic characteristics of walnut and cherry wood by means of mechanical and ultrasonic test incorporating three different ultrasound data evaluation techniques. Wood Science and Technology, 51 (1), S. 47 - 67.

Badanta, S. & u. a. (1986). Untersuchungen zur Auszugskraft bei Nägeln und Schrauben aus Kiefernholz. Przem. Drzewny, 37 (7), S. 5 - 6.

Baensch, F. (2015). Damage evolution in wood and layered wood composites monitored in situ by acoustic emission, digital image correlation and synchrotron based tomographic microscopy. Zürich: Diss., ETH Zürich.

Bargel, H. & Schulze, G. (1988). Werkstoffkunde. Düsseldorf: VDI Verlag.

Becker, P. (2002). Modellierung des zeit- und feuchteabhängigen Materialverhaltens zur Untersuchung des Langzeitverhaltens von Druckstäben aus Holz. Weimar: Diss., Bauhaus-Universität Weimar.

Berner, M., Gier, J., Scheffler, M. & Hardtke, H.-J. (2007). Identifikation von Werkstoffparametern an Platten aus Holz und Holzwerkstoffen mittels Modalanalyse. Holz als Roh- und Werkstoff, 65 (5), S. 367 - 375.

Blass, H. J. (1987). Tragfähigkeit von Druckstäben aus Brettschichtholz unter Berücksichtigung streuender Einflussgrößen. Karlsruhe: Diss., Universität Karlsruhe.

Bodig, J. & Jayne, B. A. (1993). Mechanics of wood and wood composites (2. Ausg.). Malabar (FL): Krieger Publishing Company.

Borovikov, A. M. & Ugolev, B. N. (1986). Handbuch Holz. Moskau: Lesnaja Prom.

Böttcher, P. (1986). Auswirkungen von Waldschäden auf einige physikalische und mechanische Holzeigenschaften von Fichte und Buche. Holz Roh- und Werkstoff, 44 (8), S. 302.

Bröker, F.-W. (1985). Dehnungsmessung von Holz mit direkt applizierten DMS. Messtechnische Briefe, 21 (1), S. 18 - 23.

Bröker, F.-W. & Schwab, E. (1988). Torsionsprüfung von Holz. Holz als Roh- und Werkstoff, 46 (2), S. 47 - 52.

Bucur, V. (2006). Acoustics of wood (2. Ausg.). Berlin: Springer.

Bucur, V. & Archer, R. R. (1984). Elastic constants for wood by an ultrasonic method. Wood Science and Technology, 18 (4), S. 255 - 265.

Bues, C. T. & Schulz, H. (1988). Festigkeit und Feuchtegehalt von Kiefernholz aus Waldschadensgebieten. Holz Roh- und Werkstoff, 46, S. 41 - 45.

Bues, C. T., Schulz, H. & Eichenseer, F. (1987). Untersuchung des Ausziehwiderstands von Nägeln und Schrauben in Kiefernholz. Holz als Roh- und Werkstoff, 45 (12), S. 514.

Burgert, I. (2000). Die mechanische Bedeutung der Holzstrahlen im lebenden Baum. Hamburg: Diss., Universität Hamburg.

Butterfield, B. G. (1997). Proceedings of IAWA/IUFRO International Workshop of Significance of the Microfibril Angle to Wood Quality. Westport/New Zealand.

Carll, C. G. & Link, C. L. (1988). Tensile and compressive MOE of flakeboards. Forest Products Journal, 38 (1), S. 8 - 14.

Carrington, H. (1922). The elastic constants of spruce as affected by moisture content. Aeronautical Journal, 26, S. 462-471.

Clauss, S. (2011). Structure-property relationships of one-component moisture-curing polyurethane adhesives under thermal load. Zürich: Diss., ETH Zürich.

Clauss, S., Pescatore, C. & Niemz, P. (2014). Anisotropic elastic properties of common ash (Fraxinus excelsior L.). Holzforschung, 68 (8), S. 941-949.

Colling, F. (1990). Tragfähigkeit von Biegeträgern aus Brettschichtholz in Abhängigkeit von den festigkeitsrelevanten Einflussgrößen. Karlsruhe: Diss., Universität Karlsruhe.

Cramer, S. M. & Goodman, J. R. (1986). Failure modeling: a basis for strength prediction of lumber. Wood and Fiber Science, 18 (3), S. 446 - 459.

Czaderski, C., Steiger, R., Howald, M., Olia, S., Gülzow, A. & Niemz, P. (2007). Versuche und Berechnungen an allseitig gelagerten 3-schichtigen Massivholzplatten. Holz als Roh- und Werkstoff, 65 (5), S. 383 - 402.

Debaise, G. R., Porter, A. & Pentonoy, R. E. (1966). Morphology and mechanics of wood fracture. Material Res. Stand., S. 493 - 499.

Dinwoodie, J. M. (2000). Timber: Its nature and behaviour (2. Ausg.). London und New York: E and FN Spon.

Dinwoodie, J. M., Higgins, J. A., Paxton, B. H. & Robson, D. J. (1990). Creep research on particleboard. Holz als Roh- und Werkstoff, 48 (1), S. 5 - 10.

Dinwoodie, J. W., Higgins, J.-A., Robson, D. J. & Paxton, H. B. (1990). Creep in chipboard. Part 7: Testing the efficacy of models on 7 - 10 years data and evaluating optimum period of prediction. Wood Science and Technology, 24 (2), S. 181 - 189.

Dinwoodie, J., Higgins, J., Paxton, B. & Robson, D. (1990). Creep research on particleboard . Holz als Roh -und Werkstoff, 48, 5 - 10.

Dube, H. (1999). Kriechverhalten von Holzwerkstoffen. In Tagungsband Holzwerkstoffkolloquium 1999. Dresden.

Ehlbeck, J. (1967). Durchbiegung und Spannungen von Biegeträgern aus Holz unter Berücksichtigung der Schubverformung. Karlsruhe: Diss., Universität Karlsruhe.

Ehlbeck, J. (1982). Dauerschwingfestigkeit von Holz und Holzverbindungen - eine Bestandsaufnahme. In J. Ehlbeck & G. Steck (Hrsg.), Ingenieurholzbau in Forschung und Praxis. Festschrift Karl Möhler. Karlsruhe: Bruder Verlag.

Ehlbeck, J. & Görlacher, R. (1990). Zur Problematik bei der Beurteilung der Tragfähigkeit von altem Konstruktionsholz. Bauen mit Holz, 92 (2), S. 117 - 121.

Fuchs, F. R. (1963). Untersuchungen über den Einfluss von Temperatur und Holzfeuchtigkeit auf die elastischen und plastischen Formänderungen von Buchenholz bei Zug- und Druckbelastung. Hamburg: Diss., Universität Hamburg.

Gereke, T. (2009). Moisture-induced stresses in cross-laminated wood panels. Zürich: Diss. ETH Zürich.

Gibson, L. J., Ashby, M. F. & Harley, B. A. (2010). Cellular materials in nature and medicine. New York: Cambridge University Press.

Glos, P. (1982). Die maschinelle Festigkeitssortierung von Schnittholz. Holz-Zentralblatt, 108, S. 153 - 155.

Görlacher, R. (1987). Zerstörungsfreie Prüfung von Holz: Ein „in situ"-Verfahren zur Bestimmung der Rohdichte. Holz als Roh- und Werkstoff, 45 (7), S. 273 - 278.

Görlacher, R. (1990). Klassifizierung von Brettschichtholzlamellen durch Messung von Longitudinalschwingungen. Karlsruhe: Diss., Universität Karlsruhe.

Görlacher, R. & Hättich, R. (1990). Untersuchung von altem Konstruktionsholz. Die Bohrwiderstandsmessung. Bauen mit Holz, 92 (6), S. 455 - 459.

Gressel, P. (1971). Untersuchungen über das Zeitstandbiegeverhalten von Holzwerkstoffen in Abhängigkeit von Klima und Belastung. Hamburg: Diss. Universität Hamburg.

Gressel, P. (1983). Erfassung, systematische Auswertung und Ergänzung bisheriger Untersuchungen über das rheologische Verhalten von Holz und Holzwerkstoffen. Ein Beitrag zur Verbesserung des Formänderungsnachweises nach DIN 1052 „Holzbauwerke". Karlsruhe: Universität Karlsruhe, Forschungsbericht zu den AIF Vorhaben 4298 und 5348.

Gressel, P. (1984). Einfluß des Sorptionsverhaltens auf die Eigenschaften von Spanplatten. Holz als Roh- und Werkstoff, 42 (10), S. 393 - 398.

Gressel, P. (1984). Kriechzahlen von Holz und Holzwerkstoffen. Bauen mit Holz, 86 (4), S. 215 - 223.

Gressel, P. (1984). Zur Vorhersage des langfristigen Formänderungsverhaltens aus Kurz-Kriechversuchen. Holz als Roh- und Werkstoff, 42 (8), S. 293 - 301.

Gressel, P. (1986). Vorschlag einheitlicher Prüfgrundsätze zur Durchführung und Bewertung von Kriechversuchen. Holz als Roh- und Werkstoff, 44 (4), S. 133 - 138.

Grimsel, M. (1999). Mechanisches Verhalten von Holz: Struktur- und Parameteridentifikation eines anisotropen Werkstoffes. Dresden: Diss., TU Dresden.

Gülzow, A. (2008). Zerstörungsfreie Bestimmung der Biegesteifigkeiten von Brettsperrholzplatten. Zürich: Diss., ETH Zürich.

Gustafsson, P. J. (1988). Report TVSM 7042.

Halligan, A. F. & Schniewind, A. P. (1974). Prediction of particleboard mechanical properties at various moisture contents. Wood Science and Technology, 8 (1), S. 68 - 78.

Hanhijärvi, A. (1995). Modelling of creep deformation mechanisms in wood. Espoo: Technical Research Centre of Finland, Diss. Helsinki University of Technology.

Hanhijärvi, A. & Hunt, D. (1998). Experimental indication of interaction between viscoelastic and mechano-sorptive creep. Wood Science and Technology, 32 (1), S. 57 - 70.

Hankinson, R. L. (1921). Investigation of crushing strength of spruce at varying angles of grain. Air Force Information Circular No. 259, U. S. Air Service.

Hänsel, A. & Kühne, G. (1988). Untersuchungen zur Mechanik der Spanplatte. Holzforschung und Holzverwertung, 40 (1), S. 1 - 5.

Hänsel, A. & Niemz, P. (1989). Untersuchungen zur Mikromechanik biegebelasteter Spanplatten. Holzforschung und Holzverwertung, 41 (3), S. 47 - 50.

Hapla, F. (1988). Wechselbeziehung zwischen Rohdichte und Bruchschlagarbeit bei immissionsgeschädigten Kiefern. Holz als Roh- und Werkstoff, 46 (1), S. 33.

Harrington, J. (2002). Hierarchical modelling of softwood hygro-elastic properties. Christchurch: Diss., Universität Christchurch, New Zealand.

Hassani, M. M. (2015). Adhesive bonding of structural hardwood elements. Zürich: Diss. ETH Zürich.

Hassani, M. M., Wittel, F. K., Hering, S. & Herrmann, H. J. (2015). Rheological model for wood. Computer Methods in Applied Mechanics and Engineering, 283 (1), S. 1032-1060.

Hearmon, R. F. (1943). The significance of coupling between shear and extension in the elastic behaviour of wood and plywood. Proceedings of the Physical Society, 55 (1), S. 67 - 80.

Hearmon, R. F. & Paton, J. M. (1964). Moisture content changes and creep of wood. Forest Products Journal, 14, S. 357 - 359.

Heckel, K. (1991). Einführung in die technische Anwendung der Bruchmechanik. München: Hanser Verlag.

Hering, S. (2011). Charakterisierung und Modellierung der Materialeigenschaften von Rotbuchenholz zur Simulation von Holzverklebungen. Zürich: Diss., ETH Zürich.

Hering, S., Keunecke, D. & Niemz, P. (2012). Moisture-dependent orthotropic elasticity of beech wood. Wood Science and Technology, 46 (5), S. 927 - 938.

Hoffmeyer, P. (1995). Holz als Baustoff. In H. J. Blaß, R. Görlacher & G. Steck (Hrsg.), Step 1: Holzbauwerke nach Eurocode 5. Bemessung und Baustoffe (S. A4/1 - 22). Düsseldorf: Arbeitsgemeinschaft Holz.

Hoffmeyer, P. & Davidson, R. W. (1989). Mechano-sorptive creep mechanism of wood in compression and bending. Wood Science and Technology, 23 (3), S. 215 - 227.

Höring, G. (1933). Zur Elastizität des Fichtenholzes. Zeitschrift für Technische Physik, 12, S. 369 - 379.

Hunt, D. G. (1984). Creep trajectories for beech during moisture changes under load. Journal of Materials Science, 19 (5), S. 1456 - 1467.

Hunt, D. G. (1989). Linearity and non-linearity in mechano-sorptive creep of softwood in compression and bending. Wood Science and Technology, 23 (4), S. 323 - 333.

Hunt, D. G. (1989). Two classical theories combined to explain anomalies in wood behaviour. Journal of Materials Science Letters, 8 (12), S. 1474 - 1476.

Hunt, D. G. (1997). Dimensional changes and creep of spruce, and consequent model requirements. Wood Science and Technology, 31 (1), S. 3 - 16.

Jiang, J. & Lu, J. (2009). Anisotropic characteristics of wood dynamic viscoelastic properties. Forest Products Journal, 59 (7/8), S. 59 - 64.

Johanson, J. A. (1973). Crack initiation in wood plates. Wood Science, 6 (2), S. 151 - 157.

Keith, C. T. & Cote, W. A. (1968). Mikroskopische Charakterisierung von Gleitlinien und Faserstauchungen in Zellwänden. Forest Products Journal, 18 (3), S. 67 - 74.

Keunecke, D. (2008). Elasto-mechanical characterisation of yew and spruce wood with regard to structure-property relationships. Zürich: Diss. ETH Zürich.

Keunecke, D., Hering, S. & Niemz, P. (2008). Three-dimensional elastic behaviour of common yew and Norway spruce. Wood Science and Technology, 42 (8), S. 633 – 647.

Keylwerth, R. (1951). Die anisotrope Elastizität des Holzes und der Lagenhölzer. Düsseldorf: VDI Verlag, VDI Forschungsheft 430.

Keylwerth, R. (1958). Zur Mechanik der mehrschichtigen Spanplatte. Holz als Roh- und Werkstoff, 16 (11), S. 419 – 430.

Kisser, J. & Steininger, A. (1952). Makroskopische und mikroskopische Strukturänderungen bei der Biegebeanspruchung von Holz. Holz als Roh- und Werkstoff, 10 (11), S. 415 – 421.

Kläusler, O. F. (2014). Improvement of one-component polyurethane bonded wooden joints under wet conditions. Zürich: Diss., ETH Zürich.

Knigge, W. & Schulz, H. (1966). Grundriss der Forstbenutzung. Hamburg: Parey.

Kollmann, F. (1951). Technologie des Holzes und der Holzwerkstoffe (2. Ausg., Bd. 1). Berlin/Göttingen/Heidelberg: Springer-Verlag.

Kollmann, F. & Côté Jr., W. A. (1968). Principles of wood science and technology (Bd. 1). Berlin/Heidelberg: Springer.

Kollmann, F. & Krech, H. (1961). Zeitfestigkeit und Dauerfestigkeit von Holzspanplatten. Holz als Roh- und Werkstoff, 19 (3), S. 113 – 118.

Kucera, L. J. & Bariska, M. (1982). On the fracture morphology in wood. Part 1: A SEM-study of deformations in wood of spruce and aspen upon ultimate axial compression load. Wood Science and Technology, 16 (4), S. 241 – 259.

Kucera, L. J. & Sell, J. (1987). Die Verwitterung von Buchenholz im Holzstrahlbereich. Holz als Roh- und Werkstoff, 45 (3), S. 89 – 93.

Kühne, G. & Niemz, P. (1981). Untersuchungen zum Einfluß der Plattenschichten auf das Kriechverhalten von Spanplatten. Holztechnologie, 22 (1), S. 9 – 12.

Kühne, G., Niemz, P., Wienhaus, O. & Zangolies, P. (1981). Orientierende Untersuchungen zum Einfluß des Acetylierens der Partikeln auf die Eigenschaften von Spanplatten. Holztechnologie, 22 (2), S. 67 – 69.

Langendorf, G., Schuster, E. & Wagenführ, R. (1990). Rohholz (4. Ausg.). Leipzig: Fachbuchverlag.

Lanvermann, C. (2014). Sorption and swelling within growth rings of Norway spruce and implications on the macroscopic scale. Zürich: Diss. ETH Zürich.

Lehmann, W. F., Ramokor, T. J. & Hefty, F. K. (1975). Kriecheigenschaften von Platten für das Bauwesen. Pullmann.

Lei, Y. K. & Wilson, J. B. (1980). A model for predicting fracture toughness of flakeboard. Wood Science, 13 (2), S. 151 – 156.

Leps, T. (2012). Das optimale Material für jedes Möbelteil. Holz-Zenralblatt, 138 (49), S. 1271.

Liu, T. & Öden, K. (kein Datum). Rheological behaviour of wood and wooden structures. Stockholm: Department Building Materials, The Royal Institute of Technology.

Logemann, M. (1991). Abschätzung der Tragfähigkeit von Bauteilen mit Ausklinkung und Durchbrüchen. Fortschritt-Berichte VDI, Reihe 4, Nr. 102. Düsseldorf: VDI-Verlag.

Martensson, A. (1994). Mechano-sorptive effects in wooden materials. Wood Science and Technology, 28 (6), S. 437 – 449.

McNatt, J. D., Wellwood, R. W. & Bach, L. (1990). Relationships between small-specimen and large panel bending tests on structural wood-based panels. Forest Products Journal, 40 (9), S. 10 – 16.

Menard, K. P. (1999). Dynamic mechanical analysis: a practical introduction. Boca Raton, FL: CRC Press.

Mette, H. J. (1984). Holzkundliche Grundlagen der Forstnutzung. Berlin: Dt. Landwirtschaftsverlag.

Mohager, S. (1987). Studies of creep of wood (in Swedish). Stockholm: Diss., Königliche Technische Hochschule, Stockholm.

Möhler, K. (1980). Grundlagen der Holz-Hochbaukonstruktion. In K.-H. Götz, D. Hoor, K. Möhler & J. Natterer (Hrsg.), Holzbau-Atlas. München: Institut für Internationale Architektur-Dokumentation.

Molier, P. (1992). Creep in timber structures. Rilem Report 8. London: E & FN SPON.

Montero, C., Gril, J., Legeas, C., Hunt, D. G. & Clair, B. (2012). Influence of hygromechanical history on the longitudinal mechanosorptive creep of wood. Holzforschung, 66 (6), S. 757 - 764.

Nakao, T. & Okano, T. (1987). Evaluation of modulus of rigidity by dynamic plate shear testing. Wood and Fiber Science, 19 (4), S. 332 - 338.

Navi, P. & Sandberg, D. (2012). Thermo-hydro-mechanical processing of wood. Lausanne: EPFL Press, CRC-Press.

Neuhaus, F. (1981). Elastizitätszahlen von Fichtenholz in Abhängigkeit von der Holzfeuchtigkeit. Bochum: Dissertation, Universität Bochum.

Neuhaus, H. (2011). Ingenieurholzbau (3. Ausg.). Wiesbaden: Vieweg + Teubner.

Nielsen, L. F. (2000). Lifetime and residual strength of wood subjected to static and variable load. Part I: Introduction and analysis. Holz als Roh- und Werkstoff, 58 (1), S. 81 - 90.

Nielsen, L. F. (2007). Strength of wood versus rate of testing - A theoretical approach. Holz als Roh- und Werkstoff, 65 (3), S. 223-229.

Niemz, P. (1980). Über einige Erkenntnisse zum Kriechverhalten von Vollholz. Holztechnologie, 21 (4), S. 195 - 199.

Niemz, P. (1982). Untersuchungen zum Kriechverhalten von Spanplatten unter besonderer Berücksichtigung des Einflusses der Werkstoffstruktur. Diss., TU Dresden.

Niemz, P. & Caduff, D. (2008). Untersuchungen zur Bestimmung der Poissonschen Konstanten an Fichtenholz. Holz als Roh- und Werkstoff, 66 (1), S. 1 - 4.

Niemz, P. & Hänsel, A. (1987). Untersuchungen zum Bruch- und Verformungsverhalten von Spanplatten. Holztechnologie, 28 (3), S. 139 - 143.

Niemz, P. & Regensburger, K. (1980). Anwendung photogrammetrischer Meßverfahren für Deformations- und Dehnungsmessungen an Vollholz und Spanplatten aus Holz. Holztechnologie, 21 (1), S. 9 - 14.

Niemz, P. & Sonderegger, W. (2003). Untersuchungen zur Korrelation ausgewählter Holzeigenschaften untereinander und mit der Rohdichte unter Verwendung von 103 Holzarten. Schweizerische Zeitschrift für Forstwesen, 154 (12), S. 489 - 493.

Niemz, P., Clauss, S., Michel, F., Hänsch, D. & Hänsel, A. (2014). Physical and mechanical properties of common ash (Fraxinus excelsior L.). Wood Research, 59 (4), S. 671 - 682.

Niemz, P., Ozyhar, T., Hering, S. & Sonderegger, W. (2015). Zur Orthotropie der physikalisch-mechanischen Eigenschaften von Rotbuchenholz. Bautechnik, 92 (1), S. 3 - 8.

Norimoto, M., Gril, J. & Rowell, R. M. (1992). Rheological properties of chemically modified wood: relationship between dimensional and creep stability. Wood and Fiber Science, 24 (1), S. 25 - 35.

Ormarsson, S. (1999). Numerical analysis of moisture-related distortions in sawn timber. Diss., Chalmers University of Technology.

Ozyhar, T. (2013). Moisture and time dependent orthotropic mechanical characterization of beech wood. Zürich: Diss., ETH Zürich.

Ozyhar, T., Hering, S. & Niemz, P. (2012). Moisture-dependent elastic and strength anisotropy of European beech wood in tension. Journal of Materials Science, 47 (16), S. 6141 - 6150.

Ozyhar, T., Hering, S., Sanabria, S. J. & Niemz, P. (2013). Determining moisture dependent elastic characteristics of beech wood by mean of ultrasonic waves. Wood Science and Technology, 47 (2), S. 329 - 341.

Ozyhar, T., Mohl, L., Hering, S., Hass, P., Zeindler, L., Ackermann, R. & Niemz, P. (2016). Orthotropic hygric and mechanical material properties of oak wood. Wood Material Science & Engineering, 11 (1), S. 36 - 45.

Patton-Mallory, M. & Cramer, S.M. (1987). Fracture mechanics: A tool for predicting wood component strength. Forest Products Journal, 37 (7/8), S. 39 - 47.

Pavlekovics, A., Niemz, P., Sonderegger, W. & Molnar, S. (2008). Untersuchungen zum Einfluss der Holzfeuchte auf ausgewählte Eigenschaften von Spanplatten und MDF. Holz als Roh- und Werkstoff, 66 (2), S. 99 - 105.

Perkitny, T. & Perkitny, J. (1966). Vergleichende Untersuchungen über die Verformung von Holz, Span- und Faserplatten. Holztechnologie, 7 (4), S. 265 - 271.

Petterson, R.W. & Bodig, J. (1983). Prediction of fracture toughness of conifers. Wood and Fiber Science, 15 (4), S. 302 - 316.

Pierce, C.B., Dinwoodie, J.M. & Paxton, B.H. (1986). Creep in chipboard. Part 6: Time to failure analysis under steady state conditions. Wood Science and Technology, 20 (3), S. 281 - 292.

Plath, E. (1971). Beitrag zur Mechanik der Holzspanplatten. Holz als Roh- und Werkstoff, 29 (10), S. 377 - 382.

Popper, R., Gehri, E. & Eberle, G. (1999). Mechanosorptive Eigenschaften von bewehrtem Brettschichtholz: Relaxation bei zyklischer Klimabelastung. Drevarsky Vyskum, 44 (1), S. 1 - 11.

Pozgaj, J., Chonavec, D., Kurjatko, S. & Babiak, M. (1997). Struktura a vlasnosti dreva (Struktur und Eigenschaften des Holzes). Bratislava: Priroda.

Ranta-Maunus, A. (1975). The viscoelasticity of wood at varying moisture content. Wood Science and Technology, 9 (3), S. 189 - 205.

Ranta-Maunus, A. (1990). Impact of mechano-sorptive creep to the long-term strength of timber. Holz als Roh- und Werkstoff, 48 (2), S. 67 - 71.

Reichel, S. (2015). Modellierung und Simulation hygro-mechanisch beanspruchter Strukturen aus Holz im Kurz- und Langzeitbereich. Dresden: Diss., TU Dresden.

Rose, O. (1965). Das mechanische Verhalten des Kiefernholzes bei dynamischer Dauerbeanspruchung in Abhängigkeit von Belastungsart, Belastungsgröße, Feuchtigkeit und Temperatur. Holz als Roh- und Werkstoff, 23 (7), S. 271 - 284.

Ross, R.J. (Hrsg.). (2010). Wood Handbook. Wood as an Engineering Material. Madison WI: Forest Products Laboratory.

Roth, P. (1935). Dauerbeanspruchung von Eichenholz- und von Tannenholz-Prismen in Faserrichtung durch konstante und durch wechselnde Druckkräfte und Dauerbiegebeanspruchung von Tannenholzbalken. Karlsruhe: Diss., Universität Karlsruhe.

Scharr, G. (1986). Beitrag zur Torsionselastizität von Hölzern in Abhängigkeit von der Holztemperatur und der Belastungszeit. Holz als Roh- und Werkstoff, 44 (2), S. 57 - 60.

Schober, B. (1987). Untersuchungen zum Einfluß der Belastung auf das Kriechverhalten von Vollholz und Holzpartikelwerkstoffen. Holztechnologie, 28 (1), S. 13 - 16.

Schreiber, J., Niemz, P. & Mannes, D. (2007). Vergleichende Untersuchungen zu ausgewählten Eigenschaften von Holzpartikelwerkstoffen bei unterschiedlicher Belastungsart. Holztechnologie, 48 (1), S. 1 - 10.

Schulz, H. (1985). Härteprofile als Hinweis auf verschiedene Festigkeitssysteme im Holz. Holz als Roh- und Werkstoff, 43 (6), S. 215 - 222.

Sjölund, J. (2015). Effect of cell structure geometric and elastic parameters on wood rigidity. Aalto: Diss., Universität Aalto.

Skyba, O. (2008). Durability and physical properties of thermo-hygro-mechanically (THM)-densified wood. Zürich: Diss., ETH Zürich.

Smith, S.M. & Morrell, J.J. (1986). Correcting Pilodyn measurement of Douglas-fir for different moisture levels. Forest Products Journal, 36 (1), S. 45 - 46.

Sonderegger, W., Mandallaz, D. & Niemz, P. (2008). An investigation of the influence of selected factors on the properties of spruce wood. Wood Science and Technology, 42 (4), S. 281 - 298.

Sonderegger, W., Martienssen, A., Nitsche, C., Ozyhar, T., Kaliske, M. & Niemz, P. (2013). Investigations on the physical and mechanical behaviour of sycamore maple (Acer pseudoplatanus L.). European Journal of Wood and Wood Products, 71 (1), S. 91 - 99.

Stamer, J. (1935). Elastizitätsuntersuchungen an Hölzern. Ingenieur-Archiv, 6 (1), S. 1 - 8.

Stanzl-Tschegg, S., Keunecke, D. & Tschegg, E. (2011). Fracture tolerance of reaction wood (yew and spruce wood in TR crack propagation system). Journal of the Mechanical Behavior of Biomedical Materials, 4 (5), S. 688 - 698.

Steller, S. & Lexa, J. (1987). Problematik der Lebensdauer von Holz und Holzkonstruktionen. Bauforschung Baupraxis, 105.

Svensson, S. (2011). Duration of load effect: Experimental research in the past, present and future. Kolloquium: Advances in Physics and Reliability of Wood. ETH Zürich 16. und 17.12.2010, Vortrag. Zürich.

Szalai, J. (1994). Die anisotrope Elastizität und Festigkeit von Holz und Holzwerkstoffen.Teil I: Die Anisotropie der mechanischen Eigenschaften (in Ungarisch). Sopron: Universität Sopron.

Tetmajer, L. (1884). Methoden und Resultate der Prüfung der Schweizerischen Bauhölzer. Zürich: Mitteilungen Anstalt für Prüfung von Baumaterialien, Eidgenössisches Polytechnikum.

Timell, T. E. (1986). Compression wood in gymnosperms. 3 Bände. Berlin: Springer.

Toratti, T. & Svensson, S. (2000). Mechano-sorptive experiments perpendicular to grain under tensile and compressive loads. Wood Science and Technology, 34 (4), S. 317 - 326.

Ugolev, B. N. (1986). Holzkunde und Grundlagen der Holzwarenkunde. Moskau: Lesn. Prom.

Valentin, G. H., Boström, L. R. & Gustafsson, P. J. (1991). Application of fracture mechanics to timber structures. Espoo: RILEM state-of-the-art report.

Voigt, W. (1928). Lehrbuch der Kristallphysik. Leipzig: B. G. Teubner, Leipzig.

Voigt, W. (1928). Lehrbuch der Kristallphysik. Leipzig: B. G. Teubner.

von Halász, R. & Scheer, C. (1986). Holzbau-Taschenbuch. Band 1: Grundlagen, Entwurf und Konstruktionen (8. Ausg.). Berlin: Ernst & Sohn.

Vorreiter, L. (1949 - 1963). Holztechnologisches Handbuch (Bde. 1 - 3). Wien: Fromme.

Wagenführ, R. (2007). Holzatlas (6. Ausg.). München: Fachbuchverlag Leipzig im Carl Hanser Verlag.

Werner, G. & Zimmer, K.-H. (2009). Holzbau 1 (4. Ausg.). Berlin: Springer-Verlag.

Zandbergs, J. G. & Smith, F. W. (1988). Finite element fracture prediction for wood with knots and cross grain. Wood and Fiber Science, 20 (1), S. 97 - 106.

14 Festigkeitseigenschaften

14.1 Übersicht

Die Festigkeit ist jene Spannung, die errechnet wird aus der maximalen Kraft beim Versagen oder einer definierten Dehnung (bei Druck senkrecht zur Faser).

Bauteile müssen so dimensioniert werden, dass ein gewährleisteter Festigkeitswert unter Beachtung einer von verschiedenen Faktoren abhängigen Sicherheit nicht überschritten wird. In Abhängigkeit von der Geschwindigkeit der Lasteinwirkung wird dabei unterschieden zwischen:

- statischer Festigkeit (der Prüfkörperbruch wird durch eine langsam steigende Last bewirkt) und
- dynamischer Festigkeit (der Prüfkörperbruch wird durch eine transiente Last (instationär, z. B. mit Pendelschlagwerk) oder eine wechselnde Last (z. B. Wöhlerversuch) herbeigeführt).

Je nach Richtung bzw. Art der Krafteinwirkung wird weiter unterschieden in:

- Zugfestigkeit (Reißlänge),
- Druckfestigkeit,
- Biegefestigkeit,
- Scherfestigkeit,
- Spaltfestigkeit,
- Torsionsfestigkeit.

Zu dieser Eigenschaftsgruppe werden im Folgenden auch der Nagel- und der Schraubenausziehwiderstand sowie Härte und Abnutzungswiderstand als Verarbeitungseigenschaften gezählt. Da die Eigenschaften von Holz und Holzwerkstoffen aufgrund struktureller und klimatischer Einflüsse einer erheblichen Streuung unterliegen, werden für die Festigkeiten im praktischen Einsatz, also z. B. im Holzbau, Sicherheitsfaktoren S verwendet oder es wird mit charakteristischen Eigenschaften gerechnet. Es gilt:

$$S = \frac{\text{Bruchspannung}}{\text{vorhandene Spannung}} \leq \frac{\text{Bruchspannung}}{\text{zulässige Spannung}} \tag{14.1}$$

Für Holz wird mit Sicherheitsfaktoren von 2 bis 10 gerechnet; bei visuell oder maschinell sortiertem Holz ist ein Sicherheitsfaktor von 4 ausreichend. In der Holzphysik werden allgemein Mittelwerte verwendet, zusätzlich die Standardabweichung und/oder der Variationskoeffizient angegeben. Diese Kennwerte sind meist in der entsprechenden Literatur aufgeführt. Üblicherweise wird das Vorliegen einer Normalverteilung vorausgesetzt, wobei bei speziellen Beanspruchungen auch andere Verteilungen wie die Pearson-Verteilung vorliegen können (Scheffler, 2002). Eine Zusammenstellung verschiedener Verteilungen zeigt Tabelle 14.1.

Tabelle 14.1 Verteilungsmodelle zur Beschreibung der Holzeigenschaften (Steiger, 1996), ergänzt durch (Scheffler, 2002) für den Vibrationstest und die Bruchzähigkeit

Merkmal	Verteilungsmodell
Holzfeuchte	Normalverteilung
Dichte	Normalverteilung
E-Modul	Normalverteilung
E-Modul (Vibrationstest)	Pearson-Verteilung
Schallgeschwindigkeit	Normalverteilung
Festigkeit	Log-Normalverteilung (2-parametrisch)
Volumeneinfluss	Weibull-Verteilung
Bruchzähigkeit	Weibull-Verteilung

Im Holzbau wird mit charakteristischen Kennwerten von an Brettern oder Kantholz ermittelten Werten gerechnet (siehe z. B. EN 408). Bedingt durch Äste, Faserverlauf, Dichteschwankungen etc. sind die Eigenschaften nicht mit den an kleinen, fehlerfreien Proben ermittelten vergleichbar. Die Ermittlung dieser Kennwerte erfolgt im Bauwesen und ist da ein eigenes Wissensgebiet (siehe z. B. (Glos, 1982); (Fink, 2014); (Denzler, 2007); (Neuhaus H., 2011)).

Die maschinelle Gütesortierung von Schnittholz nach der Steifigkeit und der Festigkeit ist in großen Betrieben für die Brettschichtholzherstellung heute üblich.

Kapitel 19 enthält eine tabellarische Zusammenstellung wichtiger Prüfverfahren für die Festigkeitsermittlung. Die Tabellen 14.7 und 14.8 enthalten die sich unter Berücksichtigung von Sicherheitsfaktoren ergebenden zulässigen Spannungen von Holz und Holzwerkstoffen bei Einsatz im Bauwesen (DIN EN 1995, Eurocodes 5). Im Möbelbau werden Möbelbauteile und Möbelbaugruppen hingegen nach der zulässigen Verformung dimensioniert (siehe z. B. ehemalige TGL (DDR-Norm) 23837: Möbelstatik von 1972, nicht mehr gültig).

Charakteristische Werte

Im Bauwesen wird meist die sogenannte 5-%-Fraktile (oder charakteristischer Wert) verwendet (Bild 14.1). Unter Voraussetzung einer Normalverteilung berechnen sich diese folgendermaßen:

unteres 5-%-Quantil:

$$L^{q}{}_{5\%} = x - s \cdot t \tag{14.2}$$

oberes 5-%-Quantil:

$$U^{q}{}_{5\%} = x + s \cdot t \quad (14.3)$$

s Standardabweichung

t Wert der t-Verteilung (DIN EN 326 - 1), dabei muss die Anzahl der Messwerte, die Irrtumswahrscheinlichkeit (im Allgemeinen 5 %) und die Aussagewahrscheinlichkeit (im Allgemeinen 95 %) berücksichtigt werden

Angaben zur Berechnung charakteristischer Kennwerte für Holzwerkstoffe enthält DIN EN 1058.

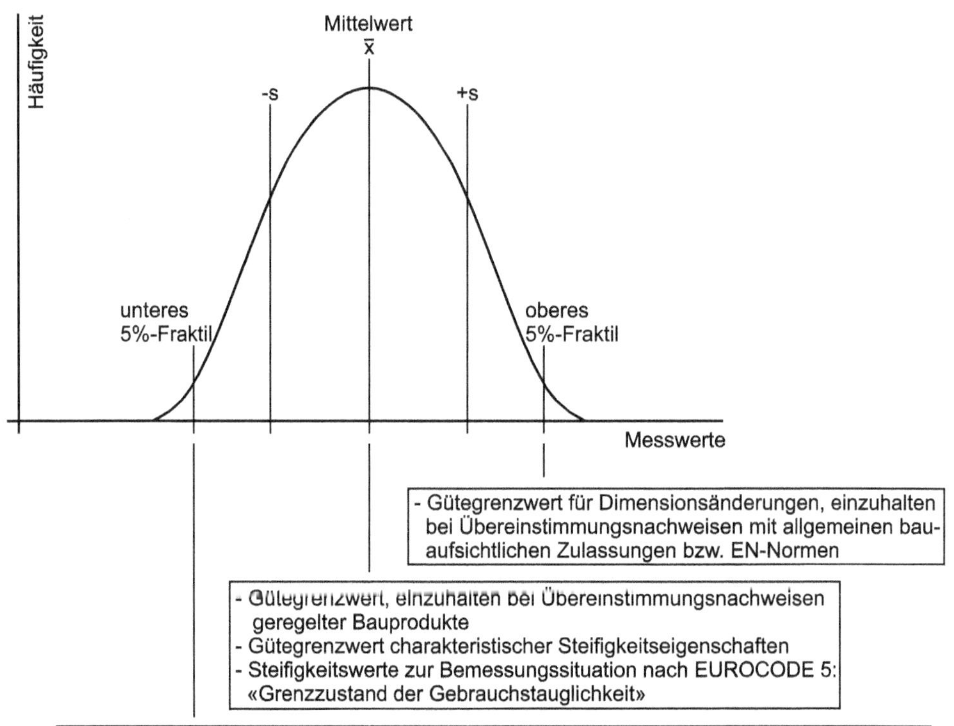

Bild 14.1 Mittelwerte und 5-%-Fraktile (Tobisch, 1999)

Für den Variationskoeffizienten der Eigenschaften gelten bei Zugbelastung folgende Richtwerte:

- fehlerfreies Holz 20 %
- visuell sortiertes Holz 40 %
- Sperrholz 18 %
- Spanplatte (OSB) 12 %
- MDF 8 %

Der erforderliche Stichprobenumfang für wissenschaftliche Untersuchungen berechnet sich zu:

$$n_{\text{min}} = \frac{v^2 \cdot t^2}{p_\mu^{\;2}} \tag{14.4}$$

n_{min} Mindestanzahl der Prüfkörper

v Variationskoeffizient

t errechneter Kennwert für den Vergleich mit der t-Verteilung; für statistische Sicherheit (S = 95 %) gilt $t = 2$

p_μ relativer Vertrauensbereich des Mittelwertes in %

Die zulässigen Spannungen werden aus den charakteristischen Werten (5-%-Fraktile) berechnet. Dabei werden die charakteristischen Werte durch einen Sicherheitsbeiwert γ abgemindert. Für diesen gilt (Tobisch, 1999):

- für Massivholzplatten $\gamma = 2{,}5$,
- für etablierte Holzwerkstoffe $\gamma = 2{,}0$,
- für neuartige Werkstoffe $\gamma = 5$.

Symbole

Für die Festigkeit werden verschiedene Symbole verwendet:

- f: meist im Holzbau, z. B. f_c - Druck, f_m - Biegung, f_T - Zug, f_V - Schub (Neuhaus F., 1981),
- R: meist für Metalle,
- σ: in Literatur über Mechanik oft üblich, dabei wird für den ersten Index die Belastungsart (b - Biegung, z - Zug, d - Druck) und für den 2. Index der Zustand (B - Bruch, P - Proportionalitätsgrenze) verwendet, z. B. σ_{zB} für Zugfestigkeit,
- τ: für Scherfestigkeiten in der Mechanik.

Nachfolgend werden σ bzw. τ verwendet. Bei der Zitierung charakteristischer Werte nach den Holzbaunormen wird das dort übliche f verwendet.

14.2 Wirkung wesentlicher Einflussfaktoren

In Kapitel 13.1 wurden die wesentlichen elastischen und inelastischen (rheologischen) Eigenschaften und deren Einflussfaktoren genannt. Analog wirken sich diese Faktoren auf die Festigkeit aus. Wesentliche Einflussfaktoren sind:

- die Struktur des Holzes,
- die klimatischen Bedingungen,
- die Vorgeschichte des Holzes und
- die Prüfverfahren.

Da sie sich auf alle Eigenschaften gleichermaßen auswirken, sollen sie im Folgenden zusammenfassend näher erörtert werden.

14.2.1 Struktur des Holzes

14.2.1.1 Faser-Last-Winkel/Schnittrichtung

Wie in Kapitel 13 erläutert, ist Holz ein orthotroper Werkstoff. Analog den elastischen Kennwerten sind auch die Festigkeitseigenschaften richtungsabhängig (Zuordnung der Koordinatenachsen siehe Kap. 13.2.1.2). Dies gilt für Vollholz und Holzwerkstoffe.

Es gilt für die Festigkeit von Vollholz in den 3 Hauptachsen: L - in Faserrichtung (längs), R - radial, T - tangential:

$$\sigma_L \gg \sigma_R > \sigma_T \qquad (14.5)$$

Der Faser-Last-Winkel und auch die Jahrringneigung von Holz beeinflussen entscheidend die elastomechanischen und rheologischen Eigenschaften (Kapitel 13), aber auch die Festigkeitseigenschaften. Mit zunehmendem Faser-Last-Winkel sinken die Festigkeit und der Elastizitätsmodul des Holzes, es steigt die Kriechverformung. Bereits geringfügige Abweichungen von der Faserrichtung (Faser-Last-Winkel) bewirken einen deutlichen Abfall der Festigkeit des Holzes (Bild 14.2 links). Bild 14.2 (rechts) zeigt den Einfluss der Jahrringneigung (Winkel zwischen radialer und tangentialer Richtung). Radial ist die Festigkeit höher als tangential, bei etwa 45 Grad ist ein Minimum vorhanden. Die Jahrringlage ist auch bei Biegeprüfungen an kleinen, fehlerfreien Proben zu berücksichtigen (z. B. Belastung bei Biegung in tangentialer Richtung).

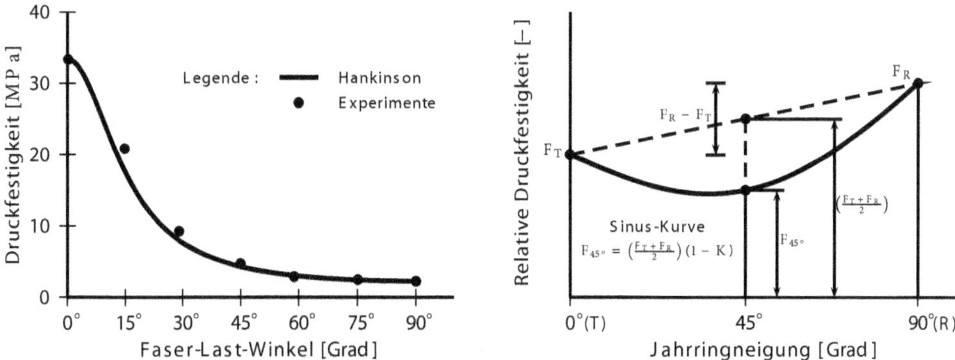

Bild 14.2 Einfluss des Faser-Last-Winkels (LR, LT) und der Jahrringneigung (RT) auf die Festigkeit von Holz (Bodig & Jayne, 1993)

14.2.1.2 Rohdichte und Jahrringe

Einen dominierenden Einfluss hat die Rohdichte von Holz und Holzwerkstoffen, die allgemein als gewisser Richtwert für deren Festigkeit gilt (Bilder 14.3 bis 14.5). Grundlagen dazu wurden in Kap. 6 behandelt. Mit zunehmender Rohdichte steigen sowohl der Elastizitätsmodul als auch die Festigkeit linear an. Die festigkeitserhöhende Wirkung der Rohdichte ist darauf zurückzuführen, dass die einwirkende Kraft mit steigender Dichte auf einen effektiv größeren, tragenden Querschnitt übertragen wird (Hohlraumanteil sinkt). Die Rohdichtekorrelation gilt sowohl innerhalb einer Holzart als auch zwischen den Holzarten. Eine Zusammenstellung zum Einfluss der mittleren Rohdichte von 103 Holzarten auf ausgewählte Eigenschaften ist in (Niemz & Sonderegger, 2003) zusammengestellt.

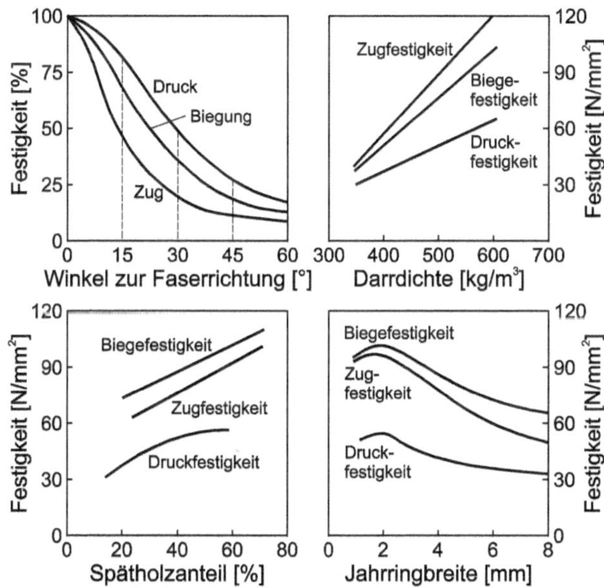

Bild 14.3 Wesentliche strukturelle Einflussfaktoren auf verschiedene Eigenschaften von Douglasie (Knigge & Schulz, 1966)

Die Festigkeit des Holzes steigt mit wachsendem Spätholzanteil, wobei insbesondere bei Nadelholz eine straffe Korrelation zwischen Spätholzanteil und Festigkeit besteht (s. Bild 14.3). Die Jahrringbreite des Holzes ist insbesondere bei Nadelholz ein weniger zuverlässiger Richtwert, da Wuchseinflüsse (Boden, Höhe über Meer) überlagert sind.

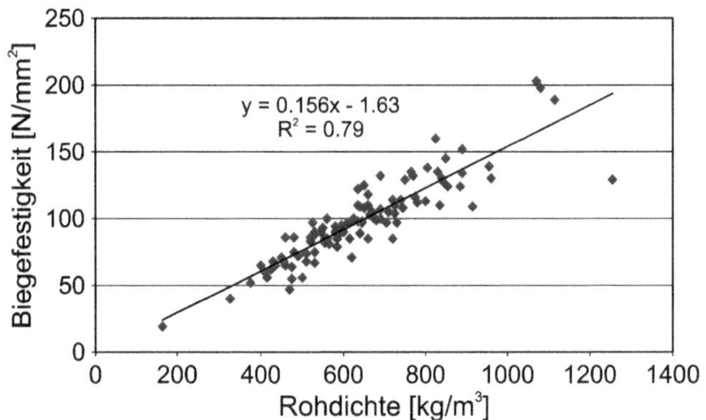

Bild 14.4 Zusammenhang zwischen Rohdichte und Biegefestigkeit unter Verwendung von Literaturkennwerten von 103 Holzarten (Niemz & Sonderegger, 2003)

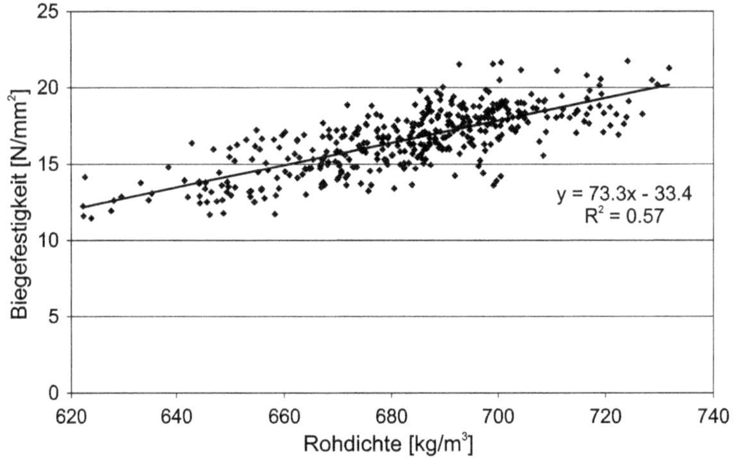

Bild 14.5 Zusammenhang zwischen Rohdichte und Biegefestigkeit von Spanplatten (Messungen ETH Zürich)

Ein deutlicher Einfluss geht auch von der Schnittrichtung des Holzes bzw. der Lage der Plattenebene zur Kraft bei Holzwerkstoffen aus. Ein Vergleich von Bild 14.2 und Bild 14.3 zeigt, dass für Konstruktionselemente Holz nur dann sinnvoll einsetzbar ist, wenn faserparallel zugeschnitten worden ist. Nachfolgend wird nur eine uniaxiale Belastung zugrunde gelegt, die vom Praktiker meist angewendet wird. Eine kurze Übersicht zu biaxialer Belastung ist in Kap. 18 dargestellt, detaillierte Angaben enthält Eberhardsteiner (Eberhardsteiner, 2002). Die Kennwerte des Holzes in den Hauptachsen werden zunehmend für FE-Berechnungen der Elastizität, aber auch der Festigkeit benötigt.

14.2.1.3 Astigkeit/Druckholz/Kerbspannungen

Äste wirken sich auf verschiedene Strukturmerkmale des Holzes aus. Sie haben eine höhere Rohdichte als das sie umgebende Holz (bei Laubholz 5 bis 6% höher, bei Nadelholz nach Untersuchungen von (Görlacher, 1990) bis zu 150% höher) und bewirken eine Änderung des Faserverlaufs in der Umgebung des Astes. Aufgrund von auftretenden Spannungsspitzen erfolgt der Bruch des Holzes zumeist in der Nähe von Ästen. Mit zunehmendem Astanteil (KAR-Wert, Knot Area Ratio) sinkt die Zugfestigkeit des Holzes (Bild 14.6); in gleicher Weise werden dessen Druck- und Biegefestigkeit sowie der Elastizitätsmodul des Holzes beeinflusst. Bild 14.7 zeigt die Streubreite der Eigenschaften von Vollholz (kleine, fehlerfreie Proben). Defekte, aber auch Kerben (z. B. Ausklinkungen oder Durchbrüche in Trägern) wirken sich auf die Festigkeit aus. Untersuchungen dazu sind in (Kollmann F., 1951) für Vollholz sowie in (Niemz & Bekhta, 2002) für Holzwerkstoffe beschrieben. Bei Balken, aber auch Brettschichtholz wirken sich Äste deutlich auf die Festigkeit aus. Diese dürfen nicht in der Zugzone eines Biegebalkens angeordnet werden. Nach Kollmann (Kollmann F., 1951) gilt für die Kerbspannung bei Zugbelastung:

$$\sigma_K = \frac{F_{max}}{A_K} \tag{14.6}$$

σ_K Kerbspannung

F_{max} Bruchkraft

A_K Fläche des Kerbquerschnittes

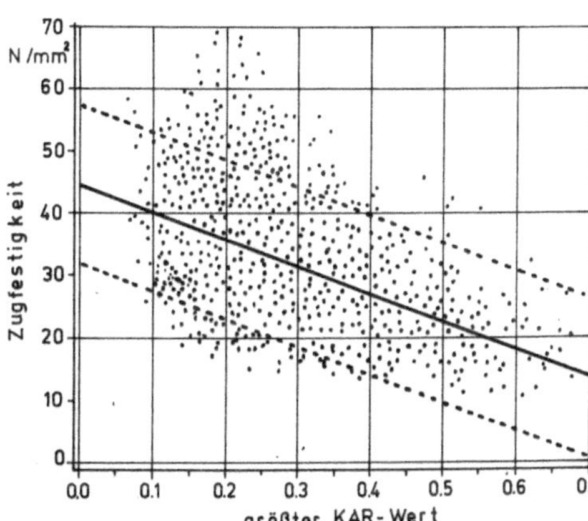

Bild 14.6 Einfluss des Astanteils (KAR-Wert = **K**not **A**rea **R**atio) auf die Eigenschaften von Holz (Görlacher, 1990)

Druckholz hat infolge seines veränderten strukturellen Aufbaus eine höhere Druck- und Biegefestigkeit als normales Holz (Tabelle 14.2). Der Bruch bei Biegebelastung ist kurzfasrig.

Tabelle 14.2 Eigenschaften von Druckholz und normalem Holz (*Pinus ponderosa*) nach (Timell, 1986)

Eigenschaft	Normales Holz	Druckholz
Rohdichte [kg/m^3]	370	500
Biegefestigkeit [N/mm^2]	68,9	82,0
Druckfestigkeit [N/mm^2]	36,5	41,8

Analog zu Holz werden die Festigkeitseigenschaften von Holzwerkstoffen durch deren strukturellen Aufbau beeinflusst (s. Kap. 4). Die entscheidenden Strukturparameter bei Spanplatten sind die Rohdichte, das Rohdichteprofil, die Spangeometrie und der Festharzanteil. Die Variation der Eigenschaften von Holzwerkstoffen ist wesentlich geringer als die von Vollholz, da bei der Herstellung eine Homogenisierung erfolgt (Tabelle 14.3). Die geringeren Eigenschaftsstreuungen bei Spanplatten und MDF sind auf die stärkere Homogenisierung durch die Partikelherstellung und die Vliesbildung zurückzuführen. Tabelle 14.3 zeigt die Variationskoeffizienten für Vollholz und Holzwerkstoffe, Bild 14.7 die Verteilung der Eigenschaften von Vollholz bei unterschiedlicher Belastungsart.

Tabelle 14.3 Variationskoeffizienten V der Eigenschaften von Holz und Holzwerkstoffen[1]

Zugfestigkeit		Biegefestigkeit		Rohdichte	
Material	V [%]	Material	V [%]	Material	V [%]
Fehlerfreies Holz	20	Fehlerfreies Holz	6...21	Fehlerfreies Holz	5...14
Visuell sortiertes Holz	40	Fichte	14,2	Fichte	9,7
Sperrholz	18	Buche	9,3	Buche	6,0
Spanplatte (OSB)	12	Eiche	17,3	Eiche	9,0
MDF	8	Spanplatten	8...10	Spanplatten	2...6

[1] siehe auch DIN 68 364

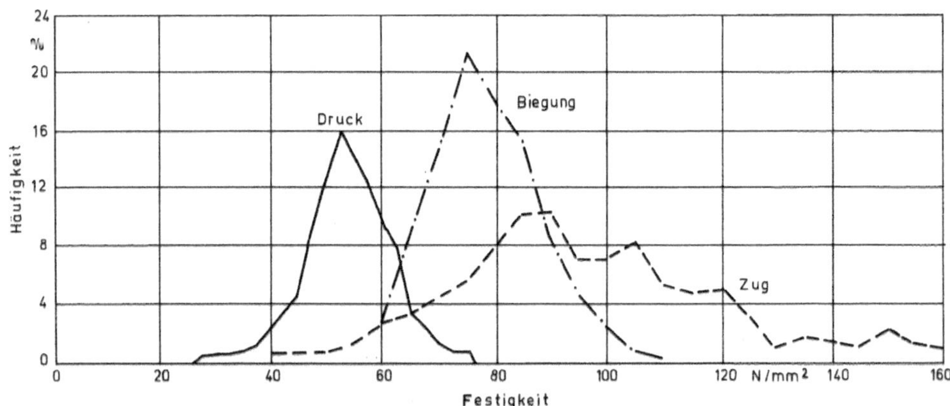

Bild 14.7 Häufigkeitsverteilung der Biege-, Druck- und Zugfestigkeit von Fichte, nach H. Klemm zitiert in (Kollmann F., 1951)

Bei notwendigen statischen Berechnungen werden die Eigenschaftsstreuungen von Holz und Holzwerkstoffen durch Sicherheitsfaktoren oder entsprechend zulässige Spannungen berücksichtigt (Tabelle 14.1 und Tabelle 14.3).

14.2.2 Klimatische Bedingungen

Unabhängig von strukturellen Einflüssen bewirken vor allem klimatische Bedingungen (relative Luftfeuchte, Temperatur) gravierende Eigenschaftsänderungen. Ein erster und wichtiger Anhaltswert ist der von diesen Bedingungen abhängige Feuchtegehalt des Holzes.

Mit zunehmendem Feuchtegehalt des Holzes vermindern sich seine elastomechanischen Eigenschaften, allerdings nur bis zum Erreichen des Fasersättigungsbereichs; eine darüber hinaus gehende Feuchteaufnahme bewirkt keine Festigkeitsänderung mehr (Bild 14.8, siehe auch Kap. 5).

Die Bruchenergie nimmt mit zunehmender Holzfeuchte dagegen zu. Wird waldfrisches (in sogenanntem grünen Zustand – Feuchte oberhalb Fasersättigung) Holz verwendet, sind deutlich geringere Festigkeitseigenschaften (etwa im Bereich der Fasersättigung, siehe auch Tabelle 14.4) zu verwenden. Eine Übersicht dazu ist im Wood Handbook für meist nordamerikanische Holzarten aufgeführt (Ross, 2010).

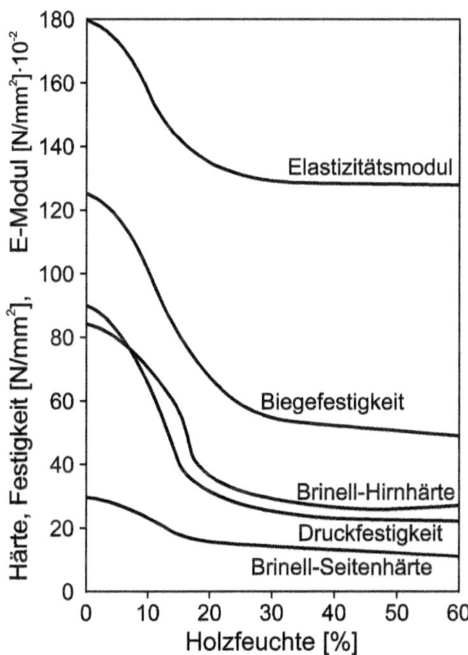

Bild 14.8 Einfluss der Feuchtigkeit auf die Eigenschaften von Fichtenholz (Kollmann F., 1951)

Die Zug- und Scherfestigkeit von Holz nehmen zunächst im Feuchtebereich zwischen 0...6...10% zu, um dann bis zum Erreichen des Fasersättigungsbereichs abzunehmen. Diese Erscheinung wird u.a. auf den Abbau von Spannungen zwischen den Cellulosemolekülen zurückgeführt, die im Bereich der Chemisorption auftreten. Bei Holzwerkstoffen, z.B. Spanplatten, sinken die Zugfestigkeit und der Elastizitätsmodul ebenfalls mit zunehmendem Feuchtegehalt (Bild 14.9). Hoffmeyer (zitiert in (Neuhaus H., 2011)) gibt beispielsweise folgende Änderung der Festigkeit von Vollholz je 1% Holzfeuchteänderung an (Holzfeuchtebereich 8 - 20%). Oberhalb von 20% Holzfeuchte ist der Zusammenhang nicht mehr exakt linear.

- Druckfestigkeit in Faserrichtung: 6%,
- Druckfestigkeit senkrecht zur Faserrichtung: 5%,
- Biegefestigkeit: 4%,
- Zugfestigkeit parallel zur Faser: 2,5%,
- Zugfestigkeit senkrecht zur Faser: 2%,
- Schub: 2,5%.

Ozyhar (Ozyhar T., 2013) gibt für Rotbuche und kleine, fehlerfreie Proben die in Tabelle 14.4 aufgeführten Änderungen der mechanischen Eigenschaften in Abhängigkeit von der Holzfeuchte an.

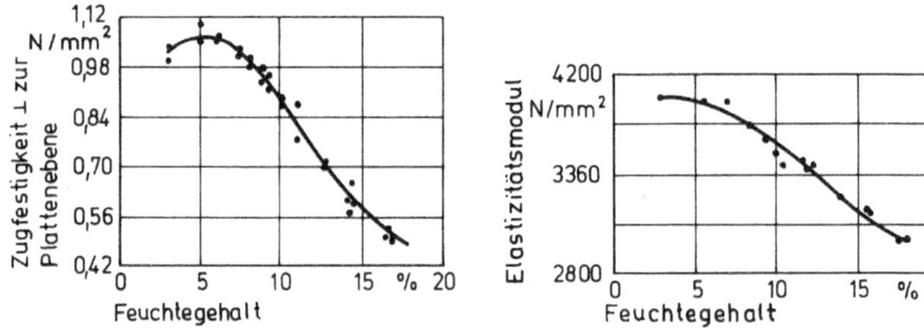

Bild 14.9 Einfluss des Feuchtegehalts auf den Elastizitätsmodul und die Zugfestigkeit senkrecht zur Plattenebene von Spanplatten (Halligan & Schniewind, 1974)

Eine Erhöhung der Temperatur bewirkt im Allgemeinen einen Abfall der Festigkeit und des Elastizitätsmoduls bei Holz und Holzwerkstoffen (Bild 14.10, Bild 14.11; siehe auch Kap. 7 und 13). Für Nadelholz in Bauholzabmessungen gibt Glos (zitiert in Neuhaus (Neuhaus H., 2011)) folgende Werte für die Festigkeitsabnahme je 10 °C Temperaturänderung an, beginnend bei +20 °C (Holzfeuchte 10 - 15%):

- Biegung: 5%,
- Druck: 5%,
- Zug: 1%.

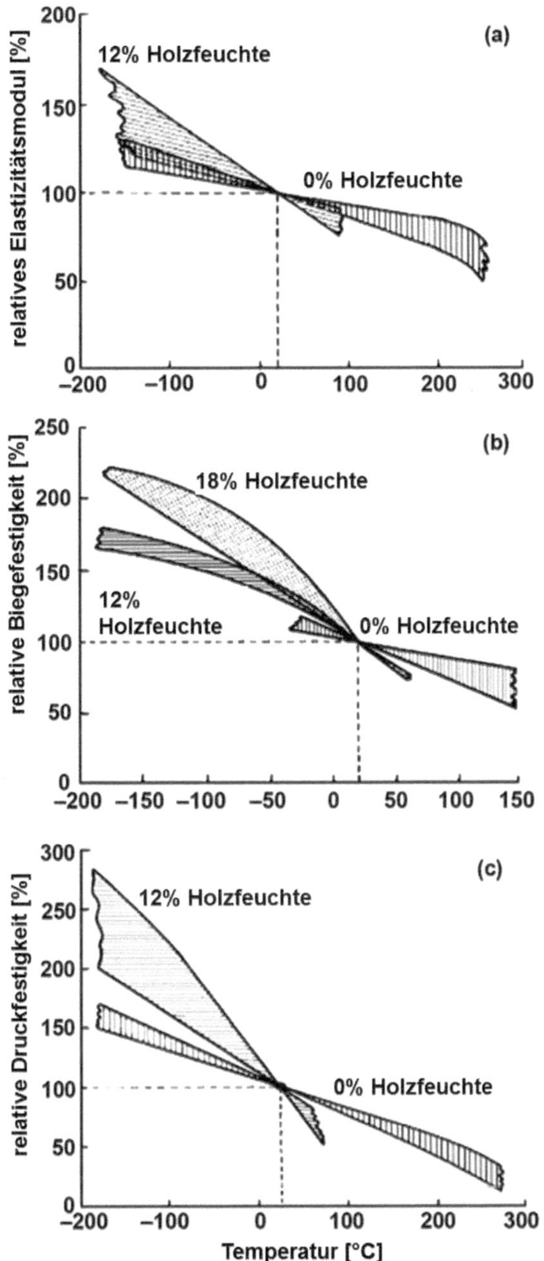

Bild 14.10 Einfluss der Temperatur auf ausgewählte Eigenschaften von Holz (Ross, 2010) a) relativer E-Modul, b) relative Biegefestigkeit, c) relative Druckfestigkeit

Tabelle 14.4 Relative Änderung von E-Modul und Festigkeit bei unterschiedlicher Feuchte von kleinen, fehlerfreien Proben aus Rotbuche im Vergleich zum Normalklima nach Ozyhar (Ozyhar T., 2013)

Eigenschaft	Relative Änderung bez. auf ω = 12 % Holzfeuchte bei					
	ω = 0–6 %			Fasersättigung (ω = ca. 30 %)		
	L	R	T	L	R	T
E-Modul						
Zug	+37,6	+24,5	+13,7	−16,6	−59,6	−57,2
Druck	+19,9	+42,1	+40,0	−29,8	−42,6	−38,3
Biegung	+8,0			−19,6		
Festigkeit						
Zugfestigkeit	+19,2	+13,8	+43,8	−25,4	−25,1	−31,0
Druckfestigkeit	+91,5	+50,0	+41,4	−44,4	−45,5	−44,6
Biegefestigkeit	+37,8			−36,1		

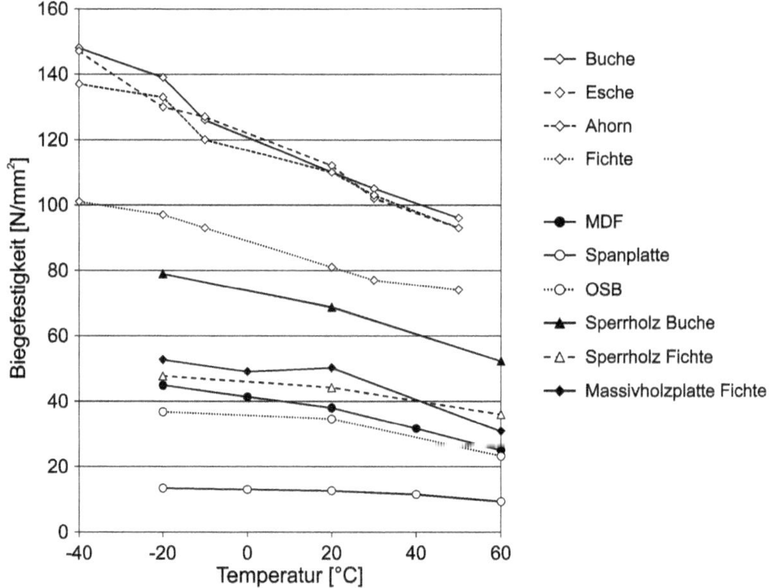

Bild 14.11 Einfluss der Temperatur auf die Biegefestigkeit von Holz und Holzwerkstoffen ((Niemz, Hug & Schnider, 2014), (Sonderegger & Niemz, 2006))

Es ist zusätzlich die Wechselwirkung zwischen Temperatur und Feuchtegehalt zu berücksichtigen. Mit zunehmendem Feuchtegehalt steigt der Temperatureinfluss. Sehr niedrige Temperaturen (im Minusbereich) führen andererseits zu einer erheblichen Versprödung des Holzes und damit zu Problemen bei der Holzzerspanung (siehe Kap. 7). Bei den im praktischen Gebrauch, insbesondere im Innenbereich, üblichen Temperaturschwankungen wird der Temperatureinfluss toleriert, er bleibt also bei Berechnungen unberücksichtigt.

14.2.3 Alterung

Unter trockenen klimatischen Bedingungen im Innenraum ändern sich Holzeigenschaften nicht oder kaum (siehe Kapitel 13), (Autorenkollektiv, 1990), (Sonderegger, Kránitz, Bues & Niemz, 2015), (Lohmann, 2003). Es kommt zu einer gewissen Reduzierung der Bruchschlagarbeit. Bei verklebtem Holz sind die Feuchtebeständigkeit und die Dauerhaftigkeit der Verklebung von Bedeutung. Insbesondere im trockenen Innenraumklima kann es zu starker Rissbildung, aber auch zur Delamination von Klebfugen kommen, wenn sich z. B. die Feuchte stark ändert (Umnutzung) oder auch, wenn Probleme beim Verkleben bestanden. Bei der Laubholzverklebung sind durch die höheren Quell- und Schwindmaße, aber auch die höheren mechanischen Eigenschaften die Probleme größer als bei den oft verwendeten Nadelhölzern wie Kiefer oder Fichte (Hassani, Wittel, Hering & Herrmann, 2015).

14.2.4 Vorgeschichte des Holzes

Die Eigenschaften von Holz und Holzwerkstoffen werden durch mechanische und klimatische Beanspruchungen deutlich beeinflusst. Auch Pilz- oder Insektenbefall wirken sich mehr oder weniger auf die Eigenschaften aus.

Rauchgas

Ist Holz immissionsgeschädigt, aber noch nicht von Pilzen oder Insekten befallen, bleiben die elastomechanischen Eigenschaften (Biegefestigkeit, Elastizitätsmodul) unverändert (Glos & Schulz, 1986) (Wimmer, 1991). Beeinflusst werden durch Rauchgasimissionen lediglich der Feuchtegehalt des Holzes (Abnahme) und die Jahrringbreite (Verringerung). Tritt zusätzlich Pilz- und Insektenbefall auf (sekundär geschädigtes Holz), kommt es zu einem Festigkeitsverlust. Deshalb muss immissionsgeschädigtes Holz rechtzeitig eingeschlagen werden, um negative Auswirkungen zu vermeiden. Der reduzierte Feuchtegehalt immissionsgeschädigten Holzes hat eine Erhöhung der Schnittkräfte sowie einen erhöhten Feingutanteil bei der Zerspanung zur Folge. Die Thematik ist heute nicht mehr so aktuell wie noch in den 70er und 80er Jahren.

Pilz- und Insektenbefall

Pilz- und Insektenbefall wirken sich unterschiedlich auf die Festigkeit des Holzes aus:

- Die Biege- und Druckfestigkeit von Fichtenholz mit Holzwespen- und Fichtenbockbefall verringert sich unabhängig von anderen Befallsmerkmalen mit der Lochdichte (Anzahl der Fraßgänge, bezogen auf den Probenquerschnitt). Dabei reduziert sich die Druckfestigkeit um etwa 10 %, die Biegefestigkeit bis zu 30 % (Bild 14.12).
- Bläue und Rotstreifigkeit wirken sich nicht auf die Biege- und Zugfestigkeit aus.
- Holzzerstörende Pilze wie Braunfäule, Weißfäule und Moderfäule bewirken einen deutlichen Festigkeitsverlust, wobei sich das Bruchbild ändert:
  - Bei Braunfäule (Abbau von Polysacchariden, Erhöhung des relativen Ligninanteils) verringern sich sowohl die Festigkeit als auch die Rohdichte. Der Bruch ist würfelförmig.

- Bei Weißfäule (Abbau von Polysacchariden und Lignin, dadurch Erhöhung des Celluloseanteils) ist der Bruch kurzfasrig, die Festigkeit und die Rohdichte sinken.
- Bei Moderfäule (Abbau von Polysacchariden in der Zellwand) verringert sich bei geringem Masseverlust vor allem die Schlagzähigkeit.

Masseverlust und Festigkeitsverlust korrelieren bei den beiden erstgenannten Pilzarten.

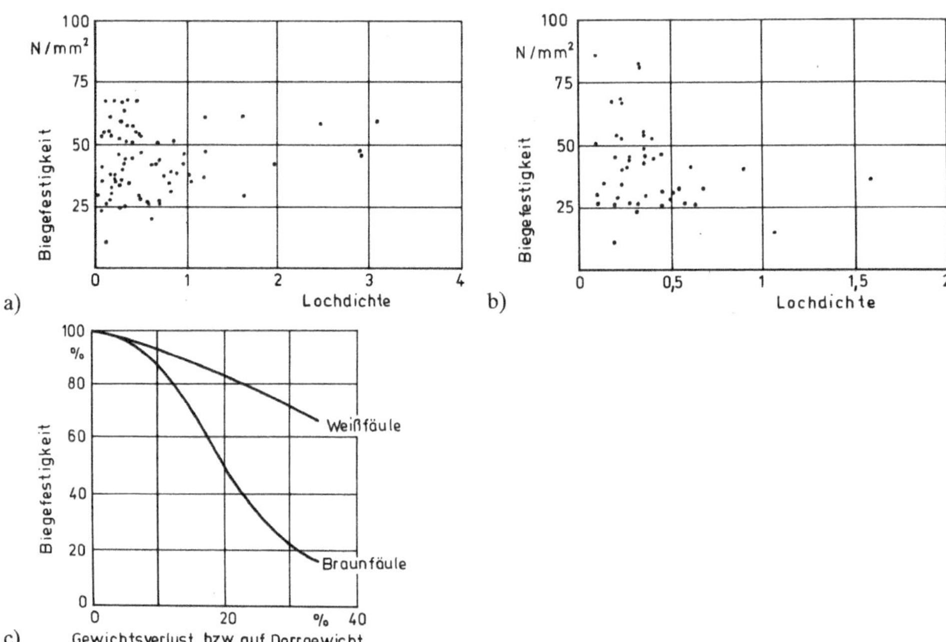

Bild 14.12 Biegefestigkeit von Fichtenholz in Abhängigkeit von der Lochdichte bei Insektenbefall und dem Masseverlust bei Pilzbefall. (a) Borkenkäfer-Befall, (b) Holzwespen-/Fichtenbock-Befall, (c) Weiß- und Braunfäule-Befall

Dämpfen und Wärmebehandlung

Während des Dämpfens werden die elastomechanischen Eigenschaften des Holzes verändert. E-Modul, Proportionalitätsgrenze und Festigkeit werden reduziert, die Verformbarkeit, insbesondere die plastische, wird stark erhöht (Kollmann F., 1955), (Lohmann, 2003). Bei höheren Dämpftemperaturen und Masseverlust kann es auch am wiedergetrockneten Holz zur Reduzierung des E-Moduls und der Bruchschlagarbeit und auch der Druckfestigkeit kommen (Kollmann F., 1955), (Autorenkollektiv, 1990).

Eine thermische Behandlung des Holzes bewirkt je nach Verfahren und Behandlungsintensität teilweise eine deutliche Reduzierung der Härte und Festigkeit, insbesondere der Bruchschlagarbeit (siehe auch Kap. 7).

Vorschädigung durch Wind

Starke Stürme führen im stehenden Baum zu Stauchbrüchen, die eine Schädigung der mechanischen Eigenschaften bewirken können. Dieses Holz kann für statisch hochbelastete Elemente (z. B. Gerüstbretter) nicht eingesetzt werden. Bild 14.13 zeigt die Biegefestigkeit an kleinen (fehlerfreien) Proben als Funktion der Breite der Stauchbrüche. Analoge Ergebnisse wurden an Fichtenholz in Bauholzabmessungen ermittelt (Arnold & Steiger, 2007).

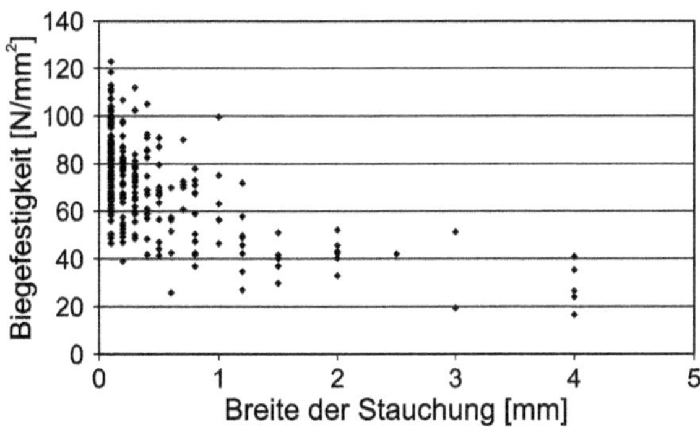

Bild 14.13 Einfluss der Breite der Stauchlinien auf die Biegefestigkeit von Fichtenholz (Sonderegger & Niemz, 2004)

14.2.5 Einfluss von Gamma- und Röntgenstrahlung

Gammastrahlen bewirken in Abhängigkeit von der Strahlendosis eine Schädigung. Bild 14.14 zeigt dies am Beispiel von Vollholz und Spanplatten. Weiterführende Arbeiten zur Wirkung von Gammastrahlen sind auch in (Bodig & Jayne, 1993), (Burmester, 1967) sowie (Lawniczak, Raczkowski & Wojciechowicz, 1964) zu finden. Früher wurden z. B. Gammastrahlen zur Polymerisation von in Holz eingebrachten Kunststoffen verwendet (Burmester, 1967). Bei Röntgen- oder Synchrotronaufnahmen tritt nach dem derzeitigen Erkenntnisstand bei der verwendeten Strahlungsleistung keine Schädigung auf.

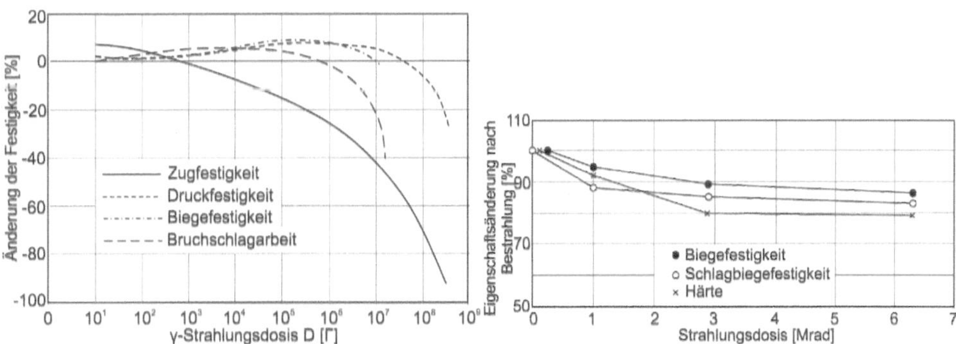

Bild 14.14 Einfluss von Gammastrahlung auf die Eigenschaften von Kiefernholz nach (Burmester, 1967) (links) und von Spanplatten nach (Lawniczak, Raczkowski & Wojciechowicz, 1964) (rechts)

14.2.6 Prüfmethodik

Die Eigenschaften werden maßgeblich durch die Prüfmethodik mit beeinflusst. Wichtige Einflussgrößen sind die Belastungsgeschwindigkeit und -dauer, die Belastungsart und die Probengeometrie.

14.2.6.1 Belastungsdauer und Belastungsgeschwindigkeit

Bild 14.15 zeigt schematisch den Einfluss der Belastungsdauer, Tabelle 14.5 den Einfluss der Geschwindigkeit. Die Belastungsgeschwindigkeit beeinflusst deutlich die Eigenschaften. Bei der Prüfung ist daher die Zeit bis zum Bruch gemäß Norm (z. B. 60 bis 90 Sekunden) einzuhalten, sonst werden zu hohe oder zu geringe Werte ermittelt (Bild 14.15). Sehr hohe Belastungsgeschwindigkeiten führen zu höheren Werten, sehr geringe zu tieferen Werten. Auch bei der Bauholzprüfung wurde der Effekt nachgewiesen und festgestellt, dass dieser Einfluss auch von der Qualität des Holzes abhängig ist. So stellte Madsen (Madsen, 1992) fest, dass bei konstanter Langzeitbeanspruchung Holz geringerer Festigkeit eine größere Belastungsdauer bis zum Bruch aufweist als Holz höherer Festigkeit. Der Einfluss der Belastungsgeschwindigkeit steigt mit der Holzfeuchte (Nielsen, 2007), (Madsen, 1992). Umfangreiche Untersuchungen zur dynamischen Belastung von Fichtenholz führte Eisenacher (Eisenacher, 2014) durch. Dabei wurde Holz zur Energieabsorption in Behältern im Falle deren freien Falles (Crashtest von Behältern) verwendet.

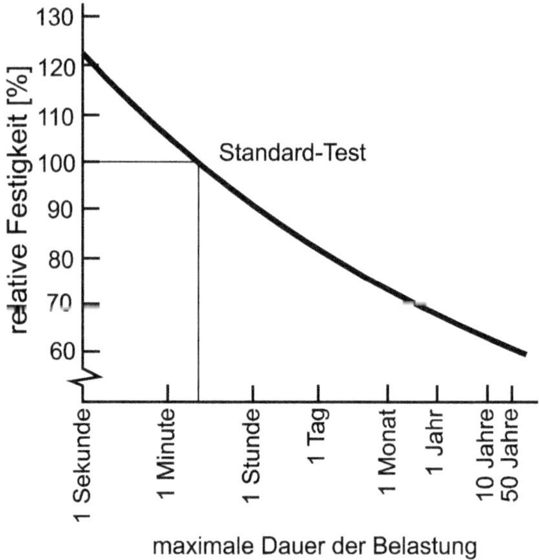

Bild 14.15 Einfluss der Belastungsdauer und der Belastungsgeschwindigkeit auf die Festigkeit (Bodig & Jayne, 1993)

Tabelle 14.5 Einfluss der Belastungsgeschwindigkeit auf die Eigenschaften von Holz und Holzwerkstoffen (nach (Langendorf, Schuster & Wagenführ, 1990), verändert)

Geschwindigkeit der Belastung	Wirkung
Sehr langsam	Nicht nachweisbar, bei langzeitiger Einwirkung Kriech- und Relaxationserscheinungen
Mäßig	Deutlich
Schlagartig (z. B. Pendelschlagwerk)	Stark

14.2.6.2 Belastungsart

Die Festigkeitseigenschaften werden wesentlich durch die Art der Belastung beeinflusst. So ist die Zugfestigkeit in Faserrichtung bei Vollholz etwa doppelt so groß wie die Druckfestigkeit. Bei Holzpartikelwerkstoffen ist die Druckfestigkeit gleich der oder größer als die Zugfestigkeit in Plattenebene. Die Biegefestigkeit liegt bei Vollholz zwischen der Zug- und der Druckfestigkeit, bei Partikelwerkstoffen ist sie größer, was auf plastische Verformungen beim Versagen zurückzuführen ist. Bei Biegung hat auch die Art der Belastung (z. B. 3- oder 4-Punkt-Belastung bei Biegung) Einfluss auf das Prüfergebnis. Bei einem Biegeträger mit 3-Punkt-Belastung wirkt sich beispielsweise das Verhältnis von Stützweite zu Probendicke maßgeblich auf den Elastizitätsmodul aus, weil der Schubverlust vernachlässigt wird.

14.2.6.3 Probengeometrie

Vollholz

Angaben zu Materialkennwerten in der Holzphysik beziehen sich nahezu ausschließlich auf kleine, fehlerfreie Proben. Die Festigkeit sinkt mit zunehmendem Astanteil. Zudem sind die Eigenschaften stark standortabhängig und variieren auch innerhalb des Stammes. Die Festigkeitseigenschaften von Bauholz sind daher geringer als die von kleinen, fehlerfreien Proben. Rundholz hat etwa um 10 % höhere Festigkeitseigenschaften als Schnittholz, da bei der Schnittholzherstellung die Fasern angeschnitten werden und so ein etwas schräger Faserverlauf vorliegt.

Aus den Eigenschaften der kleinen, fehlerfreien Proben kann nicht in jedem Fall auf die Eigenschaften von Bauteilen geschlossen werden.

Neuere Arbeiten zum Volumeneinfluss führten für verschiedene Holzarten Schlotzhauer et al. (Schlotzhauer, et al., 2015) durch. Für Ahorn, Birke und Esche wurde kein Einfluss der Probengeometrie auf die Druckfestigkeit in Faserrichtung bestimmt, für Buche und Eiche war er dagegen nachweisbar. Die Biegefestigkeit sank bei allen Holzarten erwartungsgemäß mit der Probengröße.

Bei Vollholz werden daher Bretter und Bauteile (siehe Kapitel 15) geprüft und charakteristische Kennwerte ermittelt. Die Prüfung erfolgt nach DIN EN 408 (siehe auch Kapitel 15.3). Zur industriellen Sortierung von Holz werden heute verschiedene Maschinen eingesetzt, die auf der Basis der Verformungsmessung oder der gemessenen Eigenfrequenz basieren und den E-Modul bestimmen. Es wird meist eine Kombination mehrerer Messverfahren verwendet (z. B. für den E-Modul über Verformungsmessung oder Eigenfrequenz, teilweise Ultraschall; Astanteil über Röntgen; Faserverlauf mittels Tracheideffekt (siehe Kapitel 11 und 17)). Die Festigkeit wird unter Verwendung der experimentell im Zugversuch ermittelten Korrelation E-Modul-Festigkeit bestimmt (Bild 14.16). Tabelle 14.6 zeigt Korrelationskoeffizienten ausgewählter Parameter mit der Festigkeit, Tabelle 14.7 charakteristische Festigkeiten von Schnittholz.

Die Eigenschaften von Bauteilen werden in Festigkeitsklassen nach EN 338 festgelegt. Dabei gibt es für Nadelholz (sowie Pappel) die Klassen C14, C16, C18, C20, C22, C24, C27, C30, C35, C40, C45, C50 und für Laubholz die Klassen D30, D35, D40, D50, D60, D70 (Nr. der Klasse korreliert mit charakteristischem Wert für Biegefestigkeit in N/mm²). Zur Holzsortierung wurden umfangreiche Arbeiten durchgeführt (Burger & Glos, 1996), (Steiger, 1996), (Glos & Schulz, 1986), (Fink, 2014). Umfangreiche Untersuchungen zur Gütesortierung von Laubholz führte Hübner (Hübner, 2013) für Buche und Esche und zum Vergleich für Douglasie durch.

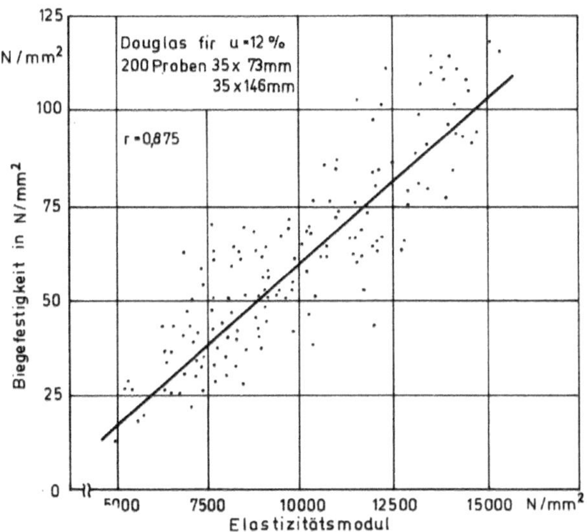

Bild 14.16 Korrelation von Biegefestigkeit und Elastizitätsmodul von Holz (Glos & Schulz, 1986)

Die Holzeigenschaften sind wegen vorhandener Defekte und der Eigenschaftsschwankungen volumenabhängig. Madson und Buchanan (zitiert in (Dunky & Niemz, 2002)) geben für Holz folgende Beziehung für die Bauteilgröße an:

$$\frac{\sigma_2}{\sigma_1} = \left(\frac{V_1}{V_2}\right)^m \cong \left(\frac{l_1}{l_2}\right)^{m_l} \cdot \left(\frac{b_1}{b_2}\right)^{m_b} \cdot \left(\frac{d_1}{d_2}\right)^{m_d} \qquad (14.7)$$

V Volumen des Prüfkörpers

s vorhandene Spannungen

l Länge des Prüfkörpers

b Breite des Prüfkörpers

d Dicke des Prüfkörpers

Für die Koeffizienten m gilt z.B. (unter Annahme einer 10%-Fraktile)

$m_l = 0{,}15$,

$m_b = 0{,}10$.

Bei Bauholz sinkt die Festigkeit mit zunehmender Länge der Proben. Da breitere Proben einen geringeren Astanteil haben, steigt die Festigkeit mit zunehmender Breite. Nach Weibull (Theorie des schwächsten Kettengliedes) ergibt sich:

$$\frac{\sigma_2}{\sigma_1} = \left(\frac{V_1}{V_2}\right)^{1/k} = \left(\frac{V_1}{V_2}\right)^m \qquad (14.8)$$

s vorhandene Spannungen

V Volumen des Prüfkörpers

k Formparameter der Weibull-Verteilung

m Exponent

Tabelle 14.6 Korrelation der Biegefestigkeit von Schnittholz mit verschiedenen Sortierkriterien (Glos, 1982)

Sortierkriterium	Korrelationskoeffizient
Rohdichte	0,5
Jahrringbreite	0,4
Ästigkeit	0,5
Faserabweichung	0,2
Elastizitätsmodul	0,7...0,8

Für die Dimensionierung von geklebten Holzelementen wurden von Ehlbeck (1967), Görlacher (1990), Colling (1990), Blass (1987), Fink (2014) u.a. Modelle entwickelt, mit denen unter Nutzung der Finite-Elemente-Methode die Festigkeit von Brettschichtholz-Trägern aus den Eigenschaften der Einsatzmaterialien berechnet werden kann. In die Berechnungen gehen dabei u.a. die Eigenschaften des Holzes (Rohdichte, Astigkeit, Elastizitätsmodul, Länge der Lamellen) und die Keilzinkenverbindung ein. Colling (Colling, 1990) stellte anhand von Berechnungsergebnissen fest, dass Brettschichtholz-Träger mit Keilzinkenbruch in den meisten Fällen eine geringere Biegefestigkeit aufweisen als Brettschichtholz-Träger mit Holzbruch. Die Schnittholzsortierung gehört heute in großen Brettschichtholzbetrieben zur Standardausstattung.

Holzwerkstoffe

Auch die Eigenschaften von Holzwerkstoffen sind von der Größe des Prüfkörpers abhängig. Einzelne große Späne (z.B. bei OSB) wirken sich deutlich auf die Festigkeit aus, wenn kleine Proben geprüft werden. Vereinzelte Ansätze, auch Holzpartikelwerkstoffe nachträglich zu sortieren, haben sich nicht im großen Umfang durchgesetzt. Der Schwerpunkt liegt bei der Fertigungssteuerung.

Untersuchungen von (McNatt, Wellwood & Bach, 1990) zu den Beziehungen zwischen den Eigenschaften von Bauteilen und Materialproben aus Sperrholz und OSB zeigten, dass bei

Bauteilen der Elastizitätsmodul höher und die Biegefestigkeit geringer ist als bei kleinen, fehlerfreien Materialproben (Bild 14.17).

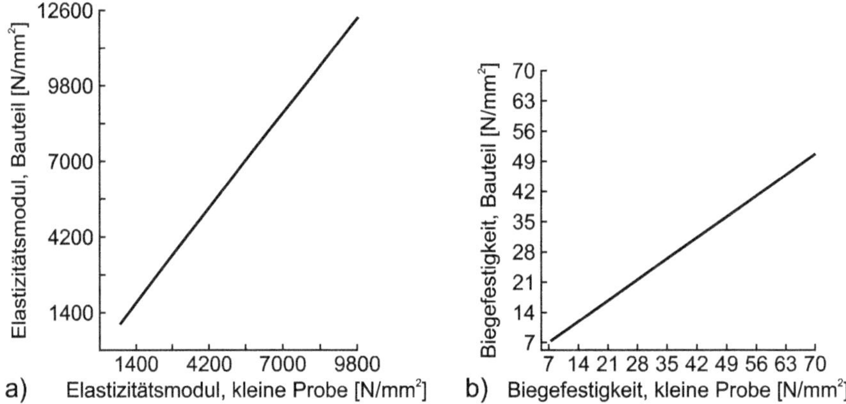

Bild 14.17 Korrelation des Elastizitätsmoduls (a) bzw. der Biegefestigkeit (b) von kleinen Proben und Bauteilen (300 mm × 1000 mm) aus Holzwerkstoffen (McNatt, Wellwood & Bach, 1990); anwendbar auf alle Holzwerkstofftypen

Ein Vorschlag zur Prüfung an „mittelgroßen Bauteilen" ist für Spanplatten in dem Entwurf der EN 789 (CEN-Norm) vorhanden.

Für Spanplatten ermittelte Böhme (Böhme, 1999) folgende Eigenschaftsänderungen bei mittelgroßen Proben (Probengeometrie etwa im Bereich eines Meters bei Biegung, 400 mm bei Zug) gegenüber kleinen Proben:

- Verringerung der Biegefestigkeit: 10 %,
- Erhöhung des Biege-E-Moduls: 11 - 12 %,
- Verringerung der Zugfestigkeit: 1 %,
- Erhöhung der Druckfestigkeit: 18 %,
- Reduzierung der Scherfestigkeit parallel zur Plattenebene: 28 %,
- Reduzierung der Scherfestigkeit senkrecht zur Plattenebene: 4 %.

Tabelle 14.7 zeigt die charakteristischen Werte für die Festigkeit von Vollholz (Bauholz), Tabelle 14.8 von Holzwerkstoffen. Weiterführende Informationen sind in Kapitel 19 vorhanden. Kapitel 19 enthält eine Übersicht zur Probengeometrie und zu den Prüfverfahren für wichtige Eigenschaften von Holz und Holzwerkstoffen.

Tabelle 14.7 Charakteristische Festigkeitswerte für Vollholz (Bauholz) und Brettschichtholz in N/mm² (für weitere Klassen siehe Kapitel 19)

Klasse	Nadelholz nach E DIN EN 338			Laubholz nach E DIN EN 338			Homogenes Brettschichtholz nach DIN EN 14080	
	C18	C24	C30	D30	D40	D50	GL 24h	GL 30h
Biegung ∥	18	24	30	30	40	50	24	30
Zug ∥	11	14	18	18	24	30	19,2	24

Tabelle 14.7 Charakteristische Festigkeitswerte für Vollholz (Bauholz) und Brettschichtholz in N/mm² *(Fortsetzung)*

Klasse	Nadelholz nach E DIN EN 338			Laubholz nach E DIN EN 338			Homogenes Brettschichtholz nach DIN EN 14080	
	C18	C24	C30	D30	D40	D50	GL 24h	GL 30h
Zug ⊥	0,4	0,4	0,4	0,6	0,6	0,6	0,5	0,5
Druck ‖	18	21	23	23	27	30	24	30
Druck ⊥	2,2	2,5	2,7	5,3	5,5	6,2	2,5	2,5
Schubfestigkeit (Schub und Torsion)	3,4	4	4	3,9	4,2	4,5	3,5	3,5
Rollschubfestigkeit	-	-	-	-	-	-	1,2	1,2

‖ = in Faserrichtung; ⊥ = rechtwinklig zur Faserrichtung

Tabelle 14.8 Charakteristische Festigkeitswerte für Holzwerkstoffe nach DIN EN 12369 in N/mm²

Holzwerkstoff	Rohdichte	Biegung	Zug	Druck	Schub	
	[kg/m³]	f_m (f_p)	f_t	f_c	f_v	f_r
Massivholz-platten ‖	410	12...35 (10...25)	6...16	10...16	2,5...4,0	1,2...1,6
Massivholz-platten ⊥	410	5...9 (12)	6	10...16	2...5	1,4
Sperrholz ‖, ⊥	350...750	3...80	1,2...40	1,2...40	1,8...7,5	0,4...1,2
OSB/2 ‖, OSB/3 ‖	550	14,8...18,0	9,0...9,9	14,8...15,9	6,8	1,0
OSB/2 ⊥, OSB/3 ⊥	550	7,4...9,0	6,8...7,2	12,4...12,9	6,8	1,0
OSB/4 ‖	550	21,0...24,5	10,9...11,9	17,0...18,1	6,9	1,1
OSB/4 ⊥	550	11,4...13,0	8,0...8,5	13,7...14,3	6,9	1,1
Spanplatten, Typ P4	500...650	5,8...14,2	4,4...8,9	6,1...12,0	4,2...6,6	1,0...1,8
Spanplatten, Typ P5	500...650	7,5...15,0	5,6...9,4	7,8...12,7	4,4...7,0	1,0...1,9
Spanplatten, Typ P6	500...650	10,0...16,5	7,5...10,5	10,4...14,1	5,5...7,8	1,7...1,9
Spanplatten, Typ P7	500...650	12,5...18,3	8,0...11,5	13,0...15,5	7,0...8,6	1,8...2,4
Faserplatten, HB.HLA2	800...900	32...37	23...27	24...28	16...19	2,5...3,0
Faserplatten, MBH.LA2	600...650	15...17	8...9	8...9	4,5...5,5	0,25...0,3
MDF.LA	500...650	19...21	10...13	10...13	5,0...6,5	-
MDF.HLS	500...650	18...22	13...18	13...18	7,0...8,5	-

‖ = in Richtung der Hauptachse bzw. Faserrichtung der Deckschicht; ⊥ = in Richtung der Nebenachse bzw. senkrecht zur Faserrichtung der Deckschicht; f_m = Festigkeit bei Biegung quer zur Plattenebene; f_p = Festigkeit bei Biegung in Plattenebene; f_t, f_c = Festigkeiten bei Zug und Druck in Plattenebene; f_v = Schub quer zur Plattenebene; f_r = Schub in Plattenebene

14.3 Phänomenologische Beschreibung des Bruchverhaltens von Holz und Holzwerkstoffen

14.3.1 Vollholz

Zum Bruchverhalten von Holz und zum Einfluss von Strukturelementen wie Holzstrahlen wurden umfangreiche Arbeiten durchgeführt, die bis in die 50er Jahre des vergangenen Jahrhunderts zurückreichen (Kisser & Steininger, 1952) (Debaise, Porter & Pentonoy, 1966) (Kucera & Bariska, 1982) (Mindess & Bentur, 1986) (Patton-Mallory & Cramer, 1987). Ermittelt wurden dabei folgende Bruchphasen (Debaise, Porter & Pentonoy, 1966):

- Beginn der Rissbildung,
- Risswachstum,
- instabiler Bruch.

Neue Methoden wie die Röntgenmikro-CT oder die Synchrotrontomographie (teils in Kombination mit Schallemission) erlauben In-situ-Untersuchungen zum Versagensverhalten von Holz, auch eine Quantifizierung der Verformungen ist über Volumenkorrelationen möglich (Forsberg, Sjödahl, Mooser, Hack & Wyss, 2010) (Baensch, 2015). Die Auflösung liegt je nach Probengeometrie im Synchrotron derzeit bei 0,3 µm. Auch In-situ-Messungen im Elektronenmikroskop sind möglich. Das ESEM (Environmental Scanning Microscope) erlaubt im gewissen Rahmen auch Messungen bei variabler Holzfeuchte unter Belastung. Arbeiten zur Beschreibung des Bruchverlaufs mithilfe der Finite-Elemente-Methode liegen u. a. von (Cramer & Goodman, 1986) vor, die auch den Einfluss von Ästen auf die Festigkeit mathematisch modellierten. Zusammenfassend ist das Bruchverhalten von Holz im Buch von (Smith, Landis & Gong, 2003) beschrieben. Die Rissbildung beginnt bereits während des Holzwachstums, beim Fällen des Holzes oder bei der technischen Holztrocknung. Erste Mikrobrüche in den Zellwänden sind daher schon im stehenden Baum nachweisbar. Diese Brüche spiegeln sich in Form von Gleitlinien wider.

Das Risswachstum setzt bereits bei Spannungen zwischen 5 und 20 % der Bruchlast ein, wie durch Schallemissionsanalyse oder geeignete optische Verfahren (z. B. Anfärben mit Chlor-Zink-Jod und Betrachtung im Mikroskop) nachgewiesen werden kann. Diese Mikrobrüche führen jedoch noch nicht zu einer Minderung der Tragfähigkeit des Holzes. Nach (Kucera & Sell, 1987) ist die Grenzfläche zwischen dem Strahlengewebe und dem Grundgewebe eine mechanische Schwachstelle im Holz, an der sowohl bei mechanischer Beanspruchung als auch bei Bewitterung Risse auftreten.

Ein Versagen des Gefüges bei Überbeanspruchung durch Querzug oder Schub wird durch zwei Bruchtypen charakterisiert, und zwar durch:

- wandinternen Bruch mit einem Bruchverhalten innerhalb der Mittellamelle-Primärwand-Region,
- wandexternen Bruch mit einem Bruchverlauf senkrecht zu den Zellwandschichten.

Eine langsame, gleichmäßige Belastung führt zum wandinternen Bruch, eine schlagartige Belastung hat hingegen einen wandexternen Bruch zur Folge (Patton-Mallory & Cramer,

1987). Bild 14.18 zeigt typische Formen für sich schnell und langsam ausbreitende Brüche (Debaise, Porter & Pentonoy, 1966).

Insgesamt betrachtet, ist bei Holz der makroskopische Bruch die Folge einer Vielzahl von Mikrobrüchen. Die Risse beginnen bei geringer Spannung und weiten sich aus, bis sie eine Größe erreicht haben, bei der der unstete Bruch mitten durch die heterogene Struktur eintritt und durch die gespeicherte Energie aufrechterhalten wird.

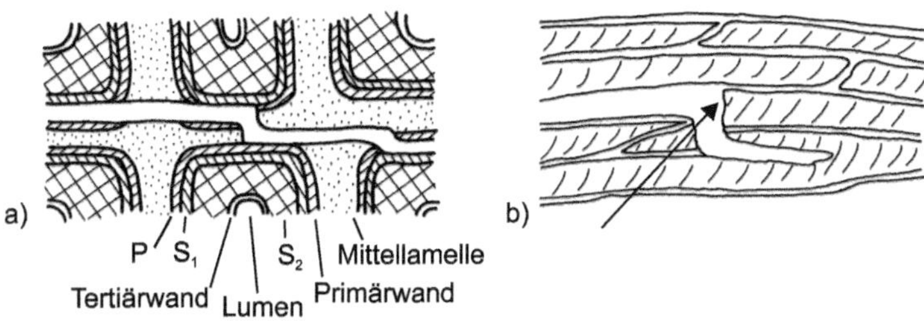

Bild 14.18 Bruchbild des Holzes (schematisch, nach (Debaise, Porter & Pentonoy, 1966)), (a) langsamer Bruchverlauf: der Bruch verläuft mitten durch die Primärwand und ist zumeist abgestuft, (b) schneller Bruchverlauf: der Bruch beginnt an den Tracheidenenden, die das Risswachstum zeitweilig verzögern

Auf die Ausbildung des Bruchbildes wirken sich der Feuchtegehalt und die Temperatur des Holzes entscheidend aus. Mit wachsender Temperatur und höherem Feuchtegehalt nehmen viskoelastische und plastische Verformungen gegenüber den elastischen zu (Bild 14.19). Bild 14.20 zeigt REM-Aufnahmen eines Holzbruches bei Fichte und Eibe. Es ist zu erkennen, dass überwiegend interzellularer Bruch im Frühholz der Eibe und im Spätholz der Fichte erfolgt, Zellwandbruch dagegen im Frühholz der Fichte. Bild 14.21 zeigt 3D-Rekonstruktionen des Holzbruches mittels Synchrotronaufnahmen (Zauner, 2014). Die Stauchlinien bei Druckbelastung sind sehr gut erkennbar (Bild 14.21a).

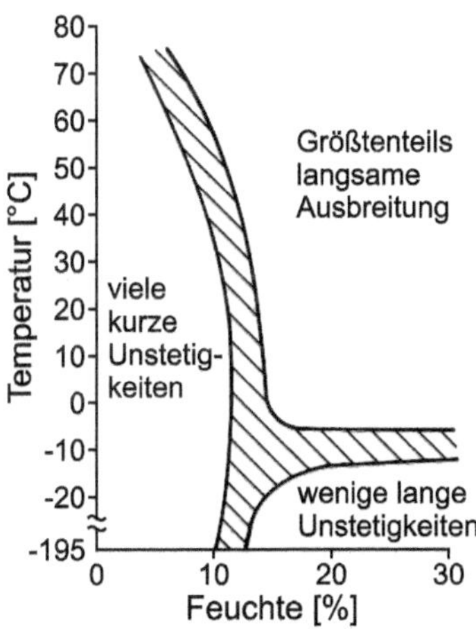

Bild 14.19 Einfluss von Temperatur und Feuchtegehalt auf das Bruchverhalten von Holz (Debaise, Porter & Pentonoy, 1966)

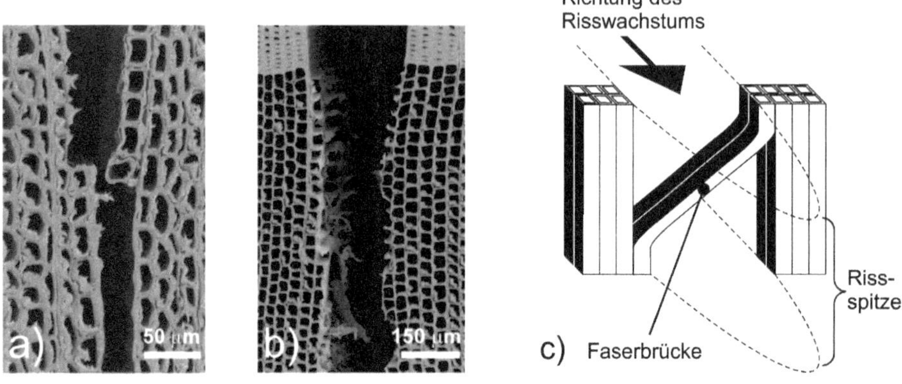

Bild 14.20 Bruchbilder von Vollholz (Keunecke D., 2008). Bruchbilder von Eibe (a) und Fichte (b) in TR-Richtung; (c) Faserbrückenbildung (fibre bridging)

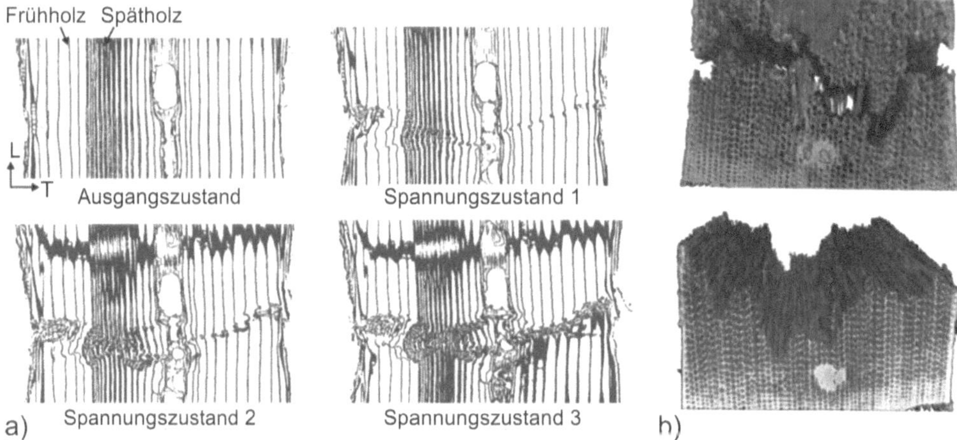

Bild 14.21 Synchrotronaufnahmen des Versagens von Fichte (Zauner, 2014). (a) Druckbelastung in Faserrichtung; (b) Zugbelastung senkrecht zur Faserrichtung

Der Bruchverlauf hängt maßgeblich ab von:

- der Art der Belastung,
- dem Faser-Last-Winkel,
- dem strukturellen Aufbau des Holzes (einschließlich vorhandener Strukturfehler),
- den klimatischen Faktoren (Holzfeuchte, Temperatur, bei verklebtem Holz auch Eigenschaften der Klebfugen).

Die Dehnung beim Bruch beträgt bei Zugbelastung bei Holz 0,6 bis 1,7 %, bei Holzwerkstoffen (Spanplatten) etwa 0,6 bis 1,0 %. Es ist ein starker Einfluss der Feuchte, der Temperatur und der Schnittrichtung festzustellen. Bei der behinderten Schwindung (Holztrocknung) beträgt die Bruchdehnung dagegen etwa 3 % (Lühmann & Niemz, 1994). Der

Mikrofibrillenwinkel in der Zellwand S2 wirkt sich wesentlich auf die Bruchdehnung, aber auch auf die Eigenschaften wie E-Modul und Festigkeit aus. So haben juveniles Holz und auch Druckholz einen wesentlich größeren Mikrofibrillenwinkel als normales Holz. Dies wirkt sich auf die Bruchdehnung aus, die größer wird. Auch Plantagenholz (dieses ist weitgehend juveniles Holz) und Eibe haben größere Mikrofibrillenwinkel als z. B. Fichte (Keunecke D., 2008), (Butterfield, 1997). Die Rissausbreitung kann dabei durch Faserbrückenbildung (fibre-bridging) (Keunecke D., 2008) oder Klebstoffbrückenbildung bei verklebten Elementen (Ammann S. D., 2015) überlagert werden (Bild 14.20c).

In den vergangenen 20 Jahren wurden auch umfangreiche Arbeiten zum Einfluss von Holzstrahlen (Burgert, 2000), aber auch bruchmechanische Ansätze zum Einfluss von Sondergeweben wie Druckholz veröffentlicht (Stanzl-Tschegg, Keunecke & Tschegg, 2011). Auch eine Quantifizierung der Wirkung der Holzstrahlen ist möglich.

14.3.2 Holzwerkstoffe

14.3.2.1 Brettschichtholz, Massivholzplatten, Sperrholz

Für geschichtete Holzwerkstoffe wie Sperrholz oder Brettsperrholz (Massivholzplatten) ist das Schubversagen der querliegenden Lagen, der sogenannte Rollschub, charakteristisch (Bild 14.22). Dieser ist auf den geringen Schubmodul und die geringe Festigkeit (insbesondere bei Nadelholz wie Fichte und Kiefer) in der RT-Ebene zurückzuführen. Bei gekrümmten Brettschichtholzträgern kann es auch zu Rissen durch Querzugspannungen kommen. Das Rollschubversagen ist bei der Prüfung ganzer Platten dagegen eher weniger ausgeprägt als bei Biegestäben (Czaderski, et al., 2007), (Steiger, Gülzow, Czaderski, Howald & Niemz, 2012).

Schubversagen kann auch bei Spanplatten und MDF und insbesondere bei leichten Wabenplatten oder Platten mit Schaumstoffmittellage auftreten, wenn die Dichte der Mittelschicht sehr gering oder die Verklebung unzureichend ist.

Bei verklebtem Vollholz ist der Anteil des Holzbruches ein wichtiges Kriterium für die Verklebungsgüte. Das Bruchbild wird dabei entscheidend durch die Adhäsion des Klebstoffes, aber auch die mechanischen Eigenschaften (E-Modul, Schubmodul) bestimmt. Dabei kann es zur Faserbrücken- und Klebstoffbrückenbildung kommen (Ammann S. D., 2015). Die Verklebungsgüte wird durch Zugscherproben nach EN 302-1 (Lagerfolge A1: im Normalklima; Lagerfolge A4: nach Kochen; Lagerfolge A5: nach Wiedertrocknung) und durch den Delaminierungstest nach EN 302-2 geprüft. Dabei ist die Festigkeit, der Holzbruchanteil (Zugscherprüfung) bzw. der Anteil der prozentual delaminierten Klebfugen das Entscheidungskriterium.

Bei unzureichender Verklebungsgüte, nicht feuchtebeständigen Klebstoffen, aber auch starken Feuchteänderungen kann es auch nach mehreren Jahren oder gar Jahrzehnten zur Delaminierung der Klebfugen kommen (Ammann S. D., 2015). Diese Vorgänge können heute bereits teilweise rechnerisch erfasst werden (Hassani, Wittel, Hering & Herrmann, 2015). Dabei werden auch mechanosorptive, rheologische und plastische Eigenschaften feuchteabhängig berücksichtigt.

Einflussfaktoren auf das Bruchverhalten von Holzwerkstoffen sind u. a.:

- die Eigenschaften des Holzes (E-Modul, Festigkeit, Jahrringlage, differenzielles Quell- und Schwindmaß),
- die Dicke der Lamellen,
- die Orientierung der Lamellen,
- die Jahrringneigung in RT-Ebene,
- Feuchtedifferenzen zwischen den Lamellen beim Verkleben,
- Feuchteänderungen bei den Nutzungsbedingungen,
- die Klebstoffgüte.

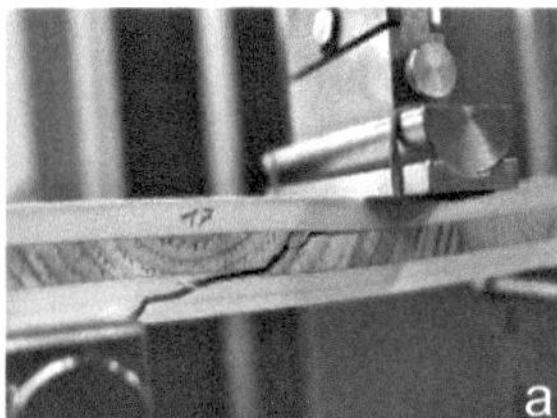
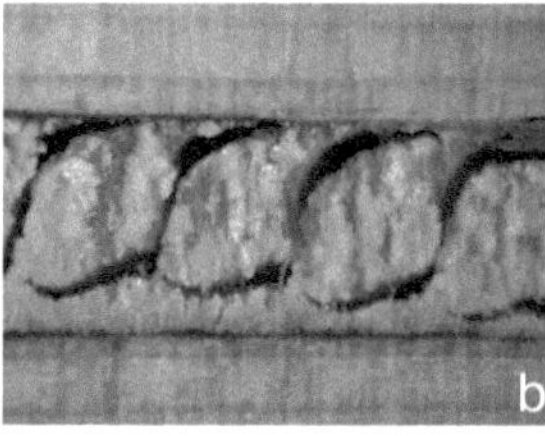

Bild 14.22 Versagen von verklebten Holzelementen. (a) Biegebruch von Massivholzplatten; (b) Rollschub in RT-Ebene einer Dreischichtplatte; (c) Delaminierung einer Klebfuge von Brettschichtholz (Foto: Niemz)

14.3.2.2 Partikelwerkstoffe

Unter Partikelwerkstoffen sollen nachfolgend Span- und Faserplatten verstanden werden. Im Gegensatz zu homogenen Festkörpern bestehen diese aus einem Netzwerk von sich kreuzenden und überlappenden Partikeln, die untereinander adhäsiv verbunden sind (z. B. durch zugesetzte Klebstoffe, holzeigene Bindekräfte). Zwischen den Partikeln befinden sich makroskopische Hohlräume, deren Anteil beispielsweise bei Spanplatten bis zu 30 Volumenprozent beträgt.

Ausgehend von dem beschriebenen Strukturmodell können der Verformungsvorgang und der in der Endphase eintretende, makroskopische Bruch als eine Summe von

- elastischen und plastischen Verformungen der Partikeln,
- elastischen und plastischen Verformungen der interpartikulären Verbindungen (Klebfugen),
- Mikrobrüchen von Partikeln, Klebfugen sowie deren Grenzflächen und
- zwischenpartikulären Verschiebungen

interpretiert werden (Bilder 14.23 und 14.24).

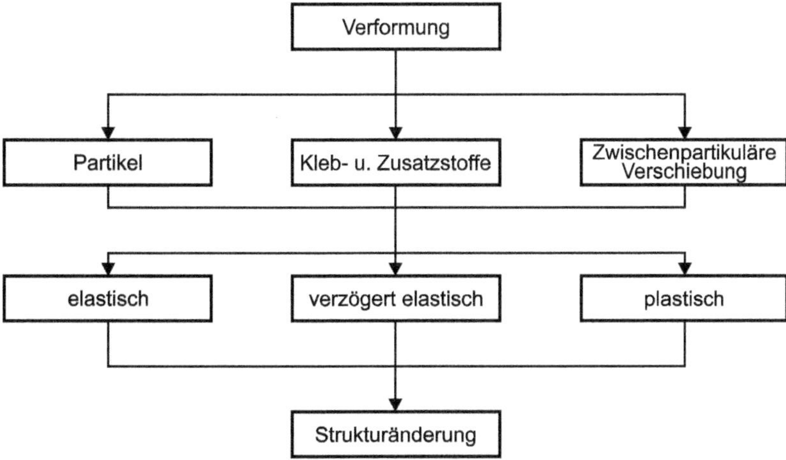

Bild 14.23 Allgemeine Systematik der Verformungskomponenten und ihres Verhaltens

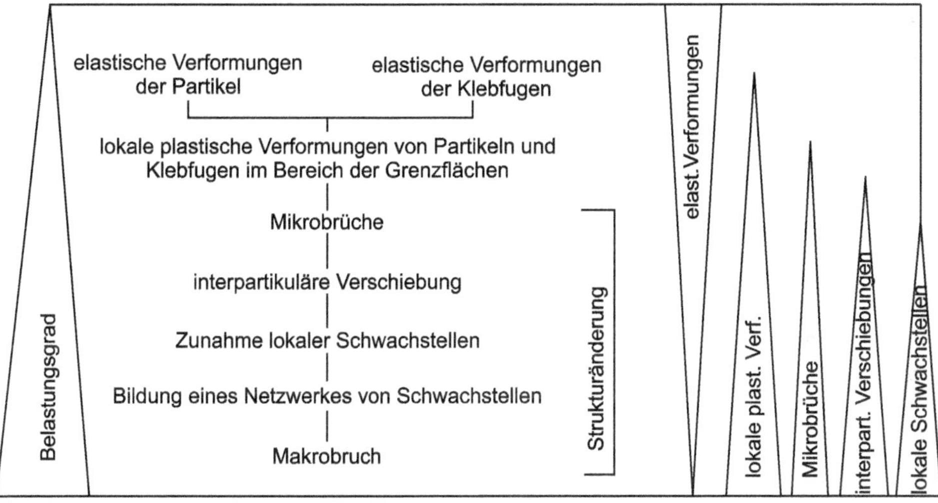

Bild 14.24 Modellhafte Darstellung des Verformungs- und Bruchverhaltens von Partikelwerkstoffen

Der Anteil der einzelnen Verformungen und Brüche wird – konstante Prüf- und Umweltbedingungen vorausgesetzt – maßgeblich durch den strukturellen Aufbau des Partikelwerkstoffes bestimmt (Morphologie der Partikeln, Klebstoffart, Orientierungsgrad der Partikeln, Schichtaufbau). Der Bruchvorgang beginnt bereits bei niedrigen Belastungsgraden von etwa 20 % der Biegefestigkeit in Form von lokalen Mikrobrüchen und interpartikulären Verschiebungen, die durch Schallemissionsanalyse (Bild 14.25) oder durch photogrammetrische Auswertung (z. B. REM-Aufnahmen, Bild 14.26) nachweisbar sind. Die Verschiebungen kommen in Zonen höherer Packungsdichte zum Erliegen, sodass sich ein Mechanismus des steten Entstehens und Schließens von interpartikulären Hohlräumen herausbildet (Bild 14.27). Die Rissweite beträgt bei Belastungsgraden von 20 bis 30 % der Biegefestigkeit 2 bis 25 µm.

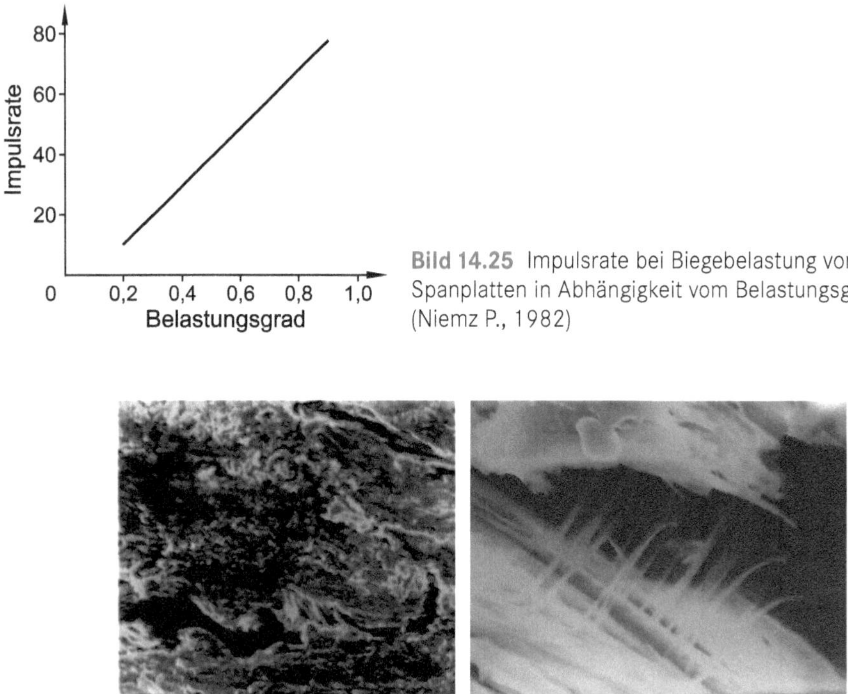

Bild 14.25 Impulsrate bei Biegebelastung von Spanplatten in Abhängigkeit vom Belastungsgrad (Niemz P., 1982)

Bild 14.26 REM-Aufnahmen eines zwischenpartikulären Bruchs (links) und eines Holzbruchs mit Faserbrückenbildung (rechts) in einer Spanplatte

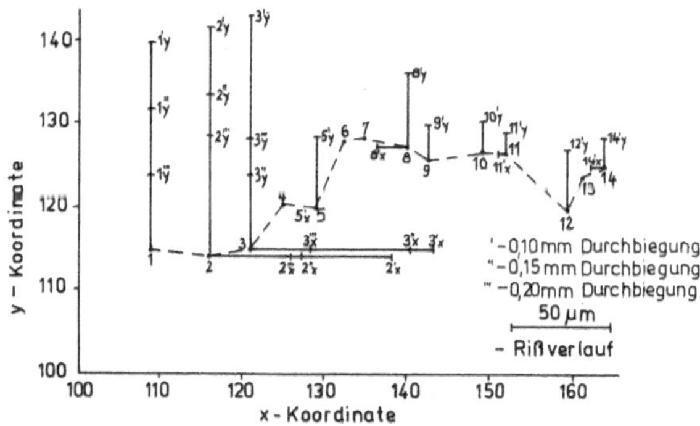

Bild 14.27 Photogrammetrisch ermittelte, zwischenpartikuläre Verschiebung bei Biegebelastung von Spanplatten (Niemz P., 1982)

In Abhängigkeit von der konkreten Struktur können die Anteile der Brucharten variieren. Generell ist festzustellen, dass der Anteil reiner Holzbrüche gering ist; es überwiegt das Versagen der Klebfuge.

Modellrechnungen an harnstoffharzverleimten Spanplatten zeigen, dass bei dieser Klebstoffart und statistisch regelloser Späneverteilung kaum Längs- und Scherbrüche der Partikeln zu erwarten sind, was durch die Auswertung von Bruchbildern bestätigt wurde.

Beteiligt am Bruch ist dagegen ein gewisser Anteil von Querbrüchen, infolge der geringen Querzugfestigkeit des Holzes. Tabelle 14.9 zeigt die rechnerische Wahrscheinlichkeit für das Auftreten der einzelnen Brucharten in Partikelverbunden.

Tabelle 14.9 Rechnerische Wahrscheinlichkeit für das Auftreten von Längs-, Quer- und Scherbrüchen in Partikelverbunden (Hänsel & Niemz, 1989)

	Spangemisch			
	1	2	3	4
Spanlänge				
▪ Mittelwert [mm]	1,75	3,5	6,4	12,8
▪ Standardabweichung [mm]	1,2	2,3	4,3	4,5
Wahrscheinlichkeit für das Eintreten von Holzbruch [%]				
▪ Längsbruch	0	0	0	0
▪ Querbruch	48	32	40	16
▪ Scherbruch	6	4	2	0

14.4 Ausgewählte Grundlagen der Bruchmechanik

14.4.1 Übersicht

Gegenstand der Bruchmechanik ist die Entwicklung analytischer Modelle des Bruchvorganges sowie von Kenngrößen und Prüfmethoden zur bruchsicheren Gestaltung von Werkstoffen und Bauteilen. Die theoretische Grundlage bildet für praktische Zwecke, aufbauend auf den Gesetzmäßigkeiten der linearen Elastizitätstheorie, die linear elastische Bruchmechanik (LEBM), z. B. (Blumenauer & Pusch, 1973) , (Sähn & Göldner, 1989), (Anderson, 2005), häufig kurz lineare Bruchmechanik genannt. Kompliziertere Modellvorstellungen wie z. B. Fließbruchmechanik zählen bei Holz und Holzwerkstoffen noch nicht zum Stand der Technik. Üblicherweise werden drei verschiedene Arten der Rissöffnung (Rissmoden) unterschieden (siehe Bild 14.28):

- Modus I: Belastungen normal zur Rissebene,
- Modus II: Schub (Längsscherriss, ebener Schub),
- Modus III: Mischmodus, Verschiebung der Rissflanken quer zur Rissausbreitungsrichtung, z. B. bei Torsion, Wellen.

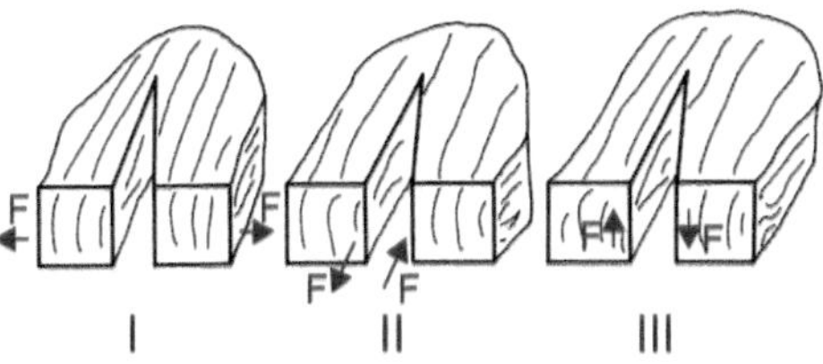

Bild 14.28 Moden der Rissausbreitung

Bedingt durch die anatomische Struktur des nativen Holzes und sich daraus ergebender, orthotroper Werkstoffeigenschaften unterscheidet man noch zusätzlich verschiedene Risstypen bezüglich der drei Hauptachsen L, R und T. Darauf aufbauend werden auch bruchmechanische Kennwerte differenziert (Scheffler, 2002). Bild 14.29 zeigt diese sechs Formen der Rissausbildung in Holz.

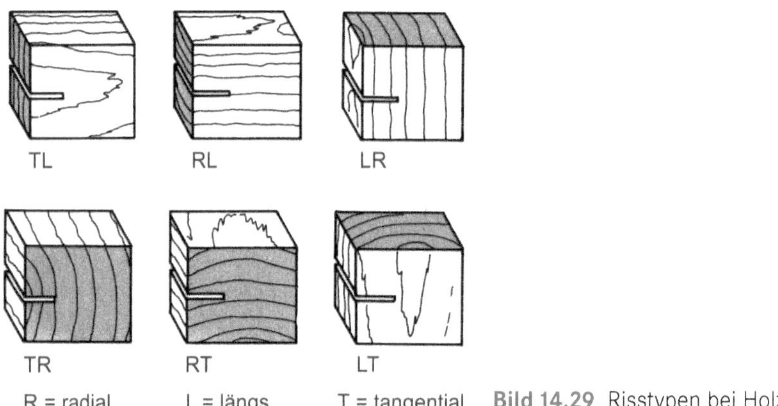

Bild 14.29 Risstypen bei Holz

Die lineare Bruchmechanik basiert auf der Erkenntnis, dass im Werkstoff üblicherweise Ungänzen vorhanden sind, von denen ausgehend das Risswachstum in Gang kommt. Ungänzen sind Fehlstellen im Werkstoff, z. B. Mikrorisse im Inneren der Werkstoffe, an denen erhöhte Spannungskonzentrationen (z. B. Risse oder die Grenze zwischen Hohlraum und Partikel bei Spanplatten) existieren, die damit Ausgangspunkt für einen makroskopischen Bruch sein können. Für die weitere Modellbeschreibung wird angenommen, dass die Rissausbreitung in einem elastisch verformten Körper erfolgt und dass in einem belasteten Körper eine elastische Energie gespeichert ist. Bei der Verlängerung eines Risses wird diese Energie freigesetzt und deckt den entstehenden Bedarf an Oberflächenenergie. Wird der Betrag freigesetzter elastischer Energie größer als die absorbierte Oberflächenenergie, kommt es zu einer spontanen Risserweiterung. Das wird durch Vergleich mit einem kritischen Kennwert, beispielsweise der Bruchzähigkeit, im jeweiligen Rissmodus ausgedrückt, beispielsweise gilt für Modus I:

$K_I = K_{Ic}$

Für Mischmodus-Risse wird der Vergleich zu Bruchgrenzkurven herangezogen (Scheffler, 2002). Die Bruchzähigkeit ergibt sich am unendlich ausgedehnten Bauteil mit der Bruchspannung σ_c:

$$K_c = \sigma_c \cdot \sqrt{\pi \cdot a_c} \qquad (14.9)$$

K_c Bruchzähigkeit [MPa $\cdot$ m$^{0.5}$ oder N $\cdot$ m$^{-3/2}$]

σ_c Bruchspannung [Pa]

a_c kritische Risslänge [m]

Die Bruchzähigkeit ist ein Maß für die Intensität des Spannungsfeldes in der Umgebung der Rissspitze zum Zeitpunkt der spontanen Rissausbreitung. Wird eine unendlich große Platte mit einem Riss der Länge $2a$ rechtwinklig zur Rissfläche belastet, kann ein Sprödbruch eintreten, wenn $a \cdot \sigma^2$ einen kritischen Wert erreicht.

Beim Übergang zum räumlichen Spannungszustand nimmt die Bruchzähigkeit einen Minimalwert an und wird entsprechend der Rissart (s. Bild 14.28) mit K_{Ic}, K_{IIc} oder K_{IIIc} bezeichnet (Logemann, 1991). Diese Kenngröße ermöglicht einen qualitativen Vergleich unterschiedlicher Werkstoffe und gibt Hinweise für eine Optimierung der Festigkeit und Zähigkeit von Werkstoffen durch gezielte strukturelle Veränderungen. Vereinzelt wird die Bruchzähigkeit bereits für die Dimensionierung von Bauteilen herangezogen (z. B. Träger mit Ausklinkungen) (Logemann, 1991).

In den letzten zwei Jahrzehnten wurden umfangreiche Arbeiten zur Bruchmechanik an Holz und Holzwerkstoffen durchgeführt. Zusammenstellungen zur Bruchmechanik von Holz und Holzwerkstoffen sind u. a. in (Smith, Landis & Gong, 2003) für Holz, (Logemann, 1991), (Gustafsson, 1988), (Stanzl-Tschegg & Navi, 2009), (Stanzl-Tschegg, Keunecke & Tschegg, 2011), (Niemz & Diener, 1999), (Scheffler, Niemz, Diener, Lustig & Hardtke, 2004), (Aicher & Reinhardt, 1993) zu finden. Bruchmechanische Arbeiten an verklebtem Holz führte u. a. (Ammann S. D., 2015) durch. Neben der früher meist geprüften Bruchzähigkeit wird heute auch zunehmend die Bruchenergie ermittelt und bei der Modellbildung verwendet. Als Ergänzung seien die Bücher (van Mier, 1997) und (Anderson, 2005) genannt.

14.4.2 Prüfmethodik

Die Bruchzähigkeit ist eine Materialkonstante, die mit standardisierten Versuchen ermittelt wird. Bei diesen Versuchen werden gemäß der LEBM Prüfkörper untersucht, in die vor Versuchsbeginn eine Kerbe eingebracht wird (Bild 14.30). Der Prüfkörper wird danach so lange belastet, bis der Bruch eintritt. Über standardisierte Formeln oder FEM kann dann der Bruchzähigkeitswert ermittelt werden. Gut geeignet ist auch der Arcan-Test (Bild 13.12). Er ermöglicht verschiedene Rissmoden (Ammann S. D., 2015).

Anwendung dürfte diese Kenngröße insbesondere im Holzbau finden. Die K_{Ic}-Werte steigen mit zunehmender Rohdichte und sinken mit Erhöhung der Feuchte (Logemann, 1991). Die Bruchenergie steigt mit zunehmender Holzfeuchte (Stanzl-Tschegg, Tan & Tschegg, 1995), (Ammann S. D., 2015).

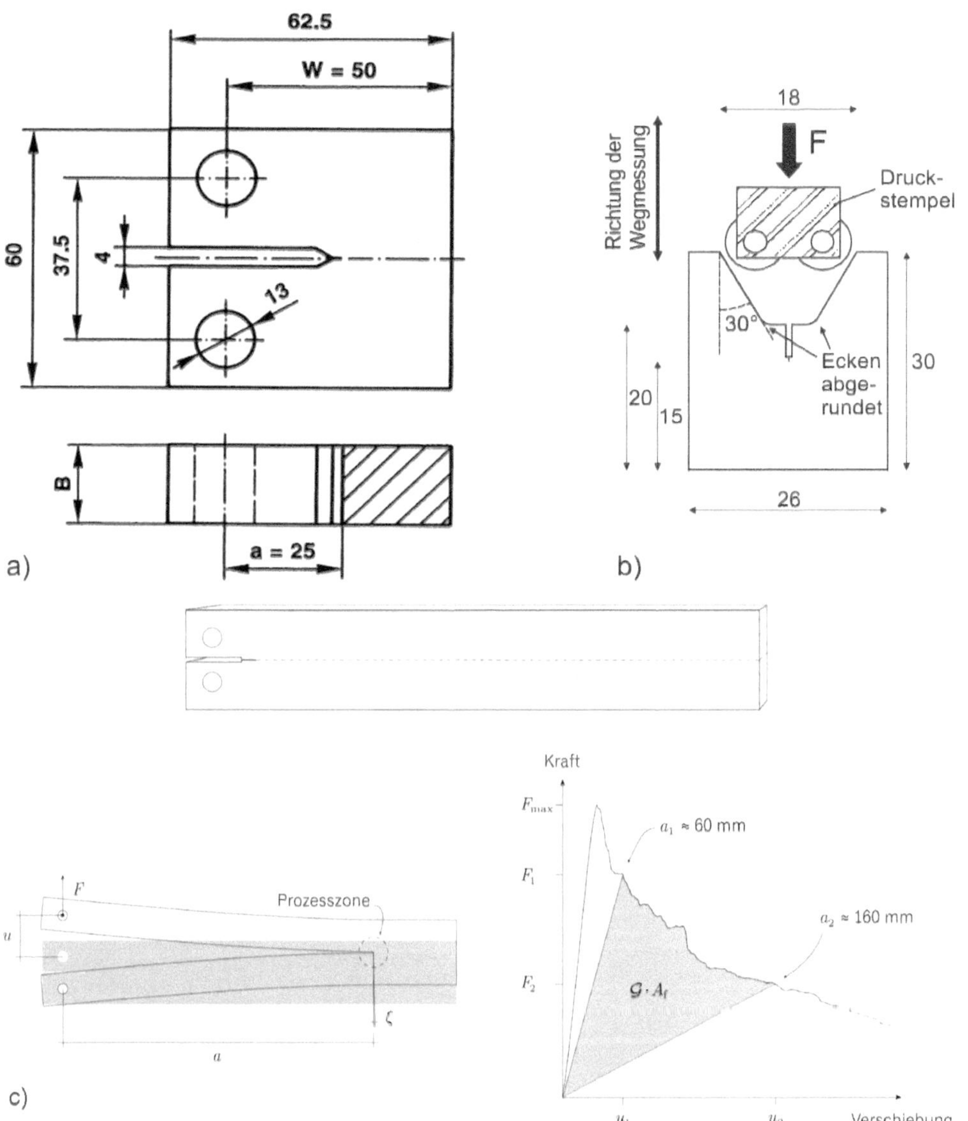

Bild 14.30 Prüfkörper für bruchmechanische Tests. (a) Kompaktzugprobe (nach ASTM E 390-90); (b) Keilspaltprobe (Keunecke D., 2008); (c) DCB-Probe (double cantilever beam), Prüfkörper und Last-Verformungs-Diagramm (Ammann S. D., 2015)

Rissgeometrie, Prüfkörpergeometrie und Lastart können in Gleichung (14.9) durch einen Korrekturfaktor F_K berücksichtigt werden. Bei bekannter Bruchzähigkeit lässt sich dann aus Gleichung (14.9) für den Lastfall I ableiten:

$$\ln \sigma_c = \frac{K_{Ic}}{\sqrt{\pi} \cdot F_K} - \frac{1}{2} \cdot \ln a_c \tag{14.10}$$

Für eine endlich große Probe gilt:

$$K_{Ic} = \sigma \cdot \sqrt{a} \cdot y\left(\frac{a}{w}\right) \quad \left[\mathrm{N} \cdot \mathrm{mm}^{-3/2}\right] \tag{14.11}$$

a Risslänge [mm]

w Probenhöhe [mm]

$y(a/w)$ Geometriefunktion

Die Bestimmung der K_I-Werte kann unter Annahme eines isotropen Materialverhaltens oder - wie bei Holz üblich - eines orthotropen Materialverhaltens vorgenommen werden. Für isotropes Verhalten gilt bei Dreipunktbiegung (Verhältnis Stützweite: Dicke 4 : 1) z. B.:

$$K_{Ic} = \frac{3F \cdot l}{2 \cdot w^2 \cdot B} \cdot \sqrt{a} \cdot \left[1{,}93 - 3{,}07\left(\frac{a}{w}\right) + 14{,}53\left(\frac{a}{w}\right)^2 - 25{,}11\left(\frac{a}{w}\right)^3 + 25{,}80\left(\frac{a}{w}\right)^4\right] \tag{14.12}$$

l Stützweite [mm]

B Probenbreite [mm]

$$K_{Ic} = \sqrt{\frac{G_{Ic}}{S*}} \tag{14.13}$$

Für das orthotrope Modell gilt:

$$S* = \frac{\left[S_{11} \cdot S_{22}\right]^{1/2}}{2^{1/2}} \cdot \left[\left(\frac{S_{22}}{S_{11}}\right)^{1/2} + \frac{2 \cdot S_{12} + S_{66}}{2 \cdot S_{12}}\right] \tag{14.14}$$

$$G_{Ic} = \frac{1F_Q^{\ 2}}{2B} \cdot \frac{\mathrm{d}c}{\mathrm{d}a} \tag{14.15}$$

G_{Ic} Energiefreisetzungsrate [Nm/m^2]

S_{ii} Dehnungs-/Gleitzahlen

F_a aus σ-ε-Diagramm zu ermittelnde Kraft, dabei gilt $F_{max}/F_Q \leq 1{,}1$

F_Q wird durch Anlegen einer Sekante mit einer um 5 % reduzierten Steigung im Vergleich zum Anstieg der an das σ-ε-Diagramm angelegten Tangente bestimmt. Auch andere Probenformen, wie z. B. die Kompakt-Zugprobe (CT-Probe), sind möglich.

14.4.3 Materialkennwerte und Einflussfaktoren

Die Bruchzähigkeit K_{Ic} beträgt für Holz parallel zur Faser etwa 0,1 bis 1,2 MPa $m^{0,5}$, senkrecht zur Faser bis 13 MPa $m^{0,5}$. Vergleichsweise beträgt die Bruchzähigkeit K_{Ic} für hochfesten Stahl 25 bis 125 MPa $m^{0,5}$, für glasfaserverstärkten Kunststoff 20 bis 60 MPa $m^{0,5}$ und für Zement 0,2 bis 0,9 MPa $m^{0,5}$. In Tabelle 14.10 und Tabelle 14.11 sind die Bruchzähigkeit (Modus I) und die Bruchenergie für verschiedene Holzarten und Holzwerkstoffe sowie zum Vergleich andere Baustoffe aufgeführt.

Die Bruchzähigkeit und die Bruchenergie sind abhängig von der Holzart bzw. dem Holzwerkstoff. Bei Holzwerkstoffen ist die Bruchzähigkeit bei MDF und OSB deutlich höher als bei Spanplatten. Die Bruchzähigkeit steigt mit der Rohdichte und sinkt mit der Holzfeuchte (Bild 14.31), während die Bruchenergie mit der Holzfeuchte steigt (Bild 14.32), da die Verformungsarbeit (Fläche im Kraft-Verformungsdiagramm) größer wird. Auch bei Klebstoffen ist ein deutlicher Einfluss der Holzfeuchte nachweisbar (Bild 14.33). Mit zunehmender Belastungsgeschwindigkeit steigt die Bruchenergie (Ammann S. D., 2015). Eine Übersicht zum Erkenntnisstand zur Bruchmechanik ist in (Stanzl-Tschegg & Navi, 2009) sowie (Smith, Landis & Gong, 2003) vorhanden.

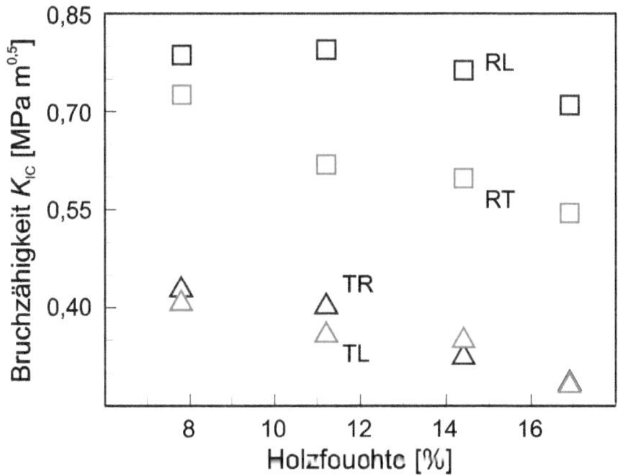

Bild 14.31 Bruchzähigkeit K_{IC} für Buche als Funktion von der Holzfeuchte in ausgewählten Belastungsrichtungen (Ozyhar T., 2013)

Tabelle 14.10 Bruchzähigkeit von Holz in verschiedenen Richtungen[1]

Holzart	Bruchzähigkeit K_{Ic} [MPa m^{0,5}] in den Richtungen[1]						Spezifische Bruchenergie [N/mm]		
	RL	TL	RT	TR	LR	LT	RL	TL	TR
Fichte (vers. Arten)[3]	0,27...0,47	0,23...0,42	-	0,33	-	-	0,18...0,34	0,21...0,23	0,42...0,43
Kiefer (vers. Arten)[3]	0,26...0,50	0,25...0,44	-	0,36...0,55	-	-	0,25...0,42	0,42	0,63...0,92
Douglasie[2]	0,41	0,31	0,36	0,36	2,69	2,42	-	-	-
Kolorado-Tanne[2,3]	0,32...0,41	0,31...0,32	-	0,36	-	1,64	-	-	-
Ahorn[4]	1,08	0,70	0,91	0,54	-	-	-	-	-
Balsa[2]	0,11	-	-	-	-	-	-	-	-
Buche[3,5]	0,62...0,80	0,36	0,62	0,40...0,51	-	-	0,32...0,54	0,73	0,55...0,69
Weiß-Eiche[3]	0,55...0,80	0,40	-	-	-	-	0,25...0,42	0,42	0,63...0,92
Esche[3,6]	0,77...1,17	0,49...0,65	0,85	0,55	-	-	0,55	0,34	-

1 R = Radial, T = Tangential, L = in Faserrichtung; erster Index: Richtung der Kraft (senkrecht zur Rissebene); zweiter Index: Richtung der Rissausbreitung
2 (Bodig & Jayne, 1993)
3 (Stanzl-Tschegg, Keunecke & Tschegg, 2011)
4 (Sonderegger, et al., 2013)
5 (Ozyhar, Hering & Niemz, 2012)
6 (Niemz, Clauss, Michel, Hänsch & Hänsel, 2014)

Tabelle 14.11 Bruchzähigkeit verschiedener Werkstoffe

Material	Bruchzähigkeit K_{Ic} (MPa $m^{0.5}$)
Stahl[1]	25...125
Aluminiumlegierungen[1]	20...60
Keramik[1]	4...9
Marmor[1]	1,3...2,2
Beton[1]	0,2...0,9
Sperrholz ‖[2]	2,1...4,2
Spanplatte ‖[2,3] (⊥)[4]	0,7...1,3 (0,05...0,07)
OSB ‖[2] (⊥)[4]	1,6...2,1 (0,08...0,09)
MDF ‖[2,5] (⊥)[4]	1,2...2,2 (0,04...0,05)
Phenol-Resorcin-Formaldehyd-Klebstoff (PRF)[6]	1,1...1,7
1-Komponenten-Polyurethan-Klebstoff (1K-PUR)[6]	0,7...1,1

‖ Belastung parallel zur Plattenebene; ⊥ Belastung senkrecht zur Plattenebene (in Klammern)
[1] (Gross & Seelig, 2011)
[2] (Niemz & Diener, 1999)
[3] (Ehart, Stanzl-Tschegg & K., 1996)
[4] (Rathke, Sinn, Weigl & Müller, 2012)
[5] (Niemz, Diener & Pöhler, 1997)
[6] (Ammann & Niemz, 2015)

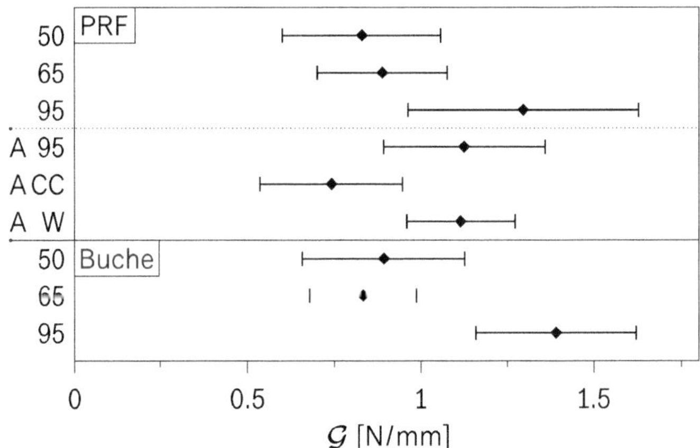

Bild 14.32 Bruchenergie für Buchenholz und mit PRF verklebtes Buchenholz bei variabler rel. Luftfeuchte und nach verschiedenen Klimaeinflüssen (Ammann S. D., 2015). 50, 65, 95 = rel. Luftfeuchte in % bei 20 °C; gealterte Proben (A): verklebt zu Brettschichtholz und von März 2012 bis Mai 2014 gelagert bei 95 % rel. Luftfeuchte und 20 °C (A 95), abwechselnd bei 50 und 95 % rel. Luftfeuchte und 20 °C (A CC) sowie im Freien unter Dach (A W)

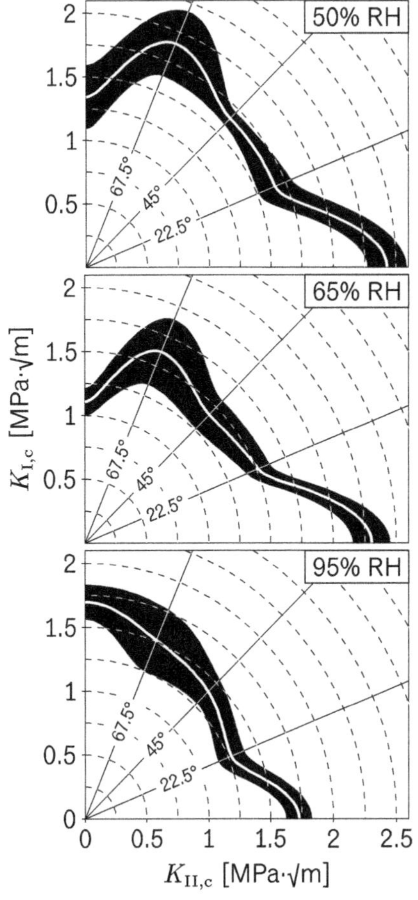

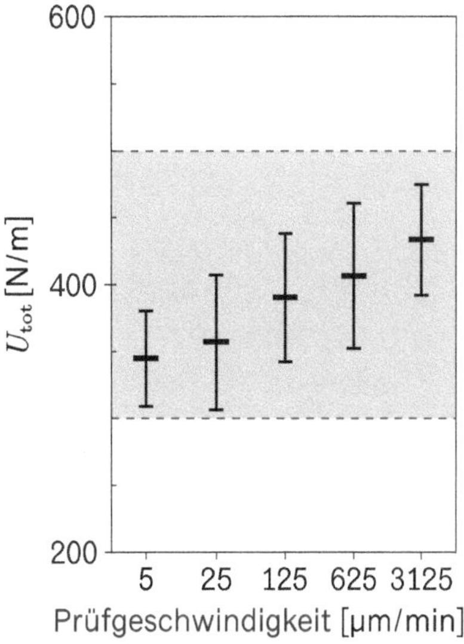

Bild 14.33 Einflussfaktoren auf die Bruchzähigkeit und die Bruchenergie von verklebtem Holz (Ammann S. D., 2015). Links: K_C-Werte von mit PRF verklebtem Buchenholz bei variabler Holzfeuchte; rechts: Einfluss der Belastungsgeschwindigkeit auf die Bruchenergie von mit PUR verklebten Proben

14.5 Festigkeitseigenschaften

14.5.1 Übersicht

Die Festigkeit ist die Grenzspannung, bei der das Material versagt (Bild 14.34a). Bis zur Proportionalitätsgrenze σ_P existiert ein linearer Zusammenhang zwischen Spannung und Verformung. Die für Metalle typische Streckgrenze und die anschließende Verfestigung treten bei Holz und Holzwerkstoffen bei Zugbelastung nicht auf. Die Bruchdehnung bei Zugbelastung in und senkrecht zur Faserrichtung liegt je nach Holzfeuchte bei etwa 0,7 - 1 %. Mit steigender Holzfeuchte erhöht sie sich etwas. Holz verhält sich also bei Zug spröde. Durch Dämpfen ist eine Erhöhung der Bruchdehnung möglich. Verdichtetes Holz hat eine höhere Bruchdehnung als unverdichtetes, da die Verdichtung in gewissem Umfange rückgängig gemacht werden kann (Navi & Sandberg, 2012).

Die Zugfestigkeit in Faserrichtung ist bei Vollholz im Durchschnitt etwa doppelt so groß wie die Druckfestigkeit. Bei Holzpartikelwerkstoffen ist dagegen die Druckfestigkeit gleich der oder höher als die Zugfestigkeit (Bild 14.34b) (Plath, 1971), (Schreiber, Niemz & Mannes, 2007).

Senkrecht zur Faserrichtung (Bild 14.34c, d) kommt es bei Vollholz bei Druckbelastung zu einem Kollabieren der Zellstruktur, daher wird eine zulässige Dehnung als Bruchgrenze festgelegt (z. B. 2 oder 5 %). Dabei kollabiert zunächst das weniger dichte Frühholz, später auch das Spätholz (Bild 14.35). Es kommt mit zunehmender Verdichtung zu einer Verfestigung. Die Spannung steigt dann proportional mit der Dichte weiter an. So lässt sich z. B. Fichte insbesondere in radialer Richtung sehr gut auf 1000 kg/m^3 und darüber verdichten. Die Technik des Verdichtens ist z. B. in (Navi & Sandberg, 2012) beschrieben. Bei Partikelwerkstoffen werden die Partikel bereits bei der Plattenherstellung senkrecht zur Plattenebene (also senkrecht zur Faserrichtung des Holzes) stark verdichtet. Die Verdichtung gegenüber dem eingesetzten Vollholz beträgt ca. 50 % (Spanplatten) und bis 80 % und mehr bei MDF/HDF. Auch bei der Verarbeitung kann es z. B. beim Beschichten zur Verdichtung und damit zu Dickenänderungen der Platten kommen. Teilweise wird auch die Fließspannung oder Elastizitätsgrenze (Englisch: yield stress) im Spannungs-Dehnungs-Diagramm mit angegeben. Dabei handelt es sich um die Spannung, die bei z. B. 0,2 % plastischer Verformung auftritt (Parallele zur Hookeschen Geraden (siehe Bild 14.36a)).

Der Flächeninhalt (Integral) unter der Spannungs-Verformungs-Kurve (Verformungsarbeit in Nmm) wird oft zusätzlich verwendet, da diese Kenngröße eine gute Aussage zur Verformbarkeit beinhaltet. Die Tabellen 14.12 und 14.13 zeigen die Verhältnisse der Festigkeit von Holz und Holzwerkstoffen in den 3 Hauptachsen (Richtwerte).

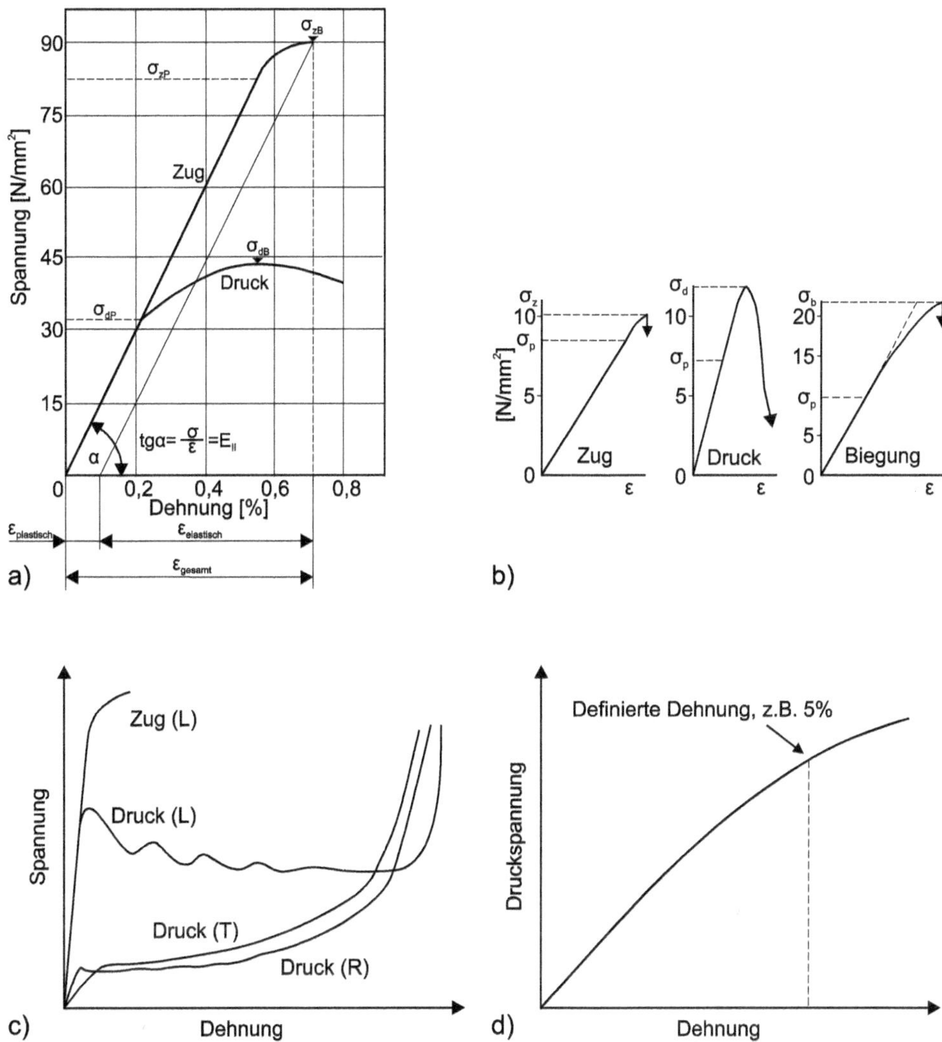

Bild 14.34 Spannungs-Dehnungs-Diagramme von Vollholz und Holzwerkstoffen. (a) Holz in Faserrichtung, (b) Spanplatte in Plattenebene, (c) Vergleich der Belastung parallel und senkrecht zur Faser nach Ozyhar (2013) adapted von Holmberg et al. (1999), (d) Festlegung der max. Dehnung bei Druck senkrecht zur Faserrichtung

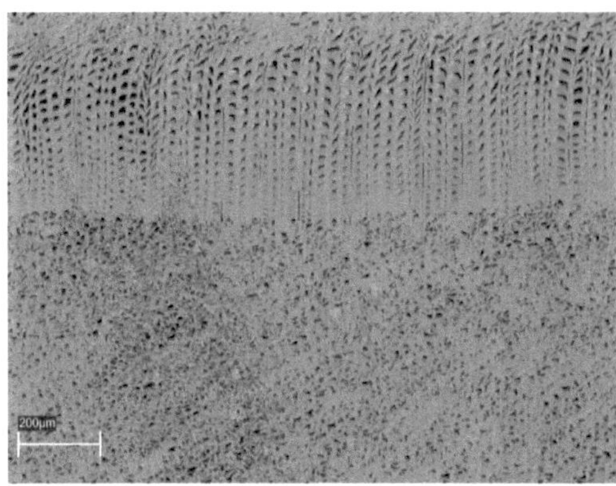

Bild 14.35 In radialer Richtung verdichtetes Fichtenholz (Foto: Peschke, ETH Zürich)

Tabelle 14.12 Festigkeiten ausgewählter Holzarten in den 3 Hauptachsen bei Normalklima (Messungen ETH Zürich, IfB)

Holzart	Festigkeit [N/mm²]	Belastungsrichtung			Verhältnis T:R:L
		Längs (L)	Radial (R)	Tangential (T)	
Fichte	Zug	87,20	3,96	3,07	1:1,3:28,4
	Druck	40,20	4,11	4,19	1:0,98:9,6
Rotbuche	Zug	96,7	14,7	8,9	1:1,7:10,9
	Druck	45	11	6	1:1,8:7,5
Eiche	Zug	73	6	7,8	1:0,8:9,4
	Druck	47,9	10,6	9	1:1,2:5,3
Ahorn	Zug	112	16,2	8,9	1:1,8:12,6
	Druck	61,5	15,4	10,3	1:1,5:6,0
Esche	Zug	130	12,45	10,1	1:1,2:12,9
	Druck	43,4	10,50	10,03	1:0,95:4,3
Nussbaum	Zug	89,1	10,8	8,9	1:1,2:10,0
	Druck	60,4	13,4	11,9	1:1,13:5,1
Kirschbaum	Zug	109	17,3	10,8	1:1,6:10,1
	Druck	53,5	14,4	9,5	1:1,5:5,6

Tabelle 14.13 Festigkeiten von Holzpartikelwerkstoffen in den 3 Hauptachsen (Messungen ETH Zürich)

Holzwerkstoff		Festigkeit in Plattenebene [N/mm²]		Querzugfestigkeit in N/mm² (z)	Verhältnis z:y:x
		in Herstellungsrichtung (x)	senkrecht zur Herstellungsrichtung (y)		
Spanplatte (660 kg/m³)	Zug	6,3	5,7	0,45	1:12,7:14
	Druck	10,7	10,6		
MDF (742 kg/m³)	Zug	20,6	20,3	0,6	1:33,8:34,3
	Druck	20,3	20,4		

14.5.2 Plastische Eigenschaften

Ramberg-Osborn-Gleichung

Holz hat bei Druckbelastung senkrecht zur Faserrichtung (radial und tangential) duktiles Versagensverhalten, bei Zugbelastung dagegen eher sprödes.

Unter einachsiger Belastung kann das linear elastische Bruchverhalten von Holz im Druckversuch in radialer und tangentialer Richtung mit Gleichung (14.16) (Ramberg & Osgood, 1943) beschrieben werden (Bodig & Jayne, 1993) (Hering S., 2011) (Bild 14.36b).

$$\varepsilon = \frac{\sigma}{E} + \left(\frac{\sigma}{K_{RO}} \right)^n \quad mit \quad 0 \leq \sigma \leq F \tag{14.16}$$

K_{RO} und n sind Materialparameter, die experimentell durch eine Regressionsrechnung bestimmt werden können.

Die beiden Terme stellen den elastischen und den inelastischen Dehnungsanteil dar. Ebenso ist mit der Ramberg-Osgood-Gleichung eine einfache Bestimmung der Proportionalitätsspannung Y möglich. Tabelle 14.14 zeigt ermittelte Kennwerte für E, K_{RO} und n für Rotbuche bei variabler Holzfeuchte. Weiterführende Ausführungen dazu sind in (Bodig & Jayne, 1993), (Hering S., 2011), (Schmidt, 2009) sowie (Reichel, 2015) aufgeführt.

Mehrflächenplastizitätsmodell

Bei mehrachsiger Belastung müssen mehrdimensionale Ansätze verwendet werden. Untersuchungen hierzu für Holz wurden z. B. in (Hering, Saft, Resch, Niemz & Kaliske, 2012) publiziert (Bild 14.38). Das Materialmodell besteht aus einem elastischen und einem duktilen Anteil. Bild 14.37 zeigt die plastische Verformung für Rotbuche bei Druckbelastung senkrecht zur Faserrichtung, das zeitabhängige (rheologische) Verhalten ist hier noch nicht berücksichtigt. Bild 14.38 zeigt eine Fließoberfläche, die dunkelgrauen Bereiche kennzeichnen Bereiche mit einem Versagensmode. Weitere Ausführungen sind in (Resch & Kaliske, 2010) aufgeführt.

Tabelle 14.14 Feuchteabhängige Materialparameter der Ramberg-Osgood-Gleichung für Rotbuchenholz, ermittelt im Druckversuch (Hering S., 2011)

Radial				Tangential			
Holzfeuchte [%]	E [N/mm²]	K_{RO} [N/mm²]	n [-]	Holzfeuchte [%]	E [N/mm²]	K_{RO} [N/mm²]	n [-]
8,7	1990	20,4	17,1	8,3	669	11,9	8,3
12,9	1900	16,6	20,7	9,6	606	9,6	9,7
16,4	1570	12,8	26,6	11,2	505	7,5	11,2
18,6	1430	12,0	23,1	11,6	475	6,6	11,6

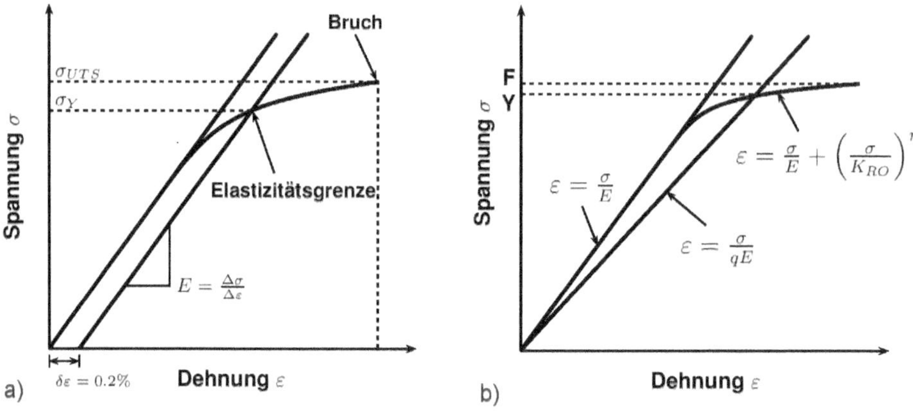

Bild 14.36 Spannungs-Dehnungs-Diagramme: (links) Fließspannung (Elastizitätsgrenze), (rechts) Druckversuch mit Ramberg-Osgood-Kennfunktion (Hering S., 2011)

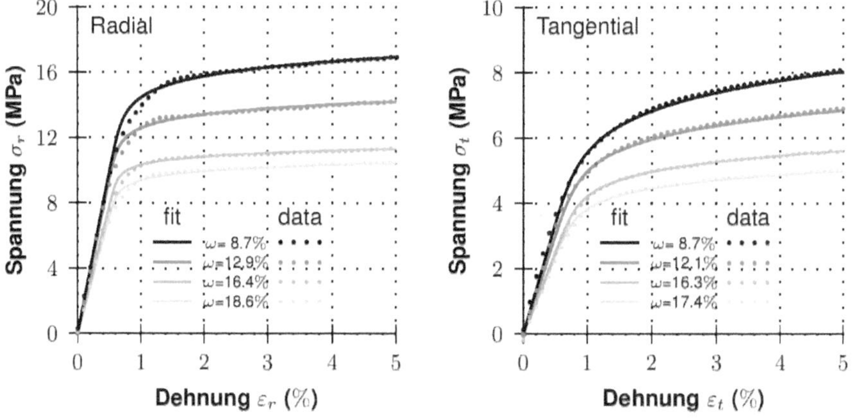

Bild 14.37 Regressionsfunktion und experimentell ermittelte Daten bei Druckbelastung radial und tangential (Hering, Saft, Resch, Niemz & Kaliske, 2012)

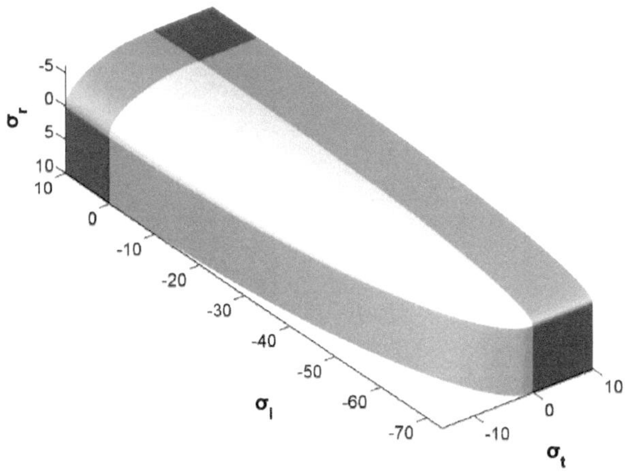

Bild 14.38 Fließgrenzenoberfläche des Mehrflächenmodells für Rotbuche bei einer Holzfeuchte von 8,7% (Hering, Saft, Resch, Niemz & Kaliske, 2012)

14.5.3 Zugfestigkeit

In Faserrichtung/senkrecht zur Faserrichtung

Kenngröße

Die Zugfestigkeit ist der Widerstand von Holz oder Holzwerkstoffen gegen Bruch bei Zugbeanspruchung. Definitionsgemäß gilt:

$$\sigma_{zB} = \frac{F}{A} \tag{14.17}$$

σ_{zB} Zugfestigkeit [N/mm²]

F Bruchkraft [N]

A Bruchfläche (Querschnittsfläche) [mm²]

Prüfung

Die Zugfestigkeit kann entsprechend dem strukturellen Aufbau des Holzes bzw. der Holzwerkstoffe

- parallel zur Faserrichtung bzw. zur Plattenebene oder
- senkrecht zur Faserrichtung (z. B. radial oder tangential) bzw. Plattenebene bestimmt werden (Bild 14.39 und Bild 14.40).

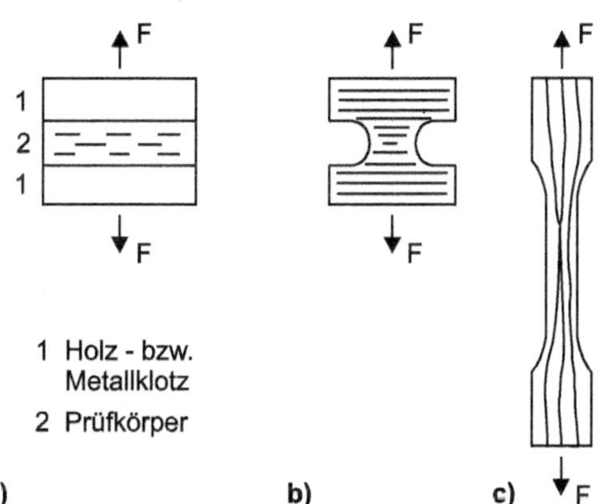

Bild 14.39 Prüfung der Zugfestigkeit von Holz und Holzwerkstoffen senkrecht zur Faser bzw. Plattenebene (a, b) und parallel zur Faser bzw. in Plattenebene (c)

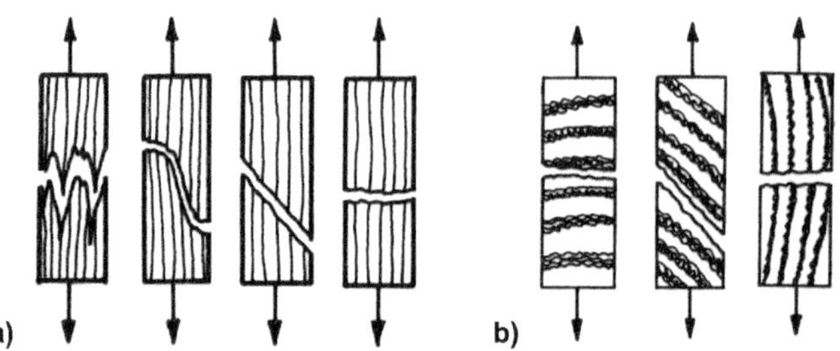

Bild 14.40 Typische Bruchbilder bei der Prüfung der Zugfestigkeit von Holz. (a) In Faserrichtung, (b) senkrecht zur Faserrichtung, nach Bodig und Jayne (Bodig & Jayne, 1993)

Die Bestimmung der Zugfestigkeit von Holz parallel zur Faserrichtung erfolgt an kleinen, fehlerfreien Proben nach DIN 52 188 an einer in der Bruchzone eingeschnürten Probe. Senkrecht zur Faserrichtung wird entweder die Probenform nach Bild 14.39a oder eine eingeschnürte Probe wie im Zugversuch in Faserrichtung verwendet (siehe (Ozyhar T., 2013)). Praktische Bedeutung hat diese Prüfung vor allem im Holzbau bei der Dimensionierung von Brettschichtholz, dazu werden allerdings Bretter geprüft (siehe Kap. 15). Das Prüfergebnis wird durch Holzfehler wie Äste und Risse sowie den Jahrringverlauf stark beeinflusst. Bretter werden nach DIN EN 408 geprüft (siehe auch Kap. 14.2 und 15).

Bei gekrümmten Bindern ist auch die Querzugfestigkeit des Holzes von Bedeutung, Brüche infolge Überschreitung der Querzugfestigkeit treten relativ häufig auf. Bei Holzwerkstoffen ist die Querzugfestigkeit ein wichtiges Gütemerkmal für die Verklebungsgüte. An Spanplatten und Faserplatten wird die Zugfestigkeit senkrecht zur Plattenebene nach DIN EN 319 bestimmt, um die Güte der Verleimung zu kontrollieren. Einen ähnlichen Aussagewert hat die Bestimmung der Zugfestigkeit von im Feuchtebereich nach DIN EN 312-2 eingesetzten Spanplatten (früher DIN 68763, siehe auch Kap. 4). Die Zugfestigkeit senkrecht zur Plattenebene nach 2-stündigem Kochen in Wasser ist ein Maß für die Witterungsbeständigkeit dieser Spanplatten (frühere Verleimungsart V 100).

Einflussfaktoren und Materialkennwerte

Wesentliche Einflussfaktoren der Zugfestigkeit von Holz sind:

- *Die Rohdichte*: Mit zunehmender Rohdichte steigt die Zugfestigkeit.
- *Der Faser-Last-Winkel*: Mit zunehmendem Faser-Last-Winkel sinkt die Zugfestigkeit. Die Zugfestigkeit senkrecht zur Faserrichtung beträgt nur 3 bis 4 % der Längszugfestigkeit. Dabei gilt nach (Hankinson, 1921) (siehe auch Kap. 13.2.1.2):

$$\sigma_{zB\varphi} = \frac{\sigma_{zB\|} \cdot \sigma_{zB\perp}}{\sigma_{zB\|} \cdot \sin^{n} \varphi + \sigma_{zB\perp} \cdot \cos^{n} \varphi} \tag{14.18}$$

φ Faser-Last-Winkel

n 1,5…2,0

$\sigma_{zB\|}$ Zugfestigkeit parallel zur Faserrichtung

$\sigma_{zB\perp}$ Zugfestigkeit senkrecht zur Faserrichtung

- *Die Schnittrichtung* (Winkel in der RT-Ebene): Die Zugfestigkeit ist radial deutlich größer als tangential (allgemein radial etwa doppelt so groß wie tangential), ein Minimum liegt bei etwa 45 Grad.
- *Äste und Risse*: Äste und Risse bewirken einen starken Abfall der Zugfestigkeit; asthaltiges Holz hat nur eine Zugfestigkeit von 15 bis 20 % der Zugfestigkeit von astfreiem Holz (s. Kap. 14.2).
- *Der Feuchtegehalt*: Mit zunehmendem Feuchtegehalt steigt die Zugfestigkeit zunächst vom darrtrockenen Zustand an - Maximum bei 5 bis 10 % - und fällt danach, bis der Fasersättigungsbereich erreicht ist; je 1 % Feuchteänderung sinkt die Zugfestigkeit um ca. 3 % (siehe Kap. 14.2).
- *Die Temperatur*: Mit steigender Temperatur sinkt die Zugfestigkeit (s. Kap. 14.2).

Bei Spanplatten sind die Spangeometrie, die Rohdichte und der Festharzanteil von entscheidender Bedeutung für die Zugfestigkeit senkrecht zur Plattenebene. Zahlenwerte der Zugfestigkeit von Holz und Holzwerkstoffen enthalten Tabelle 14.15 sowie Kapitel 19.

Tabelle 14.15 Materialkennwerte von Holz und Holzwerkstoffen

Material	Eigenschaft in N/mm²				
	Biegefestigkeit	Zugfestigkeit		Druckfestigkeit	
		parallel[1] zur Faserrichtung	senkrecht[1] zur Faserrichtung	parallel[1] zur Faserrichtung	senkrecht[1] zur Faserrichtung
Spanplatte	15...25	8...10	0,35...0,4	8...16	-
Sperrholz	30...60	30...60	-	20...40	-
Faserplatte hoher Dichte	45...50	20...24	0,8...1,0	23...26	-
Fichte	78	90	2,7	43	5,8
Kiefer	87	105	3	55	7,7
Pappel	60	67	2,3	34	-
Eiche	94	90	4	60	11
Esche	120	165	7	52	11

[1] bei Holzwerkstoffen bezogen auf die Plattenebene

Reißlänge

Die Reißlänge (meist in km) ist die Länge eines Prüfkörpers, bei der er durch sein Eigengewicht zerreißen würde. Sie wird insbesondere in der Papier- und der Textiltechnik angewandt.

$$L_R = \frac{\sigma_{zB}}{\rho \cdot g} \tag{14.19}$$

L_R Reißlänge [m]

ρ Rohdichte [kg/m³]

g Erdbeschleunigung [m/s²]

Für Eiche ergibt sich bei einer Rohdichte von 690 kg/m³ und einer Zugfestigkeit in Faserrichtung von 90 N/mm² eine Reißlänge in Faserrichtung von 13,3 km, für Balsa bei einer Rohdichte von 140 kg/m³ und einer Zugfestigkeit in Faserrichtung von 73 N/mm² eine Reißlänge von 53,2 km.

14.5.4 Druckfestigkeit

Kenngröße

Die Druckfestigkeit ist der Widerstand von Holz oder Holzwerkstoffen gegen Bruch bei Druckbeanspruchung parallel oder senkrecht zur Faserrichtung bzw. Plattenebene. Sie ergibt sich definitionsgemäß aus der Beziehung

$$\sigma_{\mathrm{dB}} = \frac{F}{A} \tag{14.20}$$

σ_{dB} Druckfestigkeit [N/mm²]

F Bruchkraft (bzw. Kraft im Bereich der Quetschgrenze bei Belastung senkrecht zur Faserrichtung) [N]

A Querschnittsfläche [mm²]

Prüfung

Die Druckfestigkeit von Holz wird nach DIN 52 185 (parallel) bzw. DIN 52192 (senkrecht) bestimmt. Bild 14.41 zeigt schematisch die prinzipiellen Möglichkeiten der Prüfung der Druckfestigkeit.

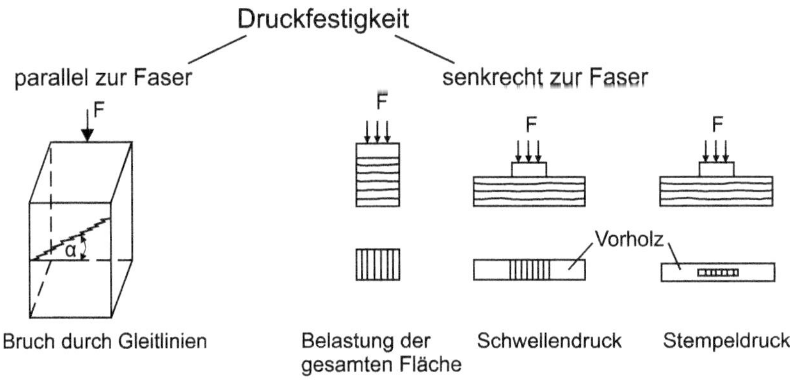

Bild 14.41 Prüfung der Druckfestigkeit von Holz und Holzwerkstoffen

Eine Druckbelastung parallel zur Faserrichtung bzw. parallel zur Plattenebene hat einen eindeutigen Bruch des Prüfkörpers zur Folge. Das Bruchbild wird dabei, vor allem bei Holzwerkstoffen, sehr stark vom strukturellen Aufbau des Prüfkörpers beeinflusst. Bild 14.42 zeigt typische Bruchbilder von Holz.

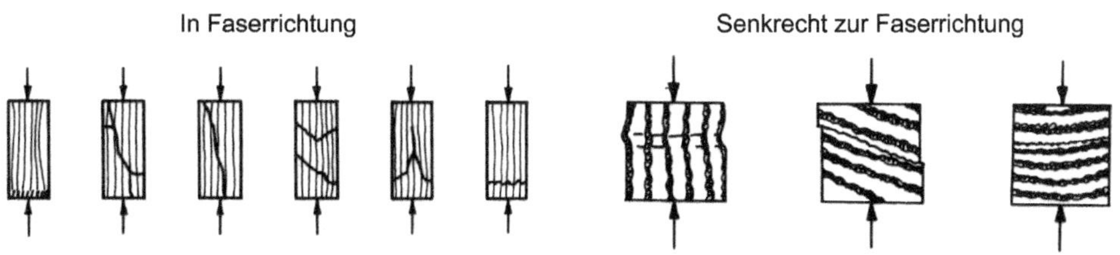

Bild 14.42 Typische Bruchbilder bei der Prüfung der Druckfestigkeit von Holz und Holzwerkstoffen (Bodig & Jayne, 1993)

Bei der Druckbeanspruchung senkrecht zur Faserrichtung bzw. Plattenebene kann die Belastung über den gesamten Probenquerschnitt erfolgen (s. Bild 14.41), ohne dass ein definitiver Bruch eintritt. Das Gefüge des Prüfkörpers wird lediglich verdichtet. Als Maß für die Druckfestigkeit dient deshalb die Quetschgrenze, die im Spannungs-Dehnungs-Diagramm den Punkt markiert, an dem die Verformung des Prüfkörpers stark zunimmt (z. B. 2 % oder 5 % Verdichtung, Bild 14.34d). Senkrecht zur Faserrichtung treten bei Druckbelastung plastische Verformungen auf.

Einflussfaktoren und Materialkennwerte

Wesentliche Einflussfaktoren der Druckfestigkeit sind:

- *Die Rohdichte:* Mit zunehmender Rohdichte steigt die Druckfestigkeit (Bild 14.43).
- *Die Holzart:* Diese beeinflusst die Druckfestigkeit indirekt über die Rohdichte sowie über die Strukturparameter wie Faserlänge, Ligninanteil und Spätholzanteil.
- *Der Faser-Last-Winkel:* Mit zunehmendem Faser-Last-Winkel sinkt die Druckfestigkeit. Dabei gilt nach (Hankinson, 1921) (siehe auch Kap. 13.2.1.2):

$$\sigma_{dB\varphi} = \frac{\sigma_{dB\parallel} \cdot \sigma_{dB\perp}}{\sigma_{dB\parallel} \cdot \sin^n \varphi + \sigma_{dB\perp} \cdot \cos^n \varphi} \qquad (14.21)$$

φ Faser-Last-Winkel

n 2,0 … 2,5

$\sigma_{dB\parallel}$ Druckfestigkeit parallel zur Faserrichtung

$\sigma_{dB\perp}$ Druckfestigkeit senkrecht zur Faserrichtung

- *Abweichungen von der Gefügestruktur:* Durch ungleichmäßiges Gefüge, Äste, Risse u. a. wird die Druckfestigkeit stark beeinflusst.
- *Der Feuchtegehalt:* Mit zunehmendem Feuchtegehalt sinkt die Druckfestigkeit (s. Bild 14.43).
- *Die Temperatur:* Mit zunehmender Temperatur sinkt die Druckfestigkeit.

Zahlenwerte der Druckfestigkeit von Holz und Holzwerkstoffen sind in Tabelle 14.7, Tabelle 14.8, Tabelle 14.12 und Tabelle 14.13 sowie Kapitel 19 enthalten. Bei Holz ist die Zugfestigkeit etwa doppelt so groß wie die Druckfestigkeit, bei Partikelwerkstoffen ist die Druckfestigkeit gleich der oder größer als die Zugfestigkeit.

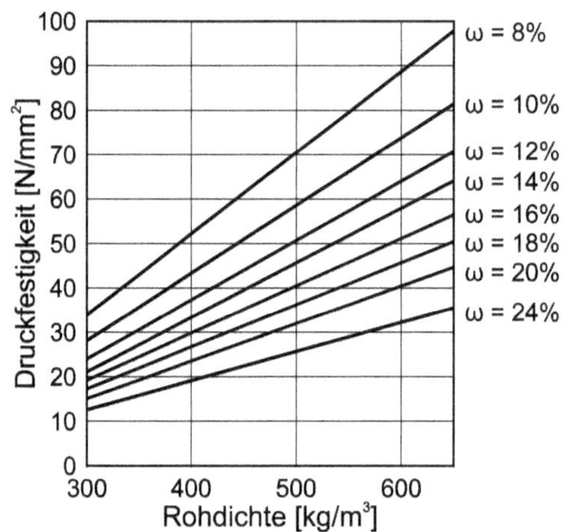

Bild 14.43 Einfluss von Rohdichte und Feuchtegehalt auf die Druckfestigkeit von Weißkiefer (*Pinus sabiniana* Dougl.) in Faserrichtung (nach (Vorreiter, 1949))

14.5.5 Biegefestigkeit

Kenngröße

Die Biegefestigkeit ist der Widerstand von Holz und Holzwerkstoffen gegen Bruch bei Biegebeanspruchung. Sie ist ein häufig benutzter Materialkennwert für Holz und Holzwerkstoffe, der wie folgt definiert ist.

$$\sigma_{\mathrm{bB}} = \frac{M_{\mathrm{b}}}{W_{\mathrm{b}}} \tag{14.22}$$

σ_{bB} Biegefestigkeit [N/mm²]

M_{b} Biegemoment [N mm]

W_{b} Widerstandsmoment [mm³]

Prüfung

An Holz wird die Biegefestigkeit nach DIN 52186, an Spanplatten nach DIN EN 310 bestimmt. Bild 14.44 zeigt schematisch die Prüfanordnung, Bild 14.45 typische Bruchbilder von Holz. Die Spannungsverteilung über den Probenquerschnitt bei Holz veranschaulicht Bild 14.46.

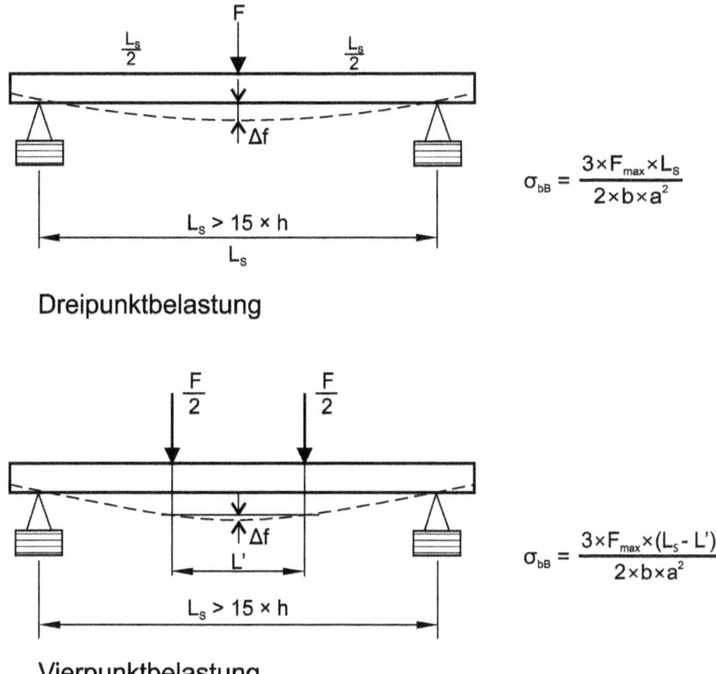

Bild 14.44 Prüfung der Biegefestigkeit von Holz (s. auch Kapitel 19)

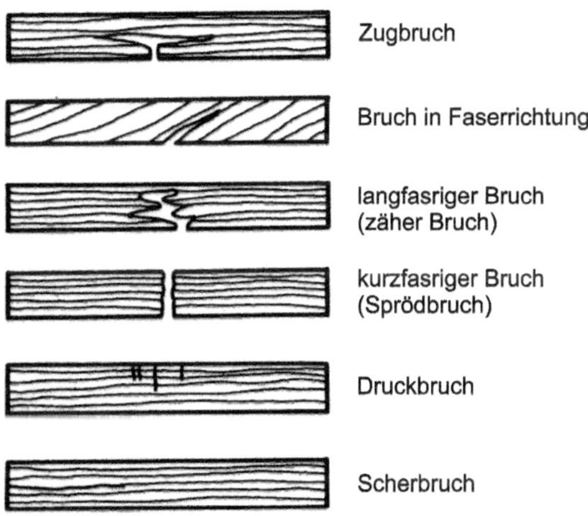

Bild 14.45 Typische Bruchbilder bei der Prüfung der Biegefestigkeit von Holz

Eine lineare Spannungsverteilung tritt nur so lange auf, wie die Proportionalitätsgrenze nicht überschritten wird. Bei höheren Belastungen kommt es zu einer ungleichförmigen Verteilung der Spannung über den Probenquerschnitt, die durch Unterschiede im Spannungs-Dehnungs-Verhalten sowie durch Festigkeitsunterschiede bei Zug- bzw. Druckbelastung verursacht wird. Aufgrund dessen erhöht sich die Spannung an der Druckseite des Biegebalkens höchstens bis zur Druckfestigkeit, während sie auf der Zugseite weiter wächst und sich der Zugfestigkeit nähert. Bei Holz wird die Spannungs-Nulllinie bei zunehmender Belastung dadurch in Richtung Zugzone verschoben. Ist das Holz fehlerfrei, wird die Biegespannung zwischen der Zug- und der Druckfestigkeit liegen. Bei fehlerbehaftetem Holz kommt es oftmals zum vorzeitigen Bruch in der Zugzone, weil die Biegespannung die Zugfestigkeit übersteigt (Zugspannung in Zugzone wird deutlich durch Äste reduziert. Bei Brettschichtholz dürfen daher keine Bretter mit Fehlern in der Zugzone verwendet werden).

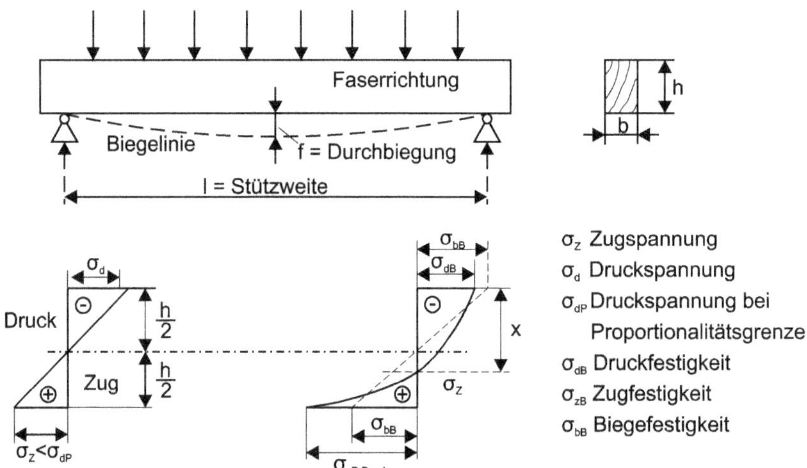

Bild 14.46 Spannungsverteilung über den Holzquerschnitt bei Biegung von Holz in Abhängigkeit von der Last (links: geringe Belastung unterhalb der Proportionalitätsgrenze; rechts: hohe Belastung deutlich oberhalb der Proportionalitätsgrenze)

Für Spanplatten und MDF gilt die vorstehend beschriebene Verschiebung der Spannungs-Nulllinie nicht (Bild 14.47). Dies kann auch messtechnisch gut nachgewiesen werden (Niemz, Schreiber, Naumann & Stockmann, 2007). Zug- und Druckfestigkeit sind etwa gleich, teilweise ist die Druckfestigkeit leicht höher.

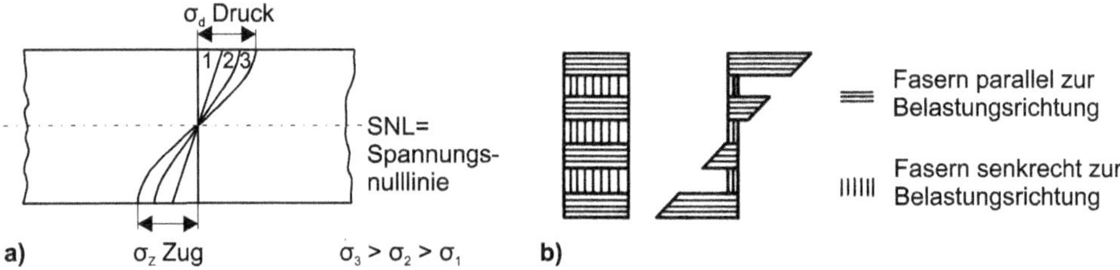

Bild 14.47 Spannungsverteilung über den Querschnitt plattenförmiger Holzwerkstoffe bei Biegung in Abhängigkeit von der Last (1 – 3: Last mit zunehmenden Ziffern steigend). (a) Spanplatten/MDF, (b) Sperrholz

Die Biegefestigkeit von Spanplatten und MDF ist in der Regel größer als deren Zug- und Druckfestigkeit (s. Tabellen 14.7 und 14.8). Ist die Zugfestigkeit senkrecht zur Plattenebene gering, kommt es bei Biegebeanspruchung zum Scherbruch (Aufscheren der Mittelschicht). Die Ursache für die höhere Biegefestigkeit von Spanplatten/MDF im Vergleich zur Zug- und Druckfestigkeit wird im Wesentlichen auf plastische Verformungen zurückgeführt (Hänsel & Kühne, 1988).

Bei Sperrholz kommt es - eine konstante Dehnung in den verklebten Furnierlagen vorausgesetzt - durch die Lagerung der Furnierlagen in den senkrecht zur Lastrichtung liegenden Lagen zu einer geringen Spannung (Bild 14.47b).

Die Randfaserdehnung im Biegeversuch kann nach Gl. (14.23) (DIN 53452) berechnet werden.

$$\varepsilon = \left[\frac{(600 \cdot h)}{l_s^2} \right] \cdot f \qquad (14.23)$$

f Durchbiegung in der Probenmitte [mm]

h Probendicke/Probenhöhe [mm]

l_s Stützweite [mm]

Einflussfaktoren und Materialkennwerte

Wesentliche Einflussfaktoren der Biegefestigkeit von Holz sind:

- *Die Rohdichte*: Mit zunehmender Rohdichte steigt die Biegefestigkeit.
- *Der Faser-Last-Winkel*: Eine Vergrößerung des Faser-Last-Winkels bewirkt einen Abfall der Biegefestigkeit. Bereits ein Winkel von 15° bewirkt einen Festigkeitsabfall auf rund 60 %. Dabei gilt nach (Hankinson, 1921) (siehe auch Kap. 13.2.1.2):

$$\sigma_{\mathrm{bB}\varphi} = \frac{\sigma_{\mathrm{bB}\parallel} \cdot \sigma_{\mathrm{bB}\perp}}{\sigma_{\mathrm{bB}\parallel} \cdot \sin^{\mathrm{n}} \varphi + \sigma_{\mathrm{bB}\perp} \cdot \cos^{\mathrm{n}} \varphi} \qquad (14.24)$$

φ Faser-Last-Winkel

n 1,5 ... 2,0

$\sigma_{\mathrm{bB}\parallel}$ Biegefestigkeit parallel zur Faserrichtung

$\sigma_{\mathrm{bB}\perp}$ Biegefestigkeit senkrecht zur Faserrichtung

- *Äste/Risse:* Äste verursachen einen starken Abfall der Biegefestigkeit.
- *Der Feuchtegehalt:* Eine Erhöhung des Feuchtegehalts bewirkt eine erhebliche Reduzierung der Biegefestigkeit. Bei Zunahme des Feuchtegehalts um jeweils 1 % reduziert sich die Biegefestigkeit um ca. 4 %.
- *Die Temperatur:* Mit zunehmender Temperatur sinkt die Biegefestigkeit.

Bei Spanplatten sind die Spangeometrie, die Rohdichte und das Rohdichteprofil entscheidend für die Biegefestigkeit. In gleicher Weise wie bei Holz wirken sich Änderungen des Klimas aus.

Zahlenwerte der Biegefestigkeit von Holz und Holzwerkstoffen enthalten die Tabellen 14.7 und 14.8 sowie Kapitel 19.

14.5.6 Scherfestigkeit

Kenngröße

Die Scherfestigkeit ist der Widerstand, den ein Körper der Verschiebung zweier aneinander liegender Flächen entgegensetzt. Dabei gilt:

$$\tau = \frac{F}{A} \qquad (14.25)$$

τ Scherfestigkeit [N/mm²]

F Bruchkraft [N]

A Scherfläche [mm²]

Prüfung

An Holz wird die Scherfestigkeit nach DIN 52187, an Spanplatten nach DIN 52367 (siehe auch (Dunky & Niemz, 2002), (Schulte, 1997)) bestimmt. Bild 14.48 zeigt mögliche Prüfkörperformen für Vollholz.

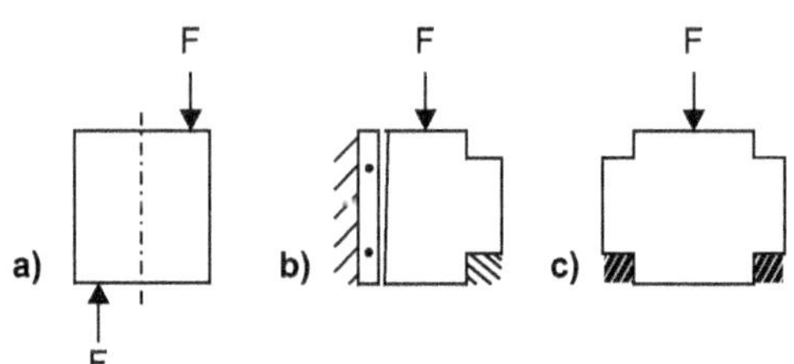

Bild 14.48 Prüfung der Scherfestigkeit von Holz und Holzwerkstoffen

Aufgrund der Prüfkörperform treten außer Scherspannungen mehr oder weniger große Neben- (Biege-, Zug-, Druck-) Spannungen auf, sodass das Messergebnis nicht immer eindeutig ist. Scherspannungen entstehen in Klebfugen, aber auch bei kraftschlüssigen Holzverbindungen wie z. B. Keilzinken.

Bild 14.49 zeigt mögliche Scherebenen für Vollholz. Insbesondere in den Scherebenen e) und f) kommt es zu starken Verdichtungen des Holzes senkrecht zur Faserrichtung. Diese Ebenen sind kaum prüfbar, es wird letztlich das verdichtete Holz geprüft.

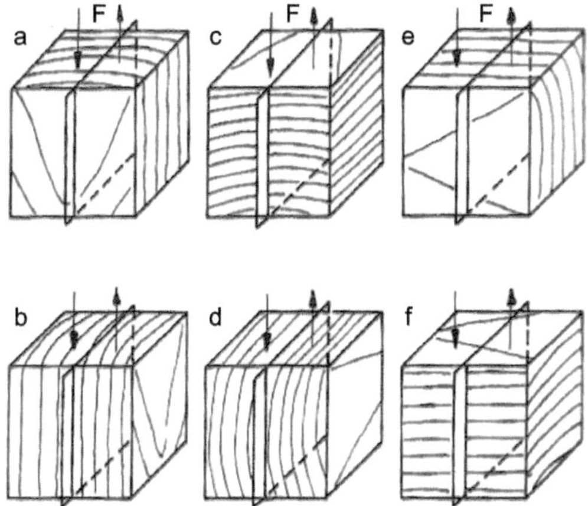

a) Scherebene Radialfläche:
Belastung parallel zur Faser

b) Scherebene Tangentialfläche:
Belastung parallel zur Faser

c) Scherebene Radialfläche:
Belastung senkrecht zur Faser

d) Scherebene Tangentialfläche:
Belastung senkrecht zur Faser

e) Scherebene Hirnfläche:
Belastung senkrecht zur Faser, in tangentialer Richtung

f) Scherebene Hirnfläche:
Belastung senkrecht zur Faser, in radialer Richtung

Bild 14.49 Belastungsrichtungen bei der Prüfung der Scherfestigkeit von Vollholz

Einflussfaktoren und Materialkennwerte

Wesentliche Einflussfaktoren der Scherfestigkeit sind:

- *Die Schnitt- und Faserrichtung*, siehe (Niemz P., 2002), (Niemz & Culik, 2003): Die Scherfestigkeit parallel zur Faserrichtung des Holzes ist größer als senkrecht dazu (Bild 14.50). Vorreiter (Vorreiter, 1949) gibt das Verhältnis von $\tau_{\parallel}/\tau_{\perp}$ mit 1,2 bis 1,6 an. Bei Scherbeanspruchung parallel zur Faserrichtung des Holzes ist zwischen tangentialem und radialem Verlauf zu unterscheiden. In der Praxis wird meistens der Mittelwert aus beiden Richtungen geprüft. Die Scherfestigkeit in tangentialer Richtung ist größer als die in radialer Richtung. Für den Einfluss des Faser-Last-Winkels gilt:

$$\tau_{\varphi} = \frac{\tau_{\parallel} \cdot \tau_{\perp}}{\tau_{\parallel} \cdot \sin^{n} \varphi + \tau_{\perp} \cdot \cos^{n} \varphi} \tag{14.26}$$

φ Faser-Last-Winkel

n 2,5...3,0

$\tau_{\parallel}$ Scherfestigkeit parallel zur Faserrichtung

$\tau_{\perp}$ Scherfestigkeit senkrecht zur Faserrichtung

- *Die Rohdichte:* Mit zunehmender Rohdichte des Holzes steigt die Scherfestigkeit.
- *Der Feuchtegehalt:* Bis zu einem Feuchtegehalt von etwa 5 % steigt die Scherfestigkeit des Holzes an und fällt danach bis zum Erreichen des Fasersättigungsbereichs.

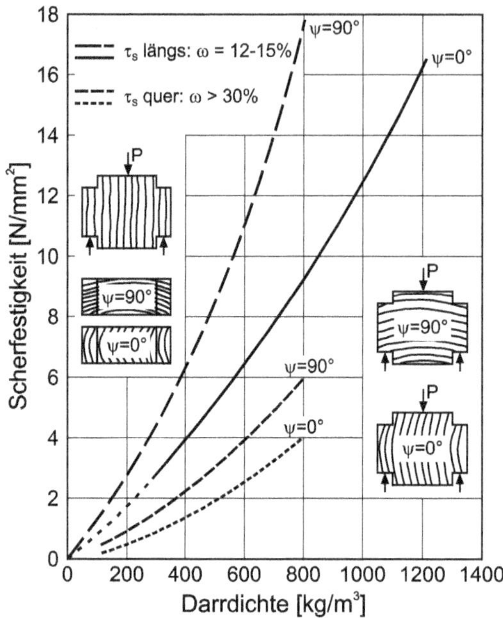

Bild 14.50 Einfluss der Dichte auf die Scherfestigkeit von Vollholz nach (Vorreiter, 1949)

Bei Spanplatten ist ein deutlicher Einfluss von Spangeometrie, Dichte und Festharzanteil vorhanden (Niemz & Bauer, 1991). Umfangreiche Untersuchungen zu Spanplatten wurden von (Kruse, 1993) durchgeführt. Zahlenwerte der Scherfestigkeit von Holz enthält Tabelle 14.16, Kennwerte zu Holzwerkstoffen sind in Kapitel 19 vorhanden.

Tabelle 14.16 Scherfestigkeit, Torsionsfestigkeit und Spaltfestigkeit von Holz[1,2]

Holzart	Scherfestigkeit [N/mm²]				Torsionsfestigkeit [N/mm²]	Spaltfestigkeit [N/mm²]	
	$\tau_{\parallel (LT)}$	$\tau_{\parallel (LR)}$	$\tau_{\perp (RL)}$	$\tau_{\perp (TL)}$	$\tau_{t \parallel}$	$\sigma_{s (T)}$	$\sigma_{s (R)}$
Fichte	9,1...9,3	9,5...10,5	1,8	2,0	9	0,34	0,25
Kiefer	10,0		-	-	16	0,37	0,36
Buche	15,7...19,7	12,7...14,8	5,7...7,6	5,5...6,6	15	0,35	0,45
Eiche	13,5	12,4	4,9	4,1	20	0,53	0,48
Bergahorn	17,9	14,3	7,3	6,6	26	1,6	1,0
Pappel	5,0		-	-	-	0,74	0,51

1 Indizes: ∥ = parallel zur Faserrichtung; ⊥ = senkrecht zur Faserrichtung; L = in Faserrichtung; R = radial; T = tangential; für die Scherfestigkeit sind in Klammern die Scherebenen (1. Index = Kraftrichtung) angegeben

2 Quellen: (Knigge & Schulz, 1966), (Niemz & Culik, 2003), (Wagenführ R., 2007), (Horvath, Molnar & Niemz, 2008), (Hering S., 2011), (Sonderegger, et al., 2013)

14.5.7 Torsionsfestigkeit

Kenngröße/Prüfung

Die Torsionsfestigkeit ist der Widerstand, den ein Stab einem Bruch durch Verdrehen entgegensetzt. Bild 14.51 zeigt schematisch die Prüfung, die an einem einseitig eingespannten Stab erfolgt. Der Stab kann parallel oder senkrecht zur Faserrichtung auf Torsion beansprucht werden. Die Beanspruchung parallel zur Faserrichtung führt zu einem Aufspalten des Stabes in Längsrichtung.

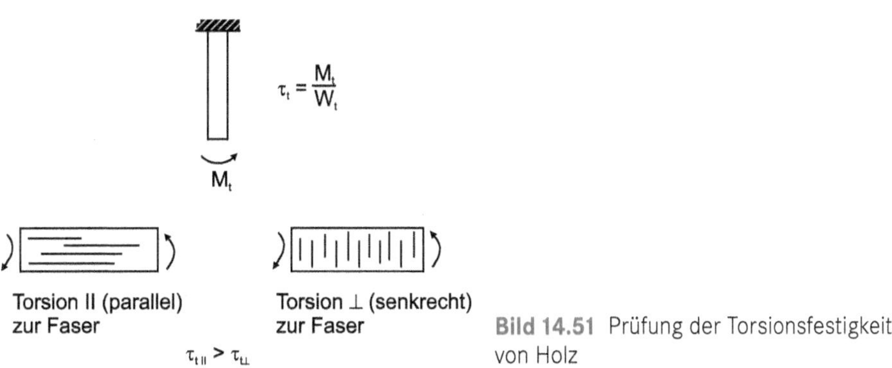

Bild 14.51 Prüfung der Torsionsfestigkeit von Holz

Die Torsionsfestigkeit berechnet sich definitionsgemäß wie folgt:

$$\tau_t = \frac{M_t}{W_t} \tag{14.27}$$

τ_t Torsionsfestigkeit [N/mm²]

M_t Torsionsmoment [N mm]

W_t Torsionswiderstandsmoment [mm³]

Erfolgt die Torsionsbeanspruchung innerhalb des Hookeschen Bereichs, so kann bei der Prüfung auch der Torsionsmodul ermittelt werden (Neuhaus F., 1981). Es gilt:

$$G = \frac{M_t \cdot l}{\varphi \cdot I_t} \tag{14.28}$$

G Torsionsmodul [N/mm²]

l Stablänge [mm]

φ Verdrehungswinkel

I_t Torsionsträgheitsmoment [mm⁴]

Einflussfaktoren und Materialkennwerte

Wesentliche Einflussfaktoren der Torsionsfestigkeit sind:

- *Die Rohdichte:* Mit steigender Rohdichte des Holzes erhöht sich der Torsionsmodul.
- *Die Holzart:* Laubholz hat eine höhere Torsionsfestigkeit als Nadelholz.
- *Der Feuchtegehalt:* Mit zunehmendem Feuchtegehalt des Holzes sinkt die Torsionsfestigkeit.
- *Die Faserrichtung.*
- *Die Schnittrichtung.*

Zahlenwerte der Torsionsfestigkeit von Holz enthält Tabelle 14.16.

14.5.8 Spaltfestigkeit

Kenngröße/Prüfung

Die Spaltfestigkeit ist der Widerstand, den Holz einer Auftrennung in zwei Teile entgegensetzt, wobei das Auftrennen durch keilförmige Werkzeuge oder zwei senkrecht zur Längsachse wirkende Kräfte erfolgt. Bild 14.52 zeigt schematisch die Prüfanordnung bei der Bestimmung der Spaltfestigkeit von Holz.

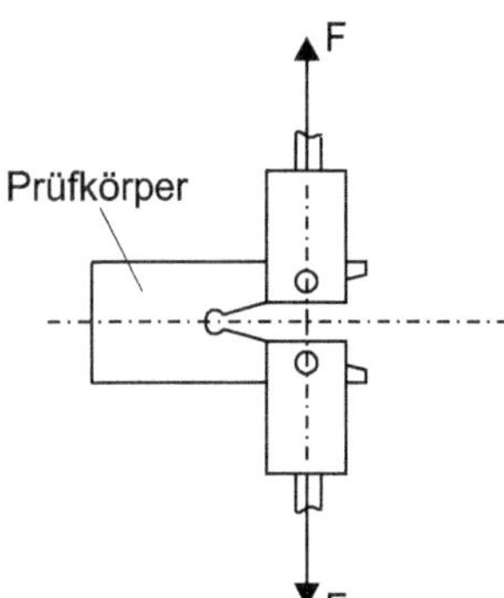

Bild 14.52 Prüfung der Spaltfestigkeit von Holz

Die Spaltfestigkeit wird nach folgender Beziehung ermittelt:

$$\sigma_{sp} = \frac{F}{b} \tag{14.29}$$

oder

$$\sigma'_{sp} = \frac{F}{l \cdot b} \tag{14.30}$$

σ_{sp} Spaltfestigkeit [N/mm]

σ'_{sp} Spaltfestigkeit [N/mm^2]

F Spaltkraft [N]

l Probenlänge [mm]

b Probenbreite [mm]

Teilweise wird der Kehrwert der Spaltfestigkeit - auch als Spaltbarkeit bezeichnet - verwendet. Holz mit einer hohen Spaltfestigkeit ist also schlecht spaltbar.

Einflussfaktoren und Materialkennwerte

Die Spaltfestigkeit wird maßgeblich vom Winkel, unter dem die Spaltebene zur Faserrichtung verläuft, beeinflusst (Bild 14.53).

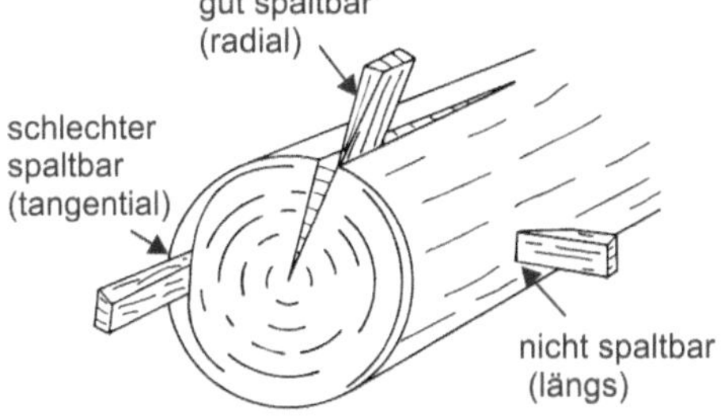

Bild 14.53 Spaltbarkeit von Holz in den Hauptschnittrichtungen

Die Spaltfestigkeit ist in radialer Richtung am kleinsten. Dabei macht sich der Einfluss der Holzstrahlen deutlich bemerkbar, da die Spaltebene in Holzstrahlrichtung verläuft. Holz mit breiten Holzstrahlen hat zumeist eine geringere Spaltfestigkeit als Holz mit schmalen Holzstrahlen. In tangentialer Richtung ist Holz deutlich schwerer spaltbar als in radialer. Mit zunehmender Rohdichte steigt die Spaltfestigkeit bei Laubhölzern in stärkerem Maße als bei Nadelhölzern. Bis zu einem Feuchtegehalt von 12 bis 17 % nimmt die Spaltfestigkeit zu, bei Überschreiten dieses Wertes sinkt sie. Abweichungen wie Äste, Verwachsungen oder ein gestörter Faserverlauf können die Spaltfestigkeit des Holzes erheblich steigern.

Zahlenwerte und Kategorien der Spaltfestigkeit von Holz enthalten die Tabellen 14.16 und 14.17.

Tabelle 14.17 Einteilung von Holz nach der Spaltbarkeit (nach (Mette, 1984) verändert)

Grad der Spaltbarkeit	Holzart
Vollkommen spaltbar	Bambus
Sehr leicht spaltbar	Fichte, Pappel, Douglasie
Spaltbar	Buche, Weide, Kastanie, Kiefer, Lärche, Roteiche
Schwer spaltbar	Eiche, Esche, Ahorn, Obsthölzer
Sehr schwer spaltbar	Ulme, Hainbuche, Birke
Fast unspaltbar	Vogelbeerbaum, Ebenholz
Nicht spaltbar	Pockholz

14.5.9 Nagel- und Schraubenausziehwiderstand

Kenngröße/Prüfung

Der Nagel- bzw. der Schraubenausziehwiderstand ist eine verarbeitungstechnische Eigenschaft von Holz und Holzwerkstoffen.

Der *Schraubenausziehwiderstand* ist die Kraft, die zum Herausziehen einer Schraube erforderlich ist, bezogen auf die Einschraubtiefe (N/mm). Das erhaltene Messergebnis ist vom Prüfverfahren (für Spanplatten z. B. prEN 13336 (2001), für Holz nach EN 1382 (2015)) abhängig. Der Schraubenausziehwiderstand ist abhängig von der Rohdichte und der Schnittrichtung; bei Partikelwerkstoffen korreliert er u. a. auch mit der Querzugfestigkeit, der Spangeometrie und dem Klebstoffanteil (Niemz & Bauer, 1990).

Der *Nagelausziehwiderstand* ist in Analogie dazu die Kraft, die zum Herausziehen eines Nagels erforderlich ist, bezogen auf die Querschnittsfläche des Nagels (N/mm^2) bzw. die Einschlagtiefe (N/mm).

Bild 14.54 zeigt schematisch die Prüfanordnung bei der Bestimmung des Schraubenausziehwiderstandes (s. auch Kapitel 19).

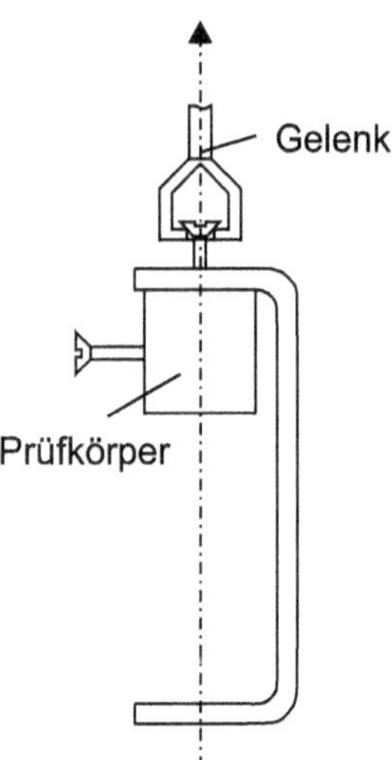

Bild 14.54 Prüfung des Nagel- und Schraubenausziehwiderstands von Holz und Holzwerkstoffen

Einflussgrößen und Materialkennwerte

Der Nagel- und Schraubenausziehwiderstand von Partikelwerkstoffen wird vor allem durch die Rohdichte, das Rohdichteprofil senkrecht zur Plattenebene, die Spanart und den Festharzanteil beeinflusst. Auch die Einschlag- bzw. Einschraubrichtung (parallel oder senkrecht zur Plattenebene oder Faserrichtung) ist von deutlichem Einfluss auf den Nagel- bzw. Schraubenausziehwiderstand. Bei Holz ist die Struktur ein maßgeblicher Einflussfaktor (so steigt der Nagel- bzw. Schraubenausziehwiderstand mit zunehmender Rohdichte).

Aber auch Schrauben- und Nagelform beeinflussen das Messergebnis in deutlicher Weise. Zahlenwerte des Nagel- und Schraubenausziehwiderstands von Holz und Holzwerkstoffen enthält Tabelle 14.18.

Tabelle 14.18 Nagel- und Schraubenausziehwiderstand von Holz und Holzwerkstoffen

Material (Rohdichte in kg/m³)	Nagelausziehwiderstand[1] [N/mm²]		Schraubenausziehwiderstand[1] [N/mm]	
	Senkrecht	Parallel	Senkrecht	Parallel
Nadelholz (500)	2,5...4,0	1,5...2,2	80...110	60...80
Laubholz (650...750)	-	-	170...200	100...150
Spanplatte (600)	1,2...2,0	0,8...1,5	-	-
Spanplatte[2] (650...700)	-	-	50...80	35...60
MDF[2] (730...780)	-	-	55...85	40...70

[1] Senkrecht bzw. parallel zur Plattenebene/Faserrichtung

[2] Geprüft mittels Holzschraube, Form B (Spanplattenschraube), 4 x 40 mm; vorgebohrt: 0,8 x Schraubendurchmesser (aus (Autorenkollektiv, 1990))

14.5.10 Schlagzähigkeit

Kenngröße/Prüfung

Die Schlagzähigkeit, fälschlicherweise auch als Schlagbiegefestigkeit bezeichnet, zählt zu den dynamischen Eigenschaften. Sie kennzeichnet das Verhalten von Holz und Holzwerkstoffen gegen schlagartige Beanspruchung, wie sie z. B. in der Praxis an Werkzeugstielen auftritt.

Die Schlagzähigkeit wird mit Pendelschlagwerken bestimmt. Dabei fällt ein Pendelhammer mit einer definierten Masse aus einer definierten Höhe auf eine auf 2 Auflagern gelagerte Probe (Bild 14.55). Der Bruchschlagversuch ist heute bei modernen Geräten instrumentiert, sodass das Versagensverhalten elektronisch erfasst werden kann.

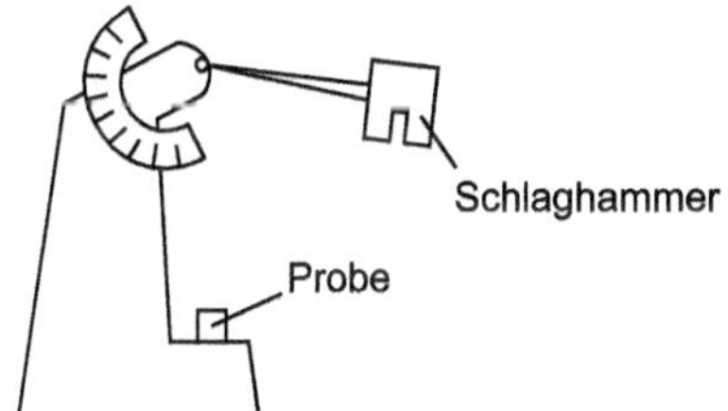

Bild 14.55 Prüfung der Schlagzähigkeit von Holz und Holzwerkstoffen

Die für den Bruch verbrauchte Bruchschlagarbeit wird direkt am Pendelschlagwerk abgelesen. Für die Schlagzähigkeit gilt deshalb die Beziehung:

$$w = \frac{1000 \cdot W}{b \cdot h} \tag{14.31}$$

$$W = m \cdot g \cdot (H_1 - H_2) \tag{14.32}$$

w	Bruchschlagarbeit [kJ/m²]
W	für den Bruch verbrauchte Schlagarbeit [J]
b, h	Kantenlänge der Prüfkörper [mm]
m	Masse des Pendelhammers [kg]
g	Erdbeschleunigung [m/s²]
H_1, H_2	Höhe des Pendelhammers: H_1 vor, H_2 nach Bruch der Probe [m]

Die Prüfung erfolgt nach DIN 52 189 Teil 1 (Probenabmessungen 20 mm × 20 mm × 300 mm). Bei der Dynstat-Prüfung z. B. nach DIN 53435 (Schulz, 1985) werden kleinere Proben mit den Abmessungen 4 mm × 4 mm × 15 mm verwendet. Vergleichende Untersuchungen zur ermittelten Festigkeit nach Dynstat und Dreipunktbiegung führten (Rug, Eichbaum & Linke, 2011) durch. Es wurden Korrekturfaktoren vorgeschlagen. Tabelle 14.19 zeigt orientierende Korrekturfaktoren für die Umrechnung der Werte beider Verfahren.

Die kleinen Prüfkörperabmessungen erlauben es, Kontrollen an verbautem Holz mit vertretbarem Aufwand durchzuführen.

Tabelle 14.19 Korrekturfaktoren für die Umrechnung Dynstat-Normprüfung bezüglich Biegefestigkeit (Rug, Eichbaum & Linke, 2011)

		Fichte	Kiefer	Eiche
Rohdichte	Dichte Dynstat/Biegung	0,92	1,06	0,94
	Dichte Biegung/Dynstat	1,09	0,94	1,06
Biegefestigkeit	Biegefestigkeit Dynstat/Dreipunktbiegung	0,54	0,80	0,78
	Biegefestigkeit Dreipunktbiegung/Dynstat	1,85	1,25	1,28

Einflussfaktoren

Die Schlagzähigkeit hängt maßgeblich vom strukturellen Aufbau des Holzes ab. Wesentliche Einflussfaktoren sind die Holzart, insbesondere die Faserlänge (Bild 14.56) und die Rohdichte. Mit steigender Rohdichte wächst die Schlagzähigkeit, wie aus Bild 14.57 hervorgeht. Aber auch Feuchtegehalt (Bild 14.58) und Pilzbefall des Holzes wirken sich auf dessen Schlagzähigkeit aus. Sehr stark wird die Schlagzähigkeit auch durch die Wärmebehandlung von Holz reduziert (Niemz & Wetzig, 2011), (Hill, 2006). So beträgt die Schlagzähigkeit pilzbefallenen Fichtenholzes (Porenschwamm) bei einem Masseverlust von 5 % nur noch 63 % des Ausgangswertes (Bild 14.59).

Bild 14.56 Typische Bruchbilder bei der Prüfung der Schlagzähigkeit von Holz

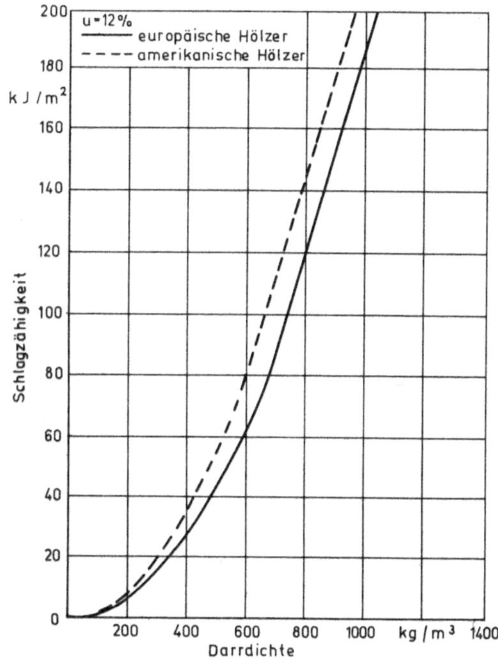

Bild 14.57 Einfluss der Darrdichte auf die Schlagzähigkeit von Holz

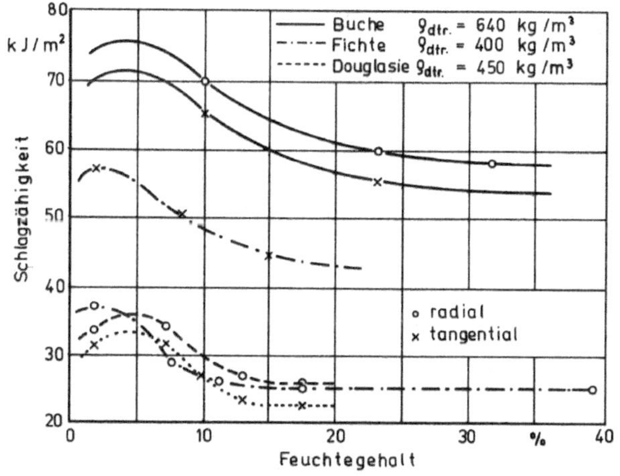

Bild 14.58 Einfluss des Feuchtegehalts auf die Schlagzähigkeit von Holz

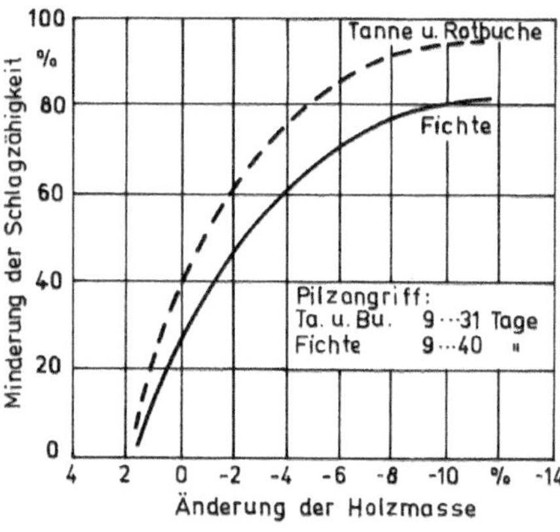

Bild 14.59 Einfluss des Masseverlustes durch Pilzbefall auf die Schlagzähigkeit von Holz (Vorreiter, 1949)

14.5.11 Dauerschwingfestigkeit

Kenngröße/Prüfung

Eine mehrfach wiederholte Be- und Entlastung von Holz und Holzwerkstoffen setzt deren Festigkeit deutlich herab (Bild 14.60).

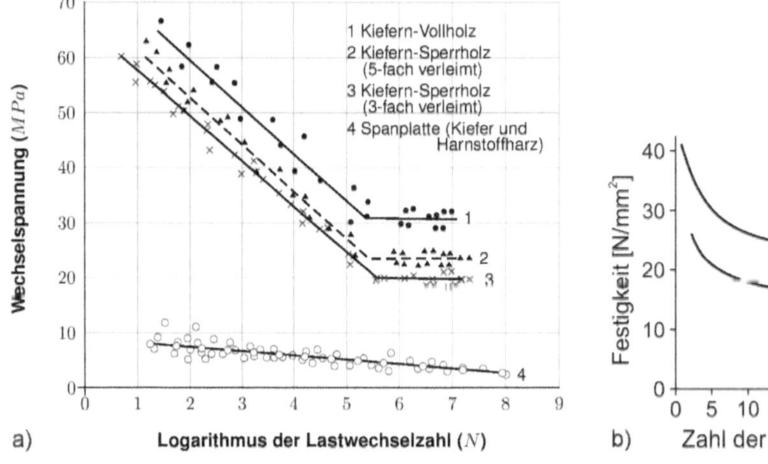

Bild 14.60 Wechselfestigkeit von Holz und Holzwerkstoffen: a) Kiefer und Holzwerkstoffe nach Gillwald (Gillwald, 1966); b) Fichte und Kiefer nach Kollmann (Kollmann F., 1951)

Die Festigkeit sinkt mit der Zahl der Lastzyklen. Ab einer bestimmten Anzahl von Lastzyklen stagniert der Abfall, d.h., die Festigkeit bleibt von da an konstant. In der Praxis treten solche Beanspruchungen z.B. an im Freien verbautem Holz (Masten) auf, das einer ständig wechselnden Windlast ausgesetzt ist. Aber auch bei Brücken und Windkraftanlagen aus Holz sind dynamische Belastungen vorhanden. Bild 14.61 zeigt schematisch mögliche Belastungsfälle bei wiederholter Be- und Entlastung. Demzufolge wird bezüglich der Festigkeit zwischen zwei Grenzzuständen unterschieden, und zwar zwischen

- der Schwellfestigkeit (dabei wechselt die Spannung zwischen einem Wert 0 und einem Wert > 0) und
- der Wechselfestigkeit (dabei wechselt die Spannung zwischen zwei gleich großen Grenzwerten mit unterschiedlichem Vorzeichen).

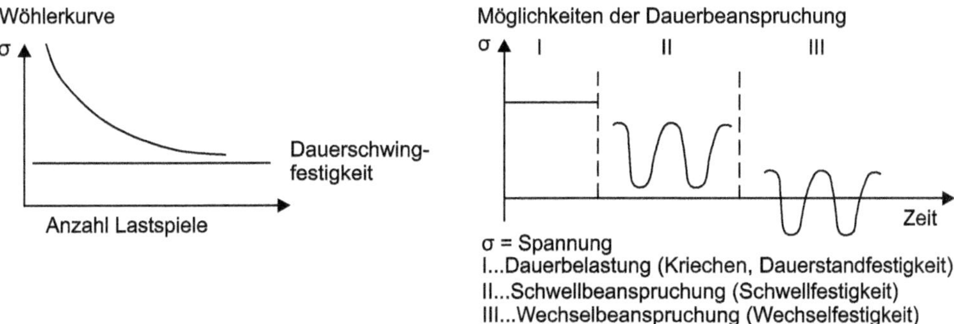

Bild 14.61 Mögliche Belastungsfälle bei der Prüfung der Dauerschwingfestigkeit von Holz

Die Schwell- oder Wechselbeanspruchung führt mit zunehmender Anzahl von Lastzyklen zu einer Ermüdung und in deren Folge zum Bruch des Werkstoffes.

Als Dauerschwingfestigkeit wird die Spannung definiert, der ein Werkstoff unendlich lange ausgesetzt werden kann, ohne dass es zum Bruch kommt. Sie wird nach dem Wöhler-Verfahren bestimmt. Dabei werden Prüfkörper unterschiedlich hohen Belastungen bis zum Bruch ausgesetzt, die Anzahl der Lastzyklen bis zum Bruch bestimmt und die (Bruch-) Festigkeit in einem Diagramm über der Anzahl der Lastzyklen bzw. deren Logarithmus aufgetragen (s. Bilder 14.60 und 14.61).

Typisch für eine durch dynamische Belastung gebrochene Holzprobe ist ein glatter, kurzfasriger Bruch (Bild 14.62).

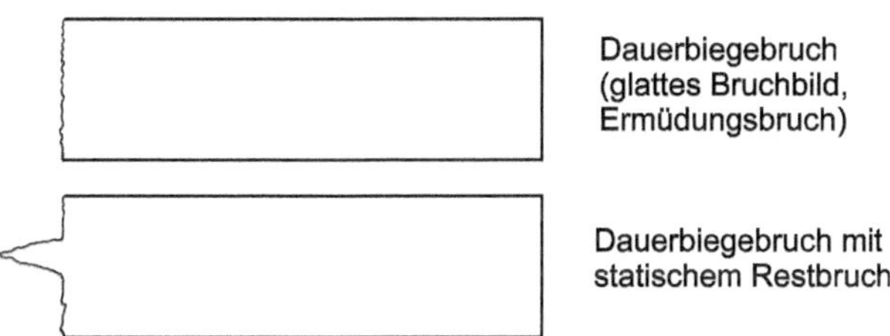

Bild 14.62 Bruchbilder von Holz bei Wechselbeanspruchung

Das gilt auch für solche Hölzer, die bei statischer Biegeprüfung langfasrig brechen. Durch die ständige Belastung kommt es zur Auflockerung des Gefüges sowohl in der Mittellamelle als auch in der Zellwand selbst (Rose, 1965). Letztlich führt diese Auflockerung zum Bruch. Im Ergebnis der Dauerbeanspruchung und der damit verbundenen Reibungsvorgänge tritt eine Erwärmung des Holzes ein, die wiederum eine Senkung des Feuchtegehalts bewirkt. Die Dauerbeanspruchung führt nach Untersuchungen von (Rose, 1965) auch an nichtgebrochenen Proben zu Eigenschaftsänderungen. Rose stellte sowohl eine Zerrüttung als auch eine Verfestigung der Prüfkörper fest. Die Eigenschaftsänderung lag je nach Belastungsart zwischen +6 bis −18 %. Die Verfestigung, die insbesondere bei Zugbelastung auftritt, wird auf einen Anstieg des Kristallisationsgrades der Cellulosemoleküle zurückgeführt (Rose, 1965).

Die Lastspielzahl bis zum Versagen ist nach (Nielsen, 2007) sowie (Reichel, 2015) stark abhängig von der Frequenz. Sie sinkt um das über 100-fache, wenn die Beanspruchungsfrequenz von 0,1 Hz auf 0,5 h herabgesetzt wird. Bei feuchteinduzierten Spannungen (Klimawechsel) erfolgt die Belastung mit extrem niedriger Frequenz.

Nach der Schweizer Norm SIA265/1:2003 werden folgende Reduktionsbeiwerte für die Dauerschwingfestigkeit (Wechselfestigkeit) im Holzbau für den Ermüdungsnachweis vorgeschlagen (siehe auch Kap. 13, Tabelle 14.20).

Tabelle 14.20 Reduktionsbeiwerte für dynamische Dauerwechselfestigkeit nach SIA 265/1:2003

Beanspruchung des Bauteils	$k_{fat\infty}$
Druck	1,0
Zug	0,5
Biegung	0,5
Zug-Druck-Wechsellast	0,5
Schub	0,3

Einflussfaktoren und Materialkennwerte

Die Wechselbiegefestigkeit beträgt bei Holz 25 bis 40 % der im statischen Kurzzeitversuch ermittelten Biegefestigkeit, bei Holzwerkstoffen 20 bis 30 % (siehe Kapitel 19). Verbindliche Zahlenwerte liegen nicht vor. Auf die Wechselbiegefestigkeit wirken sich alle bereits genannten strukturellen und klimatischen Einflussfaktoren aus. Die etwas geringere Wechselbiegefestigkeit von Span- und Faserplatten ist nach (Kollmann & Krech, 1961) auf das relativ spröde Harnstoff-Formaldehyd-Harz zurückzuführen (siehe auch Bild 14.60). Die Zugschwellfestigkeit liegt bei Spanplatten bei 35 bis 45 % der statischen Zugfestigkeit. Eine aktuelle Zusammenstellung des Erkenntnisstandes ist in (Mohr, 2001) vorhanden. Es werden der Holzarteneinfluss und die Anwendung in der Baupraxis beschrieben.

14.5.12 Härte und Abnutzungswiderstand

14.5.12.1 Härte

Die Härte ist der Widerstand, den Holz oder Holzwerkstoffe dem Eindringen eines härteren Körpers entgegensetzen. Nach der Geschwindigkeit der Krafteinwirkung können unterschieden werden:

- statische Prüfverfahren (langsame Krafteinwirkung),
- dynamische Prüfverfahren (schlagartige Krafteinwirkung).

14.5.12.2 Statische Härteprüfung

Die Härteprüfung nach Brinell (für Holz und Holzwerkstoffe gemäß DIN EN 1534) ist das gebräuchlichste statische Prüfverfahren. Dabei wird eine polierte Stahlkugel (Durchmesser von 2,5; 5 oder 10 mm) innerhalb einer bestimmten Zeit mit definierter Kraft F (100 bis 1000 N) in die Probe eingedrückt und der Durchmesser der eingedrückten Kugelkalotte gemessen (Bild 14.63b). Aus dem Durchmesser der Kugel D, der Kraft und dem Durchmesser der Kugelkalotte d errechnet sich die Brinellhärte H_B dann wie folgt:

$$H_B = \frac{2 \cdot F}{\pi \cdot D \cdot \left(D - \sqrt{D^2 - d^2}\right)} \quad \left[\text{N/mm}^2\right] \tag{14.33}$$

Im instrumentierten Versuch wird die Härte aus der Eindringtiefe h berechnet:

$$H_B = \frac{F}{D \cdot \pi \cdot h} \tag{14.34}$$

Heute wird meistens die instrumentierte Härtemessung eingesetzt, bei der die Eindringtiefe der Kugel lastabhängig bestimmt wird. Damit lassen sich auch Kraft-Verformungs-Diagramme analog zur Mikrohärtemessung erfassen (Bild 14.63a, siehe auch Kap. 15). Detaillierte Ausführungen dazu sind in (Sonderegger & Niemz, 2009) zusammengestellt. Eine gute Übersicht zur Härte verschiedener Holzarten für Parkett wurde von (Schwab, 1990) erarbeitet.

Bei der Härteprüfung nach Janka wird eine polierte Stahlkugel mit einem Durchmesser von 11,284 mm stetig bis zur Hälfte in die Probe eingedrückt. Die erforderliche Eindruckkraft gibt unmittelbar die Härte an. Dieses Verfahren wird in den USA und Südamerika oft angewandt.

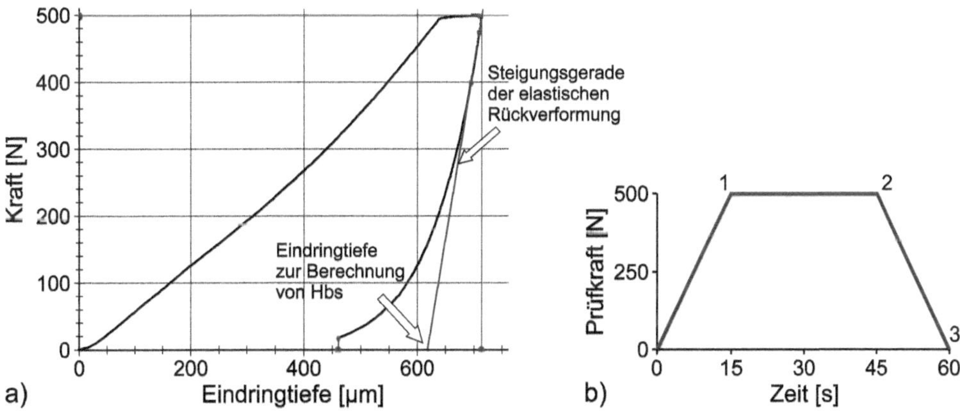

Bild 14.63 Kraft-Eindringtiefe-Diagramm (a) sowie Kraft-Zeit-Diagramm (b) für die Brinellhärte im instrumentierten Härteversuch (Sonderegger & Niemz, 2009)

14.5.12.3 Dynamische Härteprüfung

Dieses Verfahren wird zum Nachweis von Härteunterschieden innerhalb des Holzes – z. B. zwischen Früh- und Spätholz –, aber auch zum Nachweis der Holzschädigung durch Pilz- oder Insektenbefall oder zur orientierenden Ermittlung der Mittelschichtfestigkeit von Spanplatten genutzt. Dabei wird entweder eine zylindrische Stahlnadel (u. a. bei der Härteprüfung nach dem Pilodyn-Verfahren (Fa. Proceq, Zürich) bzw. dem Verfahren von Mayer-Wegelin) oder ein prismatischer Stahlstab von bestimmter Abmessung (z. B. 3 × 20 mm bei der Prüfung von Spanplatten nach dem ehemaligen Werkstandard FHIS 255 des heutigen IHD Dresden) mit einer definierten Energie in die Probe eingeschlagen. Als Messgröße dient die Eindringtiefe. Das Verfahren ist ähnlich dem zur Messung der Druckfestigkeit von Beton verwendeten Schmidhammer (Verfahren der Rückprallhärtemessung). Weiterführende Messungen zur Eindringtiefenmessung bei Spanplatten sind in (Walter & Knitsch, 1970) zu finden. Das Pilodyn-Verfahren wird zur Messung der Dichte von Holz (Görlacher, 1987) oder auch von stehenden Bäumen, aber auch zur Erfassung eines Fäulnisbefalls bei Pfählen (auch unter Wasser) verwendet (Niemz, Zürcher, Kucera & Bernatowicz, 1997). Die Bilder 14.64 und 14.65 zeigen schematisch ausgewählte Prüfvorrichtungen.

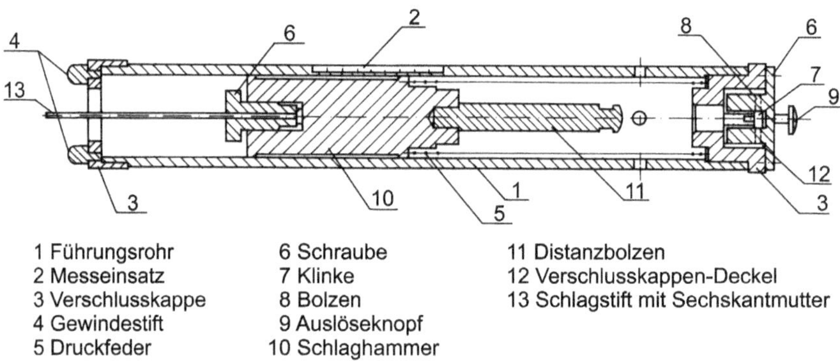

Bild 14.64 Prüfung der Härte von Holz und Holzwerkstoffen nach dem Pilodyn-Verfahren

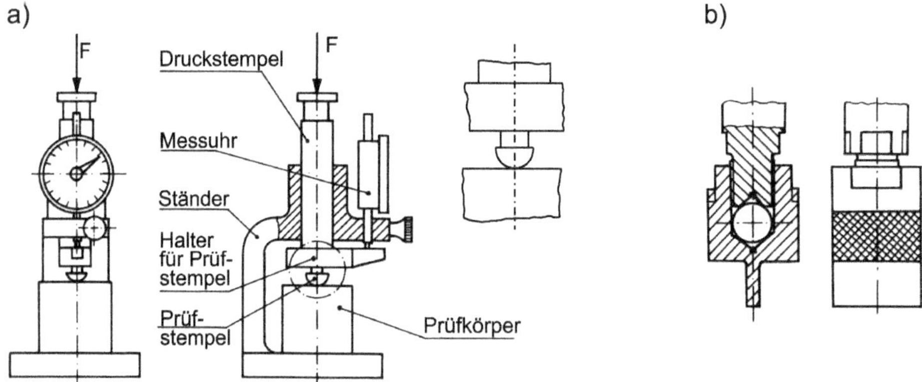

Bild 14.65 Prüfung der Härte von Holz und Holzwerkstoffen. (a) Bestimmung der Brinellhärte, (b) Bestimmung der Schmalflächenhärte an Holzpartikelwerkstoffen (ehemaliger Werkstandard FHIS 255, IHD Dresden)

14.5.12.4 Einflussfaktoren und Materialkennwerte

Wesentliche Einflussfaktoren der Härte von Holz sind:

- *Die Holzart, insbesondere die Rohdichte:* Mit zunehmender Rohdichte steigt die Härte, die Eindringtiefe sinkt (Bild 14.66a), siehe auch (Niemz & Sonderegger, 2003).
- *Die Schnittrichtung:* Die Härte bei Belastung parallel zur Faserrichtung ist im Vergleich zur Härte in radialer oder tangentialer Richtung um das 2,5-fache größer.
- *Der Lignin- und Harzgehalt.*
- *Der Feuchtegehalt:* Die Härte wird mit abnehmendem Feuchtegehalt größer, der Höchstwert wird im darrtrockenen Zustand erreicht (Bild 14.66b).

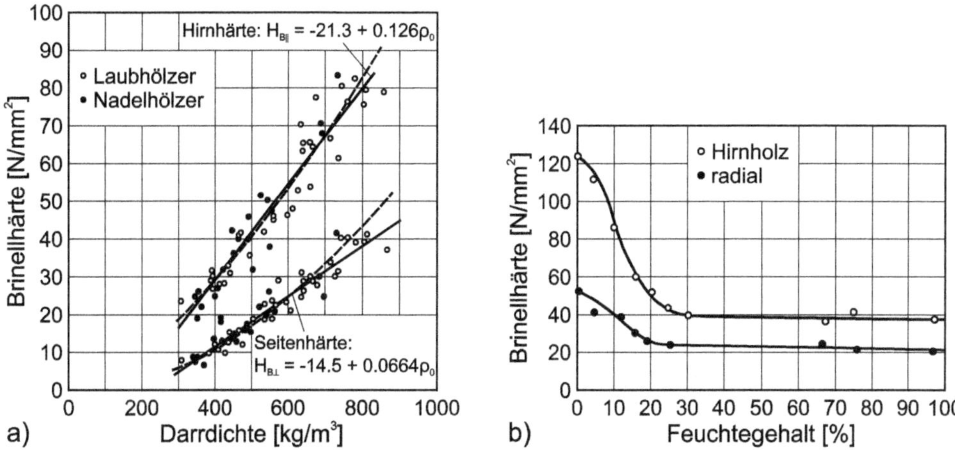

Bild 14.66 Einfluss der Darrdichte (a) und des Feuchtegehalts (b) auf die Brinellhärte von Holz (Kollmann F., 1951)

Tabelle 14.21 enthält Angaben zur Feuchteabhängigkeit der Brinellhärte bei ausgewählten Holzarten und Holzwerkstoffen, Tabelle 14.22 eine Einteilung der Holzarten nach der Härte.

Tabelle 14.21 Brinellhärte H_B ausgewählter Holzarten und Holzwerkstoffe in Abhängigkeit von der Feuchte (nach (Niemz & Sonderegger, 2007) und (Sonderegger & Niemz, 2009))

Holzart/Material	Rohdichte [kg/m³]	$H_{B,35}$ [N/mm²]	$H_{B,65}$ [N/mm²]	$H_{B,80}$ [N/mm²]
Lärche	620...650	36	31	25
Kiefer	510...570	21	20	17
Buche	690...750	41	32	26
Stieleiche	670...690	35	30	24
Bongossi	1030...1110	99	73	62
Makassar	1150...1180	109	94	72
Furniersperrholz Buche	730...780	27...32	26...30	24...26

Tabelle 14.21 Brinellhärte H_B ausgewählter Holzarten und Holzwerkstoffe in Abhängigkeit von der Feuchte (nach (Niemz & Sonderegger, 2007) und (Sonderegger & Niemz, 2009)) *(Forts.)*

Holzart/Material	Rohdichte [kg/m³]	$H_{B,35}$ [N/mm²]	$H_{B,65}$ [N/mm²]	$H_{B,80}$ [N/mm²]
Spanplatten, 6 mm	760	21	19	14
Spanplatten, 10 - 19 mm	630...700	21...25	18...22	15...17
Spanplatten, 25 - 40 mm	610...620	28...30	26...28	18...19
OSB	620...650	29...35	28...32	19...25
MDF, 3 - 6 mm	830...840	35...41	31...39	25...27
MDF, 10 - 25 mm	730...800	28...62	26...56	19...39
MDF, 40 mm	760	87	81	50
Ultraleicht-MDF	530	19	17	13

Index: 35, 65, 80 = Brinellhärte bei Gleichgewichtsfeuchten nach Klimatisierung bei 20 °C und relativen Luftfeuchten von 35, 65 und 80 %.

Tabelle 14.22 Einteilung von Holz nach der Härte (nach Kollmann (Kollmann F., 1951) verändert und ergänzt)

Härtestufen	Jankahärte $H_{\parallel}$ [N/mm²]	Brinellhärte $H_{B\parallel}$ [N/mm²]	Brinellhärte $H_{B\perp}$ [N/mm²]	Holzart
Sehr weich	< 35	10...40	5...20	Weymouthskiefer, Weide, Linde, Aspe, Pappel
Weich	35...50	20...60	10...30	Fichte, Tanne, Kiefer, Lärche, Douglasie, Birke, Erle
Mittelhart	50...65	40...65	20...40	Schwarzkiefer, Ulme, Edelkastanie, Eiche, Platane, Nussbaum
Hart	65...100	60...100	30...60	Eibe, Buche, Esche, Robinie, Hainbuche, Obsthölzer
Sehr hart	100...150	100...130	50...80	Buchsbaum, Liguster, Flieder
Beinhart	> 150	120...200	70...140	Tropische Hölzer wie Pockholz, Ebenholz

‖ Eindruck parallel zur Faser (Hirnhärte); ⊥ Eindruck senkrecht zur Faser (Seitenhärte)

14.5.13 Abnutzungswiderstand

Der Abnutzungswiderstand des Holzes ist eine Gebrauchseigenschaft. Er ist ein Maß für die Kohäsion der Strukturelemente und für deren mechanischen Verschleiß. Von praktischer Bedeutung ist diese Eigenschaft u. a. für Parkett, Treppenstufen, Türschwellen, Tischflächen (insbesondere, wenn diese ständig reibender Belastung ausgesetzt sind, wie z. B. bei Ladentischen, Treppen).

14.5.13.1 Kenngrößen/Prüfverfahren

Zur Prüfung des Abnutzungswiderstandes von Holz werden folgende Verfahren angewandt.

Sandstrahlen

Bei diesem Verfahren wird auf eine definierte Probenfläche Sand bestimmter Korngröße mittels eines Sandstrahlgebläses aufgebracht und der durch Abtrag entstandene Masseverlust (in g/cm^2) bzw. Volumenverlust (in cm^3) gemessen. Aufgrund der Härteunterschiede zwischen Früh- und Spätholz kommt es zu einem ungleichmäßigen Abtrag über der Probenfläche (stärkeres Abtragen des weniger dichten Frühholzes); Unterschiede ergeben sich auch in den 3 Hauptschnittrichtungen des Holzes. Nach Untersuchungen von Schulz (Schulz, 1985) zeigen Laub- und Nadelhölzer beim Sandstrahlen charakteristische Härteprofile, die die übliche Strukturierung in Jahrring, Früh- und Spätholz bzw. Wachstumszonen ergänzen können.

So treten im Querschnitt Holzteile auf, die wahrscheinlich zur Festigkeitsausbildung des Holzes beitragen (Mechaniksysteme in radialer Richtung, Bild 14.67). Es wird vermutet, dass die einzelnen Holzarten unterschiedliche Mechaniksysteme aufbauen und dass diese bei der Holzbildung je nach Anforderungen variieren.

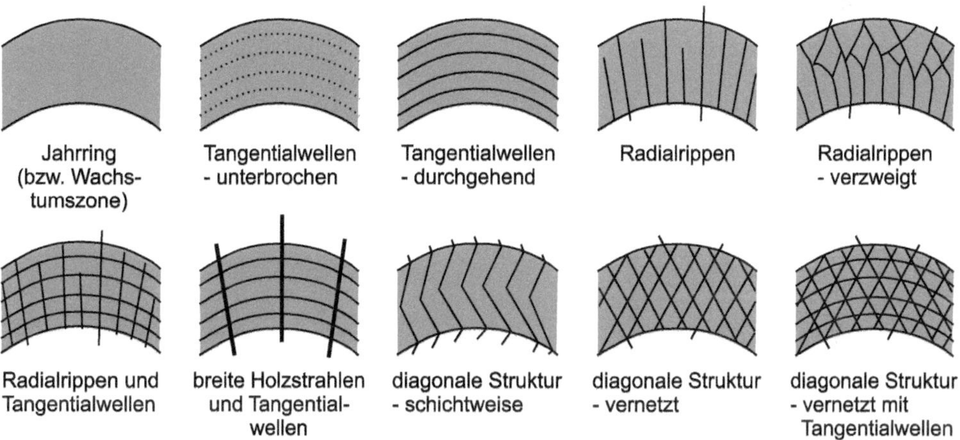

Bild 14.67 Härteraster von Laub- und Nadelhölzern in vereinfachter Darstellung (Schulz, 1985)

Schleifverfahren

Das Schleifverfahren ermöglicht eine praxisnähere Prüfung des Abnutzungswiderstands als das Sandstrahlen. Dabei wird gemäß Bild 14.68 der Abrieb eines Prüfkörpers nach einer definierten Anzahl von Schleifbewegungen über der Probe ermittelt.

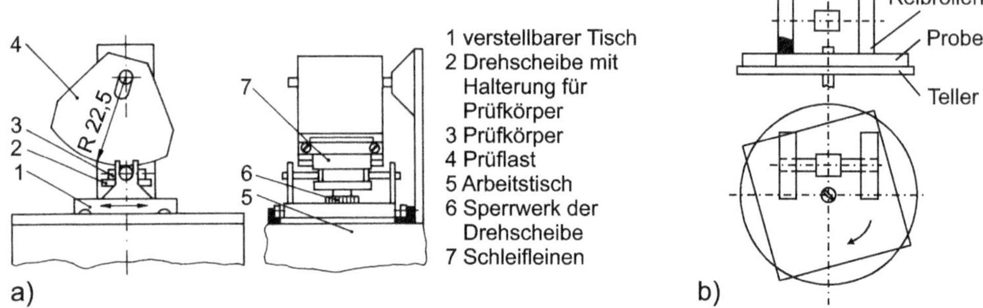

Bild 14.68 Ermittlung des Abriebkennwerts von Holz (a) und beschichteten Oberflächen (b)

Dieses Prüfverfahren ist sowohl für Holz als auch für Holzwerkstoffe anwendbar. Kenngrößen sind der abmessungsbezogene Abriebkennwert t_a

$$t_a = a \cdot \frac{m_1 - m_2}{m_1} \tag{14.35}$$

oder der massebezogene Abriebkennwert t_m

$$t_m = \frac{m_1 - m_2}{m_1} \cdot 100 \; [\%] \tag{14.36}$$

a Dicke des Prüfkörpers [mm]

m_1 Masse vor der Prüfung [g]

m_2 Masse nach der Prüfung [g]

In analoger Weise kann die Abriebfestigkeit durch Abrollen von zwei mit Schleifpapier bespannten Rollen auf der Prüfkörperfläche bestimmt werden. Diese Prüfung erfolgt z. B. an beschichteten Oberflächen mithilfe des Taberabrasers. Als Kenngröße dient z. B. die Abriebkennzahl in g/100 Umdrehungen. So wird Laminatboden z. B. nach EN 13329, HPL nach EN 438 T 2 geprüft.

14.5.13.2 Einflussfaktoren und Materialkennwerte

Der Abnutzungswiderstand des Holzes wird im Wesentlichen durch

- die Rohdichte (Abnutzungswiderstand steigt mit zunehmender Rohdichte),
- den Feuchtegehalt und
- die Schnittrichtung (Abnutzungswiderstand ist in radialer und tangentialer Richtung deutlich größer als in Querrichtung)

beeinflusst.

Hin und wieder wird der Abnutzungswiderstand verschiedener Holzarten auch auf eine bestimmte Holzart bezogen (Tabelle 14.23).

Tabelle 14.23 Abnutzungswiderstand von Holz (Mette, 1984)

Holzart	Abnutzungswiderstand[1]
Robinie	0,37
Esche	1,53
Eiche	1,56
Erle	3,34
Kiefer	1,73
Lärche	1,83
Fichte	2,0

[1] bezogen auf Rotbuche (= 1,0)

Literaturverzeichnis

Aicher, S. & Reinhardt, H. W. (1993). Einfluß der Bauteilgröße in der linearen und nichtlinearen (Holz-) Bruchmechanik. Holz als Roh- und Werkstoff, 51 (3), S. 215 - 220.

Albers, K. (1970). Querdehnungs- und Gleitzahlen sowie Schub- und Scherfestigkeiten von Holzwerkstoffen. Diss., Universität Hamburg.

Ammann, S. D. (2015). Mechanical performance of glue joints in structural hardwood elements. Zürich: Diss., ETH Zürich.

Ammann, S. & Niemz, P. (2015). Mixed-mode fracture toughness of bond lines of PRF and PUR adhesives in European beech wood. Holzforschung, 69 (4), S. 415 - 421.

Anderson, T. L. (2005). Fracture mechanics: fundamentals and applictions (3. Ausg.). Boca Raton: CRC Press.

Arnold, M. & Steiger, R. (2007). The influence of wind-induced compression failures on the mechanical properties of spruce structural timber. Materials and Structures, 40 (1), 57 - 68.

Autorenkollektiv. (1975). Werkstoffe aus Holz und andere Werkstoffe der Holzindustrie. Leipzig: Fachbuchverlag.

Autorenkollektiv. (1985). Wissensspeicher Holztechnik. Leipzig: Fachbuchverlag.

Autorenkollektiv. (1990). Lexikon der Holztechnik (4. Ausg.). Leipzig: Fachbuchverlag.

Baensch, F. (2015). Damage evolution in wood and layered wood composites monitored in situ by acoustic emission, digital image correlation and synchrotron based tomographic microscopy. Zürich: Diss., ETH Zürich.

Bargel, H. & Schulze, G. (1988). Werkstoffkunde. Düsseldorf: VDI Verlag.

Blass, H. J. (1987). Tragfähigkeit von Druckstäben aus Brettschichtholz unter Berücksichtigung streuender Einflussgrössen. Karlsruhe: Diss., Universität Karlsruhe.

Blumenauer, H. & Pusch, G. (1973). Bruchmechanik. Leipzig: VEB deutscher Verlag für Grundstoffindustrie.

Bodig, J. & Jayne, B. A. (1993). Mechanics of wood and wood composites (2. Ausg.). Malabar (FL): Krieger Publishing Company.

Böhme, C. (1999). Einfluss der Prüfkörperabmessungen bei Spanplatten. Braunschweig: WKI-Kurzbericht 21, 22, 23.

Borovikov, A.M. & Ugolev, B.N. (1986). Handbuch Holz. Moskau: Lesnaja Prom.

Bosshard, H.H. (1982 - 1984). Holzkunde I - III (2. Ausg.). Basel: Birkhäuser.

Böttcher, P. (1986). Auswirkungen von Waldschäden auf einige physikalische und mechanische Holzeigenschaften von Fichte und Buche. Holz Roh- und Werkstoff, 44 (8), S. 302.

Bues, C.T. & Schulz, H. (1988). Festigkeit und Feuchtegehalt von Kiefernholz aus Waldschadensgebieten. Holz Roh- und Werkstoff, 46, S. 41 - 45.

Bues, C.T., Schulz, H. & Eichenseer, F. (1987). Untersuchung des Ausziehwiderstands von Nägeln und Schrauben in Kiefernholz. Holz als Roh- und Werkstoff, 45 (12), S. 514.

Burger, N. & Glos, P. (1996). Einfluss der Holzabmessungen auf die Zugfestigkeit von Bauschnittholz. Holz als Roh- und Werkstoff, 54 (5), S. 333 - 340.

Burgert, I. (2000). Die mechanische Bedeutung der Holzstrahlen im lebenden Baum. Hamburg: Diss., Universität Hamburg.

Burmester, A. (1967). Zur Vergütung von Holz durch strahlenpolymerisierte Kunststoff-Monomere. Holz als Roh- und Werkstoff, 25 (1), S. 11 - 25.

Butterfield, B.G. (1997). Proceedings of IAWA/IUFRO International Workshop of Significance of the Microfibril Angle to Wood Quality. Westport/New Zealand.

Clauss, S., Pescatore, C. & Niemz, P. (2014). Anisotropic elastic properties of common ash (Fraxinus excelsior L.). Holzforschung, 68 (8), S. 941 - 949.

Colling, F. (1990). Tragfähigkeit von Biegeträgern aus Brettschichtholz in Abhängigkeit von den festigkeitsrelevanten Einflussgrössen. Karlsruhe: Diss., Universität Karlsruhe.

Coureau, J.-L., Morel, S., Gustafsson, P.J. & Lespine, C. (2007). Influence of the fracture softening behaviour of wood on load-COD curve and R-curve. Materials and Structures, 40 (1), 97 - 106.

Cramer, S.M. & Goodman, J.R. (1986). Failure modeling: a basis for strength prediction of lumber. Wood and Fiber Science, 18 (3), S. 446 - 459.

Czaderski, C., Steiger, R., Howald, M., Olia, S., Gülzow, A. & Niemz, P. (2007). Versuche und Berechnungen an allseitig gelagerten 3-schichtigen Massivholzplatten. Holz als Roh- und Werkstoff, 65 (5), S. 383 - 402.

Debaise, G.R., Porter, A. & Pentonoy, R.E. (1966). Morphology and mechanics of wood fracture. Material Res. Stand., S. 493 - 499.

Denzler, J.K. (2007). Modellierung des Größeneffektes bei biegebeanspruchtem Fichtenschnittholz. München: Diss., TU München.

Deppe, H.-J. & Ernst, K. (1996). MDF – Mitteldichte Faserplatten. Leinfelden-Echterdingen: DRW-Verlag.

Deppe, H.-J. & Ernst, K. (2000). Taschenbuch der Spanplattentechnik (4. Ausg.). Leinfelden-Echterdingen: DRW-Verlag.

Dunky, M. & Niemz, P. (2002). Holzwerkstoffe und Leime: Technologie und Einflussfaktoren. Berlin: Springer.

Eberhardsteiner, J. (2002). Mechanisches Verhalten von Fichtenholz: Experimentelle Bestimmung der biaxialen Festigkeitseigenschaften. Wien: Springer-Verlag.

Ehart, R.J., Stanzl-Tschegg, S.E. & Tschegg, E.K. (1996). Characterization of crack propagation in particleboard. Wood Science and Technology, 30 (5), S. 307 - 321.

Ehlbeck, J. (1967). Durchbiegung und Spannungen von Biegeträgern aus Holz unter Berücksichtigung der Schubverformung. Karlsruhe: Diss., Universität Karlsruhe.

Eisenacher, G. (2014). Charakteristik und Modellierung von Fichtenholz unter dynamischer Druckbelastung. Berlin: Diss., TU Berlin.

Fink, G. (2014). Influence of varying material properties on the load-bearing capacity of glued laminated timber. Zürich: Diss., ETH Zürich.

Forsberg, F., Sjödahl, M., Mooser, R., Hack, E. & Wyss, P. (2010). Full three-dimensional strain measurements on wood exposed to three-point bending: analysis by use of digital volume correlation applied to synchrotron radiation micro-computed tomography image data. Strain, 46 (1), S. 47 - 60.

Fuchs, F.R. (1963). Untersuchungen über den Einfluss von Temperatur und Holzfeuchtigkeit auf die elastischen und plastischen Formänderungen von Buchenholz bei Zug- und Druckbelastung. Hamburg: Diss., Universität Hamburg.

Gillwald, W. (1966). Untersuchungen über die Dauerfestigkeit von mehrschichtigen Spanplatten. Holz als Roh- und Werkstoff, 24 (10), S.445 - 449.

Glos, P. (1982). Die maschinelle Festigkeitssortierung von Schnittholz. Holz-Zentralblatt, 108, S.153 - 155.

Glos, P. & Schulz, H. (1986). Qualität und Festigkeit von Bauschnittholz aus Waldschadensgebieten. Holz als Roh- und Werkstoff, 44 (8), S.293 - 298.

Görlacher, R. (1987). Zerstörungsfreie Prüfung von Holz: Ein „in situ"-Verfahren zur Bestimmung der Rohdichte. Holz als Roh- und Werkstoff, 45 (7), S.273 - 278.

Görlacher, R. (1990). Klassifizierung von Brettschichtholzlamellen durch Messung von Longitudinalschwingungen. Karlsruhe: Diss., Universität Karlsruhe.

Görlacher, R. & Hättich, R. (1990). Untersuchung von altem Konstruktionsholz. Die Bohrwiderstandsmessung. Bauen mit Holz, 92 (6), S.455 - 459.

Gressel, P. (1971). Untersuchungen über das Zeitstandbiegeverhalten von Holzwerkstoffen in Abhängigkeit von Klima und Belastung. Hamburg: Diss. Universität Hamburg.

Gross, D. & Seelig, T. (2011). Bruchmechanik: Mit einer Einführung in die Mikromechanik (5. Ausg.). Berlin/ Heidelberg: Springer-Verlag.

Gülzow, A. (2008). Zerstörungsfreie Bestimmung der Biegesteifigkeiten von Brettsperrholzplatten. Zürich: Diss., ETH Zürich.

Gustafsson, P.J. (1988). Report TVSM 7042. Lund.

Halligan, A.F. & Schniewind, A.P. (1974). Prediction of particleboard mechanical properties at various moisture contents. Wood Science and Technology, 8 (1), S.68 - 78.

Hankinson, R. (1921). Investigation of crushing strength of spruce at varying angles of grain. Air Force Information Circular No. 259, U.S. Air Service.

Hänsel, A. (2012). Holz und Holzwerkstoffe. Prüfung - Struktur - Eigenschaften. Berlin: Logos Verlag.

Hänsel, A. & Kühne, G. (1988). Untersuchungen zur Mechanik der Spanplatte. Holzforschung und Holzverwertung, 40 (1), S.1 - 5.

Hänsel, A. & Niemz, P. (1989). Untersuchungen zur Mikromechanik biegebelasteter Spanplatten. Holzforschung und Holzverwertung, 41 (3), S.47 - 50.

Hänsel, A., Niemz, P. & Brade, F. (1988). Untersuchungen zur Bildung eines Modells für das Rohdichteprofil im Querschnitt dreischichtiger Spanplatten. Holz als Roh- und Werkstoff, 46 (4), 125 - 132.

Hapla, F. (1988). Wechselbeziehung zwischen Rohdichte und Bruchschlagarbeit bei immissionsgeschädigten Kiefern. Holz als Roh- und Werkstoff, 46 (1), S.33.

Hassani, M.M., Wittel, F.K., Hering, S. & Herrmann, H.J. (2015). Rheological model for wood. Computer Methods in Applied Mechanics and Engineering, 283 (1), S.1032 - 1060.

Hering, S. (2011). Charakterisierung und Modellierung der Materialeigenschaften von Rotbuchenholz zur Simulation von Holzverklebungen. Zürich: Diss., ETH Zürich.

Hering, S., Keunecke, D. & Niemz, P. (2012). Moisture-dependent orthotropic elasticity of beech wood. Wood Science and Technology, 46 (5), S.927 - 938.

Hering, S., Saft, S., Resch, E., Niemz, P. & Kaliske, M. (2012). Characterisation of moisture-dependent plasticity of beech wood and its application to a multi-surface plasticity model. Holzforschung, 66 (3), S.373 - 380.

Hill, C.A. (2006). Wood Modification: Chemical, thermal and other processes. Chichester: Wiley.

Horvath, N., Molnar, S. & Niemz, P. (2008). Untersuchungen zum Einfluss der Holzfeuchte auf ausgewählte Eigenschaften von Fichte, Eiche und Rotbuche. Holztechnologie, 49 (1), 10 - 15.

Hübner, U. (2013). Mechanische Kenngrößen von Buchen-, Eschen- und Robinienholz für lastabtragende Bauteile. Graz: Diss., Technische Universität Graz.

Johanson, J. A. (1973). Crack initiation in wood plates. Wood Science, 6 (2), S. 151 - 157.

Keith, C. T. & Cote, W. A. (1968). Mikroskopische Charakterisierung von Gleitlinien und Faserstauchungen in Zellwänden. Forest Products Journal, 18 (3), S. 67 - 74.

Keunecke, D. (2008). Elasto-mechanical characterisation of yew and spruce wood with regard to structure-property relationships. Zürich: Diss. ETH Zürich.

Keunecke, D., Hering, S. & Niemz, P. (2008). Three-dimensional elastic behaviour of common yew and Norway spruce. Wood Science and Technology, 42 (8), S. 633 - 647.

Keunecke, D., Stanzl-Tschegg, S. & Niemz, P. (2007). Fracture characterisation of yew (Taxus baccata L.) and spruce (Picea abies [L.] Karst.) in the radial-tangential and tangential-radial crack propagation system by a micro wedge splitting test. Holzforschung, 61 (5), S. 582 - 588.

Kisser, J. & Steininger, A. (1952). Makroskopische und mikroskopische Strukturänderungen bei der Biegebeanspruchung von Holz. Holz als Roh- und Werkstoff, 10 (11), S. 415 - 421.

Knigge, W. & Schulz, H. (1966). Grundriss der Forstbenutzung. Hamburg: Parey.

Kollmann, F. (1951). Technologie des Holzes und der Holzwerkstoffe (2. Ausg., Bd. 1). Berlin/Göttingen/Heidelberg: Springer-Verlag.

Kollmann, F. (1955). Technologie des Holzes und der Holzwerkstoffe (2. Ausg., Bd. 2). Berlin/Göttingen/Heidelberg: Springer-Verlag.

Kollmann, F. & Krech, H. (1960). Dynamische Messung der elastischen Holzeigenschaften und der Dämpfung. Holz als Roh- und Werkstoff, 18 (2), S. 41 - 54.

Kollmann, F. & Krech, H. (1961). Zeitfestigkeit und Dauerfestigkeit von Holzspanplatten. Holz als Roh- und Werkstoff, 19 (3), S. 113 - 118.

Kránitz, K. (2014). Effect of natural aging on wood. Zürich: Diss., ETH Zürich.

Kránitz, K., Sonderegger, W., Bues, C.-T. & Niemz, P. (2016). Effects of aging on wood: a literature review. Wood Science and Technology, 50 (1), S. 7 - 22.

Kruse, K. (1993). Untersuchungen verschiedener Einflussgrößen auf die zerstörungsfreie Werkstoffprüfung von Holzwerkstoffen mit Ultraschall. Hamburg: Diss. Universität Hamburg.

Kucera, L. J. & Bariska, M. (1982). On the fracture morphology in wood. Part 1: A SEM-study of deformations in wood of spruce and aspen upon ultimate axial compression load. Wood Science and Technology, 16 (4), S. 241 - 259.

Kucera, L. J. & Sell, J. (1987). Die Verwitterung von Buchenholz im Holzstrahlbereich. Holz als Roh- und Werkstoff, 45 (3), S. 89 - 93.

Kühne, G. & Niemz, P. (1981). Untersuchungen zum Einfluß der Plattenschichten auf das Kriechverhalten von Spanplatten. Holztechnologie, 22 (1), S. 9 - 12.

Lampert, H. (1966). Faserplatten. Leipzig: Fachbuch.

Langendorf, G., Schuster, E. & Wagenführ, R. (1990). Rohholz (4. Ausg.). Leipzig: Fachbuchverlag.

Lanvermann, C. (2014). Sorption and swelling within growth rings of Norway spruce and implications on the macroscopic scale. Zürich: Diss. ETH Zürich.

Lawniczak, M., Raczkowski, J. & Wojciechowicz, B. (1964). Einfluß der Gammastrahlung auf einige Eigenschaften von Spanplatten. Holz als Roh- und Werkstoff, 22 (10), S. 372 - 376.

Lei, Y. K. & Wilson, J. B. (1980). A model for predicting fracture toughness of flakeboard. Wood Science, 13 (2), S. 151 - 156.

Logemann, M. (1991). Abschätzung der Tragfähigkeit von Bauteilen mit Ausklinkung und Durchbrüchen. Fortschritt-Berichte VDI, Reihe 4, Nr. 102. Düsseldorf: VDI-Verlag.

Lohmann, U. (Hrsg.). (2003). Holz-Lexikon (4. Ausg.). Leinfelden-Echterdingen: DRW-Verlag.

Lühmann, A. & Niemz, P. (1994). Untersuchungen zu Bruchkriterium und mechano-sorptivem Kriechen bei der Holztrocknung. Holzforschung und Holzverwertung, 45 (6), S. 109 - 112.

Madsen, B. (1992). Structural behaviour of timber. North Vancouver BC, Canada: Timber Engineering Ltd.

McNatt, J. D., Wellwood, R. W. & Bach, L. (1990). Relationships between small-specimen and large panel bending tests on structural wood-based panels. Forest Products Journal, 40 (9), S. 10 - 16.

Mette, H. J. (1984). Holzkundliche Grundlagen der Forstnutzung. Berlin: Dt. Landwirtschaftsverlag.

Mindess, S. & Bentur, A. (1986). Crack propagation in notched wood specimens with different grain orientations. Wood Science and Technology, 20 (2), S. 145 - 155.

Mohr, B. (2001). Zur Interaktion der Einflüsse aus Dauerstandbelastung und Ermüdungsbeanspruchung im Ingenieurholzbau. München: TU München, Berichte aus dem Konstruktiven Ingenieurbau.

Nakao, T. & Okano, T. (1987). Evaluation of modulus of rigidity by dynamic plate shear testing. Wood and Fiber Science, 19 (4), S. 332 - 338.

Navi, P. & Sandberg, D. (2012). Thermo-hydro-mechanical processing of wood. Lausanne: EPFL Press, CRC-Press.

Neuhaus, F. (1981). Elastizitätszahlen von Fichtenholz in Abhängigkeit von der Holzfeuchtigkeit. Bochum: Dissertation, Universität Bochum.

Neuhaus, H. (2011). Ingenieurholzbau (3. Ausg.). Wiesbaden: Vieweg + Teubner.

Nielsen, L. F. (2007). Strength of wood versus rate of testing - A theoretical approach. Holz als Roh- und Werkstoff, 65 (3), S. 223 - 229.

Niemz, P. (1982). Untersuchungen zum Kriechverhalten von Spanplatten unter besonderer Berücksichtigung des Einflusses der Werkstoffstruktur. Dresden: Diss. Technische Universität Dresden.

Niemz, P. (1993). Physik des Holzes und der Holzwerkstoffe. Leinfelden-Echterdingen: DRW-Verlag Weinbrenner GmbH & Co.

Niemz, P. (2002). Druck- und Scherfestigkeit von Fichtenholz. Holz-Zentralblatt, 128 (55/56), S. 684.

Niemz, P. & Bauer, S. (1990). Beziehungen zwischen Struktur und Eigenschaften von Spanplatten. Teil 1: Schraubenausziehwiderstand. Holzforschung und Holzverwertung, 42, S. 361 - 364.

Niemz, P. & Bauer, S. (1991). Beziehungen zwischen Struktur und Eigenschaften von Spanplatten. Teil 2: Schubmodul, Scherfestigkeit, Biegefestigkeit. Holzforschung und Holzverwertung, 43, S. 68 - 70.

Niemz, P. & Bekhta, P. (2002). Kerbspannungsfaktoren an Holzwerkstoffen. Holz-Zentralblatt, 128 (55/56), S. 684.

Niemz, P. & Culik, M. (2003). Untersuchungen zum Einfluss der Schnittrichtung auf die Schallgeschwindigkeit und die Scherfestigkeit bei Buchen- und Fichtenholz. Holz als Roh- und Werkstoff, 61 (3), S. 187 - 188.

Niemz, P. & Diener, M. (1999). Vergleichende Untersuchungen zur Ermittlung der Bruchzähigkeit an Holzwerkstoffen. Holz als Roh- und Werkstoff, 57 (3), S. 222 - 224.

Niemz, P. & Hänsel, A. (1987). Untersuchungen zum Bruch- und Verformungsverhalten von Spanplatten. Holztechnologie, 28 (3), S. 139 - 143.

Niemz, P. & Hänsel, A. (1987). Zur Anwendung der Schallemissionsanalyse in der Holzwerkstoffforschung. Holztechnologie, 28 (6), S. 293 - 297.

Niemz, P. & Regensburger, K. (1980). Anwendung photogrammetrischer Meßverfahren für Deformations- und Dehnungsmessungen an Vollholz und Spanplatten aus Holz. Holztechnologie, 21 (1), S. 9 - 14.

Niemz, P. & Schweitzer, F. (1990). Einfluß ausgewählter Strukturparameter auf die Zug- und Druckfestigkeit von Spanplatten. Holz als Roh- und Werkstoff, 48 (10), S. 361 - 364.

Niemz, P. & Sonderegger, W. (2003). Untersuchungen zur Korrelation ausgewählter Holzeigenschaften untereinander und mit der Rohdichte unter Verwendung von 103 Holzarten. Schweizerische Zeitschrift für Forstwesen, 154 (12), S. 489 - 493.

Niemz, P. & Sonderegger, W. (2007). Feuchte und Härte beim Holz eng korreliert. Vergleichende Untersuchungen der Brinellhärte bei variabler Holzfeuchte. Holz-Zentralblatt, 47, S. 1327.

Niemz, P. & Wetzig, M. (2011). Auf spezielle Einsatzbereiche konzentriert. Einsatz von Thermoholz: Eigenschaften, Verarbeitung, Praxiserfahrungen. Holz-Zentralblatt, 137 (1), S. 24 - 26.

Niemz, P., Clauss, S., Michel, F., Hänsch, D. & Hänsel, A. (2014). Physical and mechanical properties of common ash (Fraxinus excelsior L.). Wood Research, 59 (4), S. 671 - 682.

Niemz, P., Diener, M. & Pöhler, E. (1997). Untersuchungen zur Ermittlung der Bruchzähigkeit an MDF-Platten. Holz als Roh- und Werkstoff, 55 (5), S. 327 - 330.

Niemz, P., Hug, S. & Schnider, T. (2014). Einfluss der Temperatur auf ausgewählte mechanische Eigenschaften von Esche, Buche, Ahorn und Fichte. 85 (5), S. 163 - 168.

Niemz, P., Schreiber, J., Naumann, J. & Stockmann, M. (2007). Experimentelle Ermittlung der Dehnungen im Probenquerschnitt bei Biegebelastung von Holzpartikelwerkstoffen. Holz als Roh- und Werkstoff, 65 (6), S. 459 - 468.

Niemz, P., Zürcher, E., Kucera, L. J. & Bernatowicz, G. (1997). Prüfung von vor 160 Jahren unter Wasser verbautem Holz. Schweizer Ingenieur und Architekt, 115 (48), S. 991 - 994.

Ozyhar, T. (2013). Moisture and time dependent orthotropic mechanical characterization of beech wood. Zürich: Diss., ETH Zürich.

Ozyhar, T., Hering, S. & Niemz, P. (2012). Moisture-dependent elastic and strength anisotropy of European beech wood in tension. Journal of Materials Science, 47 (16), S. 6141 - 6150.

Patton-Mallory, M. & Cramer, S. M. (1987). Fracture mechanics: A tool for predicting wood component strength. Forest Products Journal, 37 (7/8), S. 39 - 47.

Petterson, R. W. & Bodig, J. (1983). Prediction of fracture toughness of conifers. Wood and Fiber Science, 15 (4), S. 302 - 316.

Plath, E. (1971). Beitrag zur Mechanik der Holzspanplatten. Holz als Roh- und Werkstoff, 29 (10), S. 377 - 382.

Pozgaj, J., Chonavec, D., Kurjatko, S. & Babiak, M. (1997). Struktura a vlasnosti dreva (Struktur und Eigenschaften des Holzes). Bratislava: Priroda.

Ramberg, W. & Osgood, W. R. (1943). Description of stress-strain curves by three parameters. Technical Report, National Advisory Committee for Aeronautics.

Rathke, J., Sinn, G., Weigl, M. & Müller, U. (2012). Analysing orthotropy in the core layer of wood based panels by means of fracture mechanics. European Journal of Wood and Wood Products, 70 (6), S. 851 - 856.

Reichel, S. (2015). Modellierung und Simulation hygro-mechanisch beanspruchter Strukturen aus Holz im Kurz- und Langzeitbereich. Dresden: Diss., TU Dresden.

Resch, E. & Kaliske, M. (2010). Three-dimensional numerical analyses of load-bearing behavior and failure of multiple double-shear dowel-type connections in timber engineering. Computers and Structures, 88 (3), S. 165 - 177.

Rose, O. (1965). Das mechanische Verhalten des Kiefernholzes bei dynamischer Dauerbeanspruchung in Abhängigkeit von Belastungsart, Belastungsgröße, Feuchtigkeit und Temperatur. Holz als Roh- und Werkstoff, 23 (7), S. 271 - 284.

Ross, R. J. (Hrsg.). (2010). Wood Handbook. Wood as an Engineering Material. Madison WI: Forest Products Laboratory.

Roth, P. (1935). Dauerbeanspruchung von Eichenholz- und von Tannenholz-Prismen in Faserrichtung durch konstante und durch wechselnde Druckkräfte und Dauerbiegebeanspruchung von Tannenholzbalken. Karlsruhe: Diss., Universität Karlsruhe.

Rug, W., Eichbaum, G. & Linke, G. (2011). Vergleichende Festigkeitsuntersuchungen an Holz mit dem Dynstat-Verfahren. Holztechnologie, 52 (6), S. 34 - 40.

Sähn, S. & Göldner, H. (1989). Bruch- und Beurteilungskriterien in der Festigkeitslehre. Leipzig: Fachbuchverlag.

Scheer, C., Peter, M. & Stöhr, S. (2004). Holzbau-Taschenbuch. Band 2: Bemessungsbeispiele nach DIN 1052 (10. Ausg.). Berlin: Ernst & Sohn.

Scheffler, M. (2002). Bruchmechanische Untersuchungen zur Trocknungsrissbildung an Laubholz. Diss., TU Dresden, 2001. Herdecke: GCA-Verlag.

Scheffler, M., Niemz, P., Diener, M., Lustig, V. & Hardtke, H.-J. (2004). Untersuchungen zur Ermittlung der Bruchzähigkeit an Laubholz in den Rissöffnungsmodi I und II. Holz als Roh- und Werkstoff, 62 (2), S. 93 - 100.

Schlotzhauer, P., Nelis, P. A., Bollmus, S., Gellerich, A., Miilitz, H. & Seim, W. (2015). Effect of size and geometry on strength values and MOE of selected hardwood species. Wood Material Science and Engineering, on line first.

Schmidt, J. (2009). Modellierung und numerische Analyse von Strukturen aus Holz. Dresden: Habilitation, TU Dresden.

Schreiber, J., Niemz, P. & Mannes, D. (2007). Vergleichende Untersuchungen zu ausgewählten Eigenschaften von Holzpartikelwerkstoffen bei unterschiedlicher Belastungsart. Holztechnologie, 48 (1), S. 1 - 10.

Schulte, M. (1997). Zerstörungsfreie Prüfung elastomechanischer Eigenschaften von Holzwerkstoffplatten durch Auswertung des Eigenschwingverhaltens und Vergleich mit zerstörenden, statischen Prüfmethoden. Hamburg: Diss. Universität Hamburg.

Schulz, H. (1985). Härteprofile als Hinweis auf verschiedene Festigkeitssysteme im Holz. Holz als Roh- und Werkstoff, 43 (6), S. 215 - 222.

Schwab, E. (1990). Die Härte von Laubhölzern für die Parkettherstellung. Holz als Roh- und Werkstoff, 48 (2), S. 47 - 51.

Smith, I., Landis, E. & Gong, M. (2003). Fracture and fatigue in wood. Chichester: Wiley.

Smith, S. M. & Morrell, J. J. (1986). Correcting Pilodyn measurement of Douglas-fir for different moisture levels. Forest Products Journal, 36 (1), S. 45 - 46.

Sonderegger, W. & Niemz, P. (2004). The influence of compression failure on the bending, impact bending and tensile strength of spruce wood and the evaluation of non-destructive methods for early detection. Holz als Roh- und Werkstoff, 62 (5), S. 335 - 342.

Sonderegger, W. & Niemz, P. (2006). Der Einfluss der Temperatur auf die Biegefestigkeit und den E-Modul bei verschiedenen Holzwerkstoffen. Holz als Roh- und Werkstoff, 64 (5), S. 385 - 391.

Sonderegger, W. & Niemz, P. (2009). Untersuchungen zur Bestimmung der Brinellhärte von Holzwerkstoffen bei variabler Holzfeuchte. Holztechnologie, 50 (1), S. 11 - 16.

Sonderegger, W., Kránitz, K., Bues, C.-T. & Niemz, P. (2015). Aging effects on physical and mechanical properties of spruce, fir and oak wood. Journal of Cultural Heritage, 16 (6), S. 883 - 889.

Sonderegger, W., Martienssen, A., Nitsche, C., Ozyhar, T., Kaliske, M. & Niemz, P. (2013). Investigations on the physical and mechanical behaviour of sycamore maple (Acer pseudoplatanus L.). European Journal of Wood and Wood Products, 71 (1), S. 91 - 99.

Stanzl-Tschegg, S. E. & Navi, P. (2009). Fracture behaviour of wood and its composites. A review. Holzforschung, 63 (2), S. 139 - 149.

Stanzl-Tschegg, S., Keunecke, D. & Tschegg, E. (2011). Fracture tolerance of reaction wood (yew and spruce wood in TR crack propagation system). Journal of the Mechanical Behavior of Biomedical Materials, 4 (5), S. 688 - 698.

Stanzl-Tschegg, S., Tan, D.-M. & Tschegg, E. (1995). New splitting method for wood fracture characterization. Wood Science and Technology, 29 (1), S. 31 - 50.

Steiger, R. (1996). Mechanische Eigenschaften von Schweizer Fichten-Bauholz bei Biege-, Zug-, Druck- und kombinierter M/N Beanspruchung: Sortierung von Rund- und Schnittholz mittels Ultraschall. Zürich: Diss., ETH Zürich.

Steiger, R., Gülzow, A., Czaderski, C., Howald, M. & Niemz, P. (2012). Comparison of bending stiffness of cross-laminated solid timber derived by modal analysis of full panels and by bending tests of strip-shaped specimens. European Journal of Wood and Wood Products, 70 (1), S. 141 - 153.

Steller, S. & Lexa, J. (1987). Problematik der Lebensdauer von Holz und Holzkonstruktionen. Bauforschung Baupraxis, 105.

Timell, T. E. (1986). Compression wood in gymnosperms. 3 Bände. Berlin: Springer.

Tobisch, S. (1999). 3. IHD-Holzwerkstoffkolloquium. Dresden, 9.12.1999: IHD Dresden.

Trendelenburg, R. (1939). Das Holz als Rohstoff. München: J. F. Lehmanns Verlag.

Tschegg, E. (1986). Patentnr. 390328. Austrian Patent Office Vienna.

Ugolev, B. N. (1986). Holzkunde und Grundlagen der Holzwarenkunde. Moskau: Lesn. Prom.

Unger, A., Schniewind, A. P. & Unger, W. (2001). Conservation of wood artifacts. Berlin/Heidelberg: Springer-Verlag.

Valentin, G. H., Boström, L. R. & Gustafsson, P. J. (1991). Application of fracture mechanics to timber structures. Espoo: RILEM state-of-the-art report.

van Mier, J. G. (1997). Fracture processes of concrete. Boca Raton: CRC Press.

Voigt, W. (1928). Lehrbuch der Kristallphysik. Leipzig: B.G. Teubner.

von Halász, R. & Scheer, C. (1996). Holzbau-Taschenbuch. Band 1: Grundlagen, Entwurf, Bemessung und Konstruktionen (9. Ausg.). Berlin: Ernst & Sohn.

Vorreiter, L. (1949). Holztechnologisches Handbuch (Bd. 1). Wien: Fromme.

Wagenführ, A. & Scholz, F. (2012). Taschenbuch der Holztechnik (2. Ausg.). München: Fachbuchverlag Leipzig im Carl Hanser Verlag.

Wagenführ, R. (2007). Holzatlas (6. Ausg.). München: Fachbuchverlag Leipzig im Carl Hanser Verlag.

Walker, J. C. (2006). Primary wood processing: principles and practice (2. Ausg.). Dordrecht: Springer.

Walter, F. & Knitsch, H. W. (1970). Ein Beitrag zur Prüfung der Festigkeit von Schmalflächen bei Spanplatten. Holztechnologie, 11 (1), S. 32 - 36.

Wimmer, R. (1991). Beziehungen zwischen Holzstruktur und Holzeigenschaften bei Kiefer (Pinus silvestris L.) im Nahbereich eines Fluoremittenten. Wien: Diss. Universität für Bodenkultur.

Zandbergs, J. G. & Smith, F. W. (1988). Finite element fracture prediction for wood with knots and cross grain. Wood and Fiber Science, 20 (1), S. 97 - 106.

Zauner, M. (2014). In-situ synchrotron based tomographic microscopy of uniaxially loaded wood: in-situ testing device, procedures and experimental investigations. Zürich: Diss. ETH Zürich.

15 Neue innovative Prüfverfahren

15.1 Übersicht

Die Prüfung von Holz erfolgt heute auf mehreren Strukturebenen, von der Gesamtstruktur (Bauteile, ganze Häuser oder auch Bäume) bis in den Mikro- und Nanobereich (z. B. in den Schichten der Zellwand, Haftung von Klebstoffen am Holz, Wechselwirkungen mit der chemischen Struktur des Holzes). Der Schwerpunkt der holzphysikalischen Prüfung liegt im Bereich kleiner, fehlerfreier Proben nach den einschlägigen nationalen bzw. internationalen Normen. Bauteilprüfungen erfolgen meist im Bereich des Bauwesens (Holzbau). Generell kann folgende Einteilung nach der Größenskala getroffen werden:

1) Prüfungen im Mikro- und Nanobereich

Es werden folgende Messungen vorgenommen:

- In-situ-Messung von Verformungen mittels Röntgenmikrotomographie, Synchrotronlicht, Neutronenradiographie und -tomographie,
- mechanische Eigenschaften an Strukturelementen wie Dünnschnitten, Einzelfasern, Cellulose,
- Messung der Änderungen des Mikrofibrillenwinkels mittels Röntgenstreuung,
- Einfluss des Mikrofibrillenwinkels auf mechanische Eigenschaften (z. B. Dehnung),
- chemische Zusammensetzung im Bereich der Zellwand oder auch von Klebfugen (z. B. mit Raman-Spektroskopie), biochemische Untersuchungen im Bereich der Zellwand,
- mechanische Eigenschaften der Zellwand, der Beschichtung oder der Klebfuge (z. B. mittels Mikrohärteprüfung (Nanoindentation) oder Rasterkraftmikroskopie).

Größenskala: mm, µm bis nm

2) Prüfung an kleinen, fehlerfreien Proben

Dies entspricht dem Kerngebiet der Holzphysik zur Materialcharakterisierung, z. B. Zug-, Druck-, Biege-, Schubprüfung (siehe Kapitel 13 und 14).

Größenskala: mm bis mehrere cm (Mindestanzahl von Jahrringen in der Probe erforderlich, um reproduzierbare Ergebnisse zu erzielen)

3) Prüfungen an Brettern, Platten (z. B. Festigkeitssortierung)

Größenskala: cm (Dicke, Breite) bis mehrere m

4) Prüfung von Verbindungen und gesamten Strukturen

Prüfung z. B. von Holzverbindungen, Häusern oder Wandelementen auf Erdbebensicherheit, oder auch von Bäumen auf Standsicherheit (Wessolly & Erb, 2014), (Niemz & Kucera, 1999).

Größenskala: mehrere m

Der Skalierungseffekt ist insbesondere im Bereich der Prüfungen im Mikro- und Nanobereich erheblich. So unterscheiden sich die Ergebnisse der einzelnen Methoden teilweise deutlich (z. B. E-Module aus mechanischem Test und Nanoindentation), sodass oft nur relative Aussagen möglich sind. Zudem ist die erhebliche, natürliche Variabilität des Holzes ein Problem, das sich zusätzlich überlagert.

15.2 Einfluss der Skalierung auf das Messergebnis

Bedingt durch den hierarchischen Aufbau des Holzes (Bild 15.1) als makromolekularer Werkstoff und der Wechselwirkungen der Strukturelemente (Fasern, Gefäße, Holzstrahlen) ist ein erheblicher Einfluss der Größenskala auf das Messergebnis vorhanden (Tabelle 15.1). Im Allgemeinen sinkt die Festigkeit mit zunehmender Größe des Prüfkörpers (Volumeneffekt). Äste, nicht exakt geradliniger Faserverlauf sowie lokale Dichteschwankungen wirken sich auf die Eigenschaften aus. So hat Rundholz eine um ca. 10 % höhere Festigkeit als Schnittholz, dies ist bedingt durch die bei Schnittholz angeschnittenen Fasern (Einfluss Faser-Last-Winkel).

Die Kennwerte der elastischen Eigenschaften der Cellulose (E-Modul) liegen deutlich (um Faktor 10) über denen des Holzes. Persson (Persson, 2000) gibt beispielsweise für Fichtenholz die in Tabelle 15.2 aufgeführten Kennwerte für die Grundkomponenten Cellulose, Hemicellulose und Lignin an.

Misst man mechanisch separierte Fasern, so erhält man eine deutlich größere Bruchdehnung (7 - 8 %, siehe Bild 15.2 u. Bild 15.3) im Vergleich zu Vollholz (0,7 - 1 %), was auf den Mikrofibrillenwinkel zurückzuführen ist. Die Festigkeit der Einzelfaser ist höher und liegt um den Faktor 10 über der des Holzes (Bild 15.3). Für Fichtenvollholz werden etwa 80 - 90 MPa, für Eibe 100 MPa erreicht, die Festigkeiten der Fasern liegen bei ca. 1000 MPa (Fichte) bzw. 800 MPa (Eibe) (Keunecke, 2008). Dabei ist allerdings die Festigkeit auf die Zellwandfläche bezogen, nicht wie bei Vollholz auf den vollen Querschnitt. Auch hier ist der Berechnungsansatz entscheidend (Tabelle 15.3).

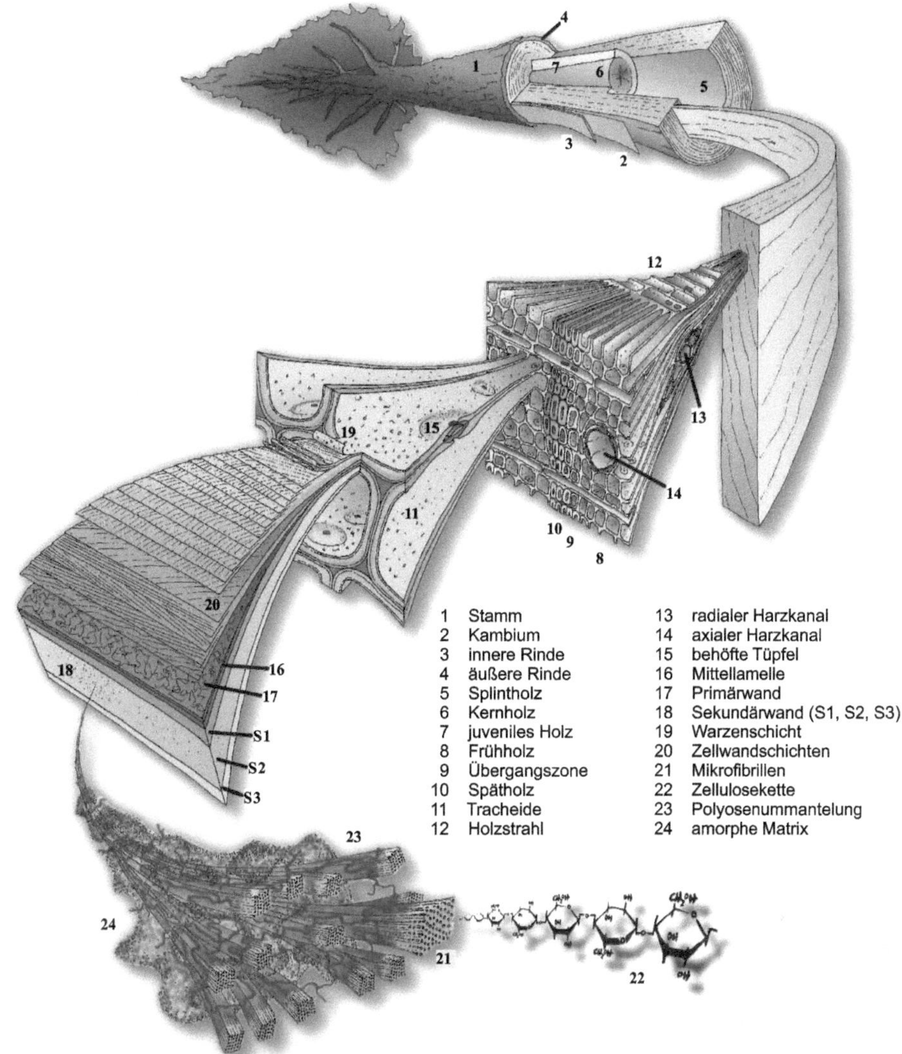

Bild 15.1 Hierarchische Struktur des Holzes nach M. Harrington, Neuseeland (Harrington, 2002), bearbeitet von S. Hering

Bei Belastung ist ein deutlicher Einfluss des Mikrofibrillenwinkels (Bild 15.2), aber auch eine Wechselwirkung zwischen den Strukturelementen erkennbar (z. B. Faserbrückenbildung in TR- oder RT-Richtung (Bild 15.4)). Geprüft wird heute in folgenden Größenskalen:

- Bauteile,
- kleine fehlerfreie Proben (einschließlich Messung der Orthotropie),
- Gewebestrukturen,
- Zellstrukturen (Fasern),
- Zellwandstruktur,
- biochemische Ebene.

Tabelle 15.1 E-Modul und Festigkeit von Holz (nach Mitchell, angepasst von (Zimmermann, 2015))

Prüfkörper	E-Modul [N/mm²]	Festigkeit [N/mm²]
Bauteil (Brett, Balken)	11 000	25
Kleine fehlerfreie Probe	11 000	90
Mechanisch separierte Faser (bezogen auf äußeres Volumen)	40 000	400
Fibrillenaggregate	70 000	700
Kristalline Bereiche	130 000 - 250 000	8000 - 10 000

Tabelle 15.2 Eigenschaften der chemischen Grundkomponenten des Holzes im trockenen Zustand, zusammengestellt von (Persson, 2000)

Parameter	Kennwerte (Mittelwerte) [N/mm²]
Cellulose	
E_{11}	150 000
E_{22}	17 500
G_{12}	4500
μ_{21}	0,01
μ_{32}	0,50
Hemicellulose	
E_{11}	16 000
E_{22}	3500
G_{12}	1500
μ_{21}	0,10
μ_{32}	0,40
Lignin	
E	2750
μ	0,33

Indizes: 1: in Längsrichtung; 2: in Querrichtung; 3: in Querrichtung, senkrecht zu 2; bei Poissonzahl 2. Index in Richtung der Querkontraktion (siehe Kap. 13)

Tabelle 15.3 Kennwerte (Mittelwerte) des E-Moduls [N/mm²] für verschiedene Strukturebenen bei Fichte und Eibe (Keunecke, 2008)

Holzart	Fasern		Dünnschnitt		kleine, fehlerfreie Proben	
	berechnet auf Zellwandfläche	berechnet auf gesamten Querschnitt	berechnet auf Zellwandfläche	berechnet auf gesamten Querschnitt	berechnet auf Zellwandfläche	berechnet auf gesamten Querschnitt
Eibe	13 900	n. b.	15 600	7000	14 300	9700
Fichte	26 200	n. b.	29 400	9900	28 100	12 100

n. b.: nicht bestimmt

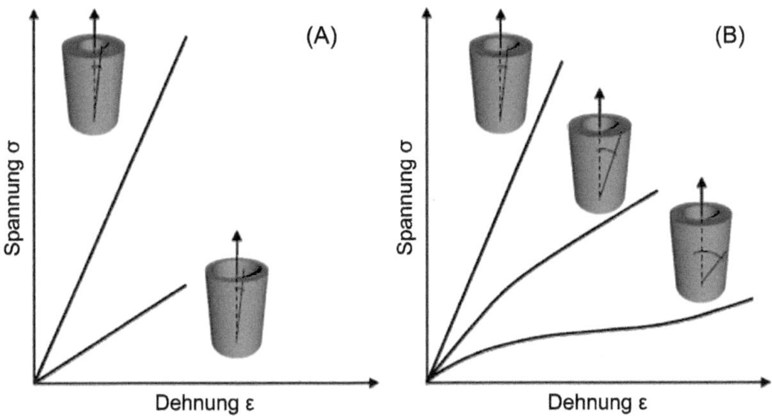

Bild 15.2 Schematische Darstellung des Einflusses der Dichte (A) und des Mikrofibrillenwinkels (B) auf das Spannungs-Dehnungs-Diagramm (Eder, Rüggeberg & Burgert, 2009)

Die gegenseitige Wechselwirkung der Strukturelemente im Gewebeverband ist noch wenig erforscht, generell gelten auch hier die Gesetze von Faserverbundwerkstoffen. In situ-Messungen im Synchrotron bieten dazu erste Möglichkeiten (Zauner, 2014), (Baensch, 2015). Einflussgrößen wie Wasser oder die Wirkung der Extraktstoffe sind noch wenig untersucht. Burgert analysierte die mechanische Funktion der Holzstrahlen im Baum (Burgert I., 2000). Diese haben in Längsrichtung einen wesentlich höheren E-Modul und höhere Festigkeit als Holz senkrecht zur Faserrichtung. Burgert (Burgert I., 2000) gibt an, dass der radiale E-Modul der Holzstrahlen 10-mal so groß ist wie der radiale E-Modul des Axialgewebes. Die Holzstrahlen beeinflussen also die mechanischen Eigenschaften, aber auch die Quellung erheblich. Der Einfluss der Holzstrahlen wird aber bislang bei den zahlreichen Arbeiten zur Modellierung der Eigenschaften des Holzes weitgehend vernachlässigt (Persson, 2000) (Harrington, 2002) (Rafsanjani, 2013). Neben den Holzstrahlen hat auch die Wabenstruktur der Zellen einen wesentlichen Einfluss.

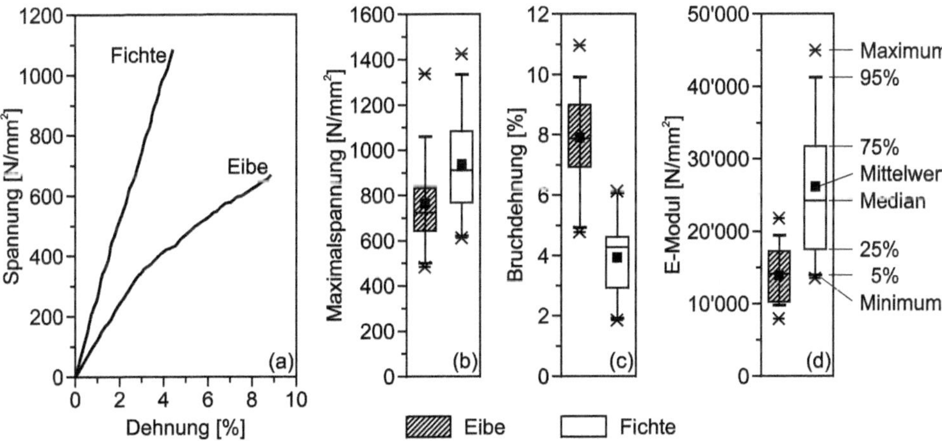

Bild 15.3 Spannungs-Dehnungs-Diagramm (a), Zugfestigkeit (b), Bruchdehnung (c) und E-Modul (d) von Fichten- und Eibenfasern bezogen auf den Zellwandquerschnitt (Keunecke, 2008)

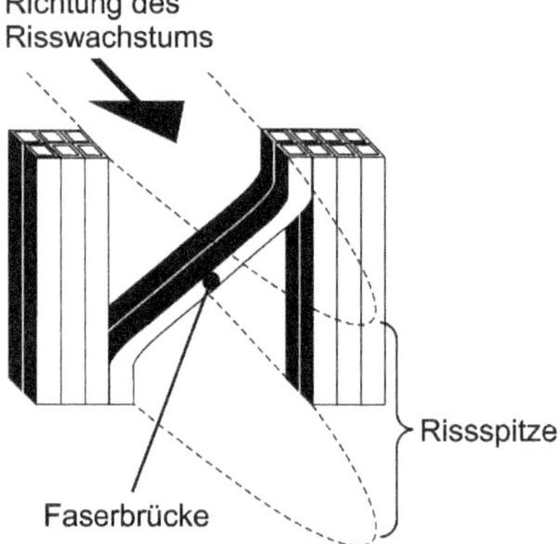

Bild 15.4 Faserbrückenbildung bei Risswachstum in TR- oder RT-Richtung (Keunecke, 2008)

Analog wirkt sich die Struktur auch auf die mechanischen und die Quellungseigenschaften im Jahrring aus (Lanvermann, 2014). Bedingt durch Veränderungen des Mikrofibrillenwinkels und der Dichte ändern sich die Eigenschaften innerhalb eines Jahrringes vom Früh- zum Spätholz stark. So kommt es durch die Quellungsunterschiede in gewissem Maße auch zu einer behinderten Quellung. Die Bilder 15.5 bis 15.7 zeigen ausgewählte Eigenschaften innerhalb des Jahrringverlaufes von Fichtenholz.

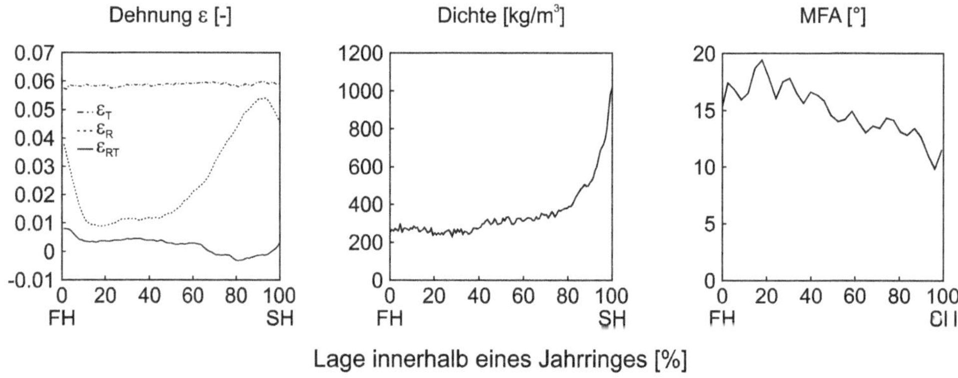

Bild 15.5 Quellung, Dichte und Mikrofibrillenwinkel (MFA) bei Fichte innerhalb eines Jahrringes; FH = Frühholz, SH = Spätholz (Lanvermann, 2014)

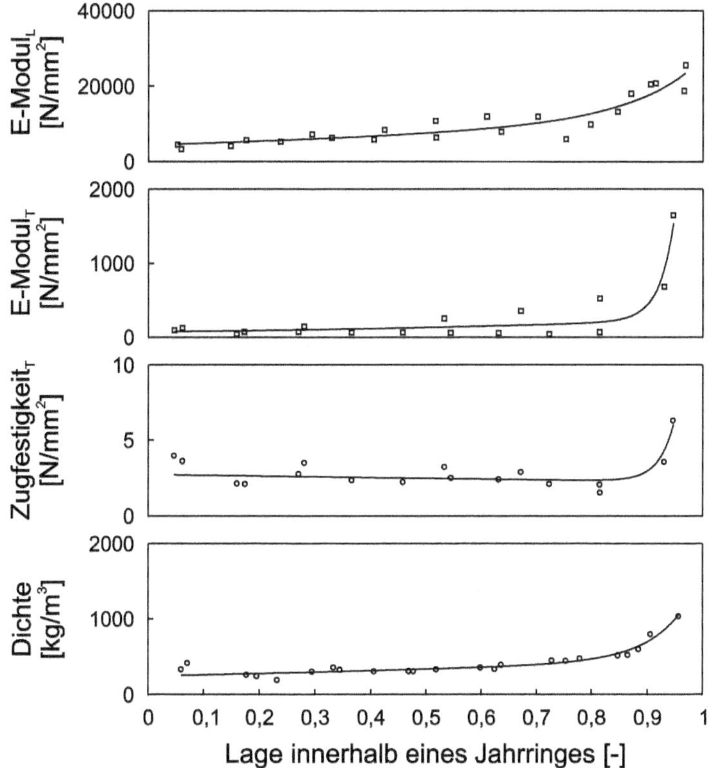

Bild 15.6 Verteilung des E-Moduls, der Festigkeit und der Dichte in einem Jahrring von Fichte (Lanvermann, 2014)

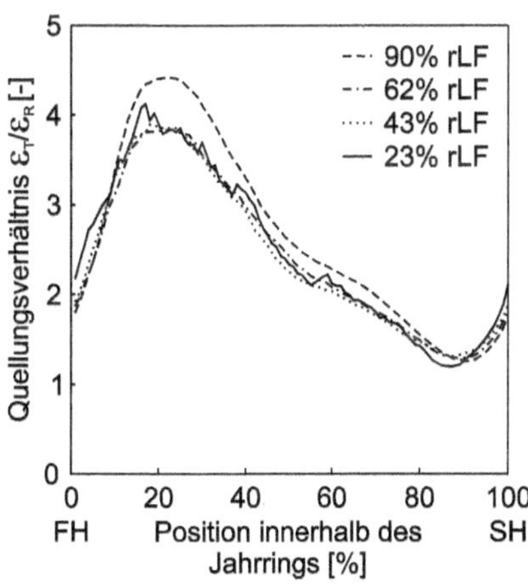

Bild 15.7 Verhältnis zwischen radialer und tangentialer Quellung innerhalb eines Jahrringes (FH: Frühholz, SH: Spätholz) bei variabler relativer Luftfeuchte (rLF) (Lanvermann, 2014)

15.3 Bauteilprüfung und biaxiale Belastung

Neben den üblicherweise zur Materialcharakterisierung eingesetzten kleinen, fehlerfreien Prüfkörpern (siehe Kapitel 13 und 14 (uniaxiale Prüfung)) werden Prüfungen an Brettern (Glos, 1982) (Denzler, 2007) (Fink, 2014) durchgeführt und die Bretter für Brettschichtholz auch industriell sortiert. Bretter und Bauteile wie Brettschichtholz werden nach DIN EN 408 geprüft. Bild 15.8 zeigt eine Prüfmaschine.

Platten werden durch mechanische Tests in entsprechenden Prüfmaschinen oder auch mittels Modalanalyse (Messung elastischer Konstanten) auf elastische und Festigkeitseigenschaften (Czaderski, et al., 2007) (Gülzow, 2008) geprüft (Format: 1 bis mehrere m). Vereinzelt werden auch die experimentell sehr schwierigen biaxialen Versuche an Holz durchgeführt. Diese erlauben Aussagen zum Steifigkeits- und Festigkeitsverhalten von Holz bei Belastung schräg zur Faserrichtung (Eberhardsteiner, 2002).

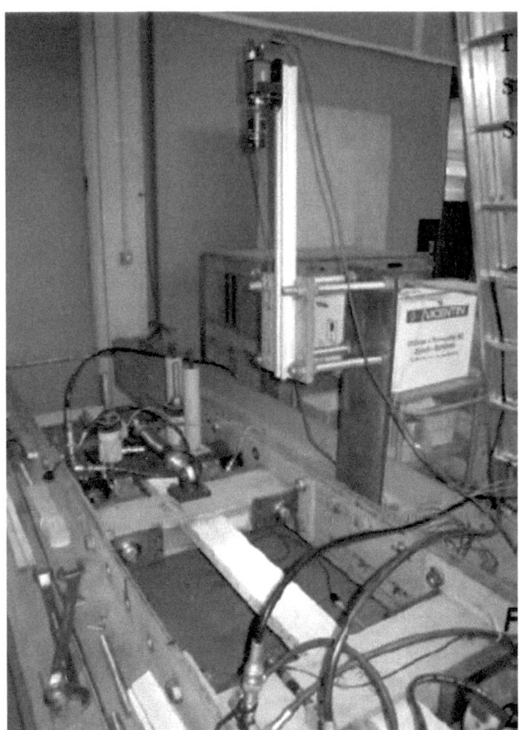

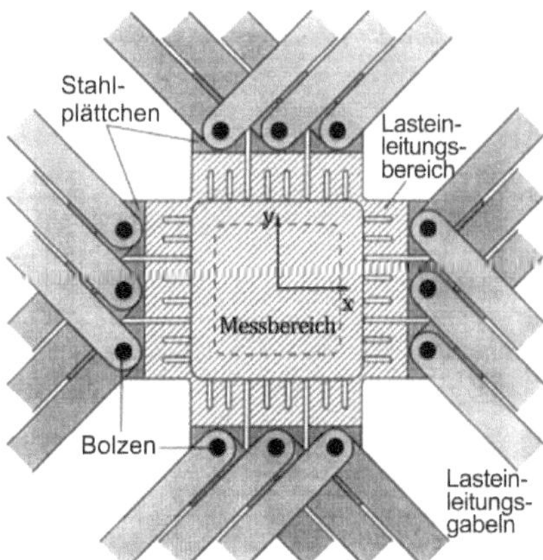

Bild 15.8 Festigkeitsprüfmaschine für Bretter (ETH Zürich) (links) und Prüfeinrichtung für biaxiale Belastung nach Eberhardsteiner (Eberhardsteiner, 2002)

15.4 Messsysteme für Prüfungen im Mikrobereich

Für Messungen im Mikrobereich sind zahlreiche Gerätesysteme entwickelt worden, die es erlauben Fasern, Dünnschnitte, Klebstofffilme oder Beschichtungen mechanisch und zum Teil auch rheologisch zu charakterisieren. Nachfolgend wird eine kurze Übersicht gegeben, die lediglich die Methoden kurz darstellen soll.

15.4.1 Dehnungsmessungen

Zur Dehnungsmessung werden inkrementale oder induktive Wegaufnehmer und zunehmend optische Systeme auf Basis der Kreuzkorrelation verwendet. Dabei wird entweder die natürliche Strukturierung des Holzes verwendet oder ein Speckle-Muster mittels Farbspray, Airbrush oder Toner-Puder aufgebracht und über photogrammetrische Methoden die Verschiebung berechnet (siehe auch Kap. 16) (Valla, et al., 2011). Es sind Systeme mit einer Kamera oder 2 Kameras (3D) im Einsatz (Bild 15.9). Wichtig sind eine sehr gute Beleuchtung und die exakte Ausrichtung der Probe zur Messebene.

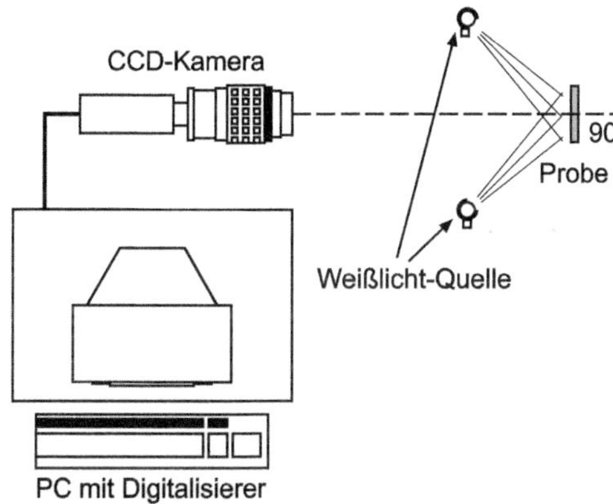

Bild 15.9 Schematische Darstellung der Digital-Image-Korrelation

Grundlagen dazu sind z. B. auch in (Niemz & Regensburger, 1980) zusammengestellt. Je nach Auflösung wird die Methodik für sehr kleine, aber auch große Verformungen bei der Bauteilprüfung oder der E-Modul-Bestimmung an Brettern angewandt. Das Verfahren eignet sich für die Messung von mechanisch, aber auch durch Feuchteänderung induzierten Dehnungen an der Prüfkörperoberfläche. Gewisse Randeffekte sind dabei zu berücksichtigen.

15.4.2 In-situ-Testversuche mittels Elektronenmikroskop oder unter Stereomikroskop, Mikro-CT oder im Synchrotron

Mikrozugbühnen mit unterschiedlicher Maximalkraft erlauben es, mechanische Tests inkl. Messung der Verformung und der Rissausbreitung im Elektronenmikroskop (wegen der möglichen Prüfung des Feuchteeinflusses wird meist das ESEM genutzt), aber auch mittels Mikro-CT oder sogar im Synchrotron durchzuführen. Die Auflösung ist dabei im Elektronenmikroskop wesentlich höher als die mittels Synchrotron erreichte. Im Synchrotron sind jedoch 3D-Aufnahmen möglich. Vielfach reichen aber auch hochauflösende Lichtmikroskope, da eine Rissverfolgung bei zu hohen Auflösungen oft unmöglich ist oder die Aufnahme dem Zufall unterliegt. Daher werden meist Startkerben (z. B. mittels Rasierklinge) eingebracht.

Heute sind Versuchseinrichtungen in verschiedenen Kraftbereichen bis herunter zu einigen N verfügbar (siehe z. B. Bild 15.10). Arbeiten dazu sind u. a. in (Lanvermann, 2014), (Zauner, 2014) und (Keunecke, 2008) beschrieben.

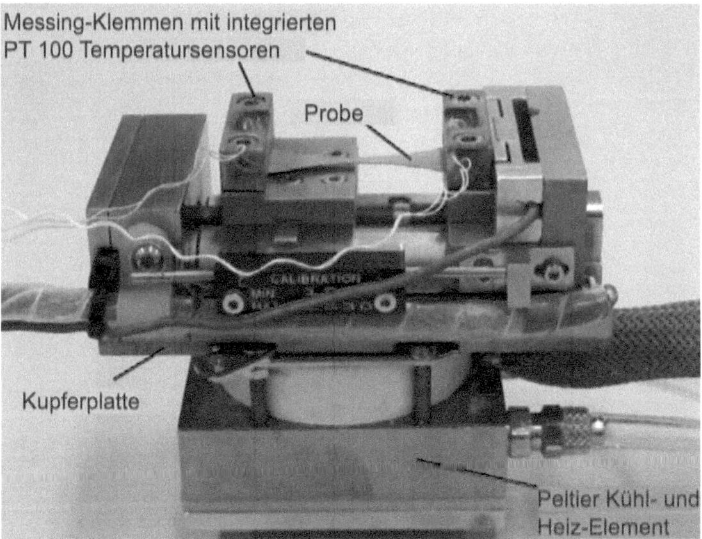

Bild 15.10 Mikrobelastungseinrichtung (Deben), mit Aufsatz für Messungen im ESEM; Foto: ETH Zürich

Bild 15.11 zeigt das prinzipielle Vorgehen beim Anfertigen einer Tomographie (Drehung des Prüfkörpers, Anfertigung von Schnitten, Rekonstruktion des Bildes). Röntgen- oder Synchrotron-Strahlung erlaubt es, praktisch auch In-situ-Versuche durchzuführen. Zur Anfertigung der Aufnahmen muss der Belastungsvorgang für kurze Zeit gestoppt werden. Dadurch kommt es zu Relaxationen (Zauner, 2014). Eine Vorrichtung für In-situ-Tests im Synchrotron zeigt Bild 15.12. Die Auflösung im Synchrotron erlaubt es, Bruchvorgänge (Zauner, 2014) oder das Eindringen von Klebstoff in das makroskopische Porensystem des Holzes zu visualisieren (Hass, 2012).

Mittels Röntgenstreuung kann der Mikrofibrillenwinkel bestimmt werden, auch seine Änderung unter Last ist messbar (Butterfield, 1997). Mittels Röntgen werden heute folgende Auflösungen erreicht:

Methode:	**Auflösung:**
Röntgen-Tomographie	50 µm
Röntgen-Mikrotomographie	0,5 bis 1 µm
Synchrotron-Licht	0,3 µm (Probendurchmesser: 1,5 mm)

Die Auflösung der Geräte steigt durch Weiterentwicklungen ständig.

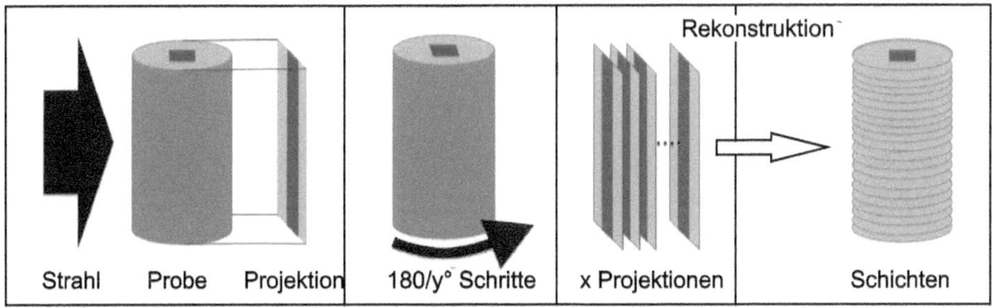

Bild 15.11 Vorgehen bei Anfertigung einer Tomographie (Zauner, 2014)

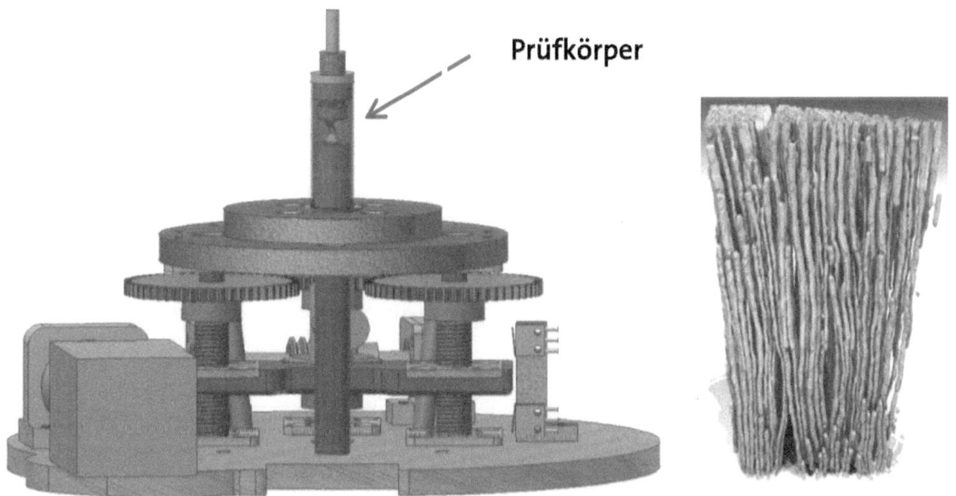

Bild 15.12 Anlage für die in situ-Belastung von Proben im Synchrotron (Zauner, 2014) (links); Gefäßnetzwerk der Buche, Synchrotrontomographie (Hass, 2012) (rechts)

15.4.3 Neutronenradiographie und -tomographie

Auch mittels Neutronen können Radiogramme und Tomogramme angefertigt werden. Neutronen haben eine stärkere Wechselwirkung mit Wasserstoff als Röntgenstrahlen und können daher sehr gut zum Nachweis lokaler Feuchtekonzentrationen an Klebfugen und Beschichtungen, Feuchteprofilen bei der Diffusion (Bild 15.13) oder auch zur Messung der Feuchteverteilung in den Jahrringen genutzt werden. Hierin liegt der wesentliche Vorteil gegenüber konventionellen Verfahren wie der Widerstandsmessung.

Die Auflösung bei Neutronen liegt zwischen 300 bis 15 μm. Mit Neutronen können mehrere cm durchstrahlt werden (Mannes, 2009) (Lanvermann, 2014) (Sonderegger, 2011) (Zauner, 2014). In Entwicklung sind derzeit Neutronenmikroskope mit einer Auflösung von etwa 5 μm (Probengröße mehrere cm).

Für exakte Messungen von Feuchtekonzentrationen an Klebfugen oder Beschichtungen ist eine Korrektur der Quellung erforderlich. Diese kann mittels Photogrammetrie z. B. durch parallele Anwendung der Digital-Image-Korrelation oder auch durch Kreuzkorrelation der Daten der Neutronenaufnahmen bestimmt werden (Lanvermann, 2014) (Sanabria, Lanvermann, Michel, Mannes & Niemz, 2015).

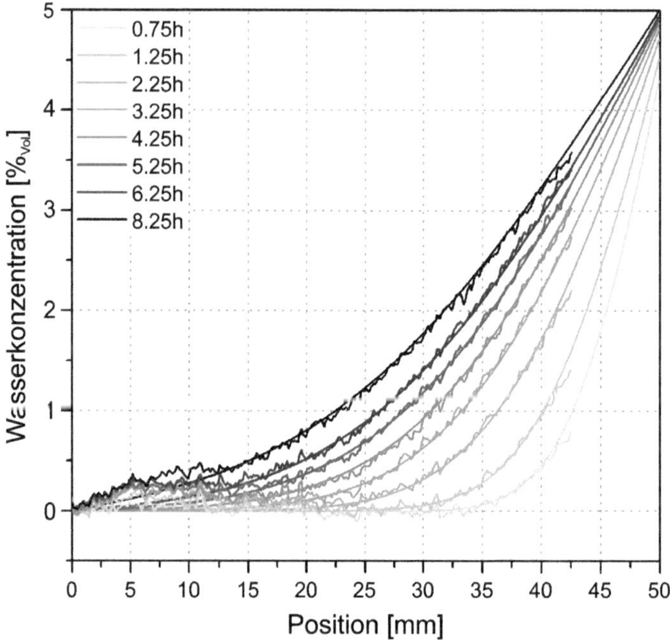

Bild 15.13 Feuchteaufnahme (experimentelle Werte sowie modellierte Kurven) bei der Diffusion von Wasserdampf durch anfänglich darrtrockenes Fichtenholz in Faserrichtung (Innenklima (links): Silikagel, Außenklima (rechts): 27 °C/86 % rel. Luftfeuchte) (Mannes, 2009)

15.4.4 Sylviscan

Eine effektive Methode zur Ermittlung der Eigenschaftsverteilung entlang der Jahrringe ist die von Evans entwickelte Methode des Sylviscan (Evans & Ilic, 2001). Dabei werden Proben aus einem Bohrkern planparallel geschnitten und, wie in Bild 15.14 dargestellt, mittels Röntgenstrahlung durchstrahlt. Gemessen werden die Dichte, die Abmessungen der Zellelemente und über die Röntgenstreuung der Mikrofibrillenwinkel. Aus den Daten können Dichteprofile und Profile des Mikrofibrillenwinkels ermittelt sowie der E-Modul berechnet werden (Bild 15.15).

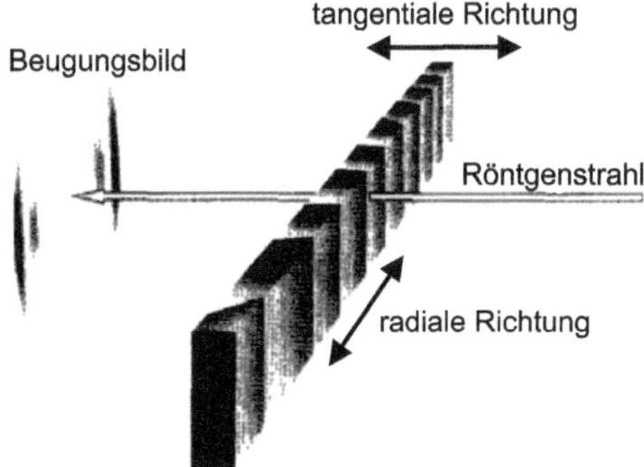

Bild 15.14 Sylviscan (Evans & Ilic, 2001)

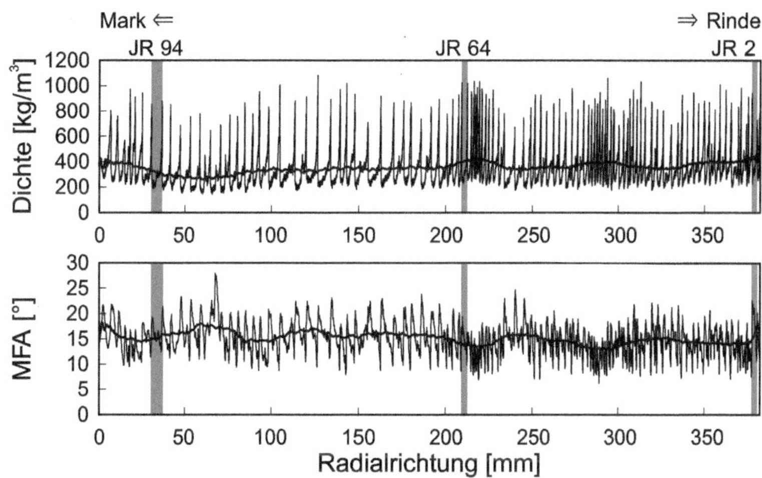

Bild 15.15 Einfluss der Jahrringe (JR) und deren Position auf die Dichteverteilung und den Mikrofibrillenwinkel (MFA) bei Fichtenholz (Lanvermann, 2014)

15.5 Messsysteme für Prüfungen im Nanobereich und sonstige Methoden

15.5.1 Nanoindentierung

Bei der Nanoindentierung handelt es sich um einen instrumentalisierten Eindringversuch analog der Härtemessung (siehe Kapitel 14). Bild 15.16 zeigt das Vorgehen. Es wird eine Diamantspitze mit bekannter Geometrie in die Oberfläche gedrückt. Eindringkraft und -weg werden wie bei der instrumentierten Brinellhärtemessung gleichzeitig gemessen (Wimmer, Lucas, Oliver & Tsui, 1997).

Das Verfahren hat eine sehr hohe Ortsauflösung. Es wurden Versuche an Klebstofffilmen und Klebfugen, zur Haftung von Klebstoffen an der Zellwand und zu den Eigenschaften der Zellwand des Holzes selbst durchgeführt (Stöckel, Konnerth & Gindel-Altmutter, 2013) (Clauss, 2011). Die Ergebnisse verschiedener Versuche weichen bei der Prüfung von Verklebungen häufig deutlich voneinander ab, je nachdem ob die Eigenschaft am Klebstofffilm oder mittels Nanoindentierung in der Klebfuge gemessen wurde (Clauss, 2011). Die Nanoindentierung wird bei Holz meist mit der Mikroskopiertechnik kombiniert, da die raue Oberfläche die Messung erschwert.

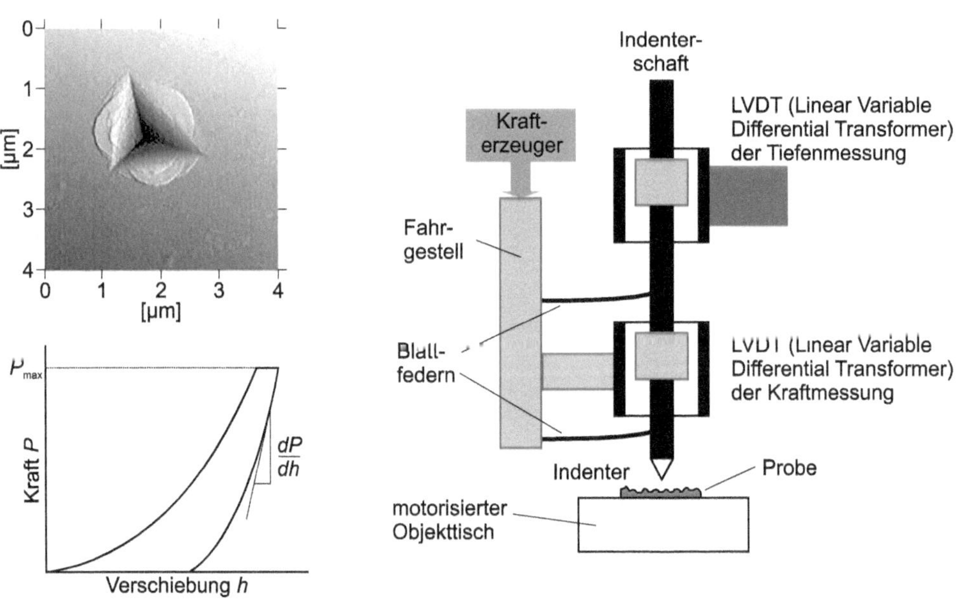

Bild 15.16 Prinzip der Nanoindentierung (nach Wikipedia)

15.5.2 Dynamisch-Mechanische Analyse (DMA)

Die **D**ynamisch-**M**echanische **A**nalyse ist eine Messmethode, die für Kunststoffe (auch Klebstofffilme) und auch für Holz in wachsendem Maße angewandt wird. Die Probe wird in Abhängigkeit von verschiedenen Einflussgrößen einer sich zeitlich ändernden dynamischen Belastung unterworfen. Gemessen werden Kraftamplitude, Verformungsamplitude und Phasenverschiebung (Bild 15.17).

- Rein elastische Proben reagieren verzögerungsfrei auf die Kraft (Phasenverschiebung = 0).
- Rein viskose Proben haben einen Phasendurchgang im Nulldurchgang der Kraft.
- Bei viskoelastischem Verhalten (Holz) folgt die Verformung der Kraft mit einer Verzögerung: Je größer der Phasenwinkel ist, umso größer ist die Dämpfung.

Details sind unter anderem in (Menard, 1999) (allgemeine Grundlagen), (Jiang & Lu, 2009) (Eigenschaften von Holz) und Clauss (Clauss, 2011) (Eigenschaften von Klebstoffen) zu finden.

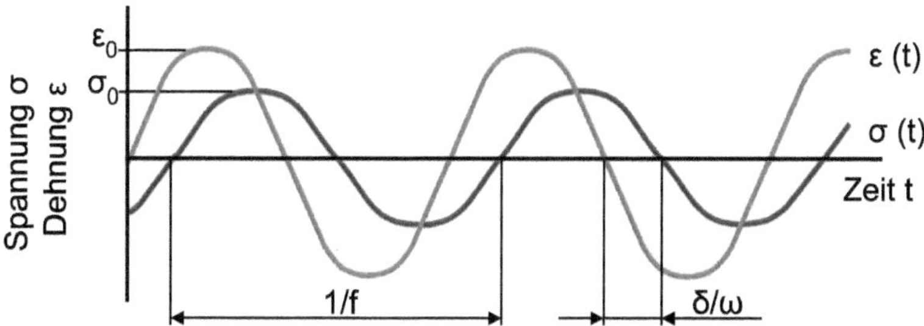

Bild 15.17 Zeitliche Veränderung von Spannung und Dehnung bei dynamisch-mechanischer Analyse unter Verwendung erzwungener Schwingungen (Grellmann & Seidler, 2011)

15.6 Messsysteme für Messungen im Nanobereich

Nachfolgend werden ausgewählte Messverfahren für Analysen im Nanobereich vorgestellt. Genutzt werden diese u.a. zur Zellwandcharakterisierung, zur Charakterisierung von modifiziertem Holz, aber auch zu Fragen der Optimierung von Verklebungen oder Oberflächenbeschichtungen.

Eingesetzt werden Verfahren zur mechanischen Eigenschaftsbestimmung wie die Rasterkraftmikroskopie oder auch zur chemischen Analyse wie IR, NIR und FTIR-Spektroskopie. NIR-Spektroskopie wird zunehmend mit Methoden der multivariaten Statistik kombiniert und zur Online-Qualitätskontrolle genutzt (siehe Kap. 11 und entsprechende Fachliteratur).

15.6.1 RAMAN-Spektroskopie

Theoretisch wurde der Raman-Effekt bereits von Adolf Smekal im Jahr 1923 vorausgesagt und konnte 1928 von C. V. Raman (Nobelpreis 1930) und zusätzlich unabhängig von Grigory Landsberg gemeinsam mit Leonid Mandelstam experimentell nachgewiesen werden. Es dauerte rund 50 Jahre, bis die Raman-Spektroskopie als Routineanalysemethode verwendet wurde, und erst weitere 20 Jahre später konnte die Technik als bildgebende Analysetechnik eingesetzt werden (Smith & Dent, 2005), (Hollricher, 2011).

Ausschlaggebend hierfür war die Entwicklung von Lasern und leistungsfähigen Halbleiterdetektoren. Seither wird Raman-Spektroskopie-Imaging für die Analyse von zahlreichen Materialien eingesetzt, wie zum Beispiel Mineralien, Polymeren, Kohlenstoffnanoröhren und biologischen Materialien inklusive Holz (Dresselhaus, Dresselhaus, Saito & Jorio, 2005), (Edwards, Johnson & Lewis, 1993) (Taddei, Tinti & Fini, 2001), (Coleyshaw, Griffith & Bowell, 1994), (Gierlinger, Keplinger & Harrington, 2012).

Bei der Raman-Spektroskopie wird monochromatisches Licht (Laser) auf die Probe eingestrahlt. Die Photonen können einerseits elastisch oder in-elastisch gestreut werden. Dies geschieht durch die Anregung der Elektronen der Probe auf ein sogenanntes virtuelles Energieniveau. In Abhängigkeit, von welchem Zustand das Elektron angeregt wurde und auf welchen Zustand das Elektron nach Anregung wieder zurückfällt, unterscheidet man Rayleigh-Streuung (elastische Streuung), Stokes- und Anti-Stokes-Streuung (in-elastische Streuung). Aus dieser Tatsache heraus ergeben sich Energieunterschiede des gestreuten Lichts gegenüber dem eingestrahlten Licht, die charakteristisch für Schwingungsprozesse innerhalb des Moleküls sind und somit Aufschluss über die in der Probe vorhandenen Komponenten geben (Smith & Dent, 2005).

Im Bereich der Holzwissenschaften wird Raman-Spektroskopie für zahlreiche unterschiedliche Fragestellungen verwendet, insbesondere bei der Analyse der Mikro- und Nanostruktur von Holz (Bild 15.18). So wurden zum Beispiel die örtliche Verteilung der Holzbestandteile (Cellulose, Lignin, Extraktstoffe) und strukturelle Eigenschaften wie die Orientierung der Komponenten intensiv untersucht. Breite Anwendung fand die Raman-Spektroskopie auch in der Analyse von Veränderungen auf der Zellwandebene, die durch diverse genetische Veränderungen hervorgerufen wurden. Diese Bemühungen sind vor allem im Zusammenhang mit der Reduzierung des Ligningehalts bzw. Veränderung der Ligninstruktur für die Produktion von Bioethanol zu sehen (Gierlinger, et al., 2010), (Gierlinger & Schwanninger, 2006), (Agarwal & Ralph, 2008), (Horvath, et al., 2012).

In den letzten Jahren etablierte sich die Technik zusätzlich als wichtiges Analysetool in dem aufstrebenden Feld der Holzmodifikation und Holzfunktionalisierung. Der große Vorteil der Methode liegt in der Möglichkeit einer direkten Analyse der Modifikation auf Zellwandebene mit einer Auflösung von 300 nm (vgl. IR-Spektroskopie min. Faktor 10 höher). Dies ermöglichte zum Beispiel den Nachweis von in die Zellwand eingebrachten Polymeren und Mineralien und selbst unterschiedliche Modifikationsausprägungen innerhalb der Zellwand konnten gezeigt werden (Keplinger, et al., 2015), (Cabane, Keplinger, Merk, Hass & Burgert, 2014), (Merk, Chanana, Keplinger, Gaan & Burgert, 2015).

Ein zu beachtender Punkt bei der Verwendung von Raman-Spektroskopie-Mapping ist die große Menge an Spektren, die hierbei generiert werden (bis zu einigen hunderttausend). Aus diesem Grund ist es nicht praktikabel, jedes einzelne Spektrum selbst zu analysieren, sondern vielmehr sollte auf univariate oder multivariate Methoden zurückgegriffen werden (Burgert, Keplinger, Cabane, Merk & Rüggeberg, 2016).

Bei univariaten Methoden wird gewöhnlich eine spezifische Bande des Spektrums analysiert (z. B. deren Intensität oder Position) und mittels Falschfarbenbild dargestellt. Diese Auswertemethodik wird auch bei Holzproben verwendet, da im Holz-Raman-Spektrum spezifische Markerbanden für die Holzkomponenten wie Cellulose oder Lignin vorliegen (Gierlinger, Keplinger & Harrington, 2012).

Nichtsdestotrotz ist die Verwendung von univariaten Methoden zum Teil nicht ausreichend und es muss auf multivariate Methoden zurückgegriffen werden. Dies resultiert zum einen daraus, dass Raman-Spektren von biologischen Materialien durch stark überlappende Spektren gekennzeichnet sind und dies eine Dekonvolution notwendig macht. Zum anderen besteht bei multivariaten Methoden der Vorteil, gleichzeitig den gesamten spektralen Bereich analysieren zu können, und damit ist die Analyse nicht nur auf eine Bande beschränkt (Gierlinger, Keplinger & Harrington, 2012), (Gierlinger N., 2014), (Burgert, Keplinger, Cabane, Merk & Rüggeberg, 2016).

Zahlreiche multivariate Methoden wurden in den letzten Jahren für die Verwendung in der Analyse von Holzproben adaptiert wie zum Beispiel: Hauptkomponentenanalyse, diverse Cluster-Analysen, Vertex-Komponenten-Analyse, Positive-Matrix-Faktorisierung. Für eine genaue Beschreibung der Methoden ist der Leser auf die entsprechende Fachliteratur verwiesen (Gierlinger, Keplinger & Harrington, 2012), (Gierlinger N., 2014), (Geladi, 2003), (Hollricher, 2011).

Ein großer Vorteil der Raman-Spektroskopie liegt auch darin, dass die Möglichkeit besteht, sie mit anderen Messmethoden zu kombinieren. So konnte durch die Kombination von mechanischen Tests und Raman-Spektroskopie die mechanische Belastung von Cellulosefibrillen innerhalb von Fasern durch eine Korrelation zwischen der angelegten Belastung und der Nanodeformation der kovalenten Bindungen in den Cellulosefibrillen gezeigt werden (Gierlinger, et al., 2010).

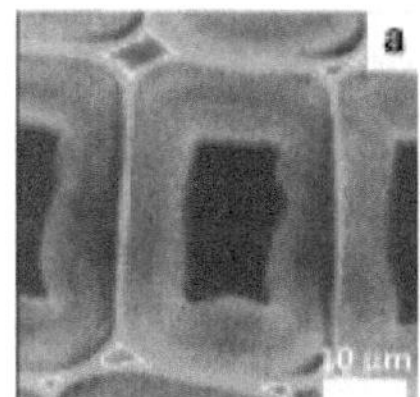

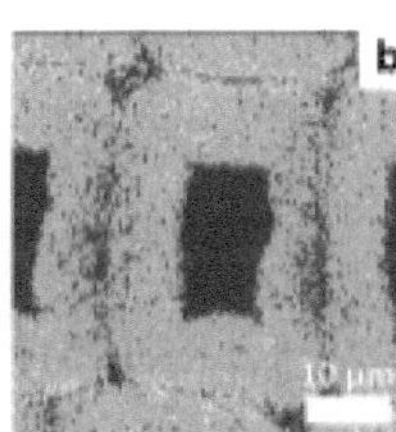

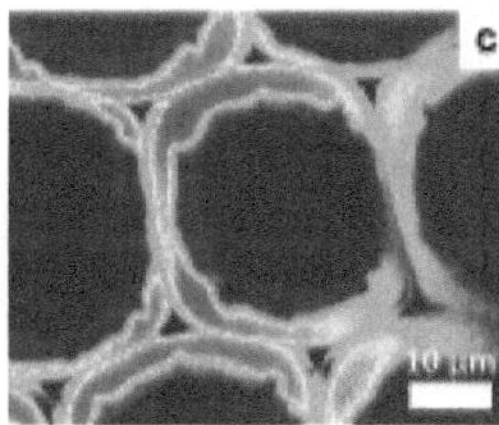

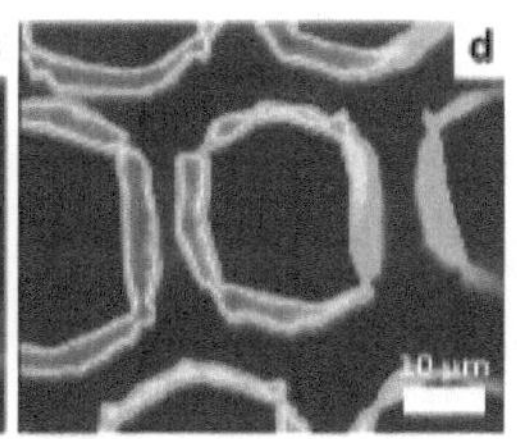

Bild 15.18 Raman-Spektroskopie-Mapping von sekundären Holzzellwänden: a) Ligninverteilung generiert durch die Integration einer Lignin-Markerbande, b) Integration der orientierungssensitiven C-O-C Bande; c) und d) Visualisierung der Modifikationsverteilung innerhalb einer Zellwand: c) unmodifizierter Teil der Zellwand, d) modifizierter Teil (Bild: ETH Zürich, T. Keplinger)

15.6.2 Rasterkraftmikroskopie

In der Rasterkraftmikroskopie wird eine Spitze, die an einem sogenannten Cantilever befestigt ist, mithilfe von Piezokristallen über eine Probe gescannt. Die Biegung des Cantilevers, die von den herrschenden Kräften (z. B. Coulomb und van der Waals Kräfte) zwischen Spitze und Probe abhängig ist, wird mittels der Reflexion eines Lasers, der auf den Cantilever gerichtet ist, an einer Photodiode aufgezeichnet. Hierbei können Topographieinformationen mit sehr hoher Auflösung generiert werden (Bild 15.19 links). Aus diesem Grund fand das Rasterkraftmikroskop in den Pflanzen-/Holzwissenschaften bisher intensive Verwendung für die Charakterisierung der molekularen Architektur von Primärpflanzenzellwänden, der Orientierung und Größe von Cellulosefibrillen und der Porengrößenverteilung innerhalb der Zellwand (Burgert & Keplinger, 2013), (Fahlén & Salmén, 2005), (Kirby, Gunning, Waldron, Morris & Ng, 1996), (Yarbrough, Himmel & Ding, 2009).

Rasterkraftmikroskopie erlaubt aber nicht nur die Analyse der Oberflächentopographie, sondern kann auch dafür verwendet werden, mechanische Eigenschaften aufzunehmen. Hierzu sind Kraftmessungen notwendig, wobei die Spitze in Normalrichtung zur Probe bewegt wird und eine sogenannte Kraft-Distanzkurve aufgenommen wird. Im Gegensatz zur Nanoindentation ist es in der Rasterkraftmikroskopie nicht möglich, Kraft-Distanzkurven direkt aufzuzeichnen. Daher ist es notwendig, die Cantilever-Beugung und die Piezo-Position in Kraft und Distanz umzuwandeln (Bild 15.19 rechts). Für eine detaillierte Beschreibung dieser Umwandlung ist der Leser auf die Literatur verwiesen. Dieser scheinbare Nachteil wird aber kompensiert durch die vielfach höhere laterale Auflösung, erzielbar mit der Rasterkraftmikroskopie im Vergleich zur Nanoindentation (Green, et al., 2002), (Butt, Cappella & Kappl, 2005).

Bisher ist die Anzahl der Forschungsarbeiten im Bereich der rasterkraftmikroskopischen mechanischen Charakterisierung in den Holzwissenschaften noch gering, da bisher der Fokus auf der strukturellen Charakterisierung von anatomischen Regionen lag und geeignete Messgeräte noch nicht weit verbreitet waren. Nichtsdestotrotz ist das Potenzial dieser Technik enorm, da sie die Ermittlung von mechanischen Parametern mit nm-Auflösung erlaubt. Als mögliches wichtiges Anwendungsgebiet kann zum Beispiel die Analyse der Auswirkungen der Modifikationen von Holzzellwänden auf die mechanischen Eigenschaften angesehen werden. Denn eine Voraussetzung für das vollständige Verständnis der veränderten makroskopischen Eigenschaften kann nur erfolgen, wenn die mechanische Charakterisierung der Modifikation auf der Größenskala stattfindet, wo auch die Funktionalisierung erfolgt.

Im Sinne der Vollständigkeit soll auch erwähnt werden, dass alternative Rasterkraftmikroskopie-Messmethoden für die Bestimmung von mechanischen Eigenschaften verbreitet sind, wie zum Beispiel die Rasterkraftmodulationsmikroskopie. Diese Methode wurde kürzlich für die Charakterisierung der elastischen Eigenschaften von unterschiedlichen Holzzellwandschichten verwendet und die Technik basiert auf der Messung der Resonanzfrequenz des mit der Probe in Kontakt stehenden Cantilevers. Die elastischen Eigenschaften werden hierbei simultan mit der Topographie aufgezeichnet. Bei den erhaltenen Werten muss jedoch beachtet werden, dass das anisotrope Eigenschaftsprofil von Holz nicht berücksichtigt wird (Clair, Arinero, Lévèque, Ramonda & Thibaut, 2003), (Arnould & Arinero, 2015).

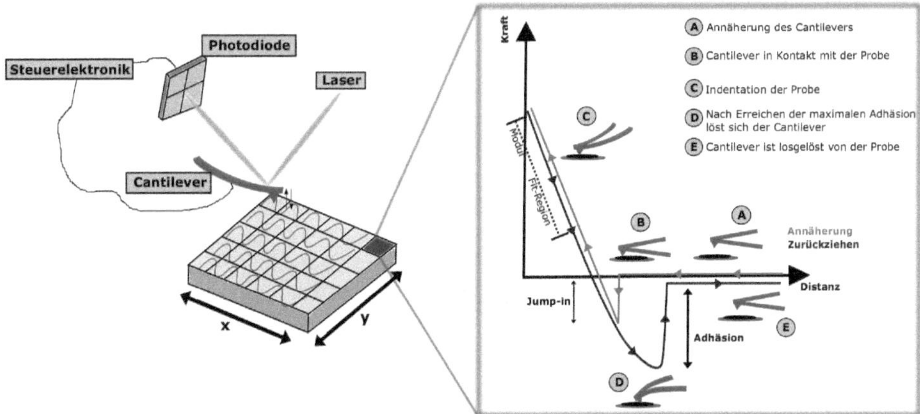

Bild 15.19 links: Schema der Funktionsweise eines Rasterkraftmikroskops; rechts: Illustration der Aufnahme einer Kraft-Distanz-Kurve (Bild: ETH Zürich, T. Keplinger)

Literaturverzeichnis

Agarwal, U.P. & Ralph, S.A. (2008). Determination of ethylenic residues in wood and TMP of spruce by FT-Raman spectroscopy. Holzforschung, 62 (6), S. 667 - 675.

Arnould, O. & Arinero, R. (2015). Towards a better understanding of wood cell wall characterisation with contact resonance atomic force microscopy. Composites Part A, 74, S. 69 - 76.

Baensch, F. (2015). Damage evolution in wood and layered wood composites monitored in situ by acoustic emission, digital image correlation and synchrotron based tomographic microscopy. Zürich: Diss. ETH Zürich.

Burgert, I. (2000). Die mechanische Bedeutung der Holzstrahlen im lebenden Baum. Hamburg: Diss. Universität Hamburg.

Burgert, I. & Keplinger, T. (2013). Plant micro- and nanomechanics: experimental techniques for plant cell-wall analysis. Journal Of Experimental Botany, 64 (15), S. 4635 - 4649.

Burgert, I., Keplinger, T., Cabane, E., Merk, V. & Rüggeberg, M. (2016). Biomaterial wood: wood-based and bioinspired materials. In Y. S. Kim, R. Funada & A. P. Singh (Hrsg.), Secondary xylem biology (S. 259 - 283). Amsterdam: Elsevier Academic Press.

Butt, H.-J., Cappella, B. & Kappl, M. (2005). Force measurements with the atomic force microscope: Technique, interpretation and applications. Surface Science Reports, 59 (1), S. 1 - 152.

Butterfield, B. (1997). Proceedings of IAWA/IUFRO International Workshop of Significance of the Microfibril Angle to Wood Quality. Westport/New Zealand.

Cabane, E., Keplinger, T., Merk, V., Hass, P. & Burgert, I. (2014). Renewable and functional wood materials by grafting polymerization within cell walls. ChemSusChem, 7 (4), S. 1020 - 1025.

Clair, B., Arinero, R., Lévèque, G., Ramonda, M. & Thibaut, B. (2003). Imaging the mechanical properties of wood cell wall layers by atomic force modulation microscopy. IAWA Journal, 24 (3), S. 223 - 230.

Clauss, S. (2011). Structure-property relationships of one-component moisture-curing polyurethane adhesives under thermal load. Zürich: Diss., ETH Zürich.

Coleyshaw, E.E., Griffith, W.P. & Bowell, R.J. (1994). Fourier-transform Raman spectroscopy of minerals. Spectrochimica Acta Part A: Molecular Spectroscopy, 50 (11), S. 1909 - 1918.

Czaderski, C., Steiger, R., Howald, M., Olia, S., Gülzow, A. & Niemz, P. (2007). Versuche und Berechnungen an allseitig gelagerten 3-schichtigen Massivholzplatten. Holz als Roh- und Werkstoff, 65 (5), S. 383 - 402.

Denzler, J. K. (2007). Modellierung des Größeneffektes bei biegebeanspruchtem Fichtenschnittholz. München: Diss. TU München.

Dresselhaus, M. S., Dresselhaus, G., Saito, R. & Jorio, A. (2005). Raman spectroscopy of carbon nanotubes. Physics Reports, 409 (2), S. 47 - 99.

Eberhardsteiner, J. (2002). Mechanisches Verhalten von Fichtenholz: Experimentelle Bestimmung der biaxialen Festigkeitseigenschaften. Wien: Springer-Verlag.

Eder, M., Rüggeberg, M. & Burgert, I. (2009). A close-up view of the mechanical design of arborescent plants at different levels of hierarchy - Requirements and structural solutions. New Zealand Journal of Forestry Science, 39, S. 115 - 124.

Edwards, H. G., Johnson, A. F. & Lewis, I. R. (1993). Applications of Raman spectroscopy to the study of polymers and polymerization processes. Journal of Raman Spectroscopy, 24 (8), S. 475 - 483.

Evans, R. & Ilic, J. (2001). Rapid prediction of wood stiffness from microfibril angle and density. Forest Products Journal, 3, S. 53 - 57.

Fahlén, J. & Salmén, L. (2005). Pore and matrix distribution in the fiber wall revealed by atomic force microscopy and image analysis. Biomacromolecules, 6 (1), S. 433 - 438.

Fink, G. (2014). Influence of varying material properties on the load-bearing capacity of glued laminated timber. Zürich: Diss. ETH Zürich.

Frybort, S., Obersriebnig, M., Müller, U., Gindl-Altmutter, W. & Konnerth, J. (2014). Variabilty in surface polarity of wood by means of AFM adhesion force mapping. Colloids and Surfaces A: Physicochemical and Engineering Aspects, 457, S. 82 - 87.

Geladi, P. (2003). Chemometrics in spectroscopy. Part 1. Classical chemometrics. Spectrochimica Acta Part B: Atomic Spectroscopy, 58 (5), S. 767 - 782.

Gierlinger, N. (2014). Revealing changes in molecular composition of plant cell walls on the micron-level by Raman mapping and vertex component analysis (VCA). Frontiers in Plant Science, 5 (Artikel 306), S. 1 - 10.

Gierlinger, N. & Schwanninger, M. (2006). Chemical imaging of poplar wood cell walls by confocal Raman microscopy. Plant Physiology, 140 (4), S. 1246 - 1254.

Gierlinger, N. & Schwanninger, M. (2007). The potential of Raman microscopy and Raman imaging in plant research. Spectroscopy, 21 (2), 69 - 89.

Gierlinger, N., Keplinger, T. & Harrington, M. (2012). Imaging of plant cell walls by confocal Raman microscopy. Nature Protocols, 7 (9), S. 1694 - 1700.

Gierlinger, N., Luss, S., König, C., Konnerth, J., Eder, M. & Fratzl, P. (2010). Cellulose microfibril orientation of Picea abies and its variability at the micron-level determined by Raman imaging. Journal of Experimental Botany, 61 (2), S. 587 - 595.

Gierlinger, N., Schwanninger, M., Reinecke, A. & Burgert, I. (2006). Molecular changes during tensile deformation of single wood fibers followed by Raman microscopy. Biomacromolecules, 7 (7), S. 2077 - 2081.

Glos, P. (1982). Die maschinelle Festigkeitssortierung von Schnittholz. Holz-Zentralblatt, 108, S. 153 - 155.

Green, N. H., Allen, S., Davies, M. C., Roberts, C. J., Tendler, S. J. & Williams, P. M. (2002). Force sensing and mapping by atomic force microscopy. Trends in Analytical Chemistry, 21 (1), S. 65 - 74.

Grellmann, W. & Seidler, S. (2011). Kunststoffprüfung (2. Ausg.). München: Hanser Verlag.

Gülzow, A. (2008). Zerstörungsfreie Bestimmung der Biegesteifigkeiten von Brettsperrholzplatten. Zürich: Diss., ETH Zürich.

Harrington, J. (2002). Hierarchical modelling of softwood hygro-elastic properties. Christchurch: Diss., Universität Christchurch, New Zealand.

Hass, P. F. (2012). Penetration behavior of adhesives into solid wood and micromechanics of the bondline. Zürich: Diss. ETH Zürich.

Hollricher, O. (2011). Raman instrumentation for confocal Raman microscopy. In T. Dieing, O. Hollricher & J. Toporski (Hrsg.), Confocal Raman microscopy (S. 43 - 60). Berlin/Heidelberg: Springer-Verlag.

Horvath, L., Peszlen, I., Gierlinger, N., Peralta, P., Kelley, S. & Csoka, L. (2012). Distribution of wood polymers within the cell wall of transgenic aspen imaged by Raman microscopy. Holzforschung, 66 (6), S. 717 - 725.

Jiang, J. & Lu, J. (2009). Anisotropic characteristics of wood dynamic viscoelastic properties. Forest Products Journal, 59 (7/8), S. 59 - 64.

Keplinger, T., Cabane, E., Chanana, M., Hass, P., Merk, V., Gierlinger, N. & Burgert, I. (2015). A versatile strategy for grafting polymers to wood cell walls. Acta Biomaterialia, 11, S. 256 - 263.

Keplinger, T., Konnerth, J., Aguié-Béghin, V., Rüggeberg, M., Gierlinger, N. & Burgert, I. (2014). A zoom into the nanoscale texture of secundary cell walls. Plant Methods, 10, S. 1 - 7.

Keunecke, D. (2008). Elasto-mechanical characterisation of yew and spruce wood with regard to structure-property relationships. Zürich: Diss. ETH Zürich.

Kirby, A. R., Gunning, A. P., Waldron, K. W., Morris, V. J. & Ng, A. (1996). Visualization of plant cell walls by atomic force microscopy. Biophysical Journal, 70 (3), S. 1138 - 1143.

Lanvermann, C. (2014). Sorption and swelling within growth rings of Norway spruce and implications on the macroscopic scale. Zürich: Diss. ETH Zürich.

Mannes, D. C. (2009). Non-destructive testing of wood by means of neutron imaging in comparison with similar methods. Zürich: Diss. ETH Zürich.

Menard, K. P. (1999). Dynamic mechanical analysis: a practical introduction. Boca Raton, FL: CRC Press.

Merk, V., Chanana, M., Keplinger, T., Gaan, S. & Burgert, I. (2015). Hybrid wood materials with improved fire retardance by bio-inspired mineralisation on the nano- and submicron level. Green Chemistry, 17 (3), S. 1423 - 1428.

Niemz, P. (2001). Innere Defekte von Bäumen mit Schall bestimmt. Holz-Zentralblatt, 127 (12), S. 169 - 171.

Niemz, P. & Kucera, L. J. (1999). Erkennung von Defekten in Bäumen mittels Ultraschall. Stadt und Grün - das Gartenamt, 48 (11), S. 758, 760 - 762.

Niemz, P. & Regensburger, K. (1980). Anwendung photogrammetrischer Meßverfahren für Deformations- und Dehnungsmessungen an Vollholz und Spanplatten aus Holz. Holztechnologie, 21 (1), S. 9 - 14.

Patera, A., Derome, D., Griffa, M. & Carmeliet, J. (2013). Hysteresis in swelling and in sorption of wood tissue. Journal of Structural Biology, 182 (3), S. 226 - 234.

Persson, K. (2000). Micromechanical modelling of wood and fibre properties. Lund: Diss. Lund University.

Rafsanjani, A. (2013). Multiscale poroelastic model: Bridging the gap from cellular to macroscopic scale. Zürich: Diss. ETH Zürich.

Sanabria, S., Lanvermann, C., Michel, F., Mannes, D. & Niemz, P. (2015). Adaptive neutron radiography correlation for simultaneous imaging of moisture transport and deformation in hygroscopic materials. Experimental Mechanics, 55 (2), S. 403 - 415.

Smith, E. & Dent, G. (2005). Modern Raman spectroscopy: a practical approach. Chichester: Wiley.

Sonderegger, W. U. (2011). Experimental and theoretical investigations on the heat and water transport in wood and wood-based materials. Zürich: Diss., ETH Zürich.

Stöckel, F., Konnerth, J. & Gindel-Altmutter, W. (2013). Mechanical properties of adhesives for bonding wood - A review. International Journal of Adhesion and Adhesives, 45, 32 - 41.

Taddei, P., Tinti, A. & Fini, G. (2001). Vibrational spectroscopy of polymeric biomaterials. Journal of Raman Spectroscopy, 32 (8), S. 619 - 629.

Valla, A., Konnerth, J., Keunecke, D., Niemz, P., Müller, U. & Gindl, W. (2011). Comparison of two optical methods for contactless, full field and highly sensitive in-plane deformation measurements using the example of plywood. Wood Science and Technology, 45 (4), S. 755 - 765.

Wessolly, L. & Erb, M. (2014). Handbuch der Baumstatik und Baumkotrolle (2. Ausg.). Berlin: Patzer Verlag.

Wiesendanger, R. (1994). Scanning probe microscopy and spectroscopy. Cambridge: Cambridge University Press.

Wimmer, R., Lucas, B.N., Oliver, W.C. & Tsui, T.Y. (1997). Longitudinal hardness and Young's modulus of spruce tracheid secondary walls using nanoindentation technique. Wood Science and Technology, 31 (2), S.131 - 141.

Yarbrough, J.M., Himmel, M.E. & Ding, S.-Y. (2009). Plant cell wall characterization using scanning probe microscopy techniques. Biotechnology for Biofuels, 2, S.17.

Zauner, M. (2014). In-situ synchrotron based tomographic microscopy of uniaxially loaded wood: in-situ testing device, procedures and experimental investigations. Zürich: Diss. ETH Zürich.

Zimmermann, T. (2015). Fortschritte in der Nanocelluloseforschung. Tagungsband 3. Holzanatomisches Kolloquium. In Tagungsband 3. Holzanatomisches Kolloquium. Dresden: IHD Dresden.

16 Spannungen und Verformungen in Holz und Holzwerkstoffen

Spannungen, Verformungen und Risse können durch folgende Ursachen entstehen:

- Wuchsspannungen im stehenden Baum, Brüche durch mechanische Belastung (Wind, Schnee),
- durch den Materialaufbau bei Holzwerkstoffen (z.B. kreuzweise Schichtung der Lagen, Asymmetrie bei der Herstellung) und
- durch äußere Einflüsse (z. B. asymmetrische Feuchteeinwirkung, Feuchteprofile insbesondere bei großen Querschnitten und dadurch induzierte Spannungen).

Bild 16.1 gibt eine Übersicht über mögliche Ursachen für das Entstehen von Spannungen. Diese Spannungen sind sowohl bei der Materialauswahl als auch beim späteren Einsatz zu berücksichtigen.

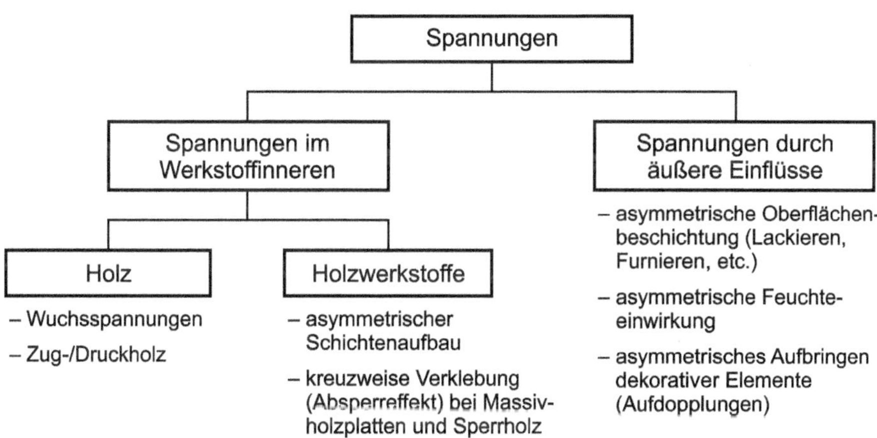

Bild 16.1 Möglichkeit der Entstehung von Spannungen im Holz

16.1 Wuchsspannungen im Vollholz, Mikrobrüche durch mechanische Belastung

Bereits der lebende Baum unterliegt zahlreichen mechanischen und thermischen Beanspruchungen, die Spannungen und teilweise auch Risse zur Folge haben.

16.1.1 Frostrisse

Frostrisse treten vor allem bei harten Laubhölzern und bei Nadelhölzern auf, wenn diese plötzlich Kälte, Wind oder auch Tauwetter ausgesetzt sind. Sie sind insbesondere im Wurzelanlauf vorhanden und verlaufen in Radialrichtung. Als Ursache werden Schubspannungen angenommen (durch Dichteunterschiede verstärkt) (Trendelenburg & Mayer-Wegelin, 1955).

16.1.2 Risse infolge von Saugspannungen

Der Transpirationsstrom im Baum wird durch kapillare Zugkräfte verursacht, die als Saugspannungen in Erscheinung treten. Kann die Wurzel nicht so viel Wasser nachliefern, wie die Krone abgibt, können diese so groß werden, dass das Holzgewebe zerreißt (Archer, 1987). Die entstehenden Risse verlaufen meist in radialer Richtung.

16.1.3 Wuchsspannungen

Im lebenden Baum stehen Stämme und Äste unter Spannungen, die dem Baum auch zur Stabilität dienen. Diese Spannungen sind sowohl in Längs- als auch in Querrichtung vorhanden (Lohmann, 2003). Dabei stehen die inneren Holzschichten unter einer Längsdruck-, die äußeren Holzschichten unter einer Längszugspannung. Sie entstehen vermutlich dadurch, dass die einzelnen Schichten des Holzes während ihrer Bildung auf Zug beansprucht werden, weil sich die aus dem Kambium gebildeten Zellen um einen kleinen Beitrag zusammenzuziehen versuchen. Dadurch übt die äußere Schicht einen Längsdruck auf die inneren Schichten aus (Archer, 1987), (Trendelenburg & Mayer-Wegelin, 1955).

Die rindennahen Holzschichten werden daher beim Auftrennen kürzer, die marknahen Holzschichten länger. Die Größe der Spannungen beträgt nach Trendelenburg und Mayer-Wegelin (Trendelenburg & Mayer-Wegelin, 1955) 3 ... 7 N/mm^2.

Nachweisen lassen sich auch Querspannungen, die die Qualität des Holzes beeinträchtigen können. Wird eine frische Stammscheibe in radialer Richtung von der Rinde zum Kern hin aufgetrennt, so verengt sich die Schnittfuge in den äußeren Holzschichten. Bild 16.2 zeigt die Spannungsverteilung in Querrichtung eines Baumstammes.

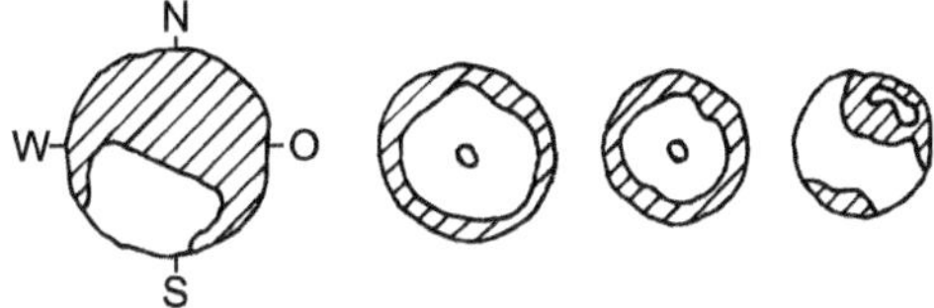

Bild 16.2 Verteilung von Wuchsspannungen über den Holzquerschnitt bei Buche (*Fagus sylvatica* L.) in Abhängigkeit von der Baumhöhe (Archer, 1987)

Durch diese Spannungen kommt es häufig dazu, dass ein frisch gefällter Baum reißt (Bild 16.3) bzw. sich das Holz verformt, unabhängig von den Spannungen, die während der anschließenden Trocknung auftreten. Bild 16.4 zeigt die Verformung frisch eingeschnittenen Holzes und die Methodik zum Spannungsnachweis. Es sind also Spannungen analog denen, die auch bei der Trocknung auftreten können.

Die Spannungen können - analog den Trocknungsspannungen - dadurch ermittelt werden, dass nach dem Freischneiden die Längenänderung der Schichten und ihr Elastizitätsmodul bestimmt werden. Es wird allerdings nur der elastische Anteil erfasst (Niemz, 1997). Eine weitere Möglichkeit ist das Einbringen eines Bohrloches und die anschließende Messung der Deformation des Loches.

Bild 16.3 Rissbildung in Rotbuche durch Wuchsspannungen (Autorenkollektiv, 2001)

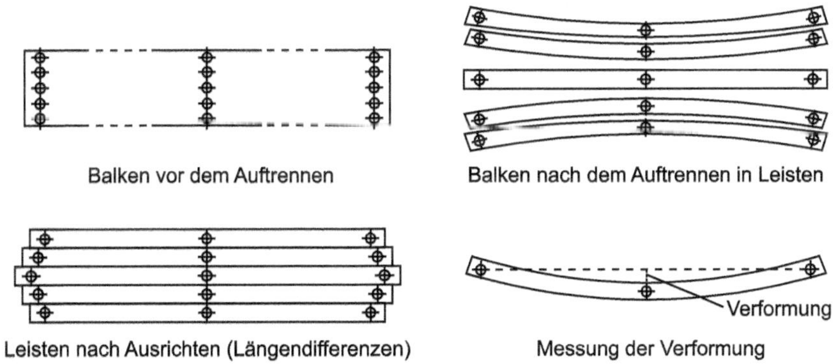

Bild 16.4 Verformung frisch eingeschnittenen Holzes aufgrund innerer Spannungen (in den Außenzonen Zug-, in den Innenzonen Druckspannungen) (Archer, 1987)

Die Spannung berechnet sich dann wie folgt:

$$\varepsilon = \frac{\Delta l}{l} \tag{16.1}$$

$$\sigma = \varepsilon \cdot E \tag{16.2}$$

l Ausgangslänge

Δl Längenänderung

E Elastizitätsmodul

ε Dehnung

σ Spannung

Die durch Wuchsspannungen entstehenden Risse beginnen meist im Mark und setzen sich so lange fort, bis das Kräftegleichgewicht hergestellt ist.

Eine ausführliche Beschreibung der Entstehung von Spannungen und Verformungen in Holz legte Archer (Archer, 1987) vor, der auch versucht hat, die Vorgänge mathematisch zu erfassen (u. a. durch Anwendung der Finite-Elemente-Methode).

Zu den Wachstumsspannungen zählen auch die sogenannten Schilferrisse, die insbesondere bei alten Fichten, Kiefern und Tannen auftreten. Darunter versteht man radiale Risse, die vom Mark bis zum Splint reichen und bei Drehwuchs als schiefe Risse über die Oberfläche laufen. Sie sind meist in einer Höhe von 4 bis 9 m vorhanden.

16.1.4 Verformungen durch Zug- und Druckholz

Auch Zug- und Druckholz (= Reaktionsholz: Druckholz beim Nadelholz, Zugholz beim Laubholz), das bei einseitiger Belastung eines Baumes durch Wind am Waldrand, durch Hanglage oder auch in Ästen durch deren Eigengewicht entsteht, kann starke Verformungen hervorrufen. Druckholz zeichnet sich z. B. durch eine erhöhte Quellung und Schwindung in Längsrichtung (u. a. bedingt durch den höheren Mikrofibrillenwinkel in der S2-Schicht) aus, die eine stärkere Verformung beim Trocknen bewirkt. Schon geringe Anteile von Druckholz können bei Feuchteänderung starke Verformungen bewirken (Walker, 2006), (Krackler, Torres & Niemz, 2012). Zugholz verkürzt sich beim Auftrennen und neigt zur Deformation. Bei der Verarbeitung von Zug- und Druckholz ist deshalb mit erheblichen Problemen zu rechnen.

16.1.5 Risse infolge mechanischer Beanspruchung (Sturmschäden)

Wird ein Baum durch Wind stark belastet, so können sowohl auf seiner Zug- als auch auf seiner Druckseite Risse entstehen. Dabei wird auf der Zugseite das junge Gewebe der Kambialzone zumeist zerstört. Auf der Druckseite kommt es bei starker Belastung zu typischen Stauchungen (Stauchlinien), die anzeigen, dass die Druckfestigkeit des Holzes deutlich geringer ist als seine Zugfestigkeit. Im Durchschnitt beträgt die Druckfestigkeit in Faserrichtung nur etwa 50 % der Zugfestigkeit. Erste Mikrobrüche sind aber bereits weit unterhalb der Bruchlast nachweisbar. Bleibt der Baum stehen, wird das Holz in diesem Bereich wulstförmig über den Brüchen angelagert, um dem Baum durch Versteifung wieder die Festigkeit zu geben. Das Holz wird als Wulstholz (Sondergewebe) bezeichnet (Lohmann, 2003). Die bei Windbelastung auftretenden Spannungen sind - betrachtet man den Baum als einseitig eingespannten Biegeträger - im Wurzelanlauf am stärksten. Nach Sonderegger und Niemz ist die Festigkeit von Holz mit Stauchbrüchen im Normalklima um bis zu 20 % gegenüber ungeschädigtem Holz reduziert, der E-Modul dagegen kaum. Es ist auch ein gewisser Einfluss der Holzfeuchte nachweisbar (Sonderegger & Niemz, 2004). Dieses Holz ist nur bedingt für statische Zwecke einsetzbar. Die Stauchbrüche sind an den Brettern teilweise optisch oder durch Röntgen erkennbar, mit konventionellen Methoden wie Ultraschall jedoch nicht detektierbar. Mikrobrüche treten z. T. bereits beim Fällen des Baumes, aber auch bei dynamischer Belastung durch Wind etc. auf (Kisser & Steininger, 1952).

16.2 Spannungen und Verformungen von Holzwerkstoffen (Eigenspannungen)

In plattenförmigen Partikelwerkstoffen, aber auch Massivholzplatten und Brettschichtholz können bedingt durch den Materialaufbau (z. B. kreuzweise Verklebung der Lagen bei Massivholzplatten und Sperrholz; Jahrringlage bei Brettschichtholz) oder eine herstellungsbedingte Asymmetrie senkrecht zur Plattenebene starke Spannungen und Verformungen auftreten. Auch bei Vollholz kommt es zwischen den Jahrringen zu Eigenspannungen beim Trocknen oder Quellen. Spätholz hat eine deutlich höhere Dichte als Frühholz und schwindet/quillt demzufolge mehr als Frühholz. Zudem ist ein Einfluss des Mikrofibrillenwinkels und der chemischen Zusammensetzung vorhanden (Lanvermann, 2014).

16.2.1 Partikelwerkstoffe

Ein Maß für die Eigenspannungen ist der Plattenverzug, der vor allem für großflächige Elemente wie z. B. Möbeltüren von entscheidender Bedeutung ist. Bestimmt wird der Plattenverzug mit einem Messlineal, wobei die Abweichung der Platte pro Längeneinheit von einer ideal ebenen Fläche gemessen wird. Häufig wird dazu ein Differenzklima (feucht-trocken) aufgebracht. Ursachen für den Plattenverzug können sein:

- Asymmetrischer Plattenaufbau (auch klimabedingt durch verschiedene Feuchte im Partikelvlies, insbesondere im Herbst; eine Asymmetrie beim Pressen). Unterschiede in der Flächendichte zwischen oberer und unterer Deckschicht sowie Feuchte- und Temperaturdifferenzen führen zu einem asymmetrischen Dichteprofil und damit zur Deformation der Platten (Bilder 16.5 und 16.6).

- Ungleichmäßiges Abkühlen der Platten.
- Mangelhafte Lagerung der Platten (z. B. durch Durchbiegung im Stapel; eingefrorene Spannung).

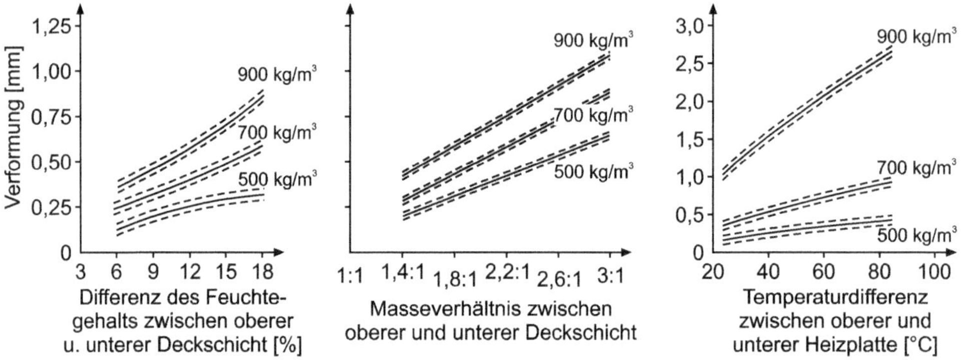

Bild 16.5 Einfluss ausgewählter Strukturparameter auf die Verformung von Spanplatten (Plotnikov & Niemz, 1988)

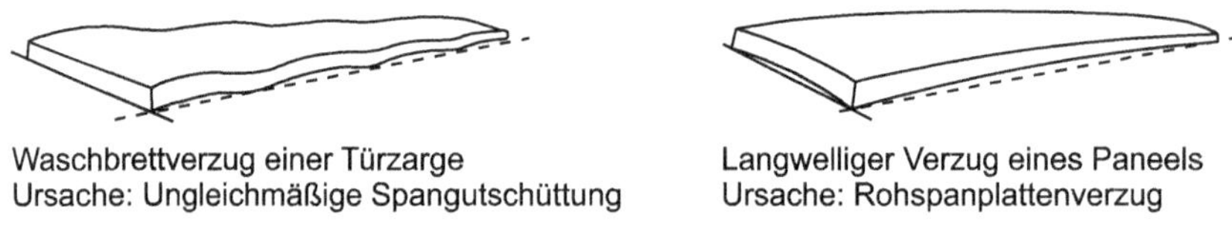

Bild 16.6 Durch Dichteschwankungen bewirkte Verformung von Spanplatten (nach WKI Braunschweig)

Aber auch solche Parameter wie Spangeometrie (Plattenverzug steigt mit abnehmender Spangröße), Plattendicke (Plattenverzug sinkt mit zunehmender Plattendicke), asymmetrischer Abschliff und Holzart (Plattenverzug steigt mit zunehmender Rohdichte) beeinflussen den Plattenverzug in erheblichem Maße (Dobrowolska, 1985), (Plotnikov & Niemz, 1988) (Bild 16.5). Jensen und Krug (zitiert in (Dunky & Niemz, 2002) geben folgende Reihenfolge für die Formbeständigkeit von Holzwerkstoffen an:

- MDF,
- Spanplatte,
- Massivholzplatte,
- LSL.

Eine Änderung des Feuchtegehalts von Holz hat innerhalb des hygroskopischen Bereiches Quell- und Schwinderscheinungen zur Folge. Wird ein plattenförmiger Werkstoff einseitig derartigen Feuchteänderungen ausgesetzt, stellt sich ein Feuchtegefälle zwischen den Plattenseiten ein, das ein unterschiedliches Quellen der einzelnen Plattenschichten und eine Änderung der feuchteabhängigen Platteneigenschaften wie z. B. des Elastizitätsmoduls bewirkt.

In Abhängigkeit von den inneren Spannungen, dem Elastizitätsmodul, der Geometrie der Bauteile (Dicke, Verhältnis Länge zu Breite) und dem Feuchtegradienten verformt sich der Werkstoff, da das Kräftegleichgewicht über den Probenquerschnitt gestört ist.

Wird ein plattenförmiger Werkstoff asymmetrisch beschichtet (z. B. einseitig furniert oder mit Kunststoff beschichtet), kommt es in Abhängigkeit von der Plattendicke, dem Klima und dem Grad der Asymmetrie zu erheblichen Verformungen. Insbesondere HPL- und CPL-Schichtstoffe haben hohe Schwindmaße. Bild 16.7 zeigt die Formänderung asymmetrisch mit Laminaten beschichteter Spanplatten in Abhängigkeit vom Aufbau des Beschichtungsmaterials und vom Klima.

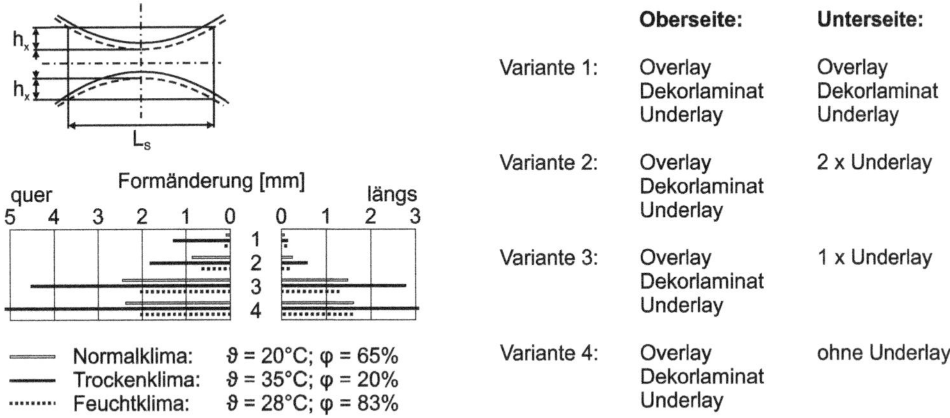

Bild 16.7 Formänderung von asymmetrisch beschichteten Spanplattenstreifen in Abhängigkeit vom Klima (Böhme, 1980)

16.2.2 Werkstoffe auf Vollholzbasis

In Massivholzplatten können erhebliche Eigenspannungen auftreten, da die Lagen kreuzweise verklebt sind und erhebliche Unterschiede in der Quellung in und senkrecht zur Faserrichtung auftreten (Kap. 5), die von der Klebfuge übertragen werden müssen (Bild 16.9). Bei Sperrholz sind diese Spannungen durch die geringere Lagendicke (einige mm) deutlich geringer als bei mehrlagigen Massivholzplatten (Lagendicke einige cm). Auch bei Brettschichtholz treten Spannungen zwischen den Lamellen auf (Angst-Nicollier, 2012). Diese können z. B. durch Wechsel in der Jahrringlage (radial-tangential), aber auch Feuchtedifferenzen zwischen den Lamellen beim Verkleben bewirkt werden. Sie überlagern sich dann den ohnehin vorhandenen Spannungen durch die Konstruktion, im Extremfall kommt es zur Delamination der Klebfugen. Durch ein ausgeprägtes Feuchteprofil kann es insbesondere in beheizten Räumen im Winter (relative Luftfeuchte von 30 % und darunter) zur Rissbildung und auch Delaminierung der Klebfugen kommen. Dies wird gefördert, wenn die Holzfeuchte beim Einbau stark von der Nutzungsfeuchte des Holzes abweicht. Besonders kreuzweise verklebte Elemente und Laubholz sind hier sehr empfindlich. Ursache sind die u. a. geringe Querzugfestigkeit und Bruchdehnung senkrecht zur Faserrichtung (siehe Kap. 13 und 14). Druckspannungen, die bei zu trocken eingebautem Holz durch das Quellen entstehen, sind dagegen weniger problematisch, da diese durch plastische Verformungen abgebaut werden. Allerdings markieren sich auch diese Fugen häufig erst nach vielen Jahren (vgl. Kap. 5). Der Effekt ist vom Parkett her gut bekannt.

Die Spannungen oder Verformungen lassen sich unter Nutzung von FEM-Verfahren berechnen (Hassani, Wittel, Hering & Herrmann, 2015), (Gereke T., 2009). Methoden zum experimentellen Spannungsnachweis sind z. B. die Messung der Rissöffnung (Risslänge), die Messung der Verformung eines eingebrachten Bohrlochs oder das Freischneiden der Schichten und die Messung der Längenänderung sowie des E-Moduls (Abschnitt 16.1). Eine Möglichkeit über Röntgenbeugung, wie bei Metallen, existiert bei Holz bislang nicht.

Dehnungen im oberflächennahen Bereich (z. B. durch Einfluss von Verklebungen oder des unterschiedlichen Quell- und Schwindverhaltens der parallelen und senkrechten Schichten von Brettsperrholz) können mittels optischer Dehnungsmessverfahren auf Basis der Kreuzkorrelation (Digital-Image-Korrelation (Vessby, Serrano & Enquist, 2010), Speckle-Interferometrie (ESPI)) ermittelt werden (Valla, et al., 2011), (Knorz, Niemz & van de Kuylen, 2016). Bei der Digital-Image-Korrelation wird entweder die natürliche Struktur des Holzes für die Berechnung der Verschiebungen unter Belastung mittels Kreuzkorrelation genutzt oder es wird ein Speckle-Muster mittels Airbrush bzw. Toner eines Druckers aufgebracht (Valla, et al., 2011), (Niemz & Regensburger, 1980). Bei der Speckle-Interferometrie erzeugt Laserlicht auf einer Oberfläche Speckles. Durch Interferenz ändert sich das Muster, wenn Verspannungen in der reflektierenden Oberfläche oder laterale Bewegungen einer rauen Oberfläche den Abstand um Bruchteile der Wellenlänge (typische Bewegungen: 5 nm bis 50 nm) verändern. Beide Verfahren basieren auf dem Prinzip der Fotogrammetrie, die schon seit Jahrzehnten zur Dehnungsmessung an Holz und Holzwerkstoffen eingesetzt wird (Niemz & Regensburger, 1980). Diese Methoden erlauben es allerdings nur, den oberflächennahen Bereich zu erfassen. Aus Röntgentomographien lassen sich auch Verzerrungen in 3D-Form erfassen (3D-Verformungen, Interaktionen von Strukturelementen unter Belastung (Baensch, 2015)).

16.3 Spannungen durch äußere, klimatische Einflüsse

Holz und Holzwerkstoffe unterliegen im praktischen Gebrauch Feuchteschwankungen, insbesondere im oberflächennahen Bereich. Dies ist z. B. in nicht klimatisierten Räumen der Fall. So treten im Winter in beheizten Räumen sehr geringe Luftfeuchten auf, die zum Abtrocknen an der Oberfläche führen. Dadurch kommt es zu einem Feuchteprofil, was bei verklebten Werkstoffen zusätzlich durch die diffusionshemmende Wirkung der Klebfugen beeinflusst wird. Wird Parkett bei Fußbodenheizungen eingesetzt, kommt es durch die hohe Vorlauftemperatur auch zu einem Abtrocken an der Unterseite. Bei Brettschichtholzträgern haben diese Klimaschwankungen und die damit verbundenen Holzfeuchteschwankungen und Spannungen im Bauteil auch Einfluss auf die Tragfähigkeit. Je nachdem, ob Zug- oder Druckspannungen auftreten, addieren bzw. subtrahieren sich die Spannungen durch die äußere Last (Gustafsson, Hoffmeyer & Valentin, 1998) (Angst-Nicollier, 2012) (Bilder 5.44 und 5.45 in Kap. 5). Insbesondere bei großen Querschnitten wirkt sich das deutlich aus, da bei diesen auch stärker ausgeprägte Feuchteprofile entstehen.

Bei einseitiger, asymmetrischer Feuchtebelastung kommt es zum Plattenverzug (z. B. Wohnungstüren, überstehende Dächer aus Massivholzplatten (Abschnitt 16.2, Bild 16.8)) (Gereke T., 2009). Die Ausbildung von Dehnungen in einer Klebfuge bei Unterschieden in der Feuchte zwischen dem Verkleben und der späteren Nutzung zeigt Bild 16.9.

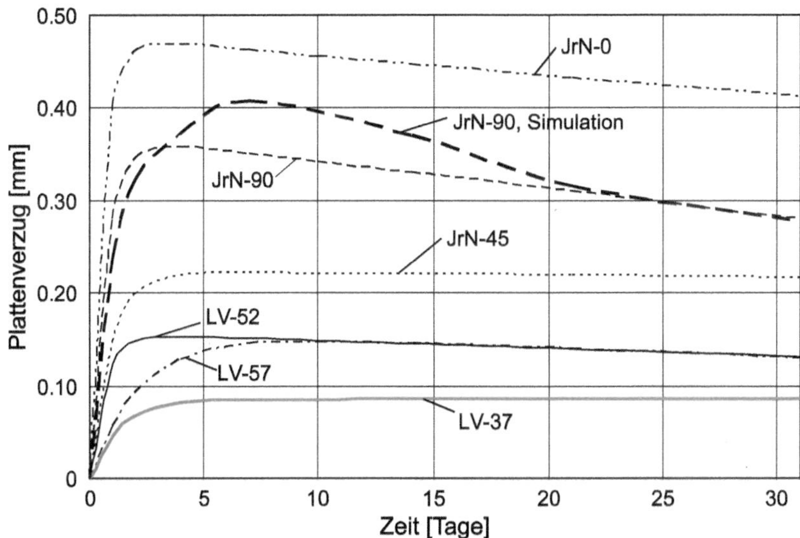

Bild 16.8 Gemessener und numerisch berechneter Plattenverzug einer dreischichtigen Massivholzplatte (Fichte) im Differenzklima 20 °C/65 % rel. Luftfeuchte (rLF) zu 20 °C/100 % rLF) bei variabler Jahrringneigung (JrN) in Grad (90° = stehende Jahrringe) und variablem Lamellenverhältnis (LV) der Deckschichten zur Mittelschicht in % (Gereke, Gustafsson, Persson & Niemz, 2009)

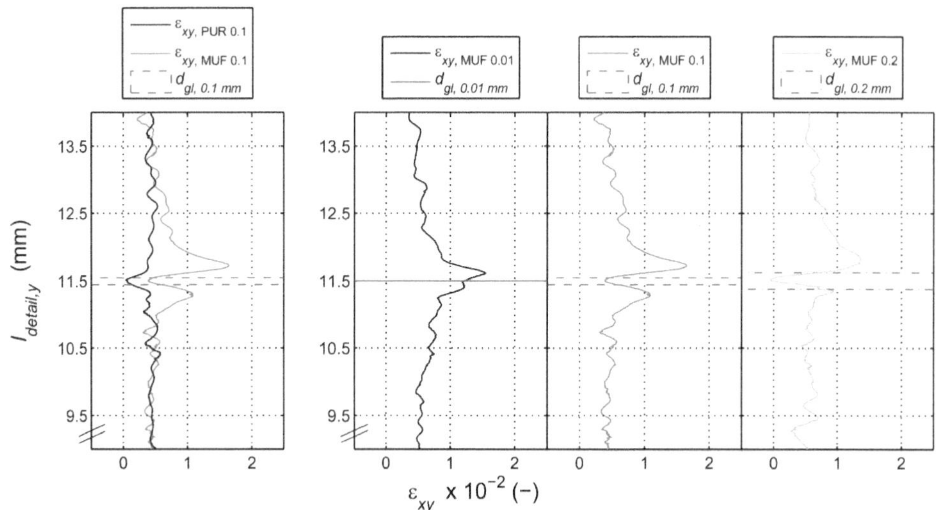

Bild 16.9 Dehnungsverteilung ε_{xy} für MUF und PUR (links) in Abhängigkeit von der Klebstoffart und der Klebfugendicke d_{gl} 0,01 mm, 0,1 mm und 0,2 mm (rechts). Holz, verklebt nach Klimatisierung bei 20 °C/90% rel. Luftfeuchte, danach im Klima 20 °C/40% rel. Luftfeuchte getrocknet (Knorz, Niemz & van de Kuylen, 2016)

Erhebliche Spannungen treten auch bei der Trocknung von Holz auf. Diese werden durch Freischneiden bestimmt. Untersuchungen dazu führte u. a. (Welling, 1987) durch. Weitere Hinweise dazu sind auch in Kap. 5 vorhanden.

Literaturverzeichnis

Angst-Nicollier, V. (2012). Moisture induced stresses in glulam. Trondheim: Diss. Norwegian University of Science and Technology, NTNU- Trondheim.

Archer, R. R. (1987). Growth stresses and strains in trees. Berlin: Springer-Verlag.

Autorenkollektiv. (2001). Stresses in beech. FAIR-Project CT98 - 3606, Final Report. (G. Becker & T. Beimgraben, Hrsg.) Freiburg: Institut für Forstbenutzung und Forstliche Arbeitswissenschaft, Albert-Ludwigs-Universität Freiburg.

Baensch, F. (2015). Damage evolution in wood and layered wood composites monitored in situ by acoustic emission, digital image correlation and synchrotron based tomographic microscopy. Zürich: Diss. ETH Zürich.

Böhme, P. (1980). Industrielle Oberflächenbehandlung von plattenförmigen Werkstoffen aus Holz. Leipzig: Fachbuchverlag.

Clauß, S., Kröppelin, U. & Niemz, P. (2010). Qellverhalten dreischichtiger Massivholzplatten. Teil 1: Freie Quellung. Holztechnologie, 51 (1), S. 5 - 10.

Clauß, S., Kröppelin, U. & Niemz, P. (2010). Quellverhalten dreischichtiger Massivholzplatten. Teil 2: Partiell behinderte Quellung. Holztechnologie, 51 (2), S. 5 - 10.

Dobrowolska, E. (1985). Ermittlung spezieller stofflich-struktureller und prozesstechnischer Einflussgrößen auf die Formbeständigkeit von Spanplatten. Dresden: Diss. TU Dresden.

Dunky, M. & Niemz, P. (2002). Holzwerkstoffe und Leime: Technologie und Einflussfaktoren. Berlin: Springer.

Gereke, T. (2009). Moisture-induced stresses in cross-laminated wood panels. Zürich: Diss. ETH Zürich.

Gereke, T., Gustafsson, P.-J., Persson, K. & Niemz, P. (2009). Experimental and numerical determination of the hygroscopic warping of cross-laminated solid wood panels. Holzforschung, 63 (3), S. 340 - 347.

Gustafsson, P. J., Hoffmeyer, P. & Valentin, G. (1998). DOL behaviour of end-notched beams. Holz als Roh- und Werkstoff, 56 (5), S. 307 - 317.

Hassani, M. M. (2015). Adhesive bonding of structural hardwood elements. Zürich: Diss. ETH Zürich.

Hassani, M. M., Wittel, F. K., Hering, S. & Herrmann, H. J. (2015). Rheological model for wood. Computer Methods in Applied Mechanics and Engineering, 283 (1), S. 1032 - 1060.

Keunecke, D. (2008). Elasto-mechanical characterisation of yew and spruce wood with regard to structure-property relationships. Zürich: Diss. ETH Zürich.

Kisser, J. & Steininger, A. (1952). Makroskopische und mikroskopische Strukturänderungen bei der Biegebeanspruchung von Holz. Holz als Roh- und Werkstoff, 10 (11), S. 415 - 421.

Knorz, M., Niemz, P. & van de Kuylen, J.-W. (2016). Measurement of moisture-related strain in bonded ash depending on adhesive type and glueline thickness. Holzforschung (70), S. 145 - 155.

Krackler, V., Keunecke, D. & Niemz, P. (2010). Verarbeitung und Verwendungsmöglichkeiten von Laubholz und Laubholzresten. Zürich: ETH Zürich, IFB, Holzphysik.

Krackler, V., Torres, M. & Niemz, P. (2012). Physikalische und chemische Eigenschaften von Druck- und Gegenholz der Fichte. Forstarchiv, 83 (3), S. 115 - 125.

Lanvermann, C. (2014). Sorption and swelling within growth rings of Norway spruce and implications on the macroscopic scale. Zürich: Diss. ETH Zürich.

Lohmann, U. (Hrsg.). (2003). Holz-Lexikon (4. Ausg.). Leinfelden-Echterdingen: DRW-Verlag.

Niemz, P. (1997). Eigenspannungen in Holz und Holzwerkstoffen. Holz-Zentralblatt, 123 (5), S. 84, 86.

Niemz, P. & Regensburger, K. (1980). Anwendung photogrammetrischer Meßverfahren für Deformations- und Dehnungsmessungen an Vollholz und Spanplatten aus Holz. Holztechnologie, 21 (1), S. 9 - 14.

Plotnikov, S. & Niemz, P. (1988). Untersuchungen über den Einfluss ausgewählter technologischer Parameter auf den Plattenverzug. Holztechnologie, 29 (6), S. 311 - 313.

Rafsanjani, A. (2013). Multiscale poroelastic model: Bridging the gap from cellular to macroscopic scale. Zürich: Diss. ETH Zürich.

Reichel, S. (2015). Modellierung und Simulation hygro-mechanisch beanspruchter Strukturen aus Holz im Kurz- und Langzeitbereich. Dresden: Diss., TU Dresden.

Sonderegger, W. & Niemz, P. (2004). The influence of compression failure on the bending, impact bending and tensile strength of spruce wood and the evaluation of non-destructive methods for early detection. Holz als Roh- und Werkstoff, 62 (5), S. 335 - 342.

Sonderegger, W. & Niemz, P. (2004). Untersuchung der Rissbildung an bei unterschiedlicher Feuchte verklebten Massivholzplatten. HOLZ (6), S. 32 - 34.

Tietz, H.-D. (1983). Grundlagen der Eigenspannungen. Leipzig: Deutscher Verlag für Grundstoffindustrie.

Trendelenburg, R. & Mayer-Wegelin, H. (1955). Das Holz als Rohstoff (2. Ausg.). München: Carl Hanser Verlag.

Valla, A., Konnerth, J., Keunecke, D., Niemz, P., Müller, U. & Gindl, W. (2011). Comparison of two optical methods for contactless, full field and highly sensitive in-plane deformation measurements using the example of plywood. Wood Science and Technology, 45 (4), S. 755 - 765.

Vessby, J., Serrano, E. & Enquist, B. (2010). Contact-free measurement and numerical and analytical evaluation of the strain distribution in a wood-FRP lap-joint. Materials and Structures, 43 (8), S. 1085 - 1095.

Walker, J. C. (2006). Primary wood processing: principles and practice (2. Ausg.). Dordrecht: Springer.

Welling, J. (1987). Die Erfassung von Trocknungsspannungen während der Kammertrocknung von Schnittholz. Hamburg: Diss. Universität Hamburg.

17 Nutzung holzphysikalischer Eigenschaften zur On-line-Qualitätskontrolle

Die On-line-Kontrolle ausgewählter Qualitätsparameter von Holz und Holzwerkstoffen wie z. B. Festigkeit, Faserverlauf, Astigkeit, Feuchtegehalt, Pilzresistenz, Cellulose- und Ligninanteil oder chemische Zusammensetzung gewinnt zunehmend an Bedeutung. In wachsendem Umfang bedient man sich dabei holzphysikalischer Eigenschaften, die in bestimmter Weise mit anderen Eigenschaften korrelieren. Voraussetzung für entsprechende Kontrollverfahren ist deshalb die Ermittlung des Zusammenhangs zwischen wesentlichen Einflussgrößen und der jeweiligen Zielgröße (Bild 17.1). Neue Methoden wie die Terahertz-Strahlung sind im Holzbereich gerade in der Entwicklungsphase (Jördens, Wietzke, Scheller & Koch, 2010) (Inagaki, Ahmed, Hartley, Tsuchikawa & Reid, 2014). Gemessen werden derzeit Dichte, Feuchte, aber auch Strukturen und die chemische Zusammensetzung von Kulturgut (Panzner).

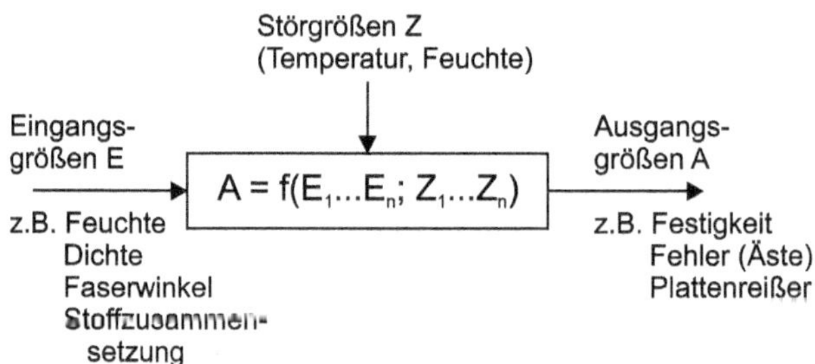

Bild 17.1 Modell für die Ermittlung der Eigenschaften von Holz auf korrelativem Weg

Wie in Kapitel 3 erläutert, werden die Eigenschaften von Holz und Holzwerkstoffen maßgeblich durch deren strukturellen Aufbau und durch klimatische Einflüsse bestimmt. Bei Kenntnis der Zusammenhänge zwischen diesen Einfluss- und den Zielgrößen kann die jeweilige Zielgröße rechnerisch ermittelt werden. Dazu sind geeignete mathematische Verfahren wie z. B. Regressionsanalyse, Cluster-Analyse, Diskriminanzanalyse oder die Fuzzy Logic und multivariate Statistik erforderlich.

Bekannte und seit langem in die Praxis eingeführte Beispiele sind:

- die Korrelation zwischen Feuchtegehalt und elektrischem Widerstand (Nutzung zur Bestimmung des Feuchtegehalts),

- die Absorption von Mikrowellen in Abhängigkeit vom Feuchtegehalt (Nutzung zur Bestimmung des Feuchtegehalts),
- die Korrelation zwischen Dichte und Festigkeit,
- die Korrelation zwischen Elastizitätsmodul und Biegefestigkeit (Nutzung zur Bestimmung der Festigkeit von Schnittholz),
- die Korrelation zwischen Absorption elektromagnetischer Wellen im Nahinfrarotbereich und dem Feuchtegehalt (Nutzung zur Bestimmung des Feuchtegehalts von Holzpartikeln),
- die Ermittlung von Holzeigenschaften über chemische Analysen (NIR-Spektroskopie und multivariate Statistik) (Meder, Thumm & Bier, 2002), (Tsuchikawa & Schwanninger, 2013).

Die dafür eingesetzten Gerätesysteme sind z. B. in (Niemz & Sander, 1989), (Pellerin & Ross, 2002), (Ross & Wang, 2012) ausführlich beschrieben.

Tabelle 17.1 enthält eine Übersicht über die für eine On-line-Qualitätskontrolle nutzbaren physikalischen Eigenschaften des Holzes und dabei zu berücksichtigenden Störgrößen, die erfasst und kompensiert werden müssen.

Tabelle 17.1 Für die On-line-Qualitätskontrolle nutzbare physikalische Eigenschaften des Holzes

Eigenschaft	Physikalisches Grundprinzip	Störgrößen, die zu berücksichtigen sind	Anwendungsbeispiele
1. Dichte			
	Korrelation von Dichte und Holzeigenschaften	▪ Feuchtegehalt ▪ Natürliche Dichteschwankungen im Material ▪ Überlagerung anderer, struktureller Einflussgrößen	▪ Sortierung (Schnittholz und Spanplatten)
2. Elastomechanische Eigenschaften			
	Korrelation der Holzeigenschaften untereinander (z. B. Elastizitätsmodul, Biegefestigkeit)	▪ Feuchtegehalt ▪ Temperatur ▪ Geometrische Parameter ▪ Schnittrichtung ▪ Faserrichtung	▪ Sortierung nach der Durchbiegung (Holz, Spanplatten)
3. Elektrische Eigenschaften			
▪ Leitfähigkeit	Korrelation von Leitfähigkeit und Holzeigenschaften	▪ Feuchtegehalt ▪ Holzart (-dichte) ▪ Faserrichtung ▪ Temperatur ▪ Schnittrichtung	▪ Feuchtemessung ▪ Fäuleerkennung im lebenden Baum
▪ Dielektrische Eigenschaften	Korrelation von Dielektrizitätskonstante und Holzeigenschaften	▪ Feuchtegehalt ▪ Faserrichtung ▪ Holzart (-dichte) ▪ Schnittrichtung	▪ Feuchtemessung ▪ Bestimmung des Winkels zur Faserrichtung, Äste

Tabelle 17.1 Für die On-line-Qualitätskontrolle nutzbare physikalische Eigenschaften des Holzes *(Fortsetzung)*

Eigenschaft	Physikalisches Grundprinzip	Störgrößen, die zu berücksichtigen sind	Anwendungsbeispiele
▪ Piezoelektrische Eigenschaften	Korrelation des Betrages der erzeugten Peaks und der Holzeigenschaften	▪ Dichte ▪ Holzart ▪ Feuchtegehalt ▪ Faserrichtung ▪ Holzfehler ▪ Schnittrichtung	▪ Versagensanalyse ▪ Fehlererkennung im Holz ▪ Ermittlung von Spannungen im Holz ▪ Risse in Beschichtungen ▪ Insektenfraß
4. Akustische Eigenschaften			
▪ Schallgeschwindigkeit	Korrelation von Schallgeschwindigkeit und Festigkeit des Holzes	▪ Dichte ▪ Feuchtegehalt ▪ Faserrichtung ▪ Schnittrichtung ▪ Mikrostruktur	▪ Festigkeitssortierung (Holz, Spanplatten)
▪ Schallschwächung	Schwächung von Schallwellen beim Übergang von Holz in Luft	▪ Dichte/Hohlraumanteil ▪ Struktureller Aufbau ▪ Dichte	▪ Erkennung von Rissen und Fehlverklebungen (Holzwerkstoffe) ▪ Delamination von Brettschichtholz ▪ Fäule
▪ Schallemission	Emission von Schallwellen (im Ultraschallbereich) durch Rissbildung u. ä. Fehler im Holz	▪ Dicke ▪ Holzart ▪ Feuchtegehalt	▪ Holztrocknung ▪ Schneidenverschleiß bei der Zerspanung ▪ Erkennung der Fraßgeräusche von Insekten
▪ Eigen(Resonanz-) frequenz, Modalanalyse	Korrelation verschiedener Eigenschwingungsgrößen (modale Parameter wie Eigenfrequenz, Dämpfung) mit Holzeigenschaften	▪ Dichte ▪ Holzart ▪ Feuchtegehalt	▪ Bestimmung des Schub- und Elastizitätsmoduls (Holz, Holzwerkstoffe) ▪ Festigkeitssortierung von Holz
5. Thermische Eigenschaften			
▪ Thermographie	Korrelation von Wärmestrahlung mit Holzfehlern u. a.	▪ Dichte ▪ Holzart ▪ Schnittrichtung ▪ Faserrichtung ▪ Feuchtegehalt ▪ Oberflächenbeschaffenheit	▪ Wärmedurchgang bei Gebäuden ▪ Wärmeisolation ▪ Lage von Holzbalken in Häusern ▪ Fehlererkennung in Holz ▪ Fehlverklebungen bei Beschichtungsmaterialien ▪ Spanorientierung

Tabelle 17.1 Für die On-line-Qualitätskontrolle nutzbare physikalische Eigenschaften des Holzes *(Fortsetzung)*

Eigenschaft	Physikalisches Grundprinzip	Störgrößen, die zu berücksichtigen sind	Anwendungsbeispiele
6. Verhalten gegenüber elektromagnetischer Strahlung			
▪ Röntgenstrahlung/ γ-Strahlung	Korrelation von Strahlungsabsorption und Flächenmasse	▪ Feuchtegehalt ▪ Massenschwächungskoeffizient	▪ Dichtemessung (Holz, Spanplatten) ▪ Rohdichteprofilmessung ▪ Fehlerlokalisation in Holzstämmen, Optimierung Einschnittschema (Computertomographie) ▪ Feuchtemessung
▪ Mikrowellen	Korrelation von Mikrowellenabsorption oder -reflexion und Holzeigenschaften, Polarisation von Mikrowellen in Abhängigkeit vom Faserverlauf	▪ Dichte ▪ Feuchtegehalt ▪ Holzart ▪ Schnittrichtung	▪ Feuchtemessung ▪ Messung des Faserverlaufs (Holz) ▪ Verteilung giftiger Substanzen
▪ IR-Strahlung	Korrelation von IR-Strahlenabsorption oder -reflexion und chemischer Zusammensetzung von Holz	▪ Farbunterschiede ▪ Oberflächenstruktur	▪ Feuchtemessung ▪ Holzartenanalyse ▪ Analyse der chemischen Zusammensetzung (Klebstoffanteil)
▪ Sichtbares Licht/Laser	Korrelation von Lichtreflexion und Oberflächenstruktur bzw. Farbe	▪ Natürliche Farbschwankungen von Holz ▪ Güte der Holzoberfläche (-Bearbeitung)	▪ Farbmessung ▪ Erkennung von Oberflächenfehlern ▪ Tracheideffekt zur Erkennung von Faserabweichungen
▪ Terahertz-Strahlung (Frequenz 0,2 - 10 THz)	Terahertz(THz)-Strahlung durchdringt viele Materialien wie Holz, Pappe nahezu dämpfungsfrei	▪ Metalle absorbieren THz-Strahlung vollständig	▪ Feuchte, Dichte ▪ Malereien unter Beschichtungen ▪ organische Biozide
▪ Neutronenstrahlung (Partikelwellen)	Messung der Absorption von Neutronen durch Wasserstoff, Bor etc.	▪ Streueffekt ▪ Randeinflüsse wie Quellen/Schwinden ▪ Wasserstoff im Holz ▪ Dichte	▪ Feuchtemessung, Feuchteprofile, lokale Feuchtekonzentration, Feuchte Hackschnitzel

Die physikalischen Grundprinzipien der in Tabelle 17.1 angegebenen Kontrollverfahren sind in den Kapiteln 2 bis 13 beschrieben.

Forciert durch Fortschritte in der Mess- und Rechentechnik gewinnen diese Verfahren für die Fehlerlokalisierung und die Festigkeitsermittlung zunehmend an Bedeutung. Dadurch wurde in den letzten Jahren eine Reihe holzphysikalischer Forschungsarbeiten ausgelöst, die im Wesentlichen folgende Ziele haben:

- Nutzung dielektrischer Eigenschaften des Holzes zur Erkennung von Faserverlauf, Ästen u. dgl.,
- Nutzung piezoelektrischer Eigenschaften des Holzes zur Ermittlung von Fehlern und Spannungen im Holz,
- Nutzung spektrometrischer Eigenschaften von Holzpartikeln zur Materialcharakterisierung (Feuchtegehalt, Pilzbefall, Differenzierung der Holzarten, Festigkeit u. a.),
- Nutzung der Schallemissionsanalyse zum Nachweis von Spannungen im Holz,
- Nutzung optischer Eigenschaften des Holzes zur Fehlererkennung.

Praktisch bewährt haben sich dabei Gerätesysteme, die die komplexe Erfassung einer Vielzahl von Einflussgrößen ermöglichen. Aufgrund der gravierenden Inhomogenität des Holzes sind Absolutwerte (z. B. Grenzwerte für die Rohdichte) oftmals nicht repräsentativ, sodass es zweckmäßiger ist, lokale Strukturinhomogenitäten zu erfassen (z. B. Gradient der Dichteänderung oder Änderung des Faserwinkels).

Eine sehr gute Zusammenstellung der Korrelation zerstörungsfrei mittels Eigenschwingungsverhalten ermittelter Kennwerte für Holzwerkstoffe mit denen im statischen Versuch geprüften ist in (Schulte, 1997) vorhanden.

Literaturverzeichnis

Baensch, F. (2015). Damage evolution in wood and layered wood composites monitored in situ by acoustic emission, digital image correlation and synchrotron based tomographic microscopy. Zürich: Diss. ETH Zürich.

Bucur, V. (2003). Nondestructive characterization and imaging of wood. Berlin: Springer Verlag.

Bucur, V. (2006). Acoustics of wood (2. ed.). Berlin: Springer.

Fujimoto, T., Kobori, H. & Tsuchikawa, S. (2012). Prediction of wood density independently of moisture conditions using near infrared spectroscopy. Journal of Near Infrared Spectroscopy, 20 (3), S. 353 – 359.

Gülzow, A. (2008). Zerstörungsfreie Bestimmung der Biegesteifigkeiten von Brettsperrholzplatten. Zürich: Diss., ETH Zürich.

Hasenstab, A. G. (2006). Integritätsprüfung von Holz mit dem zerstörungsfreien Ultraschallechoverfahren. Berlin: Diss. TU Berlin.

Hilbers, U. (2012). Untersuchungen zur luftangekoppelten Ultraschallprüfung von Holzwerkstoffen. Hamburg: Diss. Universität Hamburg.

Inagaki, T., Ahmed, B., Hartley, I. D., Tsuchikawa, S. & Reid, M. (2014). Simultaneous prediction of density and moisture content of wood by terahertz time domain spectroscopy. Journal of Infrared, Millimeter, and Terahertz Waves, 35 (11), S. 949 – 961.

Jördens, C., Wietzke, S., Scheller, M. & Koch, M. (2010). Investigation of the water absorption in polyamide and wood plastic composite by terahertz time-domain spectroscopy. Polymer Testing, 29 (2), S. 209 – 215.

Kruse, K. (1993). Untersuchungen verschiedener Einflussgrössen auf die zerstörungsfreie Werkstoffprüfung von Holzwerkstoffen mit Ultraschall. Hamburg: Diss. Universität Hamburg.

Mannes, D. C. (2009). Non-destructive testing of wood by means of neutron imaging in comparison with similar methods. Zürich: Diss. ETH Zürich.

Meder, R., Thumm, A. & Bier, H. (2002). Veneer stiffness predicted by NIR spectroscopy calibrated using mini-LVL test panels. Holz als Roh-und Werkstoff, 62 (3), S. 159 - 164.

Niemz, P. & Sander, D. (1989). Prozessmesstechnik in der Holzindustrie. Leipzig: Fachbuchverlag.

Panzner, M. (n.d.). Untersuchung von Kunstobjekten mit Terahertzstrahlung. Fraunhofer-Institut für Werkstoff- und Strahltechnik, info 800 - 3.

Pellerin, R. F. & Ross, R. J. (2002). Nondestructive evaluation of wood. Madison: Forest Products Society.

Plinke, B. (1986). Automatische Erkennung von Fehlstellen an Holzoberflächen mit CCD-Zeilenkameras. In M. Thoma & G. Schmidt (Eds.), Fortschritte in der Mess- und Automatisierungstechnik durch Informationstechnik. Fachberichte Messen, Steuern, Regeln, Band 14 (S. 176 - 184). Berlin/Heidelberg: Springer-Verlag.

Plinke, B. (2012). Größenanalyse an nicht separierten Holzpartikeln mit regionenbildenden Algorithmen am Beispiel von OSB-Strands. Dresden: WKI Braunschweig, Diss. TU Dresden.

Ross, R. J. & Wang, X. (Eds.). (2012). Nondestructive testing and evaluation of wood - 50 years of research: International nondestructive testing and evaluation of wood symposiums series (Vols. FPL-GTR-213). Madison, WI: U. S. Department of Agriculture, Forest Service, Forest Product Laboratory.

Sanabria, S. J. (2012). Air-coupled ultrasound propagation and novel non-destructive bonding quality assessment of timber composites. Zürich: Diss., ETH Zürich.

Schulte, M. (1997). Zerstörungsfreie Prüfung elastomechanischer Eigenschaften von Holzwerkstoffplatten durch Auswertung des Eigenschwingverhaltens und Vergleich mit zerstörenden, statischen Prüfmethoden. Hamburg: Diss. Universität Hamburg.

Thumm, A. & Meder, R. (2001). Stiffness prediction of radiata pine clearwood test pieces using near infrared spectroscopy. Journal of Near Infrared Spectroscopy, 9 (1), S. 117 - 122.

Tsuchikawa, S. & Schwanninger, M. (2013). A review of recent near-infrared research in wood and paper (Part 2). Appplied Spectroscopy Reviews, 48 (7), S. 560 - 587.

Wendland, G. (1999). Beitrag zur automatischen Oberflächeninspektion von Holz anhand optischer Verfahren. Diss. TU Dresden.

Zauner, M. (2014). In-situ synchrotron based tomographic microscopy of uniaxially loaded wood: in-situ testing device, procedures and experimental investigations. Zürich: Diss. ETH Zürich.

18 Modellierung von Holz und Holzwerkstoffen: Möglichkeiten und Grenzen

18.1 Vorbemerkungen

Gemäß Wikipedia ist das Ziel des Modellierens die Reduzierung der Komplexität des Modells gegenüber der Realität. Die realen Verhältnisse sind insbesondere bei Holz nur schwer in deren Komplexität abzubilden. Eine Validierung über Experimente ist wichtig. Oft können aber aus den Modellen die Wirkungen verschiedener Parameter abgeschätzt werden.

Fragen der Modellierung gewannen in den letzten Jahren stark an Bedeutung. Insbesondere die Modellbildung unter Berücksichtigung verschiedener Größenskalen (Multiscale modeling, siehe Bild 18.1 und Bild 14.1) ist heute weit verbreitet. Der Einfluss der Größenskala auf die ermittelten Eigenschaften und verschiedene Messmethoden dazu sind in Kapitel 15 zusammengestellt. Bei der Modellierung werden z. B. die Eigenschaften des Materials, Transportvorgänge von Feuchte und Wärme, Quellung/Schwindung oder Verformung und Versagen unter mechanischer oder feuchteinduzierter Belastung auf mehreren Strukturebenen modelliert und zusammengefügt. Bild 18.1 zeigt ausgewählte Strukturebenen für Vollholz beginnend vom Vollholzwürfel bis zum Zellwandaufbau. Dies erfordert umfangreiche Kenntnisse:

- zur Orthotropie der Holzeigenschaften,
- zum Einfluss von Feuchte, Temperatur, Rohdichte u. a. Parameter auf die Eigenschaften,
- zum Feuchte- und Wärmetransport, zur Quellung und Schwindung,
- zum viskoelastischen (einschließlich der Mechanosorption) und plastischen Verhalten des Materials (Holz, Klebstoffe),
- zu verwendeten Hilfsstoffen, z. B. Klebstoffen und deren Wechselwirkung mit dem Holz/Holzwerkstoff, und
- zu den Versagensmechanismen.

Gleichzeitig müssen die Modelle durch experimentelle Untersuchungen validiert werden. Hierzu wurden in den letzten Jahren zahlreiche neue Methoden entwickelt, die es erlauben, Dehnungen (2D und teilweise auch 3D) zu erfassen oder Feuchteprofile in situ zu ermitteln. Auch Quelldrücke und Eigenspannungen müssen ermittelt werden. Zunehmend werden Daten aus Tomogrammen für die Berechnung der Verzerrungen unter Last verwendet (Sanabria, Lanvermann, Michel, Mannes & Niemz, 2015). Auf diesem Gebiet wird es für die holzphysikalische Forschung künftig noch ein weites Betätigungsfeld geben.

Häufig fehlen für die Modellbildung zuverlässige Materialkennwerte, so z. B. zur Orthotropie, dem Dichte- und Feuchteeinfluss, dem rheologischen und dem plastischen Verhalten. Entsprechende Untersuchungen sind sehr zeit- und kostenintensiv und werden weit weniger durchgeführt als Modellrechnungen oder Arbeiten im Bereich der Mikro- und Nanostruktur. Die erhebliche Variation der Dichte und deren Einfluss auf die Eigenschaften erschwert zudem zuverlässige Simulationen oft erheblich. So hat sich z. B. gezeigt, dass bei rein elastischen Berechnungen von feuchtebedingten Eigenspannungen wesentlich zu hohe Spannungen ermittelt werden; solche Modelle sind heute nur in Ausnahmefällen relevant wie z. B. in der linear-elastischen Bruchmechanik von Holz und Holzwerkstoffen.

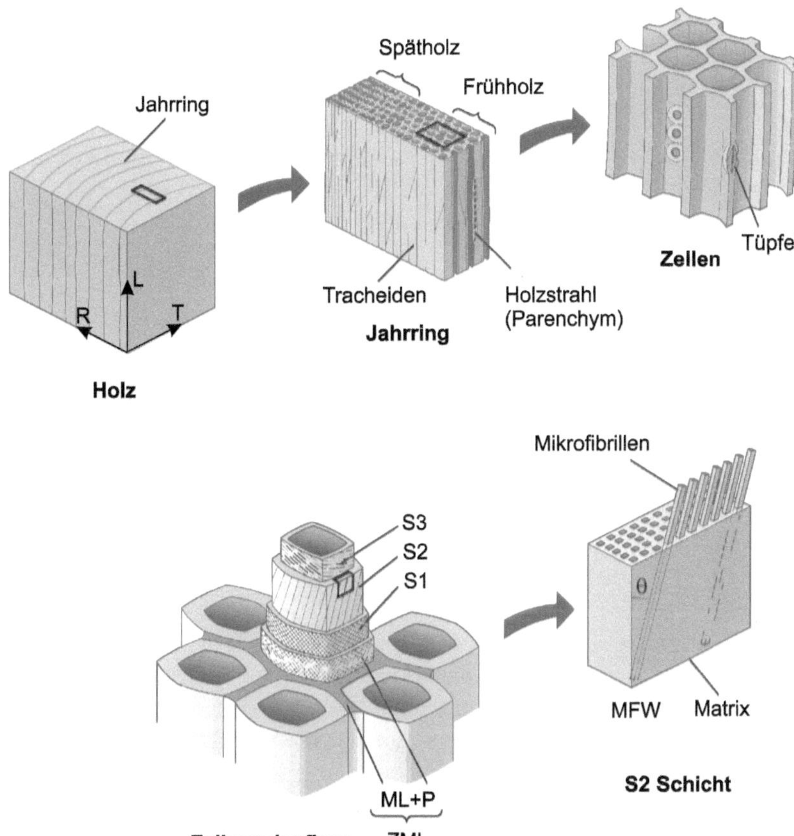

Bild 18.1 Mehrskalenmodellierung von Holz. Hierarchische Struktur: Holzwürfel, Jahrring (Frühholz, Spätholz), Zelle, Zellwand (Zellwandschichten: Mittellamelle (ML) und Primärwand (P), zusammen als „zusammengesetzte Mittellamelle" (ZML), Sekundärwände (S1, S2, S3)), Mikrofibrillen mit Mikrofibrillenwinkel (MFW) in der S2, nach (Rafsanjani, 2013)

Nachfolgend wird eine kurze Übersicht zur Modellierung von Werkstoffen, des Feuchte-/Wärmetransportes sowie der Ermittlung von Spannungen und Verformungen gegeben. Wichtige Grundlagen der Modellierung von Holz und Holzwerkstoffen sind u. a. in (Niemz, 1993), (Hänsel A., 2012), (Altenbach, Altenbach & Rikards, 1996), (Smith, Landis & Gong,

2003) zusammengestellt. Zu den Kennwerten und Einflussfaktoren wird auf die vorangegangenen Kapitel des Buches verwiesen. Es erschienen zahlreiche Dissertationen und Aufsätze in Fachzeitschriften zur Thematik der Modellbildung. Eine experimentelle Verifikation erfolgt dabei allerdings noch relativ selten. Nachfolgend eine Auswahl von Arbeiten zur Modellierung:

- Modellbildung der Eigenschaften von Holz: (Hanhijärvi, 1995), (Persson, 2000), (Harrington, 2002), (Modén, 2008), (De Borst & Bader, 2014), (Schmidt, 2009), (Reichel, 2015), (Sjölund, 2015), (Patera, Derome, Griffa & Carmeliet, 2013), (Patera A., 2014), (Modén, 2008),
- Modellbildung der Eigenschaften von Holzwerkstoffen: (Kusian, 1968), (Hänsel & Niemz, 1988), (Hänsel A., 1989), (Gereke, et al., 2012) , (Navi & Sandberg, 2012),
- Modellbildung von Spannungen und Verformungen in Holz und Holzwerkstoffen: (Gereke T., 2009), (Hassani M. M., Wittel, Hering & Herrmann, 2015), (Hassani M. M., 2015),
- Feuchte- und Wärmetransport in Holz und Holzwerkstoffen: (Frandsen, Damkilde & Svensson, 2007); (Stalne, 2009), (Sanabria, Lanvermann, Michel, Mannes & Niemz, 2015), (Patera A., 2014), (Hering, 2011).

18.2 Holz und Holzwerkstoffe

18.2.1 Grenzen der Berechenbarkeit

Holz lässt sich vom mechanischen Standpunkt aus als inhomogener, anisotroper und poriger Festkörper auffassen, dessen Eigenschaften durch die Struktur und insbesondere durch Feuchte und Temperatur beeinflusst werden. Die im Holzgefüge im Wesentlichen normal verteilten Holzporen wirken quasi wie ein System von einander gegenseitig beeinflussenden inneren Kerben. Die dadurch hervorgerufenen lokalen Spannungsspitzen, verbunden mit größeren örtlichen Dehnungen, sind verantwortlich für das Auftreten von Mikroschädigungen als Beginn des makroskopischen Bruches (Kollmann, 1967). Infolge der wechselseitigen Beeinflussung der Poren, die in gewissen Bereichen zu einer Entlastung führen kann, der zumeist unbekannten mechanischen Vorgeschichte sowie strukturell bedingter, fehlerhafter oder bruchfördernder Stellen (z. B. Hoftüpfel in den Nadelholztracheiden) u. a. m., sind alle mechanischen Eigenschaftswerte durch eine Unschärfe charakterisiert, die auch eine objektive Grenze für die Modellierung darstellt.

Die erreichbare Güte mathematischer Beschreibungen von Struktur-Eigenschafts-Beziehungen wird demzufolge immer von den gegebenen Streuungen der Werkstoffeigenschaften abhängig sein. Auch Holzwerkstoffe weisen die obengenannten typischen mechanischen Eigenschaften auf. Durch das Einbringen von weiteren Stoffkomponenten (z. B. Kleb- und Zusatzstoffen), die Spezifik der Herstellungsverfahren (z. B. Oberflächenrauigkeit von Spänen oder Fasern, lokale Rohdichtemaxima an Kreuzungs- und Überlappungsflächen der Partikel in Span- und Faserplatten) ergeben sich komplizierte Mikromechanismen der Bruch- und Verformungsvorgänge. Daher erfolgte bisher überwiegend nur eine mathematisch-statistische Modellierung für bestimmte Bereiche (auch zur Qualitätskontrolle in der Holzwerkstoffindustrie, z.B. mittels multipler Regression ermittelter Abhängigkeiten). An Bedeutung gewinnen auch bruchmechanische Kennwerte von Holz, Holzwerkstoffen und Holzverklebungen (Smith, Landis & Gong, 2003) (Scheffler, Niemz, Diener, Lustig & Hardtke, 2004; Ammann, 2015).

Prinzipiell kommen für eine Modellierung drei grundlegende Modellarten in Betracht:

- Physikalische Modelle: mit hoher Allgemeingültigkeit, aber zumeist nur geringer Akzeptanz,
- mathematisch-statistische Modelle: mit begrenzten Gültigkeitsbereichen, aber relativ hoher Zuverlässigkeit innerhalb dieser Bereiche,
- hybride Modelle: diese sind eine Kopplung mathematisch-statistischer Modelle mit hinreichend physikalischen Modellen auf der Makroebene (Hänsel A., 1989), (Hänsel, Niemz & Brade, 1988).

FE-Modellierung

Spannungen und Verformungen in Holzwerkstoffen lassen sich auch mithilfe der Finite-Elemente-Methode (FEM) berechnen. Diese Methode beruht auf der Annäherung an ein Kontinuum mit unendlich vielen Freiheitsgraden durch eine Anordnung von Elementen, denen endlich viele Unbekannte zugeordnet sind und die durch Knoten an den Elementrändern verbunden werden (s. Bild 18.2).

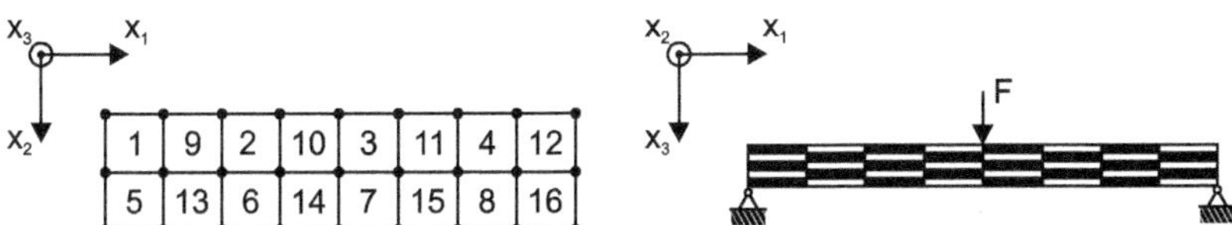

Bild 18.2 Vernetzung und Schichtung einer biegebelasteten Spanplattenprobe unter Verwendung hybrider Mehrschichtelemente

Bei der Aufstellung entsprechender Modelle ist es notwendig, die einzelnen Elemente so zu wählen, dass innerhalb derselben die Materialeigenschaften als konstant angesehen werden können. Durch Variation der Eigenschaften zwischen den Elementen ist es möglich, auch komplizierte Strukturen, wie sie Holz und Holzwerkstoffe darstellen, zu erfassen.

Der Verschiebungszustand innerhalb eines finiten Elements wird dabei wie folgt beschrieben:

$$(f) = [N_i, N_j, N_m, \ldots] \cdot \begin{pmatrix} \delta_i \\ \delta_j \\ \delta_m \\ \ldots \end{pmatrix} \tag{18.1}$$

[N] Matrix der Formfunktionen

(δ) Vektor der Knotenverschiebungen eines Elements

Der Spannungszustand des Elementes und seiner Ränder ergibt sich aus den Formänderungsgrößen, evtl. vorhandenen Anfangsverformungen sowie aus dem Stoffgesetz, das das Material beschreibt. Zur Anwendung der Finite-Elemente-Methode gibt es eine umfangreiche Spezialliteratur sowie zahlreiche Programmsysteme (z. B. ANSYS, ABACUS) (Zienkiewicz, 1974), (Bathe, 2002).

Gleichfalls geeignet für die Beschreibung der Festigkeits- und Elastizitätseigenschaften ist die Gleichgewichtsmethode, deren Prinzip darin besteht, alle inneren und äußeren Kräfte am Werkstoff zur Beschreibung des Spannungszustandes zu bilanzieren:

$$\begin{aligned} \sum M &= 0 \\ \sum F &= 0 \end{aligned} \tag{18.2}$$

Unter Berücksichtigung der Festigkeitseigenschaften der einzelnen Stoffkomponenten können damit die Eigenschaften des Werkstoffs vorausberechnet werden.

Die mechanische Betrachtung von Holz und Holzwerkstoffen macht es erforderlich, Spannungen und Dehnungen auf definierte Koordinatensysteme zu transformieren. In allgemeiner Darstellung geschieht dies nach der Beziehung

$$|\overline{M}| = |A| \cdot |M| \cdot |A|^{T} \tag{18.3}$$

$|M|$ Matrix im Ausgangskoordinatensystem (M z. B. σ oder ε)

$|\overline{M}|$ Matrix im Vergleichskoordinatensystem

$|A|$ Transformationsmatrix

Zur Transformation der Spannungen von einem Koordinatensystem X_i in ein anderes Koordinatensystem $\overline{X}_i$ nimmt Gleichung (18.4) beispielsweise nachstehende Form an – siehe Kapitel 13:

$$\begin{bmatrix} \overline{\sigma}_{11} & \overline{\sigma}_{12} & \overline{\sigma}_{13} \\ \overline{\sigma}_{21} & \overline{\sigma}_{22} & \overline{\sigma}_{23} \\ \overline{\sigma}_{31} & \overline{\sigma}_{32} & \overline{\sigma}_{33} \end{bmatrix} = \begin{bmatrix} a_{11} & a_{12} & a_{13} \\ a_{21} & a_{22} & a_{23} \\ a_{31} & a_{32} & a_{33} \end{bmatrix} \cdot \begin{bmatrix} \sigma_{11} & \sigma_{12} & \sigma_{13} \\ \sigma_{21} & \sigma_{22} & \sigma_{23} \\ \sigma_{31} & \sigma_{32} & \sigma_{33} \end{bmatrix} \cdot \begin{bmatrix} a_{11} & a_{21} & a_{31} \\ a_{12} & a_{22} & a_{32} \\ a_{13} & a_{23} & a_{33} \end{bmatrix} \tag{18.4}$$

Die Elemente der Transformationsmatrix A berechnen sich dabei aus

$$a_{ij} = \cos \alpha_{ij} \quad \begin{aligned} i &= 1(1)3 \\ j &= 1(1)3 \end{aligned} \tag{18.5}$$

α Winkel zwischen den Koordinatenachsen des $\overline{X}_i$- und des X_j-Koordinatensystems in mathematisch negativer Drehrichtung

18.2.2 Vollholz

Clarke (zit. in (Kollmann, 1967)) fand bei Schlagzähigkeitsprüfungen von Holz, dass der Bruch im Wesentlichen in der Mittellamelle verläuft. Nach Untersuchungen von Stupnicki (Stupnicki, 1970) wird der Bruch bei Druckbeanspruchung durch lokales Einknicken der Mittellamelle eingeleitet und bei Zugbeanspruchung in Längsrichtung durch die Querschnittsfläche der Mittellamelle maßgeblich bestimmt.

Davon ausgehend, soll der Einfluss des Zellwandbaus bzw. der chemischen Hauptbestandteile des Holzes (die Mittellamelle besteht im Wesentlichen aus Lignin) auf den Bruchverlauf durch Modellierung näher untersucht werden. Grundlage ist deshalb das in Bild 18.3 gezeigte Strukturmodell auf Jahrringebene eines idealelastischen, isotropen Materials mit hoher Bruchfestigkeit und großem Elastizitätsmodul, mit dem die belastete Gerüstsubstanz (dem entspräche die Mittellamelle) simuliert wird. Primär-, Sekundär- und Tertiärwand erfüllen im Modell eine Stützfunktion, die ein frühzeitiges Ausknicken bei Druckbeanspruchung verhindert.

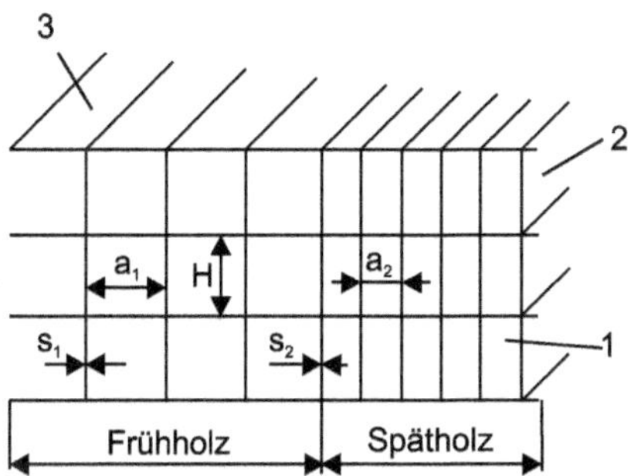

1...Querschnitt
2...Tangentialschnitt
3...Radialschnitt

Bild 18.3 Strukturmodell des Zellgerüstes von Holz

Die analytische Auswertung des Modells mithilfe eines aufwendigen Berechnungsapparates führt zu folgenden Erkenntnissen:

1. Die Lastverteilung zwischen den einzelnen Komponenten der Zellwand hängt von der Größe der Steifigkeitsparameter in der jeweiligen Beanspruchungsrichtung ab (Tabelle 18.1).
2. Eine höhere Belastbarkeit der Mittellamelle führt zu verbessertem mechanischen Verhalten und zu einer Vergrößerung des Hookeschen Bereichs im Spannungs-Dehnungs-Diagramm.
3. Die mithilfe der Modellgleichungen gefundenen Werte zeigen gute Übereinstimmung mit experimentell ermittelten Elastizitäts- und Schubmoduln.

Holz als natürlich gewachsener Stoff weist eine Vielzahl von Fehlstellen auf, die letztendlich den Bruch auslösen können (s. hierzu (Kollmann, 1967)). Ein mechanisches Modell sollte deshalb die Wirkung lokaler Spannungskonzentrationen, die verschiedene Ursachen haben können, berücksichtigen.

Tabelle 18.1 Verteilung der äußeren Belastung auf die Zellwandschichten von Holz nach (Stupnicki, 1970)

Belastungsrichtung	Lastverteilung in %	
	Mittellamelle	übrige Zellwandschichten
Längs	95	5
Radial	46	54
Tangential	13	87

Den Einfluss der Zellwandeigenschaften auf die elastischen Eigenschaften von Holzfasern haben (Salmen & de Ruvo, 1985) mithilfe der Theorie faserverstärkender Materialien untersucht. Die Holzfaser wird dabei durch ein Schichtmodell (Bild 18.4) simuliert. Als Verstärkungsmaterial werden die Mikrofibrillen angesehen, die in einer Matrix aus Hemicellulose eingebettet sind.

Strukturelle Einflüsse von Sondermerkmalen des Holzes (Holzfehler) sind in (Richter, 2010) (Richter, 2015) aufgeführt. Dabei wurde auch deren Einfluss auf den anatomischen Aufbau beschrieben. Diese bewirken häufig stark vom fehlerfreien Holz abweichende Eigenschaften und wurden auch oft für technische Zwecke gezielt genutzt.

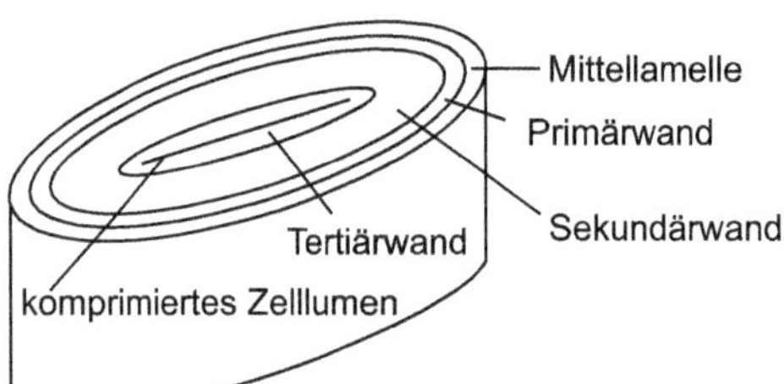

Bild 18.4 Strukturmodell einer Nadelholztracheide

Das Modell gestattet damit die Analyse von Veränderungen des Verhältnisses Verstärkung : Matrix bei verschiedenen Zellwänden. Für den Elastizitätsmodul einer Zellwand gilt nach (Salmen & de Ruvo, 1985):

$$E = \frac{1 + \frac{(2 \cdot l \cdot \eta \cdot v_\mathrm{f})}{d}}{1 - \eta \cdot v_\mathrm{f}} \tag{18.6}$$

$$\eta = \frac{\frac{E_\mathrm{f}}{E_\mathrm{m}} - 1}{\frac{E_\mathrm{f}}{E_\mathrm{m}}} + \xi = 1 - \frac{E_\mathrm{m}}{E_\mathrm{f}} + \xi \tag{18.7}$$

E_f Elastizitätsmodul des Verstärkungsmaterials

E_m Elastizitätsmodul der Matrix

v_f Volumenanteil des Verstärkungsmaterials

l Faserlänge des Verstärkungsmaterials

d Faserdurchmesser des Verstärkungsmaterials

ξ Konstante

Die Berechnung des resultierenden Elastizitätsmoduls der Holzfaser geht vom verallgemeinerten Hookeschen Gesetz für anisotrope Körper im ebenen Spannungszustand aus (s. Kap. 13 oder (Autorenkollektiv, 1975)). Aufbauend auf der in Kap. 13 dargelegten Elastizitätstheorie anisotroper Festkörper wird für ein verbessertes Modell angenommen, dass die von (Hankinson, 1921) entwickelte Näherungsformel für die Bruchfestigkeit von Holz bei unterschiedlichem Faser-Last-Winkel (siehe auch Kap. 13 und 14) verwendet werden kann.

$$\sigma_{B,\varphi} = \frac{\sigma_{B\parallel} \cdot \sigma_{B\perp}}{\sigma_{B\parallel} \cdot \sin^n \varphi + \sigma_{B\perp} \cdot \cos^n \varphi} \tag{18.8}$$

$\sigma_{B,\varphi}$ Bruchfestigkeit bei einem Faser-Last-Winkel φ

$\sigma_{B\parallel}$ Bruchfestigkeit in Faserrichtung ($\varphi = 0°$)

$\sigma_{B\perp}$ Bruchfestigkeit senkrecht zur Faserrichtung ($\varphi = 90°$)

n Exponent in Abhängigkeit von Holzart und Belastung (siehe auch Kap. 13 und 14)

Ylinen (zitiert in (Kollmann, 1967)) beschreibt das Spannungs-Dehnungs-Verhalten von Holz bei Druckbeanspruchung mithilfe der Beziehung

$$\varepsilon = \frac{\sigma_d}{E_d}\left[1 + \frac{1}{n+1}\left(\frac{\sigma_d}{\sigma_{dB}}\right)^n + \frac{1}{2n+1}\left(\frac{\sigma_d}{\sigma_{dB}}\right)^{2n} + \ldots\right] \tag{18.9}$$

ε Stauchung

σ_d Druckspannung

E_d Elastizitätsmodul bei Druckbeanspruchung

σ_{dB} Druckfestigkeit

n Exponent in Abhängigkeit von der Holzart (z. B. Kiefer n = 3, Fichte n = 6)

Auch das Dauerstandverhalten (Dauerstandfestigkeit) wird entsprechend abgeleitet (Ylinen, 1957). Mit den Gleichungen (18.8) und (18.9) wird bei entsprechender Wahl der Koeffizienten eine für praktische Zwecke sehr gute Übereinstimmung von Rechen- und Versuchswerten erzielt.

Untersuchungen von Norris (zit. in DIN 68364) zufolge kann die Zugfestigkeit von Holz nach folgender Beziehung aus der Biege- und der Druckfestigkeit berechnet werden:

$$\sigma_{zB} = \sigma_{dB} \cdot \frac{\sigma_{bB} \cdot \sigma_{dB}}{3 \cdot \sigma_{dB} - \sigma_{bB}} \tag{18.10}$$

Arbeiten zur Mehrskalen-Modellierung von Nadelholz (Strukturebenen siehe Bild 18.1), basierend auf den Eigenschaften von Cellulose, Hemicellulose und des Lignins sowie des Zellwandaufbaus (Einfluss des Mikrofibrillenwinkels), führte (Persson, 2000) durch. Der Einfluss der Holzstrahlen blieb dabei allerdings unberücksichtigt (Burgert, 2000). In weiteren Arbeiten wurde der Einfluss der Zellform (Sjölund, 2015) auf die Anisotropie modelliert, der ebenfalls von großer Bedeutung ist. Eine gute Übersicht der Eigenschaften senkrecht zur Faserrichtung und zu deren Modellierung enthält (Modén, 2008). Auch erste Ansätze zur Modellierung des anatomisch wesentlich komplexer aufgebauten Laubholzes sind vorhanden (De Borst & Bader, 2014).

18.2.3 Holzwerkstoffe

Holzwerkstoffe haben generell eine wesentlich höhere Homogenität als Vollholz im Makrobereich, das spiegelt sich in den Variationskoeffizienten wieder. Auch hier kann eine Modellierung auf verschiedenen Strukturebenen wie bei Vollholz erfolgen. Dabei muss die durch den Herstellungsprozess bewirkte Änderung der Struktur berücksichtigt werden. Nachfolgend wird im Wesentlichen auf die Makrostruktur eingegangen. Auf diesen Bereich begrenzen sich bisher die meisten Arbeiten. Im Bereich der Mikro- und Submikrostruktur wurden kaum Arbeiten durchgeführt. Strukturebenen analog Bild 18.1 sind auch hier vorhanden und bei der Modellierung erforderlich, so z. B. für die Spannungsübertragung in den Klebfugen, Veränderungen beim Herstellungsprozess durch den Verdichtungsvorgang etc.

18.2.3.1 Lagenholz (Sperrholz, Brettsperrholz)

Lagenhölzer sind dadurch charakterisiert, dass die einzelnen Schichten Normalkräfte übertragen können, die Kraftübertragung zwischen den einzelnen Schichten jedoch durch Schubspannungen in den Klebfugen zwischen den einzelnen Lagen erfolgt. Für ein durch Zugkräfte in Längsrichtung beanspruchtes Lagenholz muss die Voraussetzung

$$\varepsilon_1 = \varepsilon_2 = \varepsilon_i = \text{const.} \tag{18.11}$$

mit 1, 2, i = Bezeichnung der jeweiligen Schicht erfüllt sein.

Unter Anwendung des Hookeschen Gesetzes folgt daraus für den elastischen Bereich:

$$\frac{\sigma_1}{E_1} = \frac{\sigma_i}{E_i} = \frac{\sigma_n}{E_n} \tag{18.12}$$

Aus Gleichung (18.12) geht hervor, dass bei gleicher Dehnung die Schicht mit dem höchsten Elastizitätsmodul anteilig auch die größte Zugspannung aufnimmt. Nach Hintersdorf (Hintersdorf, 1972) können Bruchfestigkeit und Elastizitätsmodul folgendermaßen errechnet werden:

$$\sigma_{zB,v} = \sum_{i=1}^{N} \sigma_{zi} \cdot \left(\frac{A_i}{A_v}\right)$$
$$E_{zv} = \sum_{i=1}^{N} E_{zi} \cdot \left(\frac{A_i}{A_v}\right) \tag{18.13}$$

$\sigma_{zB,v}$ Zugfestigkeit des Lagenholzes

σ_{zi} Zugspannung in der Schicht i

A_v Querschnittfläche des Lagenholzes

A_i Querschnittfläche der Schicht i

E_{zv} Elastizitätsmodul des Lagenholzes

E_{zi} Elastizitätsmodul der Schicht i

N Anzahl der Lagen

Spannungsumverteilungen während des Bruchs, die zu höheren Festigkeitswerten führen können, werden in diesem Ansatz nicht berücksichtigt.

Bei Druckbeanspruchung ist wegen des großen Anteils plastischer Verformungen mit höheren Abweichungen zwischen experimentell und theoretisch ermittelten Werten zu rechnen.

Bei biegebelasteten Lagenhölzern spielt die geometrische Anordnung der Schichten für die erreichbare Größe der Biegefestigkeit eine entscheidende Rolle. Hier erfolgt der Bruch oft in den Mittellagen durch sogenannten Rollschub (geringer Schubmodul in der RT-Ebene, siehe Kap. 13 und 14).

Von Gibbs & Cox (Autorenkollektiv, 1960) wurde vorgeschlagen, ausgehend von der Berechnung elastisch äquivalenter Querschnittflächen, das Biegewiderstandsmoment der einzelnen Schichten wie folgt zu berechnen (Bild 18.5):

$$W_i = \frac{1}{x_{imax}} \cdot \frac{E_1}{E_i} \cdot \sum_{i=1}^{N} \left(\frac{b_i' \cdot a_i^3}{12} + A_i' \cdot z_i^2\right) \tag{18.14}$$

$$A_i' = A_i \left(\frac{E_i}{E_1}\right) \tag{18.15}$$

mit

$$z_i = \left[z_N - \left(a_v - z_i'\right)\right] \tag{18.16}$$

W_i Biegewiderstandsmoment der Schicht i

x_{imax} größte Entfernung der Schicht i von der neutralen Faser

E_i Elastizitätsmodul der Schicht i

E_1 Elastizitätsmodul der Bezugsschicht

b_i Breite der Schicht i

b_i' transformierte Breite der Schicht i (Bild 18.5)

a_i Dicke der Schicht i

A_i' transformierter Querschnitt der Schicht i

A_i Querschnitt der Schicht i

z_i Abstand zwischen dem Schwerpunkt der Schicht i und der neutralen Faser

z_N Lage der neutralen Faser

a_v Dicke des Lagenholzes

z_i' transformierter Abstand zwischen dem Schwerpunkt der Schicht i und der neutralen Faser

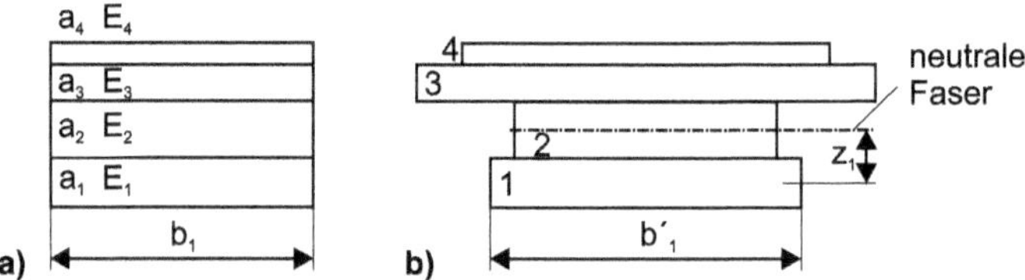

Bild 18.5 Transformation der Querschnittsflächen von Lagenholz (a) in elastisch-äquivalente Querschnittsflächen (b)

Die Biegebruchfestigkeit ergibt sich dann aus Gleichung (18.14) durch Einsetzen der Kennwerte der Einzelschichten

$$\sigma_{\mathrm{bB,v}} = \frac{6 \cdot \sigma_{\mathrm{B,i}} \cdot W_{\mathrm{i}}}{b \cdot a_{\mathrm{v}}^{2}} \tag{18.17}$$

$\sigma_{\mathrm{bB,v}}$ Biegefestigkeit des Lagenholzes

$\sigma_{\mathrm{B,i}}$ Zug-/Druckfestigkeit der Schicht i

a_v Dicke des Lagenholzes

W_i Biegewiderstandsmoment der Schicht i

b Probenbreite

Der zu erwartende Biege-Elastizitätsmodul errechnet sich in allgemeinster Form aus

$$E_{\mathrm{bv}} = \frac{1}{I_{\mathrm{v}}} \cdot \sum_{\mathrm{i=1}}^{\mathrm{N}} \left(E \cdot I\right)_{\mathrm{i}} \tag{18.18}$$

E_{bv} Biege-Elastizitätsmodul des Lagenholzes

I_v Flächenträgheitsmoment des Lagenholzes

$(E \cdot I)_i$ Biegesteifigkeit der Schicht i

N Anzahl der Schichten

Die Eigenschaften von Sperrholz können auch nach DIN EN 14272 berechnet werden. Analog wie bei Sperrholz wird oft bei Brettsperrholz (Massivholzplatten) verfahren (siehe auch prEN 16351). Für Brettsperrholz (mehrschichtige Massivholzplatten) wurden Berechnungsmethoden und Evaluierungen von (Czaderski, et al., 2007) publiziert. In dieser Arbeit sind auch verschiedene Berechnungsansätze aufgeführt. Eine gute Übersicht zu Massivholzplatten ist auch in (Tobisch, 2006) vorhanden.

18.2.3.2 Verbundplatten

Dreischichtige Verbundplatten sind im mechanischen Sinne nach der Art des Mittelschichtmaterials zu unterscheiden. Ist das Verhältnis der Elastizitäts- bzw. Schubmoduln der Verbundmaterialien in der Mittel- und Deckschicht ≥ 0,1, wird empfohlen, die für Lagenholz entwickelten Beziehungen anzuwenden. Verbundplatten mit extrem leichten Mittellagen (Papierwaben, Schäumen u. ä.) zeigen bei einer Belastung durch Normalkräfte zur Plattenebene die in Bild 18.6 dargestellten Spannungsverläufe.

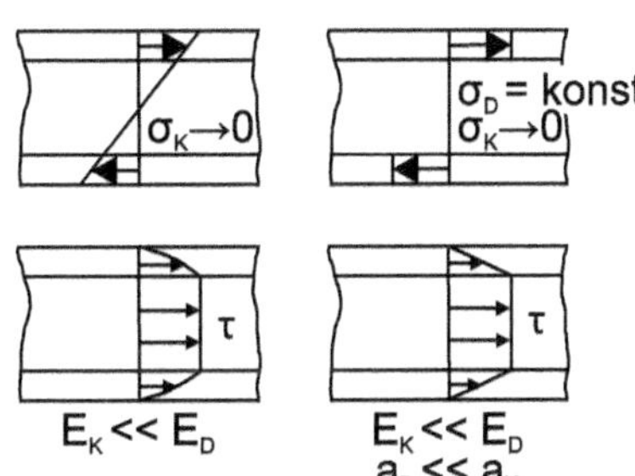

Bild 18.6 Spannungsverläufe im Inneren einer durch Normalkräfte belasteten Verbundplatte. Indizes: D = Deckschicht, K = Mittelschicht

Ist $a_D < a_K$ und E_D, $G_D > E_K$, G_K, vereinfacht sich die Berechnung, da (ähnlich einem Doppel-T-Träger) in den Deckschichten nur Zug- bzw. Druckspannungen und in der Mittelschicht nur Schubspannungen übertragen werden.

Für den in Bild 18.7 dargestellten allgemeinen Lastfall ergibt sich durch Bilden der Momenten- bzw. Kräftegleichgewichte:

$$\sigma(\mathrm{x}) = \pm\left(\frac{M_0}{b \cdot a_D \cdot a_K} + \frac{F \cdot \mathrm{x}}{2 \cdot b \cdot a_D \cdot a_m}\right) \tag{18.19}$$

$$\tau_{sm} = \frac{F}{2 \cdot b \cdot a_k} \tag{18.20}$$

$\sigma(\mathrm{x})$ Zug-/Druckspannung in der Deckschicht

M_0 Einspannmoment

x Abstand vom Auflager (Hebelarm)

τ_{sm} Schubspannung in der Mittelschicht

F äußere Belastung

b Breite der Verbundplatte

a_D Dicke der Deckschicht

a_K Dicke der Mittelschicht

a_m $a_K + a_D$

Der erste Term in Gleichung (17.19) kann für Zwecke der Berechnung gleich null gesetzt werden. Bei Kenntnis der Zug- bzw. Druckfestigkeit des Deckschichtmaterials sowie der Schubfestigkeit des Mittelschichtmaterials ist es möglich, iterativ die erreichbare Vergleichsbiegespannung des homogenen Trägers ($\sigma = M/W$) zu ermitteln.

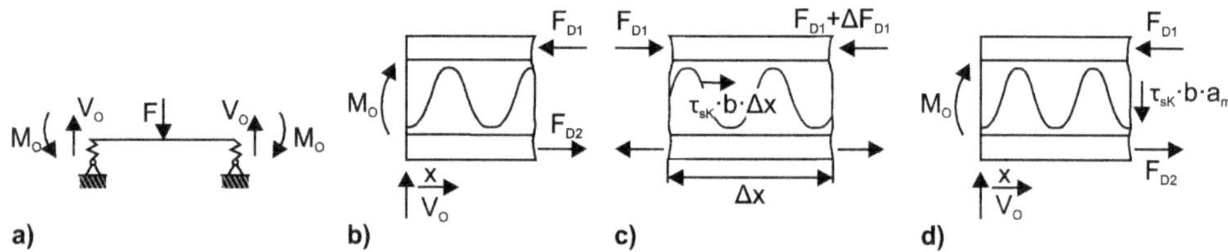

Bild 18.7 Schnittgrößen biegebeanspruchter Verbundplatten: (a) Belastung, (b) Kräftegleichgewicht am Rand, (c) Kräfte und Spannungen im Inneren, (d) Kräfte und Spannungen am Rand

Der Biege-Elastizitätsmodul einer dreischichtigen, symmetrisch aufgebauten Verbundplatte errechnet sich bei Anwendung des Satzes von Steiner wie folgt:

$$B_s = (E \cdot I)_v = E_K \cdot \frac{1}{12} b \cdot a_K^{\ 3} + 2E_D \left[\frac{1}{12} b \cdot a_D^{\ 3} + b \cdot a_D \left(\frac{a_K + a_D}{2} \right) \right] \tag{18.21}$$

Für $E_K << E_D$ und $a_D < a_K$ folgt:

$$E_v = \frac{6 \cdot E_D \cdot a_D \cdot a_m^{\ 2}}{(2 \cdot a_D + a_k)^3} \tag{18.22}$$

B_s Biegesteifigkeit der Verbundplatte

E_v Biege-Elastizitätsmodul der Verbundplatte

I_v Trägheitsmoment der Verbundplatte

E_D Biege-Elastizitätsmodul des Deckschichtmaterials

E_K Biege-Elastizitätsmodul des Mittelschichtmaterials

a_D Dicke der Deckschicht

a_k Dicke der Mittelschicht

b Breite der Verbundplatte

a_m $a_k + a_D$

Weiterführende Ausführungen dazu sind in (Altenbach, Altenbach & Rikards, 1996) (Hänsel A., 2012) zu finden.

18.2.3.3 Spanplatten

Das Modell der Kraftübertragung bei Spanplatten geht davon aus, dass diese bei einer durch äußere Kräfte beanspruchten Spanplatte durch Schubspannungen in den Leimbrücken erfolgt, die die Späne punktförmig miteinander verbinden.

Seit den fünfziger Jahren sind zahlreiche Versuche unternommen worden, die mechanischen Eigenschaften von Spanplatten aus den Eigenschaften ihrer Strukturelemente zu berechnen. Die Einbeziehung der Partikelmorphologie, der Eigenschaften der Klebfugen und der Holzart in den jeweiligen Modellansatz hat bis heute noch nicht zu befriedigenden Lösungen für eine zuverlässige Vorausbestimmung der Eigenschaften von Spanplatten geführt. Es sind jedoch Aussagen über allgemeine Zusammenhänge zwischen Struktur und Eigenschaften von Spanplatten möglich. Wo der Anspruch der Vorausberechenbarkeit im Speziellen erhoben wurde (s. (Potašeff & Lapšin, 1982)), ergaben sich keine reproduzierbaren Werte. Ein Überblick über wesentliche Modellansätze zur Berechnung der Zugfestigkeit von Spanplatten in Plattenebene und senkrecht dazu ist in (Niemz, 1993) sowie (Hänsel A., 1985) aufgeführt.

Unter der Voraussetzung, dass die Bernoulli-Hypothese (die Platte bleibt über dem Querschnitt bei Biegung eben) mit vernachlässigbarem Fehler angenommen werden kann, hat (Keylwerth R., 1958) für den Hookeschen Bereich aus den Gleichgewichtsbedingungen einer dreischichtigen Spanplatte folgende Beziehung entwickelt:

$$M = \sigma_{\max} \frac{a_{\mathrm{v}}^{2} \cdot b}{6} \left[1 - \left(1 - \frac{E_{\mathrm{K}}}{E_{\mathrm{D}}} \right) \cdot (1 - \lambda)^{3} \right] \tag{18.23}$$

M übertragbares Biegemoment

$\sigma_{\max}$ Zug- bzw. Druckspannung am Rand der Spanplatte

a_{v} Plattendicke

b Breite der Spanplatte

E_{D}, E_{K} Biege-Elastizitätsmodul der Deck- bzw. Mittelschicht

λ Beplankungsverhältnis $= 2a_{\mathrm{D}}/a_{\mathrm{v}}$

a_{D} Dicke der Deckschicht

Mithilfe der Navierschen Gleichung $\sigma = M/W$ ließe sich daraus die Vergleichsbiegespannung für einen homogenen Träger berechnen. Da die plastischen Verformungsanteile aber nicht berücksichtigt werden, ist Gleichung (18.23) für die Vorausbestimmung der Biegefestigkeit von Spanplatten nicht geeignet.

Den Biege-Elastizitätsmodul dreischichtiger Spanplatten schlägt Keylwerth (Keylwerth R., 1958) vor, unter der vereinfachenden Annahme, dass die einzelnen Schichten homogen sind, wie folgt zu berechnen:

$$E_{\text{bv}} = E_{\text{D}}\left[1-\left(1-\frac{E_{\text{K}}}{E_{\text{D}}}\right)\cdot(1-\lambda)^{3}\right] \tag{18.24}$$

E_{bv} Biege-Elastizitätsmodul der Spanplatte

E_{D}, E_{K} Biege-Elastizitätsmodul der Deck- bzw. Mittelschicht

λ Beplankungsverhältnis

Plath (Plath, 1971) hat dieses Modell durch die Einführung von Funktionen zur Beschreibung des Rohdichteprofils zu verbessern versucht (Bild 17.8). Die gewählten Funktionen sind jedoch zu wenig flexibel, um die in der Praxis auftretenden unterschiedlichen Rohdichteprofile zu beschreiben. Darüber hinaus erwies es sich auch als unzureichend, das Problem auf den Zusammenhang zwischen Biege-Elastizitätsmodul und Rohdichte zu reduzieren.

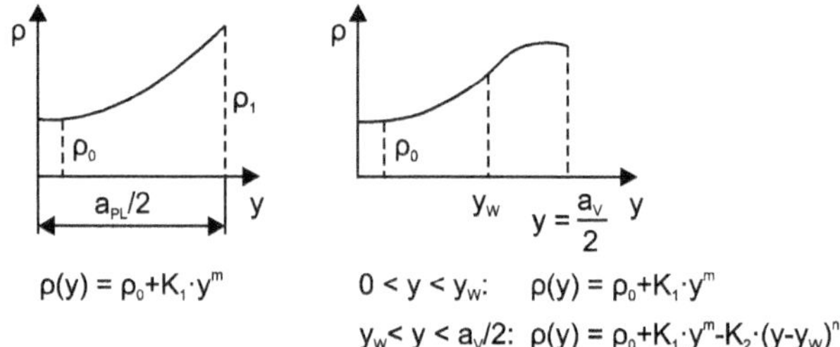

Bild 18.8 Möglichkeiten zur Modellierung des Einflusses des Rohdichteprofiles senkrecht zur Plattenebene auf den Elastizitätsmodul (Plath, 1971)

May (May, 1977) schlägt deshalb die Erfassung prozesstechnischer und rohstoffbedingter Einflüsse in einem additiven Modell vor. Ein von Hänsel (Hänsel A., 1989) entwickeltes Schichtmodell ergab unter definierten Versuchsbedingungen eine sehr gute Übereinstimmung von Berechnungsergebnissen mit experimentell ermittelten Werten.

Das Modell nach Hänsel geht davon aus, dass die Grobstruktur der Spanplatte durch mehrere, im mathematischen Sinne stetige oder unstetige Profile beschrieben werden kann. Durch eine Unterteilung des Plattenquerschnitts in mehrere Schichten (im Weiteren als Elementarstrukturen bezeichnet) können diese Profile durch Geradenstücke approximiert werden. Innerhalb einer Elementarstruktur gilt näherungsweise, dass die Strukturparameter konstant sind. Die physikalisch-mechanischen Eigenschaften der Elementarstruktur müssen mithilfe mathematisch-statistischer Modelle aus den Eigenschaften der Feinstruktur abgeleitet werden (siehe z. B. (Hänsel, Niemz & Brade, 1988)). Unter Anwendung geeigneter physikalischer Modelle können die Elementarstrukturen zum Gesamtwerkstoff kombiniert werden.

Modellierung der Biegefestigkeit

Es wird davon ausgegangen, dass

- der Bruchverlauf bei Spanplatten, die auf Biegung beansprucht werden, durch das Entstehen von Mikrorissen, darauf folgende zwischenpartikuläre Verschiebungen und durch die Ausbildung eines Netzwerkes von Schwachstellen gekennzeichnet ist. Im Moment des Bruchs liegt eine idealplastische Spannungsverteilung vor. Für die Modellierung der Biegefestigkeit *homogener einschichtiger* Spanplatten wird deshalb, ausgehend von der Traglasttheorie (Hänsel & Niemz, 1988), die in Bild 18.9 dargestellte Spannungsverteilung beim Bruch angenommen.

- die Biegefestigkeit von Spanplatten größer ist als deren Zug- und Druckfestigkeit in Plattenebene (Plath, 1970) (Schreiber, Niemz & Mannes, 2007), wobei für einschichtige Spanplatten aus industriellen Spangemischen in etwa folgende Verhältnisse gelten:
  - Biegefestigkeit: Zugfestigkeit in Plattenebene = 1,7 bis 2,0 : 1,
  - Biegefestigkeit: Druckfestigkeit in Plattenebene = 1,3 bis 1,5 : 1.

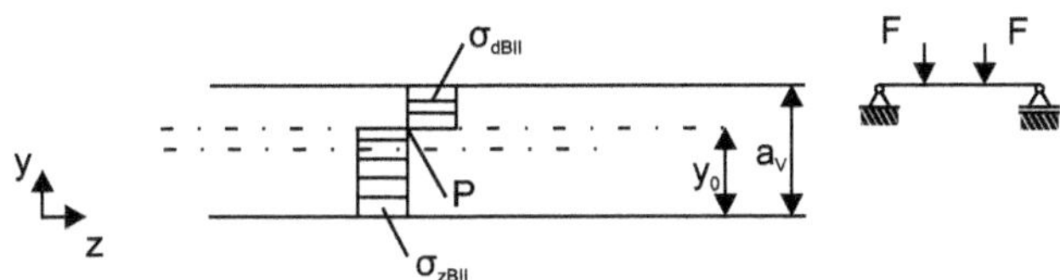

Bild 18.9 Spannungsverteilung beim Bruch einer homogenen Spanplatte

Dabei erfolgt die Biegebeanspruchung über Vierpunktbelastung, sodass ein schubspannungsfreier Bereich entsteht.

Aus dem Kräftegleichgewicht in y-Richtung kann zunächst die Lage der Spannungsnulllinie ermittelt werden:

$$y_0 = \sigma_{\mathrm{dB}} \cdot \frac{\sigma_{\mathrm{dB}} \cdot a_{\mathrm{v}}}{\sigma_{\mathrm{zB}} + \sigma_{\mathrm{dB}}} \tag{18.25}$$

y_0 Abstand der Spannungsnulllinie von der Randfaser der Zugseite

a_v Dicke der Spanplatte

$\sigma_{zB/dB}$ Zug-/Druckfestigkeit der Spanplatte

b Probenbreite

Das Traglastmoment ergibt sich aus dem Momentengleichgewicht um den Punkt P (s. Bild 18.9):

$$M_{\mathrm{TR}} = \sigma_{\mathrm{dB}} \cdot b \cdot \frac{(a_{\mathrm{v}} - y_0)^2}{2} + \sigma_{\mathrm{zB}} \cdot b \cdot \frac{y_0{}^2}{2} \tag{18.26}$$

Mit der Navierschen Gleichung $\sigma_{bB} = M_{TR}/W$ und $W = b \cdot a_v{}^2/6$ lässt sich daraus die Biegefestigkeit berechnen:

$$\sigma_{\mathrm{bB}} = \frac{3\left(\sigma_{\mathrm{dB}}\left(a_{\mathrm{v}} - y_{0}\right)^{2} + \sigma_{\mathrm{zB}} \cdot y_{0}^{2}\right)}{a_{\mathrm{v}}^{2}} \tag{18.27}$$

Um das Modell auf mehrschichtige Spanplatten zu erweitern, wird angenommen, dass der Bruch- und Verformungsvorgang bei mehrschichtigen Spanplatten in etwa so wie bei einschichtigen Spanplatten verläuft und gleichfalls eine idealplastische Spannungsverteilung zum Zeitpunkt des Werkstoffversagens vorliegt.

Photogrammetrische Untersuchungen an Spanplatten (Niemz & Regensburger, 1980) zeigten, dass bei Biegebelastung die Verschiebung der Spannungsnulllinie in Richtung der Druckzone maximal 5 % der Probendicke beträgt. Zur Vereinfachung der Berechnung wird deshalb angenommen, dass die Verschiebung der neutralen Faser den Rand der Elementarstruktur N nicht überschreitet. Analoge Untersuchungen wurden von (Niemz, Schreiber, Naumann & Stockmann, 2007) an verschiedenen Holzpartikelwerkstoffen und Faserplatten mit dem Moiré -Verfahren durchgeführt und brachten das gleiche Ergebnis.

Durch Gleichgewichtsbetrachtungen folgt für den Abstand der Spannungsnulllinie von der Randfaser der Zugseite:

$$y_{0} = \frac{\frac{1}{2}\sum_{i=1}^{N} a_{i}\left(\left(\sigma_{\mathrm{dB,N}} + \sigma_{\mathrm{zB},\frac{N}{2}}\right) + \sigma_{\mathrm{dB,N}} \cdot a_{\mathrm{N}} - \sigma_{\mathrm{zB},\frac{N}{2}} \cdot a_{\frac{N}{2}}\right)}{\sigma_{\mathrm{zB},\frac{N}{2}} + \sigma_{\mathrm{dB,N}}} + \frac{\sum_{i=\frac{N}{2}+1}^{N-1} \sigma_{\mathrm{dB,i}} \cdot a_{i} - \sum_{i=1}^{\frac{N}{2}-1} \sigma_{\mathrm{zB,i}} \cdot a_{i}}{\sigma_{\mathrm{zB},\frac{N}{2}} + \sigma_{\mathrm{dB,N}}} \tag{18.28}$$

a_{i} Dicke der Elementarstruktur i

$\sigma_{\mathrm{dB,i}}$ Druckfestigkeit der Elementarstruktur i in Plattenebene

$\sigma_{\mathrm{zB,i}}$ Zugfestigkeit der Elementarstruktur i in Plattenebene

N Anzahl der Elementarstrukturen

Aus dem Momentengleichgewicht ergibt sich unter Anwendung der Navierschen Gleichung nach einigen Umformungen:

$$\begin{aligned} M_{\mathrm{TR}} = {} & \sum_{i=1}^{\frac{N}{2}-1} \sigma_{\mathrm{zB,i}} \cdot b \cdot a_{i}\left(\frac{a_{i}}{2} + \sum_{k=i+1}^{\frac{N}{2}} a_{i} + \left(y_{0} - \frac{a_{\mathrm{v}}}{2}\right)\right) \\ & + \frac{b}{2}\left(\sigma_{\mathrm{zB},\frac{N}{2}}\left(\frac{a_{\mathrm{N}}}{2} + \left(y_{0} - \frac{a_{\mathrm{v}}}{2}\right)\right)^{2} + \sigma_{\mathrm{dB,N}}\left(a_{\mathrm{N}} - \left(y_{0} - \frac{a_{\mathrm{v}}}{2}\right)\right)^{2}\right) \\ & + \sum_{i=\frac{N}{2}+1}^{N-1} \sigma_{\mathrm{dB,i}} \cdot b \cdot a_{i}\left(\frac{a_{i}}{2} + \sum_{k=i+1}^{N-1} a_{i} + \left(a_{\mathrm{N}} - \left(y_{0} - \frac{a_{\mathrm{v}}}{2}\right)\right)\right) \end{aligned} \tag{18.29}$$

M_{TR} Traglastmoment

Für die Biegefestigkeit ergibt sich dann, wenn das Biegewiderstandsmoment des homogenen Trägers herangezogen wird:

$$\sigma_{\mathrm{bB}} = \frac{M_{\mathrm{TR}}}{b \cdot a^2} \tag{18.30}$$

Die Rechenwerte nach den Gleichungen (18.29) und (18.30) stimmen mit experimentell ermittelten Ergebnissen gut überein. Eine quantitative Analyse der Ergebnisse zeigt, dass durch eine Festigkeitserhöhung in den Randzonen die Biegefestigkeit wesentlich wirksamer verbessert werden kann als durch eine Festigkeitserhöhung in Plattenmitte.

Modellbildung der Zugfestigkeit senkrecht zur Plattenebene

Wie die Biegefestigkeit von Spanplatten wird auch deren Zugfestigkeit senkrecht zur Plattenebene von zahlreichen Strukturparametern beeinflusst. Technologisch bzw. durch den Plattenaufbau bedingte Sprünge innerhalb eines Strukturparameters führen zu Sprüngen im Festigkeitsprofil (s. Bild 18.10a), sodass die schichtweise Anordnung von Elementarstrukturen wiederum günstig für die Modellierung ist.

Setzt man voraus, dass alle Elementarstrukturen bei Belastung an der Kraftübertragung beteiligt sind, wird der Bruch - ähnlich einer Kette - in der Elementarstruktur mit dem geringsten Festigkeitswert eintreten. Bild 18.10b zeigt ein solches Kettenmodell. Für die zu erwartende Zugfestigkeit senkrecht zur Plattenebene kann deshalb geschrieben werden:

$$\sigma_{\mathrm{z\perp B,v}} = \min\left\{\sigma_{\mathrm{z\perp B,i}};\ \mathrm{i} = 1(1)\mathrm{N}\right\} \tag{18.31}$$

$\sigma_{\mathrm{z\perp B,v}}$ Zugfestigkeit der Spanplatte senkrecht zur Plattenebene

$\sigma_{\mathrm{z\perp B,i}}$ Zugfestigkeit der Elementarstruktur i senkrecht zur Plattenebene

N Anzahl der Elementarstrukturen

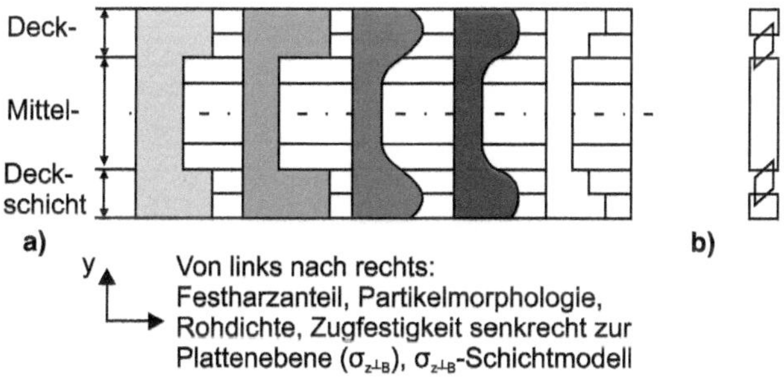

Bild 18.10 Modell für die Berechnung der Zugfestigkeit senkrecht zur Plattenebene: (a) Elementarstrukturen senkrecht zur Plattenebene, (b) Kettenmodell

Modellierung des Biege-Elastizitätsmoduls

Bereits Keylwerth (Keylwerth R., 1958) erkannte, dass als Biege-Elastizitätsmodul von Spanplatten, die auf Biegung beansprucht werden, stets nur der Vergleichswert eines homogenen Trägers angegeben werden kann. Der Grund dafür ist, dass der Biege-Elastizitätsmodul einer Schicht unmittelbar mit dem entsprechenden Flächenträgheitsmoment verbunden ist, in dem die geometrischen Eigenschaften des Plattenquerschnitts zum Ausdruck kommen.

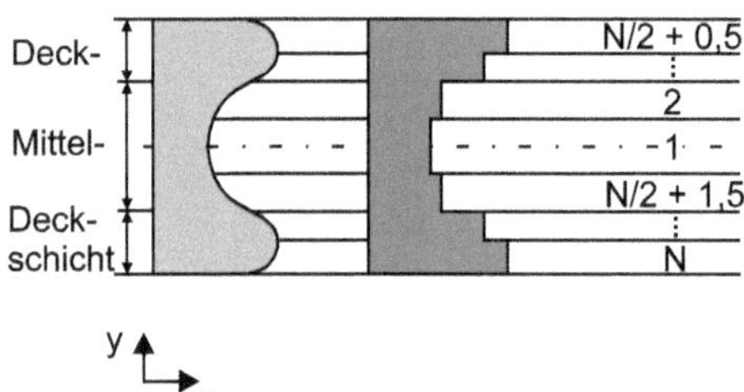

Bild 18.11 Modell für die Berechnung des E-Moduls

Der folgenden Modellierung liegt ein Biegeversuch zugrunde, bei dem eine Spanplatte durch zwei parallel wirkende Kräfte auf Biegung beansprucht wird (s. Bild 18.9).

Bei Anwendung des Satzes von Steiner und der in Bild 18.11 gewählten Bezeichnungen der Elementarstrukturen ergibt sich für eine durch N Elementarstrukturen modellierte Spanplatte:

$$E_b = \frac{1}{I_{Pl}}\left(E_{bi} \cdot I_i + \sum_{i=2}^{N}\left(E_{bi} I_i + E_{bi} \cdot b \cdot a_i \cdot y_{si}^{\,2}\right)\right) \tag{18.32}$$

E_b Biege-Elastizitätsmodul der Spanplatte

E_{bi} Biege-Elastizitätsmodul der Elementarstruktur i

I_{Pl} Flächenträgheitsmoment der Spanplatte

I_i Flächenträgheitsmoment der Elementarstruktur i

b Breite der Spanplatte

a_i Dicke der Elementarstruktur i

N Anzahl der Elementarstrukturen

y_{si} Abstand zwischen der Schwerpunktachse der Elementarstruktur i und der Plattenmitte

Für den Fall einer symmetrischen Schichtung $\left(a_2 = a_{\frac{N}{2}+1,5}; \ldots; a_{\frac{N}{2}+0,5} = a_N\right)$ mit $I_{Pl} = \frac{b \cdot a_v^{\,3}}{12}$ und $y_{si} = \frac{a_1}{2} + \Delta a_i$ folgt:

$$E_b = \left(\frac{a_1}{a}\right)^3 E_{b,1} + \sum_{i=2}^{\frac{N+1}{2}} \left(\bar{E}_{bi} \cdot \left(2\left(\frac{a_i}{a}\right)^3 + 24 \cdot \frac{a_i \cdot y_{si}}{a^3} \right) \right) \tag{18.33}$$

wobei $\bar{E}_{bi} = \dfrac{E_{bi} + E_{b,\frac{N-1}{2}} + i}{2}$ mit $i = 2\ (1)\ \dfrac{N+1}{2}$

a Dicke der Platte

Δa_i Abstand des Flächenschwerpunktes der Elementarstruktur i von der ihr zugewandten Randfaser der Schicht 1

Um die mit elementaren Mitteln hergeleitete Gleichung (18.33) mit modernen Berechnungsverfahren zu vergleichen, wurde ein Biegeversuch gemäß Bild 18.9 mithilfe der in (Hänsel & Neumüller, 1988) und (Laufenberg, 1984) beschriebenen hybriden finiten Elemente modelliert. Die nach den unterschiedlichen Verfahren ermittelten Biege-Elastizitätsmoduln weichen um maximal 1 % voneinander ab.

18.2.3.4 Faserplatten

Zur Modellierung des Zusammenhanges zwischen Struktur und Eigenschaften von Faserplatten ist von einem dreidimensionalen Fasernetzwerk auszugehen. Infolge der komplizierten Zusammenhänge von mechanischer Faserverankerung, Wirkung des Bindemittels sowie Reaktivierung holzeigener Bindekräfte sind die Verhältnisse mathematisch schwer zu erfassen. Nachfolgend wird die Faserebene als kleinstes Element betrachtet.

Die von verschiedenen Autoren durchgeführten Untersuchungen für Papier sind nicht ohne weiteres auf die Faserplatte übertragbar. Schon Flemming (Flemming, 1962) erkannte, dass eine optimale Festigkeit der Faserplatte nur dann erreicht wird, wenn die Schubfestigkeit der Faser/Faser-Bindung durch ausreichend lange Faserverankerung (mindestens) so groß ist wie die Zugfestigkeit der Faser. Aus dem Kräftegleichgewicht ermittelte Flemming als Optimum für die Faserabmessungen:

$$\frac{l}{d} = \frac{\sigma_{zB}}{2 \cdot \tau_B} = S_{opt} \tag{18.34}$$

l Faserlänge

d Faserdurchmesser

σ_{zB} Zugbruchfestigkeit der Faser in Längsrichtung

τ_B Schubfestigkeit der Faser/Faser-Bindung

S_{opt} optimale Schlankheit

Da die Wahrscheinlichkeit, dass die Fasern genau senkrecht zur Bruchebene angeordnet sind, sehr gering ist, muss nach diesem Modell die Faserlänge mindestens das Neunfache von $d \cdot S_{opt}$ betragen, um eine ausreichende Verankerung zu erzielen.

(Hänsel & Niemz, 1988) gehen davon aus, dass bei Holzfaserplatten die Fasern nicht in einer Matrix (wie z. B. bei faserverstärkten Kunststoffen), sondern im Faserverband eingebettet sind. Für die Zugfestigkeit der Faserplatten ergibt sich damit

$$\sigma_{zB} = \frac{3}{8}\left(1 - \frac{\sigma_{zBF} \cdot d}{8 \cdot \tau_B \cdot l}\right) \cdot \sigma_{zBF} \tag{18.35}$$

σ_{zBF} Zugfestigkeit der Holzfaser

d Faserdurchmesser

τ_B Schubfestigkeit der Faser/Faser-Bindung

l Faserlänge

Nach Gleichung (18.35) strebt die Zugfestigkeit von Faserplatten bei großer Faserschlankheit bzw. hoher Schubfestigkeit der Faser/Faser-Bindung einem Grenzwert zu, der durch die statistisch regellose Verteilung der Faser während der Vliesbildung bestimmt wird.

Eine Berechnung des Biege-Elastizitätsmoduls mehrschichtiger Faserplatten (MDF) ist wie bei Spanplatten möglich, wobei die Elastizitätsmoduln der Einzelschichten zuvor zweckmäßigerweise mittels mathematisch-statistischer Modelle bestimmt werden sollten.

18.2.3.5 Zusammenfassung und Schlussfolgerungen

Zusammenfassend ist festzustellen, dass es aufgrund der Vielfalt möglicher Einflussfaktoren und der Inhomogenitäten des Holzes schwierig ist, die Zusammenhänge zwischen Struktur und Eigenschaften von Holz und Holzwerkstoffen mathematisch zu erfassen und praktikable Modellansätze für die Vorausberechnung von Eigenschaften zu finden. Einer Vorausberechnung der Eigenschaften von Holz und Holzwerkstoffen sind damit Grenzen gesetzt, die nur schrittweise überwunden werden können. FE-Berechnungen gewannen in den letzten 10 – 15 Jahren auch für Holzwerkstoffe an Bedeutung (Gereke, et al., 2012). Für ausgewählte Beanspruchungen werden dabei bereits heute sehr gute Ergebnisse erzielt. Zunehmend werden mittels Tomographie 3D-Darstellungen der Partikelverteilung ermittelt, die die Modellierungen der mechanischen Eigenschaften, aber auch der Wärmeleitung und des Feuchtetransportes von Holzwerkstoffen unterstützen (Walther, 2006). Versuche im Synchrotron erlauben es, in situ mit 3D das Versagen zu analysieren; aus den Bruchflächen können wichtige Informationen zum Versagensmechanismus abgeleitet werden (Baensch, 2015). Dabei werden auch bereits die mittels Tomographie gewonnenen Daten zur Modellierung verwendet. Auch dies wird zum besseren Verständnis von Versagensmechanismen beitragen. Diese Arbeiten sind in der Mikroebene bzw. Submikroebene (Auflösung im µm-Bereich) angesiedelt.

18.3 Durch Feuchtewechsel induzierte Spannungen, Verformungen und Versagensvorgänge

18.3.1 Ausgewählte FE-Modelle für die Spannungsberechnung

Bei *Vollholz* kommt es bei Feuchtewechsel zu

- Spannungen bei der Trocknung des Holzes, aber auch bei zyklischem Klimawechsel,
- Spannungen bei anteiliger Anwesenheit von Druckholz (höheres Längsschwindmaß im Vergleich zu fehlerfreiem Holz) oder auch Abweichungen vom Faserverlauf,
- Eigenspannungen zwischen den Jahrringen (unterschiedliches Quellen und Schwinden von Früh- und Spätholz).

Die Grundlagen dazu sind in Kap. 5 beschrieben. Dabei wird meistens vom makroskopischen Bereich ausgegangen (Trocknungsspannungen). Aber auch Ansätze zur Modellierung der Eigenschaften aus dem Zellwandaufbau (Wabenstruktur) oder der Quellung zwischen den Jahrringen (Mikro- bzw. Submikrostruktur) sind bekannt.

In *Holzwerkstoffen* können durch Feuchteänderung, insbesondere bei großen Querschnitten wie Brettschichtholzträgern, aber auch in mehrlagigem Parkett oder Brettsperrholz, erhebliche Spannungen auftreten (siehe auch Kap. 5 und Kap. 16). Auch asymmetrische Aufbauten (z. B. Postforming-Arbeitsplatten, einseitige oder unterschiedliche Oberflächenbeschichtungen) führen zu Spannungen. In Elementen mit geringerer Dicke (z. B. beschichteten Spanplatten) werden die Spannungen überwiegend durch Verformung abgebaut, bei größeren Querschnitten kommt es oft zu Rissen (Balken, mehrlagige Massivholzplatten) oder in Extremfällen auch zur Delaminierung in Klebfugen. Delaminierung von mehrlagigem Parkett kann im Winter bei extrem niedriger relativer Luftfeuchte in beheizten Räumen auftreten (Bucur, 2011), (Blumer, Niemz, Serrano & Gustafsson, 2009).

Rissbildungen treten insbesondere beim Trocknen (Schwindspannungen) auf, da Holz eine relativ geringe Bruchdehnung bei Zugbelastung hat (ca. 0,7 – 1 %), während bei Feuchteaufnahme durch das Quellen Druckspannungen entstehen, die senkrecht zur Faserrichtung durch viskoelastische und/oder plastische Verformungen abgebaut werden (siehe auch Kap. 14 und Kap. 5).

In verklebten Elementen treten Spannungen durch

- die kreuzweise Schichtung der Lagen (Sperrholz, Brettsperrholz),
- Feuchteunterschiede zwischen den Lagen beim Verkleben,
- Unterschiede in der Jahrringlage zwischen den Lamellen (Jahrringneigung in R-T-Ebene) oder
- das Verkleben von Materialkombinationen (z. B. Hybridelemente aus Laub- und Nadelholz, Holz-Metall oder -Kunststoff) auf.

Dabei ist zu berücksichtigen, dass bei Verwendung von Holz als Konstruktionsmaterial dieses auch zusätzlich durch die äußere Last wie z. B. die Dachlast in einem Haus oder die Geschosslast auf Trägern in Decken beansprucht wird.

Bild 18.12 zeigt ein von Hassani (Hassani M.M., 2015) entwickeltes Modell für die Berechnung von verklebtem Holz. Dieses umfasst Dehnungen durch mechanische Belastungen, feuchteinduzierte Beanspruchungen, Mechanosorption und plastische Verformungen. Ebenso sind Klebfugen und deren Eigenschaften hinsichtlich Spannungen, aber auch die Diffusion darin berücksichtigt. Klebfugen nehmen anteilig auch Wasser auf und bilden oft durch ihren im Vergleich zum Holz deutlich höheren Diffusionswiderstand eine Dampfsperre (Sanabria, Lanvermann, Michel, Mannes & Niemz, 2015), (Wimmer, Kläusler & Niemz, 2013), (Sonderegger W.U., 2011). Mit dem Modell lassen sich Verformungen, aber auch Risse/Delaminierungen im gewissen Rahmen vorausberechnen (Hassani M., Wittel, Ammann, Niemz & Herrmann, 2016). Das Modell ermöglicht auch, eine rechnerische Optimierung von verklebten Elementen vorzunehmen. So kann z.B. der Einfluss der Lagendicke, der Jahrringlage, der Klebfugeneigenschaften (E-Modul) bei gleichzeitiger Berücksichtigung des Einflusses der Feuchte bestimmt werden.

Gleichung (18.36) zeigt die in einem Modell zu berücksichtigenden Kennwerte. Ein rheologisches Modell dazu ist in Kap. 13 dargestellt. Für die Gesamtdehnung gilt:

$$\varepsilon_{tot} = \varepsilon_{el} + \varepsilon_{\omega} + \varepsilon_{ms} + \varepsilon_{ve} + \varepsilon_{pl} \tag{18.36}$$

ε_{tot} Gesamtdehnung

ε_{el} elastische Verformung

ε_{ω} durch Feuchteänderung (Quellen/Schwinden) induzierte Dehnung

ε_{ms} mechanosorptive Verformung

ε_{ve} viskoelastische Verformung

ε_{pl} plastische Verformung

18.3.2 Quellung zwischen den Jahrringen

Arbeiten zur Modellierung des Quellens von Holz führte u.a. (Rafsanjani, 2013) durch (Bild 18.12). Dabei ist neben dem Mikrofibrillenwinkel und der Dichteverteilung auch die Wabenstruktur der Zellen von entscheidender Bedeutung für die Steifigkeit des Verbundes (Sjölund, 2015), ebenso ist die versteifende Wirkung der Holzstrahlen zu berücksichtigen.

Insbesondere Nadelholz ist durch eine deutliche Dichtegraduierung zwischen den Jahrringen gekennzeichnet (Bild 18.13). Neben der Dichte ändert sich auch der Mikrofibrillenwinkel. Die Dichte steigt von Frühholz zu Spätholz stark an, der Mikrofibrillenwinkel sinkt in gleicher Richtung. Die Holzfeuchte (bezogen auf die Darrmasse) ist zwischen Früh- und Spätholz nicht differenziert. Die Quellung in radialer Richtung steigt mit der Dichte korrelierend von Früh- zu Spätholz stark an (Lanvermann, 2014). Ebenso steigt der E-Modul in radialer Richtung von Früh- zu Spätholz an, auf diesem ist ein Einfluss der Dichte, aber auch des Mikrofibrillenwinkels vorhanden (Lanvermann, 2014). Die Änderung des Mikrofibrillenwinkels von Früh- zu Spätholz wurde von Keunecke auch für Eibe ermittelt. Bei Eibe ist der Mikrofibrillenwinkel generell deutlich größer als bei Fichte (Keunecke, 2008).

Betrachtet man das Verhältnis zwischen tangentialer und radialer Quellung, ergibt sich etwa im ersten Drittel des Frühholzes ein Maximum der Orthotropie (Bild 18.14). Bei Feuchteänderungen entstehen also auch innere Spannungen zwischen den Jahrringen.

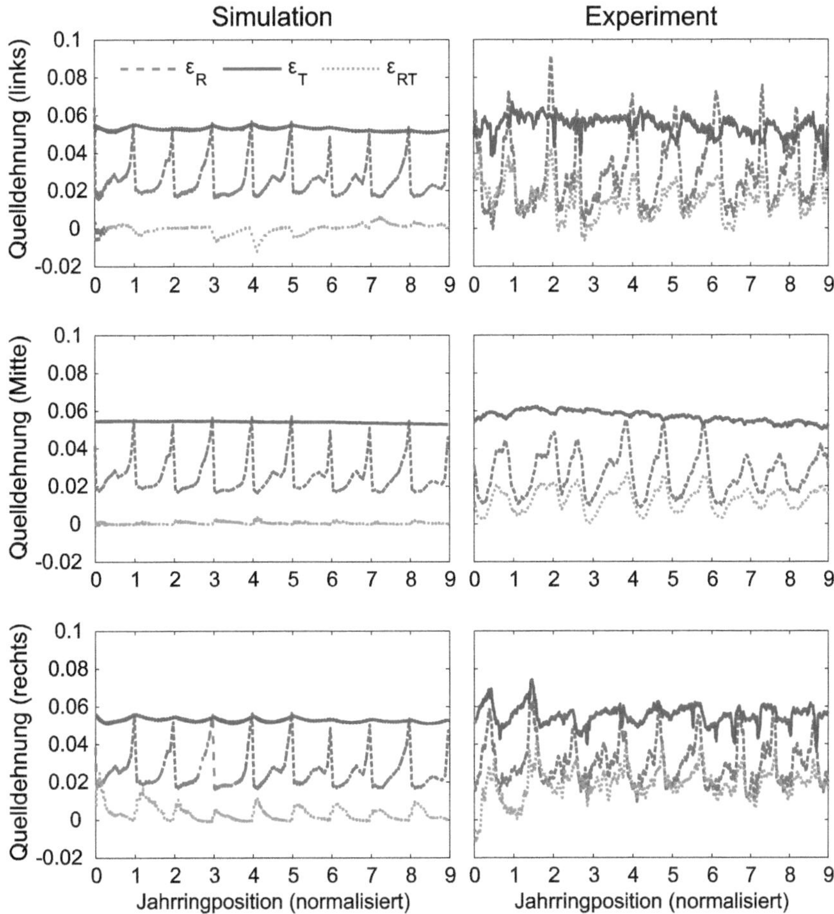

Bild 18.12 Eigenschafts- und Dehnungsverteilung bei Feuchteänderung innerhalb der Jahrringe für Fichtenholz. Vergleich experimentell ermittelter und berechneter Dehnungen (radiale ε_R, tangentiale ε_T und Scherdehnung ε_{RT}) bei Quellung von 0 auf 19 % Holzfeuchte (Rafsanjani, Lanvermann, Niemz, Carmeliet & Derome, 2013)

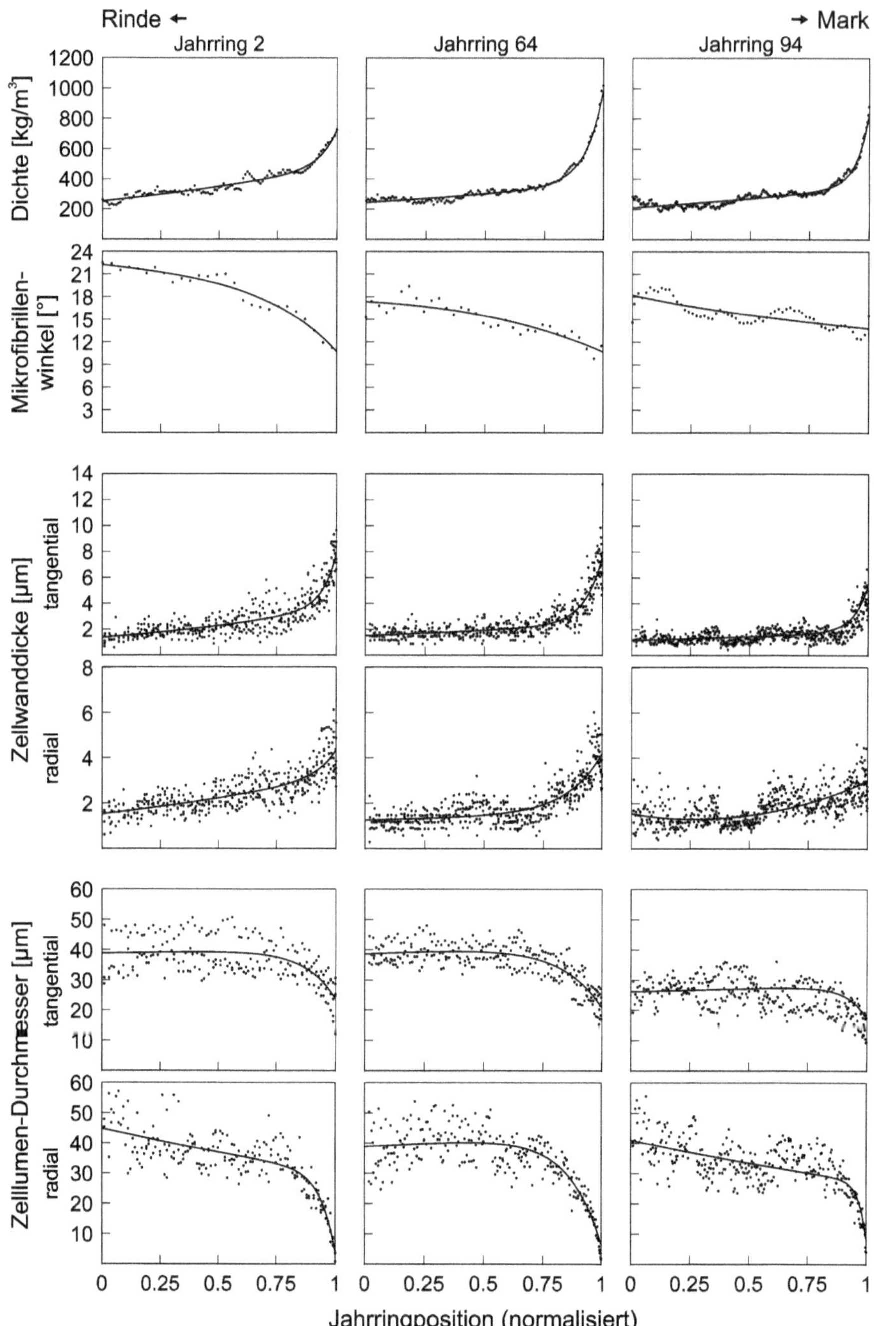

Bild 18.13 Eigenschafts- und Dehnungsverteilung bei Feuchteänderung innerhalb der Jahrringe für Fichtenholz. Experimentell ermittelte Kennwerteverteilung zwischen Früh- und Spätholz für 3 verschiedene Jahrringe innerhalb eines Stammes (Lanvermann, 2014)

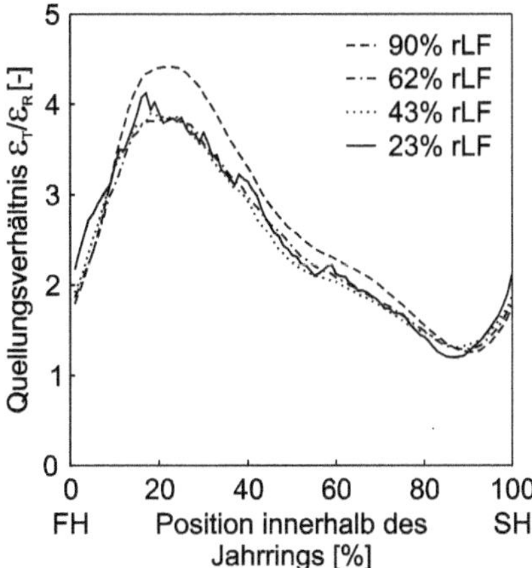

Bild 18.14 Verhältnis zwischen radialer und tangentialer Quellung innerhalb eines Jahrringes (FH: Frühholz, SH: Spätholz) bei variabler relativer Luftfeuchte (rLF) (Lanvermann, 2014)

18.3.3 Verformung mehrschichtiger Platten

Mittels FE-Modellen können Verformungen von Platten im Differenzklima recht gut vorausberechnet werden. Bei Materialkombinationen (siehe z. B. Bild 18.5) müssen die Eigenschaften der Schichten und deren Feuchteabhängigkeiten bekannt sein, was oft auch bei Holzwerkstoffen ein Problem ist. Die Spannungen in den Klebfugen lassen sich abschätzen. Hierfür wurden von u. a. (Gereke T., 2009), (Hering, 2011) und (Hassani M. M., 2015) Modelle entwickelt. Diese erfordern eine sehr große Anzahl an Kennwerten. Die Bilder 18.15 und 18.16 zeigen experimentell im Wechselklima ermittelte und mittels FE-Modellen berechnete Verformungen an Dreischichtplatten.

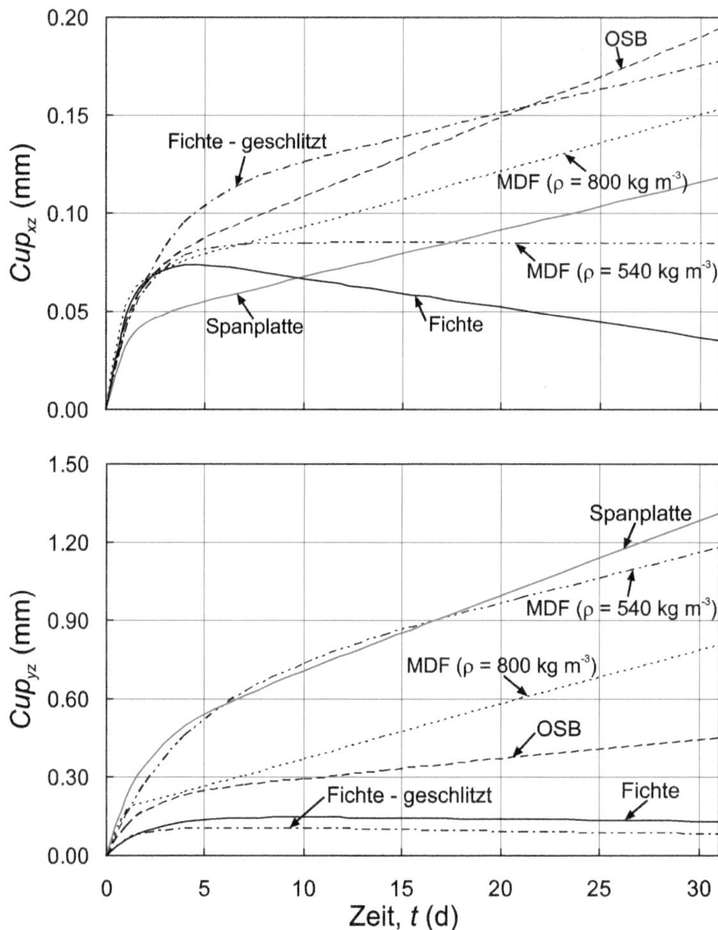

Bild 18.15 Zeitlicher Verlauf der Verformung von Massivholzplatten mit Mittellagen aus unterschiedlichen Holzwerkstoffen im Differenzklima bei 20 °C/65% rel. Luftfeuchte und 20 °C/100% rel. Luftfeuchte (Gereke, Hass & Niemz, 2010)

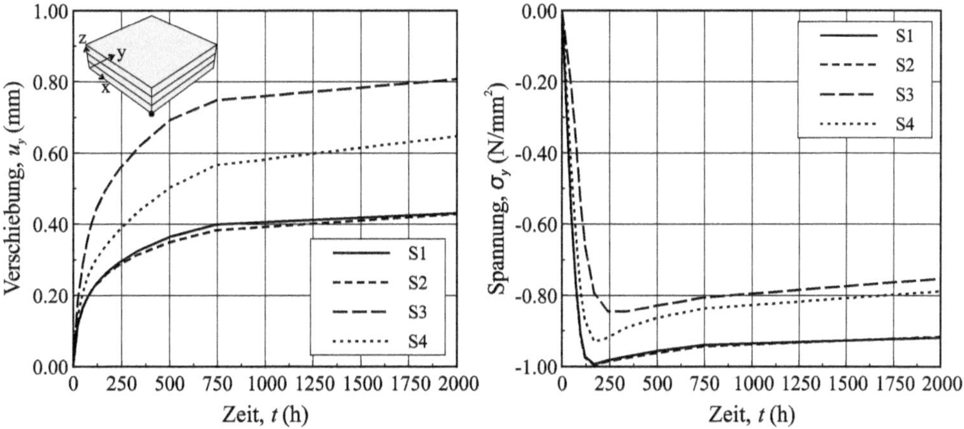

Bild 18.16 Mittels FE-Programm berechnete Verformungen und Spannungen in dreischichtigen Massivholzplatten mit variabler Mittellage bei einem Wechsel von 20 °C/35 % relativer Luftfeuchte auf 20 °C/85 % relative Luftfeuchte als Funktion der Zeit. Kennwerte: Decklagendicke: 10 mm; Mittellagendicke und Material: S1: Fichte, 10 mm; S2: Fichte, 15 mm; S3: MDF, 540 kg/m^3, 15 mm dick; S4: MDF 800 kg/m^3, 15 mm dick (Gereke T., 2009)

18.4 Feuchte- und Wärmetransport

Für die Berechnung des Feuchte- und Wärmetransportes in Werkstoffen oder auch in ganzen Wandelementen sind verschiedene kommerzielle Programme der Bauphysik verfügbar. Als Beispiel seien WUFI® (Fraunhofer Institut für Bauphysik) und Delphin (TU Dresden) genannt (Joscak, et al., 2011) (Joscak, 2013). Aber auch weit kompliziertere Modelle sind publiziert (Frandsen, Damkilde & Svensson, 2007) (Zillig, 2009) sowie Arbeiten unter Nutzung von FE-Modellen bekannt. Sperrschichten wie Lacke in Oberflächenbeschichtungen oder Klebfugen sind dabei zu berücksichtigen (Gereke T., 2009), (Sonderegger, Glaunsinger, Mannes, Volkmer & Niemz, 2015). Mit diesen Modellen können Feuchtekonzentrationen an Klebfugen berechnet und der Einfluss unterschiedlicher Diffusionskoeffizienten der Klebfugen abgeschätzt werden (Gereke T., 2009). Es zeigt sich eine gute Übereinstimmung zwischen berechneter und gemessener Feuchtekonzentration an den Klebfugen und ein deutlicher Einfluss der Klebstoffart. Bei Kenntnis der Materialkennwerte (Diffusionskoeffizienten) der Klebfugen kann die Feuchteverteilung im Bereich der Klebfugen recht exakt abgeschätzt werden. Bild 18.17 veranschaulicht, dass PUR deutlich diffusionsdichter ist als Harnstoffharz. Auch die Klebfugendicke hat einen deutlichen Einfluss. Durch Nuten der Mittellagen von Dreischichtplatten wird der Diffusionswiderstand deutlich reduziert (Sonderegger W.U., 2011).

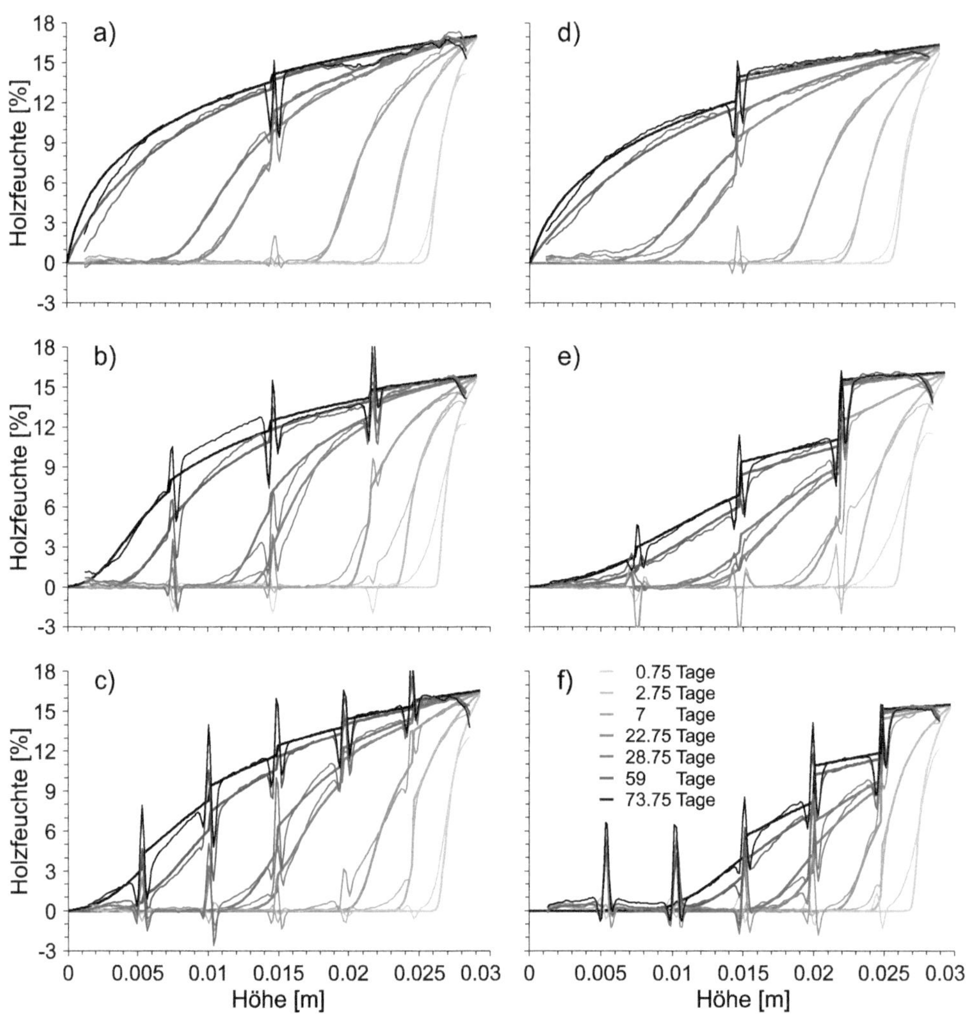

Bild 18.17 Feuchtekonzentration an den Klebfugen mehrschichtiger Holzelemente (1, 3 und 5 Klebfugen) bei Variation der Klebstoffart und der Zeit. Links: Harnstoffharz, rechts: 1K-PUR. Dicke Linien: berechnet, dünne Linien: experimentell mittels Neutronen bestimmt (ohne Quellungskorrektur, daher treten Peaks im Bereich der Klebfugen auf) (Sonderegger, et al., 2010)

Literaturverzeichnis

Altenbach, H., Altenbach, J. & Rikards, R. (1996). Einführung in die Mechanik der Laminat- und Sandwichtragwerke. Stuttgart: Deutscher Verlag für Grundstoffindustrie.

Ammann, S. D. (2015). Mechanical performance of glue joints in structural hardwood elements. Zürich: Diss., ETH Zürich.

Autorenkollektiv. (1960). Marine design manual for fiberglass reinforced plastics. (G. &. Cox, Hrsg.) New York: McGraw-Hill.

Autorenkollektiv. (1975). Lehrbuch – Höhere Festigkeitslehre. Leipzig: Fachbuchverlag.

Baensch, F. (2015). Damage evolution in wood and layered wood composites monitored in situ by acoustic emission, digital image correlation and synchrotron based tomographic microscopy. Zürich: Diss. ETH Zürich.

Bathe, K.-J. (2002). Finite-Elemente-Methoden (2. Ausg.). Berlin: Springer-Verlag.

Blumer, S., Niemz, P., Serrano, E. & Gustafsson, P.J. (2009). Moisture induced stresses and deformations in parquet floors: An experimental and numerical study. Wood Research, 54 (1), S. 89 - 101.

Bodig, J. & Jayne, B.A. (1993). Mechanics of wood and wood composites (2. Ausg.). Malabar (FL): Krieger Publishing Company.

Bucur, V. (2011). Delamination in wood, wood products and wood-based composites. Dordrecht: Springer Verlag.

Burgert, I. (2000). Die mechanische Bedeutung der Holzstrahlen im lebenden Baum. Hamburg: Diss. Universität Hamburg.

Clauss, S. (2011). Structure-property relationships of one-component moisture-curing polyurethane adhesives under thermal load. Zürich: Diss., ETH Zürich.

Czaderski, C., Steiger, R., Howald, M., Olia, S., Gülzow, A. & Niemz, P. (2007). Versuche und Berechnungen an allseitig gelagerten 3-schichtigen Massivholzplatten. Holz als Roh- und Werkstoff, 65 (5), S. 383 - 402.

De Borst, K. & Bader, T.K. (2014). Structure-function relationships in hardwood - Insight from micromechanical modelling. Journal of Theoretical Biology, 345, S. 78 - 91.

Dinwoodie, J.W., Higgins, J.-A., Robson, D.J. & Paxton, H.B. (1990). Creep in chipboard. Part 7: Testing the efficacy of models on 7 - 10 years data and evaluating optimum period of prediction. 24 (2), S. 181 - 189.

Dinwoodie, J., Higgins, J., Paxton, B. & Robson, D. (1990). Creep research on particleboard. Holz als Roh- und Werkstoff, 48 (1), S. 5 - 10.

Flemming, H. (1962). Gesetzmäßigkeiten der Bildung und Eigenschaften von Faserstrukturkörpern. Holztechnologie, 3 (1), S. 7 - 18.

Frandsen, H.L., Damkilde, L. & Svensson, S. (2007). A revised multi-Fickian moisture transport model to describe non-Fickian effects in wood. Holzforschung, 61 (5), S. 563 - 572.

Gereke, T. (2009). Moisture-induced stresses in cross-laminated wood panels. Zürich: Diss. ETH Zürich.

Gereke, T., Gustafsson, P.-J., Persson, K. & Niemz, P. (2009). Experimental and numerical determination of the hygroscopic warping of cross-laminated solid wood panels. Holzforschung, 63 (3), S. 340 - 347.

Gereke, T., Hass, P. & Niemz, P. (2010). Moisture-induced stresses and distortions in spruce cross-laminates and composite laminates. Holzforschung, 64 (1), S. 127 - 133.

Gereke, T., Malekmohammadi, S., Nadot-Martin, C., Dai, C., Ellyin, F. & Vaziri, R. (2012). Multiscale stochastic modeling of the elastic properties of strand-based wood composites. Journal of Engineering Mechanics-ASCE, 138 (7), S. 791 - 799.

Grimsel, M. (1999). Mechanisches Verhalten von Holz: Struktur- und Parameteridentifikation eines anisotropen Werkstoffes. Dresden: Diss., TU Dresden.

Günther, B. (2013). Erarbeitung einer Methode zur Erfassung von dendrochronologisch relevanten Jahrringmerkmalen der Trauben-Eiche (Quercus petraea [Matt.] Liebl.) auf der Grundlage der Röntgendensitometrie. Dresden: Diss., TU Dresden.

Günther, B. & Bues, C.-T. (2015). Röntgendensitometrische Analysen von Traubeneiche - Methodik und Anwendung in der Dendrochronologie. Dresden: IHD Dresden, Tagungsband 3. Holzanatomisches Kolloquium 1. - 2. 10. 2015.

Hanhijärvi, A. (1995). Modelling of creep deformation mechanisms in wood. Espoo: Technical Research Centre of Finland, Diss. Helsinki University of Technology.

Hankinson, R. (1921). Investigation of crushing strength of spruce at varying angles of grain. Air Force Information Circular No. 259, U.S. Air Service.

Hänsel, A. (1985). Optimale Strukturen der Holz- und Faserwerkstoffe. Dresden: Hochschulinternes Lehrmaterial - Technische Universität Dresden.

Hänsel, A. (1989). Grundlegende Untersuchungen zur Optimierung der Struktur von Spanplatten. Dresden: Habilitation, TU Dresden.

Hänsel, A. (2012). Holz und Holzwerkstoffe. Prüfung - Struktur - Eigenschaften. Berlin: Logos.

Hänsel, A. & Kühne, G. (1988). Untersuchungen zur Mechanik der Spanplatte. Holzforschung und Holzverwertung, 40 (1), S.1 - 5.

Hänsel, A. & Neumüller, J. (1988). Ein Beitrag zur Strukturmechanik der Spanplatte. Holztechnologie, 29 (1), S.2 - 6.

Hänsel, A. & Niemz, P. (1988). Struktur und Eigenschaften von Holz und Holzwerkstoffen. Dresden: TU Dresden, Lehrmaterial Lehrveranstaltung Stofflehre.

Hänsel, A., Niemz, P. & Brade, F. (1988). Untersuchungen zur Bildung eines Modells für das Rohdichteprofil im Querschnitt dreischichtiger Spanplatten. Holz als Roh- und Werkstoff, 46 (4), 125 - 132.

Harrington, J. (2002). Hierarchical modelling of softwood hygro-elastic properties. Christchurch: Diss., Universität Christchurch, New Zealand.

Hass, P.F. (2012). Penetration behavior of adhesives into solid wood and micromechanics of the bondline. Zürich: Diss. ETH Zürich.

Hassani, M. M. (2015). Adhesive bonding of structural hardwood elements. ETH Zürich: Diss., ETH Zürich.

Hassani, M.M., Wittel, F.K., Hering, S. & Herrmann, H.J. (2015). Rheological model for wood. Computer Methods in Applied Mechanics and Engineering, 283 (1), S.1032 - 1060.

Hassani, M., Wittel, F., Ammann, S., Niemz, P. & Herrmann, H. (2016). Moisture-induced damage evolution in laminated beech. Wood Science and Technology (first online).

Hering, S. (2011). Charakterisierung und Modellierung der Materialeigenschaften von Rotbuchenholz zur Simulation von Holzverklebungen. Zürich: Diss. ETH Zürich.

Hintersdorf, G. (1972). Tragwerk aus Plaste. Berlin: Technik.

Hunt, D.G. (1984). Creep trajectories for beech during moisture changes under load. Journal of Materials Science, 19 (5), S.1456 - 1467.

Joscak, M. (2013). Experimentelle und rechnerische Charakterisierung des Wärme- und Feuchtetransportes in Holzbauteilen mit variablem Aufbau. Zürich: Diss., ETH Zürich.

Joscak, M., Sonderegger, W., Niemz, P., Krus, M., Lengsfeld, K., Großkinsky, T. & Holm, A. (2011). Vergleichende Untersuchungen zum Feuchte-und Wärmeverhalten in unterschiedlichen Holzwandelementen. Stuttgart: Fraunhofer IRB Verlag.

Keunecke, D. (2008). Elasto-mechanical characterisation of yew and spruce wood with regard to structure-property relationships. Zürich: Diss. ETH Zürich.

Keylwerth, R. (1951). Die anisotrope Elastizität des Holzes und der Lagenhölzer. Düsseldorf: VDI Verlag, VDI Forschungsheft 430.

Keylwerth, R. (1958). Zur Mechanik der mehrschichtigen Spanplatte. Holz als Roh- und Werkstoff, 16 (11), S.419 - 430.

Kollmann, F. (1967). Verformung und Bruchgeschehen bei Holz als einem anisotropen, inhomogenen, porigen Festkörper. Düsseldorf: VDI-Verlag, VDI Forschungsheft 520.

Kusian, R. (1968). Ein Beitrag zur Strukturmechanik agglomerierter Holzwerkstoffe. Dresden: Diss. Technische Universität Dresden.

Lanvermann, C. (2014). Sorption and swelling within growth rings of Norway spruce and implications on the macroscopic scale. Zürich: Diss. ETH Zürich.

Laufenberg, T.L. (1984). Flakeboard fracture surface observation with orthotropic failure criterial. Journal of the Institute of Wood Science, 10 (2), S.57 - 65.

Mannes, D.C. (2009). Non-destructive testing of wood by means of neutron imaging in comparison with similar methods. Zürich: Diss. ETH Zürich.

Marra, A. (1992). Technology of wood bonding: principles in practice. New York: Van Nostrand Reinhold.

Martensson, A. (1994). Mechano-sorptive effects in wooden materials. Wood Science and Technology, 28 (6), S. 437 - 449.

May, A. (1977). Zur Mechanik der Holzspanplatte. Holz als Roh- und Werkstoff, 35 (11), S. 385 - 387.

Modén, C.S. (2008). Micromechanics oft softwoods in the transverse plane: effects on cell and annual ring scales. Stockholm: Diss., KTH Stockholm.

Navi, P. & Sandberg, D. (2012). Thermo-hydro-mechanical processing of wood. Lausanne: EPFL Press, CRC-Press.

Neuhaus, F. (1981). Elastizitätszahlen von Fichtenholz in Abhängigkeit von der Holzfeuchtigkeit. Bochum: Dissertation, Universität Bochum.

Niemz, P. (1993). Physik des Holzes und der Holzwerkstoffe. Leinfelden-Echterdingen: DRW-Verlag Weinbrenner GmbH & Co.

Niemz, P. & Regensburger, K. (1980). Anwendung photogrammetrischer Meßverfahren für Deformations- und Dehnungsmessungen an Vollholz und Spanplatten aus Holz. Holztechnologie, 21 (1), S. 9 - 14.

Niemz, P., Schreiber, J., Naumann, J. & Stockmann, M. (2007). Experimentelle Ermittlung der Dehnungen im Probenquerschnitt bei Biegebelastung von Holzpartikelwerkstoffen. Holz als Roh- und Werkstoff, 65 (6), S. 459 - 468.

Ozyhar, T. (2013). Moisture and time dependend orthotropic mechanical charcterization of beech wood. Zürich: Dissertation, ETH Zürich.

Patera, A. (2014). 3D experimental investigation of the hygro-mechanical behaviour of wood at cellular and sub-cellular scales. Zurich: Diss., ETH Zürich.

Patera, A., Derome, D., Griffa, M. & Carmeliet, J. (2013). Hysteresis in swelling and in sorption of wood tissue. Journal of Structural Biology, 182 (3), S. 226 - 234.

Persson, K. (2000). Micromechanical modelling of wood and fibre properties. Lund: Diss. Lund University.

Pierce, C.B., Dinwoodie, J.M. & Paxton, B.H. (1986). Creep in chipboard. Part 6: Time to failure analysis under steady state conditions. Wood Science and Technology, 20 (3), S. 281 - 292.

Plath, E. (1970). Die Behandlung der Holzwerkstoffe beim Standsicherheitsnachweis. Bauen mit Holz, 72 (12), S. 596 - 599.

Plath, E. (1971). Beitrag zur Mechanik der Holzspanplatten. Holz als Roh- und Werkstoff, 29 (10), S. 377 - 382.

Potašeff, O. & Lapšin, J. (1982). Mechanika drevesnich plit. Les. Prom. (3), S. 112.

Rackwitz, G. (1963). Einfluß der Spanabmessungen auf die Eigenschaften von Spanplatten. Holz als Roh- und Werkstoff, 21 (6), S. 200 - 208.

Rafsanjani, A. (2013). Multiscale poroelastic model: Bridging the gap from cellular to macroscopic scale. Zürich: Diss. ETH Zürich.

Rafsanjani, A., Lanvermann, C., Niemz, P., Carmeliet, J. & Derome, D. (2013). Multiscale analysis of free swelling of Norway spruce. Composites: Part A, 54, S. 70 - 78.

Reichel, S. (2015). Modellierung und Simulation hygro-mechanisch beanspruchter Strukturen aus Holz im Kurz- und Langzeitbereich. Dresden: Diss., TU Dresden.

Richter, C. (2010). Holzmerkmale (3. Ausg.). Leinfelden-Echterdingen: DRW-Verlag.

Richter, C. (2015). Wood characteristics: Description, causes, prevention, impact on use and technological adaption. Cham: Springer-Verlag.

Ross, R.J. (Hrsg.). (2010). Wood Handbook. Wood as an Engineering Material. Madison WI: Forest Products Laboratory.

Rowell, R. M. (2013). Handbook of wood chemistry and wood composites (2. Ausg.). Boca Raton (FL): CRC Press.

Salmen, L. & de Ruvo, A. (1985). A model for the prediction of fiber elasticity. Wood Fiber Sci., 17 (3), S. 336 - 350.

Sanabria, S., Lanvermann, C., Michel, F., Mannes, D. & Niemz, P. (2015). Adaptive neutron radiography correlation for simultaneous imaging of moisture transport and deformation in hygroscopic materials. Experimental Mechanics, 55 (2), S. 403 - 415.

Scheffler, M., Niemz, P., Diener, M., Lustig, V. & Hardtke, H.-J. (2004). Untersuchungen zur Ermittlung der Bruchzähigkeit an Laubholz in den Rissöffnungsmodi I und II. Holz als Roh- und Werkstoff, 62 (2), S. 93 - 100.

Schmidt, J. (2009). Modellierung und numerische Analyse von Strukturen aus Holz. Dresden: Habilitation, TU Dresden.

Schreiber, J., Niemz, P. & Mannes, D. (2007). Vergleichende Untersuchungen zu ausgewählten Eigenschaften von Holzpartikelwerkstoffen bei unterschiedlicher Belastungsart. Holztechnologie, 48 (1), S. 1 - 10.

Sjölund, J. (2015). Effect of cell structure geometric and elastic parameters on wood rigidity. Aalto: Diss., Universität Aalto.

Smith, I., Landis, E. & Gong, M. (2003). Fracture and fatigue in wood. Chichester: Wiley.

Sonderegger, W. U. (2011). Experimental and theoretical investigations on the heat and water transport in wood and wood-based materials. Zürich: Diss., ETH Zürich.

Sonderegger, W., Glaunsinger, M., Mannes, D., Volkmer, T. & Niemz, P. (2015). Investigations into the influence of two different wood coatings on water diffusion determined by means of neutron imaging. European Journal of Wood and Wood Products, 73 (6), S. 793 - 799.

Sonderegger, W., Hering, S., Mannes, D., Vontobel, P., Lehmann, E. & Niemz, P. (2010). Quantitative determination of bound water diffusion in multilayer boards by means of neutron imaging. European Journal of Wood and Wood Products, 68 (3), S. 341 - 350.

Stalne, K. (2009). Hygro-mechanics of wood fibre composite materials. Lund: Diss., Universität Lund.

Stanzl-Tschegg, S. E. & Navi, P. (2009). Fracture behaviour of wood and its composites. A review. Holzforschung, 63 (2), S. 139 - 149.

Stofko, J. (1960). Zavislost mechanických vlastnosti drevotrieskovej hmoty od geometrických rozmerov triesky. Drevarsky Vyskum, 5 (2), S. 241 - 261.

Stupnicki, J. (1970). Strukturmodell der Holzzelle zur Untersuchung von Bruchvorgängen. Holztechnologie, 11 (3), S. 168 - 176.

Svensson, S. (2011). Duration of load effect: Experimental research in the past, present and future. Kolloquium: Advances in Physics and Reliability of Wood. ETH Zürich 16. und 17. 12. 2010, Vortrag. Zürich.

Tobisch, S. (2006). Methoden zur Beeinflussung ausgewählter Eigenschaften von dreilagigen Massivholzplatten aus Nadelholz. Hamburg: Diss., Universität Hamburg.

Toratti, T. & Svensson, S. (2000). Mechano-sorptive experiments perpendicular to grain under tensile and compressive loads. Wood Science and Technology, 34 (4), S. 317 - 326.

Valla, A., Konnerth, J., Keunecke, D., Niemz, P., Müller, U. & Gindl, W. (2011). Comparison of two optical methods for contactless, full field and highly sensitive in-plane deformation measurements using the example of plywood. Wood Science and Technology, 45 (4), S. 755 - 765.

Vessby, J., Serrano, E. & Enquist, B. (2010). Contact-free measurement and numerical and analytical evaluation of the strain distribution in a wood-FRP lap-joint. Materials and Structures, 43 (8), S. 1085 - 1095.

Walther, T. (2006). Methoden zur qualitativen und quantitativen Analyse der Mikrostruktur von Naturfaserwerkstoffen. Hamburg: Diss., Universität Hamburg.

Welling, J. (1987). Die Erfassung von Trocknungsspannungen während der Kammertrocknung von Schnittholz. Hamburg: Diss. Universität Hamburg.

Wenderdel, C. (2015). Herstellung mehrschichtiger Faserplatten im Trockenverfahren. Zürich: Diss., ETH Zürich.

Wimmer, R., Kläusler, O. & Niemz, P. (2013). Water sorption mechanisms of commercial wood adhesive films. Wood Science and Technology, 47 (4), S. 763 - 775.

Ylinen, A. (1957). Zur Theorie der Dauerstandfestigkeit des Holzes. 15 (5), S. 213 - 215.

Ylinen, A. (1965). Über die Bestimmung der zeitbedingten elastischen und Festigkeitseigenschaften des Holzes mit Hilfe eines allgemeinen nichtlinear visko-elastischen rheologischen Modelles. Holz als Roh- und Werkstoff, 23 (5), S. 193 - 196.

Zauner, M. (2014). In-situ synchrotron based tomographic microscopy of uniaxially loaded wood: in-situ testing device, procedures and experimental investigations. Zürich: Diss. ETH Zürich.

Zienkiewicz, O. C. (1974). Methode der finiten Elemente. Leipzig: Fachbuchverlag.

Zillig, W. (2009). Moisture transport in wood using a multiscale approach. Leuven: Diss., Katholieke Universiteit Leuven.

19 Verzeichnis wichtiger Kennwerte und Eigenschaften

19.1 Allgemeine Kennwerte und Grundlagen

19.1.1 Nutzungsklassen von Holz nach Eurocode 5/DIN EN 1995-1-1 und Gebrauchsklassen und Dauerhaftigkeitsklassen

Nutzungsklasse 1: Sie ist gekennzeichnet durch einen Feuchtegehalt in den Baustoffen, der einer Temperatur von 20 °C und einer relativen Luftfeuchte der umgebenden Luft entspricht, die nur für einige Wochen pro Jahr einen Wert von 65 % übersteigt. Die meisten Nadelhölzer überschreiten in der Nutzungsklasse 1 eine Gleichgewichtsfeuchte von 12 % nicht.

Nutzungsklasse 2: Sie ist gekennzeichnet durch einen Feuchtegehalt in den Baustoffen, der einer Temperatur von 20 °C und einer relativen Luftfeuchte der umgebenden Luft entspricht, die nur für einige Wochen pro Jahr einen Wert von 85 % übersteigt. Die meisten Nadelhölzer überschreiten in der Nutzungsklasse 2 eine Gleichgewichtsfeuchte von 20 % nicht.

Nutzungsklasse 3: Sie erfasst Klimabedingungen, die zu höheren Feuchtegehalten führen als in Nutzungsklasse 2 angegeben. In Ausnahmefällen können auch überdachte Tragwerke in die Nutzungsklasse 3 eingestuft werden.

Biologische Dauerhaftigkeit von Holz gegenüber Pilzen (nach E DIN EN 350:2014-12)

Klasse	Bezeichnung	Holzart
1	Sehr dauerhaft	Alerce, Afzelia, Greenheart
1 - 2	Dauerhaft bis sehr dauerhaft	Zeder, Robinie, Merbau
2	Dauerhaft	Eibe, Sequoia, Edelkastanie, Amerik. Mahagoni, Teak
2 - 3	Mäßig dauerhaft bis dauerhaft	Framiré, Amerik. Weißeiche
3	Mäßig dauerhaft	Western Red Cedar, Europ. Eiche, Nussbaum
3 - 4	Wenig dauerhaft bis mäßig dauerhaft	Lärche, Kiefer, Douglasie, Roteiche
4	Wenig dauerhaft	Fichte, Tanne, Weymouthskiefer, Ulme
4 - 5	Nicht bis wenig dauerhaft	Sitka-Fichte, Radiata Pine
5	Nicht dauerhaft	Buche, Esche, Ahorn, Birke, Erle, Pappel, Linde, Weide, Rosskastanie

Gebrauchsklassen nach DIN EN 335 und Zuordnung der entsprechenden Dauerhaftigkeitsklassen

Klasse[1)]	Gebrauchsbedingungen	Spezifizierung	Dauerhaftigkeitsklasse
1	Innenbereich, trocken.	Nicht der Witterung und keiner Befeuchtung ausgesetzt.	≤ 5
2	Innenbereich oder unter Dach, nicht der Witterung ausgesetzt. Möglichkeit der Kondensation.	Nicht der Witterung (insbesondere Regen und Schlagregen) ausgesetzt, jedoch kann es zu gelegentlicher, nicht andauernder Befeuchtung kommen.	≤ 3
3	Außenbereich, ohne Erdkontakt, der Witterung ausgesetzt. 3.1 Eingeschränkt feuchte Bedingungen. 3.2 Anhaltend feuchte Bedingungen.	Über dem Erdboden befindlich und der Witterung (insbesondere Regen) ausgesetzt. 3.1 Bleibt nicht längere Zeit nass, keine Wasseransammlung. 3.2 Bleibt längere Zeit nass, Wasser kann sich ansammeln.	≤ 2 (3 ev. imprägniert)
4	Außenbereich, in Kontakt mit Erde oder Süsswasser.	Direkter Süßwasser- oder Erdkontakt, jedoch nicht vollständig davon bedeckt (bei vollständiger Bedeckung keine Anfälligkeit für Pilzbefall, jedoch Schädigung durch Bakterien möglich).	1, 2 (3 imprägniert)
5	Dauerhaft oder regelmäßig in Salzwasser eingetaucht.	In Salzwasser (Meer- oder Brackwasser) eingetaucht.	1, 2

1) Bei den Klassen 2 – 4 und Klasse 5 oberhalb des Wasserspiegels sind ein Befall durch holzverfärbende und holzzerstörende Pilze möglich (bei Klasse 1 ist der Befall jedoch unbedeutend)

19.1.2 Kennzeichnung von Holzwerkstoffen

Übersicht zur Produktkennzeichnung von Holzwerkstoffen DIN EN 13986

Plattentyp Zeichen Produktnorm	Nicht tragende Konstruktion Normal belastbar			Tragende und/oder aussteifende Konstruktion Hoch belastbar				
	Trockenbereich NKL 1*1	Feuchtebereich NKL 2*2	Außenbereich NKL 3	Trockenbereich NKL 1*	Feuchtebereich NKL 2*	Trockenbereich NKL 1*	Feuchtebereich NKL 2*	Außenbereich NKL 3
OSB-Platte OSB-DIN EN 300	OSB/1	OSB/3	-	OSB/2	OSB/3		OSB/4	-
Spanplatte P-DIN EN 312	P1, P2	P3	-	P4	P5	P6	P7	-
Spanplatte DIN 68763 (veraltet)		V100G	-	V20	V100			-
Faserplatten, MDF MDF-DIN EN 622-5	MDF (L-MDF)	MDF.H (MDF.RHW) (L-MDF.H)	-	MDF.LA	MDF.HLS			-

*1 Trockenbereich: Bedingungen der Nutzungsklasse 1 nach prEN 1995-1-1, Feuchtegehalt, der einer Temperatur von 20 °C und einer rel. Luftfeuchtigkeit der umgebenden Luft entspricht, die nur wenige Wochen im Jahr 65 % übersteigt

*2 Feuchtbereich: Bedingungen der Nutzungsklasse 2 nach prEN 1995-1-1, Feuchtegehalt, der einer Temperatur von 20 °C und einer rel. Luftfeuchtigkeit der umgebenden Luft entspricht, die nur wenige Wochen im Jahr 85 % übersteigt

P1: Platten für allgemeine Zwecke zur Verwendung im Trockenbereich, P2: Platten für Inneneinrichtungen (einschließlich Möbel) zur Verwendung im Trockenbereich, P3: Platten für nichttragende Zwecke im Feuchtbereich, P4: Platten für tragende Zwecke im Trockenbereich, P5: Platten für tragende Zwecke im Feuchtbereich, P6: hochbelastbare Platten für tragende Zwecke im Trockenbereich, P7: hochbelastbare Platten für tragende Zwecke im Feuchtbereich

L-MDF: Leicht-MDF für Trockenbereich, MDF.H: Platten für allgemeine Zwecke zur Verwendung im Feuchtbereich, MDF.RWH: Platten zur Verwendung als Unterdeckplatten für Dächer und Wände, L-MDF.H: Leicht-MDF zur Verwendung im Feuchtbereich; MDF.LA: Platten für tragende Zwecke im Trockenbereich, MDF. HLS: Platten für tragende Zwecke zur Verwendung im Feuchtbereich

19.1.3 Brandverhalten von Holz und Holzwerkstoffen

Brandverhaltensklassen nach DIN EN 13501-1:2010

Brandverhaltensklassen				
Hauptklassen	Unterklassen			Sicherheitsziel*
A1	A1			Auch unter Vollbrandbedingungen kein Beitrag zum Brand.
A2	A2-s1, d0 A2-s2, d0 A2-s3, d0	A2-s1, d1 A2-s2, d1 A2-s3, d1	A2-s1, d2 A2-s2, d2 A2-s3, d2	Auch unter Vollbrandbedingungen nur vernachlässigbarer Beitrag zum Brand. In der Brandentwicklungsphase keine Brandausbreitung aus dem Bereich des Primärbrandes.
B	B-s1, d0 B-s2, d0 B-s3, d0	B-s1, d1 B-s2, d1 B-s3, d1	B-s1, d2 B-s2, d2 B-s3, d2	In der Brandentwicklungsphase keine Brandausbreitung aus dem Bereich des Primärbrandes und sehr geringer Beitrag zum Brand.
C	C-s1, d0 C-s2, d0 C-s3, d0	C-s1, d1 C-s2, d1 C-s3, d1	C-s1, d2 C-s2, d2 C-s3, d2	Unter den Bedingungen eines Brandes in der Entwicklungsphase sehr begrenzte Brandausbreitung und begrenzte Energiefreisetzung und Entzündbarkeit.
D	D-s1, d0 D-s2, d0 D-s3, d0	D-s1, d1 D-s2, d1 D-s3, d1	D-s1, d2 D-s2, d2 D-s3, d2	Unter den Bedingungen eines Brandes in der Entwicklungsphase sehr begrenzte Brandausbreitung und hinnehmbare Energiefreisetzung und Entzündbarkeit.
E	E-d2			Bei einem kleinen Brand (z. B. Zündholz) hinnehmbares Brandverhalten (Entzündlichkeit, Flammausbreitung).
F	keine Leistung festgestellt			Keine Anforderungen an das Brandverhalten.

* [HZBL 47 (2007), S. 1324 - 1325]

Brandschutzklassen nach DIN EN 13501-1

Bauaufsichtliche Anordnung	Brandverhaltensklassen nach DIN EN 13501-1
nicht brennbar	A1 A2-s1, d0
schwer entflammbar	B, C-s1, d0 A2, B, C-s2, d0 A2, B, C-s3, d0 A2, B, C-s1, d1 A2, B, C-s1, d2 A2, B, C-s3, d2
normal entflammbar	D-s1, d0 D-s2, d0 D-s3, d0 E D-s1, d1 D-s2, d1

Brandschutzklassen nach DIN EN 13501-1 *(Fortsetzung)*

Bauaufsichtliche Anordnung	Brandverhaltensklassen nach DIN EN 13501-1
normal entflammbar	D-s3, d1 D-s1, d2 D-s2, d2 D-s3, d2 E-d2
leicht entflammbar	F

Baustoffklassen nach DIN EN 4102-1:1998

Baustoffklasse	Bauaufsichtliche Benennung
A	nichtbrennbare Baustoffe
A1	unter Vollbrand kein Beitrag zum Brand
A2	unter Vollbrand vernachlässigbarer Beitrag zum Brand
B	brennbare Baustoffe
B1	schwerentflammbare Baustoffe
B2	normalentflammbare Baustoffe
B3	leichtentflammbare Baustoffe

Bauteilklassen nach DIN EN 4102-2:1977

Feuerwiderstandsklasse	Feuerwiderstandsdauer in Minuten	Bezeichnung
F30	≥ 30	feuerhemmend
F60	≥ 60	hochfeuerhemmend
F90	≥ 90	feuerbeständig
F120	≥ 120	hochfeuerbeständig
F180	≥ 180	höchstfeuerbeständig

Abbrandrate von Holz, sinngemäß erweitert nach (Piazza et al., 2007) aus (Gilka-Bötzow, Heiduschke und Haller, 2011)

Holzart	Feuchte [%]	Rohdichte [kg/m³]	Abbrandrate [mm/min]	Quelle
Allgemein	-	> 290	0,65	DIN EN 1995-1-2 (2006)
Laubholz	-	> 450	0,50 (ohne Buche)	DIN EN 1995-1-2 (2006)
Laubholz	-	> 350	0,54	Hartl u. Blaß (1995)
Fichte	10	-	0,56 - 1,02	Mikkola (1990)
	20	-	0,60	Mikkola (1990)
	8	433	0,71	Lache (1992)
	20	459	0,63	Lache (1992)
	-	S10, MS10, > BS	0,65 (Kernrisse)	OEN B 3800-4 (2000)
	-	MS10, > BS11	0,60 (ungerissen)	OEN B 3800-4 (2000)
Kiefer	10	-	0,80	Mikkola (1990)
	8	497	0,81 (Splint)	Lache (1992)
	8	491	0,69 (Kern)	Lache (1992)

Holzart	Feuchte [%]	Rohdichte [kg/m³]	Abbrandrate [mm/min]	Quelle
Buche	8	700	0,80	Lache (1992)
	20	689	0,72	Lache (1992)
	-	> 600	0,80	OEN B 3800-4 (2000)
	-	> 290	0,65	DIN EN 1995-1-2 (2006)
Eiche	10 - 15	491	0,59	Topf, Röll
	8	656	0,60	OEN B 3800-4 (2000)

Bemessungswerte der Abbrandraten β_0 und β_n für Bauholz, Furnierschichtholz, Holzbekleidungen und Holzwerkstoffe nach DIN EN 1995-1-2:2010-12

Material	β_0 [mm/min]	β_n [mm/min]
a) Nadelholz und Buche		
Brettschichtholz mit einer charakteristischen Rohdichte von ≥ 290 kg/m³	0,65	0,7
Vollholz mit einer charakteristischen Rochdichte von ≥ 290kg/m³	0,65	0,8
b) Laubholz		
Vollholz oder Brettschichtholz mit einer charakteristischen Rohdichte von ≥ 290 kg/m³	0,65	0,7
Vollholz oder Brettschichtholz mit einer charakteristischen Rohdichte von ≥ 450 kg/m³	0,50	0,55
c) Furnierschichtholz		
mit einer charakteristischen Rohdichte von ≥ 480 kg/m³	0,65	0,7
d) Platten		
Holzbekleidungen	0,9[a]	-
Sperrholz	1,0[a]	-
Holzwerkstoffplatten außer Sperrholz	0,9[a]	-

a Die Werte gelten für eine charakteristische Rohdichte von 450 kg/m³ und eine Werkstoffdicke von 20 mm, für andere Werkstoffdicken und Rohdichten, siehe 3.4.2 (9) DIN EN 1995-1-2:2010-12

19.1.4 Holzschädlinge

Überblick über wichtige Holzschädlinge nach (Neroth & Vollenschaar, 2011) und (Scheiding et al., 2014)

Typ des Schädlings	Charakteristischer Vertreter	Holzfeuchtigkeit in %	Bemerkungen
Holzverfärbende Pilze	Bläue Pilze, Schimmelpilze	≥ 20 %	Keine Fäule
Holzzerstörende Pilze			
Braunfäule	Echter Hausschwamm	Entstehung ≥ 20 % Weiterwachsen < 20 %	Typisch in Altbauten
	Kellerschwamm	≥ 20 %	Nassfäulepilze Typisch in Neubauten
	Porenhausschwamm	≥ 20 %	
	Lenzites Arten	≥ 20 %	Nassfäulepilze; typisch an Fenstern
Weißfäule	Schmetterlingsporling	≥ 20 %	Typisch an Laubholz
Moderfäule	Moderfäuleerreger	> 30 %	Typisch bei Holz mit Erdkontakt
Lagerfäule	Schichtpilze	≥ 30 %	Rotstreifigkeit
Frischholzinsekten	Borkenkäfer	> 30 %	Nicht mehr an einmal abgetrocknetem Holz
	Holzwespen	30 %	
Trockenholzinsekten	Hausbockkäfer	≥ 10 %	Nur an Nadelsplintholz
	Anobien (Klopfkäfer)	≥ 10 %	An Nadel- und Laubholz
	Lyctuskäfer (Splintholzkäfer)	≥ 7 %	Nur an Laubsplintholz

19.2 Eigenschaften von Vollholz

19.2.1 Kennwerte von Holz nach DIN 68364:2005

Holzart	Latein	Rohdichte	E-Modul (Biege)	Zugfestigkeit ||	Biegefestigkeit |_	Druckfestigkeit ||	Scherfestigkeit ||
		ρ_N [g/cm³]	E_m [N/mm²]	f_t [N/mm²]	f_m [N/mm²]	f_c [N/mm²]	f_v [N/mm2]
Nadelholz							
Cedar, Yellow	*Chamaecyparis nootkatensis*	0,48	10000	90	78	45	9
Douglasie, Mitteleuropa	*Pseudotsuga menziesii*	0,58	13000	105	100	54	10
Eibe	*Taxus baccata L.*						
Fichte	*Picea abies*	0,46	11000	95	80	45	10
Hemlock	*Tsuga heterophylla*	0,49	10000	68	75	45	7,8
Kiefer	*Pinus sylvestris*	0,52	11000	100	85	47	10
Kiefer, Weymouths-, Strobe	*Pinus strobus*	0,41	9100	90	58	34	6,2
Lärche	*Larix decidua, Larix spp.*	0,6	13800	107	99	55	10
Pine, Radiata-	*Pinus radiata*	0,5	10500	79	80	41	10
Pine, Carolina-	*Pinus taeda, Pinus spp.*	0,6	13000	110	100	50	10,5
Redcedar, Western-	*Thuja plicata*	0,37	8000	60	54	35	6
Tanne	*Abies alba, Abies spp.*	0,46	11000	95	80	45	10

Holzart	Latein	Rohdichte	E-Modul (Biege)	Zugfestigkeit ||	Biegefestigkeit |_	Druckfestigkeit ||	Scherfestigkeit ||
		ρ_N [g/cm³]	E_m [N/mm²]	f_t [N/mm²]	f_m [N/mm²]	f_c [N/mm²]	f_v [N/mm2]
Laubholz							
Abachi, Wawa	*Triplochiton scleroxylon*	0,39	6000	60	65	35	4,8
Afzelia, Doussié	*Afzelia bipindensis, Afzelia spp.*	0,8	13500	120	115	70	12,5
Agba, Tola branca	*Gossweilerodendron balsamiferum*	0,5	7500	60	67	37	10
Ahorn	*Acer pseudoplatanus, A. platanoides*	0,63	10500	120	95	50	11
Angélique, Basralocus	*Dicorynia guianensis*	0,75	14000	130	120	70	12
Aningré, Longhi	*Aningeria robusta, Aningeria spp.*	0,58	11500	70	97	57	7
Azobé, Bongossi	*Lophira alata*	1,06	17000	180	180	95	14
Balsa	*Ochroma boliviana, O. lagopus*						
Bangkirai, Yellow Balau Untergattung Shorea	*Shorea laevis, Shorea spp.*	0,93	18700	:-	124	68	10

Holzart	Latein	Rohdichte	E-Modul (Biege)	Zugfestigkeit ||	Biegefestig-keit |_	Druckfestig-keit ||	Scherfestig-keit ||
		ρ_N [g/cm³]	E_m [N/mm²]	f_t [N/mm²]	f_m [N/mm²]	f_c [N/mm²]	f_v [N/mm2]
Bilinga	*Nauclea diderrichii*	0,75	12500	110	105	64	9
Birke	*Betula pendula, B. pubescens*	0,66	14000	137	120	60	12
Bubinga	*Guibourtia demeusii, Guibourtia spp.*	0,83	12000	:-	140	70	13
Buche, Rotbuche	*Fagus sylvatica*	0,71	14000	135	120	60	10
Cedro	*Cedrela odorata, Cedrela spp.*	0,49	7200	58	70	38	8
Edelkastanie	*Castanea sativa*	0,59	9000	135	80	49	8,7
Eiche	*Quercus petraea, Q. robur*	0,71	13000	110	95	52	11,5
Erle	*Alnus glutinosa*	0,53	9500	94	91	51	4,5
Esche	*Fraxinus excelsior*	0,7	13000	130	105	50	13
Eukalyptus grandis							
Framiré	*Terminalia ivorensis*	0,55	9600	:-	75	45	6
Garapa							

Holzart	Latein	Rohdichte	E-Modul (Biege)	Zugfestigkeit ||	Biegefestig-keit |_	Druckfestig-keit ||	Scherfestig-keit ||
		ρ_N [g/cm³]	E_m [N/mm²]	f_t [N/mm²]	f_m [N/mm²]	f_c [N/mm²]	f_v [N/mm2]
Greenheart	*Chlorocardium rodiei, Ocotea rodiei*	1,03	22000	220	180	100	14
Hainbuche, Weißbuche	*Carpinus betulus*	0,8	14500	135	130	60	10
Hickory	*Carya spp.*	0,8	15000	150	130	65	12
Iroko, Kambala	*Milicia excelsa M. regia*	0,65	13000	79	95	55	10
Keruing	*Dipterocarpus spp.*	0,75	16000	140	125	70	12
Khaya	*Khaya spp.*	0,52	9500	90	75	43	9,5
Kirschbaum, Black cherry	*Prunus avium, P. serotina*	0,57	10250	98	98	50	:-
Kosipo	*Entandro-phragma candollei*	0,67	11500	78	96	59	13
Koto	*Pterygota bequaertii, P. macrocarpa*	0,56	9000	95	86	49	7
Limba, Fraké, Afara	*Terminalia superba*	0,55	10500	105	85	45	7,5
Swietenia, Amerikanisch Mahagoni	*Swietenia macrophylla*	0,55	9500	100	80	45	11
Massaranduba							

Holzart	Latein	Rohdichte	E-Modul (Biege)	Zugfestigkeit ||	Biegefestigkeit |_	Druckfestigkeit ||	Scherfestigkeit ||
		ρ_N [g/cm³]	E_m [N/mm²]	f_t [N/mm²]	f_m [N/mm²]	f_c [N/mm²]	f_v [N/mm2]
Mengkulang	*Heritiera simplicifolia, Heritiera spp.*	0,66	13000	93	90	60	11
Meranti, DR-Untergattung Rubroshorea	*Shorea curtisii, Shorea spp.*	0,68	14500	146	119	63	9,2
Meranti, LR-Untergattung Rubroshorea	*Shorea lepro-sula, Shorea spp.*	0,52	11000	100	90	50	8,4
Meranti-(Yellow)							
Merbau	*Intsia bijuga, I. palembanica*	0,8	16000	140	130	70	15
Niangon	*Heritiera utilis, H. densiflora*	0,68	11000	130	110	53	9
Nussbaum, Black walnut	*Juglans regia, J. nigra*	0,67	11850	100	133	65	7
Nyatoh	*Palaquium spp.*	0,7	13000	:-	100	50	12
Okoumé, Gabun	*Aucoumea klaineana*	0,44	8000	66	96	40	5,8
Ovengkol, Amazakaoue	*Guibourtia ehie*	0,78	16500	140	150	80	20
Pappel	*Populus spp.*	0,44	8800	77	60	32	5
Pockholz	*Guaiacum guatemalense, G. officinale, G. sanctum*						

Holzart	Latein	Rohdichte	E-Modul (Biege)	Zugfestigkeit ||	Biegefestigkeit |_	Druckfestigkeit ||	Scherfestigkeit ||
		ρ_N [g/cm³]	E_m [N/mm²]	f_t [N/mm²]	f_m [N/mm²]	f_c [N/mm²]	f_v [N/mm2]
Ramin	*Gonystylus bancanus*	0,63	15500	:-	130	71	10,3
Robinie	*Robinia pseudoacacia*	0,74	13600	148	150	73	16
Roßkastanie	*Aesculus hippo-castanum L.*						
Roteiche	*Quercus rubra, Quercus spp.*	0,7	13000	140	125	55	12
Sapelli	*Entandro-phragma cylindricum*	0,65	10000	88	105	56	11
Sipo, Utile	*Entandro-phragma utile*	0,59	11000	110	100	58	9,5
Teak	*Tectona grandis*	0,68	13000	115	100	58	10,4
Tiama	*Entandro-phragma angolense*	0,56	10000	:-	80	47	11
Ulme, Rüster	*Ulmus spp.*	0,65	11000	80	81	51	7
Weißeiche	*Quercus alba, Q. stella, Q. pinus, …*						
Wengé	*Millettia laurentii, M. stuhlmannii*	0,85	16000	:-	145	80	14
Whitewood, Yellow poplar	*Liriodendron tulipifera*	0,47	10500	83	65	37	7,7

19.2.2 Eigenschaften von Vollholz

Eigenschaften von Vollholz nach Wagenführ (Wagenführ, 2006)

Eigenschaft	Kiefer	Fichte	Buche	Eiche	Esche
Rohdichte in kg/m³	300-400-860	300-430-640	490-680-880	390-650-930	450-510-610
Biegefestigkeit (parallel) in N/mm²	35-87-206	42-66-116	74-123-210	60-94-100	44-94-172
Zugfestigkeit (parallel) in N/mm²	35-104-196	40-90-245	57-135-180	50-90-180	55-94-140
Druckfestigkeit (parallel) in N/mm²	30-47-80	30-43-67	41-62-99	41-55-59	31-55-77
max. Schwindmass in %					
▪ radial	4,0	3,6	5,8	4,0	4,3
▪ tangential	7,7	7,8	11,8	7,8	9,3
▪ längs	0,4	0,3	0,3	0,4	0,4
Heizwert in MJ/kg	15,9	16,3	15,0	14,5	14,2
Wärmeleitzahl senkrecht zur Faser in W/mK	0,140	0,121	0,16	0,163	0,121

Mechanische Eigenschaften in den Hauptachsen in N/mm² (Mittelwerte); Messungen ETH Zürich, Institut für Baustoffe, Holzphysik

Holzart	Festigkeit in N/mm²	Belastungsrichtung		
		längs	*radial*	*tangential*
Fichte	Zug	87,20	3,96	3,07
	Druck	40,20	4,11	4,19
Rotbuche	Zug	96,7	14,7	8,9
	Druck	45	11	6
Eiche	Zug	73	6	7,8
	Druck	47,9	10,6	9
Ahorn	Zug	112	16,2	8,9
	Druck	61,5	15,4	10,3
Esche	Zug	130	12,45	10,1
	Druck	43,4	10,50	10,03

19.2.3 Charakteristische Kennwerte von Vollholz

Charakteristische Festigkeits- und Steifigkeitswerte von Holz je Festigkeitsklasse[1] nach DIN EN 338:2013-09

	Klasse	Nadelholz											
		C14	C16	C18	C20	C22	C24	C27	C30	C35	C40	C45	C50
Festigkeitseigenschaften [N/mm²]													
Biegung ||	$f_{m,k}$	14	16	18	20	22	24	27	30	35	40	45	50
Zug ||	$f_{t,0,k}$	8	10	11	12	13	14	16	18	21	24	27	30
Zug ⊥	$f_{t,90,k}$	0,4	0,4	0,4	0,4	0,4	0,4	0,4	0,4	0,4	0,4	0,4	0,4
Druck ||	$f_{c,0,k}$	16	17	18	19	20	21	22	23	25	27	28	30
Druck ⊥	$f_{c,90,k}$	2	2,2	2,2	2,3	2,4	2,5	2,5	2,7	2,7	2,8	2,9	3,0
Schub	$f_{v,k}$	3	3,2	3,4	3,6	3,8	4	4	4	4	4	4	4
Steifigkeitseigenschaften [kN/mm²]													
Biege-Elastizitätsmodul || (Mittelwert)	$E_{0,\text{mean}}$	7	8	9	9,5	10	11	11,5	12	13	14	15	16
Biege-Elastizitätsmodul || (5-%-Quantile)	$E_{0,05}$	4,7	5,4	6	6,4	6,7	7,4	7,7	8	8,7	9,4	10,1	10,7
Biege-Elastizitätsmodul ⊥ (Mittelwert)	$E_{90,\text{mean}}$	0,23	0,27	0,3	0,32	0,33	0,37	0,38	0,4	0,43	0,47	0,5	0,53
Schubmodul (Mittelwert)	G_{mean}	0,44	0,5	0,56	0,59	0,63	0,69	0,72	0,75	0,81	0,88	0,94	1
Rohdichten [kg/m³]													
Charakteristische Rohdichte	ρ_k	290	310	320	330	340	350	360	380	390	400	410	430
Mittelwert der Rohdichte	ρ_{mean}	350	370	380	400	410	420	430	460	470	480	490	520

|| = in Faserrichtung; ⊥ = rechtwinklig zur Faserrichtung

1 Die Klassierung erfolgt auf der Grundlage von Hochkantbiegeprüfungen und gilt für Holz mit einer bei 20 °C und 65 % rel. Luftfeuchte üblichen Holzfeuchte (bei den meisten Holzarten ca. 12 %)

	Laubholz													
	D18	D24	D27	D30	D35	D40	D45	D50	D55	D60	D65	D70	D75	D80
	18	24	27	30	35	40	45	50	55	60	65	70	75	80
	11	14	16	18	21	24	27	30	33	36	39	42	45	48
	0,6	0,6	0,6	0,6	0,6	0,6	0,6	0,6	0,6	0,6	0,6	0,6	0,6	0,6
	18	21	22	23	25	27	28	30	31	33	34	35	36	38
	4,8	4,9	5,1	5,3	5,4	5,5	5,8	6,2	6,6	7	8	9	9	9
	3,5	3,7	3,8	3,9	4,1	4,2	4,4	4,5	4,7	4,8	5	5	5	5
	9,5	10	10,5	11	12	13	13,5	14	15,5	17	18,5	20	22	24
	8	8,4	8,8	9,2	10,1	10,9	11,3	11,8	13	14,3	15,5	16,8	18,5	20,2
	0,64	0,67	0,7	0,74	0,8	0,87	0,9	0,94	1,04	1,14	1,24	1,34	1,47	1,61
	0,59	0,63	0,66	0,69	0,75	0,81	0,84	0,88	0,97	1,06	1,16	1,25	1,38	1,5
	475	485	510	530	540	550	580	620	660	700	800	900	900	900
	570	580	610	640	650	660	700	740	790	840	960	1080	1080	1080

Charakteristische Festigkeits- und Steifigkeitswerte von Brettschichtholz in N/mm² (Rohdichte in kg/m³) nach DIN EN 14080:2013-09

	Klasse	Homogenes Brettschichtholz						
		GL 20h	GL 22h	GL 24h	GL 26h	GL 28h	GL 30h	GL 32h
Biegefestigkeit	$f_{m,g,k}$	20	22	24	26	28	30	32
Zugfestigkeit	$f_{t,0,g,k}$	16	17,6	19,2	20,8	22,3	24	25,6
	$f_{t,90,g,k}$	0,5						
Druckfestigkeit	$f_{c,0,g,k}$	20	22	24	26	28	30	32
	$f_{c,90,g,k}$				2,5			
Schubfestigkeit (Schub und Torsion)	$f_{v,g,k}$				3,5			
Rollschubfestigkeit	$f_{r,g,k}$				1,2			
Elastizitätsmodul	$E_{0,g,mean}$	8400	10500	11500	12100	12600	13600	14200
	$E_{0,g,05}$	7000	8800	9600	10100	10500	11300	11800
	$E_{90,g,mean}$				300			
	$E_{90,g,05}$				250			
Schubmodul	$G_{g,mean}$				650			
	$G_{g,05}$				540			
Rollschubmodul	$G_{r,g,mean}$				65			
	$G_{r,g,05}$				54			
Rohdichte	$\rho_{g,k}$	340	370	385	405	425	430	440
	$\rho_{g,mean}$	370	410	420	445	460	480	490

Symbole: f = Festigkeit; E = Elastizitätsmodul; G = Schubmodul; ρ = Rohdichte.
Indizes: g = Brettschichtholz-Eigenschaften; m = Biegung; t = Zug; c = Druck; v = Schub; r = Rollschub; 0 = in Faserrichtung; 90 = rechtwinklig zur Faserrichtung; k = charakteristischer Wert; mean = Mittelwert; 05 = 5%-Quantil.

Kombiniertes Brettschichtholz						
GL 20c	GL 22c	GL 24c	GL 26c	GL 28c	GL 30c	GL 32c
20	22	24	26	28	30	32
15	16	17	19	19,5	19,5	19,5
0,5						
18,5	20	21,5	23,5	24	24,5	24,5
2,5						
3,5						
1,2						
10400	10400	11000	12000	12500	13000	13500
8600	8600	9100	10000	10400	10800	11200
300						
250						
650						
540						
65						
54						
355	355	365	385	390	390	400
390	390	400	420	420	430	440

19.2.4 Güteanforderungen

19.2.4.1 Güteanforderungen an Rund- und Schnittholz (Nadelholz)

Sortierkriterien für Kanthölzer und vorwiegend hochkant (K) biegebeanspruchte Bretter und Bohlen bei der visuellen Sortierung nach DIN 4074-1:2012-06

Sortiermerkmale	Sortierklassen[1]		
	S 7, S 7K	S 10, S 10K	S 13, S 13K
1. Äste	bis 3/5	bis 2/5	bis 1/5
2. Faserneigung	bis 12%	bis 12%	bis 7%
3. Markröhre	zulässig	zulässig	nicht zulässig[2]
4. Jahrringbreite			
▪ im Allgemeinen	bis 6 mm	bis 6 mm	bis 4 mm
▪ bei Douglasie	bis 8 mm	bis 8 mm	bis 6 mm
5. Risse			
▪ Schwindrisse[3]	bis 1/2	bis 1/2	bis 2/5
▪ Blitzrisse, Ringschäle	nicht zulässig	nicht zulässig	nicht zulässig
6. Baumkante	bis 1/4	bis 1/4	bis 1/5
7. Krümmung[3]			
▪ Längskrümmung	bis 8 mm	bis 8 mm	bis 8 mm
▪ Verdrehung	1 mm / 25 mm Höhe	1 mm / 25 mm Höhe	1 mm / 25 mm Höhe
8. Verfärbungen, Fäule			
▪ Bläue	zulässig	zulässig	zulässig
▪ nagelfeste braune und rote Streifen	bis 2/5	bis 2/5	bis 1/5
▪ Braunfäule, Weißfäule	nicht zulässig	nicht zulässig	nicht zulässig
9. Druckholz	bis 2/5	bis 2/5	bis 1/5
10. Insektenfraß durch Frischholz-Insekten	Fraßgänge bis 2 mm Durchmesser: zulässig		
11. Sonstige Merkmale	sind in Anlehnung an die übrigen Sortiermerkmale sinngemäß zu berücksichtigen		

1) S 7: Schnittholz mit geringer Tragfähigkeit; S 10: Schnittholz mit üblicher Tragfähigkeit; S 13: Schnittholz mit überdurchschnittlicher Tragfähigkeit;

2) Bei Kantholz mit einer Breite > 120 mm zulässig.

3) Diese Sortiermerkmale bleiben bei nicht trockensortierten Hölzern unberücksichtigt.

Sortierkriterien für Bretter und Bohlen bei der visuellen Sortierung nach DIN 4074-1:2012-06 (vorwiegend hochkant biegebeanspruchte Bretter und Bohlen sind wie Kantholz zu sortieren)

Sortiermerkmale	Sortierklassen[1]		
	S 7	S 10	S 13
1. Äste			
▪ Einzelast	bis 1/2	bis 1/3	bis 1/5
▪ Astansammlung	bis 2/3	bis 1/2	bis 1/3
▪ Schmalseitenast[2]	-	bis 2/3	bis 1/3
2. Faserneigung	bis 16%	bis 12%	bis 7%
3. Markröhre	zulässig	zulässig	nicht zulässig
4. Jahrringbreite			
▪ im Allgemeinen	bis 6 mm	bis 6 mm	bis 4 mm
▪ bei Douglasie	bis 8 mm	bis 8 mm	bis 6 mm
5. Risse			
▪ Schwindrisse[3]	zulässig	zulässig	zulässig
▪ Blitzrisse, Ringschäle	nicht zulässig	nicht zulässig	nicht zulässig
6. Baumkante	bis 1/3	bis 1/3	bis 1/4
7. Krümmung[3]			
▪ Längskrümmung	bis 12 mm	bis 8 mm	bis 8 mm
▪ Verdrehung	2 mm/25 mm Höhe	1 mm/25 mm Höhe	1 mm/25 mm Höhe
▪ Querkrümmung	bis 1/20	bis 1/30	bis 1/50
8. Verfärbungen, Fäule			
▪ Bläue	zulässig	zulässig	zulässig
▪ nagelfeste braune und rote Streifen	bis 3/5	bis 2/5	bis 1/5
▪ Braunfäule, Weißfäule	nicht zulässig	nicht zulässig	nicht zulässig
9. Druckholz	bis 3/5	bis 2/5	bis 1/5
10. Insektenfraß durch Frischholz-Insekten	Fraßgänge bis 2 mm Durchmesser: zulässig		
11. Sonstige Merkmale	sind in Anlehnung an die übrigen Sortiermerkmale sinngemäß zu berücksichtigen		

1) S 7: Schnittholz mit geringer Tragfähigkeit; S 10: Schnittholz mit üblicher Tragfähigkeit; S 13: Schnittholz mit überdurchschnittlicher Tragfähigkeit;

2) Dieses Sortiermerkmal gilt nicht für Bretter für Brettschichtholz.

3) Diese Sortiermerkmale bleiben bei nicht trockensortierten Hölzern unberücksichtigt.

Sortierkriterien für Latten bei der visuellen Sortierung nach DIN 4074-1:2012-06

Sortiermerkmale	Sortierklassen[1]	
	S 10	S 13
1. Äste[2]		
▪ im Allgemeinen	bis 1/2	bis 1/3
▪ bei Kiefer	bis 2/5[3]	bis 1/5
2. Faserneigung	bis 12%	bis 7%
3. Markröhre	Zulässig[4]	nicht zulässig
4. Jahrringbreite		
▪ im Allgemeinen	bis 6 mm	bis 6 mm
▪ bei Douglasie	bis 8 mm	bis 8 mm
5. Risse		
▪ Schwindrisse[5]	zulässig	zulässig
▪ Blitzrisse, Ringschäle	nicht zulässig	nicht zulässig
6. Baumkante	bis 1/3	bis 1/4
7. Krümmung[5]		
▪ Längskrümmung	bis 12 mm	bis 8 mm
▪ Verdrehung	1 mm / 25 mm Höhe	1 mm/25 mm Höhe
8. Verfärbungen, Fäule		
▪ Bläue	zulässig	zulässig
▪ nagelfeste braune und rote Streifen	bis 3/5	bis 2/5
▪ Braunfäule, Weißfäule	nicht zulässig	nicht zulässig
9. Druckholz	bis 3/5	bis 2/5
10. Insektenfraß durch Frischholz-Insekten	Fraßgänge bis 2 mm Durchmesser: zulässig	
11. Sonstige Merkmale	sind in Anlehnung an die übrigen Sortiermerkmale sinngemäß zu berücksichtigen	

1) S 10: Schnittholz mit üblicher Tragfähigkeit; S 13: Schnittholz mit überdurchschnittlicher Tragfähigkeit;

2) Kanten- und Schmalseitenäste, die von einer Schmalseite zur anderen durchlaufen, sind nicht zulässig. Bei Latten mit einem Querschnitt von 40 mm x 60 mm zulässig bis zu einer Ästigkeit auf der Schmalseite von ⅓. Generell nicht zulässig sind Äste, die von einer Schmalseite zur anderen durchlaufen und auf beiden Breitseiten in Erscheinung treten.

3) Bei Latten mit einem Querschnitt von 40 mm x 60 mm bis ½ zulässig.

4) Bei Fichte zulässig.

5) Diese Sortiermerkmale bleiben bei nicht trockensortierten Hölzern unberücksichtigt.

19.2.4.2 Güteanforderungen an Rund- und Schnittholz (Laubholz)

Sortierkriterien für Kanthölzer und vorwiegend hochkant (K) biegebeanspruchte Bretter und Bohlen bei der visuellen Sortierung nach DIN 4074-5:2008-12

Sortiermerkmale	Sortierklassen[1]		
	LS 7, LS 7K	LS 10, LS 10K	LS 13, LS 13K
1. Äste ▪ im Allgemeinen ▪ bei Eiche	 bis 3/5 bis 3/5	 bis 2/5 bis 2/5	 bis 1/5 bis 1/6
2. Faserneigung[2]	bis 16%	bis 12%	bis 7%
3. Markröhre	nicht zulässig[3]	nicht zulässig[4]	nicht zulässig
4. Jahrringbreite	–	–	–
5. Risse ▪ Schwindrisse[5] ▪ Blitzrisse, Frostrisse, Ringschäle	 bis 3/5 nicht zulässig	 bis 1/2 nicht zulässig	 bis 2/5 nicht zulässig
6. Baumkante	bis 1/3	bis 1/3	bis 1/4
7. Krümmung[5] ▪ Längskrümmung ▪ Verdrehung	 bis 12 mm 2 mm/25 mm Höhe	 bis 8 mm 1 mm/25 mm Höhe	 bis 8 mm 1 mm/25 mm Höhe
8. Verfärbungen, Fäule ▪ nagelfeste braune und rote Streifen ▪ Fäule	 bis 3/5 nicht zulässig	 bis 2/5 nicht zulässig	 bis 1/5 nicht zulässig
9. Insektenfraß durch Frischholz-Insekten	nicht zulässig		
10. Sonstige Merkmale	sind in Anlehnung an die übrigen Sortiermerkmale sinngemäß zu berücksichtigen		

1) LS 7: Schnittholz mit geringer Tragfähigkeit; LS 10: Schnittholz mit üblicher Tragfähigkeit; LS 13: Schnittholz mit überdurchschnittlicher Tragfähigkeit;

2) Dieses Sortiermerkmal bleibt bei Buche unberücksichtigt.

3) Bei Eichenkantholz zulässig.

4) Bei Eichenkantholz mit einer Breite > 100 mm zulässig.

5) Diese Sortiermerkmale bleiben bei nicht trockensortiertem Holz unberücksichtigt.

Sortierkriterien für Bretter und Bohlen bei der visuellen Sortierung nach DIN 4074-5:2008-12 (vorwiegend hochkant biegebeanspruchte Bretter und Bohlen sind wie Kantholz zu sortieren)

Sortiermerkmale	Sortierklassen[1)]		
	LS 7	LS 10	LS 13
1. Äste			
▪ Einzelast	bis 1/2	bis 1/3	bis 1/5
▪ Astansammlung	bis 2/3	bis 1/2	bis 1/3
▪ Schmalseitenast[2)]	-	bis 2/3	bis 1/3
2. Faserneigung[3)]	bis 16%	bis 12%	bis 7%
3. Markröhre	nicht zulässig[4)]	nicht zulässig	nicht zulässig
4. Jahrringbreite	-	-	-
5. Risse			
▪ Schwindrisse	zulässig	zulässig	zulässig
▪ Blitzrisse, Frostrisse, Ringschäle	nicht zulässig	nicht zulässig	nicht zulässig
6. Baumkante	bis 1/3	bis 1/4	bis 1/8
7. Krümmung[5)]			
▪ Längskrümmung	bis 12 mm	bis 8 mm	bis 8 mm
▪ Verdrehung	2 mm/25 mm Höhe	1 mm/25 mm Höhe	1 mm/25 mm Höhe
▪ Querkrümmung	bis 1/20	bis 1/30	bis 1/50
8. Verfärbungen, Fäule			
▪ nagelfeste braune und rote Streifen	bis 3/5	bis 2/5	bis 1/5
▪ Fäule	nicht zulässig	nicht zulässig	nicht zulässig
9. Insektenfraß durch Frischholz-Insekten	nicht zulässig		
10. Sonstige Merkmale	sind in Anlehnung an die übrigen Sortiermerkmale sinngemäß zu berücksichtigen		

1) LS 7: Schnittholz mit geringer Tragfähigkeit; LS 10: Schnittholz mit üblicher Tragfähigkeit; LS 13: Schnittholz mit überdurchschnittlicher Tragfähigkeit;

2) Gilt nicht für Bretter für Brettschichtholz.

3) Dieses Sortiermerkmal bleibt bei Buche unberücksichtigt.

4) Bei Eiche zulässig.

5) Diese Sortiermerkmale bleiben bei nicht trockensortierten Hölzern unberücksichtigt.

19.2.4.3 Güteanforderungen an Rund- und Schnittholz (Nadelholz und Laubholz)

Sortierkriterien für Kanthölzer und vorwiegend hochkant (K) biegebeanspruchte Bretter und Bohlen bei der visuellen Sortierung: Nadelschnittholz (S) nach DIN 4074-1:2012-06; Laubschnittholz (LS) nach DIN 4074-5:2008-12.

Sortiermerkmale	Sortierklassen[1]		
	S 7, S 7K; LS 7, LS 7K	S 10, S 10K; LS 10, LS 10K	S 13, S 13K; LS 13, LS 13K
1. Äste			
▪ im Allgemeinen	bis 3/5	bis 2/5	bis 1/5
▪ bei Eiche	bis 3/5	bis 2/5	bis 1/6
2. Faserneigung[2]	bis 12% (LS bis 16%)	bis 12%	bis 7%
3. Markröhre			
▪ bei Nadelholz	zulässig	zulässig	nicht zulässig[5]
▪ bei Laubholz	nicht zulässig[3]	nicht zulässig[4]	nicht zulässig
4. Jahrringbreite			
▪ Nadelholz im Allgemeinen	bis 6 mm	bis 6 mm	bis 4 mm
▪ bei Douglasie	bis 8 mm	bis 8 mm	bis 6 mm
▪ Laubholz (keine Begrenzung)	-	-	-
5. Risse			
▪ Schwindrisse[6]	bis 1/2 (LS bis 3/5)	bis 1/2	bis 2/5
▪ Blitzrisse, Frostrisse, Ringschäle	nicht zulässig	nicht zulässig	nicht zulässig
6. Baumkante	bis 1/4 (LS bis 1/3)	bis 1/4 (LS bis 1/3)	bis 1/5 (LS bis 1/4)
7. Krümmung[6]			
▪ Längskrümmung	bis 8 mm (LS bis 12 mm)	bis 8 mm	bis 8 mm
▪ Verdrehung	1 mm (LS 2 mm)/25 mm Höhe	1 mm/25 mm Höhe	1 mm/25 mm Höhe
8. Verfärbungen, Fäule			
▪ Bläue (S)	zulässig	zulässig	zulässig
▪ nagelfeste braune und rote Streifen	bis 2/5 (LS bis 3/5)	bis 2/5	bis 1/5
▪ Braun-, Weißfäule (S), Fäule (LS)	nicht zulässig	nicht zulässig	nicht zulässig
9. Druckholz (S)	bis 2/5	bis 2/5	bis 1/5
10. Insektenfraß durch Frischholz-Insekten	LS: nicht zulässig; S: Fraßgänge bis 2 mm Durchmesser zulässig		
11. Sonstige Merkmale	sind in Anlehnung an die übrigen Sortiermerkmale sinngemäß zu berücksichtigen		

1) S 7/LS 7: Schnittholz mit geringer Tragfähigkeit; S 10/LS 10: Schnittholz mit üblicher Tragfähigkeit; S 13/LS 13: Schnittholz mit überdurchschnittlicher Tragfähigkeit.
2) Dieses Sortiermerkmal bleibt bei Buche unberücksichtigt.
3) Bei Eichenkantholz zulässig.
4) Bei Eichenkantholz mit einer Breite > 100 mm zulässig.
5) Bei Kantholz mit einer Breite > 120 mm zulässig.
6) Diese Sortiermerkmale bleiben bei nicht trockensortierten Hölzern unberücksichtigt.

Sortierkriterien für Bretter und Bohlen bei der visuellen Sortierung (vorwiegend hochkant biegebeanspruchte Bretter und Bohlen sind wie Kantholz zu sortieren): Nadelschnittholz (S) nach DIN 4074-1:2012-06; Laubschnittholz (LS) nach DIN 4074-5:2008-12.

Sortiermerkmale	Sortierklassen[1)]		
	S 7; LS 7	S 10; LS 10	S 13; LS 13
1. Äste			
▪ Einzelast	bis 1/2	bis 1/3	bis 1/5
▪ Astansammlung	bis 2/3	bis 1/2	bis 1/3
▪ Schmalseitenast[2)]	-	bis 2/3	bis 1/3
2. Faserneigung[3)]	bis 16%	bis 12%	bis 7%
3. Markröhre			
▪ bei Nadelholz	zulässig	zulässig	nicht zulässig
▪ bei Laubholz	nicht zulässig[4)]	nicht zulässig	nicht zulässig
4. Jahrringbreite			
▪ Nadelholz im Allgemeinen	bis 6 mm	bis 6 mm	bis 4 mm
▪ bei Douglasie	bis 8 mm	bis 8 mm	bis 6 mm
▪ Laubholz (keine Begrenzung)	-	-	-
5. Risse			
▪ Schwindrisse[5)]	zulässig	zulässig	zulässig
▪ Blitzrisse, Frostrisse, Ringschäle	nicht zulässig	nicht zulässig	nicht zulässig
6. Baumkante	bis 1/3	bis 1/3 (LS bis 1/4)	bis 1/4 (LS bis 1/8)
7. Krümmung[5)]			
▪ Längskrümmung	bis 12 mm	bis 8 mm	bis 8 mm
▪ Verdrehung	2 mm/25 mm Höhe	1 mm/25 mm Höhe	1 mm/25 mm Höhe
▪ Querkrümmung	bis 1/20	bis 1/30	bis 1/50
8. Verfärbungen, Fäule			
▪ Bläue (S)	zulässig	zulässig	zulässig
▪ nagelfeste braune und rote Streifen	bis 3/5	bis 2/5	bis 1/5
▪ Braun-, Weißfäule (S), Fäule (LS)	nicht zulässig	nicht zulässig	nicht zulässig
9. Druckholz (S)	bis 3/5	bis 2/5	bis 1/5
10. Insektenfraß durch Frischholz-Insekten	LS: nicht zulässig; S: Fraßgänge bis 2 mm Durchmesser zulässig		
11. Sonstige Merkmale	sind in Anlehnung an die übrigen Sortiermerkmale sinngemäß zu berücksichtigen		

1) S 7/LS 7: Schnittholz mit geringer Tragfähigkeit; S 10/LS 10: Schnittholz mit üblicher Tragfähigkeit; S 13/LS 13: Schnittholz mit überdurchschnittlicher Tragfähigkeit.
2) Dieses Sortiermerkmal gilt nicht für Bretter für Brettschichtholz.
3) Dieses Sortiermerkmal bleibt bei Buche unberücksichtigt.
4) Bei Eiche zulässig.
5) Diese Sortiermerkmale bleiben bei nicht trockensortierten Hölzern unberücksichtigt.

Anhand apparativ unterstützter visueller Sortierung ist eine weitere Sortierklasse S 15/LS 15 möglich. Für diese gelten zusätzlich zu den apparatespezifisch festgelegten Einstellwerten nach DIN 4074-3 die Sortierkriterien für die Sortierklasse S10/LS 10.

19.2.5 Güteanforderungen an Baurundholz

Bedingungen der Güteklassen I – III

Einteilung der Güteklassen	Güteklasse I[4)]	Güteklasse II[4)]	Güteklasse III[4)]	Bemessungsbeispiel
1. Allgemeine Beschaffenheit				
a) Hölzer ohne Schutzmittelbehandlung (Verwendung nur unter Dach oder an Stellen, wo die Hölzer im Sinne Abschnitt 2.11 trocken bleiben[5)])	Zulässig: Bläue Unzulässig: Blitzrisse, Frostrisse, Insektenfrass (Bohrlöcher), Mistelbefall Ringschäle, Rotfäule, braune und rote Streifen, Weissfäule	Zulässig: Bläue, nagelfeste braune und rote Streifen[6)] unzulässig: Blitzrisse, Frostrisse, Insektenfrass (Bohrlöcher), Mistelbefall, Ringschäle, Rotfäule, Weissfäule	Zulässig: Bläue, nagelfeste braune und rote Streifen[6)] unzulässig: Blitzrisse, Frostrisse, Insektenfrass (Bohrlöcher), Mistelbefall, Ringschäle, Rotfäule, Weissfäule	
b) Holz mit Holzschutz gemäss DIN 68800 (Verwendung im Freien sowie in Räumen mit hoher Luftfeuchtigkeit[5)])	Zulässig: Bläue, nagelfest braune und rote Streifen[6)] unzulässig: Blitzrisse, Frostrisse, Mistelbefall, Ringschäle, Rotfäule, Weissfäule	Zulässig: Bläue, Insektenfrass an der Oberfläche, nagelfeste braune und rote Streifen[6)] unzulässig: Blitzrisse, Frostrisse, Mistelbefall, Ringschäle, Rotfäule, Weissfäule	zulässig: Bläue, Blitzrisse[7)], Insektenfrass (Bohrlöcher), Mistelbefall, Ringschäle, nagelfeste braune und rote Streifen[6)] unzulässig: lebende Larven und Eier von Insekten im Holz, Rotfäule, Weissfäule	
2. Feuchtigkeitsgehalt	Das Holz darf beim Einbau halbtrocken sein, aber nur dort, wo es bald auf den trockenen Zustand für dauernd zurückgehen kann. Für Sonderfälle (Wasserbauhölzer) gelten Festlegungen nach DIN 1052 und DIN 1074			

Einteilung der Güteklassen	Güteklasse I[4)]	Güteklasse II[4)]	Güteklasse III[4)]	Bemessungsbeispiel
3. Mindestdichte (Mindestraumgewicht)	Mindestdichte in g/cm³ (Mindestraumgewicht) bei 20 % Holzfeuchte Prüfkörper *astfrei* *mit Ästen* Fichte und Tanne 0,36 0,40 Kiefer und Lärche 0,42 0,46			
4. Jahrringbreite[5)]	Jahrringbreiten über 4 mm Sind höchstens bei einer Hälfte des Querschnittes zulässig			
5. Äste				
5.1. Einzeläste Durchmesser des Einzelastes in Vergleich zum Durchmesser des Rundholzes	Bis 1/4	Bis 1/4	Bis 1/4	Verhältniszahl: $\frac{a}{d}$
5.2 Astansammlung Summe der Astdurchmesser auf einer Fläche von 150 mm Länge und der Breite entsprechend einem Viertel des Umfanges im Verhältnis zum Durchmesser des Rundholzes[9)]	bis 1/3	bis 1/2	bis 3/4	150 mm Verhältniszahl: $\frac{a_1+a_2+a_3}{d}$

Einteilung der Güteklassen	Güteklasse I[4]	Güteklasse II[4]	Güteklasse III[4]	Bemessungsbeispiel
6. Krümmung				
a) Zulässige Pfeilhöhe auf 2 m Messlänge an der Stelle der größten Krümmung	10 mm	15 mm	20 mm	Pfeilhöhe 2m Pfeilhöhe l
b) bezogen auf die Gesamtlänge bei Hölzern				
■ Biegeglieder	1/200	1/100	–	
■ Druckglieder	1/200	1/100	–	

4) Die für Zug- und Biegestäbe zulässigen Beanspruchungen werden in DIN 1052 nachgetragen
5) siehe hierzu DIN 52175 „Holzschutz“, Grundlagen und Begriffe sowie DIN 68800 „Holzschutz im Hochbau“
6) in der Breite nicht größer als die für die betreffende Güteklasse zulässigen Einzeläste
7) Die Querschnittsabmessung durch nicht mehr nagelfeste Teile darf nicht größer sein als diejenige durch die für diese Güteklasse zugelassenen Äste
8) Bestimmung der Wuchseigenschaften nach DIN 52181, Prüfung von Holz, Bestimmung der Wuchseigenschaften
9) Jeweils an der ungünstigsten Stelle gemessen

19.2.6 Kennwerte von vergütetem Holz

Mit Ammoniak plastifiziertes und mechanisch verdichtetes Birkenholz nach verschiedenen Autoren (Autorenkollektiv, 1975)

Eigenschaft	plastifiziertes und verdichtetes Birkenholz nach Berzins		unverdichtetes Birkenholz	
	Berzins		Berzins	Kollmann
Rohdichte in kg/m³	1000 - 1100	1200 - 1300	550 - 650	650
Druckfestigkeit (parallel) in N/mm²	137 - 147	162 - 176	74 - 83	50
Biegefestigkeit in N/mm²				
▪ Radial zur Faserrichtung	196 - 220	255 - 275	88 - 108	kA
▪ Tangential zur Faserrichtung	225 - 245	294 - 313	78 - 108	kA
Holzfeuchte in %	4,0 - 5,5		5,5 - 6,0	15

Eigenschaften von verdichtetem und vergütetem Vollholz (Autorenkollektiv, 1975)

Eigenschaft	Werkstoff		Tränkvollholz getränkt mit			
	Pressvollholz Lignostone	Formvollholz Biegeholz	Kunstharz	Metall	Öl	unvergütetes Rotbuchenholz
Rohdichte in g/cm³	1,41	0,64	0,94	2,5 - 3,6	1,00 - 1,05	0,68
Max. Volumenquellung in %	50 - 65	kA	kA	25	25	22
Wasseraufnahme in %	3 - 5[1)]	142	4[2)]	25[1)]	15 - 40[3)]	83[3)]
Druckfestigkeit in N/mm²	137	41	147	78	68,6	60
Zugfestigkeit in MPa	241	kA	kA	kA	kA	132
Biegefestigkeit in N/mm²	253	40	141	kA	kA	120
E-Modul in N/mm²	26 500	kA	kA	kA	kA	15 600

kA-keine Angabe,
1) nach 24 h Wasserlagerung,
2) nach 20 h Wasserlagerung,
3) nach 72 h Wasserlagerung bei 20 °C

Eigenschaften von mit Polymethylmetakrylat (PMMA) modifiziertem Holz nach Burmester (Burmester, 1971)

Holzart	Aufnahmemenge in % bez. auf trockene Holzsubstanz	Druckfestigkeit in %	Biegefestigkeit in %	Bruchschlagarbeit in %	Härte in %
Buche	62	+70	+61	-	+254
Eiche	26	-	+35	+2	-
Linde	170	+51	+80	+50	-
Birke	45	+19	+16	-	+128
Kiefer	59	+61	-	-	-

Eigenschaften von nach verschiedenen Verfahren vergütetem Holz (Autorenkollektiv, 1975)

Eigenschaft	Pressvollholz		Tränkvollholz	
	Lignostone	Staypack	Metalltränkholz	Öltränkholz
Rohdichte in kg/m³	1400	1370	2500	1050
Biegefestigkeit (parallel) in N/mm²	260	260 - 300		40 - 150
Zugfestigkeit in N/mm²	246			
Druckfestigkeit (parallel) in N/mm²	140	126 - 160		40 - 120
E-Modul Biegung in N/mm²	27 000	29 000 - 33 000	11 000 (Ed)	
Wasseraufnahme bei 24 h Wasserlagerung in %	3 - 5	3,1 - 4,6		
Wärmeleitzahl in W/mK	0,334	0,333		

Eigenschaften von OBO Festholz®, Fa. Delignit AG

Typ nach Werknorm	8121	8131	8221	8231	8223
Furnierlagen je cm Fertigdicke	25	11	25	11	22
Kunstharz-Pressholz DIN 7707	20217	20216	20227	20227	-
Klasse (Faserrichtung der Furniere)[1]	A	A	B	B	B
Rohdichte nach DIN 52479 in g/cm^3	1,37	1,37	1,37	1,37	1,37
Biegefestigkeit[2] nach DIN 53452 in N/mm^2					
senkrecht	290	240	190	190	150
parallel	260	220	160	160	120
Schlagzähigkeit nach DIN 53453 in kJ/m^2					
senkrecht	55	65	30	20	12
parallel	45	50	20	15	6
Kerbschlagzähigkeit nach DIN 53452 in kJ/m^2					
parallel	40	40	10	15	6
Zungfestigkeit nach DIN 53454 in N/mm^2					
parallel	210	200	120	120	85
Druckfestigkeit in N/mm^2					
senkrecht	170	160	260	240	220
parallel	-	-	150	130	-
Kugeldruckhärte nach DIN 53454 Senkrecht in N/mm^2	120	120	200	150	250
Spaltkraft nach DIN 53456 in N parallel	5000	5000	4600	3600	5000
Biege-E-Modul nach DIN 53457 in N/mm^2					
senkrecht	24000	22000	16000	17000	12500
parallel	23000	20000	14000	14000	12000
Wasseraufnahme[4] nach DIN 53395 von 10 mm dicken Proben[3] in %	3,3	4,0	2,5	3,8	2,0

1) Klasse A überwiegend längs gelegte Furniere, Klasse B kreuzweise gelegte Furniere
2) parallel = Belastung parallel zu den Schichten; senkrecht = Belastung senkrecht zu den Schichten
3) Kunstharzpressholz kann durch Einwirkung von Flüssigkeiten quellen
4) dickere Proben haben prozentual eine geringere, dünnere eine etwas höhere Quellung
Weitere Kennwerte siehe Internet: OBO Festholz

Thermisch und chemisch modifiziertes Holz im Normalklima, Messungen der ETH Zürich, Institut für Baustoffe (Behandlung im Autoklav in Stickstoffatmosphäre, Behandlungsintensität steigt von Stufe 2 nach 3)

Holzart		Rohdichte [g/cm³]	Holzfeuchte [%]	Biegefestigkeit [N/mm²]	Biege-E-Modul [N/mm²]	Brinell-Härte HB [N/mm²] Druckrichtung tangential	Brinell-Härte HB [N/mm²] Druckrichtung radial
Buche unbehandelt	Mittelwert	0,738	10,9	132,8	13.140	39,3	42,4
	s	0,018	0,5	5,6	742	2,8	3,5
Buche Stufe 2	Mittelwert	0,692	9,1	76,7	11092	29,5	34,6
	s	0,03	0,3	21,8	1784	2	3,7
Buche Stufe 3	Mittelwert	0,656	8,7	53,8	11776	16,6	20,5
	s	0,031	0,1	13,2	1276	1,3	1,3
Esche unbehandelt	Mittelwert	0,633	10,3	97,6	9503	33,2	36,9
	s	0,028	0,1	9,6	859	2,6	9,7
Esche Stufe 2	Mittelwert	0,659	8,1	96,5	12002	36,7	33,4
	s	0,032	0.2	19.2	1373	3,6	6,3
Esche Stufe 3	Mittelwert	0,56	5,9	44	10313	20	24,1
	s	0,047	0,5	9,9	1249	2,6	6,2

Mechanische Eigenschaften von industriell im Autoklav wärmebehandeltem Nadelholz im Normalklima, Messungen der ETH Zürich, Institut für Baustoffe

Material	Eigenschaft						
	Rohdichte	Biege-E-Modul	Biegefestigkeit	Bruchschlagarbeit	Brinellhärte längs	Brinellhärte tangential	Brinellhärte radial
	kg/m³	N/mm²	N/mm²	kJ/m²	N/mm²	N/mm²	N/mm²
unbehandelt	?	11700	89,3	34,7	41,4	17,7	17,4
Stufe 2		10750	46,7	15,2	46,2	13,3	14,2
Stufe 3		12800	81,8	30,1	45,5	12,4	12,6

Eigenschaften von Acethyliertem Holz (Acoya®), (aus Pinus Radiata)

Dauerhaftigkeitsklasse	1
Dichte in kg/m^3	510
Ausgleichsfeuchte in % bei 20 °C/65 % rel. Luftfeuchte	3 - 5
Max. Quellung feucht/ in %	0,7
Biegefestigkeit in N/mm^2	39
Biege-E-Modul in N/mm^2	8790
Härte nach Janka in N	
Seite	4100
Stirnfläche	6600

Vergleich mechanischer Eigenschaften von Radiata Holz (unbehandelt) und acethyliertem Holz (Accoya) nach Militz 2016

Eigenschaft	Accoya®	Radiata unbehandelt
Ausgleichsfeuchte in % bei 20 °C/65 % rel. Luftfeuchte	*3,3*/3,6	*9,8*/10,2
	die Fasersättigungsfeuchte von Accoya liegt bei 10 - 12 %	
Quellung und Schwindung		
radial	*0,7*/1,0	*3,4*/4,0
tangential	*1,5*/2,3	*7,9*/9,6
längs	*0,13*/0,36	k. A.
kapillare Wasseraufnahme in $kg/m^2xh^{-0,5}$		
radial	*0,41*/0,50	*0,64*/0,78
tangential	*0,30*/0,42	*0,27*/0,50
längs	*1,6*/2,3	*2,0*/2,5
Brandverhalten	D nach EN 13501-1, B2 nach DIN 4102	
Wärmeleitfähigkeit in W/mK	0,13	
Mechanische Kennwerte		
Biegefestigkeit in N/mm^2	*39,0*/16,6	*43*/25,8
Biege-E-Modul in N/mm^2	*8790*/4800	*9060*/5200
Druckfestigkeit in N/mm^2		
längs	*58,5*/49,6	*42,5*/31,5
radial	*5,8*/5,4	*5,0*/5,4
tangential	*4,4*/3,6	*3,3*/2,4

19.2.7 Kennwerte für Quellung und Tränkbarkeit

Kennwerte für die differentielle Schwindung nach DIN 68100 , die Dauerhaftigkeit nach DIN 68100 sowie die Dauerhaftigkeit und Tränkbarkeit nach DIN EN 350-2

Holzart	Lateinischer Name	DIN 68100: 2010-07-00		DIN EN 350-2: 1994		
		diff. Schwindmaß		Dauerhaftigkeitsklassen	Tränkbarkeit	
		radial %/%	tangential %/%	Pilze	Kern	Splint
Nadelholz						
Cedar, Yellow	*Chamaecyparis nootkatensis*			2...3	3	1
Douglasie, Mitteleuropa	*Pseudotsuga menziesii*	0,15...0,19	0,24...0,31	3...4	4	2...3
Eibe	*Taxus baccata L.*			2	3	2
Fichte	*Picea abies*	0,15...0,19	0,27...0,36	4	3...4	3v
Hemlock	*Tsuga heterophylla*	0,11...0,20	0,24...0,33	4	2...3	1...2
Kiefer	*Pinus sylvestris*	0,15...0,19	0,25...0,36	3...4	3...4	1
Kiefer, Weymouths-, Strobe	*Pinus strobus*			4	2	1
Lärche	*Larix decidua, Larix spp.*	0,14...0,18	0,28...0,36	3...4	4	2v
Pine, Radiata-	*Pinus radiata*	0,12...0,16	0,22...0,27	4...5	2...3	1
Redcedar, Western-	*Thuja plicata*			2...3	3...4	3
Tanne	*Abies alba, Abies spp.*	0,12...0,16	0,28...0,35	4	2...3	2v
Laubholz						
Abachi, Wawa	*Triplochiton scleroxylon*			5	3	1
Afzelia, Doussié	*Afzelia bipindensis, Afzelia spp.*	0,11...0,20	0,17...0,32	1	4	2
Agba, Tola branca	*Gossweilerodendron balsamiferum*			2...3	3	1
Ahorn	*Acer pseudoplatanus, A. platanoides*	0,10...0,20	0,22...0,30	5	1	1
Angélique, Basralocus	*Dicorynia guianensis*			2v	4	2
Aningré, Longhi	*Aningeria robusta, Aningeria spp.*			4...5	1	1
Azobé, Bongossi	*Lophira alata*	0,30...0,32	0,4	2v	4	2

Holzart	Lateinischer Name	DIN 68100: 2010-07-00		DIN EN 350-2: 1994		
		diff. Schwindmaß		Dauerhaftigkeitsklassen	Tränkbarkeit	
		radial %/%	tangential %/%	Pilze	Kern	Splint
Bangkirai, Yellow Balau Untergattung Shorea	*Shorea laevis, Shorea spp.*	0,16...0,19	0,37...0,43	2	4	1...2
Bilinga	*Nauclea diderrichii*	0,15...0,20	0,28...0,33	1	2	1
Birke	*Betula pendula, B. pubescens*	0,18...0,24	0,26...0,31	5	1...2	1...2
Bubinga	*Guibourtia demeusii, Guibourtia spp.*			2	4	1
Buche, Rotbuche	*Fagus sylvatica*	0,19...0,22	0,38...0,44	5	1 (4)	1
Cedro	*Cedrela odorata, Cedrela spp.*			2	3...4	1...2
Edelkastanie	*Castanea sativa*			2	4	2
Eiche	*Quercus petraea, Q. robur*			2	4	1
Erle	*Alnus glutinosa*	0,15...0,17	0,24...0,30	5	1	1
Esche	*Fraxinus excelsior*	0,17...0,21	0,27...0,38	5	2	2
Eukalyptus grandis		0,25	0,34			
Framiré	*Terminalia ivorensis*			2...3	4	2
Garapa		0,16...0,23	0,35...0,41			
Greenheart	*Chlorocardium rodiei, Ocotea rodiei*			1	4	2
Hainbuche, Weißbuche	*Carpinus betulus*			5	1	1
Hickory	*Carya spp.*			4	2	1
Iroko, Kambala	*Milicia excelsa, M. regia*	0,13...0,19	0,25...0,28	1...2	4	1
Keruing	*Dipterocarpus spp.*			3v	3v	2
Khaya	*Khaya spp.*	0,11...0,19	0,20...0,30	3	4	2
Kirschbaum, Black cherry	*Prunus avium, P. serotina*	0,16...0,18	0,26...0,33			
Kosipo	*Entandrophragma candollei*			2...3	3	1

Holzart	Lateinischer Name	DIN 68100: 2010-07-00		DIN EN 350-2: 1994		
		diff. Schwindmaß		Dauerhaftigkeitsklassen	Tränkbarkeit	
		radial %/%	tangential %/%	Pilze	Kern	Splint
Koto	*Pterygota bequaertii, P. macrocarpa*	0,15...0,18	0,28...0,35	5	1	1
Limba, Fraké, Afara	*Terminalia superba*	0,12...0,17	0,21...0,26	4	2	1
Swietenia, Amerikanisch Mahagoni	*Swietenia macrophylla*			2	4	2...3
Massaranduba		0,25...0,38	0,36...0,52			
Mengkulang	*Heritiera simplicifolia, Heritiera spp.*			4	3	2
Meranti, DR-Untergattung Rubroshorea	*Shorea curtisii, Shorea spp.*	0,14...0,18	0,29...0,34	2...4	4v	2
Meranti, LR-Untergattung Rubroshorea	*Shorea leprosula, Shorea spp.*	0,11...0,18	0,25...0,30	3...4	4v	2
Meranti-(Yellow)		0,12	0,43	4	3...4	2
Merbau	*Intsia bijuga, I. palembanica*			1...2	4	n/a
Niangon	*Heritiera utilis, H. densiflora*			3	4	3
Nussbaum, Black walnut	*Juglans regia, J. nigra*	0,18...0,23	0,25...0,30	3	3	1
Okoumé, Gabun	*Aucoumea klaineana*			4	3	n/4
Ovengkol, Amazakaoue	*Guibourtia ehie*			2	3	1
Pappel	*Populus spp.*	0,12...0,19	0,25...0,31	5	3v	1v
Ramin	*Gonystylus bancanus*			5	1	1
Robinie	*Robinia pseudoacacia*	0,20...0,26	0,32...0,38	1...2	4	1
Roßkastanie	*Aesculus hippocastanum L.*			5	1	1
Roteiche	*Quercus rubra, Quercus spp.*	0,16...0,20	0,31...0,35	4	2...3	1

Holzart	Lateinischer Name	DIN 68100: 2010-07-00		DIN EN 350-2: 1994		
		diff. Schwindmaß		Dauerhaftigkeitsklassen	Tränkbarkeit	
		radial %/%	tangential %/%	Pilze	Kern	Splint
Sapelli	*Entandrophragma cylindricum*	0,19...0,24	0,25...0,32	3	3	2
Sipo, Utile	*Entandrophragma utile*	0,18...0,22	0,23...0,26	2...3	4	2
Teak	*Tectona grandis*	0,13...0,15	0,24...0,29	1 (1...3)	4 (n/a)	3 (n/a)
Tiama	*Entandrophragma angolense*			3	4	3
Ulme, Rüster	*Ulmus spp.*			4	2...3	1
Weißeiche	*Quercus alba, Q. stella, Q. pinus, ...*	0,15...0,22	0,28...0,35	2...3	4	2
Wengé	*Millettia laurentii, M. stuhlmannii*	0,20...0,26	0,35...0,43	2	4	n/a
Whitewood, Yellow poplar	*Liriodendron tulipifera*			4	3...4	3

19.2.8 Eigenschaften verschiedener Rindenarten

Eigenschaften verschiedener Rindenarten bei 10 % Feuchte nach (Veretnik, 1976)

Eigenschaft	Holzart						
	Kiefer	Fichte	Lärche	Tanne	Eiche	Birke	Aspe
Dichte in kg/m^3	400	310	390	470	480	780	500
Wasseraufnahme nach 50 Tagen in %	205	140	150	k.A.	120	60	95
Druckfestigkeit in N/mm^2	6,5	4,0	4,0	4,0	18,0	20,0	12,5
Zugfestigkeit in N/mm^2	2,0	2,5	2,0	2,5	5,0	2,0	10,7

k.A. keine Angabe

19.2.9 Kennwerte für die Berücksichtigung der Belastungsdauer

Kennwerte für das Dauerstandverhalten nach Eurocode 5/DIN EN 1995-1-1:2010-12 und das dynamische Verhalten nach SIA265-1

k_{mod}-Werte für Dauerstandfestigkeit (Modifikationsbeiwert für die Dauerstandfestigkeit)

Baustoff	Nutzungsklasse	Klasse der Lasteinwirkungsdauer				
		ständige Einwirkung	lange Einwirkung	mittlere Einwirkung	kurze Einwirkung	sehr kurze Einwirkung
Vollholz, Brettschichtholz, Furnierschichtholz (LVL), Sperrholz	1 und 2	0,60	0,70	0,80	0,90	1,10
	3	0,50	0,55	0,65	0,70	0,90
Spanplatten P4, P5	1	0,30	0,45	0,65	0,85	1,10
Spanplatten P5	2	0,20	0,30	0,45	0,60	0,80
Spanplatten P6, P7	1	0,40	0,50	0,70	0,90	1,10
Spanplatten P7	2	0,30	0,40	0,55	0,70	0,90
OSB/2	1	0,30	0,45	0,65	0,85	1,10
OSB/3, OSB/4	1	0,40	0,50	0,70	0,90	1,10
OSB/3, OSB/4	2	0,30	0,40	0,55	0,70	0,90
Holzfaserplatten, hart: HB.LA, HB.HLA1/2	1	0,30	0,45	0,65	0,85	1,10
Holzfaserplatten, hart HB.HLA1/2	2	0,20	0,30	0,45	0,60	0,80
Holzfaserplatten mittelhart MBH.LA1/2; MBH.HLS1/2	1	0,20	0,40	0,60	0,80	1,10
Holzfaserplatten mittelhart MBH.HLS1/2	2	-	-	-	0,45	0,80
Holzfaserplatten, MDF MDF.LA; MDF.HLS	1	0,20	0,40	0,60	0,80	1,10
Holzfaserplatten, MDF MDF.HLS	2	-	-	-	0,45	0,80

k_{def}-Werte für Kriechverformung (Modifikationsbeiwert für die Kriechverformung)

Baustoff	Plattentyp	Nutzungsklasse		
		1	2	3
Vollholz, Brettschichtholz, Furnierschichtholz (LVL)		0,60	0,80	2,00
Sperrholz	EN 636-1	0,80	-	-
	EN 636-2	0,80	1,00	-
	EN 636-3	0,80	1,00	2,50
OSB	OSB/2	2,25	-	-
	OSB/3, OSB/4	1,50	2,25	-
Spanplatten	P4	2,25	-	-
	P5	2,25	3,00	-
	P6	1,50	-	-
	P7	1,50	2,25	-
Holzfaserplatten, hart	HB.LA	2,25	-	-
	HB.HLA1/2	2,25	3,00	-
Holzfaserplatten, mittelhart	MBH.HLA1/2	3,00	-	-
	MBH.HLS 1/2	3,00	4,00	-
Holzfaserplatten, MDF	MDF.LA	2,25	-	-
	MDF.HLS	2,25	3,00	-

Reduktionsbeiwerte $k_{fat\infty}$ für dynamische Dauerwechselfestigkeit nach SIA 265/1: 2003

Beanspruchung des Bauteils	$k_{fat\infty}$
Druck	1,0
Zug	
Biegung	0,5
Zug- Druck-Wechsellast	
Schub	0,3

19.3 Eigenschaften von ausgewählten Holzwerkstoffen

Ausgewählte Eigenschaften von Massivholzplatten nach DIN EN 13363:2011-07 (charakteristische Werte siehe auch Zulassungen der Hersteller)

Einschichtige Massivholzplatten	
Eigenschaft	**Nenndicke 20 – 30 mm**
Rohdichte in kg/m^3	410
Biegefestigkeit quer zur Plattenebene in N/mm^2	40
Biege-E-Modul senkrecht zur Plattenebene in Faserrichtung in N/mm^2	8500

Mehrschichtige Massivholzpatten				
Eigenschaft	**Plattendicke**			
	12 – 20	**> 20 – 30**	**> 30 – 42**	**> 42**
Rohdichte in kg/m^3	410	410	410	410
Biegefestigkeit senkrecht zur Plattenebene in N/mm^2				
Parallel zur Faserrichtung der Decklage	35	30	16	12
Senkrecht zur Faserrichtung der Decklage	5	5	9	9
Biege-E-Modul senkrecht zur Plattenebene in N/mm^2				
Parallel zur Faserrichtung der Decklage	8500	7000	6500	6000
Senkrecht zur Faserrichtung der Decklage	470	470	1300	1300

Quellung, Wärmeleitfähigkeit, Diffusionswiderstand von Massivholzplatten (ETH Holzphysik)

Plattenaufbau[a]	Rohdichte	Holzfeuchte	Wärmeleitfähigkeit	Wasserdampfdiffusionswiderstandszahl	Differentielle Quellung	
					parallel	senkrecht
				μ	zur Faser der Decklagen	
mm	kg/m³	%	W/m·K	-	%/%	
10 / 10 / 10	417	11,7	0,091	134,2	0,012	0,016
10 / 20 / 10	436	12,3	0,096	122,4	0,018	0,011
10 / 40 / 10	432	12,6	0,099	148,3	0,014	0,010
7 / 14_G / 7	435	11,6	0,095	109,2	0,010	0,009
20 / 30_G / 20	394	12,6	0,094	95,7	0,013	0,015
10_{st} / 10 / 10_{st}	424	11,6	0,088	120,7	0,015	0,016
14_{st} / 14_{st} / 14_{st}	467	10,8	0,104	165,7	0,011	0,020
10 / 19_{MDF} / 10	596	9,2	0,105	109,0	0,014	0,046
10 / 17_{OSB} / 10	544	10,5	0,107	159,1	0,011	0,031
10 / 10_{A0} / 10	446	12,0	0,101	124,9	0,018	0,017
10 / 10_{A5} / 10	443	12,6	0,100	117,6	0,014	-
10 / 10_{A10} / 10	418	12,4	0,094	81,1	0,012	-
10 / 10_{A30} / 10	397	11,7	0,091	69,8	0,015	-
10_{li} / 10 / 10_{li}	441	12,0	0,096	91,5	0,010	0,024

a G - geschlitzt, st - stehende Jahrringe, li - liegende Jahrringe, Ax - unverleimte Lamellen (mit Abstand x in mm)

Eigenschaften von Holzwerkstoffen (zulässige Spannungen) bei Biegung senkrecht zur Plattenebene (Informationsdienst Holz)

Material	Biegespannung bei Belastung senkrecht zur Plattenebene in N/mm²	E-Modul in N/mm²
Massivholzplatte (3-schichtig, 20 mm)		
in Richtung Decklage	3...17	6000...9000
senkrecht zur Decklage	4...11	1000...5000
Spanplatte (DIN 69763)	2...4,5	1200...3200
MDF HSL (12...19 mm)	4,4	3200
OSB (16...22 mm); Agepan Triplay		
in Orientierungsrichtung	8	6500
senkrecht zur Orientierungsrichtung	3,6	2800
Baufurniersperrholz (Buche; mehr als 5 Lagen)		
parallel zur Decklage	18...29	5900...9600
senkrecht zur Decklage	5...17	650...4000
Furnierschichtholz Kerto S (LVL)		
parallel	20	13 000
senkrecht		0
Furnierschichtholz Kerto Q		
parallel	11	10 000
senkrecht	4	2000
LSL	10,4	9500
Parallam	21	14 500

Eigenschaften von Lagenholz

Eigenschaft		Plattendicke in mm		
		≤ 8	> 8 – 15	15 – 29
Biegefestigkeit senkrecht zur Plattenebene in N/mm²	p s	65...130 7,5...19	58...110 25...70	50...75 30...60
Biegefestigkeit in Plattenebene in N/mm²	p s	27 18	27 18	27 18
E-Modul Biegung in Plattenebene in N/mm²	p s	7000...14 000 3000...5000	6000...1200 2000...7000	5000...10 000 3500...6500
Schubmodul in Plattenebene in N/mm²		600	600	600
Schubmodul senkrecht zur Plattenebene in N/mm²		500...1000	500...1000	500...1000
Druckfestigkeit in Plattenebene in N/mm²	p s	25...50 10...25	22...45 14....30	20...40 17...35
Zugfestigkeit in Plattenebene in N/mm²	p s	45...80 20...45	40...75 25...53	37...70 30...60

Eigenschaft		Plattendicke in mm		
		≤ 8	> 8 – 15	15 – 29
Scherfestigkeit in Plattenebene in N/mm²	p	3...5	3...5	3...5
Scherfestigkeit senkrecht zur Plattenebene in N/mm²	s	10...18	10...18	10...18
Wärmeleitzahl in W/mK	s	0,15	0,15	0,15
Wasserdampfdiffusionswiderstandsfaktor		50/400	50/400	50/400

p - parallel zur Faserrichtung der Decklage
s - senkrecht zur Faserrichtung der Decklage

Eigenschaften von vergütetem Lagenholz zusammengestellt von Dube in (Autorenkollektiv, 1975)

Material	Rohdichte in kg/m³	Biegefestigkeit in N/mm²	Druckfestigkeit in N/mm²	Zugfestigkeit in N/mm²	Dickenquellung nach 2 h Kochen in %
Pressschichtholz	800...1000	190	60	160...170	25
	> 1000...1200	180...220	60...80	160...170	15...20
	> 1200...1400	210...250	70...100	170...220	10...15
Presssperrholz	800...1000	80...90	230...250	70...75	15...20
	> 1000...1200	130	230	75	20
Kunstharz-Pressschichtholz mit erhöhtem Harzanteil	1100...1200	190	140	100	2...18
	> 1200...1300	200	150	110	2...14
	> 1300...1400	240	190	140	2...15
Kunstharz-Presssperrholz mit erhöhtem Harzanteil	1100...1200	120	230	70	9...18
	> 1200...1300	120	250	80	6...15
	> 1300...1400	120	300	90	?
Kunstharz-Pressternholz mit erhöhtem Harzanteil nach Kollmann	1350	187	286	105	3...16

Charakteristische Kennwerte für Brettschichtholz aus Buchenfurnierschichtholz gemäß Zulassung Z-9.1-837: 2013 (Fa. Pollmeier)

Festigkeitskennwerte in N/mm²	GL 70
Charakteristische Biegefestigkeit bei Biegung flachkant	70
Charakteristische Biegefestigkeit bei Biegung hochkant	70
Charakteristische Zugfestigkeit in Faserrichtung	55
Charakteristische Zugfestigkeit senkrecht zur Faserrichtung	1,2
Charakteristische Druckfestigkeit parallel zur Faserrichtung	49,5
Charakteristische Druckfestigkeit senkrecht zur Faserrichtung	8,3
Charakteristische Schubfestigkeit	4,0
Steifigkeitskennwerte	
Mittelwert E-Modul in Faserrichtung	16700
5 % Quantil des E-Moduls in Faserrichtung	15300
Mittelwert E-Modul senkrecht zur Faserrichtung	470
5 % Quantil des E-Moduls senkrecht zur Faserrichtung	400
Mittelwert Schubmodul	850
5 % Quantil des Schubmoduls	760
Rohdichte	
Charakteristischer Wert der Rohdichte in kg/m³	≥ 680
Mittelwert der Rohdichte in kg/m³	≥ 740

Charakteristische Kennwerte von Buchenfurnierschichtholz in N/mm² und charakteristische Rohdichte in kg/m³ gemäß Zulassung Z-9.1-837: 2013 (Fa. Pollmeier)

Art der Beanspruchung	Buchenfurnierschichtholz längslagig	Buchenfurnierschichtholz querlagig
Nenndicke in mm	20 ≤ B ≤ 120	20 ≤ B ≤ 100
Festigkeitskennwerte		
Plattenbeanspruchung		
Biegung $f_{m,0,k}$	66	40
Druck $f_{c,90,k}$	10	10
Schub (Roll) $f_{v,k}$	3,3	
Scheibenbeanspruchung		
Biegung[a)] $f_{m,0,k}$	70	60
Zug parallel zur Faser $f_{t,0,k}$	70	40
Zug senkrecht zur Faser $f_{t,90,k}$	1,5	17
Druck parallel zur Faser $f_{c,0,k}$	41,6	24,2
Druck senkrecht zur Faser $f_{c,90,k}$	14	14
Schub $f_{v,k}$	9	

Art der Beanspruchung	Buchenfurnierschichtholz längslagig	Buchenfurnierschichtholz querlagig
Steifigkeitskennwerte		
Elastizitätsmodul $E_{0,\,mean}$	16800	11800
Elastizitätsmodul $E_{0,05}$	14900	10700
Elastizitätsmodul $E_{90,mean}$	470	3700
Schubmodul hochkant G_{mean}	760	890
Schubmodul flach G_{mean}	850	430
Rohdichte ρ_k	680	

a) Werte gelten für $h \leq 300$ mm, für $300 < h \leq 1000$ ist der charakteristische Festigkeitswert mit dem Beiwert $k_h = (300/h)^{0,12}$ zu multiplizieren, h ist die für die gesamte Biegebeanspruchung maßgebende Abmessung des Querschnittes in mm

Charakteristische Kennwerte von Kerto Furnierschichtholz (aus Fichte) in N/mm² und charakteristische Rohdichte in kg/m³ gemäß Zulassung Z-9.1-100. 2011 (Fa. Finno Forest Oyi)

Art der Beanspruchung	Kerto S	Kerto Q	
Nenndicke in mm	$20 \leq B \leq 75$	$21 \leq B \leq 24$	$27 \leq B \leq 69$
Festigkeitskennwerte			
Plattenbeanspruchung			
Biegung parallel[a)] $f_{m,\,0,k}$	50	32	36
Biegung rechtwinklig[a)] $f_{m,\,0,k}$	-	9[b]	9
Druck $f_{c,90,k}$	2	2	
Schub (Roll) $f_{v,k}$	2,3	1,5	
Scheibenbeanspruchung			
Biegung[a)] $f_{m,0,k}$	48	32	36
Zug parallel zur Faser $f_{t,0,k}$	38	20	27
Zug senkrecht zur Faser $f_{t,90,k}$	0,8	6	
Druck parallel zur Faser $f_{c,0,k}$	38	20	27
Druck senkrecht zur Faser $f_{c,90,k}$	6	9	
Schub $f_{v,k}$	4,4	4,8	
Steifigkeitskennwerte			
Elastizitätsmodul $E_{0,\,mean}$	13800	10000	10500
Elastizitätsmodul $E_{0,05}$	11600	8500	
Elastizitätsmodul $E_{90,mean}$	300	1000	2500
Schubmodul G_{mean}	500	500	

a) Werte gelten für $h \leq 300$ mm, für $300 < h \leq 1000$ ist der charakteristische Festigkeitswert mit dem Beiwert $k_h = (300/h)^{0,12}$ zu multiplizieren, h ist die für die gesamte Biegebeanspruchung maßgebende Abmessung des Querschnittes in mm

b) für B = 21 mm den Aufbau I-III-I darf für $f_{m,90,k}$ 16 N/mm² bzw. 2500 N/mm² angenommen werden

Eigenschaften spezieller Spanplatten 6 - 12 mm dick nach Kehr in (Autorenkollektiv, 1975)

Eigenschaft	Plattentyp		
	Waferboard	OSB	
		parallel	senkrecht
Rohdichte in kg/m³	650...700	600...700	600...700
Biegefestigkeit in N/mm²	18...28	35...50	15...25
Zugfestigkeit senkrecht zur Plattenebene in N/mm²	0,35...0,45	0,4...0,8	0,4...0,8
Biegefestigkeit nach 2 h Lagerung in kochendem Wasser in N/mm²	9...14		

Kennwerte von Strangpressplatten nach Wendehorst (Neroth und Vollenschaar, 2011)

Typ	Dickenbereich	Biegefestigkeit in N/mm²	
		senkrecht	parallel zur Breitfläche
SV	bis 16 mm	5	0,4
SV	über 16 mm bis 25 mm	4	0,35
SR	bis 30 mm	4	0,4
SR	über 30 mm bis 45 mm	2,5	0,3
SR	Über 45 mm bis 70 mm	1	0,2

Kennwerte (Mittelwerte) von Kalanderspanplatten nach Wendehorst (Neroth und Vollenschaar, 2011)

Eigenschaft	Plattendicke 3,0-6,0-10,0 mm
Rohdichte in kg/m³	720
Biegefestigkeit in N/mm²	FPY: 16...18 FPO: 14...16
Biege-E-Modul in N/mm²	FPY: 2000...2200
	FPO: 1800...2000
Querzugfestigkeit in N/mm²	0,5...0,4
Dickenquellung nach 2 h Wasserlagerung in %	14...8

Kennwerte zementgebundener Spanplatten nach Wendehorst (Neroth und Vollenschaar, 2011)

Eigenschaft	
Plattendicke in mm	8...32
Rohdichte in kg/m³	1000...1350
Biege-E-Modul in N/mm²	4500...5000
Biegefestigkeit in N/mm²	9...18
Querzugfestigkeit in N/mm²	0,4...0,6
Dickenquellung nach 2 h Wasserlagerung in %	max. 1,5
Dickenquellung nach 24 h Wasserlagerung in %	max. 2,0

Kennwerte von Holzwolle-Leichtbauplatten nach Wendehorst (Neroth und Vollenschaar, 2011)

Dicke in mm	Rohdichte in kg/m³	Biegefestigkeit in N/mm²	Wärmeleitzahl in W/mK
10...15	800...570	...1,7	0,15
25...100	460...360	1,0...0,4	0,093

Kennwerte von Spanplatten für das Bauwesen (ehemalige V20 und V100) nach Deppe und Ernst (Deppe und Ernst, 2000) sowie rheologische Kennwerte nach Niemz (Niemz, 1993)

Eigenschaft	Plattendicke in mm				
	≤ 13	> 13 ≤ 20	> 20 ≤ 25	> 25 ≤ 32	> 32 ≤ 40
Rohdichte in kg/m³	750...680	720...620	700...600	680...580	650...550
Biegefestigkeit in Plattenebene in N/mm²	18...23	15...12	13...11	12...10	11...9
Biegefestigkeit senkrecht zur Plattenebene in N/mm²	25...18	22...16	20...15	18...13	15... in 12
E-Modul (Biegung) in Plattenebene	2200	1900	1600	1300	1000
E-Modul (Biegung) senkrecht zur Plattenebne in N/mm²	4500...3200	4000...2800	3500...2500	3000...2000	2500...1600

Eigenschaft	Plattendicke in mm				
	≤ 13	> 13 ≤ 20	> 20 ≤ 25	> 25 ≤ 32	> 32 ≤ 40
Spannung bei Proportionalitätsgrenze in N/mm²	14...10	12...8	12...8	10...6	10...6
Dehnung beim Bruch in %	1,0...1,06	1,0...1,06	1,0...1,06	1,0...1,06	1,0...1,06
Dehnung bei Proportionalitätsgrenze in %	0,35...0,25	0,35...0,25	0,35...0,25	0,30...0,20	0,30...0,20
Zugfestigkeit in Plattenebene in N/mm²	10...8	10...8	12...8	10...6	10...6
E-Modul (Zug) in Plattenebne in N/mm²	3000...2500	2800...2300	2700...2200	2600...2100	2500...1900
Druckfestigkeit in Plattenebene in N/mm²	15...13	15...13	14...12	14...12	13...11
E-Modul (Druck) in N/mm²	3000...2500	2800...2300	2700...2200	2600...2100	2500...1900
Querzugfestigkeit in N/mm²	1,0...0,8	0,8...0,04	0,7...0,35	0,7...0,3	0,5...0,25
Scherfestigkeit in Plattenebene in N/mm²	2,8...1,4	2,2...1,1	2,0...1,0	2,0...0,9	1,4...0,7
Scherfestigkeit senkrecht zur Plattenebene in N/mm²	10...7	9...6	9...6	8...5	8...5
Schubmodul in N/mm² G_{xy} G_{xz} G_{yz}	 1400...1200 300...250 310...260	 1300...1100 280...330 290...330	 1200...1000 250...200 260...210	 1100...900 230...180 240...190	 1000...800 200...150 210...160

Eigenschaft	Plattendicke in mm				
	≤ 13	> 13 ≤ 20	> 20 ≤ 25	> 25 ≤ 32	> 32 ≤ 40
Querdruckspannung in N/mm² bei					
▪ 1 % Stauchung	1,4...0,8	1,4...0,8	1,4...0,8	1,4...0,8	1,4...0,8
▪ 5 % Stauchung	12...8	12...8	12...8	10...5	10...5
▪ 10 % Stauchung	20...14	20...14	20...14	18...12	16...12
Abhebefestigkeit der Deckschicht in N/mm²	1,6...0,8	1,6...0,8	1,6...0,8	1,6...0,8	1,6...0,8
Brinellhärte in N/mm²	50...40	45...35	45...35	40...30	40...30
Lochleibungsfestigkeit in N/mm²					
▪ d = 6 mm	40...35	40...35	40...35	45...40	45...40
▪ d = 12 mm	35...30	35...30	35...30	40...35	40...35
Schraubenausziehwiderstand in N/mm²					
▪ in Plattenebene	30...75	30...75	30...75	30...75	30...75
▪ senkrecht zur Plattenebene	55...80	55...80	55...80	55...80	55...80
Nagelhaltevermögen in N/mm² Mantelfläche					
▪ in Plattenebene	0,8...2,6	0,8...2,6	0,8...2,6	0,8...2,6	0,8...2,6
▪ senkrecht zur Plattenebene	1,2...3,4	1,2...3,4	1,2...3,4	1,2...3,4	1,2...3,4
Wasserdampfdiffusionswiderstandsfaktor dry cup	100	100	100	80	80
Wärmeleitzahl[1)] in W/mK	0,14	0,14	0,14	0,13	0,14

Eigenschaft	Plattendicke in mm				
	≤ 13	> 13 ≤ 20	> 20 ≤ 25	> 25 ≤ 32	> 32 ≤ 40
Dickenquellung in % nach ■ 2 h Wasserlagerung ■ 24 h Wasserlagerung	8...6 16...12	7...5 15...11	6...4 14...10	6...4 13...9	5...3 12...8
Feuchtegehalt in %	5...9	6...10	6...10	7...11	8...12
Lineardehnung im Differenzklima 20 °C/35 % - 20 °C/90 % in %	0,35	0,35	0,35	0,35	0,35
Kriechzahl nach ca. 0,5 Jahren (in Klammern im Feuchtklima extrapoliert)			0,5...0,7 (5...10)		
Dauerstandfestigkeit bei statischer Belastung in % (bei Wechselklima)			40...60 (20...30)		
Dauerstandfestigkeit bei dynamischer Belastung in % (Wöhlerversuch)			25...30		
Poissonzahl			0,2...0,3		

1) senkrecht zur Plattenebene, in Plattenebene etwa 2,5-mal so hoch

Eigenschaften von OSB (Dicke 10...18 mm) nach DIN EN 300

Material	Biegefestigkeit	Biegefestigkeit	E- Modul	E- Modul
	In Orientierungsrichtung N/mm²	Senkrecht zur Orientierungsrichtung N/mm²	In Orientierungsrichtung N/mm²	Senkrecht zur Orientierungsrichtung N/mm²
OSB 1	18	9	2500	1200
OSB 2	20	10	3500	1400
OSB 3	20	10	3500	1400
OSB 4	28	15	4800	1900

Ausgewählte Eigenschaften von Spezialspanplatten nach Fa. Schlingmann/D

Material	Einsatz	Rohdichte kg/m³	Biegefestigkeit N/mm²	E-Modul N/mm²	Elektr. Widerstand ≤ kΩ
Doppelbodenplatte (38 mm dick, Buche);	Computerböden, (reduzierter elektrischer Widerstand)	780	17	3400	500
Leichte tragende Platten (FD-L); 15 mm dick	Möbelbau, Türen	550	8		
Leichte Platte (BSL-L), 16 mm	Türmittellagen, Mitnahmemöbel	400	4,8		

Vergleich der Eigenschaften von Balkenmaterial und unterschiedlichen Platten nach Fa. Siempelkamp

Eigenschaft	Vollholz	Balken aus 3D-Strands	EN 300** OSB
E-Modul in N/mm²	11 000*	12 900	4800/1900
Biegefestigkeit in N/mm²	78*	70	26/14
Querzugfestigkeit (V100) in N/mm²		0,3...0,4	0,13
Rohdichte in kg/m³	470*	660...690	

* nach Kollmann [Kollmann, 1951]
** OSB für den Feuchtbereich

Vergleich organisch-anorganisch gebundener Spanplatten (WKI Braunschweig)

Eigenschaft	Bindemittel		
	Kunstharz	Gips	Zement
Rohdichte in kg/m³	500...600...800	1000...1150...1300	1100...1250...1400
Biegefestigkeit in N/mm²	10...20...30	5...8...13	8...12...16
E-Modul in N/mm²	1500...2000...3500	2500...3500...4500	3500...5000...7500
Dickenquellung nach 2 h Wasserlagerung in %	5...8	2,5...2,6	1,2...1,8
Wärmeleitzahl in W/mK	0,13...0,14	0,20...0,30	0,20...0,30
Lineardehnung in % im Differenzklima 20 °C/30 - 20 °C/85 %	0,22...0,35...0,50	0,06...0,1...0,12	0,12...0,25...0,35
Diffusionswiderstandsfaktor	20...60...140	10...15...20	15...22...30
Schraubenausziehwiderstand senkrecht zur Plattenebene	55...80	80	60
Baustoffklasse	B2 bis B3	B1 bis A2	B1 bis A2
Kriechzahl im Wechselklima[1)] 20 °C/30 % - 20 °C/85 %	5...9	12	4

1) WKI Kurzberichte 17/83 und 65/88

Eigenschaften von Faserplatten

Eigenschaft	hohe Dichte	mittlere Dichte	niedrige Dichte
Rohdichte in kg/m³	850...1000	700...720	50...160...240...400
Biegefestigkeit senkrecht zur Plattenebene (in Plattenebene) in N/mm²	40...60 (≥ 28)	22...24	0,5...10
Biege-E-Modul senkrecht zur Plattenebene in N/mm²	4000...7000	2500...3500	150...600
Biege-E-Modul in Plattenebene in N/mm²	2500...6000		
Schubmodul bei Biegung senkrecht zur Plattenebene (Plattenbeanspruchung) in N/mm²	≥ 200		
Schubmodul bei Biegung parallel zur Plattenebene (Scheibenbeanspruchung) in N/mm²	≥ 1250		
Zugfestigkeit senkrecht zur Plattenebene in N/mm²	0,8...1,0	0,3...0,4	0,012
Zugfestigkeit in Plattenebene in N/mm	25...50		
Druckfestigkeit in Plattenebene in N/mm²	20...40		
Scherfestigkeit in Plattenebene in N/mm²	3...6		
Scherfestigkeit senkrecht zur Plattenebene in N/mm²	≥ 20		
Wärmeleitzahl in W/mK[1)]	0,17	0,14	0,035...0,058
Dauerstandfestigkeit in %	40...60	40...60	

1) senkrecht zur Plattenebene, in Plattenebene näherungsweise 2,5-facher Wert

Eigenschaften von CDF-Platten (Rohplatte, Faserplatten hoher Dichte mit erhöhtem Festharzanteil, Fa. Swiss Krono)

Eigenschaft	Plattendicke in mm					
	6	8	10	12	16	19
Rohdichte in kg/m³	> 1000	> 1000	> 1000	> 1000	> 1000	> 1000
Biegefestigkeit in N/mm²	> 60	> 60	> 60	> 60	> 55	> 55
Biege-E-Modul in MPa	> 6000	> 6000	> 6000	> 6000	> 5500	> 5500
Querzugfestigkeit in MPa	> 2	> 2	> 2	> 2	> 1,8	> 1,8
Deckschichtabhebefestigkeit in MPa	> 2,5	> 2,5	> 2,5	> 2,5	> 2,5	> 2,5
Wärmeleitfähigkeit in W/mK	0,18	0,18	0,18	0,18	0,18	0,18
Dickenquellung nach 24h Wasserlagerung	< 7	< 7	< 5	< 5	< 5	< 5
Plattenfeuchte in %	≥ 5	≥ 5	≥ 5	≥ 5	≥ 5	≥ 5
Brandverhalten (Brandkennziffer gemäss WKF)	5,3 schwer brennbar					

19.4 Prüfverfahren zur Ermittlung ausgewählter Festigkeitseigenschaften

Eigenschaft	Material		
	Holz	Span-/Faserplatte	Lagenholz/Massivholzplatten
1. Zugfestigkeit in Faserrichtung bzw. Plattenebene E-Modul bei Zugbelastung ■ Probenform	DIN 52188 ASTM D 143-52	ASTM D 1037-72a	DIN 52377 ASTM D805-72

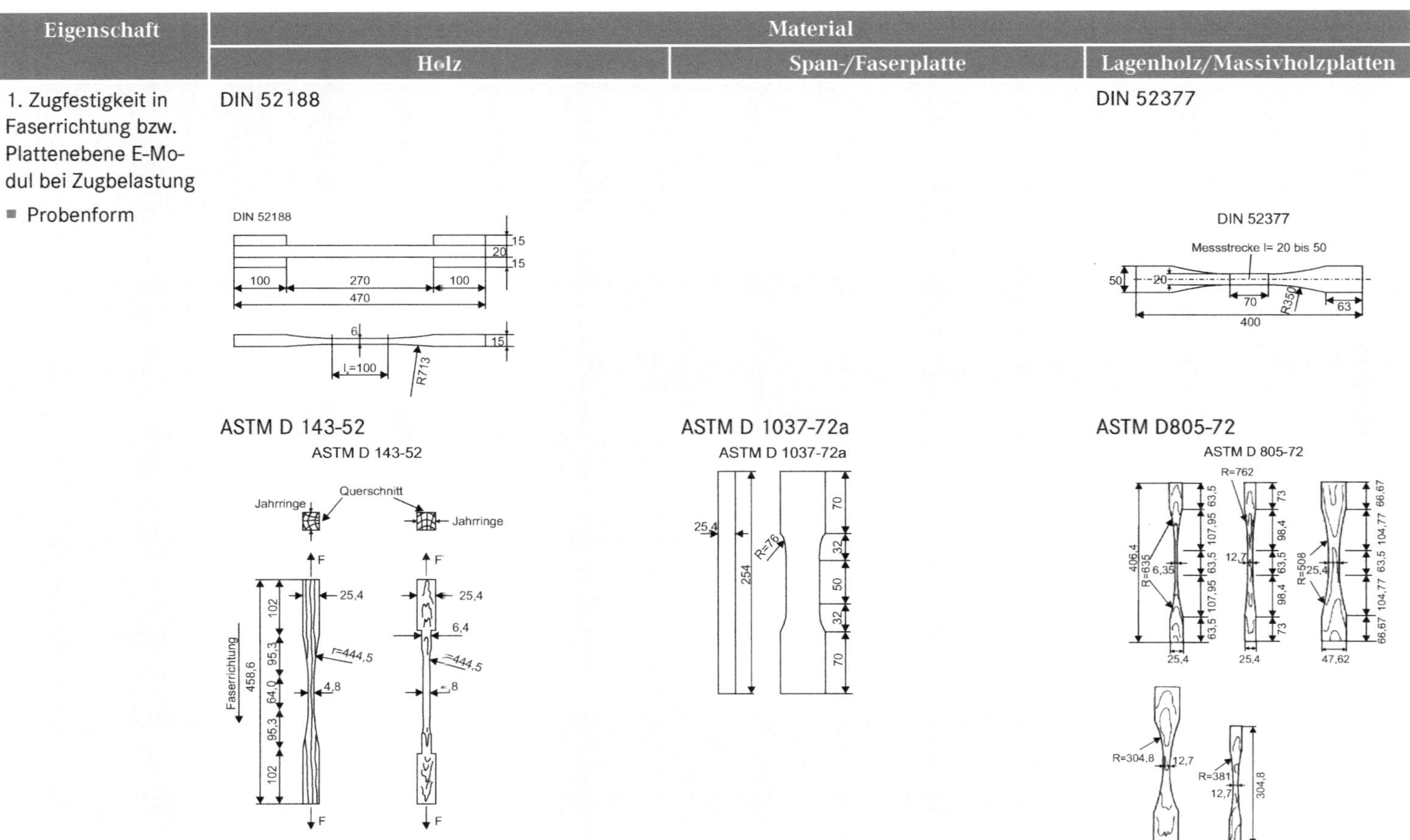

Eigenschaft	Material		
	Holz	Span-/Faserplatte	Lagenholz/Massivholzplatten
■ Berechnung	$\sigma_{zB} = \frac{F_{max}}{A}$ in N/mm² F_{max} - Bruchkraft in N A - Querschnittsfläche der eingeschnürten Fläche in mm² $E_Z = \frac{(F_2 - F_1) \cdot l_1}{a \cdot b_2 (l_2 - l_1)}$ in N/mm² F_2-F_1 - Kraftdifferenz Vor- und Hauptlast in N (ca. 1/3 der Bruchlast) l_2-l_1 - Längenänderung bei Kraftdifferenz F_2-F_1 (ΔF) b_2 - Probenbreite an eingeschnürter Stelle a - Probendicke		
2. Zugfestigkeit senkrecht zur Faserrichtung/Plattenebene	ASTM D143-52	DIN 52365	
■ Probenform	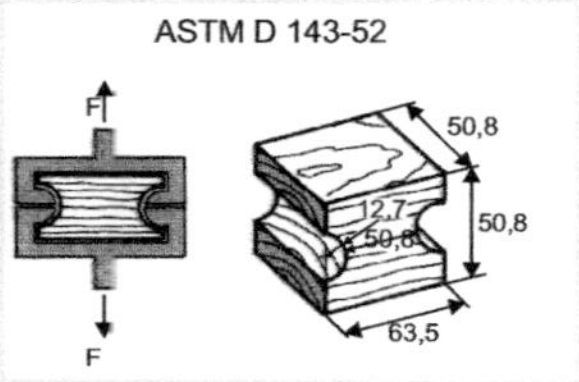 ASTM D 143-52 F F 50,8 50,8 12,7 50,8 63,5	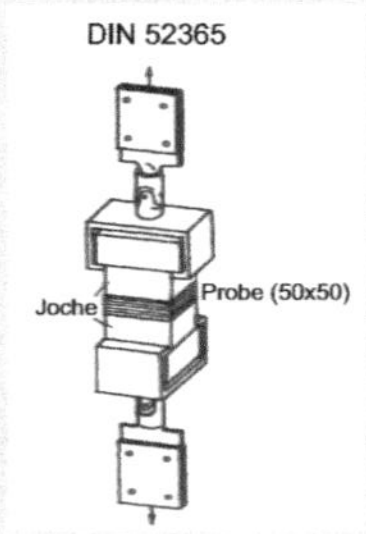 DIN 52365 Joche Probe (50x50)	

Eigenschaft	Material		
	Holz	Span-/Faserplatte	Lagenholz/Massivholzplatten
■ Berechnung	$\sigma_{zB} = \frac{F_{max}}{A}$ in N/mm² F_{max} - Bruchkraft in N A - Querschnittsfläche Länge x Breite in mm²		
3. Druckfestigkeit parallel zur Faserrichtung E-Modul bei Druckbeanspruchung	DIN 52185		
■ Probenform	DIN 52185 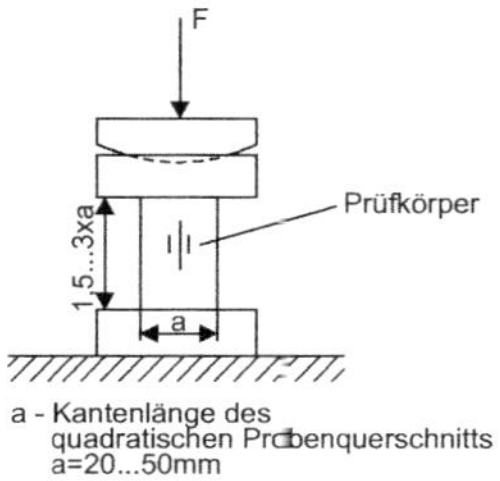 F Prüfkörper 1,5...3xa a a - Kantenlänge des quadratischen Probenquerschnitts a=20...50mm ASTM D - 43-52 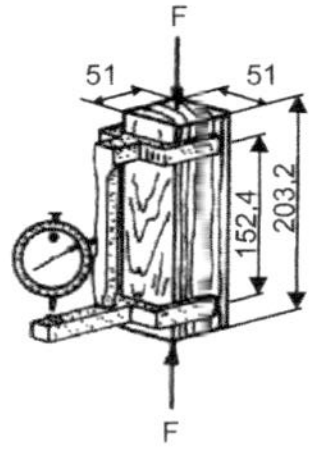 F 51 51 152,4 203,2 F		

Eigenschaft	Material		
	Holz	Span-/Faserplatte	Lagenholz/Massivholzplatten
■ Berechnung	$\sigma_{dB} = \frac{F}{A}$ (N/mm²) F - Bruchlast A - Querschnittfläche $E_d = \frac{(F_2 - F_1) \cdot l}{A \cdot \Delta l}$ E - E-Modul in N/mm² F_2-F_1 - Kraftdifferenz Vor- und Hauptlast in N Δl - Längenänderung l - Basislänge vor Belastung		
4. Druckfestigkeit senkrecht zur Faserrichtung/E-Modul	DIN 52192		
■ Probenform	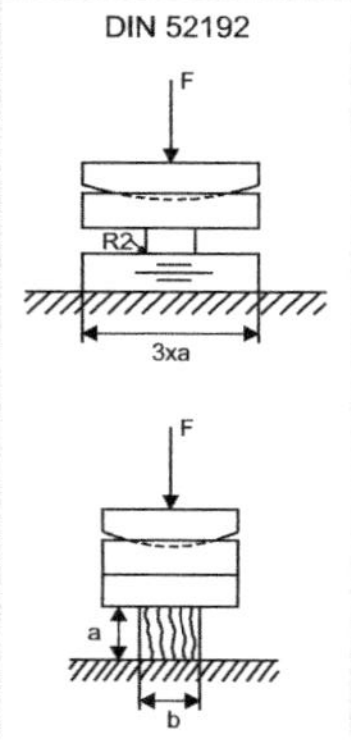 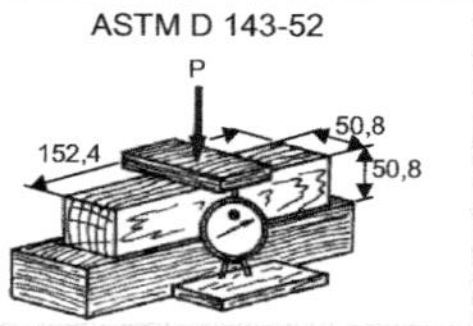 DIN 52192 ASTM D 143-52		

Eigenschaft	Material		
	Holz	Span-/Faserplatte	Lagenholz/Massivholzplatten
■ Berechnung	$\sigma_{dB} = \frac{F}{a \cdot b}$ (N/mm²) F – Kraft bei definierter Verformung in N (z. B. 5 %) a, b – Länge, Breite in mm $E_d = \frac{(F_2 - F_1) \cdot l}{A \cdot \Delta l}$ Erweiterte Proportionalitätsgrenze $\sigma_{dP} = \frac{F_P}{A}$ F_P – Spannung, bei der die Steigung der Tangente des σ-ε Diagramms 2/3 der Steigung der Hookschen Geraden beträgt l, Δl – Länge bzw. Längenänderung		
5. Biegefestigkeit und Biege-E-Modul	DIN 52186	DIN 52352 (Spanplatten) DIN 52362 (MDF)	DIN EN 314-2
■ Probenform	Din 52186 Dreipunktbelastung 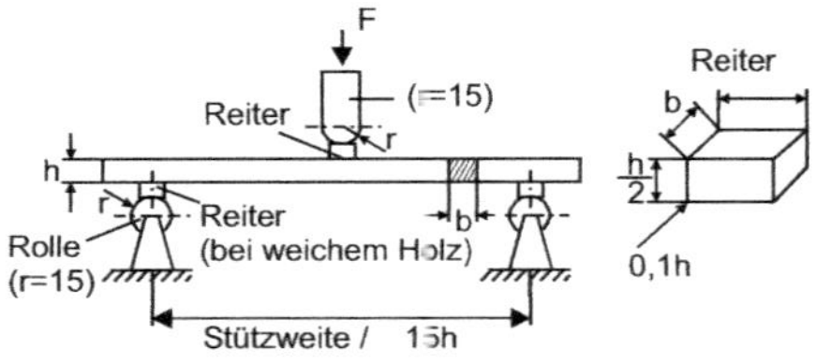 F; Reiter; (r=15); r; h; Rolle (r=15); Reiter (bei weichem Holz); b; Stützweite / 15h; Reiter; b; h/2; 0,1h	Hartfaserplatten: l_s = 24 x h Spanplatten $l_s \geq$ 10 x h, jedoch mindesten 200 mm l_s – Stützweite h – Probendicke 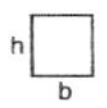 h; b I: $\frac{b \cdot h^3}{12}$ W_b: $\frac{b \cdot h^2}{6}$	

Eigenschaft	Material		
	Holz	Span-/Faserplatte	Lagenholz/Massivholzplatten
	DIN 52186 Vierpunktbelastung (II) 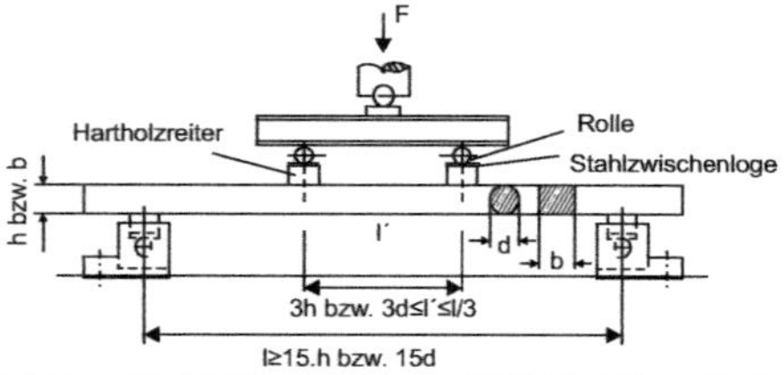 F Hartholzreiter Rolle Stahlzwischenloge h bzw. b l´ d b 3h bzw. 3d≤l´≤l/3 l≥15.h bzw. 15d		
■ Berechnung	$\sigma_b = \frac{M_b}{W_b}$ σ_b – Biegespannung M_b – Biegemoment W_b – Widerstandsmoment W_b – für rechteckigen Querschnitt $W_b = \frac{b \cdot h^2}{6}$ <u>Dreipunktbelastung</u> Biegefestigkeit: $\sigma_{bB} = \frac{3 \cdot F \cdot l}{2 \cdot b \cdot h^2}$ (in MPa)		

<table>
<tr><th rowspan="2">Eigenschaft</th><th colspan="3">Material</th></tr>
<tr><th>Holz</th><th>Span-/Faserplatte</th><th>Lagenholz/Massivholzplatten</th></tr>
<tr><td></td><td>E-Modul:
$E = \frac{l^3}{4 \cdot b \cdot h^3} \cdot \frac{\Delta F}{f}$ in MPa
l - Stützweite in mm
b - Probenbreite in mm
h - Dicke in mm
F - Bruchlast
ΔF - Kraftdifferenz
f - Durchbiegung

<u>Vierpunktbelastung</u>
Biegefestigkeit
$\sigma_{bB} = \frac{3 \cdot F \cdot (l - l')}{2 \cdot b \cdot h^2}$
Biege-E-Modul
$E = \frac{(2 \cdot l^3 - 3 \cdot l \cdot l'^2 + l'^3)}{8 \cdot b \cdot h^3} \cdot \frac{\Delta F}{f}$ in MPa</td><td></td><td></td></tr>
</table>

Eigenschaft	Material		
	Holz	Span-/Faserplatte	Lagenholz/Massivholzplatten
6. Schubmodul		Variation des Verhältnisses Stützweite/Dicke nach Albers [Albers, 1971]	
■ Probenform	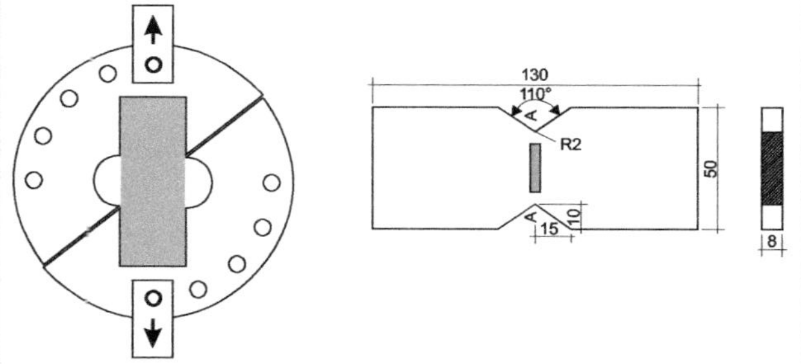 Arcantest [Clauss, Pescatore und Niemz, 2014] Nicht standardisiert, Messung z. B. durch Variation der Stützweite [Albers, 1971] 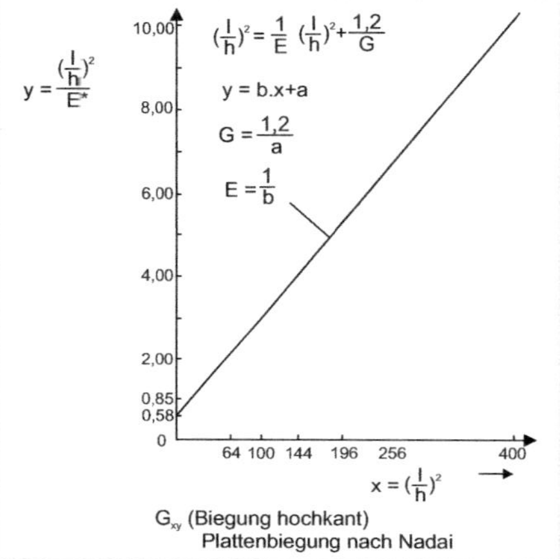		

Eigenschaft	Material		
	Holz	Span-/Faserplatte	Lagenholz/Massivholzplatten
	Schubwürfel nach Albers [ALBERS, 1971] 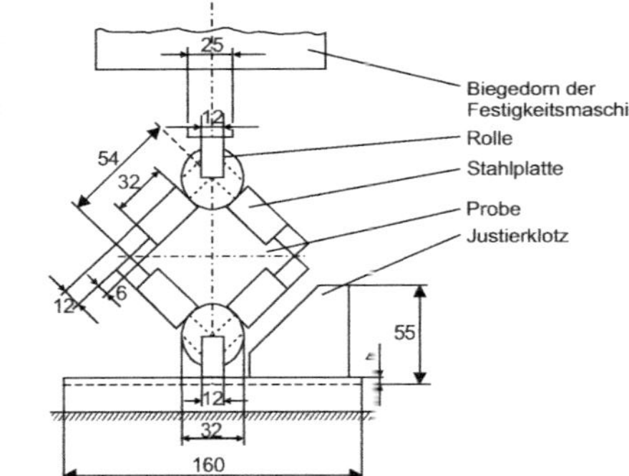 		
■ Berechnung	Variation der Stützweite im Biegeversuch nach Albers [ALBERS, 1971], Biegestab Variation der Stützweite in mindestens 4 Stufen im Dreipunktbiegeversuch	Berechnung aus Dehnungszahl $S=\frac{2a\cdot\Delta x}{\Delta F}$ $G=\frac{1}{S}$ $G=\frac{\Delta F}{2a\cdot\Delta x}$ a - Kantenlänge parallel zur Schubachse in mm Δx - Längenänderung in mm ΔF - Kraftdifferenz in N	

Eigenschaft	Material		
	Holz	Span-/Faserplatte	Lagenholz/Massivholzplatten
	Bestimmung der Geradengleichung: $y = a + b \cdot x$ a = 1,2/G, b = 1/E_b G – Schubmodul, E_b – E-Modul bei reiner Biegung $\left(\frac{l}{h}\right)^2 / E_b^*) = \frac{1{,}2}{G} + \frac{1}{E_b} \cdot \left(\frac{l_s}{h}\right)^2$ E_b* – E-Modul bei Dreipunktbelastung G – Schubmodul in MPa E_b – E-Modul bei reiner Biegung (ohne Schubverlust) l_s – Stützweite in mm h – Probendicke in mm Voraussetzung: $G \leq \frac{1}{10} \cdot E$		

Eigenschaft	Material		
	Holz	Span-/Faserplatte	Lagenholz/Massivholzplatten
7. Scherfestigkeit		DIN 52367 Prüfung parallel zur Plattenebene	
■ Probenform	DIN 52187 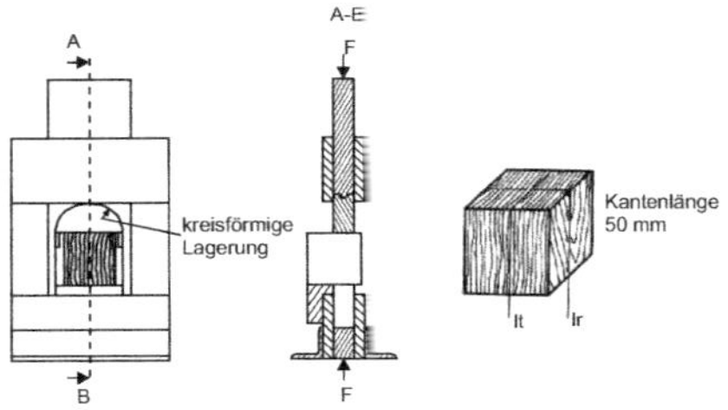 A-E; A; B; F; kreisförmige Lagerung; Kantenlänge 50 mm; lt; lr	DIN 52367 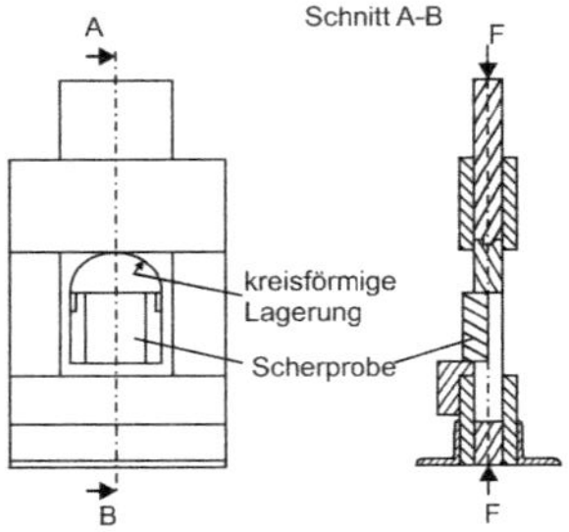 A; B; F; Schnitt A-B; kreisförmige Lagerung; Scherprobe Prüfung senkrecht zur Plattenebene 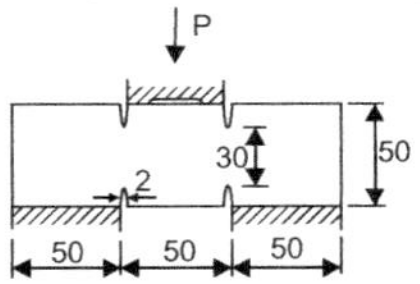 P; 30; 50; 2; 50; 50; 50	
■ Berechnung	$\tau = \frac{Fmax}{b \cdot l}$ in N/mm² b – Probenbreite in mm l – Probenlänge in mm	$\tau = \frac{Fmax}{b \cdot l}$ in N/mm² b – Probenbreite in mm l – Probenlänge in mm	

Eigenschaft	Material		
	Holz	Span-/Faserplatte	Lagenholz/Massivholzplatten
8. Nagel- und Schraubenauszieh-widerstand	Spanplatten: prEN 13336 (2001) Holz: EN 1382 (2015)		
▪ Probenform	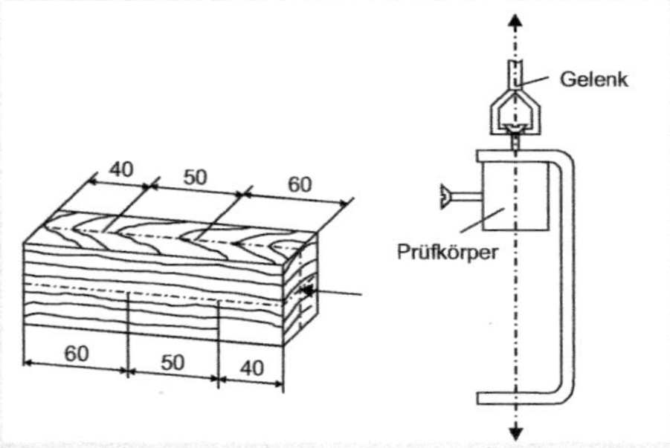 40 50 60 60 50 40 Gelenk Prüfkörper	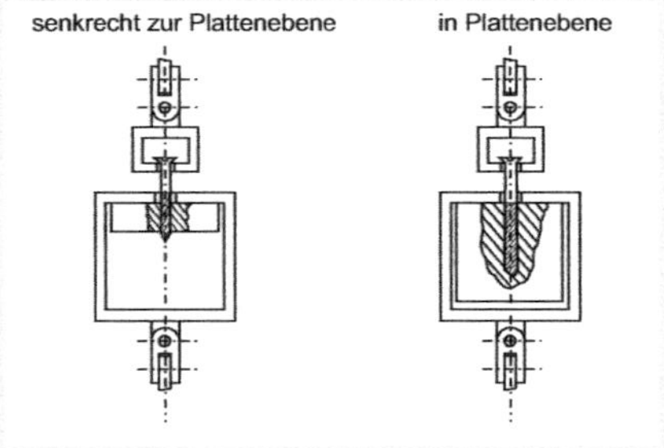 senkrecht zur Plattenebene in Plattenebene	
▪ Berechnung	$F = \frac{F_{max}}{l}$ (in N/m) F_{max} - Auszugskraft Einschlagtiefe/Einschraublänge Prüfung senkrecht zur Plattenebene: l - Proben-dicke Prüfung parallel zur Plattenebene: l - Länge der tragenden Schraubenteile		

Eigenschaft	Material		
	Holz	Span-/Faserplatte	Lagenholz/Massivholzplatten
9. Spaltfestigkeit	Ehemalige TGL 25106/4		
■ Probenform	(TGL 25106/14)[1] 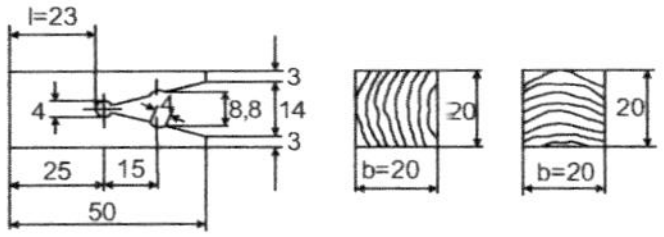		
■ Berechnung	$R = \frac{F_{max}}{b}$ in N/mm² F_{max} - Spaltkraft in N b - Breite in mm	—	
10. Statische Härte	DIN C 3011		
■ Probenform	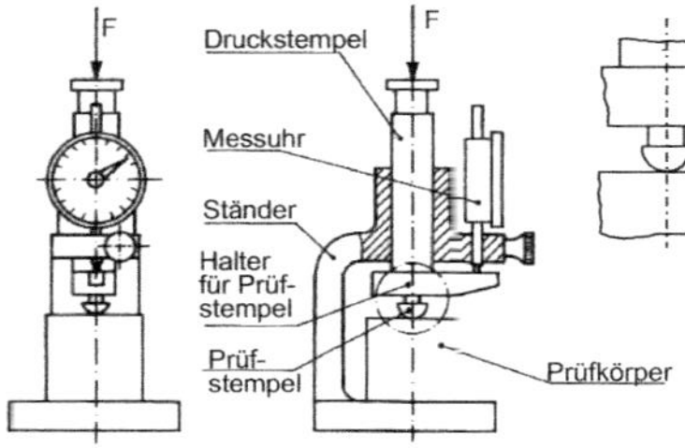		
■ Berechnung	$H_B = \frac{F}{r^2 \cdot \pi}$ (in N/mm²) F - Höchstkraft beim Eindrücken (genormt) in N z. B. 500 N, 1000 N je nach Material Für r = 5,64 mm gilt $r^2 \cdot \pi = 100 mm^2$		

Eigenschaft	Material		
	Holz	Span-/Faserplatte	Lagenholz/Massivholzplatten
11. Kriechen/Dauerstandfestigkeit		DIN EN 1156	
Prüfkörper	Biegestäbe, Zug- oder Druckproben		
■ Berechnung	$\varphi = \frac{F_t - f_0}{f_0}$ (-) F_t - zeitabhängige Verformung f_0 - elastische Verformung φ - Kriechzahl	$\log_{10}$ der Kriechzahl 0 1 2 3 4 5 6 7 8 6,72 Zeit unter Last in $\log_{10}$ min Extrapolation auf 10 Jahre	
12. Bruchschlagarbeit	DIN 52189 T 1 (Bruchschlagarbeit)		
■ Prüfkörper	20 x 20 x 350 mm^3		
	DIN 53435 (Dynstat)		
	4 x 4 x 15 mm^3		
■ Berechnung	$\sigma_{bB} = \frac{6 \cdot M_b}{b \cdot h^2}$ in (N/mm^2) $a = \frac{W}{A_0}$ (in kJ/m^2) b - Probenbreite h - Probendicke A_0 - Probenquerschnitt in mm^2		

19.5 Dampfdruck und relative Luftfeuchte

Dampfdruck und relative Luftfeuchte über gesättigten Salzlösungen nach J. D'Ans und E. Lax (1943)

Lösung bei 20 °C	Relative Luftfeuchte in %	Lösung bei 100 °C	rel. Luftfeuchte in %
$LiCl \cdot H_2O$	15	KF	22,9
CrO_3	35	NaJ	50,4
KNO_2	45	K_2S	56,2
$Na_2Cr_2O_7 \cdot 2H_2O$	52	KBr	69,2
$NaBr_2 \cdot 2H_2O$	58	NaF	96,6
$NaNO_2$	66		
$NaClO_3$	75		
$(NH_4)2SO_4$	81		
KBr	84		
$ZnSO_4 \cdot 7H_2O$	90		
$Na_2SO_4 \cdot 10H_2O$	93		
$Na_2HPO_4 \cdot 12H_2O$	95		
$CaSO_4 \cdot 5H_2O$	98		

Weitere Werte siehe: Young, J. F.: Humidity control in the laboratory using salt solutions-a review. J. appl. Chem. 17 (1967), S. 241 - 245

19.6 Quellung in Lösungen

Quellung in organischen Lösungen nach Mantanis et al. (1994)

Lösung	Quellfaktor (Wasser = 100 %)
Octane	8
Tetrachloromethane	13
Toluene	17
Chloroform	30
Ethyl acetate	37
1-Propanol (*n*-propanol)	60
Acetone	69
Ethanol	76
1,4-Dioxane	83
Methanol	90
Acetic acid	102

Lösung	Quellfaktor (Wasser = 100%)
Ethylene glycol	109
Dimethylformamide	138
1-Butylamine (*n*-butylamine)	191

Quellung von Holz in polaren organischen Lösungsmitteln (Volumenquellung [%]) nach Ashton (1973)

	White Pine	Douglas-Fir	Yellow Birch	Beech
Dimethyl sulfoxide	15,3	25,2	28,9	22,6
Dimethylformamide	15	19,3	27	20,5
N-methyl pyrrolidone	15,4	20,9	27,7	20,6
Pyridine	15,1	20,1	27	20,1

Maximale Quellung von Lärche in organischen Lösungsmitteln nach Luskutov und Aniskina (2008)

Flüssigkeit	tangential [%]	radial [%]	tang/rad	Volumen [%]
Toluene	0,4	0,3	1,33	1,5
1-Butanol	0,7	0,6	1,17	2,1
1-Propanol	2,9	1,9	1,53	5,6
Ethanol	7,6	3,9	1,95	12,8
Ethylene glycol	9,6	3,7	2,59	14,7
Methyl cellosolve (MC)	11,3	4,5	2,51	17,3
N,N-dimethyl formamide (DMF)	14	4,7	2,98	20,5
Dimethyl sulfoxide (DMSO)	16,9	6	2,82	25,2

Volumenquellung von Zuckerahorn (% bezogen auf Darrzustand) nach Nayer und Hossfeld (1949)

Quellungsmittel	Quellung nach 90 Tagen	% Unterschied zu Wasser[1)]
Wasser	16,12	
Acetone	12,60	-21,8
Ethyl acetate	9,14	-43,3
Dioxane	14,43	-10,5
Morpholine	20,87	+29,5
Ethyl cellosolve	15,60	-3,2
Benzene	1,42	-91,2
Benzaldehyde	10,32	-36,0
Nitrobenzene	5,19	-67,8

Quellungsmittel	Quellung nach 90 Tagen	% Unterschied zu Wasser[1)]
Piperidine	21,16	+31,3
Pyridine	19,38	+20,2
2-Picoline	18,79	+16,6
3-Picoline	19,08	+18,4
4-Picoline	19,17	+19,0
2,6-Lutidine	17,38	+7,8
Isoquinoline	3,24	-79,9
Quinoline	3,54	-78,0
Quinaldine	0,23	-98,6
Aniline	16,16	+0,3
N-Methylaniline	6,90	-57,2
N-Dimethylanaline	0,42	-97,4
N-Ethylanaline	1,60	-90,1
N-Diethylanaline	0,21	-98,7
Diethylamine	17,66	+9,6
Triethylamine	0,83	-94,9
n-Butylamine	23,47	+45,6
Di-*n*-butylamine	0,71	-95,6
Tri-*n*-butylamine	0,34	-97,9

1) Nicht im Artikel angegeben.

Literaturverzeichnis

Ashton, H. E. (1973). The swelling of wood in organic polar solvents. *Wood Science, 6,* S. 159 - 166.

Autorenkollektiv. (1975). *Werkstoffe aus Holz und andere Werkstoffe der Holzindustrie.* Leipzig: Fachbuchverlag.

Burmester, A. (1971). Polymerholz heute. *Holzbearbeitung, 18,* S. 34 - 36.

D'Ans, J., & Lax, E. (1943). *Taschenbuch für Chemiker und Physiker.* Berlin: Springer-Verlag.

Deppe, H.-J., & Ernst, K. (2000). *Taschenbuch der Spanplattentechnik* (4. Ausg.). Leinfelden-Echterdingen: DRW-Verlag.

Gilka-Bötzow, A., Heiduschke, A., & Haller, P. (2011). Zur Abbrandrate von Holz in Abhängigkeit der Rohdichte. *European Journal of Wood and Wood Products,* 69, S. 159 - 162.

Loskutov, S. R., & Aniskina, A. A. (2008). Swelling of larch wood in organic liquids. *Holzforschung, 62*(3), S. 357 - 361.

Mantanis, G. I., Young, R. A., & Rowell, R. M. (1994). Swelling of wood. Part II. Swelling in organic liquids. *Holzforschung, 48*(6), S. 480 - 490.

Militz, H. (2016). Holzmodifizierungen von Fassaden. *Vortrag am S-Win Statusseminar 13. Juni 2016.* Winterthur.

Nayer, A. N., & Hossfeld, R. L. (1949). Hydrogen bonding and swelling of wood in various organic liquids. *Journal of the American Chemical Society, 71*(8), S. 2852 - 2855.

Neroth, G., & Vollenschaar, H. (2011). *Wendehorst Baustoffkunde* (27. Ausg.). Wiesbaden: Vieweg+Teubner.

Niemz, P. (1993). *Physik des Holzes und der Holzwerkstoffe.* Leinfelden-Echterdingen: DRW-Verlag Weinbrenner GmbH & Co.

Piazza, M., Del Senno, M., & Bernasconi, A. (2007). *Il legno e il fuoco, Nozioni di base e introduzione al calcolo.* Milano: Promolegno.

Scheiding, W., Grabes, P., Haustein, T., Haustein, V., Nieke, N., Urban, H., et al. (2014). *Holzschutz: Holzkunde, Pilze und Insekten, konstruktive und chemische Massnahmen, technische Regeln, Praxiswissen.* Leipzig: Fachbuchverlag im Carl Hanser Verlag.

Veretnik, D. G. (1976). *Die Verwendung von Baumrinde in der Volkswirtschaft.* Moskau: Lesnaja Prom.

Wagenführ, R. (2007). *Holzatlas* (6. Ausg.). München: Fachbuchverlag Leipzig im Carl Hanser Verlag.

20 Verzeichnis ausgewählter Normen, Symbole und weiterführender Literatur

20.1 Normen

20.1.1 Vollholz

Holzarten und Begriffe

Dokumentnummer	Ausgabedatum	Titel (Deutsch)
DIN 68364	2003-05-00	Kennwerte von Holzarten – Rohdichte, Elastizitätsmodul und Festigkeiten
DIN EN 1438	1998-10-00	Symbole für Holz und Holzwerkstoffe; Deutsche Fassung EN 1438:1998

Sortierung nach der Tragfähigkeit

Dokumentnummer	Ausgabedatum	Titel (Deutsch)
DIN 4074-1	2012-06-00	Sortierung von Holz nach der Tragfähigkeit – Teil 1: Nadelschnittholz
DIN 4074-2	2021-01-00	Sortierung von Holz nach der Tragfähigkeit - Teil 2: Baurundholz (Nadelholz)
DIN 4074-3	2008-12-00	Sortierung von Holz nach der Tragfähigkeit – Teil 3: Apparate zur Unterstützung der visuellen Sortierung von Schnittholz; Anforderungen und Prüfung
DIN 4074-4	2008-12-00	Sortierung von Holz nach der Tragfähigkeit – Teil 4: Nachweis der Eignung zur apparativ unterstützten Schnittholzsortierung
DIN 4074-5	2008-12-00	Sortierung von Holz nach der Tragfähigkeit – Teil 5: Laubschnittholz
DIN EN 1912	2013-10-00	Bauholz für tragende Zwecke – Festigkeitsklassen – Zuordnung von visuellen Sortierklassen und Holzarten; Deutsche Fassung EN 1912:2012 + AC:2013
DIN EN 14081-1	2019-10-00	Holzbauwerke – Nach Festigkeit sortiertes Bauholz für tragende Zwecke mit rechteckigem Querschnitt – Teil 1: Allgemeine Anforderungen; Deutsche Fassung EN 14081-1:2016+A1:2019

Dokumentnummer	Ausgabedatum	Titel (Deutsch)
DIN EN 14081-2	2018-12-00	Holzbauwerke - Nach Festigkeit sortiertes Bauholz für tragende Zwecke mit rechteckigem Querschnitt - Teil 2: Maschinelle Sortierung; zusätzliche Anforderungen an die Erstprüfung; Deutsche Fassung EN 14081-2:2018
DIN EN 14081-3	2018-12-00	Holzbauwerke - Nach Festigkeit sortiertes Bauholz für tragende Zwecke mit rechteckigem Querschnitt - Teil 3: Maschinelle Sortierung; zusätzliche Anforderungen an die werkseigene Produktionskontrolle; Deutsche Fassung EN 14081-3:2012+A1:2018

Prüfung und Messung von Vollholz

Dokumentnummer	Ausgabedatum	Titel (Deutsch)
DIN 52182	1976-09-00	Prüfung von Holz; Bestimmung der Rohdichte
DIN EN 13183-1	2002-07-00	Feuchtegehalt eines Stückes Schnittholz - Teil 1: Bestimmung durch Darrverfahren; Deutsche Fassung EN 13183-1:2002
DIN EN 13183-1 Berichtigung 1	2003-12-00	Berichtigungen zu DIN EN 13183-1:2002-07
DIN EN 13183-2	2002-07-00	Feuchtegehalt eines Stückes Schnittholz - Teil 2: Schätzung durch elektrisches Widerstands-Messverfahren; Deutsche Fassung EN 13183-2:2002
DIN EN 13183-2 Berichtigung 1	2003-12-00	Berichtigungen zu DIN EN 13183-2:2002-07
DIN EN 13183-3	2005-06-00	Feuchtegehalt eines Stückes Schnittholz - Teil 3: Schätzung durch kapazitives Messverfahren; Deutsche Fassung EN 13183-3:2005
DIN 52184	1979-05-00	Prüfung von Holz; Bestimmung der Quellung und Schwindung
DIN 52185	1976-09-00	Prüfung von Holz; Bestimmung der Druckfestigkeit parallel zur Faser
DIN 52186	1978-06-00	Prüfung von Holz; Biegeversuch
DIN 52187	1979-05-00	Prüfung von Holz; Bestimmung der Scherfestigkeit in Faserrichtung
DIN 52188	1979-05-00	Prüfung von Holz; Bestimmung der Zugfestigkeit parallel zur Faser
DIN 52189-1	1981-12-00	Prüfung von Holz; Schlagbiegeversuch; Bestimmung der Bruchschlagarbeit
DIN 52192	1979-05-00	Prüfung von Holz; Druckversuch quer zur Faserrichtung

Verzeichnis internationaler Normen der ISO für Vollholz

Dokumentnummer	Ausgabedatum	Titel (Deutsch)
ISO 3129	2019-11-00	Holz - Probenahmeverfahren und allgemeine Forderungen für physikalische und mechanische Prüfungen
ISO 13061-1	2014-10-00	Physikalische und mechanische Eigenschaften von Holz - Prüfverfahren für kleine, fehlerfreie Prüfkörper - Teil 1: Bestimmung des Feuchtegehalts für physikalische und mechanische Prüfungen
ISO 13061-1 AMD 1	2017-06-00	Physikalische und mechanische Eigenschaften von Holz - Prüfverfahren für kleine, fehlerfreie Prüfkörper - Teil 1: Bestimmung des Feuchtegehalts für physikalische und mechanische Prüfungen; Änderung 1
ISO 13061-2	2014-10-00	Physikalische und mechanische Eigenschaften von Holz - Prüfverfahren für kleine, fehlerfreie Prüfkörper - Teil 2: Bestimmung der Rohdichte für physikalische und mechanische Prüfungen
ISO 13061-2 AMD 1	2017-06-00	Physikalische und mechanische Eigenschaften von Holz - Prüfverfahren für kleine, fehlerfreie Prüfkörper - Teil 2: Bestimmung der Rohdichte für physikalische und mechanische Prüfungen; Änderung 1
ISO 13061-3	2014-12-00	Physikalische und mechanische Eigenschaften von Holz - Prüfverfahren für kleine, fehlerfreie Prüfkörper - Teil 3: Bestimmung der Biegefestigkeit bei statischer Belastung
ISO 13061-3 AMD 1	2017-06-00	Physikalische und mechanische Eigenschaften von Holz - Prüfverfahren für kleine, fehlerfreie Prüfkörper - Teil 3: Bestimmung der Biegefestigkeit bei statischer Belastung; Änderung 1
ISO 13061-4	2014-12-00	Physikalische und mechanische Eigenschaften von Holz - Prüfverfahren für kleine, fehlerfreie Prüfkörper - Teil 4: Bestimmung des Biege-Elastizitätsmoduls bei statischer Belastung
ISO 13061-4 AMD 1	2017-06-00	Physikalische und mechanische Eigenschaften von Holz - Prüfverfahren für kleine, fehlerfreie Prüfkörper - Teil 4: Bestimmung des Biege-Elastizitätsmoduls bei statischer Belastung; Änderung 1
ISO 13061-5	2020-01-00	Physikalische und mechanische Eigenschaften von Holz - Prüfverfahren für kleine, fehlerfreie Prüfkörper - Teil 5: Druckprüfung senkrecht zur Faserrichtung
ISO 13061-6	2014-12-00	Physikalische und mechanische Eigenschaften von Holz - Prüfverfahren für kleine, fehlerfreie Prüfkörper - Teil 6: Bestimmung der Zugfestigkeit in Faserrichtung
ISO 13061-7	2014-12-00	Physikalische und mechanische Eigenschaften von Holz - Prüfverfahren für kleine, fehlerfreie Prüfkörper - Teil 7: Bestimmung der Zugfestigkeit senkrecht zur Faserrichtung

Dokumentnummer	Ausgabedatum	Titel (Deutsch)
ISO 13061-10	2017-10-00	Physikalische und mechanische Eigenschaften von Holz - Prüfverfahren für kleine, fehlerfreie Prüfkörper - Teil 10: Bestimmung der Biegefestigkeit bei Stoßbelastung
ISO 13061-11	2017-10-00	Physikalische und mechanische Eigenschaften von Holz - Prüfverfahren für kleine, fehlerfreie Prüfkörper - Teil 11: Bestimmung der Eindruckbeständigkeit bei Stoßbelastung
ISO 13061-12	2017-10-00	Physikalische und mechanische Eigenschaften von Holz - Prüfverfahren für kleine, fehlerfreie Prüfkörper - Teil 12: Bestimmung der Härte bei statischer Belastung
ISO 13061-13	2016-11-00	Physikalische und mechanische Eigenschaften von Holz - Prüfverfahren für kleine, fehlerfreie Prüfkörper - Teil 13: Bestimmung der radialen und tangentialen Schwindung
ISO 13061-14	2016-11-00	Physikalische und mechanische Eigenschaften von Holz - Prüfverfahren für kleine, fehlerfreie Prüfkörper - Teil 14: Bestimmung der Volumen-Schwindung
ISO 13061-15	2017-06-00	Physikalische und mechanische Eigenschaften von Holz - Prüfverfahren für kleine, fehlerfreie Prüfkörper - Teil 15: Bestimmung der radialen und tangentialen Quellung
ISO 13061-16	2017-06-00	Physikalische und mechanische Eigenschaften von Holz - Prüfverfahren für kleine, fehlerfreie Prüfkörper - Teil 16: Bestimmung der Volumen-Quellung
ISO 13061-17	2017-10-00	Physikalische und mechanische Eigenschaften von Holz - Prüfverfahren für kleine, fehlerfreie Prüfkörper - Teil 17: Druckprüfung in Faserrichtung

20.1.2 Holzwerkstoffe

Allgemein

Dokumentnummer	Ausgabedatum	Titel (Deutsch)
DIN EN 310	1993-08-00	Holzwerkstoffe; Bestimmung des Biege-Elastizitätsmoduls und der Biegefestigkeit; Deutsche Fassung EN 310:1993
DIN EN 311	2002-08-00	Holzwerkstoffe - Abhebefestigkeit der Oberfläche - Prüfverfahren; Deutsche Fassung EN 311:2002
DIN EN 317	1993-08-00	Spanplatten und Faserplatten; Bestimmung der Dickenquellung nach Wasserlagerung; Deutsche Fassung EN 317:1993
DIN EN 318	2002-06-00	Holzwerkstoffe - Bestimmung von Maßänderungen in Verbindung mit Änderungen der relativen Luftfeuchte; Deutsche Fassung EN 318:2002

Dokumentnummer	Ausgabedatum	Titel (Deutsch)
DIN EN 319	1993-08-00	Spanplatten und Faserplatten; Bestimmung der Zugfestigkeit senkrecht zur Plattenebene; Deutsche Fassung EN 319:1993
DIN EN 320	2011-07-00	Spanplatten und Faserplatten - Bestimmung des achsenparallelen Schraubenausziehwiderstands; Deutsche Fassung EN 320:2011
DIN EN 321	2002-03-00	Holzwerkstoffe - Bestimmung der Feuchtebeständigkeit durch Zyklustest; Deutsche Fassung EN 321:2001
DIN EN 322	1993-08-00	Holzwerkstoffe; Bestimmung des Feuchtegehaltes; Deutsche Fassung EN 322:1993
DIN EN 323	1993-08-00	Holzwerkstoffe; Bestimmung der Rohdichte; Deutsche Fassung EN 323:1993
DIN EN 324-1	1993-08-00	Holzwerkstoffe; Bestimmung der Plattenmaße; Teil 1: Bestimmung der Dicke, Breite und Länge; Deutsche Fassung EN 324-1:1993
DIN EN 324-2	1993-08-00	Holzwerkstoffe; Bestimmung der Plattenmaße; Teil 2: Bestimmung der Rechtwinkligkeit und der Kantengeradheit; Deutsche Fassung EN 324-2:1993
DIN EN 325	2012-06-00	Holzwerkstoffe - Bestimmung der Maße der Prüfkörper; Deutsche Fassung EN 325:2012
DIN EN 326-1	1994-08-00	Holzwerkstoffe - Probenahme, Zuschnitt und Überwachung - Teil 1: Probenahme und Zuschnitt der Prüfkörper sowie Angabe der Prüfergebnisse; Deutsche Fassung EN 326-1:1994
DIN EN 326-2	2014-10-00	Holzwerkstoffe - Probenahme, Zuschnitt und Überwachung - Teil 2: Erstprüfung des Produktes und werkseigene Produktionskontrolle; Deutsche Fassung EN 326-2:2010+A1:2014
DIN EN 326-3	2004-02-00	Holzwerkstoffe - Probenahme, Zuschnitt und Überwachung - Teil 3: Abnahmeprüfung eines einzelnen Loses von Platten; Deutsche Fassung EN 326-3:2003
DIN EN 1058	2010-04-00	Holzwerkstoffe - Bestimmung der charakteristischen 5-%-Quantilwerte und der charakteristischen Mittelwerte; Deutsche Fassung EN 1058:2009
DIN EN 1156	2013-10-00	Holzwerkstoffe - Bestimmung von Zeitstandfestigkeit und Kriechzahl; Deutsche Fassung EN 1156:2013
DIN EN 13446	2002-09-00	Holzwerkstoffe - Bestimmung des Haltevermögens von Verbindungsmitteln; Deutsche Fassung EN 13446:2002
DIN EN 13879	2002-09-00	Holzwerkstoffe - Bestimmung der Eigenschaften bei Hochkantbiegung; Deutsche Fassung EN 13879:2002 Bemerkung: Gilt nicht für Strangpressplatten.
DIN EN 14322	2017-07-00	Holzwerkstoffe - Melaminbeschichtete Platten zur Verwendung im Innenbereich - Definition, Anforderungen und Klassifizierung; Deutsche Fassung EN 14322:2017
DIN 52367	2017-05-00	Holzwerkstoffe - Bestimmung der Scherfestigkeit parallel zur Plattenebene

Holzfaserplatten

Dokumentnummer	Ausgabedatum	Titel (Deutsch)
DIN EN 316	2009-07-00	Holzfaserplatten - Definition, Klassifizierung und Kurzzeichen; Deutsche Fassung EN 316:2009
DIN EN 382-1	1993-08-00	Faserplatten; Bestimmung der Oberflächenabsorption; Teil 1: Prüfverfahren für Faserplatten nach dem Trockenverfahren; Deutsche Fassung EN 382-1:1993
DIN EN 382-2	1994-02-00	Faserplatten; Bestimmung der Oberflächenabsorption; Teil 2: Prüfmethode für harte Platten; Deutsche Fassung EN 382-2:1993
DIN EN 622-1	2003-09-00	Faserplatten - Anforderungen - Teil 1: Allgemeine Anforderungen; Deutsche Fassung EN 622-1:2003
DIN EN 622-2	2004-07-00	Faserplatten - Anforderungen - Teil 2: Anforderungen an harte Platten; Deutsche Fassung EN 622-2:2004
DIN EN 622-2 Berichtigung 1	2006-06-00	Berichtigungen zu DIN EN 622-2:2004-07
DIN EN 622-3	2004-07-00	Faserplatten - Anforderungen - Teil 3: Anforderungen an mittelharte Platten; Deutsche Fassung EN 622-3:2004
DIN EN 622-4	2019-08-00	Faserplatten - Anforderungen - Teil 4: Anforderungen an poröse Platten; Deutsche Fassung EN 622-4:2019
DIN EN 622-5	2010-03-00	Faserplatten - Anforderungen - Teil 5: Anforderungen an Platten nach dem Trockenverfahren (MDF); Deutsche Fassung EN 622-5:2009

Spanplatten, OSB, zementgebundene Spanplatten

Dokumentnummer	Ausgabedatum	Titel (Deutsch)
DIN EN 300	2006-09-00	Platten aus langen, flachen, ausgerichteten Spänen (OSB) - Definitionen, Klassifizierung und Anforderungen; Deutsche Fassung EN 300:2006
DIN EN 309	2005-04-00	Spanplatten - Definition und Klassifizierung; Deutsche Fassung EN 309:2005
DIN EN 312	2010-12-00	Spanplatten - Anforderungen; Deutsche Fassung EN 312:2010
DIN EN 633	1993-12-00	Zementgebundene Spanplatten; Definition und Klassifizierung; Deutsche Fassung EN 633:1993
DIN EN 634-1	1995-04-00	Zementgebundene Spanplatten - Anforderungen - Teil 1: Allgemeine Anforderungen; Deutsche Fassung EN 634-1:1995
DIN EN 634-2	2007-05-00	Zementgebundene Spanplatten - Anforderungen - Teil 2: Anforderungen an Portlandzement (PZ) gebundene Spanplatten zur Verwendung im Trocken-, Feucht- und Außenbereich; Deutsche Fassung EN 634-2:2007
DIN EN 1087-1	1995-04-00	Spanplatten - Bestimmung der Feuchtebeständigkeit - Teil 1: Kochprüfung; Deutsche Fassung EN 1087-1:1995

Dokumentnummer	Ausgabedatum	Titel (Deutsch)
DIN EN 1128	1995-11-00	Zementgebundene Spanplatten - Bestimmung des Stoßwiderstandes mit einem harten Körper; Deutsche Fassung EN 1128:1995
DIN EN 1328	1996-09-00	Zementgebundene Spanplatten - Bestimmung der Frostbeständigkeit; Deutsche Fassung EN 1328:1996
DIN EN 12369-1	2001-04-00	Holzwerkstoffe - Charakteristische Werte für die Berechnung und Bemessung von Holzbauwerken - Teil 1: OSB, Spanplatten und Faserplatten; Deutsche Fassung EN 12369-1:2001
DIN EN 12871	2013-09-00	Holzwerkstoffe - Bestimmung der Leistungseigenschaften für tragende Platten zur Verwendung in Fußböden, Wänden und Dächern; Deutsche Fassung EN 12871:2013
DIN EN 14279	2009-07-00	Furnierschichtholz (LVL) - Definitionen, Klassifizierung und Spezifikationen; Deutsche Fassung EN 14279:2004+A1:2009
DIN EN 14755	2006-01-00	Strangpressplatten - Anforderungen; Deutsche Fassung EN 14755:2005

Sperrholz, Furnierschichtholz

Dokumentnummer	Ausgabedatum	Titel (Deutsch)
DIN 52376	2016-07-00	Prüfung von Sperrholz - Bestimmung der Druckfestigkeit parallel zur Plattenebene
DIN 52377	2016-07-00	Prüfung von Sperrholz - Bestimmung des Zug-Elastizitätsmoduls und der Zugfestigkeit
DIN 68705-2	2016-03-00	Sperrholz - Teil 2: Stab- und Stäbchensperrholz für allgemeine Zwecke
DIN 68707	2016-10-00	Formsperrholz und Formschichtholz für Möbel - Anforderungen an Maße und Gütemerkmale
DIN 68791	2016-08-00	Großflächen-Schalungsplatten aus Stab- oder Stäbchensperrholz für Beton und Stahlbeton
DIN 68792	2016-08-00	Großflächen-Schalungsplatten aus Furniersperrholz für Beton und Stahlbeton
DIN EN 313-1	1996-05-00	Sperrholz - Klassifizierung und Terminologie - Teil 1: Klassifizierung; Deutsche Fassung EN 313-1:1996
DIN EN 313-2	1999-11-00	Sperrholz - Klassifizierung und Terminologie - Teil 2: Terminologie; Deutsche Fassung EN 313-2:1999
DIN EN 314-1	2005-03-00	Sperrholz - Qualität der Verklebung - Teil 1: Prüfverfahren; Deutsche Fassung EN 314-1:2004
DIN EN 314-2	1993-08-00	Sperrholz - Qualität der Verklebung - Teil; Teil 2: Anforderungen; Deutsche Fassung EN 314-2:1993

Dokumentnummer	Ausgabedatum	Titel (Deutsch)
DIN EN 315	2000-10-00	Sperrholz - Maßtoleranzen; Deutsche Fassung EN 315:2000
DIN EN 636	2015-05-00	Sperrholz - Anforderungen; Deutsche Fassung EN 636:2012+A1:2015
DIN CEN/TS 1099	2007-10-00	Sperrholz - Biologische Dauerhaftigkeit - Leitfaden zur Beurteilung von Sperrholz zur Verwendung in verschiedenen Gebrauchsklassen; Deutsche Fassung CEN/TS 1099:2007
DIN EN 12369-2	2011-09-00	Holzwerkstoffe - Charakteristische Werte für die Berechnung und Bemessung von Holzbauwerken - Teil 2: Sperrholz; Deutsche Fassung EN 12369-2:2011
DIN EN 14272	2012-03-00	Sperrholz - Rechenverfahren für einige mechanische Eigenschaften; Deutsche Fassung EN 14272:2011

Massivholzplatten

Dokumentnummer	Ausgabedatum	Titel (Deutsch)
DIN EN 12369-3	2009-02-00	Holzwerkstoffe - Charakteristische Werte für die Berechnung und Bemessung von Holzbauwerken - Teil 3: Massivholzplatten; Deutsche Fassung EN 12369-3:2008
DIN EN 12775	2001-04-00	Massivholzplatten - Klassifizierung und Terminologie; Deutsche Fassung EN 12775:2001
DIN EN 13353	2011-07-00	Massivholzplatten (SWP) - Anforderungen; Deutsche Fassung EN 13353:2008+A1:2011
DIN EN 13354	2009-02-00	Massivholzplatten (SWP) - Qualität der Verklebung - Prüfverfahren; Deutsche Fassung EN 13354:2008

Brettschichtholz

Dokumentnummer	Ausgabedatum	Titel (Deutsch)
DIN EN 14080	2013-09-00	Holzbauwerke - Brettschichtholz und Balkenschichtholz - Anforderungen; Deutsche Fassung EN 14080:2013

20.1.3 Verklebung

Dokumentnummer	Ausgabedatum	Titel (Deutsch)
DIN 53255	2017-08-00	Prüfung von Holzklebstoffen und Holzklebungen - Bestimmung der Bindefestigkeit von Lagenklebungen durch Aufstechprüfung und Aufspaltprüfung
DIN 68141	2016-12-00	Holzklebstoffe - Bestimmung der offenen Antrockenzeit und Beurteilung der Benetzung und Streichbarkeit
DIN EN 204	2016-11-00	Klassifizierung von thermoplastischen Holzklebstoffen für nichttragende Anwendungen; Deutsche Fassung EN 204:2016
DIN EN 205	2016-12-00	Klebstoffe - Holzklebstoffe für nichttragende Anwendungen - Bestimmung der Klebfestigkeit von Längsklebungen im Zugversuch; Deutsche Fassung EN 205:2016
DIN EN 301	2018-01-00	Klebstoffe, Phenoplaste und Aminoplaste, für tragende Holzbauteile - Klassifizierung und Leistungsanforderungen; Deutsche Fassung EN 301:2017
DIN EN 302-1	2013-06-00	Klebstoffe für tragende Holzbauteile - Prüfverfahren - Teil 1: Bestimmung der Längszugscherfestigkeit; Deutsche Fassung EN 302-1:2013
DIN EN 302-5	2013-06-00	Klebstoffe für tragende Holzbauteile - Prüfverfahren - Teil 5: Bestimmung der maximalen Wartezeit bei Referenzbedingungen; Deutsche Fassung EN 302-5:2013
DIN EN 302-6	2013-06-00	Klebstoffe für tragende Holzbauteile - Prüfverfahren - Teil 6: Bestimmung der Mindestpresszeit bei Referenzbedingungen; Deutsche Fassung EN 302-6:2013
DIN EN 302-8	2017-05-00	Klebstoffe für tragende Holzbauteile - Prüfverfahren - Teil 8: Statische Belastungsprüfung an Prüfkörpern mit mehreren Klebfugen bei Druck-Scherbeanspruchung; Deutsche Fassung EN 302-8:2017
DIN EN 12436	2002-04-00	Klebstoffe für tragende Holzbauteile - Kaseinklebstoffe - Klassifizierung und Leistungsanforderungen; Deutsche Fassung EN 12436:2001
DIN EN ISO 13445	2006-09-00	Klebstoffe - Bestimmung der Scherfestigkeit von Klebungen zwischen starren Werkstoffen nach dem Blockscherverfahren (ISO 13445:2003); Deutsche Fassung EN ISO 13445:2006
DIN EN 14292	2005-09-00	Klebstoffe - Holzklebstoffe - Bestimmung der Beständigkeit gegen statische Belastung in der Wärme; Deutsche Fassung EN 14292:2005
DIN EN 15416-3	2019-06-00	Klebstoffe für tragende Holzbauteile ausgenommen Phenolharzklebstoffe und Aminoplaste - Prüfverfahren - Teil 3: Prüfung der Kriechverformung unter zyklischen Klimabedingungen an Prüfkörpern bei Biege-Scherbeanspruchung; Deutsche Fassung EN 15416-3: 2017+A1:2019

Dokumentnummer	Ausgabedatum	Titel (Deutsch)
DIN EN 15416-4	2017-05-00	Klebstoffe für tragende Holzbauteile ausgenommen Phenolharzklebstoffe und Aminoplaste - Prüfverfahren - Teil 4: Bestimmung der offenen Wartezeit bei Referenzbedingungen; Deutsche Fassung EN 15416-4:2017
DIN EN 15416-5	2017-05-00	Klebstoffe für tragende Holzbauteile ausgenommen Phenolharzklebstoffe und Aminoplaste - Prüfverfahren - Teil 5: Bestimmung der Mindestpresszeit bei Referenzbedingungen; Deutsche Fassung EN 15416-5:2017
DIN EN 15425	2017-05-00	Klebstoffe - Einkomponenten-Klebstoffe auf Polyurethanbasis (PUR) für tragende Holzbauteile - Klassifizierung und Leistungsanforderungen; Deutsche Fassung EN 15425:2017
DIN EN 16254	2016-12-00	Klebstoffe - Emulsionspolymerisiertes Isocyanat (EPI) für tragende Holzbauteile - Klassifizierung und Leistungsanforderungen; Deutsche Fassung EN 16254: 2013+A1:2016

20.1.4 Holzschutz

Dokumentnummer	Ausgabedatum	Titel (Deutsch)
DIN 68800-1	2019-06-00	Holzschutz - Teil 1: Allgemeines
DIN 68800-2	2012-02-00	Holzschutz - Teil 2: Vorbeugende bauliche Maßnahmen im Hochbau
DIN EN 113-2	2021-02-00	Dauerhaftigkeit von Holz und Holzprodukten - Prüfverfahren in Bezug auf Holz zerstörende Basidiomyceten - Teil 2: Bewertung der natürlichen oder verbesserten Dauerhaftigkeit; Deutsche Fassung EN 113-2:2020
DIN EN 335	2013-06-00	Dauerhaftigkeit von Holz und Holzprodukten - Gebrauchsklassen: Definitionen, Anwendung bei Vollholz und Holzprodukten; Deutsche Fassung EN 335:2013
DIN EN 350	2016-12-00	Dauerhaftigkeit von Holz und Holzprodukten - Prüfung und Klassifizierung der Dauerhaftigkeit von Holz und Holzprodukten gegen biologischen Angriff; Deutsche Fassung EN 350:2016
DIN EN 350 Berichtigung 1	2017-05-00	Berichtigung zu DIN EN 350:2016-12
DIN EN 460	1994-10-00	Dauerhaftigkeit von Holz und Holzprodukten - Natürliche Dauerhaftigkeit von Vollholz - Leitfaden für die Anforderungen an die Dauerhaftigkeit von Holz für die Anwendung in den Gefährdungsklassen; Deutsche Fassung EN 460:1994

Dokumentnummer	Ausgabedatum	Titel (Deutsch)
DIN V ENV 12038	2002-07-00	Dauerhaftigkeit von Holz und Holzwerkstoffen - Holzwerkstoffplatten – Bestimmung der Beständigkeit gegen holzzerstörende Basidiomyceten; Deutsche Fassung ENV 12038:2002
DIN CEN/TS 15083-2	2005-10-00	Dauerhaftigkeit von Holz und Holzprodukten - Bestimmung der natürlichen Dauerhaftigkeit von Vollholz gegen holzzerstörende Pilze, Prüfverfahren - Teil 2: Moderfäulepilze; Deutsche Fassung CEN/TS 15083-2:2005

20.1.5 Formaldehydbestimmung

Dokumentnummer	Ausgabedatum	Titel (Deutsch)
DIN EN 717-1	2005-01-00	Holzwerkstoffe - Bestimmung der Formaldehydabgabe - Teil 1: Formaldehydabgabe nach der Prüfkammer-Methode; Deutsche Fassung EN 717-1:2004
DIN EN 717-3	1996-05-00	Holzwerkstoffe - Bestimmung der Formaldehydabgabe - Teil 3: Formaldehydabgabe nach der Flaschen-Methode; Deutsche Fassung EN 717-3:1996
DIN EN ISO 12460-3	2021-02-00	Holzwerkstoffe - Bestimmung der Formaldehydabgabe - Teil 3: Gasanalyse-Verfahren (ISO 12460-3:2020); Deutsche Fassung EN ISO 12460-3:2020
DIN EN ISO 12460-5	2016-05-00	Holzwerkstoffe - Bestimmung der Formaldehydabgabe - Teil 5: Extraktionsverfahren (genannt Perforatormethode) (ISO 12460-5:2015); Deutsche Fassung EN ISO 12460-5:2015

20.1.6 Holzbau

Dokumentnummer	Ausgabedatum	Titel (Deutsch)
DIN EN 338	2016-07-00	Bauholz für tragende Zwecke - Festigkeitsklassen; Deutsche Fassung EN 338:2016
DIN EN 408	2012-10-00	Holzbauwerke - Bauholz für tragende Zwecke und Brettschichtholz - Bestimmung einiger physikalischer und mechanischer Eigenschaften; Deutsche Fassung EN 408:2010+A1:2012
DIN EN 789	2005-01-00	Holzbauwerke - Prüfverfahren - Bestimmung der mechanischen Eigenschaften von Holzwerkstoffen; Deutsche Fassung EN 789:2004
DIN EN 1995-1-1	2010-12-00	Eurocode 5: Bemessung und Konstruktion von Holzbauten - Teil 1-1: Allgemeines - Allgemeine Regeln und Regeln für den Hochbau; Deutsche Fassung EN 1995-1-1:2004 + AC:2006 + A1:2008

Dokumentnummer	Ausgabedatum	Titel (Deutsch)
DIN EN 1995-1-1/A2	2014-07-00	Eurocode 5: Bemessung und Konstruktion von Holzbauten - Teil 1-1: Allgemeines - Allgemeine Regeln und Regeln für den Hochbau; Deutsche Fassung EN 1995-1-1:2004/A2:2014
DIN EN 1995-1-1/NA	2013-08-00	Nationaler Anhang - National festgelegte Parameter - Eurocode 5: Bemessung und Konstruktion von Holzbauten - Teil 1-1: Allgemeines - Allgemeine Regeln und Regeln für den Hochbau
DIN EN 1995-1-2	2010-12-00	Eurocode 5: Bemessung und Konstruktion von Holzbauten - Teil 1-2: Allgemeine Regeln - Tragwerksbemessung für den Brandfall; Deutsche Fassung EN 1995-1-2:2004 + AC:2009
DIN EN 1995-1-2/NA	2010-12-00	Nationaler Anhang - National festgelegte Parameter - Eurocode 5: Bemessung und Konstruktion von Holzbauten - Teil 1-2: Allgemeine Regeln - Tragwerksbemessung für den Brandfall
DIN EN 1995-2	2010-12-00	Eurocode 5: Bemessung und Konstruktion von Holzbauten - Teil 2: Brücken; Deutsche Fassung EN 1995-2:2004
DIN EN 1995-2/NA	2011-08-00	Nationaler Anhang - National festgelegte Parameter - Eurocode 5: Bemessung und Konstruktion von Holzbauten - Teil 2: Brücken
DIN EN 12871	2013-09-00	Holzwerkstoffe - Bestimmung der Leistungseigenschaften für tragende Platten zur Verwendung in Fußböden, Wänden und Dächern; Deutsche Fassung EN 12871:2013
DIN CEN/TR 12872	2015-04-00	Holzwerkstoffe - Leitfaden für die Verwendung von tragenden Platten in Böden, Wänden und Dächern; Deutsche Fassung CEN/TR 12872:2014
DIN EN 13810-1	2003-06-00	Holzwerkstoffe - Schwimmend verlegte Fußböden - Teil 1: Leistungsspezifikationen und Anforderungen; Deutsche Fassung EN 13810-1:2002
DIN CEN/TS 13810-2	2003-07-00	Holzwerkstoffe - Schwimmend verlegte Fußböden - Teil 2: Prüfverfahren; Deutsche Fassung CEN/TS 13810-2:2003
DIN EN 13986	2015-06-00	Holzwerkstoffe zur Verwendung im Bauwesen - Eigenschaften, Bewertung der Konformität und Kennzeichnung; Deutsche Fassung EN 13986:2004+A1:2015
DIN EN 14374	2005-02-00	Holzbauwerke - Furnierschichtholz für tragende Zwecke - Anforderungen; Deutsche Fassung EN 14374:2004
DIN EN ISO 12571	2013-12-00	Wärme- und feuchtetechnisches Verhalten von Baustoffen und Bauprodukten - Bestimmung der hygroskopischen Sorptionseigenschaften (ISO 12571:2013); Deutsche Fassung EN ISO 12571:2013

Dokumentnummer	Ausgabedatum	Titel (Deutsch)
DIN EN ISO 12572	2017-05-00	Wärme- und feuchtetechnisches Verhalten von Baustoffen und Bauprodukten - Bestimmung der Wasserdampfdurchlässigkeit (ISO 12572:2016); Deutsche Fassung EN ISO 12572:2016
DIN EN ISO 15148	2018-12-00	Wärme- und feuchtetechnisches Verhalten von Baustoffen und Bauprodukten - Bestimmung des Wasseraufnahmekoeffizienten bei teilweisem Eintauchen (ISO 15148:2002 + Amd 1:2016); Deutsche Fassung EN ISO 15148:2002 + A1:2016

20.1.7 Dämmstoffe

Dokumentnummer	Ausgabedatum	Titel (Deutsch)
DIN EN 12086	2013-06-00	Wärmedämmstoffe für das Bauwesen - Bestimmung der Wasserdampfdurchlässigkeit; Deutsche Fassung EN 12086:2013
DIN EN ISO 29767	2019-11-00	Wärmedämmstoffe für das Bauwesen - Bestimmung der Wasseraufnahme bei kurzzeitigem teilweisem Eintauchen (ISO 29767:2019); Deutsche Fassung EN ISO 29767:2019

20.1.8 WPC

Dokumentnummer	Ausgabedatum	Titel (Deutsch)
DIN EN 15534-1	2018-02-00	Verbundwerkstoffe aus cellulosehaltigen Materialien und Thermoplasten (üblicherweise Holz-Polymer-Werkstoffe (WPC) oder Naturfaserverbundwerkstoffe (NFC) genannt) - Teil 1: Prüfverfahren zur Beschreibung von Compounds und Erzeugnissen; Deutsche Fassung EN 15534-1:2014+A1:2017
DIN CEN/TS 15534-2	2007-08-00	Holz-Polymer-Werkstoffe (WPC) - Teil 2: Beschreibung von WPC-Werkstoffen; Deutsche Fassung CEN/TS 15534-2:2007
DIN EN 15534-4	2014-04-00	Verbundwerkstoffe aus cellulosehaltigen Materialien und Thermoplasten (üblicherweise Holz-Polymer-Werkstoffe (WPC) oder Naturfaserverbundwerkstoffe (NFC) genannt) - Teil 4: Anforderungen an Profile und Formteile für Bodenbeläge; Deutsche Fassung EN 15534-4:2014

20.2 Wichtige Symbole

Quelle	Symbol	Indizes	Bedeutung
nach DIN 12396	f		Festigkeit
	E		Elastizitätsmodul
	G		Schubmodul
	k		Veränderung der Festigkeit (k_{mod} - Modifikationsbeiwert für Lasteinwirkungsdauer und Feuchte) oder der Steifigkeit (k_{def} - Verformungsbeiwert) nach einer bestimmten Zeitspanne bezogen auf die Ausgangswerte. Die Werte sind in EN 1995-1-1 angegeben.
	t		Dicke
	ρ		Rohdichte
		0	in Faserrichtung bzw. Richtung der Hauptachse
		90	senkrecht zur Faserrichtung bzw. in Richtung der Nebenachse
		m	Biegung
		t	Zug
		c	Druck
		v	Schub quer zur Plattenebene
		r	Schub in Plattenebene
		nom	Nenn-
		mod	Festigkeit
		def	Durchbiegung
weitere		mean	Mittelwert
DIN EN 13183-1	ω		Feuchtegehalt in %

20.3 Ausgewählte weiterführende Literatur

Autorenkollektiv. (1975). Werkstoffe aus Holz und andere Werkstoffe der Holzindustrie. Leipzig: Fachbuchverlag.

Autorenkollektiv. (1985). Wissensspeicher Holztechnik. Leipzig: Fachbuchverlag.

Autorenkollektiv. (1990). Lexikon der Holztechnik (4. Ausg.). Leipzig: Fachbuchverlag.

Bodig, J. & Jayne, B.A. (1993). Mechanics of wood and wood composites (2. Ausg.). Malabar (FL): Krieger Publishing Company.

Böhme, P. (1980). Industrielle Oberflächenbehandlung von plattenförmigen Werkstoffen aus Holz. Leipzig: Fachbuchverlag.

Böhme, P. (1986). Dekorfolien. Leipzig: Fachbuchverlag.

Bosshard, H.H. (1982-1984). Holzkunde I - III (2. Ausg.). Basel: Birkhäuser.

Bucur, V. (2006). Acoustics of wood (2. Ausg.). Berlin: Springer.

Bucur, V. (2011). Delamination in wood, wood products and wood-based composites. Dordrecht: Springer Verlag.

Butterfield, B. (1997). Proceedings of IAWA/IUFRO International Workshop of Significance of the Microfibril Angle to Wood Quality. Westport/New Zealand.

Coronel, E. (1994, 1995). Fundamentos de las propiedades fisicas y mechanicas de maderas (parte 1 und 2) (Bd. 1 und 2). Santiago del Estero/Argentinien: Instituto de Technologia de las maderas, Universidad Nacional de Santiago del Estero.

Deppe, H.-J. & Ernst, K. (1996). MDF – Mitteldichte Faserplatten. Leinfelden-Echterdingen: DRW-Verlag.

Deppe, H.-J. & Ernst, K. (2000). Taschenbuch der Spanplattentechnik (4. Ausg.). Leinfelden-Echterdingen: DRW-Verlag.

Dinwooodie, J. M. (2000). Timber: Its nature and behaviour (2. Ausg.). London und New York: E and FN Spon.

Dunky, M. & Niemz, P. (2002). Holzwerkstoffe und Leime: Technologie und Einflussfaktoren. Berlin: Springer.

Fengel, D. & Wegener, G. (1984). Wood: Chemistry, Ultrastructure, Reactions. Berlin/New York: De Gruyter.

Frey-Wyssling, A. (1984). Lehre und Forschung. Autobiographische Erinnerungen. Stuttgart: Wissenschaftliche Verlagsgesellschaft.

Hänsel, A. (2012). Holz und Holzwerkstoffe. Prüfung – Struktur – Eigenschaften. Berlin: Logos Verlag.

Hill, C. A. (2006). Wood Modification: Chemical, thermal and other processes. Chichester: Wiley.

Jayne, B. A. (1972). Theory and design of wood and fiber composite materials. Syracuse: Syracuse University Press.

Karmarsch, K. (1851). Handbuch der mechanischen Technologie. Hannover: Hellwingsche Hofbuchhandlung.

Knigge, W. & Schulz, H. (1966). Grundriss der Forstbenutzung. Hamburg: Parey.

Kokocinski, W. (2004). Drewno (Holz). Poznan: Wydawnictwo-Drukarnia PRODRUK.

Kollmann, F. (1951). Technologie des Holzes und der Holzwerkstoffe (2. Ausg., Bd. 1). Berlin/Göttingen/Heidelberg: Springer.

Kollmann, F. & Côté Jr., W. A. (1968). Principles of wood science and technology (Bd. 1). Berlin/Heidelberg: Springer.

Kozakievicz, P. (2012). Fizyka Drewna W Theorii I Zadaniach. Warschau: Wydawnictwo SGGW (Landwirtschaftliche Akademie Warschau).

Krzysik, F. (1957). Nauka o Drewnie. Warschau: PNW.

Lampert, H. (1966). Faserplatten. Leipzig: Fachbuchverlag.

Langendorf, G., Schuster, E. & Wagenführ, R. (1990). Rohholz (4. Ausg.). Leipzig: Fachbuchverlag.

Lohmann, U. (Hrsg.). (2003). Holz-Lexikon (4. Ausg.). Leinfelden-Echterdingen: DRW-Verlag.

Matejak, M. & Niemz, P. (2011). Das Holz in deutschen Texten zwischen 1587 und 1922. Zürich: ETH Zürich, Institut für Baustoffe, Holzphysik (online auf e-collection der ETH Bibliothek).

Mette, H. J. (1984). Holzkundliche Grundlagen der Forstnutzung. Berlin: Dt. Landwirtschaftsverlag.

Molnar , S. (2004). Faanyagismeret. Budapest: Mezogasagi Szaaktudas Kiago.

Navi, P. & Sandberg, D. (2012). Thermo-hydro-mechanical processing of wood. Lausanne: EPFL Press, CRC-Press.

Neroth, G. & Vollenschaar, H. (2011). Wendehorst Baustoffkunde (27. Ausg.). Wiesbaden: Vieweg + Teubner.

Neuhaus, H. (2011). Ingenieurholzbau (3. Ausg.). Wiesbaden: Vieweg + Teubner.

Niemz, P. (1993). Physik des Holzes und der Holzwerkstoffe. Leinfelden-Echterdingen: DRW-Verlag Weinbrenner GmbH & Co.

Niemz, P. & Sander, D. (1989). Prozessmesstechnik in der Holzindustrie. Leipzig: Fachbuchverlag.

Paulitsch, M. & Barbu, M. C. (2015). Holzwerkstoffe der Moderne. Leinfelden-Echterdingen: DRW-Verlag.

Pellerin, R. F. & Ross, R. J. (2002). Nondestructive evaluation of wood. Madison: Forest Products Society.

Pozgaj, J., Chonavec, D., Kurjatko, S. & Babiak, M. (1997). Struktura a vlasnosti dreva (Struktur und Eigenschaften des Holzes). Bratislava: Priroda.

Radkau, J. (2007). Holz – Wie ein Naturstoff Geschichte schreibt. München: oecom Verlag.

Richter, C. (2010). Holzmerkmale (3. Ausg.). Leinfelden-Echterdingen: DRW-Verlag.

Richter, C. (2015). Wood characteristics: Description, causes, prevention, impact on use and technological adaption. Cham: Springer-Verlag.

Ross, R. J. (Hrsg.). (2010). Wood Handbook. Wood as an Engineering Material. Madison WI: Forest Products Laboratory.

Ross, R. J. & Wang, X. (Hrsg.). (2012). Nondestructive testing and evaluation of wood – 50 years of research: International nondestructive testing and evaluation of wood symposiums series (Bde. FPL-GTR-213). Madison, WI: U.S. Department of Agriculture, Forest Service, Forest Product Laboratory.

Rowell, R. M. (2013). Handbook of wood chemistry and wood composites (2. Ausg.). Boca Raton (FL): CRC Press.

Scheiding, W., Grabes, P., Haustein, T., Haustein, V., Nieke, N., Urban, H. & Weiss, B. (2014). Holzschutz: Holzkunde, Pilze und Insekten, konstruktive und chemische Massnahmen, technische Regeln, Praxiswissen. Leipzig: Fachbuchverlag im Carl Hanser Verlag.

Siau, J. F. (1984). Transport processes in wood. Berlin: Springer.

Siau, J. F. (1995). Wood: Influence of moisture on physical properties. Keene, NY: Department of Wood Science and Forest Products, Virginia Polytechnic Institute and State University.

Smith, I., Landis, E. & Gong, M. (2003). Fracture and fatigue in wood. Chichester: Wiley.

Stamm, A. J. (1964). Wood and cellulose science. New York: Ronald Press.

Steinsiek, M. P. (2008). Forst- und Holzforschung im „Dritten Reich". Remhagen: Verlag Kessel.

Suchsland, O. (2004). The swelling and shrinking of wood. A practical technology primer. Madison, WI: Forest Products Society.

Szalai, J. (1994). Die anisotrope Elastizität und Festigkeit von Holz und Holzwerkstoffen. Teil I: Die Anisotropie der mechanischen Eigenschaften (in Ungarisch). Sopron: Universität Sopron.

Trendelenburg, R. (1939). Das Holz als Rohstoff. München: J. F. Lehmanns Verlag.

Trendelenburg, R. & Mayer-Wegelin, H. (1955). Das Holz als Rohstoff (2. Ausg.). München: Carl Hanser Verlag.

Ugolev, B. (2014). Historische Meilensteine der Holzforschung in Russland und Blick in die Zukunft. Moskau: Moskauer Forsttechnische Universität (Eigenverlag, in Russisch).

Ugolev, B. N. (1986). Holzkunde und Grundlagen der Holzwarenkunde. Moskau: Lesn. Prom.

Unger, A. (1988). Holzkonservierung. Leipzig: Fachbuchverlag.

Unger, A., Schniewind, A. P. & Unger, W. (2001). Conservation of wood artifacts. Berlin/Heidelberg: Springer-Verlag.

Vorreiter, L. (1949 – 1963). Holztechnologisches Handbuch (Bde. 1 – 3). Wien: Fromme.

Wagenführ, A. & Scholz, F. (2012). Taschenbuch der Holztechnik (2. Ausg.). München: Fachbuchverlag Leipzig im Carl Hanser Verlag.

Wagenführ, R. (1989). Anatomie des Holzes (4. Ausg.). Leipzig: Fachbuchverlag.

Wagenführ, R. (2007). Holzatlas (6. Ausg.). München: Fachbuchverlag Leipzig im Carl Hanser Verlag.

Walker, J. C. (2006). Primary wood processing: principles and practice (2. Ausg.). Dordrecht: Springer.

Werner, G. & Zimmer, K.-H. (2009). Holzbau 1 (4. Ausg.). Berlin: Springer.

Index

I

J

K

L

M